实战036 创建调整图层

▶ **视频位置：** 光盘\视频\第2章\实战036.mp4

实战037 创建填充图层

▶ **视频位置：** 光盘\视频\第2章\实战037.mp4

实战041 显示与隐藏图层

▶ **视频位置：** 光盘\视频\第2章\实战041.mp4

实战043 调整图层顺序

▶ **视频位置：** 光盘\视频\第2章\实战043.mp4

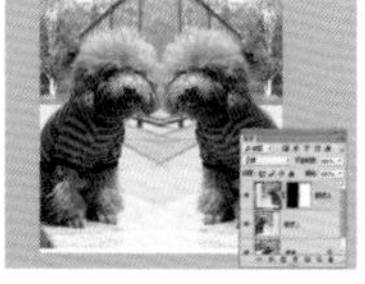

实战046 对齐与分布图层

▶ **视频位置：** 光盘\视频\第2章\实战046.mp4

实战048 设置图层不透明度

▶ **视频位置：** 光盘\视频\第2章\实战048.mp4

实战049 添加“斜面和浮雕”样式

▶ **视频位置：** 光盘\视频\第2章\实战049.mp4

实战050 添加“描边”样式

▶ **视频位置：** 光盘\视频\第2章\实战050.mp4

实战051 添加“内阴影”样式

▶ **视频位置：** 光盘\视频\第2章\实战051.mp4

实战052 添加“内发光”样式

▶ **视频位置：** 光盘\视频\第2章\实战052.mp4

实战053 添加“颜色叠加”样式

▶ **视频位置：** 光盘\视频\第2章\实战053.mp4

实战054 添加“渐变叠加”样式

▶ **视频位置：** 光盘\视频\第2章\实战054.mp4

实战055 添加“图案叠加”样式

▶ **视频位置：** 光盘\视频\第2章\实战055.mp4

实战056 添加“外发光”样式

▶ **视频位置：** 光盘\视频\第2章\实战056.mp4

实战057 添加“投影”样式

▶ **视频位置：** 光盘\视频\第2章\实战057.mp4

实战058 隐藏图层样式

▶ **视频位置：** 光盘\视频\第2章\实战058.mp4

实战059 复制/粘贴图层样式

▶ **视频位置：** 光盘\视频\第2章\实战059.mp4

实战060 移动/缩放图层样式

▶ **视频位置：** 光盘\视频\第2章\实战060.mp4

实战061 清除图层样式

▶视频位置：光盘\视频\第2章\实战061.mp4

实战063 显示/隐藏网格

▶视频位置：光盘\视频\第3章\实战063.mp4

实战064 对齐到网格

▶视频位置：光盘\视频\第3章\实战064.mp4

实战066 显示/隐藏标尺

▶视频位置：光盘\视频\第3章\实战066.mp4

实战067 更改标尺原点位置

▶视频位置：光盘\视频\第3章\实战067.mp4

实战068 还原标尺原点位置

▶视频位置：光盘\视频\第3章\实战068.mp4

实战070 测量长度

▶视频位置：光盘\视频\第3章\实战070.mp4

实战071 拉直图层

▶视频位置：光盘\视频\第3章\实战071.mp4

实战072 拖曳创建参考线

▶视频位置：光盘\视频\第3章\实战072.mp4

实战073 精确创建参考线

▶视频位置：光盘\视频\第3章\实战073.mp4

实战074 显示/隐藏参考线

▶视频位置：光盘\视频\第3章\实战074.mp4

实战075 更改参考线颜色

▶视频位置：光盘\视频\第3章\实战075.mp4

实战076 更改参考线样式

▶视频位置：光盘\视频\第3章\实战076.mp4

实战077 移动参考线

▶视频位置：光盘\视频\第3章\实战077.mp4

实战078 清除参考线

▶视频位置：光盘\视频\第3章\实战078.mp4

实战079 创建注释

▶视频位置：光盘\视频\第3章\实战079.mp4

实战080 清除注释

▶视频位置：光盘\视频\第3章\实战080.mp4

实战081 更改注释颜色

▶视频位置：光盘\视频\第3章\实战081.mp4

实战082 顶对齐

▶ 视频位置：光盘\视频\第3章\实战082.mp4

实战083 垂直居中对齐

▶ 视频位置：光盘\视频\第3章\实战083.mp4

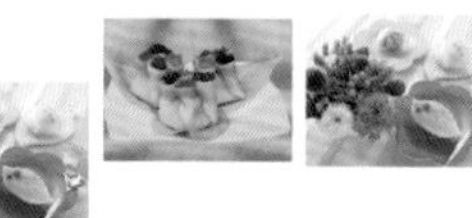

实战084 底对齐

▶ 视频位置：光盘\视频\第3章\实战084.mp4

实战085 左对齐

▶ 视频位置：光盘\视频\第3章\实战085.mp4

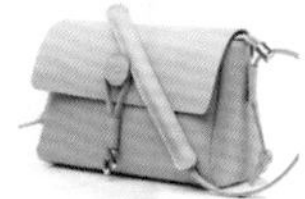

实战086 水平居中对齐

▶ 视频位置：光盘\视频\第3章\实战086.mp4

实战087 右对齐

▶ 视频位置：光盘\视频\第3章\实战087.mp4

实战088 自动对齐图层

▶ 视频位置：光盘\视频\第3章\实战088.mp4

实战089 添加计数

▶ 视频位置：光盘\视频\第3章\实战089.mp4

实战090 更改计数颜色

▶ 视频位置：光盘\视频\第3章\实战090.mp4

实战091 更改标记大小

▶ 视频位置：光盘\视频\第3章\实战091.mp4

实战092 更改标签大小

▶ 视频位置：光盘\视频\第3章\实战092.mp4

实战093 清除计数

▶ 视频位置：光盘\视频\第3章\实战093.mp4

实战094 调整图像尺寸

▶ 视频位置：光盘\视频\第4章\实战094.mp4

实战095 调整画布尺寸

▶ 视频位置：光盘\视频\第4章\实战095.mp4

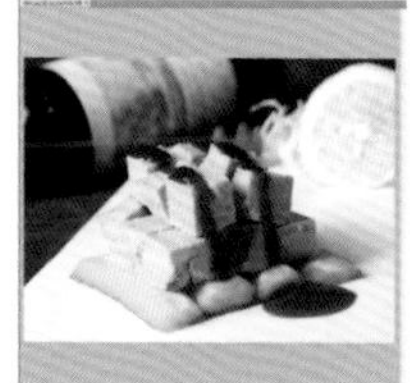

实战096 调整图像分辨率

▶ 视频位置：光盘\视频\第4章\实战096.mp4

实战097 放大/缩小显示图像

▶ 视频位置：光盘\视频\第4章\实战097.mp4

实战098 按适合屏幕显示图像

▶ 视频位置：光盘\视频\第4章\实战098.mp4

实战099 按区域放大显示图像

▶ 视频位置：光盘\视频\第4章\实战099.mp4

实战100　切换图像显示模式

▶视频位置：光盘\视频\第4章\实战100.mp4

实战101　移动图像编辑窗口显示区域

▶视频位置：光盘\视频\第4章\实战101.mp4

实战102　导航器移动图像显示区域

▶视频位置：光盘\视频\第4章\实战102.mp4

实战103　运用裁剪工具裁剪图像

▶视频位置：光盘\视频\第4章\实战103.mp4

实战104　运用“裁切”命令裁剪图像

▶视频位置：光盘\视频\第4章\实战104.mp4

实战105　精确裁剪图像

▶视频位置：光盘\视频\第4章\实战105.mp4

实战106　移动图像素材

▶视频位置：光盘\视频\第4章\实战106.mp4

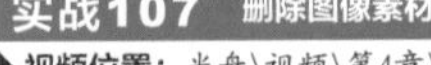

实战107　删除图像素材

▶视频位置：光盘\视频\第4章\实战107.mp4

实战108　旋转/缩放图像

▶视频位置：光盘\视频\第4章\实战108.mp4

实战109　水平翻转图像

▶视频位置：光盘\视频\第4章\实战109.mp4

实战110　垂直翻转图像

▶视频位置：光盘\视频\第4章\实战110.mp4

实战111　斜切图像

▶视频位置：光盘\视频\第4章\实战111.mp4

实战112　扭曲图像

▶视频位置：光盘\视频\第4章\实战112.mp4

实战113　透视图像

▶视频位置：光盘\视频\第4章\实战113.mp4

实战114　变形图像

▶视频位置：光盘\视频\第4章\实战114.mp4

实战115　重复上次变换

▶视频位置：光盘\视频\第4章\实战115.mp4

实战116　操控变形图像

▶视频位置：光盘\视频\第4章\实战116.mp4

实战117　使用污点修复画笔工具

▶视频位置：光盘\视频\第5章\实战117.mp4

实战118　使用修复画笔工具修复图像

▶视频位置：光盘\视频\第5章\实战118.mp4

实战119　使用修补工具修补图像

▶视频位置：光盘\视频\第5章\实战119.mp4

实战120　使用内容感知移动工具

▶视频位置：光盘\视频\第5章\实战120.mp4

实战121　使用红眼工具去除红眼

▶视频位置：光盘\视频\第5章\实战121.mp4

实战122　使用橡皮擦工具擦除图像

▶视频位置：光盘\视频\第5章\实战122.mp4

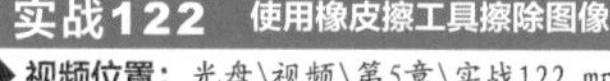

实战123　使用背景橡皮擦工具擦除背景

▶视频位置：光盘\视频\第5章\实战123.mp4

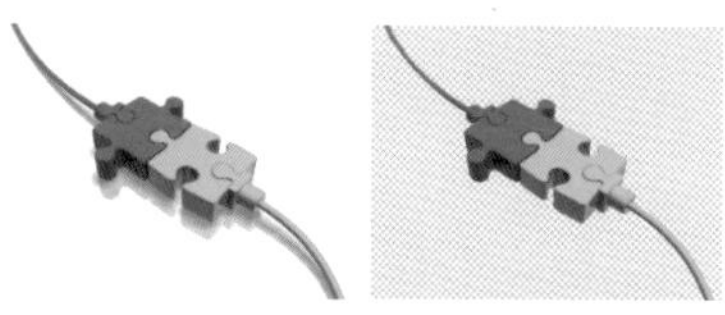

实战124　使用魔术橡皮擦工具擦除图像

▶视频位置：光盘\视频\第5章\实战124.mp4

实战125　使用减淡工具加亮图像

▶视频位置：光盘\视频\第5章\实战125.mp4

实战126　使用加深工具调暗图像

▶视频位置：光盘\视频\第5章\实战126.mp4

实战127　使用海绵工具调整图像

▶视频位置：光盘\视频\第5章\实战127.mp4

实战128　使用仿制图章工具复制图像

▶视频位置：光盘\视频\第5章\实战128.mp4

实战129　使用图案图章工具复制图像

▶视频位置：光盘\视频\第5章\实战129.mp4

实战130　运用“仿制源”面板

▶视频位置：光盘\视频\第5章\实战130.mp4

实战131　使用模糊工具模糊图像

▶视频位置：光盘\视频\第5章\实战131.mp4

实战132　使用锐化工具清晰图像

▶视频位置：光盘\视频\第5章\实战132.mp4

实战133　使用涂抹工具混合图像颜色

▶视频位置：光盘\视频\第5章\实战133.mp4

实战134　运用历史记录画笔工具

▶视频位置：光盘\视频\第11章\实战134.mp4

实战135　运用历史记录艺术画笔工具

▶视频位置：光盘\视频\第11章\实战135.mp4

实战136 单一选取抠图

▶视频位置：光盘\视频\第6章\实战136.mp4

实战137 连续选取抠图

▶视频位置：光盘\视频\第6章\实战137.mp4

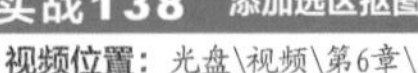

实战138 添加选区抠图

▶视频位置：光盘\视频\第6章\实战138.mp4

实战139 减选选区抠图

▶视频位置：光盘\视频\第6章\实战139.mp4

实战140 交叉选区抠图

▶视频位置：光盘\视频\第6章\实战140.mp4

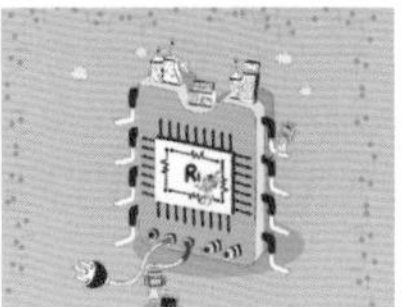

实战141 容差在选区中的应用

▶视频位置：光盘\视频\第6章\实战141.mp4

实战142 创建选区抠图

▶视频位置：光盘\视频\第6章\实战142.mp4

实战143 对所有图层取样

▶视频位置：光盘\视频\第6章\实战143.mp4

实战144 用“反向”命令抠图

▶视频位置：光盘\视频\第6章\实战144.mp4

实战145 用“色彩范围”命令抠图

▶视频位置：光盘\视频\第6章\实战145.mp4

实战146 用“扩大选取”命令抠图

▶视频位置：光盘\视频\第6章\实战146.mp4

实战147 用“选取相似”命令抠图

▶视频位置：光盘\视频\第6章\实战147.mp4

实战148 用“全部”命令抠图

▶视频位置：光盘\视频\第6章\实战148.mp4

实战149 透明图层图像抠图

▶视频位置：光盘\视频\第6章\实战149.mp4

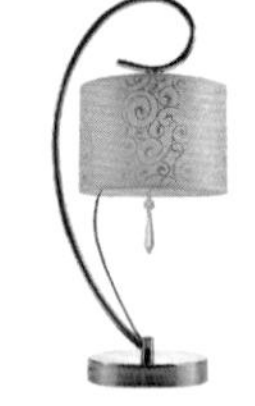

实战150 用矩形选框工具抠图

▶视频位置：光盘\视频\第7章\实战150.mp4

实战151 用椭圆选框工具抠图

▶视频位置：光盘\视频\第7章\实战151.mp4

实战152 用套索工具抠图

▶视频位置：光盘\视频\第7章\实战152.mp4

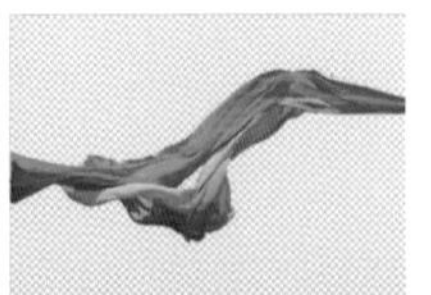

实战153 用多边形套索工具抠图

▶视频位置：光盘\视频\第7章\实战153.mp4

实战154 用磁性套索工具抠图

▶视频位置：光盘\视频\第7章\实战154.mp4

实战155 “新选区”按钮

▶视频位置：光盘\视频\第7章\实战155.mp4

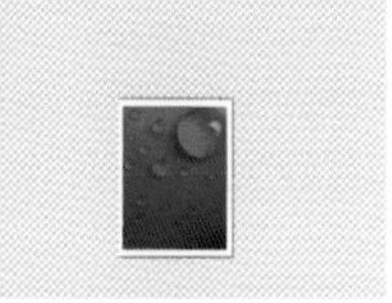

实战156 “添加到选区”按钮

▶视频位置：光盘\视频\第7章\实战156.mp4

实战157 “从选区减去”按钮

▶视频位置：光盘\视频\第7章\实战157.mp4

实战158 “与选区交叉”按钮

▶视频位置：光盘\视频\第7章\实战158.mp4

实战159 在选区内贴入图像

▶视频位置：光盘\视频\第7章\实战159.mp4

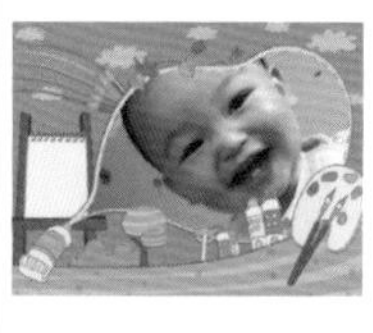

实战160 变换选区

▶视频位置：光盘\视频\第7章\实战160.mp4

实战161 剪切选区图像

▶视频位置：光盘\视频\第7章\实战161.mp4

实战162 移动选区内图像

▶视频位置：光盘\视频\第7章\实战162.mp4

实战163 重选选区

▶视频位置：光盘\视频\第7章\实战163.mp4

实战164 存储选区

▶视频位置：光盘\视频\第7章\实战164.mp4

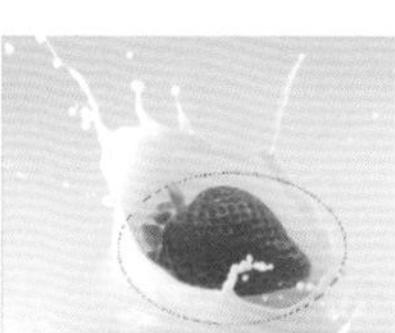

实战165 载入选区

▶视频位置：光盘\视频\第7章\实战165.mp4

实战166 复制粘贴选区图像

▶视频位置：光盘\视频\第7章\实战166.mp4

实战167 扩展选区图像

▶视频位置：光盘\视频\第7章\实战167.mp4

实战168 收缩选区图像

▶视频位置：光盘\视频\第7章\实战168.mp4

实战169 羽化选区图像

▶视频位置：光盘\视频\第7章\实战169.mp4

实战170 描边选区图像

▶视频位置：光盘\视频\第7章\实战170.mp4

实战171 填充选区图像

▶视频位置：光盘\视频\第7章\实战171.mp4

实战172 使用选区定义图案

▶ **视频位置：** 光盘\视频\第7章\实战172.mp4

实战173 在选区内贴入图像

▶ **视频位置：** 光盘\视频\第7章\实战173.mp4

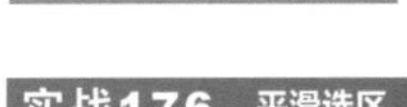

实战174 清除选区内图像

▶ **视频位置：** 光盘\视频\第7章\实战174.mp4

实战175 边界选区

▶ **视频位置：** 光盘\视频\第7章\实战175.mp4

实战176 平滑选区

▶ **视频位置：** 光盘\视频\第7章\实战176.mp4

实战177 调整选区

▶ **视频位置：** 光盘\视频\第7章\实战177.mp4

实战178 橡皮擦工具

▶ **视频位置：** 光盘\视频\第8章\实战178.mp4

实战179 背景橡皮擦工具

▶ **视频位置：** 光盘\视频\第8章\实战179.mp4

实战180 魔术橡皮擦工具

▶ **视频位置：** 光盘\视频\第8章\实战180.mp4

实战181 在背景图层抠图

▶ **视频位置：** 光盘\视频\第8章\实战181.mp4

实战182 在透明图层抠图

▶ **视频位置：** 光盘\视频\第8章\实战182.mp4

实战183 设置画笔不透明度

▶ **视频位置：** 光盘\视频\第8章\实战183.mp4

实战184 设置画笔样式抠图

▶ **视频位置：** 光盘\视频\第8章\实战184.mp4

实战185 保护前景色的应用

▶ **视频位置：** 光盘\视频\第8章\实战185.mp4

实战186 取样背景色板的应用

▶ **视频位置：** 光盘\视频\第8章\实战186.mp4

实战187 取样一次的应用

▶ **视频位置：** 光盘\视频\第8章\实战187.mp4

实战188 连续取样的应用

▶ **视频位置：** 光盘\视频\第8章\实战188.mp4

实战189 擦除选区中的图像

▶ **视频位置：** 光盘\视频\第8章\实战189.mp4

实战190 使用单一功能抠图
▶视频位置：光盘\视频\第8章\实战190.mp4

实战191 使用连续功能抠图
▶视频位置：光盘\视频\第8章\实战191.mp4

实战192 设置容差抠图
▶视频位置：光盘\视频\第8章\实战192.mp4

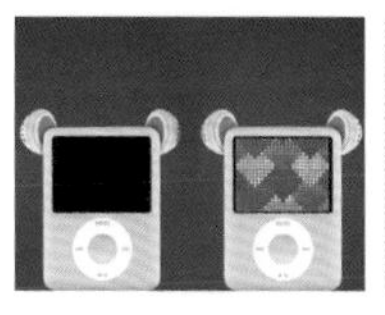

实战193 表现玻璃透明效果
▶视频位置：光盘\视频\第8章\实战193.mp4

实战194 运用选区创建路径
▶视频位置：光盘\视频\第9章\实战194.mp4

实战195 选择路径
▶视频位置：光盘\视频\第9章\实战195.mp4

实战196 移动路径
▶视频位置：光盘\视频\第9章\实战196.mp4

实战197 复制路径
▶视频位置：光盘\视频\第9章\实战197.mp4

实战199 断开路径
▶视频位置：光盘\视频\第9章\实战199.mp4

实战200 连接路径
▶视频位置：光盘\视频\第9章\实战200.mp4

实战201 重命名路径
▶视频位置：光盘\视频\第9章\实战201.mp4

实战202 用钢笔工具绘制直线路径
▶视频位置：光盘\视频\第9章\实战202.mp4

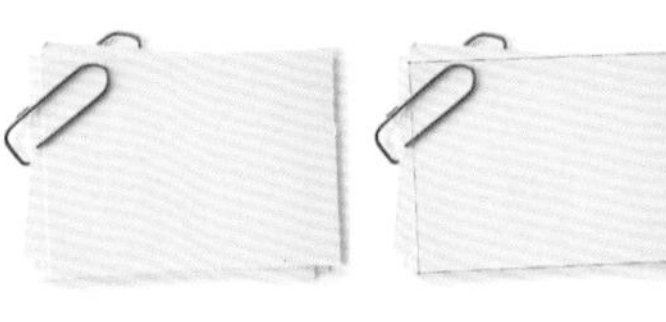

实战203 运用钢笔工具绘制闭合路径
▶视频位置：光盘\视频\第9章\实战203.mp4

实战204 运用钢笔工具绘制开放路径
▶视频位置：光盘\视频\第9章\实战204.mp4

实战205 将路径转换为选区
▶视频位置：光盘\视频\第9章\实战205.mp4

实战206 运用自由钢笔工具绘制曲线路径
▶视频位置：光盘\视频\第9章\实战206.mp4

实战207 存储为工作路径
▶视频位置：光盘\视频\第9章\实战207.mp4

实战208 用矩形工具抠图
▶视频位置：光盘\视频\第9章\实战208.mp4

实战209 用圆角矩形工具抠图

视频位置：光盘\视频\第9章\实战209.mp4

实战210 用椭圆工具抠图

视频位置：光盘\视频\第9章\实战210.mp4

实战211 用多边形工具抠图

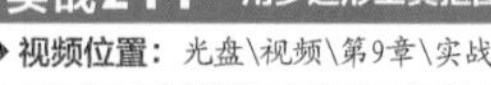

视频位置：光盘\视频\第9章\实战211.mp4

实战212 运用直线工具绘制路径形状

视频位置：光盘\视频\第9章\实战212.mp4

实战213 通过绘制自定形状路径抠图

视频位置：光盘\视频\第9章\实战213.mp4

实战214 添加锚点

视频位置：光盘\视频\第9章\实战214.mp4

实战215 删除锚点

视频位置：光盘\视频\第9章\实战215.mp4

实战216 平滑锚点

视频位置：光盘\视频\第9章\实战216.mp4

实战217 尖突锚点

视频位置：光盘\视频\第9章\实战217.mp4

实战218 填充路径

视频位置：光盘\视频\第9章\实战218.mp4

实战219 描边路径

视频位置：光盘\视频\第9章\实战219.mp4

实战220 布尔运算形状路径

视频位置：光盘\视频\第9章\实战220.mp4

实战221 新建Alpha通道

视频位置：光盘\视频\第10章\实战221.mp4

实战223 新建复合通道

视频位置：光盘\视频\第10章\实战223.mp4

实战224 新建单色通道

视频位置：光盘\视频\第10章\实战224.mp4

实战225 新建专色通道

视频位置：光盘\视频\第10章\实战225.mp4

实战226 保存选区至通道

视频位置：光盘\视频\第10章\实战226.mp4

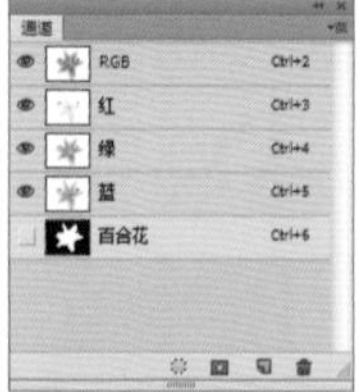

实战227 复制通道

视频位置：光盘\视频\第10章\实战227.mp4

实战228　删除通道

视频位置：光盘\视频\第10章\实战228.mp4

实战229　分离通道

视频位置：光盘\视频\第10章\实战229.mp4

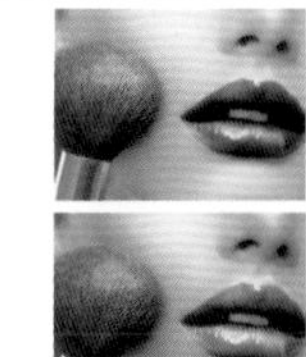

实战230　合并通道

视频位置：光盘\视频\第10章\实战230.mp4

实战231　保存选区到通道

视频位置：光盘\视频\第10章\实战231.mp4

实战232　通过调整通道对比抠图

视频位置：光盘\视频\第10章\实战232.mp4

实战233　利用通道差异性抠图

视频位置：光盘\视频\第10章\实战233.mp4

实战234　钢笔工具配合通道抠图

视频位置：光盘\视频\第10章\实战234.mp4

实战235　色阶调整配合通道抠图

视频位置：光盘\视频\第10章\实战235.mp4

实战236　使用蒙版调整抠图

视频位置：光盘\视频\第10章\实战236.mp4

实战237　曲线调整配合通道抠图

视频位置：光盘\视频\第10章\实战237.mp4

实战238　为使用曲线调整配合通道的抠图添加背景

视频位置：光盘\视频\第10章\实战238.mp4

实战239　用通道对透明物体抠图

视频位置：光盘\视频\第10章\实战239.mp4

实战240　"应用图像"命令抠图

视频位置：光盘\视频\第10章\实战240.mp4

实战241　"计算"命令抠图

视频位置：光盘\视频\第10章\实战241.mp4

实战242　应用快速蒙版抠图

视频位置：光盘\视频\第11章\实战242.mp4

实战243　应用矢量蒙版抠图

视频位置：光盘\视频\第11章\实战243.mp4

实战244　应用多边形工具蒙版

视频位置：光盘\视频\第11章\实战244.mp4

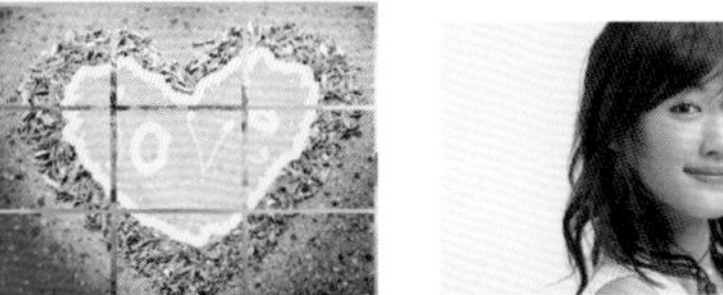

实战245　应用图层蒙版抠图

视频位置：光盘\视频\第11章\实战245.mp4

实战246　编辑图层蒙版抠图

▶视频位置：光盘\视频\第11章\实战246.mp4

实战247　应用剪贴蒙版抠图

▶视频位置：光盘\视频\第11章\实战247.mp4

实战248　运用路径和蒙版抠图

▶视频位置：光盘\视频\第11章\实战248.mp4

实战249　"调整边缘"命令抠图

▶视频位置：光盘\视频\第11章\实战249.mp4

实战250　查看图层蒙版

▶视频位置：光盘\视频\第11章\实战250.mp4

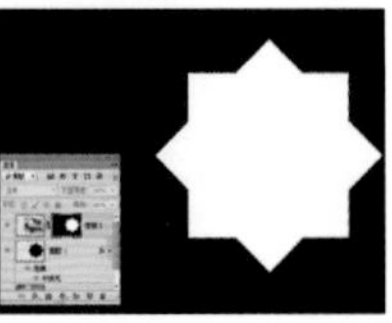

实战251　选择/移动图层蒙版

▶视频位置：光盘\视频\第11章\实战251.mp4

实战252　应用图层蒙版

▶视频位置：光盘\视频\第11章\实战252.mp4

实战253　设置蒙版混合模式

▶视频位置：光盘\视频\第11章\实战253.mp4

实战254　设置图层蒙版透明度

▶视频位置：光盘\视频\第11章\实战254.mp4

实战255　设置蒙版混合模式

▶视频位置：光盘\视频\第11章\实战255.mp4

实战256　停用/启用图层蒙版

▶视频位置：光盘\视频\第11章\实战256.mp4

实战257　删除图层蒙版

▶视频位置：光盘\视频\第11章\实战257.mp4

实战258　删除矢量蒙版

▶视频位置：光盘\视频\第11章\实战258.mp4

实战259　取消图层与图层蒙版链接

▶视频位置：光盘\视频\第11章\实战259.mp4

实战260　链接图层与图层蒙版链接

▶视频位置：光盘\视频\第11章\实战260.mp4

实战261　将图层蒙版转换为选区

▶视频位置：光盘\视频\第11章\实战261.mp4

实战262　将选区转换为图层蒙版

▶视频位置：光盘\视频\第11章\实战262.mp4

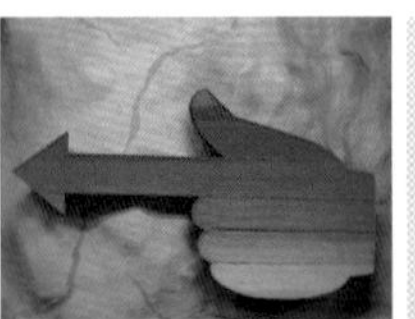
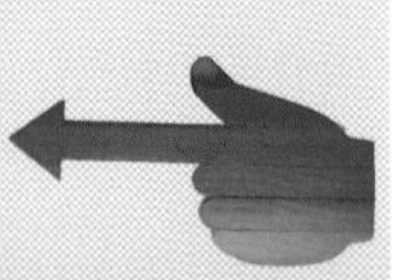

实战263　将矢量蒙版转换为选区

▶视频位置：光盘\视频\第11章\实战263.mp4

实战264 将矢量蒙版转换为图层蒙版

▶视频位置：光盘\视频\第11章\实战264.mp4

实战265 "滤色"模式抠图

▶视频位置：光盘\视频\第12章\实战265.mp4

实战266 "正片叠底"模式抠图

▶视频位置：光盘\视频\第12章\实战266.mp4

实战267 "颜色加深"模式抠图

▶视频位置：光盘\视频\第12章\实战267.mp4

实战268 "变亮"模式抠图

▶视频位置：光盘\视频\第12章\实战268.mp4

实战269 添加渐变效果

▶视频位置：光盘\视频\第12章\实战269.mp4

实战270 制作透明效果

▶视频位置：光盘\视频\第12章\实战270.mp4

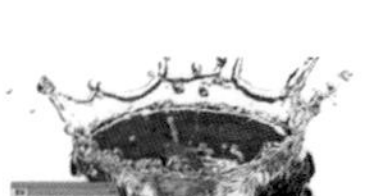
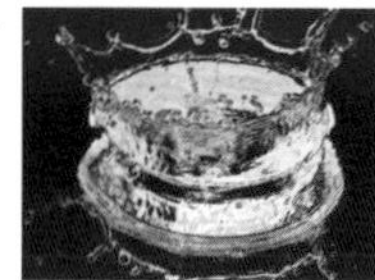

实战271 调整图层

▶视频位置：光盘\视频\第12章\实战271.mp4

实战272 制作抠图效果

▶视频位置：光盘\视频\第12章\实战272.mp4

实战273 复制粘贴图层

▶视频位置：光盘\视频\第12章\实战273.mp4

实战274 创建通道图层

▶视频位置：光盘\视频\第12章\实战274.mp4

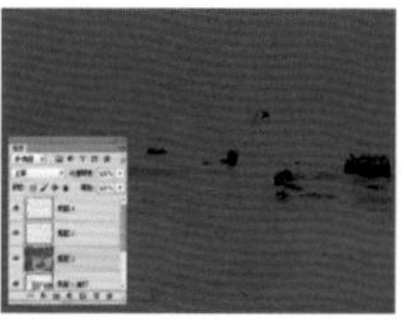

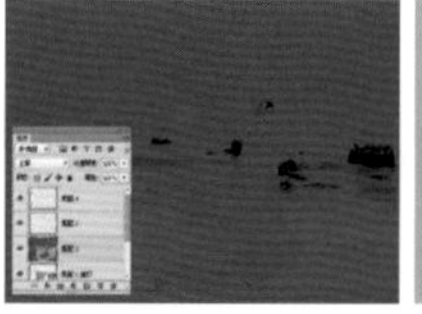

实战275 创建蒙版抠图

▶视频位置：光盘\视频\第12章\实战275.mp4

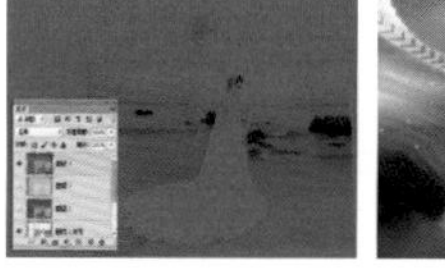

实战276 复制粘贴图层

▶视频位置：光盘\视频\第12章\实战276.mp4

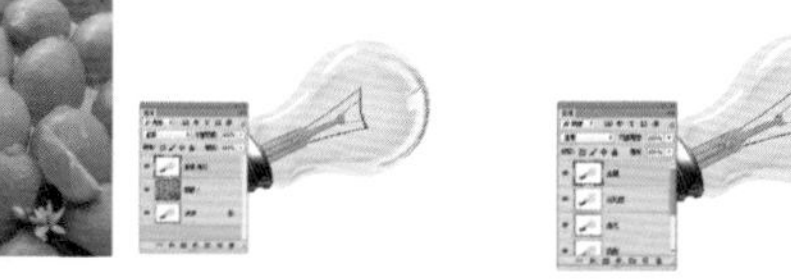

实战277 设置图层模式以及创建蒙版

▶视频位置：光盘\视频\第12章\实战277.mp4

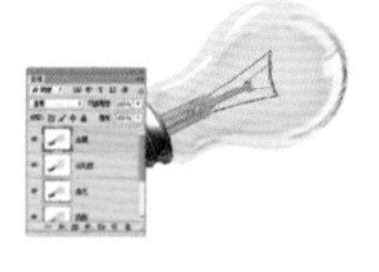

实战278 设置混合模式和曲线调整

▶视频位置：光盘\视频\第12章\实战278.mp4

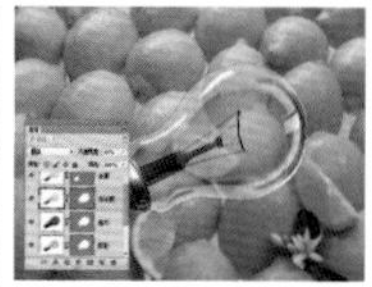

实战279 制作折射效果

▶视频位置：光盘\视频\第12章\实战279.mp4

实战284 运用"填充"命令填充颜色

▶视频位置：光盘\视频\第13章\实战284.mp4

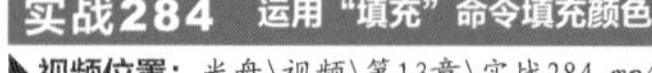

实战285 快捷菜单选项填充颜色

▶视频位置：光盘\视频\第13章\实战285.mp4

实战286 运用“油漆桶工具”填充颜色

▶ **视频位置：** 光盘\视频\第13章\实战286.mp4

实战287 运用吸管工具填充颜色

▶ **视频位置：** 光盘\视频\第13章\实战287.mp4

实战288 运用渐变工具填充渐变色

▶ **视频位置：** 光盘\视频\第13章\实战288.mp4

实战289 使用“填充”命令填充图案

▶ **视频位置：** 光盘\视频\第13章\实战289.mp4

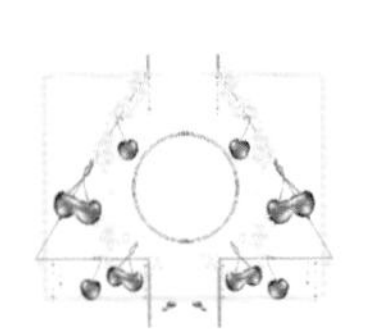

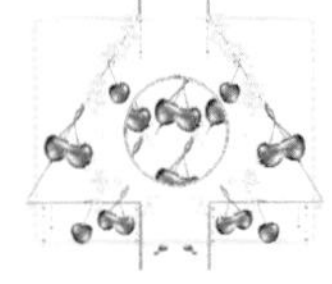

实战290 运用“填充”命令修复图像

▶ **视频位置：** 光盘\视频\第13章\实战290.mp4

实战291 使用“油漆桶工具”填充图案

▶ **视频位置：** 光盘\视频\第13章\实战291.mp4

实战294 转换图像为位图模式

▶ **视频位置：** 光盘\视频\第14章\实战294.mp4

实战295 转换图像为RGB模式

▶ **视频位置：** 光盘\视频\第14章\实战295.mp4

实战296 转换图像为CMYK模式

▶ **视频位置：** 光盘\视频\第14章\实战296.mp4

实战297 转换图像为灰度模式

▶ **视频位置：** 光盘\视频\第14章\实战297.mp4

实战298 转换图像为双色调模式

▶ **视频位置：** 光盘\视频\第14章\实战298.mp4

实战299 转换图像为多通道模式

▶ **视频位置：** 光盘\视频\第14章\实战299.mp4

实战300 转换图像为索引模式

▶ **视频位置：** 光盘\视频\第14章\实战300.mp4

实战301 转换图像为Lab模式

▶ **视频位置：** 光盘\视频\第14章\实战301.mp4

实战302 转换图像为位深度模式

▶ **视频位置：** 光盘\视频\第14章\实战302.mp4

实战303 预览RGB颜色模式里的CMYK颜色

▶ **视频位置：** 光盘\视频\第14章\实战303.mp4

实战304 识别图像色域外的颜色

▶ **视频位置：** 光盘\视频\第14章\实战304.mp4

实战305 使用“亮度/对比度”命令

▶ **视频位置：** 光盘\视频\第14章\实战305.mp4

实战306 使用“色阶”命令

▶ **视频位置**：光盘\视频\第14章\实战306.mp4

实战307 使用“曲线”命令

▶ **视频位置**：光盘\视频\第14章\实战307.mp4

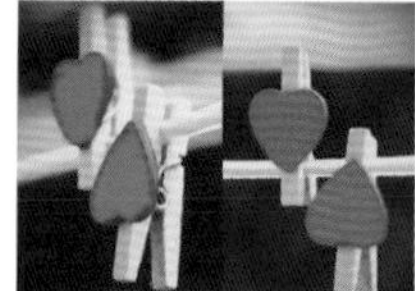

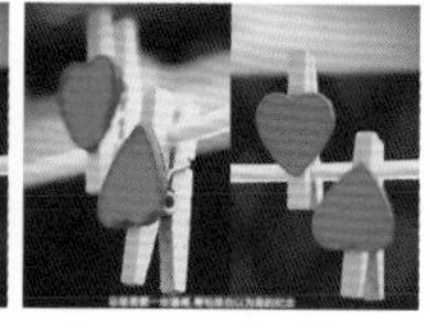

实战308 使用“曝光度”命令

▶ **视频位置**：光盘\视频\第14章\实战308.mp4

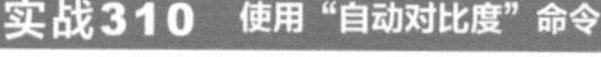

实战309 使用“自动色调”命令

▶ **视频位置**：光盘\视频\第14章\实战309.mp4

实战310 使用“自动对比度”命令

▶ **视频位置**：光盘\视频\第14章\实战310.mp4

实战311 使用“自动颜色”命令

▶ **视频位置**：光盘\视频\第14章\实战311.mp4

实战312 使用“自然饱和度”命令

▶ **视频位置**：光盘\视频\第14章\实战312.mp4

实战313 使用“色相/饱和度”命令

▶ **视频位置**：光盘\视频\第14章\实战313.mp4

实战314 使用“色彩平衡”命令

▶ **视频位置**：光盘\视频\第14章\实战314.mp4

实战315 使用“照片滤镜”命令

▶ **视频位置**：光盘\视频\第14章\实战315.mp4

实战316 使用“通道混合器”命令

▶ **视频位置**：光盘\视频\第14章\实战316.mp4

实战317 使用“阴影/高光”命令

▶ **视频位置**：光盘\视频\第14章\实战317.mp4

实战318 使用“匹配颜色”命令

▶ **视频位置**：光盘\视频\第14章\实战318.mp4

实战319 使用“替换颜色”命令

▶ **视频位置**：光盘\视频\第14章\实战319.mp4

实战320 使用“黑白”命令

▶ **视频位置**：光盘\视频\第15章\实战320.mp4

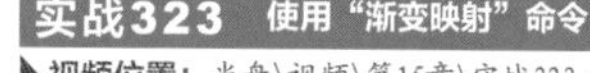

实战321 使用“反相”命令

▶ **视频位置**：光盘\视频\第15章\实战321.mp4

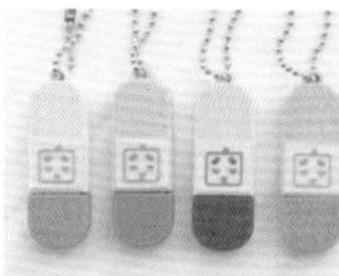

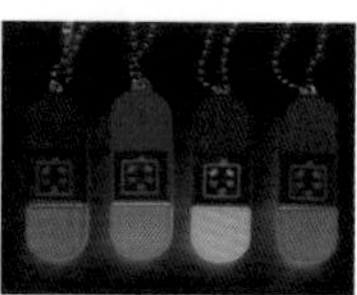

实战322 使用“阈值”命令

▶ **视频位置**：光盘\视频\第15章\实战322.mp4

实战323 使用“渐变映射”命令

▶ **视频位置**：光盘\视频\第15章\实战323.mp4

实战324 使用“可选颜色”命令

▶ 视频位置：光盘\视频\第15章\实战324.mp4

实战325 使用“变化”命令

▶ 视频位置：光盘\视频\第15章\实战325.mp4

实战326 使用“去色”命令

▶ 视频位置：光盘\视频\第15章\实战326.mp4

实战327 使用“色调均化”命令

▶ 视频位置：光盘\视频\第15章\实战327.mp4

实战328 修整曝光不足——提高图像曝光度效果

▶ 视频位置：光盘\视频\第15章\实战328.mp4

实战329 修正曝光不足——设置“亮度/对比度”效果

▶ 视频位置：光盘\视频\第15章\实战329.mp4

实战330 修整曝光过度

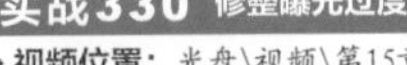

▶ 视频位置：光盘\视频\第15章\实战330.mp4

实战331 调整图像对比度

▶ 视频位置：光盘\视频\第15章\实战331.mp4

实战332 调整图像亮度

▶ 视频位置：光盘\视频\第15章\实战332.mp4

实战333 快速移除照片偏色——调整色彩平衡效果

▶ 视频位置：光盘\视频\第15章\实战333.mp4

实战334 快速移除照片偏色——设置图层样式效果

▶ 视频位置：光盘\视频\第15章\实战334.mp4

实战335 保留特定的色彩

▶ 视频位置：光盘\视频\第15章\实战335.mp4

实战336 调整图像清晰度

▶ 视频位置：光盘\视频\第15章\实战336.mp4

实战337 调整图像灰色风格——调整色阶效果

▶ 视频位置：光盘\视频\第15章\实战337.mp4

实战338 调整图像灰色风格——调整“色相/饱和度”效果

▶ 视频位置：光盘\视频\第14章\实战338.mp4

实战339 调整图像蓝调风格——调整颜色模式效果

▶ 视频位置：光盘\视频\第15章\实战339.mp4

实战340 调整图像蓝调风格——调整“可选颜色”效果

▶ 视频位置：光盘\视频\第15章\实战340.mp4

实战341 调整图像白平衡

▶ 视频位置：光盘\视频\第15章\实战341.mp4

实战342 调整图像色彩平衡

▶ **视频位置：** 光盘\视频\第15章\实战342.mp4

实战343 图像批量减光效果——添加颜色图层效果

▶ **视频位置：** 光盘\视频\第15章\实战343.mp4

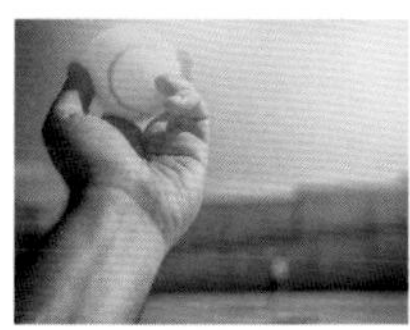
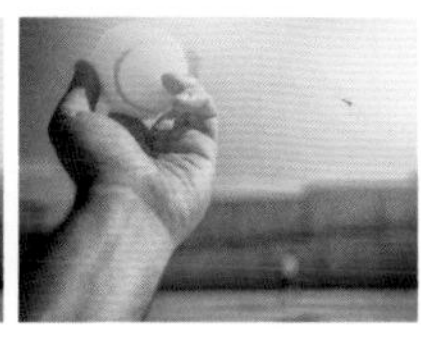

实战344 图像批量减光效果——调整色彩平衡效果

▶ **视频位置：** 光盘\视频\第15章\实战344.mp4

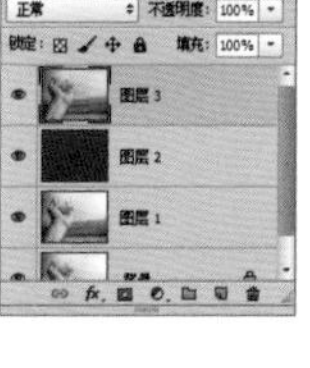

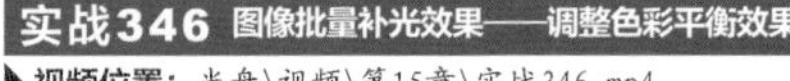

实战345 图像批量补光效果——添加颜色图层效果

▶ **视频位置：** 光盘\视频\第15章\实战345.mp4

实战346 图像批量补光效果——调整色彩平衡效果

▶ **视频位置：** 光盘\视频\第15章\实战346.mp4

实战347 彩色变黑白照片效果

▶ **视频位置：** 光盘\视频\第15章\实战347.mp4

实战348 自动生成黑白照片

▶ **视频位置：** 光盘\视频\第15章\实战348.mp4

实战349 高对比黑白照片效果

▶ **视频位置：** 光盘\视频\第15章\实战349.mp4

实战350 多种风格彩照——调整色阶效果

▶ **视频位置：** 光盘\视频\第15章\实战350.mp4

实战351 多种风格彩照——添加色彩效果并调整

▶ **视频位置：** 光盘\视频\第15章\实战351.mp4

实战352 高对比色彩效果

▶ **视频位置：** 光盘\视频\第15章\实战352.mp4

实战353 蓝天白云效果

▶ **视频位置：** 光盘\视频\第15章\实战353.mp4

实战354 特殊色彩风格效果——调整色彩平衡效果

▶ **视频位置：** 光盘\视频\第15章\实战354.mp4

实战355 特殊色彩风格效果——调整色阶效果

▶ **视频位置：** 光盘\视频\第15章\实战355.mp4

实战356 中性黄绿色效果——设置色相饱和度效果

▶ **视频位置：** 光盘\视频\第15章\实战356.mp4

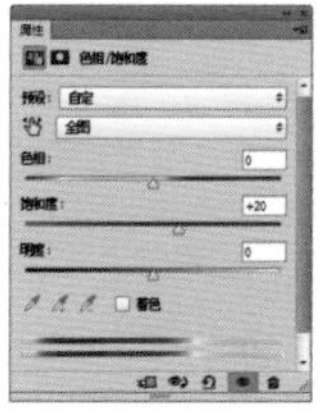

实战357 中性黄绿色效果——设置可选颜色效果

▶ **视频位置：** 光盘\视频\第15章\实战357.mp4

实战358 中性黄绿色效果——设置渐变和曲线效果

▶ **视频位置：** 光盘\视频\第15章\实战358.mp4

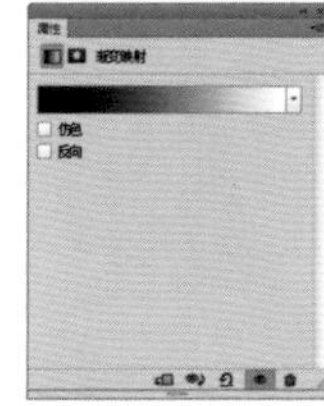

实战359 中性黄绿色效果——最后调整

▶ **视频位置：** 光盘\视频\第15章\实战359.mp4

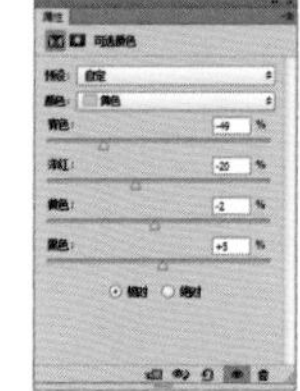

实战360 照片镜头光晕效果——调整图像色彩

▶视频位置：光盘\视频\第15章\实战360.mp4

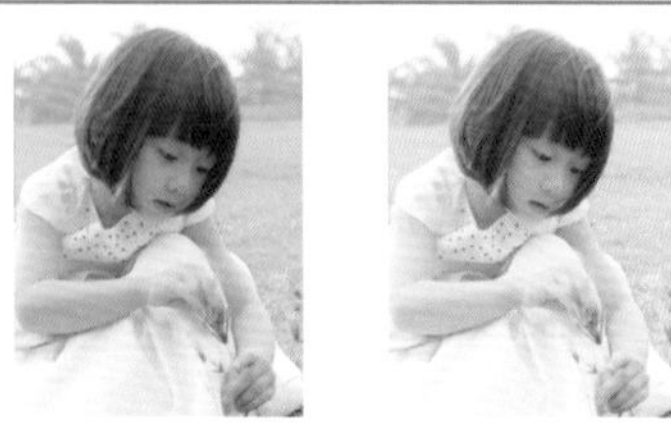

实战361 照片镜头光晕效果——添加“镜头光晕”效果

▶视频位置：光盘\视频\第15章\实战361.mp4

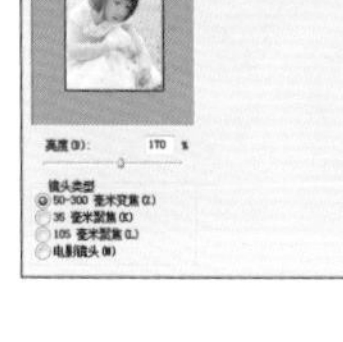

实战362 制作HDR人像效果

▶视频位置：光盘\视频\第15章\实战362.mp4

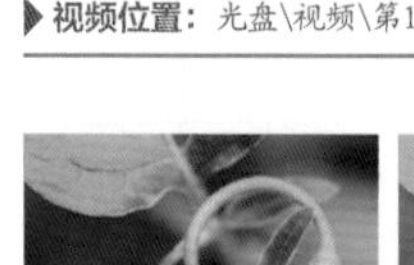

实战363 减少图像杂色

▶视频位置：光盘\视频\第16章\实战363.mp4

实战364 加强照片层次

▶视频位置：光盘\视频\第16章\实战364.mp4

实战365 修复图像暗角

▶视频位置：光盘\视频\第16章\实战365.mp4

实战366 修复反光图像

▶视频位置：光盘\视频\第15章\实战330.mp4

实战367 恢复照片色调

▶视频位置：光盘\视频\第16章\实战367.mp4

实战368 锐化模糊照片

▶视频位置：光盘\视频\第16章\实战368.mp4

实战369 制作时尚卷发

▶视频位置：光盘\视频\第16章\实战369.mp4

实战370 制作时尚睫毛

▶视频位置：光盘\视频\第16章\实战370.mp4

实战371 去除人物红眼

▶视频位置：光盘\视频\第16章\实战371.mp4

实战372 制作大眼美女

▶视频位置：光盘\视频\第16章\实战372.mp4

实战373 制作亮白牙齿

▶视频位置：光盘\视频\第16章\实战373.mp4

实战374 打造艳丽唇彩

▶视频位置：光盘\视频\第16章\实战374.mp4

实战375 去除皮肤污点

▶视频位置：光盘\视频\第16章\实战375.mp4

实战376 打造秀气下巴

▶视频位置：光盘\视频\第16章\实战376.mp4

实战377 去除面部皱纹

▶视频位置：光盘\视频\第16章\实战377.mp4

实战378 添加指甲颜色

视频位置：光盘\视频\第16章\实战378.mp4

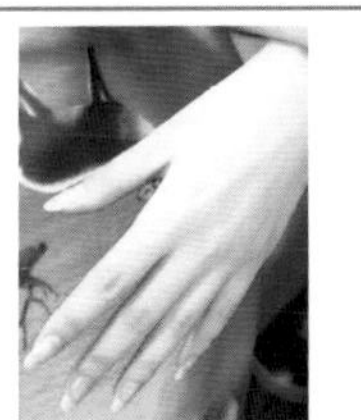
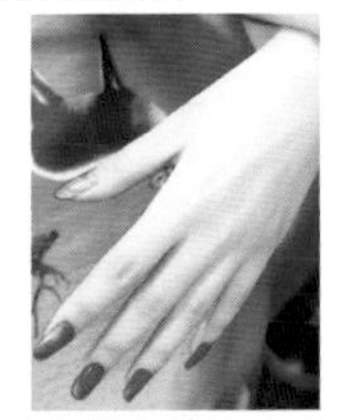

实战379 美白面部皮肤

视频位置：光盘\视频\第16章\实战379.mp4

实战380 添加迷人彩妆

视频位置：光盘\视频\第16章\实战380.mp4

实战381 打造S形身材

视频位置：光盘\视频\第16章\实战381.mp4

实战382 打造个性纹身

视频位置：光盘\视频\第16章\实战382.mp4

实战383 打造性感隆胸

视频位置：光盘\视频\第16章\实战383.mp4

实战384 打造纤细美腿

视频位置：光盘\视频\第16章\实战384.mp4

实战385 打造亮白美腿

视频位置：光盘\视频\第16章\实战385.mp4

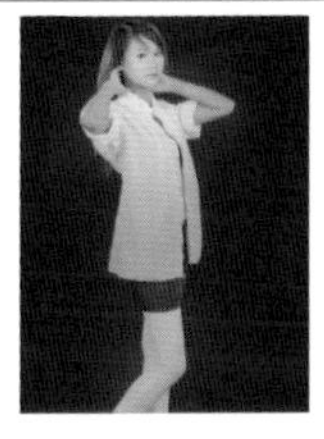

实战386 添加丝袜效果——建立选区

视频位置：光盘\视频\第16章\实战386.mp4

实战388 增强果实诱人色调——增强图像层次感

视频位置：光盘\视频\第16章\实战388.mp4

实战390 增强花卉柔美色调——调整图像层次感

视频位置：光盘\视频\第16章\实战390.mp4

实战392 增强荷塘清新色调

视频位置：光盘\视频\第16章\实战392.mp4

实战393 增强照片艳丽色调——加强画面层次感

视频位置：光盘\视频\第16章\实战393.mp4

实战395 增强食物诱人色调

视频位置：光盘\视频\第16章\实战395.mp4

实战396 增强器皿质感效果

视频位置：光盘\视频\第16章\实战396.mp4

实战397 增强树叶逆光效果

视频位置：光盘\视频\第16章\实战397.mp4

实战398 增强蔬菜艳丽色调

视频位置：光盘\视频\第16章\实战398.mp4

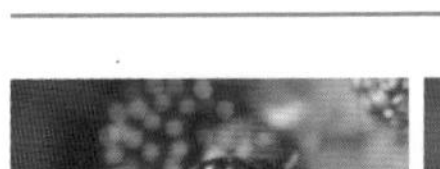

实战399 制作简易黑白边框

视频位置：光盘\视频\第17章\实战399.mp4

实战400　制作纯色边框特效

▶视频位置：光盘\视频\第17章\实战400.mp4

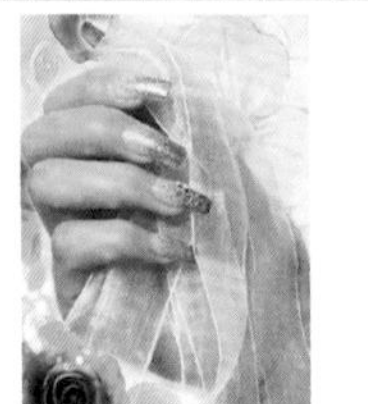

实战401　制作方块边框特效

▶视频位置：光盘\视频\第17章\实战401.mp4

实战402　制作花样边框特效

▶视频位置：光盘\视频\第17章\实战402.mp4

实战403　制作个性边框特效

▶视频位置：光盘\视频\第17章\实战403.mp4

实战404　制作炫彩边框特效

▶视频位置：光盘\视频\第17章\实战404.mp4

实战405　制作碎丝边框特效

▶视频位置：光盘\视频\第17章\实战405.mp4

实战406　制作圆形边框特效

▶视频位置：光盘\视频\第17章\实战406.mp4

实战407　制作闪亮边框特效

▶视频位置：光盘\视频\第17章\实战407.mp4

实战408　制作蕾丝边框特效

▶视频位置：光盘\视频\第17章\实战408.mp4

实战409　制作线性边框特效

▶视频位置：光盘\视频\第17章\实战409.mp4

实战410　制作纹理边框特效

▶视频位置：光盘\视频\第17章\实战410.mp4

实战411　制作卡角边框特效

▶视频位置：光盘\视频\第17章\实战411.mp4

实战412　制作浮雕边框特效

▶视频位置：光盘\视频\第17章\实战412.mp4

实战413　制作木质画框特效

▶视频位置：光盘\视频\第17章\实战413.mp4

实战414　制作复古特效

▶视频位置：光盘\视频\第18章\实战414.mp4

实战415　制作冷蓝特效

▶视频位置：光盘\视频\第18章\实战415.mp4

实战416　制作冷绿特效

▶视频位置：光盘\视频\第18章\实战416.mp4

实战417　制作暖黄特效

▶视频位置：光盘\视频\第18章\实战417.mp4

实战418 制作怀旧特效

▶视频位置：光盘\视频\第18章\实战418.mp4

实战419 制作淡雅特效

▶视频位置：光盘\视频\第18章\实战419.mp4

实战420 制作暗角特效

▶视频位置：光盘\视频\第18章\实战420.mp4

实战421 制作胶片特效

▶视频位置：光盘\视频\第18章\实战421.mp4

实战422 制作梦幻特效

▶视频位置：光盘\视频\第18章\实战422.mp4

实战423 制作LOMO特效

▶视频位置：光盘\视频\第18章\实战423.mp4

实战424 制作非主流特效

▶视频位置：光盘\视频\第18章\实战424.mp4

实战425 制作老照片特效

▶视频位置：光盘\视频\第18章\实战425.mp4

实战426 制作水彩特效

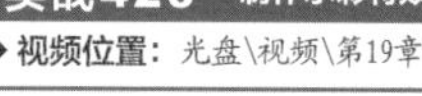

▶视频位置：光盘\视频\第19章\实战426.mp4

实战427 制作龟裂特效

▶视频位置：光盘\视频\第19章\实战427.mp4

实战428 制作喷溅特效

▶视频位置：光盘\视频\第19章\实战428.mp4

实战429 制作影印特效

▶视频位置：光盘\视频\第19章\实战429.mp4

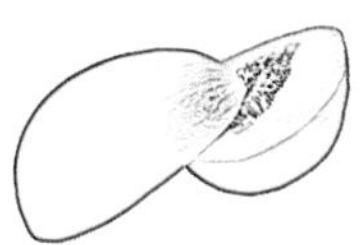

实战430 制作图章特效

▶视频位置：光盘\视频\第19章\实战430.mp4

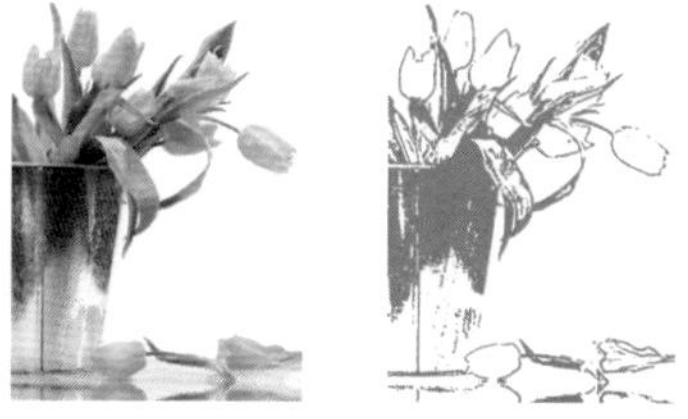

实战431 制作拼缀图特效

▶视频位置：光盘\视频\第19章\实战431.mp4

实战432 制作纹理化特效

▶视频位置：光盘\视频\第19章\实战432.mp4

实战433 制作绘图笔特效

▶视频位置：光盘\视频\第19章\实战433.mp4

实战434 制作基底凸现特效

▶视频位置：光盘\视频\第19章\实战434.mp4

实战435 制作半调图案特效

▶视频位置：光盘\视频\第19章\实战435.mp4

实战436 制作粉笔和炭笔特效

视频位置：光盘\视频\第19章\实战436.mp4

实战437 制作马赛克拼贴特效

视频位置：光盘\视频\第19章\实战437.mp4

实战438 制作木刻特效

视频位置：光盘\视频\第20章\实战438.mp4

实战439 制作颗粒特效

视频位置：光盘\视频\第20章\实战439.mp4

实战440 制作海绵特效

视频位置：光盘\视频\第20章\实战440.mp4

实战441 制作壁画特效

视频位置：光盘\视频\第20章\实战441.mp4

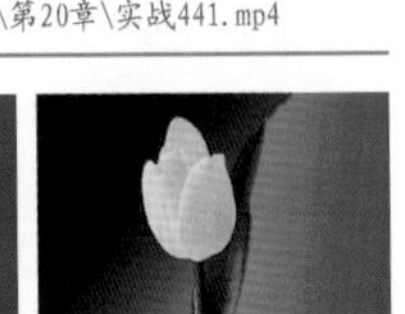

实战442 制作干画笔特效

视频位置：光盘\视频\第20章\实战442.mp4

实战443 制作调色刀特效

视频位置：光盘\视频\第20章\实战443.mp4

实战444 制作涂抹棒特效

视频位置：光盘\视频\第20章\实战444.mp4

实战445 制作彩色半调特效

视频位置：光盘\视频\第20章\实战445.mp4

实战446 制作光圈模糊特效

视频位置：光盘\视频\第20章\实战446.mp4

实战447 制作粗糙蜡笔特效

视频位置：光盘\视频\第20章\实战447.mp4

实战448 制作海报边缘特效

视频位置：光盘\视频\第20章\实战448.mp4

实战449 制作胶片颗粒特效

视频位置：光盘\视频\第20章\实战449.mp4

实战450 制作霓虹灯光特效

视频位置：光盘\视频\第20章\实战450.mp4

实战451 制作海洋波纹特效

视频位置：光盘\视频\第20章\实战451.mp4

实战452 制作塑料包装特效

视频位置：光盘\视频\第20章\实战452.mp4

实战453 制作绘画涂抹特效

视频位置：光盘\视频\第20章\实战453.mp4

实战454 制作扩散亮光特效

视频位置：光盘\视频\第20章\实战454.mp4

实战455 制作油画特效

视频位置：光盘\视频\第20章\实战455.mp4

实战456 制作国画特效

视频位置：光盘\视频\第20章\实战456.mp4

实战457 制作素描特效——制作颗粒和模糊效果

▶ 视频位置：光盘\视频\第20章\实战457.mp4

实战459 制作放射特效

▶ 视频位置：光盘\视频\第20章\实战459.mp4

实战460 制作雪景特效

▶ 视频位置：光盘\视频\第20章\实战460.mp4

实战461 制作雨景特效

▶ 视频位置：光盘\视频\第20章\实战461.mp4

实战462 制作蜡笔特效

▶ 视频位置：光盘\视频\第20章\实战462.mp4

实战463 可调式圆角照片边效果

▶ 视频位置：光盘\视频\第21章\实战463.mp4

实战464 各种2×2照片展示效果——调整图像

▶ 视频位置：光盘\视频\第21章\实战464.mp4

实战468 单张照片的立体空间展示

▶ 视频位置：光盘\视频\第21章\实战468.mp4

实战469 单张照片的九宫格展示——创建色块

▶ 视频位置：光盘\视频\第21章\实战469.mp4

实战472 3×3照片立体展示效果——编辑图像

▶ 视频位置：光盘\视频\第21章\实战472.mp4

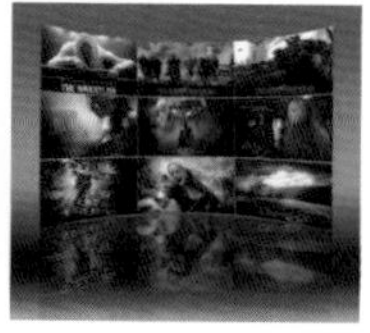

实战476 拍立得照片效果

▶ 视频位置：光盘\视频\第21章\实战476.mp4

实战477 幻灯片展示效果

▶ 视频位置：光盘\视频\第21章\实战477.mp4

实战478 透视边框展示效果

▶ 视频位置：光盘\视频\第21章\实战478.mp4

22.1 漂亮雪景效果

▶ 视频位置：光盘\视频\第22章\实战479~实战481.mp4

22.2 窗外阳光效果

▶ 视频位置：光盘\视频\第22章\实战482~实战487.mp4

22.3 梦幻山水效果

▶ 视频位置：光盘\视频\第22章\实战488~实战489.mp4

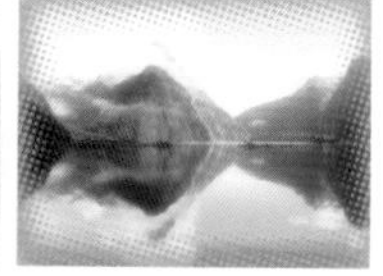

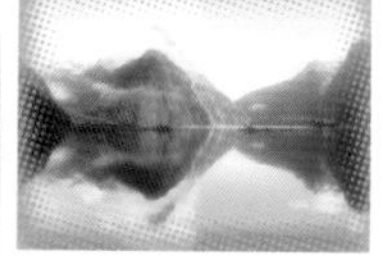

22.4 空中城堡效果

▶ 视频位置：光盘\视频\第22章\实战490~实战493.mp4

22.5 雨后放晴效果

▶ 视频位置：光盘\视频\第22章\实战494~实战495.mp4

23.1 淘宝店庆广告

▶ 视频位置：光盘\视频\第23章\实战496~实战502.mp4

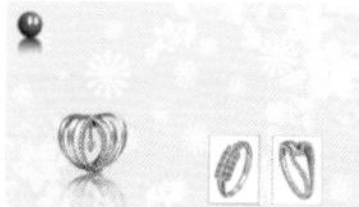

23.2 衣服图片处理

▶ 视频位置：光盘\视频\第23章\实战503~实战506.mp4

23.3 个性手包图片处理

▶ 视频位置：光盘\视频\第23章\实战507~实战511.mp4

23.4 玩具类图片处理

▶ 视频位置：光盘\视频\第23章\实战512~实战515.mp4

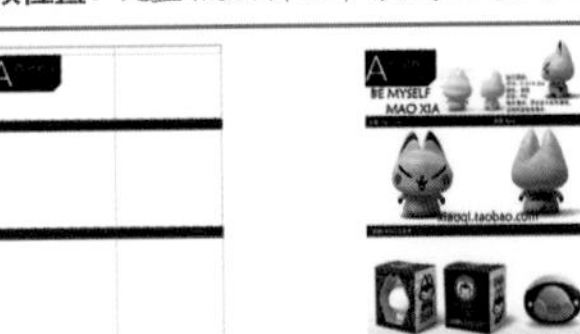

23.5 鞋子图片处理

▶ 视频位置：光盘\视频\第23章\实战516~实战521.mp4

24.1 沐浴阳光照片处理

▶ 视频位置：光盘\视频\第24章\实战522~实战525.mp4

24.2 听海特效照片处理

▶ 视频位置：光盘\视频\第24章\实战526~实战530.mp4

24.3 靓妆美女照片处理

▶ 视频位置：光盘\视频\第24章\实战531~实战534.mp4

24.4 炫彩效果照片处理

▶ 视频位置：光盘\视频\第24章\实战535~实战538.mp4

24.5 制作完美彩妆效果

▶ 视频位置：光盘\视频\第24章\实战539~实战543.mp4

25.1 制作会员卡效果

▶ 视频位置：光盘\视频\第25章\实战544~实战546mp4

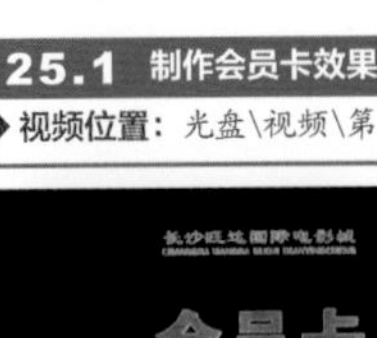

25.2 制作游戏卡效果

▶ 视频位置：光盘\视频\第25章\实战547~实战551.mp4

25.3 制作个人名片效果

▶ 视频位置：光盘\视频\第25章\实战552~实战553.mp4

25.4 制作竖排名片效果

▶ 视频位置：光盘\视频\第25章\实战554~实战557.mp4

25.5 制作贵宾卡效果

▶ 视频位置：光盘\视频\第25章\实战558~实战560.mp4

26.1 玫瑰情缘照片处理

▶ 视频位置：光盘\视频\第26章\实战561~实战564.mp4

26.2 幸福进行曲照片处理

▶ 视频位置：光盘\视频\第26章\实战565~实战570.mp4

26.3 天长地久照片处理

▶ 视频位置：光盘\视频\第26章\实战571~实战574.mp4

26.4 有你真好照片处理

▶ 视频位置：光盘\视频\第26章\实战575~实战577.mp4

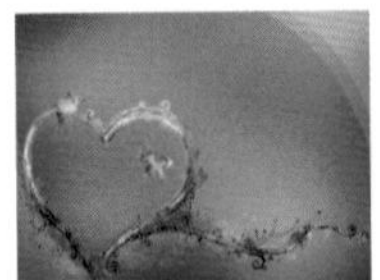

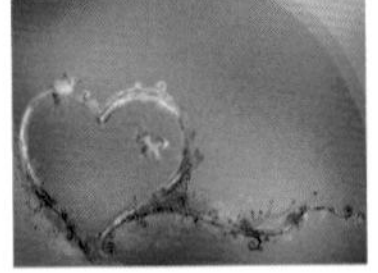

26.5 最真的爱照片处理

▶ 视频位置：光盘\视频\第26章\实战578~实战582.mp4

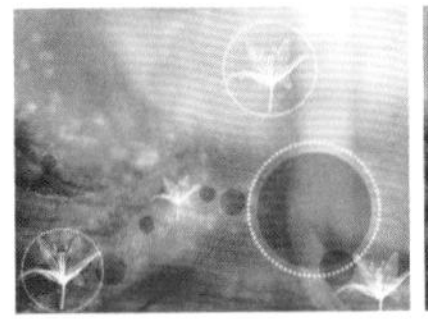

27.1 合成街头广告

▶ 视频位置：光盘\视频\第27章\实战583~实战585.mp4

27.2 制作手机宣传画

▶ 视频位置：光盘\视频\第27章\实战586~实战589.mp4

27.3 制作化妆品广告

▶ 视频位置：光盘\视频\第27章\实战590~实战593mp4

27.4 制作餐厅宣传页

▶ 视频位置：光盘\视频\第27章\实战594~实战596.mp4

27.5 汽车海报招贴

▶ 视频位置：光盘\视频\第27章\实战597~实战600.mp4

Photoshop CC 抠图+修图+调色+合成+特效实战视频教程

华天印象 编著

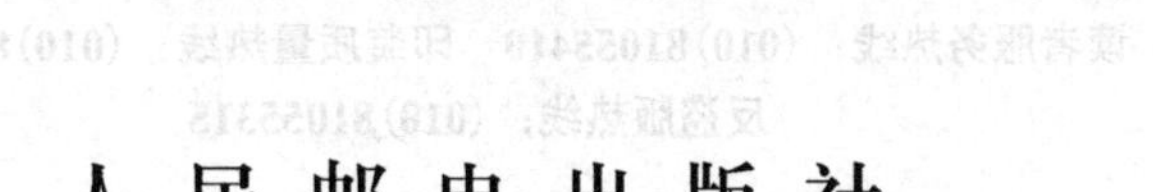

人民邮电出版社
北京

图书在版编目（CIP）数据

Photoshop CC抠图＋修图＋调色＋合成＋特效实战视频教程 / 华天印象编著. -- 北京 : 人民邮电出版社, 2017.1（2019.7 重印）
ISBN 978-7-115-43053-3

Ⅰ. ①P… Ⅱ. ①华… Ⅲ. ①图象处理软件－教材 Ⅳ. ①TP391.413

中国版本图书馆CIP数据核字(2016)第224922号

内 容 提 要

本书通过 600 个实例介绍了 Photoshop CC 的全部功能及使用方法，具体内容包括 Photoshop 基本操作、图层对象的创建与编辑、应用辅助工具处理图像、图像基本修饰、修复问题图像、使用魔棒和命令抠图、使用选区工具抠图、使用橡皮擦工具抠图、使用路径功能抠图、使用通道功能抠图、使用蒙版功能抠图、使用图层模式抠图、选取与填充颜色、色彩基本调整、精修图像色彩、数码照片修饰、图像边框特效、数码暗房特效、图像风格特效、图像特殊效果、图像效果展示、唯美风景创意合成、淘宝图片创意合成、人像画面创意合成、卡片设计创意合成、婚纱照片创意合成和商业广告创意合成等内容，读者学习后可以融会贯通、举一反三，制作出更多更加精彩、完美的效果。

本书结构清晰、语言简洁，随书光盘提供了全部实战案例的素材文件、效果文件，以及操作演示视频。本书适合 Photoshop CC 的初级读者学习使用，包括图像处理人员、照片处理人员、影楼后期修片人员、平面广告设计人员、网络广告设计人员和动漫设计人员等，同时也可作为各类计算机培训中心、中职中专和高职高专等大中专院校相关专业的辅导教材。

◆ 编　　著　华天印象
责任编辑　张丹阳
责任印制　陈　犇
◆ 人民邮电出版社出版发行　　北京市丰台区成寿寺路 11 号
邮编　100164　　电子邮件　315@ptpress.com.cn
网址　http://www.ptpress.com.cn
北京捷迅佳彩印刷有限公司印刷
◆ 开本：787×1092　1/16
印张：44.75　　彩插：12
字数：1480 千字　　2017 年 1 月第 1 版
印数：4 201–5 000 册　　2019 年 7 月北京第 6 次印刷

定价：89.00 元（附光盘）

读者服务热线：(010) 81055410　印装质量热线：(010) 81055316
反盗版热线：(010) 81055315

前言

软件简介

Photoshop是Adobe公司推出的一款图形图像处理软件，它是目前世界上最优秀的平面设计软件之一，广泛应用于广告设计、图像处理、数码摄影、图形制作、影像编辑和建筑效果图设计等诸多领域。本书立足于这款软件的实际操作及行业应用，完全从一个初学者的角度出发，循序渐进地讲解核心知识点，并通过大量实例演练，让读者在最短的时间内成为Photoshop操作高手。

本书特色

特色1：全实战！ 铺就新手成为高手之路：本书为读者奉献的是一本全操作性的实战大餐，共计600个案例，采用“苞丁解牛”的写作思路，步步深入、讲解，直达软件核心、精髓，帮助新手在大量的案例演练中逐步掌握软件的各项技能、核心技术和商业应用，成为超级熟练的软件应用达人、作品设计高手！

特色2：全视频！全程重现所有实例过程：书中600个技能实例，全部录制了带语音讲解的高清教学视频，共计600段，时间长达600多分钟，全程重现书中所有技能实例的操作，读者可以结合书本，也可以独立在电脑、手机中观看高清语音视频演示，轻松、高效学习！

特色3：随时学！开创手机/平板电脑学习模式：随书光盘提供高清视频（MP4格式）可供读者拷入手机、平板电脑中，随时随地观看视频，如同平常在外用手机看新闻、视频一样，利用碎片化的闲暇时间，轻松、愉快地进行学习。

本书内容

本书共分为5篇：入门篇、抠图篇、调色篇、特效篇、创意篇，帮助读者循序渐进，快速学习，具体章节内容如下。

入门篇：第1～5章，专业讲解了Photoshop基本操作、图层对象的创建与编辑、应用辅助工具处理图像、图像基本修饰、修复问题图像等内容。

抠图篇：第6～12章，专业讲解了使用魔棒和命令抠图、使用选区工具抠图、使用橡皮擦工具抠图、使用路径功能抠图、使用通道功能抠图、使用蒙版功能抠图、使用图层模式抠图等内容。

调色篇：第13～16章，专业讲解了选取与填充颜色、色彩基本调整、精修图像色彩、数码照片修饰等内容。

特效篇：第17～21章，专业讲解了图像边框特效、数码暗房特效、图像风格特效、图像特殊效果、图像效果展示等内容。

创意篇：第22～27章，专业讲解了唯美风景创意合成、淘宝图片创意合成、人像画面创意合成、卡片设计创意合成、婚纱照片创意合成、商业广告创意合成等内容。

读者售后

本书由华天印象编著，由于信息量大、时间仓促，书中难免存在疏漏与不妥之处，欢迎广大读者来信咨询和指正，联系邮箱：itsir@qq.com。

编　者

目录

入门篇

第1章 Photoshop基本操作

第2章 图层对象的创建与编辑

第3章 应用辅助工具处理图像

第7章 使用选区工具抠图

第8章 使用橡皮擦工具抠图

第9章 使用路径功能抠图

第10章 使用通道功能抠图

第11章 使用蒙版功能抠图

第12章 使用图层模式抠图

调色篇

第13章 选取与填充颜色

第14章 色彩基本调整

第15章 精修图像色彩

第16章 数码照片修饰

第17章 图像边框特效

第18章 数码暗房特效

第19章 图像风格特效

第20章 图像特殊效果

第21章 图像效果展示

创意篇

第22章 唯美风景创意合成

第23章 淘宝图片创意合成

第24章 人像画面创意合成

第25章 卡片设计创意合成

第26章 婚纱照片创意合成

第27章 商业广告创意合成

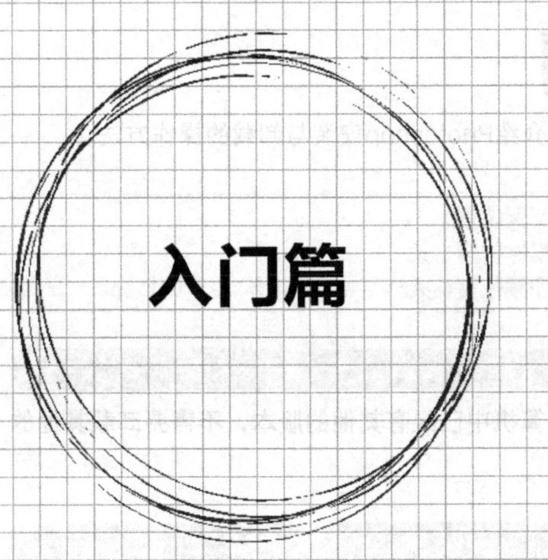

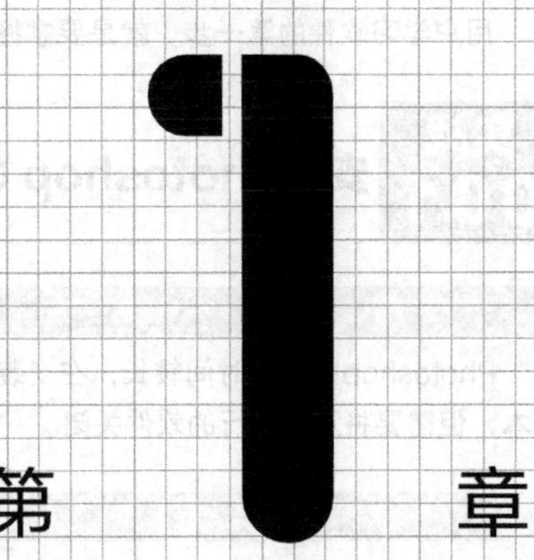

第1章 Photoshop基本操作

本章导读

本章主要介绍Photoshop CC的安装与卸载，以及Photoshop的基本操作。

要点索引

- Photoshop CC的安装与卸载
- 启动与退出Photoshop CC
- 图像文件基本操作
- 置入与导出文件
- 撤销和还原图像操作
- 管理Photoshop窗口
- 设置Photoshop工作区
- 优化系统参数

1.1 Photoshop CC的安装与卸载

用户学习软件的第一步，就是要掌握这个软件的安装方法，下面主要介绍Photoshop安装与卸载的操作方法。

实战001 安装Photoshop CC的方法

▶实例位置：无
▶素材位置：无
▶视频位置：光盘\视频\第1章\实战001.mp4

• 实例介绍 •

Photoshop的安装时间较长，在安装的过程中需要耐心等待。如果计算机中已经有其他的版本，不需要卸载其他的版本，但需要将正在运行的软件关闭。

• 操作步骤 •

STEP 01 打开Photoshop CC的安装软件文件夹，双击Setup.exe图标，安装软件开始初始化。初始化之后，会显示一个“欢迎”界面，选择“试用”选项，如图1-1所示。

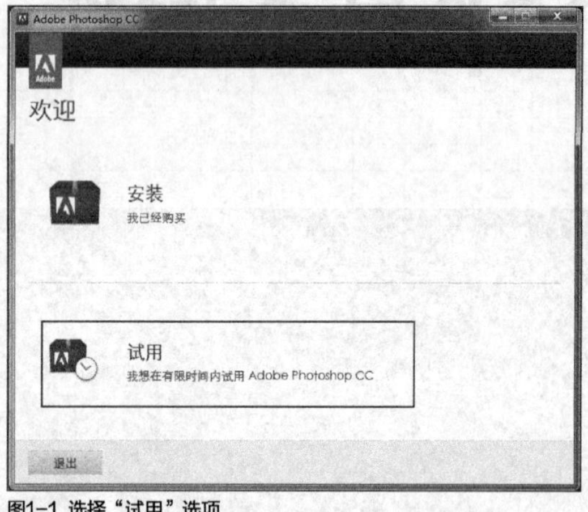

图1-1 选择“试用”选项

STEP 02 执行上述操作后，进入“需要登录”界面，单击“登录”按钮，如图1-2所示。

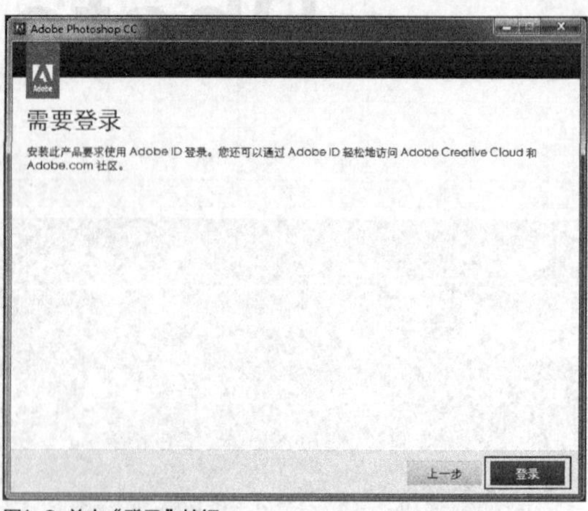

图1-2 单击“登录”按钮

知识扩展

Photoshop是目前最流行的图像处理软件之一，它经过近23年的发展完善，已经成为功能相当强大、应用极其广泛的应用软件，被誉为“神奇的魔术师”。

Photoshop是美国Adobe公司开发的优秀图形图像处理软件，它的理论基础是色彩学，通过对图像中各像素的数字描述，实现了对数字图像的精确调控。Photoshop可以支持多种图像格式和色彩模式，能同时进行多图层处理，它的无所不能的选择工具、图层工具、滤镜工具能使用户得到各种手工处理或其他软件无法得到的美妙图像效果。不但如此，Photoshop还具有开放式结构，能兼容大量的图像输入设备，如扫描仪和数码相机等。

STEP 03 执行上述操作后，进入相应界面，单击“以后登录”按钮（需要断开网络连接），如图1-3所示。

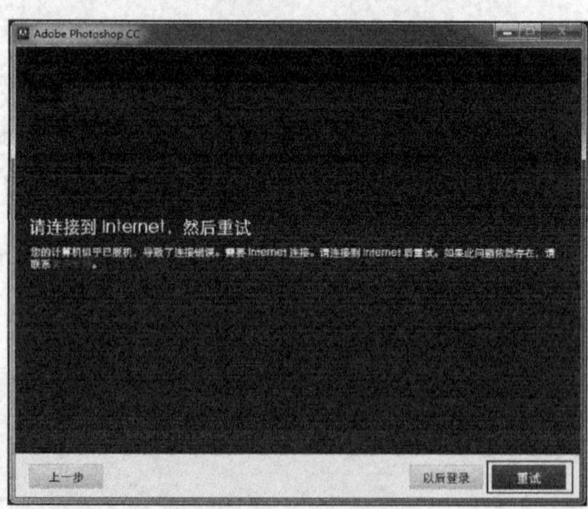

图1-3 单击“以后登录”按钮

STEP 04 执行上述操作后，即可进入“Adobe软件许可协议”界面，单击“接受”按钮，如图1-4所示。

图1-4 单击“接受”按钮

STEP 05 执行上述操作后，进入“选项”界面，在“位置”下方的文本框中设置相应的安装位置，然后单击“安装”按钮，如图1-5所示。

图1-5 单击“安装”按钮

STEP 06 执行上述操作后，系统会自动安装软件，进入“安装”界面，显示安装进度，如图1-6所示，如果用户需要取消，单击左下角的“取消”按钮即可。

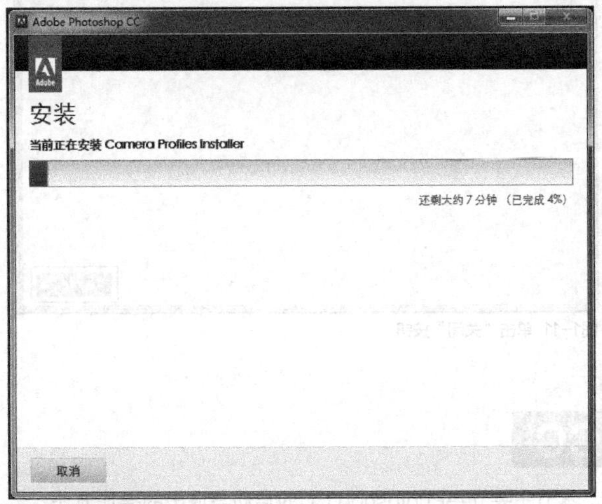

图1-6 显示安装进度

STEP 07 在弹出的相应窗口中提示此次安装完成，然后单击右下角的“关闭”按钮，如图1-7所示，即可完成Photoshop CC的安装操作。

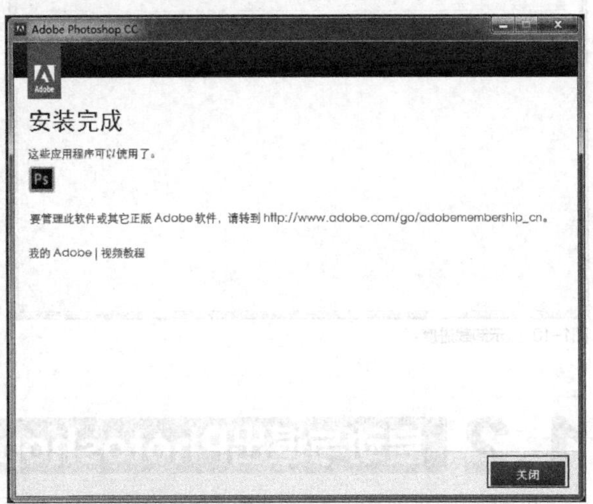

图1-7 单击“关闭”按钮

实战002 卸载Photoshop CC的方法

- 实例位置：无
- 素材位置：无
- 视频位置：光盘\视频\第1章\实战002.mp4

• 实例介绍 •

Photoshop CC的卸载方法比较简单，在这里用户需要借助Windows的卸载程序进行操作，或者运用杀毒软件中的卸载功能来进行卸载。如果用户想要彻底地移除Photoshop相关文件，就需要找到Photoshop的安装路径，删掉这个文件夹即可。

• 操作步骤 •

STEP 01 在Windows操作系统中打开“控制面板”窗口，单击“程序和功能”图标，在弹出的窗口中选择Adobe Photoshop CC选项，然后单击“卸载”按钮，如图1-8所示。

STEP 02 在弹出的“卸载选项”窗口中选中需要卸载的软件，然后单击右下角的“卸载”按钮，如图1-9所示。

图1-8 单击“卸载”按钮

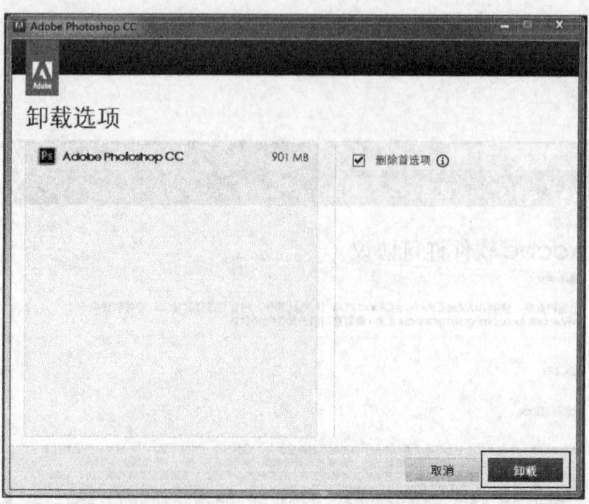

图1-9 单击“卸载”选项

STEP 03 执行操作后，系统开始卸载，进入“卸载”窗口，显示软件卸载进度，如图1-10所示。

STEP 04 稍等片刻，弹出相应窗口，单击右下角的“关闭”按钮，如图1-11所示，即可完成卸载。

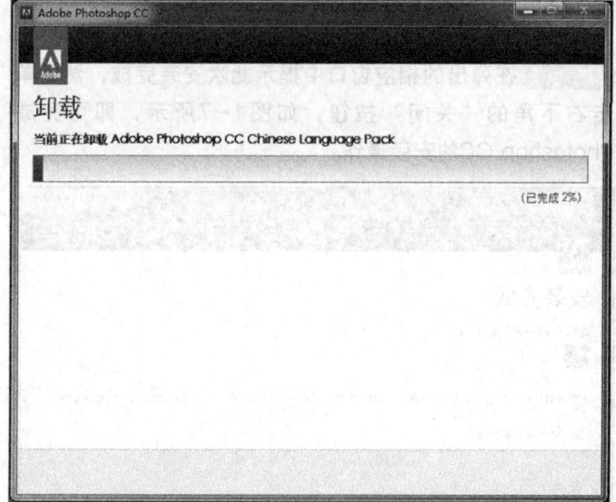

图1-10 显示卸载进度

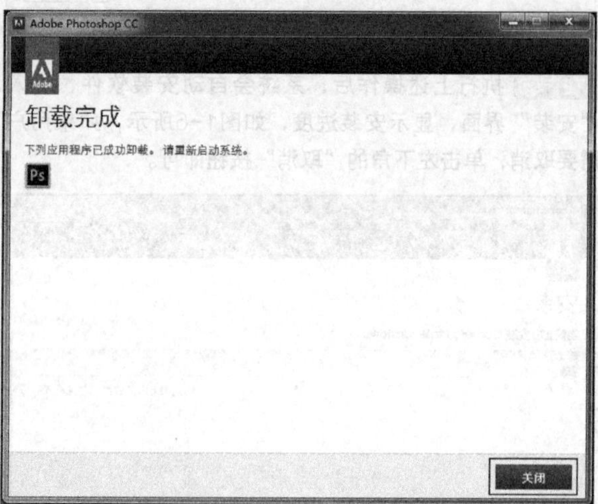

图1-11 单击“关闭”按钮

1.2 启动与退出Photoshop CC

用户使用软件的第一步，就是要掌握这个软件的打开方法，本节主要介绍Photoshop CC的启动与退出的操作方法。

实战003 启动Photoshop CC

▶实例位置：无
▶素材位置：无
▶视频位置：光盘\视频\第1章\实战003.mp4

• 实例介绍 •

由于Photoshop程序需要较大的运行内存，所以Photoshop CC的启动时间较长，在启动的过程中需要耐心等待。

• 操作步骤 •

STEP 01 拖曳鼠标至桌面上的Photoshop CC快捷方式图标上，双击鼠标左键，即可启动Photoshop CC程序，如图1-12所示。

STEP 02 程序启动后，即可进入Photoshop的工作界面，如图1-13所示。

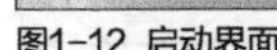
图1-12 启动界面

图1-13 Photoshop工作界面

知识扩展

启动Photoshop CC，还有以下两种方法。

➢ 单击“开始”|“所有程序”|“Adobe Photoshop CC”命令，如图1-14所示。

➢ 拖曳鼠标至桌面上的Photoshop CC快捷方式图标上，单击鼠标右键，在弹出的快捷菜单中选择“打开”选项，如图1-15所示。

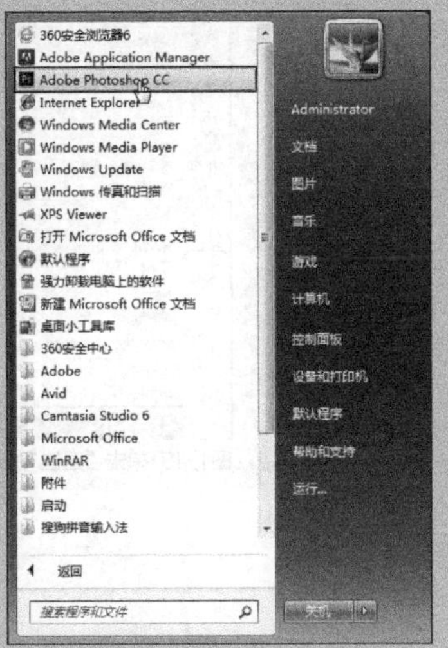

图1-14 单击“Adobe Photoshop CC”命令

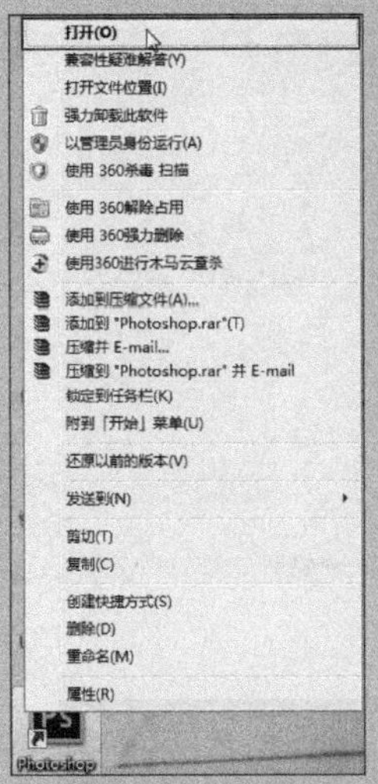

图1-15 选择“打开”选项

➢ 双击计算计中已经存盘的任意一个PHOTOSHOPD格式的Photoshop文件。

实战004 退出Photoshop CC

▶实例位置：无
▶素材位置：无
▶视频位置：光盘\视频\第1章\实战004.mp4

•实例介绍•

在完成图像处理后，或者在使用完Photoshop软件后，就需要关闭Photoshop程序以保证电脑运行速度。

•操作步骤•

STEP 01 单击Photoshop窗口右上角的“关闭”按钮，如图1-16所示。

STEP 02 若在工作界面中进行了部分操作，之前也未保存，在退出该软件时，弹出信息提示对话框，如图1-17所示，单击“是”按钮，将保存文件；单击“否”按钮，将不保存文件；单击“取消”按钮，将不退出Photoshop程序。

图1-16 单击“关闭”按钮

图1-17 信息提示框

知识扩展

除了运用上述方法退出Photoshop外，还有以下两种方法。

➢ 命令：单击“文件”|“退出”命令，如图1-18所示。

➢ 快捷键：按【Alt＋F4】组合键。

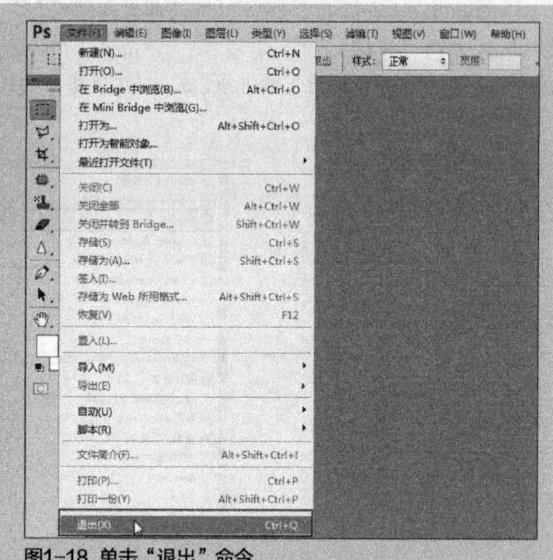
图1-18 单击“退出”命令

1.3 图像文件基本操作

Photoshop作为一款图像处理软件，绘图和图像处理是它的看家本领。在使用Photoshop开始创作之前，需要先了解此软件的一些常用操作，如新建文件、打开文件、储存文件和关闭文件等。熟练掌握各种操作，才可以更好、更快地设计作品。

实战005 新建图像文件

▶实例位置：无

▶素材位置：无

▶视频位置：光盘\视频\第1章\实战005.mp4

• 实例介绍 •

在Photoshop面板中，用户若想要绘制或编辑图像，首先需要新建一个空白文件，然后才可以继续进行下面的工作。

• 操作步骤 •

STEP 01 单击“文件”|“新建”命令，在弹出的“新建”对话框中设置各选项，如图1-19所示。

STEP 02 执行操作后，单击“确定”按钮，即可新建一个空白的图像文件，如图1-20所示。

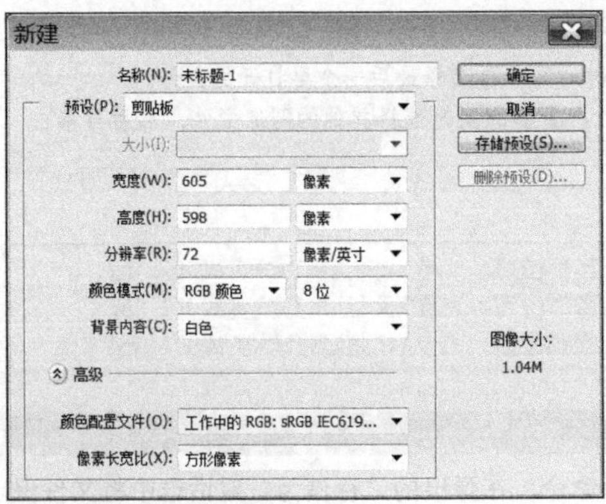

图1-19 弹出“新建”对话框

图1-20 新建空白图像文件

知识扩展

“新建”对话框各个参数的介绍如下。

- 名称：设置文件的名称，也可以使用默认的文件名。创建文件后，文件名会自动显示在文档窗口的标题栏中。
- 预设：可以选择不同的文档类别，如Web、A3打印纸、A4打印纸、胶片和视频常用的尺寸预设。
- 宽度/高度：用来设置文档的宽度和高度，在各自的右侧下拉列表框中选择单位，如像素、英寸、毫米、厘米等。
- 分辨率：设置文件的分辨率。在右侧的下拉列表框中可以选择分辨率的单位，如“像素/英寸”“像素/厘米”。
- 颜色模式：用来设置文件的颜色模式，如“位图”“灰度”“RGB颜色”“CMYK颜色”等。
- 背景内容：设置文件背景内容，如“白色”“背景色”“透明”。
- 存储预设：单击此按钮，打开“新建文档预设”对话框，可以输入预设名称并选择相应的选项。
- 删除预设：当选择自定义的预设文件以后，单击此按钮，可以将其删除。
- 图像大小：读取使用当前设置的文件大小。

专家提醒

除了运用命令创建图像以外，也可以按【Ctrl+N】组合键创建图像文件。

实战006 打开图像文件

- 实例位置：无
- 素材位置：光盘\素材\第1章\实战006.jpg
- 视频位置：光盘\视频\第1章\实战006.mp4

• 实例介绍 •

在Photoshop中经常需要打开一个或多个图像文件进行编辑和修改，它可以打开多种文件格式，也可以同时打开多个文件。

• 操作步骤 •

STEP 01 单击“文件”|“打开”命令，在弹出的“打开”对话框中，选择需要打开的图像文件，如图1-21所示。

STEP 02 单击“打开”按钮，即可打开选择的图像文件，如图1-22所示。

图1-21 选择要打开的文件

图1-22 打开的图像文件

专家提醒

如果要打开一组连续的文件，可以在选择第一个文件后，按住【Shift】键的同时再选择最后一个要打开的文件。

如果要打开一组不连续的文件，可以在选择第一个图像文件后，按住【Ctrl】键的同时选择其他的图像文件，然后再单击“打开”按钮。

实战007 保存图像文件

▶实例位置：光盘\实例\第1章\实战007.jpg
▶素材位置：光盘\素材\第1章\实战007.jpg
▶视频位置：光盘\视频\第1章\实战007.mp4

• 实例介绍 •

如果需要将处理好的图像文件保存，只要单击“文件”|“存储为”命令，在弹出的“存储为”对话框中将文件保存即可。

知识扩展

“另存为”对话框各个文本框的介绍如下。

➢ 保存在：用户保存图层文件的位置。
➢ 文件名/格式：用户可以输入文件名，并根据不同的需要选择文件的保存格式。
➢ 作为副本：选中该复选框，可以另存一个副本，并且与源文件保存的位置一致。
➢ 注释：用户自由选择是否存储注释。
➢ Alpha通道/图层/专色：用来选择是否存储Alpha通道、图层和专色。
➢ 使用校样设置：当文件的保存格式为EPS或PDF时，才可选中该复选框，用于保存打印用的校样设置。
➢ ICC配置文件：用于保存嵌入文档中的ICC配置文件。
➢ 缩览图：创建图像缩览图，方便以后在“打开”对话框中的底部显示预览图。

• 操作步骤 •

STEP 01 单击“文件”|“打开”命令，打开一幅素材图像，如图1-23所示。

图1-23 打开素材图像

STEP 02 单击“文件”|“存储为”命令，弹出“存储为”对话框，设置文件名称与保存路径，然后单击“保存”按钮即可，如图1-24所示。

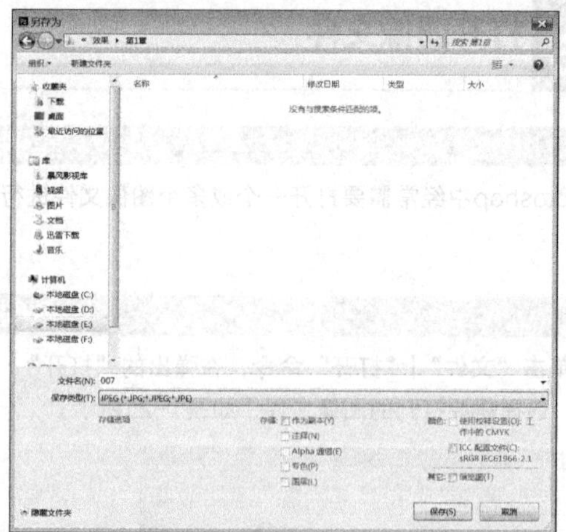

图1-24 单击“保存”按钮

知识扩展

Photoshop所支持的图像格式有二十几种，因此它可以作为一个转换图像格式的工具来使用。在其他软件中导入图像，可能会受到图像格式的限制而不能导入，此时用户可以使用Photoshop将图像格式转为软件所支持的格式。单击“保存类型”右侧的三角形下拉按钮，即可弹出保存格式列表，如图1-25所示。

➢ PDF格式：PDF（便携文档）格式是一种通用的文件格式，支持矢量数据和位图数据，具有电子文档搜索和导航功能，是Adobe Illustrator和Adobe Acrobat的主要格式。PDF格式支持RGB、CMYK、索引、灰度、位图和LAB模式，不支持Alpha。

➢ Raw格式：Raw格式是一种灵活的文件格式，用于在应用程序与计算机平台之间传递图像。该格式支持具有Alpha通道的CMYK/RGB和灰度模式，以及无Alpha信道的多信道、LAB、索引和双色调模式等。

➢ PCX格式：PCX格式采用GLE无损压缩方式，支持24位、256色的图像，适合保存索引和线画稿模式的图像。该格式支持RGB、索引、灰度和位图模式，以及一个颜色通道。

➢ Pixar格式：Pixar格式是转为高端图形应用程序设计的文件格式。它支持具有单个Alpha通道的RGB和灰度图像。

➢ DICOM格式：DICOM（医学数字成像和通行）格式通常用于传输和存储医学图像，如超声波DICOM和扫描图像。文件包含图像数据和标头，其中存储了有关病人和医学图像的信息。

➢ PNG格式：PNG用于无损压缩和在WEB上显示图像。与GIF不同，PGG支持244位图像，并产生无锯齿状的透明背景，但某些早期的浏览器不支持该格式。

➢ Sciter格式：Scitex（连续色调）格式用于Scitex计算机上的高端图像处理，该格式支持CMYK、RGB和灰度图像，不支持Alpha通道。

➢ TAG格式：TAG格式专用于Truevision视频板的系统，它支持一个单独Alpha通道的32位RGB文件，以及无Alpha通道的索引、灰度模式，16位和24位的RGB文件。

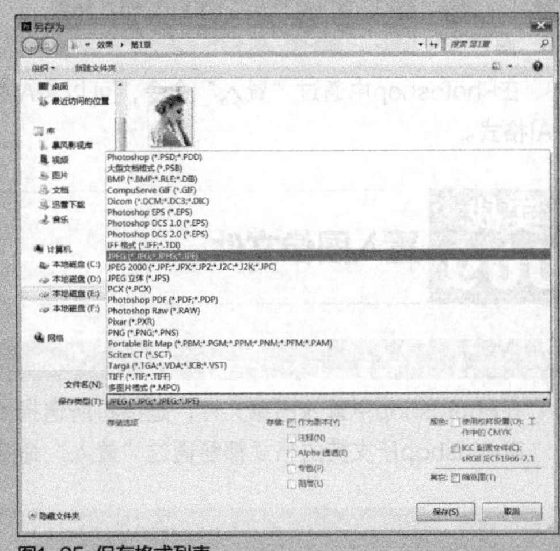

图1-25 保存格式列表

➢ 便携位图格式：便携位图支持单色位图，可用于无损数据传输。因为许多应用程序都支持此格式，甚至可以在简单的文本编辑器中编辑或创建此类文件。

实战008 关闭图像文件

▶实例位置：无
▶素材位置：无
▶视频位置：光盘\视频\第1章\实战008.mp4

• 实例介绍 •

运用Photoshop软件的过程中，当新建或打开许多文件时，就需要选择需要关闭的图像文件，然后再进行下一步的工作。

• 操作步骤 •

STEP 01 单击“文件”|“关闭”命令，如图1-26所示。

图1-26 单击“关闭”命令

STEP 02 执行操作后，即可关闭当前工作的图像文件，如图1-27所示。

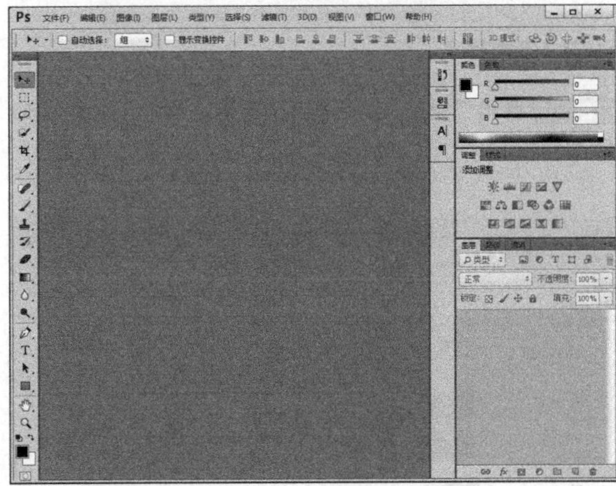

图1-27 关闭文件

专家提醒

除了运用上述方法关闭图像文件外，还有以下4种常用的方法。

➢ 快捷键1：按【Ctrl+W】组合键，关闭当前文件。

➢ 快捷键2：按【Alt+Ctrl+W】组合键，关闭所有文件。

➢ 快捷键3：按【Ctrl+Q】组合键，关闭当前文件并退出Photoshop。

➢ 按钮：单击图像文件标题栏上的“关闭”按钮 × 。

1.4 置入与导出文件

在Photoshop中通过“置入”命令，可以将AI格式的文件置入当前编辑的文件中，通过“导出”命令可将路径导出为AI格式。

实战009 置入图像文件

▶实例位置：光盘\实例\第1章\实战009.psd
▶素材位置：光盘\素材\第1章\实战009-1.jpg、实战009-2.jpg
▶视频位置：光盘\视频\第1章\实战009.mp4

• 实例介绍 •

在Photoshop中置入图像文件，是指将所选择的文件置入到当前编辑窗口中，然后在Photoshop中进行编辑。Photoshop所支持的格式都能通过“置入”命令将指定的图像文件置于当前编辑的文件中。

• 操作步骤 •

STEP 01 单击“文件”|“打开”命令，打开一幅素材图像，如图1-28所示。

图1-28 打开素材图像

STEP 02 然后单击“文件”|“置入”命令，如图1-29所示。

图1-29 单击“置入”命令

STEP 03 弹出“置入”对话框，选择置入文件，如图1-30所示。

图1-30 选择置入文件

STEP 04 单击“置入”按钮，即可置入图像文件，如图1-31所示。

图1-31 置入图像文件

STEP 05 将鼠标指针移至置入文件控制点上，按住【Ctrl】键的同时单击鼠标左键，等比例缩放图片，如图1-32所示。

图1-32 等比例缩放图像

STEP 06 执行上述操作后，按【Enter】键确认，得到最终效果，如图1-33所示。

图1-33 调整图像大小

知识扩展

在Photoshop中可以对视频帧、注释和WIA等内容进行编辑，当新建或打开图像文件后，单击“文件”|“导入”命令，可将内容导入到图像中。导入文件是因为一些特殊格式无法直接打开，Photoshop软件无法识别，导入的过程中软件会自动把它转换为可识别格式，打开的就是软件可以直接识别的文件格式，Photoshop直接保存会默认存储为psd格式文件，另存为或导出就可以根据需求存储为特殊格式。

知识扩展

运用“置入”命令，可以在图像中放置EPS、AI、PDP和PDF格式的图像文件，该命令主要用于将一个矢量图像文件转换为位图图像文件。放置一个图像文件后，系统将创建一个新的图层。需要注意的是，CMYK模式的图片文件只能置入与其模式相同的图片。

实战010 导出图像文件

▶实例位置：无
▶素材位置：光盘\素材\第1章\实战010.jpg
▶视频位置：光盘\视频\第1章\实战010.mp4

• 实例介绍 •

在Photoshop中创建或编辑的图像可以导出到Zoomify、Illustrator和视频设备中，以满足用户的不同需求。如果在Photoshop中创建了路径，需要进一步处理，可以将路径导出为AI格式，在Illustrator中可以继续对路径进行编辑。

• 操作步骤 •

STEP 01 单击“文件”|“打开”命令，打开一幅素材图像，如图1-34所示。

STEP 02 单击“窗口”|“路径”命令，如图1-35所示。

图1-34 打开素材图像

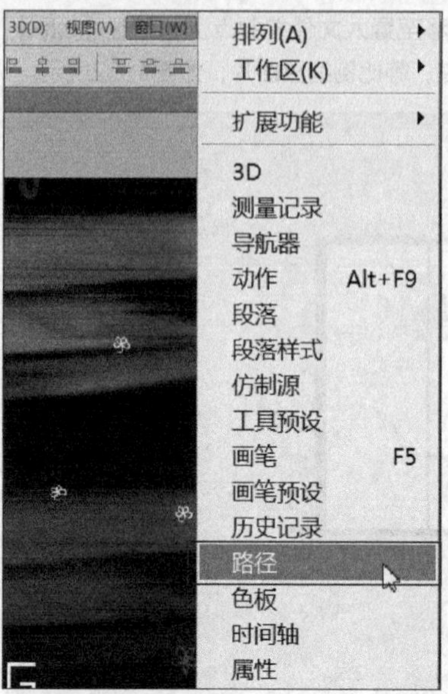

图1-35 单击“路径”命令

STEP 03 展开“路径”面板，选择“工作路径”选项，如图1-36所示。

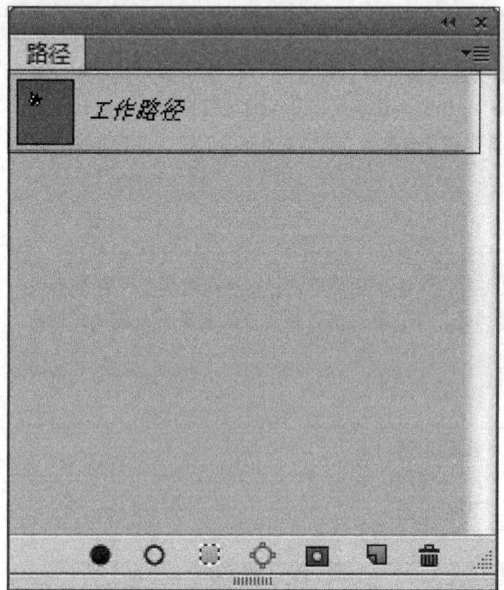

图1-36 选择“工作路径”选项

STEP 04 执行上述操作后，最终效果如图1-37所示。

图1-37 最终效果

STEP 05 单击“文件”|“导出”|“路径到Illustrator”命令，如图1-38所示。

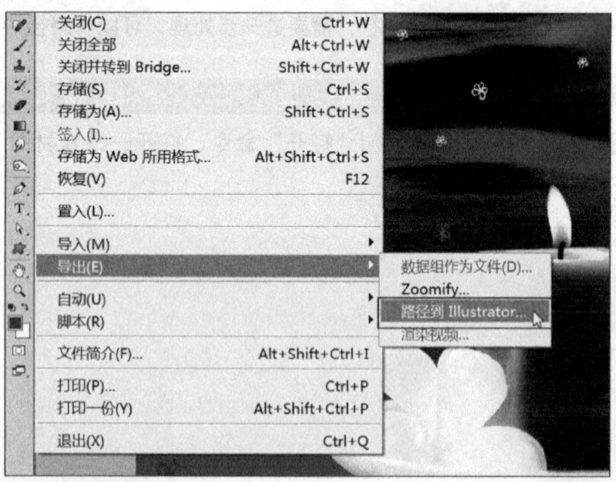

图1-38 单击相应命令

STEP 06 弹出“导出路径到文件”对话框，保持默认设置，如图1-39所示，单击“确定”按钮。

图1-39 单击“确定”按钮

STEP 07 弹出“选择存储路径的文件名”对话框，设置文件名称和存储格式，单击“保存”按钮，如图1-40所示，即可完成导出文件的操作。

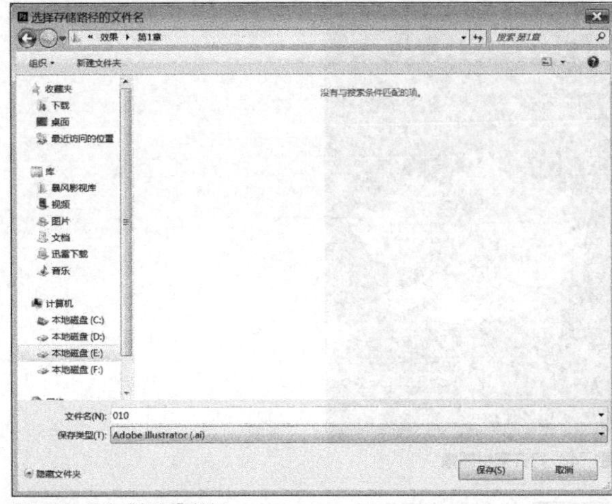

图1-40 单击“保存”按钮

专家提醒

使用Windows剪贴板不仅可以将其他应用程序中的图像置入到Photoshop中，也可以将Photoshop中的图像导出到其他的应用程序中。

单击“文件”|“脚本”|“将图层导出到文件”命令，如图1-41所示，即可弹出“将图层导出到文件”对话框，如图1-42所示。

在“目标”选项区中，单击“浏览”按钮，即可在弹出的“选择文件夹”对话框中为导出的文件设置目标路径，如图1-43所示。默认情况下，生成的文件存储在与源文件相同的文件夹中。

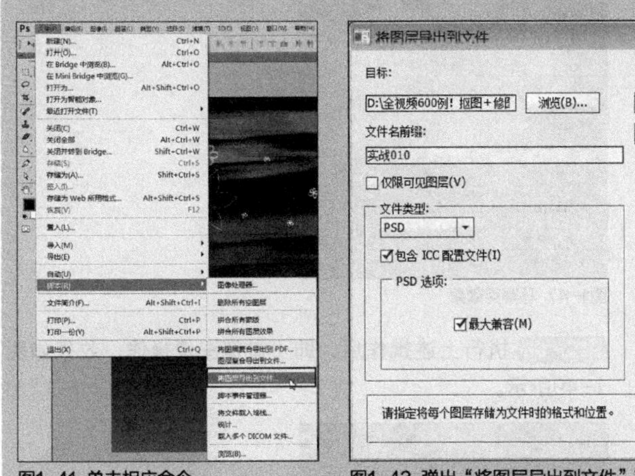

图1-41 单击相应命令　　图1-42 弹出“将图层导出到文件”对话框

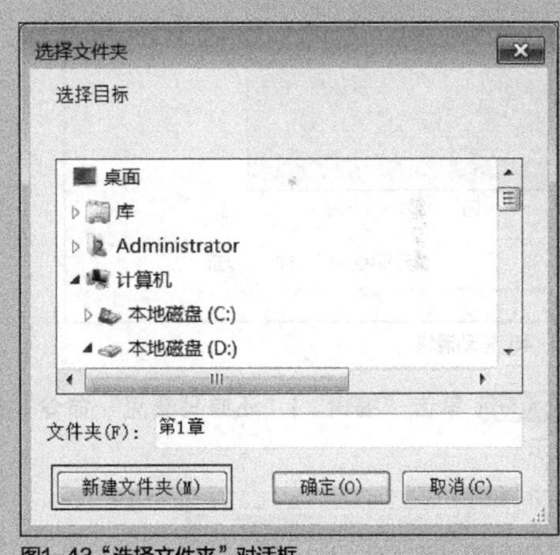

图1-43“选择文件夹”对话框

1.5 撤销和还原图像操作

在处理图像的过程中，用户可以对已完成的操作进行撤销和重做，熟练地运用撤销和重做功能将会给工作带来极大的方便。

实战011 菜单撤销图像操作

▶实例位置：无
▶素材位置：光盘\素材\第1章\实战011.jpg
▶视频位置：光盘\视频\第1章\实战011.mp4

• 实例介绍 •

在用户进行图像处理时，如果需要恢复操作前的状态，就需要进行撤销操作。

• 操作步骤 •

STEP 01 单击"文件"|"打开"命令，打开一幅素材图像，如图1-44所示。

图1-44 打开素材图像

STEP 02 单击"滤镜"|"像素化"|"马赛克"命令，如图1-45所示。

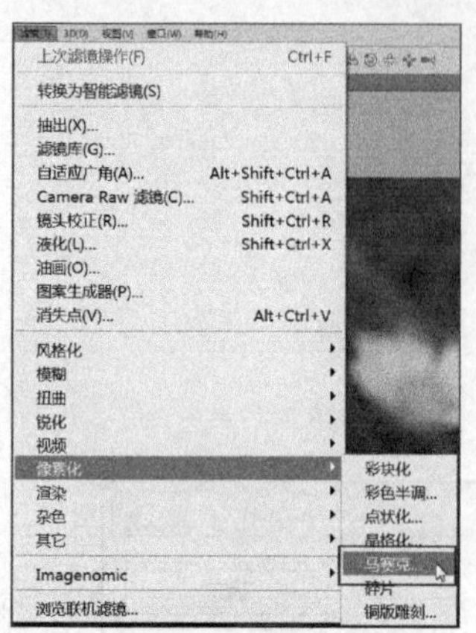

图1-45 单击"马赛克"命令

STEP 03 执行上述操作后，即可弹出"马赛克"对话框，拖动"单元格大小"下方的滑块，设置大小为50方形，如图1-46所示。

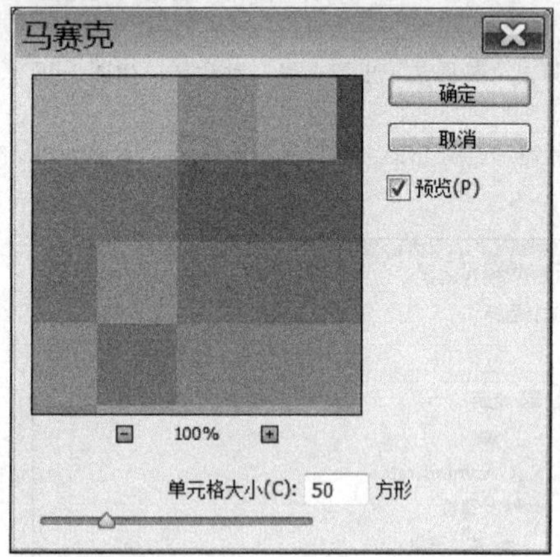

图1-46 拖动滑块

STEP 04 单击"确定"按钮，即可制作马赛克效果，如图1-47所示。

图1-47 马赛克效果

STEP 05 单击"编辑"|"还原马赛克"命令，如图1-48所示。

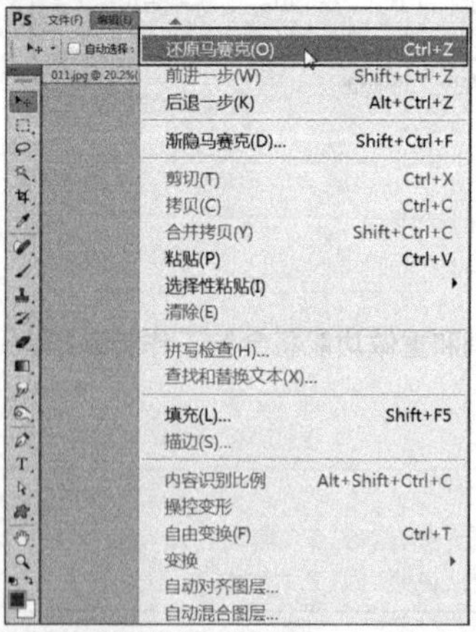

图1-48 单击相应命令

STEP 06 执行上述操作后，即可撤销图像操作，效果如图1-49所示。

图1-49 最终效果

知识扩展

“编辑”菜单中的“后退一步”命令，是指将当前图像文件中用户近期的操作进行逐步撤销，默认的最大撤销步骤数为20步。“编辑”菜单中的还原命令，是指将当前修改过的文件撤销用户最后一次执行的操作。这两个菜单命令的功能都非常强大，用户可以根据图像中的实际需要进行相应操作。

实战012 面板撤销任意操作

▶实例位置：无
▶素材位置：光盘\素材\第1章\实战012.jpg
▶视频位置：光盘\视频\第1章\实战012.mp4

• 实例介绍 •

在处理图像时，Photoshop会自动将已执行的操作记录在“历史记录”面板中，用户可以使用该面板撤销前面所进行的任何操作，还可以在图像处理过程中为当前结果创建快照，并且还可以将当前图像处理结果保存为文件。

• 操作步骤 •

STEP 01 单击“文件”|“打开”命令，打开一幅素材图像，此时图像编辑窗口中的图像显示如图1-50所示。

图1-50 打开素材图像

STEP 02 单击“滤镜”|“模糊”|“高斯模糊”命令，如图1-51所示。

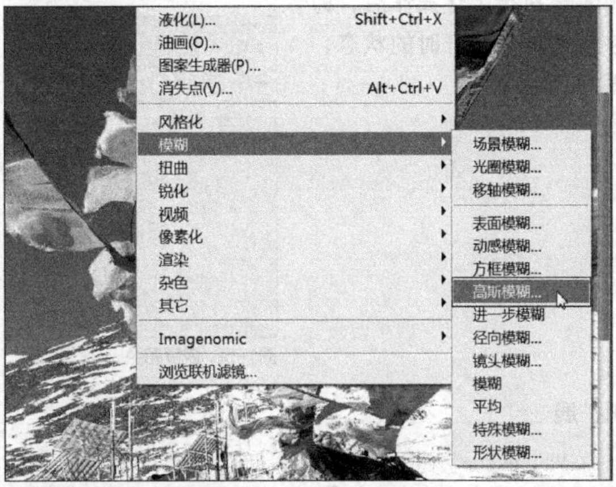

图1-51 单击“高斯模糊”命令

STEP 03 执行上述操作后，即可弹出“高斯模糊”对话框，设置“半径”为10像素，如图1-52所示。

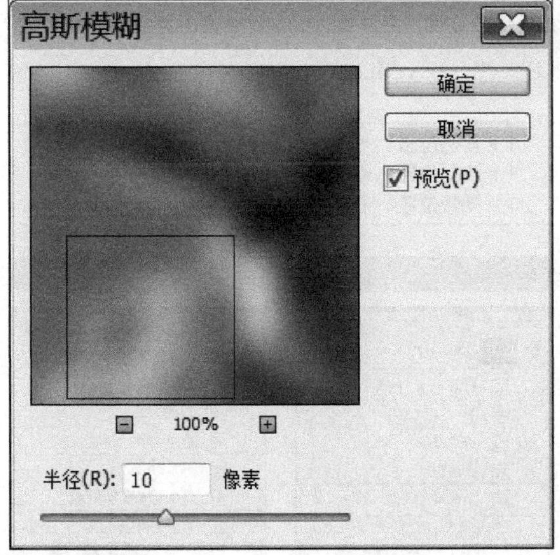

图1-52 设置半径

STEP 04 单击“确定”按钮，即可模糊图像，效果如图1-53所示。

图1-53 模糊图像

STEP 05 在菜单栏中单击“图像”|“自动颜色”命令，如图1-54所示。

STEP 06 执行上述操作后，即可自动调整图像颜色，如图1-55所示。

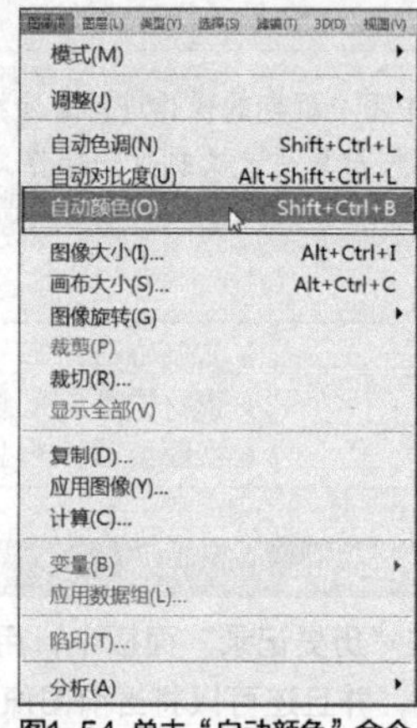

图1-54 单击“自动颜色”命令

图1-55 自动调整颜色

STEP 07 展开“历史记录”面板，选择“打开”选项，如图1-56所示。

STEP 08 执行上述操作后，即可恢复图像至打开时的状态，如图1-57所示。

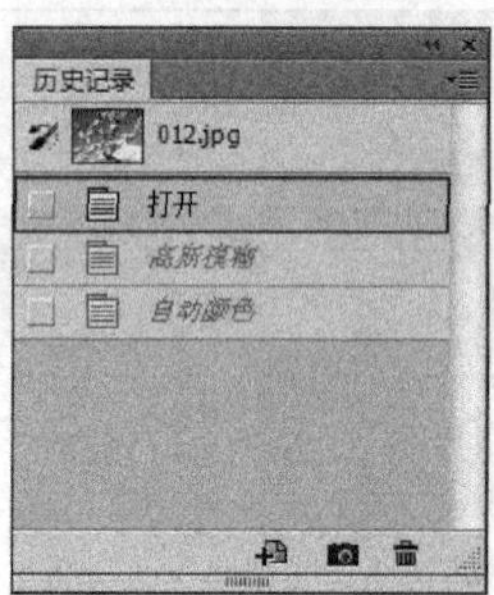

图1-56 恢复图像

图1-57 恢复图像

知识扩展

在Photoshop软件中编辑图像时，可在Behance上共享作品。在Photoshop中，可以直接从Photoshop内部将正在设计中的创意图像作品上传至Behance。Behance是居于行业领先地位的联机平台，可展示和发现具有创造力的作品。使用Behance，用户可以创建自己的作品集，并广泛而高效地传播它，以获取反馈，用户还可以上传全新的图像以及之前已上传图像的修订版。

可以通过以下两种方式，从Photoshop内部共享作品。

➢ 打开素材图像，单击“文件”|“在Behance上共享”命令。

➢ 打开素材图像，单击文档窗口左下角的“在Behance上共享”按钮。

需要注意的是，目前Behance与Photoshop的集成仅在英语语言环境下可用，且法国、日本和中国不提供Behance与Photoshop的集成。

实战013 创建非线性历史记录

▶实例位置：无
▶素材位置：无
▶视频位置：光盘\视频\第1章\实战013.mp4

• 实例介绍 •

在Photoshop的“历史记录”面板中，如果单击前一个步骤将图像还原时，那么该步骤以下的操作就会全部变暗；如果此时继续进行其他操作，则该步骤后面的记录将会被新的操作所代替；非线性历史记录允许在更改选择状态时保留后面的操作，如图1-58所示。

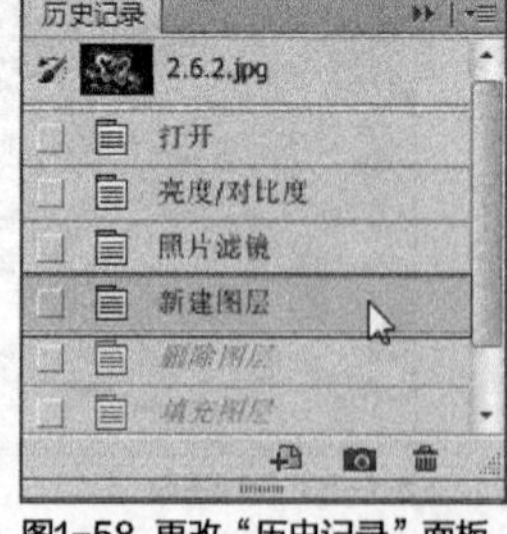

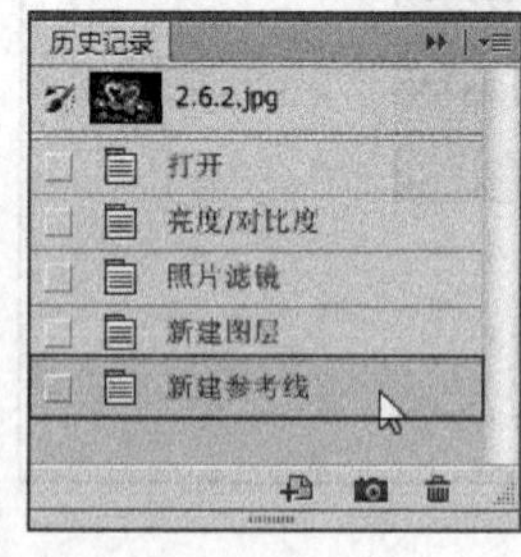

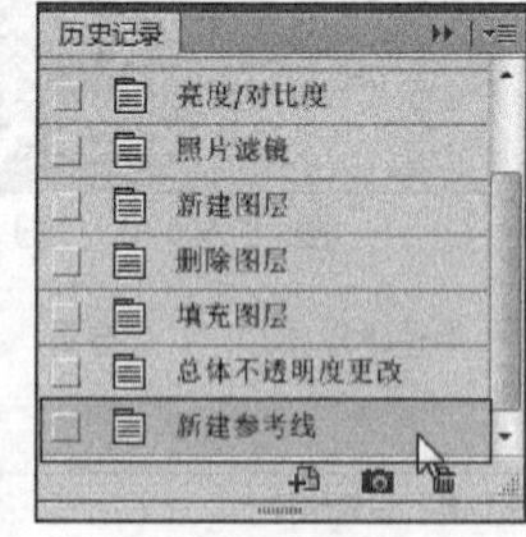

图1-58 更改“历史记录”面板

• 操作步骤 •

STEP 01 单击“历史记录”面板中的“扩展”按钮，在弹出的列表框中单击“历史记录选项”命令，如图1-59所示。

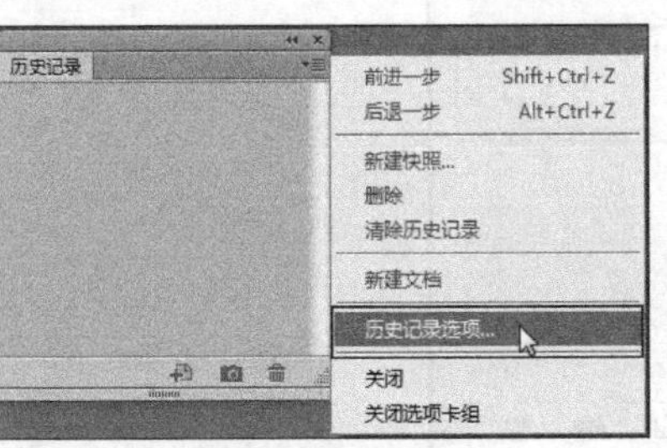

图1-59 单击“历史记录选项”命令

STEP 02 弹出“历史记录选项”对话框，选中“允许非线性历史记录”复选框，即可将历史记录设置为非线性状态，如图1-60所示。

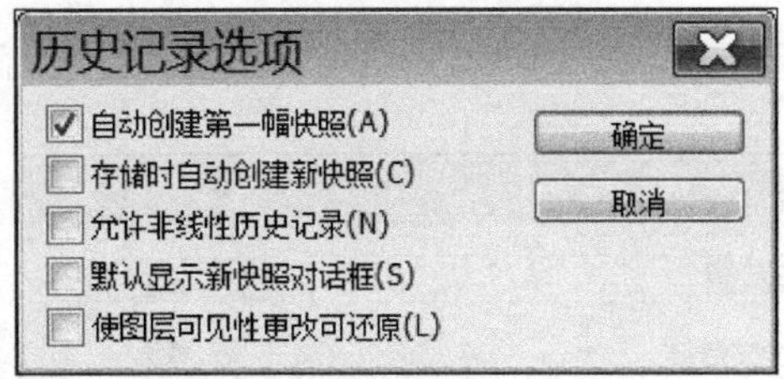

图1-60 设置“历史记录选项”面板

知识扩展

“历史记录选项”对话框各个浮选框的介绍如下。

- 自动创建第一幅快照：打开图像文件时，图像的初始状态自动创建为快照。
- 存储时自动创建新快照：在编辑的过程中，每保存一次文件，都会自动创建一个快照。
- 允许非线性历史记录：在更改选择状态时保留后面的操作。
- 默认显示新快照对话框：在编辑过程中，Photoshop自动提示操作者输入快照名称。
- 使图层可见性更改可还原：保存对图层可见性的更改。

实战 014 利用快照还原图像

▶实例位置：无
▶素材位置：光盘\素材\第1章\实战014.psd
▶视频位置：光盘\视频\第1章\实战014.mp4

• 实例介绍 •

当绘制完重要的效果以后，单击“历史记录”面板中的“创建新快照”按钮，即可将画面的当前状态保存为一个快照，用户可通过快照将图像恢复到快照所记录的效果。

• 操作步骤 •

STEP 01 单击“文件”|“打开”命令，打开一幅素材图像，如图1-61所示。

图1-61 打开素材图像

STEP 02 在图层面板中选择“图层1”图层，选取移动工具，移动“图层1”图层至合适位置，效果如图1-62所示。

图1-62 选择相应图层

STEP 03 在“历史记录”面板中选择“轻移”选项，按住【Alt】键的同时单击“创建快照”按钮，弹出“新建快照”对话框，设置名称，效果如图1-63所示，单击“确定”按钮。

图1-63 设置名称

STEP 04 执行上述操作后，即可创建“快照1”，如图1-64所示。

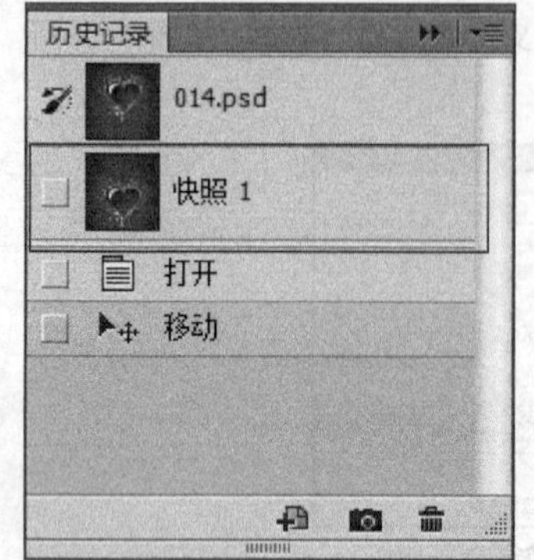

图1-64 创建“快照1”

知识扩展

“新建快照”对话框各选项含义如下。

➢ 名称：可命名快照的名称。

➢ 自：可创建快照内容。选择“全文档”选项，可创建图像当前状态下所有图层的快照；选择“合并的图层”选项，建立的快照会合并当前状态下图像中的所有图层；选择“当前图层”选项，只创建当前状态下所选图层的快照。

STEP 05 在历史记录面板中选择“实战014.psd”选项，如图1-65所示。

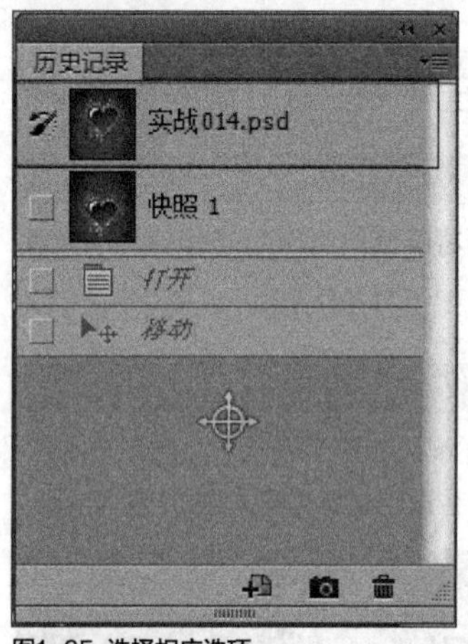

图1-65 选择相应选项

STEP 06 执行操作后，即可还原图像，如图1-66所示。

图1-66 还原图像

专家提醒

在默认的情况下，每个打开的图像都会自动创建一个快照，并按顺序名称为“快照1”“快照2”“快照3”等。如果用户想要修改快照的名称，可双击快照名称，在显示的文本框中输入新的名称即可。

实战015 恢复图像初始状态

▶实例位置：无
▶素材位置：光盘\素材\第1章\实战015. jpg
▶视频位置：光盘\视频\第1章\实战015. mp4

• 实例介绍 •

在Photoshop中处理图像时，软件会自动保存大量的中间数据，在这期间如果不做定期处理，就会影响计算机的速度，使之变慢。

用户定期对磁盘的清理，能加快系统的处理速度，同时也有助于在处理图像时速度的提升。下面主要介绍从磁盘恢复图像和清理内存的操作方法。

• 操作步骤 •

STEP 01 单击“文件”|“打开”命令，打开一幅素材图像，此时图像在编辑窗口显示，如图1-67所示。

图1-67 打开素材图像

STEP 02 单击“图像”|“图像旋转”|“水平翻转画布”命令，如图1-68所示。

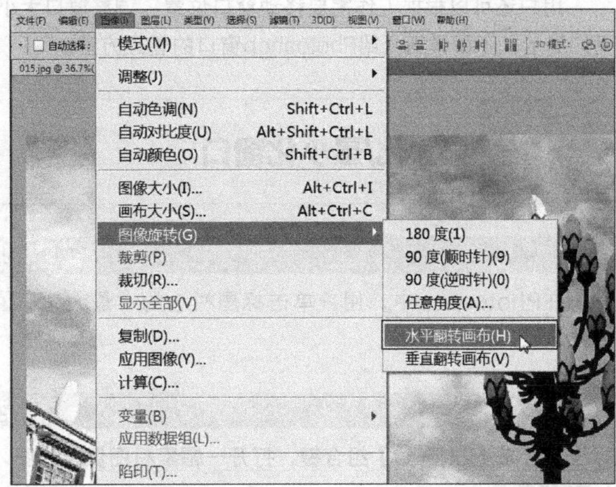

图1-68 单击“水平翻转画布”命令

STEP 03 执行上述操作后，即可翻转图像效果，如图1-69所示。

图1-69 翻转图像

STEP 04 单击“文件”|“恢复”命令，如图1-70所示。

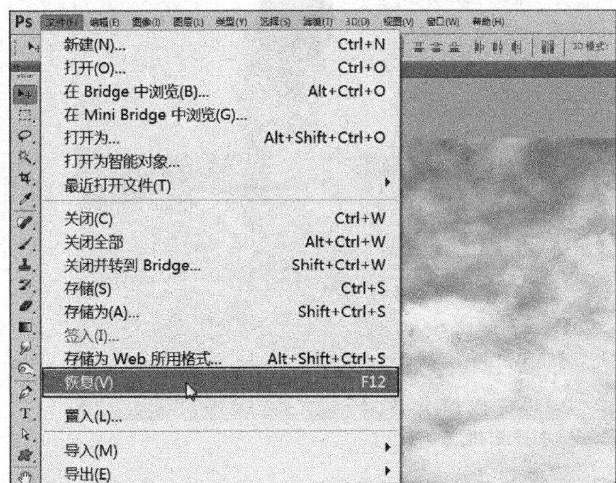

图1-70 单击“恢复”命令

STEP 05 执行上述操作后，即可恢复图像，效果如图1-71所示。

图1-71 恢复图像

STEP 06 在菜单栏中单击“编辑”|“清理”|“剪贴板”命令，如图1-72所示，即可清除剪贴板的内容。

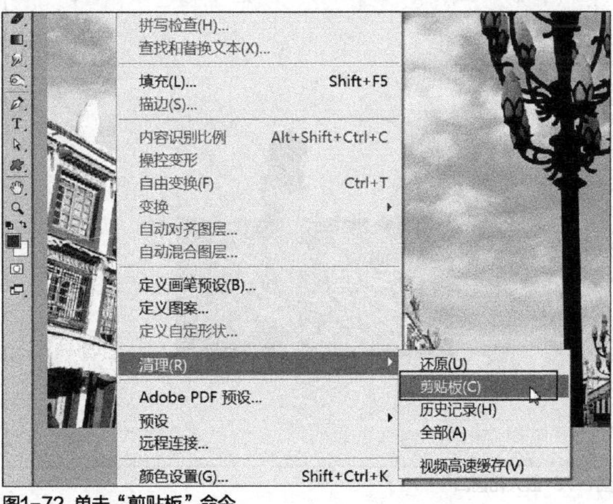

图1-72 单击“剪贴板”命令

1.6 管理Photoshop窗口

在Photoshop中，用户可以同时打开多个图像文件，其中当前图像编辑窗口将会显示在最前面。

用户还可以根据工作需要移动窗口位置、调整窗口大小、改变窗口排列方式或在各窗口之间切换，让工作环境变得更加简洁，下面详细介绍Photoshop窗口的管理方法。

实战016 最大化/最小化窗口

▶实例位置：无
▶素材位置：光盘\素材\第1章\实战016.jpg
▶视频位置：光盘\视频\第1章\实战016.mp4

• 实例介绍 •

在Photoshop中，用户单击标题栏上的“最大化”□和“最小化”□按钮，就可以将图像的窗口最大化或最小化。

• 操作步骤 •

STEP 01 按【Ctrl＋O】组合键，打开一幅素材图像，如图1-73所示。

图1-73 打开素材图像

STEP 02 将鼠标指针移至图像窗口的标题栏上，单击鼠标左键的同时并向下拖曳，如图1-74所示。

图1-74 拖曳图像窗口

STEP 03 将鼠标移至图像编辑窗口标题栏上的“最大化”按钮□上，单击鼠标左键，即可最大化窗口，如图1-75所示。

图1-75 最大化窗口

STEP 04 将鼠标移至图像编辑窗口标题栏上的“最小化”按钮□上，单击鼠标左键，即可最小化窗口，如图1-76所示。

图1-76 最小化窗口

知识扩展

在Photoshop“帮助”菜单中介绍了关于Photoshop的有关信息和法律声明。

➤ 关于Photoshop

在Photoshop菜单栏中单击“帮助”|“关于Photoshop”命令，会弹出Photoshop启动时的画面。画面中显示了Photoshop研发小组的人员名单和其他Photoshop的有关信息，如图1-77所示。

➤ 法律声明

在Photoshop菜单栏中单击“帮助”|“法律声明”命令，可以在打开的“法律声明”对话框中查看Photoshop的专利和法律声明，如图1-78所示。

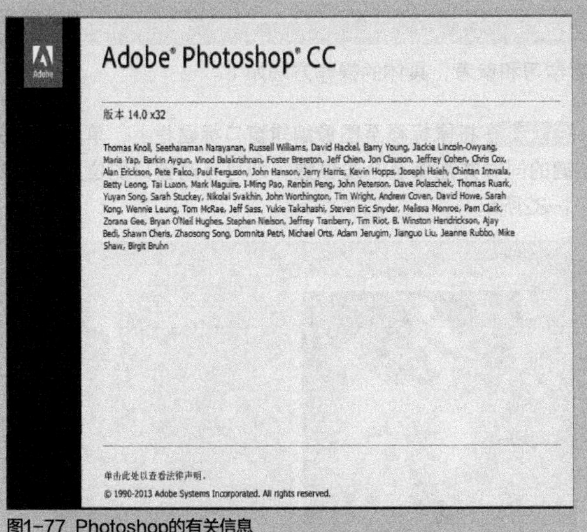

图1-77 Photoshop的有关信息

法律声明

确定

拷贝

Copyright 1990-2013 Adobe Systems Incorporated and its licensors. All rights reserved.

Adobe, the Adobe logo, and Photoshop are either registered trademarks or trademarks of Adobe Systems Incorporated in the United States and/or other countries.

Color-database derived from Sample Books © Dainippon Ink and Chemicals, Inc., licensed to Adobe Systems Incorporated.

Portions copyright Eastman Kodak Company. Kodak is the copyright owner of the Toolkit and its related documentation.

Certain trademarks are owned by The Proximity Division of Franklin Electronic Publishers, Inc., and are used by permission. Merriam-Webster is a trademark of Merriam-Webster, Inc.

Portions utilize Microsoft Windows Media Technologies. Copyright © 2006 Microsoft Corporation. All Rights Reserved

Portions utilize Microsoft Windows Media Technologies. Copyright © 1999-2002 Microsoft Corporation. All Rights Reserved.

PANTONE® colors displayed here may not match PANTONE-identified standards. Consult current PANTONE Color Publications for accurate color. PANTONE® and other Pantone, Inc. trademarks are the property of Pantone, Inc. © Pantone, Inc., 2013

Pantone, Inc. is the copyright owner of color data and/or software which are licensed to Adobe Systems Incorporated to distribute for use only in combination with Adobe Photoshop. PANTONE Color Data and/or software shall not be copied onto another disk or into memory unless as part of Adobe Photoshop.

图1-78 Photoshop的专利和法律声明

实战017 还原窗口

▶实例位置：无

▶素材位置：上一实例

▶视频位置：光盘\视频\第1章\实战017.mp4

• 实例介绍 •

在Photoshop中，当图像编辑窗口处于最大化或者是最小化的状态时，用户可以单击标题栏右侧的“恢复”按钮来恢复窗口。下面详细介绍了还原窗口的操作方法，以供读者学习和参考。

• 操作步骤 •

STEP 01 在上一实例的基础上，将鼠标移至图像编辑窗口的标题栏上，单击“恢复”按钮，即可恢复图像，如图1-79所示。

STEP 02 将鼠标移至图像编辑窗口的标题栏上，单击鼠标左键的同时并拖曳到工具属性栏的下方，当呈现蓝色虚框时释放鼠标左键，即可还原窗口，如图1-80所示。

图1-79 恢复图像

图1-80 还原窗口

实战018 移动与调整窗口大小

▶实例位置：无
▶素材位置：光盘\素材\第1章\实战018.jpg
▶视频位置：光盘\视频\第1章\实战018.mp4

• 实例介绍 •

在Photoshop中，如果用户在处理图像的过程中需要把图像放在合适的位置，这时就要调整图像编辑窗口的大小和位置。

• 操作步骤 •

下面详细介绍移动和调整窗口大小的操作方法，以供读者学习和参考，具体的操作方法如下。

STEP 01 按【Ctrl+O】组合键，打开一幅素材图像，如图1-81所示。

图1-81 打开素材图像

STEP 02 将鼠标移至图像编辑窗口标题栏上，单击鼠标左键的同时并拖曳至合适位置，即可移动窗口的位置，如图1-82所示。

图1-82 移动窗口位置

STEP 03 将鼠标指针移至图像编辑窗口边框线上，当鼠标呈现↕状态时，单击鼠标左键的同时并拖曳至合适位置，即可改变窗口大小，如图1-83所示。

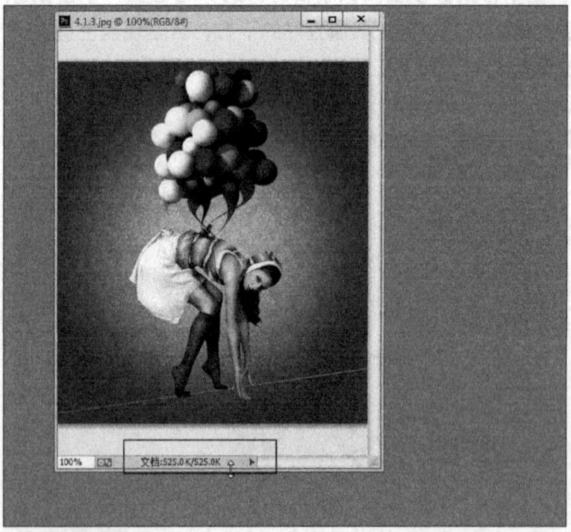

图1-83 改变窗口大小

STEP 04 将鼠标指针移至图像窗口边框线上，当鼠标呈现状态时，单击鼠标左键的同时并拖曳至合适位置，即可等比例缩放窗口，如图1-84所示。

图1-84 等比缩放窗口

实战019 调整窗口排列

▶实例位置：无
▶素材位置：光盘\素材\第1章\实战019-1.jpg、实战019-2.jpg、实战019-3.jpg、实战019-4.jpg
▶视频位置：光盘\视频\第1章\实战019.mp4

• 实例介绍 •

在Photoshop中，当打开多个图像文件时，图像编辑窗口内每次只能显示一个图像。若用户需要对多个窗口中的内容进行比较，则可将各窗口以水平平铺、浮动、层叠和选项卡等方式进行排列。

• 操作步骤 •

STEP 01 按【Ctrl+O】组合键，打开4幅素材图像，如图1-85所示。

图1-85 打开素材图像

STEP 02 单击“窗口”|“排列”|“平铺”命令，如图1-86所示。

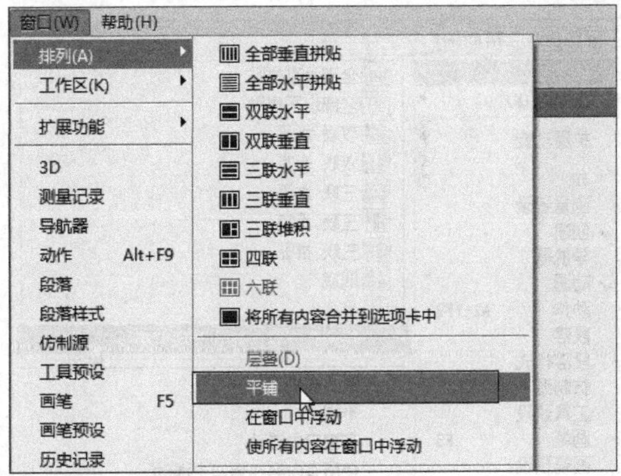

图1-86 单击“平铺”命令

STEP 03 执行上述操作后，即可平铺窗口中的图像，如图1-87所示。

图1-87 平铺窗口中的图像

STEP 04 单击“窗口”|“排列”|“在窗口中浮动”命令，如图1-88所示。

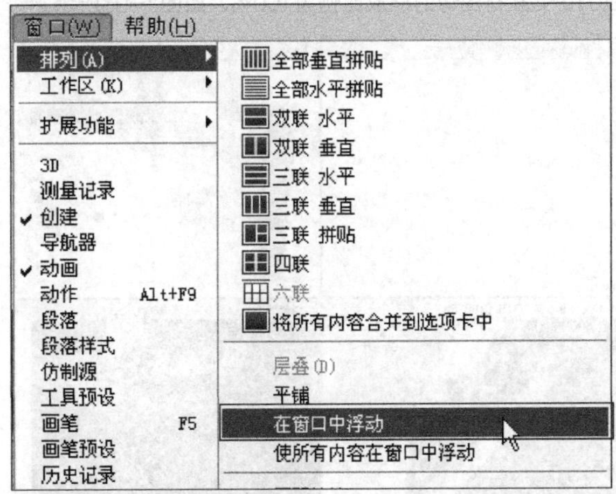

图1-88 单击“在窗口中浮动”命令

STEP 05 执行上述操作，即可以使所有窗口都浮动排列，如图1-89所示。

STEP 06 单击“窗口”|“排列”|“使所有内容在窗口中浮动”命令，如图1-90所示。

图1-89 浮动排列窗口

STEP 07 然后单击“窗口”|“排列”|“将所有内容合并到选项卡中”命令，如图1-91所示。

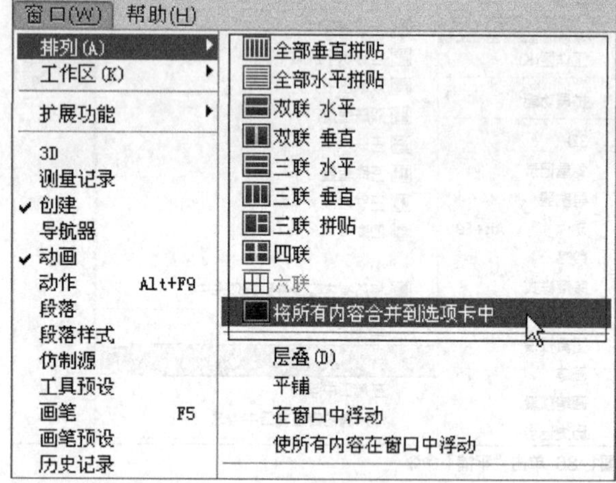

图1-91 单击相应命令

STEP 09 单击“窗口”|“排列”|“平铺”命令，调整实战019-3素材图像的缩放比例为100%，如图1-93所示。

图1-93 调整素材图像缩放比例

图1-90 单击相应命令

STEP 08 执行上述操作后，即可以选项卡的方式排列图像窗口，如图1-92所示。

图1-92 以选项卡方式排列图像窗口

STEP 10 单击“窗口”|“排列”|“匹配缩放”命令，如图1-94所示。

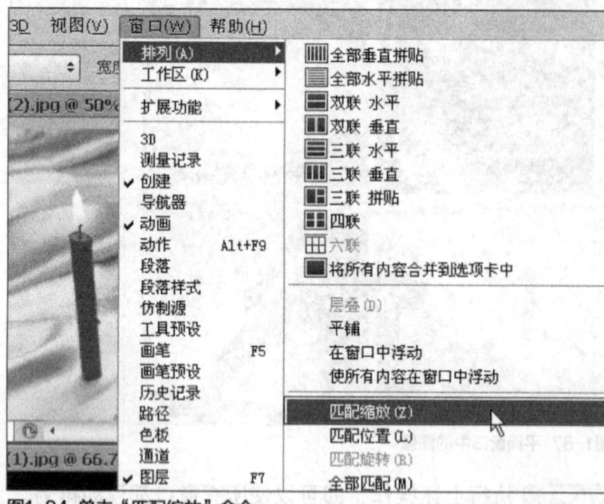

图1-94 单击“匹配缩放”命令

STEP 11 执行上述操作后，即可以匹配缩放方式排列图像，如图1-95所示。

图1-95 匹配缩放方式排列图像

STEP 12 单击"窗口"|"排列"|"匹配位置"命令，调整所有图像缩放比例为25%，如图1-96所示。

图1-96 调整缩放比例为25%

知识扩展

当用户需要对窗口进行适当的布置时，可以将鼠标指针移至图像窗口的标题栏上，单击鼠标左键的同时并拖曳，即可将图像窗口拖动到屏幕任意位置。

实战020 切换当前窗口

▶实例位置：无
▶素材位置：光盘\素材\第1章\实战020.jpg
▶视频位置：光盘\视频\第1章\实战020.mp4

• 实例介绍 •

在Photoshop中，当用户在处理图像过程中，在图像编辑窗口中同时打开多幅素材图像时，用户可以根据需要在各窗口之间进行切换，让工作界面变得更加方便、快捷，从而提高工作效率。

• 操作步骤 •

下面详细介绍了切换当前窗口的操作方法。

STEP 01 按【Ctrl＋O】组合键，打开两幅素材图像，将所有图像设置为在窗口中浮动，如图1-97所示。

图1-97 将所有图像在窗口中浮动

STEP 02 将鼠标移至实战020-2素材图像的编辑窗口上，单击鼠标左键，即可将素材图像置为当前窗口，如图1-98所示。

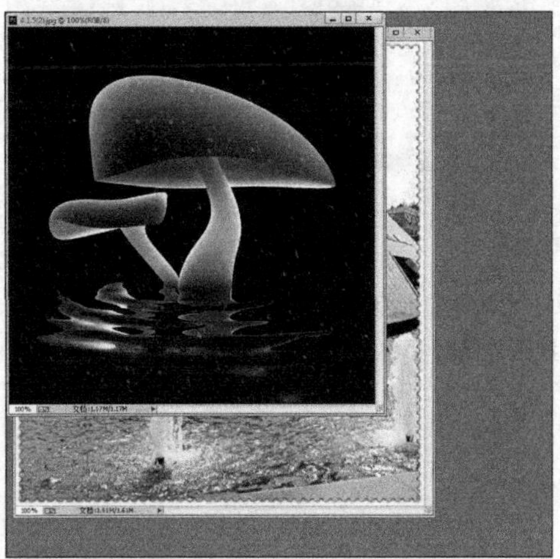

图1-98 将图像置为当前窗口

专家提醒

除了运用上述方法切换图像编辑窗口外，还有以下2种方法。

➢ 快捷键1：按【Ctrl+Tab】组合键。

➢ 快捷键2：按【Ctrl+F6】组合键。

快捷菜单：单击“窗口”菜单，在弹出的菜单列表中的最下方，Photoshop会列出当前打开的所有素材图像的名称，单击任意一个图像名称，即可将其切换为当前图像窗口。

知识扩展

当用户需要对窗口进行适当的布置时，可以将鼠标指针移至图像窗口的标题栏上，单击鼠标左键的同时并拖曳，即可将图像窗口拖动到屏幕任意位置。

1.7 设置Photoshop工作区

在Photoshop工作界面中，文件的窗口、工具箱、菜单栏和面板的排列方式称为工作区，Photoshop给用户提供了不同的预设工作区，如进行文字输入时选择“文字”工作区，就会打开与文字相关的面板，同时也可以创建属于自己的工作区。

实战021 创建自定义工作区

▶ **实例位置**：无
▶ **素材位置**：光盘\素材\第1章\实战021.jpg
▶ **视频位置**：光盘\视频\第1章\实战021.mp4

• 实例介绍 •

用户创建自定义工作区时可以将经常使用的面板组合在一起，简化工作界面，从而提高工作效率。

• 操作步骤 •

STEP 01 按【Ctrl+O】组合键，打开一幅素材图像，如图1-99所示。

图1-99 打开素材图像

STEP 02 单击“窗口”|“工作区”|“新建工作区”命令，如图1-100所示。

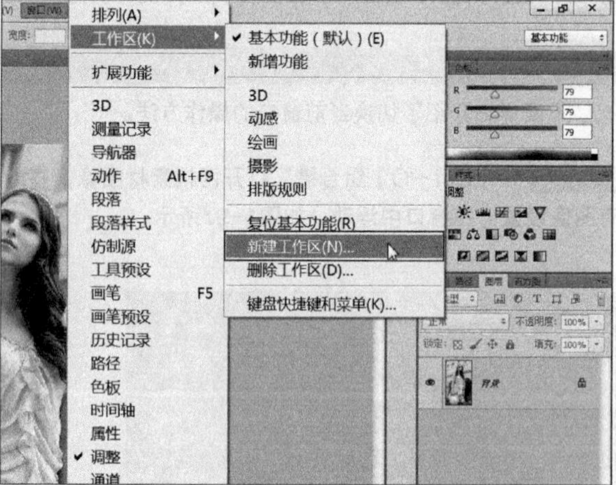

图1-100 单击“新建工作区”命令

STEP 03 弹出“新建工作区”对话框，在“名称”右侧的文本框中设置工作区的名称，如图1-101所示。

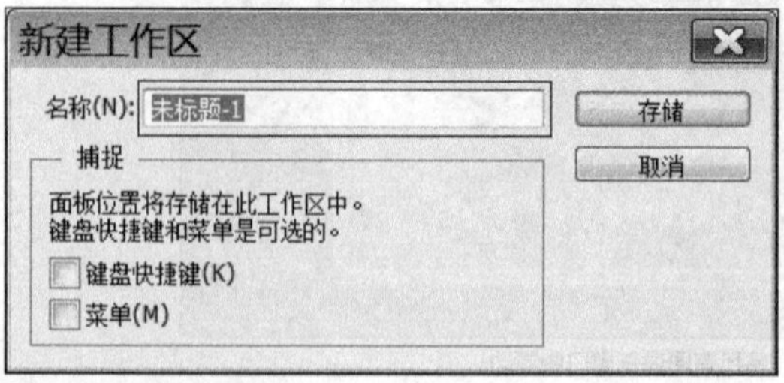

新建工作区

名称(N)：未标题-1　存储　取消

捕捉

面板位置将存储在此工作区中。
键盘快捷键和菜单是可选的。

☐ 键盘快捷键(K)
☐ 菜单(M)

图1-101 设置工作区名称

STEP 04 单击“存储”按钮，如图1-102所示，用户即可完成自定义工作区的创建。

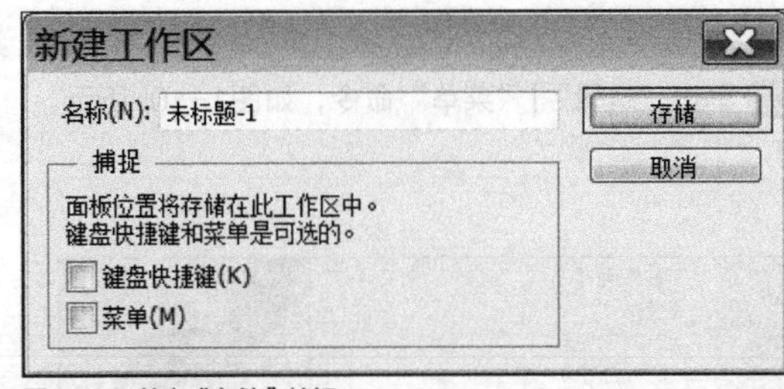

图1-102 单击“存储”按钮

专家提醒

单击“窗口”|“工作区”|“基本功能”命令，可以返回到Photoshop的最原始工作面板。

实战022 设置自定义快捷键

▶实例位置：无
▶素材位置：无
▶视频位置：光盘\视频\第1章\实战022.mp4

• 实例介绍 •

在Photoshop中，自定义快捷键可以将经常使用的工具定义为熟悉的快捷键，下面介绍了设置自定义快捷键的操作步骤。

• 操作步骤 •

STEP 01 单击“窗口”|“工作区”|“键盘快捷键和菜单”命令，如图1-103所示。

STEP 02 弹出“键盘快捷键和菜单”对话框，单击“快捷键用于”右侧的下拉按钮，在弹出的列表框中选择“应用程序菜单”选项，如图1-104所示，用户可以根据需要自定义快捷键，然后单击“确定”按钮即可。

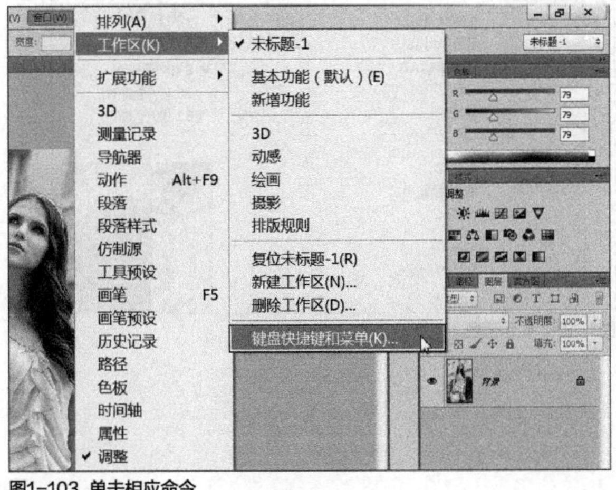

图1-103 单击相应命令

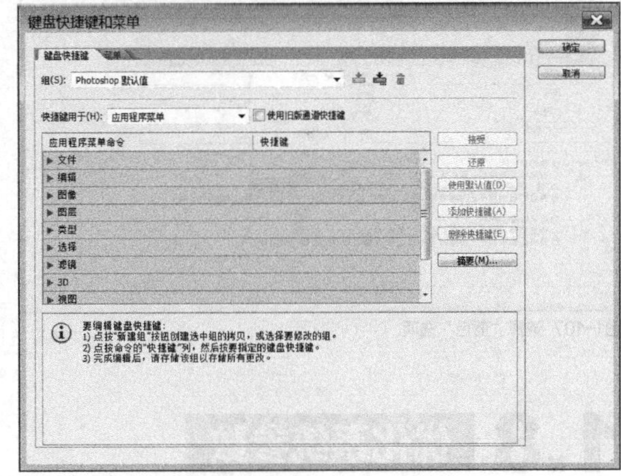

图1-104 选择“应用程序菜单”选项

专家提醒

用户还可以在“快捷键用于”下拉列表框中选择“面板菜单”选项，对Photoshop的快捷键进行整体的设置。

实战023 设置彩色菜单命令

▶实例位置：无
▶素材位置：无
▶视频位置：光盘\视频\第1章\实战023.mp4

• 实例介绍 •

在Photoshop中，用户可以将经常用到的某些菜单命令设定为彩色，以便需要时可以快速找到相应的菜单命令。下面详细介绍自定义彩色菜单命令的操作方法。

• 操作步骤 •

STEP 01 单击"编辑"|"菜单"命令，如图1-105所示。

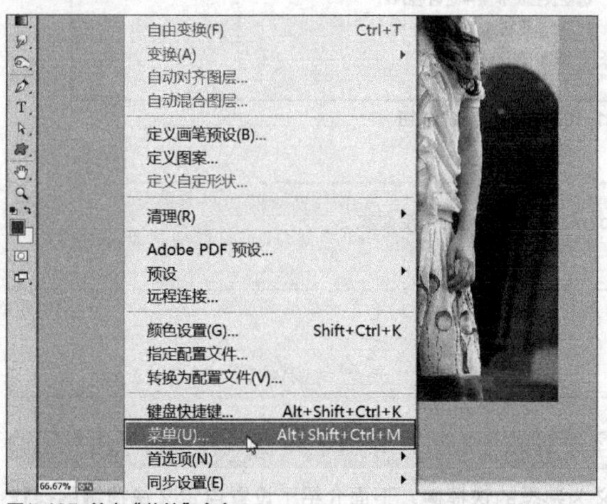

图1-105 单击"菜单"命令

STEP 02 弹出"键盘快捷键和菜单"对话框，在"应用程序菜单命令"下拉列表框中单击"图像"左侧的三角形按钮▶，如图1-106所示。

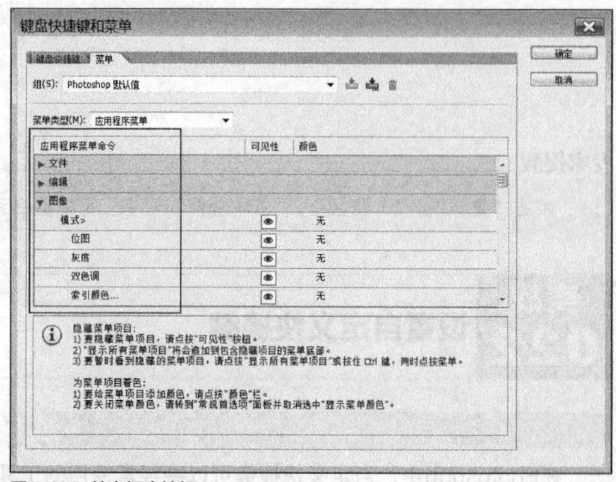

图1-106 单击相应按钮

STEP 03 单击"模式"右侧的下拉按钮，在弹出的列表框中选择"蓝色"选项，如图1-107所示。

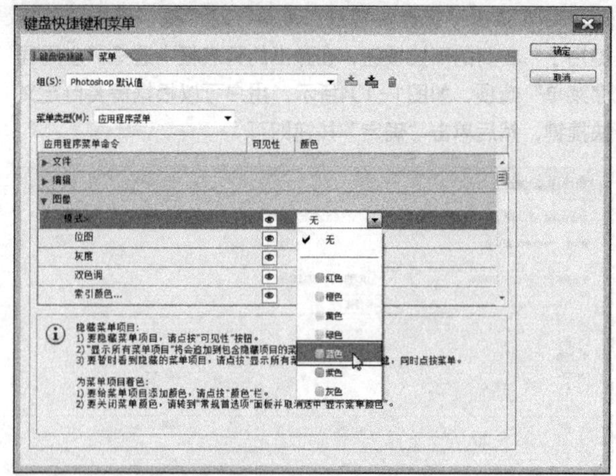

图1-107 选择"蓝色"选项

STEP 04 单击"确定"按钮，即可在"图像"菜单中查看到"模式"命令显示为蓝色，如图1-108所示。

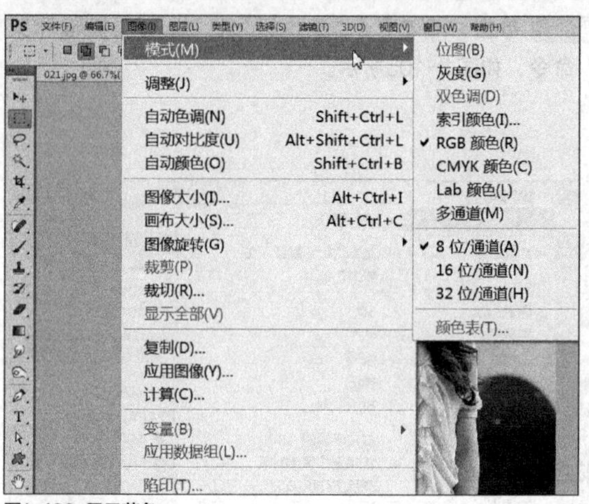

图1-108 显示蓝色

1.8 优化系统参数

在使用Photoshop的过程中，用户可以根据需要对Photoshop的操作环境进行相应的优化设置，这样有助于提高工作效率。

实战024 优化界面选项

▶实例位置：无
▶素材位置：光盘\素材\第1章\实战024.jpg
▶视频位置：光盘\视频\第1章\实战024.mp4

• 实例介绍 •

在Photoshop中，用户可以根据需要优化操作界面，这样不仅可以美化图像编辑窗口，还可以在执行设计操作时更加得心应手。下面详细介绍优化界面的具体操作方法，以供读者参考和学习。

• 操作步骤 •

STEP 01 按【Ctrl+O】组合键，打开一幅素材图片，然后单击“编辑”|“首选项”|“界面”命令，如图1-109所示。

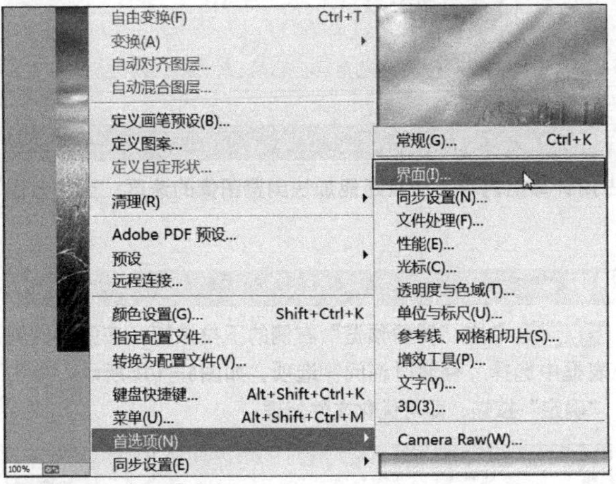

图1-109 单击“界面”命令

STEP 02 执行上述操作后，弹出“首选项”对话框，如图1-110所示。

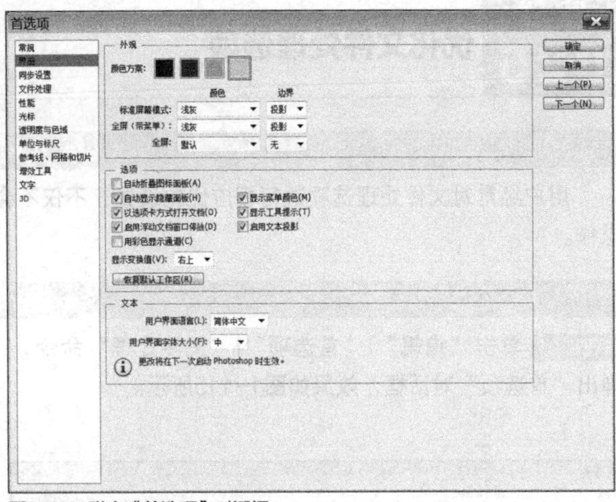
图1-110 弹出“首选项”对话框

STEP 03 单击“标准屏幕模式”右侧的下拉按钮，在弹出的列表框中选择“选择自定颜色”选项，如图1-111所示。

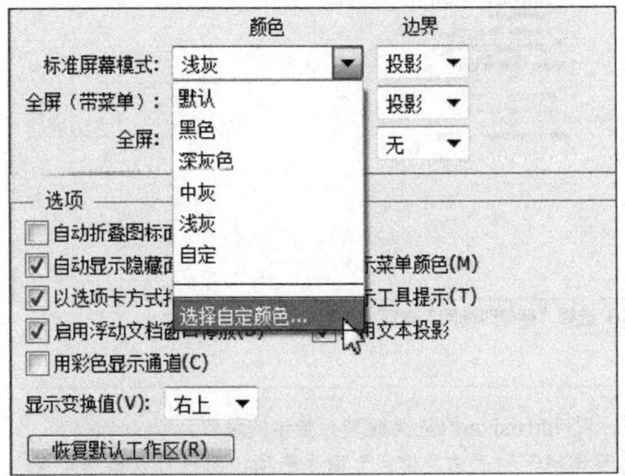

图1-111 “选择自定颜色”选项

STEP 04 弹出“拾色器（自定画布颜色）”对话框，设置颜色为淡蓝色（RGB参数值为210、250和255），如图1-112所示。

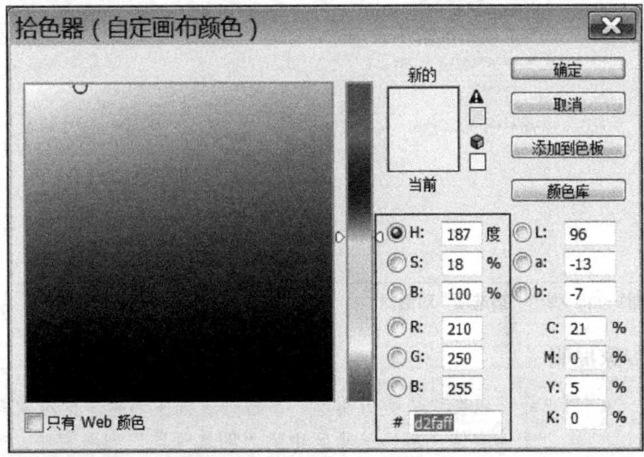

图1-112 设置RGB颜色

STEP 05 单击“确定”按钮，返回“首选项”对话框，如图1-113所示。

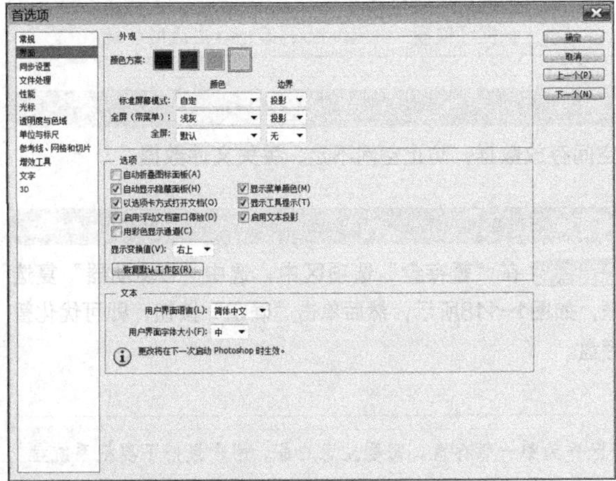
图1-113 返回“首选项”对话框

STEP 06 单击“确定”按钮，即可显示自定颜色，如图1-114所示。

图1-114 自定标准屏幕模式颜色

专家提醒

除了可以运用上述方法转换标准屏幕模式颜色外，还可以在编辑窗口的灰色区域内单击鼠标右键，在弹出的快捷菜单中用户可以根据需要选择“灰色”“黑色”“自定”及“自定颜色”选项。

实战025 优化文件处理选项

▶实例位置：无
▶素材位置：无
▶视频位置：光盘\视频\第1章\实战025.mp4

• 实例介绍 •

用户经常对文件处理选项进行相应优化设置，不仅不会占用计算机内存，而且还能加快浏览图像的速度，更加方便操作。

• 操作步骤 •

STEP 01 单击“编辑”|“首选项”|“文件处理”命令，弹出“首选项”对话框，效果如图1-115所示。

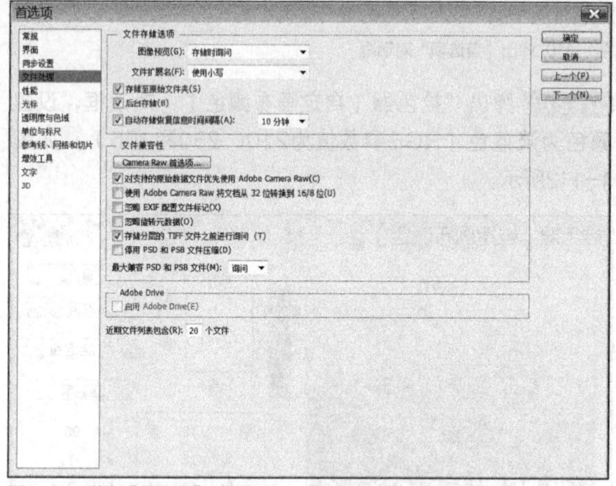

图1-115 弹出“首选项”对话框

STEP 02 单击“图像预览”右侧的下拉按钮，在弹出的列表框中选择“存储时询问”选项，如图1-116所示，单击“确定”按钮，即可优化文件处理。

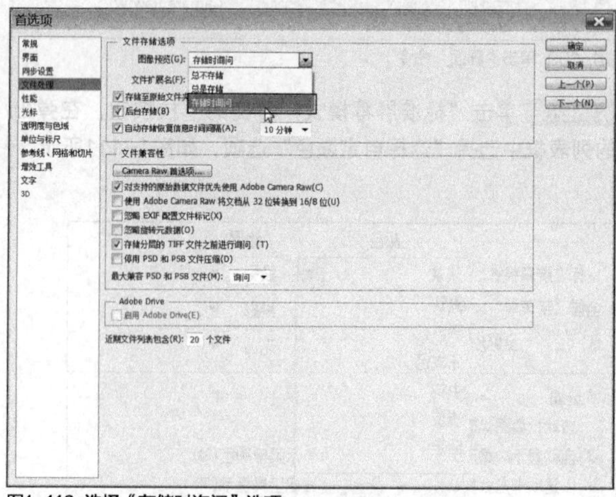

图1-116 选择“存储时询问”选项

专家提醒

用户还可以在“快捷键用于”下拉列表框中选择“面板菜单”选项，对Photoshop的快捷键进行整体的设置。

在“文件存储选项”选项区中的“图像预览”列表框中，还有“总不询问”和“总是询问”两个选项，用户可以根据自身的需要进行相关的设置。

实战026 优化暂存盘选项

▶实例位置：无
▶素材位置：无
▶视频位置：光盘\视频\第1章\实战026.mp4

• 实例介绍 •

用户在Photoshop中设置优化暂存盘可以让系统有足够的空间存放数据，防止空间不足，丢失文件数据。

• 操作步骤 •

STEP 01 在Photoshop界面中，单击“编辑”|“首选项”|“性能”命令，弹出“首选项”对话框，如图1-117所示。

STEP 02 在“暂存盘”选项区中，选中“D驱动器”复选框，如图1-118所示，然后单击“确定”按钮，即可优化暂存盘。

专家提醒

用户可以在“暂存盘”选项区中，设置系统磁盘空闲最大的分区作为第一暂存盘。需要注意的是，用户最好不要把系统盘作为第一暂存盘，防止频繁读写硬盘数据，影响操作系统的运行速度。

暂存盘的作用是当Photoshop处理较大的图像文件，并且在内存存储已满时，将暂存盘的磁盘空间作为缓存来存放数据。

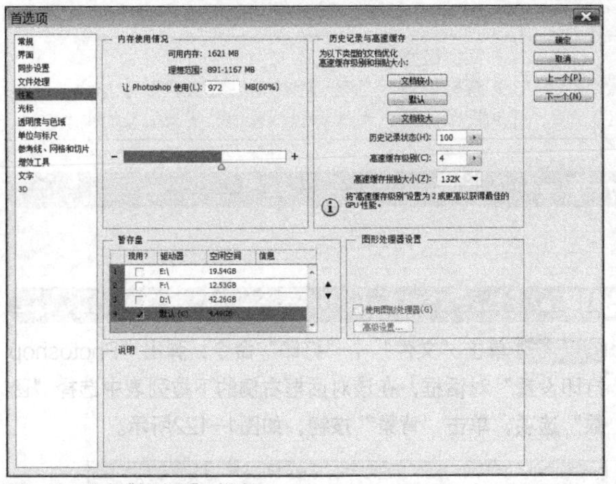

图1-117 弹出“首选项”对话框

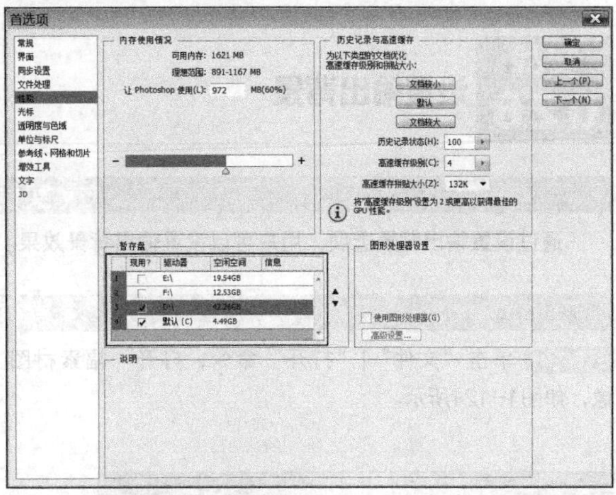

图1-118 选中“D驱动器”复选框

实战027 优化内存与图像高速缓存选项

▶实例位置：无
▶素材位置：无
▶视频位置：光盘\视频\第1章\实战027.mp4

• 实例介绍 •

在Photoshop中，用户可以使用优化内存与图像高速缓存选项，改变系统处理图像文件的速度。

• 操作步骤 •

STEP 01 单击“编辑”|“首选项”|“性能”命令，弹出“首选项”对话框，在“内存使用情况”选项区中的“让Photoshop使用”数值框中输入800，如图1-119所示。

STEP 02 在“历史纪录与高速缓存”选项区中，分别设置“历史记录状态”为40、“高速缓存级别”为4，如图1-120所示，单击“确定”按钮，即可优化内存与图像高速缓存。

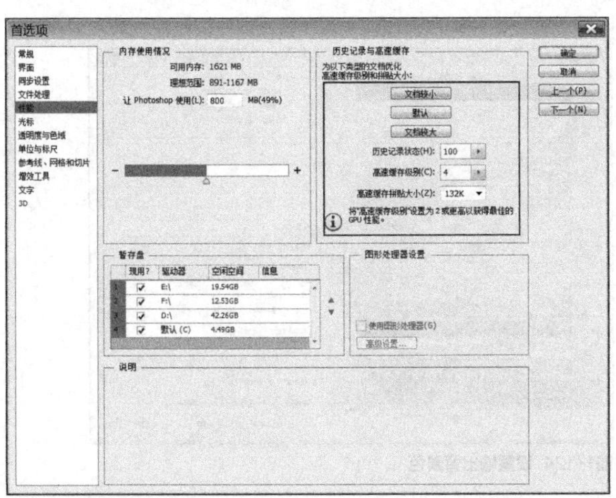

图1-119 输入数值

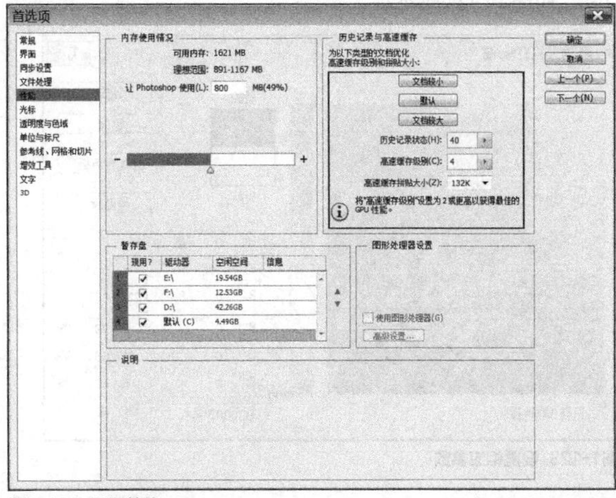

图1-120 设置数值

专家提醒

在“首选项”对话框中，设置“让Photoshop使用”的数值时，系统默认数值是50%，适当提高这个百分比可以加快Photoshop处理图像文件的速度。在设置“高速缓存级别”数值时，用户可以根据自己计算机的内存配置与硬件水平进行数值设置。

1.9 输出属性的设置

在Photoshop中，提供了专用的打印选项设置功能，用户可以根据不同的工作需求进行合理的设置。

实战028 设置输出背景

▶实例位置：无
▶素材位置：光盘\素材\第1章\实战028.jpg
▶视频位置：光盘\视频\第1章\实战028.mp4

• 实例介绍 •

通过设置输出背景选项，用户可以设置输出背景效果。

• 操作步骤 •

STEP 01 单击“文件”|“打开”命令，打开一幅素材图像，如图1-121所示。

图1-121 打开素材图像

STEP 02 单击“文件” | “打印”命令，弹出“Photoshop打印设置”对话框，在该对话框右侧的下拉列表中选择“函数”选项，单击“背景”按钮，如图1-122所示。

图1-122 单击“背景”按钮

STEP 03 执行此操作后，弹出“拾色器（打印背景色）”对话框，设置颜色为黑色（RGB参数值分别为0、0、0），如图1-123所示。

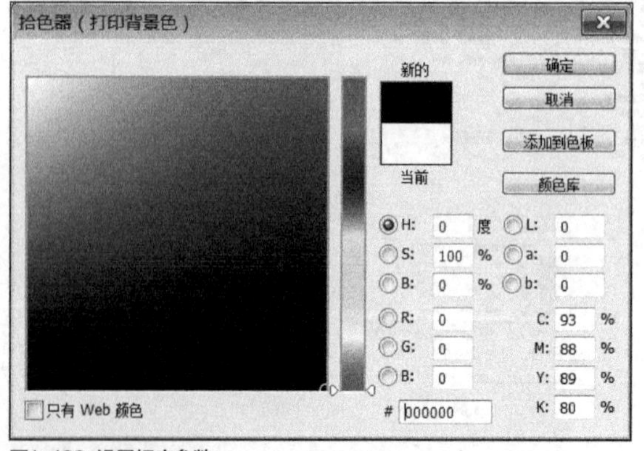

图1-123 设置相应参数

STEP 04 单击“确定”按钮，即可设置输出背景色，如图1-124所示，单击“完成”按钮即可。

图1-124 设置输出背景色

实战029 设置出血边

▶实例位置：无
▶素材位置：光盘\素材\第1章\实战029.jpg
▶视频位置：光盘\视频\第1章\实战029.mp4

• 实例介绍 •

“出血”是指印刷后的作品在经过裁切成为成品的过程中，4条边上都会被裁剪3mm左右，这个宽度即被称为“血边”。

• 操作步骤 •

STEP 01 单击“文件”|“打开”命令，打开一幅素材图像，如图1-125所示。

图1-125 打开素材图像

STEP 02 单击“文件” | “打印”命令，弹出“Photoshop打印设置”对话框，在该对话框右侧的下拉列表中选择“函数”选项，单击“出血”按钮，如图1-126所示。

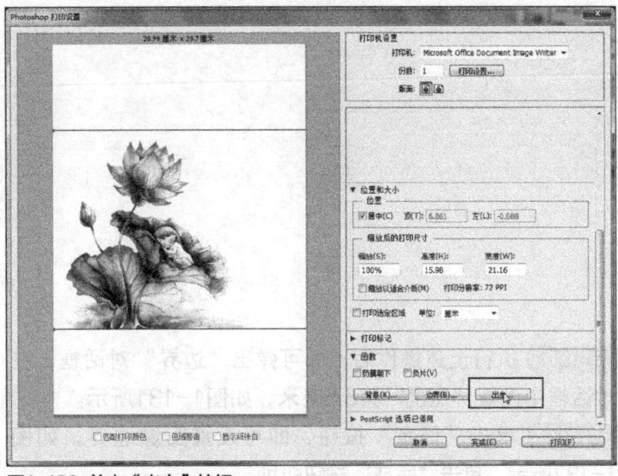

图1-126 单击“出血”按钮

STEP 03 在弹出的“出血”对话框中，设置“宽度”为3毫米，如图1-127所示。

STEP 04 单击“确定”按钮，设置图像出血边，如图1-128所示，单击“完成”按钮，确认操作。

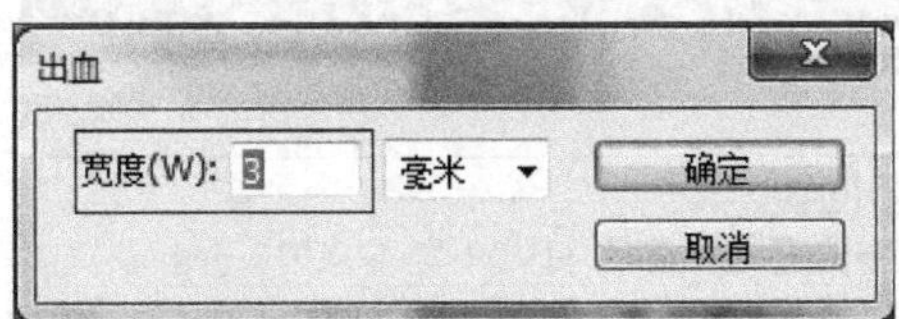

图1-127 设置“宽度”参数

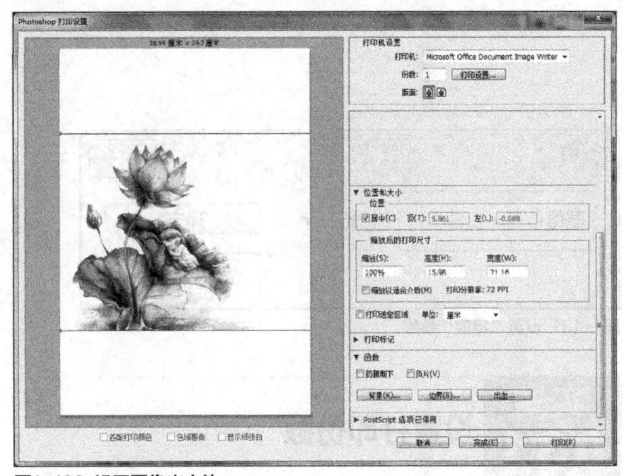

图1-128 设置图像出血边

实战 030 设置图像边框

▶实例位置：无
▶素材位置：光盘\素材\第1章\实战030.jpg
▶视频位置：光盘\视频\第1章\实战030.mp4

• 实例介绍 •

通过设置边界选项，打印出来的成品将添加黑色边框。

• 操作步骤 •

STEP 01 单击“文件”|“打开”命令，打开一幅素材图像，如图1-129所示。

图1-129 打开素材图像

STEP 02 单击“文件”|“打印”命令，弹出“Photoshop打印设置”对话框，在该对话框右侧的下拉列表中选择“函数”选项，单击“边界”按钮，如图1-130所示。

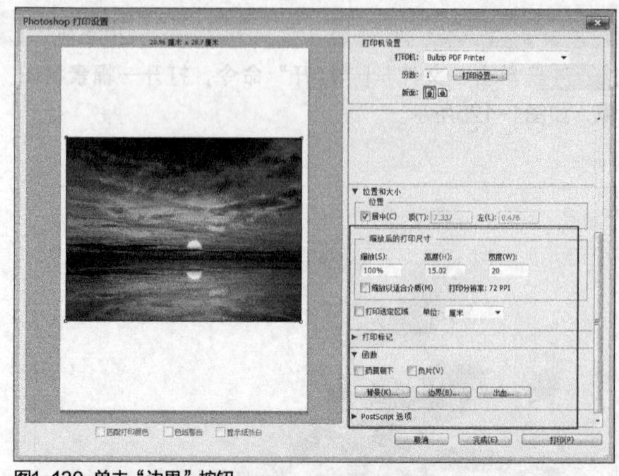

图1-130 单击“边界”按钮

STEP 03 执行上述操作后，即可弹出“边界”对话框，在对话框中设置“宽度”为3.5毫米，如图1-131所示。

STEP 04 单击“确定”按钮，即可设置图像边界，如图1-132所示，单击“完成”按钮即可。

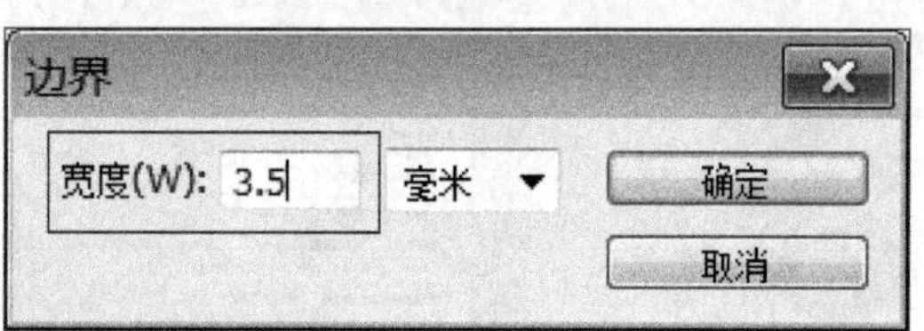

图1-131 设置“宽度”参数

图1-132 设置图像边界

实战031 设置打印份数

▶实例位置：无
▶素材位置：光盘\素材\第1章\实战031.jpg
▶视频位置：光盘\视频\第1章\实战031.mp4

• 实例介绍 •

在Photoshop中打印图像时，用户可以设置打印的份数。

• 操作步骤 •

STEP 01 单击“文件”|“打开”命令，打开一幅素材图像，单击“文件”|“打印”命令，弹出“Photoshop打印设置”对话框，如图1-133所示。

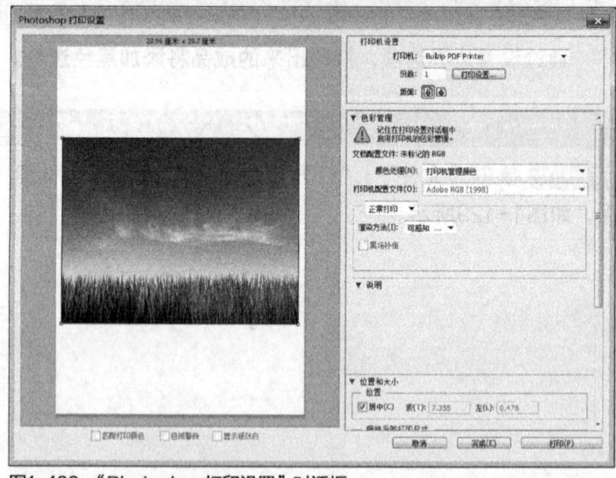

图1-133 “Photoshop打印设置”对话框

STEP 02 在“Photoshop打印设置”对话框的右侧，设置“份数”为2，如图1-134所示，单击“完成”按钮确认操作。

图1-134 设置“份数”

实战032 预览打印效果

▶实例位置：无
▶素材位置：光盘\素材\第1章\实战032.jpg
▶视频位置：光盘\视频\第1章\实战032.mp4

• 实例介绍 •

在页面设置完成后，用户还需设置打印预览，查看图像在打印纸上的位置是否正确。

• 操作步骤 •

STEP 01 打开一幅素材图像，单击“文件”|“打印”命令，如图1-135所示。

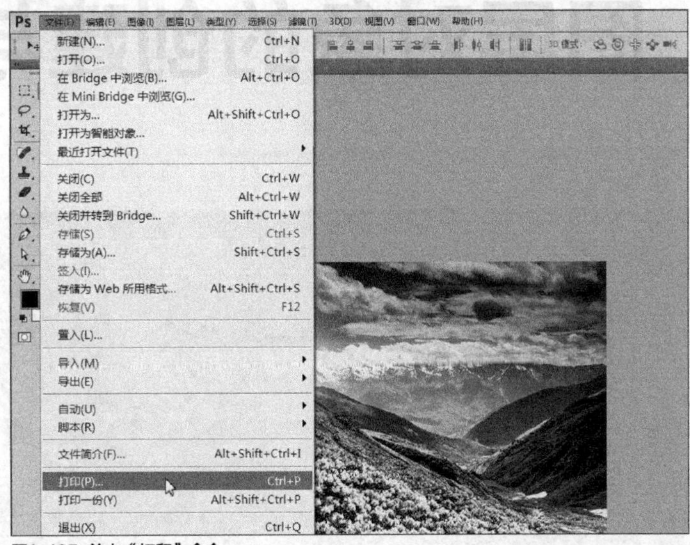

图1-135 单击“打印”命令

STEP 02 弹出“Photoshop打印设置”对话框，该对话框左侧是一个图像预览窗口，可以预览打印的效果，如图1-136所示。

图1-136 预览打印效果

第2章 图层对象的创建与编辑

本章导读

本章主要向读者介绍图层的创建和基本操作，以及图层样式的应用和管理。

要点索引

- 创建图层/图层组
- 掌握图层基本操作
- 应用图层样式
- 管理图层样式

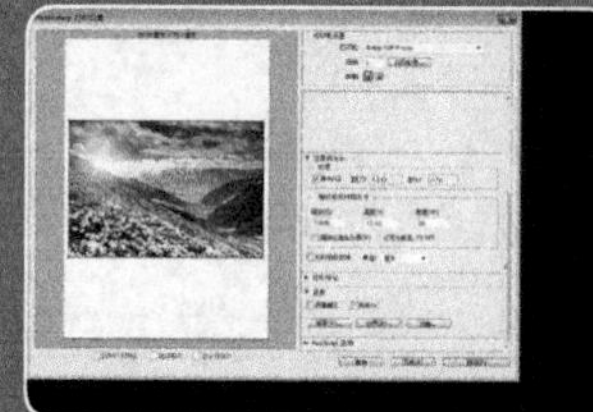

2.1 创建图层/图层组

在Photoshop中，用户可根据需要创建不同的图层，本节主要向读者详细地介绍创建普通图层、文本图层、形状图层、调整图层、填充图层以及图层组的操作方法。

实战033 创建普通图层

▶实例位置：光盘\实例\第2章\实战033.Psd、实战033.jpg
▶素材位置：光盘\素材\第2章\实战033.jpg
▶视频位置：光盘\视频\第2章\实战033.mp4

• 实例介绍 •

普通图层是Photoshop最基本的图层，用户在创建和编辑图像时，新建的图层都是普通图层。

• 操作步骤 •

STEP 01 单击“文件”|“打开”命令，打开一幅素材图像，如图2-1所示。

图2-1 打开素材图像

STEP 02 单击“图层”面板中的“创建新图层”按钮，新建图层，如图2-2所示。

图2-2 新建图层

专家提醒

新建图层的方法有7种，分别如下。

➢ 命令：单击“图层”|“新建”|“图层”命令，弹出“新建图层”对话框，单击“确定”按钮，即可创建新图层。

➢ 面板菜单：单击“图层”面板右上角的三角形按钮，在弹出的面板菜单中选择“新建图层”选项。

➢ 快捷键＋按钮1：按住【Alt】键的同时，单击“图层”面板底部的“创建新图层”按钮。

➢ 快捷键＋按钮2：按住【Ctrl】键的同时，单击“图层”面板底部的“创建新图层”按钮，可在当前图层中的下方新建一个图层。

➢ 快捷键1：按【Shift＋Ctrl＋N】组合键。

➢ 快捷键2：按【Alt＋Shift＋Ctrl＋N】组合键，可以在当前图层对象的上方添加一个图层。

➢ 按钮：单击“图层”面板底部的“创建新图层”按钮，即可在当前图层上方创建一个新的图层。

知识扩展

图像都是基于图层来进行处理的，图层就是图像的层次，可以将一幅作品分解成多个元素，即每一个元素都由一个图层进行管理。

了解图层的含义是掌握和运用图层的前提，图层就像是一个载体，每一个图层中的图像都是由像素组成。因此，图层可以分为透明图层和不透明图层，其中，透明图层是由一个一个灰白相间的方格组成。简单地说，图层可以看作是一张独立的透明胶片，其中每张胶片上都绘有图像，将所有的胶片按“图层”面板中的排列次序自上而下进行叠加，最上层的图像遮住下层同一位置的图像，而在其透明区域则可以看到下层的图像，最终通过叠加得到完整的图像，如图2-3所示。

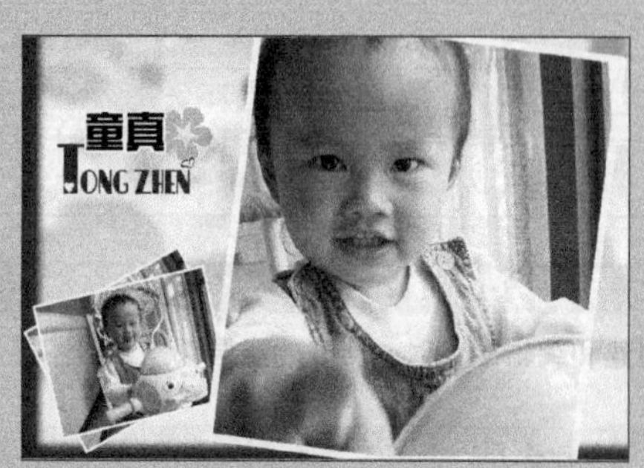
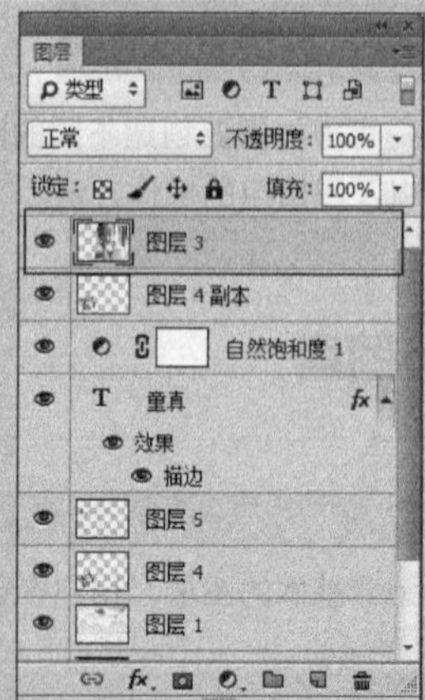

图2-3 图像与图层的效果

“图层”面板是进行图层编辑操作时必不可少的工具。“图层”面板显示了当前图像的图层信息，从中可以调节图层叠放顺序、图层透明度以及图层混合模式等参数，几乎所有的图层操作都可以通过它来实现。“图层”面板中各主要选项含义如下。

➢ “混合模式”列表框 正常 ：在该列表框中设置当前图层的混合模式。

➢ “不透明度”文本框 不透明度:100%：通过在该数值框中输入相应的数值，可以控制当前图层的透明属性。

➢ “锁定”选项区 锁定：该选项区主要包括锁定透明像素、锁定图像像素、锁定位置以及锁定全部4个按钮，单击各个按钮，即可进行相应的锁定设置。

➢ “填充”文本框 填充:100%：通过在数值框中输入相应的数值，可以控制当前图层中非图层样式部分的透明度。

➢ “指示图层可见性”图标：用来控制图层中图像的显示与隐藏状态。

➢ “链接图层”按钮：单击该按钮可以将所选择的图层进行链接，当选择其中的一个图层并进行移动或变换操作时，可以对所有与此图层链接的图像进行操作。

➢ “添加到图层样式”按钮fx.：单击该按钮，在弹出的列表框中选择相应的选项，将弹出相应的“图层样式”对话框，通过设置可以为当前图层添加相应的样式效果。

➢ “添加图层蒙版”按钮：单击该按钮，可以为当前图层添加图层蒙版。

➢ “创建新的填充或调整图层”按钮：单击该按钮，可以在弹出的列表中为当前图层创建新的填充或调整图层。

➢ “创建新组”按钮：单击该按钮，可以新建一个图层组。

➢ “创建新图层”按钮：单击该按钮，可以创建一个新图层。

➢ “删除图层”按钮：选中一个图层后，单击该按钮，在弹出的信息提示框中单击“是”按钮，即可将该图层删除。

通俗地讲，图层就像是含有文字或图形等元素的胶片，一张张按顺序叠放在一起，组合起来形成页面的最终效果。

Photoshop中可以创建多种类型的图层，它们都有各自不同的功能和用途，在“图层”面板中显示的状态也各不相同。图层类型主要有背景图层、普通图层、文字图层、形状图层、填充图层等。各种图层类型的主要功能如下。

➢ 当前图层：当前选择的图层。在对图像处理时，编辑操作将在当前图层中进行。

➢ 中性色图层：填充了中性色的特殊图层，其中包含了预设的混合模式，可以用于承载滤镜或在上面绘画。

➢ 链接图层：保持链接状态的多个图层。

➢ 剪贴蒙版：蒙版的一种，可以使用一个图层中的图层控制它上面多个图层内容的显示范围。

➢ 智能对象：包含有智能对象的图层。

➢ 背景图层：当在Photoshop中打开一幅素材图像时，在“图层”面板中会出现一个默认的背景图层，且呈不可编辑状态，如图2-4所示。

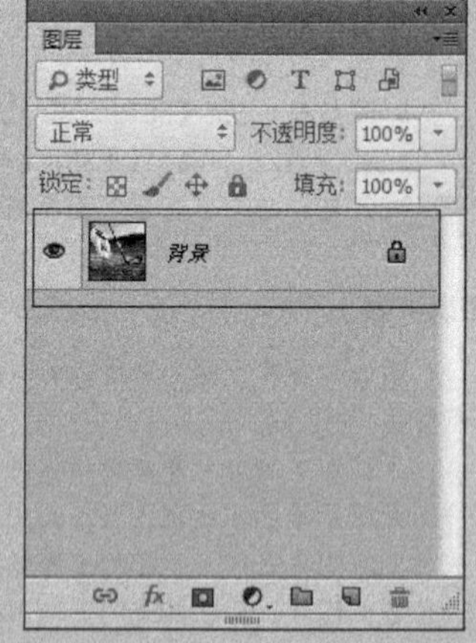

图2-4 背景图层

➤ 普通图层：普通图层是最基本的图层，新建、粘贴、置入、文字或形状图层都属于普通图层，在普通图层上可以设置图层混合模式和不透明度，图2-5所示为普通图层。

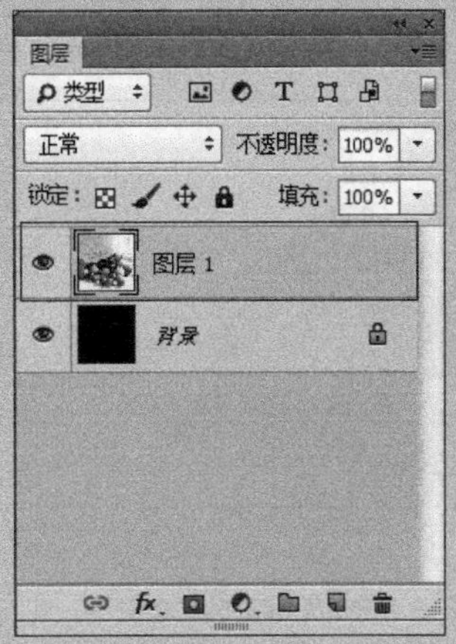

图2-5 普通图层

➤ 文字图层：在Photoshop中，文字以一个独立图层的形式存在，具有图层的所有属性，Photoshop保留了基于矢量的文字轮廓，在进行缩放、调整大小、存储成pdf或eps格式文件或输出到打印机时，生产的文字都具有清晰的、与分辨率无关的光滑边缘。在文字图层中，无法使用画笔、铅笔和渐变工具，只能对文字进行变换，改变颜色，设置字体、字号、角度和图层样式等有限的操作，图2-6所示为文字图层。

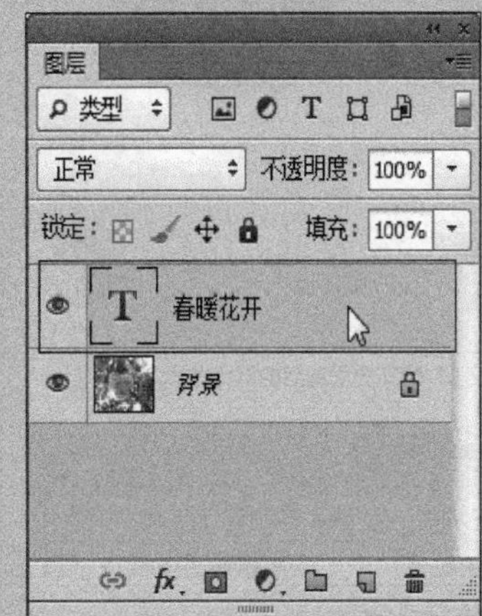

图2-6 文字图层

➤ 形状图层：形状图层是Photoshop中的一种图层。形状图层中包含了位图、矢量图两种元素，因此在用Photoshop软件进行绘画的时候，可以以某种矢量形式保存图像，图2-7所示为形状图层。

图2-7 形状图层

➢ 调整图层：可以调整图层的亮度、色彩平衡等，但不会改变像素值，而且可以重复编辑，如图2-8所示。

➢ 填充图层：通过填充纯色、渐变或图案而创建的特殊效果图层，如图2-9所示。

➢ 图层蒙版：添加了图层蒙版的图层，蒙版可以控制图层中图像的显示范围，将部分图像进行隐藏，如图2-10所示，或者保护某些图像区域不被破坏。在许多创意设计作品中，蒙版是较为常见的操作。

图2-8 调整图层前后的对比效果

图2-9 填充图层前后的对比效果

图2-10 应用图层蒙版

➢ 矢量蒙版图层：带有矢量形状的蒙版图层。

➢ 图层样式：添加了图层样式的图层，通过图层样式可以快速创建特效，如投影、发光等。

➢ 图层组：用来组织和管理图层，以便于查找和编辑图层，类似于Windows的文件夹。

➢ 变形文字图层：进行了变形处理后的文字图层。

➢ 视频图层：包含有视频文件帧的图层。

➢ 3D图层：包含有置入的3D文件的图层。

实战 034 创建文字图层

▶ 实例位置：光盘\实例\第2章\实战034.Psd、实战034.jpg
▶ 素材位置：光盘\素材\第2章\实战034.jpg
▶ 视频位置：光盘\视频\第2章\实战034.mp4

• 实例介绍 •

文字图层是在Photoshop中利用文字工具添加文字后，系统自动生成的图层。

• 操作步骤 •

STEP 01 单击“文件”|“打开”命令，打开一幅素材图像，使用工具箱中的文字工具，在图像编辑窗口中确认插入点，输入相应文字，如图2-11所示。

STEP 02 系统将会自动生成一个新的文字图层，如图2-12所示。

图2-11 打开素材图像

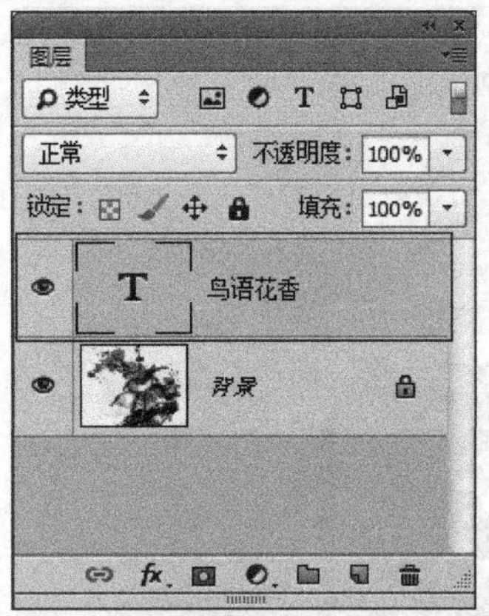

图2-12 新建文字图层

实战 035 创建形状图层

▶ 实例位置：光盘\实例\第2章\实战035.Psd
▶ 素材位置：光盘\素材\第2章\实战035.jpg
▶ 视频位置：光盘\视频\第2章\实战035.mp4

• 实例介绍 •

形状图层是利用形状工具创建相应形状后系统自动生成的图层。

• 操作步骤 •

STEP 01 单击“文件”|“打开”命令，打开一幅素材图像，使用工具箱中的形状工具，选择“工具模式”为形状，填充颜色为白色，单击“形状”右侧的三角形按钮，在弹出的列表中选择“雪花2”选项，在图像编辑窗口中的合适位置添加图形，如图2-13所示。

STEP 02 系统将会自动生成一个新的形状图层，如图2-14所示。

图2-13 打开素材图像

图2-14 新建形状图层

实战036 创建调整图层

▶实例位置：光盘\实例\第2章\实战036.Psd、实战036.jpg
▶素材位置：光盘\素材\第2章\实战036.jpg
▶视频位置：光盘\视频\第2章\实战036.mp4

• 实例介绍 •

调整图层使用户可以对图像进行颜色填充和色调调整，而不会永久地修改图像中的像素，即颜色和色调更改位于调整图层内，该图层像一层透明的膜一样，下层图像及其调整后的效果可以透过它显示出来。

• 操作步骤 •

STEP 01 单击"文件"|"打开"命令，打开一幅素材图像，如图2-15所示。

图2-15 打开素材图像

STEP 02 单击"图层"|"新建调整图层"|"色相/饱和度"命令，弹出"新建图层"对话框，如图2-16所示。

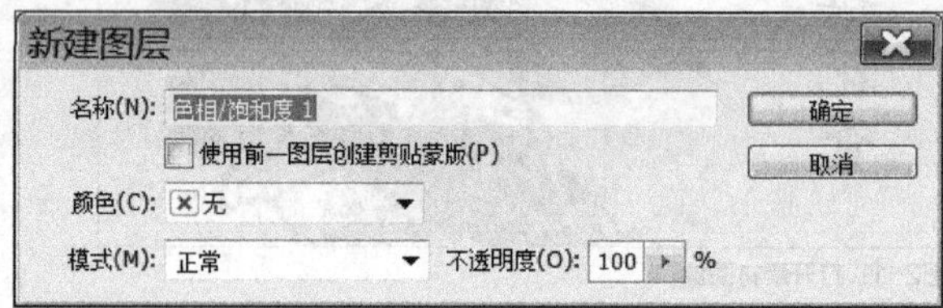

图2-16 弹出"新建图层"对话框

STEP 03 单击"确定"按钮，即可创建调整图层，如图2-17所示。

图2-17 创建调整图层

STEP 04 展开"属性"面板，设置各参数，如图2-18所示。

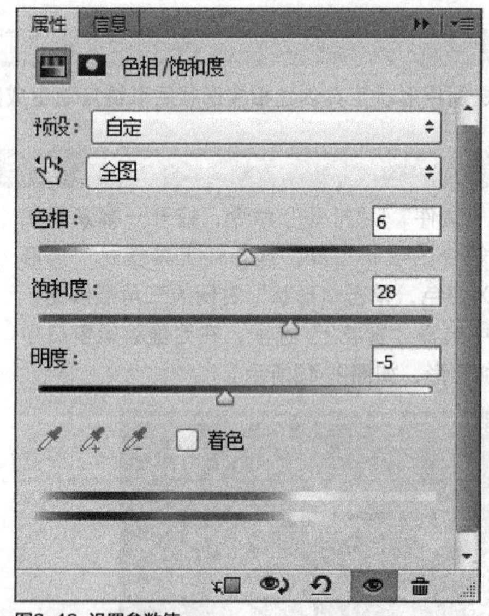

图2-18 设置参数值

专家提醒

调整图层可以使用户对图像进行颜色填充和色调的调整，而不会修改图像中的像素，即颜色和色调等的更改位于调整图层内，调整图层会影响此图层下面的所有图层。

STEP 05 隐藏“属性”面板，调整图层后的图像效果如图2-19所示。

图2-19 调整图层后的图像效果

实战 037 创建填充图层

▶实例位置：光盘\实例\第2章\实战037.Psd、实战037.jpg
▶素材位置：光盘\素材\第2章\实战037.jpg
▶视频位置：光盘\视频\第2章\实战037.mp4

• 实例介绍 •

填充图层是指在原有图层的基础上新建一个图层，并在该图层上填充相应的颜色。用户可以根据需要为新图层填充纯色、渐变色或图案，通过调整图层的混合模式和不透明度使其与底层图层叠加，以产生特殊的效果。

• 操作步骤 •

STEP 01 单击“文件”|“打开”命令，打开一幅素材图像，如图2-20所示，单击“图层”|“新建填充图层”|“纯色”命令。

图2-20 打开素材图像

STEP 02 弹出“新建图层”对话框，在对话框中设置“颜色”为“绿色”、“模式”为“色相”，如图2-21所示。

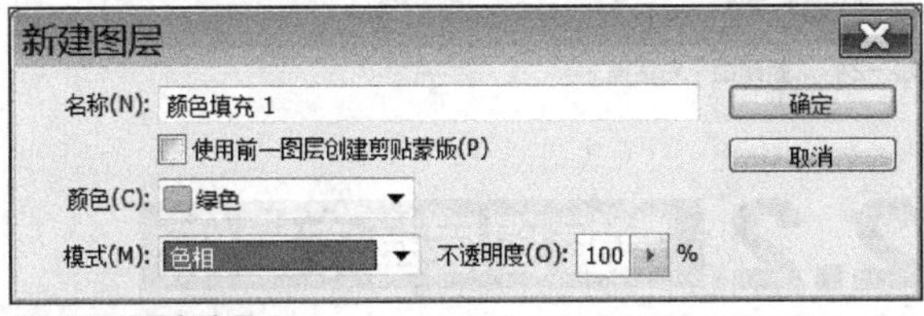

图2-21 设置各选项

STEP 03 单击“确定”按钮，弹出“拾色器（纯色）”对话框，设置为绿色（RGB参数分别为158、221、10），如图2-22所示。

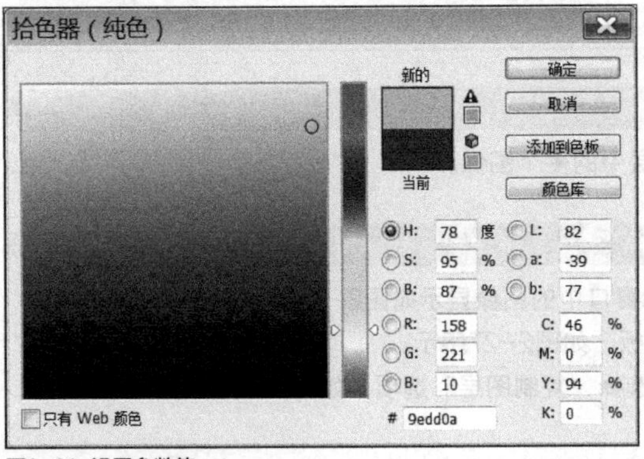

图2-22 设置参数值

STEP 04 单击“确定”按钮，即可创建填充图层，效果如图2-23所示。

图2-23 创建填充图层效果

专家提醒

除了运用上述方法可以创建填充图层外，单击“图层”面板底部的“创建新的填充或调整图层”按钮，也可以创建填充图层。填充图层也是图层的一类，因此可以通过改变图层的混合模式、不透明度，进行为图层增加蒙版或将其应用于剪贴蒙版的操作，以此来获得不同的图像效果。

实战038 创建图层组

▶实例位置：光盘\实例\第2章\实战038.Psd、实战037.jpg
▶素材位置：上一实例
▶视频位置：光盘\视频\第2章\实战038.mp4

• 实例介绍 •

图层组类似于文件夹，用户可以将图层按照类别放在不同的组内，当关闭图层组后，“在图层”面板中会只显示图层组的名称。

• 操作步骤 •

STEP 01 单击“图层”|“新建”|“组”命令，弹出“新建组”对话框，设置各选项，如图2-24所示。

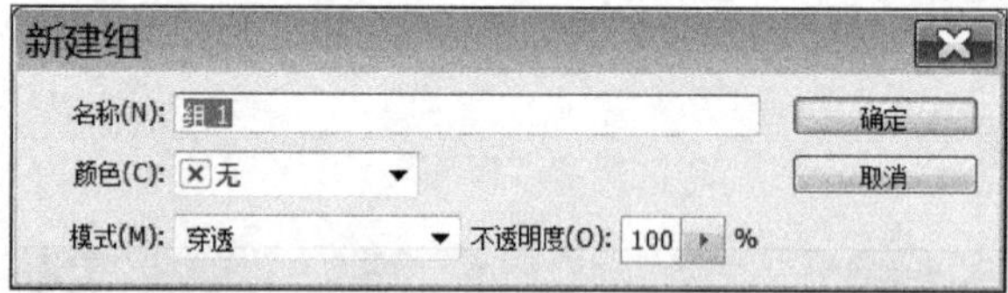

图2-24 “新建组”对话框

STEP 02 单击“确定”按钮，即可创建新图层组，如图2-25所示。

图2-25 创建新图层组

2.2 掌握图层基本操作

图层的基础操作是最常用的操作之一，例如选择图层、显示与隐藏图层、删除与重命名图层、调整图层顺序等，本节主要向读者介绍图层的基本操作方法。

实战039 复制图层

▶实例位置：光盘\实例\第2章\实战039.jpg、实战039.jpg
▶素材位置：光盘\素材\第2章\实战039.jpg
▶视频位置：光盘\视频\第2章\实战039.mp4

• 实例介绍 •

在Photoshop中，用户可以通过直接复制图层来快速复制该图层中的多个图像。

• 操作步骤 •

STEP 01 按【Ctrl+O】组合键，打开一幅素材图像，此时图像编辑窗口中的图像显示如图2-26所示。

STEP 02 在菜单栏中单击“窗口”|“图层”命令，展开“图层”面板，如图2-27所示。

STEP 03 选择“背景”图层，单击鼠标右键，在弹出的快捷菜单中选择“复制图层”选项，如图2-28所示。

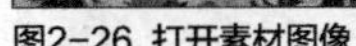
图2-26 打开素材图像

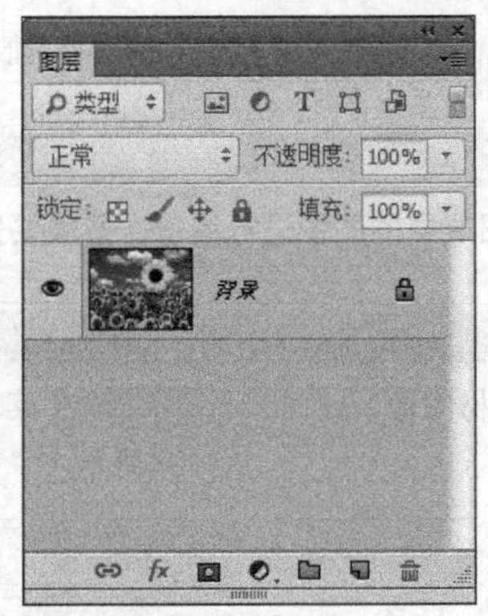
图2-27 展开“图层”面板

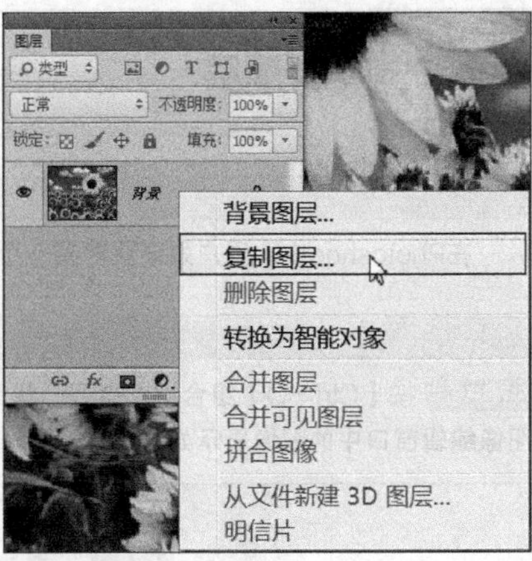

图2-28 选择“复制图层”选项

STEP 04 执行上述操作后，即可弹出“复制图层”对话框，各项均保持默认设置即可，如图2-29所示。

STEP 05 单击“确定”按钮，即可复制图层，得到“背景 拷贝”图层，如图2-30所示。

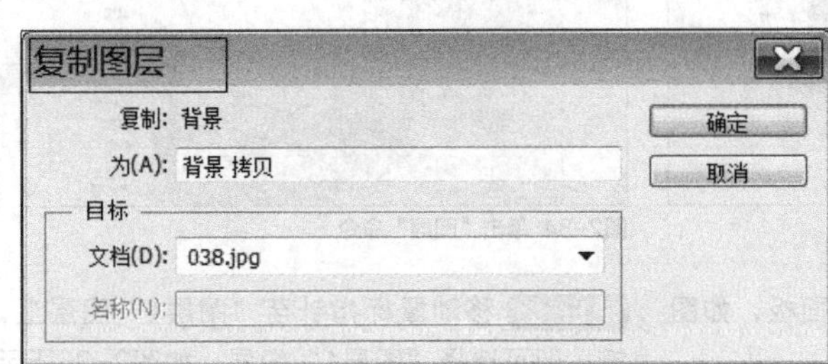

图2-29 “复制图层”对话框

图2-30 复制图层

知识扩展

除了使用快捷菜单的操作方法复制图层以外，用户还可以使用以下2种操作方法。

➢ 在菜单栏中单击“图层”|“复制图层”命令，如图2-31所示，即可弹出“复制图层”对话框，单击“确定”按钮，即可复制图层。

➢ 在“图层”面板选中“背景”图层，单击鼠标左键并拖曳至面板底部的“创建新图层”按钮上，如图2-32所示，释放鼠标即可复制图层。

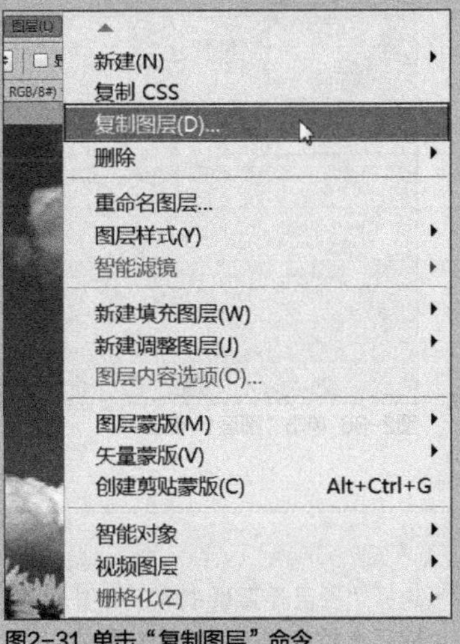

图2-31 单击“复制图层”命令

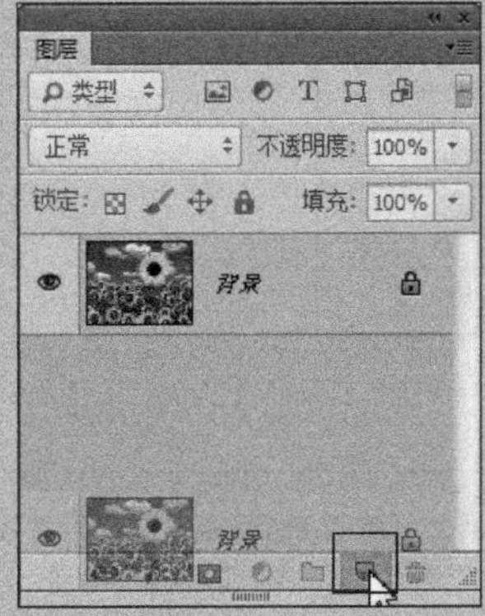
图2-32 拖曳鼠标

实战 040 选择图层

▶实例位置：无
▶素材位置：光盘\素材\第2章\040.psd
▶视频位置：光盘\视频\第2章\实战040.mp4

• 实例介绍 •

在Photoshop中，用户如果要对某一个图层中的图像进行编辑，必须要先选择该图层。

• 操作步骤 •

STEP 01 按【Ctrl+O】组合键，打开一幅素材图像，此时图像编辑窗口中的图像显示如图2-33所示。

图2-33 打开素材图像

STEP 02 在菜单栏中单击“窗口”|“图层”命令，如图2-34所示。

图2-34 单击“图层”命令

STEP 03 执行上述操作后，即可展开“图层”面板，如图2-35所示。

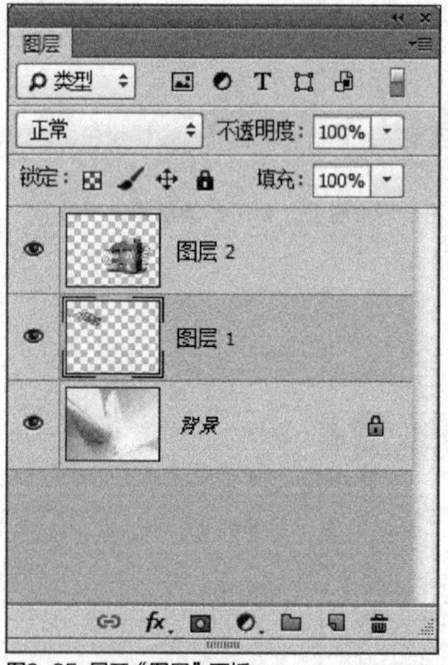

图2-35 展开“图层”面板

STEP 04 移动鼠标指针至“图层1”图层上，单击鼠标左键，即可选择“图层1”图层，如图2-36所示。

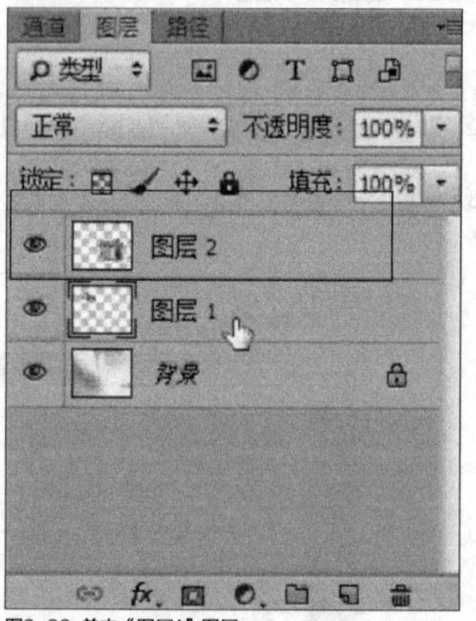

图2-36 单击“图层1”图层

技巧点拨

除了本实例介绍的方法外，还有以下4种选择图层的方法。

➢ 选择所有图层：单击“选择”|“所有图层”命令，即可选择“图层”面板中的所有图层。
➢ 选择相似图层：单击“选择”|“选择相似图层”命令，即可选择类型相似的所有图层。
➢ 选择链接图层：选择一个链接图层，单击“图层”|“选择链接图层”命令，即可链接所选图层。
➢ 取消选择图层：如果不想选择任何图层，在面板中最下面的灰色空白处单击鼠标左键即可。

实战041 显示与隐藏图层

▶实例位置：无
▶素材位置：光盘\素材\第2章\实战041.Psd
▶视频位置：光盘\视频\第2章\实战041.mp4

•实例介绍•

在Photoshop中，用户可以对某一个图层进行编辑，使其显示与隐藏。

•操作步骤•

STEP 01 按【Ctrl+O】组合键，打开一幅素材图像，此时图像编辑窗口中的图像显示如图2-37所示。

图2-37 打开素材图像

STEP 02 在菜单栏中单击“窗口”|“图层”命令，即可展开“图层”面板，如图2-38所示。

图2-38 展开“图层”面板

STEP 03 单击“图层1”图层前面的“指示图层可见性”图标，该眼睛图标即会被隐藏，如图2-39所示。

图2-39 单击“指示图层可见性”图标

STEP 04 执行上述操作后，即可隐藏“图层1”图层，效果如图2-40所示。

图2-40 隐藏图层后的效果

STEP 05 再次单击“图层1”图层前面的“指示图层可见性”图标，即可显示该图标，如图2-41所示。

STEP 06 执行上述操作后，即可显示隐藏的图层中的图像，效果如图2-42所示。

图2-41 显示“指示图层可见性”图标

图2-42 显示隐藏图层效果

实战042 删除与重命名图层

▶实例位置：光盘\实例\第2章\实战042.jpg
▶素材位置：光盘\素材\第2章\实战042.jpg
▶视频位置：光盘\视频\第2章\实战042.mp4

• 实例介绍 •

在Photoshop中，用户可以对某一个图层进行删除和重命名的操作。

在“图层”面板中每个图层都有默认的名称，用户可以根据需要自定义图层的名称，以利于过程中操作的方便，对于多余的图层，应该及时将其从图像中删除，以减小图像文件的大小。

• 操作步骤 •

STEP 01 单击“文件”|“打开”命令，打开一幅素材图像，如图2-43所示。

STEP 02 选择“铂金卡”图层，单击“删除图层”按钮，如图2-44所示。

图2-43 打开素材图像

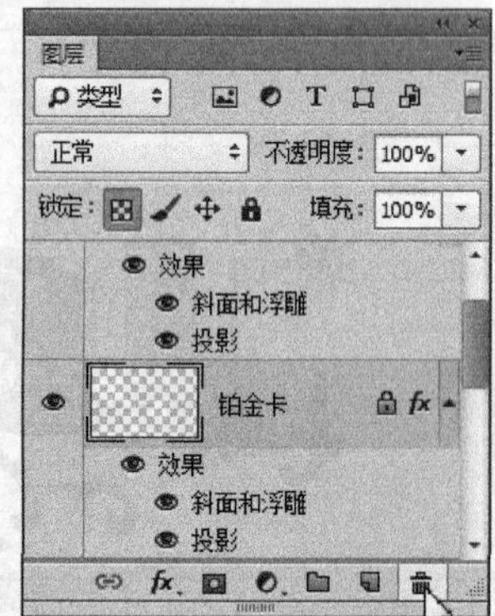

图2-44 单击“删除图层”按钮

STEP 03 执行操作后，即可删除图层，效果如图2-45所示。

STEP 04 在“图层”面板中选择“图层2”图层，如图2-46所示。

图2-45 删除图层效果

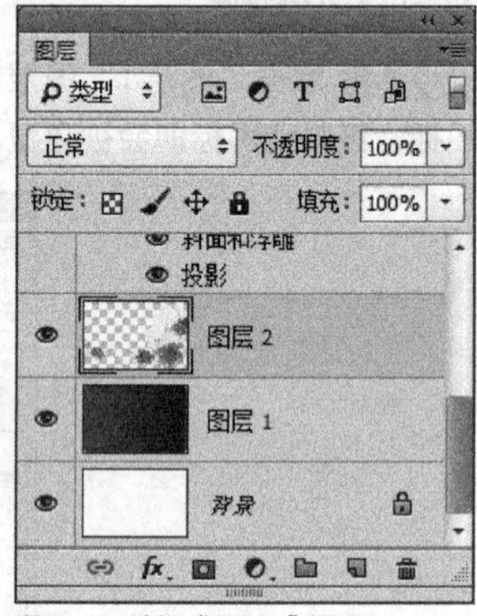

图2-46 选择“图层2”图层

STEP 05 双击鼠标左键激活文本框，输入名称，如图2-47所示。

STEP 06 按【Enter】键确认，即可重命名图层，如图2-48所示。

专家提醒

删除图层的方法有2种，分别如下。

➢ 命令：单击“图层”|“删除”|“图层”命令。

➢ 快捷键：在选取移动工具并且当前图像中不存在选区的情况下，按【Delete】键，删除图层。

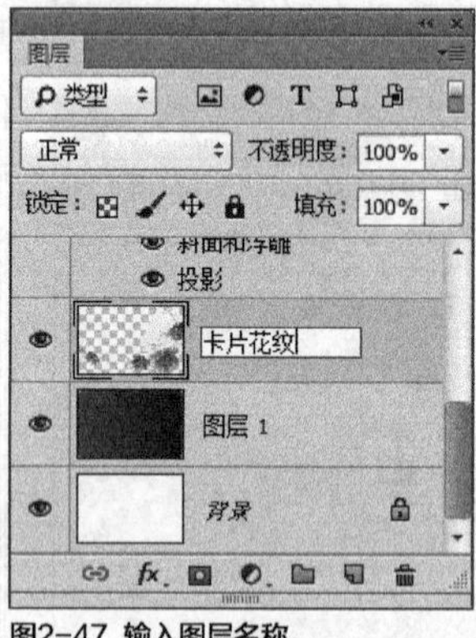

图2-47 输入图层名称

图2-48 重命名图层

实战043 调整图层顺序

▶实例位置：光盘\实例\第2章\实战043.jpg
▶素材位置：光盘\素材\第2章\实战043.jpg
▶视频位置：光盘\视频\第2章\实战043.mp4

• 实例介绍 •

在Photoshop的图像文件中，位于上方的图像会将下方的图像遮掩，此时，用户可以通过调整各图像的顺序，改变整幅图像的显示效果。

• 操作步骤 •

STEP 01 单击“文件”|“打开”命令，打开一幅素材图像，展开“图层”面板，如图2-49所示。

图2-49 打开素材图像

STEP 02 选择“图层1”图层，单击鼠标左键并拖曳该图层至“图层2”图层的下方，效果如图2-50所示。

图2-50 调整图层顺序

专家提醒

可以利用“图层”|“排列”子菜单中的命令来执行改变图层顺序的操作，其中各个命令的含义如下。

➤ 命令1：单击“图层”|“排列”|“置为顶层”命令将图层置于最顶层，快捷键为【Ctrl+Shift+]】组合键。
➤ 命令2：单击“图层”|“排列”|“后移一层”命令将图层下移一层，快捷键为【Ctrl+[】组合键。
➤ 命令3：单击“图层”|“排列”|“置为底层”命令将图层置于图像的最底层，快捷键为【Ctrl+Shift+[】组合键。

实战044 合并图层对象

▶实例位置：光盘\实例\第2章\实战044.jpg
▶素材位置：光盘\素材\第2章\实战044.jpg
▶视频位置：光盘\视频\第2章\实战044.mp4

• 实例介绍 •

在编辑图像文件时，经常会创建多个图层，占用的磁盘空间也随之增大。因此对于没必要分开的图层，可以将它们合并，这样有助于减少图像文件对磁盘空间的占用，同时也可以提高系统的处理速度。

• 操作步骤 •

STEP 01 单击“文件”|“打开”命令，打开一幅素材图像，如图2-51所示。

STEP 02 在“图层”面板中，选择“图层2”图层，如图2-52所示。

图2-51 打开素材图像

图2-52 选择图层对象

STEP 03 单击“图层”|“合并可见图层”命令，如图2-53所示。

STEP 04 执行操作后，即可合并图层对象，如图2-54所示。

图2-53 单击“合并可见图层”命令

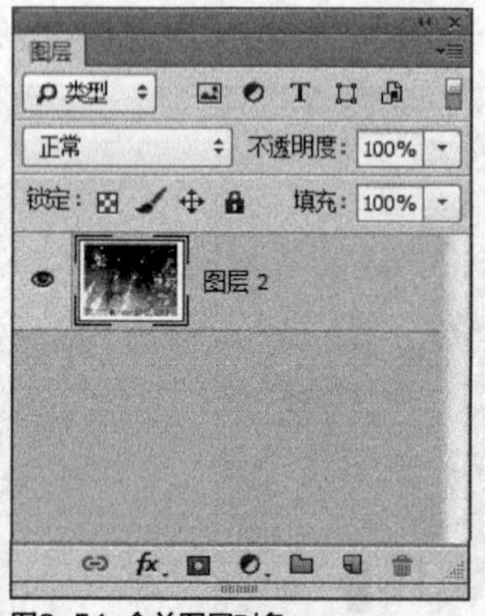

图2-54 合并图层对象

专家提醒

除了上述方法可以合并图层外，用户还可以按【Ctrl+E】组合键。

实战 045 锁定图层对象

▶ **实例位置**：光盘\实例\第2章\实战045.jpg

▶ **素材位置**：光盘\素材\第2章\实战045.jpg

▶ **视频位置**：光盘\视频\第2章\实战045.mp4

• 实例介绍 •

图层被锁定后，将限制图层编辑的内容和范围，当编辑图层中其他内容时，被锁定的内容将不再受到影响。

• 操作步骤 •

STEP 01 单击“文件”|“打开”命令，打开一幅素材图像，展开“图层”面板，如图2-55所示。

STEP 02 选择“图层1”图层，单击“锁定透明像素”按钮，如图2-56所示。

STEP 03 执行操作后，即可锁定图层对象，如图2-57所示。

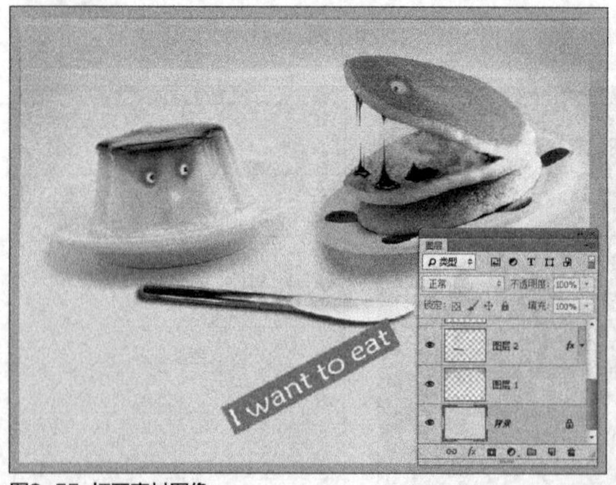

图2-55 打开素材图像

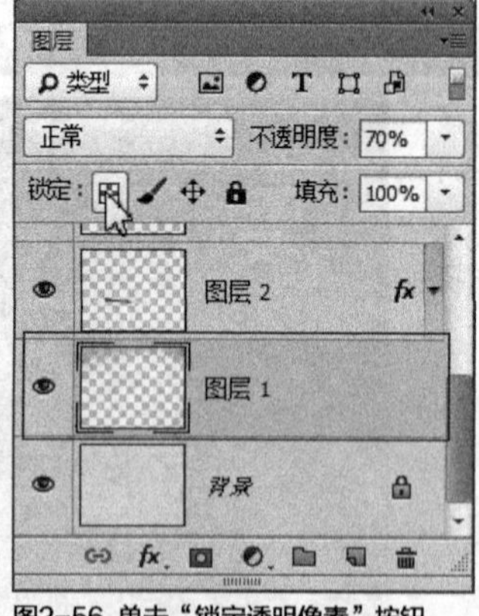

图2-56 单击“锁定透明像素”按钮

图2-57 锁定图层对象

实战 046 对齐与分布图层

▶实例位置：光盘\案例\第2章\实战046.Psd、实战046.jpg
▶素材位置：光盘\素材\第2章\实战046.Psd
▶视频位置：光盘\视频文件\第2章\实战046.mp4

• 实例介绍 •

对齐图层是将图像文件中包含的图层按照指定的方式（沿水平或垂直方向）对齐；分布图层是将图像文件中的几个图层中的内容按照指定的方式（沿水平或垂直方向）平均分布，将当前选择的多个图层或链接图层进行等距排列。

• 操作步骤 •

STEP 01 单击“文件”|“打开”命令，打开一幅素材图像，此时图像编辑窗口中的图像显示如图2-58所示。

图2-58 打开素材图像

STEP 02 展开“图层”面板，选择需要进行对齐操作的图层，如图2-59所示。

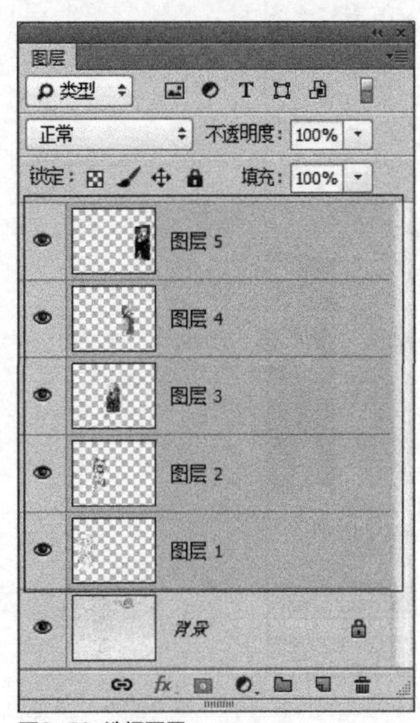

图2-59 选择图层

STEP 03 在菜单栏中单击“图层”|“对齐”|“顶边”命令，如图2-60所示。

图2-60 单击“顶边”命令

STEP 04 执行操作后，即可顶边对齐图层，效果如图2-61所示。

图2-61 顶边对齐

知识扩展

“对齐”菜单中的各命令含义如下。

- 顶边：所选图层对象将以位于最上方的对象为基准，进行顶部对齐。
- 垂直居中：所选图层对象将以位置居中的对象为基准，进行垂直居中对齐。
- 底边：所选图层对象将以位于最下方的对象为基准，进行底部对齐。
- 左边：所选图层对象将以位于最左侧的对象为基准，进行左对齐。
- 水平居中：所选图层对象将以位于中间的对象为基准，进行水平居中对齐。
- 右边：所选图层对象将以位于最右侧的对象为基准，进行右对齐。

STEP 05 单击“图层”|“分布”|“水平居中”命令，如图2-62所示。

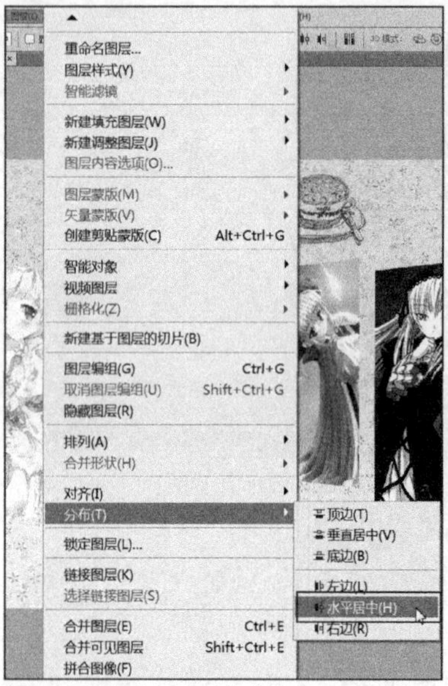

图2-62 单击“水平居中”命令

STEP 06 执行上述操作后，即可水平居中分布图层，效果如图2-63所示。

图2-63 水平居中分布

知识扩展

“分布”菜单中的各命令含义如下。

- 顶边：可以均匀分布各链接图层或所选择的多个图层的位置，使它们最上方的图像间相隔同样的距离。
- 垂直居中：可将所选图层对象间垂直方向的图像相隔同样的距离。
- 底边：可将所选图层对象间最下方的图像相隔同样的距离。
- 左边：可以将所选图层对象间最左侧的图像相隔同样的距离。
- 水平居中：可将所选图层对象间水平方向的图像相隔同样的距离。
- 右边：可将所选图层对象间最右侧的图像相隔同样的距离。

实战047 栅格化图层对象

- 实例位置：光盘\案例\第2章\实战047Psd、实战047.jpg
- 素材位置：光盘\素材\第2章\实战047.Psd
- 视频位置：光盘\视频\第2章\实战047.mp4

• 实例介绍 •

如果要使用绘图工具和滤镜编辑文字图层、形状图层、矢量蒙版或智能对象等包含矢量数据的图层，需要先将其栅格化，使图层中的内容转换为栅格图像，然后才能够进行相应的编辑。

• 操作步骤 •

STEP 01 单击“文件”|“打开”命令，打开一幅素材图像，此时图像编辑窗口中的图像显示如图2-64所示。

STEP 02 选择文本图层，单击“图层”|“栅格化”命令，在弹出的子菜单中，单击相应的命令即可栅格化图层中的内容，如图2-65所示。

图2-64 素材图像

图2-65 栅格化文字图层效果

专家提醒

除了可以运用上述方法栅格化图层外，用户还可以在选择的图层对象上单击鼠标右键，在弹出的快捷菜单中选择“栅格化图层”选项。

实战 048 设置图层不透明度

▶实例位置：光盘\实例\第2章\实战048.Psd、实战048.jpg
▶素材位置：光盘\素材\第2章\实战048.Psd
▶视频位置：光盘\视频\第2章\实战048.mp4

• 实例介绍 •

不透明度用于控制图层中所有对象（包括图层样式和混合模式）的透明属性。通过设置图层的不透明度，能够使图像主次分明，主体突出。

• 操作步骤 •

STEP 01 单击“文件”|“打开”命令，打开一幅素材图像，展开“图层”面板，如图2-66所示。

STEP 02 选择“图层1”图层，在面板的右上方设置“不透明度”为100%，即可调整图层的不透明度，效果如图2-67所示。

图2-66 打开素材图像

图2-67 调整图层不透明度效果

2.3 应用图层样式

“图层样式”可以为当前图层添加特殊效果，如投影、内阴影、外发光、浮雕等样式，在不同的图层中应用不同的图层样式，可以使整幅图像更加富有真实感和突出性。本节主要向读者介绍各图层样式功能的基础知识。

在Photoshop中，单击“图层”|“图层样式”|“投影”命令，弹出“图层样式”对话框，如图2-68所示。

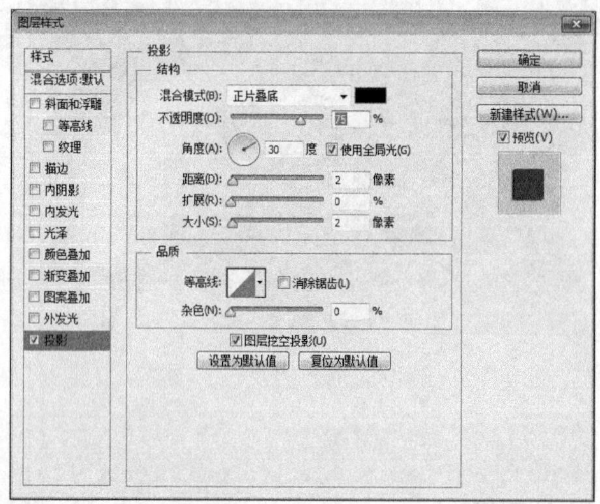

图2-68 “图层样式”对话框

知识扩展

“图层样式”对话框中主要选项的含义如下。

➢ 图层样式列表框：该区域中列出了所有的图层样式，如果要同时应用多个图层样式，只需要选中图层样式相对应的名称复选框，即可在对话框中间的参数控制区域显示其参数。

➢ 参数控制区：在选择不同图层样式的情况下，该区域会即时显示与之对应的参数选项。在Photoshop中，“图层样式”对话框中增加了“设置为默认值”和“复位为默认值”两个按钮，前者可以将当前的参数保存成为默认的数值，以便后面应用，而后者则可以复位到系统或之前保存过的默认参数。

➢ 预览区：可以预览当前所设置的所有图层样式叠加在一起时的效果。

实战049 添加“斜面和浮雕”样式

▶ **实例位置**：光盘\实例\第2章\实战049.Psd、实战049.jpg
▶ **素材位置**：光盘\素材\第2章\实战049.Psd
▶ **视频位置**：光盘\视频\第2章\实战049.mp4

• 实例介绍 •

“斜面和浮雕”图层样式可以制作出各种凹陷和凸出的图像或文字，从而使图像具有一定的立体效果。

• 操作步骤 •

STEP 01 单击“文件”|“打开”命令，打开一幅素材图像，如图2-69所示。

图2-69 打开素材图像

STEP 02 展开“图层”面板，选择“图层2”图层，如图2-70所示。

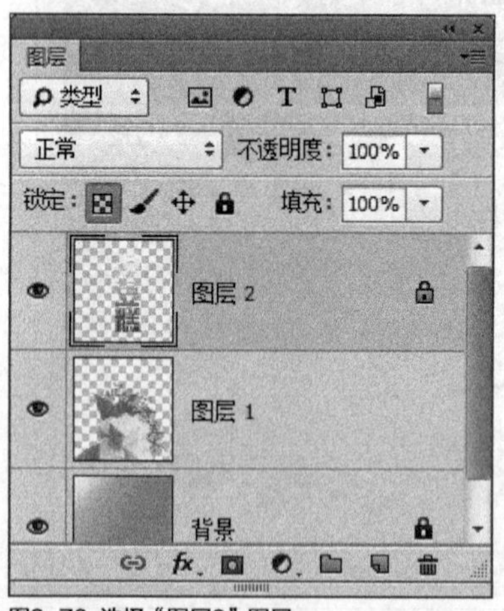

图2-70 选择“图层2”图层

STEP 03 单击“图层”|“图层样式”|“斜面和浮雕”命令，弹出“图层样式”对话框，设置“深度”为970%，如图2-71所示。

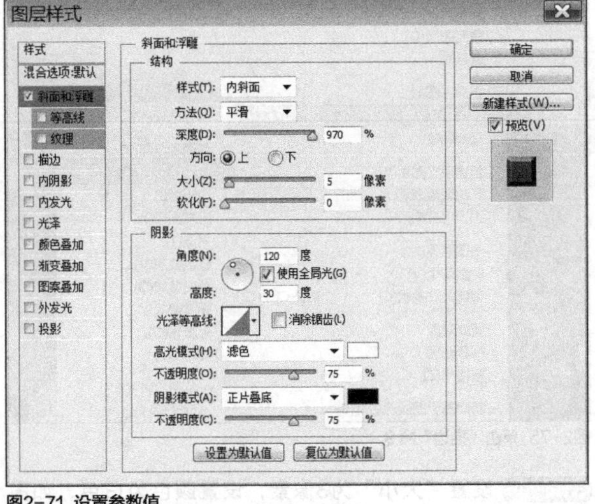

图2-71 设置参数值

STEP 04 单击“确定”按钮，即可应用斜面和浮雕样式，效果如图2-72所示。

图2-72 应用斜面和浮雕样式效果

知识扩展

图层样式对话框中“斜面与浮雕”面板各参数的介绍如下。

- 样式：在该选项下拉列表中可以选择斜面和浮雕的样式。
- 方法：用来选择一种创建浮雕的方法。
- 方向：定位光源角度后，可以通过该选项设置高光和阴影的位置。
- 软化：用来设置斜面和浮雕的柔和程度，该值越高，效果越柔和。
- 角度/高度：“角度”选项用来设置光源的照射角度，“高度”选项用来设置光源的高度。
- 光泽等高线：可以选择一个等高线样式，为斜面和浮雕表面添加光泽，创建具有光泽感的金属外观浮雕效果。
- 深度：用来设置浮雕斜面的应用深度，该值越高，浮雕的立体感越强。
- 大小：用来设置斜面和浮雕中阴影面积的大小。
- 高光模式：用来设置高光的混合模式、颜色和不透明度。
- 阴影模式：用来设置阴影的混合模式、颜色和不透明度。

实战 050 添加“描边”样式

- **实例位置**：光盘\实例\第2章\实战050.Psd、实战050.jpg
- **素材位置**：光盘\素材\第2章\实战050.Psd
- **视频位置**：光盘\视频\第2章\实战050.mp4

• 实例介绍 •

“描边”图层样式可以使图像的边缘产生描边效果，用户可以设置外部描边、内部描边或居中描边效果。

• 操作步骤 •

STEP 01 单击“文件”|“打开”命令，打开一幅素材图像，此时图像编辑窗口中的图像显示如图2-73所示。

图2-73 打开素材图像

STEP 02 展开“图层”面板，选择“一米阳光”图层，如图2-74所示。

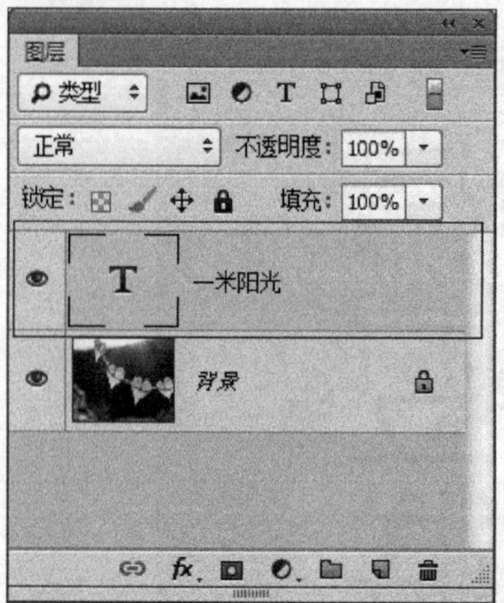

图2-74 选择“一米阳光”图层

STEP 03 在菜单栏中单击“图层”|“图层样式”|“描边”命令，如图2-75所示。

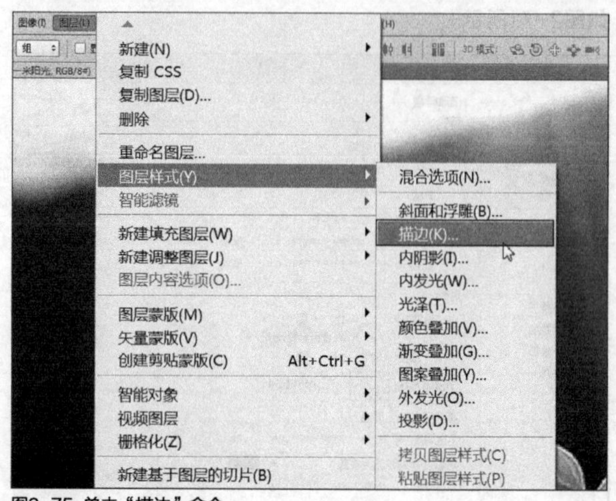

图2-75 单击“描边”命令

STEP 04 执行上述操作后，即可弹出“图层样式”对话框，如图2-76所示。

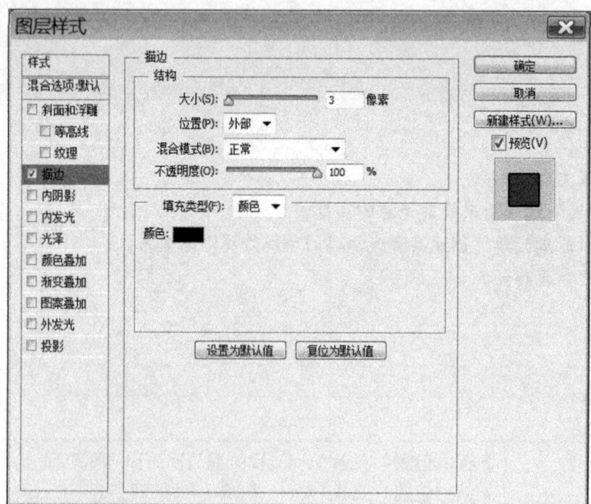

图2-76 “图层样式”对话框

STEP 05 设置“大小”为3像素，设置颜色为白色，如图2-77所示。

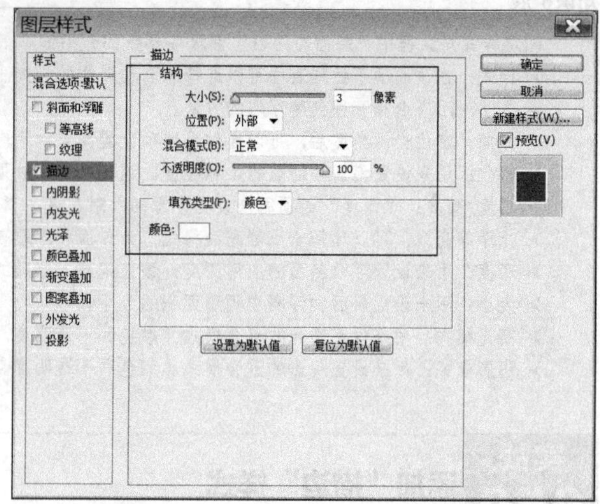

图2-77 设置参数

STEP 06 单击“确定”按钮，即可添加“描边”图层样式，效果如图2-78所示。

图2-78 添加“描边”样式

实战 051 添加“内阴影”样式

▶实例位置：光盘\实例\第2章\实战051.Psd、实战051.jpg
▶素材位置：光盘\素材\第2章\实战051.Psd
▶视频位置：光盘\视频\第2章\实战051.mp4

• 实例介绍 •

在Photoshop中，“内阴影”图层样式可以使图层中的图像产生凹陷的图像效果。

• 操作步骤 •

STEP 01 单击“文件”|“打开”命令，打开一幅素材图像，此时图像编辑窗口中的图像显示如图2-79所示。

STEP 02 展开“图层”面板，选择“花谢之期”图层，如图2-80所示。

图2-79 打开素材图像

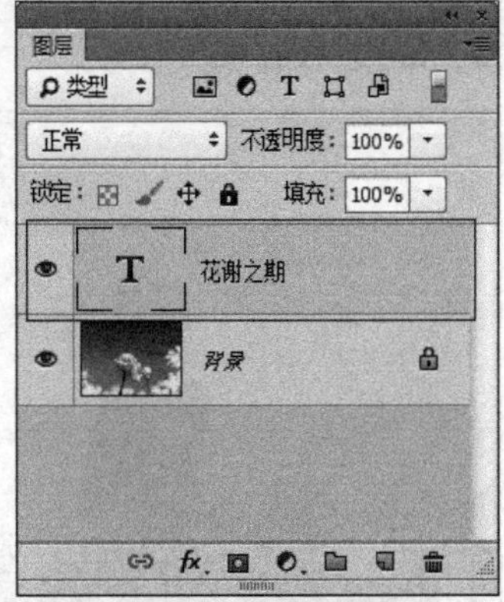

图2-80 选择“花谢之期”图层

STEP 03 在菜单栏中单击“图层”|“图层样式”|“内阴影”命令，如图2-81所示。

图2-81 单击“内阴影”命令

STEP 04 执行上述操作后，即可弹出“图层样式”对话框，如图2-82所示。

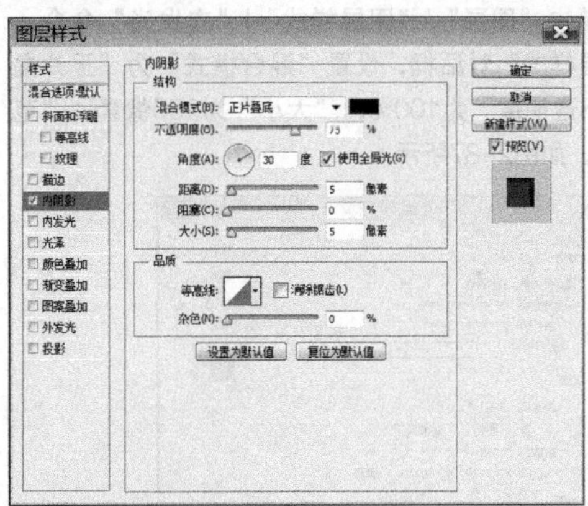

图2-82 “图层样式”对话框

STEP 05 设置“颜色”为灰黄色（RGB参数值分别为138、121、10）、“距离”为6、“阻塞”为20%，如图2-83所示。

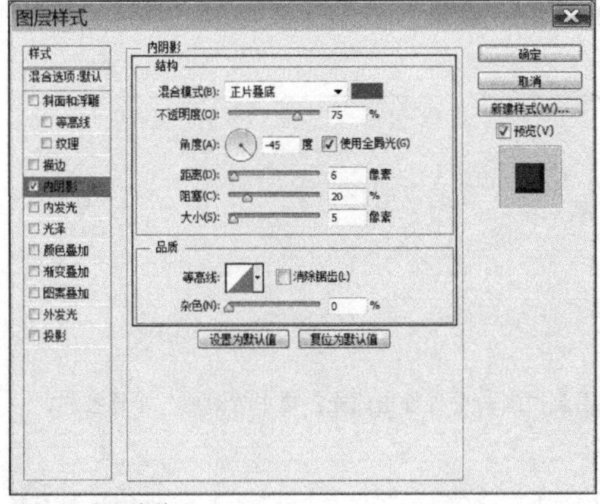

图2-83 设置参数

STEP 06 单击“确定”按钮，即可添加“内阴影”图层样式，效果如图2-84所示。

图2-84 添加“内阴影”样式

实战 052 添加“内发光”样式

▶实例位置：光盘\实例\第2章\实战052.Psd、实战052.jpg
▶素材位置：光盘\素材\第2章\实战052.Psd
▶视频位置：光盘\视频\第2章\实战052.mp4

• 实例介绍 •

用户使用“内发光”图层样式可以为所选图层中的图像增加发光效果，下面向用户介绍添加内发光效果的操作方法。

• 操作步骤 •

STEP 01 单击“文件”|“打开”命令，打开一幅素材图像，如图2-85所示。

图2-85 打开素材图像

STEP 02 展开“图层”面板，选择“图层0”图层，如图2-86所示。

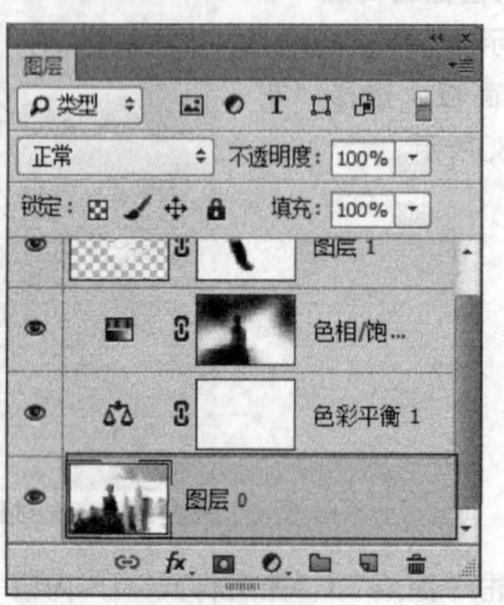

图2-86 选择“图层0”图层

STEP 03 单击“图层”|“图层样式”|“内发光”命令，弹出“图层样式”对话框，设置“混合模式”为“正片叠底”、“不透明度”为100%、“大小”为250像素、“范围”为1%，如图2-87所示。

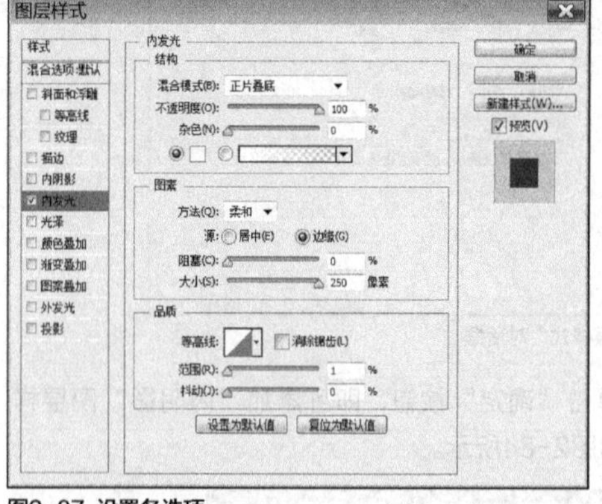

图2-87 设置各选项

STEP 04 单击“确定”按钮，即可应用内发光样式，效果如图2-88所示。

图2-88 应用内发光样式效果

知识扩展

图层样式对话框中“内发光”面板各参数的介绍如下。

➤ 混合模式：用来设置发光效果与下面图层的混合方式。

➤ 不透明度：用来设置发光效果的不透明度，该值越低，发光效果越弱。

➤ 发光颜色：“杂色”选项区下方的颜色和颜色条用来设置发光颜色。

➤ 方法：用来设置发光的方法，以控制发光的准确度。

➤ 阻塞：用来在模糊之前收缩内发光的杂边边界。

➤ 杂色：可以在发光效果中添加随机的杂色，使光晕呈现颗粒感。

➤ 源：用来控制发光源的位置。选中“居中”单选按钮，表示应用从图层内容的中心发出的光；选中“边缘”单选按钮，表示应用从图层内容的内部边缘发出的光。

➤ 大小：用来设置光晕范围的大小。

实战 053 添加“颜色叠加”样式

▶实例位置：光盘\实例\第2章\实战053.Psd、实战053.jpg
▶素材位置：光盘\素材\第2章\实战053.Psd
▶视频位置：光盘\视频\第2章\实战053.mp4

• 实例介绍 •

在Photoshop中，“颜色叠加”样式可以为图层添加颜色叠加效果。

• 操作步骤 •

STEP 01 单击“文件”|“打开”命令，打开一幅素材图像，此时图像编辑窗口中的图像显示如图2-89所示。

图2-89 打开素材图像

STEP 02 展开“图层”面板，选择“躲猫猫”图层，如图2-90所示，并双击鼠标左键。

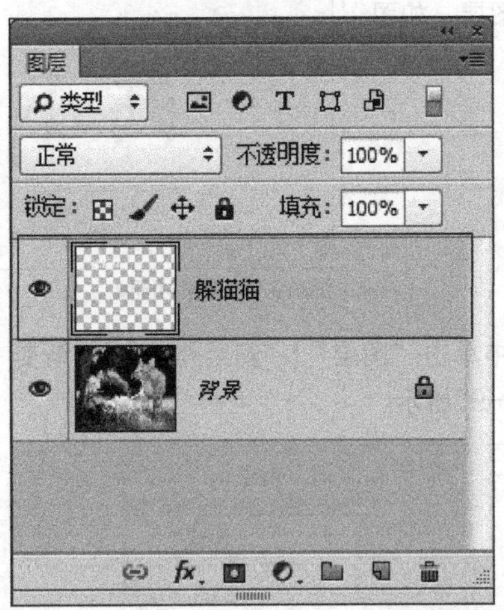

图2-90 选择“躲猫猫”图层

STEP 03 执行上述操作后，即可弹出“图层样式”对话框，在对话框中选择“渐变叠加”复选框，进入渐变叠加面板，单击“混合模式”右侧的色块，即可弹出“拾色器（叠加颜色）”对话框，设置颜色为红色（RGB参数值为255、0、0），如图2-91所示。

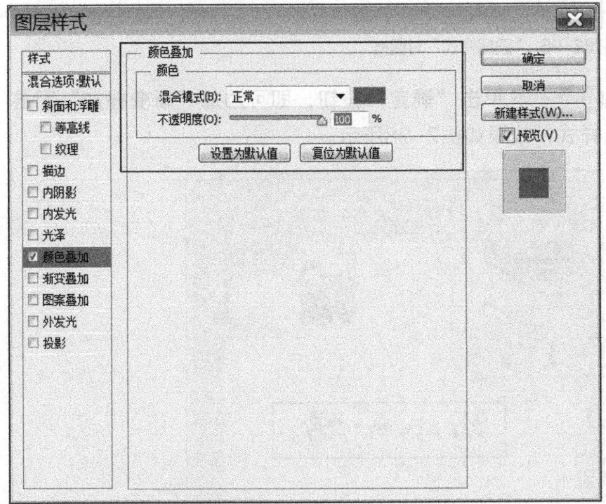

图2-91 单击“颜色叠加”命令

STEP 04 单击“确定”按钮，即可添加“颜色叠加”图层样式，如图2-92所示。

图2-92 “图层样式”对话框

实战054 添加“渐变叠加”样式

▶实例位置：光盘\实例\第2章\实战054.Psd、实战054.jpg
▶素材位置：光盘\素材\第2章\实战054.Psd
▶视频位置：光盘\视频\第2章\实战054.mp4

• 实例介绍 •

“渐变叠加”和“颜色叠加”的原理是完全一样的，只不过“虚拟”层的颜色是渐变的而不是整块一样的颜色。

• 操作步骤 •

STEP 01 单击“文件”|“打开”命令，打开一幅素材图像，此时图像编辑窗口中的图像显示如图2-93所示。

STEP 02 展开“图层”面板，选择“两小无猜”图层，如图2-94所示。

图2-93 打开素材图像

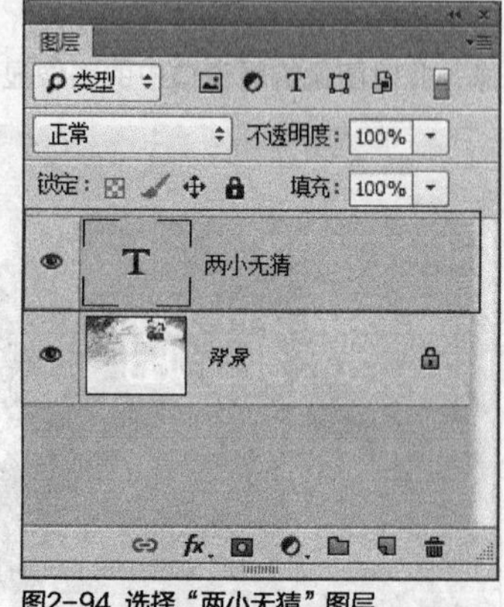

图2-94 选择“两小无猜”图层

STEP 03 在菜单栏中单击“图层”|“图层样式”|“渐变叠加”命令，如图2-95所示。

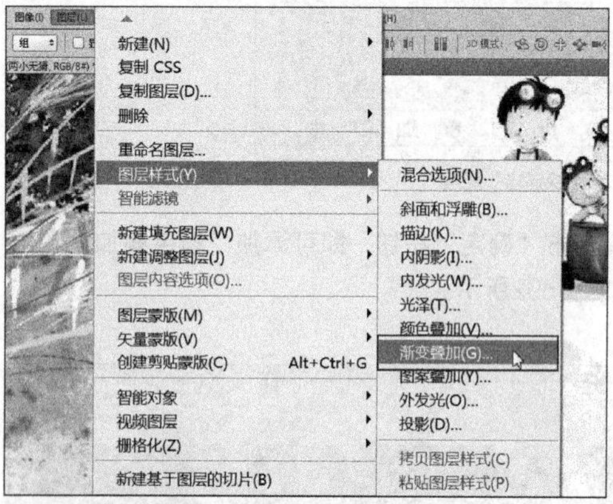

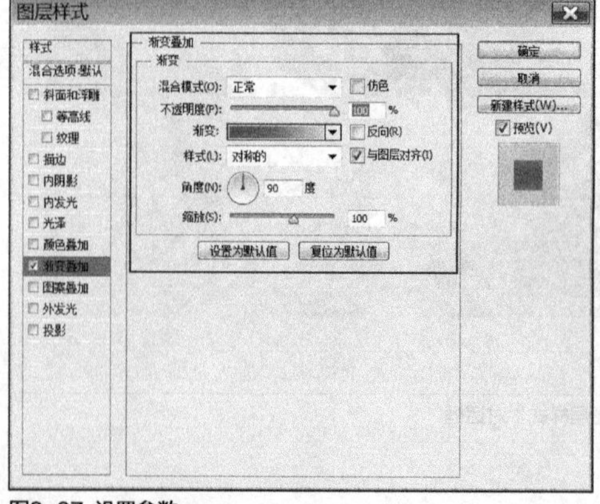

图2-95 单击“渐变叠加”命令

STEP 04 执行上述操作后，即可弹出“图层样式”对话框，如图2-96所示。

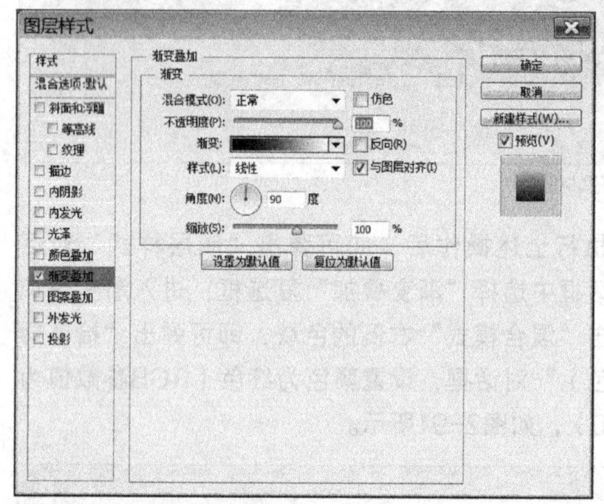

图2-96 “图层样式”对话框

STEP 05 在对话框中设置“渐变”为“红、黄渐变”、“样式”为“对称的”、“角度”为90度，如图2-97所示。

图2-97 设置参数

STEP 06 单击“确定”按钮，即可添加“渐变叠加”图层样式，效果如图2-98所示。

图2-98 添加“渐变叠加”样式

实战 055 添加“图案叠加”样式

▶实例位置：光盘\实例\第2章\实战055.Psd、实战055.jpg
▶素材位置：光盘\素材\第2章\实战055.Psd
▶视频位置：光盘\视频\第2章\实战055.mp4

• 实例介绍 •

在Photoshop中，“图案叠加”图层样式可以为图层内的图像添加图案叠加效果。

• 操作步骤 •

STEP 01 单击“文件”|“打开”命令，打开一幅素材图像，此时图像编辑窗口中的图像显示如图2-99所示。

图2-99 打开素材图像

STEP 02 展开“图层”面板，选择“图层1”图层，如图2-100所示。

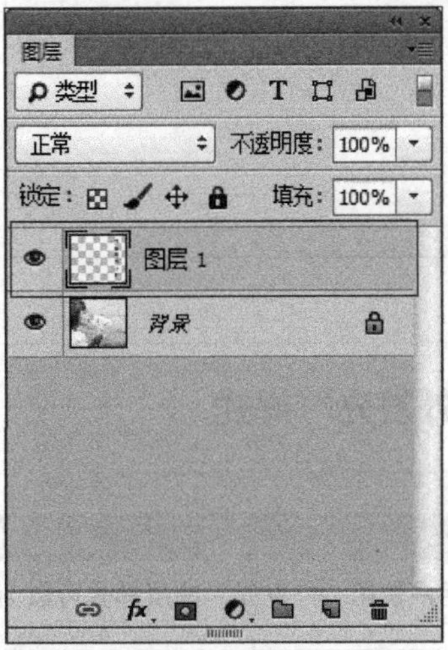

图2-100 选择“图层1”图层

STEP 03 在菜单栏中单击“图层”|“图层样式”|“图案叠加”命令，如图2-101所示。

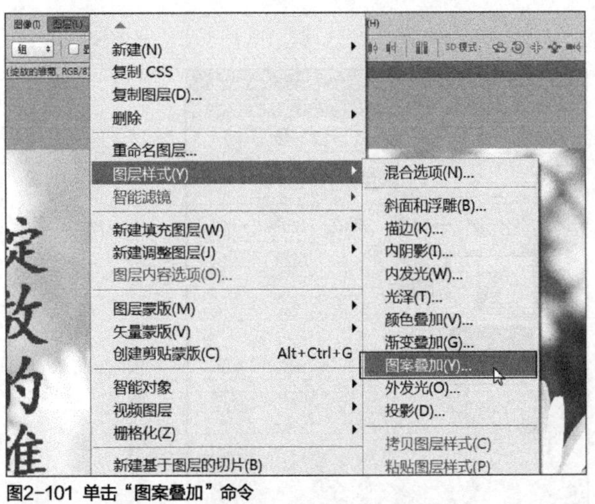

图2-101 单击“图案叠加”命令

STEP 04 执行上述操作后，即可弹出“图层样式”对话框，如图2-102所示。

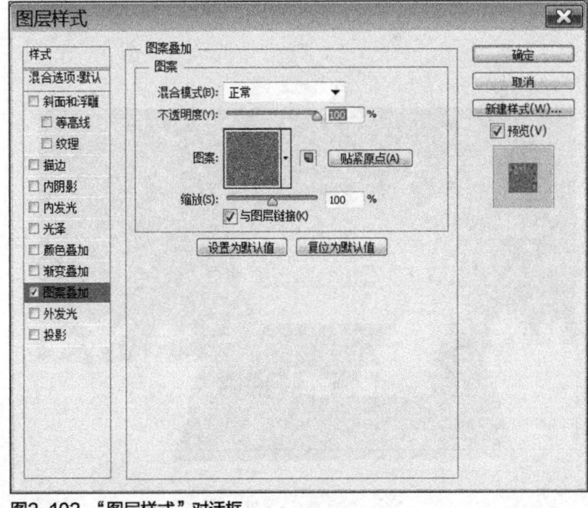

图2-102 “图层样式”对话框

STEP 05 设置“不透明度”为73%、“图案”为“紫色雏菊”、“缩放”为295%、勾选“与图层链接”复选框，如图2-103所示。

STEP 06 单击“确定”按钮，即可添加“图案叠加”图层样式，如图2-104所示。

知识扩展

图层面板中的图案叠加选项卡内的图案，可以在列表中选择相应选项，也可以自定义图案，可以是一个图形也可以是一张图片。

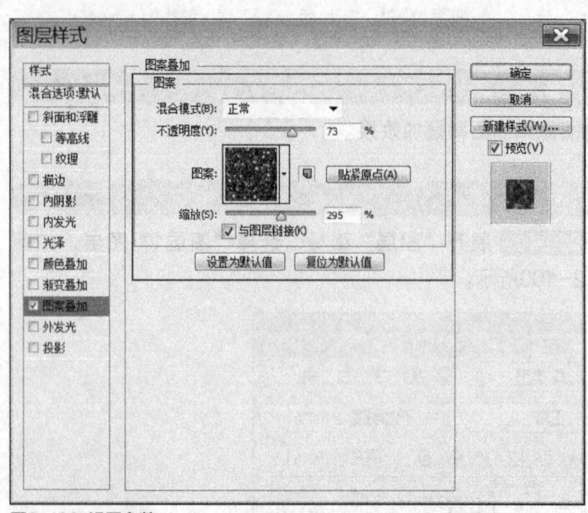

图2-103 设置参数

图2-104 添加“图案叠加”样式

实战056 添加“外发光”样式

▶实例位置：光盘\实例\第2章\实战056.Psd、实战056.jpg
▶素材位置：光盘\素材\第2章\实战056.Psd
▶视频位置：光盘\视频\第2章\实战056.mp4

• 实例介绍 •

在Photoshop中，用户使用“外发光”图层样式可以为所选图层中的图像边缘添加发光效果。

• 操作步骤 •

STEP 01 单击“文件”|“打开”命令，打开一幅素材图像，如图2-105所示。

STEP 02 展开“图层”面板，选择“图层1”图层，如图2-106所示。

图2-105 打开素材图像

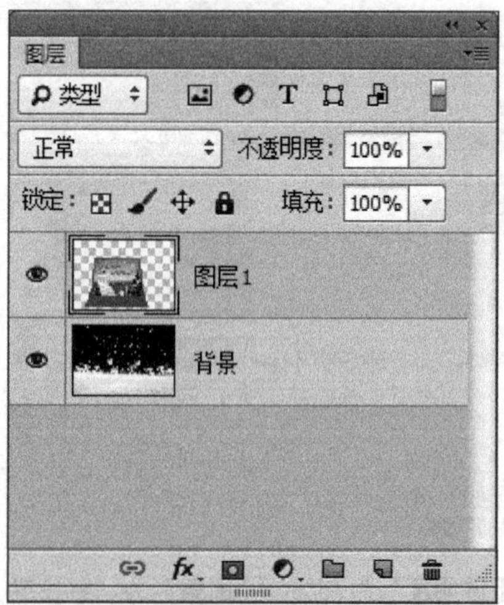

图2-106 选择“图层1”图层

STEP 03 单击“图层”|“图层样式”|“外发光”命令，弹出“图层样式”对话框，设置“颜色”为白色、“大小”为191像素、“范围”为44%，如图2-107所示。

STEP 04 单击“确定”按钮，即可应用外发光图层样式，效果如图2-108所示。

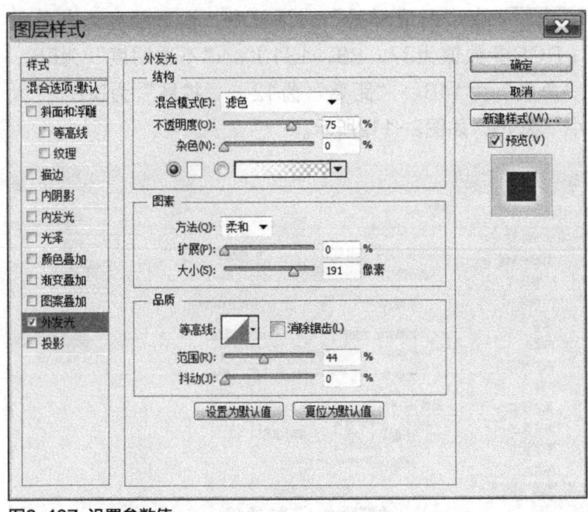

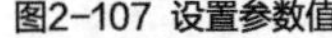
图2-107 设置参数值

图2-108 应用外发光样式效果

知识扩展

“外发光”对话框中，各主要选项的含义如下。

- 方法：用于设置光线的发散效果。
- 扩展和大小：用于设置外发光的模糊程度和亮度。
- 范围：用于设置颜色不透明度的过渡范围。
- 抖动：用于设置光照的随机倾斜度。

专家提醒

虽然该图层样式的名称为“外发光”，但并不代表它只能向外发出白色或亮色的光，在适当的参数设置下，利用该图层样式一样可以使图像发出深色的光。

实战057 添加“投影”样式

- 实例位置：光盘\实例\第2章\实战045.Psd、实战057.jpg
- 素材位置：光盘\素材\第2章\实战045.Psd
- 视频位置：光盘\视频\第2章\实战045.mp4

• 实例介绍 •

应用“投影”图层样式会在图层中的对象下方制造一种阴影效果，阴影的透明度、边缘羽化和投影角度等都可以在“图层样式”对话框中进行设置。

• 操作步骤 •

STEP 01 单击“文件”|“打开”命令，打开一幅素材图像，如图2-109所示。

STEP 02 在“图层”面板中，选择文字图层，如图2-110所示。

图2-109 打开素材图像

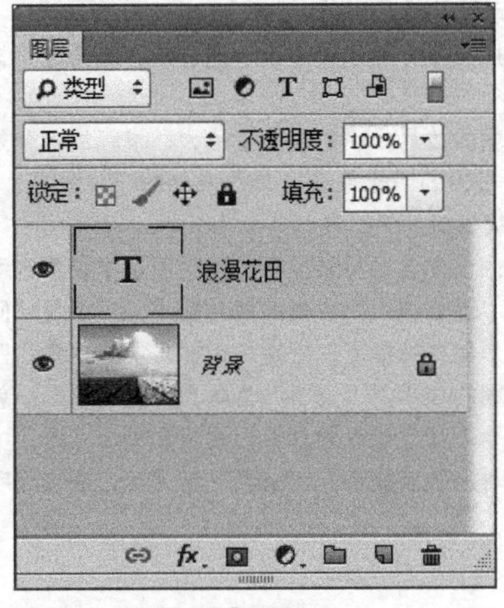

图2-110 选择“文字”图层

STEP 03 在菜单栏中单击“图层”|“图层样式”|“投影”命令，弹出“图层样式”对话框，如图2-111所示。

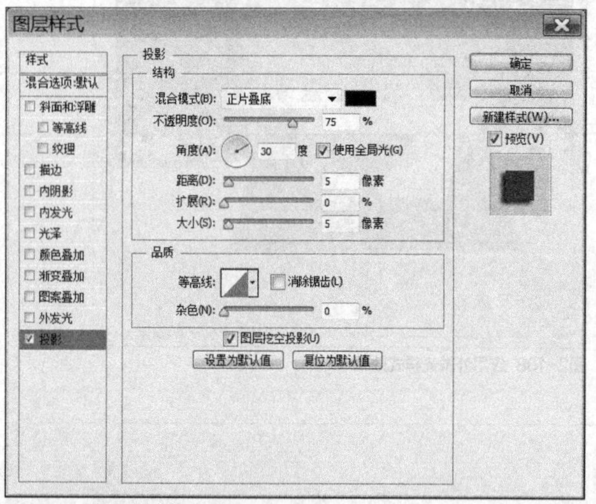

图2-111 “图层样式”对话框

STEP 04 在“图层样式”对话框中，设置颜色为灰蓝色（RGB参数值为37、88、131），“不透明度”为56、“角度”为146、“距离”为12、“扩展”为30、“大小”为16，如图2-112所示。

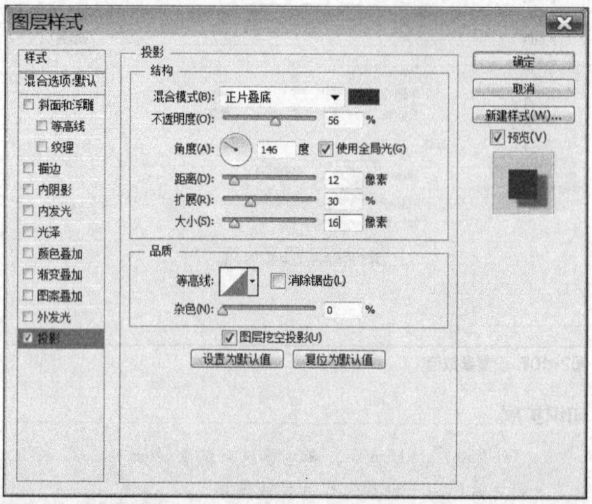

图2-112 设置参数值

STEP 05 单击“确定”按钮，即可应用投影样式，效果如图2-113所示。

图2-113 应用投影样式效果

知识扩展

“图层样式”对话框（投影样式）中主要选项的含义如下。

➤ 混合模式：用来设置投影与下面图层的混合方式，默认为“正片叠底”模式。

➤ 不透明度：设置图层效果的不透明度，不透明度值越大，图像效果就越明显。可以直接在后面的数值框中输入数值进行精确调节，也可以拖动滑块进行调节。

➤ 角度：设置光照角度，可以确定投下阴影的方向与角度。当选中后面的“使用全局光”复选框时，可以将所有图层对象的阴影角度都统一。

➤ 扩展：设置模糊的边界，“扩展”值越大，模糊的部分越少。

➤ 等高线：设置阴影的明暗部分，单击右侧的下拉按钮，可以选择预设效果，也可以单击预设效果，弹出“等高线编辑器”对话框重新进行编辑。

➤ 图层挖空阴影：该复选框用来控制半透明图层中投影的可见性。

➤ 投影颜色：在“混合模式”右侧的颜色框中，可以设定阴影的颜色。

➤ 距离：设置阴影偏移的幅度，距离越大，层次感越强；距离越小，层次感越强。

➤ 大小：设置模糊的边界，“大小”值越大，模糊的部分就越大。

➤ 消除锯齿：混合等高线边缘的像素，使投影更加平滑。

➤ 杂色：为阴影增加杂点效果，“杂色”值越大，杂点越明显。

2.4 管理图层样式

正确地对图层样式进行操作，可以使用户在工作中更方便地查看和管理图层样式，本节主要向读者介绍管理各图层样式的基本知识。

实战 058 隐藏图层样式

▶ **实例位置**：光盘\实例\第2章\实战058.Psd、实战058.jpg
▶ **素材位置**：光盘\素材\第2章\实战058.Psd
▶ **视频位置**：光盘\视频\第2章\实战058.mp4

• 实例介绍 •

在Photoshop中，隐藏图层样式后，可以暂时将图层样式进行清除，并可以重新显示。

• 操作步骤 •

STEP 01 单击“文件”|“打开”命令，打开一幅素材图像，如图2-114所示。

图2-114 打开素材图像

STEP 02 展开“图层”面板，选择“奇观”图层，在“图层”面板中单击图层样式名称左侧的眼睛图标，如图2-115所示。

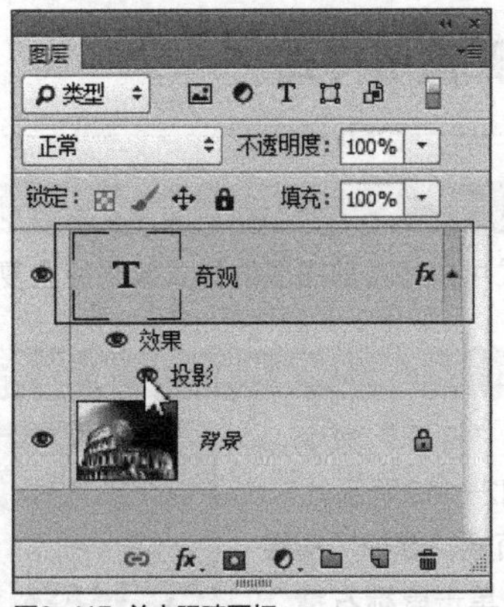

图2-115 单击眼睛图标

STEP 03 执行上述操作后，即可隐藏当前图层样式效果，如图2-116所示，再次点击眼睛图标即可重新显示。

图2-116 隐藏图层样式效果

知识扩展

除了以上方法可以隐藏图层样式外，还有以下2种操作方法。

➤ 方法1：在任意一个图层样式名称上单击鼠标右键，在弹出的菜单列表中选择“隐藏所有效果”选项，如图2-117所示，即可隐藏当前图层样式效果。

➤ 方法2：在“图层”面板中，单击所有图层样式上方“效果”左侧的“切换所有图层效果可见性”图标，如图2-118所示，即可隐藏所有图层样式效果。

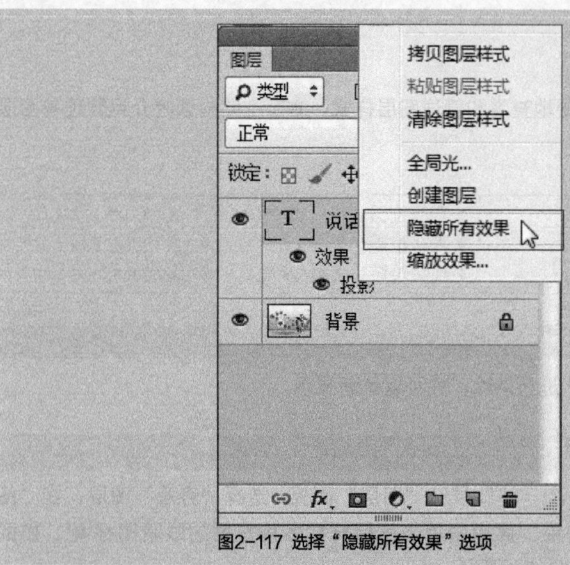

图2-117 选择“隐藏所有效果”选项

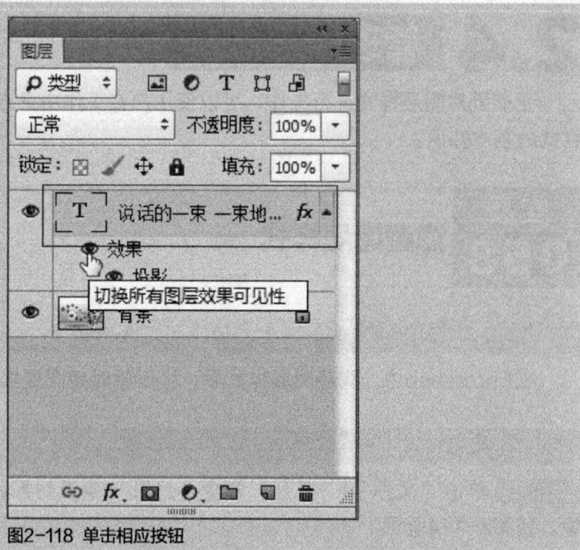

图2-118 单击相应按钮

实战059 复制/粘贴图层样式

▶实例位置：光盘\实例\第2章\实战059.Psd、实战059.jpg
▶素材位置：光盘\素材\第2章\实战059.Psd
▶视频位置：光盘\视频\第2章\实战059.mp4

• 实例介绍 •

复制和粘贴图层样式可以将当前图层的样式效果完全复制于其他图层上，在工作过程中可以节省大量的操作时间。

• 操作步骤 •

STEP 01 单击“文件”|“打开”命令，打开一幅素材图像，如图2-119所示。

STEP 02 展开“图层”面板，选择“图层1”图层，在选择图层上单击鼠标右键，在弹出的快捷菜单中选择“拷贝图层样式”选项，如图2-120所示。

图2-119 打开素材图像

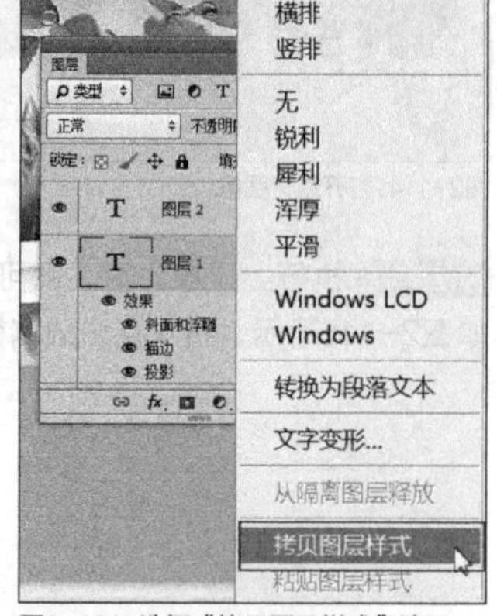

图2-120 选择“拷贝图层样式”选项

STEP 03 选择“图层2”图层，单击鼠标右键，在弹出的快捷菜单中选择“粘贴图层样式”选项，如图2-121所示。

STEP 04 执行操作后，即可复制并粘贴图层样式，效果2-122所示。

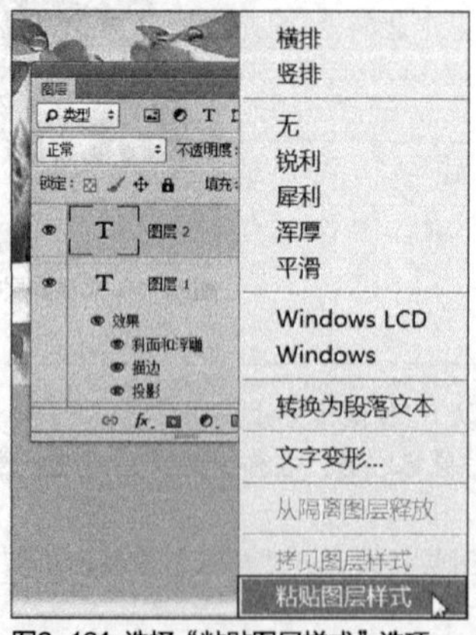

图2-121 选择“粘贴图层样式”选项

图2-122 复制并粘贴图层样式效果

专家提醒

当只需要复制原图像中的某个图层样式时，可以在“图层”面板中按住【Alt】键的同时单击鼠标左键并拖曳这个图层样式至目标图层中。

实战 060 移动/缩放图层样式

▶实例位置：光盘\实例\第2章\实战060.Psd、实战060.jpg
▶素材位置：光盘\素材\第2章\实战060.Psd
▶视频位置：光盘\视频\第2章\实战060.mp4

• 实例介绍 •

拖曳普通图层中的“指示图层效果”图标，可以将图层样式效果移动到另一图层上；使用“缩放效果”命令可以缩放图层样式中所有的效果，但对图像没有影响。

• 操作步骤 •

STEP 01 单击“文件”|“打开”命令，打开一幅素材图像，如图2-123所示。

STEP 02 展开“图层”面板，选择“图层2”图层，如图2-124所示。

图2-123 打开素材图像

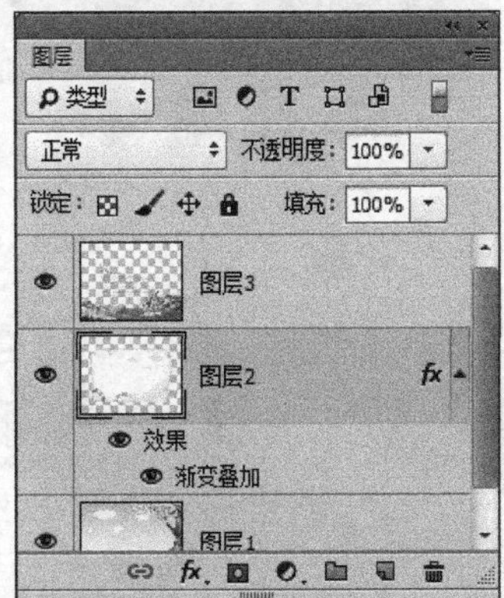

图2-124 选择“图层2”图层

STEP 03 单击“指示图层效果”图标fx并拖曳至“图层1”图层上，释放鼠标左键，即可移动图层样式，如图2-125所示。

STEP 04 执行上述操作后，即可移动图层样式，效果如图2-126所示。

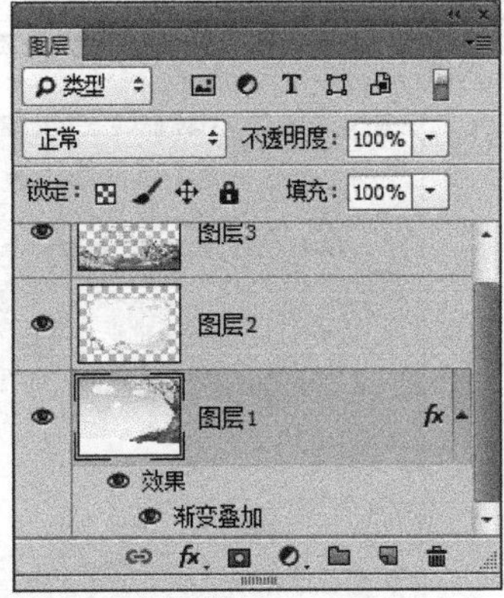

图2-125 拖曳鼠标

图2-126 移动图层样式效果

STEP 05 单击“图层”|“图层样式”|“缩放效果”命令，弹出“缩放图层效果”对话框，设置“缩放”为200%，如图2-127所示。

STEP 06 单击“确定”按钮，即可缩放图层样式，效果如图2-128所示。

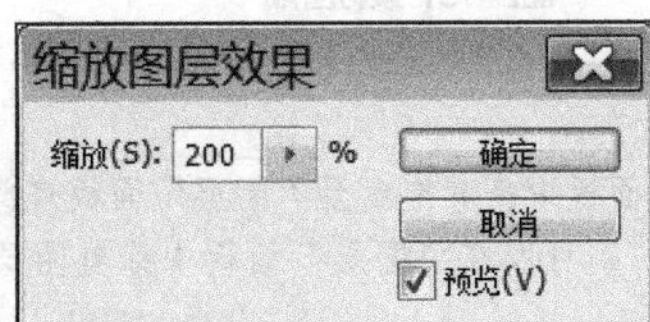

图2-127 设置参数值

图2-128 缩放图层样式效果

实战061 清除图层样式

▶实例位置：光盘\实例\第2章\实战061.Psd、实战061.jpg
▶素材位置：光盘\素材\第2章\实战061.Psd
▶视频位置：光盘\视频\第2章\实战061.mp4

• 实例介绍 •

用户可以根据需要清除某一图层样式。

• 操作步骤 •

STEP 01 单击“文件”|“打开”命令，打开一幅素材图像，如图2-129所示。

图2-129 打开素材图像

STEP 02 展开“图层”面板，选择“路在远方”图层，单击鼠标右键，在弹出的列表中选择“清除图层样式”选项，如图2-130所示。

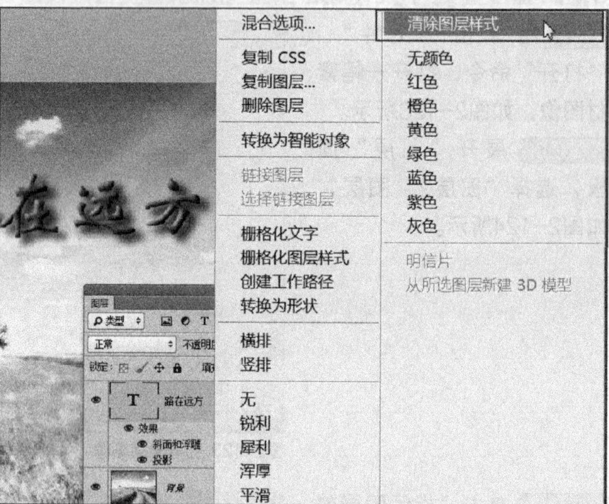

图2-130 选择“清除图层样式”选项

STEP 03 执行上述操作后，即可清除图层样式，如图2-131所示。

图2-131 素材图像

知识扩展

除了以上方法可以清除图层样式外，还有以下2种操作方法。

➢ 如果用户需要清除某一图层样式，则需要在“图层”面板中将其拖曳至“图层”面板底部的“删除图层”按钮上。

➢ 如果用户要一次性删除应用于图层的所有图层样式，则可以在“图层”面板中拖曳图层名称下的“效果”至“删除图层”按钮上。

实战 062 将图层样式转换为图层

▶ 实例位置：光盘\实例\第2章\实战062.Psd、实战062.jpg
▶ 素材位置：光盘\素材\第2章\实战062.Psd
▶ 视频位置：光盘\视频\第2章\实战062.mp4

• 实例介绍 •

创建图层样式后，可以将其转换为普通图层，并且不会影响图像整体效果。

• 操作步骤 •

STEP 01 单击“文件”|“打开”命令，打开一幅素材图像，如图2-132所示。

图2-132 打开素材图像

STEP 02 展开“图层”面板，选择“图层0”图层，如图2-133所示。

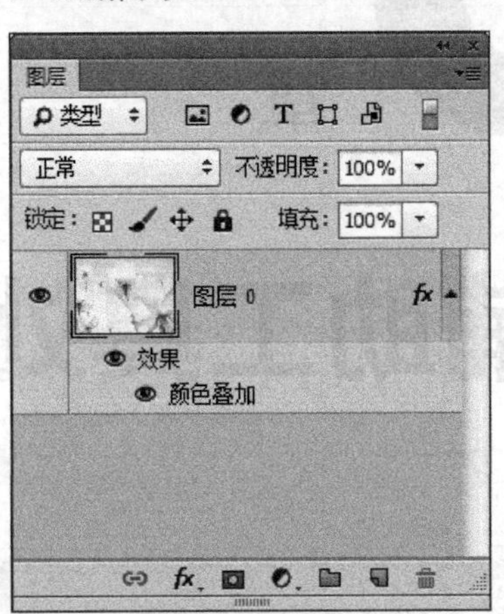

图2-133 选择“图层0”图层

STEP 03 单击“图层”|“图层样式”|“创建图层”命令，如图2-134所示。

图2-134 选择“创建图层”选项

STEP 04 执行操作后，即可将图层样式转换为剪贴蒙版图层，效果如图2-135所示。

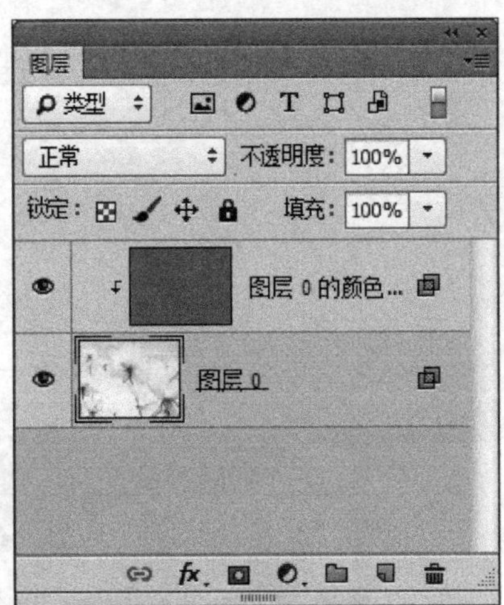

图2-135 将图层样式转换为剪贴蒙版图层

第3章

应用辅助工具处理图像

本章导读

在Photoshop中，标尺、参考线、网格和注释工具都属于辅助工具，辅助工具虽不能用来编辑图像，但可以帮助用户更好地完成图像的选择、定位和编辑等。本章详细介绍辅助工具的应用与更改。

要点索引

- 应用网格
- 应用标尺
- 应用标尺工具
- 应用参考线
- 应用注释工具
- 运用对齐工具
- 运用计数工具

3.1 应用网格

网格是由多条水平和垂直的线条组成的，在绘制图像或对齐窗口中的任意对象时，都可以使用网格来进行辅助操作。

实战 063 显示/隐藏网格

▶实例位置：无

▶素材位置：光盘\素材\第3章\实战063.jpg

▶视频位置：光盘\视频\第3章\实战063.mp4

• 实例介绍 •

在Photoshop中，网格是由一连串的水平和垂直点组成，常用来在绘制图像时协助对齐窗口中的任意对象。用户可以根据需要显示或隐藏网格，在绘制图像时使用网格来进行辅助操作。

• 操作步骤 •

STEP 01 按【Ctrl＋O】组合键，打开一幅素材图像，如图3-1所示。

图3-1 打开素材图像

STEP 02 在菜单栏中单击“视图”｜“显示”｜“网格”命令，如图3-2所示。

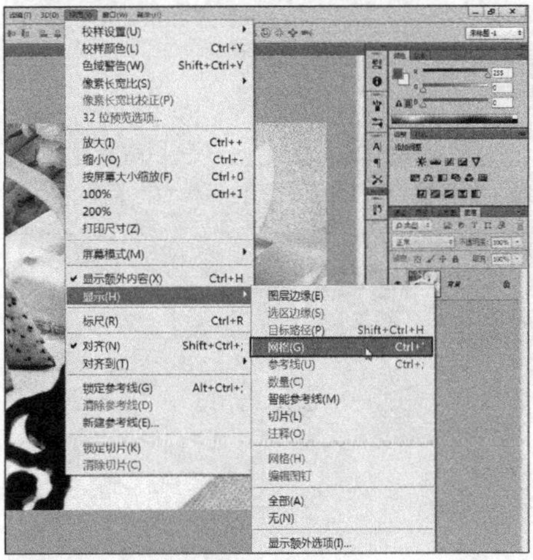

图3-2 单击“网格”命令

STEP 03 执行上述操作后，即可显示网格，如图3-3所示。

图3-3 显示网格

STEP 04 在菜单栏中单击“视图”｜“显示”｜“网格”命令，即可隐藏网格，如图3-4所示。

图3-4 隐藏网格

专家提醒

除了使用命令外，按【Ctrl+’】组合键也可以显示网格，再次按【Ctrl+’】组合键，则可以隐藏网格。

实战 064 对齐到网格

▶**实例位置**：无
▶**素材位置**：光盘\素材\第3章\实战064.jpg
▶**视频位置**：光盘\视频\第3章\实战064.mp4

• 实例介绍 •

网格对于对称地布置对象非常有用，用户在Photoshop中编辑图像时，可以对图像进行自动对齐网格操作。

• 操作步骤 •

STEP 01 按【Ctrl+O】组合键，打开一幅素材图像，如图3-5所示。

图3-5 打开素材图像

STEP 02 在菜单栏中单击“视图”|“显示”|“网格”命令，即可显示网格，效果如图3-6所示。

图3-6 显示网格

STEP 03 在菜单栏中单击“视图”|“对齐到”|“网格”命令，可以看到在“网格”命令左侧出现一个对勾标志✔，如图3-7所示。

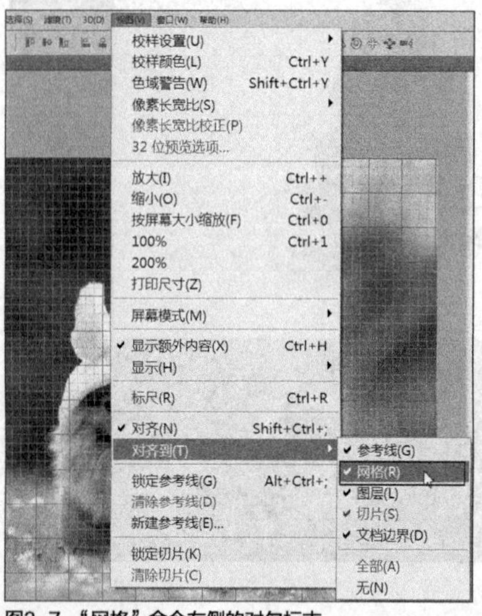

图3-7 “网格”命令左侧的对勾标志

STEP 04 在工具箱中选择“裁剪工具”，如图3-8所示。

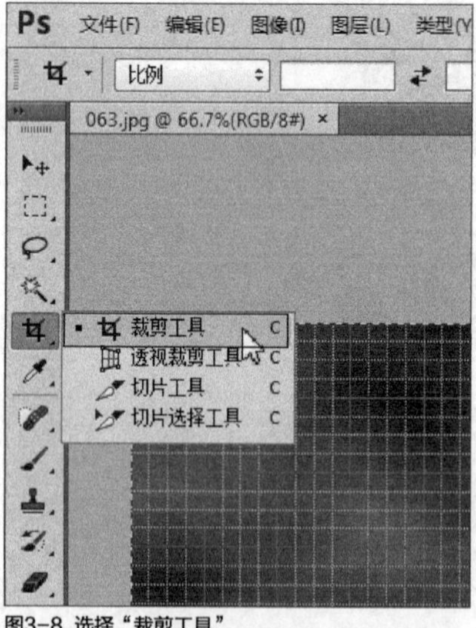

图3-8 选择“裁剪工具”

STEP 05 移动鼠标至图像编辑窗口中，单击鼠标左键并拖曳创建裁剪框，按【Enter】键确认，即可对齐网格裁剪图像区域，如图3-9所示。

图3-9 对齐到网格裁剪区域

STEP 06 在菜单栏中单击“视图”|“显示”|“网格”命令，即可隐藏网格，效果如图3-10所示。

图3-10 隐藏网格

实战 065 调整网格属性

▶实例位置：无
▶素材位置：无
▶视频位置：光盘\视频\第3章\实战065.mp4

• 实例介绍 •

默认情况下网格为线形状，用户也可以让其显示为点状，或者修改网格的大小和颜色。

• 操作步骤 •

STEP 01 在菜单栏中单击“编辑”|“首选项”|“参考线、网格和切片”命令，如图3-11所示。

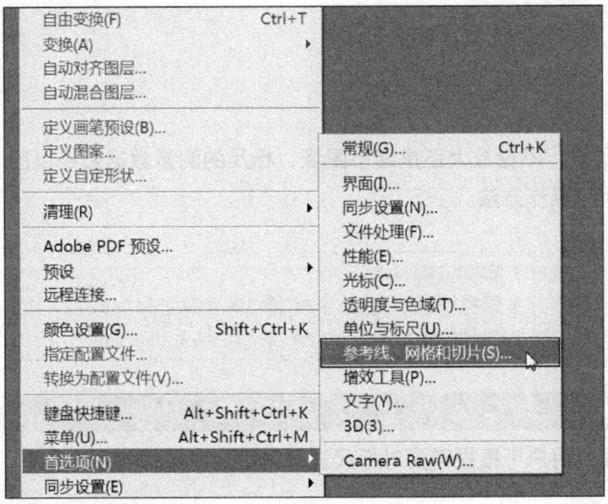

图3-11 单击相应命令

STEP 02 执行上述操作后，即可弹出“首选项”对话框，如图3-12所示。

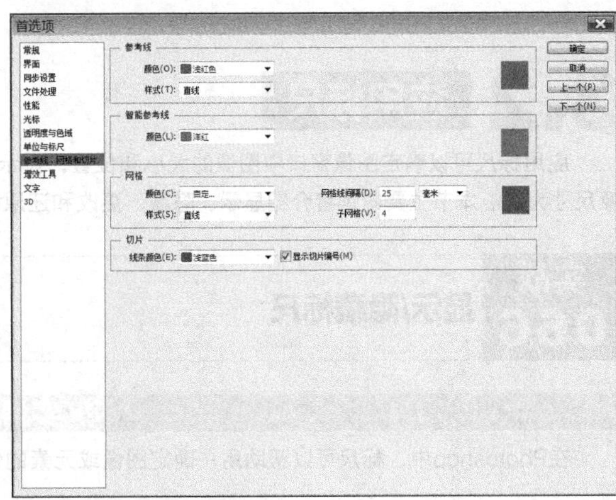
图3-12 弹出“首选项”对话框

STEP 03 在“网格”选项区中，单击“颜色”右侧的下拉按钮，在弹出的列表框中选择设置网格的颜色，如图3-13所示。

STEP 04 单击右侧的“颜色”色块，即可弹出“拾色器（网格颜色）”对话框，如图3-14所示，选择相应颜色，单击“确定”按钮，即可设置网格的自定颜色。

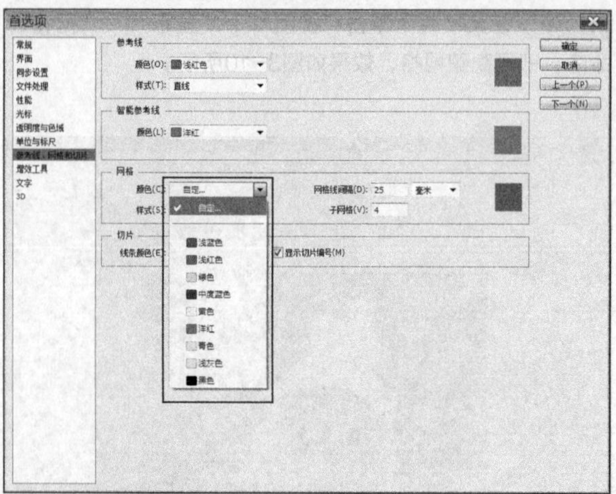
图3-13 单击下拉按钮

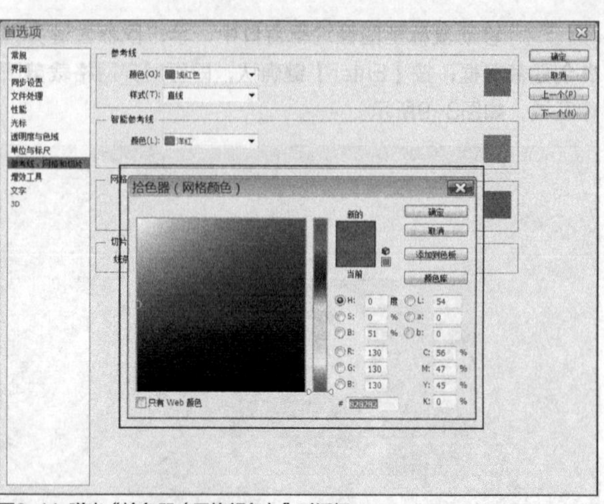
图3-14 弹出“拾色器（网格颜色）”对话框

STEP 05 在“网格”选项区中，单击“样式”右侧的下拉按钮，在弹出的列表框中选择“线性”选项，即可设置网格的线性，如图3-15所示。

STEP 06 在“网格线间隔”文本框中输入30毫米，即可设定每隔30毫米会出现一个网格，即网格的大小；“子网格”指组成一个网格的子网格数目，如图3-16所示。

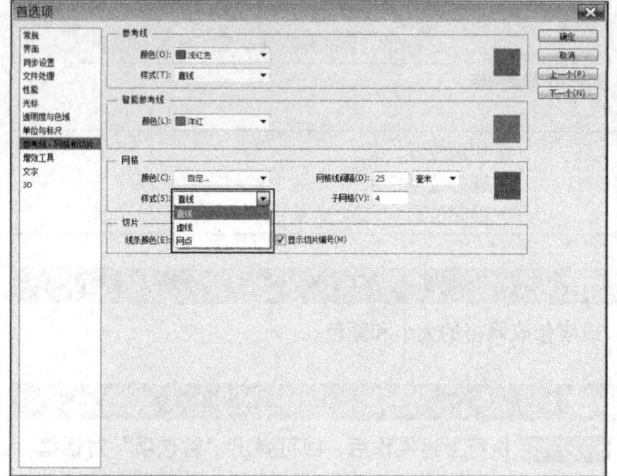
图3-15 单击下拉按钮

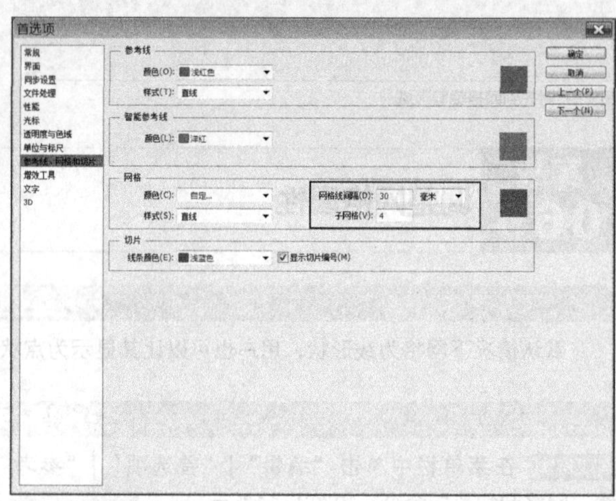
图3-16 输入数值

3.2 应用标尺

应用标尺可以确定图像窗口中图像的大小和位置，显示标尺后，不论放大还是缩小图像，标尺的测量数据始终以图像尺寸为准。本节主要向读者介绍显示、隐藏、更改和还原标尺的操作方法。

实战066 显示/隐藏标尺

▶实例位置：无
▶素材位置：光盘\素材\第3章\实战066.jpg
▶视频位置：光盘\视频\第3章\实战066.mp4

• 实例介绍 •

在Photoshop中，标尺可以帮助用户确定图像或元素的位置，用户可根据需要对标尺进行显示或隐藏操作。

• 操作步骤 •

STEP 01 按【Ctrl+O】组合键，打开一幅素材图像，如图3-17所示。

STEP 02 在菜单栏中单击“视图”|“标尺”命令，如图3-18所示。

图3-17 打开素材图像

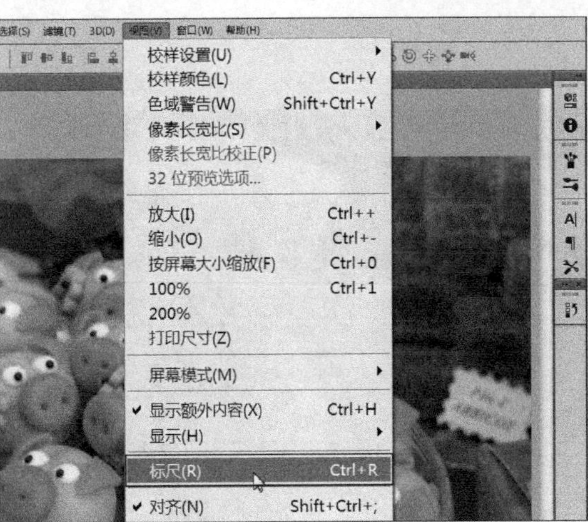

图3-18 单击“标尺”命令

STEP 03 执行上述操作后，即可显示标尺，如图3-19所示。

STEP 04 再次单击“视图”｜“标尺”命令，即可隐藏标尺，如图3-20所示。

图3-19 显示标尺

图3-20 隐藏标尺

技巧点拨

除了可以运用上述方法隐藏标尺外，用户还可以按【Ctrl+R】组合键，在图像编辑窗口中隐藏或显示标尺。

实战 067 更改标尺原点位置

▶实例位置：无
▶素材位置：光盘\素材\第3章\实战067.jpg
▶视频位置：光盘\视频\第3章\实战067.mp4

• 实例介绍 •

在Photoshop中编辑图像时，用户可以根据需要更改标尺的原点。

• 操作步骤 •

STEP 01 按【Ctrl+O】组合键，打开一幅素材图像，如图3-21所示。

STEP 02 在菜单栏中单击“视图”｜“标尺”命令，即可显示标尺，如图3-22所示。

图3-21 打开素材图像

图3-22 显示标尺

STEP 03 移动鼠标至水平标尺与垂直标尺的相交处，单击鼠标左键并拖曳至图像编辑窗口中的合适位置，如图3-23所示。

STEP 04 释放鼠标左键，即可更改标尺原点位置，如图3-24所示。

图3-23 拖曳鼠标至合适位置

图3-24 更改标尺原点位置

实战068 还原标尺原点位置

▶实例位置：无
▶素材位置：光盘\素材\第3章\实战068.jpg
▶视频位置：光盘\视频\第3章\实战068.mp4

• 实例介绍 •

在Photoshop中，用户更改标尺原点后，可以根据需要进行还原标尺原点位置的操作。

• 操作步骤 •

STEP 01 按【Ctrl+O】组合键，打开一幅素材图像，如图3-25所示。

STEP 02 移动鼠标至水平标尺与垂直标尺的相交处，单击鼠标左键并拖曳至图像编辑窗口中的合适位置，如图3-26所示。

图3-25 打开素材图像

图3-26 拖曳鼠标

STEP 03 释放鼠标左键，即可更改标尺原点位置，如图3-27所示。

STEP 04 移动鼠标至水平标尺与垂直标尺的相交处，双击鼠标左键，即可还原标尺原点位置，如图3-28所示。

图3-27 更改标尺原点位置

图3-28 还原标尺原点位置

实战 069 更改标尺单位

▶实例位置：无
▶素材位置：无
▶视频位置：光盘\视频\第3章\实战069.mp4

• 实例介绍 •

在Photoshop中，“标尺”的单位包括像素、英寸、厘米、毫米、点、派卡、百分百。

• 操作步骤 •

STEP 01 在菜单栏中单击“编辑”|“首选项”|“单位与标尺”命令，如图3-29所示。

STEP 02 执行上述操作后，即可弹出“首选项”对话框，如图3-30所示。

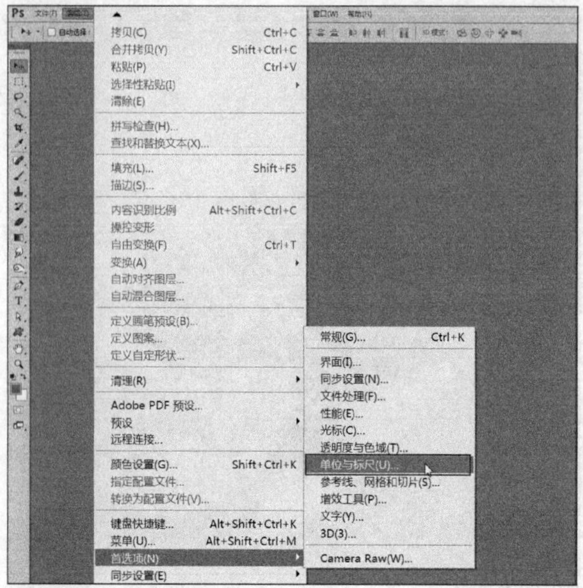
图3-29 单击“单位与标尺”命令

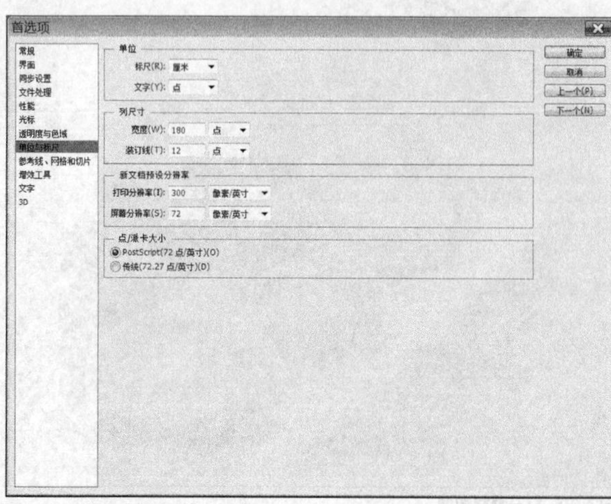
图3-30 弹出“首选项”对话框

STEP 03 在“单位”选项区中，单击“标尺”右侧的下拉按钮，如图3-31所示，在弹出的列表框中选择设置标尺的单位，单击“确定”按钮，即可更改标尺单位。

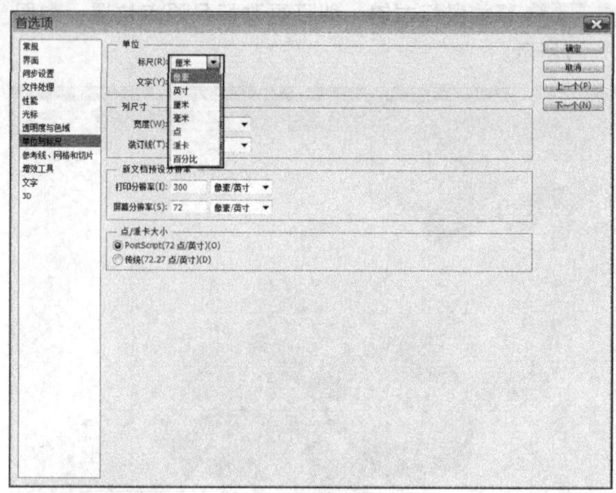
图3-31 单击下拉按钮

3.3 应用标尺工具

Photoshop中的标尺工具是用来测量图像任意两点之间的距离和角度的，还可以用来校正倾斜的图像。如果显示标尺，标尺会显示在当前文件窗口的顶部和左侧，标尺内的标记可显示出指针移动时的位置。

实战070 测量长度

▶实例位置：无
▶素材位置：光盘\素材\第3章\实战070.jpg
▶视频位置：光盘\视频\第3章\实战070.mp4

• 实例介绍 •

在Photoshop中，用户如想要知道编辑图像的尺寸、距离或角度，可通过标尺工具来实现，使用标尺工具后，可在信息面板中查看测量信息。

• 操作步骤 •

STEP 01 按【Ctrl+O】组合键，打开一幅素材图像，如图3-32所示。

STEP 02 选取工具箱中的标尺工具，将鼠标移至图像编辑窗口中，此时鼠标呈▭形状，如图3-33所示。

图3-32 打开素材图像

图3-33 选取标尺工具

STEP 03 在图像编辑窗口中单击鼠标左键，确认起点，并向下拖曳，确认测试长度，如图3-34所示。

图3-34 鼠标呈相应形状

STEP 04 在菜单栏中单击“窗口”|“信息”命令，展开“信息”面板，即可查看测量的信息，如图3-35所示。

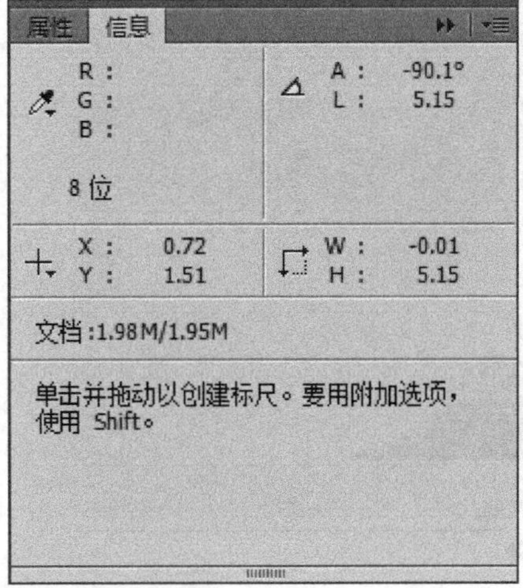

图3-35 查看测量信息

STEP 05 将鼠标指针移至图像编辑窗口中的尺寸标尺处，当鼠标指针呈形状时，单击鼠标左键的同时并向右拖曳至合适位置，释放鼠标，即可移动尺寸标尺，如图3-36所示。

图3-36 移动尺寸标尺

STEP 06 在测量工具属性栏中，单击“清除”按钮，即可清除标尺，如图3-37所示。

图3-37 清除尺寸标尺

知识扩展

在Photoshop中，按住【Shift】键的同时，单击鼠标左键并拖曳，可以沿水平、垂直或45度角的方向进行测量。将鼠标指针移至测量的支点上，单击并拖曳鼠标，即可改变测量的长度和方向。

实战071 拉直图层

▶实例位置：光盘\实例\第3章\实战071.Psd、实战071.jpg
▶素材位置：光盘\素材\第3章\实战071.Psd
▶视频位置：光盘\视频文件\第3章\实战071.mp4

•实例介绍•

在Photoshop中，若某图像出现倾斜，可使用标尺工具拉直图层，扶正该图层所有图像内容。

•操作步骤•

STEP 01 按【Ctrl+O】组合键，打开一幅素材图像，如图3-38所示。

图3-38 打开素材图像

STEP 02 选取工具箱中的标尺工具，如图3-39所示。

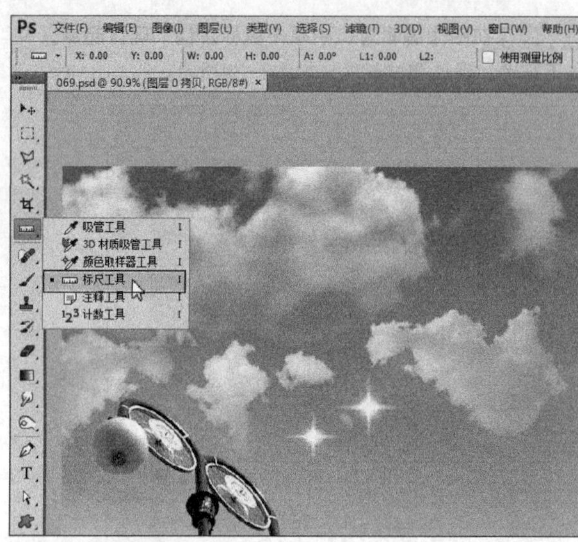

图3-39 选取标尺工具

STEP 03 在图像编辑窗口中单击鼠标左键，确认起始位置，按住鼠标不放的同时向下拖曳至合适位置，释放鼠标左键，确认测量长度，如图3-40所示。

图3-40 确定起始位置

STEP 04 在工具属性栏中单击“拉直图层”按钮，即可拉直图层，如图3-41所示。

图3-41 拉直图层

3.4 应用参考线

参考线主要用于协助对象的对齐和定位操作，它是浮在整个图像上而不能被打印的直线。本节主要向读者介绍创建参考线、显示或隐藏参考线、更改参考线颜色等操作方法。

实战072 拖曳创建参考线

▶实例位置：无
▶素材位置：光盘\素材\第3章\实战072.jpg
▶视频位置：光盘\视频\第3章\实战072.mp4

• 实例介绍 •

参考线与网格一样，也可以用于对齐对象，但是它比网格更方便，用户可以将参考线创建在图像的任意位置上。

• 操作步骤 •

STEP 01 按【Ctrl+O】组合键，打开一幅素材图像，此时图像编辑窗口中的图像显示如图3-42所示。

图3-42 打开素材图像

STEP 02 在菜单栏中单击“视图”｜“标尺”命令，即可显示标尺，如图3-43所示。

图3-43 创建垂直参考线

STEP 03 移动鼠标至水平标尺上，单击鼠标左键的同时，向下拖曳鼠标至图像编辑窗口中的合适位置，释放鼠标左键，即可创建水平参考线，如图3-44所示。

图3-44 创建水平参考线

STEP 04 移动鼠标至垂直标尺上，单击鼠标左键的同时，向右侧拖曳鼠标至图像编辑窗口中的合适位置，释放鼠标左键，即可创建垂直参考线，如图3-45所示。

图3-45 创建垂直参考线

知识扩展

拖曳参考线时，按住【Alt】键就能在垂直和水平参考线之间进行切换。

实战 073 精确创建参考线

▶实例位置：无
▶素材位置：光盘\素材\第3章\实战073.jpg
▶视频位置：光盘\视频\第3章\实战073.mp4

• 实例介绍 •

在Photoshop中，用户可以根据需要创建新的参考线，对图像进行更精确的操作。

• 操作步骤 •

STEP 01 按【Ctrl+O】组合键，打开一幅素材图像，如图3-46所示。

图3-46 打开素材图像

STEP 02 单击“视图”｜“新建参考线”命令，如图3-47所示。

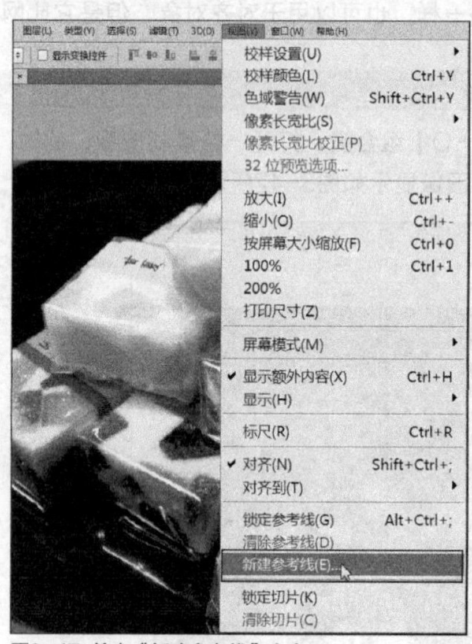

图3-47 单击“新建参考线”命令

STEP 03 执行上述操作后，即可弹出“新建参考线”对话框，选中“水平”单选按钮，设置“位置”为30厘米，如图3-48所示。

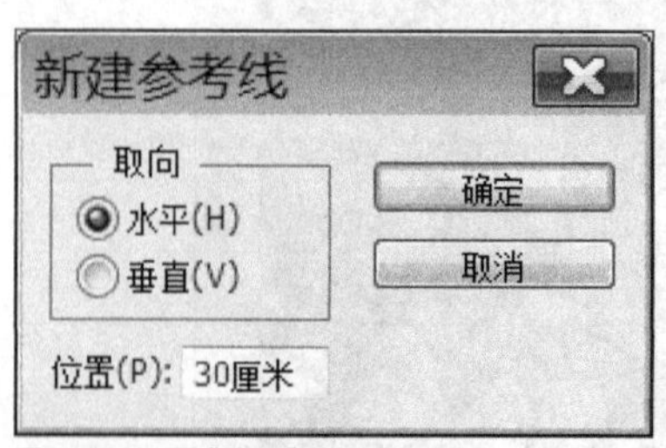

图3-48 设置“位置”为30厘米

STEP 04 单击“确定”按钮，即可创建水平参考线，如图3-49所示。

图3-49 创建水平参考线

STEP 05 单击“视图”｜“新建参考线”命令，弹出“新建参考线”对话框，选中“垂直”单选按钮，设置“位置”为40厘米，如图3-50所示。

STEP 06 单击“确定”按钮，即可创建垂直参考线，如图3-51所示。

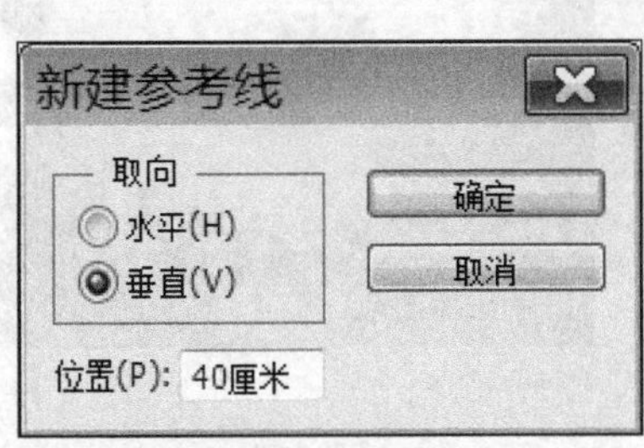

图3-50 设置“位置”为40厘米

图3-51 创建垂直参考线

知识扩展

拖曳参考线时，按住【Alt】键就能在垂直和水平参考线之间进行切换。

实战 074 显示/隐藏参考线

▶实例位置：无
▶素材位置：光盘\素材\第3章\实战074.jpg
▶视频位置：光盘\视频\第3章\实战074.mp4

• 实例介绍 •

在Photoshop中，可以建立多条参考线，用户可以根据需要对参考线进行隐藏或显示操作。

• 操作步骤 •

STEP 01 按【Ctrl+O】组合键，打开一幅素材图像，如图3-52所示。

图3-52 打开素材图像

STEP 02 单击“视图”|“显示”|“参考线”命令，如图3-53所示。

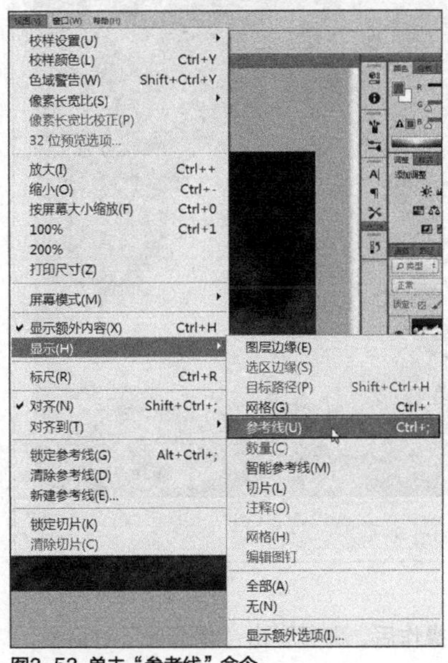

图3-53 单击“参考线”命令

STEP 03 执行上述操作后，即可显示参考线，如图3-54所示。

STEP 04 单击“视图”|“显示”|“参考线”命令，即可隐藏参考线，如图3-55所示。

图3-54 显示参考线

图3-55 隐藏参考线

实战 075 更改参考线颜色

▶实例位置：无
▶素材位置：光盘\素材\第3章\实战075.jpg
▶视频位置：光盘\视频\第3章\实战075.mp4

• 实例介绍 •

在Photoshop中，默认情况下，软件中参考线的颜色为青色，用户可以根据需要将参考线更改为其他颜色。

• 操作步骤 •

STEP 01 按【Ctrl+O】组合键，打开一幅素材图像，如图3-56所示。

图3-56 打开素材图像

STEP 02 在菜单栏单击“编辑”|“首选项”|“参考线、网格和切片”命令，如图3-57所示。

图3-57 单击相应命令

STEP 03 执行上述操作后，即可弹出“首选项”对话框，在“参考线”选项区中，单击“颜色”右侧的下拉按钮，在弹出的列表框中选择“绿色”选项，如图3-58所示。

STEP 04 单击确定按钮，即可更改参考线颜色，效果如图3-59所示。

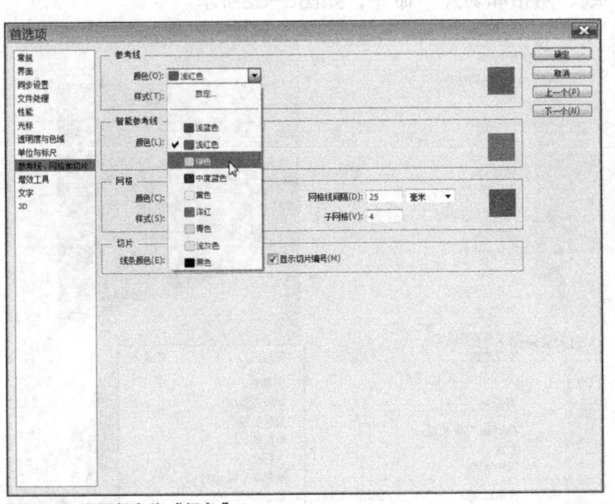

图3-58 设置颜色为“绿色”

图3-59 更改参考线颜色

知识扩展

除了可以运用上述方法弹出“首选项”对话框外，选取工具箱中的移动工具，移动鼠标至图像编辑窗口中的参考线上，双击鼠标左键，也可以弹出“首选项”对话框。

知识扩展

在“首选项”对话框中，单击“参考线”选项区右侧的颜色色块，即可弹出“拾色器（参考线颜色）”对话框，设置RGB参数值分别为138、39和179，即可设置自定颜色参考线，如图3-60所示。

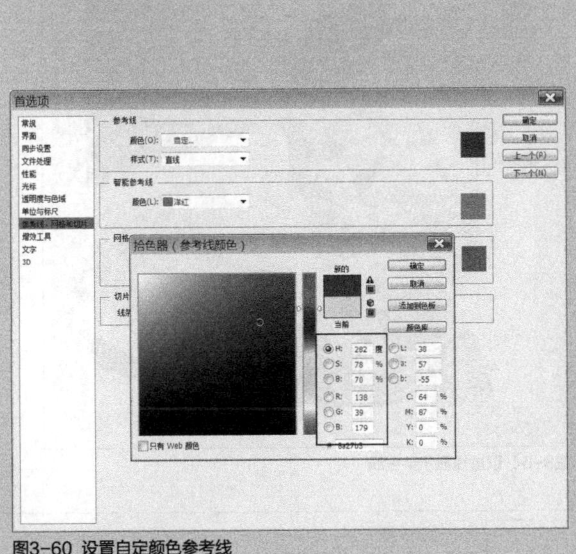

图3-60 设置自定颜色参考线

实战076 更改参考线样式

▶实例位置：光盘\实例\第3章\实战076.jpg
▶素材位置：光盘\素材\第3章\实战076.jpg
▶视频位置：光盘\视频\第3章\实战076.mp4

• 实例介绍 •

在Photoshop中，默认情况下，软件中参考线的样式为直线，用户可以根据需要将参考线更改为其他线性。

• 操作步骤 •

STEP 01 按【Ctrl+O】组合键，打开一幅素材图像，如图3-61所示。

图3-61 打开素材图像

STEP 02 在菜单栏单击“编辑”|“首选项”|“参考线、网格和切片”命令，如图3-62所示。

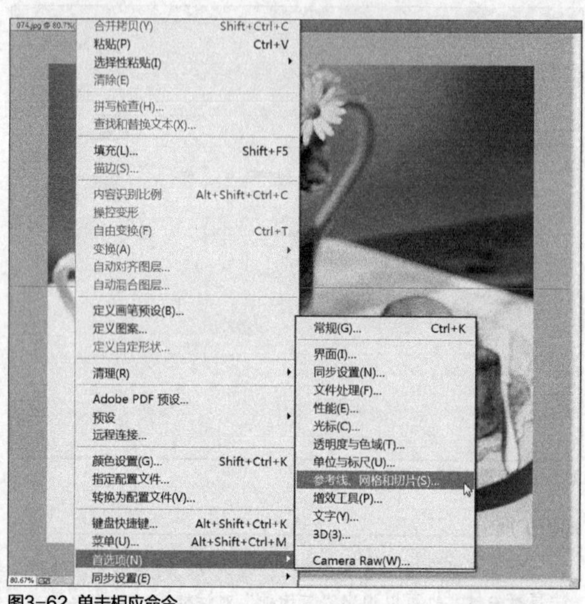

图3-62 单击相应命令

STEP 03 执行上述操作后，即可弹出“首选项”对话框，在“参考线”选项区中，单击“样式”右侧的下拉按钮，在弹出的列表框中选择“虚线”选项，如图3-63所示。

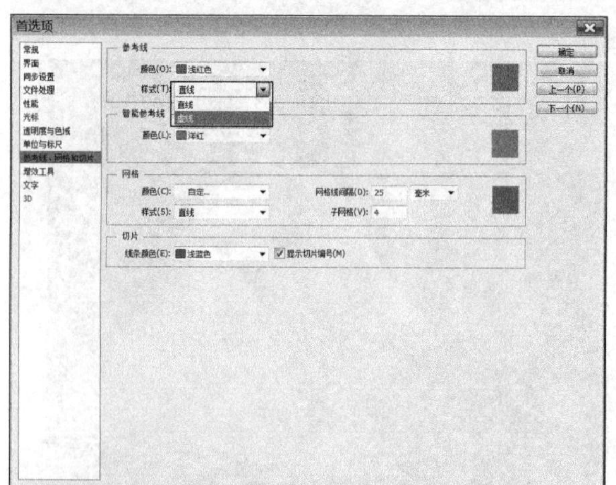

图3-63 弹出“首选项”对话框

STEP 04 执行上述操作后，单击“确定”按钮，即可以虚线显示参考线，效果如图3-64所示。

图3-64 以虚线显示参考线

实战077 移动参考线

▶实例位置：无
▶素材位置：光盘\素材\第3章\实战077.jpg
▶视频位置：光盘\视频\第3章\实战077.mp4

• 实例介绍 •

在Photoshop中，用户可以根据需要，移动参考线至图像编辑窗口中的合适位置。

• 操作步骤 •

STEP 01 按【Ctrl+O】组合键，打开一幅素材图像，如图3-65所示。

STEP 02 选取工具箱中的移动工具，移动鼠标指针至图像编辑窗口中的水平参考线上，如图3-66所示。

图3-65 打开素材图像

图3-66 移动鼠标至水平参考线上

STEP 03 单击鼠标左键并向下拖曳至合适位置，如图3-67所示。

STEP 04 释放鼠标左键，即可移动参考线，如图3-68所示。

图3-67 向下拖曳鼠标

图3-68 移动参考线

技巧点拨

除了可以运用上述方法移动参考线外，还有以下3种相关的快捷键操作方法。

- 快捷键1：按住【Ctrl】键的同时拖曳鼠标，即可移动参考线。
- 快捷键2：按住【Shift】键的同时拖曳鼠标，可使参考线与标尺上的刻度对齐。
- 快捷键3：按住【Alt】键的同时拖曳参考线，可切换参考线水平和垂直的方向。

实战 078 清除参考线

- 实例位置：无
- 素材位置：光盘\素材\第3章\实战078. jpg
- 视频位置：光盘\视频\第3章\实战078. mp4

• 实例介绍 •

在Photoshop中，可以建立多条参考线，运用参考线处理完图像后，用户可以根据需要，把多余的参考线删除。

• 操作步骤 •

STEP 01 按【Ctrl+O】组合键，打开一幅素材图像，此时，图像编辑窗口中的图像显示如图3-69所示。

STEP 02 选取工具箱中的“移动工具”，如图3-70所示。

图3-69 打开素材图像

图3-70 选取移动工具

STEP 03 移动鼠标至图像编辑窗口中需要删除的参考线上，如图3-71所示。

STEP 04 按住鼠标左键不放的同时，拖曳鼠标至图像编辑窗口以外位置，释放鼠标即可删除参考线，如图3-72所示。

图3-71 移动鼠标

图3-72 删除参考线

STEP 05 在菜单栏中单击“视图”|“清除参考线”命令，如图3-73所示。

STEP 06 执行上述操作后，即可清除全部参考线，如图3-74所示。

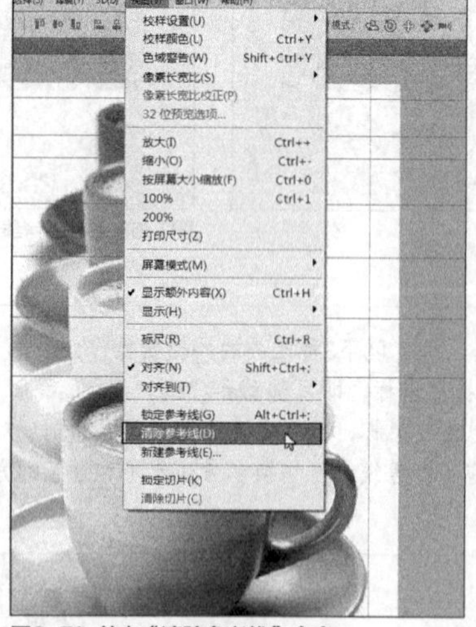

图3-73 单击“清除参考线”命令

图3-74 清除所有参考线

知识扩展

参考线是在绘图时为了精确知道某一位置以便进行对齐操作的辅助工具。

3.5 应用注释工具

注释工具是用来协助制作图像的，当用户做好一部分的图像处理后，需要让其他用户帮忙处理另一部分的工作时，可以在图像上需要处理的部分添加注释，内容即是用户所需要的处理效果，当其他用户打开图像时即可看到添加的注释，就会知道该如何处理图像。本节主要向读者介绍创建、清除以及更改注释颜色的操作方法。

实战079 创建注释

▶实例位置：光盘\实例\第3章\实战079.Psd
▶素材位置：光盘\素材\第3章\实战079.jpg
▶视频位置：光盘\视频\第3章\实战079.mp4

• 实例介绍 •

在Photoshop中，用户使用注释工具可以在图像的任何区域添加文字注释，标记制作说明或其他有用的信息。

• 操作步骤 •

STEP 01 按【Ctrl+O】组合键，打开一幅素材图像，如图3-75所示。

图3-75 打开素材图像

STEP 02 选取工具箱中的注释工具，如图3-76所示。

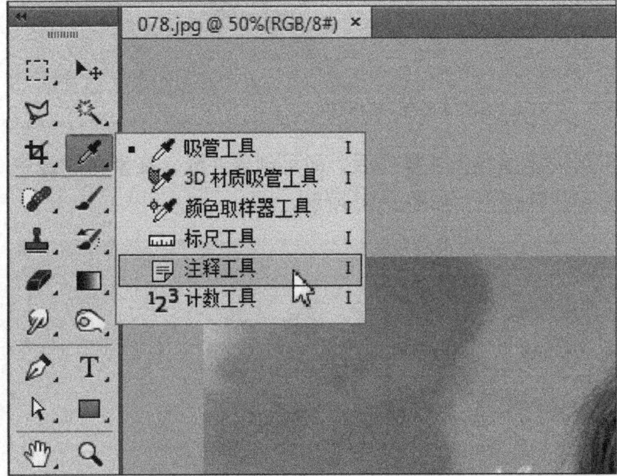

图3-76 选取注释工具

STEP 03 移动鼠标指针至图像编辑窗口中的花上，单击鼠标左键，弹出“注释”面板，如图3-77所示。

图3-77 弹出“注释”面板

STEP 04 在图像编辑窗口中的合适位置单击鼠标左键，“注释”面板变成可编辑状态，在“注释”文本框中输入说明文字“花”，如图3-78所示。

图3-78 输入注释文字

知识扩展

注释工具是用来协助制作图像的，为了更好地记录详细的图片信息，在Photoshop中可以使用注释工具。

STEP 05 执行上述操作后，即可创建注释，在素材图像中显示注释标记，如图3-79所示。

图3-79 在素材图像中显示注释标记

STEP 06 移动鼠标指针至图像编辑窗口中的小狗上，单击鼠标左键，弹出“注释”面板，在“注释”文本框中输入说明文字“小狗”，如图3-80所示。

图3-80 输入注释文字

STEP 07 执行上述操作后，即可创建注释，在素材图像中显示注释标记，如图3-81所示。

图3-81 在素材图像中显示注释标记

STEP 08 单击“注释”面板左下角的左右方向按钮，即可切换注释，如图3-82所示。

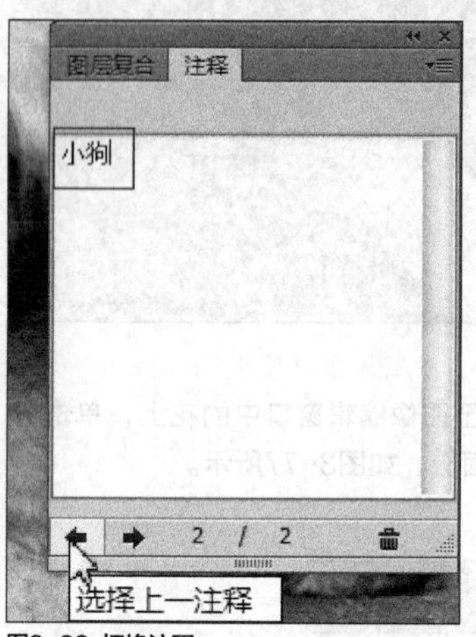

图3-82 切换注释

实战080 清除注释

▶实例位置：无
▶素材位置：光盘\素材\第3章\实战080.jpg
▶视频位置：光盘\视频\第3章\实战080.mp4

• 实例介绍 •

在Photoshop中编辑图像时，多余的注释或不需要的注释，用户可以对其进行清除操作。

• 操作步骤 •

STEP 01 按【Ctrl+O】组合键，打开一幅素材图像，如图3-83所示。

STEP 02 选取工具箱中的注释工具，如图3-84所示。

图3-83 打开素材图像

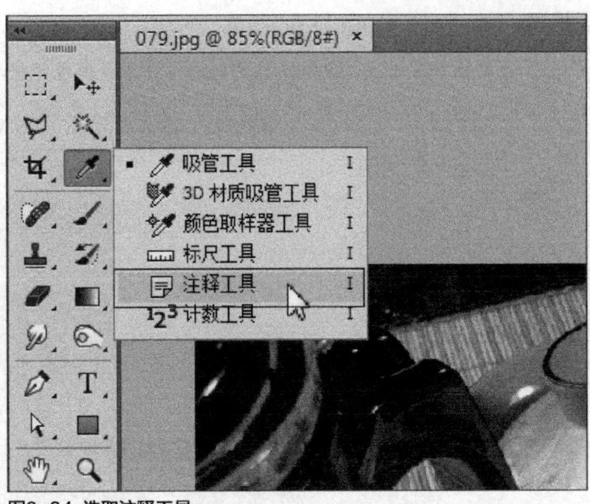

图3-84 选取注释工具

STEP 03 移动鼠标至图像编辑窗口中，单击鼠标左键，在图像上创建一个注释，如图3-85所示。

STEP 04 移动鼠标至素材图像中的注释标记上，单击鼠标右键，在弹出的快捷菜单中，选择“删除注释”选项，如图3-86所示。

图3-85 打开素材图像

图3-86 选择“删除注释”选项

STEP 05 执行上述操作后，即可弹出信息提示框，如图3-87所示。

STEP 06 单击“是”按钮，即可清除注释，如图3-88所示。

图3-87 信息提示框

图3-88 清除注释

知识扩展

除了上述操作方法可以清除注释外，还可在工具属性栏中单击“清除全部”按钮清除注释，如图3-89所示。

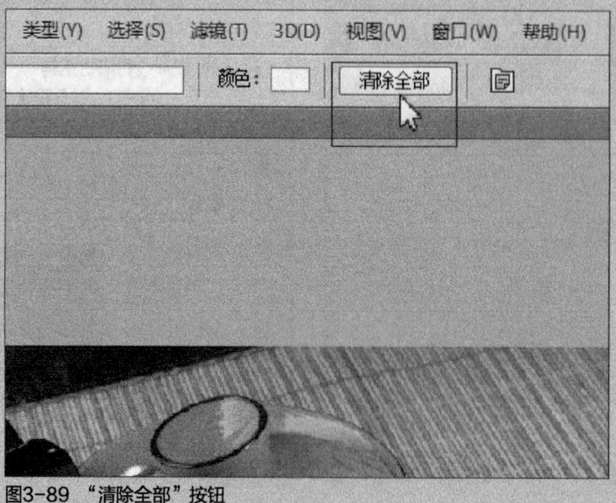

图3-89 “清除全部”按钮

实战081 更改注释颜色

▶实例位置：无
▶素材位置：光盘\素材\第3章\实战081.Psd
▶视频位置：光盘\视频\第3章\实战081.mp4

• 实例介绍 •

在Photoshop中，默认情况下，软件中注释的颜色为黄色，用户可以根据需要将注释颜色更改为其他颜色。

• 操作步骤 •

STEP 01 按【Ctrl+O】组合键，打开一幅素材图像，如图3-90所示。

图3-90 打开素材图像

STEP 02 选取工具箱中的注释工具，如图3-91所示。

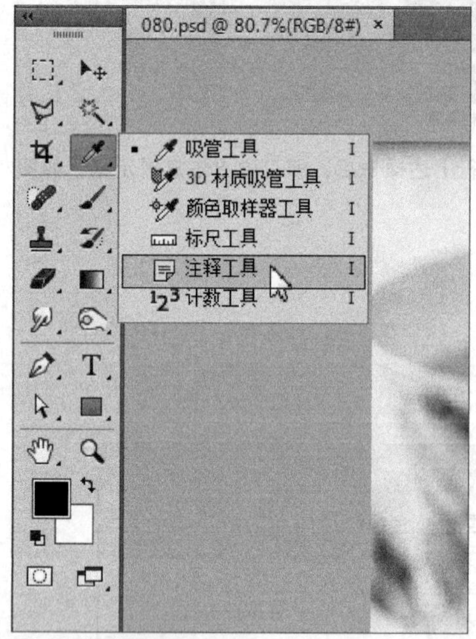

图3-91 选取注释工具

STEP 03 移动鼠标至图像编辑窗口中，单击鼠标左键激活注释，如图3-92所示。

STEP 04 在工具属性栏中，单击“颜色”色块，如图3-93所示。

STEP 05 弹出“拾色器（注释颜色）”对话框，设置颜色为红色（RGB参数值分别为255、0、0），如图3-94所示。

STEP 06 执行上述操作后，单击“确定”按钮，即可更改注释颜色，效果如图3-95所示。

图3-92 激活注释

图3-93 单击“颜色”色块

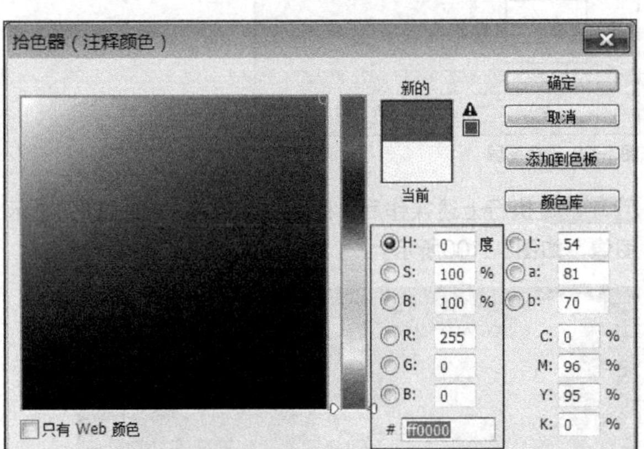

图3-94 设置颜色为红色

图3-95 更改注释颜色

3.6 运用对齐工具

如果用户要启用对齐功能，首先需要选择“对齐”命令，使该命令处于选中状态，然后在相应子菜单中选择一个对齐项目，如果命令带有√标记则表示启用了该对齐功能，如图3-96所示。

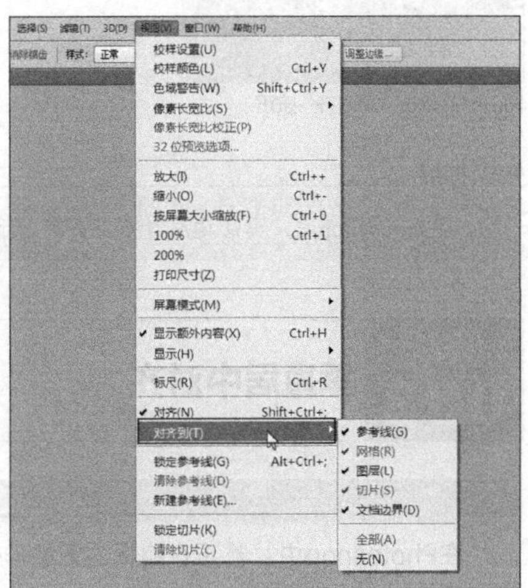

图3-96 启用对齐功能

知识扩展

“对齐到”命令子菜单各命令含义如下。

- 参考线：使对象与参考线对齐。
- 网格：使对象与网格对齐，网格被隐藏时不能选择该选项。
- 图层：使对象与图层中的内容对齐。
- 切片：使对象与切片边界对齐，切片被隐藏的时候不能选择该选项。
- 文档边界：使对象与文档的边缘对齐。
- 全部：选择所有“对齐到”选项。
- 无：取消选择所有“对齐到”选项。

实战082 顶对齐

▶实例位置：光盘\实例\第3章\实战082.Psd、实战082.jpg
▶素材位置：光盘\素材\第3章\实战082.Psd
▶视频位置：光盘\视频\第3章\实战082.mp4

•实例介绍•

在Photoshop中，若正在编辑的图像排列不整齐，用户可使用顶对齐按钮，使正在编辑的图像快速地以顶端对齐的方式排列显示。

•操作步骤•

STEP 01 按【Ctrl+O】组合键，打开一幅素材图像，此时图像编辑窗口中的图像显示如图3-97所示。

图3-97 打开素材图像

STEP 02 在“图层”面板中，选择除“背景”图层以外的所有图层，如图3-98所示。

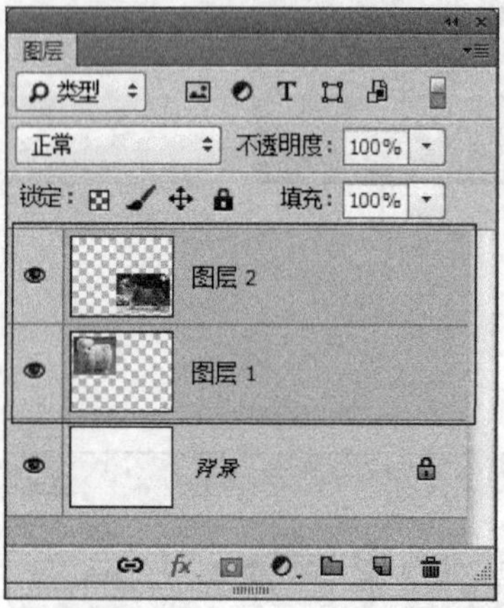

图3-98 选择图层

STEP 03 在工具箱中选取移动工具，移动鼠标至工具属性栏中，单击“顶对齐”按钮，如图3-99所示。

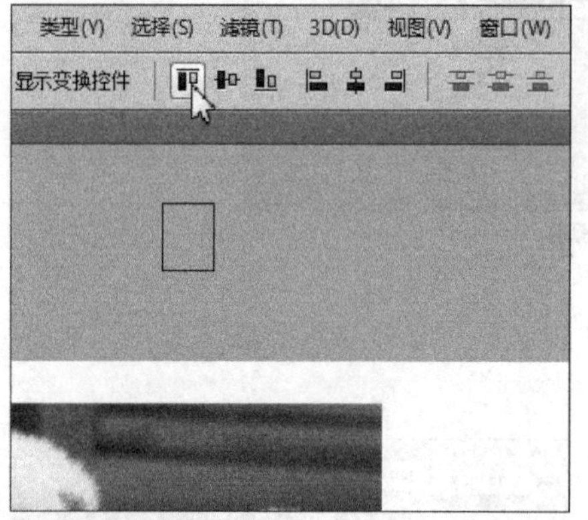

图3-99 单击“顶对齐”按钮

STEP 04 执行上述操作后，即可以顶对齐的方式排列显示图像，如图3-100所示。

图3-100 顶对齐方式显示图像

知识扩展

在Photoshop中，灵活运用对齐工具有助于精确地放置选区、裁剪选框、切片、形状和路径。

实战083 垂直居中对齐

▶实例位置：光盘\实例\第3章\实战083.Psd、实战083.jpg
▶素材位置：光盘\素材\第3章\实战083.Psd
▶视频位置：光盘\视频\第3章\实战083.mp4

•实例介绍•

在Photoshop中，若正在编辑的图像排列不整齐，用户可使用“垂直居中对齐”按钮，使正在编辑的图像快速地以垂直居中的方式排列显示。

• 操作步骤 •

STEP 01 按【Ctrl+O】组合键，打开一幅素材图像，如图3-101所示。

图3-101 打开素材图像

STEP 02 在“图层”面板，选择除“背景”图层外的所有图层，如图3-102所示。

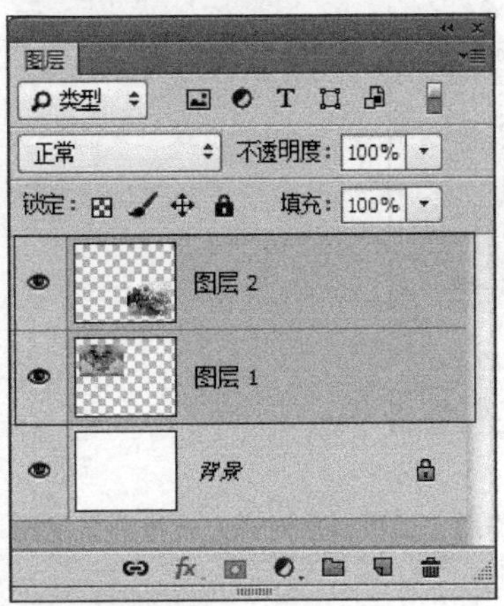

图3-102 选择图层

STEP 03 在工具箱中选取移动工具，移动鼠标至工具属性栏中，单击“垂直居中对齐”按钮，如图3-103所示。

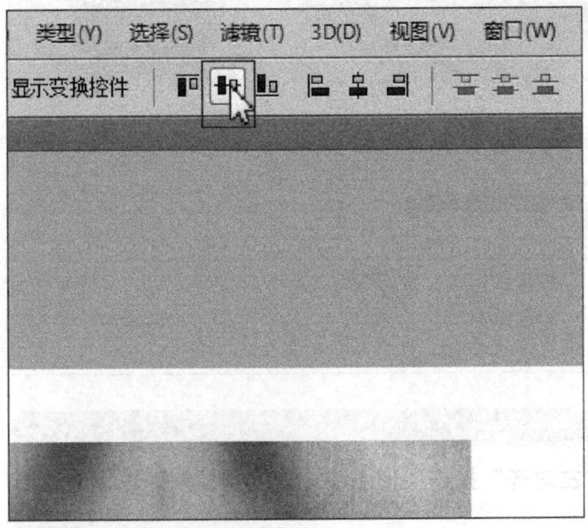

图3-103 单击“垂直居中对齐”按钮

STEP 04 执行上述操作后，即可以垂直居中方式排列显示图像，如图3-104所示。

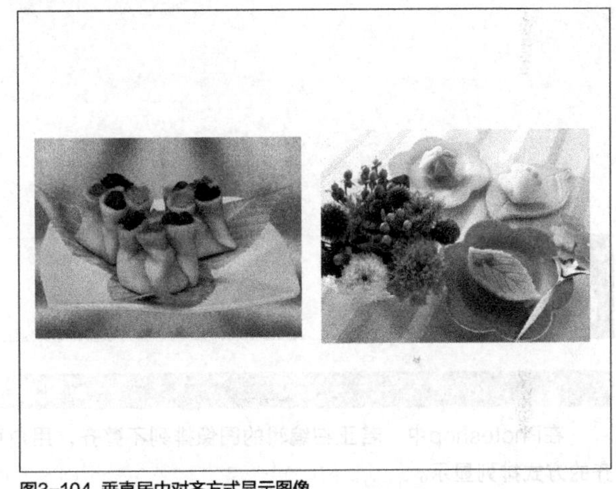

图3-104 垂直居中对齐方式显示图像

实战 084 底对齐

▶实例位置：光盘\实例\第3章\实战084.Psd、实战084.jpg
▶素材位置：光盘\素材\第3章\实战084.Psd
▶视频位置：光盘\视频\第3章\实战084.mp4

• 实例介绍 •

在Photoshop中，若正在编辑的图像排列不整齐，用户可使用“底对齐”按钮，使正在编辑的图像快速地以底部对齐的方式排列显示。

• 操作步骤 •

STEP 01 按【Ctrl+O】组合键，打开一幅素材图像，如图3-105所示。

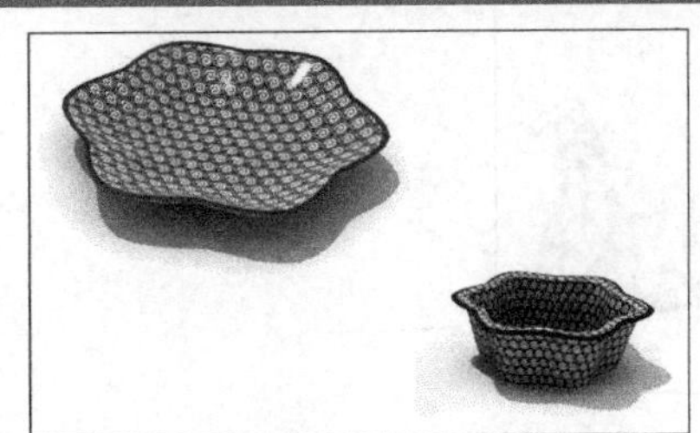

图3-105 打开素材图像

STEP 02 在“图层”面板中，选择除“背景”图层外的所有图层，如图3-106所示。

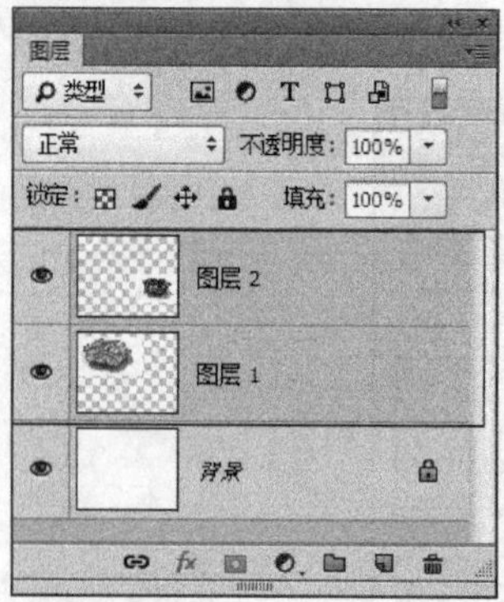

图3-106 选择图层

STEP 03 在工具箱中选取移动工具，移动鼠标至工具属性栏中，单击“底对齐”按钮，如图3-107所示。

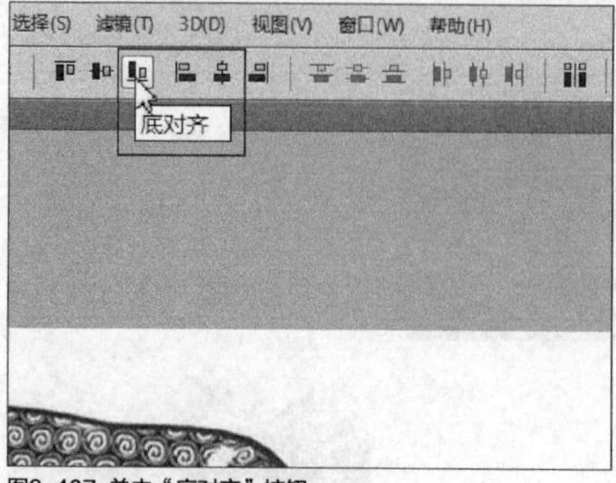

图3-107 单击“底对齐”按钮

STEP 04 执行上述操作后，即可以底对齐方式排列显示图像，如图3-108所示。

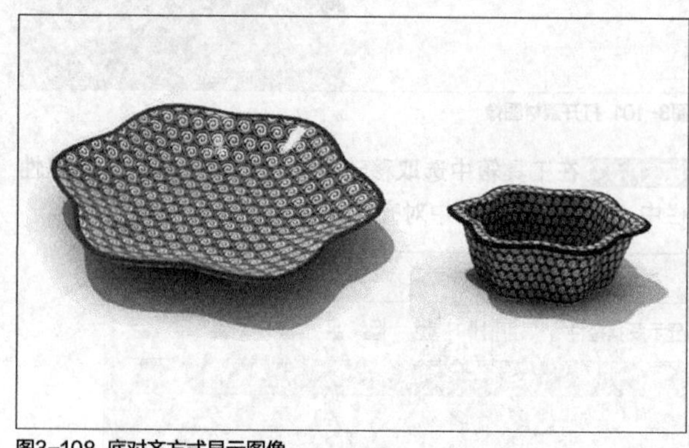
图3-108 底对齐方式显示图像

实战085 左对齐

▶实例位置：光盘\实例\第3章\实战085.Psd、实战085.jpg
▶素材位置：光盘\素材\第3章\实战085.Psd
▶视频位置：光盘\视频\第3章\实战085.mp4

• 实例介绍 •

在Photoshop中，若正在编辑的图像排列不整齐，用户可使用“左对齐”按钮，使正在编辑的图像快速地以左边对齐的方式排列显示。

• 操作步骤 •

STEP 01 按【Ctrl+O】组合键，打开一幅素材图像，如图3-109所示。

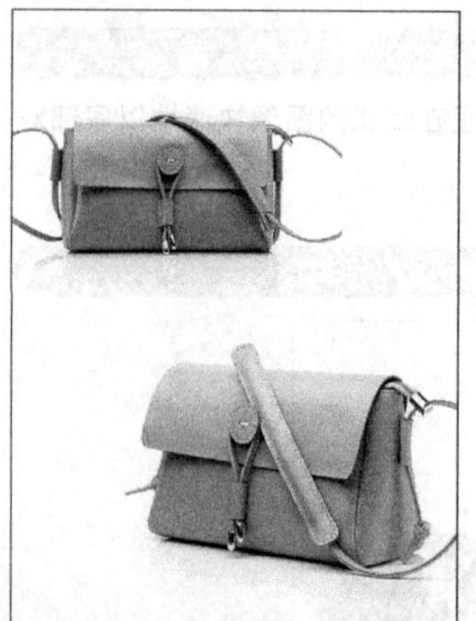
图3-109 打开素材图像

STEP 02 在“图层”面板中，选择除“背景”图层外的所有图层，如图3-110所示。

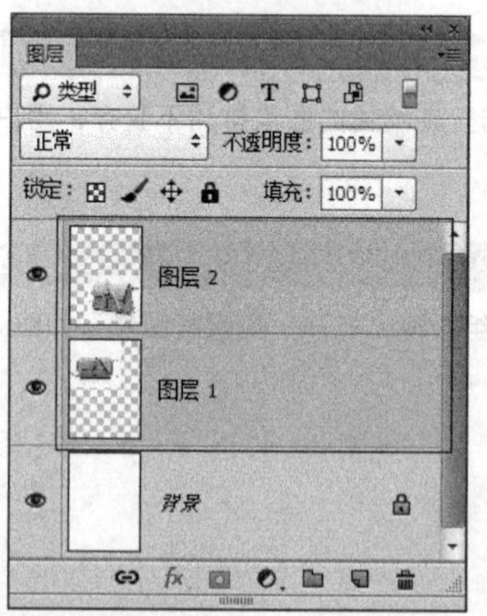

图3-110 选择图层

STEP 03 在工具箱中选取移动工具，移动鼠标至工具属性栏中，单击“左对齐”按钮，如图3-111所示。

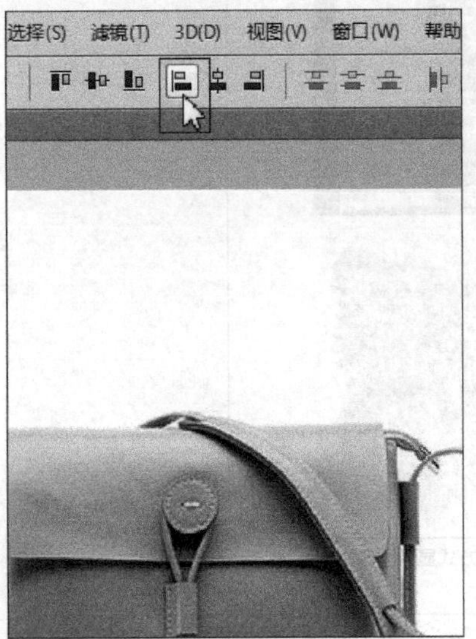

图3-111 单击“左对齐”按钮

STEP 04 执行上述操作后，即可以左对齐方式排列显示图像，如图3-112所示。

图3-112 左对齐方式显式图像

实战086 水平居中对齐

▶实例位置：光盘\实例\第3章\实战086.Psd、实战086.jpg
▶素材位置：光盘\素材\第3章\实战086.Psd
▶视频位置：光盘\视频\第3章\实战086.mp4

• 实例介绍 •

在Photoshop中，若正在编辑的图像排列不整齐，用户可使用“水平居中对齐”按钮，使正在编辑的图像快速地以水平居中对齐的方式排列显示。

• 操作步骤 •

STEP 01 按【Ctrl+O】组合键，打开一幅素材图像，如图3-113所示。

图3-113 打开素材图像

STEP 02 在“图层”面板中，选择除“背景”图层以外的所有图层，如图3-114所示。

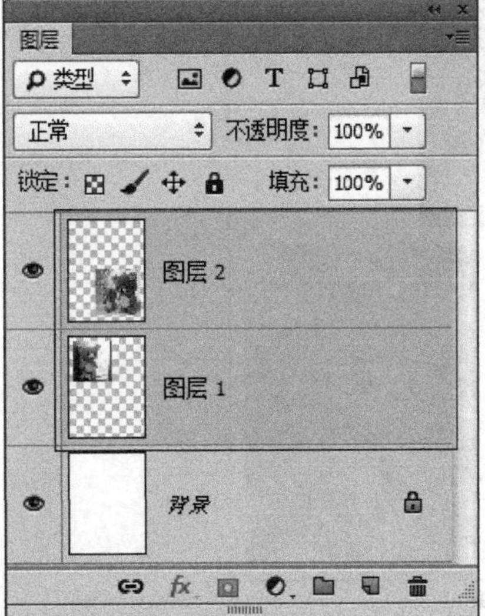

图3-114 选择图层

STEP 03 在工具箱中选取移动工具，移动鼠标至工具属性栏中，单击“水平居中对齐”按钮，如图3-115所示。

STEP 04 执行上述操作后，即可以水平居中对齐方式排列显示图像，如图3-116所示。

图3-115 单击“水平居中对齐”按钮

图3-116 水平居中对齐方式显示图像

实战087 右对齐

▶ **实例位置**：光盘\实例\第3章\实战087.Psd、实战087.jpg
▶ **素材位置**：光盘\素材\第3章\实战087.Psd
▶ **视频位置**：光盘\视频\第3章\实战087.mp4

• 实例介绍 •

在Photoshop中，若正在编辑的图像排列不整齐，用户可使用“右对齐”按钮，使正在编辑的图像快速地以右边对齐的方式排列显示。

• 操作步骤 •

STEP 01 按【Ctrl+O】组合键，打开一幅素材图像，如图3-117所示。

图3-117 打开素材图像

STEP 02 在“图层”面板中，选择除“背景”图层以外的所有图层，如图3-118所示。

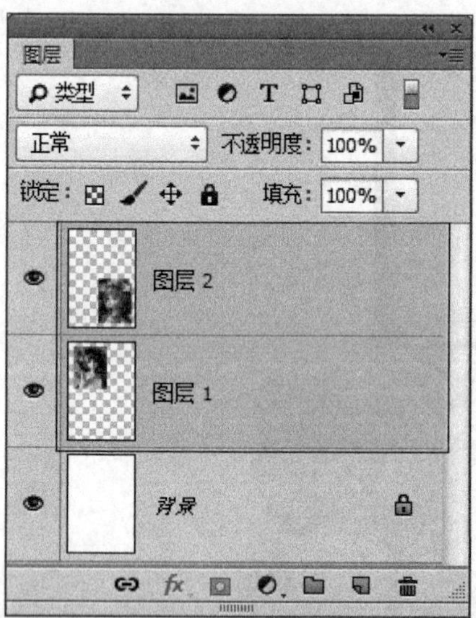

图3-118 选择图层

STEP 03 选取“移动工具”，移动鼠标至工具属性栏中，单击“右对齐”按钮，如图3-119所示。

STEP 04 执行上述操作后，即可以右对齐方式排列显示图像，如图3-120所示。

图3-119 单击“右对齐”按钮

图3-120 右对齐方式显示图像

实战 088 自动对齐图层

▶ **实例位置：** 光盘\实例\第3章\实战088. Psd、实战088. jpg
▶ **素材位置：** 光盘\素材\第3章\实战088-1~实战088-3. jpg
▶ **视频位置：** 光盘\视频文件\第3章\实战088. mp4

• 实例介绍 •

在Photoshop中，如果想拼接几幅连续图像，用户可使用“自动对齐图层”按钮，快速对图像进行拼接。

• 操作步骤 •

STEP 01 按【Ctrl+O】组合键，打开3幅素材图像，如图3-121所示。

STEP 02 选取工具箱中的移动工具，将“087-2”“087-3”素材图像移动至“087-1”图像编辑窗口中，如图3-122所示。

图3-121 打开素材图像

图3-122 移动素材图层

专家提醒

拼接的两张图片之间要有20%重叠的部分才可以对连续图像进行拼接。

STEP 03 在“图层”面板中双击“背景”图层，即可弹出“新建图层”对话框，单击“确定”按钮，即可解锁“背景”图层，并新建为“图层0”图层，如图3-123所示。

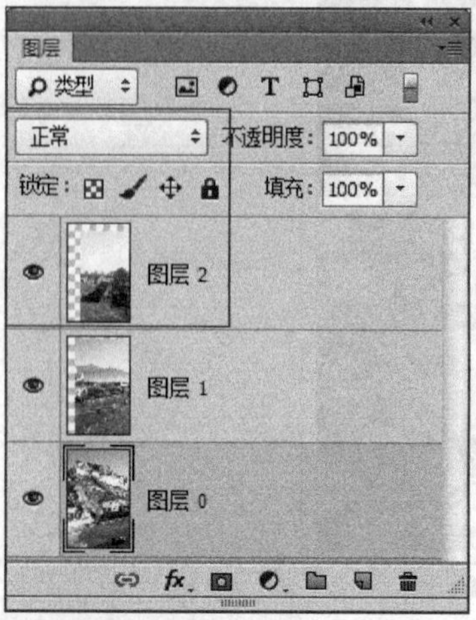

图3-123 新建“图层0”图层

STEP 04 按住【Shift】键，在“图层”面板选择所有图层，如图3-124所示。

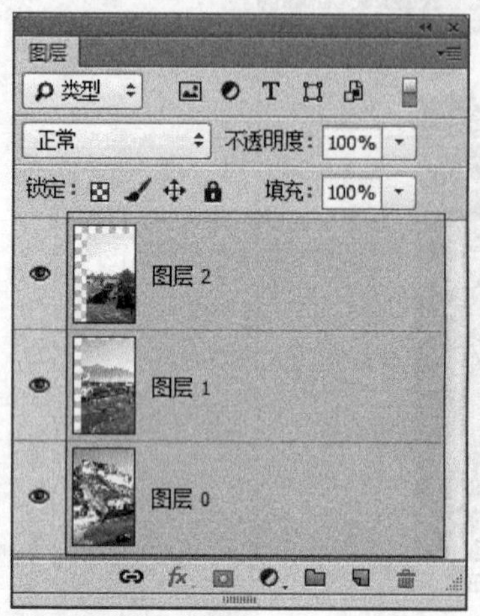

图3-124 选择所有图层

STEP 05 在工具属性栏中，单击“自动对齐图层”按钮，如图3-125所示。

图3-125 单击“自动对齐图层”按钮

STEP 06 执行上述操作后，即可弹出“自动对齐图层”对话框，如图3-126所示。

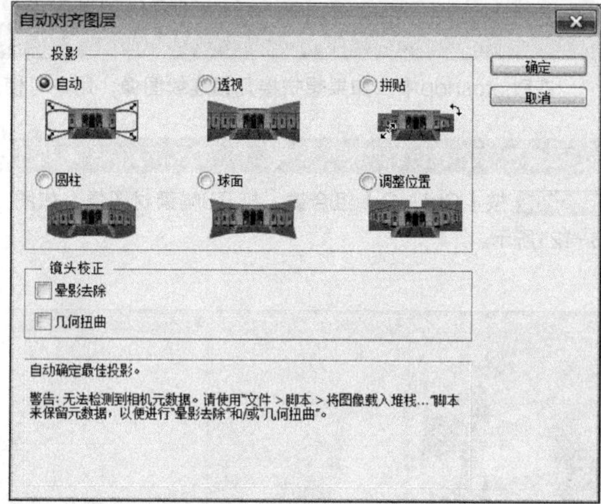

图3-126 弹出“自动对齐图层”对话框

STEP 07 单击“确定”按钮，即可自动对齐图层，效果如图3-127所示。

图3-127 自动对齐图层方式显示图像

专家提醒

“自动对齐图层”对话框中投影效果包括“自动”“透视”“拼贴”“圆柱”“球面”以及“调整位置”选项，用户可以根据需要选择。

3.7 运用计数工具

计数工具是用来协助制作图像的，当用户做好一部分的图像处理后，需要对处理图像进行计数时，可使用计数工具在图像上添加计数。

实战 089 添加计数

▶ **实例位置：** 光盘\实例\第3章\实战089.Psd、实战089.jpg
▶ **素材位置：** 光盘\素材\第3章\实战089.jpg
▶ **视频位置：** 光盘\视频\第3章\实战089.mp4

• 实例介绍 •

在Photoshop中，用户可以使用计数工具对图像中的对象计数，也可以自动对图像中的多个选定区域计数。

• 操作步骤 •

STEP 01 按【Ctrl+O】组合键，打开一幅素材图像，如图3-128所示。

图3-128 打开素材图像

STEP 02 选取工具箱中的“计数工具”，如图3-129所示。

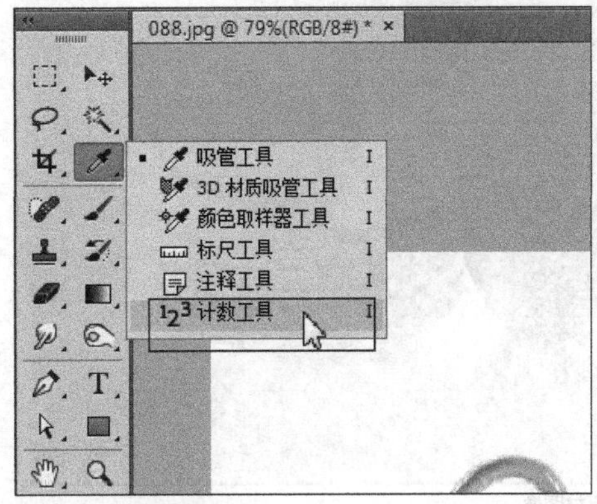

图3-129 选取计数工具

STEP 03 将鼠标移至图像编辑窗口中，此时鼠标指针呈形状，在素材图像中的合适位置单击鼠标左键，即可创建计数，如图3-130所示。

图3-130 创建计数

STEP 04 用同样的方法，单击鼠标左键，依次创建多个计数，如图3-131所示。

图3-131 创建多个计数

实战090 更改计数颜色

▶实例位置：光盘\实例\第3章\实战090.Psd、实战090.jpg
▶素材位置：上一例效果
▶视频位置：光盘\视频\第3章\实战090.mp4

• 实例介绍 •

在Photoshop中，用户在使用计数工具对图像中的对象计数后，可以随意更改计数的颜色。

• 操作步骤 •

STEP 01 打开素材图像，如图3-132所示。

图3-132 打开素材图像

STEP 02 选取工具箱中的计数工具，如图3-133所示。

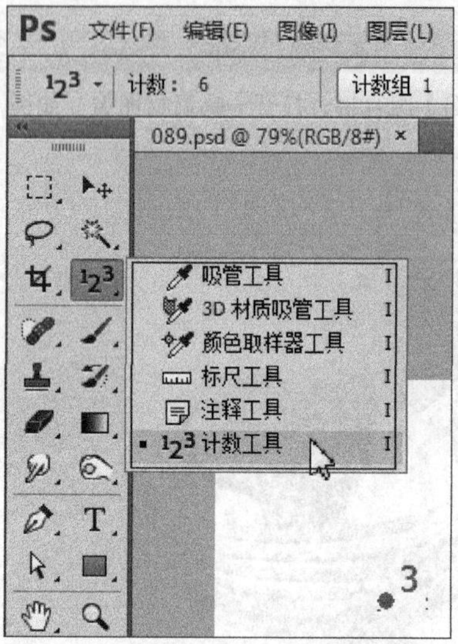

图3-133 选取计数工具

STEP 03 在工具属性栏中，单击“计数组颜色”色块，在弹出的“拾色器（计数颜色）”对话框设置颜色为蓝色（RGB参数值为0、78、255），如图3-134所示。

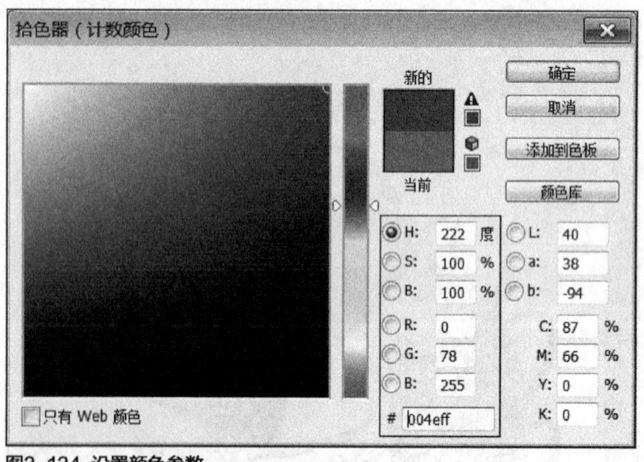

图3-134 设置颜色参数

STEP 04 单击“确定”按钮，即可更改计数颜色，效果如图3-135所示。

图3-135 更改计数颜色

实战091 更改标记大小

▶实例位置：光盘\实例\第3章\实战091.Psd、实战091.jpg
▶素材位置：上一例效果
▶视频位置：光盘\视频\第3章\实战091.mp4

• 实例介绍 •

在Photoshop中，用户在使用计数工具对图像中的对象进行计数后，可以随意更改计数标记的大小。

• 操作步骤 •

STEP 01 打开素材图像，如图3-136所示。

图3-136 打开素材图像

STEP 02 选取工具箱中的计数工具，如图3-137所示。

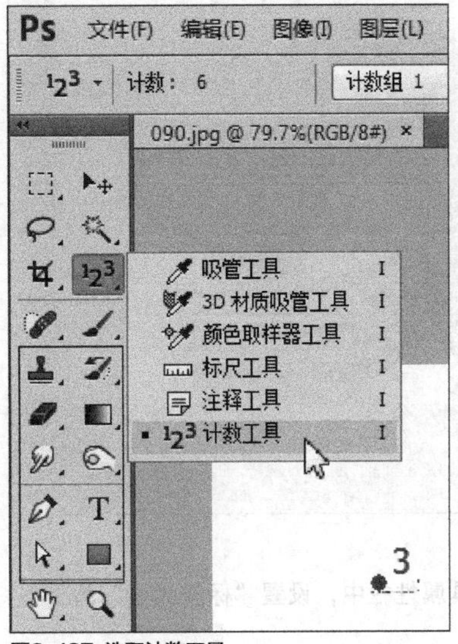

图3-137 选取计数工具

STEP 03 在计数工具属性栏中，设置“标记大小”为10，如图3-138所示。

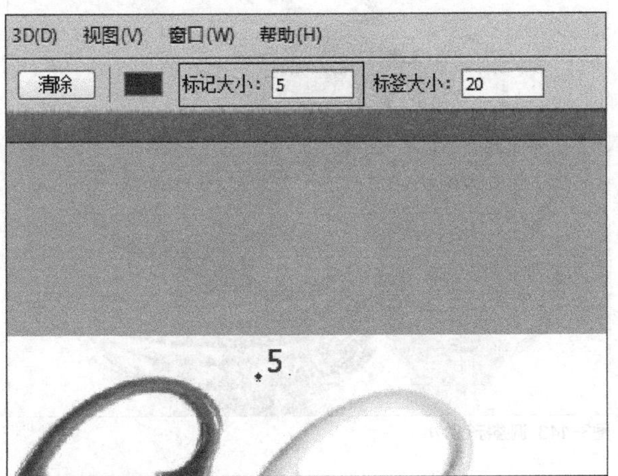

图3-138 设置参数

STEP 04 按【Enter】键确认，即可调整标记大小，效果如图3-139所示。

图3-139 调整标记大小

实战 092 更改标签大小

▶ **实例位置：** 光盘\实例\第3章\实战092.Psd、实战092.jpg
▶ **素材位置：** 上一例效果
▶ **视频位置：** 光盘\视频\第3章\实战092.mp4

• 实例介绍 •

在Photoshop中，用户在使用计数工具对图像中的对象进行计数后，若计数标签大小不合适，可以随意更改计数标签的大小。

• 操作步骤 •

STEP 01 打开素材图像，如图3-140所示。

STEP 02 选取工具箱中的计数工具，如图3-141所示。

图3-140 打开素材图像

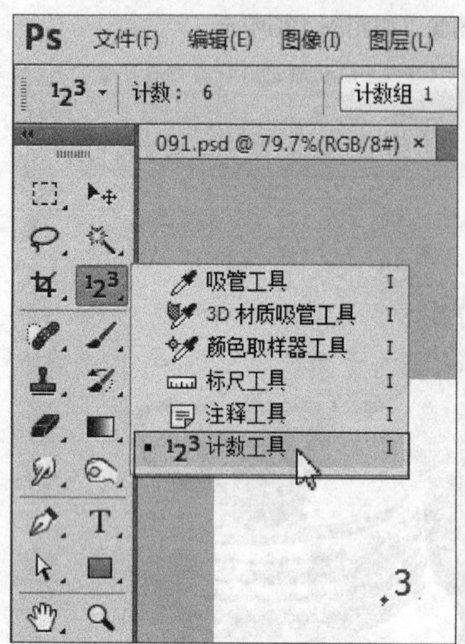

图3-141 选取计数工具

STEP 03 在计数工具属性栏中，设置“标签大小”为30，如图3-142所示。

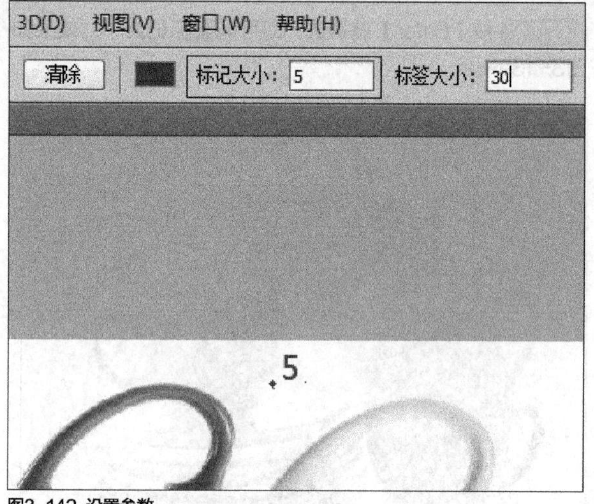

图3-142 设置参数

STEP 04 按【Enter】键确认，即可调整标签大小，效果如图3-143所示。

图3-143 调整标签大小

技巧点拨

单击工具箱中“切换计数组的可见性”按钮，即可隐藏计数。

实战093 清除计数

- ▶实例位置：光盘\实例\第3章\实战093.jpg
- ▶素材位置：上一例效果
- ▶视频位置：光盘\视频\第3章\实战093.mp4

• 实例介绍 •

在Photoshop中，用户在使用计数工具对图像中的对象进行计数后，若不再需要计数，可以清除计数。

• 操作步骤 •

STEP 01 打开素材图像，如图3-144所示。

STEP 02 选取工具箱中的计数工具，如图3-145所示。

图3-144 打开素材图像

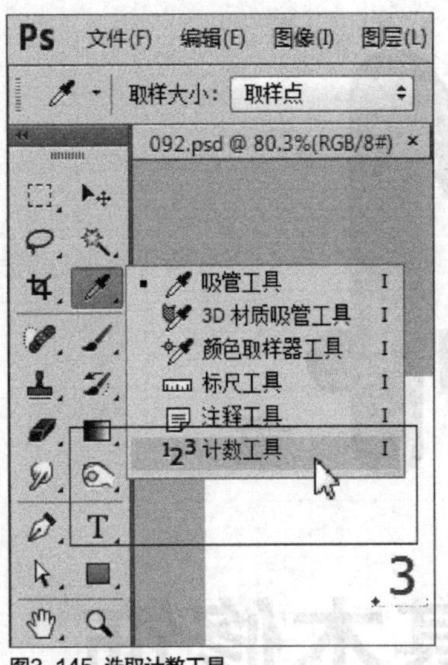

图3-145 选取计数工具

STEP 03 在计数工具属性栏中，单击“清除”按钮，如图3-146所示。

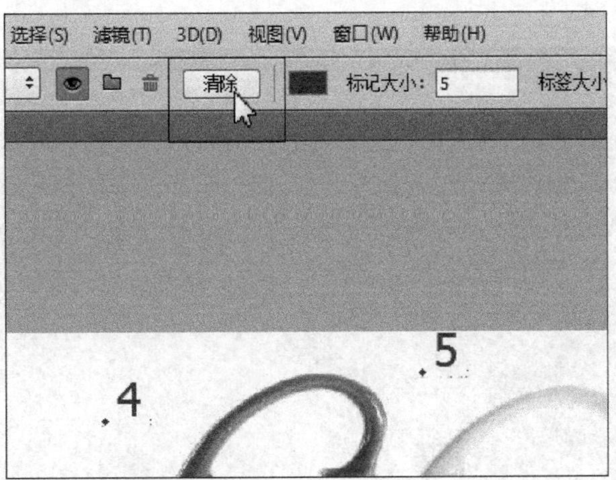

图3-146 单击“清除”按钮

STEP 04 执行上述操作后，即可清除所有计数，效果如图3-147所示。

图3-147 清除计数

第4章 图像基本修饰

本章导读

数码摄影时代的来临已经势不可挡，而数码相机的普及为摄影者累积素材提供了更加快捷的方法。数码暗房特效在影楼调色中运用的相对较多，是影楼在后期合成中一项常用的特殊处理方法。

要点索引

- 调整图像尺寸和分辨率
- 调整图像显示
- 管理图像
- 管理图像素材

4.1 调整图像尺寸和分辨率

图像大小与图像像素、分辨率、实际打印尺寸之间有着密切的关系，它决定存储文件所需的硬盘空间大小和图像文件的清晰度。因此，调整图像的尺寸及分辨率也决定着整幅画面的大小。

实战094 调整图像尺寸

▶实例位置：光盘\实例\第4章\实战094.jpg
▶素材位置：光盘\素材\第4章\实战094.jpg
▶视频位置：光盘\视频\第4章\实战094.mp4

• 实例介绍 •

在Photoshop中，图像尺寸越大，所占的空间也越大。更改图像的尺寸，会直接影响图像的显示效果。

• 操作步骤 •

STEP 01 打开一幅素材图像，如图4-1所示。

图4-1 打开素材图像

STEP 02 单击“图像”|“图像大小”命令，如图4-2所示。

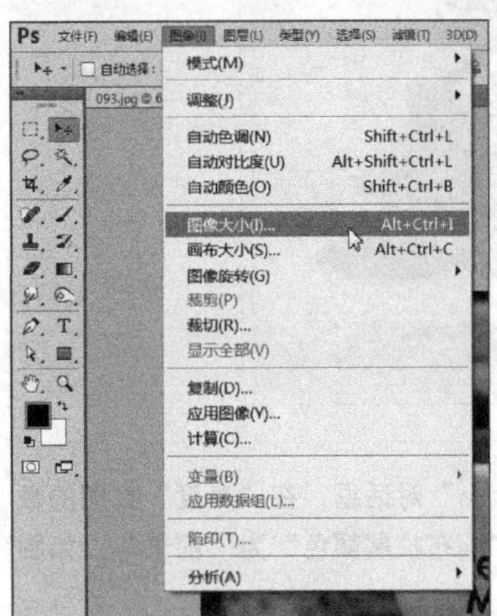

图4-2 单击“图像大小”命令

STEP 03 在弹出的“图像大小”对话框中设置文档大小的“宽度”为50厘米，如图4-3所示，然后单击“确定”按钮。

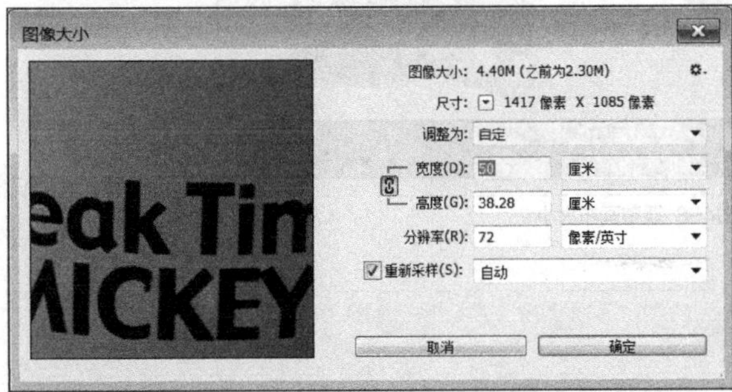

图4-3 设置文档大小

STEP 04 执行上述操作后，即可完成调整图像大小的操作，如图4-4所示。

图4-4 调整图像大小

专家提醒

“图像大小”对话框中的主要选项含义如下。

➤ 像素大小：通过改变该选项区中的“宽度”和“高度”数值，可以调整图像在屏幕上的显示大小，图像的尺寸也相应发生变化。

➤ 文档大小：通过改变该选项区中的“宽度”“高度”和“分辨率”数值，可以调整图像的文件大小，图像的尺寸也相应发生变化。

实战095 调整画布尺寸

▶实例位置：光盘\实例\第4章\实战095.jpg
▶素材位置：光盘\素材\第4章\实战095.jpg
▶视频位置：光盘\视频\第4章\实战095.mp4

• 实例介绍 •

在Photoshop中，画布指的是实际打印的工作区域，图像画面尺寸的大小是指当前图像周围工作空间的大小，改变画布大小会直接影响图像最终的输出效果。

• 操作步骤 •

STEP 01 打开一幅素材图像，如图4-5所示。

图4-5 打开素材图像

STEP 02 单击“图像”|“画布大小”命令，如图4-6所示。

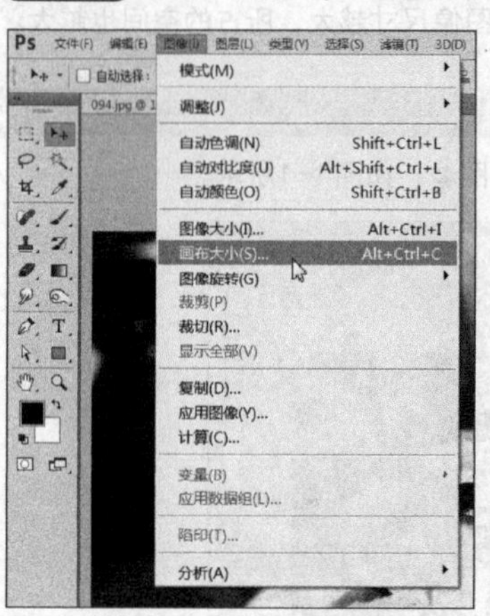

图4-6 单击“图布大小”命令

STEP 03 弹出“画布大小”对话框，在“高度”右侧的数值框中输入30，设置“画布扩展颜色”为“前景”，如图4-7所示。

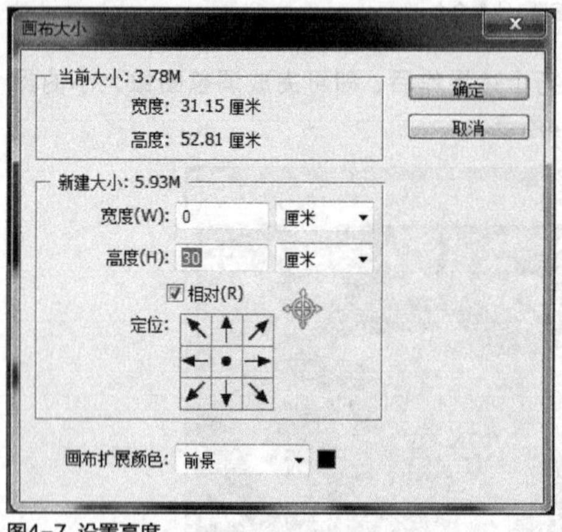

图4-7 设置高度

STEP 04 单击“确定”按钮，即可完成调整画布大小的操作，如图4-8所示。

图4-8 调整画布大小

知识扩展

“画布大小”对话框各个参数的介绍如下。

➢ 当前大小：显示的是当前画布的大小。

➢ 新建大小：用于设置画布的大小。

➢ 相对：选中该复选框后，在“宽度”和“高度”选项后面将出现“锁链”图标，表示改变其中某一选项设置时，另一选项会按比例同时发生变化。

➢ 定位：用来修改图像像素的大小，在Photoshop中是“重新取样”——当减少像素数量时就会从图像中删除一些信息；当增加像素的数量或增加像素取样时，则会添加新的像素。在“图像大小”对话框最下面的下拉列表中可以选择一种插值方法来确定添加或删除像素的方式，如“两次立方”“邻近”“两次线性”等。

➢ 画布扩展颜色：在“画布扩展颜色”下拉列表中可以选择填充新画布的颜色。

实战096 调整图像分辨率

▶ **实例位置**：光盘\实例\第4章\实战096.jpg
▶ **素材位置**：光盘\素材\第4章\实战096.jpg
▶ **视频位置**：光盘\视频\第4章\实战096.mp4

• 实例介绍 •

在Photoshop中，图像的品质取决于分辨率的大小，当分辨率数值越大时，图像就越清晰；反之，就越模糊。

• 操作步骤 •

STEP 01 打开一幅素材图像，如图4-9所示。

图4-9 打开素材图像

STEP 02 单击“图像”|“图像大小”命令，弹出“图像大小”对话框，在“文档大小”选项区域中，设置“分辨率”为96像素/英寸，如图4-10所示。

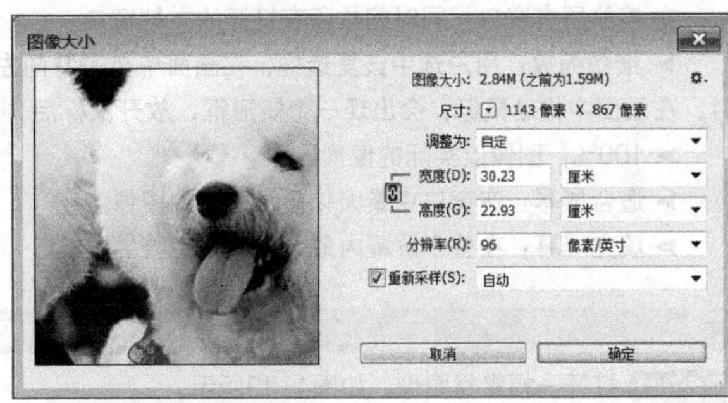

图4-10 设置图像分辨率

专家提醒

分辨率是用于描述图像文件信息量的术语，是指单位区域内包含的像素数量，通常用“像素/英寸”和“像素/厘米”表示。

STEP 03 单击“确定”按钮，即可调整图像分辨率，如图4-11所示。

图4-11 调整图像分辨率

知识扩展

分辨率是用于描述图像文件信息量的术语，是指单位区域内包含的像素数量，通常用“像素/英寸”和“像素/厘米”表示。

像素与分辨率是Photoshop中最常见的概念，也是关于文件大小的图像质量的基本概念。对像素与分辨率大小的设置决定了图像的大小与输出的质量。

➢ 像素：像素是组成图像的最小单位，其形态是一个有颜色的小方点。图像是由以行和列的方式进行排列的像素组合而成。像素越高，文件越大，图像的品质就越好；像素越低，文件越小，图像的品质就越模糊。

➢ 分辨率：分辨率指的是单位长度上像素的数目，通常用“像素/英寸”或“像素/厘米”表示。图像的分辨率是指位图图像在每英寸上所包含的像素数量，单位是dpi（dotsperinch）。分辨率越高，文件就越大，图像也就越清晰，处理速度就会相应变慢；反之，分辨率越低，图像就越模糊，处理速度就会相应变快。

4.2 调整图像显示

Photoshop为用户提供了多种屏幕显示模式，其中包括标准屏幕模式、带有菜单栏的全屏模式、全屏模式。

用户在处理图像时，可以根据具体情况转换图像的显示模式。用户还可以根据工具箱上的“更改屏幕模式”工具进行调整。

实战097 放大/缩小显示图像

▶实例位置：无
▶素材位置：光盘\素材\第4章\实战097.jpg
▶视频位置：光盘\视频\第4章\实战097.mp4

• 实例介绍 •

在编辑图像过程中有时需要查看图像精细部分，此时可以灵活运用缩放工具，随时对图像进行放大或缩小。

当选择工具箱中的放大工具时，其工具属性栏的变化如图4-12所示。

图4-12 放大工具选项栏

“缩放工具”工具属性栏的介绍如下。

➤ 放大/缩小：单击放大按钮，即可放大图片；单击缩小按钮，即可缩小图片。

➤ 调整窗口大小以满屏显示：自动调整窗口的大小。

➤ 缩放所有窗口：同时缩放所有打开的文档窗口。

➤ 细微缩放：用户选中该复选框，在画面中单击并向左或向右拖动鼠标，能够快速放大或缩小窗口；取消该复选框时，在画面中拖动鼠标，会出现一个矩形框，放开鼠标后，矩形框中的图像会放大至整个窗口。

➤ 100%：图像以实际的像素显示。

➤ 适合屏幕：在窗口中最大化显示完整的图像。

➤ 填充屏幕：在整个屏幕内最大化显示完整的图像。

• 操作步骤 •

STEP 01 打开一幅素材图像，如图4-13所示。

图4-13 打开素材图像

STEP 02 选取工具箱中的缩放工具，在工具属性栏中单击“放大”按钮，在图像编辑窗口中单击鼠标左键即可放大图像，如图4-14所示。

图4-14 放大图像

知识扩展

除了可以运用上述方法放大显示图像外，还有以下3种方法。

➢ 命令：单击“视图”|“放大”命令。

➢ 快捷键1：按【Ctrl++】组合键，可以逐级放大图像。

➢ 快捷键2：按【Ctrl+空格】组合键，当鼠标指针呈带加号的放大镜形状时，单击鼠标左键，即可放大图像。

STEP 03 选取工具箱中的缩放工具，在工具属性栏中单击“缩小”按钮，将鼠标移至图像编辑窗口中，如图4-15所示。

STEP 04 单击鼠标左键，即可缩小图像，效果如图4-16所示。

图4-15 将鼠标移至图像编辑窗口中

图4-16 缩小图像

专家提醒

每单击一次鼠标左键，图像就会缩小一倍。例如，图像以200%的比例显示在屏幕上，选取缩放工具后，在图像中单击鼠标左键，则图像将缩小至原图像的100%。

实战 098 按适合屏幕显示图像

▶ 实例位置：无
▶ 素材位置：光盘\素材\第4章\实战098.jpg
▶ 视频位置：光盘\视频\第4章\实战098.mp4

• 实例介绍 •

当图像被放大到一定程度，需要恢复全图时，用户可在工具属性栏中单击“适合屏幕”按钮，即可按适合屏幕大小显示图像。

• 操作步骤 •

STEP 01 打开一幅素材图像，如图4-17所示。

STEP 02 在工具栏中选择缩放工具，在工具属性栏中，单击“适合屏幕”按钮，即可以调整至适合屏幕的大小显示，效果如图4-18所示。

图4-17 打开素材图像

图4-18 “适合屏幕”的显示效果

专家提醒

除了上述方法可以将图像以最合适的比例完全显示，适合屏幕外，还有以下2种方法。

- 工具：双击工具箱中的抓手工具。
- 快捷菜单：当鼠标呈放大镜形状时，单击鼠标右键，在弹出的快捷菜单中，选择“按屏幕大小缩放”选项。

实战099 按区域放大显示图像

- 实例位置：无
- 素材位置：光盘\素材\第4章\实战099.jpg
- 视频位置：光盘\视频\第4章\实战099.mp4

• 实例介绍 •

在Photoshop中，如果用户只需要查看某个区域，就可以运用缩放工具局部放大区域图像，或者运用导航器面板进行查看。

• 操作步骤 •

下面详细介绍了放大显示图像的操作方法。

STEP 01 打开一幅素材图像，如图4-19所示。

图4-19 打开素材图像

STEP 02 选取缩放工具，将鼠标指针定位到需要放大的图像区域，单击鼠标左键的同时并拖曳，如图4-20所示。

图4-20 创建矩形框

STEP 03 然后释放鼠标，即可放大显示所需要的区域，如图4-21所示。

图4-21 按区域放大显示图像

STEP 04 单击“窗口”|“导航器”命令，如图4-22所示。

图4-22 单击“导航器”命令

STEP 05 执行上述操作后，弹出导航器面板，如图4-23所示。

图4-23 弹出导航器面板

STEP 06 将鼠标移至红色方框内的同时拖曳鼠标，即可查看局部放大图片，如图4-24所示。

图4-24 查看局部放大图片

知识扩展

“导航器”对话框各个功能的介绍如下。

- 代理预览区域：将光标移到此处，单击鼠标左键可以移动画面。
- 缩放文本框：用于显示窗口的显示比例，用户可以根据需要设置缩放比例。
- “缩小”按钮：单击“缩小”按钮，可以缩小窗口的显示比例。
- 缩放滑块：拖动该滑块可以放大和缩小窗口。
- “放大”按钮：单击“放大”按钮，可以放大窗口的显示比例。

专家提醒

除了上述方法可以移动“导航器”中图像显示区域外，还有以下5种方法。

- 方法1：按键盘中的【Home】键可将“导航器”面板中的显示框移动到左上角。
- 方法2：按【End】键可将显示框移动到右下角。
- 方法3：按【Page up】或【Page down】键可将显示框向上或向下滚动。
- 方法4：按【Ctrl+Page up】或【Ctrl+Page down】组合键可将显示框向左或向右滚动。
- 方法5：按【Page up】键、【Page down】键、【Ctrl+Page up】组合键或【Ctrl+Page down】组合键的同时按【Shift】键可将显示框分别向上、向下、向左或向右滚动10像素。

实战 100 切换图像显示模式

- 实例位置：无
- 素材位置：光盘\素材\第4章\实战100.jpg
- 视频位置：光盘\视频\第4章\实战100.mp4

• 实例介绍 •

Photoshop提供了3种不同的屏幕显示模式，每一种模式都有不同的优点，用户可以根据不同的情况来进行选择，下面详细介绍了切换图像显示模式的操作方法。

• 操作步骤 •

STEP 01 打开一幅素材图像，如图4-25所示。

图4-25 打开素材图像

STEP 02 在工具箱上的“屏幕模式”按钮上单击鼠标右键，在弹出的快捷菜单中，选择“带有菜单栏的全屏模式”选项，如图4-26所示。

图4-26 选择相应选项

STEP 03 执行操作后，屏幕即可呈现带有菜单栏的全屏模式，如图4-27所示。

图4-27 带有菜单栏的全屏模式

STEP 04 在“屏幕模式”快捷菜单中，选择“全屏模式”选项，屏幕即可切换成全屏模式显示，如图4-28所示。

图4-28 全屏模式

专家提醒

除了运用上述方法切换图像显示以外，还有以下2种方法。

➢ 快捷键：按【F】键，可以在上述3种显示模式之间进行切换。

➢ 命令：单击“视图”|“屏幕模式”命令，在弹出的子菜单中可以选择需要的显示模式。

实战 101 移动图像编辑窗口显示区域

▶ **实例位置：** 无
▶ **素材位置：** 光盘\素材\第4章\实战101.jpg
▶ **视频位置：** 光盘\视频\第4章\实战101.mp4

• 实例介绍 •

当所打开的图像因放大超出当前显示窗口的范围时，图像编辑窗口的右侧和下方将分别显示垂直和水平的滚动条。

• 操作步骤 •

STEP 01 打开一幅素材图像，如图4-29所示。

STEP 02 选取工具箱中的缩放工具，将素材图像放大，此时图像编辑窗口中的图像显示如图4-30所示。

图4-29 打开素材图像

图4-30 放大图像

STEP 03 选取工具箱中的抓手工具，如图4-31所示。

STEP 04 移动鼠标指针至素材图像处，当鼠标指针呈抓手形状时，单击鼠标左键并拖曳，即可移动图像编辑窗口的显示区域，如图4-32所示。

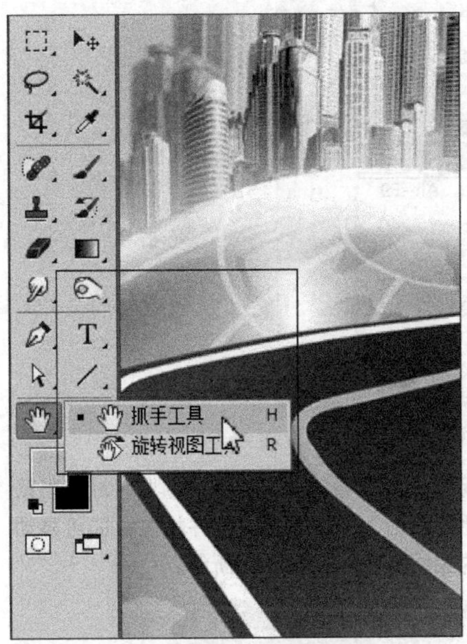

图4-31 选取“抓手”工具

图4-32 移动图片编辑窗口的显示区域

技巧点拨

当用户正在使用其他工具时，按住键盘中的【空格】键，可以切换到抓手工具的使用状态。

实战 102 导航器移动图像显示区域

▶实例位置：无
▶素材位置：光盘\素材\第4章\实战102.jpg
▶视频位置：光盘\视频\第4章\实战102.mp4

• 实例介绍 •

“导航器”面板中包含图像的缩览图，如果文件尺寸较大，画面中不能显示完整图像，可以通过该面板定位图像的显示区域。

• 操作步骤 •

STEP 01 打开一幅素材图像，如图4-33所示。

图4-33 打开素材图像

STEP 02 选取工具箱中的缩放工具，如图4-34所示。

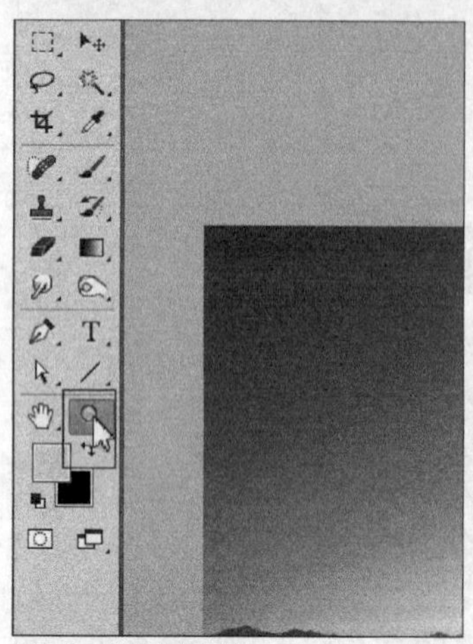

图4-34 选取缩放工具

STEP 03 移动鼠标至图像编辑窗口中，单击鼠标左键放大显示图像，如图4-35所示。

图4-35 放大显示图像

STEP 04 在菜单栏中单击“窗口”|“导航器”命令，如图4-36所示。

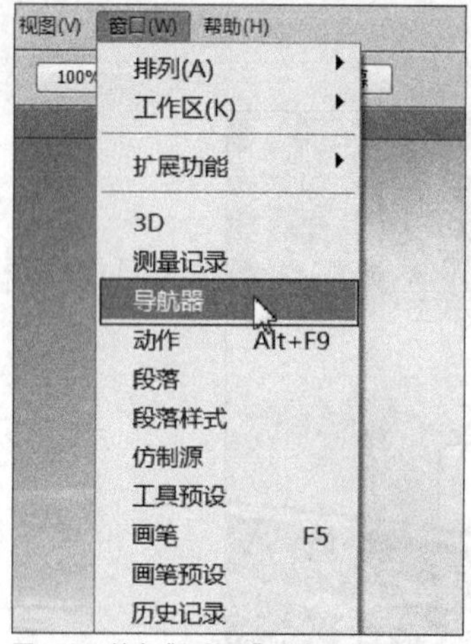

图4-36 单击“导航器”命令

STEP 05 执行上述操作后，即可展开“导航器”面板，如图4-37所示。

图4-37 导航器面板

STEP 06 将鼠标移动至“导航器”面板的预览区域，当鼠标指针呈抓手形状时，单击鼠标左键并拖曳，即可移动图像编辑窗口的显示区域，如图4-38所示。

图4-38 移动图像编辑窗口的显示区域

知识扩展

“导航器”面板中各选项的含义如下。

- 代理预览区域：将光标移到此处，单击鼠标左键可以移动画面。
- 缩放文本框：用于显示窗口的显示比例，用户可以根据需要设置缩放比例。
- “缩小”按钮：单击“缩小”按钮，可以缩小窗口的显示比例，如图4-39所示。
- “放大”按钮：单击“放大”按钮，可以放大窗口的显示比例，如图4-40所示。

图4-39 单击“缩小”按钮

图4-40 单击“放大”按钮

- 缩放滑块：拖动该滑块可以放大和缩小窗口，如图4-41所示。

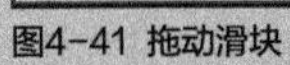

图4-41 拖动滑块

4.3 管理图像

在Photoshop中，用户经常会对某些图像进行裁剪操作，此时可以使用工具箱中的裁剪工具，或利用菜单栏的“裁剪”命令来实现，还可以利用“裁切”命令来修剪图像。

实战103 运用裁剪工具裁剪图像

- **实例位置**：光盘\实例\第4章\实战103.jpg
- **素材位置**：光盘\素材\第4章\实战103.jpg
- **视频位置**：光盘\视频\第4章\实战103.mp4

• 实例介绍 •

在Photoshop中，裁剪工具可以对图像进行裁剪，重新定义画布的大小。下面详细介绍运用裁剪工具裁剪图像的操作方法。

• 操作步骤 •

STEP 01 打开一幅素材图像，如图4-42所示。

图4-42 打开素材图像

STEP 02 选取工具箱中的裁剪工具，如图4-43所示。

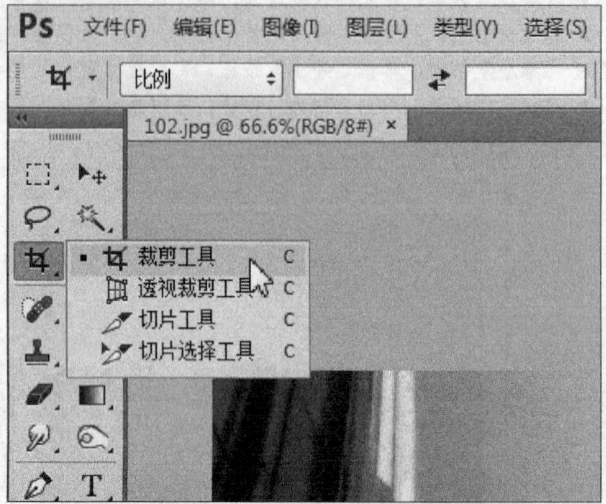

图4-43 选取裁剪工具

STEP 03 选取裁剪工具后，在图像边缘会显示一个变换控制框，如图4-44所示。

图4-44 显示变换虚框

STEP 04 当鼠标呈↘时拖曳并控制裁剪区域大小，如图4-45所示。

图4-45 控制裁剪区域大小

STEP 05 然后将鼠标移至变换框内，单击鼠标左键的同时并拖曳，调整控制框的大小和位置，如图4-46所示。

图4-46 开始裁剪区域图像

STEP 06 按【Enter】键确认，即可完成图像的裁剪，如图4-47所示。

图4-47 完成图像裁剪

专家提醒

在变换控制框中，可以对裁剪区域进行适当调整，将鼠标指针移动至控制框四周的8个控制点上，当指针呈双向箭头↔形状时，单击鼠标左键的同时并拖曳，即可放大或缩小裁剪区域；将鼠标指针移动至控制框外，当指针呈⤴形状时，可对其裁剪区域进行旋转。

实战 104 运用“裁切”命令裁剪图像

▶实例位置：光盘\实例\第4章\实战104.jpg
▶素材位置：光盘\素材\第4章\实战104.Psd
▶视频位置：光盘\视频\第4章\实战104.mp4

• 实例介绍 •

在Photoshop中，“裁切”命令与“裁剪”命令在裁剪图像时不同的是，“裁切”命令不像“裁剪”命令那样要先创建选区，而是以对话框的形式来呈现的。下面详细介绍裁切命令的操作方法。

• 操作步骤 •

STEP 01 打开一幅素材图像，如图4-48所示。

图4-48 打开素材图像

STEP 02 单击“图像”|“裁切”命令，如图4-49所示。

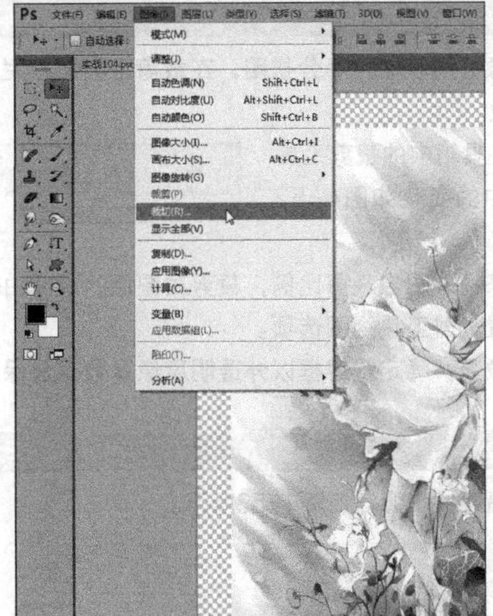

图4-49 单击“裁切”命令

STEP 03 弹出“裁切”对话框，在“基于”选项区中选中“透明像素”单选按钮，在“裁切”选项区中分别选中所有的复选框，如图4-50所示。

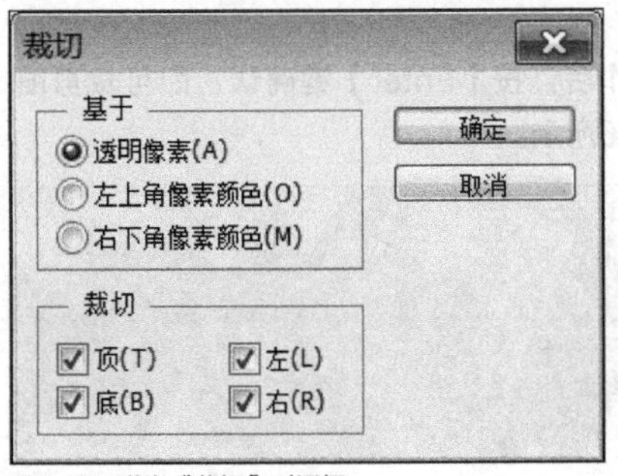

图4-50 弹出“裁切”对话框

STEP 04 单击“确定”按钮,即可裁切图像，如图4-51所示。

图4-51 裁切图像

知识扩展

"裁切"对话框中各选项含义如下。

➢ 透明像素：用于删除图像边缘的透明区域，留下包含非透明像素的最小图像。
➢ 左上角像素颜色：删除图像左上角像素颜色的区域。
➢ 右下角像素颜色：删除图像右上角像素颜色的区域。
➢ 裁切：设置要修正的图像区域。

专家提醒

"裁切"命令与"剪切"命令的含义分别如下。

➢ "裁切"命令：该命令主要用来匹配图像画布的尺寸与图像中对象的最大尺寸。
➢ "剪切"命令：该命令主要用来修剪图像画布的尺寸，其依据是选择区的尺寸。

实战 105 精确裁剪图像

▶实例位置：光盘\实例\第4章\实战105.jpg
▶素材位置：光盘\素材\第4章\实战105.jpg
▶视频位置：光盘\视频\第4章\实战105.mp4

• 实例介绍 •

精确裁剪图像可用于制作等分拼图，在裁剪工具属性栏上设置固定的"宽度""高度""分辨率"的参数，即可裁剪同样大小的图像。

当用户选取工具箱中的裁剪工具时，工具属性栏中的变化如图4-52所示。

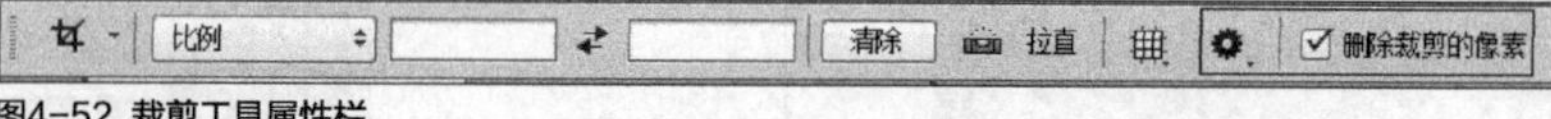

图4-52 裁剪工具属性栏

➤ 比例：用来输入图像裁剪比例，裁剪后图像的尺寸由输入的数值决定，与裁剪区域的大小没有关系。
➤ 视图：设置裁剪工具视图选项。
➤ 删除裁切像素：确定裁剪框以外透明度像素数据是保留还是删除。

• 操作步骤 •

STEP 01 打开一幅素材图像，如图4-53所示。

图4-53 打开素材图像

STEP 02 选取工具箱中的"裁剪工具"，如图4-54所示。

图4-54 选取裁剪工具

STEP 03 在工具属性栏上设置剪裁比例为16×5，如图4-55所示。

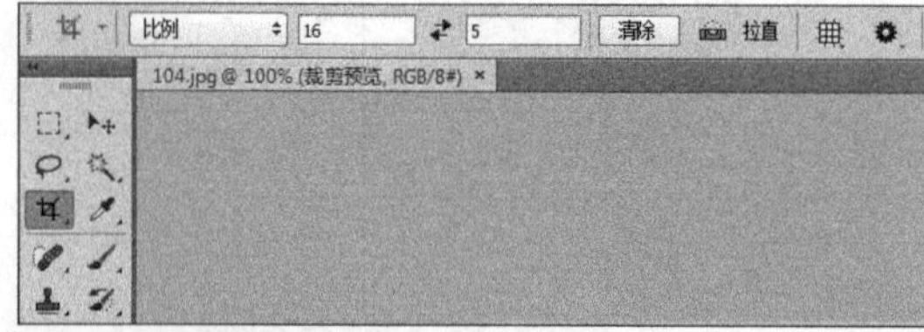

图4-55 设置剪裁比例

STEP 04 执行操作后，按【Enter】键确认，即可裁剪图像，效果如图4-56所示。

图4-56 裁剪图像

4.4 管理图像素材

当图像被扫描到电脑中以后，有时会发现图像出现了颠倒或倾斜现象，此时需要对图像进行变换或旋转操作。

实战106 移动图像素材

▶实例位置：光盘\实例\第4章\实战106.jpg
▶素材位置：光盘\素材\第4章\实战106.jpg
▶视频位置：光盘\视频\第4章\实战106.mp4

• 实例介绍 •

移动工具是Photoshop中最常用的工具之一，无论是在文档中移动图层或选区内的图像，还是将其他文档中的图像拖入当前文档，都需要使用移动工具。

• 操作步骤 •

STEP 01 打开一幅素材图像，如图4-57所示。

STEP 02 在工具栏中选取“移动工具”，移动鼠标至图像素材上方，单击并拖动鼠标至合适位置即可，如图4-58所示。

图4-57 打开素材图像

图4-58 单击“缩放”命令

知识扩展

除了可以运用上述方法移动图像外，还有以下4种方法可以移动图像。

➤ 鼠标1：如果当前没有选择移动工具，可按住【Ctrl】键，当图像编辑窗口中的鼠标指针呈形状时，单击鼠标左键并拖曳，即可移动图像。

➤ 鼠标2：按住【Alt】键的同时，在图像上单击鼠标左键并拖曳，即可移动图像。

➤ 鼠标3：按住【Shift】键的同时，单击鼠标左键并拖曳，可以将图像垂直或水平移动。

➤ 方向键：按↑、↓、←、→方向键，可以使图像分别向上、下、左、右移动一个像素。

实战107 删除图像素材

▶实例位置：光盘\实例\第4章\实战107.jpg
▶素材位置：光盘\素材\第4章\实战107.jpg
▶视频位置：光盘\视频\第4章\实战107.mp4

• 实例介绍 •

在Photoshop中进行图像编辑时，会创建不同内容的图层，将多余的图层删除，可以节省磁盘空间，加快软件的运行速度。

• 操作步骤 •

STEP 01 打开一幅素材图像，如图4-59所示。

STEP 02 在图层面板中单击“删除图层”按钮，在弹出的对话框中单击“是”按钮，即可删除图像素材，如图4-60所示。

图4-59 打开素材图像

图4-60 删除图像

知识扩展

用户可以选中相应图层，单击并拖曳鼠标至“删除图层”按钮上，松开鼠标即可删除图像素材，也可以直接点击【Delete】键删除。

实战108 旋转/缩放图像

▶实例位置：光盘\实例\第4章\实战108.jpg
▶素材位置：光盘\素材\第4章\实战108.jpg
▶视频位置：光盘\视频\第4章\实战108.mp4

• 实例介绍 •

在Photoshop中，用户在缩放或旋转图像后，能使平面图像显示视角变得独特，同时也可以将倾斜的图像纠正。

• 操作步骤 •

STEP 01 打开一幅素材图像，如图4-61所示。

图4-61 打开素材图像

STEP 02 按【Ctrl+A】组合键全选图像，单击“编辑”|“变换”|“缩放”命令，如图4-62所示。

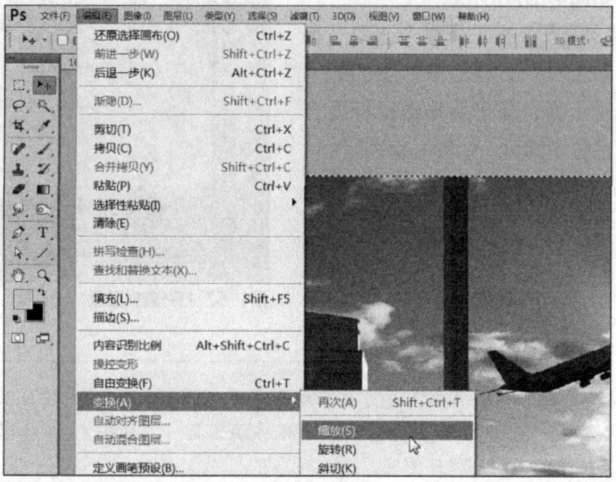

图4-62 单击“缩放”命令

STEP 03 调出变换控制框，将鼠标移至变换控制框右上方的控制柄上，当鼠标指针呈双向箭头↗时，单击鼠标左键的同时并向左下方拖曳，缩放至合适位置后释放鼠标左键，如图4-63所示。

图4-63 拖曳鼠标

STEP 04 在变换控制框中单击鼠标右键，在弹出的快捷菜单中选择“旋转”选项，如图4-64所示。

图4-64 选择“旋转”选项

专家提醒

在Photoshop中对图像进行缩放操作时，按住【Shift】键的同时单击鼠标左键并拖曳可以等比例缩放图像，除使用命令外，按【Ctrl+T】组合键，也可调出变换控制框。

STEP 05 将鼠标移至变换控制框右上方的控制柄处，单击鼠标左键的同时并逆时针旋转至合适位置，释放鼠标，如图4-65所示。

STEP 06 执行操作后在图像内双击鼠标左键，即可完成图像的旋转并取消选区，如图4-66所示。

图4-65 旋转至合适位置

图4-66 完成图像的旋转

实战109 水平翻转图像

▶实例位置：光盘\实例\第4章\实战109.jpg
▶素材位置：光盘\素材\第4章\实战109.jpg
▶视频位置：光盘\视频\第4章\实战109.mp4

• 实例介绍 •

在Photoshop中，当用户打开的图像出现了水平方向的颠倒、倾斜时，就可以对图像进行水平翻转操作。

• 操作步骤 •

STEP 01 打开一幅素材图像，如图4-67所示。

STEP 02 单击“编辑”|“变换”|“水平翻转”命令，即可水平翻转图像，如图4-68所示。

图4-67 打开素材图像

图4-68 水平翻转图像

专家提醒

“水平翻转画布”命令和“水平翻转”命令的区别如下。

➢ 水平翻转画布：执行操作后，可将整个画布，即画布中的全部图层，水平翻转。

➢ 水平翻转：执行操作后，可将画布中的某个图像，即选中的画布中的某个图层，水平翻转。

实战110 垂直翻转图像

▶实例位置：光盘\实例\第4章\实战110jpg
▶素材位置：光盘\素材\第4章\实战110.jpg
▶视频位置：光盘\视频\第4章\实战110.mp4

• 实例介绍 •

在Photoshop中，如果用户打开的图像出现了垂直方向的颠倒、倾斜时，就需要对图像进行垂直翻转操作。

• 操作步骤 •

STEP 01 打开一幅素材图像，如图4-69所示。

STEP 02 在“图层”面板中选择“图层1”图层，如图4-70所示。

图4-69 打开素材图像

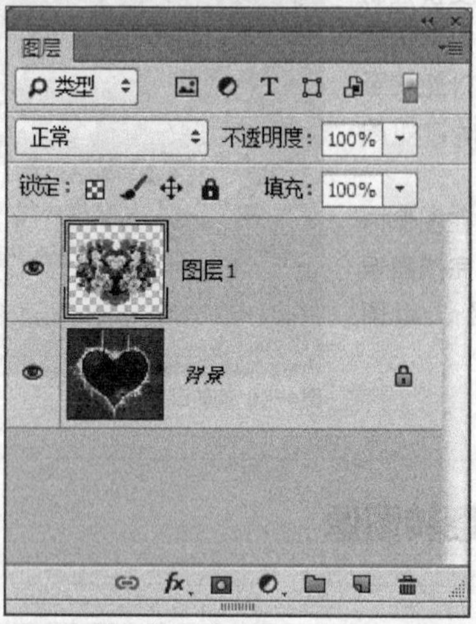

图4-70 选择“图层1”图层

STEP 03 单击“编辑”|“变换”|“垂直翻转”命令，如图4-71所示。

STEP 04 执行上述操作后，得到最终效果如图4-72所示。

图4-71 单击“垂直翻转”命令

图4-72 最终效果图

专家提醒

在变换图像时，单击“编辑”|“变换”|“水平翻转”命令或“垂直翻转”命令，可分别以经过图像中心的垂直线为轴水平翻转或以经过图像中心的水平线为轴垂直翻转图像。

实战111 斜切图像

▶实例位置：光盘\实例\第4章\实战111.jpg
▶素材位置：光盘\素材\第4章\实战111.jpg
▶视频位置：光盘\视频\第4章\实战111.mp4

• 实例介绍 •

在Photoshop中，用户可以运用“自由变换”命令斜切图像，制作出逼真的倒影效果，下面详细介绍了斜切图像的操作方法。

• 操作步骤 •

STEP 01 打开一幅素材图像，如图4-73所示。

STEP 02 展开“图层”面板，选择“图层2”图层，如图4-74所示。

图4-73 打开素材图像

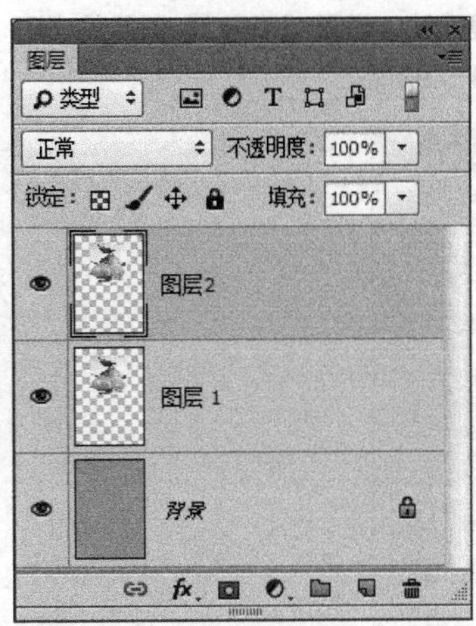

图4-74 选择“图层2”图层

STEP 03 单击“编辑”|“变换”|“垂直翻转”命令，如图4-75所示。

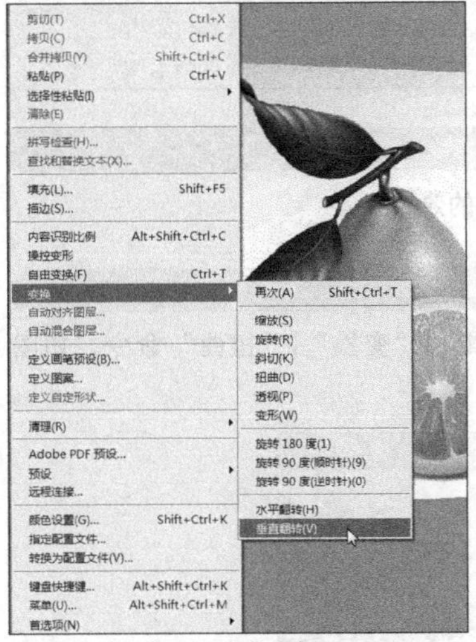

图4-75 单击“垂直翻转”命令

STEP 04 选取移动工具，移动图像至合适位置，如图4-76所示。

图4-76 移动图像至合适位置

STEP 05 单击“编辑”|“变换”|“斜切”命令，如图4-77所示，即可调出变换控制框。

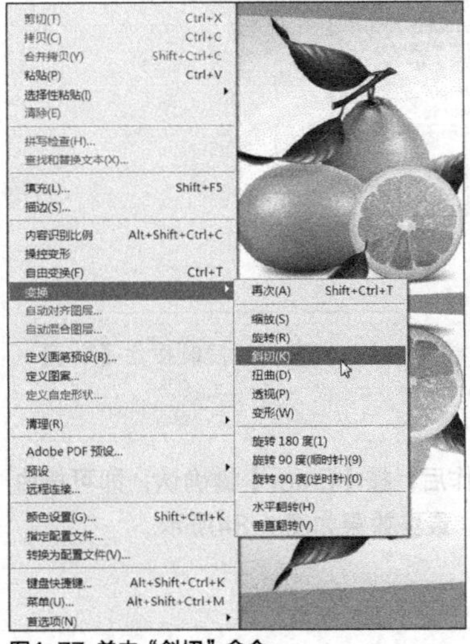

图4-77 单击“斜切”命令

STEP 06 将鼠标指针移至变换控制框右侧上方的控制柄上，当指针呈白色三角形状时，单击鼠标左键并向上拖曳，如图4-78所示。

图4-78 拖曳鼠标

STEP 07 按【Enter】键确认，设置“图层2”图层的“不透明度”为20%，如图4-79所示。

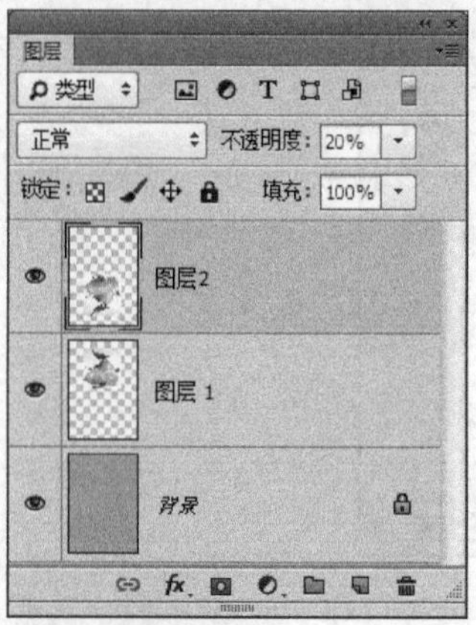

图4-79 设置不透明度

STEP 08 执行上述操作后，最终效果如图4-80所示。

图4-80 最终效果

实战 112 扭曲图像

▶实例位置：光盘\实例\第4章\实战112.jpg
▶素材位置：光盘\素材\第4章\实战112.jpg
▶视频位置：光盘\视频\第4章\实战112.mp4

• 实例介绍 •

在Photoshop中，用户可以根据需要对某些图像进行扭曲操作，以达到所需要的效果。

• 操作步骤 •

STEP 01 打开一幅素材图像，如图4-81所示。

图4-81 打开素材图像

STEP 02 单击“编辑”|“变换”|“扭曲”命令，如图4-82所示。

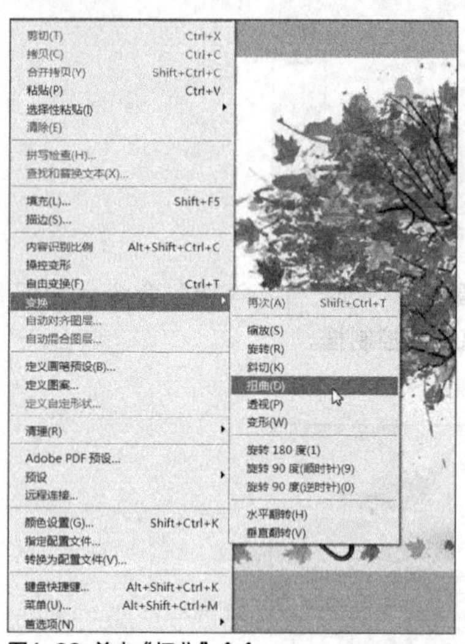

图4-82 单击“扭曲”命令

专家提醒

与斜切不同的是，执行扭曲操作时，控制点可以随意拖动，不受调整边框方向的限制，若在拖曳鼠标的同时按住【Alt】键，则可以制作出对称扭曲效果，而斜切则会受到调整边框的限制。

STEP 03 执行上述操作后，调出变换控制框，将鼠标移至变换控制框的控制柄上，当鼠标指针呈白色三角▷形状时，单击鼠标左键的同时并拖曳至合适位置，然后释放鼠标，如图4-83所示。

STEP 04 执行上述操作后，按【Enter】键确认，即可扭曲图像并调至合适位置，最终效果如图4-84所示。

图4-83 拖曳鼠标

图4-84 最终效果

实战 113 透视图像

▶实例位置：光盘\实例\第4章\实战113.jpg
▶素材位置：光盘\素材\第4章\实战113.jpg
▶视频位置：光盘\视频\第4章\实战113.mp4

• 实例介绍 •

在Photoshop中进行图像处理时，如果需要将平面图变换为透视效果，就可以运用透视功能进行调节。单击“透视”命令，即会显示变换控制框，此时单击鼠标左键并拖动可以进行透视变换。

• 操作步骤 •

STEP 01 打开一幅素材图像，如图4-85所示。

图4-85 打开素材图像

STEP 02 单击“编辑”|“变换”|“透视”命令，如图4-86所示。

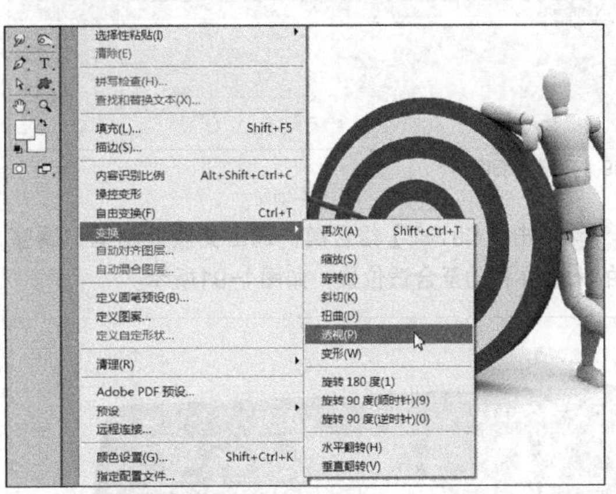

图4-86 单击“透视”命令

STEP 03 执行上述操作后，调出变换控制框，将鼠标移至变换控制框右下方的控制柄上，当鼠标指针呈白色三角▷形状时，单击鼠标左键并拖曳至合适位置，如图4-87所示。

STEP 04 按【Enter】键确认，即可透视图像，效果如图4-88所示。

图4-87 拖曳鼠标

图4-88 最终效果

变形图像

▶实例位置：光盘\实例\第4章\实战114-1.jpg、实战114-2.jpg
▶素材位置：光盘\素材\第4章\实战114.jpg
▶视频位置：光盘\视频\第4章\实战114.mp4

• 实例介绍 •

用户在执行“变形”命令时，图像上会出现变形网格和锚点，拖曳这些锚点或调整锚点的方向线可以对图像进行更加自由和灵活的变形处理。

• 操作步骤 •

STEP 01 按【Ctrl+O】组合键，打开两幅素材图像，如图4-89所示。

图4-89 打开素材图像

STEP 02 选取工具箱中的移动工具，将“实战114-1”素材图像移动至“实战113-2”图像编辑窗口中，如图4-90所示。

图4-90 移动素材图像

STEP 03 单击【Ctrl+T】组合键，调出变换控制框，调整图像的大小并移动至合适位置，如图4-91所示。

图4-91 调整大小和位置

STEP 04 在变换控制框中单击鼠标右键，弹出快捷菜单，选择“变形”选项，如图4-92所示。

图4-92 选择“变形”选项

STEP 05 显示变形网格，调整4个角的控制柄，如图4-93所示。

图4-93 调整控制柄

STEP 06 拖曳其他控制柄，调整至合适位置，按【Enter】键确认，即可变形图像，如图4-94所示。

图4-94 最终效果

专家提醒

除了上述方法可以执行变形操作外，还可以按【Ctrl+T】组合键，调出变化控制框，然后单击鼠标右键，在弹出的快捷菜单中选择“变形”选项，执行变形操作。

实战115 重复上次变换

▶实例位置：光盘\实例\第4章\实战115.jpg
▶素材位置：光盘\素材\第4章\实战115.jpg
▶视频位置：光盘\视频\第4章\实战115.mp4

• 实例介绍 •

用户在对图像进行变换操作后，通过“再次”命令，可以重复上次变换操作。另外，按【Alt+Ctrl+Shift+T】组合键，不仅可以变换图像，还可复制出新的图像内容。

• 操作步骤 •

STEP 01 打开一幅素材图像，如图4-95所示。

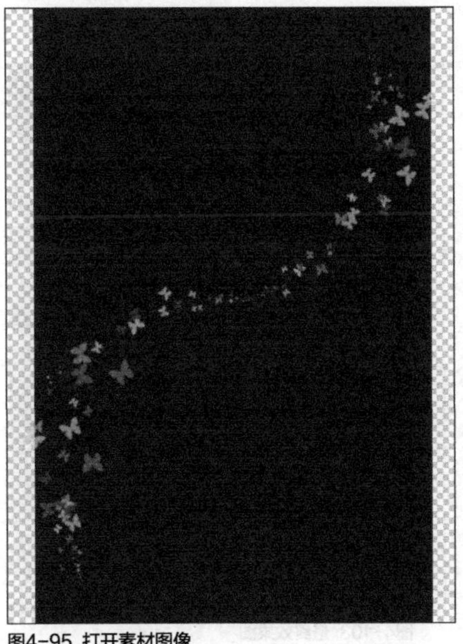

图4-95 打开素材图像

STEP 02 选择“图层1”图层，单击“图层”|“复制图层”命令，如图4-96所示。

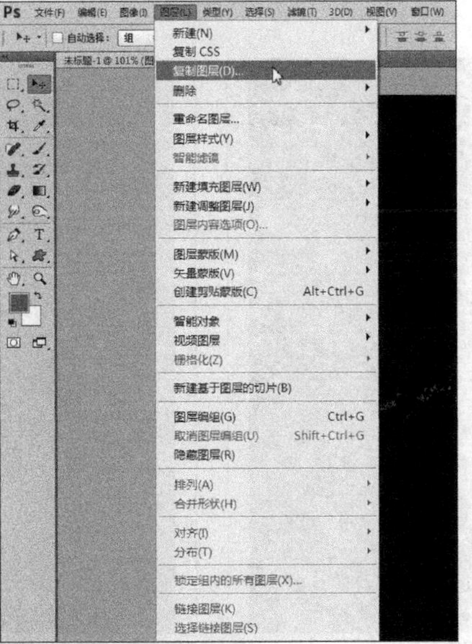

图4-96 单击“复制图层”命令

STEP 03 执行上述操作后，弹出“复制图层”对话框，如图4-97所示，保持默认设置，单击“确定”按钮。

STEP 04 然后单击“编辑”|“自由变换”命令，如图4-98所示。

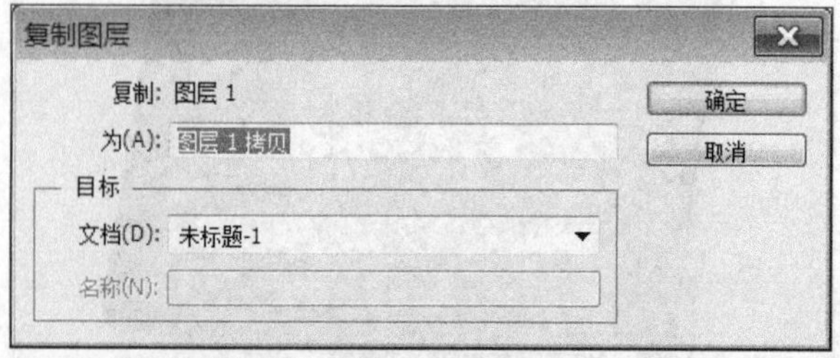

图4-97 弹出“复制图层”对话框

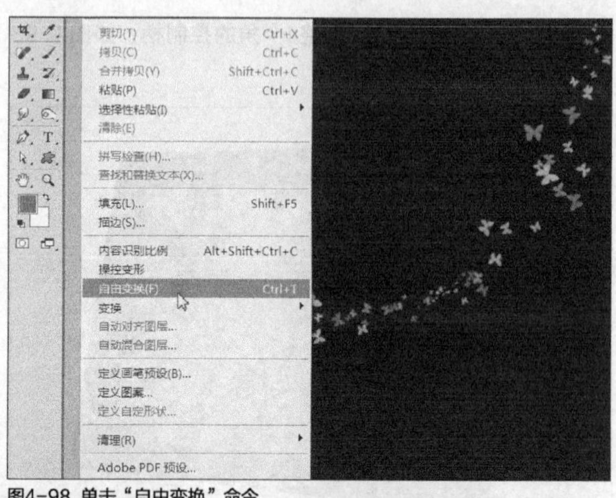

图4-98 单击“自由变换”命令

STEP 05 调出变换控制框，将鼠标移至框外侧，旋转并缩小素材图像，拖曳至合适位置，如图4-99所示。

STEP 06 执行上述操作后，按【Enter】键确认，即可旋转图像，效果如图4-100所示。

专家提醒

除了上述方法外，还可以按【Ctrl+T】组合键调出自由变换框，单击鼠标右键，在弹出的快捷菜单中可以进行相应的旋转、扭曲、透视、变形等操作。

“再次”命令的快捷键为【Ctrl+Shift+T】组合键，重复上次变换操作的快捷键为【Alt+Ctrl+Shift+T】组合键。

图4-99 拖曳至合适位置

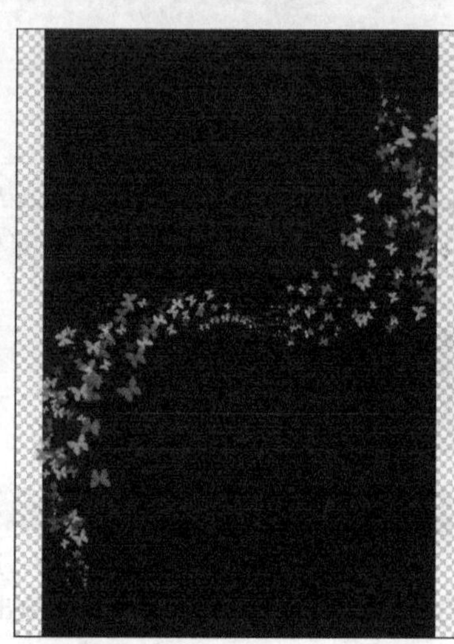

图4-100 旋转图像

STEP 07 按【Alt+Ctrl+Shift+T】组合键，再次旋转图像，重复操作20次后，变换图像，如图4-101所示。

STEP 08 单击“图像”|“显示全部”命令，效果如图4-102所示。

STEP 09 在图层面板中，选择“背景”图层，设置“前景色”为黑色，并按【Alt+Delete】组合键填充，如图4-103所示。

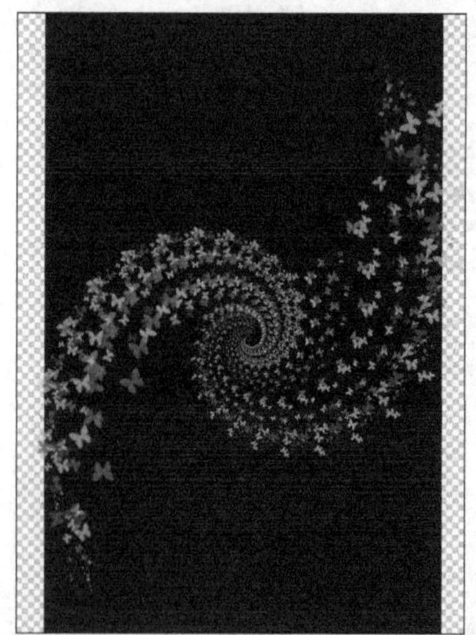

图4-101 再次旋转图像

图4-102 再次变换图像

图4-103 最终效果图

实战 116 操控变形图像

▶实例位置：光盘\实例\第4章\实战116.jpg
▶素材位置：光盘\素材\第4章\实战116.jpg
▶视频位置：光盘\视频\第4章\实战116.mp4

• 实例介绍 •

在Photoshop中，操控变形功能比变形网格更强大，也更吸引人。使用该功能时，用户可以在图像的关键点上放置图钉，然后通过拖曳图钉位置来对图像进行变形操作。灵活地运用“操控变形”命令可以设计出更有创意的图像，下面详细介绍操控变形的操作方法。

• 操作步骤 •

STEP 01 打开一幅素材图像，如图4-104所示。

图4-104 打开素材图像

STEP 02 展开“图层”面板，复制“图层1”图层，得到“图层1拷贝”图层，隐藏“图层1”图层，如图4-105所示。

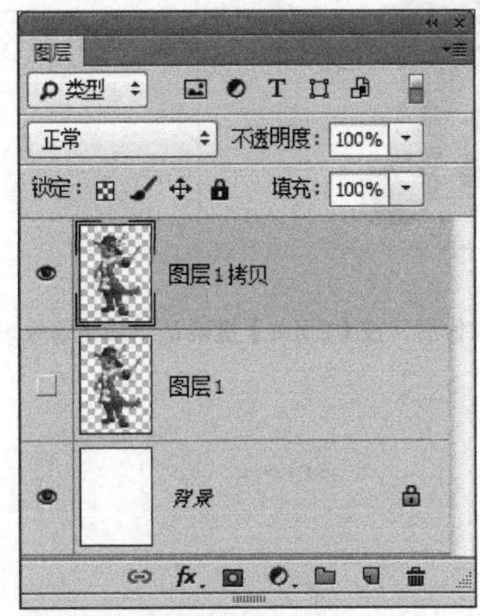

图4-105 隐藏“图层1”图层

STEP 03 单击“编辑”|“操控变形”命令，即可显示变形网格，如图4-106所示。

图4-106 显示变形网格

STEP 04 在刀尖处的网格点上单击鼠标左键，添加图钉，如图4-107所示。

图4-107 添加图钉

STEP 05 取消选中工具属性栏上的“显示网格”复选框 ☐显示网格，隐藏网格，并在关节处添加其他图钉，如图4-108所示。

图4-108 添加图钉

STEP 06 拖动刀尖上的的图钉，变形图像，效果如图4-109所示。

图4-109 变形图像

STEP 07 执行上述操作后，按【Enter】键确认，最终效果如图4-110所示。

图4-110 最终效果

专家提醒

选择操控变形网格中的任意一个图钉，然后按【Delete】键可将其删除；按住【Alt】键的同时选择图钉也可以将其删除。

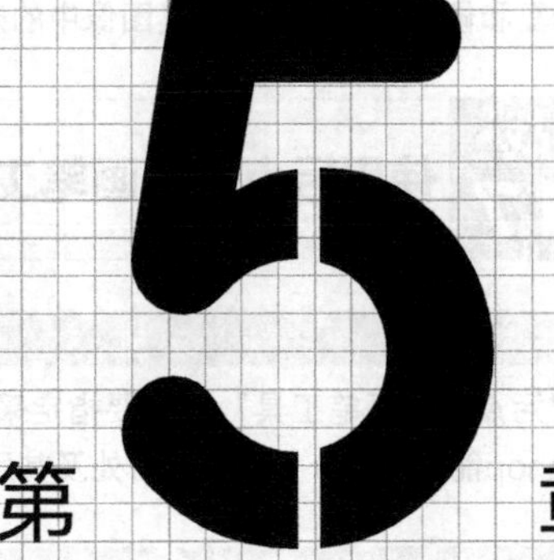

第5章 修复问题图像

本章导读

本章主要介绍问题图像的修复，同时也包括修复图像工具的简介、修复效果以及具体操作过程的介绍。

要点索引

- 修复图像工具组
- 清除图像工具组
- 调色图像工具组
- 复制图像工具组
- 修饰图像工具组
- 恢复图像工具组

5.1 修复图像工具组

修复和修补工具组包括“修复画笔工具”“修补工具”“污点修复画笔工具”“红眼工具”和“颜色替换工具”等，修复和修补工具常用于修复图像中的杂色或污斑。

实战117 使用污点修复画笔工具

▶实例位置：光盘\实例\第5章\实战117.jpg
▶素材位置：光盘\素材\第5章\实战117.jpg
▶视频位置：光盘\视频\第5章\实战117.mp4

• 实例介绍 •

“污点修复画笔工具”不需要指定采样点，只需要在图像中有杂色或污渍的地方单击鼠标左键，即可修复图像。Photoshop能够自动分析鼠标单击处及其周围图像的不透明度、颜色与质感，进行采样与修复操作。

• 操作步骤 •

STEP 01 单击“文件”|“打开”命令，打开一幅素材图像，如图5-1所示。

图5-1 打开素材图像

STEP 02 选取工具箱中的“污点修复画笔工具”，如图5-2所示。

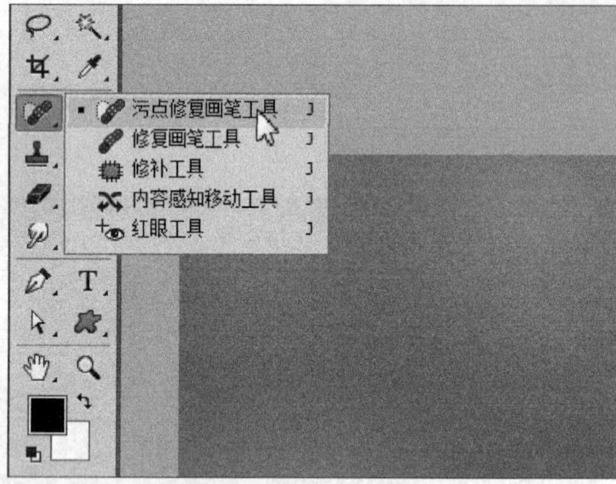

图5-2 选取“污点修复画笔工具”

STEP 03 移动鼠标至图像中合适的图形处，单击鼠标左键并拖曳进行涂抹，鼠标涂抹过的区域呈黑色，如图5-3所示。

图5-3 涂抹图像

STEP 04 释放鼠标左键，即可使用污点修复画笔工具修复图像，其图像效果如图5-4所示。

图5-4 使用污点修复画笔工具修复

知识扩展

选取“污点修复画笔工具”，“污点修复画笔工具”工具属性栏（如图5-5所示）中各主要选项含义如下。

19　模式: 正常　类型: ○ 近似匹配　○ 创建纹理　⊙ 内容识别　□ 对所有图层取样

图5-5 “污点修复画笔工具”属性栏

➢ 模式：在该列表框中可以设置修复图像与目标图像之间的混合方式。

➢ 近似匹配：选中该单选按钮修复图像时，将根据当前图像周围的像素来修复瑕疵。

➢ 创建纹理：选中该单选按钮后，在修复图像时，将根据当前图像周围的纹理自动创建一个相似的纹理，从而在修复瑕疵的同时保证不改变原图像的纹理。

➢ 内容识别：选中该单选按钮修复图像时，将根据图像内容识别像素并自动填充。

➢ 对所有图层取样：选中该复选框，可以从所有的可见图层中提取数据。

实战 118 使用修复画笔工具修复图像

▶实例位置：光盘\实例\第5章\实战118.jpg
▶素材位置：光盘\素材\第5章\实战118.jpg
▶视频位置：光盘\视频\第5章\实战118.mp4

• 实例介绍 •

“修复画笔工具”在修饰小部分图像时会经常用到。在使用“修复画笔工具”时，应先取样，然后将选取的图像填充到要修复的目标区域，使修复的区域和周围的图像相融合，还可以将所选择的图案应用到要修复的图像区域中。

选取“修复画笔工具”，其选项栏如图5-6所示。

图5-6 “修复画笔工具”属性栏

➤ 模式：在列表框中可以设置修复图像的混合模式。

➤ 源：设置用于修复像素的源。选中“取样”单选按钮，可以从图像的像素上取样；选中“图案”单选按钮，则可以在图案列表框中选择一个图案作为取样，效果类似于使用图案图章绘制图案。

➤ 对齐：选中该复选框，可以对像素进行连续取样，在修复过程中，取样点随修复位置的移动而变化；取消选中该复选框，则在修复过程中始终以一个取样点为起始点。

➤ 样本：用来设置从指定的图层中进行数据取样；如果要从当前图层及其下方的可见图层中取样，可以选择“当前和下方图层”选项；如果仅从当前图层中取样，可以选择“当前图层”选项；如果要从所有可见图层中取样，可选择“所有图层”选项。

• 操作步骤 •

STEP 01 单击“文件”|“打开”命令，打开一幅素材图像，如图5-7所示。

STEP 02 选取工具箱中的“修复画笔工具”，如图5-8所示。

专家提醒

在使用污点修复画笔工具时，不需要定义原点，只需要确定需要修复的图像位置，调整好画笔大小，移动鼠标就会在确定需要修复的位置自动匹配，在实际应用时比较实用。

图5-7 打开素材图像

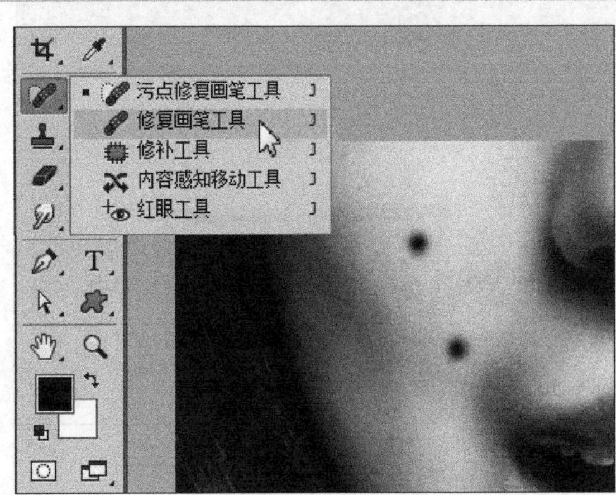

图5-8 选取“修复画笔工具”

STEP 03 将鼠标指针移至图像窗口中人脸处，按住【Alt】键的同时单击鼠标左键进行取样，释放鼠标左键，将鼠标指针移至人脸瑕疵处，按住鼠标左键并拖曳至合适位置后释放鼠标，即可修复图像，如图5-9所示。

图5-9 修复图像效果

实战119 使用修补工具修补图像

▶实例位置：光盘\实例\第5章\实战119.jpg
▶素材位置：光盘\素材\第5章\实战119.jpg
▶视频位置：光盘\视频\第5章\实战119.mp4

• 实例介绍 •

通过"修补工具"可以用其他区域或图案中的像素来修复选区内的图像。与修复画笔工具一样，修补工具会将样本像素的纹理、光照和阴影与源像素进行匹配。

选取"修补工具"，其选项栏如图5-10所示。

图5-10 "修补工具"属性栏

➤ 运算按钮：是针对应用创建选区的工具进行的操作，可以对选区进行添加等操作。

➤ 修补：用来设置修补方式。选中"源"单选按钮，当将选区拖曳至要修补的区域以后，释放鼠标左键就会用当前选区中的图像修补原来选中的内容；选中"目标"单选按钮，则会将选中的图像复制到目标区域。

➤ 透明：该复选框用于设置所修复图像的透明度。

➤ 使用图案：选中该复选框后，可以应用图案对所选区域进行修复。

• 操作步骤 •

STEP 01 单击"文件"|"打开"命令，打开一幅素材图像，如图5-11所示。

图5-11 打开素材图像

STEP 02 选取工具箱中的"修补工具"，如图5-12所示。

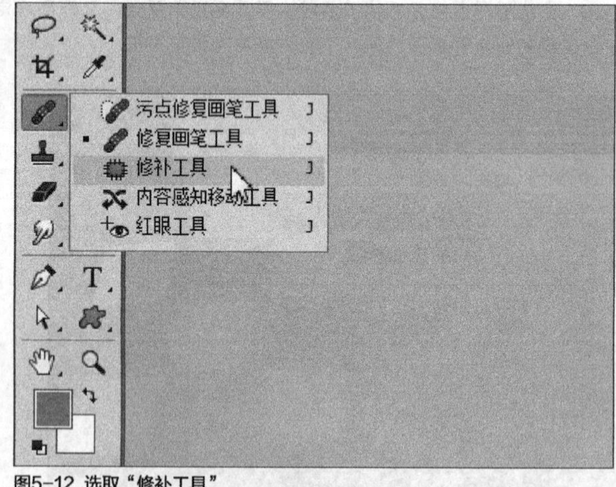

图5-12 选取"修补工具"

STEP 03 移动鼠标至图像编辑窗口中，在需要修补的位置单击鼠标左键并拖曳，创建一个选区，如图5-13所示。

图5-13 创建选区

STEP 04 单击鼠标左键并拖曳选区至图像颜色相近的位置，如图5-14所示。

图5-14 单击鼠标左键并拖曳

STEP 05 释放鼠标左键，即可完成修补操作，单击“选择”|“取消选择”命令，取消选区，效果如图5-15所示。

图5-15 修补图像效果

专家提醒

使用修补工具可以用其他区域或图案中的像素来修复选中的区域，与修复画笔工具相同，修补工具会将样本像素的纹理、光照和阴影与源像素进行匹配，还可以使用修补工具来仿制图像的隔离区域。

实战 120 使用内容感知移动工具

- 实例位置：光盘\实例\第5章\实战120.jpg
- 素材位置：光盘\素材\第5章\实战120.jpg
- 视频位置：光盘\视频\第5章\实战120.mp4

• 实例介绍 •

在Photoshop中，用户可以使用内容感知移动工具对图像进行编辑，移动或复制图像中的某素材。

• 操作步骤 •

STEP 01 单击“文件”|“打开”命令，打开一幅素材图像，如图5-16所示。

STEP 02 选取工具箱中的“内容感知移动工具”，如图5-17所示。

图5-16 打开素材图像

图5-17 选取“内容感知移动工具”

STEP 03 移动鼠标至图像编辑窗口中，在合适位置单击并拖动鼠标，建立选区，如图5-18所示。

STEP 04 在选区上单击并移动至合适位置，松开鼠标即可，单击【Ctrl+D】组合键，取消选区，效果如图5-19所示。

图5-18 建立选区

图5-19 取消选区

知识扩展

选择“内容感知移动工具”并建立选区后，在工具属性栏中，默认模式为“移动”，制作效果如上，单击下拉按钮，在弹出的下拉菜单栏中选择“扩展”选项，移动选区，效果如图5-20所示。“扩展”功能是对选区内图像的完美复制。

图5-20 “扩展”效果

实战121 使用红眼工具去除红眼

▶实例位置：光盘\实例\第5章\实战121.jpg
▶素材位置：光盘\素材\第5章\实战121.jpg
▶视频位置：光盘\视频\第5章\实战121.mp4

•实例介绍•

“红眼工具”是一个专门用于修饰数码照片的工具，在Photoshop中常用于去除人物照片中的红眼。

选取“红眼工具”，其选项栏如图5-21所示。

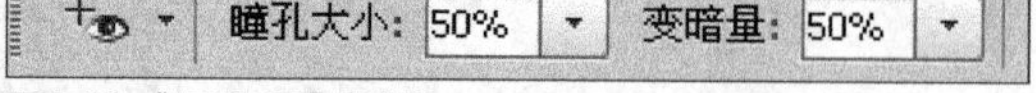

瞳孔大小：50% 变暗量：50%

图5-21 “红眼工具”属性栏

- 瞳孔大小：可以设置瞳孔（眼睛暗色的中心）的大小。
- 变暗量：用来设置瞳孔的暗度。

•操作步骤•

STEP 01 单击“文件”|“打开”命令，打开一幅素材图像，如图5-22所示。

STEP 02 选取工具箱中的“红眼工具”，如图5-23所示。

图5-22 打开素材图像

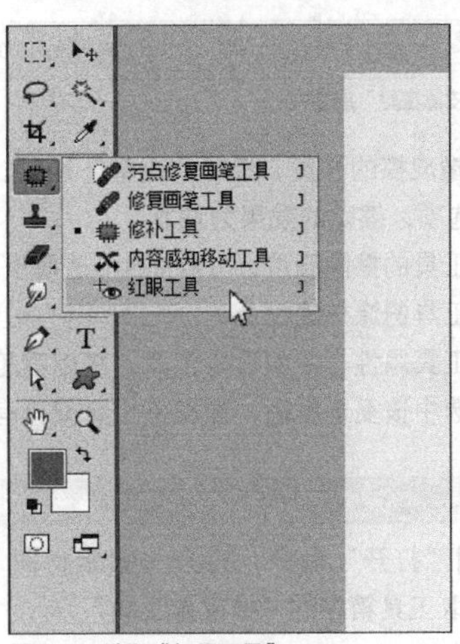

图5-23 选取“红眼工具”

STEP 03 移动鼠标至图像编辑窗口中，在人物的眼睛上单击鼠标左键，即可去除红眼，如图5-24所示。

STEP 04 用上述同样的方法，在眼睛部位单击鼠标左键，修正另一只眼睛，效果如图5-25所示。

图5-24 去除红眼

图5-25 去除另一只红眼

专家提醒

红眼工具可以说是专门为去除照片中的红眼而设立的，但需要注意的是，这并不代表该工具仅能对照片中的红眼进行处理，对于其他较为细小的东西，用户同样可以使用该工具来修改色彩。

5.2 清除图像工具组

清除图像的工具有3种，分别是橡皮擦工具、背景橡皮擦工具、魔术橡皮擦工具。橡皮擦工具和魔术橡皮擦工具可以将图像区域擦除为透明或用背景色填充；背景色橡皮擦工具可以将图层擦除为透明的图层。

实战 122 使用橡皮擦工具擦除图像

▶ **实例位置**：光盘\实例\第5章\实战122.jpg
▶ **素材位置**：光盘\素材\第5章\实战122.jpg
▶ **视频位置**：光盘\视频\第5章\实战122.mp4

• 实例介绍 •

“橡皮擦工具” 可以擦除图像。如果处理的是“背景”图层或锁定了透明区域的图层，涂抹区域会显示为背景色；处理其他图层时，可以擦除涂抹区域的像素。

选取“橡皮擦工具”后，其选项栏如图5-26所示。

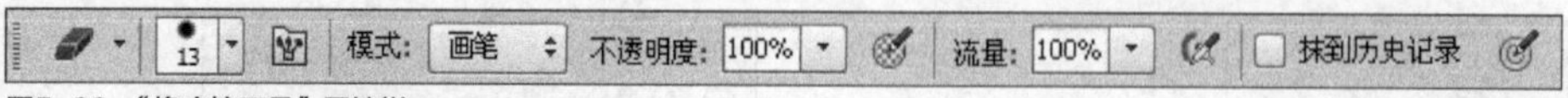

图5-26 “橡皮擦工具”属性栏

➤ 模式：可以选择橡皮擦的种类。选择“画笔”选项，可以创建柔边擦除效果；选择“铅笔”选项，可以创建硬边擦除效果；选择“块”选项，擦除的效果为块状。

➤ 不透明度：设置工具的擦除强度，100%的不透明度可以完全擦除像素，较低的不透明度将部分擦除像素。

➤ 流量：用来控制工具的涂抹速度。

➤ 喷枪工具：选取工具属性栏中的喷枪工具，将以喷枪工具的作图模式进行擦除。

➤ 抹到历史记录：选中该复选框后，橡皮擦工具就具有了历史记录画笔的功能。

• 操作步骤 •

STEP 01 单击“文件”|“打开”命令，打开一幅素材图像，如图5-27所示，选取工具箱中的“橡皮擦工具”。

图5-27 打开素材图像

STEP 02 单击背景色色块，弹出“拾色器（背景色）”对话框，设置颜色为蓝色（RGB参数值分别为165、225、235），如图5-28所示。

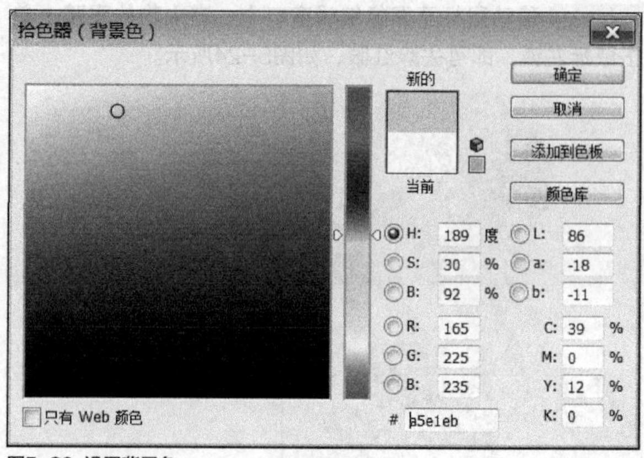

图5-28 设置背景色

STEP 03 单击“确定”按钮，设置背景色，选取“橡皮擦工具”，将鼠标移动至图像编辑窗口中，单击鼠标左键，将背景区域擦除，被擦除的区域以蓝色填充，效果如图5-29所示。

图5-29 擦除图像效果

实战123 使用背景橡皮擦工具擦除背景

▶ 实例位置：光盘\实例\第5章\实战123.jpg
▶ 素材位置：光盘\素材\第5章\实战123.jpg
▶ 视频位置：光盘\视频\第5章\实战123.mp4

• 实例介绍 •

“背景橡皮擦工具”主要用于擦除图像的背景区域，被擦除的图像以透明效果进行显示，其擦除功能非常灵活。选取“背景橡皮擦工具”后，其选项栏如图5-30所示。

图5-30 “背景橡皮擦工具”属性栏

➤ 取样：用来设置取样方式。

➤ 限制：定义擦除时的限制模式。选择“不连续”选项，可以擦除出现在光标下任何位置的样本颜色；选择“连续”选项，只擦除包含样本颜色并且互相连接的区域；选择“查找边缘”选项，可擦除包含样板颜色的连续区域，同时更好地保留形状边缘的锐化程度。

➤ 容差：用来设置颜色的容差范围。低容差仅限于擦除与样本颜色非常相似的区域，高容差可擦除范围更广的颜色。

➤ 保护前景色：选中该复选框后，可以防止擦除与前景色匹配的区域。

• 操作步骤 •

STEP 01 单击“文件”|“打开”命令，打开一幅素材图像，如图5-31所示。

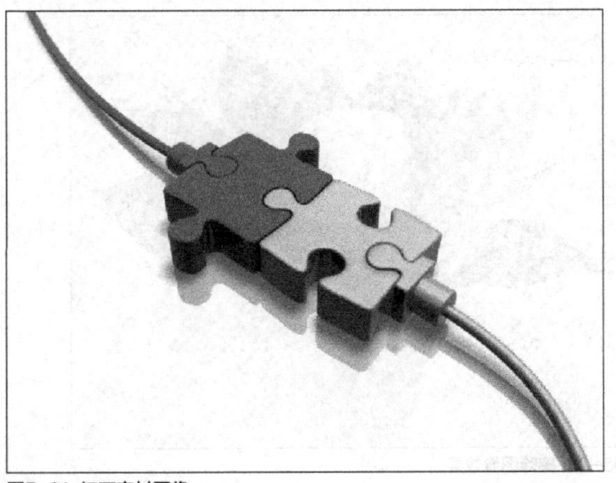

图5-31 打开素材图像

STEP 02 选取工具箱中“背景橡皮擦工具”，如图5-32所示。

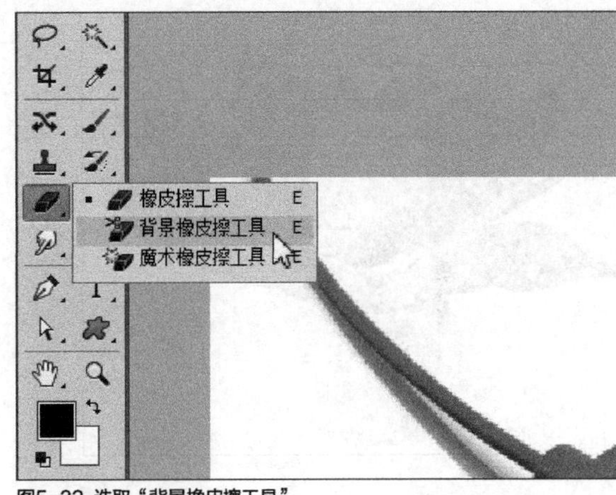

图5-32 选取“背景橡皮擦工具”

STEP 03 在图像编辑窗口中，单击鼠标左键并拖曳，涂抹图像，效果如图5-33所示。

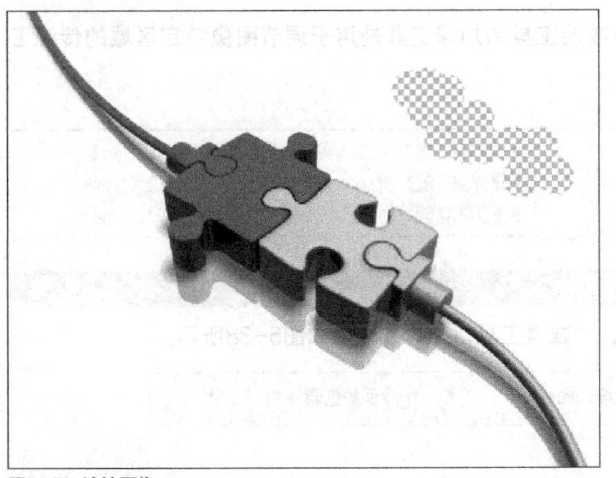

图5-33 涂抹图像

STEP 04 用同样的方法，涂抹图像，即可擦除背景，效果如图5-34所示。

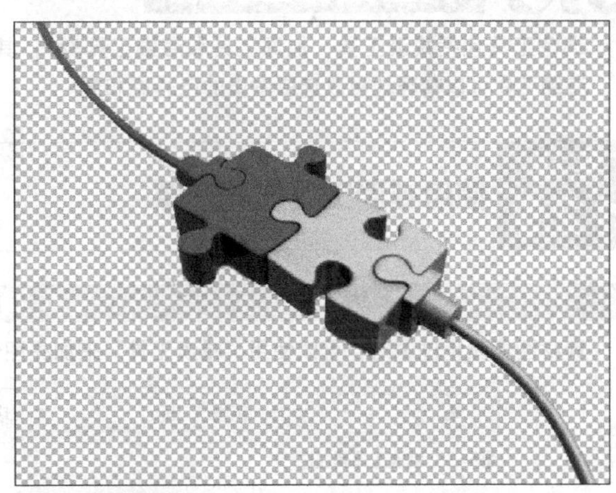

图5-34 擦除背景效果

实战 124 使用魔术橡皮擦工具擦除图像

▶实例位置：光盘\实例\第5章\实战124.jpg
▶素材位置：光盘\素材\第5章\实战124.jpg
▶视频位置：光盘\视频\第5章\实战124.mp4

• 实例介绍 •

使用“魔术橡皮擦工具”，可以自动擦除当前图层中与选区颜色相近的像素。选取“魔术橡皮擦工具”后，其选项栏如图5-35所示。

容差: 32 ☑消除锯齿 ☑连续 ☐对所有图层取样 不透明度: 100%

图5-35 “魔术橡皮擦工具”工具属性栏

➤ “容差”：该文本框中的数值越大代表可擦除范围越广。

➤ “消除锯齿”：选中该复选框可以使擦除后图像的边缘保持平滑。

➤ “连续”：选中该复选框可以一次性擦除“容差”数值范围内的相同或相邻的颜色。

➤ “对所有图层取样”：该复选框与Photoshop中的图层有关，当选中此复选框后，所使用的工具对所有的图层都起作用，而不是只针对当前操作的图层。

➤ “不透明度”：该数值用于指定擦除的强度，数值为100%时则将完全抹除像素。

• 操作步骤 •

STEP 01 单击“文件”|“打开”命令，打开一幅素材图像，如图5-36所示。

STEP 02 选取工具箱中“魔术橡皮擦工具”，在图像编辑窗口中单击鼠标左键，即可擦除图像，如图5-37所示。

图5-36 打开素材图像

图5-37 擦除图像效果

5.3 调色图像工具组

调色工具包括减淡工具、加深工具和海绵工具3种，其中减淡工具和加深工具是用于调节图像特定区域的传统工具，海绵工具可以精确地更改选取图像的色彩饱和度。

实战125 使用减淡工具加亮图像

▶实例位置：光盘\实例\第5章\实战125.jpg

▶素材位置：光盘\素材\第5章\实战125.jpg

▶视频位置：光盘\视频\第5章\实战125.mp4

• 实例介绍 •

素材图像颜色过深时，可以使用“减淡工具”来加亮图像，“减淡工具”工具属性栏如图5-38所示。

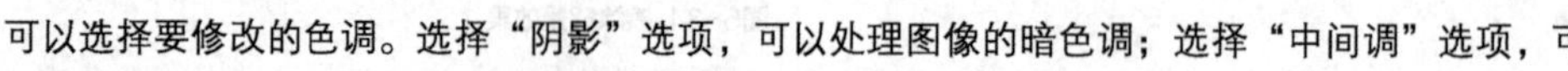

图5-38 减淡工具属性栏

范围：可以选择要修改的色调。选择“阴影”选项，可以处理图像的暗色调；选择“中间调”选项，可以处理图像的中间调；选择“高光”选项，则可以处理图像的亮部色调。

曝光度：可以为减淡工具或加深工具指定曝光。该值越高，效果越明显。

保护色调：如果希望操作后图像的色调不发生变化，选中该复选框即可。

• 操作步骤 •

STEP 01 单击“文件”|“打开”命令，打开一幅素材图像，如图5-39所示。

STEP 02 选取工具箱中“减淡工具”，如图5-40所示。

图5-39 打开素材图像

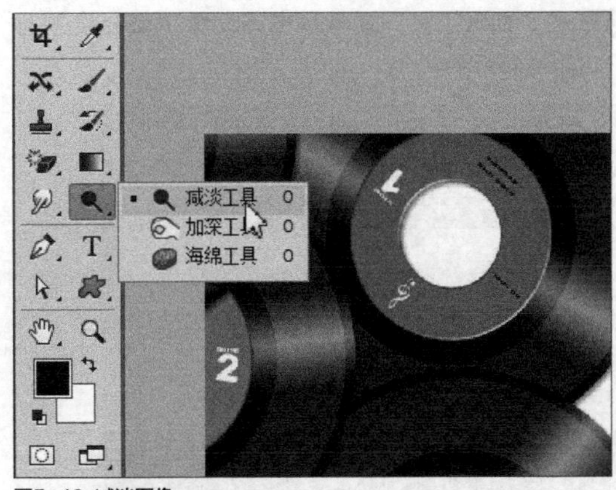

图5-40 减淡图像

STEP 03 在“减淡工具”工具属性栏中，设置“曝光度”为80，如图5-41所示。

图5-41 设置参数值

STEP 04 在图像编辑窗口中涂抹，即可减淡图像，效果如图5-42所示。

图5-42 减淡图像效果

实战126 使用加深工具调暗图像

▶实例位置：光盘\实例\第5章\实战126.jpg
▶素材位置：光盘\素材\第5章\实战126.jpg
▶视频位置：光盘\视频\第5章\实战126.mp4

• 实例介绍 •

“加深工具”与“减淡工具”恰恰相反，可使图像中被操作的区域变暗，其工具属性栏及操作方法与减淡工具相同。

• 操作步骤 •

STEP 01 单击“文件”|“打开”命令，打开一幅素材图像，如图5-43所示。

图5-43 打开素材图像

STEP 02 选取工具箱中的“加深工具”，如图5-44所示。

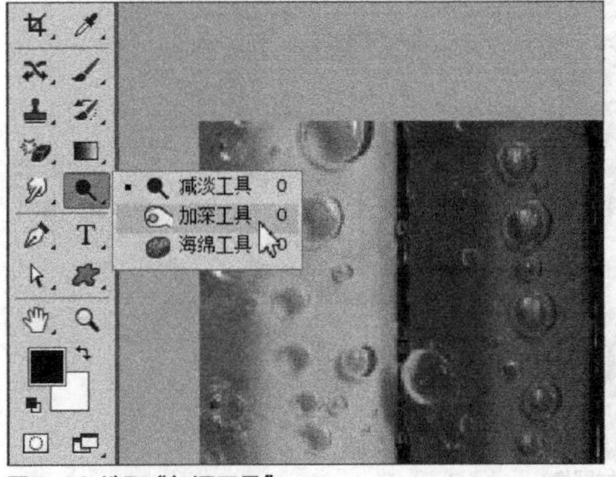

图5-44 选取“加深工具”

STEP 03 在“加深工具”属性栏中，设置“曝光度”为100，如图5-45所示。

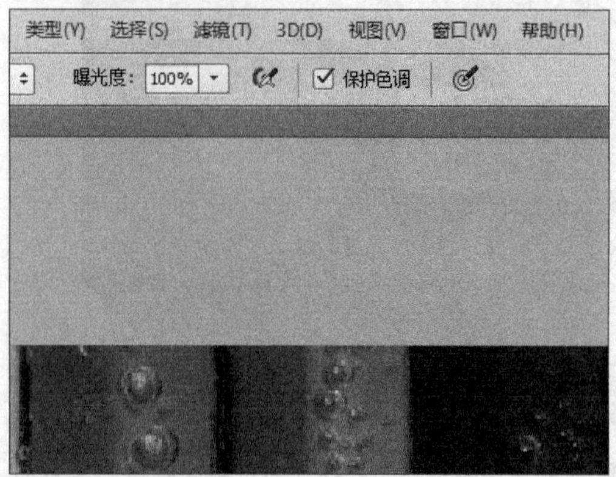

图5-45 设置参数值

STEP 04 在图像编辑窗口中涂抹，即可调暗图像，效果如图5-46所示。

图5-46 调暗图像效果

知识扩展

“范围”列表框中，各选项含义如下。

- “阴影”：选择该选项表示对图像暗部区域的像素加深或减淡。
- “中间调”：选择该选项表示对图像中间色调区域加深或减淡。
- “高光”：选择该选项表示对图像亮度区域的像素加深或减淡。

实战127 使用海绵工具调整图像

- 实例位置：光盘\实例\第5章\实战127.jpg
- 素材位置：光盘\素材\第5章\实战127.jpg
- 视频位置：光盘\视频\第5章\实战127.mp4

• 实例介绍 •

“海绵工具”为色彩饱和度调整工具，使用海绵工具可以精确地更改选区图像的色彩饱和度。其“模式”有两种：“饱和”与“降低饱和度”。选取“海绵工具”后，其选项栏如图5-47所示。

图5-47 “海绵工具”属性栏

- 模式：用于设置添加颜色或者降低颜色。
- 流量：用于设置海绵工具的作用强度。
- 自然饱和度：选中该复选框后，可以得到最自然的加色或减色效果。

• 操作步骤 •

STEP 01 单击“文件”|“打开”命令，打开一幅素材图像，如图5-48所示。

图5-48 打开素材图像

STEP 02 选取工具箱中的“海绵工具”，如图5-49所示。

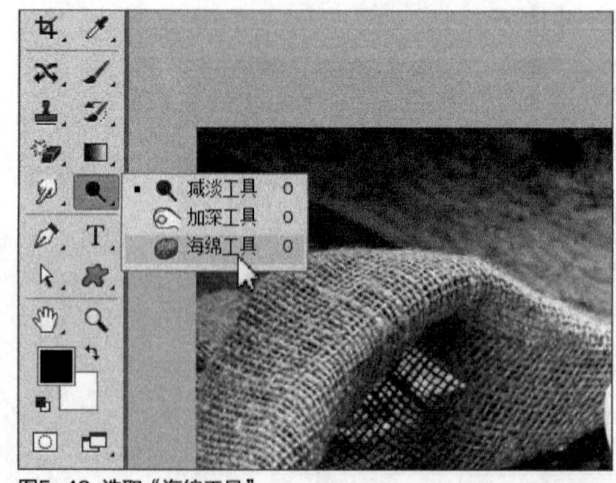

图5-49 选取“海绵工具”

STEP 03 在“海绵工具”属性栏中，设置“模式”为“加色”、“流量”为70%，如图5-50所示。

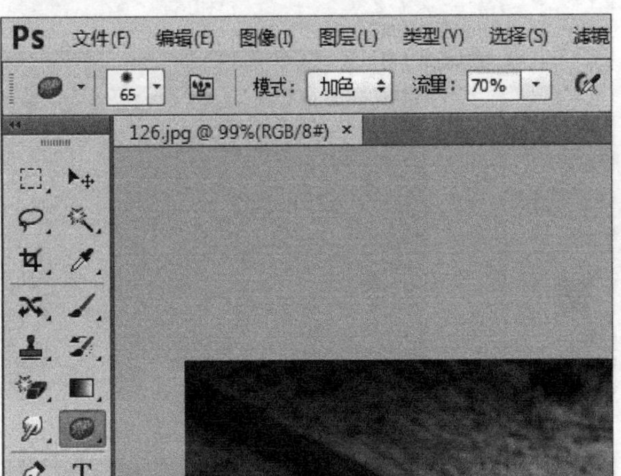

图5-50 设置参数值

STEP 04 在图像编辑窗口中涂抹，即可调整图像，效果如图5-51所示。

图5-51 调整图像效果

5.4 复制图像工具组

复制图像可以使用选区对图像进行复制粘贴，也可以使用仿制图章、仿制图案，以及“仿制源”面板等工具复制图像。

实战128 使用仿制图章工具复制图像

- ▶实例位置：光盘\实例\第5章\实战128.jpg
- ▶素材位置：光盘\素材\第5章\实战128.jpg
- ▶视频位置：光盘\视频\第5章\实战128.mp4

• 实例介绍 •

使用“仿制图章工具”可以将图像中的指定区域按原样复制到同一幅图像或其他图像中。选取“仿制图章工具”后，其选项栏如图5-52所示。

图5-52 “仿制图章工具”属性栏

➤ “切换画笔面板”按钮：单击此按钮，展开“画笔”面板，可对画笔属性进行更具体的设置。

➤ “切换到仿制源面板”按钮：单击此按钮，展开“仿制源”面板，可对仿制的源图像进行更加具体的管理和设置。

➤ “不透明度”选项：用于设置应用仿制图章工具时的不透明度。

➤ “流量”选项：用于设置扩散速度。

➤ “对齐”复选框：选中该复选框，取样的图像源在应用时，若由于某些原因停止，再次仿制图像时，仍可从上次仿制结束的位置开始；若未选中该复选框，则每次仿制图像时，将是从取样点的位置开始应用。

➤ “样本”选项：用于定义取样源的图层范围，主要包括“当前图层”“当前和下方图层”“所有图层”3个选项。

➤ “忽略调整图层”按钮：当设置“样本”为“当前和下方图层”或“所有图层”时，才能激活该按钮，选中该按钮，在定义取样源时可以忽略图层中的调整图层。

• 操作步骤 •

STEP 01 单击“文件”|“打开”命令，打开一幅素材图像，如图5-53所示。

STEP 02 选取工具箱中的“仿制图章工具”，如图5-54所示。

图5-53 打开素材图像

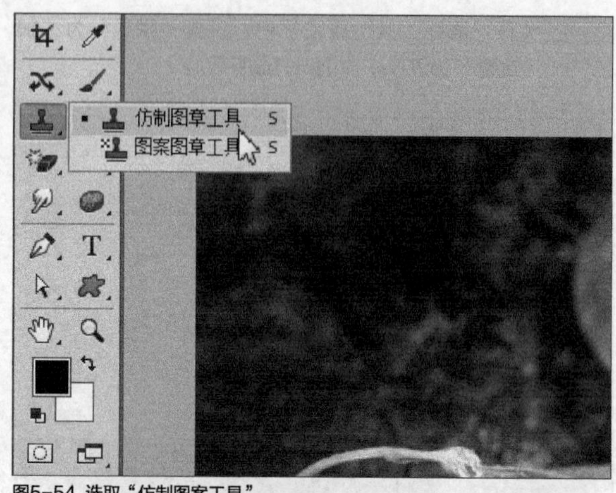

图5-54 选取“仿制图案工具”

STEP 03 将鼠标指针移至图像窗口中的适当位置，按住【Alt】键的同时单击鼠标左键进行取样，释放【Alt】键，将鼠标指针移至图像窗口左侧，单击鼠标左键并拖曳，即可对样本对象进行复制，效果如图5-55所示。

图5-55 复制图像效果

实战129 使用图案图章工具复制图像

▶实例位置：光盘\实例\第5章\实战129.jpg
▶素材位置：光盘\素材\第5章\实战129.jpg
▶视频位置：光盘\视频\第5章\实战129.mp4

• 实例介绍 •

“图案图章工具”可以用定义好的图案来复制图像，它能在目标图像上连续绘制出选定区域的图像。选取“图案图章工具”后，其选项栏如图5-56所示。“图案图章工具”属性栏与“仿制图章”属性栏不同的是，图案图章工具只对当前图层起作用。

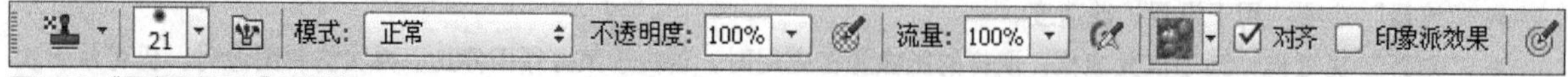

图5-56 “图案图章工具”属性栏

➤ 对齐：选中该复选框后，可以保持图案与原始起点的连续性，即使多次单击鼠标也不例外；取消选中该复选框后，则每次单击鼠标都重新应用图案。

➤ 印象派效果：选中该复选框，则会对绘画选取的图像产生模糊、朦胧化的印象派效果。

• 操作步骤 •

STEP 01 单击“文件”|“打开”命令，打开两幅素材图像，此时图像编辑窗口中的图像显示如图5-57所示。

STEP 02 确认“实战129-2”图像为当前窗口，单击“编辑”|“定义图案”命令，弹出“图案名称”对话框，设置“名称”为“热气球”，如图5-58所示。

图5-57 打开素材图像

图5-58 “图案名称”对话框

STEP 03 单击“确定”按钮，切换“实战129-1”图像为当前窗口，选取“图案图章工具”，在工具属性栏中，设置“模式”为“正常”，设置“图案”为“热气球”，如图5-59所示。

图5-59 设置参数值

STEP 04 执行操作后，在图像编辑窗口中单击鼠标左键并拖曳，即可复制图像。此时，图像编辑窗口中的图像显示效果如图5-60所示。

图5-60 复制图像效果

专家提醒

使用仿制图案图章工具时，先自定义一个图案，用矩形选框工具选定图案中的一个范围之后，点击“编辑”|“定义图案”命令，这时该命令呈灰色，即处于隐藏状态，这种情况下定义图案实现不了。这可能是在操作时设置了“羽化”值，这时选取矩形选框工具后，在工具属性栏中不要设置“羽化”即可。

实战130 运用“仿制源”面板

▶实例位置：光盘\实例\第5章\实战130.jpg
▶素材位置：光盘\素材\第5章\实战130.jpg
▶视频位置：光盘\视频\第5章\实战130.mp4

• 实例介绍 •

在Photoshop中，用户可以在“仿制源”面板中保存样点，并仿制图章工具在图像中绘制的方式，合成图像。

• 操作步骤 •

STEP 01 单击“文件”|“打开”命令，打开两幅素材图像，如图5-61所示。

STEP 02 切换“实战130-2”图像为当前窗口，单击“窗口”|“仿制源”选项，调出“仿制源”面板，单击“仿制源：未使用”按钮，如图5-62所示。

图5-61 打开素材图像

图5-62 单击“仿制源：未使用”按钮

STEP 03 在工具箱中选取“仿制图章工具”，将鼠标移动至素材图像中的合适位置，按住【Alt】键，并单击取样，“仿制源”面板中就保存了样点，如图5-63所示。

图5-63 保存样点

STEP 04 切换“实战130-1”图像为当前窗口，新建图层，使用“仿制图章工具”在窗口中的合适位置单击并拖动鼠标画出图像，效果如图5-64所示。

图5-64 画出图像

STEP 05 选择“橡皮擦工具”，擦除多余的部分，效果如图5-65所示。

图5-65 最终效果

5.5 修饰图像工具组

使用修饰图像工具可以对有污点或瑕疵的图像进行处理，使图像更加自然、真实、美观。修饰图像工具包括模糊工具、锐化工具、涂抹工具、仿制图章工具和图案图章工具。本节主要介绍使用各种修饰图像工具修饰图像的操作方法。

实战 131 使用模糊工具模糊图像

▶实例位置：光盘\实例\第5章\实战131.jpg
▶素材位置：光盘\素材\第5章\实战131.jpg
▶视频位置：光盘\视频\第5章\实战131.mp4

• 实例介绍 •

在Photoshop中，使用“模糊工具”对图像进行适当的修饰，可以使图像主体更加突出、清晰，从而使画面富有层次感。选取“模糊工具”后，其选项栏如图5-66所示。

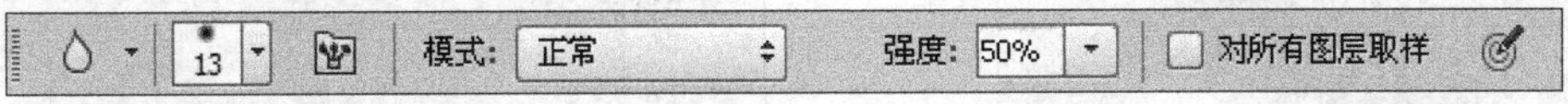

13 模式：正常 强度：50% 对所有图层取样

图5-66 “模糊工具”属性栏

强度：用来设置工具的强度。

对所有图层取样：如果文档中包含多个图层，可以选中该复选框，表示对所有可见图层中的数据进行处理；取消选中该复选框，则只处理当前图层中的数据。

• 操作步骤 •

STEP 01 单击“文件”|“打开”命令，打开一幅素材图像，如图5-67所示。

图5-67 打开素材图像

STEP 02 选取工具箱中的“模糊工具”，如图5-68所示。

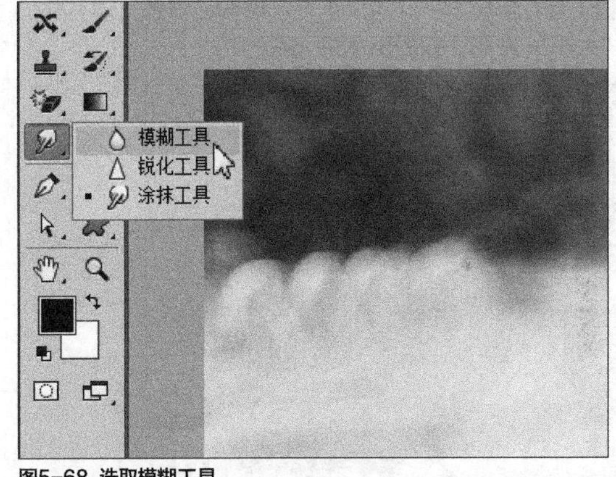

图5-68 选取模糊工具

STEP 03 在“模糊工具”属性栏中，设置“强度”为100、设置“大小”为70，如图5-69所示。

图5-69 设置参数值

STEP 04 将鼠标指针移至素材图像上，单击鼠标左键在图像上进行涂抹，即可模糊图像，效果如图5-70所示。

图5-70 模糊图像效果

实战132 使用锐化工具清晰图像

▶实例位置：光盘\实例\第5章\实战132.jpg
▶素材位置：光盘\素材\第5章\实战132.jpg
▶视频位置：光盘\视频\第5章\实战132.mp4

•实例介绍•

“锐化工具”与“模糊工具”的作用刚好相反，它用于锐化图像的部分像素，使得被编辑的图像更加清晰。

•操作步骤•

STEP 01 单击“文件”|“打开”命令，打开一幅素材图像，如图5-71所示。

图5-71 打开素材图像

STEP 02 选取工具箱中的“锐化工具”，如图5-72所示。

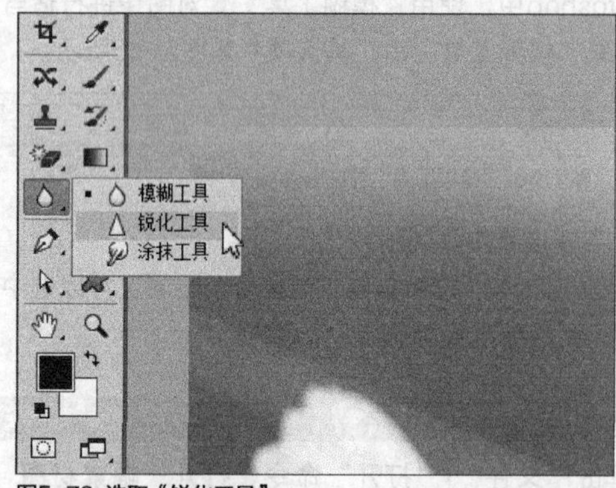

图5-72 选取“锐化工具”

STEP 03 在“锐化工具”属性栏中，设置“强度”为100、设置“大小”为70，如图5-73所示。

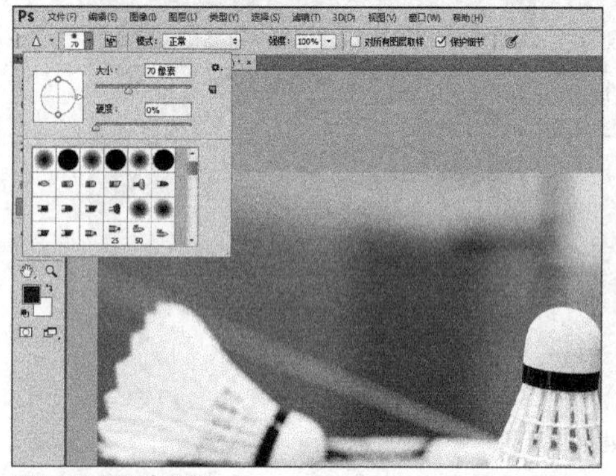

图5-73 设置参数值

STEP 04 将鼠标指针移至素材图像上，单击鼠标左键在图像上进行涂抹，即可锐化图像，效果如图5-74所示。

图5-74 锐化图像效果

专家提醒

锐化工具可增加相邻像素的对比度，将较软的边缘明显化，使图像聚焦。此工具不适合过渡使用，因为它会导致图像严重失真。

实战133 使用涂抹工具混合图像颜色

▶实例位置：光盘\实例\第5章\实战133.jpg
▶素材位置：光盘\素材\第5章\实战133.jpg
▶视频位置：光盘\视频\第5章\实战133.mp4

•实例介绍•

“涂抹工具”可以用来混合颜色。使用涂抹工具，可以从单击处开始，将它与鼠标指针经过处的颜色混合。选取“涂抹工具”后，其选项栏如图5-75所示。

图5-75 “涂抹工具”属性栏

手指绘画：选中该复选框后，可以在涂抹时添加前景色；取消选中该复选框后，则使用每个描边起点处光标所在位置的颜色进行涂抹。

• 操作步骤 •

STEP 01 单击“文件”|“打开”命令，打开一幅素材图像，如图5-76所示。

图5-76 打开素材图像

STEP 02 选取工具箱中的“涂抹工具”，如图5-77所示。

图5-77 选取“涂抹工具”

STEP 03 在“涂抹工具”属性栏中，设置“强度”为50%、设置“大小”为80像素、“硬度”为80，如图5-78所示。

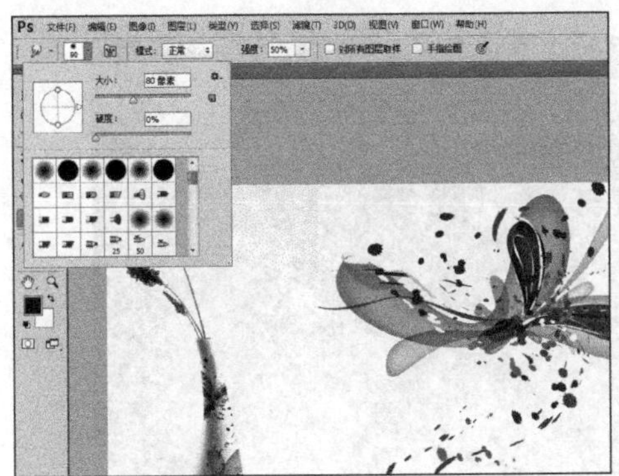

图5-78 设置参数值

STEP 04 将鼠标指针移至素材图像上，单击鼠标左键在图像上进行涂抹，即可混合图像颜色，效果如图5-79所示。

图5-79 混合图像颜色效果

知识扩展

在“涂抹工具”属性栏中，选中“手指绘画”复选框后，可以在涂抹时添加前景色；取消选中该复选框后，则使用每个描边起点处光标所在位置的颜色进行涂抹。

5.6 恢复图像工具组

当操作错误或者不是想要的效果时，可以点击【Ctrl+Z】组合键返回上一步，或者点击【Ctrl+Shift+Z】组合键连续撤销，也可以用以下运用历史记录画笔工具和历史记录艺术画笔工具的方法。

实战 134 运用历史记录画笔工具

▶ **实例位置：** 光盘\效果\第11章\实战134.jpg
▶ **素材位置：** 光盘\素材\第11章\实战134.jpg
▶ **视频位置：** 光盘\视频\第11章\实战134.mp4

• 实例介绍 •

历史记录画笔工具可以将图像恢复到编辑过程中的某一步骤，或者将部分图像恢复为原样，该工具需要配合“历史记录”面板一同使用。

选取“历史记录画笔工具”后，其工具属性栏如图5-80所示。

模式：正常　不透明度：100%　流量：100%

图5-80 “历史记录画笔工具”属性栏

• 操作步骤 •

STEP 01 按【Ctrl+O】组合键，打开一幅素材图像，此时图像编辑窗口中的图像显示如图5-81所示。

图5-81 打开素材图像

STEP 02 在菜单栏中单击“滤镜”|“模糊”|“动感模糊”命令，如图5-82所示。

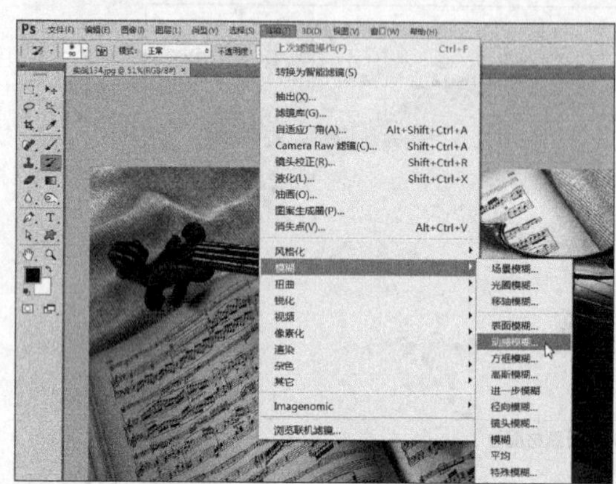

图5-82 单击“动感模糊”命令

STEP 03 弹出“动感模糊”对话框，设置“角度”为-38度、“距离”为30像素，如图5-83所示，单击“确定”按钮。

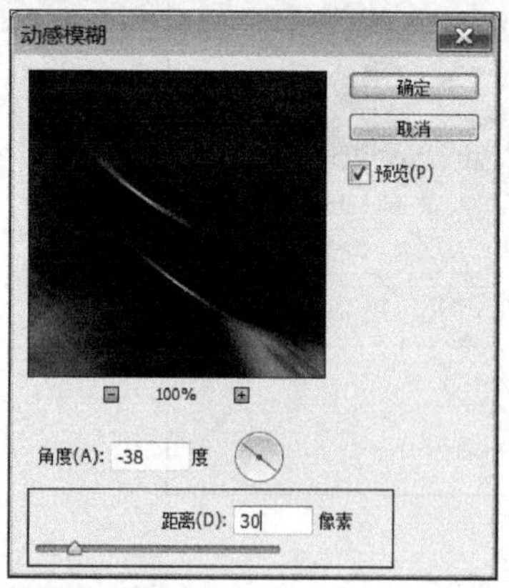

图5-83 设置参数

STEP 04 执行上述操作后，即可动感模糊图像，如图5-84所示。

图5-84 动感模糊图像

STEP 05 选取工具箱中的“历史记录画笔工具”，如图5-85所示。

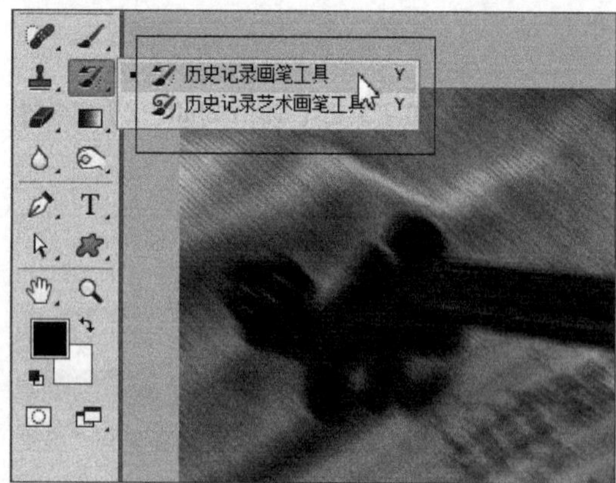

图5-85 选取“历史记录画笔工具”

STEP 06 在工具属性栏中，设置“画笔”为“柔边圆”、“大小”为45像素，如图5-86所示。

图5-86 设置大小

STEP 07 移动鼠标至图像编辑窗口中，按住鼠标左键并拖曳，被涂抹的区域即可恢复图像，如图5-87所示。

图5-87 恢复图像

知识扩展

“历史记录画笔工具”属性栏中，各主要选项含义如下。

- 模式：该列表框中提供了28种模式可供选择，用于设置画笔的模式。
- 不透明度：该文本框用于设置画笔的不透明度。
- 流量：该文本框用于设置画笔在使用时笔触的流量。

实战 135 运用历史记录艺术画笔工具

- 实例位置：光盘\效果\第11章\实战135.jpg
- 素材位置：光盘\素材\第11章\实战135.jpg
- 视频位置：光盘\视频\第11章\实战135.mp4

• 实例介绍 •

历史记录艺术画笔工具与历史记录画笔的工作方式完全相同，它们的不同点在于，使用历史记录画笔工具可以将局部图像恢复到指定的某一步操作，而使用历史记录艺术画笔工具可以将局部图像按照指定的历史状态换成手绘图像的效果，它在恢复图像的同时会进行艺术化处理，创建出独具特色的艺术效果。

• 操作步骤 •

STEP 01 按【Ctrl+O】组合键，打开一幅素材图像，此时图像编辑窗口中的图像显示如图5-88所示。

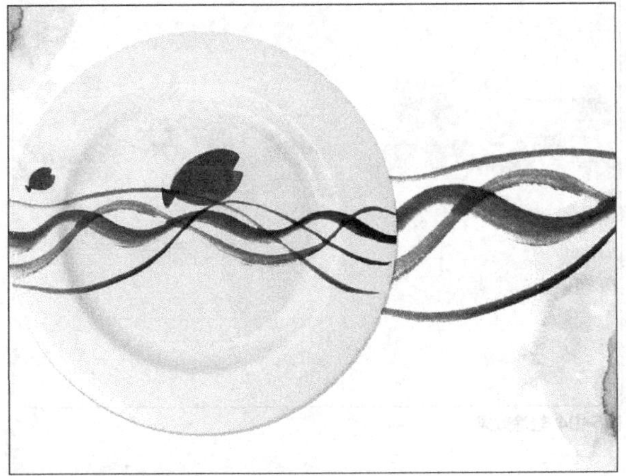

图5-88 打开素材图像

STEP 02 选取工具箱中的“历史记录艺术画笔工具”，如图5-89所示。

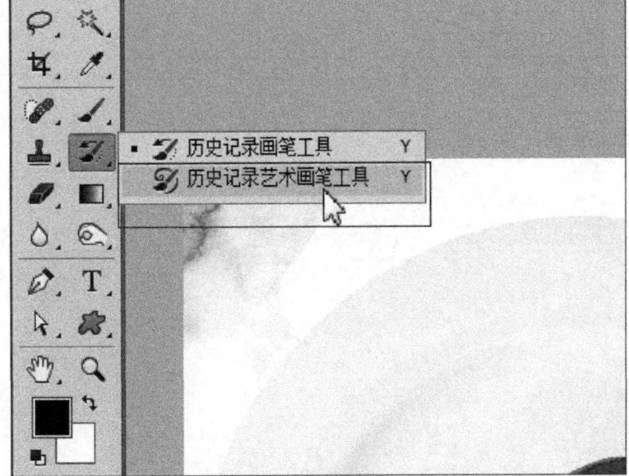

图5-89 选取“历史记录艺术画笔工具”

STEP 03 在工具属性栏中，设置“画笔”为“柔边圆”、“大小”为45像素，如图5-90所示。

STEP 04 在工具属性栏中，设置“样式”为“绷紧长”，如图5-91所示。

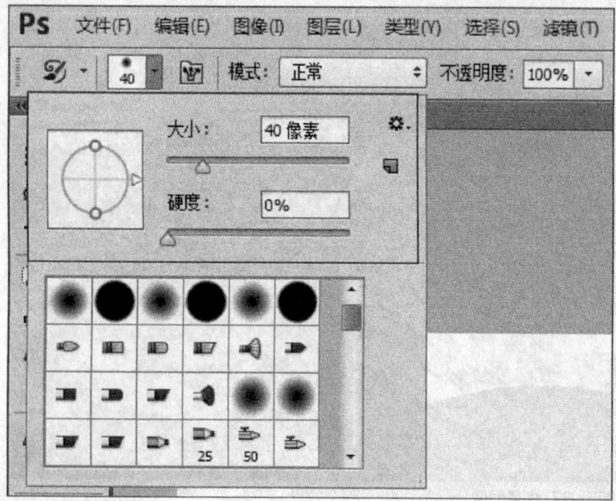

图5-90 设置大小

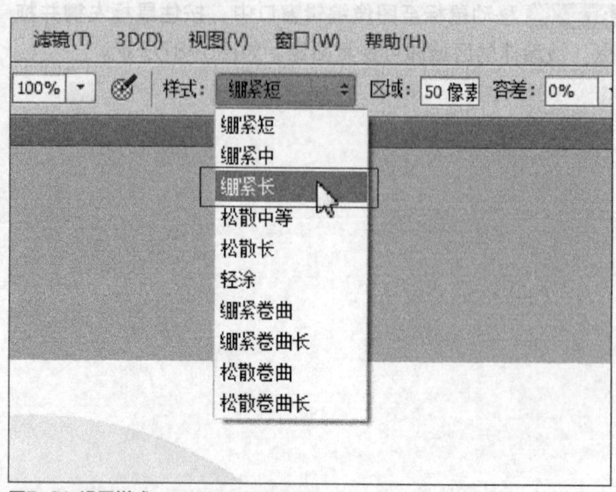

图5-91 设置样式

STEP 05 移动鼠标至图像编辑窗口中的合适位置，单击鼠标左键并拖曳，进行涂抹，效果如图5-92所示。

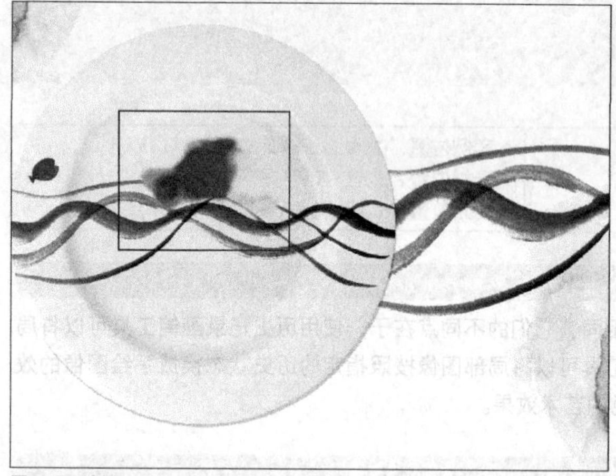
图5-92 涂抹

STEP 06 在工具属性栏中，设置“样式”为“轻涂”，如图5-93所示。

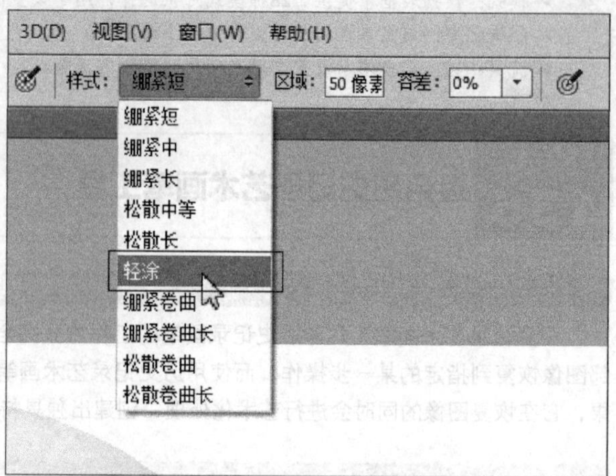

图5-93 设置样式

STEP 07 移动鼠标至图像编辑窗口中合适位置，单击鼠标左键并拖曳，进行涂抹，效果如图5-94所示。

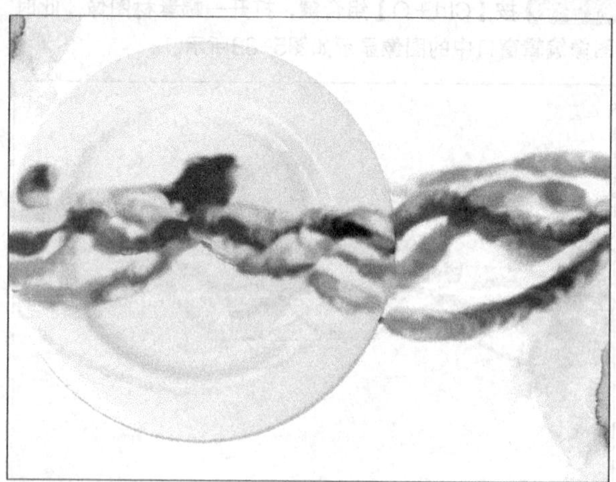
图5-94 轻涂效果

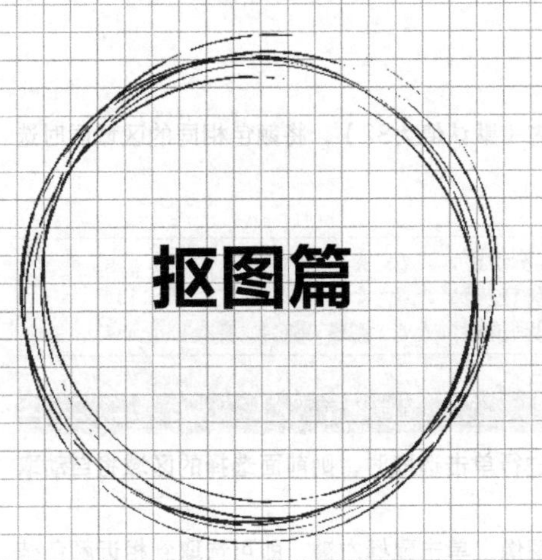

抠图篇

第6章 使用魔棒和命令抠图

本章导读

魔棒工具、快速选择工具以及相应的命令都是很常用的抠图工具。通常运用魔棒可以对一些简单背景的图像进行抠图，而进行稍微复杂的抠图时，则可以用快速选择工具、“色彩范围”及“选取相似”等命令进行抠图操作。

要点索引

- 运用魔棒工具抠图
- 运用快速选择工具抠图
- 运用命令创建选区抠图

6.1 运用魔棒工具抠图

"魔棒工具"是建立选区的工具之一，其作用是在一定的容差值范围内（默认值为32），将颜色相同的区域同时选中，建立选区以达到抠取图像的目的。

实战136 单一选取抠图

▶实例位置：光盘\实例\第6章\实战136.jpg
▶素材位置：光盘\素材\第6章\实战136.jpg
▶视频位置：光盘\视频\第6章\实战136.mp4

• 实例介绍 •

单一选取就是只每次单击"魔棒工具"，只能选择一个区域，再次进行单击选取时，则前面选择的区域将自动取消选择。

魔棒工具用来创建与图像颜色相近或相同的像素选区，在颜色相近的图像上单击鼠标左键，即可选取到相近颜色范围。选择魔棒工具后，其属性栏的变化如图6-1所示。

取样大小：取样点 容差：32 ☑消除锯齿 ☑连续 ☐对所有图层取样 调整边缘...

图6-1 "魔棒工具"属性栏

知识扩展

魔棒工具的工具属性栏各选项基本含义如下。

➢ 容差：用来控制创建选区范围的大小，数值越小，所要求的颜色越相近，数值越大，则颜色相差越大。

➢ 消除锯齿：用来模糊羽化边缘的像素，使其与背景像素产生颜色的过渡，从而消除边缘明显的锯齿。

➢ 连续：选中该复选框后，只选取与鼠标单击处相连接中的相近颜色。

➢ 对所有图层取样：用于有多个图层的文件，选中该复选框后，能选取文件中所有图层中相近颜色的区域，不选中时，只选取当前图层中相近颜色的区域。

• 操作步骤 •

STEP 01 按【Ctrl+O】组合键，打开一幅素材图像，如图6-2所示。

STEP 02 选取工具箱中的"魔棒工具"，移动鼠标至图像编辑窗口中，在黄色区域上单击鼠标左键，即可选中黄色区域，如图6-3所示。

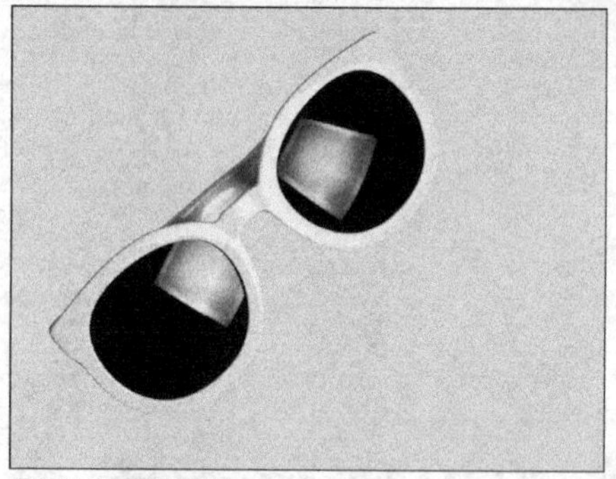

图6-2 打开素材图像

图6-3 选中黄色区域

STEP 03 单击"选择"|"反向"命令，选择反向，按【Ctrl+J】组合键，得到"图层1"图层，如图6-4所示。

STEP 04 单击"背景"图层"指示图层可见性"图标，隐藏"背景"图层，如图6-5所示。

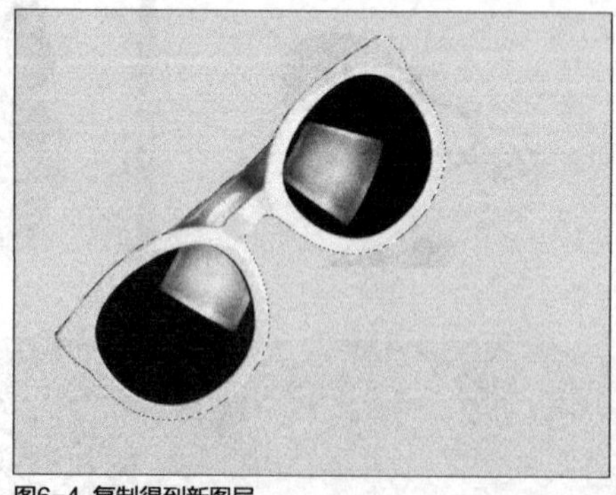

图6-4 复制得到新图层

图6-5 隐藏"背景"图层

实战137 连续选取抠图

▶实例位置：光盘\实例\第6章\实战137.jpg
▶素材位置：光盘\素材\第6章\实战137.jpg
▶视频位置：光盘\视频\第6章\实战137.mp4

• 实例介绍 •

在使用“魔棒工具”选择图像时，在工具属性栏中选中“连续”复选框，则只选取与单击处相邻的、容差范围内的颜色区域。

• 操作步骤 •

STEP 01 按【Ctrl+O】组合键，打开一幅素材图像，如图6-6所示。

STEP 02 选取工具箱中的“魔棒工具”，在工具属性栏中选中“连续”复选框，单击白色区域时，则只选取相邻区域，如图6-7所示。

图6-6 打开素材图像

图6-7 选取相邻区域

STEP 03 在工具属性栏中取消选中“连续”复选框，此时再单击白色区域时，即可选取所有白色区域，如图6-8所示。

STEP 04 单击“选择”|“反向”命令，选择反向，按【Ctrl+J】组合键复制一个新图层，并隐藏“背景”图层，效果如图6-9所示。

图6-8 选择所有白色区域

图6-9 复制新图层并隐藏背景图层

专家提醒

在选择多个不连续、但是性质相同的区域时，可以应用该方法，从而不必一个一个去单击拾取，在抠图过程中可以节省很多时间。

实战138 添加选区抠图

▶实例位置：光盘\实例\第6章\实战138.jpg
▶素材位置：光盘\素材\第6章\实战138.jpg
▶视频位置：光盘\视频\第6章\实战138.mp4

• 实例介绍 •

使用“魔棒工具”时，在工具属性栏中单击“添加到选区”按钮，可以在原有选区的基础上添加新选区，将新建的选区与原来的选区合并成为新的选区。

• 操作步骤 •

STEP 01 按【Ctrl+O】组合键，打开一幅素材图像，如图6-10所示。

STEP 02 选取工具箱中的“魔棒工具”，在工具属性栏中选中“连续”复选框，在图像编辑窗口单击红色背景区域，如图6-11所示。

图6-10 打开素材图像

图6-11 单击红色区域

STEP 03 在工具属性栏中单击“添加到选区”按钮，多次单击红色背景区域，使背景全部被选中，如图6-12所示。

STEP 04 单击“选择”|“反向”命令，选择反向，按【Ctrl+J】组合键复制一个新图层，并隐藏“背景”图层，如图6-13所示。

图6-12 选中全部红色背景

图6-13 复制新图层并隐藏背景图层

专家提醒

在“新选区”状态下，按住【Shift】键的同时单击相应区域，可以快速切换到“添加到选区”状态。

实战139 减选选区抠图

▶实例位置：光盘\实例\第6章\实战139.jpg
▶素材位置：光盘\素材\第6章\实战139.jpg
▶视频位置：光盘\视频\第6章\实战139.mp4

• 实例介绍 •

使用“魔棒工具”时，在工具属性栏中单击“从选区减去”按钮，可以从原有选区中减去不需要的部分，从而得到新的选区。

• 操作步骤 •

STEP 01 按【Ctrl+O】组合键，打开一幅素材图像，如图6-14所示。

STEP 02 选取工具箱中的“魔棒工具”，在工具属性栏中取消选中“连续”复选框，在图像编辑窗口单击白色区域，如图6-15所示。

图6-14 打开素材图像

图6-15 单击白色区域

STEP 03 在工具属性栏中单击“从选区减去”按钮，并选中“连续”复选框，单击变形零白色区域，减选选区，如图6-16所示。

STEP 04 设置前景色为黄色（RGB参数分别为255、255、0），按【Alt+Delete】组合键，填充选区，按【Ctrl+D】组合键，取消选区，如图6-17所示。

图6-16 减选选区

图6-17 填充选区

专家提醒

在“新选区”状态下，按住【Alt】键的同时单击相应区域，可以快速切换到“从选区减去”状态。

实战 140 交叉选区抠图

▶实例位置：光盘\实例\第6章\实战140.jpg
▶素材位置：光盘\素材\第6章\实战140.jpg
▶视频位置：光盘\视频\第6章\实战140..mp4

• 实例介绍 •

交叉选区是在使用选区或“套索工具”在图形中创建选区时，如果新创建的选区与原来的选区有相交部分，结果会将相交的部分作为新的选区。

• 操作步骤 •

STEP 01 按【Ctrl+O】组合键，打开一幅素材图像，如图6-18所示。

图6-18 打开素材图像

STEP 02 选取工具箱中的“矩形选框工具”，在画布中按住鼠标拖动绘制一个矩形选区，如图6-19所示。

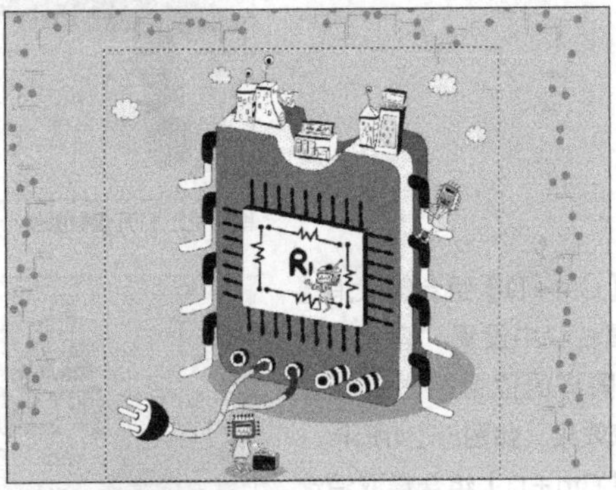

图6-19 绘制矩形选区

STEP 03 选取工具箱中的“魔棒工具”，在工具属性栏中单击“与选区交叉”按钮，在中间蓝色区域单击鼠标左键，如图6-20所示。

图6-20 交叉选区

STEP 04 按【Ctrl+J】组合键复制一个新图层，并隐藏“背景”图层，即可抠出中间特殊形状，如图6-21所示。

图6-21 抠出图形

知识扩展

矩形选框工具属性栏上各运算按钮的含义如下。

- 添加到选区：在源选区的基础上添加新的选区。
- 从选区减去：在源选区的基础上减去新的选区。
- 与选区交叉：新选区与源选区交叉区域为最终的选区。

实战141 容差在选区中的应用

- 实例位置：光盘\实例\第6章\实战141.jpg
- 素材位置：光盘\素材\第6章\实战141.jpg
- 视频位置：光盘\视频\第6章\实战141..mp4

• 实例介绍 •

在使用“魔棒工具”时，在工具属性栏中有一个“容差”文本框，该值的大小可以确定魔棒工具选取颜色的容差范围。

• 操作步骤 •

STEP 01 按【Ctrl+O】组合键，打开一幅素材图像，如图6-22所示。

STEP 02 选取工具箱中的“魔棒工具”，在工具属性栏中单击“新选区”按钮，在最左侧的橙色区域单击鼠标左键，如图6-23所示。

图6-22 打开素材图像

图6-23 容差为默认值的选取效果

STEP 03 按【Ctrl+D】组合键取消选择，在工具属性栏中设置“容差”为60，再次在同样的位置单击鼠标左键，查看选取效果，如图6-24所示。

STEP 04 按【Ctrl+D】组合键取消选择，在工具属性栏中设置“容差”为100，再次在同样的位置单击鼠标左键，查看选取效果，如图6-25所示。

专家提醒

“魔棒工具”属性栏中的“容差”选项含义：在其右侧的文本框中可以设置0～255之间的数值，其主要用于确定选择范围的容差，默认值为32。设置的数值越小，选择的颜色范围越相近，选择的范围也就越小。

图6-24 容差为60的选取效果

图6-25 容差为100的选取效果

专家提醒

容差数值越大，所选取的相似颜色就越多；容差值越小，所选取的相似颜色就越少。

6.2 运用快速选择工具抠图

快速选择工具可以通过调整画笔的笔触、硬度和间距等参数而快速通过单击或拖动创建选区。拖动时，选区会向外扩展并自动查找和跟随图像中定义的边缘。

实战142 创建选区抠图

▶实例位置：光盘\实例\第6章\实战142.jpg
▶素材位置：光盘\素材\第6章\实战142.jpg
▶视频位置：光盘\视频\第6章\实战142.mp4

• 实例介绍 •

用“快速选择工具”创建选区抠图通常需要在一定容差范围内选取颜色，在进行选取时，需要设置相应的画笔大小。

• 操作步骤 •

STEP 01 按【Ctrl+O】组合键，打开一幅素材图像，如图6-26所示。

STEP 02 选取工具箱中的“快速选择工具”，在工具属性栏中设置画笔“大小”为20px，在玩偶上拖动鼠标，如图6-27所示。

图6-26 打开素材图像

图6-27 拖动鼠标

知识扩展

快速选择工具默认选择光标周围与光标范围内的颜色类似且连续的图像区域，因此光标的大小决定着选取的范围。

STEP 03 继续在玩偶上拖动鼠标，直至选择全部的玩偶图像，如图6-28所示。

STEP 04 按【Ctrl+J】组合键复制一个新图层，并隐藏“背景”图层，效果如图6-29所示。

图6-28 继续拖动鼠标

图6-29 复制新图层并隐藏背景图层

知识扩展

快速选择工具是根据颜色相似性来选择区域的，可以将画笔大小内的相似的颜色一次性选中。

专家提醒

在拖动过程，如果有多选或少选的现象，可以单击工具属性栏中的“添加到选区”或“从选区减去”按钮，在相应区域适当拖动，以进行适当调整。

实战143 对所有图层取样

▶实例位置：光盘\实例\第6章\实战143.jpg
▶素材位置：光盘\素材\第6章\实战143.jpg
▶视频位置：光盘\视频\第6章\实战143mp4

• 实例介绍 •

在“快速选择工具”工具属性栏中有一个“对所有图层取样”选项，该选项用来设置选取的图层，选中该复选框，将在所有图层中选取容差范围内的颜色区域。

“快速选择工具”是用来选择颜色的工具，在拖曳鼠标的过程中，它能够快速选择多个颜色相似的区域，相当于按住【Shift】键或【Alt】键不断使用魔棒工具单击。

选择“快速选择工具”后，其工具属性栏变化如图6-30所示。

图6-30 “快速选择工具”属性栏

知识扩展

“魔棒工具”的工具属性栏各选项基本含义如下。

- 选区运算按钮：“新选区”，可以创建一个新的选区；“添加到选区”，可在原选区的基础上添加新的选区；“从选区减去”，可在原选区的基础上减去当前绘制的选区。
- “画笔拾取器”：单击按钮，可以设置画笔笔尖的大小、硬度、间距。
- 对所有图层取样：可基于所有图层创建选区。
- 自动增强：可以减少选区边界的粗糙度和块效应。

• 操作步骤 •

STEP 01 按【Ctrl+O】组合键，打开一幅素材图像，如图6-31所示。

图6-31 打开素材图像

STEP 02 选择“图层1”图层，选取工具箱的“快速选择工具”，在工具属性栏中设置画笔“大小”为20px，并选中“对所有图层取样”复选框，适当拖动鼠标，如图6-32所示。

图6-32 拖动鼠标

STEP 03 继续在图像中拖动鼠标，选取“背景”图层中的图像，即可对所有图层进行取样，如图6-33所示。

图6-33 对所有图层取样

专家提醒

在选中“对所有图层取样”复选框后，拖动鼠标进行快速选择时，不仅对“图层1”图层中的图像进行了取样，而且“背景”图层中的图像也被选中。如果取消选中“对所有图层取样”复选框，在进行对“图层1”图层进行取样时，将不能同时选中“背景”图层中的图像。

专家提醒

此外，在使用魔棒工具时，也可以在工具属性栏中选中“对所有图层取样”复选框，以选取不同图层中的图像。注意在进行设置时，可以设置相应的“容差”值，以更精确地选取。

6.3 运用命令创建选区抠图

除了运用“魔棒工具”和“快速选择工具”快速创建选区进行抠图外，还可以用各种命令进行抠图，比如“反向”命令、“全部”命令、“色彩范围”命令等。

实战 144 用“反向”命令抠图

▶ 实例位置：光盘\实例\第6章\实战144.jpg
▶ 素材位置：光盘\素材\第6章\实战144.jpg
▶ 视频位置：光盘\视频\第6章\实战144.mp4

• 实例介绍 •

在选取图像时，不但要根据不同的图像类型选择不同的选取工具，还要根据不同的图像类型选择不同的选取方式。“反向”命令是比较常用的方式之一。

• 操作步骤 •

STEP 01 按【Ctrl＋O】组合键，打开一幅素材图像，如图6-34所示。

STEP 02 选取工具箱中的“魔棒工具”，在工具属性栏中设置“容差”为10px，在白色背景位置单击鼠标左键，如图6-35所示。

图6-34 打开素材图像

图6-35 选中白色区域

STEP 03 单击“选择”|“反向”命令，反选选区，如图6-36所示。

图6-36 反选选区

STEP 04 按【Ctrl+J】组合键复制一个新图层，并隐藏“背景”图层，如图6-37所示。

图6-37 复制新图层并隐藏背景图层

专家提醒

用户可以单击“选择”|“反向”命令，反选选区，也可以按【Ctrl+Shift+I】组合键，将选区反选。

实战145 用“色彩范围”命令抠图

▶实例位置：光盘\实例\第6章\实战145.jpg
▶素材位置：光盘\素材\第6章\实战145.jpg
▶视频位置：光盘\视频\第6章\实战145.mp4

• 实例介绍 •

使用“色彩范围”命令快速创建选区，其选取原理是以颜色作为依据，类似于魔棒工具，但是其功能比魔棒工具更加强大。

• 操作步骤 •

STEP 01 按【Ctrl+O】组合键，打开一幅素材图像，如图6-38所示。

图6-38 打开素材图像

STEP 02 单击“选择”|“色彩范围”命令，弹出“色彩范围”对话框，将光标移至图像中，在黑色人物上单击鼠标，如图6-39所示。

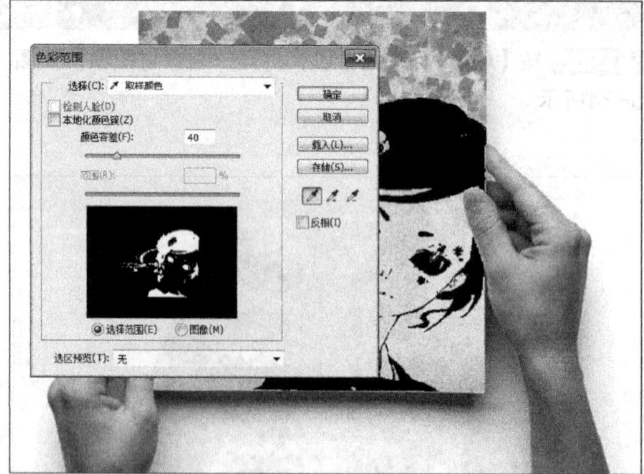

图6-39 单击黑色区域

STEP 03 设置“颜色容差”为50，单击“确定”按钮，即可选择相应区域，如图6-40所示。

STEP 04 按【Ctrl+J】组合键复制一个新图层，并隐藏“背景”图层，如图6-41所示。

图6-40 创建选区

图6-41 复制新图层并隐藏背景图层

专家提醒

应用“色彩范围”命令指定颜色范围时，可以调整所需的区域预览方式。通过“选区预览”选项可以设置预览方式，包括“灰色”“黑色杂边”“白色杂边”和“快速蒙版”4种预览方式。

知识扩展

“色彩范围”对话框各选项基本含义如下。

➢ 选择：用来设置选区的创建方式。选择“取样颜色”选项时，可将光标放在文档窗口中的图像上，或在“色彩范围”对话框中预览图像上单击，对颜色进行取样。

➢ 本地化颜色簇：当选中该复选框后，拖动“范围”滑块可以控制要包含在蒙版中的颜色与取样的最大和最小距离。

➢ 颜色容差：用来控制颜色的选择范围，该值越高，包含的颜色就越广。

➢ 选区预览图：选区预览图包含了两个选项，选中“选择范围”单选按钮时，预览区的图像中，呈白色的代表被选择的区域；选中“图像”单选按钮时，预览区会出现彩色的图像。

➢ 选区预览：设置文档的选区的预览方式。用户选择“无”选项，表示不在窗口中显示选区；用户选择“灰度”选项，可以按照选区在灰度通道中的外观来显示选区；选择“灰色杂边”选项，可在未选择的区域上覆盖一层黑色；选择“白色杂边”选项，可在未选择的区域上覆盖一层白色；选择“快速蒙版”选项，可以显示选区在快速蒙版状态下的效果，此时，未选择的区域会覆盖一层红色。

➢ 载入/存储：用户单击“存储”按钮，可将当前的设置保存为选区预设；单击“载入”按钮，可以载入存储的选区预设文件。

➢ 反相：可以反转选区。

实战 146　用“扩大选取”命令抠图

▶ **实例位置**：光盘\实例\第6章\实战146.jpg
▶ **素材位置**：光盘\素材\第6章\实战146.jpg
▶ **视频位置**：光盘\视频\第6章\实战146.mp4

• 实例介绍 •

“扩大选取”命令可以将选区内位置相连且颜色相近的像素都扩充到选区中，扩大的范围由“魔棒工具”属性栏中的容差值决定的。

• 操作步骤 •

STEP 01 按【Ctrl＋O】组合键，打开一幅素材图像，如图6-42所示。

图6-42 打开素材图像

STEP 02 选取工具箱中的“魔棒工具”，在饼干图像上单击鼠标左键，如图6-43所示。

图6-43 单击鼠标

知识扩展

使用“扩大选取”命令可以将原选区扩大，所扩大的范围是与原选区相邻近且颜色相近的区域，扩大的范围由“魔棒工具”属性栏中的容差值决定。

STEP 03 连续多次单击“选择”|“扩大选取”命令，即可扩大选区，如图6-44所示。

图6-44 扩大选取选区

STEP 04 按【Ctrl+J】组合键复制一个新图层，并隐藏“背景”图层，即可将选取的图像抠取出来，效果如图6-45所示。

图6-45 复制新图层并隐藏背景图层

专家提醒

“扩大选取”命令首先需要确定小块选区，再执行此命令选取相邻的像素，通常需要进行多次选择。

实战147 用“选取相似”命令抠图

▶实例位置：光盘\实例\第6章\实战147.jpg
▶素材位置：光盘\素材\第6章\实战147.jpg
▶视频位置：光盘\视频\第6章\实战147.mp4

• 实例介绍 •

“选取相似”命令可以根据现有的选区及包含的容差值，自动将图像中颜色相似的所有图像选中，使选区在整个图像中进行不连续的扩展。

• 操作步骤 •

STEP 01 按【Ctrl+O】组合键，打开一幅素材图像，如图6-46所示。

图6-46 打开素材图像

STEP 02 选取工具箱中的“魔棒工具”，在工具属性栏中设置“容差”为80，在抱枕图像上单击鼠标左键，如图6-47所示。

图6-47 单击鼠标

知识扩展

"选取相似"命令是将图像中所有的与选区内像素颜色相近的像素都扩充到选区中，不适合用于复杂像素图像。

STEP 03 连续多次单击"选择"|"选取相似"命令，选取相似颜色区域，如图6-48所示。

图6-48 选取相似颜色区域

STEP 04 按【Ctrl+J】组合键复制一个新图层，并隐藏"背景"图层，如图6-49所示。

图6-49 复制新图层并隐藏背景图层

专家提醒

按【Alt+S+R】组合键，也可以创建相似选区。

实战148 用"全部"命令抠图

▶实例位置：光盘\实例\第6章\实战148.jpg
▶素材位置：光盘\素材\第6章\实战148-1.jpg、实战148-2.jpg
▶视频位置：光盘\视频\第6章\实战148.mp4

• 实例介绍 •

在编辑图像的过程中，当需要对整幅图像或指定图层中的图像进行选取时，则可以通过"全部"命令对图像进行选取抠图。

• 操作步骤 •

STEP 01 按【Ctrl+O】组合键，打开两幅素材图像，如图6-50所示。

图6-50 打开素材图像

STEP 02 切换至"实战148-2"图像编辑窗口，按【Ctrl+A】组合键，全选图像，如图6-51所示，按【Ctrl+C】组合键，复制图像。

图6-51 全选图像

STEP 03 切换至“实战148-1”图像编辑窗口中，新建图层，按【Ctrl＋V】组合键，粘贴图像，如图6-52所示。

STEP 04 按【Ctrl＋T】组合键，调整图像的大小和位置，并调整图层顺序，如图6-53所示。

技巧点拨

“全部”命令相对应的快捷键为【Ctrl＋A】组合键。

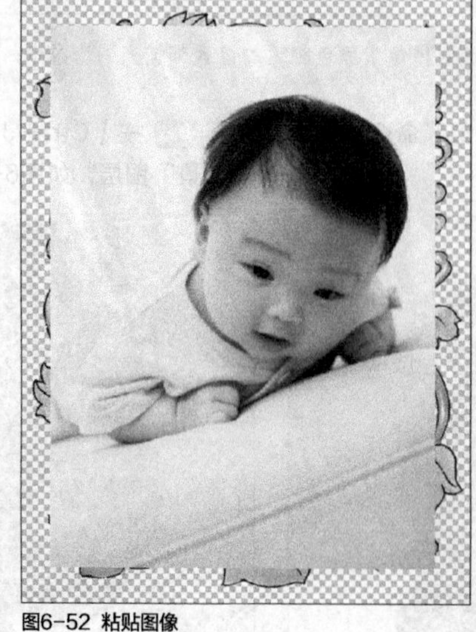

图6-52 粘贴图像

图6-53 调整图像

实战149 透明图层图像抠图

▶实例位置：光盘\实例\第6章\实战149.jpg
▶素材位置：光盘\素材\第6章\实战149.jpg
▶视频位置：光盘\视频\第6章\实战149.mp4

• 实例介绍 •

透明图层上图像的抠图方法有多种，可以应用菜单命令载入选区，可以用魔棒工具进行选取，还可以用快捷键进行快速抠图。

• 操作步骤 •

STEP 01 按【Ctrl＋O】组合键，打开一幅素材图像，如图6-54所示。

STEP 02 选择“图层1”图层，单击“选择”|“载入选区”命令，弹出“载入选区”对话框，设置相应参数，如图6-55所示。

STEP 03 设置完成后，单击“确定”按钮，即可对透明图层包含的图像内容进行选取，如图6-56所示。

图6-54 打开素材图像

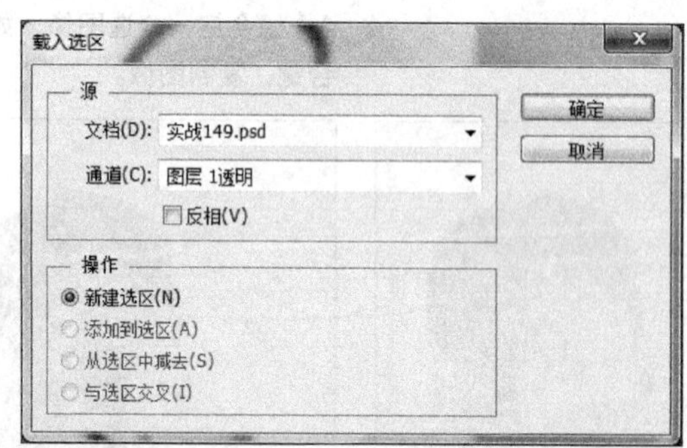

图6-55 “载入选区”对话框

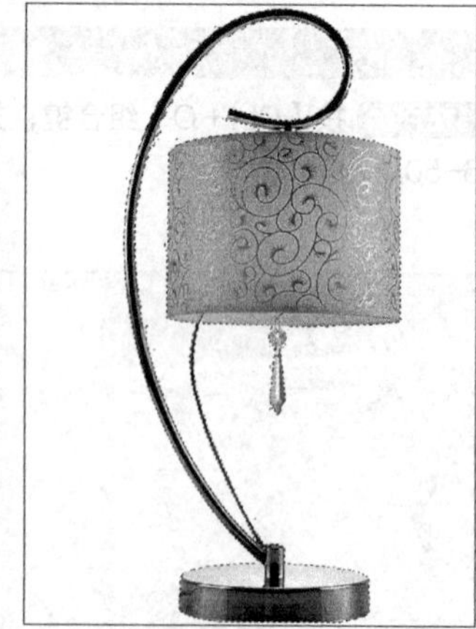

图6-56 选取透明图层

专家提醒

除了运用上述方法进行选取透明图层的图像外，还有以下2种方法。

➢ 选择透明图层，使用“魔棒工具”快速选择透明图层，然后再利用“反向”命令，进行反选选区。

➢ 选择透明图层，按住【Ctrl】键的同时，单击“图层1”缩览图，即可快速选取透明图层上的图像。

第7章 使用选区工具抠图

本章导读

本章主要向读者介绍选区、利用选区抠图、管理选区、编辑选区内的图像以及修改选区。

要点索引

- 绘制形状选区抠图
- 运用按钮管理选区
- 编辑选区内的图像
- 修改选区

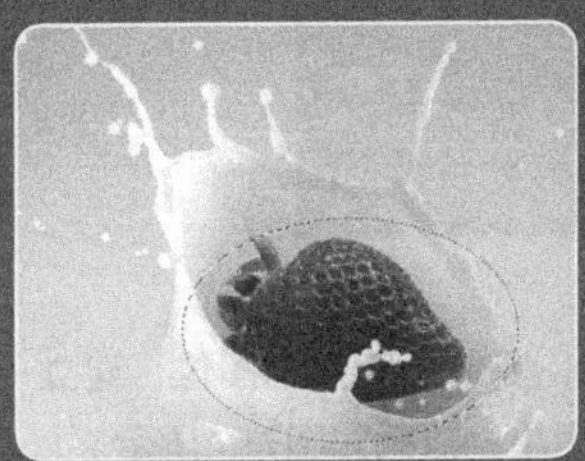

7.1 绘制形状选区抠图

用户不仅可以使用工具箱中的“钢笔工具”绘制路径，还可以使用工具箱中的“矢量图形工具”绘制不同形状的路径。在默认情况下，工具箱中的矢量图形工具组显示为“矩形工具”■。

实战150 用矩形选框工具抠图

▶实例位置：光盘\实例\第7章\实战150.jpg、实战150.Psd
▶素材位置：光盘\素材\第7章\实战150.jpg
▶视频位置：光盘\视频\第7章\实战150.mp4

• 实例介绍 •

“矩形选框工具”主要用于创建矩形或正方形选区，用户还可以在工具属性栏上进行相应选项的设置。

在Photoshop中矩形选框工具可以建立矩形选区，该工具是区域选择工具中最基本、最常用的工具，用户选择“矩形选框工具”后，其工具属性栏如图7-1所示。

羽化：0像素　消除锯齿　样式：正常　宽度：　高度：　调整边缘...

图7-1 “矩形选框工具”属性栏

知识扩展

“矩形选框工具”属性栏的各选项基本含义如下。

➢ 羽化：用户用来设置选区的羽化范围。

➢ 样式：用户用来设置创建选区的方法。选择“正常”选项，可以通过拖动鼠标创建任意大小的选区；选择“固定比例”选项，可在右侧设置“宽度”和“高度”；选择“固定比例”选项，可在右侧设置“宽度”和“高度”的数值。单击⇄按钮，可以切换“宽度”和“高度”值。

➢ 调整边缘：用来对选区进行平滑、羽化等处理。

• 操作步骤 •

STEP 01 按【Ctrl+O】组合键，打开一幅素材图像，如图7-2所示。

图7-2 打开素材图像

STEP 02 选取工具箱中的“矩形选框工具”，在编辑窗口中的左上角单击鼠标左键并向右下方拖曳，创建一个矩形选区，如图7-3所示。

图7-3 创建矩形选区

STEP 03 按【Ctrl+J】组合键，复制选区内的图像，建立一个新图层，并隐藏“背景”图层，效果如图7-4所示。

图7-4 抠取效果

专家提醒

与创建矩形选框有关的技巧如下。

- 按【M】键，可快速选取矩形选框工具。
- 按【Shift】键，可创建正方形选区。
- 按【Alt】键，可创建以起点为中心的矩形选区，如图7-5所示。
- 按【Alt+Shift】组合键，可创建以起点为中心的正方形，如图7-6所示。

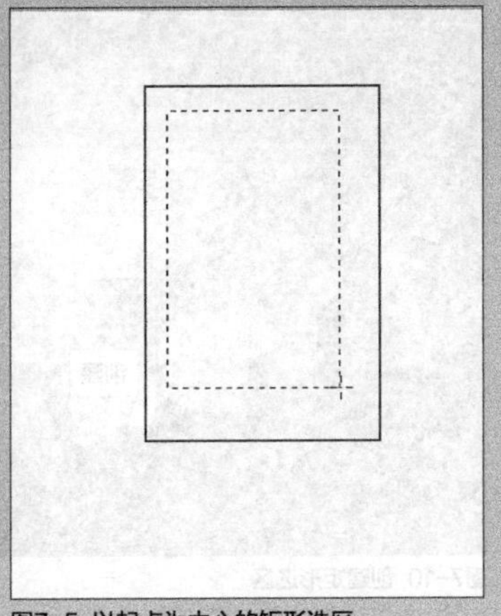

图7-5 以起点为中心的矩形选区　　图7-6 以起点为中心的正方形选区

知识扩展

选区在图像编辑过程中有着非常重要的位置，它限制着图像编辑的范围和区域。灵活而巧妙地应用选区，能得到许多意想不到的效果。

在Photoshop中，创建选区是为了限制图像编辑的范围，从而得到精确的效果。在选区建立之后，选区的边界就会显现出不断交替闪烁的虚线，此虚线框表示选区的范围，如图7-7所示。

当图像中的一部分被选中，此时可以对图像选定的部分进行移动、复制、填充及滤镜、颜色校正等操作，选区外的图像不受影响，如图7-8所示。

图7-7 选区状态

图7-8 原图与创建选区后填充选区效果

实战 151 用椭圆选框工具抠图

- **实例位置**：光盘\实例\第7章\实战151.jpg、实战151.Psd
- **素材位置**：光盘\素材\第7章\实战151.jpg
- **视频位置**：光盘\视频\第7章\实战151.mp4

• 实例介绍 •

“椭圆选框工具”主要用于创建椭圆或正圆选区，用户还可以在工具属性栏上进行相应选项的设置。

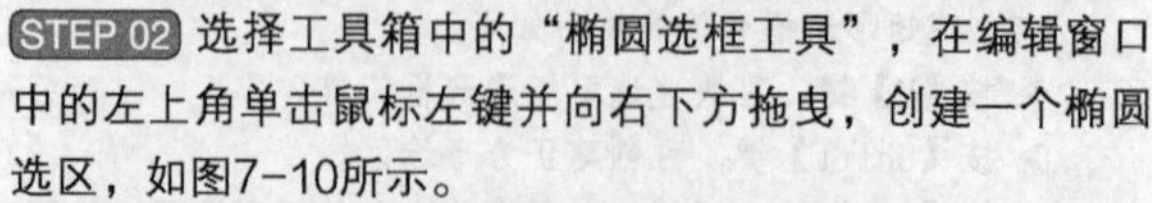

STEP 01 按【Ctrl+O】组合键，打开一幅素材图像，如图7-9所示。

图7-9 打开素材图像

STEP 02 选择工具箱中的“椭圆选框工具”，在编辑窗口中的左上角单击鼠标左键并向右下方拖曳，创建一个椭圆选区，如图7-10所示。

图7-10 创建矩形选区

STEP 03 按【Ctrl+J】组合键，复制选区内的图像，建立一个新图层，并隐藏“背景”图层，效果如图7-11所示。

图7-11 抠图效果

技巧点拨

与创建椭圆选框有关的技巧如下。

➢ 按【Shift+M】组合键，可快速选择椭圆选框工具。

➢ 按【Shift】键，可创建正圆选区。

➢ 按【Alt】键，可创建以起点为中心的椭圆选区，如图7-12所示。

➢ 按【Alt+Shift】组合键，可创建以起点为中心的正圆选区，如图7-13所示。

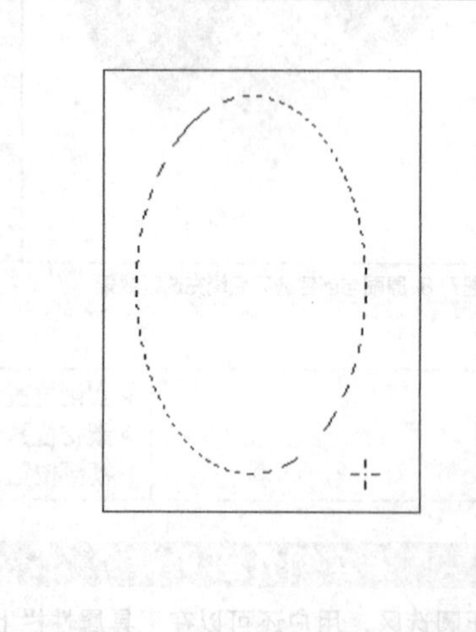
图7-12 以起点为中心的椭圆选区

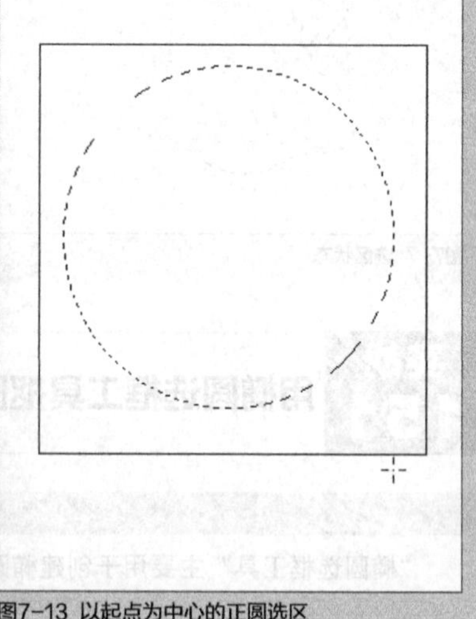
图7-13 以起点为中心的正圆选区

知识扩展

在Photoshop中建立选区的方法非常广泛，用户可以根据选择对象的形状、颜色等特征决定采用的工具和方法。

➢ 创建规则形状选区：规则选区中包括矩形、圆形等规则形态的图像，运用选框工具可以框选出选择的区域范围，这是Photoshop创建选区最基本的方法，如图7-14所示。

图7-14 选框工具创建的选区

➢ 创建不规则选区：当图片的背景颜色比较单一，且与选择对象的颜色存在较大的反差时，就可以运用快速选择工具、魔棒工具、多边形套索工具等。用户在使用过程中，只需要注意在拐角及边缘不明显处手动添加一些节点，即可快速将图像选中，如图7-15所示。

图7-15 使用魔棒工具创建选区

➢ 通过通道或蒙版创建选区：运用通道和蒙版创建选区是所有选择方法中功能最为强大的一个，因为它表现选区不是用虚线选框，而是用灰阶图像，这样就可以像编辑图像一样来编辑选区，画笔、橡皮擦工具、色调调整工具、滤镜都可以自由使用。

➢ 通过图层或路径创建选区：图层和路径都可以转换为选区。只需按住【Ctrl】键的同时单击图层左侧的缩览图，即可得到该图层非透明区域的选区。运用路径工具创建的路径是非常光滑的，而且还可以反复调节各锚点的位置和曲线的曲率，因而常用来建立复杂和边界较为光滑的选区，如图7-16所示。

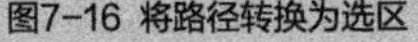

图7-16 将路径转换为选区

实战152 用套索工具抠图

▶实例位置：光盘\实例\第7章\实战152.jpg、实战152.Psd
▶素材位置：光盘\素材\第7章\实战152.jpg
▶视频位置：光盘\视频\第7章\实战152.mp4

• 实例介绍 •

“变换选区”命令可以直接改变选区的形状而不会对选取的内容进行更改。运用变换选区的方法可以对选区进行缩放、旋转、镜像等操作。

• 操作步骤 •

STEP 01 按【Ctrl+O】组合键，打开一幅素材图像，如图7-17所示。

图7-17 打开素材图像

STEP 02 选取工具箱中的“套索工具”，在编辑窗口中的合适位置建立选区，如图7-18所示。

图7-18 创建选区

STEP 03 按【Ctrl+J】组合键，复制选区内的图像，建立一个新图层，并隐藏“背景”图层，效果如图7-19所示。

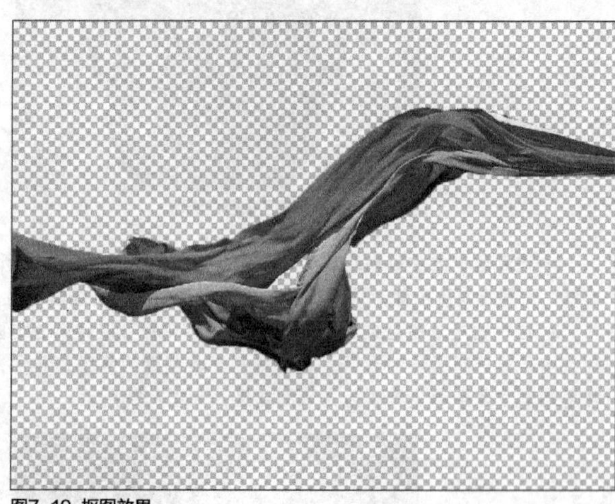

图7-19 抠图效果

知识扩展

套索工具主要用来选取对选区精度要求不高的区域，该工具的最大优势是选取选区的效率很高。

实战153 用多边形套索工具抠图

▶实例位置：光盘\实例\第7章\实战153.jpg、实战153.Psd
▶素材位置：光盘\素材\第7章\实战153.jpg
▶视频位置：光盘\视频\第7章\实战153.mp4

• 实例介绍 •

运用“多边形套索工具”绘制多边形选区时，单击鼠标绘制直线，对于抠取多边形的图形比较方便。

在Photoshop中，“多边形磁性套索工具”用于快速选择与背景对比强烈并且边缘复杂的对象，它可以沿着图像的边缘生成选区。选择“多边形磁性套索工具”后，其属性栏变化如图7-20所示。

图7-20 “多边形磁性套索工具”属性栏

知识扩展

“多边形磁性套索工具”的工具属性栏各选项基本含义如下。

- 宽度：用来设置以光标中心为准，其周围有多少个像素能够被工具检测到，如果对象的边界不是特别清晰，需要使用较小的宽度值。
- 对比度：用来设置工作感应图像边缘的灵敏度。如果图像的边缘清晰，可将该数值设置得高一些；反之，则设置得低一些。
- 频率：用来设置创建选区时生成锚点的数量。
- 使用绘图板压力以更改钢笔压力：在计算机配置有数位板和压感笔时，单击此按钮，Photoshop会根据压感笔的压力自动调整工具的检测范围。

• 操作步骤 •

STEP 01 按【Ctrl＋O】组合键，打开一幅素材图像，如图7-21所示。

图7-21 打开素材图像

STEP 02 选取工具箱中的“多边形套索工具”，如图7-22所示。

图7-22 选取“多边形套索工具”

STEP 03 移动鼠标至合适位置，单击鼠标左键建立第一个点，移动鼠标，这时鼠标变为可编辑模式，再在合适位置单击第二个点，如图7-23所示。

图7-23 单击第二个点

STEP 04 使用以上方法，建立多边形选区，如图7-24所示。

图7-24 建立选区

STEP 05 按【Ctrl＋J】组合键，复制选区内的图像，建立一个新图层，并隐藏“背景”图层，效果如图7-25所示。

专家提醒

运用“多边形磁性套索工具”自动创建边界选区时，按【Delete】键可以删除上一个节点和线段。若选择的边框没有贴近被选图像的边缘，可以在选区上单击鼠标左键，手动添加一个节点，然后将其调整至合适位置。

图7-25 抠取效果

实战154 用磁性套索工具抠图

▶实例位置：光盘\实例\第7章\实战154.jpg、实战154.Psd
▶素材位置：光盘\素材\第7章\实战154.jpg
▶视频位置：光盘\视频\第7章\实战154.mp4

• 实例介绍 •

使用“拷贝”命令可以将选区内的图像复制到剪贴板中。使用“贴入”命令，可以将剪贴板中的图像粘贴到相应位置，并生成一个蒙版图层。

• 操作步骤 •

STEP 01 按【Ctrl+O】组合键，打开一幅素材图像，如图7-26所示。

图7-26 打开素材图像

STEP 02 选取工具箱中的“磁性套索工具”，如图7-27所示。

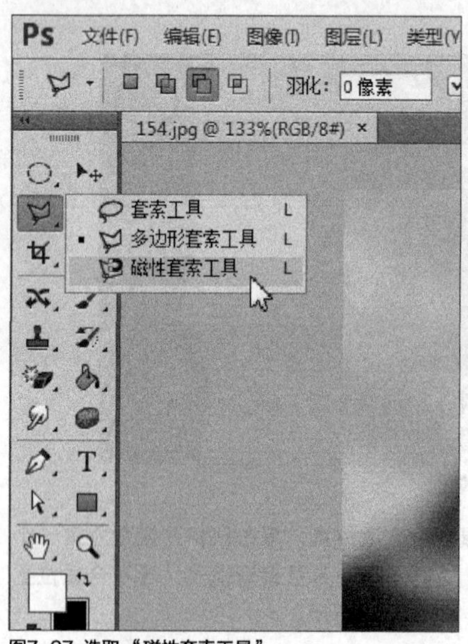

图7-27 选取“磁性套索工具”

STEP 03 在编辑窗口中的合适位置单击鼠标左键，并移动鼠标对需要抠取的图形进行框选，鼠标选取的地方会生成路径，如图7-28所示。

STEP 04 选取需要抠取的部分，在开始路径的锚点单击鼠标左键，建立选区，如图7-29所示。

STEP 05 按【Ctrl+J】组合键，复制选区内的图像，建立一个新图层，并隐藏“背景”图层，效果如图7-30所示。

图7-28 生成路径

图7-29 建立选区

图7-30 抠取效果

7.2 运用按钮管理选区

无论是选择矩形选框工具、椭圆选框工具、魔棒工具还是套索工具，工具属性栏中都将显示选区模式按钮，这些模式按钮用于设置在创建选区时当前选区工具的工作模式，本节主要向用户介绍“新选区”“添加到选区”“从选区减去”以及“与选区交叉”按钮的基本操作。

实战 155 “新选区”按钮

▶实例位置：光盘\实例\第7章\实战155.jpg、实战155.Psd
▶素材位置：光盘\素材\第7章\实战155.jpg
▶视频位置：光盘\视频\第7章\实战155.mp4

• 实例介绍 •

“新选区”按钮可以创建新的选区，在一个选区存在的情况下，如果再次绘制选区，则新选区将取代旧的选区。

• 操作步骤 •

STEP 01 单击“文件”|“打开”命令，打开一幅素材图像，如图7-31所示。

图7-31 打开素材图像

STEP 02 选取工具箱中的“矩形选框工具”，在图像中间上方相框的适当位置拖动鼠标，创建一个矩形选区，如图7-32所示。

图7-32 创建选区

STEP 03 在工具属性栏中单击“新选区”按钮，在中间相框创建选区，可以看到之前创建的选区将自动消失，如图7-33所示。

图7-33 创建新选区

STEP 04 按【Ctrl+J】组合键复制一个新图层，并隐藏“背景”图层，如图7-34所示。

图7-34 复制新图层并隐藏背景图层

实战156 “添加到选区”按钮

▶实例位置：光盘\实例\第7章\实战156.jpg、实战156.Psd
▶素材位置：光盘\素材\第7章\实战156.jpg
▶视频位置：光盘\视频\第7章\实战156.mp4

•实例介绍•

如果要在已经创建的选区之外再加上其他的选取范围，首先要创建一个选区，然后单击“添加到选区”按钮▣，再创建选区，即可得到两个选取范围的并集。

•操作步骤•

STEP 01 单击“文件”|“打开”命令，打开一幅素材图像，如图7-35所示。

图7-35 打开素材图像

STEP 02 选取工具箱中的“矩形选框工具”，在其中一个相框上创建一个矩形选区，效果如图7-36所示。

图7-36 创建选区

STEP 03 在工具属性栏中单击“添加到选区”按钮，依次在其他相框上创建选区，这时所有的选区都进行相加，如图7-37所示。

图7-37 选区相加

STEP 04 按【Ctrl+J】组合键复制一个新图层，并隐藏“背景”图层，如图7-38所示。

图7-38 复制新图层并隐藏背景图层

专家提醒

用户要创建多个选区时可以在工具属性栏中单击“添加到选区”按钮，也可以按住【Ctrl】键直接框选。

实战157 “从选区减去”按钮

▶实例位置：光盘\实例\第7章\实战157.jpg、实战157.Psd
▶素材位置：光盘\素材\第7章\实战157.jpg
▶视频位置：光盘\视频\第7章\实战157.mp4

•实例介绍•

用户在编辑图像时，运用“从选区减去”按钮操作，可以从已经存在的选区中减去当前绘制选区与该选区的重合部分。

• 操作步骤 •

STEP 01 单击“文件”|“打开”命令，打开一幅素材图像，如图7-39所示。

STEP 02 按【Ctrl+A】组合键，全选图像，如图7-40所示。

图7-39 打开素材图像

图7-40 全选图像

专家提醒

用户可以按【Ctrl+A】组合键全选图像，也可以选择“矩形选框工具”对整幅素材图像进行框选。

STEP 03 选取工具箱中的“椭圆选框工具”，单击工具属性栏中的“从选区减去”按钮，在相应位置创建椭圆选区，如图7-41所示。

STEP 04 按【Ctrl+J】组合键复制一个新图层，并隐藏“背景”图层，如图7-42所示。

图7-41 创建椭圆选区

图7-42 复制新图层并隐藏背景图层

专家提醒

用户要从创建的选区中减去一部分选区时，可以在工具属性栏中单击“从选区减去”按钮，也可以按住【Alt】键直接框选。

实战 158 “与选区交叉”按钮

▶ **实例位置**：光盘\实例\第7章\实战158.jpg、实战158.Psd
▶ **素材位置**：光盘\素材\第7章\实战158.jpg
▶ **视频位置**：光盘\视频\第7章\实战158.mp4

• 实例介绍 •

交集运算的结果会保留两个选择范围重叠的部分。在创建一个选区后，单击“与选区交叉”按钮，再创建一个选区，此时得到的结果为两个选区的交集。

•操作步骤•

STEP 01 单击“文件”|“打开”命令，打开一幅素材图像，如图7-43所示。

图7-43 打开素材图像

STEP 02 按【Ctrl+A】组合键，全选图像，如图7-44所示。

图7-44 全选图像

STEP 03 选取“多边形套索工具”，在工具属性栏中单击“与选区交叉”按钮，在相应位置创建选区，创建两个选区的交集，效果如图7-45所示。

图7-45 创建交集选区

STEP 04 按【Ctrl+J】组合键复制一个新图层，并隐藏“背景”图层，如图7-46所示。

图7-46 复制新图层并隐藏背景图层

7.3 编辑选区内的图像

在创建选区后，仅仅使用以上工具是很难达到预期效果的，为了达到满意的效果，这时就需要对创建的选区进行相应的编辑，如羽化选区、变换选区、平滑选区操作等，以满足工作的需要。

实战 159 在选区内贴入图像

▶**实例位置**：光盘\实例\第7章\实战159.jpg、实战159.Psd
▶**素材位置**：光盘\素材\第7章\实战159-1.jpg、实战159-2.jpg
▶**视频位置**：光盘\视频\第7章\实战159.mp4

•实例介绍•

使用“拷贝”命令可以将选区内的图像复制到剪贴板中。使用“贴入”命令，可以将剪贴板中的图像粘贴到相应位置，并生成一个蒙版图层。

• 操作步骤 •

STEP 01 单击“文件”|“打开”命令，打开两幅素材图像，如图7-47所示。

图7-47 打开素材图像

STEP 02 切换至“实战159-1”素材图像，选取工具箱中的“魔棒工具”，单击白色区域，创建一个选区，如图7-48所示。

图7-48 创建选区

STEP 03 切换至“实战159-2”素材图像，按【Ctrl+A】组合键，全选图像，如图7-49所示，按【Ctrl+C】组合键复制图像。

图7-49 全选图像

STEP 04 切换至“实战159-1”素材图像，单击“编辑”|“选择性粘贴”|“贴入”命令，即可在选区内贴入图像，并调整至合适位置，如图7-50所示。

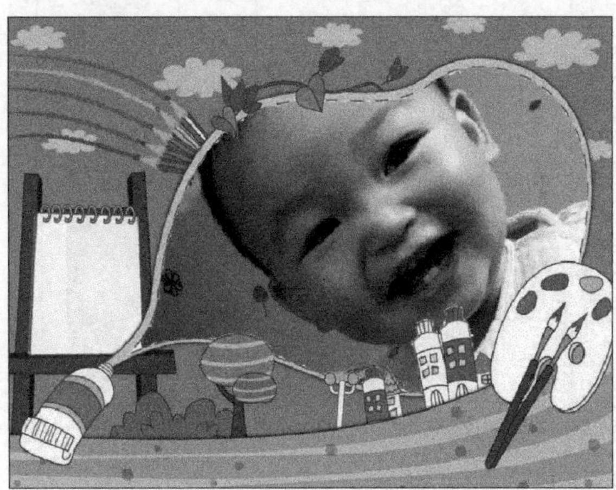

图7-50 在选区内贴入图像

知识扩展

除了可以运用上述方法复制和粘贴选区图像外，还有以下2种相关的快捷键。

- 快捷键1：按【Ctrl+C】组合键复制选区内的图像。
- 快捷键2：按【Ctrl+V】组合键粘贴所复制的图像。

实战160 变换选区

▶实例位置：无
▶素材位置：光盘\素材\第7章\实战160.jpg
▶视频位置：光盘\视频\第7章\实战160.mp4

• 实例介绍 •

“变换选区”命令可以直接改变选区的形状而不会对选取的内容进行更改。运用变换选区的方法，可以对选区进行缩放、旋转、镜像等操作。

• 操作步骤 •

STEP 01 单击“文件”|“打开”命令，打开一幅素材图像，如图7-51所示。

图7-51 打开素材图像

STEP 02 选取工具箱中的“矩形选框工具”，在适当位置创建矩形选区，如图7-52所示。

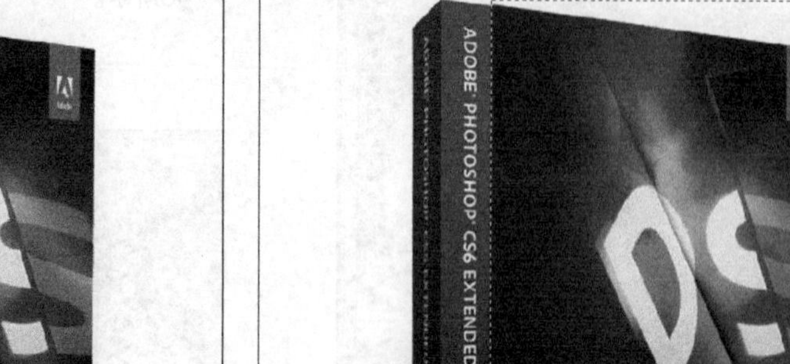

图7-52 创建选区

STEP 03 单击“选择”|“变换选区”命令，调出变换控制框，如图7-53所示。

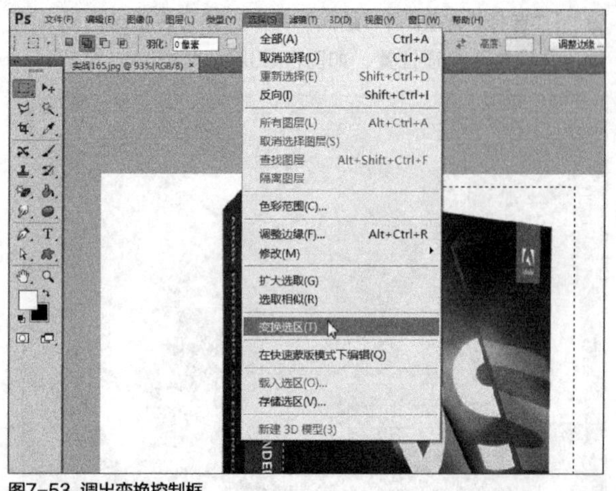

图7-53 调出变换控制框

STEP 04 按住【Ctrl】键的同时拖曳各控制柄，即可变换选区，按【Enter】键确认变换操作，如图7-54所示。

图7-54 变换选区

知识扩展

变换选区时对选区内的图像没有任何影响，当运用“变换”命令时，则会将选区内的图像一起变换。

实战161 剪切选区图像

▶实例位置：光盘\实例\第7章\实战161.jpg
▶素材位置：光盘\素材\第7章\实战161.jpg
▶视频位置：光盘\视频\第7章\实战161.mp4

• 实例介绍 •

在对选区图像进行调整时，如果用户需要将图像中的全部或部分区域进行移动、删除等操作，可进行剪切操作。

• 操作步骤 •

STEP 01 单击“文件”|“打开”命令，打开一幅素材图像，如图7-55所示。

STEP 02 选取工具箱中的“多边形套索工具”，在适当位置创建选区，如图7-56所示。

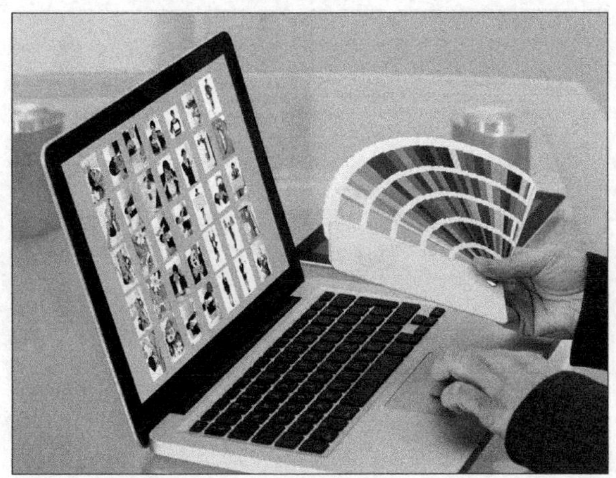
图7-55 打开素材图像

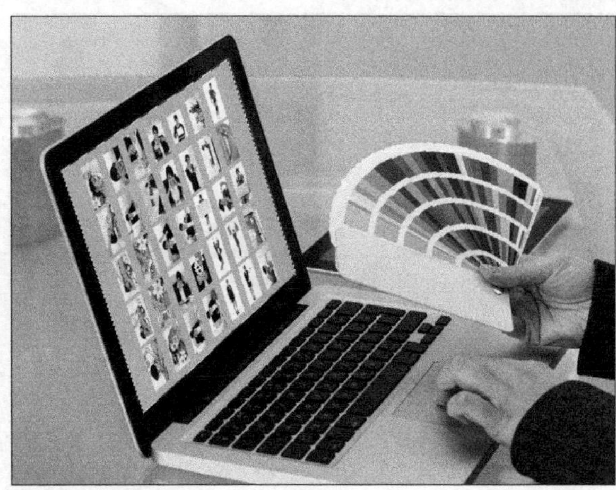
图7-56 创建选区

STEP 03 单击工具箱底部的“背景色”色块，弹出对话框，设置各选项，如图7-57所示，单击“确定”按钮。

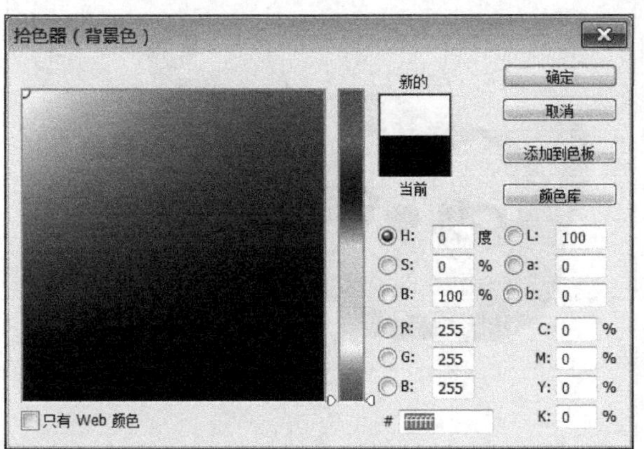

图7-57 “拾色器（背景色）”对话框

STEP 04 单击“编辑”|“剪切”命令，即可剪切选区内的图像，如图7-58所示。

图7-58 剪切选区内图像

知识扩展

“剪切”命令相对应的快捷键为【Ctrl+X】。

知识扩展

单击“编辑”|“剪切”命令后，选区内的填充颜色默认为背景色。

实战 162 移动选区内图像

▶实例位置：光盘\实例\第7章\实战162.jpg
▶素材位置：光盘\素材\第7章\实战162.jpg
▶视频位置：光盘\视频\第7章\实战162.mp4

• 实例介绍 •

在背景图层中移动选区图像时，留下的空白区域以背景色填充；在普通图层中移动选区图像时，留下的空白区域将变为透明，从而显示出下方图层的图像。

• 操作步骤 •

STEP 01 单击“文件”|“打开”命令，打开一幅素材图像，如图7-59所示。

STEP 02 选取工具箱中的“矩形选框工具”，在适当位置创建矩形选区，如图7-60所示。

图7-59 打开素材图像

图7-60 创建选区

STEP 03 选取工具箱中的“移动工具”，将选区内的图像移动至合适位置，如图7-61所示。

STEP 04 单击“选择”|“取消选择”命令，取消选区，如图7-62所示。

图7-61 移动选区图像

图7-62 取消选区

专家提醒

在移动选区内图像的过程中，按住【Ctrl】键的同时单击键盘上←、→、↑、↓方向键来移动选区，可以分别使图像向左、右、上、下移动一个像素。

知识扩展

在移动选区内图像的过程中，按住【Shift】键的同时，可沿水平、垂直或45度角方向进行移动。使用键盘上的4个方向键可以来移动选区，按一次键可以移动一个像素。按【Shift+方向键】组合键，按一次键可以移动10个像素的位置。按住【Ctrl】键的同时并拖曳选区，则可以移动选区内的图像。

实战163 重选选区

▶实例位置：光盘\实例\第7章\实战163jpg、实战163.Psd
▶素材位置：光盘\素材\第7章\实战163jpg
▶视频位置：光盘\视频\第7章\实战163.mp4

• 实例介绍 •

如果在选择相应创建选区工具新建选区后，选区内图像并不是需要的内容，用户可以重新建立选区。

• 操作步骤 •

STEP 01 单击“文件”|“打开”命令，打开一幅素材图像，如图7-63所示。

STEP 02 选取工具箱中的“矩形选框工具”，在适当位置创建矩形选区，如图7-64所示。

图7-63 打开素材图像

图7-64 创建选区

STEP 03 按【Ctrl+D】组合键，取消选区，选取“魔棒工具”，在空白处单击鼠标左键，单击“选择”|“反向”命令，反选图像，如图7-65所示。

STEP 04 按【Ctrl+J】组合键复制一个新图层，并隐藏“背景”图层，如图7-66所示。

图7-65 反选图像

图7-66 复制新图层并隐藏背景图层

知识扩展

除了可以运用上述方法取消和重选选区图像外，还有以下两种相关的快捷键。

- 快捷键1：按【Ctrl+D】组合键，可以取消选区。
- 快捷键2：按【Shift+Ctrl+D】组合键，可以重新选择选区。

实战 164 存储选区

- 实例位置：无
- 素材位置：光盘\素材\第7章\实战164.jpg
- 视频位置：光盘\视频\第7章\实战164.mp4

• 实例介绍 •

用户在创建了选区之后，为了防止操作失误造成选区丢失的情况发生，或者在后面制作其他效果时还需要该选区，此时可以将选区存储起来。

• 操作步骤 •

STEP 01 单击“文件”|“打开”命令，打开一幅素材图像，如图7-67所示。

STEP 02 选取工具箱中的“椭圆选框工具”，在适当位置创建椭圆选区，如图7-68所示。

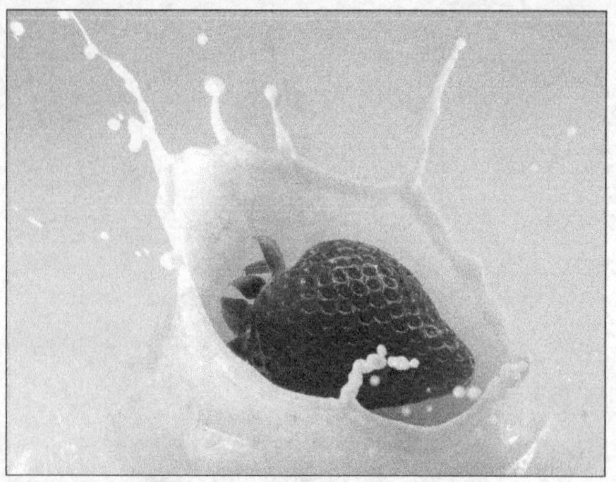

图7-67 打开素材图像

图7-68 创建选区

STEP 03 单击“选择”|“储存选区”命令，如图7-69所示。

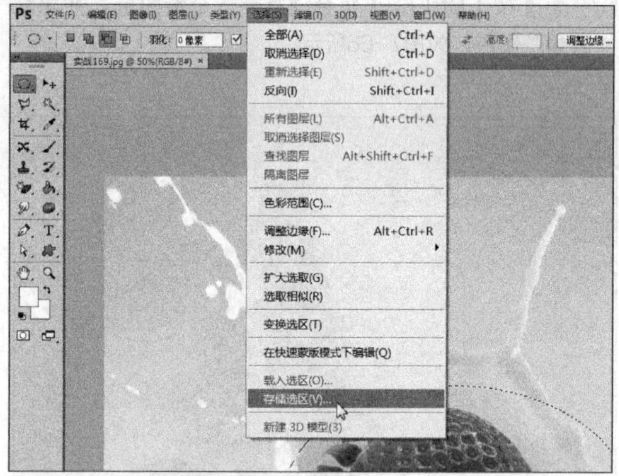

图7-69 单击“储存选区”命令

STEP 04 执行上述操作后，即可弹出“储存选区”对话框，在“名称”右侧的文本框中输入1，如图7-70所示。

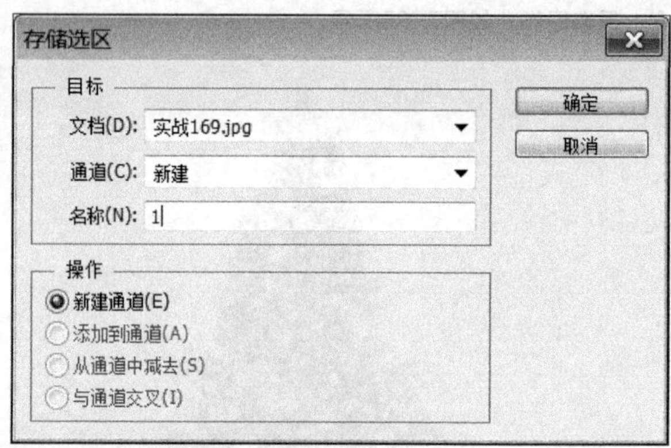

图7-70 设置各参数

知识扩展

“存储选区”对话框各含义如下。

- 文档：可以选择保存选区的目标文件，默认情况下选区保存在当前文档中，也可以选择将选区保存在一个新建的文档中。
- 通道：可以选择将选区保存到一个新建的通道，或保存到其他Alpha通道中。
- 名称：设置存储的选择区域在通道中的名称。
- 新建通道：选中该单选按钮，可以将当前选区存储在新通道中。
- 从通道中减去：选中该单选按钮，可以从目标通道内的现有选区中减去当前的选区。
- 添加到通道：选中该单选按钮，可以将选区添加到目标通道的现有选区中。
- 与通道交叉：选中该单选按钮，可以从与当前选区和目标通道中的现有选区交叉的区域中存储为一个选区。

STEP 05 单击“确定”按钮，然后单击“窗口”|“通道”命令，弹出“通道”面板，选区将被储存至“通道”面板中，如图7-71所示。

图7-71 储存至面板

知识扩展

除了以上的方法外，用户也可以在新建选区后，直接单击“通道”面板中的“将选区储存为通道”按钮。

实战 165 载入选区

▶实例位置：无
▶素材位置：无
▶视频位置：光盘\视频\第7章\实战165.mp4

• 实例介绍 •

用户在存储选区之后，根据工作需要，可以将存储的选区载入当前图像。

• 操作步骤 •

STEP 01 打开素材图像，如图7-72所示。

图7-72 打开素材图像

STEP 02 调出“通道”面板，按住【Ctrl】键的同时单击相应通道，如图7-73所示。

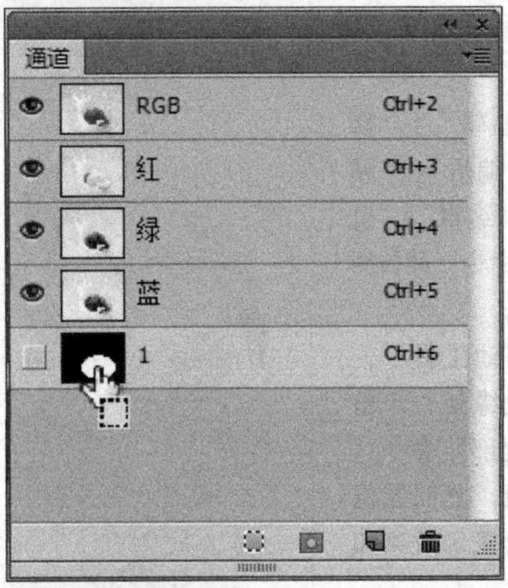

图7-73 单击通道

STEP 03 执行上述操作后即可载入选区，如图7-74所示。

图7-74 载入选区

知识扩展

用户也可以选中相应通道，单击“将通道作为选区载入”按钮，单击“RGB通道”取消选中通道的显示，即可载入选区。

实战 166 复制粘贴选区图像

▶实例位置：光盘\实例\第7章\实战166.jpg、实战166.Psd
▶素材位置：光盘\素材\第7章\实战166.jpg
▶视频位置：光盘\视频\第7章\实战166.mp4

• 实例介绍 •

选择图像编辑窗口中需要的区域后，用户可将选区内的图像复制到剪贴板中进行粘贴，以复制选区内的图像。

• 操作步骤 •

STEP 01 单击“文件”|“打开”命令，打开一幅素材图像，如图7-75所示。

STEP 02 选取工具箱中的“矩形选框工具”，在适当位置创建矩形选区，如图7-76所示。

图7-75 打开素材图像

图7-76 创建选区

STEP 03 单击“编辑”|“拷贝”命令，单击“编辑”|“粘贴”命令，再单击“编辑”|“变换”|“水平翻转”命令，翻转图像，如图7-77所示。

STEP 04 选取“移动工具”，移动图像至右侧边缘处，单击“图像”|“显示全部”命令，即可显示全部图像，此时图像编辑窗口中的图像显示效果如图7-78所示。

图7-77 调整选区图像

图7-78 移动并显示全部图像

实战167 扩展选区图像

▶实例位置：光盘\实例\第7章\实战167.jpg
▶素材位置：光盘\素材\第7章\实战167.jpg
▶视频位置：光盘\视频\第7章\实战167.mp4

• 实例介绍 •

单击“选择”|“修改”|“扩展”命令，设置“扩展量”数值，可以扩大当前选区，数值越大，选区被扩展得就越大。

• 操作步骤 •

STEP 01 单击“文件”|“打开”命令，打开一幅素材图像，如图7-79所示。

STEP 02 选取工具箱中的“魔棒工具”，在工具属性栏中单击“添加到选区”按钮，创建黑色字母选区，如图7-80所示。

图7-79 打开素材图像

图7-80 创建选区

专家提醒

除了可以运用上述方法弹出“扩展选区”对话框之外，依次按【Alt】、【S】、【M】、【E】键也可以弹出“扩展选区”对话框。

STEP 03 单击“选择”|“修改”|“扩展”命令，弹出“扩展选区”对话框，设置各选项，如图7-81所示。

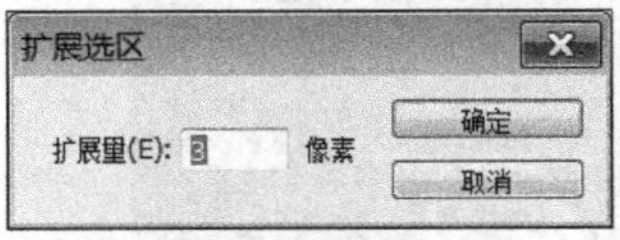

图7-81 “扩展选区”对话框

STEP 04 单击“确定”按钮，即可扩展选区，此时图像编辑窗口中的图像显示效果如图7-82所示。

图7-82 扩展选区

STEP 05 单击前景色色块，弹出“拾色器（前景色）”对话框，设置各选项，如图7-83所示，单击“确定”按钮。

图7-83 “拾色器（前景色）”对话框

STEP 06 按【Alt+Delete】组合键填充前景色，并取消选区，如图7-84所示。

图7-84 填充选区

实战 168 收缩选区图像

▶实例位置：光盘\实例\第7章\实战168.jpg
▶素材位置：无
▶视频位置：光盘\视频\第7章\实战168.mp4

• 实例介绍 •

单击“选择”|“修改”|“收缩”命令，设置“收缩量”数值，可以收缩当前选区，数值越大，选区被收缩得就越大，与“扩展”相反。

• 操作步骤 •

STEP 01 打开素材图像，选取“魔棒工具”，在相应位置单击，建立选区，如图7-85所示。

STEP 02 单击“选择”|“修改”|“收缩”命令，弹出“收缩选区”对话框，在对话框中设置收缩量为7，单击“确定”按钮，即可收缩选区，效果如图7-86所示。

图7-85 打开素材图像并建立选区

STEP 03 单击前景色色块，弹出“拾色器（前景色）”对话框，设置各选项，如图7-87所示，单击“确定”按钮。

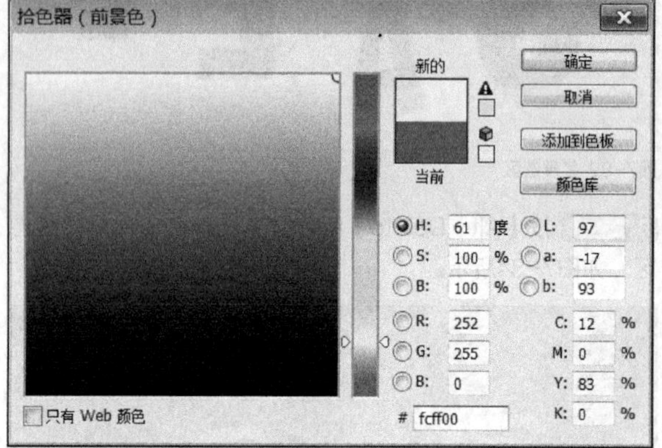

图7-87 “拾色器（前景色）”对话框

图7-86 收缩选区

STEP 04 按【Alt+Delete】组合键填充前景色，按【Ctrl+D】组合键，取消选区，效果如图7-88所示。

图7-88 填充选区

知识扩展

当选区的边缘已经到达图像文件的边缘时再应用“收缩”命令，与图像边缘相接处的选区不会被收缩。

实战169 羽化选区图像

▶实例位置：光盘\实例\第7章\实战169.jpg、实战169.Psd
▶素材位置：光盘\素材\第7章\实战169.Psd
▶视频位置：光盘\视频\第7章\实战169.mp4

• 实例介绍 •

羽化选区是图像处理中经常用到的操作，羽化选区操作可以在选区和背景之间建立一条模糊的过渡边缘，使选区产生“晕开”的效果。

• 操作步骤 •

STEP 01 单击“文件”|“打开”命令，打开一幅素材图像，如图7-89所示。

STEP 02 按住【Ctrl】键的同时，单击“图层1”图层缩览图，调出选区，如图7-90所示。

图7-89 打开素材图像

图7-90 调出选区

专家提醒

羽化选区时，过渡边缘的宽度即为“羽化半径”，它以“像素”为单位。除了可以运用上述方法弹出“羽化选区”对话框外，还有以下两种方法。

- 快捷菜单：创建好选区后，单击鼠标右键，在弹出快捷菜单中选择“羽化”选项，也可以弹出“羽化选区”对话框。
- 快捷键：创建好选区后，按住【Shift+F6】组合键也可以弹出“羽化选区”对话框。

STEP 03 单击“选择”|“修改”|“羽化”命令，弹出“羽化选区”对话框，设置各选项，如图7-91所示，单击“确定”按钮。

STEP 04 按【Ctrl+Shift+I】组合键，反选选区，连续按4次【Delete】键删除选区中的图像，按【Ctrl+D】组合键取消选区，如图7-92所示。

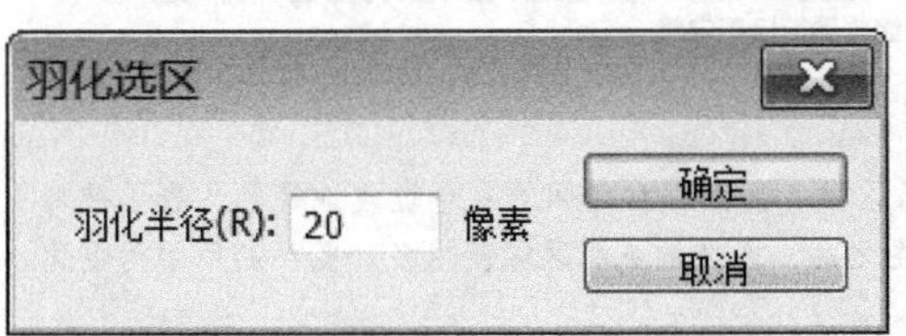

图7-91 “羽化选区”对话框

图7-92 羽化选区效果

知识扩展

掌握羽化基本知识和技巧：在Photoshop中对图像进行处理或者将对象抠出之后，羽化的选区会在图像的边界产生逐渐淡出的效果，在合成图像时，适当地设置羽化可以使合成效果更加自然。

（1）认识羽化

羽化选区就是通过建立选区和选区周围像素之间的转换边界来模糊边缘。图7-93所示为设置羽化之后抠出的图像；图7-94所示为没有进行羽化而直接抠出的图像。

图7-93 设置羽化之后抠出的图像

图7-94 无羽化而直接抠出的图像

羽化是非常重要的功能，应用非常广泛。羽化能够使抠出的对象的边缘变得柔和，与其他图像合成时，效果更加自然，如图7-95所示。而没有羽化的边缘则会过于生硬，如图7-96所示。

图7-95 边缘柔化衔接自然

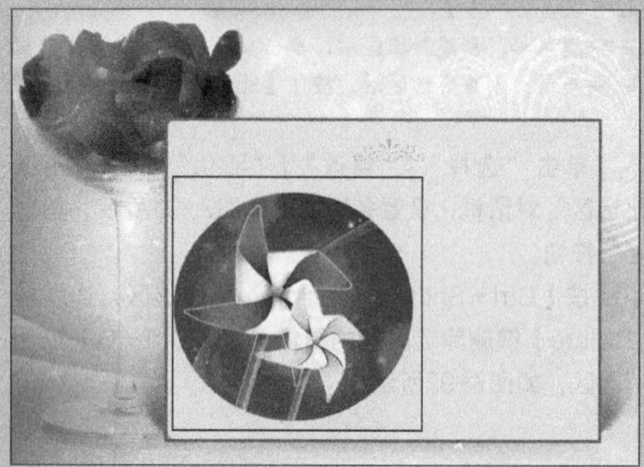
图7-96 边缘生硬衔接不自然

（2）羽化原理

在Alpha通道中，白色代表了选中的区域，黑色代表了选区之外的图像区域，而黑、白之间的灰色过渡地带则代表了被部分选择的区域，即羽化的区域。灰色的范围越广，说明羽化范围越广，抠图之后，图像的透明区域就越多。图7-97所示为羽化20像素的通道效果，图7-98所示为羽化20像素抠取的图像。

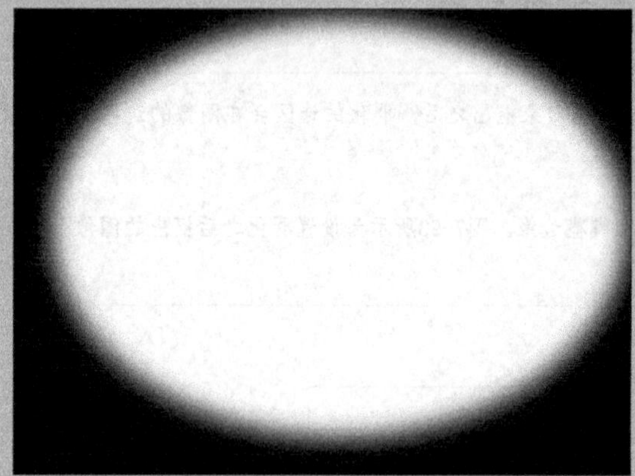
图7-97 羽化20像素的通道效果

图7-98 羽化20像素抠取的图像

而灰色越深，则说明羽化程度越高，抠图之后，图像的透明程度就越高。图7-99所示为羽化40像素的通道效果，图7-100所示为羽化40像素抠取的图像。

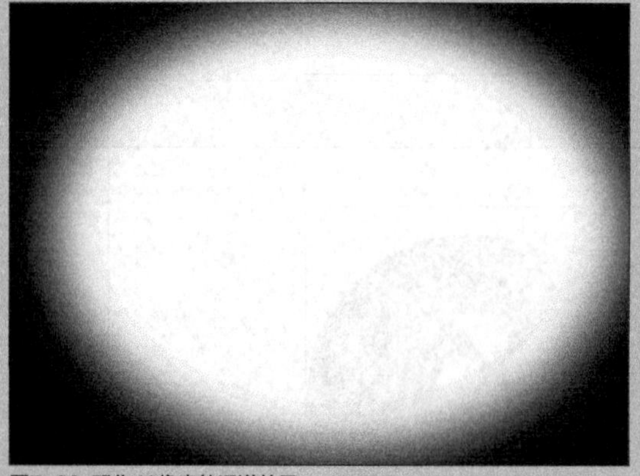
图7-99 羽化40像素的通道效果

图7-100 羽化40像素抠取的图像

由上可知，只要编辑Alpha通道中的灰色便可以实现对羽化的控制。如果选区没有进行羽化，则通道中就没有灰色。如图7-101所示为没有羽化的选区无灰色，用户可以通过“高斯模糊”滤镜生成灰色，从而创建羽化区域。图7-102所示为运用“高斯模糊”滤镜处理通道，图7-103所示为生成灰色羽化区域。

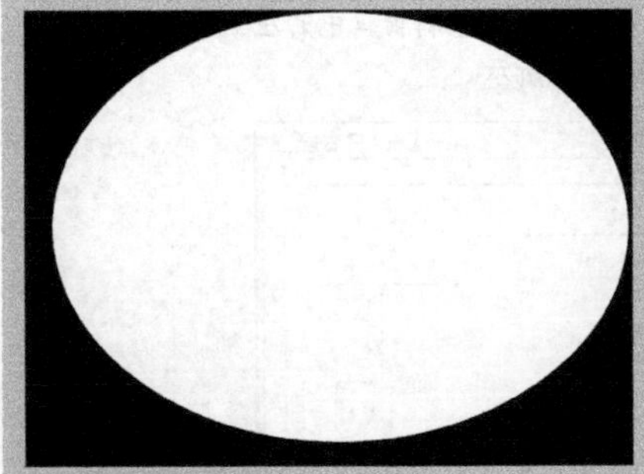
图7-101 没有羽化的选区无灰色

图7-102 运用"高斯模糊"滤镜处理通道

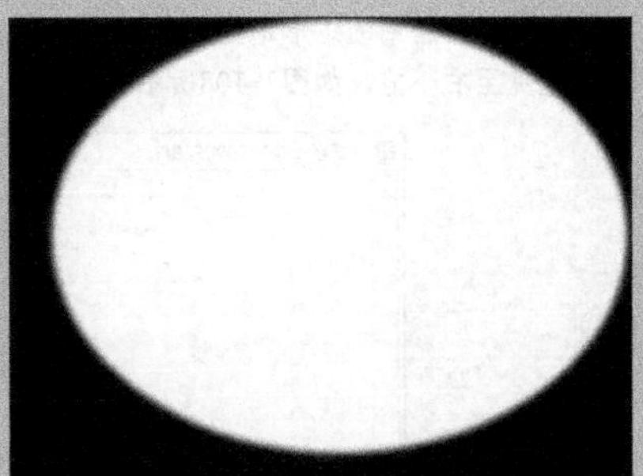
图7-103 生成灰色羽化区域

如果需要改变羽化范围，可以运用画笔工具或"曲线"命令调整灰色范围。如果需要消除羽化，则可以使用"阈值"命令将灰色地带去除。通道是灰度图像，基本上可以使用所有选框工具、套索工具、绘画工具、调色命令、滤镜等进行编辑。

羽化不仅影响选区边界内的图像，还会影响到选区边界以外的图像。将一个羽化值为40像素的图像抠出，如图7-104所示。观察可以看到，选区内部和外部都有半透明的图像。准确地说，以原有的选区编辑为基准，羽化范围覆盖了选区内部和外部各20像素的图像区域。

图7-104 抠出羽化值为40像素的图像

（3）设置羽化

➢ 创建选区之前设置羽化：使用任意套索或选框工具创建选区之前，都可以在工具选项栏中为当前工具所生成的选区提前设置"羽化"值。图7-105所示为羽化工具属性栏。

图7-105 羽化工具属性栏

羽化选项比较方便，但也有很大的缺点。因为设置"羽化"值以后，Photoshop会始终保留该值，因此该工具以后创建的所有选区都会被应用羽化，除非将其设置为0px，或根据需要修改为其他值。如果因为忘记修改"羽化"值而创建了不符合要求的选区，则只能重新选择。

➢ 创建选区之后设置羽化：在图像中创建选区之后，可以通过"羽化"命令和"调整边缘"命令对选区进行羽化。

（4）羽化与消除锯齿的区别

在Photoshop中，椭圆选框工具、套索工具、多边形套索工具、磁性套索工具和魔棒工具都包含"消除锯齿"选项，它可以深入到像素级别控制锯齿的产生。

在Photoshop中，新建一个宽和高均为12像素、分辨率为72像素/英寸的文档，单击"确定"按钮，如图7-106所示。新建的文档较小，将其进行放大，以适合屏幕的大小，如图7-107所示。

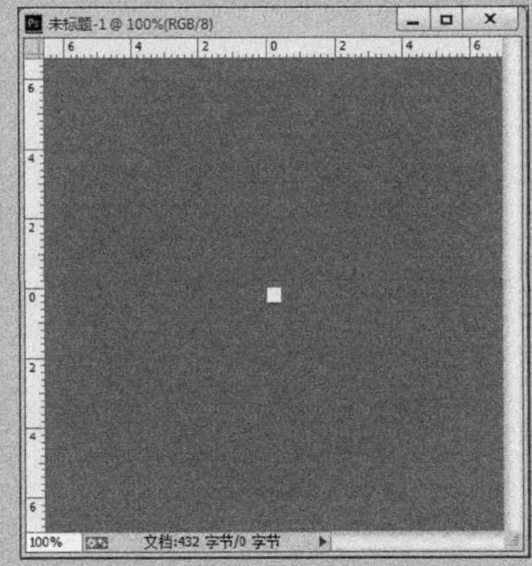

图7-106 新建文档

图7-107 使文档适合屏幕大小

选取工具箱中的矩形选框工具，在工具属性栏中，取消选中“消除锯齿”复选框，在图像编辑窗口中的左上方单击鼠标左键并拖曳至右下方，如图7-108所示，至合适位置后，释放鼠标左键，选区形状如图7-109所示。

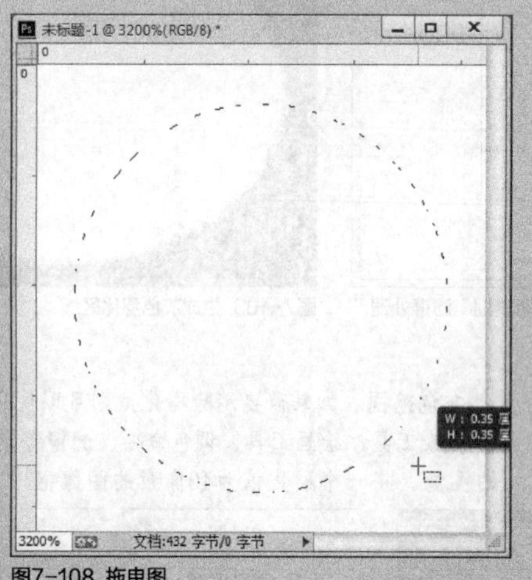

图7-108 拖曳图

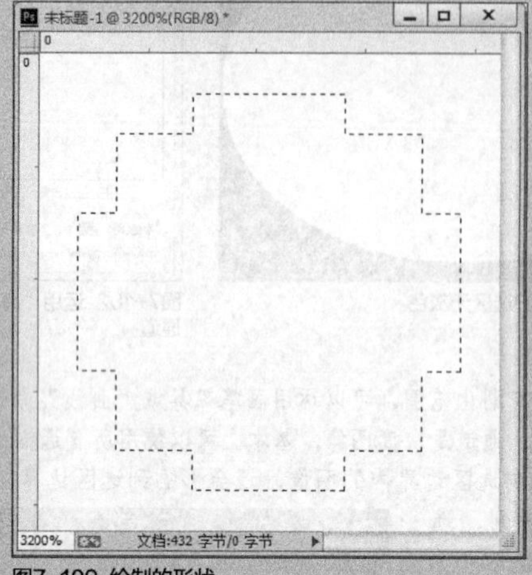

图7-109 绘制的形状

将前景色设置为黑色。如图7-110所示。为选区填充前景色，按【Ctrl+D】组合键，取消选区，如图7-111所示。当前的图像是在未设置消除锯齿状态下对圆形选区进行填充的效果，观察可以看到，图像的边缘呈现出了清晰的锯齿。

图7-110 设置前景色

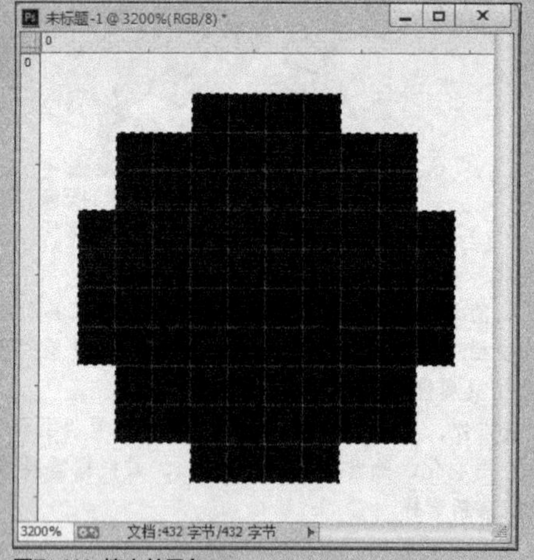

图7-111 填充前景色

重新在空白文档中选择椭圆选框工具，在工具属性栏中选中“消除锯齿”复选框，然后绘制一个圆形选区，如图7-112所示，可以看到，当前的选区与未设置消除锯齿时创建的圆形选区是一样的，选区的边缘仍然呈现锯齿，这说明消除锯齿功能的作用对象不是选区。为选区填充黑色，并取消选区，如图7-113所示。

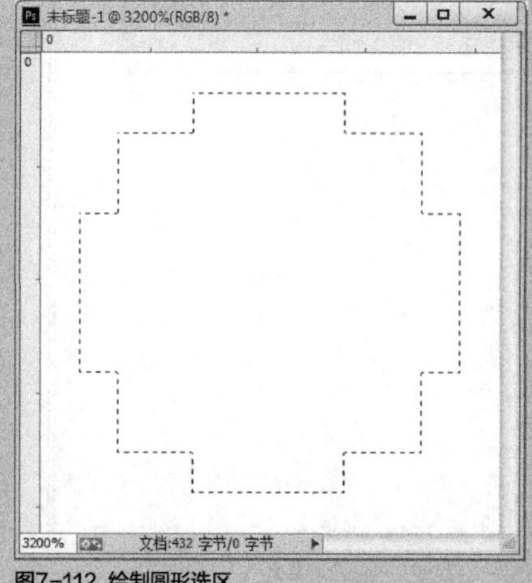

图7-112 绘制圆形选区

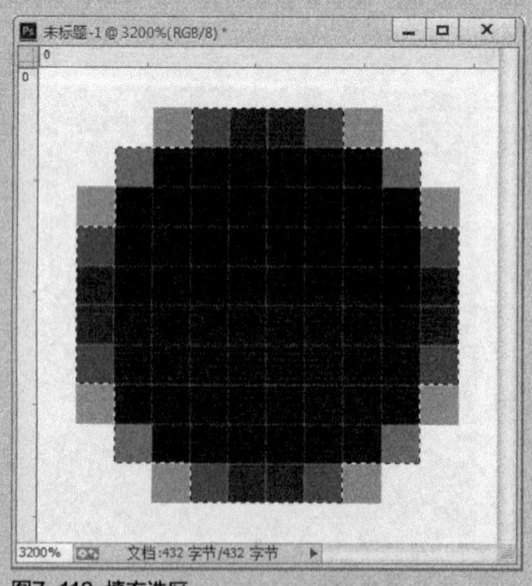

图7-113 填充选区

从以上两图中可以看到，启用了“消除锯齿”功能创建的选区在外形上没有变化，但进行填充以后，选区边缘产生了许多灰色的像素，由此可知，“消除锯齿”功能影响的是选区周围的像素而非选区。

在建立文档时，将文件的尺寸设置得非常小，是为了能够观察到像素的变化。因此，即使是启用了“消除锯齿”功能，仍然能够看到锯齿的存在。如果将窗口的缩放比例调整为100%，那些选区边缘新生成的像素将发挥作用，产生过渡效果，锯齿将不再明显。

（5）“羽化”命令与消除锯齿

“羽化”命令与消除锯齿的共同之处是都可以平滑硬边缘，其区别主要体现在以下几个方面。

➢ 从工作原理上来看：羽化是通过建立选区和选区周围像素之间的转换边界来模糊边缘。而消除锯齿则是通过软化边缘像素与背景像素之间的颜色转换，进而使选区的锯齿状边缘变得平滑的。

➢ 从影响范围来看：羽化范围越大，选区边缘像素的模糊区域就越广，选区周围图像细节的损失也就越多。而消除锯齿是不能设置范围的，它是通过在选区边缘1个像素宽的边框中添加与周围图像相近的颜色，使得颜色的过渡变得柔和的。由于只有边缘像素发生了改变，因而这种变化对图像细节的影响是微乎其微的。

➢ 从创建方式来看：羽化既可以在创建选区前的工具属性栏中设置，也可以在创建选区之后进行。而“消除锯齿”选项则必须在使用工具创建选区前选中才能发挥作用。

➢ 从应用范围来看：所有的选框工具和套索工具都可以在工具属性栏中设置“羽化”选项，另外还可以为任意的选区设置羽化。而“消除锯齿”选项只能在套索工具、多边形套索工具、磁性套索工具、椭圆选框工具和魔棒工具的工具属性栏中设置。

➢ 从用途上来看：在移动、剪切、复制或填充选区时，羽化效果是很明显的，而消除锯齿则在剪切、复制和粘贴选区以创建合成的图像时非常有用。

（6）羽化选区时出现提示

对选区进行羽化时，如果出现“任何像素都不选大于50%选择。选区边将不可见”的提示对话框，说明当前的选区小，而羽化半径大，选择程度没有超过50%，若应用羽化，选区可能会变得非常模糊，以至于我们在图像中看不到标识选区的蚂蚁行线。单击“确定”按钮，表示接受当前的设置。如果不想出现这种情况，则需要减小羽化半径，或者扩展选区的范围。

实战170 描边选区图像

▶ 实例位置：光盘\实例\第7章\实战170.jpg
▶ 素材位置：光盘\素材\第7章\实战170.jpg
▶ 视频位置：光盘\视频\第7章\实战170.mp4

• 实例介绍 •

用户在编辑图像时，根据工作需要，使用“描边”命令可以为选区中的图像添加不同颜色和宽度的边框，以增强图像的视觉效果。

• 操作步骤 •

STEP 01 单击“文件”|“打开”命令，打开一幅素材图像，如图7-114所示。

STEP 02 按【Ctrl+A】组合键，全选图像，如图7-115所示。

图7-114 打开素材图像

图7-115 全选选区

STEP 03 单击“编辑”|“描边”命令，弹出“描边”对话框，设置“宽度”为20px、“颜色”为绿色（RGB参数分别为43、122、18），如图7-116所示。

STEP 04 单击“确定”按钮，即可描边选区，并取消选区，效果如图7-117所示。

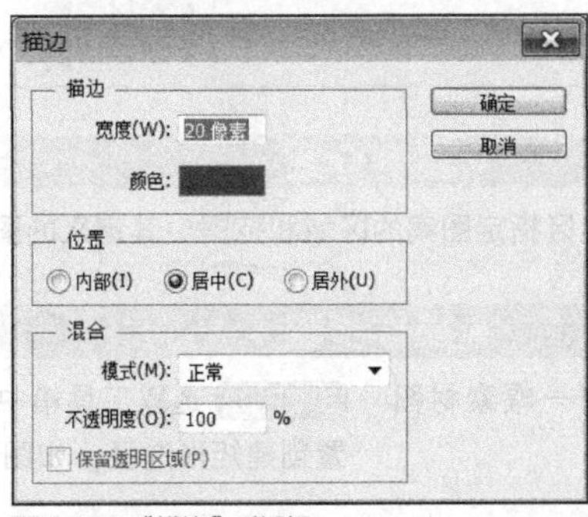

图7-116 “描边”对话框

图7-117 描边选区

专家提醒

除了可以运用上述命令弹出“描边”对话框外，还可以选取工具箱中的矩形选框工具，移动鼠标至选区中，单击鼠标右键，在弹出的快捷菜单中选择“描边”选项。

实战171 填充选区图像

▶实例位置：光盘\实例\第7章\实战171.jpg
▶素材位置：光盘\素材\第7章\实战171.jpg
▶视频位置：光盘\视频\第7章\实战171.mp4

• 实例介绍 •

用户创建选区后，可以对选区内部填充前景色或背景色，而利用“填充”命令还可以选择更多的填充效果。

• 操作步骤 •

STEP 01 单击“文件”|“打开”命令，打开一幅素材图像，如图7-118所示。

图7-118 打开素材图像

STEP 02 选取工具箱中的“魔棒工具”，在工具属性栏中设置“容差”为10px，单击白色边框区域，创建选区，如图7-119所示。

图7-119 创建选区

STEP 03 单击“编辑”|“填充”命令，弹出“填充”对话框，设置“使用”|“颜色”，弹出“拾色器（填充颜色）”面板，设置颜色为绿色（RGB参数分别为29、121、47）、“不透明度”为80%，如图7-120所示。

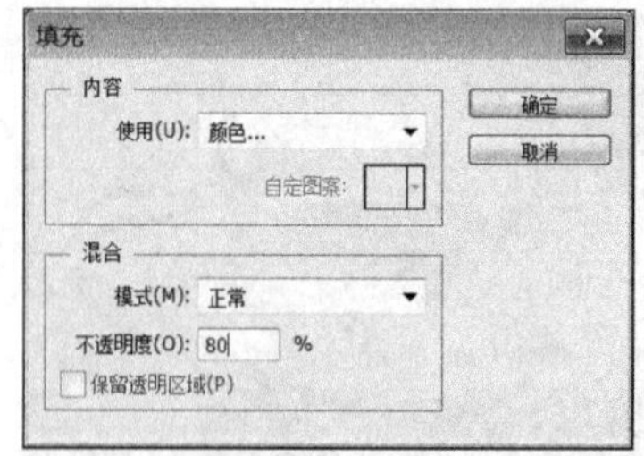

图7-120 “填充”对话框

STEP 04 单击“确定”按钮，即可填充选区，并取消选区，效果如图7-121所示。

图7-121 填充选区

实战172 使用选区定义图案

▶实例位置：光盘\实例\第7章\实战172.jpg
▶素材位置：光盘\素材\第7章\实战172.jpg
▶视频位置：光盘\视频\第7章\实战172.mp4

• 实例介绍 •

用户在使用选区定义图案时，需要使用选区指定图案的区域和范围。其定义的图案通常用来填充图像。

• 操作步骤 •

STEP 01 单击“文件”|“打开”命令，打开一幅素材图像，如图7-122所示。

STEP 02 选取工具箱中的“矩形选框工具”，在适当位置创建矩形选区，如图7-123所示。

图7-122 打开素材图像

图7-123 创建选区

STEP 03 单击“编辑”|“定义图案”命令，弹出“图案名称”对话框，设置“名称”为“花纹”，如图7-124所示，单击“确定”按钮，即可将选区定义为图案，并按【Ctrl+D】组合键，取消选区。

图7-124 “图案名称”对话框

STEP 04 选取工具箱中的“油漆桶工具”，在工具属性栏中设置“设置填充区域的源”为“图案”、“点按可打开‘图案’拾色器”为“花纹”，在图像编辑窗口中填充图案，效果如图7-125所示。

图7-125 设置油漆桶工具属性

实战 173 在选区内贴入图像

▶实例位置：光盘\实例\第7章\实战173.jpg、实战173.Psd
▶素材位置：光盘\素材\第7章\实战173-1.jpg、实战173-2.jpg
▶视频位置：光盘\视频\第7章\实战173.mp4

• 实例介绍 •

使用“贴入”命令，可以将剪贴板中的图像粘贴到同一图像或不同图像选区内的相应位置，并生成一个蒙版图层。

• 操作步骤 •

STEP 01 单击“文件”|“打开”命令，打开两幅素材图像，如图7-126所示。

STEP 02 切换至“实战173-1”图像编辑窗口中，选取“魔棒工具”和“多变形套索工具”在编辑区中的合适位置建立选区，效果如图7-127所示。

图7-126 打开素材图像

图7-127 建立选区

STEP 03 按【Delete】键，删除选区的部分，双击图层，在弹出的“图层样式”对话框中选中“投影”复选框，单击“确定”按钮，为边框添加阴影效果，如图7-128所示。

图7-128 添加阴影效果

STEP 04 切换至“实战173-2”素材图像中，按【Ctrl+A】组合键全选图像，按【Ctrl+C】组合键复制图像，再切换至“实战173-1”素材图像中，按【Ctrl+Shift+Alt+V】组合键粘贴图像，调整图层顺序，并调整图像大小和位置，如图7-129所示。

图7-129 调整大小和位置

实战174 清除选区内图像

▶实例位置：光盘\实例\第7章\实战174.jpg、实战174.Psd
▶素材位置：光盘\素材\第7章\实战174.jpg
▶视频位置：光盘\视频\第7章\实战174.mp4

• 实例介绍 •

在Photoshop中，可以使用“清除”命令清除选区内的图像。如果在背景图层中清除选区图像，将会在清除的图像区域内填充背景色；如果在其他图层中清除图像，将会得到透明区域。

• 操作步骤 •

STEP 01 单击“文件”|“打开”命令，打开一幅素材图像，如图7-130所示。

图7-130 打开素材图像

STEP 02 选取“多变形套索工具”在编辑区中的合适位置建立选区，如图7-131所示。

图7-131 建立选区

STEP 03 双击图层，将图层解锁，按【Delete】键，即可清除选区内的图像，取消选区，如图7-132所示。

图7-132 清除选区内图像

7.4 修改选区

实战175 边界选区

▶实例位置：光盘\实例\第7章\实战175.jpg
▶素材位置：光盘\素材\第7章\实战175.jpg
▶视频位置：光盘\视频\第7章\实战175.mp4

• 实例介绍 •

使用“边界”命令可以得到具有一定羽化效果的选区，因此在进行填充或描边等操作后可得到具有柔边效果的图像。

• 操作步骤 •

STEP 01 打开素材图像，选取工具箱中的“魔棒工具”，在图像编辑窗口中的合适位置建立选区，再单击“选择”|“反向”命令，即可将选区进行反向，如图7-133所示。

图7-133 反向选择选区

STEP 02 单击“选择”|“修改”|“边界”命令，弹出“边界选区”对话框，设置“宽度”为10，单击“确定”按钮，即可执行“边界”命令，如图7-134所示。

图7-134 修改选区

STEP 03 设置前景色为黑色，并为选区填充前景色，取消选区，如图7-135所示。

图7-135 最终效果

实战176 平滑选区

▶实例位置：光盘\实例\第7章\实战176.jpg
▶素材位置：光盘\素材\第7章\实战176.jpg
▶视频位置：光盘\视频\第7章\实战176.mp4

• 实例介绍 •

使用“边界”命令可以在所创建的选区边缘新建一个选区，而使用“平滑”命令可以平滑选区的尖角和去除锯齿，从而使图像中选区的边缘更加流畅和平滑。

• 操作步骤 •

STEP 01 打开素材图像，选取工具箱中的“魔棒工具”，在图像编辑窗口的合适位置建立选区，如图7-136所示。

STEP 02 单击“选择”|“修改”|“平滑”命令，如图7-137所示。

STEP 03 在弹出的“平滑”对话框中，设置“取样半径”为10像素，单击“确定”按钮，设置前景色为淡蓝色，并为选区填充前景色，取消选区，如图7-138所示。

图7-136 建立选区

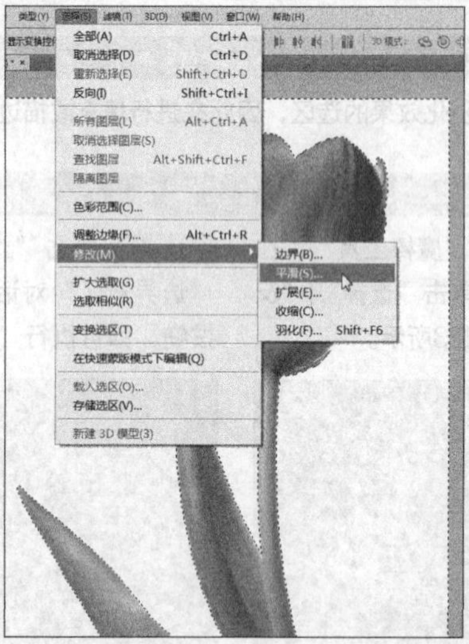

图7-137 单击“平滑”命令

图7-138 最终效果

技巧点拨

除了运用上述方法外，还可按【Alt+S+M+S】组合键，弹出“平滑选区”对话框进行设置。

实战 177 调整选区

▶实例位置：光盘\实例\第7章\实战177.jpg、实战177.Psd
▶素材位置：光盘\素材\第7章\实战177.jpg
▶视频位置：光盘\视频\第7章\实战177.mp4

• 实例介绍 •

在图像的背景颜色较为单一的情况下，使用“反向”命令最为适合，而使用“变换选区”命令可以直接改变选区形状，不会对选取的内容进行变换。

• 操作步骤 •

STEP 01 打开素材图像，选取工具箱中的“魔棒工具”，在工具属性栏上设置“容差”为10，在编辑窗口中的合适位置创建选区，按【Ctrl+Shift+I】组合键反选选区，如图7-139所示。

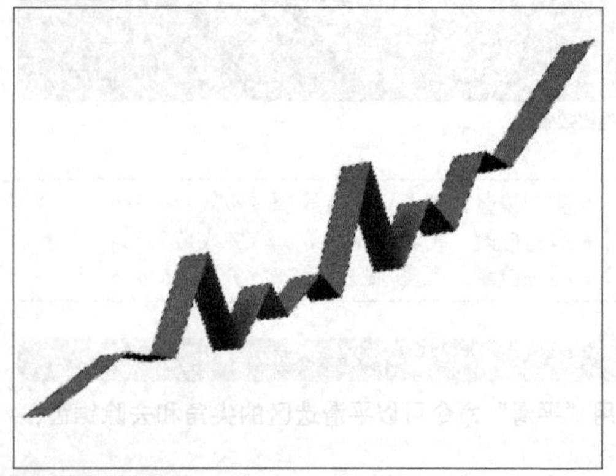

图7-139 反选选区

STEP 02 单击“选择”|“变换选区”命令，如图7-140所示。

图7-140 变换选区

STEP 03 调出变换控制框，调整选区的大小和位置，如图7-141所示。

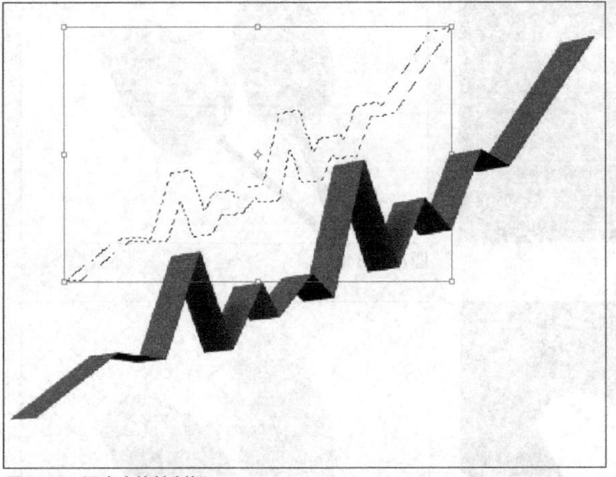

图7-141 调出变换控制框

STEP 04 按【Enter】键确定，新建图层，设置前景色为红色，并为选区填充前景色，取消选区，效果如图7-142所示。

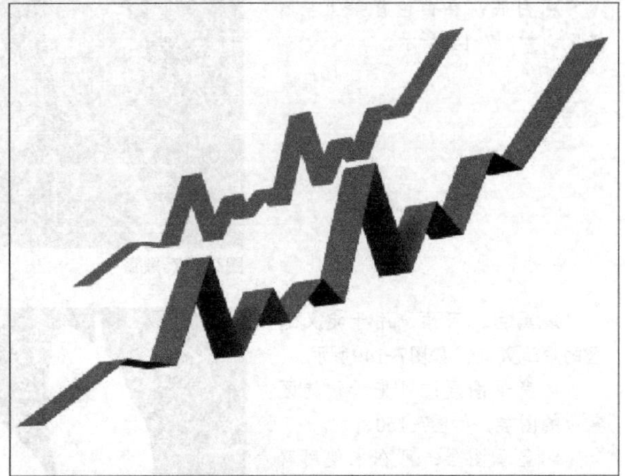

图7-142 变换后的选区

专家提醒

还可以通过按【Ctrl+Shift+I】组合键对选区进行反向选择，或在图像编辑窗口中的任意位置单击鼠标右键，在弹出的快捷菜单中选择“选择反向”选项，即可进行反向选择。

知识扩展

运用“调整边缘”命令可以消除选区边缘周围的背景色，改进蒙版，以及对选区进行扩展、收缩、羽化等处理。

（1）选择视图模式：在Photoshop中，打开一个素材图像，在图像中创建选区以后，如图7-143所示，单击“选择”|“调整边缘”命令（或者按【Alt+Ctrl+R】组合键），则可以打开“调整边缘”对话框，用户可以先在“视图”下拉列表框中选择一种视图模式，以便更好地观察选区的调整结果，如图7-144所示。

“视图”下拉列表框中各选项介绍如下。

➢ 闪烁虚线：可查看具有闪烁边界的标准选区，如图7-145所示。在羽化的边缘选区上，边界将会围绕被选中50%以上的像素。

➢ 叠加：可在快速蒙版状态下查看选区，如图7-146所示。

图7-143 创建选区

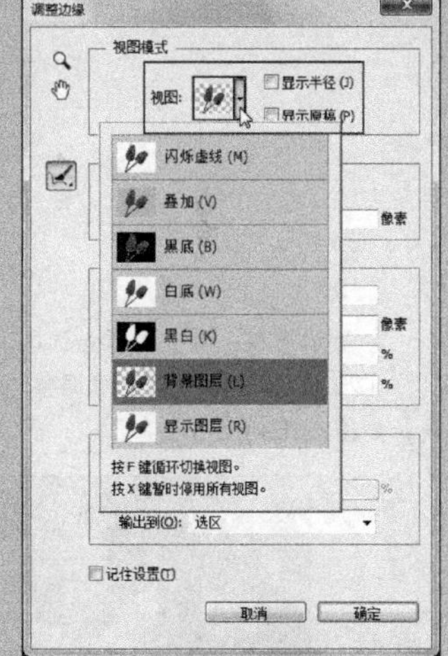

图7-144 “视图”下拉列表框

图7-145 闪烁虚线

图7-146 叠加

➢ 黑底：在黑色背景上查看选区，如图7-147所示。

➢ 白底：在白色背景上查看选区，如图7-148所示。

图7-147 黑底

图7-148 白底

➢ 黑白：可预览用于定义选区的通道蒙版，如图7-149所示。

➢ 背景图层：可查看被选区蒙版的图层，如图7-150所示。

➢ 显示图层：可在未使用蒙版的情况下查看整个图层，如图7-151所示。

➢ 显示半径：显示按半径定义的调整区域，如图7-152所示。

图7-149 黑白

图7-150 背景图层

图7-151 显示图层

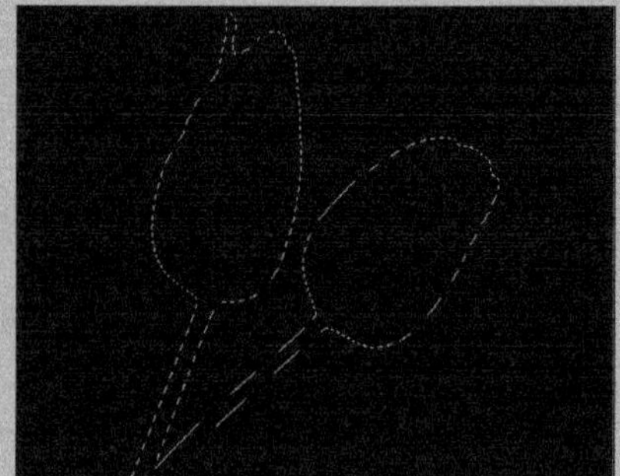
图7-152 闪烁虚线视图下显示半径

➢ 显示原稿：可查看原始选区。

（2）调整边缘检测："调整边缘"对话框中包含两个选区细化工具和"边缘检测"选项，通过这些工具可以轻松抠出毛发，如图7-153所示。

图7-153 通过"调整边缘检测"抠出毛发效果展示

（3）调整选区边缘：在“调整边缘”对话框中，“调整边缘”选项区可以对选区进行平滑、羽化、扩展等处理。图7-154所示为“背景图层”模式下的选区效果。

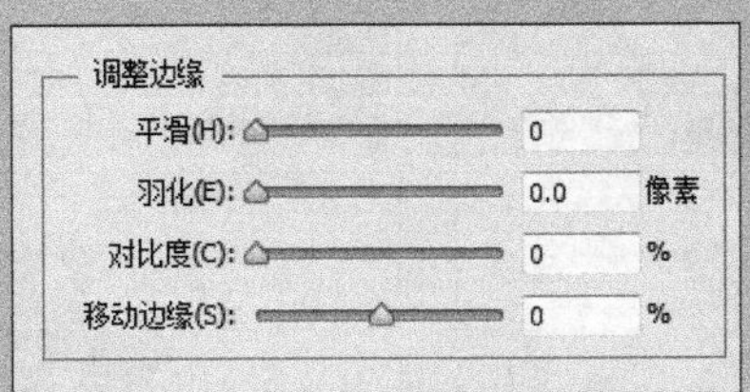

图7-154 “背景图层”模式下的选区效果

“调整边缘”选项区各选项介绍如下。

- 平滑：用于减少选区编辑中的不规则区域，创建更加平滑的轮廓。
- 羽化：可为选区设置羽化，范围为0~250像素。图7-155所示为羽化后的选区。
- 对比度：可以锐化选区边缘并去除模糊的不自然感。图7-156所示为添加羽化效果后，增加对比度的效果。

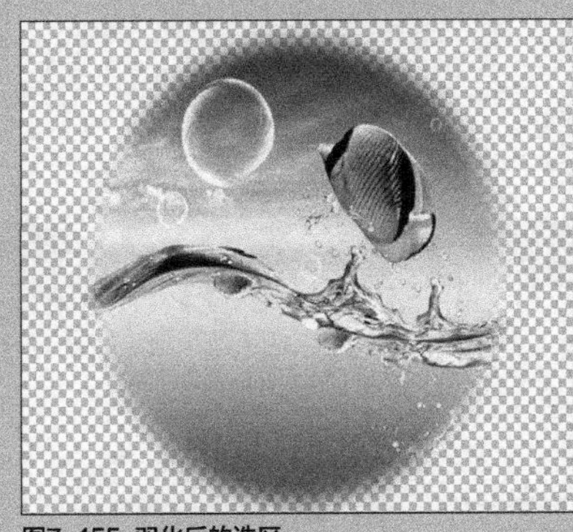

图7-155 羽化后的选区

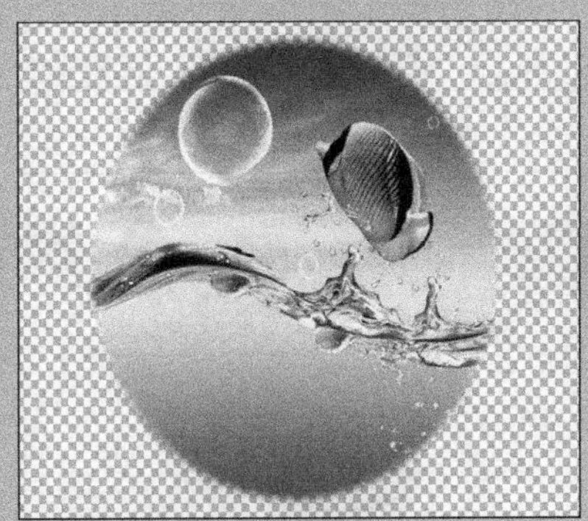

图7-156 增加对比度后的效果

- 移动边缘：负值收缩选区边界，如图7-157所示；正值扩展选区边界，如图7-158所示。

图7-157 收缩选区边界

图7-158 扩展选区边界

（4）指定输出方式：“调整边缘”对话框中的“输出”选项区用于消除选区边缘的杂色、设定选区的输出方式。图7-159所示为“输出”选项区。

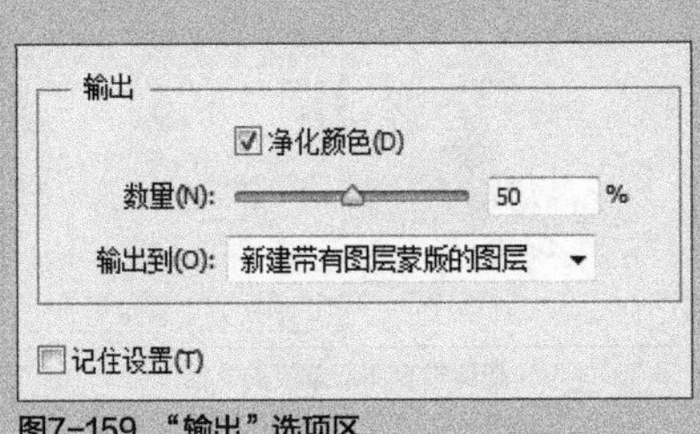

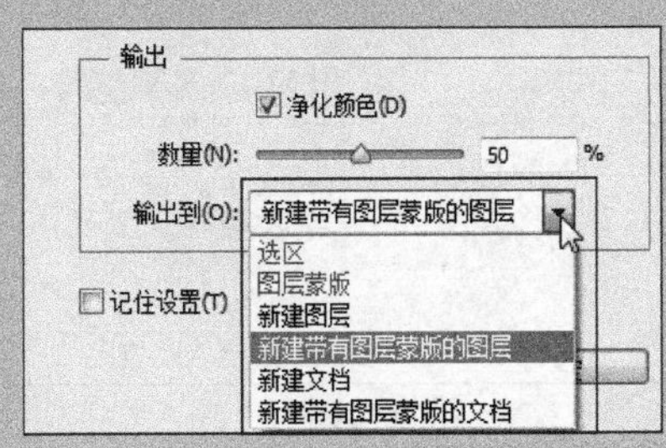

图7-159 “输出”选项区

"输出"选项区各选项介绍如下。

➢ 净化颜色：选中该选项以后，拖动"数量"滑块，可以去除图像的彩色杂边。"数量"值越高，清除范围越广。

➢ 输出到：在该选项的下拉列表中可以选择选区的输出方式。图7-160和图7-161所示为各种选项的输出结果。

选区

图层蒙版

新建图层

新建带有图层蒙版的图层

图7-160 各种输出结果

新建文档

新建带有图层蒙版的文档

图7-161 各种输出结果

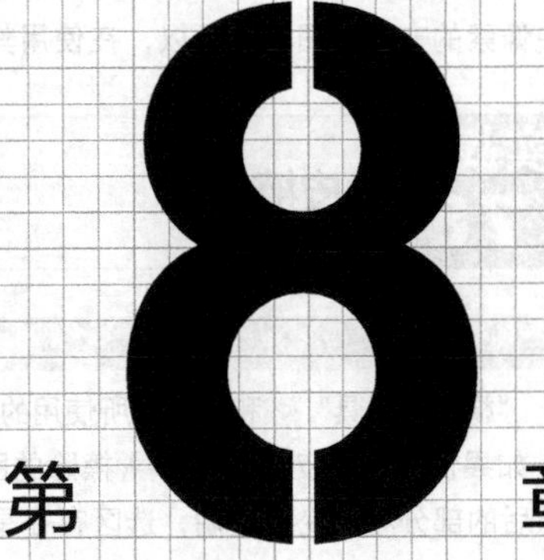

第8章 使用橡皮擦工具抠图

本章导读

本章主要向读者介绍各种橡皮工具的特点、使用方法，以及使用各橡皮擦工具抠图的详细的操作过程。

要点索引

- 橡皮擦工具介绍
- 使用橡皮擦工具抠图
- 使用背景橡皮擦工具抠图
- 使用魔术橡皮擦工具抠图

8.1 橡皮擦工具介绍

橡皮擦工具包括橡皮擦工具、背景橡皮擦工具和魔术橡皮擦工具3种，因为应用橡皮擦工具进行抠图是通过删除图像中像素的方法抠图的，所以，在使用其进行抠图时，最好将源图像或图层进行备份。

实战178 橡皮擦工具

▶实例位置：无
▶素材位置：光盘\素材\第8章\实战178.jpg
▶视频位置：光盘\视频\第8章\实战178.mp4

• 实例介绍 •

“橡皮擦工具”和现实中所使用的橡皮擦的作用是相同的，用此工具在图像上涂抹时，被涂抹到的区域会被擦除掉。

如果使用“橡皮擦工具”擦除的图层是背景图层，则被擦除的部分会变成背景色，如果是一般的像素图层，则被擦除后的部分将会变成透明，选区存在是为了限制图像编辑的范围，从而得到精确的效果。

• 操作步骤 •

STEP 01 单击“文件”|“打开”命令，打开一幅素材图像，如图8-1所示。

STEP 02 选取工具箱中的“橡皮擦工具”，在图像编辑窗口中的合适位置进行涂抹，即可擦除图像，如图8-2所示。

图8-1 打开素材图像

图8-2 擦除图像

在橡皮擦工具被选中的情况下，其工具属性栏如图8-3所示。

74 模式：画笔 不透明度：100% 流量：100% 抹到历史记录

图8-3 “橡皮擦工具”属性栏

“橡皮擦工具”属性栏中各主要选项含义如下。

➤ “模式”：在该列表框中选择的橡皮擦类型有画笔、铅笔和块。当选择不同的橡皮擦类型时，工具属性栏也不同，选择“画笔”“铅笔”选项时，与画笔和铅笔工具的用法相似，只是绘画和擦除的区别；选择“块”选项，就是一个方形的橡皮擦，如图8-4所示。

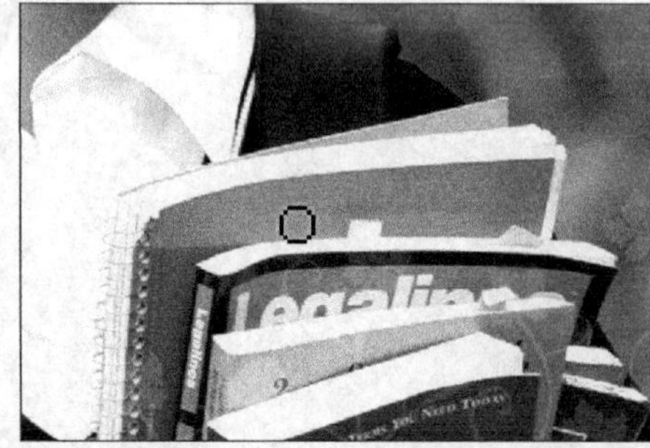
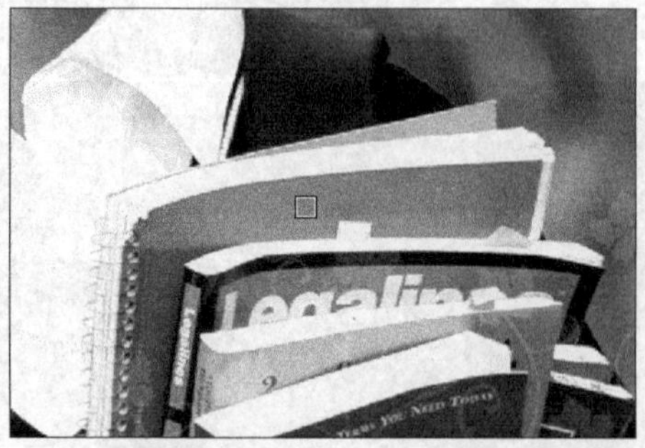
图8-4 “橡皮擦工具”的画笔模式和块模式

➤ “抹到历史记录”：选中此复选框后，将橡皮擦工具移动到图像上时则变成图案，可以将图像恢复到历史面板中任何一个状态或图像的任何一个“快照”。

➤ “不透明度”：在数值框中输入数值或拖动滑块，可以设置橡皮擦的不透明度。

➤ “启用喷枪样式建立效果”按钮：单击该按钮，将以喷枪工具的作图模式进行擦除。

专家提醒

使用“橡皮擦工具”擦除图像时，按住【Alt】键，可以激活“抹到历史记录”功能，相当于选中“抹到历史记录”复选框，使用该功能可以恢复被清除的图像。

在Photoshop中，除了“橡皮擦工具”之外，能够作为“橡皮擦工具”使用的还有“画笔工具”和“铅笔工具”。在“画笔工具”的工具属性栏中，选择绘图模式为“清除”选项，“画笔工具”即可作为橡皮擦使用，如图8-5所示。

30 模式：正常 不透明度：100% 流量：100%

图8-5 画笔工具属性栏的“清除”模式

专家提醒

将“画笔工具”用作橡皮擦使用时，需要将图层设置为普通的像素图层，如果在背景图层、文字图层、填充图层、调整图层和形状图层上，该功能则不能使用，必须将其转换为普通的像素图层才可以使用画笔清除。

在“铅笔工具”的工具属性栏中，选中“自动抹除”复选框，“铅笔工具”即可作为橡皮擦使用，如图8-6所示。

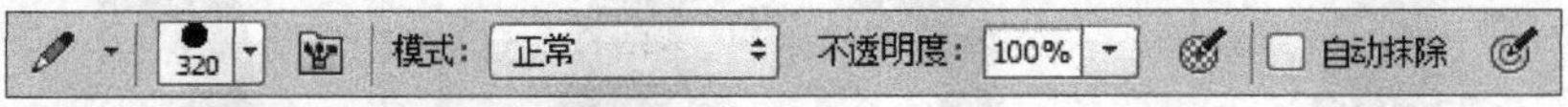

320 模式：正常 不透明度：100% 自动抹除

图8-6 铅笔工具属性栏“自动抹除”复选框

知识扩展

将“铅笔工具”用作橡皮擦使用时，则被擦除的部分会变成前景色。

实战179 背景橡皮擦工具

▶实例位置：无
▶素材位置：光盘\素材\第8章\实战179.jpg
▶视频位置：光盘\视频\第8章\实战179.mp4

• 实例介绍 •

使用“背景橡皮擦工具”可以擦除图像的背景，并将其抹成透明的区域，在擦除背景的同时在前景中保留对象的边缘。

“背景橡皮擦工具”是非常重要的抠图工具，它可以在拖动鼠标时将图层上指定颜色的像素擦除，也可以将指定颜色的像素保留，通过指定不同的取样和容差选项，可以控制透明度的范围和边界的锐化程度。

• 操作步骤 •

STEP 01 单击“文件”|“打开”命令，打开一幅素材图像，如图8-7所示。

STEP 02 选取工具箱中的“背景橡皮擦工具”，在图像编辑窗口中的合适位置进行涂抹，即可擦除图像背景，如图8-8所示。

图8-7 打开素材图像

图8-8 擦除图像背景

专家提醒

在选择使用“取样：背景色板”方式擦除背景图像时，需要在工具箱中指定背景色板的颜色。

专家提醒

在使用“橡皮擦工具”擦除背景时，样本颜色的取样是以橡皮擦工具光标中心点位置的十字为基准的。

知识扩展

在“背景橡皮擦工具”被选中的情况下，其工具属性栏如图8-9所示。

图8-9 “背景橡皮擦工具”属性栏

在“背景橡皮擦工具”工具属性栏中有3个取样选项，分别是“取样：连续”按钮、“取样：一次”按钮和“取样：背景色板”按钮。

“取样：连续”表示随着鼠标拖动连续采取色样，“取样：一次”表示只擦除第一次单击包含的颜色区域，“取样：背景色板”表示只擦除包含当前背景色的区域。3种取样的擦除效果对比如图8-10所示。

图8-10 背景橡皮擦3种取样擦除效果

“背景橡皮擦工具”工具属性栏中，其他各主要选项含义如下。

➢ “限制”：在该列表框中选择“不连续”选项可以删除所有的取样颜色，选择“邻近”选项时，只有与取样颜色相关联的区域才会被擦除，若选择“查找边缘”选项，则擦除取样颜色相关区域并保留形状边缘的清晰和锐利。

➢ “容差”：该文本框中的数值用来控制擦除颜色的范围，数值越大，则每次擦除的颜色范围就越大，如果数值比较小，则只会擦除和取样颜色相近的颜色。

➢ “保护前景色”：该选项可以保护图像中与前景色相同的颜色区域。如图8-11所示。

图8-11 保护前景色前后的效果

实战180 魔术橡皮擦工具

▶实例位置：无
▶素材位置：光盘\素材\第8章\实战180.jpg
▶视频位置：光盘\视频\第8章\实战180.mp4

• 实例介绍 •

“魔术橡皮擦工具”是根据图像素材中相同或相近的颜色进行擦除操作，被擦除后的图像区域均以透明方式显示。如果在图像背景中或是在锁定透明区域的图像中涂抹，像素会更改为背景色，否则像素会被涂抹为透明。

• 操作步骤 •

STEP 01 单击“文件”|“打开”命令，打开一幅素材图像，如图8-12所示。

STEP 02 选取工具箱中的“魔术橡皮擦工具”，在图像编辑窗口中的合适位置单击鼠标左键，即可擦除图像背景，如图8-13所示。

图8-12 打开素材图像

图8-13 擦除图像背景

在“魔术橡皮擦工具”被选中的情况下，其工具属性栏如图8-14所示。

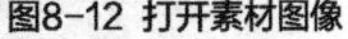

图8-14 “魔术橡皮擦工具”工具属性栏

➤ “魔术橡皮擦工具”工具属性栏中各主要选项含义如下。

➤ “容差”：该文本框中的数值越大代表可擦除范围越广。

➤ “消除锯齿”：选中该复选框可以使擦除后图像的边缘保持平滑。

➤ “对所有图层取样”：该复选框与Photoshop中的图层有关，当选中此复选框后，所使用的工具对所有的图层都起作用，而不是只针对当前操作的图层。

➤ “不透明度”：该数值用于指定擦除的强度，数值为100%则将完全抹除像素。

专家提醒

“魔术橡皮擦工具”抠选的图像如同魔棒工具抠选的图像类型一样，只是前者速度更快一些，该工具比较适合抠选背景色单一且图像边缘比较清晰的图像。

8.2 使用橡皮擦工具抠图

在Photoshop中，使用“橡皮擦工具”可以擦除不同的图像区域。如果在背景图层中或是在透明像素被锁定的图层中擦除图像，像素将会变为背景色，在普通图层中，像素则被涂抹成透明。同时还可以对橡皮擦工具进行相应的设置，以更好地进行擦除。

实战181 在背景图层抠图

▶实例位置：光盘\实例\第8章\实战181.jpg、实战181.Psd
▶素材位置：光盘\素材\第8章\实战181.jpg
▶视频位置：光盘\视频\第8章\实战181.mp4

• 实例介绍 •

在“背景”图层中使用“橡皮擦工具”擦除图像时，被擦除的部分将显示为背景色。

• 操作步骤 •

STEP 01 单击“文件”|“打开”命令，打开一幅素材图像，如图8-15所示。

STEP 02 选取工具箱中的“橡皮擦工具”，在工具属性栏中设置画笔为“硬边圆”、60px，设置背景色为白色，如图8-16所示。

图8-15 打开素材图像

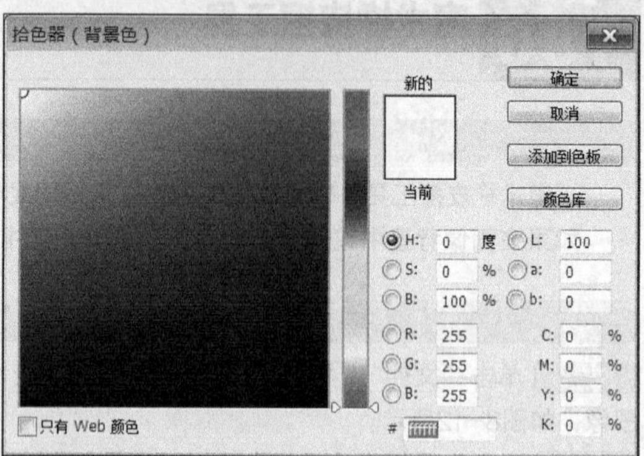

图8-16 “拾色器（背景色）”对话框

STEP 03 移动鼠标至图像编辑窗口中，单击鼠标左键并拖曳，擦除背景区域，如图8-17所示。

STEP 04 继续在其他背景区域拖动鼠标，擦除背景，效果如图8-18所示。

图8-17 擦除背景区域

图8-18 擦除背景效果

实战182 在透明图层抠图

▶实例位置：光盘\实例\第8章\实战182.tif、实战182.Psd
▶素材位置：光盘\素材\第8章\实战182.Psd
▶视频位置：光盘\视频\第8章\实战182.mp4

• 实例介绍 •

在Photoshop中，应用“橡皮擦工具”在透明图层中擦除图像时，将直接擦除到透明，但是如果将图层的透明度锁定，将会直接擦除到背景色。

• 操作步骤 •

STEP 01 单击“文件”|“打开”命令，打开一幅素材图像，如图8-19所示。

STEP 02 选取工具箱中的“橡皮擦工具”，在工具属性栏中设置画笔为“硬边圆”、60px，在图像编辑窗口擦除图像，如图8-20所示。

图8-19 打开素材图像

图8-20 擦除图像

STEP 03 在“历史记录”面板中单击“打开”，恢复到打开状态，在“图层”面板中，单击“锁定透明像素”按钮，将“图层1”图层的透明像素锁定，如图8-21所示。

STEP 04 再次使用“橡皮擦工具”在相应的区域拖动鼠标擦除，则擦除的位置将显示为背景色，如图8-22所示。

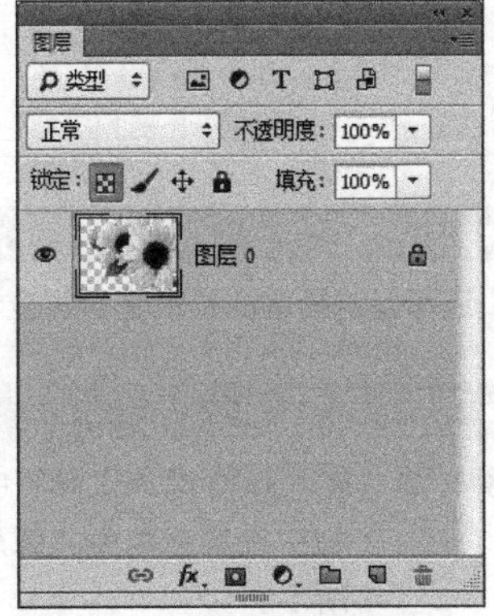

图8-21 单击“锁定透明像素”按钮

图8-22 锁定透明像素的擦除效果

实战 183 设置画笔不透明度

▶ 实例位置：光盘\实例\第8章\实战183.jpg、实战183.Psd
▶ 素材位置：光盘\素材\第8章\实战183.jpg
▶ 视频位置：光盘\视频\第8章\实战183.mp4

• 实例介绍 •

在利用“橡皮擦工具”进行擦除图像抠图时，还可以对画笔的不透明度进行相应设置，以得到需要的图像效果。

• 操作步骤 •

STEP 01 单击“文件”|“打开”命令，打开一幅素材图像，如图8-23所示。

图8-23 打开素材图像

STEP 02 选取工具箱中的“橡皮擦工具”，在工具属性栏中设置画笔为“柔边圆”、80px，不透明度为60%，如图8-24所示。

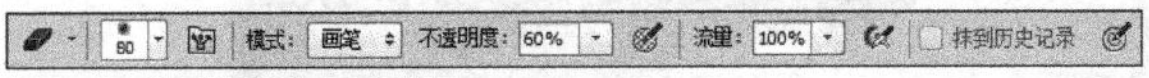

图8-24 设置橡皮擦工具属性

STEP 03 在图像相应位置拖动鼠标，擦除背景区域，背景区域呈半透明显示，效果如图8-25所示。

图8-25 擦除背景区域

STEP 04 继续在相应位置拖动鼠标，擦除其他背景区域，效果如图8-26所示。

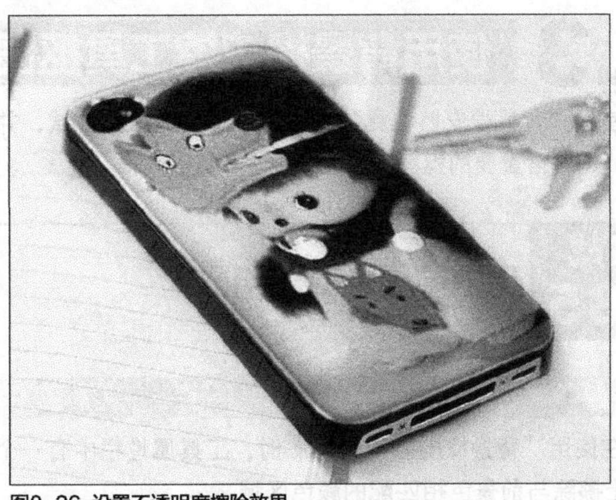
图8-26 设置不透明度擦除效果

实战184 设置画笔样式抠图

▶实例位置：光盘\实例\第8章\实战184.jpg
▶素材位置：光盘\素材\第8章\实战184.jpg
▶视频位置：光盘\视频\第8章\实战184.mp4

• 实例介绍 •

在使用“橡皮擦工具”进行擦除图像抠图时，还可以对画笔的样式进行相应设置，以改变擦除图像的显示效果。

• 操作步骤 •

STEP 01 单击“文件”|“打开”命令，打开一幅素材图像，如图8-27所示。

图8-27 打开素材图像

STEP 02 选取工具箱中的“橡皮擦工具”，在工具属性栏中设置画笔为“圆扇形细硬毛刷”、80px，如图8-28所示。

图8-28 设置橡皮擦工具画笔样式

STEP 03 在适当位置拖动画笔，擦除图像相应区域，如图8-29所示。

图8-29 擦除图像

STEP 04 继续在其他位置拖动鼠标，擦除相应区域，效果如图8-30所示。

图8-30 设置画笔样式擦除效果

8.3 使用背景橡皮擦工具抠图

使用“背景橡皮擦工具”可以擦除图像的背景区域，并将其涂抹成透明的区域，在涂抹背景图像的同时保留对象的边缘，是非常重要的抠图工具。

实战185 保护前景色的应用

▶实例位置：光盘\实例\第8章\实战185.jpg
▶素材位置：光盘\素材\第8章\实战185.jpg
▶视频位置：光盘\视频\第8章\实战185.mp4

• 实例介绍 •

在使用“背景橡皮擦工具”时，工具属性栏中有一个“保护前景色”复选框，选中该复选框，在擦除图像时，可以防止擦除与前景色相匹配的颜色区域。

• 操作步骤 •

STEP 01 单击"文件"|"打开"命令，打开一幅素材图像，如图8-31所示。

图8-31 打开素材图像

STEP 02 选择工具箱中的"吸管工具"，在剪影上单击鼠标，吸取前景色，如图8-32所示。

图8-32 吸取前景色

STEP 03 选取工具箱中的"背景橡皮擦工具"，设置画笔大小为100px，并选中"保护前景色"复选框，擦除背景，如图8-33所示。

图8-33 擦除背景

STEP 04 继续在其他背景区域拖动鼠标，擦除背景，并保护前景色，效果如图8-34所示。

图8-34 保护前景色的擦除效果

实战 186 取样背景色板的应用

▶实例位置：光盘\实例\第8章\实战186.tif、实战186.Psd
▶素材位置：光盘\素材\第8章\实战186.jpg
▶视频位置：光盘\视频\第8章\实战186.mp4

• 实例介绍 •

在擦除前先设置好背景色，即设置好取样颜色，单击"取样：背景色板"按钮，即可以擦除与背景色相同或相近的颜色。

• 操作步骤 •

STEP 01 单击"文件"|"打开"命令，打开一幅素材图像，如图8-35所示。

STEP 02 选择工具箱中的"吸管工具"，在图像灰色背景上单击鼠标，吸取前景色，如图8-36所示，并单击"切换前景色和背景色"按钮。

图8-35 打开素材图像

图8-36 吸取颜色

STEP 03 选取工具箱中的“背景橡皮擦工具”，设置画笔大小为100px，并单击“取样：背景色板”按钮，在图像适当位置擦除背景区域，如图8-37所示。

STEP 04 继续在其他背景区域拖动鼠标，即可取样背景色板擦除背景区域，效果如图8-38所示。

图8-37 擦除背景区域

图8-38 取样背景色板擦除效果

实战187 取样一次的应用

▶实例位置：光盘\实例\第8章\实战187.tif、实战187.Psd
▶素材位置：光盘\素材\第8章\实战187.jpg
▶视频位置：光盘\视频\第8章\实战187.mp4

• 实例介绍 •

单击“取样：一次”按钮，在擦除前先进行颜色取样（即光标定位的位置颜色），然后按住鼠标拖动，可以在图像上擦除与取样颜色相同或相近的颜色。

• 操作步骤 •

STEP 01 单击“文件”|“打开”命令，打开一幅素材图像，如图8-39所示。

STEP 02 选取工具箱中的“背景橡皮擦工具”，设置画笔大小为100px、“容差”为20%，单击“取样：一次”按钮，如图8-40所示。

STEP 03 将光标移动到要擦除的颜色位置，按住鼠标左键不放，在整个图像中的背景区域拖动，擦除图像，如图8-41所示。

图8-39 打开素材图像

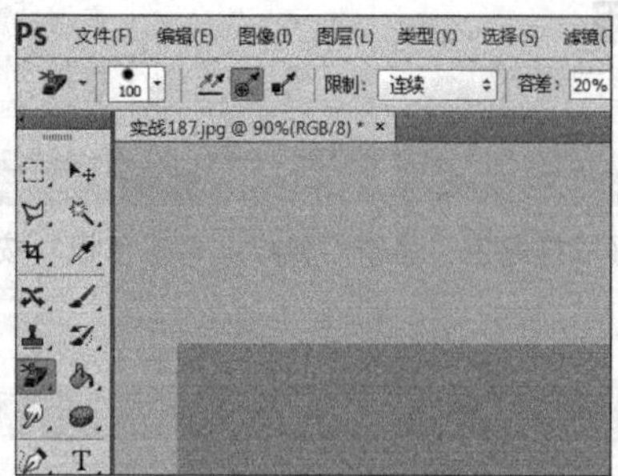

图8-40 设置相应属性

图8-41 取样一次的擦除效果

实战188 连续取样的应用

▶实例位置：光盘\实例\第8章\实战188.tif、实战188.Psd
▶素材位置：光盘\素材\第8章\实战188.jpg
▶视频位置：光盘\视频\第8章\实战188.mp4

• 实例介绍 •

单击“取样：连续”按钮，在擦除过程中连续取样，可以擦除光标经过的所有图像像素，等同于橡皮擦工具。

• 操作步骤 •

STEP 01 单击“文件”|“打开”命令，打开一幅素材图像，如图8-42所示。

STEP 02 选取工具箱中的“背景橡皮擦工具”，设置画笔大小为100px、“容差”为20%，单击“取样：连续”按钮，如图8-43所示。

图8-42 打开素材图像

图8-43 设置相应属性

STEP 03 移动鼠标至图像编辑窗口，在图像适当位置取样并拖动鼠标，擦除背景区域，效果如图8-44所示。

STEP 04 继续拖动鼠标左键，在相应位置连续取样，擦除背景区域，效果如图8-45所示。

图8-44 擦除背景

图8-45 连续取样擦除效果

实战 189 擦除选区中的图像

▶实例位置：光盘\实例\第8章\实战189.tif、实战189.Psd
▶素材位置：光盘\素材\第8章\实战189.Psd
▶视频位置：光盘\视频\第8章\实战189.mp4

• 实例介绍 •

对于很多边缘不明显的图像，用户还可以利用相应工具创建相应选区，再对其应用背景魔棒工具进行擦除操作。

• 操作步骤 •

STEP 01 单击“文件”|“打开”命令，打开一幅素材图像，如图8-46所示。

STEP 02 选择“图层1”图层，选取工具箱中的“魔棒工具”，在浅绿色区域单击鼠标左键，创建选区，如图8-47所示。

图8-46 打开素材图像

图8-47 创建选区

STEP 03 选取工具箱中的“橡皮擦工具”，设置画笔大小为150px，在选区内拖动鼠标，如图8-48所示。

图8-48 擦除选区内图像

STEP 04 继续拖动鼠标左键，擦除魔棒选区中的图像，按【Ctrl＋D】组合键，取消选区，效果如图8-49所示。

图8-49 擦除魔棒选区中的图像

8.4 使用魔术橡皮擦工具抠图

运用“魔术橡皮擦工具”可以擦除图像中所有与鼠标指针单击颜色相近的像素。当在被锁定透明像素的普通图层中擦除图像时，被擦除的图像将更改为背景；当在背景图层或普通图层中擦除图像时，被擦除的图像将显示为透明色。

实战190 使用单一功能抠图

▶实例位置：光盘\实例\第8章\实战190.tif、实战190.Psd
▶素材位置：光盘\素材\第8章\实战190.jpg
▶视频位置：光盘\视频\第8章\实战190.mp4

• 实例介绍 •

使用“魔术橡皮擦工具”的单一擦除功能可以擦除相邻区域的相同像素或相似像素的图像，用于背景较简单的抠图。

• 操作步骤 •

STEP 01 单击“文件”|“打开”命令，打开一幅素材图像，如图8-50所示。

图8-50 打开素材图像

STEP 02 选取工具箱中的“魔术橡皮擦工具”，保持工具属性栏的默认设置，在白色背景区域单击鼠标左键，即可擦除背景，效果如图8-51所示。

图8-51 擦除背景

知识扩展

魔术橡皮擦工具的工具属性栏中默认为选中“连续”复选框，即表示在擦除的过程中，仅擦除与单击处相邻的相同像素或相似像素，通常多用于背景单一且相互连接的简单图像。

实战 191 使用连续功能抠图

▶**实例位置**：光盘\实例\第8章\实战191.tif、实战191.Psd
▶**素材位置**：光盘\素材\第8章\实战191.jpg
▶**视频位置**：光盘\视频\第8章\实战191.mp4

• 实例介绍 •

在“魔术橡皮擦工具”的属性栏中，“连续”为默认选项，它表示“魔术橡皮擦工具”只选择与单击点相连接的符合要求的像素。如果取消该选项的复选框，则会选择整个图像范围内所有符合要求的像素，包括没有与单击点连接的区域内的像素。

在使用“魔术橡皮擦工具”擦除图像时，取消选中工具属性栏中的“连续”复选框，即可擦除图像中的所有相似像素。

• 操作步骤 •

STEP 01 单击“文件”|“打开”命令，打开一幅素材图像，如图8-52所示。

图8-52 打开素材图像

STEP 02 选取工具箱中的“魔术橡皮擦工具”，在工具属性栏中设置容差为20，在白色区域单击鼠标左键，擦除背景，如图8-53所示。

图8-53 擦除背景

STEP 03 在“历史记录”面板中单击“打开”，恢复到打开状态，在工具属性栏中，取消选中“连续”复选框，如图8-54所示。

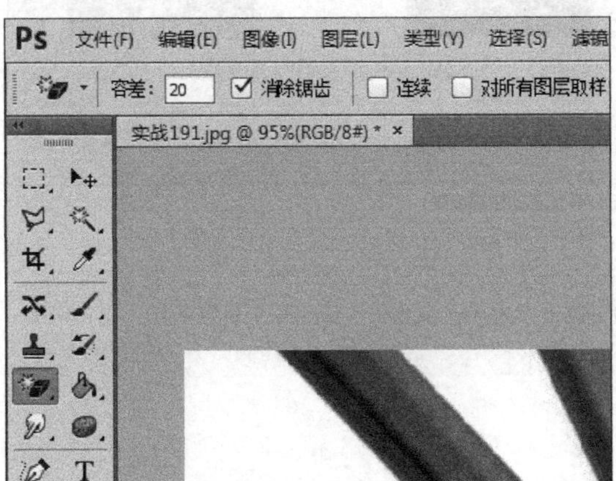

图8-54 取消选中“连续”复选框

STEP 04 再次在白色区域单击鼠标左键，即可擦除所有相似像素的背景，效果如图8-55所示。

图8-55 使用连续功能擦除效果

实战 192 设置容差抠图

▶实例位置：光盘\实例\第8章\实战192.tif、实战192.Psd
▶素材位置：光盘\素材\第8章\实战192.jpg
▶视频位置：光盘\视频\第8章\实战192.mp4

• 实例介绍 •

在使用“魔术橡皮擦工具”进行抠图时，用户可以根据需要设置不同的容差数值，以更加精确地抠取图像。

• 操作步骤 •

STEP 01 单击“文件”|“打开”命令，打开一幅素材图像，如图8-56所示。

图8-56 打开素材图像

STEP 02 选取工具箱中的“魔术橡皮擦工具”，保持默认设置，在红色区域单击鼠标左键，擦除背景，如图8-57所示。

图8-57 擦除背景

STEP 03 在“历史记录”面板中单击“打开”，恢复到打开状态，在工具属性栏中设置“容差”为60，如图8-58所示。

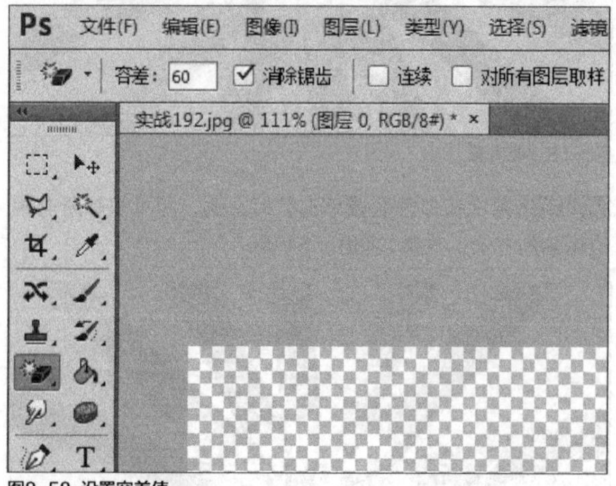

图8-58 设置容差值

STEP 04 再次在红色区域单击鼠标左键，擦除背景，效果如图8-59所示。

图8-59 设置容差擦除效果

知识扩展

在“容差”数值框中输入相应的数值，可以定义擦除的颜色范围，低容差会擦除颜色值范围内与单击像素非常相似的像素，而高容差会擦除范围更广的像素。

实战 193 表现玻璃透明效果

▶实例位置：光盘\实例\第8章\实战193.tif、实战193.Psd
▶素材位置：光盘\素材\第8章\实战193.Psd
▶视频位置：光盘\视频\第8章\实战193.mp4

• 实例介绍 •

使用"魔术橡皮擦工具"不但可以安全擦除图像，还可以通过工具属性栏的"不透明度"选项来表示图像的透明属性。

• 操作步骤 •

STEP 01 单击"文件"|"打开"命令，打开一幅素材图像，如图8-60所示。

STEP 02 选择"图层1"图层，选取工具箱中"魔术橡皮擦工具"，保持默认设置，单击白色区域，擦除背景，如图8-61所示。

图8-60 打开素材图像

图8-61 擦除背景

STEP 03 在工具属性栏中设置"容差"为60、"不透明度"为60%，在镜片图像上单击鼠标左键，擦除透明效果，如图8-62所示。

STEP 04 继续在左侧的镜片图像上单击鼠标左键，擦除透明效果，如图8-63所示。

图8-62 擦除透明效果

图8-63 擦除透明效果

第 9 章

使用路径功能抠图

本章导读

路径是用钢笔工具绘制出来的一系列点、直线和曲线的集合，作为一种矢量绘图工具，它的绘图方式不同于工具箱中其他的绘图工具。路径不能够打印输出，只能存放于“路径”面板中。

要点索引

- 初始路径
- 绘制线性路径
- 绘制形状路径
- 通过编辑路径抠图

9.1 初识路径

在使用矢量工具创建路径时，必须了解什么是路径、路径由什么组成。本节主要向读者介绍路径的基本概念及“路径”控制面板。

路径是Photoshop中的各项强大功能之一，它是基于“贝塞尔”曲线建立的矢量图形，所有使用矢量绘图软件或矢量绘图制作的线条，原则上都可以称为路径。路径是通过钢笔工具或形状工具创建出的直线和曲线，因此，无论路径缩小或放大都不会影响其分辨率，并保持原样。图9-1所示为路径示意图。

单击“窗口”|“路径”命令，展开“路径”面板，当创建路径后，在“路径”面板上就会自动生成一个新的工作路径，如图9-2所示。

图9-1 路径示意图

图9-2 “路径”面板

“路径”面板各选项的主要含义如下。

- ➤ 工作路径：显示了当前文件中包含的路径、临时路径和矢量蒙版。
- ➤ 用前景色填充路径：可以用当前设置的前景色填充被路径包围的区域。
- ➤ 用画笔描边路径：可以按当前选择的绘画工具和前景色沿路径进行描边。
- ➤ 将路径作为选区载入：可以将创建的路径作为选区载入。
- ➤ 从选区生成工作路径：可以将当前创建的选区生成为工作路径。
- ➤ 添加图层蒙版：可以为当前图层创建一个图层蒙版。
- ➤ 创建新路径：可以创建一个新路径层。
- ➤ 删除当前路径：可以删除当前选择的工作路径。

实战194 运用选区创建路径

- ▶实例位置：光盘\实例\第9章\实战194.jpg
- ▶素材位置：光盘\素材\第9章\实战194.jpg
- ▶视频位置：光盘\视频\第9章\实战194.mp4

• 实例介绍 •

复古特效是一种后现代复古色调，应用了该特效的图像会显得非常神秘，能够很好地烘托画面氛围，让图像富有复古情调。

• 操作步骤 •

STEP 01 单击“文件”|“打开”命令，打开一幅素材图像，如图9-3所示。

STEP 02 选取“魔棒工具”，在工具属性栏中设置“容差”为30，在编辑窗口中的白色部分单击，建立选区，如图9-4所示。

图9-3 打开素材图像

图9-4 建立选区

专家提醒

路径工具尤其是钢笔工具一般适合抠取能看见轮廓造型的图像，如杯子的边缘、车子的流线造型等。与一般的选区工具相比，使用路径工具绘制的路径可以随时修改，可重复编辑性很强。而对于有一些图像则比较复杂，单独使用路径工具不一定能完成，这时就要结合其他抠图工具一起完成。

STEP 03 单击【Ctrl+Shift+I】组合键，反选选区，单击"窗口"|"路径"命令，调出"路径"面板，在面板的下方单击"从选区生成工作路径"按钮，如图9-5所示。

STEP 04 执行上述操作后，即可将选区转变为路径，如图9-6所示。

图9-5 单击"从选区生成工作路径"按钮

图9-6 转变选区为路径

技巧点拨1

除上述操作方法可将选区转换为路径以外，用户还可以进行以下操作。

➢ 通过面板菜单命令转换：单击"路径"面板菜单中的"建立工作路径"命令，如图9-7所示，打开"建立工作路径"对话框，如图9-8所示，输入"容差"值后，单击"确定"按钮，即可将选区转换为路径。"容差"（范围为0.5像素~10像素）决定了转换为路径后，所包含的锚点数量，该值越高，锚点越少。一般来说，锚点数量较多时，路径也会变得复杂，不仅编辑起来很麻烦，光滑度也会降低。锚点的数量越少，与选区的形状背离越大，但路径比较简单、平滑。图9-9所示为设置容差值为1得到的路径，图9-10所示为设置容差值为10得到的路径。

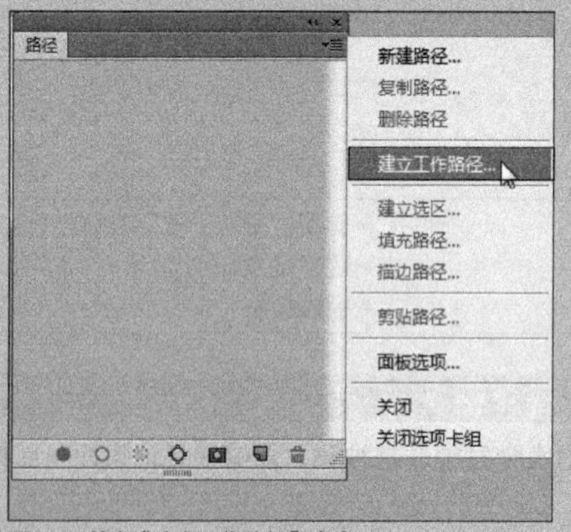

图9-7 单击"建立工作路径"命令

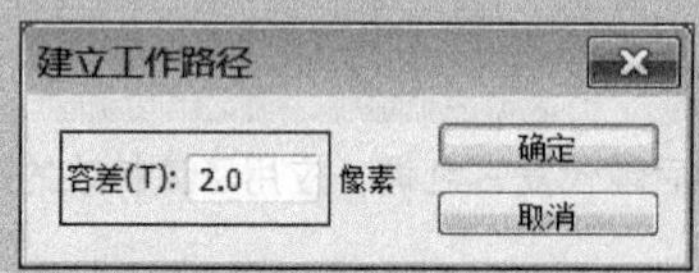

图9-8 弹出"建立工作路径"对话框

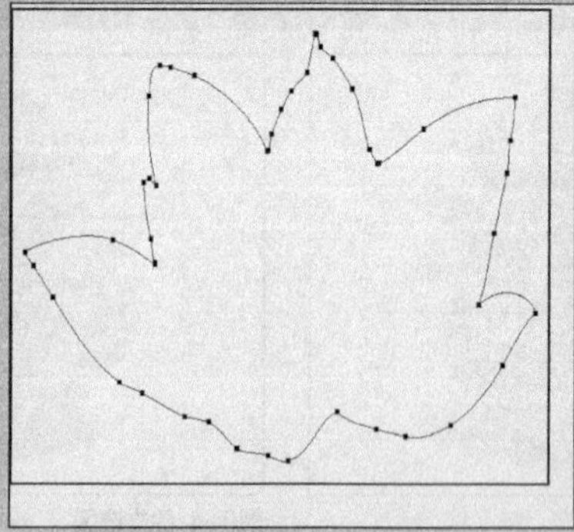

图9-9 容差值为1得到的路径

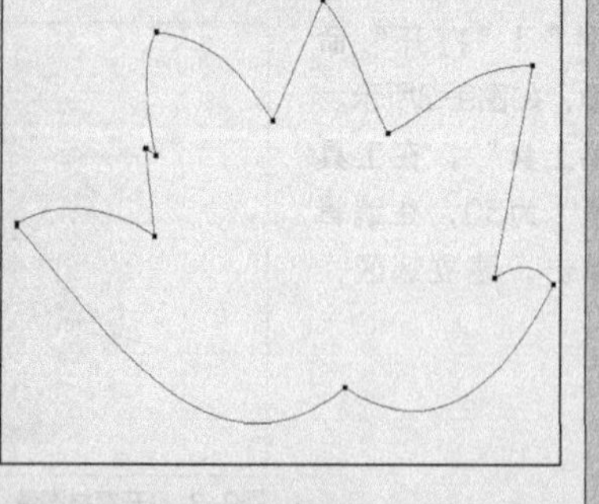

图9-10 容差值为10得到的路径

➢ 通过快捷菜单命令转换：如果当前使用的是选框、套索、魔棒等工具，则在画面中单击鼠标右键，可以在打开的快捷菜单中选择"建立工作路径"命令来进行转换。

注意：如果选区进行了羽化，则将其保存为路径时，会消除羽化，只保留清晰的轮廓。以后从该路径中转换选区时，无法恢复原有的羽化效果。

技巧点拨2

路径与选区可以相互转换，也就是说路径可以变为选区，选区也能变为路径。将路径转换为选区以后，可以利用其他选择工具、图层蒙版或是快速蒙版来编辑选区；当选区转换为路径以后，则可以用路径编辑工具或形状工具对其进行处理。

用户可以通过以下4种方法，将路径转换为选区。

➢ 通过快捷键转换：按住【Ctrl】键的同时，单击“路径”面板中的路径缩览图，即可将其转换为选区，如图9-11所示。

图9-11 将路径转换为选区

➢ 通过回车键转换：在“路径”面板中，单击路径将其选中，按住【Ctrl+Enter】组合键即可转换为选区。

➢ 通过按钮转换：在“路径”面板中单击路径，再单击“将路径作为选区载入”按钮，即可进行转换。

➢ 通过快捷菜单转换：如果当前使用的是钢笔工具、形状工具、路径选择工具或直接选择工具，则在画面中单击鼠标右键，打开快捷菜单，选择“建立选区”命令，即可进行转换。

实战195 选择路径

▶**实例位置**：光盘\实例\第9章\实战195.jpg
▶**素材位置**：光盘\素材\第9章\实战195.jpg
▶**视频位置**：光盘\视频\第9章\实战195.mp4

• 实例介绍 •

选择路径是对其进行任何编辑的前提，Photoshop提供了两种路径选择工具，即路径选择工具和直接选择工具。选择路径后，可以根据需要随意地移动路径的位置。

• 操作步骤 •

STEP 01 单击“文件”|“打开”命令，打开一幅素材图像，如图9-12所示。

图9-12 打开素材图像

STEP 02 选取“自定形状工具”，在工具属性栏中，单击“图形”按钮，弹出下拉面板，选择“花形装饰3”形状，如图9-13所示。

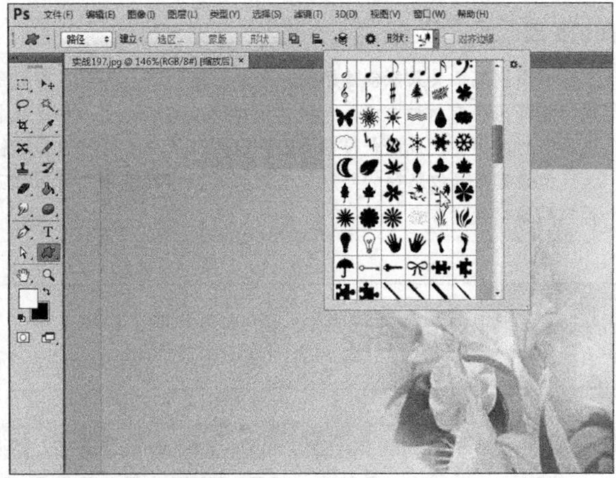

图9-13 选择“花形装饰3”形状

专家提醒

在Photoshop中提供了两种用于选择路径的工具，如果在编辑过程中要选择整条路径，则可以使用“路径选择工具”；如果只需要选择路径中的某一个锚点，则可以使用“直接选择工具”。在当前使用的工具是直接选择工具时，按【Alt】键单击路径，即可将整条路径选中；按【Ctrl】键单击鼠标左键即可在这两种工具间进行切换。

STEP 03 在图像编辑窗口中，单击鼠标左键并拖曳，即可创建形状路径对象，如图9-14所示。

图9-14 创建形状路径

STEP 04 选取“路径选择工具”，拖曳鼠标至形状路径上，单击鼠标左键即可，如图9-15所示。

图9-15 选择路径

STEP 05 单击鼠标左键并拖曳至合适位置，释放鼠标，即可移动路径，如图9-16所示。

图9-16 移动路径效果

专家提醒

如果要将整条路径作为整体进行移动，必须选择路径上的所有锚点，选择整条路径的操作方法如下。

➢ 选取工具箱中的直接选取工具，按住【Shift】键的同时，依次选择路径上所有的锚点。

➢ 选取工具箱中的路径选择工具，在需要选择的路径上单击鼠标左键。

知识扩展

利用钢笔工具只能创建路径，若要对路径进行编辑、移动等操作，必须将其选中。路径是由锚点与锚点之间的线段组合而成，选择路径有两种方式，一种是选择整条路径，另一种是选择路径的锚点或路径中的某一段，根据选择的不同，编辑的效果也不一样，因此，最好是根据不同的需要，使用不同的选择路径方式。

如果需要修改路径的外形，应该将路径线段选中，可以在工具箱中选取“直接选择工具”，单击需要选择的路径线段并进行拖动或变换操作。

实战196 移动路径

▶实例位置：无
▶素材位置：光盘\素材\第9章\实战196.jpg
▶视频位置：光盘\视频\第9章\实战196.mp4

• 实例介绍 •

在Photoshop的工具箱中，选取“路径选择工具”和“直接选择工具”，可以对路径进行选择和移动操作。

• 操作步骤 •

STEP 01 选取工具箱中的"路径选择工具"，移动鼠标至图像编辑窗口中的路径上，单击鼠标左键，即可选择路径，如图9-17所示。

STEP 02 拖曳鼠标至合适位置，即可移动路径，如图9-18所示。

图9-17 选择路径

图9-18 移动路径

知识扩展

"钢笔工具"绘制的路径主要分为3大类：直线、平滑曲线和转折曲线。几乎所有形状的路径都是由这3类基本路径构成的。

（1）使用钢笔工具绘制直线

使用"钢笔工具"绘制直线路径的方法非常简单，在图像上单击鼠标即可，如果在绘制直线路径的同时，按住【Shift】键，即可绘制出水平、垂直或者呈45°角倍数的直线，如图9-19所示。

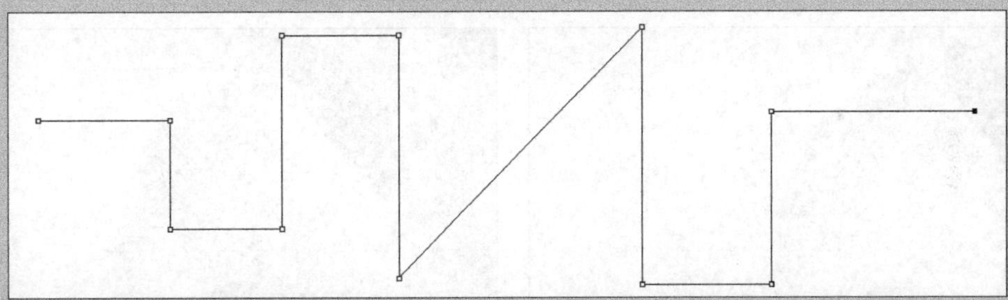
图9-19 使用钢笔工具绘制直线

使用"钢笔工具"绘制路径时，按住【Shift】键，如果在已经绘制好的路径上单击鼠标则表示禁止自动添加和删除锚点的操作，如果在路径之外单击鼠标则表示强制绘制的路径为45°角的倍数。

路径的类型由其具有的锚点所决定，直线型路径的锚点没有控制柄，因此其两侧的线段为直线。

（2）使用钢笔工具绘制平滑曲线

使用"钢笔工具"绘制平滑曲线时，按住鼠标左键不放并拖曳鼠标，即可在同一个锚点上出现两条位于同一直线且方向相反的方向线，如图9-20所示。

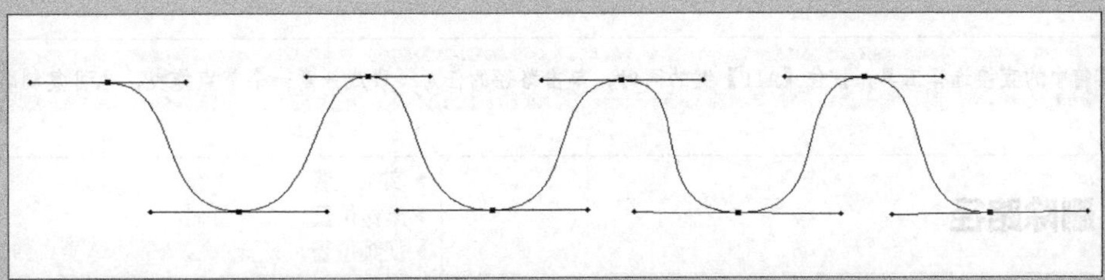
图9-20 使用钢笔工具绘制平滑曲线

（3）使用钢笔工具绘制转折曲线

使用"钢笔工具"绘制转折曲线时，在拖曳鼠标时按住【Alt】键，即可使同一锚点的两条方向线分开，从而使平滑路径出现转折，如图9-21所示。

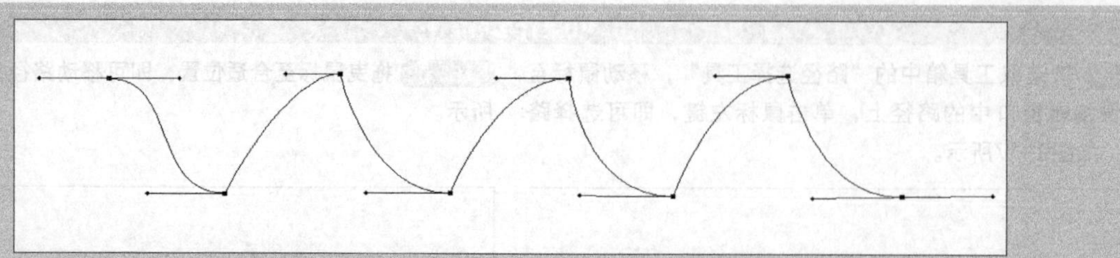

图9-21 使用钢笔工具绘制转折曲线

（4）临时切换为其他路径工具

在使用钢笔工具绘制路径的时候，如果按住【Ctrl】键，则会临时切换为“直接选择工具”；如果按住【Alt+Ctrl】组合键，则可以临时切换为“路径选择工具”；如果按【Alt】键，则可以临时转换为“转换点工具”。

此外，还可以使用形状类路径工具绘制路径，包括矩形工具、圆角矩形工具、椭圆工具、多边形工具、直线工具和自定义形状工具6大类。其使用方法与基本的矩形选框工具和椭圆选框工具等基本相同。

实战197 复制路径

▶实例位置：无
▶素材位置：光盘\素材\第9章\实战197.Psd
▶视频位置：光盘\视频\第9章\实战197.mp4

• 实例介绍 •

在Photoshop中，用户绘制路径后，若需要绘制同样的路径，可以在选择需要复制的路径后对其进行复制操作。

• 操作步骤 •

STEP 01 移动鼠标至图像编辑窗口中，选择相应路径，如图9-22所示。

图9-22 选择路径

STEP 02 按住【Ctrl+Alt】组合键的同时，单击鼠标左键并向右拖曳至合适位置，释放鼠标左键，即可复制路径，效果如图9-23所示。

图9-23 复制路径

知识扩展

选取工具箱中的直接选择工具，按住【Alt】键的同时，单击路径的任意一段或任意一个节点拖曳，也可复制路径。

实战198 删除路径

▶实例位置：无
▶素材位置：上一实例
▶视频位置：光盘\视频\第9章\实战198.mp4

• 实例介绍 •

在Photoshop中，若“路径”面板中存在有不需要的路径，用户可以将其删除，以减小文件大小。

• 操作步骤 •

STEP 01 单击“窗口”|“路径”命令，展开“路径”面板，选择相应路径，单击“路径”面板右上方的下三角形按钮，在弹出的面板菜单中选择“删除路径”选项，如图9-24所示，执行操作后，即可删除“工作路径”。

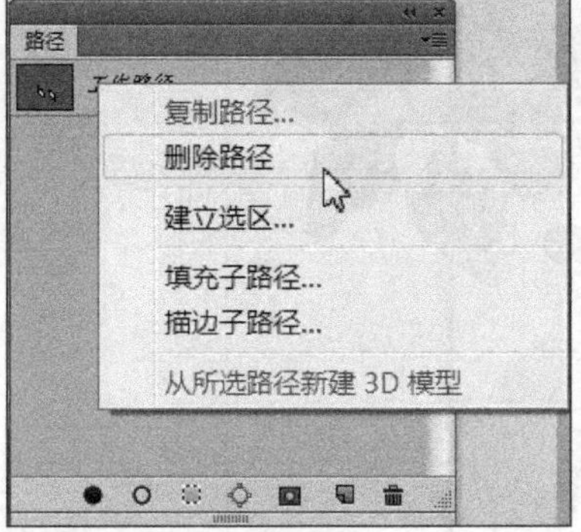

图9-24 选择“删除路径”选项

STEP 02 另外，还可以直接将要删除的路径拖曳至“路径”面板底部的“删除路径”按钮上，如图9-25所示。

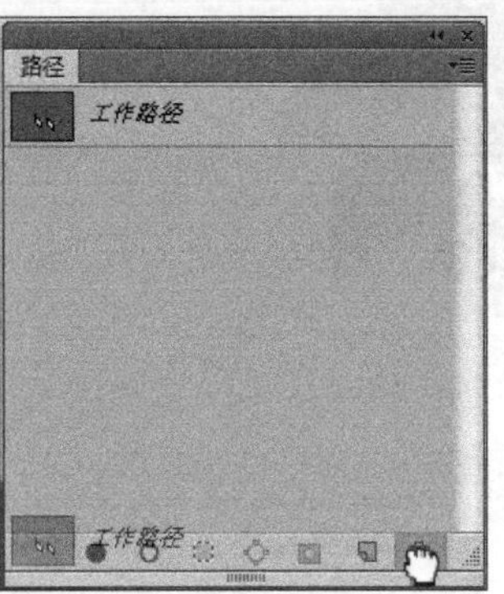

图9-25 单击“删除路径”按钮

专家提醒

在“路径”面板中选择需要删除的路径，再单击“编辑”|“清除”命令，也可以删除路径。

知识扩展

一条完整的路径是由一个或多个直线路径段或曲线路径段组合而成的。用来连接路径段的对象便是锚点，它们同时也标记了路径段的端点。

实战199 断开路径

▶实例位置：光盘\实例\第9章\实战199.jpg
▶素材位置：光盘\素材\第9章\实战199.jpg
▶视频位置：光盘\视频\第9章\实战199.mp4

• 实例介绍 •

在路径被选中的情况下，选择单个或多组锚点，按【Delete】键，即可将选中的锚点清除，将路径断开。

• 操作步骤 •

STEP 01 按【Ctrl+O】组合键，打开一幅素材图像，如图9-26所示。

图9-26 打开素材图像

STEP 02 单击“窗口”|“路径”命令，展开“路径”面板，单击“工作路径”显示路径，如图9-27所示。

图9-27 单击“工作路径”显示路径

STEP 03 选取“直接选择工具”，移动鼠标至图像中需要断开的路径上，单击鼠标左键，即可选中路径，如图9-28所示。

STEP 04 按【Delete】键，即可断开路径，如图9-29所示。

图9-28 选中路径

图9-29 断开路径

实战 200 连接路径

▶实例位置：光盘\实例\第9章\实战200jpg
▶素材位置：光盘\素材\第9章\实战200.jpg
▶视频位置：光盘\视频\第9章\实战200.mp4

• 实例介绍 •

在绘制路径的过程中，可能会因为种种原因而得到一些不连续的曲线，这时用户可以使用“钢笔工具”来连接这些零散的线段。

• 操作步骤 •

STEP 01 按【Ctrl+O】组合键，打开一幅素材图像，如图9-30所示。

STEP 02 单击“窗口”|“路径”命令，展开“路径”面板，选择“工作路径”，如图9-31所示。

图9-30 打开素材图像

图9-31 选择“工作路径”

STEP 03 选取工具箱中的“钢笔工具”，将鼠标移至需要连接的第1个锚点上，鼠标指针呈带矩形的钢笔形状，如图9-32所示，单击鼠标左键。

STEP 04 拖曳鼠标至合适位置处，单击鼠标左键，添加一个节点，如图9-33所示。

图9-32 定位鼠标

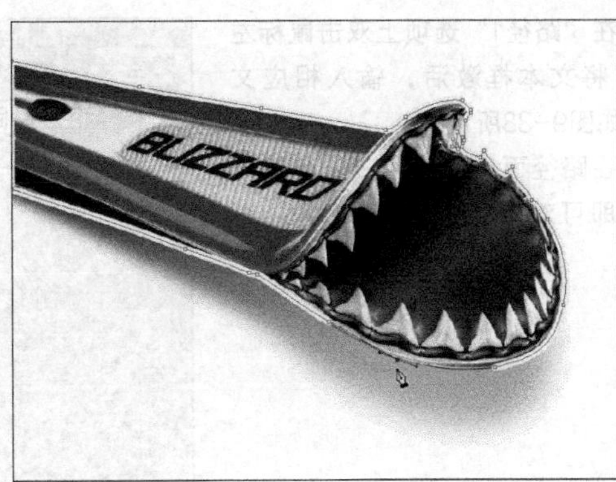
图9-33 添加节点

STEP 05 将鼠标移至需要连接的第3个锚点上，鼠标指针呈带圆形的钢笔形状，单击鼠标左键，即可将编辑窗口中的开放路径连接，如图9-34所示。

STEP 06 单击“路径”面板底部的“用画笔描边路径”按钮，隐藏路径效果如图9-35所示。

图9-34 连接路径

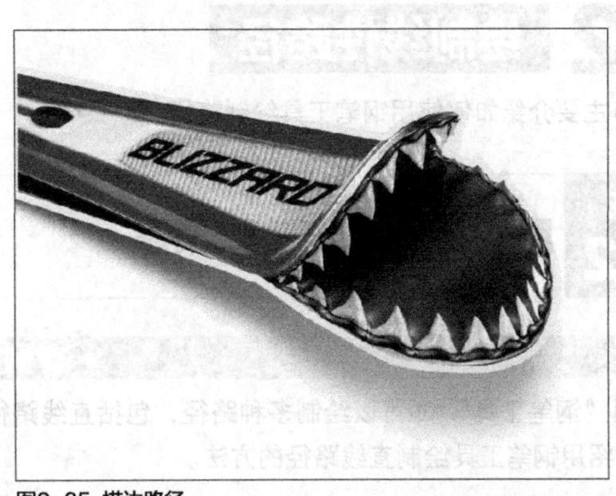
图9-35 描边路径

知识扩展

形状和路径十分相似，但较为明显的区别是，路径只是一条线，它不会随着图像一起打印输出，是一个虚体；而形状是一个实体，可以拥有自己的颜色，并可以随着图像一起打印输出，而且由于它是矢量的，所以在输出的时候不会受到分辨率的约束。

实战 201 重命名路径

▶实例位置：光盘\实例\第9章\实战201.jpg
▶素材位置：光盘\素材\第9章\实战201.jpg
▶视频位置：光盘\视频\第9章\实战201.mp4

• 实例介绍 •

用户可以对路径进行编辑也可以对路径进行重命名。

• 操作步骤 •

STEP 01 按【Ctrl+O】组合键，打开一幅素材图像，如图9-36所示。

STEP 02 单击“窗口”|“路径”命令，调出“路径”面板，选中“路径1”选项，调出路径，如图9-37所示。

图9-36 打开素材图像

图9-37 调出路径

STEP 03 在“路径1”选项上双击鼠标左键，即可将文本框激活，输入相应文字，效果如图9-38所示。

STEP 04 在路径面板中的空白处单击鼠标左键，即可对路径进行重命名，如图9-39所示。

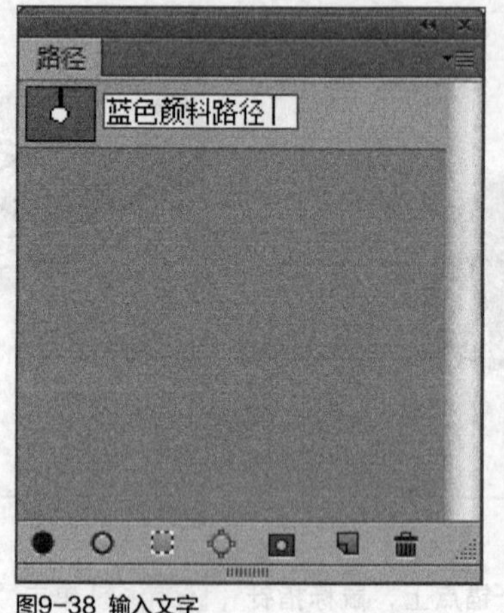

图9-38 输入文字

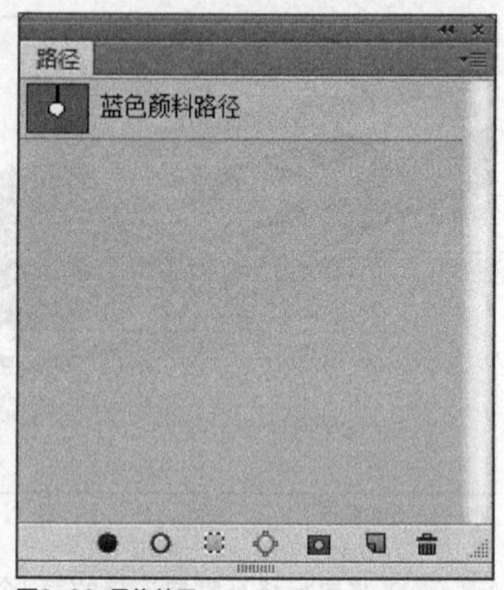

图9-39 最终效果

9.2 绘制线性路径

本节主要介绍如何使用钢笔工具绘制路径。

实战202 用钢笔工具绘制直线路径

▶实例位置：光盘\实例\第9章\实战202.jpg
▶素材位置：光盘\素材\第9章\实战202.jpg
▶视频位置：光盘\视频\第9章\实战202.mp4

• 实例介绍 •

使用“钢笔工具”可以绘制多种路径，包括直线路径、曲线路径，还可以绘制直线和曲线相结合的混合路径，本实例介绍用钢笔工具绘制直线路径的方法。

• 操作步骤 •

STEP 01 按【Ctrl+O】组合键，打开一幅素材图像，如图9-40所示。

STEP 02 选取工具箱中的“钢笔工具”，在便签纸左上角单击鼠标左键，如图9-41所示。

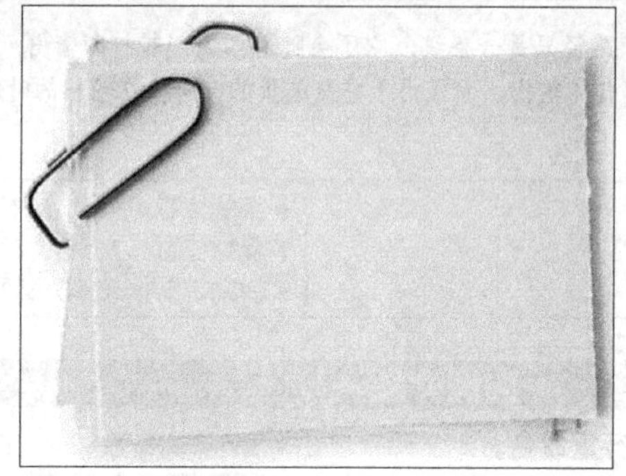
图9-40 打开素材图像

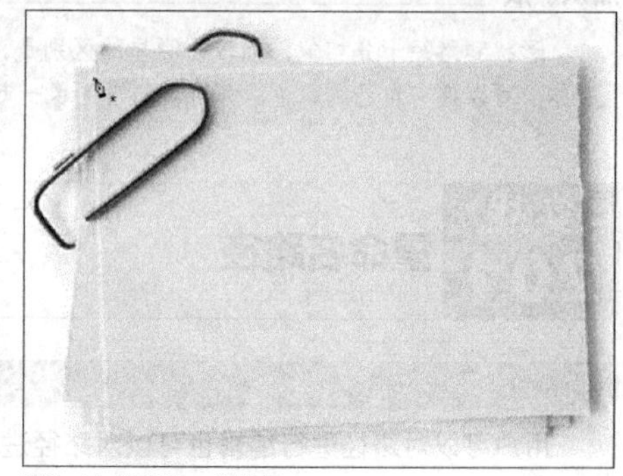
图9-41 确定第一个锚点

STEP 03 移动鼠标至右上角处，单击鼠标左键，确定第二个锚点，如图9-42所示。

STEP 04 继续单击鼠标确定其他锚点，至起始位置，单击即可封闭路径，如图9-43所示。

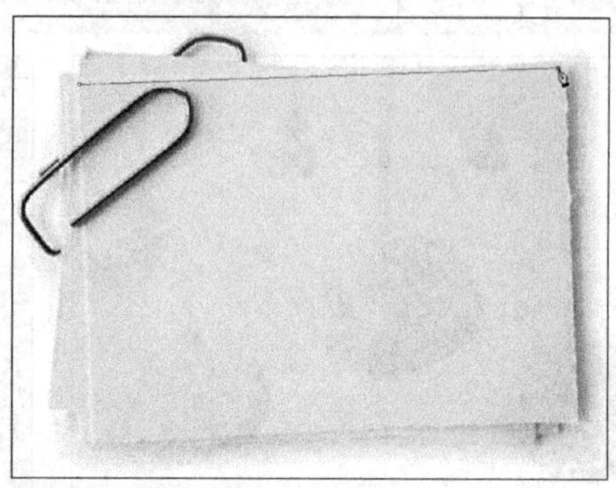
图9-42 确定第二个锚点

图9-43 绘制直线路径效果

实战203 运用钢笔工具绘制闭合路径

▶ 实例位置：光盘\实例\第9章\实战203.jpg
▶ 素材位置：光盘\素材\第9章\实战203.jpg
▶ 视频位置：光盘\视频\第9章\实战203.mp4

• 实例介绍 •

“钢笔工具”是最常用的路径绘制工具，可以创建直线和平滑流畅的曲线，形状的轮廓称为路径，通过编辑路径的锚点，可以很方便地改变路径的形状。选取工具箱中的“钢笔工具”后，其工具属性栏如图9-44所示。

路径　建立：选区…　蒙版　形状　自动添加/删除　对齐边缘

图9-44 “钢笔工具”属性栏

钢笔工具的工具属性栏中各选项的主要含义如下。

➤ 路径：该列表框中包括图形、路径和像素3个选项。

➤ 建立：该选项区中包括有“选择”“蒙板”和“图形”3个按钮，单击相应的按钮可以创建选区、蒙板和图形。

➤ “路径操作”按钮：单击该按钮，在弹出的列表框中，有“新建图层”“合并形状”“减去顶层形状”“排除重叠形状”以及“合并形状组建”6种路径操作选项，可以选择相应的选项，对路径进行操作。

➤ “路径对齐方式”按钮：单击该按钮，在弹出的列表框中，有“左边”“水平居中”“右边”“顶边”“垂直居中”“底边”“按宽度均匀分布”“按高度均匀分布”“对齐到选区”以及“对齐到画布”10种路径对齐方式，可以选择相应的选项对齐路径。

➤ “路径排列方式”按钮：单击该按钮，在弹出的列表框中，有“将形状置为顶层”“将形状前移一层”“将形状后移一层”以及“将形状置为底层”4种排列方式，可以选择相应的选项排列路径。

➤ 自动添加/删除：选中该复选框后，可以增加和删除锚点。

• 操作步骤 •

STEP 01 打开“实战203”素材文件，如图9-45所示。

STEP 02 选取工具箱中的“钢笔工具”，如图9-46所示。

图9-45 打开素材图像

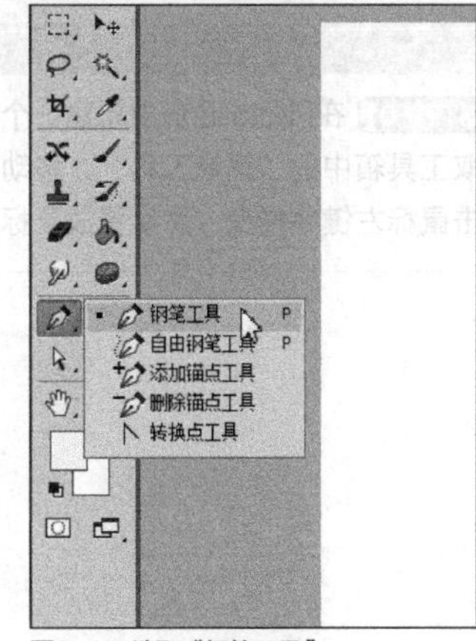

图9-46 选取“钢笔工具”

STEP 03 将鼠标指针移至图像编辑窗口的合适位置，单击鼠标左键，绘制路径的第1个点，如图9-47所示。

STEP 04 将鼠标移至另一位置，单击鼠标左键并拖曳，至适当位置后释放鼠标，绘制路径的第2个点，如图9-48所示。

图9-47 绘制路径的第1个点

图9-48 绘制路径的第2个点

STEP 05 按住【Alt】键，单击第2个描点，再次将鼠标移至合适位置，单击鼠标左键并拖曳至合适位置，释放鼠标左键，绘制路径的第3个点，如图9-49所示。

STEP 06 用与上同样的方法，依次单击鼠标左键，创建路径，效果如图9-50所示。

图9-49 绘制路径的第3个点

图9-50 最终效果

实战204 运用钢笔工具绘制开放路径

▶实例位置：无
▶素材位置：无
▶视频位置：光盘\视频\第9章\实战204.mp4

•实例介绍•

使用“钢笔工具”不仅可以绘制闭合路径，还可以绘制开放的直线或曲线路径，下面向读者详细介绍运用钢笔工具绘制开放路径的操作方法。

•操作步骤•

STEP 01 在Photoshop中新建一个默认大小的空白文件，选取工具箱中的“钢笔工具”，移动鼠标至空白画布左侧，单击鼠标左键并拖曳，然后释放鼠标左键，如图9-51所示。

STEP 02 再次拖曳鼠标至右侧，单击鼠标左键并拖曳，绘制出一条开放曲线路径，如图9-52所示。

图9-51 释放鼠标左键

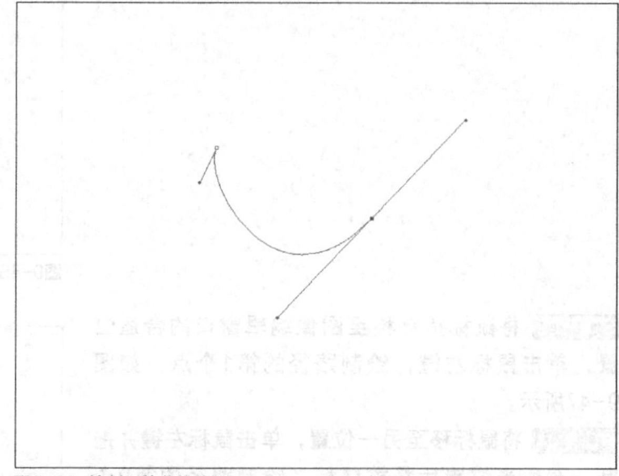
图9-52 绘制开放曲线路径

实战205 将路径转换为选区

▶实例位置：光盘\实例\第9章\实战205.jpg、实战205.Psd
▶素材位置：光盘\素材\第9章\实战205.jpg
▶视频位置：光盘\视频\第9章\实战205.mp4

•实例介绍•

绘制了不同的路径之后，还需要将所绘制的路径转换为选区，之后才可以进行抠图处理。单独的路径是不能进行抠图处理的。

• 操作步骤 •

STEP 01 按【Ctrl+O】组合键，打开一幅素材图像，如图9-53所示。

图9-53 打开素材图像

STEP 02 打开“路径”面板，在“工作路径”上单击鼠标右键，在弹出的快捷菜单中，选择“建立选区”选项，如图9-54所示。

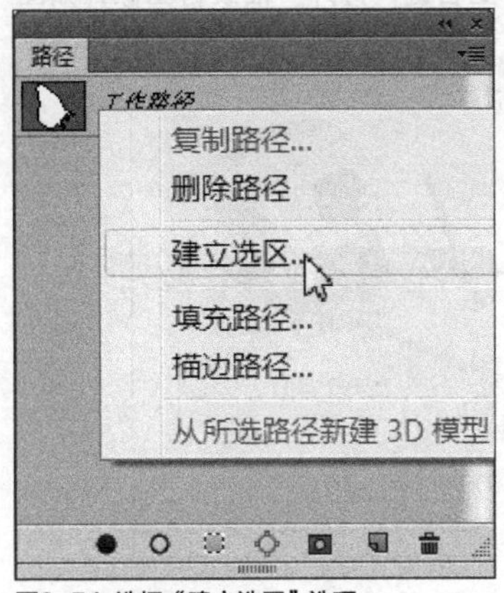

图9-54 选择“建立选区”选项

STEP 03 弹出“建立选区”对话框，设置“羽化半径”为2，如图9-55所示。

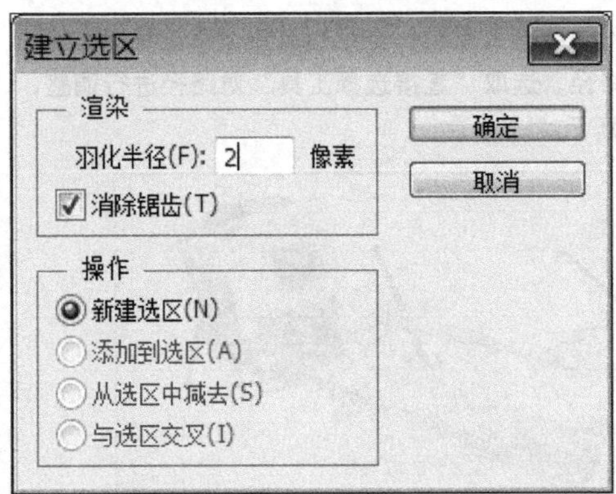

图9-55 “建立选区”对话框

STEP 04 单击“确定”按钮即可将路径转换为选区，按【Ctrl+J】组合键复制一个新图层，并隐藏“背景”图层，效果如图9-56所示。

图9-56 将路径转换为选区抠图

知识扩展

除了可以运用上述方法将路径转换为选区外，用户还可以按【Ctrl+Enter】组合键完成操作。

实战 206 运用自由钢笔工具绘制曲线路径

- ▶实例位置：光盘\实例\第9章\实战206.jpg
- ▶素材位置：光盘\素材\第9章\实战206.jpg
- ▶视频位置：光盘\视频\第9章\实战206.mp4

• 实例介绍 •

使用“自由钢笔工具”可以随意绘图，不需要像使用“钢笔工具”那样通过锚点来创建路径。“自由钢笔工具”工具属性栏与“钢笔工具”工具属性栏基本一致，只是将“自动添加/删除”变为了“磁性的”复选框，如图9-57所示。

图9-57 “自由钢笔工具”工具属性栏

自由钢笔工具的工具属性栏中各选项的主要含义如下。

➤ 设置图标按钮：单击该按钮，在弹出的列表框中，可以设置“曲线拟合”的像素大小，“磁性的”宽度、对比以及频率。

➤ 磁性的：选中该复选框，在创建路径时，可以仿照磁性套索工具的用法设置平滑的路径曲线，对创建具有轮廓的图像的路径很有帮助。

• 操作步骤 •

STEP 01 按【Ctrl+O】组合键，打开一幅素材图像，如图9-58所示。

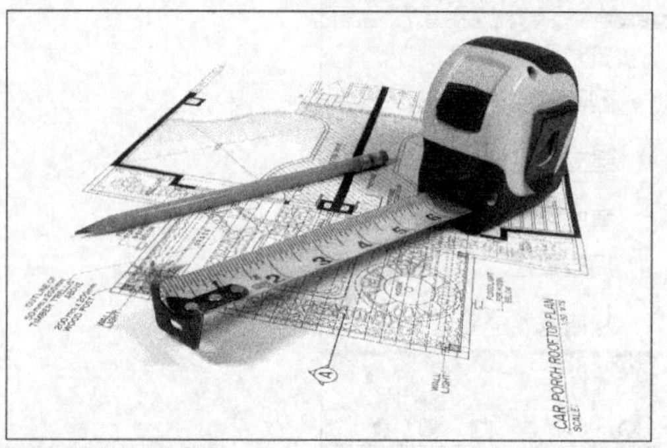

图9-58 打开素材图像

STEP 02 选取工具箱中的“自由钢笔工具”，在工具属性栏中选中“磁性的”复选框，如图9-59所示。

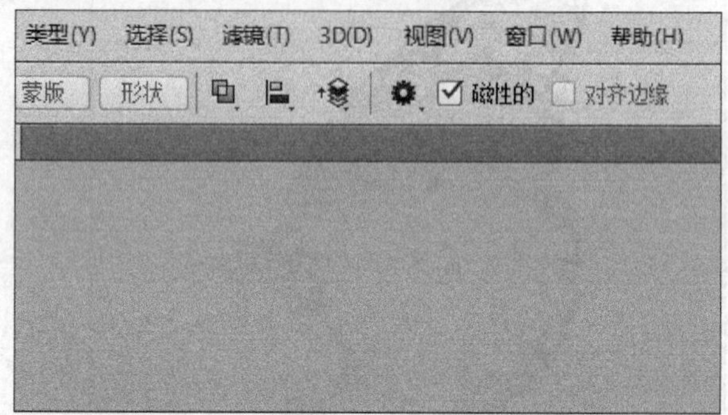

图9-59 选中“磁性的”复选框

知识扩展

在“自由钢笔工具”属性栏中，选中“磁性的”复选框，在创建路径时，可以仿照磁性套索工具的用法设置平滑的路径曲线，对创建具有轮廓的图像的路径很有帮助。

STEP 03 移动鼠标至图像编辑窗口中，单击鼠标左键，确定起始位置，如图9-60所示。

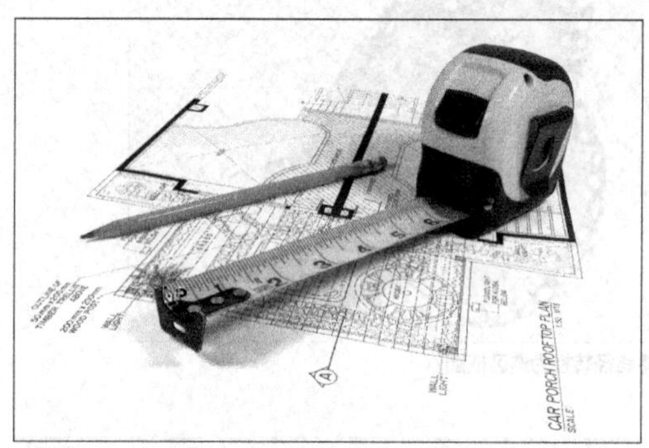

图9-60 确认起始位置

STEP 04 沿边缘拖曳鼠标，至起始点处，单击鼠标左键，创建闭合路径，选取“直接选择工具”对路径进行调整，如图9-61所示。

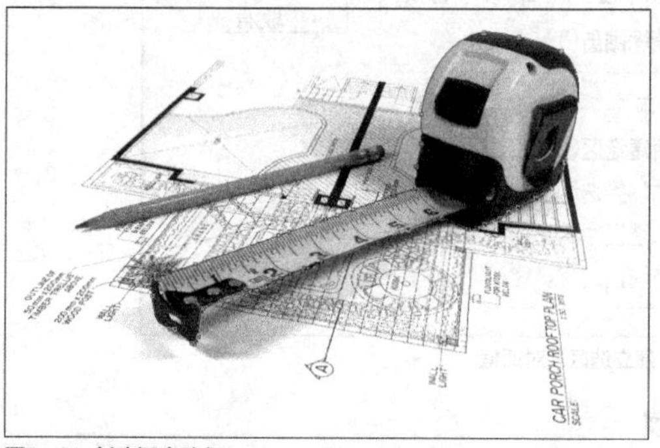

图9-61 创建闭合路径

STEP 05 按【Ctrl+Enter】组合键，将路径转换为选区，如图9-62所示。

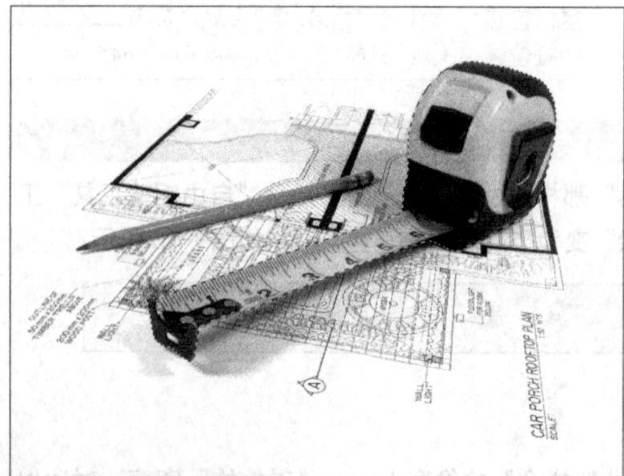

图9-62 将路径转换为选区

STEP 06 单击“图像”|“调整”|“色相/饱和度”命令，如图9-63所示。

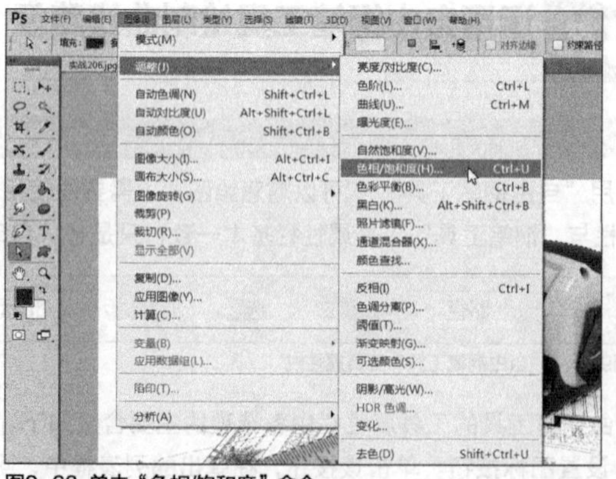

图9-63 单击“色相/饱和度”命令

STEP 07 弹出“色相/饱和度”对话框，设置“色相”为163、“饱和度”为40，如图9-64所示。

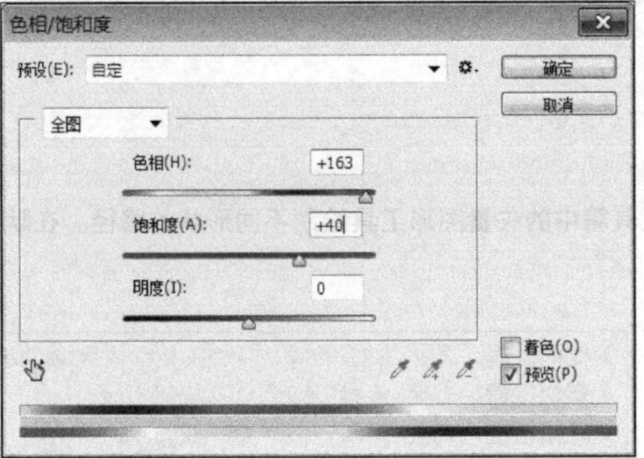

图9-64 设置各选项

STEP 08 单击“确定”按钮，即可调整选区中的颜色，并取消选区，效果如图9-65所示。

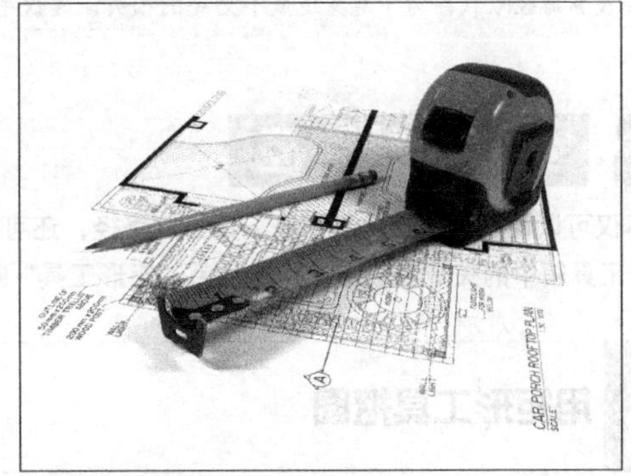

图9-65 最终效果

实战 207 存储为工作路径

▶实例位置：光盘\实例\第9章\实战207.jpg
▶素材位置：光盘\素材\第9章\实战207.jpg
▶视频位置：光盘\视频\第9章\实战207.mp4

• 实例介绍 •

在创建路径后，在“路径”面板中自动创建了一个默认的工作路径层，该工作路径层在某些时候会随着绘制的内容自动更新，因此，可以将其进行保存。

• 操作步骤 •

STEP 01 按【Ctrl+O】组合键，打开一幅素材图像，如图9-66所示。

图9-66 打开素材图像

STEP 02 打开“路径”面板，单击面板右上角的三角形按钮，在弹出的面板下拉菜单中选择“存储路径”选项，如图9-67所示。

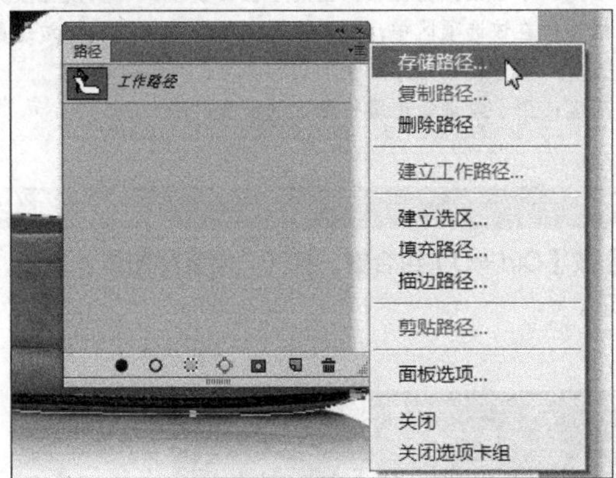

图9-67 选择“存储路径”选项

STEP 03 弹出“存储路径”对话框，设置“名称”为“路径1”，如图9-68所示。

STEP 04 单击“确定”按钮，即可完成路径的存储，如图9-69所示。

图9-68 “存储路径”对话框

图9-69 存储工作路径

知识扩展

在Photoshop中，任何一个文件中都只能存在一个工作路径，如果原来的工作路径没有保存就继续绘制新路径，原来的工作路径就会被新路径取代，为了避免造成不必要的损失，建议用户养成随时保存路径的好习惯。

9.3 绘制形状路径

用户不仅可以使用工具箱中的钢笔工具绘制路径，还可以使用工具箱中的矢量图形工具绘制不同形状的路径。在默认情况下，工具箱中的矢量图形工具组显示为“矩形工具”▭。

实战208 用矩形工具抠图

▶实例位置：光盘\实例\第9章\实战208.jpg、实战208.Psd
▶素材位置：光盘\素材\第9章\实战208.jpg
▶视频位置：光盘\视频\第9章\实战208.mp4

• 实例介绍 •

“矩形工具”▭主要用于创建矩形或正方形图形，用户还可以在工具属性栏上进行相应选项的设置，也可以设置矩形的尺寸、固定宽高比例等。

运用矩形工具可以绘制出矩形图形、矩形路径或填充像素，可在工具属性栏上设置矩形的尺寸、固定宽高比例等。

“矩形工具”的工具属性栏如图9-70所示。

形状 填充： 描边： 0.5点 W: 0像素 H: 0像素 ☑对齐边缘

图9-70 “矩形工具”属性栏

知识扩展

矩形工具属性栏各选项含义如下。

- ➢ 模式：单击该按钮，在弹出的下拉面板中，可以定义工具预设。
- ➢ 选择工具模式：该列表框中包含有图形、路径和像素3个选项，可创建不同的路径形状。
- ➢ 填充：单击该按钮，在弹出的下拉面板中，可以设置填充颜色。
- ➢ 描边：在该选项区中，可以设置创建的路径形状的边缘颜色和宽度等。
- ➢ 宽度：用于设置矩形路径形状的宽度。
- ➢ 高度：用于设置矩形路径形状的高度。

• 操作步骤 •

STEP 01 按【Ctrl+O】组合键，打开一幅素材图像，如图9-71所示。

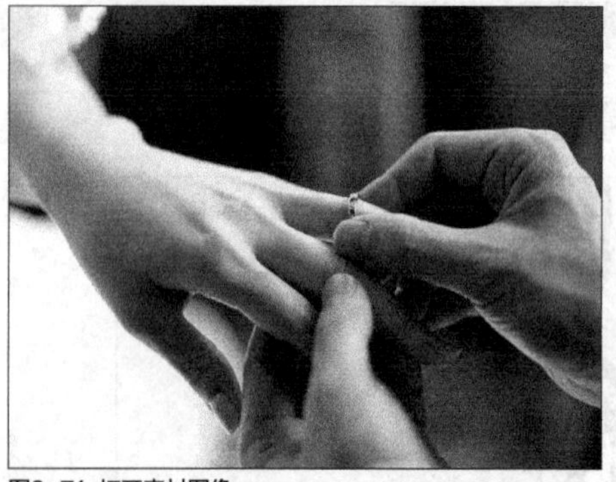

图9-71 打开素材图像

STEP 02 选择工具箱中的“矩形工具”，设置模式为路径，在图像编辑窗口的左上角单击鼠标左键并向右下方拖曳，创建一个矩形路径，如图9-72所示。

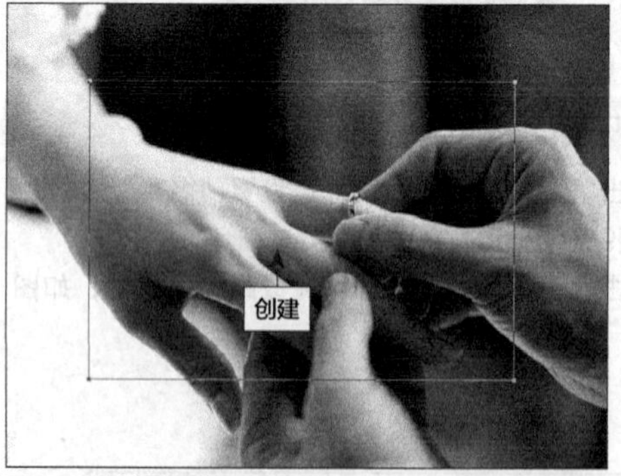

图9-72 创建矩形路径

专家提醒

矩形工具用来绘制矩形和正方形。选择该工具后，单击并拖动鼠标可以创建矩形；按住【Shift】键拖动则可以创建正方形；按住【Alt】键拖动则会以单击点为中心向外创建矩形；按住【Shift+Alt】键会以单击点为中心向外创建正方形。

STEP 03 按【Ctrl+Enter】组合键，将路径转换为选区，如图9-73所示。

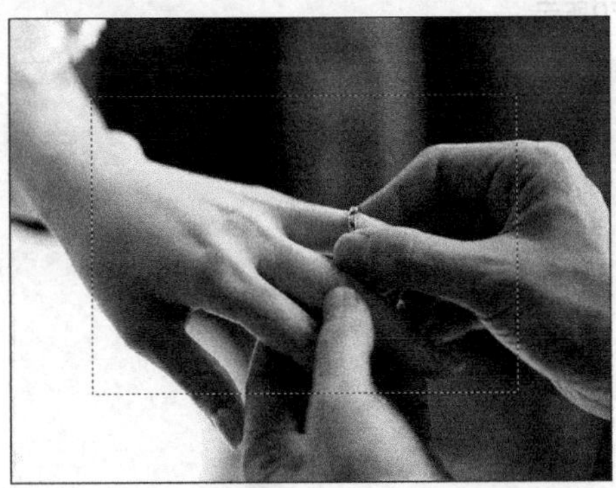

图9-73 将路径转换为选区

STEP 04 按【Ctrl+J】组合键，复制选区内的图像，建立一个新图层，并隐藏“背景”图层，如图9-74所示。

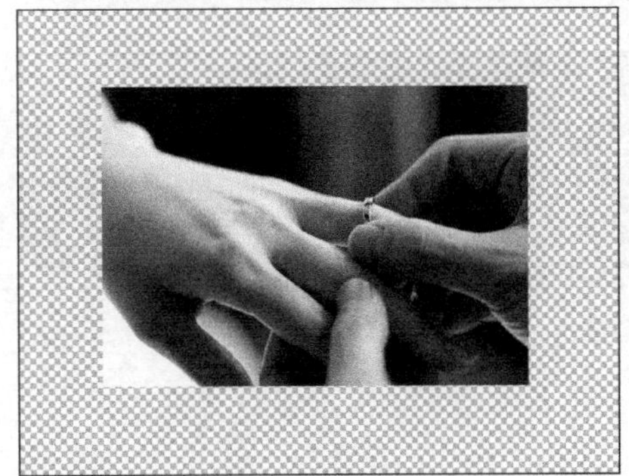

图9-74 最终效果

知识扩展

单击工具属性栏中的下拉按钮，打开下拉面板，如图9-75所示，在面板中可以设置矩形的创建方法。

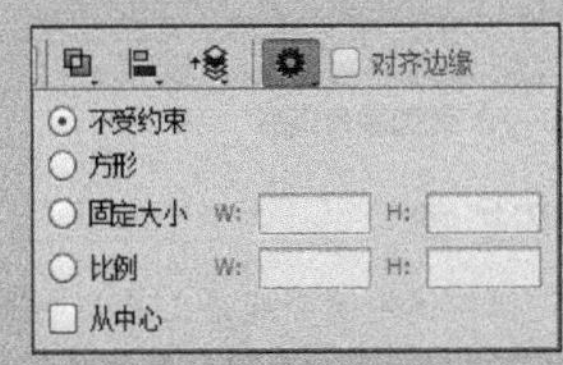

图9-75 打开下拉面板

各选项介绍如下。

- 不受约束：可通过拖动鼠标创建任意大小的矩形和正方形。
- 方形：拖动鼠标时只能创建任意大小的正方形。
- 固定大小：选中该选项并在它右侧的文本框中输入数值（W为宽度，H为高度），此后单击鼠标时，只创建预设大小的矩形。
- 比例：选中该选项并在它右侧的文本框中输入数值（W为宽度比例，H为高度比例），此后拖动鼠标时，无论创建多大的矩形，矩形的宽度和高度都保持预设的比例。
- 从中心：以任何方式创建矩形时，鼠标在画面中的单击点即为矩形的中心，拖动鼠标时矩形将由中心向外扩展。

实战 209 用圆角矩形工具抠图

- 实例位置：光盘\实例\第9章\实战209.jpg、实战209.Psd
- 素材位置：光盘\素材\第9章\实战209.jpg
- 视频位置：光盘\视频\第9章\实战209.mp4

• 实例介绍 •

“圆角矩形工具”用来绘制圆角矩形。选取工具箱中的“圆角矩形工具”，在工具属性栏的“半径”文本框中可设置圆角半径。

• 操作步骤 •

STEP 01 按【Ctrl+O】组合键，打开一幅素材图像，如图9-76所示。

图9-76 打开素材图像

STEP 02 选择“图层1”图层，选取工具箱中的“圆角矩形工具”，在相应位置创建一个圆角矩形路径，如图9-77所示。

图9-77 创建圆角矩形路径

STEP 03 按【Ctrl+T】组合键，对圆角矩形路径进行适当旋转和调整，如图9-78所示，按【Enter】键确认调整。

图9-78 调整圆角矩形

STEP 04 按【Ctrl+Enter】组合键，将路径转换为选区，按【Delete】键删除选区内的图像，并取消选区，抠取图像，如图9-79所示。

图9-79 最终效果

知识扩展

在运用圆角矩形工具绘制路径时，按住【Shift】键的同时，在图像编辑窗口中单击鼠标左键并拖曳，可绘制一个正圆角矩形；如果按住【Alt】键的同时，在窗口中单击鼠标左键并拖曳，可绘制以起点为中心的圆角矩形。

实战210 用椭圆工具抠图

▶实例位置：光盘\实例\第9章\实战210.jpg、实战210.Psd
▶素材位置：光盘\素材\第9章\实战210.jpg
▶视频位置：光盘\视频\第9章\实战210.mp4

• 实例介绍 •

运用“椭圆工具”可以绘制椭圆和正圆路径，再转换为选区进行抠图，其使用方法与矩形工具一样，不同之处是几何选项略有区别。

• 操作步骤 •

STEP 01 按【Ctrl+O】组合键，打开一幅素材图像，如图9-80所示。

图9-80 打开素材图像

STEP 02 选取工具箱的“椭圆工具”，在相应位置创建一个椭圆路径，如图9-81所示。

图9-81 创建椭圆路径

STEP 03 按【Ctrl+T】组合键，对椭圆路径进行适当调整，如图9-82所示，按【Enter】键确认。

STEP 04 按【Ctrl+Enter】组合键，将路径转换为选区，按【Ctrl+J】组合键，复制选区内的图像，建立一个新图层，并隐藏“背景”图层，如图9-83所示。

图9-82 调整圆角矩形

图9-83 最终效果

实战 211 用多边形工具抠图

▶实例位置：光盘\实例\第9章\实战211.jpg、实战211.Psd
▶素材位置：光盘\素材\第9章\实战211.jpg
▶视频位置：光盘\视频\第9章\实战211.mp4

• 实例介绍 •

运用“多边形工具”绘制路径形状时，始终会以鼠标单击位置为中心点，并且随着鼠标移动而改变多边形的大小。

• 操作步骤 •

STEP 01 按【Ctrl+O】组合键，打开一幅素材图像，如图9-84所示。

STEP 02 选取工具箱中的“多边形工具”，在工具属性栏中单击“几何选项”下拉按钮，在弹出的“多边形选项”面板中，依次选中3个复选框，设置“边数”为5，如图9-85所示。

图9-84 打开素材图像

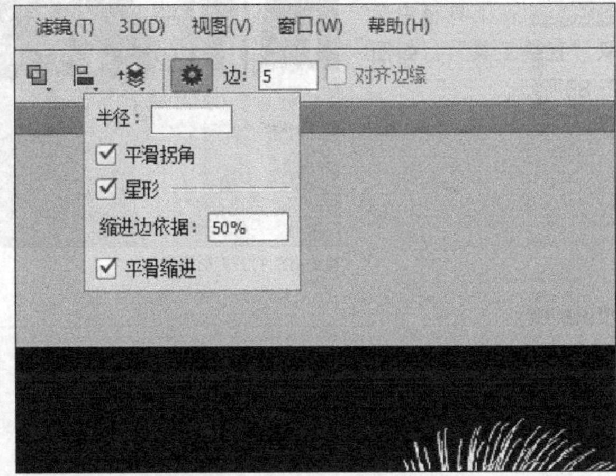

图9-85 设置“边数”为5

知识扩展

在工具属性栏中单击“几何选项”下拉按钮，在弹出的“多边形选项”面板中各选项介绍如下.

➢ 半径：设置多边形或星形的半径长度，此后单击并拖动鼠标时将创建指定半径值的多边形或星形。

➢ 平滑拐角：创建具有平滑拐角的多边形和星形。

➢ 星形：选中该选项可以创建星形。在“缩进边依据”选项中可以设置星形边缘向中心缩进的数量，该值越高，缩进量越大。选中“平滑缩进”，可以使星形的边平滑地向中心缩进。

STEP 03 依次在相应位置单击并拖动鼠标，创建多个多边形路径，如图9-86所示。

STEP 04 按【Ctrl+Enter】组合键，将路径转换为选区，按【Ctrl+J】组合键，复制选区内的图像，建立一个新图层，并隐藏“背景”图层，抠取图像，如图9-87所示。

图9-86 创建多个多边形路径

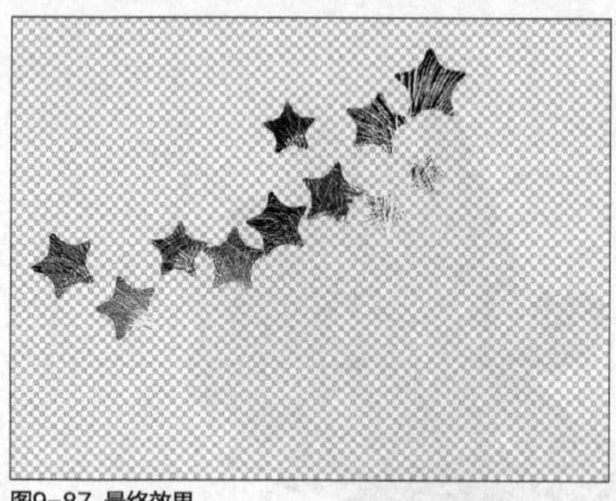
图9-87 最终效果

专家提醒

设置不同的多边形选项参数，可以绘制不同的多边形效果，用户可以自行选择。

实战212 运用直线工具绘制路径形状

▶实例位置：光盘\实例\第9章\实战212.jpg、实战212.Psd
▶素材位置：光盘\素材\第9章\实战212.jpg
▶视频位置：光盘\视频\第9章\实战212.mp4

• 实例介绍 •

在Photoshop中，使用“直线工具”可以创建直线和带有箭头的线段，在使用“直线工具”创建直线时，首先需要在工具属性栏中的“粗细”选项区中设置线的宽度。下面向读者详细介绍运用直线工具绘制路径形状的操作方法。

• 操作步骤 •

STEP 01 按【Ctrl+O】组合键，打开一幅素材图像，如图9-88所示。

STEP 02 在工具箱中选取“直线工具”，如图9-89所示。

图9-88 打开素材图像

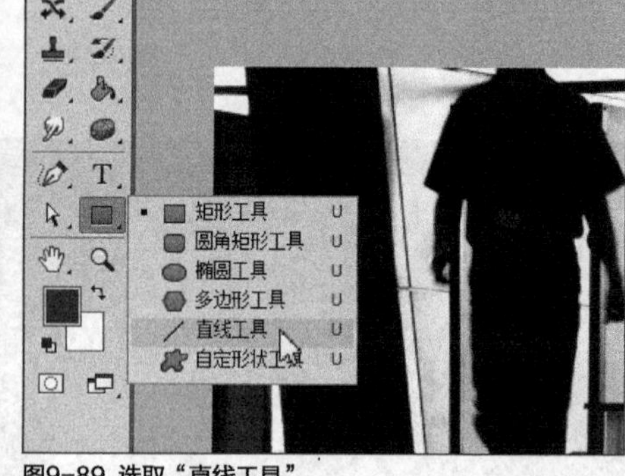

图9-89 选取“直线工具”

知识扩展

选取工具箱中的“直线工具”，在工具属性栏中，单击“选择工具模式”按钮，即可弹出列表框，如图9-90所示。

“形状”选项框中各选项的主要含义如下。

- ➢ 起点：选中该复选框，可以在直线的起点添加箭头。
- ➢ 终点：选中该复选框，可以在直线的终点添加箭头。
- ➢ 宽度：用来设置箭头宽度与直线宽度的百分比，范围为10%～1000%。
- ➢ 长度：用来设置箭头长度与直线宽度的百分比，范围为10%～1000%。
- ➢ 凹度：用来设置箭头的凹陷程度，范围为-50%～50%.该值为0时，箭头尾部平齐；大于0时，向内凹陷；小于0时，向外凸出。

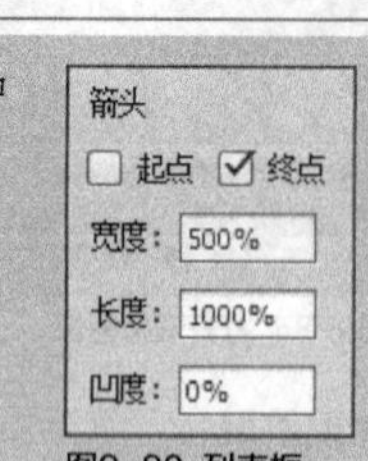

图9-90 列表框

STEP 03 在工具属性栏中，单击“选择工具模式”按钮，在弹出的列表框中选择“形状”选项，设置“粗细”为30像素，单击“设置图标”按钮，展开“箭头”面板，在其中设置“宽度”为500%、“长度”为1000%，选中“终点”复选框，如图9-91所示。

STEP 04 单击“填充”右侧的“设置形状填充类型”按钮，在弹出的颜色面板中，选择合适的颜色，如图9-92所示。

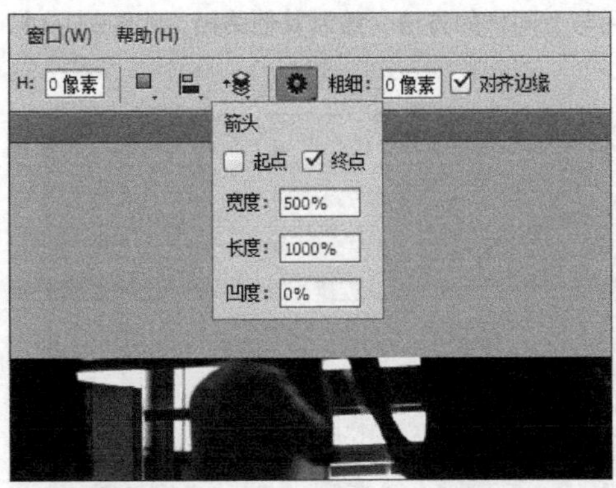

图9-91 设置各选项

STEP 05 将鼠标移至图像编辑窗口的右下方，单击鼠标左键并拖曳，至合适位置后释放鼠标，即可绘制一个箭头图标，效果如图9-93所示。

专家提醒

使用直线工具可以绘制直线和箭头，按住【Shift】键的同时，在图像编辑窗口中单击鼠标左键并拖曳，可以绘制水平、垂直或呈45° 的直线。

图9-92 选择合适的颜色

图9-93 最终效果

实战 213 通过绘制自定形状路径抠图

▶实例位置：光盘\实例\第9章\实战213.jpg、实战213.Psd
▶素材位置：光盘\素材\第9章\实战213.jpg
▶视频位置：光盘\视频\第9章\实战213.mp4

• 实例介绍 •

运用“自定形状工具”可以绘制各种预设的形状，如箭头、音乐符、闪电、电灯泡、信封、剪刀等丰富多彩的路径形状，从而抠出形状各异的图像。

• 操作步骤 •

STEP 01 按【Ctrl＋O】组合键，打开一幅素材图像，如图9-94所示。

图9-94 打开素材图像

STEP 02 在工具箱中，选取“自定形状工具”，在工具属性栏中，单击“形状”右侧的下拉按钮，在弹出的下拉列表框中，选择“拼图4”选项，如图9-95所示。

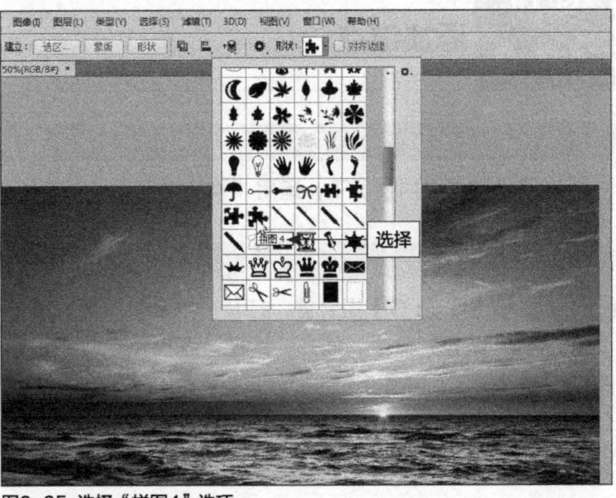

图9-95 选择“拼图4”选项

STEP 03 在图像中的相应位置单击，并拖动鼠标，绘制自定形状路径，如图9-96所示。

图9-96 绘制自定形状路径

STEP 04 用与上同样的方法，绘制其他路径，如图9-97所示。

图9-97 绘制其他路径

STEP 05 按【Ctrl+Enter】组合键，将路径转换为选区，按【Ctrl+J】组合键，复制选区内的图像，建立一个新图层，并隐藏“背景”图层，如图9-98所示。

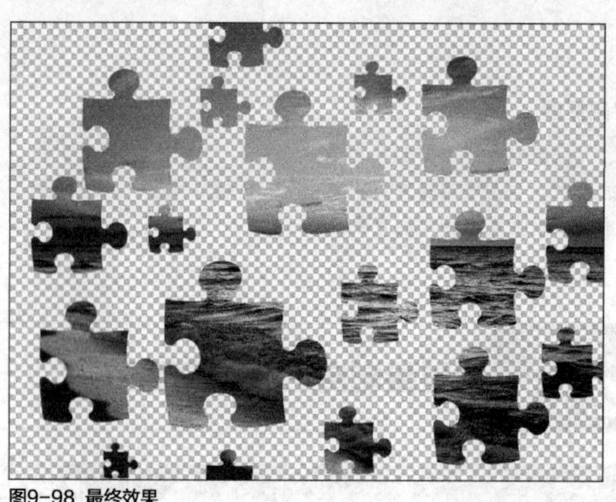
图9-98 最终效果

9.4 通过编辑路径抠图

初步绘制的路径可能不符合设计的要求，需要对路径进行进一步的编辑和调整。在实际工作中，编辑路径主要包括存储、复制、删除、选择及移动路径等内容。

实战214 添加锚点

▶实例位置：光盘\实例\第9章\实战214.jpg、实战214.Psd
▶素材位置：光盘\素材\第9章\实战214.jpg
▶视频位置：光盘\视频\第9章\实战214.mp4

•实例介绍•

在路径被选中的情况下，运用“添加锚点工具”直接在要增加锚点的位置单击鼠标左键，即可增加一个锚点。

•操作步骤•

STEP 01 按【Ctrl+O】组合键，打开一幅素材图像，单击“窗口”|“路径”命令，展开“路径”面板，单击“工作路径”显示路径，如图9-99所示。

STEP 02 选取“添加锚点工具”，移动鼠标至图像编辑窗口中的路径上，单击鼠标左键，即可添加锚点，效果如图9-100所示。

图9-99 显示路径

图9-100 添加锚点

专家提醒

在路径被选中的状态下，使用添加锚点工具直接单击要增加锚点的位置，即可增加一个锚点。使用"钢笔工具"时，若移动鼠标至路径上的非锚点位置，则鼠标指针呈添加锚点形状；若移动鼠标至路径的锚点上，则鼠标指针呈删除锚点形状。

实战 215 删除锚点

- 实例位置：无
- 素材位置：光盘\素材\第9章\实战215.jpg
- 视频位置：光盘\视频\第9章\实战215.mp4

• 操作步骤 •

STEP 01 打开一张素材图像，调出"路径"面板，选择相应路径并将其显示，选取"删除锚点工具"，移动鼠标至合适位置，如图9-101所示。

STEP 02 移动鼠标至相应锚点上方，单击鼠标左键，即可删除锚点，如图9-102所示。

图9-101 移动鼠标

图9-102 删除锚点

实战 216 平滑锚点

- 实例位置：光盘\实例\第9章\实战216.jpg
- 素材位置：光盘\素材\第9章\实战216.jpg
- 视频位置：光盘\视频\第9章\实战216.mp4

• 实例介绍 •

用户在对锚点进行编辑时，经常需要进行将一个两侧没有控制柄的直线型锚点转换为两侧具有控制柄的圆滑型锚点的操作。

• 操作步骤 •

STEP 01 按【Ctrl+O】组合键，打开一幅素材图像，如图9-103所示。

图9-103 打开素材图像

STEP 02 展开“路径”面板，单击“路径1”，显示路径，如图9-104所示。

图9-104 显示路径

STEP 03 选取“转换点工具”，移动鼠标至图像路径上相应的锚点处，单击鼠标左键并拖曳，即可平滑锚点，如图9-105所示。

图9-105 平滑锚点

专家提醒

在进行转换锚点操作时，有时需要对锚点进行适当调整，按住【Alt】键的同时在节点上单击鼠标左键并向下方拖曳，可移动控制柄；按【Ctrl】键的同时单击鼠标左键，可移动节点。

实战217 尖突锚点

▶实例位置：无
▶素材位置：无
▶视频位置：光盘\视频\第9章\实战217.mp4

• 操作步骤 •

STEP 01 新建一个合适大小的空白文件，选取“椭圆工具”，设置前景色为绿色，设置工具属性栏中的模式为“形状”，在编辑窗口中的合适位置新建椭圆，如图9-106所示

STEP 02 选取“转换点工具”，在圆形锚点上单击，即可将锚点转换成为直线锚点，如图9-107所示。

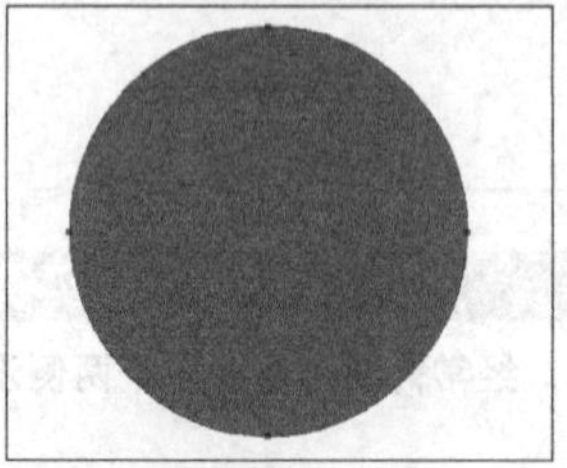
图9-106 新建椭圆

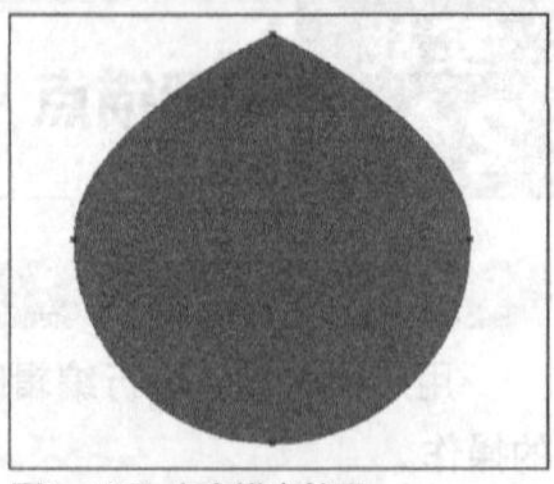
图9-107 尖突锚点效果

实战 218 填充路径

▶ 实例位置：光盘\实例\第9章\实战218.jpg、实战218.Psd
▶ 素材位置：光盘\素材\第9章\实战218.jpg
▶ 视频位置：光盘\视频\第9章\实战218.mp4

• 实例介绍 •

用户在绘制完路径后，可以在路径所包含的区域内填充颜色、图案或快照。填充路径必须在普通图层中进行，系统会使用前景色填充闭合路径包围的区域。

• 操作步骤 •

STEP 01 按【Ctrl+O】组合键，打开一幅素材图像，如图9-108所示。

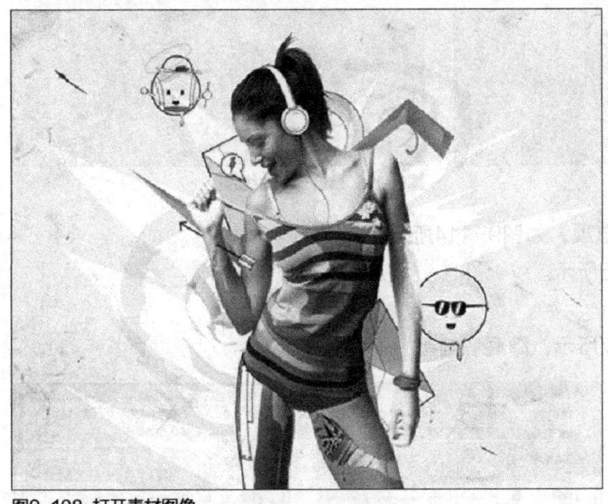

图9-108 打开素材图像

STEP 02 选取“自定形状工具”，在工具属性栏中单击“形状”右侧的下拉按钮，在弹出的下拉列表框中，选择合适的音符，如图9-109所示。

图9-109 选择合适的音符

STEP 03 移动鼠标至图像编辑窗口中合适的位置，单击鼠标左键并拖曳，绘制路径，并用与上同样的方法，绘制几个其他音乐符号路径，如图9-110所示。

图9-110 绘制路径

STEP 04 选取“直接选择工具”，选择相应路径，在工具属性栏中单击“填充”右侧的下拉按钮，选择相应颜色，即可填充路径，如图9-111所示。

图9-111 填充路径

专家提醒

单击“路径”面板底部的“用前景色填充路径”按钮，可直接用前景色进行填充。

实战219 描边路径

▶实例位置：光盘\实例\第9章\实战219.jpg
▶素材位置：光盘\素材\第9章\实战219.jpg
▶视频位置：光盘\视频\第9章\实战219.mp4

• 实例介绍 •

在Photoshop中，用户在绘制完路径后，通过路径描边功能可以为选取的路径进行描边处理，以达到一些特殊的效果。

• 操作步骤 •

STEP 01 按【Ctrl＋O】组合键，打开一幅素材图像，如图9-112所示。

STEP 02 选取“钢笔工具”，拖曳鼠标至图像编辑窗口中绘制一条曲线路径，如图9-113所示。

图9-112 打开素材图像

图9-113 绘制一条曲线路径

STEP 03 选取“画笔工具”，展开“画笔”面板，设置各选项，如图9-114所示。

STEP 04 选中“形状动态”复选框，设置各选项，如图9-115所示。

STEP 05 选中“散布”复选框，设置各选项，如图9-116所示。

STEP 06 选中“颜色动态”复选框，设置各选项，如图9-117所示，隐藏“画笔”面板。

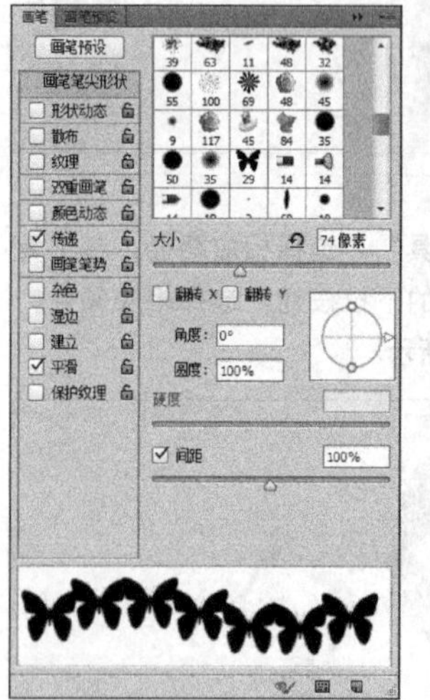
图9-114 设置各选项

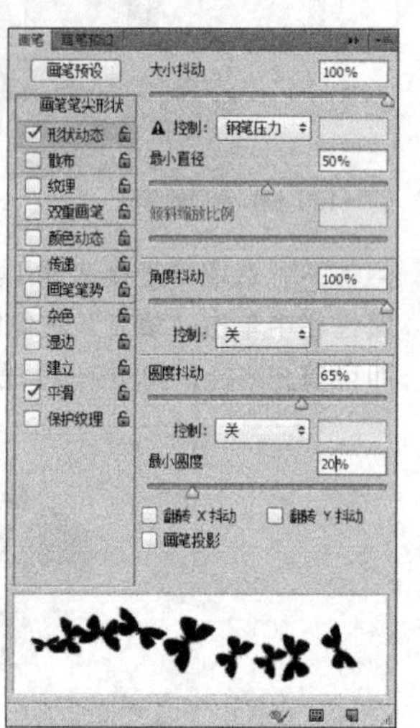
图9-115 设置“形状动态”中的各选项

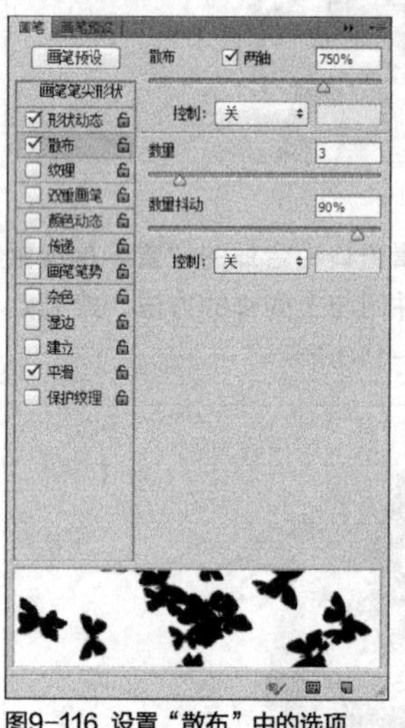
图9-116 设置“散布”中的选项

图9-117 设置“颜色动态”中的选项

STEP 07 设置前景色为红色（RGB参数值分别为252、100、1），单击“路径”面板右上方的下三角形按钮，在弹出的面板菜单中选择“描边路径”选项，弹出“描边路径”对话框，设置各选项，如图9-118所示。

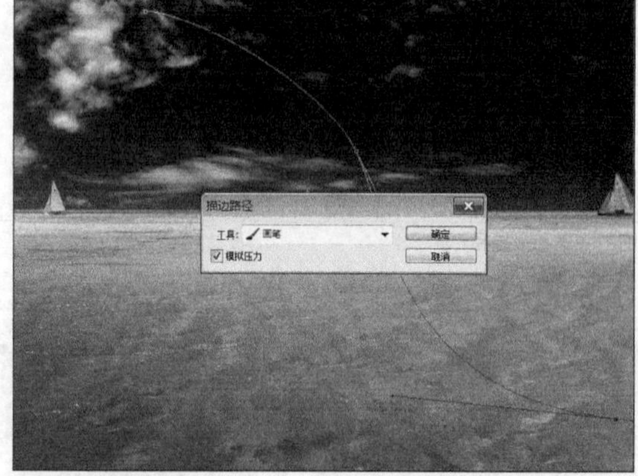
图9-118 设置各选项

STEP 08 单击"确定"按钮，即可描边路径，拖曳鼠标至"路径"面板灰色底板处，单击鼠标左键，隐藏路径，如图9-119所示。

图9-119 描边路径

专家提醒

除了可以运用以上方法描边路径外，还有以下2种方法。

➢ 选择路径，设置好画笔后，单击"路径"面板底部的"用画笔描边路径"按钮，即可对路径进行描边。

➢ 选取工具箱中的路径"选择工具"或"直接选择工具"，在图像编辑窗口中单击鼠标右键，在弹出的快捷菜单中选择"描边路径"选项，弹出"描边路径"对话框，在该对话框的工具列表框中选择一种需要的工具，单击"确定"按钮，即可使用所选择的工具对路径进行描边。

实战 220 布尔运算形状路径

▶ 实例位置：光盘\实例\第9章\实战220.jpg、实战220.Psd
▶ 素材位置：光盘\素材\第9章\实战220.jpg
▶ 视频位置：光盘\视频\第9章\实战220.mp4

• 实例介绍 •

在绘制路径的过程中，用户除了需要掌握绘制各类路径的方法外，还应该了解如何运用工具属性栏上的4种运算选项在路径间进行运算，4种运算选项分别为"合并形状""减去顶层形状""与形状区域相交"以及"排除重叠形状"。下面向读者详细介绍布尔运算形状路径的操作方法。

• 操作步骤 •

STEP 01 按【Ctrl＋O】组合键，打开一幅素材图像，如图9-120所示。

图9-120 打开素材图像

STEP 02 选取工具箱中的"自定形状工具"，在工具属性栏中，单击"选择工具模式"按钮，在弹出的列表框中，选择"形状"选项，单击"形状"右侧的下三角形按钮，在"形状"列表框中选择"叶子3"选项，如图9-121所示。

图9-121 选择"叶子3"选项

STEP 03 设置前景色为绿色（RGB参数值分别为0、153、68），移动鼠标至图像中合适的位置，单击鼠标左键并拖曳，即可创建形状，如图9-122所示。

图9-122 创建形状

STEP 04 单击工具属性栏中的“合并形状”按钮，在图像适当位置单击鼠标左键并拖曳，绘制第2个形状，即可添加形状区域，如图9-123所示。

图9-123 添加形状区域

STEP 05 单击工具属性栏中的“减去顶层形状”按钮，在图像适当位置单击鼠标左键并拖曳，绘制第3个形状，即可减去形状区域，如图9-124所示。

图9-124 减去形状区域

STEP 06 单击工具属性栏中的“与形状区域相交”按钮，在图像编辑窗口中单击鼠标并拖曳，绘制第4个形状，即可交叉形状区域，如图9-125所示。

图9-125 交叉形状区域

STEP 07 单击工具属性栏中的“排除重叠形状”按钮，在图像适当位置单击鼠标左键并拖曳，绘制第5个形状，即可将重叠形状区域除外，如图9-126所示。

图9-126 排除重叠形状区域

专家提醒

路径工具属性栏中各种运算按钮的含义如下。

➢ “合并形状”按钮：在原路径区域的基础上合并新的路径区域。

➢ “减去顶层形状”按钮：在原路径区域的基础上减去新的路径区域。

➢ “与形状区域相交”按钮：新路径区域与原路径区域交叉区域为最终路径区域。

➢ “排除重叠形状”按钮：原路径区域与新路径区不相交的区域为最终的路径区域。

第10章 使用通道功能抠图

本章导读

通道就是选区的一个载体，它将选区转换成为可见的黑白图像，使用户更易于对其进行编辑，从而得到多种多样的选区状态。在众多的抠图方法中，通道抠图是比较万能的抠图方法，常用于较为复杂的图像抠图。

要点索引

- 创建通道
- 通道的基本介绍
- 使用通道快速抠图
- 使用通道合成图像

10.1 创建通道

在Photoshop中，通道被用来存放图像的颜色信息及自定义的选区，我们不仅可以使用通道得到非常特殊的选区，以辅助制图，还可以通过改变通道中存放的颜色信息来调整图像的色调。

通道是一种很重要的图像处理方法，它主要用来存储图像色彩的信息和图层中选择的信息，使用通道可以复制扫描时失真严重的图像，还可以对图像进行合成，从而创作出一些意想不到的效果。

无论是新建文件、打开文件还是扫描文件，当把一个图像文件调入Photoshop CC后，Photoshop CC就将为其创建图像文件固有的通道，即颜色通道或原色通道，原色通道的数目取决于图像的颜色模式。

“通道”面板是存储、创建和编辑通道的主要场所。在默认情况下，“通道”面板显示的均为原色通道。

当图像的色彩模式为CMYK模式时，面板中将有4个原色通道，即“青”通道、“洋红”通道、“黄”通道和“黑”通道，每个通道都包含着对应的颜色信息。

当图像的色彩模式为RGB色彩模式时，面板中将有3个原色通道，即“红”通道、“绿”通道、“蓝”通道和一个合成通道，即RGB通道。只要将“红”通道、“绿”通道、“蓝”通道合成在一起，就会得到一幅色彩绚丽的RGB模式图像。

知识扩展

“通道”面板中各个按钮的含义如下。

- 将通道作为选区载入：单击该按钮，可以调出当前通道所保存的选区。
- 将选区存储为通道：单击该按钮，可以将当前选区保存为Alpha通道。
- 创建新通道：单击该按钮，可以创建一个新的Alpha通道。
- 删除当前通道：单击该按钮，可以删除当前选择的通道。

实战221 新建Alpha通道

▶实例位置：光盘\实例\第10章\实战221.jpg、实战221.Psd
▶素材位置：光盘\素材\第10章\实战221.jpg
▶视频位置：光盘\视频\第10章\实战221.mp4

• 实例介绍 •

Alpha通道：通道除了可以保存颜色信息外，还可以保存选区的信息，此类通道被称为Alpha通道。使用Alpha通道保存选区的优点在于，可以用绘图的方式对通道进行编辑，从而获得使用其他方法无法获得的选区，而且可以长久地保存选区。

“通道”面板用于创建并管理通道，通道的许多操作都是在“通道”面板中进行的，包括创建不同的通道、复制通道等。

• 操作步骤 •

STEP 01 按【Ctrl+O】组合键，打开一幅素材图像，如图10-1所示。

图10-1 打开素材图像

STEP 02 展开“通道”面板，单击右上角的三角形按钮，在弹出的面板菜单中选择“新建通道”选项，弹出“新建通道”对话框，如图10-2所示。

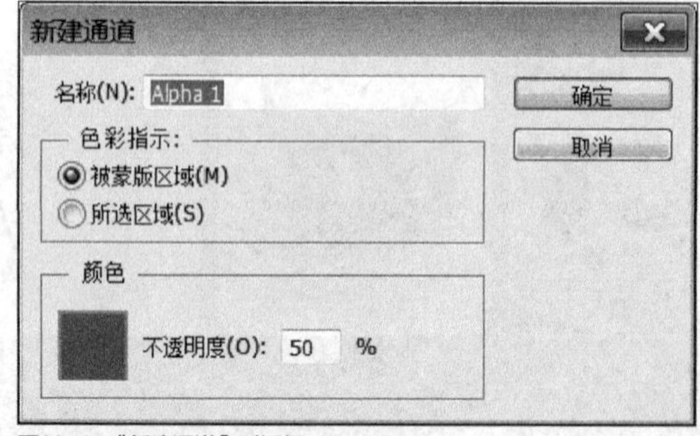

图10-2 “新建通道”对话框

STEP 03 单击“确定”按钮，即可创建一个Alpha通道，单击面板中“Alpha 1”通道左侧的“指示通道可见性”图标，如图10-3所示。

STEP 04 执行操作后，即可显示“Alpha 1”通道，隐藏“通道”面板，返回图像编辑窗口，效果如图10-4所示。

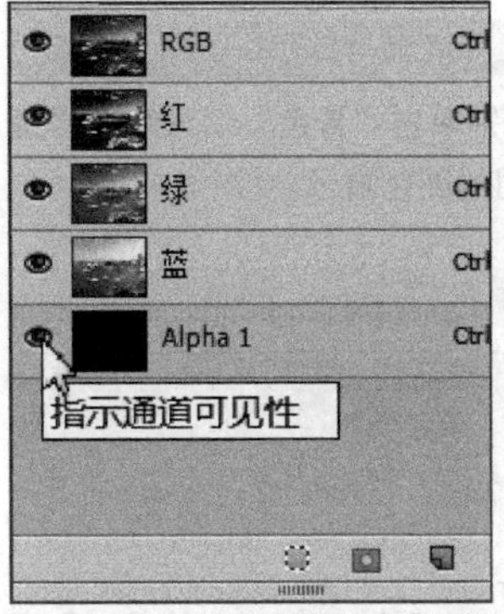

图10-3 单击“指示通道可见性”图标

图10-4 新建Alpha通道效果

专家提醒

使用Alpha通道保存选区的优点在于，可以用绘图的方式对通道进行编辑。

创建Alpha通道的操作方法有以下2种。

- 按钮：单击“通道”底部的“创建新通道”按钮，可创建空白通道。
- 快捷键：按住【Alt】键的同时单击“通道”面板底部的“创建新通道”按钮即可。

知识扩展

在Photoshop中，通道除了可以保存颜色信息外，还可以保存选区的信息，此类通道被称为Alpha通道。Alpha通道主要用于创建和存储选区，创建并保存选区后，将以一个灰度图像保存在Alpha通道中，在需要的时候可以载入选区。

实战 222 新建颜色通道

- 实例位置：无
- 素材位置：光盘\素材\第10章\实战222.jpg
- 视频位置：光盘\视频\第10章\实战222.mp4

• 实例介绍 •

颜色通道又称为原色通道，它主要用于存储图像的颜色数据。

• 操作步骤 •

STEP 01 打开一张素材图像，调出通道面板，RGB图像有3个颜色通道，即“红”“绿”“蓝”，如图10-5所示。

STEP 02 将其转换为CMYK格式图像，CMYK图像有4个颜色通道，即“青色”“洋红”“黄色”“黑色”，如图10-6所示，它们包含了所有的将被打印或显示的颜色。

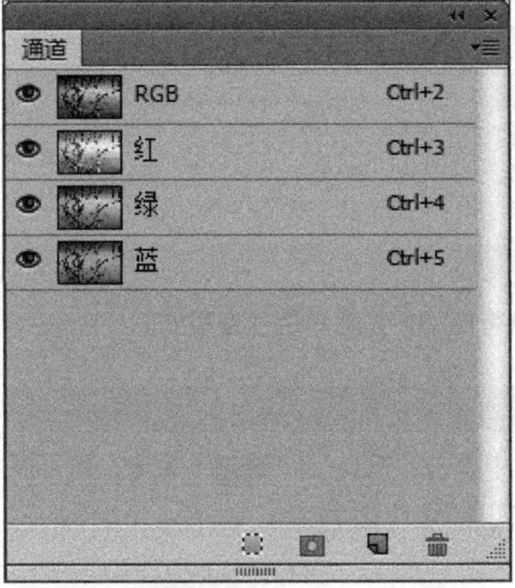

图10-5 RGB模式颜色通道

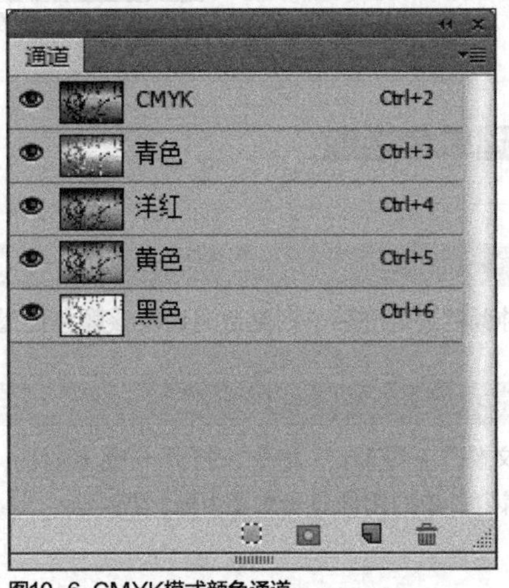

图10-6 CMYK模式颜色通道

实战223 新建复合通道

▶实例位置：光盘\实例\第10章\实战223.jpg
▶素材位置：光盘\素材\第10章\实战223.jpg
▶视频位置：光盘\视频\第10章\实战223.mp4

•实例介绍•

复合通道始终以彩色显示，是用于预览并编辑整个图像颜色通道的一个快捷方式。分别单击“青色”“洋红”“黄色”和“黑色”通道左侧的“指示通道可见性”图标，都可以复合其他3个通道，得到不同的颜色显示。

•操作步骤•

STEP 01 单击“文件”|“打开”命令，打开一幅素材图像，此时图像编辑窗口中的图像显示如图10-7所示。

STEP 02 在菜单栏中单击“窗口”|“通道”命令，即可展开“通道”面板，如图10-8所示。

图10-7 打开素材图像

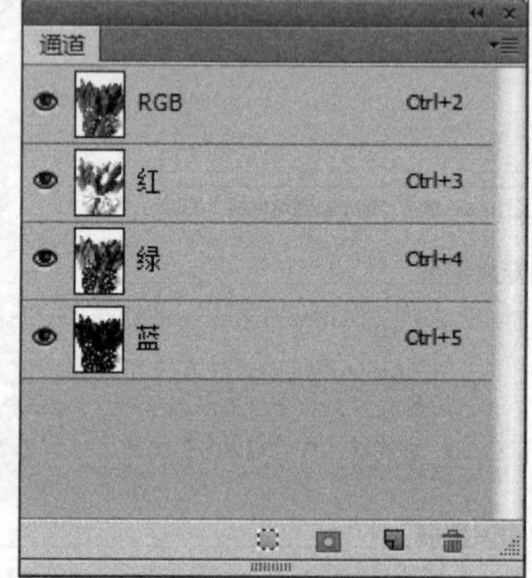

图10-8 展开“通道”面板

STEP 03 单击“蓝”通道左侧的“指示通道可见性”图标，隐藏“蓝”通道，如图10-9所示。

STEP 04 执行上述操作后，即可创建复合通道，图像效果如图10-10所示。

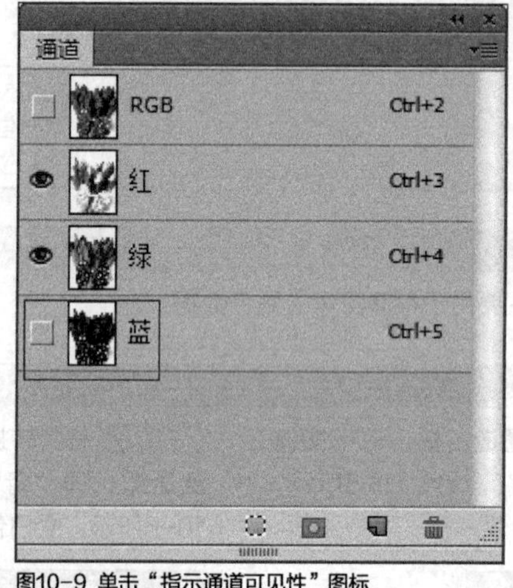

图10-9 单击“指示通道可见性”图标

图10-10 最终效果

专家提醒

复合通道是编辑整个图像颜色通道的一个快捷方式，主要针对RGB、CMYK和Lab图像。

实战224 新建单色通道

▶实例位置：光盘\实例\第10章\实战224.Psd
▶素材位置：光盘\素材\第10章\实战224.jpg
▶视频位置：光盘\视频\第10章\实战224.mp4

•实例介绍•

如果将某一种颜色通道删除，则混合通道及该颜色通道都将被删除，而图像将自动转换为单色通道模式。

•操作步骤•

STEP 01 单击“文件”|“打开”命令，打开一幅素材图像，此时图像编辑窗口中的图像显示如图10-11所示。

STEP 02 在菜单栏中单击“窗口”|“通道”命令，即可展开“通道”面板，如图10-12所示。

图10-11 打开素材图像

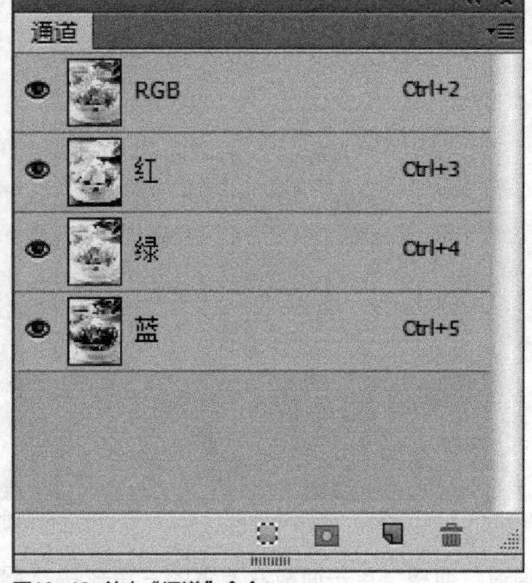

图10-12 单击“通道”命令

STEP 03 选择“蓝”通道，单击鼠标右键，在弹出的快捷菜单中选择“删除通道”选项，如图10-13所示。

STEP 04 执行上述操作后，即可创建单色通道，如图10-14所示。

STEP 05 创建单色通道后，其图像显示效果如图10-15所示。

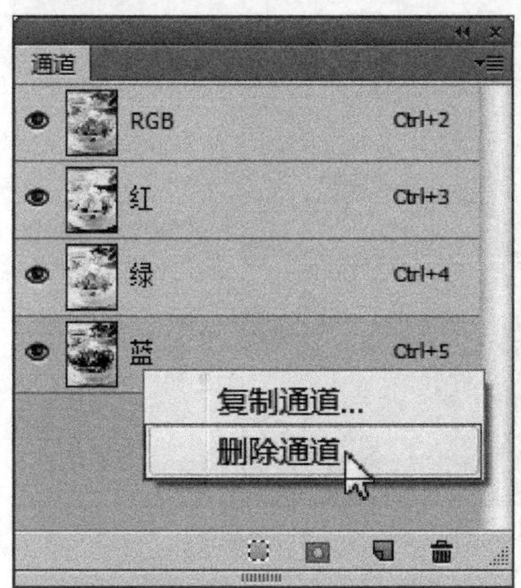

图10-13 删除通道

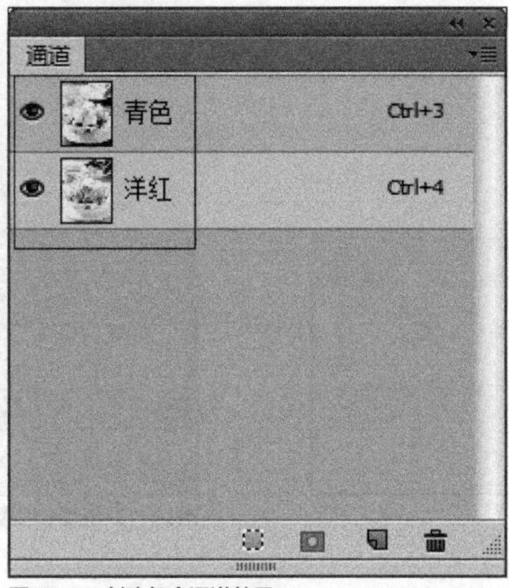

图10-14 创建复合通道效果

图10-15 单色通道图像显示效果

知识扩展

在“通道”面板中随意删除其中一个通道，所有通道都会变成黑白的，原有彩色通道即使不删除也会变成灰度的。

实战 225 新建专色通道

▶ 实例位置：光盘\实例\第10章\实战225. jpg、实战225. Psd
▶ 素材位置：光盘\素材\第10章\实战225. jpg
▶ 视频位置：光盘\视频\第10章\实战225. mp4

• 实例介绍 •

专色通道：专色通道应用于印刷领域，当需要在印刷物上添加一种特殊的颜色（如金色、银色）时，就可以创建专色通道，以存放专色油墨的浓度、印刷范围等信息。专色通道用于印刷，在印刷时每种专色油墨都要求专用的印版，以便单独输出。

• 操作步骤 •

STEP 01 按【Ctrl＋O】组合键，打开一幅素材图像，如图10-16所示。

STEP 02 选取快速选择工具，在图像中创建一个选区，如图10-17所示。

图10-16 打开素材图像

图10-17 创建选区

STEP 03 展开“通道”面板，单击面板右上角的三角形按钮，在弹出的面板菜单中选择“新建专色通道”选项，弹出“新建专色通道”对话框，设置“颜色”为蓝色（RGB参数值分别为157、102、255），如图10-18所示，单击“确定”按钮。

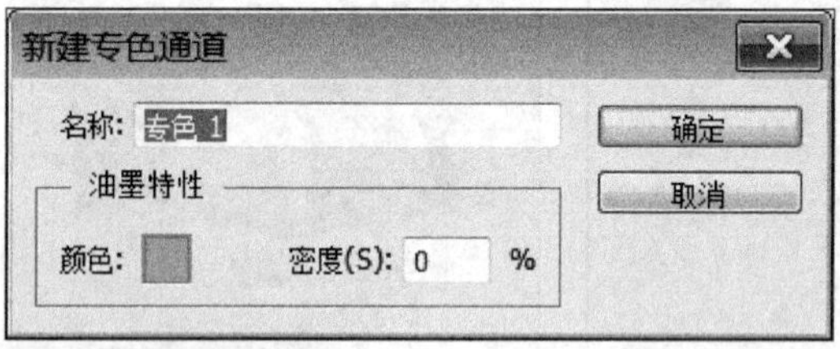

图10-18 新建专色通道

STEP 04 执行操作后，即可创建专色通道，展开“通道”面板，在“通道”面板中自动生成一个专色通道，此时图像编辑窗口中的图像效果如图10-19所示。

图10-19 创建专色通道

知识扩展

专色通道设置只是用来在屏幕上显示模拟效果的，对实际打印输出并无影响，此外，如果在新建专色通道之前制作了选区，则新建通道后，将在选区内填充专色通道颜色。专色通道应用于印刷领域，当需要在印刷物上添加一种特殊的颜色（如金色、银色）时，就可以创建专色通道，以存放专色油墨的浓度、印刷范围等信息。

10.2 通道的基本介绍

在Photoshop中，通道被用来存放图像的颜色信息及自定义的选区，用户不仅可以使用通道得到非常特殊的选区以辅助制图，还可以通过改变通道中存放的颜色信息来调整图像。

实战226 保存选区至通道

▶**实例位置：** 光盘\实例\第10章\实战226.Psd
▶**素材位置：** 光盘\素材\第10章\实战226.jpg
▶**视频位置：** 光盘\视频\第10章\实战226.mp4

• 实例介绍 •

在编辑图像时，若将新建的选区保存到通道，可方便用户对图像的多次编辑和修改。

• 操作步骤 •

STEP 01 按【Ctrl + O】组合键，打开一幅素材图像，如图10-20所示。

STEP 02 运用磁性套索工具在图像编辑窗口中创建选区，效果如图10-21所示。

图10-20 打开素材图像

图10-21 创建选区

STEP 03 单击“选择”|“存储选区”命令，弹出“存储选区”对话框，在其中设置各选项，如图10-22所示。

STEP 04 单击“确定”按钮，即可将创建的选区保存至通道，如图10-23所示。

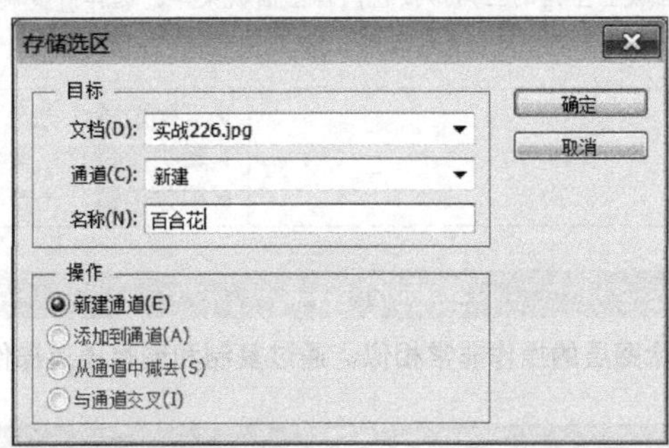

图10-22 “存储选区”对话框

图10-23 保存选区到通道

专家提醒

在图像编辑窗口中创建选区后，单击“通道”面板底部的“将选区存储为通道”按钮，也可将创建的选区存储为通道。

实战 227 复制通道

- **实例位置：** 光盘\实例\第10章\实战227.jpg
- **素材位置：** 光盘\素材\第10章\实战227.jpg
- **视频位置：** 光盘\视频\第10章\实战227.mp4

• 实例介绍 •

在“通道”面板中，用户可以对某一通道进行复制操作，制作出相应的效果。

• 操作步骤 •

STEP 01 按【Ctrl + O】组合键，打开一幅素材图像，如图10-24所示。

STEP 02 在“通道”面板中，选择“蓝”通道，如图10-25所示。

图10-24 打开素材图像

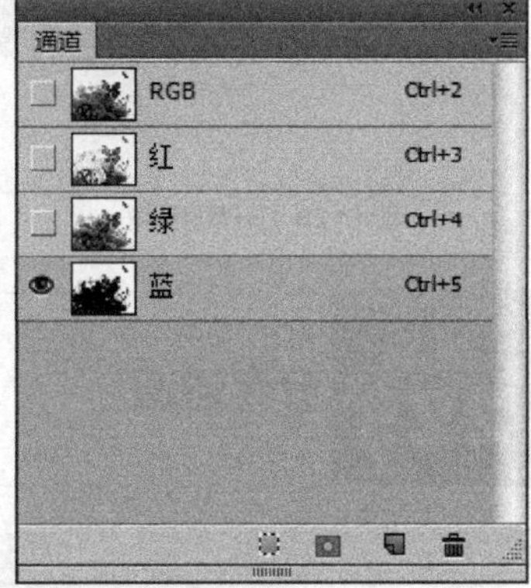

图10-25 选择通道

STEP 03 单击鼠标右键，在弹出的快捷菜单中选择“复制通道”选项，弹出“复制通道”对话框，如图10-26所示。

STEP 04 单击“确定”按钮，即可复制一个名为“蓝 拷贝”的通道，如图10-27所示。

图10-26 “复制通道”对话框

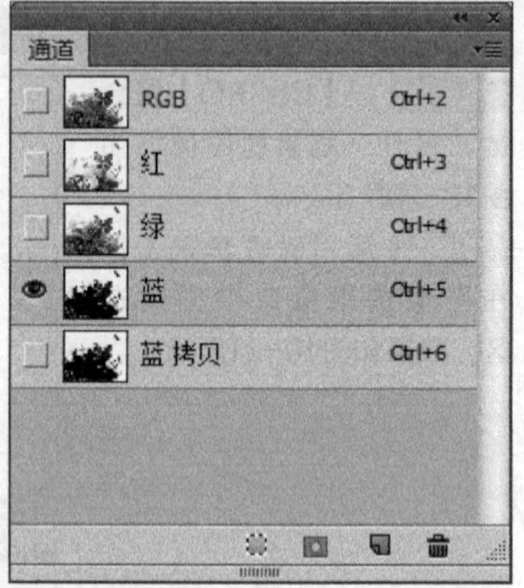

图10-27 复制通道

知识扩展

选择需要复制的通道，单击“通道”面板右上角的三角形按钮，弹出面板菜单，选择“复制通道”选项，也可以复制通道。

实战228 删除通道

▶实例位置：光盘\实例\第10章\实战228.Psd
▶素材位置：光盘\素材\第10章\实战228.jpg
▶视频位置：光盘\视频\第10章\实战228.mp4

• 实例介绍 •

复制和删除通道的操作与复制和删除图层的操作非常相似，通过复制和删除通道操作，可以制作不同的图像效果。

• 操作步骤 •

STEP 01 按【Ctrl+O】组合键，打开一幅素材图像，如图10-28所示。

STEP 02 在“通道”面板中，选择“蓝”通道，如图10-29所示。

STEP 03 单击“通道”面板底部的“删除通道”按钮，图像自动转换至单色通道模式，图像编辑窗口中的图像效果如图10-30所示。

图10-28 打开素材图像

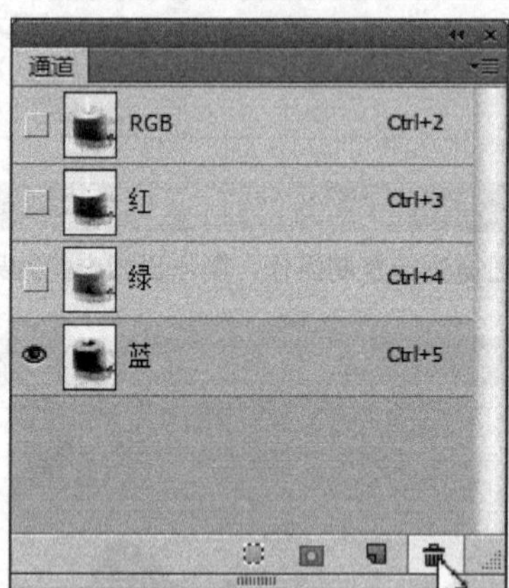

图10-29 选择通道

图10-30 删除通道后的图像

实战229 分离通道

▶实例位置：光盘\实例\第10章\实战229-1.jpg、实战229-2.jpg、实战229-3.jpg
▶素材位置：光盘\素材\第10章\实战229.jpg
▶视频位置：光盘\视频\第10章\实战229.mp4

• 实例介绍 •

为了便于图像的编辑处理，用户可以通过“分离”命令将图像文件中的通道分离出来，使各自成为一个单独的文件。

• 操作步骤 •

STEP 01 按【Ctrl＋O】组合键，打开一幅素材图像，如图10-31所示。

STEP 02 在“通道”面板中，单击面板右上角的三角形按钮，在弹出的面板菜单中选择“分离通道”选项，如图10-32所示。

图10-31 打开素材图像

图10-32 选择“分离通道”选项

STEP 03 操作完成后，即可将RGB模式图像的通道分离为3幅灰色图像，效果如图10-33所示。

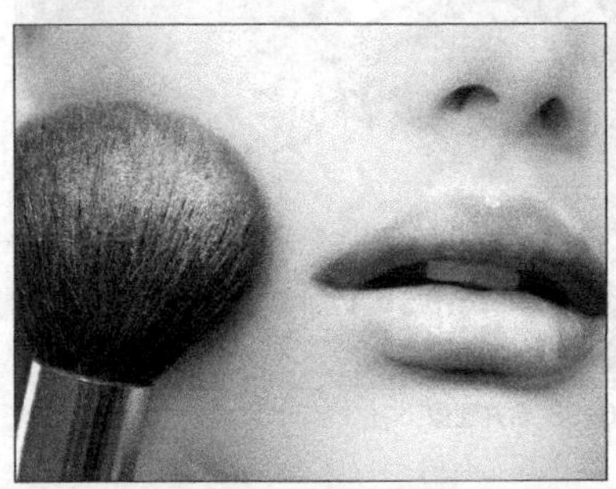

图10-33 分离通道后的3幅灰色图像

专家提醒

用户可以将一幅图像中的各个通道分离出来，使其各自作为一个单独的文件存在。分离后源文件被关闭，每一个通道均以灰度颜色模式成为一个独立的图像文件。

实战 230 合并通道

▶ **实例位置**：光盘\实例\第10章\实战230.jpg

▶ **素材位置**：光盘\素材\第10章\实战230-1.jpg、实战230-2.jpg、实战230-3.jpg

▶ **视频位置**：光盘\视频\第10章\实战230.mp4

• 实例介绍 •

使用“合并通道”命令可以将多个大小相同的灰度图像合并成一幅彩色图像。合并通道时注意图像的大小和分辨率必须是相同的，否则无法合并。

• 操作步骤 •

STEP 01 单击“文件”|“打开”命令，打开3幅素材图像，如图10-34所示。

图10-34 打开素材图像

STEP 02 展开“通道”面板，单击面板右上角的面板菜单按钮，在弹出的面板菜单中选择“合并通道”选项，如图10-35所示。

STEP 03 弹出“合并通道”对话框，在其中设置“模式”为“RGB颜色”、“通道”为3，如图10-36所示。

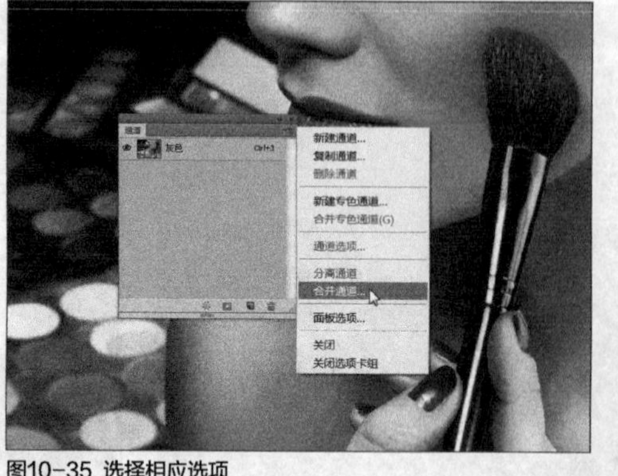

图10-35 选择相应选项

图10-36 “合并通道”对话框

STEP 04 单击“确定”按钮，弹出“合并RGB通道”对话框，设置各选项，如图10-37所示。

STEP 05 单击“确定”按钮，合并图像，效果如图10-38所示。

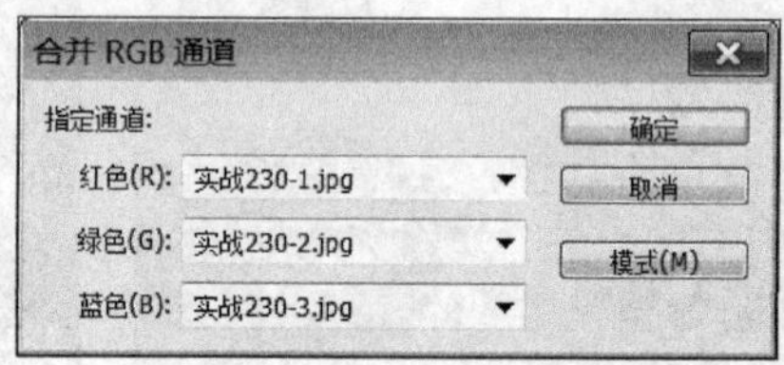

图10-37 “合并RGB通道”对话框

图10-38 合并图像

实战231 保存选区到通道

▶实例位置：光盘\实例\第10章\实战231.Psd
▶素材位置：光盘\素材\第10章\实战231.jpg
▶视频位置：光盘\视频\第10章\实战231.mp4

• 实例介绍 •

在编辑图像时，将新建的选区保存到通道中，可方便用户对图像进行多次编辑和修改。

• 操作步骤 •

STEP 01 按【Ctrl+O】组合键，打开一幅素材图像，如图10-39所示。

STEP 02 选取“磁性套索”工具，在图像编辑窗口中的相应位置创建一个选区，如图10-40所示。

图10-39 打开素材图像

图10-40 创建选区

STEP 03 在“通道”面板中，单击面板底部的“将选区存储为通道”按钮，即可保存选区到通道，如图10-41所示。

STEP 04 单击Alpha 1通道左侧的“指示通道可见性”图标，显示Alpha 1通道，按【Ctrl+D】组合键取消选区，效果如图10-42所示。

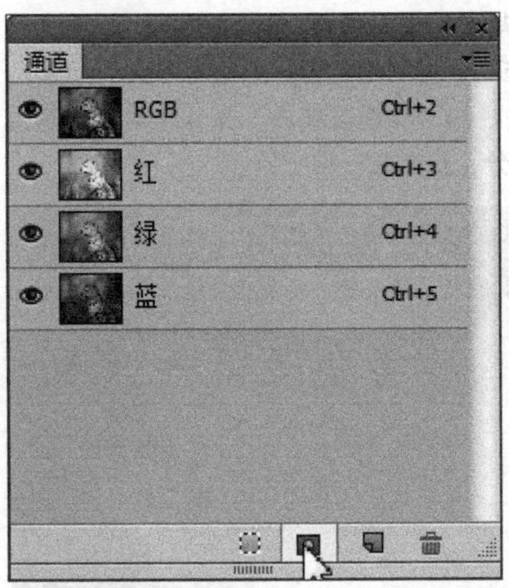

图10-41 保存选区到通道

图10-42 显示Alpha 1通道效果

10.3 使用通道快速抠图

通道的功能很强大，在制作特殊的图像特效时都离不开通道协助，一般的图片都是由RGB三元素构成的，因此，可以利用通道进行快速抠图。

实战232 通过调整通道对比抠图

▶ 实例位置：光盘\实例\第10章\实战232.jpg、实战232.Psd
▶ 素材位置：光盘\素材\第10章\实战232.jpg
▶ 视频位置：光盘\视频\第10章\实战232.mp4

• 实例介绍 •

在进行抠图时，有些图像与背景过于相近，从而抠图不是那么方便，此时可以利用"通道"面板，结合其他命令对图像进行适当调整。

• 操作步骤 •

STEP 01 按【Ctrl+O】组合键，打开一幅素材图像，如图10-43所示。

STEP 02 展开"通道"面板，分别单击来查看通道显示效果，拖动"红"通道至面板底部的"创建新通道"按钮上，复制一个通道，如图10-44所示。

图10-43 打开素材图像

图10-44 复制通道

专家提醒

在"通道"面板中，单击各个通道进行查看，要注意查看哪个通道的花朵边缘更加清晰，以便于抠图。

STEP 03 确定选择复制的“红拷贝”通道，单击“图像”|“调整”|“亮度/对比度”命令，弹出“亮度/对比度”对话框，设置各参数，如图10-45所示。

图10-45 调整亮度/对比度

STEP 04 选取“快速选择工具”，设置画笔大小为80px，在花朵上拖动鼠标创建选区，如果有多余的部分，可以单击工具属性栏的“从选区减去”按钮，将画笔调小，减去多余的部分，如图10-46所示。

图10-46 创建选区

STEP 05 在“通道”面板中单击RGB通道，退出通道模式，返回到RGB模式，如图10-47所示。

图10-47 返回RGB模式

STEP 06 按【Ctrl＋J】组合键复制一个新图层，并隐藏“背景”图层，效果如图10-48所示。

图10-48 复制新图层并隐藏背景图层

知识扩展

除了运用上述方法复制通道外，用户还可以在选中某个通道后，单击鼠标右键，在弹出的快捷菜单中选择“复制通道”选项。

实战 233 利用通道差异性抠图

▶实例位置：光盘\实例\第10章\实战233.jpg、实战233.Psd
▶素材位置：光盘\素材\第10章\实战233.jpg
▶视频位置：光盘\视频\第10章\实战233.mp4

• 实例介绍 •

有一些图像在通道中的不同颜色模式下显示的颜色深浅会有所不同，利用通道的差异性可以快速选择图像，从而进行抠图。

• 操作步骤 •

STEP 01 按【Ctrl＋O】组合键，打开一幅素材图像，如图10-49所示。

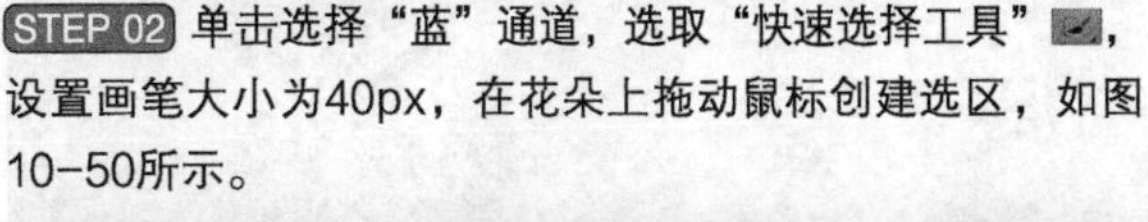

STEP 02 单击选择“蓝”通道，选取“快速选择工具”，设置画笔大小为40px，在花朵上拖动鼠标创建选区，如图10-50所示。

图10-49 打开素材图像

图10-50 拖动创建选区

STEP 03 单击选择“红”通道，设置画笔大小为10px，在花茎的区域创建选区，如图10-51所示。

STEP 04 返回到RGB模式，按【Ctrl＋J】组合键复制一个新图层，并隐藏“背景”图层，如图10-52所示。

图10-51 创建选区

图10-52 复制新图层并隐藏背景图层

实战 234 钢笔工具配合通道抠图

▶ 实例位置：光盘\实例\第10章\实战234.jpg、实战234.Psd
▶ 素材位置：光盘\素材\第10章\实战234.jpg
▶ 视频位置：光盘\视频\第10章\实战234.mp4

• 实例介绍 •

抠图并不局限于一种工具或命令，有时还需要集合多种命令或工具进行抠图，一般常用于比较复杂的图像，本例介绍用钢笔工具配合通道抠图。

• 操作步骤 •

STEP 01 按【Ctrl＋O】组合键，打开一幅素材图像，如图10-53所示。

STEP 02 选取“自由钢笔工具”，沿人物边缘拖动鼠标，将人物部分选中，如图10-54所示。

STEP 03 打开“图层”面板，拖动“背景”图层到面板底部的“创建新图层”按钮上，复制一个“背景 拷贝”图层，如图10-55所示。

STEP 04 选择创建的工作路径，在“图层”面板中选择“背景 拷贝”图层，按住【Ctrl＋Alt】组合键的同时，单击“添加图层蒙版”按钮，创建矢量蒙版，如图10-56所示。

图10-53 打开素材图像

图10-54 选中人物边缘

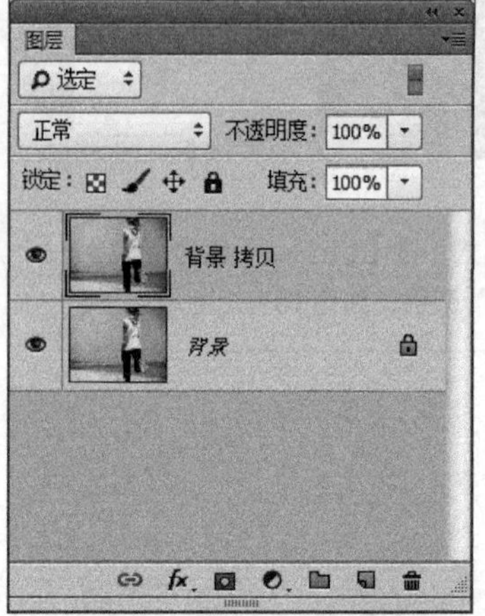
图10-55 复制背景图层

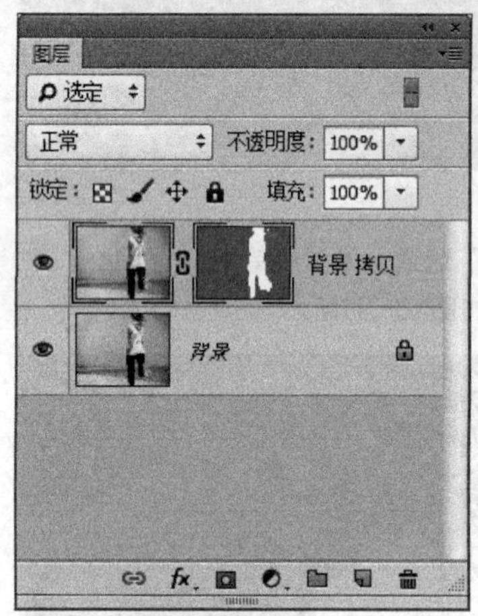
图10-56 创建矢量蒙版

STEP 05 打开“通道”面板，分别单击通道查看头发部分显示明显的通道，这里选择“绿”通道，将“绿”通道拖到“创建新通道”按钮上，复制通道，如图10-57所示。

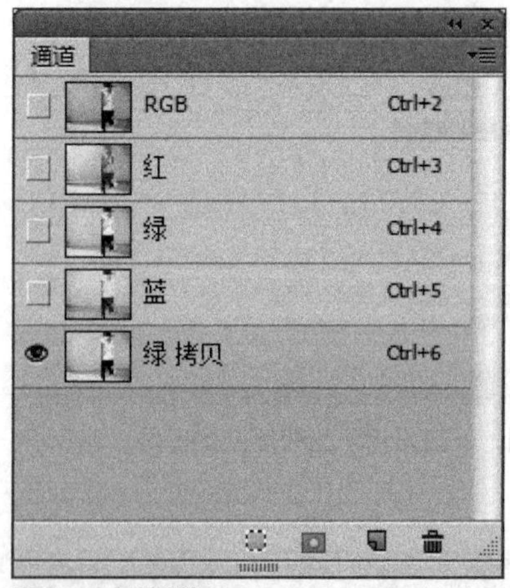
图10-57 复制通道

STEP 06 单击“图像”|“调整”|“色阶”命令，弹出“色阶”对话框，设置相应的参数，使头发部分变成全黑，如图10-58所示，单击“确定”按钮，完成调整。

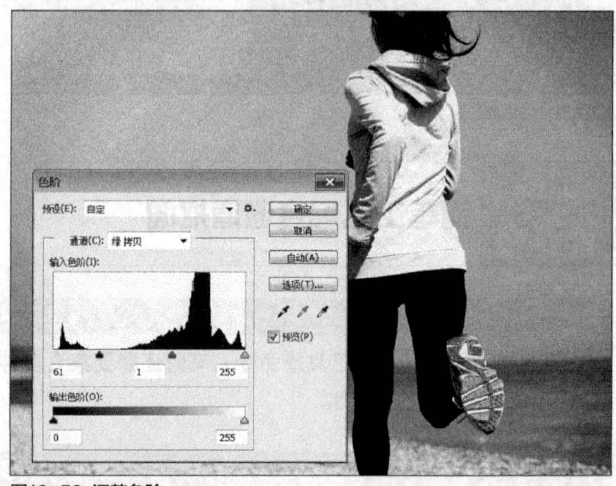
图10-58 调整色阶

知识扩展

在用“自由钢笔工具”创建路径时，注意选中工具属性栏中“磁性的”复选框，而且人物的头发部分不用选择得特别细，只需要将内部选中即可。

STEP 07 选取“快速选择工具”，设置画笔大小为10px，在人物身上拖动鼠标创建选区，如图10-59所示。

STEP 08 在“通道”面板中单击RGB通道，退出通道模式，返回RGB通道，选择“背景”图层，按【Ctrl+J】组合键复制一个新图层，并隐藏“背景”图层，如图10-60所示。

图10-59 拖动鼠标创建选区

图10-60 复制新图层并隐藏背景图层

知识扩展

此时，看到的选区比较乱，但用户可以不需要在意，只要头发位置的选区选中头发的细节即可。

实战 235 色阶调整配合通道抠图

▶ 实例位置：光盘\实例\第10章\实战235.jpg、实战235.Psd
▶ 素材位置：光盘\素材\第10章\实战235.jpg
▶ 视频位置：光盘\视频\第10章\实战235.mp4

• 实例介绍 •

“色阶”命令是一个很有用的功能，用来设置图像的白场和黑场，利用该功能配合通道可以快速指定颜色选区。

• 操作步骤 •

STEP 01 按【Ctrl+O】组合键，打开一幅素材图像，如图10-61所示。

STEP 02 打开“通道”面板，通过分析可看出蓝色通道的黑白更分明，拖动“蓝”通道至面板底部的“创建新通道”按钮上，复制“蓝”通道，如图10-62所示。

图10-61 打开素材图像

图10-62 选择“存储路径”选项

STEP 03 单击“图像”|“调整”|“色阶”命令，弹出“色阶”对话框，单击“在图像中取样以设置白场”按钮，如图10-63所示。

STEP 04 在图像窗口单击猫咪身上的灰色部分，以设置白场范围，如图10-64所示。

图10-63 单击相应按钮

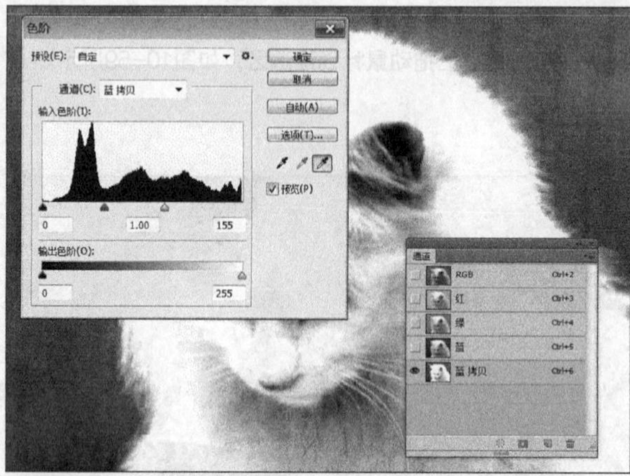

图10-64 设置白场范围

知识扩展

在“色阶”对话框中设置黑场和白场时，如果一次取样不能满足用户的要求，可以多次单击进行取样。

STEP 05 单击“在图像中取样以设置黑场”按钮，在背景上的灰色位置单击鼠标，设置黑场范围，如图10-65所示。

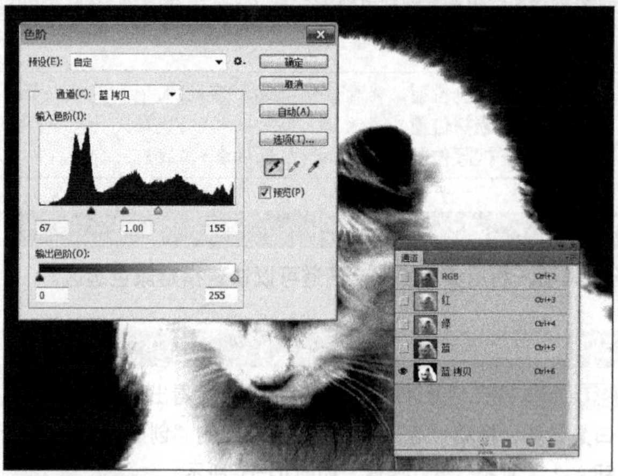

STEP 06 单击“确定”按钮，选择“画笔工具”，设置画笔“大小”为60px，将猫咪的面部和腹部涂抹成白色，如图10-66所示。

图10-65 设置黑场

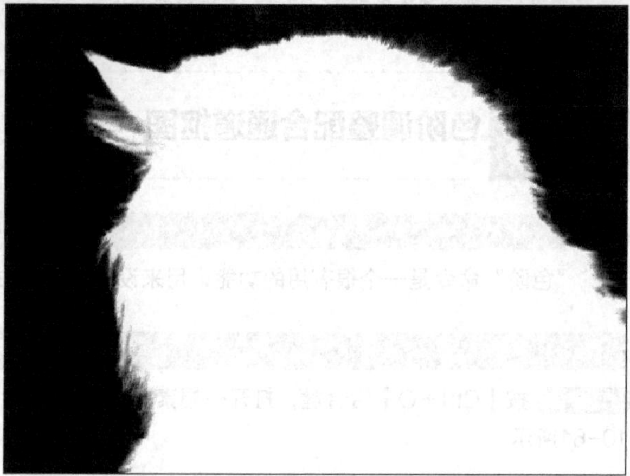

图10-66 涂抹图像

STEP 07 单击“通道”面板底部的“将通道作为选区载入”按钮，载入选区，如图10-67所示。

STEP 08 退出通道模式，按【Ctrl+J】组合键，以选区为基础复制一个新图层，在“图层”面板中隐藏“背景”图层，如图10-68所示。

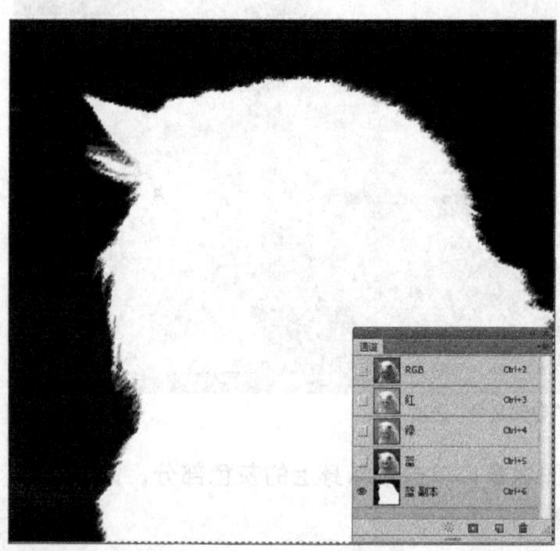

图10-67 载入选区

图10-68 复制图层

知识扩展

除了运用上述方法载入选区外，用户还可以在按住【Ctrl】键的同时单击某个通道，快速将该通道作为选区载入。

实战 236 使用蒙版调整抠图

▶实例位置：光盘\实例\第10章\实战236.jpg、实战236.Psd
▶素材位置：无
▶视频位置：光盘\视频\第10章\实战236.mp4

• 实例介绍 •

使用通道抠取图像后，图像的周边比较毛躁，这时用户可以使用蒙版对图像进行调整。

• 操作步骤 •

STEP 01 在“通道”面板中选择“红”通道，按【Ctrl+A】组合键，全选图像，按【Ctrl+C】组合键，复制图像，如图10-69所示。

图10-69 复制图像

STEP 02 退出通道模式，返回“图层”面板，新建图层，按【Ctrl+V】组合键，粘贴复制的图像，并调整位置，如图10-70所示。

图10-70 粘贴图层

知识扩展

进行粘贴复制图像时，如果与原图像没有对齐，可以使用移动工具进行适当的调整。

STEP 03 选择“图层1”图层，选择“橡皮擦工具”，设置“大小”为40px、“硬度”为50%，沿猫咪边缘进行擦除，效果如图10-71所示。

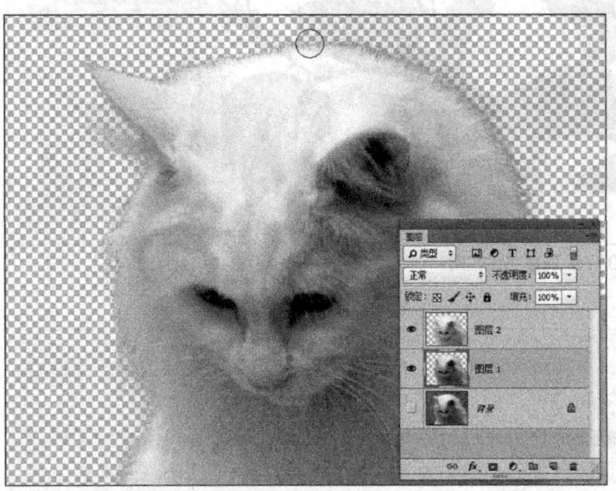

图10-71 擦出边缘

STEP 04 选择“图层2”图层，单击面板底部的“添加图层蒙版”按钮，添加图层蒙版，选择画笔工具，在工具属性栏中设置画笔“大小”为60px、“不透明度”为80%，前景色为黑色，将其面部和腹部涂抹出来，如图10-72所示。

10-72 涂抹图像

知识扩展

在擦除猫咪边缘时，设置的画笔大小不能太大，否则将擦除需要的图像部分。

实战237 曲线调整配合通道抠图

▶实例位置：光盘\实例\第10章\实战237.jpg、实战237.Psd
▶素材位置：光盘\素材\第10章\实战237.jpg
▶视频位置：光盘\视频\第10章\实战237.mp4

•实例介绍•

“曲线”命令是使用非常频繁的色调控制命令，用曲线调整明暗度，不但可以调整图像整体的色调，还可以精确地控制多个色调区域的明暗度。

•操作步骤•

STEP 01 按【Ctrl+O】组合键，打开一幅素材图像，如图10-73所示。

图10-73 打开素材图像

STEP 02 打开“通道”面板，拖动“蓝”通道至面板底部的“创建新通道”按钮上，复制“蓝”通道，如图10-74所示。

图10-74 复制通道

STEP 03 单击“图像”|“调整”|“曲线”命令，即可弹出“曲线”对话框，调整曲线，如图10-75所示。

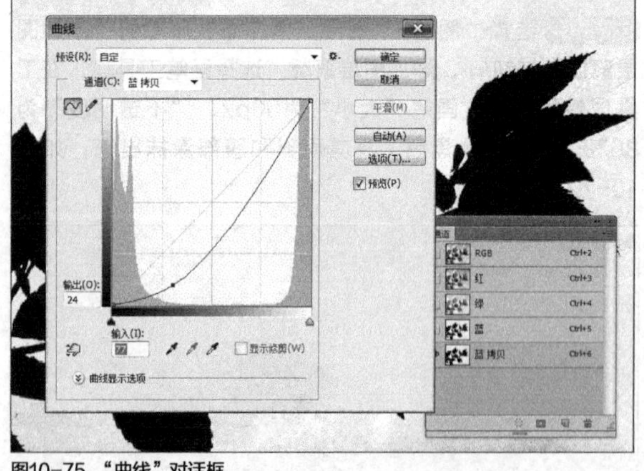

图10-75 “曲线”对话框

STEP 04 单击“确定”按钮，使灰色加深变成黑色，如图10-76所示。

图10-76 调整曲线效果

知识扩展

运用“曲线”命令可以通过调节曲线的方式调整图像的高亮色调、中间调和暗色调，其优点是可以只调整选定色调范围内的图像而不影响其他色调。

“曲线”对话框是独一无二的，因为它能根据曲线的色调范围精确地定出图像中的任何区域，当将鼠标定位于图像的某部分上，并单击鼠标左键后，曲线上会出现一个圆，它显示了图像像素标定的位置。调整出现白色圆圈的点，就可以编辑与曲线上的点对应的所有图像区域。

若要使曲线网格显示得更精细，可按住【Alt】键的同时用鼠标单击网格，默认的4×4的网格将变成10×10的网格，在该网格上，再次按住【Alt】键的同时单击鼠标左键，即可恢复至默认的状态。

知识扩展

除了运用上述方法打开“曲线”对话框外，用户还可以按【Ctrl+M】组合键。

STEP 05 单击“将通道作为选区载入”按钮，载入选区，如图10-77所示。

图10-77 载入选区

STEP 06 在“通道”面板中，单击RGB通道，退出通道模式，单击“选择”|“反向”命令，反选选区，如图10-78所示。

图10-78 反选选区

STEP 07 按【Ctrl+J】组合键，以选区为基础复制一个新图层，在“图层”面板中隐藏“背景”图层，如图10-79所示。

图10-79 复制图层并隐藏背景图层

实战 238 为使用曲线调整配合通道的抠图添加背景

▶实例位置：光盘\实例\第10章\实战238.jpg
▶素材位置：光盘\素材\第10章\实战238.jpg
▶视频位置：光盘\视频\第10章\实战238.mp4

• 实例介绍 •

使用曲线调整配合通道抠取图像后，可以为图像添加背景。

• 操作步骤 •

STEP 01 按【Ctrl+O】组合键，打开一幅素材图像，如图10-80所示。

STEP 02 使用“移动工具”，将绿叶图像拖至素材图像中，调整位置，如图10-81所示。

图10-80 打开素材图像

图10-81 拖动素材

实战239 用通道对透明物体抠图

▶实例位置：光盘\实例\第10章\实战239.Psd
▶素材位置：光盘\素材\第10章\实战239.jpg
▶视频位置：光盘\视频\第10章\实战239.mp4

• 实例介绍 •

“通道”面板中，显示为白色的统称为选区部分，黑色为非选区部分。抠出图像后，介于黑色和白色之间的灰色，即为半透明部分。

• 操作步骤 •

STEP 01 按【Ctrl+O】组合键，打开一幅素材图像，如图10-82所示。

图10-82 打开素材图像

STEP 02 打开“通道”面板，拖动“蓝”通道至面板底部的“创建新通道”按钮上，复制“蓝”通道，如图10-83所示。

图10-83 复制通道

STEP 03 单击“图像”|“调整”|“反相”命令，将图像反相，如图10-84所示。

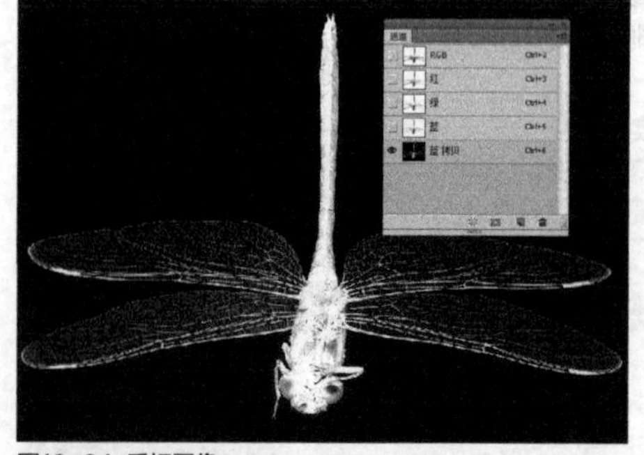
图10-84 反相图像

STEP 04 单击“图像”|“调整”|“色阶”命令，调出“色阶”对话框，设置相应的参数，单击“在图像中取样以设置黑场”按钮，在背景单击鼠标设置黑场，如图10-85所示。

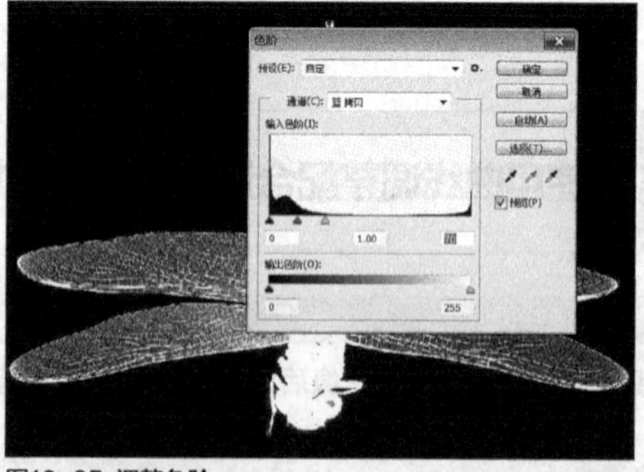
图10-85 调整色阶

知识扩展

除了运用上述方法反相图像外，用户还可以按【Ctrl+I】组合键，快速应用“反相”命令，进行反相图像操作。

STEP 05 单击“确定”按钮，选择“画笔工具”，在工具属性栏中设置画笔“大小”为40px“不透明度”为100%，前景色为白色，在蜻蜓身体部分的黑色区域进行适当涂抹，如图10-86所示。

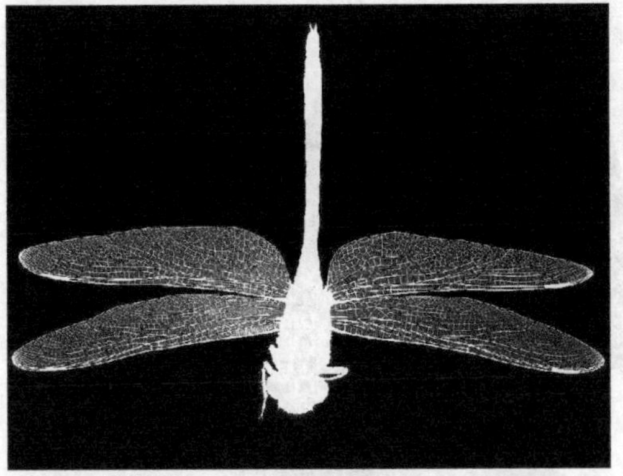
图10-86 涂抹图像

STEP 06 按住【Ctrl】键的同时，单击“蓝 拷贝”通道，载入选区，单击RGB通道，退出通道模式，返回RGB通道模式，如图10-87所示。

图10-87 退出通道模式

STEP 07 按【Ctrl+J】组合键复制一个新图层，将“背景”图层隐藏，如图10-88所示。

图10-88 抠图效果

STEP 08 按【Ctrl+O】组合键，打开一幅素材图像，使用移动工具，将抠图拖至打开的图像中，按【Ctrl+T】组合键，自由变换图像，适当调整其大小、位置和旋转角度，效果如图10-89所示。

图10-89 合并图像效果

知识扩展

抠出图像后，黑色部分为完全不透明区域，白色部分则为完全透明区域，而介于黑色和白色之间的灰色，也就是半透明区域，根据灰度的不同则透明度也不同，越是接近白色透明度越高，在实际抠图中，如果带有半透明区域，要特别注意灰色部分。

10.4 使用通道合成图像

除了运用上述通道结合各种命令进行抠图外，用户还可以利用“应用图像”和“计算”命令，配合通道进行图像抠图合成。

实战240 “应用图像”命令抠图

- 实例位置：光盘\实例\第10章\实战240.jpg、实战240.Psd
- 素材位置：光盘\素材\第10章\实战240.jpg
- 视频位置：光盘\视频\第10章\实战240.mp4

• 实例介绍 •

“应用图像”命令可以将一个图像的源图层和通道与现用图像的目标图层和通道混合，制作出另外一种效果。使用“应用图像”命令，可以抠出很清晰的头发。

• 操作步骤 •

STEP 01 按【Ctrl+O】组合键，打开一幅素材图像，如图10-90所示。

图10-90 打开素材图像

STEP 02 打开“通道”面板，拖动“红”通道至面板底部的“创建新通道”按钮上，复制“红”通道，如图10-91所示。

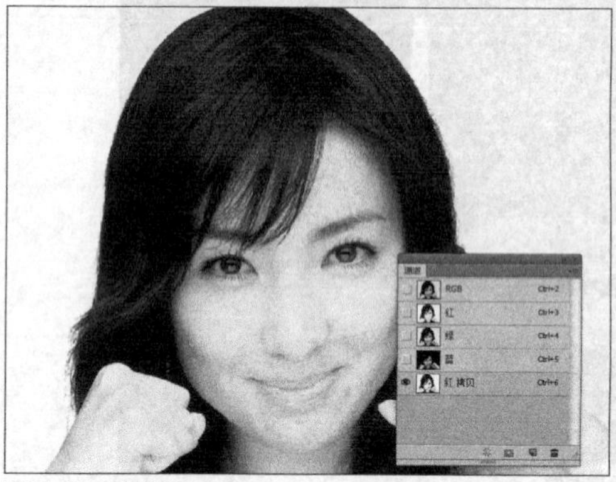

图10-91 复制通道

STEP 03 单击“图像”|“应用图像”命令，弹出“应用图像”对话框，在其中设置相应参数，此时，在图像窗口中可以看到任意头发部分变成黑色，如图10-92所示，单击“确定”按钮，设置应用图像效果。

图10-92 应用图像效果

STEP 04 单击“图像”|“调整”|“色阶”命令，弹出“色阶”对话框，单击“在图像中取样以设置白场”按钮，在图像中合适位置单击鼠标左键，设置白场，并根据需要修改相应参数，以使黑色发丝更加清晰，如图10-93所示，单击“确定”按钮，调整色阶。

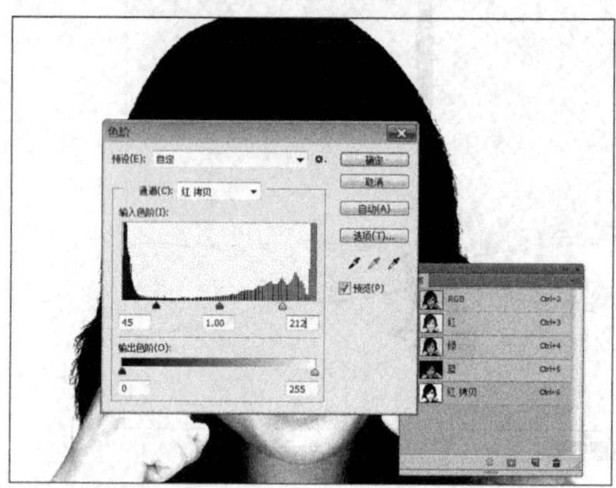

图10-93 调整色阶

知识扩展

“应用图像”对话框中主要选项的含义如下。

➢ 源：从中选择一幅源图像与当前活动图像相混合，其下拉列表框中将列出Photoshop当前打开的图像，该项的默认设置为当前的活动图像。

➢ 图层：选择源图像中的图层参与计算。

➢ 通道：选择源图像中的通道参与计算，选中“反相”复选框，则表示源图像反相后进行计算。

➢ 混合：该下拉列表框中包含用于设置图像的混合模式。

➢ 不透明度：用于设置合成图像时的不透明度。

➢ 保留透明区域：该复选框用于设置保留透明区域，选中后只对非透明区域合并，若在当前活动图像中选择了背景图层，则该选项不可用。

➢ 蒙版：选中该复选框，其下方的3个列表框和“反相”复选框为可用状态，从中可以选择一个“通道”和“图层”作用蒙版来混合图像。

知识扩展

在本实例中，原通道中的黑白对比并不是非常明显，通道使用“应用图像”命令将通道叠加，将其人物的头发部分显示得更加清晰，以方便抠图。

STEP 05 按住【Ctrl】键的同时，单击“红 拷贝”通道，载入选区，按【Ctrl+Shift+I】组合键，反选选区，单击RGB通道，退出通道模式，返回RGB通道模式，选择“背景”图层，按【Ctrl+J】组合键复制一个新图层，并隐藏“背景”图层，查看抠图效果，如图10-94所示。

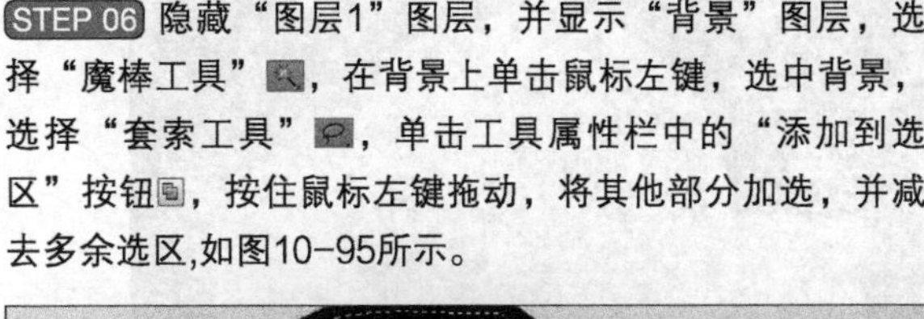

STEP 06 隐藏“图层1”图层，并显示“背景”图层，选择“魔棒工具”，在背景上单击鼠标左键，选中背景，选择“套索工具”，单击工具属性栏中的“添加到选区”按钮，按住鼠标左键拖动，将其他部分加选，并减去多余选区,如图10-95所示。

图10-94 抠图效果

图10-95 创建选区

知识扩展

在修改色阶相应参数时，需要注意人物头发边缘不要过于生硬。

STEP 07 按【Ctrl+Shift+I】组合键，反选选区，选择“背景”图层，按【Ctrl+J】组合键，以选区为基础复制一个新图层，并隐藏“背景”图层，显示“图层1”图层，查看最后抠图效果，如图10-96所示。

知识扩展

在加选头发部分时，可以向头发内部拖动，但是要注意肩膀位置的衔接。

图10-96 最终效果

实战 241 “计算”命令抠图

▶实例位置：光盘\实例\第10章\实战241.jpg、实战241.Psd
▶素材位置：光盘\素材\第10章\实战241.jpg
▶视频位置：光盘\视频\第10章\实战241.mp4

• 实例介绍 •

应用“计算”命令，可以将两个尺寸相同的不同图像或同一图像中两个不同的通道进行混合，并将混合后所得的结果应用到新图像或新通道以及当前选区中。

• 操作步骤 •

STEP 01 按【Ctrl+O】组合键，打开一幅素材图像，如图10-97所示。

STEP 02 在“通道”面板中选择“红”通道，单击“图像”|“计算”命令，弹出“计算”对话框，设置相应参数，如图10-98所示。

图10-97 打开素材图像

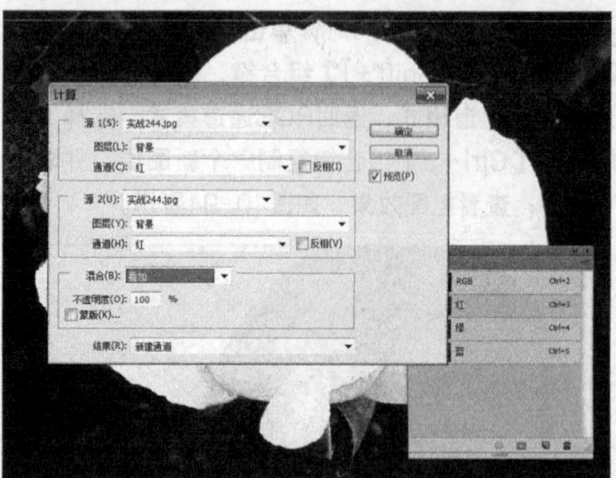

图10-98 “计算”对话框

STEP 03 单击“确定”按钮，生成Alpha 1通道，在此基础上，再次单击“图像”|“计算”命令，弹出“计算”对话框，设置同样的参数，生成Alpha 2通道，如图10-99所示。

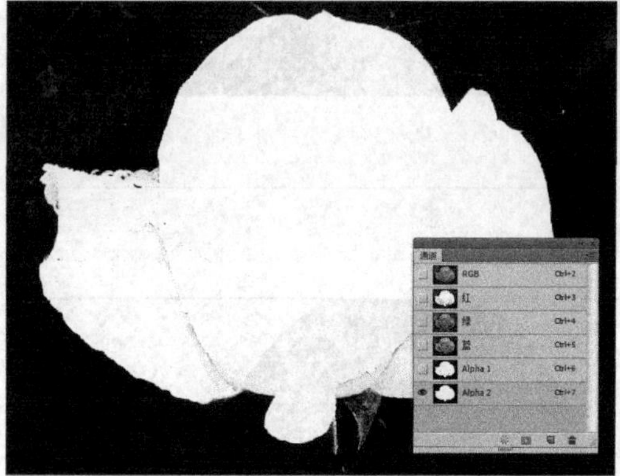

图10-99 生成通道

STEP 04 选择Alpha 2通道，按【Ctrl+L】组合键，弹出“色阶”对话框，分别单击相应按钮，在图像中适当位置单击鼠标左键，设置白场和黑场，如图10-100所示。

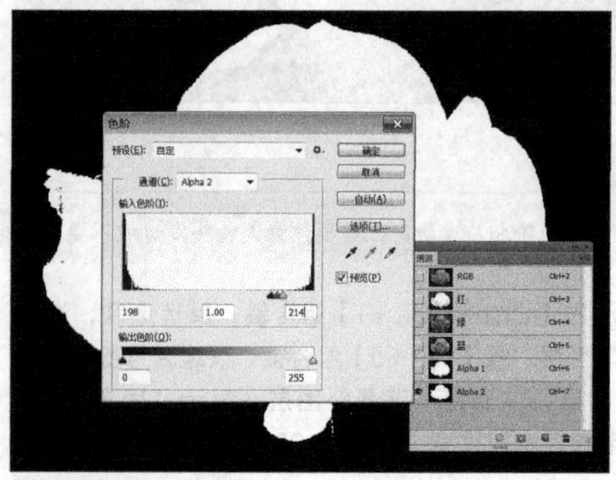

图10-100 设置白场和黑场

STEP 05 单击“确定”按钮，选择“画笔工具”，设置画笔“大小”为60px、“硬度”为100%、“笔尖形状”为“硬边圆”，涂抹花区域为白色，背景区域为黑色，效果如图10-101所示。

图10-101 涂抹图像

STEP 06 按住【Ctrl】键的同时，单击Alpha 2通道，载入选区，单击RGB通道，退出通道模式，返回RGB通道模式，选择“背景”图层，按【Ctrl+J】组合键复制一个新图层，并隐藏“背景”图层，查看抠图效果，如图10-102所示。

图10-102 抠图效果

知识扩展

在选择通道时，尽量选择对比度较强且细节损失较少的通道，以便在计算图像时效果更为精确。可以选择彩色图像或通道图像进行计算处理，但不能创建彩色图像。

第 11 章

使用蒙版功能抠图

本章导读

图层蒙版可以很好地控制图层区域的显示或隐藏，可以在不破坏图像的情况下反复编辑图像，直至得到所需要的效果，使修改图像和创建复杂选区变得更加方便。

要点索引

- 应用蒙版功能
- 管理图层蒙版
- 互换蒙版与选区

11.1 应用蒙版功能

Photoshop的蒙版是非常重要的抠图工具，尤其是图层蒙版。与一般的选区工具不同的是，图层蒙版中是使用黑白灰来表示选区范围的。此外，还有快速蒙版、矢量蒙版以及剪贴蒙版等抠图应用，都是非常重要的工具。

图层蒙版是通道的另一种表现形式，可用于为图像添加遮盖效果，灵活运用蒙版与选区可以制作出丰富多彩的图像效果。

在Photoshop CC中，“蒙版”面板提供了用于图层蒙版以及矢量蒙版的多种控制选项，“蒙版”面板不仅可以轻松更改图像不透明度、边缘化程度，而且可以方便地增加或删减蒙版、反相蒙版或调整蒙版边缘。

蒙版可以简单地理解为望远镜的镜筒，与镜筒屏蔽外部世界的一部分，使观察者仅观察到出现在镜头中那一部分相类似，在Photoshop中蒙版也屏蔽了图像的一部分，而显示另一部分图像。

在“图层”蒙版中选择相应图层的图层蒙版，展开“蒙版”面板，如图11-1所示。

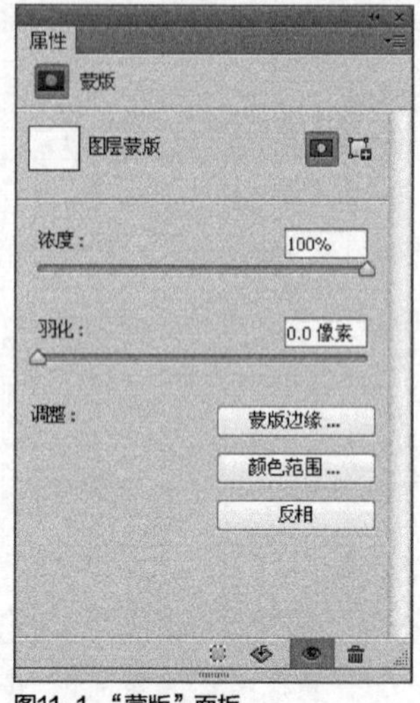

图11-1 “蒙版”面板

知识扩展

“蒙版”面板各选项含义如下。

➢ 当前选择的蒙版：显示了在“图层”面板中选择的蒙版的类型，如图11-2所示，此时可在“蒙版”面板中对其进行编辑。

➢ “从蒙版中载入选区”按钮 ：单击该按钮，可以从蒙版中载入选区。

➢ “应用蒙版”按钮 ：单击该按钮以后，可以将蒙版应用到图像中，同时删除被蒙版遮盖的图像。

➢ “停用/启用蒙版”按钮 ：单击该按钮，或按住【Shift】键的同时，单击蒙版缩览图，可以停用（或重新启用）蒙版。停用蒙版时，蒙版缩览图上会出现一个红色的×，如图11-3所示。

图11-2 当前选择的蒙版

图11-3 停用/启用蒙版

➢ “删除蒙版”按钮 ：删除当前选择的蒙版。此外，在“图层”面板中将蒙版缩览图拖曳至删除图层按钮上，也可以将其删除。

➢ “选择图层蒙版”按钮 ：单击该按钮，可以选择当前图层蒙版。

➢ “添加矢量蒙版”按钮 ：单击该按钮，则添加矢量蒙版。

➢ 浓度：拖动滑块可以控制蒙版的不透明度，即蒙版的遮盖强度，如图11-4所示。

➢ 羽化：拖动滑块可以柔化蒙版的边缘，如图11-5所示。

图11-4 调整蒙版浓度

图11-5 调整蒙版羽化

➢ “蒙版边缘”按钮：单击该按钮，可以打开“调整蒙版”对话框修改蒙板边缘，并针对不同的背景查看蒙版。这些操作与调整选区边缘基本相同。

➢ “颜色范围”按钮：单击该按钮，可以打开“色彩范围”对话框，通过在图像中取样并调整颜色容差可修改蒙版范围。

➢ “反相”按钮：单击该按钮，可以反转蒙版的遮盖区域，如图11-6所示。

图11-6 反转图层蒙版

实战 242 应用快速蒙版抠图

▶ 实例位置：光盘\实例\第11章\实战242.jpg、实战242.Psd
▶ 素材位置：光盘\素材\第11章\实战242.jpg
▶ 视频位置：光盘\视频\第11章\实战242.mp4

• 实例介绍 •

一般使用“快速蒙版”模式都是从选区开始的，然后从中添加或者减去选区，以建立蒙版。使用快速蒙版可以通过绘图工具进行调整，以便创建复杂的选区。

• 操作步骤 •

STEP 01 按【Ctrl+O】组合键，打开一幅素材图像，如图11-7所示。

STEP 02 在“路径”面板中，选择“工作路径”，按【Ctrl+Enter】组合键，将路径转换为选区，如图11-8所示。

图11-7 打开素材图像

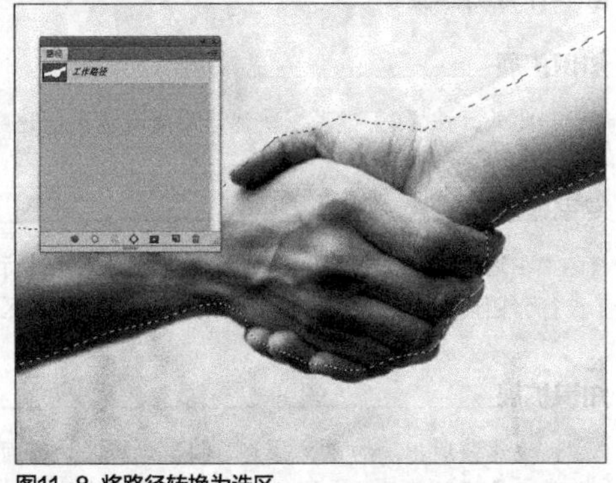

图11-8 将路径转换为选区

STEP 03 在左侧工具箱底部，单击“以快速蒙版模式编辑”按钮，启用快速蒙版，如图11-9所示，适当放大图像，可以看到红色的保护区域，并可以看到物体多选的区域。

STEP 04 选择“画笔工具”，设置画笔“大小”为20px、“硬度”为100%，单击“设置前景色”按钮，弹出“拾色器（前景色）”对话框，设置前景色为白色，在多选区域拖曳鼠标，进行适当擦除，如图11-10所示。

图11-9 启用快速蒙版

图11-10 擦除图像

专家提醒

快速蒙版的特点是与绘图工具结合起来创建选区，比较适用于对选择要求并不是很高的情况。

专家提醒

在编辑快速蒙版时，可以使用黑、白或者灰色等颜色来编辑蒙版选区效果。一般常用的修改蒙版的工具为“画笔工具”和“橡皮擦工具”。使用“橡皮擦工具”修改蒙版时，前景色与背景色的设置与“画笔工具”正好相反。

STEP 05 继续拖动鼠标，擦除相应的区域，以减选该红色区域，如图11-11所示。

STEP 06 在左侧工具箱底部，单击“以标准模式编辑”按钮，退出快速蒙版模式，按【Ctrl+J】组合键，复制一个新图层，并隐藏“背景”图层，效果如图11-12所示。

图11-11 继续擦除图像

图11-12 抠图效果

知识扩展

此外，按【Q】键可以快速启用或者退出快速蒙版模式。

专家提醒

在进入快速蒙版后，当运用黑色绘图工具进行作图时，将在图像中得到红色的区域，即非选区区域，当运用白色绘图工具进行作图时，可以去除红色的区域，即生成的选区，用灰色绘图工具进行作图，则生成的选区将会带有一定的羽化。

知识扩展

快速蒙版出现的意义是为了制作选择区域，而其在制作过程中则是通过屏蔽图像的某一个部分，显示另一个部分来达到制作精确选区的目的的。快速蒙版通过不同的颜色对图像产生屏蔽作用，效果非常明显。

实战243 应用矢量蒙版抠图

▶ **实例位置：** 光盘\实例\第11章\实战243.jpg、实战243.Psd
▶ **素材位置：** 光盘\素材\第11章\实战243.jpg
▶ **视频位置：** 光盘\视频\第11章\实战243.mp4

• 实例介绍 •

矢量蒙版是由钢笔、自定形状等矢量工具创建的蒙版。矢量蒙版主要借助路径来创建，利用路径选择图像后，通过矢量蒙版可以快速进行图像的抠除。

知识扩展

矢量蒙版是图层蒙版的另一种类型，但两者可以共存，用于以矢量图像的形式屏蔽图像。矢量蒙版依靠蒙版中的矢量路径的形状与位置，使图像产生被屏蔽的效果。

• 操作步骤 •

STEP 01 按【Ctrl+O】组合键，打开一幅素材图像，如图11-13所示。

STEP 02 在“图层”面板中，拖动“背景”图层至面板底部的“创建新图层”按钮上，复制一个图层，如图11-14所示。

图11-13 打开素材图像

图11-14 复制图层

STEP 03 在“路径”面板中，选择“工作路径”，单击“图层”|“矢量蒙版”|“当前路径”命令，如图11-15所示。

STEP 04 在“图层”面板中，单击“背景”图层前的“指示图层可见性”图标，将“背景”图层隐藏，效果如图11-16所示。

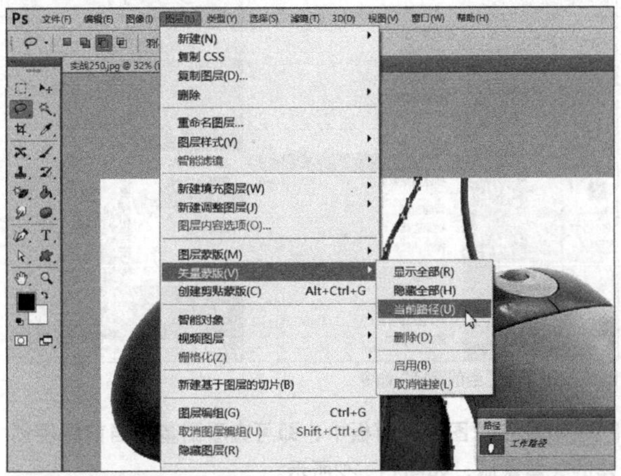
图11-15 单击相应命令

图11-16 抠图效果

专家提醒

在“背景”图层中不能创建矢量蒙版，所以首先要将“背景”图层进行复制。

实战 244 应用多边形工具蒙版

▶ 实例位置：光盘\实例\第11章\实战244.jpg、实战244.Psd
▶ 素材位置：光盘\素材\第11章\实战244.Psd
▶ 视频位置：光盘\视频\第11章\实战244.mp4

• 实例介绍 •

创建蒙版抠图效果可以使用Photoshop中的形状工具建立路径，添加矢量蒙版来完成。

• 操作步骤 •

STEP 01 按【Ctrl＋O】组合键，打开一幅素材图像，如图11-17所示。

STEP 02 选取工具箱中的“自定形状工具”，在工具属性栏中，单击“选择工具模式”按钮，在弹出的列表框中，选择“路径”选项，设置“形状”为“网格”，如图11-18所示。

STEP 03 在图像编辑窗口中的合适位置绘制一个网格路径，如图11-19所示。

STEP 04 单击“图层”|“矢量蒙版”|“当前路径”命令，如图11-20所示。

图11-17 打开素材图像

图11-18 选取自定形状工具

图11-19 绘制网格路径

图11-20 单击“当前路径”命令

STEP 05 执行上述操作后，即可创建矢量蒙版，并隐藏路径，效果如图11-21所示。

STEP 06 在“图层”面板中，即可查看到基于当前路径创建的矢量蒙版，如图11-22所示。

图11-21 隐藏路径

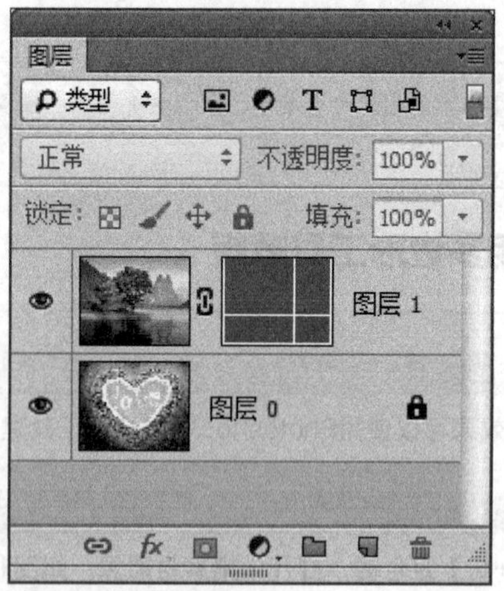

图11-22 创建的矢量蒙版

专家提醒

与图层蒙版非常相似，矢量蒙版也是一种控制图层中图像显示与隐藏的方法，不同的是，矢量蒙版是依靠路径来限制图像的显示与隐藏的，因此它创建的都是具有规则边缘的蒙版。

实战 245 应用图层蒙版抠图

▶实例位置：光盘\实例\第11章\实战245.jpg、实战245.Psd
▶素材位置：光盘\素材\第11章\实战245.Psd
▶视频位置：光盘\视频\第11章\实战245.mp4

• 实例介绍 •

图层蒙版以一个独立的图层存在，而且可以控制图层或图层组中不同区域的操作。图层蒙版是最重要的蒙版抠图工具。

• 操作步骤 •

STEP 01 按【Ctrl+O】组合键，打开一幅素材图像，如图11-23所示。

图11-23 打开素材图像

STEP 02 在“图层”面板中，选择“图层1”图层，单击面板中的“添加图层蒙版”按钮，给当前图层添加图层蒙版，图11-24所示。

图11-24 添加图层蒙版

STEP 03 单击图层缩览图，按【Ctrl+A】组合键，全选图像，按【Ctrl+C】组合键，复制图像，按住【Alt】键的同时，单击图层蒙版缩览图，进入图层蒙版编辑状态，按【Ctrl+V】组合键，粘贴图像，并取消选区，如图11-25所示。

图11-25 将图层复制到图层蒙版中

STEP 04 单击“设置前景色”按钮，弹出“拾色器（前景色）”对话框，设置前景色为黑色，选择“画笔工具”，设置画笔“大小”为100px、“硬度”为0，在图层蒙版中进行适当的涂抹，如图11-26所示。

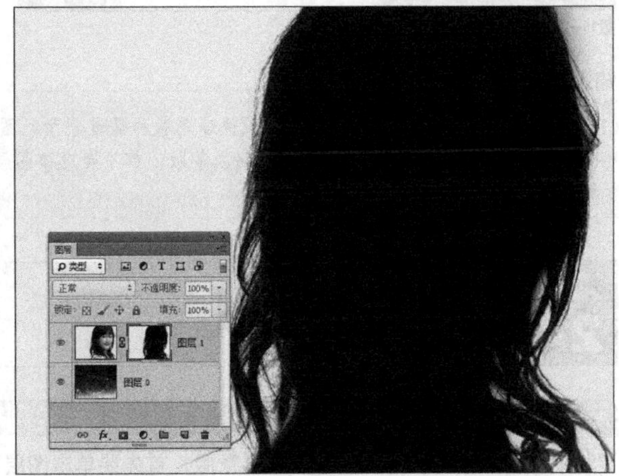

图11-26 涂抹图像

知识扩展

将图层复制到蒙版，需要先按【Alt】键单击蒙版缩略图，进入蒙版编辑状态，然后执行粘贴命令，此时，由于蒙版的灰度原因，所粘贴的图像会自动变成灰度图像。如果在标准模式下执行粘贴命令，则所粘贴的图像会自动放在一个新图层上。

STEP 05 选择“加深工具”，在工具属性栏中设置“范围”为“阴影”，在图层蒙版中适当涂抹人物边缘处，如图11-27所示。

图11-27 适当涂抹边缘

STEP 06 按【Ctrl+I】组合键，反相图层蒙版，如图11-28所示。

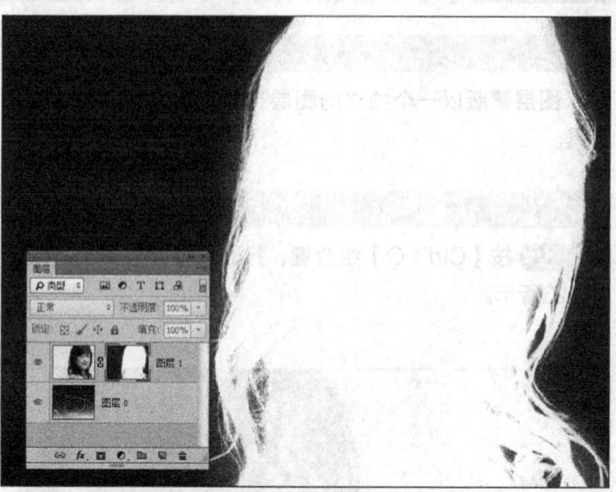

图11-28 反相图层蒙版

STEP 07 继续使用“加深工具”涂抹人物边缘处，使灰色变成黑色，如图11-29所示。

图11-29 涂抹黑色

STEP 08 按住【Alt】键的同时，单击图层蒙版缩览图，退出图层蒙版编辑状态，完成抠图，效果如图11-30所示。

图11-30 图层蒙版抠图效果

知识扩展

在Photoshop中，蒙版图层不同于快速蒙版和通道蒙版，图层蒙版是在当前图层上创建一个蒙版层，该蒙版层与创建蒙版的图层只是链接关系，所以无论如何修改蒙版，都不会对该图层上的图像造成任何影响。而快速蒙版和通道蒙版只是应用于选择区域，并不属于任何的图层。

实战246 编辑图层蒙版抠图

▶实例位置：光盘\实例\第11章\实战246.jpg、实战246.Psd
▶素材位置：光盘\素材\第11章\实战246.Psd
▶视频位置：光盘\视频\第11章\实战246.mp4

• 实例介绍 •

在蒙版图层中，如果要编辑图层蒙版，首先要单击图层蒙版缩略图，进入图层蒙版模式才可以修改，同时，这样也不影响图层的内容。

• 操作步骤 •

STEP 01 按【Ctrl+O】组合键，打开一幅素材图像，如图11-31所示。

STEP 02 在“图层”面板中，隐藏“背景”图层，单击“玩偶”图层的图层蒙版缩略图，进入图层蒙版模式，如图11-32所示。

图11-31 打开素材图像

图11-32 单击图层蒙版缩略图

STEP 03 选择“画笔工具”，设置前景色为黑色，画笔“大小”为200px、“硬度”为100%，在图层蒙版中进行适当的涂抹，如图11-33所示。

STEP 04 在相应位置继续擦除不需要的图像部分，即可通过编辑图层蒙版进行抠图，效果如图11-34所示。

图11-33 涂抹图像

图11-34 编辑图层蒙版抠图

实战 247 应用剪贴蒙版抠图

▶ 实例位置：光盘\实例\第11章\实战247.jpg、实战247.Psd
▶ 素材位置：光盘\素材\第11章\实战247-1.jpg、实战247-2.Psd
▶ 视频位置：光盘\视频\第11章\实战247.mp4

• 实例介绍 •

剪贴蒙版可以将一个图层中的图像剪贴至另一个图像的轮廓中，从而不会影响图像的源数据，创建剪贴蒙版后，还可以拖动被剪贴的图像，调整其位置。

剪贴蒙版可以用一个图层中包含像素的区域来限制它上层图像的显示范围。它的最大优点是可以通过一个图层来控制多个图层的可见内容，而图层蒙版和矢量蒙版都只能控制一个图层。下面向读者详细介绍创建剪贴蒙版的操作方法。

• 操作步骤 •

STEP 01 按【Ctrl+O】组合键，打开两幅素材图像，如图11-35所示。

STEP 02 切换至“实战247-2”图像编辑窗口中，按【Ctrl+A】组合键，全选图像，效果如图11-36所示。

STEP 03 按【Ctrl+C】组合键，复制图像，切换至“实战247-1”图像编辑窗口中，按【Ctrl+V】组合键，粘贴图像，按【Ctrl+T】组合键，调整图像大小、角度和位置，如图11-37所示。

STEP 04 单击“图层”|“创建剪贴蒙版”命令，效果如图11-38所示。

图11-35 打开素材图像

图11-36 全选图像

图11-37 粘贴图像

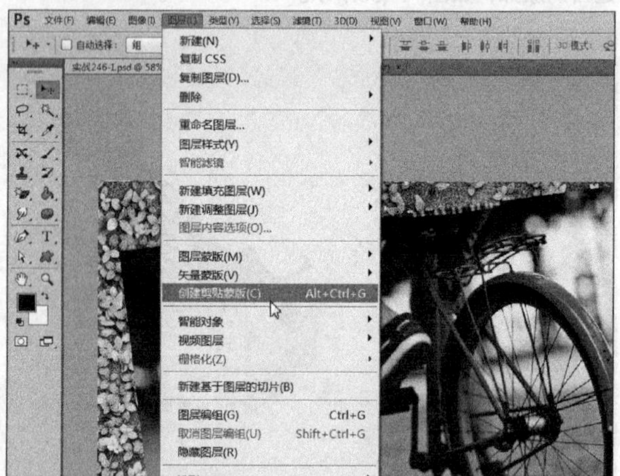

图11-38 单击“创建剪贴蒙版”命令

STEP 05 执行上述操作后，即可创建剪贴蒙版，效果如图11-39所示。

图11-39 最终效果

专家提醒

单击“图层”|“释放剪贴蒙版”命令，即可从剪贴蒙版中释放出该图层，如果该图层上面还有其他内容图层，则这些图层也会一同释放。

实战 248 运用路径和蒙版抠图

▶实例位置：光盘\实例\第11章\实战248.jpg、实战248.Psd
▶素材位置：光盘\素材\第11章\实战248-1.jpg、实战248-2.jpg
▶视频位置：光盘\视频\第11章\实战248.mp4

• 实例介绍 •

在利用图层蒙版编辑图像时，使用“画笔工具”修改前景色，可以使擦除的图像产生不同的透明效果，利用这种功能，可以对透明图像进行抠图。

• 操作步骤 •

STEP 01 按【Ctrl+O】组合键，打开一幅素材图像，如图11-40所示。

STEP 02 在“路径”面板中选择“工作路径”，单击面板底部的“将路径作为选区载入”按钮，将路径转换为选区，如图11-41所示。

图11-40 打开素材图像

图11-41 将路径转换为选区

STEP 03 按【Ctrl+O】组合键，打开一幅素材图像，使用“移动工具”，将选区内的图像拖动至打开的素材图像中，并按【Ctrl+T】组合键，适当调整图像的大小和位置，如图11-42所示。

STEP 04 在“图层”面板中选择“图层1”图层，单击面板底部的“添加图层蒙版”按钮，为其添加图层蒙版，如图11-43所示。

图11-42 拖动并调整素材

图11-43 添加图层蒙版

知识扩展

用户可以使用路径结合蒙版进行透明图像的抠图处理，如果素材图像的路径边缘不能满足用户的需要，用户可以重新创建路径，或对现有的路径进行适当的修改调整。在使用路径选择图像时，尽量将路径调整到玻璃杯的边缘向内一些，以避免出现多余的边缘图像。

专家提醒

在缩放图像时，按住【Shift】键可以等比例缩放图像；按住【Alt】键可以从中心缩放图像；按【Shift+Alt】组合键，可以从中心等比例缩放图像。

STEP 05 选择“画笔工具”，设置画笔“大小”为70px、“硬度”为0，前景色为灰色（RGB参数分别为181、181、181），在玻璃杯口处适当涂抹，以显示透明效果，如图11-44所示。

STEP 06 将画笔“大小”修改为90px，设置前景色为灰色（RGB参数分别为221、221、221），在玻璃杯身处适当涂抹，以显示半透明效果，完成整个抠图的处理，效果如图11-45所示。

图11-44 涂抹透明效果

图11-45 完成抠图处理效果

知识扩展

在使用“画笔工具”时，需要注意设置适当的硬度值，以避免擦除时出现明显的边缘。在涂抹的过程中，还可以适当调整画笔的大小，按右括号键可以放大画笔，按左括号键可以缩小画笔。

实战249 “调整边缘”命令抠图

▶实例位置：光盘\实例\第11章\实战249.jpg、实战249.Psd
▶素材位置：光盘\素材\第11章\实战249.jpg
▶视频位置：光盘\视频\第11章\实战249.mp4

• 实例介绍 •

在使用一些选取工具创建选区后，应用“调整边缘”命令，可以调出选区特殊的边缘效果，从而将选区内的图像抠取出来。

• 操作步骤 •

STEP 01 按【Ctrl+O】组合键，打开一幅素材图像，如图11-46所示。

STEP 02 在“图层”面板中，单击“创建新图层”按钮，新建“图层1”图层，并填充白色，复制背景图层，并将其放置在最顶层，如图11-47所示。

图11-46 打开素材图像

图11-47 新建并复制图层

STEP 03 选择矩形选框工具，在图像适当位置创建一个矩形选区，单击工具属性栏中的“调整边缘”按钮，弹出“调整边缘”对话框，设置相应参数，如图11-48所示。

STEP 04 完成设置后，单击“确定”按钮，即可新建一个带有图层蒙版的“背景拷贝2”图层，隐藏“背景拷贝”图层，效果如图11-49所示。

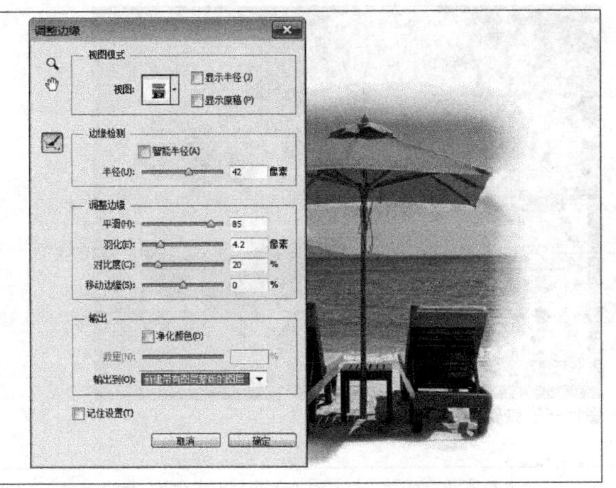
图11-48 设置参数

图11-49 抠图效果

知识扩展

创建选区后，还可以单击“选择”|“调整边缘”命令，弹出“调整边缘”对话框。

11.2 管理图层蒙版

为了节省存储空间和提高图像处理速度，用户可通过执行停用图层蒙版、应用图层蒙版或删除图层蒙版等操作，减小图层文件的大小。

实战250 查看图层蒙版

▶实例位置：无
▶素材位置：光盘\素材\第11章\实战250.Psd
▶视频位置：光盘\视频\第11章\实战250.mp4

• 实例介绍 •

在Photoshop中编辑图像时，用户可以根据需要查看图层蒙版。

• 操作步骤 •

STEP 01 按【Ctrl+O】组合键，打开一幅素材图像，此时图像编辑窗口中的图像显示如图11-50所示。

STEP 02 展开“图层”面板，拖曳鼠标至“图层2”图层的“图层蒙版缩览图”上，如图11-51所示，按住【Alt】键的同时单击鼠标左键。

图11-50 打开素材图像

图11-51 单击“图层蒙版缩览图”

STEP 03 执行上述操作后，即可在图像编辑窗口中显示图层蒙版，效果如图11-52所示。

STEP 04 再次按住【Alt】键的同时单击“图层2”图层的“图层蒙版缩览图”，即可恢复图像状态，效果如图11-53所示。

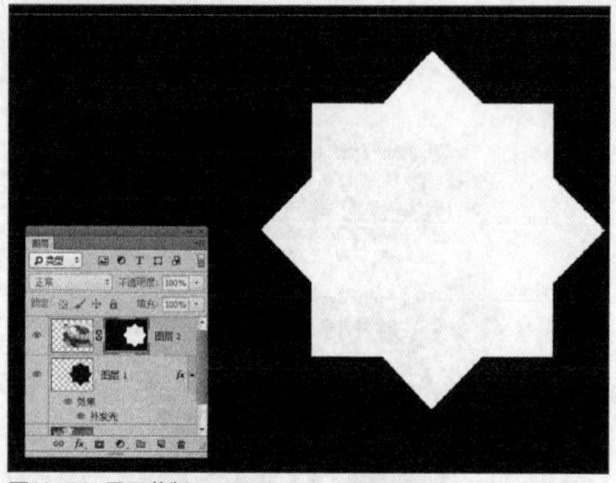
图11-52 显示蒙版

图11-53 恢复图像显示状态

实战251 选择/移动图层蒙版

▶实例位置：光盘\实例\第11章\实战251.jpg、实战251.Psd
▶素材位置：光盘\素材\第11章\实战251.Psd
▶视频位置：光盘\视频\第11章\实战251.mp4

• 实例介绍 •

在Photoshop中，用户在编辑图像过程中，可以根据需要选择或移动图层蒙版。

• 操作步骤 •

STEP 01 按【Ctrl+O】组合键，打开一幅素材图像，此时图像编辑窗口中的图像显示如图11-54所示。

STEP 02 展开“图层”面板，拖曳鼠标至“图层1”图层的“图层蒙版缩览图”上单击鼠标左键，即可选择图层蒙版，如图11-55所示。

图11-54 打开素材图像

图11-55 选择图层蒙版

STEP 03 单击鼠标左键并拖曳，移动蒙版至其他图层上，如图11-56所示。

STEP 04 释放鼠标左键，即可移动图层蒙版，效果如图11-57所示。

图11-56 拖曳鼠标

图11-57 移动图层蒙版

实战 252 应用图层蒙版

▶ 实例位置：光盘\实例\第11章\实战252.jpg、实战252.Psd
▶ 素材位置：光盘\素材\第11章\实战252.Psd
▶ 视频位置：光盘\视频\第11章\实战252.mp4

• 实例介绍 •

正如前面所讲，图层蒙版仅是起到显示及隐藏图像的作用，并非正在删除了图像，因此，如果某些图层蒙版效果已无需再进行改动，可以应用图层蒙版，以删除被隐藏的图像，从而减小图像文件大小。

在Photoshop中，用户在编辑图像过程中，如果创建了图层蒙版，可以应用图层蒙版来减小文件大小。

• 操作步骤 •

STEP 01 按【Ctrl+O】组合键，打开一幅素材图像，此时图像编辑窗口中的图像显示如图11-58所示。

图11-58 打开素材图像

STEP 02 展开“图层”面板，选择“图层1”图层，如图11-59所示。

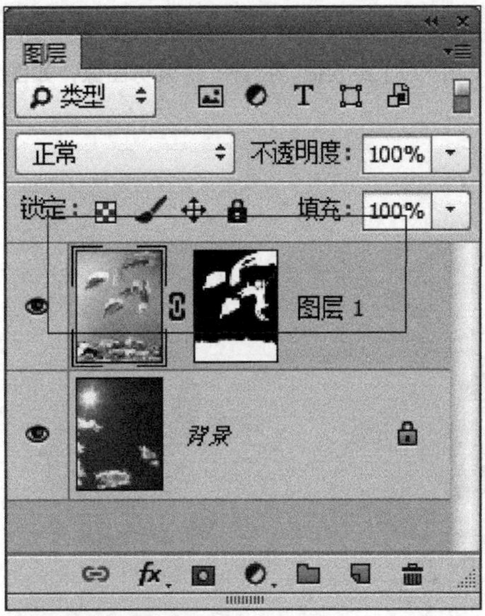

图11-59 选择“图层1”图层

STEP 03 拖曳鼠标至“图层1”图层蒙版上，单击鼠标右键，在弹出的快捷菜单中选择“应用图层蒙版”选项，如图11-60所示。

图11-60 选择“应用图层蒙版”选项

STEP 04 执行上述操作后，即可应用图层蒙版，效果如图11-61所示。

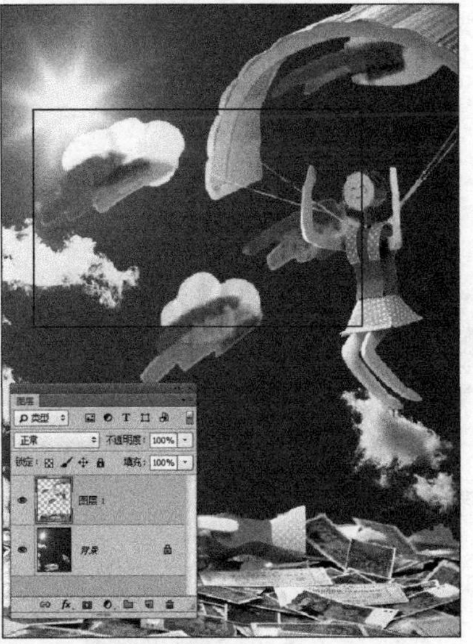

图11-61 应用图层蒙版

知识扩展

图层蒙版是起到显示及隐藏图像的作用，并非删除了图像。因此，如果某些图层蒙版效果已无需再进行改动，可以应用图层蒙版，以删除被隐藏的图像，从而减小图像文件大小。

应用图层蒙版效果后，图层蒙版中的白色区域对应的图层图像被保留，而蒙版中黑色区域对应的图层图像被删除，灰色过度区域所对应的图层图像部分像素被删除。

实战 253 设置蒙版混合模式

▶实例位置：无
▶素材位置：光盘\素材\第11章\实战253.Psd
▶视频位置：光盘\视频\第11章\实战253.mp4

• 实例介绍 •

图层的混合模式对蒙版的整体效果影响非常大，用户可以根据具体需要，并根据图像的色彩效果，进行适当的设置。

• 操作步骤 •

STEP 01 按【Ctrl+O】组合键，打开一幅素材图像，如图11-62所示。

图11-62 打开素材图像

STEP 02 在“图层”面板中，选择“图层1”图层，在“设置图层混合模式”列表框中，选择“线性加深”选项，如图11-63所示。

图11-63 选择“线性加深”选项

STEP 03 执行操作后，即可设置线性加深模式效果，如图11-64所示。

图11-64 设置线性加深模式效果

STEP 04 在“设置图层的混合模式”列表框中，选择“差值”选项，设置差值模式效果，如图11-65所示。

图11-65 设置差值模式效果

知识扩展

图层的混合模式对蒙版的影响分为两类：一类是为内容图层应用混合模式所产生的影响，另一类是为基层应用混合模式所产生的影响。

知识扩展

这是一类通过图层与图层之间的关系，控制图层中图像显示区域与显示效果的蒙版，能够实现一对一或一对多的屏蔽效果。对于剪贴蒙版而言，基层图层中的像素分布将影响剪贴蒙版的整体效果，基层中的像素不透明度越高分布范围就越大，整个剪贴蒙版产生的效果也越不明显，反之则越明显。

实战 254 设置图层蒙版透明度

▶ **实例位置**：无
▶ **素材位置**：光盘\素材\第11章\实战254.Psd
▶ **视频位置**：光盘\视频\第11章\实战254.mp4

• 实例介绍 •

与设置剪贴蒙版的混合模式一样，在设置基层的不透明度属性后，将影响整个剪贴蒙版，基层不透明度越大则内容图层显示也越清晰，反之基层的不透明度越小则内容图层也越暗淡，如果基层的不透明度为0，则整个剪贴蒙版不可见。

在Photoshop中，用户可以根据需要，设置剪贴蒙版的不透明度。

• 操作步骤 •

STEP 01 按【Ctrl+O】组合键，打开一幅素材图像，此时图像编辑窗口中的图像显示如图11-66所示。

图11-66 打开素材图像

STEP 02 在“图层”面板中，选择“图层1”图层，设置图层的“不透明度”为58%，效果如图11-67所示。

图11-67 设置图层的“不透明度”为58%

知识扩展

与设置剪贴蒙版的混合模式一样，在设置基层的不透明度属性后，将影响整个剪贴蒙版，基层不透明度值越大，则图层内容显示也越清晰，反之基层的不透明度值越小则图层内容也越暗淡，如果基层的不透明度为0，则整个剪贴蒙版不可见。

知识扩展

在设置图层蒙版透明度时，可以单击右侧的下拉按钮，在弹出的滑块上拖动设置数值，也可以在数值框中输入相应数值。

实战 255 设置蒙版混合模式

▶ **实例位置**：光盘\实例\第11章\实战255.jpg、实战255.Psd
▶ **素材位置**：光盘\素材\第11章\实战255.Psd
▶ **视频位置**：光盘\视频\第11章\实战255.mp4

• 实例介绍 •

图层蒙版与普通图层一样也可以设置其混合模式及不透明度，下面向读者详细介绍设置蒙版混合模式的操作方法。

• 操作步骤 •

STEP 01 按【Ctrl+O】组合键，打开一幅素材图像，如图11-68所示。

STEP 02 在“图层”面板中，选择“图层2”图层，如图11-69所示。

图11-68 打开素材图像

图11-69 选择“图层1”图层

STEP 03 设置“图层2”图层的“混合模式”为“溶解”，如图11-70所示。

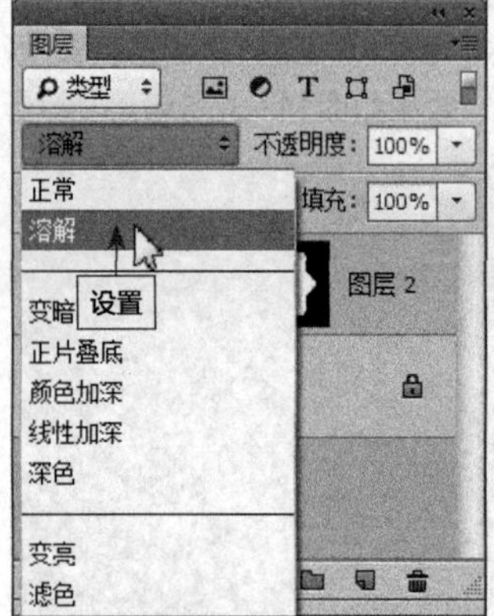

图11-70 设置混合模式选项

STEP 04 执行上述操作后，即可设置蒙版混合模式，效果如图11-71所示。

图11-71 最终效果

实战 256 停用/启用图层蒙版

▶实例位置：无
▶素材位置：光盘\素材\第11章\实战256.Psd
▶视频位置：光盘\视频\第11章\实战256.mp4

• 实例介绍 •

在图像编辑窗口中添加蒙版后，如果后面的操作不再需要蒙版，用户可以将其关闭以节省对系统资源的占用。

• 操作步骤 •

STEP 01 按【Ctrl+O】组合键，打开一幅素材图像，如图11-72所示。

图11-72 打开素材图像

STEP 02 在“图层”面板中的“图层2”图层蒙版上单击鼠标右键，弹出快捷菜单，选择“停用图层蒙版”选项，如图11-73所示。

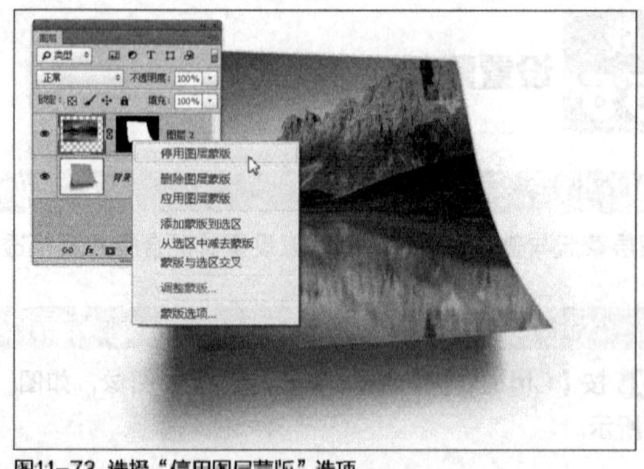

图11-73 选择“停用图层蒙版”选项

STEP 03 执行操作后，即可停用图层蒙版，效果如图11-74所示。

STEP 04 在“图层2”图层蒙版上单击鼠标右键，弹出快捷菜单，选择“启用图层蒙版”选项，再次启用图层蒙版，如图11-75所示。

图11-74 停用图层蒙版

图11-75 启用图层蒙版

知识扩展

除了运用上述方法停用/启用蒙版外，还有以下3种方法。

- 单击“图层”|“图层蒙版”|“停用”或“启用”命令。
- 按住【Shift】键的同时，在图层蒙版缩览图上单击鼠标左键，即可停用图层蒙版。
- 当停用图层蒙版后，直接在图层蒙版缩览图上单击鼠标左键，即可启用图层蒙版。

实战257 删除图层蒙版

- 实例位置：光盘\实例\第11章\实战257.jpg、实战257.Psd
- 素材位置：光盘\素材\第11章\实战257.Psd
- 视频位置：光盘\视频\第11章\实战257.mp4

• 实例介绍 •

在Photoshop中，用户可以将创建的图层蒙版删除，图像即可还原为设置图层蒙版之前的效果。

• 操作步骤 •

STEP 01 按【Ctrl+O】组合键，打开一幅素材图像，此时图像编辑窗口中的图像显示如图11-76所示。

STEP 02 在“图层”面板中，右击“图层1”图层蒙版，在弹出的快捷菜单中选择“删除图层蒙版”选项，如图11-77所示。

图11-76 打开素材图像

图11-77 选择“删除图层蒙版”选项

STEP 03 执行上述操作后，即可删除图层蒙版，效果如图11-78所示。

图11-78 删除图层蒙版

专家提醒

除了可以运用以上方法删除蒙版外，还有以下两种方法。

➢ 命令：单击“图层”|“图层蒙版”|“删除”命令。

➢ 按钮：选中要删除的蒙版，将其拖曳至“图层”面板底部的“删除图层”按钮上，在弹出的信息提示对话框中单击“删除”按钮。

实战258 删除矢量蒙版

▶实例位置：光盘\实例\第11章\实战258.jpg、实战258.Psd

▶素材位置：光盘\素材\第11章\实战258.Psd

▶视频位置：光盘\视频\第11章\实战258.mp4

• 实例介绍 •

在Photoshop中，如果创建的矢量蒙版不需要了，用户可以根据需要，删除多余的矢量蒙版。

• 操作步骤 •

STEP 01 按【Ctrl+O】组合键，打开一幅素材图像，如图11-79所示。

STEP 02 展开“图层”面板，单击图层矢量蒙版并拖曳至“删除图层”按钮上，如图11-80所示。

图11-79 打开素材图像

图11-80 拖曳鼠标

STEP 03 执行上述操作后，弹出相应对话框，单击“确定”按钮，即可删除矢量蒙版，效果如图11-81所示。

图11-81 删除矢量蒙版

知识扩展

删除图层矢量蒙版，可以选择“图层”|“删除矢量蒙版”命令。如果要删除图层矢量蒙版中的某一条或某几条路径，可以使用工具箱中的路径选择工具将路径选中，然后按【Delete】键删除。

11.3 互换蒙版与选区

在需要的情况下，用户可以像载入选区一样，将图层蒙版中的图像作为选区载入。本节主要向读者介绍取消图层与图层蒙版链接、链接图层与图层蒙版链接、将图层蒙版转换为选区、将选区转换为图层蒙版、将矢量蒙版转换为选区以及将矢量蒙版转换为图层蒙版的操作方法。

实战 259 取消图层与图层蒙版链接

▶实例位置：无
▶素材位置：光盘\素材\第11章\实战259.Psd
▶视频位置：光盘\视频\第11章\实战259.mp4

• 实例介绍 •

在Photoshop中，用户可以对图层与图层蒙版链接进行取消的操作。

• 操作步骤 •

STEP 01 按【Ctrl+O】组合键，打开一幅素材图像，此时图像编辑窗口中的图像显示如图11-82所示。

STEP 02 展开“图层”面板，移动鼠标指针至“图层”面板中的“指示图层蒙版链接到图层”图标上，如图11-83所示。

STEP 03 单击鼠标左键即可取消图层与图层蒙版的链接，如图11-84所示。

图11-82 打开素材图像

图11-83 移动鼠标至相应位置

图11-84 取消图层与图层蒙版的链接

实战 260 链接图层与图层蒙版链接

▶实例位置：无
▶素材位置：上一实例
▶视频位置：光盘\视频\第11章\实战260.mp4

• 实例介绍 •

在Photoshop中，用户可以根据需要，链接图层与图层蒙版，使其保持同样的变化。

• 操作步骤 •

STEP 01 展开“图层”面板，移动鼠标指针至“图层”面板中的“指示图层蒙版链接到图层”图标上，如图11-85所示。

STEP 02 单击鼠标左键，即可链接图层与图层蒙版，如图11-86所示。

知识扩展

默认图层与图层蒙版之间是相互链接的，因而当对其中的一方进行移动、缩放或变换操作时，另一方也会发生变化。

图11-85 移动鼠标至相应位置

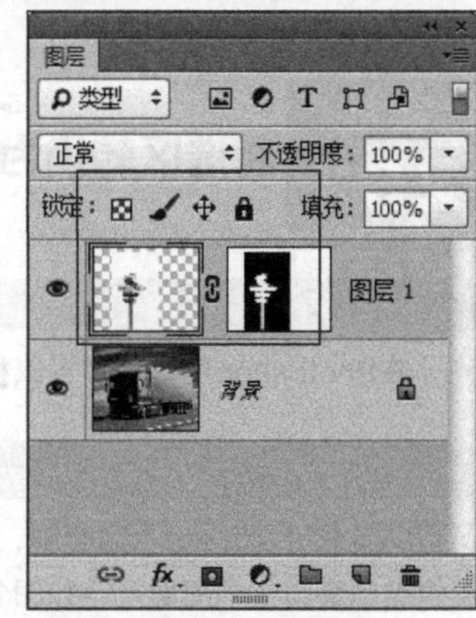

图11-86 链接图层与图层蒙版

实战261 将图层蒙版转换为选区

▶实例位置：无
▶素材位置：光盘\素材\第11章\实战261.psd
▶视频位置：光盘\视频\第11章\实战261.mp4

• 实例介绍 •

在Photoshop中，用户可以根据工作需要将图层蒙版转换为选区。

• 操作步骤 •

STEP 01 按【Ctrl+O】组合键，打开一幅素材图像，此时图像编辑窗口中的图像显示如图11-87所示。

STEP 02 展开“图层”面板，选择“图层1”图层，在“图层蒙版缩览图”上单击鼠标右键，在弹出的快捷菜单中，选择“添加蒙版到选区”选项，如图11-88所示。

图11-87 打开素材图像

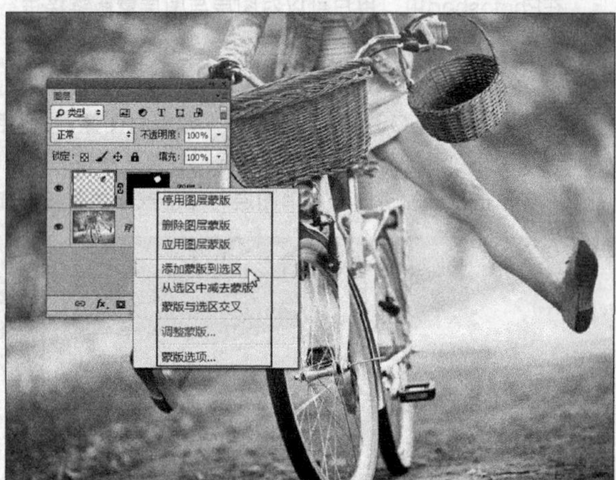

图11-88 选择“添加蒙版到选区”选项

STEP 03 执行上述操作后，即可将图层蒙版转换为选区，如图11-89所示。

图11-89 图层蒙版转换为选区

实战262 将选区转换为图层蒙版

▶实例位置：光盘\实例\第11章\实战262.jpg、实战262.Psd
▶素材位置：光盘\素材\第11章\实战262.jpg
▶视频位置：光盘\视频\第11章\实战262.mp4

• 实例介绍 •

在Photoshop中，用户可以根据工作需要将选区转换为图层蒙版。

• 操作步骤 •

STEP 01 按【Ctrl+O】组合键，打开一幅素材图像，此时图像编辑窗口中的图像显示如图11-90所示。

STEP 02 选取工具箱中的“磁性套索工具”，移动鼠标至图像编辑窗口中，单击鼠标左键并拖曳，创建选区，如图11-91所示。

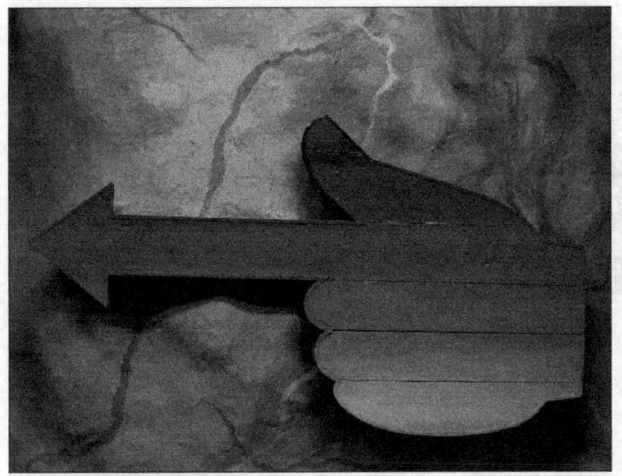
图11-90 打开素材图像

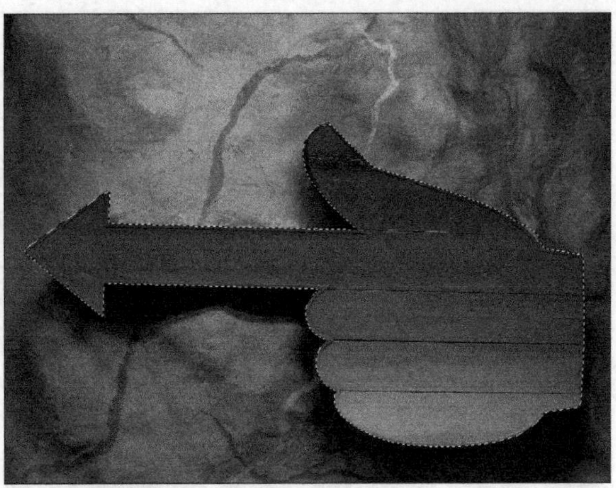
图11-91 创建选区

STEP 03 展开“图层”面板，单击面板底部的“添加图层蒙版”按钮，如图11-92所示。

STEP 04 执行上述操作后，即可将选区转换为图层蒙版，效果如图11-93所示。

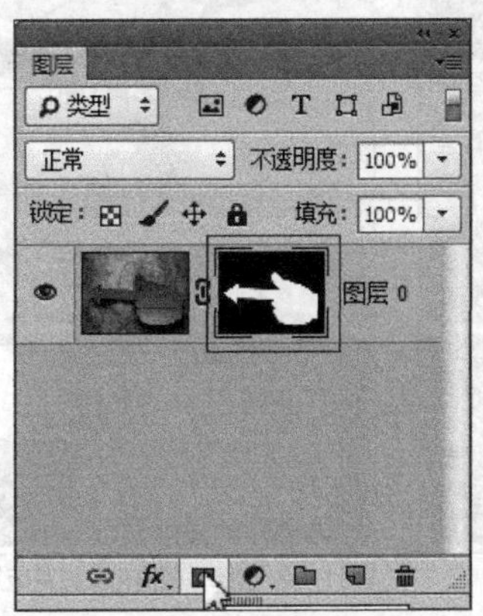

图11-92 单击“添加蒙版”按钮

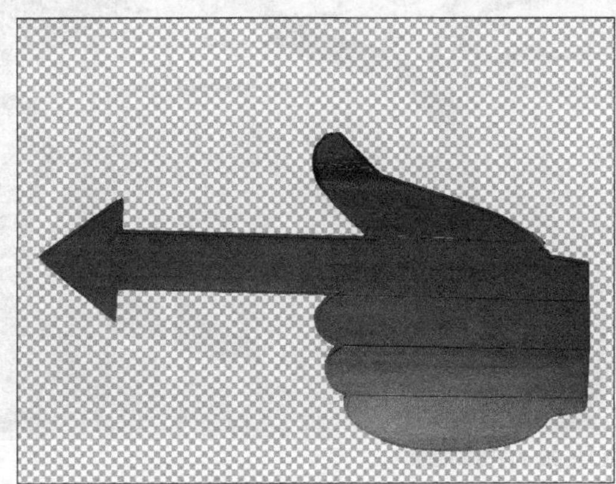
图11-93 将选区转换为图层蒙版

实战 263 将矢量蒙版转换为选区

▶实例位置：无
▶素材位置：光盘\素材\第11章\实战263.Psd
▶视频位置：光盘\视频\第11章\实战263.mp4

• 实例介绍 •

普通图层的矢量蒙版与形状图层的矢量蒙版，两者的特性是完全相同的，用户可以像载入形状图层的选区一样载入矢量蒙版的选区。

• 操作步骤 •

STEP 01 按【Ctrl+O】组合键，打开一幅素材图像，此时图像编辑窗口中的图像显示如图11-94所示。

STEP 02 展开“图层”面板，选择“图层1”图层，按住【Ctrl】键的同时，在“图层1”矢量蒙版缩览图上，单击鼠标左键，即可将矢量蒙版转换为选区，效果如图11-95所示。

图11-94 打开素材图像

图11-95 将矢量蒙版转换为选区

实战264 将矢量蒙版转换为图层蒙版

▶实例位置：光盘\实例\第11章\实战264.jpg、实战264.Psd
▶素材位置：光盘\素材\第11章\实战264.Psd
▶视频位置：光盘\视频\第11章\实战264.mp4

• 实例介绍 •

在Photoshop中，用户可以根据需要将矢量蒙版转换为图层蒙版。

• 操作步骤 •

STEP 01 按【Ctrl+O】组合键，打开一幅素材图像，如图11-96所示。

图11-96 打开素材图像

STEP 02 展开“图层”面板，移动鼠标至“矢量蒙版缩览图”上，单击鼠标右键，在弹出的快捷菜单中选择“栅格化矢量蒙版”选项，如图11-97所示。

图11-97 选择“栅格化矢量蒙版”选项

STEP 03 执行上述操作后，即可将矢量蒙版转换为图层蒙版，效果如图11-98所示。

图11-98 转换为图层蒙版

知识扩展

对于一个矢量蒙版，它较适合于为图像添加边缘界限明显的蒙版效果，但仅能使用钢笔、矩形等工具对其进行编辑，此时用户可以通过将矢量蒙版栅格化，将其转换为图层蒙版，再继续使用其他绘图工具进行编辑。

知识扩展

除了运用上述方法外，选择菜单“图层”|“栅格化”|“矢量蒙版”命令，也可以将矢量蒙版转换为图层蒙版。

第12章 使用图层模式抠图

本章导读

本章主要介绍使用设置图层混合模式的方法抠取素材图像，以及制作透明液态水、飘逸美发、透明婚纱以及透明灯泡的详细过程。

要点索引

- 常用图层混合模式应用
- 抠选透明液态水
- 抠选飘逸美发
- 抠选透明婚纱
- 抠选透明灯泡

12.1 常用图层混合模式应用

在了解了图层混合模式的相关知识后，用户可以用Photoshop的图层混合模式进行抠图和合成操作，以得到需要的抠图合成效果。

实战265 “滤色”模式抠图

▶实例位置：光盘\实例\第12章\实战265.jpg
▶素材位置：光盘\素材\第12章\实战265.jpg
▶视频位置：光盘\视频\第12章\实战265.mp4

• 实例介绍 •

“滤色”模式用于“留白不留黑”，如果要进行抠图的图像中有黑色和其他颜色，而要保留除黑色以外的图像时，可以使用此模式抠图。

• 操作步骤 •

STEP 01 按【Ctrl+O】组合键，打开两幅素材图像，如图12-1所示。

图12-1 打开素材图像

STEP 02 将“实战265-2”的素材图像全选，复制并粘贴至“实战265-1”的图像编辑窗口中，如图12-2所示。

图12-2 复制粘贴图像

知识扩展

混合模式分为6组，共27种，每一组的混合模式都可以产生相似的效果或者有着相近的用途。

➢ 组合模式组：该组中的混合模式需要降低图层的不透明度才能产生作用。

➢ 加深模式组：该组中的混合模式可以使图像变暗，在混合过程中，当前图层中的白色将被底层较暗的像素替代。

➢ 减淡模式组：该组与加深模式组产生的效果截然相反，它们可以使图像变亮。在使用这些混合模式时，图像中的黑色会被较亮的像素替换，而任何比黑色亮的像素都可能加亮底层图像。

➢ 对比模式组：该组中的混合模式可以增强图像的反差。在混合时，50%的灰色会完全消失，任何亮度值高于50%灰色的像素都可能加亮底层的图像，亮度值低于50%灰色的像素则可能使底层图像变暗。

➢ 类型：“类型”菜单主要是针对字体方面的设置，包括设置文本排列方向、创建3D文字、栅格化文字图层等。

➢ 选择：“选择”菜单中的命令主要是针对选区进行操作，可以对选区进行反向、修改、变换、扩大、载入选区等操作，这些命令结合选区工具，更便于对选区的操作。

STEP 03 选择“图层1”图层，单击“正常”右侧的下拉按钮，在弹出的列表框中，选择“滤色”，如图12-3所示。

STEP 04 执行操作后，即可使用“滤色”模式抠出花，并移动至合适位置，如图12-4所示。

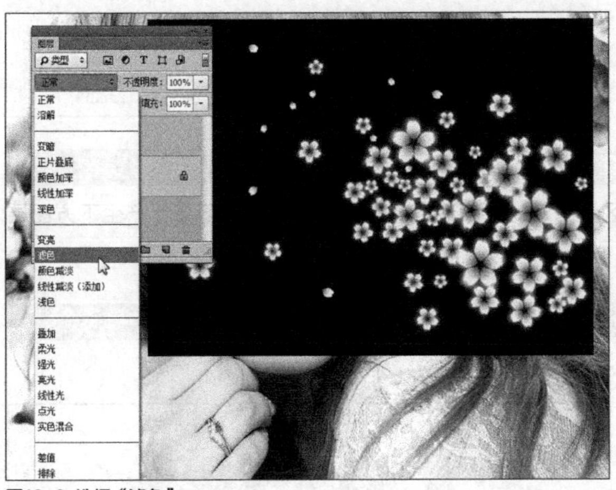

图12-3 选择“滤色”

图12-4 使用“滤色”模式抠装饰花

实战 266 “正片叠底”模式抠图

▶实例位置：光盘\实例\第12章\实战266.jpg
▶素材位置：光盘\素材\第12章\实战266.jpg
▶视频位置：光盘\视频\第12章\实战266.mp4

• 实例介绍 •

“正片叠底”模式可以将当前层图像颜色值与下层图像颜色值相乘，再除以数值255，得出最终像素的颜色值。使用该模式可以快速将白色背景图像叠加抠出。

• 操作步骤 •

STEP 01 按【Ctrl+O】组合键，打开两幅素材图像，如图12-5所示。

STEP 02 切换至“实战266-2”素材图像，使用“移动工具” 将其拖动至“实战266-1”素材图像中，按【Ctrl+T】组合键，调整大小和位置，如图12-6所示。

STEP 03 在“图层”面板中，在“设置图层的混合模式”列表框中，选择“正片叠底”选项，即可用“正片叠底”模式抠图，如图12-7所示。

图12-5 打开素材图像

图12-6 拖动并调整图像

图12-7 “正片叠底”模式抠图效果

知识扩展

选择“正片叠底”模式后，Photoshop将上下两图层的颜色相乘再除以255，最终得到的颜色比上下两个图层的颜色都要暗一点。正片叠底模式可以用于添加阴影和细节，而不完全消除下方的图层阴影区域的颜色。

实战267 "颜色加深"模式抠图

▶实例位置：光盘\实例\第12章\实战267.jpg
▶素材位置：光盘\素材\第12章\实战267.jpg
▶视频位置：光盘\视频\第12章\实战267.mp4

• 实例介绍 •

"颜色加深"模式可以降低上方图层中除黑色外的其他区域的对比度，使合成图像整体对比度下降，产生下方图层透过上方图层的投影效果。

• 操作步骤 •

STEP 01 按【Ctrl+O】组合键，打开两幅素材图像，如图12-8所示。

图12-8 打开素材图像

STEP 02 切换至"实战267-2"素材图像，使用"移动工具"将其拖动至"实战267-1"素材图像中，按【Ctrl+T】组合键，适当调整图像大小、角度和位置，如图12-9所示。

STEP 03 在"图层"面板中，在"设置图层的混合模式"列表框中选择"颜色加深"选项，即可用"颜色加深"模式抠图，如图12-10所示。

图12-9 拖动并调整图像

图12-10 "颜色加深"模式抠图效果

实战268 "变亮"模式抠图

▶实例位置：光盘\实例\第12章\实战268.jpg
▶素材位置：光盘\素材\第12章\实战268.jpg
▶视频位置：光盘\视频\第12章\实战268.mp4

• 实例介绍 •

"变亮"模式与"变暗"模式的效果相反，当前图层中较亮的像素会替换掉底层较暗的像素。

• 操作步骤 •

STEP 01 按【Ctrl+O】组合键，打开两幅素材图像，如图12-11所示。

STEP 02 将“实战268-2”的素材图像全选、复制并粘贴至“实战268-1”的图像编辑窗口中，如图12-12所示。

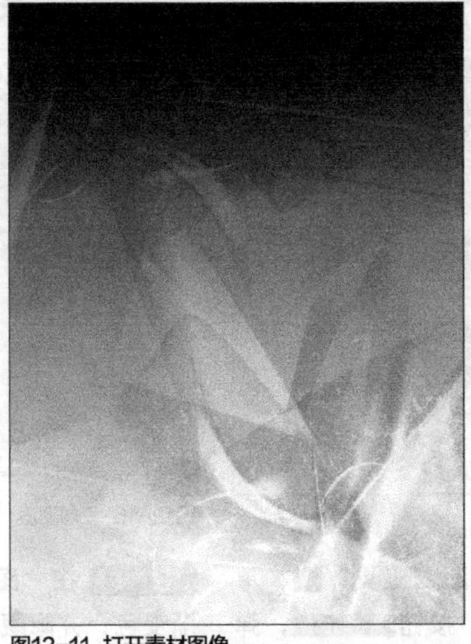
图12-11 打开素材图像

图12-12 复制并粘贴图像

STEP 03 单击“正常”右侧的按钮，在弹出的列表框中，选择“变亮”选项，如图12-13所示。

STEP 04 执行操作后，即可使用“变亮”模式抠图，如图12-14所示。

图12-13 选择“变亮”选项

图12-14 使用“变亮”模式抠图效果

12.2 抠选透明液态水

如果直接用前面所讲到的方法抠取液态水，会发现效果不是很理想，而通过综合运用去色、反相以及滤色图层混合模式，则可抠出液态水效果。

实战269 添加渐变效果

▶实例位置：无
▶素材位置：光盘\素材\第12章\实战269.jpg
▶视频位置：光盘\视频\第12章\实战269.mp4

• 实例介绍 •

下面主要运用“渐变工具”填充渐变色，制作抠图对象的背景效果。

• 操作步骤 •

STEP 01 按【Ctrl+O】组合键，打开一幅素材图像，如图12-15所示。

STEP 02 连续按两次【Ctrl+J】组合键，复制两个图层，如图12-16所示。

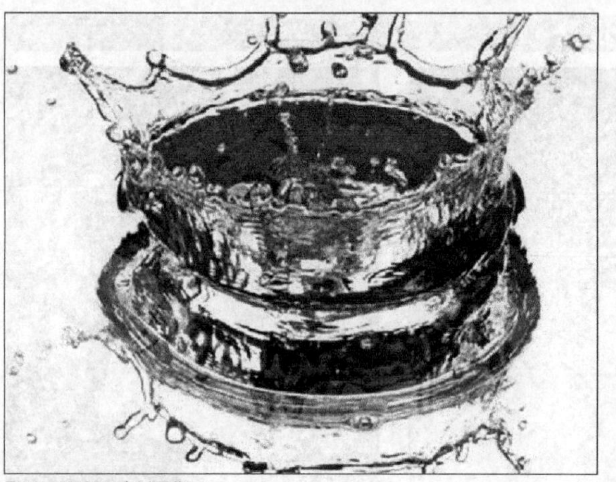
图12-15 打开素材图像

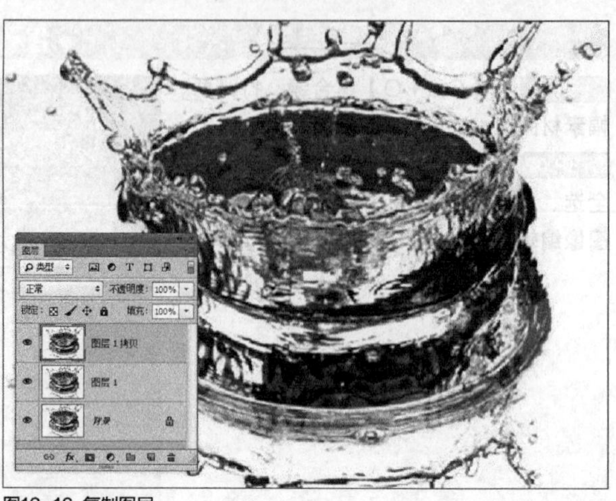
图12-16 复制图层

STEP 03 选择“图层1”图层，选择“渐变工具”，单击工具属性栏中的“点按可编辑渐变”按钮，弹出“渐变编辑器”对话框，设置渐变从深紫色（RGB参数分别为41、10、89）到墨绿色（RGB参数分别为1、59、19），如图12-17所示，单击“确定”按钮。

STEP 04 在“图层1”图层中，自上至下拖动鼠标，填充渐变色，并隐藏“图层1拷贝”图层，如图12-18所示。

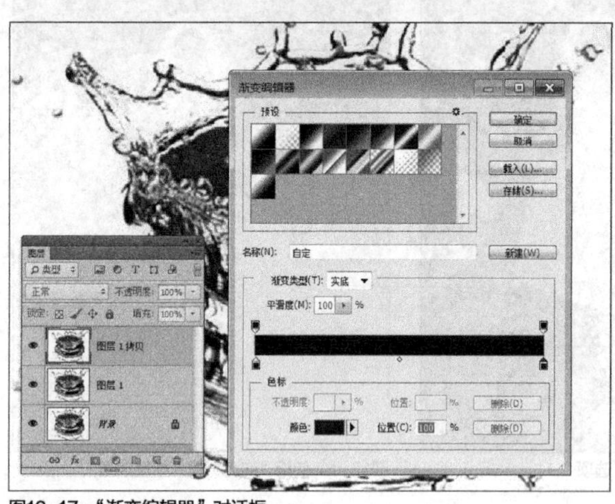
图12-17 “渐变编辑器”对话框

图12-18 填充渐变色

知识扩展

在“渐变编辑器”对话框中，内置了多种不同的渐变颜色效果，如果不能满足用户需要，则可以重新设置不同的渐变颜色效果。

实战 270 制作透明效果

▶实例位置：光盘\实例\第12章\实战270.jpg
▶素材位置：无
▶视频位置：光盘\视频\第12章\实战270.mp4

• 实例介绍 •

使用去色、反相、设置混合模式以及设置图层透明度的方法制作透明效果。

• 操作步骤 •

STEP 01 显示并选择“图层1 拷贝”图层，按【Ctrl+Shift+U】组合键，对图像进行去色处理，如图12-19所示。

STEP 02 按【Ctrl+I】组合键，反相图像，如图12-20所示。

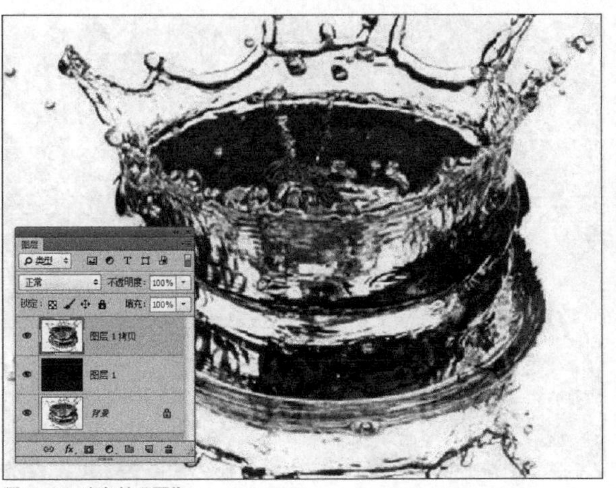
图12-19 去色处理图像

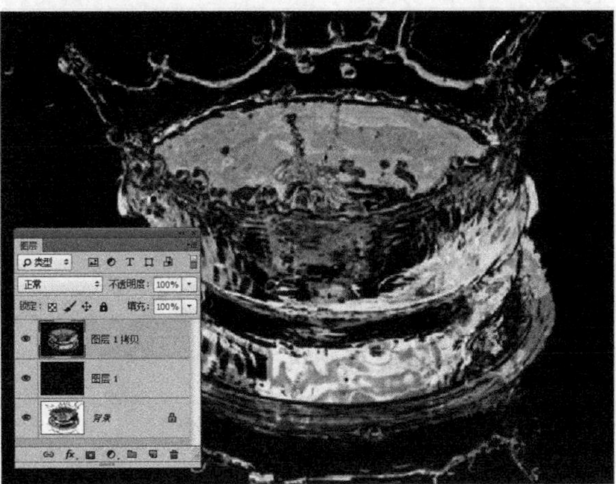
图12-20 反相图像

STEP 03 在“图层”面板中，在“设置图层的混合模式”列表框中，选择“滤色”选项，设置滤色图层混合模式，如图12-21所示。

STEP 04 按【Ctrl+J】组合键，再次对“图层1 拷贝”图层进行复制，并设置该图层的“不透明度”为50%，最终的图像效果如图12-22所示。

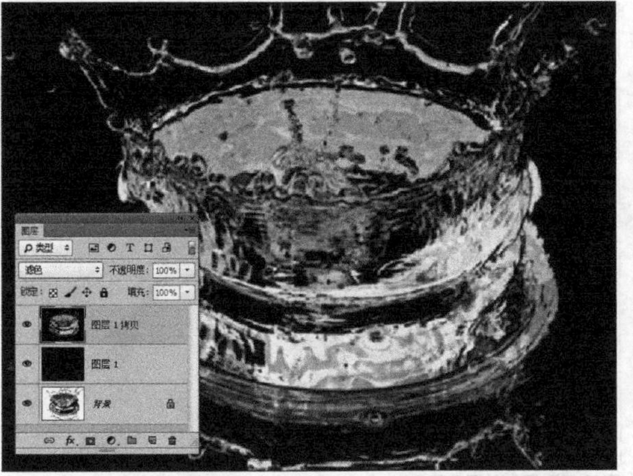
图12-21 滤色混合模式效果

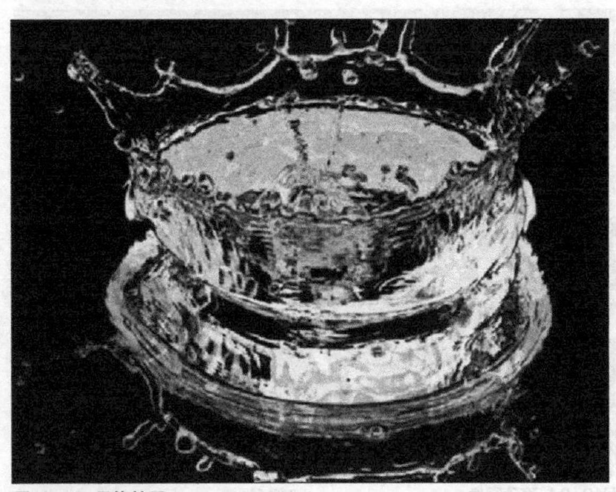
图12-22 最终效果

知识扩展

根据“留白不留黑”的特点，在进行滤色混合模式处理后，图像只留下白色的水珠。但是由于水的透明度过大，用户可以复制图层，设置相应的不透明度，以使图像看起来更真实。

12.3 抠选飘逸美发

图层的混合模式还可以结合起来进行应用，在抠选飘逸的头发时，应用图层的混合模式、图层蒙版等功能可以快速地将其抠选出来。

实战 271 调整图层

▶ **实例位置**：无
▶ **素材位置**：光盘\素材\第12章\实战271-1.jpg、实战271-2.jpg
▶ **视频位置**：光盘\视频\第12章\实战271.mp4

• 实例介绍 •

通过快捷键，打开、移动、复制并调整图层顺序，制作相应效果。

• 操作步骤 •

STEP 01 按【Ctrl+O】组合键，打开两幅素材图像，如图12-23所示。

图12-23 打开素材图像

STEP 02 切换至"实战271-2"素材图像，使用"移动工具"将其拖动至"实战271-1"素材图像中，并适当调整大小和位置，如图12-24所示。

STEP 03 选择"背景"图层，按【Ctrl+J】组合键，复制"背景"图层，并调整图层顺序，如图12-25所示。

图12-24 移动图像

图12-25 复制并调整顺序

知识扩展

用户还可以按住"背景 拷贝"图层，将其向上拖动至"图层1"图层上方。

实战272 制作抠图效果

▶实例位置：光盘\实例\第12章\实战272.jpg
▶素材位置：无
▶视频位置：光盘\视频\第12章\实战272.mp4

• 实例介绍 •

用户可以通过反相图像、调整图层混合模式以及添加图层蒙版的操作抠取图像。

• 操作步骤 •

STEP 01 选择"背景 拷贝"图层，并新建图层，选取"吸管工具"，在"实战271-1"图像背景中单击鼠标左键，吸取颜色，如图12-26所示。

STEP 02 按【Alt+Delete】组合键，填充颜色，按【Ctrl+I】组合键，反相图像，在"设置图层的混合模式"列表框中，选择"颜色减淡"选项，设置颜色减淡图层混合模式，如图12-27所示。

STEP 03 选择"图层2"图层，按【Ctrl+E】组合键，向下合并图层，在"设置图层的混合模式"列表框中，选择"正片叠底"选项，设置正片叠底图层混合模式，效果如图12-28所示。

STEP 04 选择“背景”图层，按【Ctrl＋J】组合键，复制得到“背景 拷贝2”图层，将其调整至最顶层，按住【Alt】键的同时，单击面板底部的“添加矢量蒙版”按钮，添加黑色蒙版，如图12-29所示。

图12-26 新建透明图层

图12-27 颜色减淡图层混合模式

图12-28 正片叠底图层混合模式

图12-29 添加图层蒙版

STEP 05 选择“画笔工具”，设置画笔“大小”为120px、“硬度”为50%，单击“设置前景色”按钮，弹出“拾色器（前景色）”对话框，设置前景色为白色，在图层蒙版上涂抹白色，直到显示出美女为止，效果如图12-30所示。

图12-30 最终效果

知识扩展

如果所抠选的图像与背景图像色彩不匹配，用户还可以对其进行调整图像色调的操作。

12.4 抠选透明婚纱

对于透明物体的抠图，应用一般选框工具不能很好地完成。本实例通过颜色通道和图层的混合模式配合来抠图，完成透明婚纱效果的抠图。

实战273 复制粘贴图层

▶实例位置：无
▶素材位置：光盘\素材\第12章\实战273-1.jpg、实战273-2.jpg
▶视频位置：光盘\视频\第12章\实战273.mp4

• 实例介绍 •

通过快捷键移动图像的位置。

• 操作步骤 •

STEP 01 按【Ctrl+O】组合键，打开两幅素材图像，如图12-31所示。

图12-31 打开素材图像

STEP 02 在“实战273-1”素材图像中，按【Ctrl+A】组合键，全选图像，按【Ctrl+C】组合键，复制图像，切换至“实战273-2”素材图像中，按【Ctrl+V】组合键，粘贴复制图像，并按【Ctrl+T】组合键，调出控制框，适当调整其大小、位置和角度，如图12-32所示。

图12-32 复制并调整图像

STEP 03 选择“图层1”图层，拖动“图层1”图层至面板底部的“创建新图层”按钮上，复制得到一个“图层1拷贝”图层，并将“图层1”图层隐藏，如图12-33所示。

图12-33 复制并调整顺序

专家提醒

除了运用以上方法复制粘贴图像外，用户还可以将素材图像拖至目标图像中，其操作方法是：在背景素材图像中，按【Ctrl+A】组合键，全选图像，使用“移动工具”将其拖动至目标素材图像中，并适当调整其位置和大小。

实战274 创建通道图层

▶实例位置：无
▶素材位置：无
▶视频位置：光盘\视频\第12章\实战274.mp4

• 实例介绍 •

用户可以通过通道、建立选区以及填充颜色的方式，制作相应效果。

• 操作步骤 •

STEP 01 连续按3次【Alt+Ctrl+Shift+N】组合键，在“图层”面板中，新建3个透明图层，如图12-34所示，隐藏“背景”图层。

图12-34 新建透明图层

STEP 02 选择“图层2”图层，按【Alt+Ctrl+5】组合键，载入蓝色通道选区，设置前景色为蓝色（RGB参数分别为0、0、255），按【Alt+Delete】组合键，填充并取消选区，如图12-35所示。

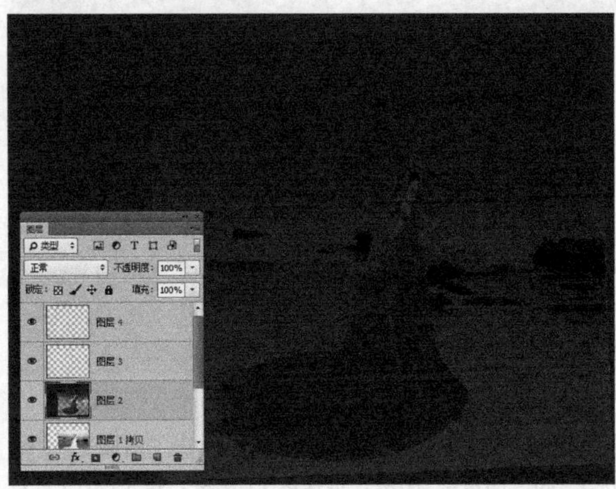

图12-35 填充选区

STEP 03 隐藏“图层2”图层，选择“图层3”图层，按【Alt+Ctrl+4】组合键，载入绿色通道选区，设置前景色为绿色（RGB参数分别为0、255、0），按【Alt+Delete】组合键，填充并取消选区，如图12-36所示。

图12-36 填充选区

STEP 04 隐藏“图层3”图层，选择“图层4”图层，按【Alt+Ctrl+3】组合键，载入红色通道选区，设置前景色为红色（RGB参数分别为255、0、0），按【Alt+Delete】组合键，填充并取消选区，如图12-37所示。

图12-37 填充选区

专家提醒

用户还可以在载入选区后，设置背景色为蓝色，按【Ctrl+Delete】组合键，填充背景色。

实战275 创建蒙版抠图

▶实例位置：光盘\实例\第12章\实战275.jpg
▶素材位置：无
▶视频位置：光盘\视频\第12章\实战275.mp4

•实例介绍•

用户可以通过设置图层混合模式、添加图层蒙版、使用黑色画笔工具涂抹的方式抠取图像。

•操作步骤•

STEP 01 依次显示"图层2"和"图层3"，如图12-38所示。

图12-38 显示相应图层

STEP 02 隐藏"图层1拷贝"图层，分别将"图层3"和"图层4"图层的混合模式设置为"滤色"混合模式，如图12-39所示。

图12-39 设置图层混合模式

STEP 03 按住【Ctrl】键的同时，依次单击"图层2""图层3"和"图层4"图层，选择这3个图层，按【Ctrl+E】组合键，合并图层，如图12-40所示。

图12-40 合并图层

STEP 04 显示"图层1拷贝"图层，并调整图层顺序，按住【Alt】键的同时，单击面板底部的"添加矢量蒙版"按钮，添加黑色蒙版，如图12-41所示。

图12-41 添加图层蒙版

STEP 05 选择"画笔工具"，设置"大小"为40px、"硬度"为50%，单击"设置前景色"按钮，弹出"拾色器（前景色）"对话框，设置为白色，如图12-42所示，单击"确定"按钮。

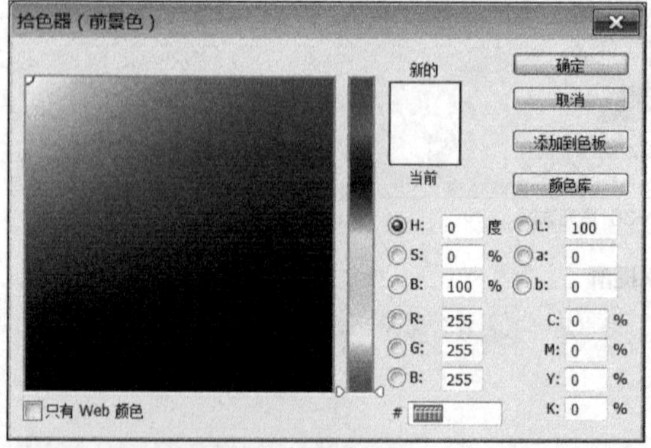

图12-42 "拾色器（前景色）"对话框

STEP 06 在图层蒙版上涂抹白色，直至新娘的头部、身体、手部等范围完全显示出来为止，隐藏“图层4”图层，效果如图12-43所示，显示背景图层。

STEP 07 设置画笔“大小”为15px，按【X】键，切换前景色和背景色，修改边缘，在工具属性栏中设置“不透明度”为20%，在婚纱透明处继续绘制，效果如图12-44所示。

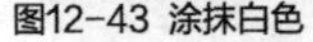
图12-43 涂抹白色

图12-44 抠图效果

12.5 抠选透明灯泡

本实例主要介绍通过图层蒙版、路径以及图层混合模式等工具的综合应用，对透明灯泡进行抠图的操作方法。

实战 276 复制粘贴图层

▶实例位置：无
▶素材位置：光盘\素材\第12章\实战276-1.jpg、实战276-2.jpg
▶视频位置：光盘\视频\第12章\实战276.mp4

• 实例介绍 •

通过快捷键移动图像。

• 操作步骤 •

STEP 01 按【Ctrl+O】组合键，打开两幅素材图像，如图12-45所示。

图12-45 打开素材图像

STEP 02 在“实战276-1”素材图像中，按【Ctrl+A】组合键，全选图像，使用“移动工具”将其拖动至“实战276-2”素材图像中，并适当调整其位置，如图12-46所示。

STEP 03 选择“背景”图层，按【Ctrl+J】组合键，复制得到一个“背景 拷贝”图层，并按【Ctrl+]】组合键，将其调整至最顶层，如图12-47所示。

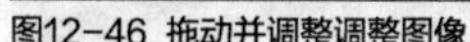

图12-46 拖动并调整调整图像

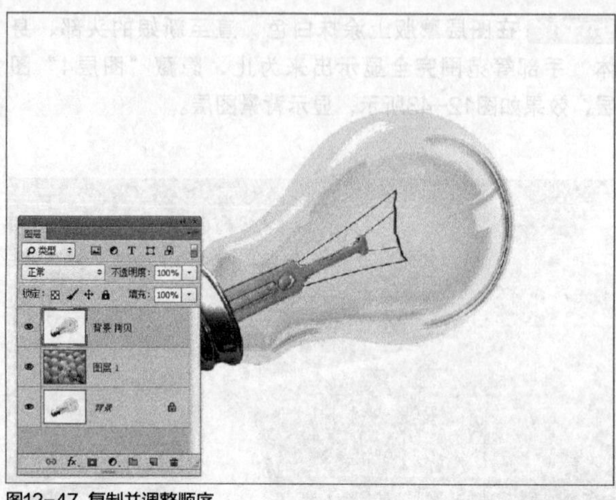

图12-47 复制并调整顺序

专家提醒

在复制多个图层时，为了便于分析和操作，可以对复制的图层进行重新命名，以一个简单的名称显示。

实战277 设置图层模式以及创建蒙版

▶实例位置：无
▶素材位置：无
▶视频位置：光盘\视频\第12章\实战277.mp4

• 实例介绍 •

本实例主要介绍复制并重命名图层，建立选区、添加图层蒙版抠取图像效果。

• 操作步骤 •

STEP 01 将复制得到的图层重命名为“阴影”，并连续按3次【Ctrl+J】组合键，复制3个相同的图层，并依次命名为“高光”“对比度”和“金属”，如图12-48所示。

STEP 02 在“路径”面板中，连续单击两次“创建新路径”按钮，创建两个路径层，选择“钢笔工具”，在“路径1”中绘制灯泡玻璃轮廓，如图12-49所示。

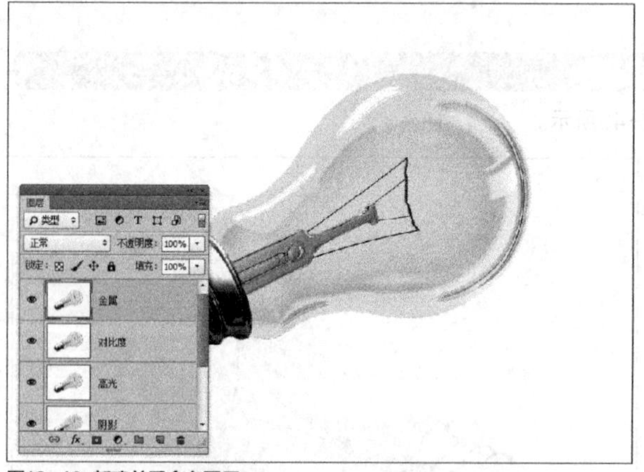

图12-48 新建并重命名图层

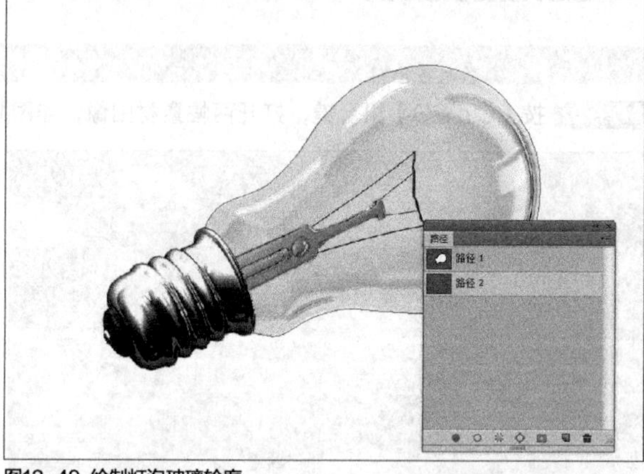

图12-49 绘制灯泡玻璃轮廓

专家提醒

在使用“钢笔工具”绘制轮廓路径时，第一次未必可以将轮廓绘制得那么精确，用户可以先大体绘制其轮廓，之后再运用相应工具调整路径的节点。

STEP 03 在“路径2”中绘制灯泡金属范围的轮廓，并结合直接选择工具对其进行调整，如图12-50所示。

STEP 04 在“路径”面板中，选择“路径1”，在“图层”面板中选择“阴影”图层，按住【Ctrl】键的同时，单击面板底部的“添加矢量蒙版”按钮，添加矢量蒙版，如图12-51所示。

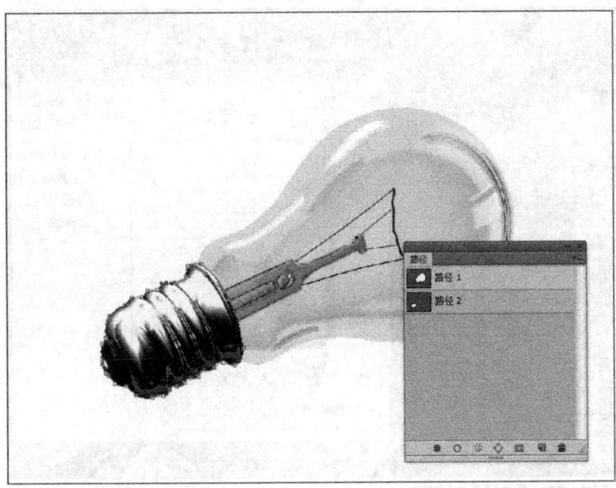
图12-50 绘制并调整路径

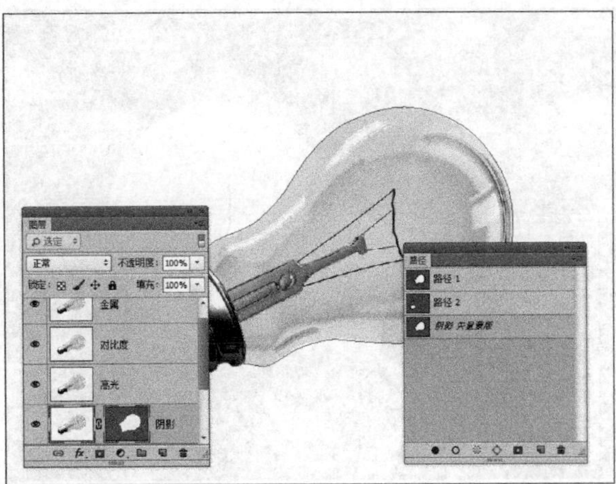
图12-51 添加矢量蒙版

STEP 05 按住【Alt】键的同时，选择“阴影”图层中的矢量蒙版缩览图，分别将其拖动至“高光”和“对比度”图层上，复制矢量蒙版，如图12-52所示。

STEP 06 在“路径”面板中，选择“路径2”，在“图层”面板中选择“金属”图层，按住【Ctrl】键的同时，单击面板底部的“添加图层蒙版”按钮，为“金属”图层添加矢量蒙版，如图12-53所示。

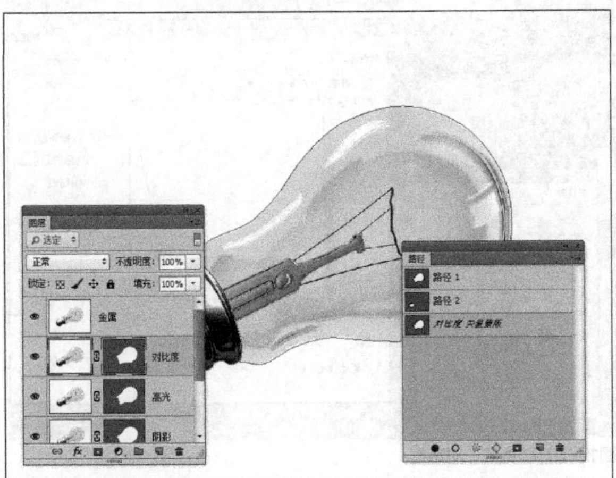
图12-52 复制矢量蒙版

图12-53 添加矢量蒙版

专家提醒

除了运用上述方法添加矢量蒙版外，用户还可以在选择相应路径和图层后，单击“图层”|“矢量蒙版”|“当前路径”命令进行操作。

实战 278 设置混合模式和曲线调整

▶实例位置：无
▶素材位置：无
▶视频位置：光盘\视频\第12章\实战278.mp4

• 实例介绍 •

下面运用“正片叠底”“滤色”“叠加”等图层混合模式，并配合“曲线”调整图层。制作透明灯泡效果。

• 操作步骤 •

STEP 01 将“阴影”图层的混合模式设置为“正片叠底”，将“高光”图层的混合模式设置为“滤色”，将“对比度”图层的混合模式设置为“叠加”，如图12-54所示。

STEP 02 隐藏“高光”和“对比度”图层，选择“阴影”图层，单击“图像”|“调整”|“曲线”命令，弹出“曲线”对话框，设置相应参数，如图12-55所示。

图12-54 设置图层混合模式

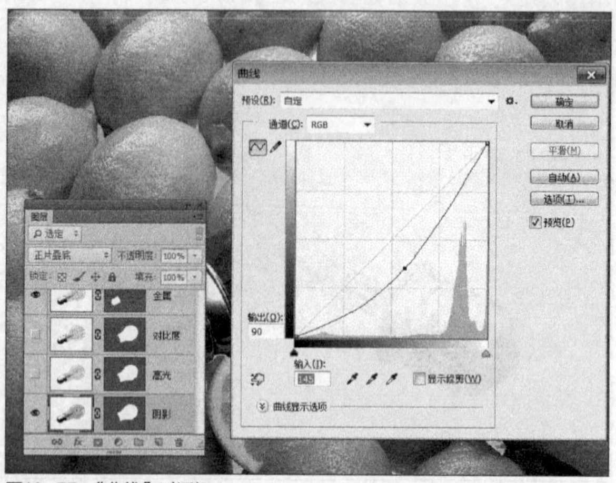

图12-55 “曲线”对话框

STEP 03 单击“确定”按钮，此时图像效果如图12-56所示。

STEP 04 显示“高光”图层，选择“高光”图层，单击“图像”|“调整”|“曲线”命令，弹出“曲线”对话框，设置相应参数，如图12-57所示。

图12-56 调整曲线效果

图12-57 “曲线”对话框

STEP 05 单击“确定”按钮，此时图像效果如图12-58所示。

STEP 06 显示“对比度”图层，设置“不透明度”为10%，如图12-59所示。

图12-58 调整曲线效果

图12-59 调整透明度

实战 279 制作折射效果

▶ 实例位置：光盘\实例\第12章\实战279.jpg、实战279.psd
▶ 素材位置：无
▶ 视频位置：光盘\视频\第12章\实战279.mp4

• 实例介绍 •

用户可以通过添加蒙版和轻移的方式制作折射效果。

• 操作步骤 •

STEP 01 选择“图层1”图层，按【Ctrl＋J】组合键，复制得到“图层1 拷贝”图层，如图12-60所示。

图12-60 复制图层

STEP 02 按住【Alt】键的同时，选择“阴影”图层中的矢量蒙版缩略图，将其拖动至“图层1 拷贝”图层上，复制矢量蒙版，如图12-61所示。

图12-61 复制矢量蒙版

STEP 03 选择“图层1 拷贝”图层，运用键盘上的上、下、左、右方向键，稍微轻移，制作出灯泡折射的效果，最终效果如图12-62所示。

图12-62 最终效果

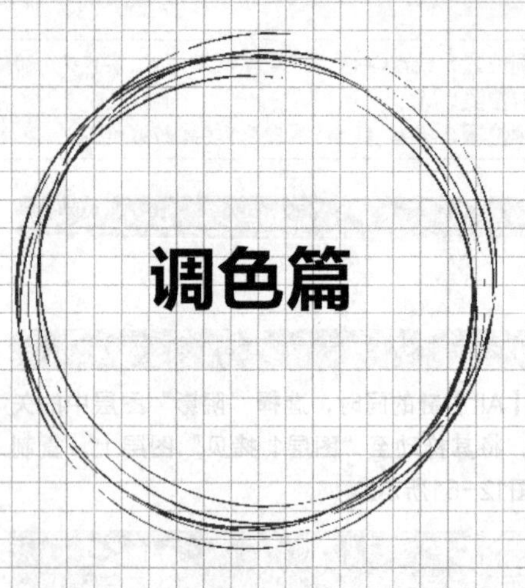

第13章 选取与填充颜色

本章导读

使用填充工具可以快速、便捷地对选中的图像区域进行填充，而填充工具都集中在渐变工具组中，渐变工具常用来对图像进行多种渐变色的填充，“油漆桶工具”则是对图像进行纯色和图案的填充。

要点索引

- 颜色设置
- 填充颜色
- 填充图案

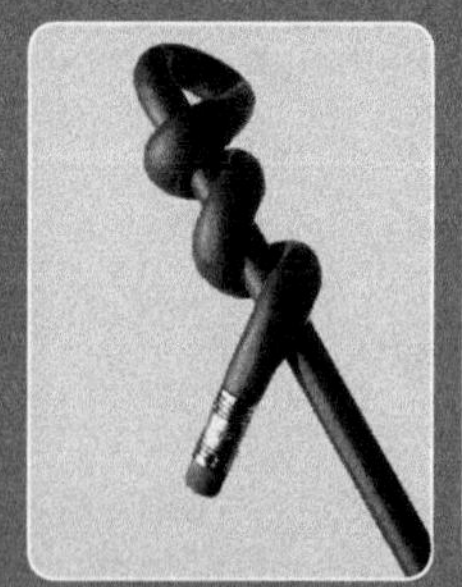

13.1 颜色设置

当使用画笔、渐变以及文字等工具进行填充、描边以及修饰图像等操作时，可以先对颜色进行指定。Photoshop提供了非常出色的颜色选择工具，可以帮助用户找到需要的任何色彩。

实战 280 使用前景色与背景色

▶实例位置：无
▶素材位置：无
▶视频位置：光盘\视频\第13章\实战280.mp4

• 实例介绍 •

Photoshop工具箱底部有一组前景色和背景色设置图标，在Photoshop中，所有被用到的图像中的颜色都会在前景色或背景色中表现出来。可以使用前景色来绘画、填充和描边，使用背景色来产生渐变填充和在空白区域中填充。此外，在应用一些具有特殊效果的滤镜时，也会用到前景色和背景色。

• 操作步骤 •

STEP 01 运行Photoshop，前景色和背景色色块在界面左侧的工具栏底部，如图13-1所示。

STEP 02 单击“切换前景色和背景色”按钮，即可将前景色和背景色互换，如图13-2所示。

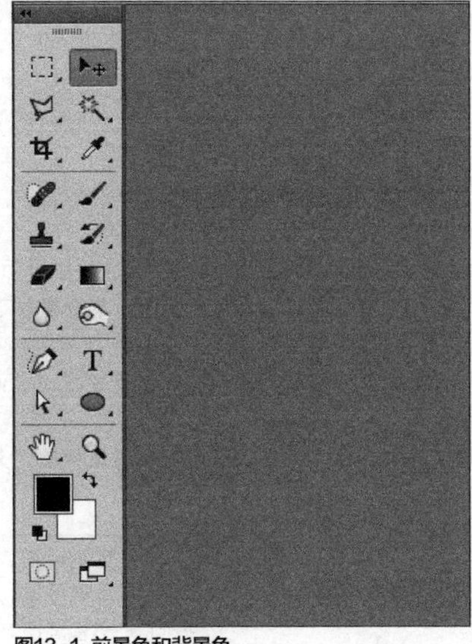
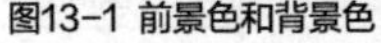

图13-1 前景色和背景色

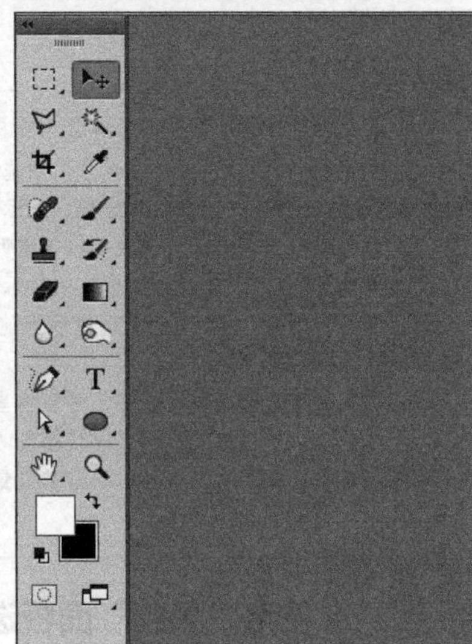

图13-2 互换前景色和背景色

知识扩展

设置颜色的工具介绍如下。

➢ 设置前景色：该色块中显示的是当前所使用的前景色。单击该色块，弹出“拾色器（前景色）”对话框，对前景色进行设置即可。

➢ 默认前景色和背景色：单击该按钮，即可将当前前景色和背景色调整到默认状态的前景色和背景色效果状态。

➢ 切换前景色和背景色：单击该按钮，可以将前景色和背景色互换。

➢ 设置背景色：该色块中显示的是当前所使用的背景颜色。单击该色块，弹出“拾色器（背景色）”对话框，在其中对背景色进行设置即可。

专家提醒

可以直接在键盘上按【D】键快速将前景色和背景色调整到默认状态；按【X】键，可以快速切换前景色和背景色的颜色。

实战 281 使用拾色器

▶实例位置：无
▶素材位置：无
▶视频位置：光盘\视频\第13章\实战281.mp4

• 实例介绍 •

在Photoshop中，在工具箱中单击前景色色块，在弹出的拾色器中可以选择任意颜色。

• 操作步骤 •

STEP 01 移动鼠标至前景色色块上，如图13-3所示。

图13-3 单击色块

STEP 02 单击鼠标左键，即可弹出“拾色器（前景色）”对话框，如图13-4所示。

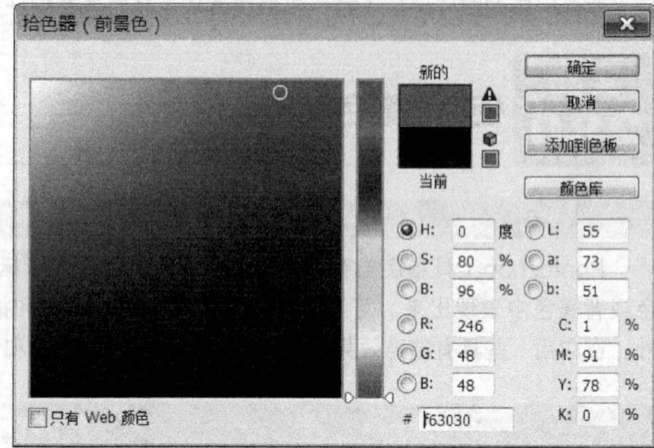

图13-4 “拾色器”对话框

知识扩展

“拾色器”对话框中各选项的含义如下。

➢ 色域/拾取的颜色：在“色域”中拖动鼠标可以改变当前拾取的颜色。

➢ 只有Web颜色：选中该复选框，表示只在色域中显示Web安全色。

➢ 颜色滑块：拖动颜色滑块可以调整颜色的范围。

➢ 新的/当前：“新色”颜色块中显示的是当前设置的颜色，“当前”颜色块中显示的是上一次使用的颜色。

➢ 警告：不是Web安全颜色：表示当前设置的颜色不能在网上准确显示，单击警告下面的小方块，可以将颜色替换为与其最为接近的Web安全颜色。

➢ 添加到色板：单击该按钮，可以将当前设置的颜色添加到“色板”面板中。

➢ 颜色库：单击该按钮，可以切换到“颜色库”中。

➢ 颜色值：该选项区中显示了当前设置颜色的颜色值，也可以输入颜色值来精确定义颜色。

实战282 使用“颜色”面板选取颜色

▶实例位置：无
▶素材位置：无
▶视频位置：光盘\视频\第13章\实战282.mp4

• 实例介绍 •

在Photoshop中，也可以调出颜色面板，在面板中选取颜色。

• 操作步骤 •

STEP 01 单击菜单栏中的“窗口”|“颜色”命令，如图13-5所示。

STEP 02 执行上述操作后即可调出“颜色”面板，如图13-6所示。

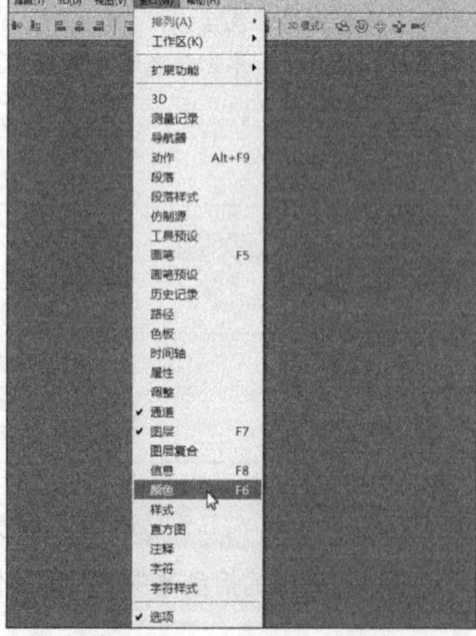

图13-5 单击“颜色”命令

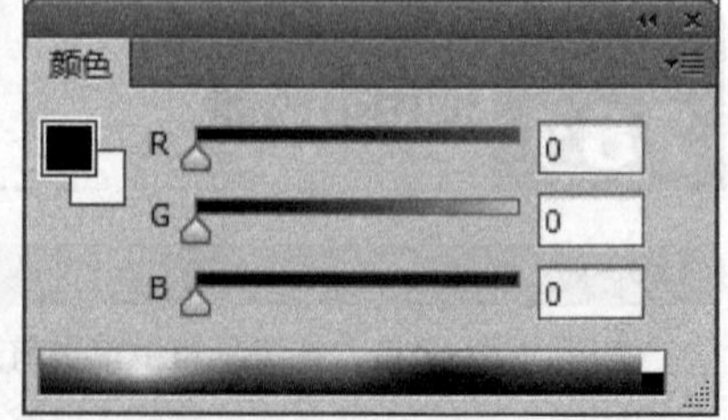

图13-6 “颜色”面板

知识扩展

除了运用上述方法填充颜色外，还有以下2种常用的方法。

➢ 快捷键1：按【Alt+Backspace】组合键填充前景色。

➢ 快捷键2：按【Ctrl+Backspace】组合键填充背景色。

知识扩展

"颜色"面板中各选项的含义如下。

➢ 设置前（背）景色：该色块中显示的是当前所使用的前（背）景色。单击该色块，弹出"拾色器（前景色/背景色）"对话框，对前景色/背景色进行设置即可。

➢ 色条：在色条上的相应位置单击，即可对前景色/背景色进行设置。

➢ 颜色值：该选项区中显示了当前设置颜色的颜色值，也可以输入颜色值来精确定义颜色。

➢ 黑白按钮：单击黑色/白色按钮，即可将当前前景色或背景色设置为黑色/白色。

实战283 使用"色板"面板选取颜色

▶实例位置：无
▶素材位置：无
▶视频位置：光盘\视频\第13章\实战283.mp4

• 实例介绍 •

在Photoshop中，除了以上所述的方法外，还可以在调出的色板中选取。

• 操作步骤 •

STEP 01 单击菜单栏中的"窗口"|"色板"命令，如图13-7所示。

STEP 02 执行上述操作后即可调出"色板"面板，如图13-8所示。

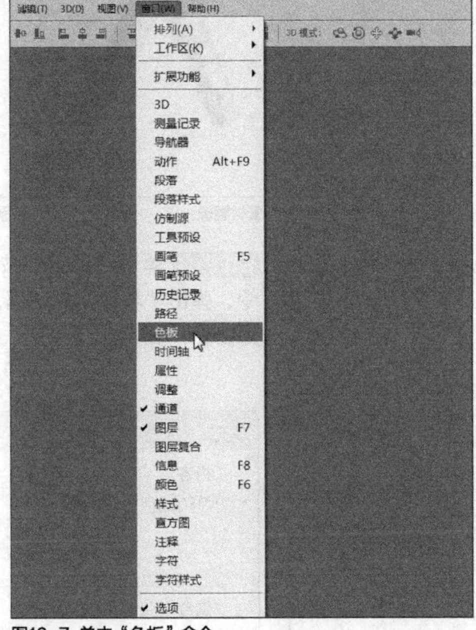

图13-7 单击"色板"命令

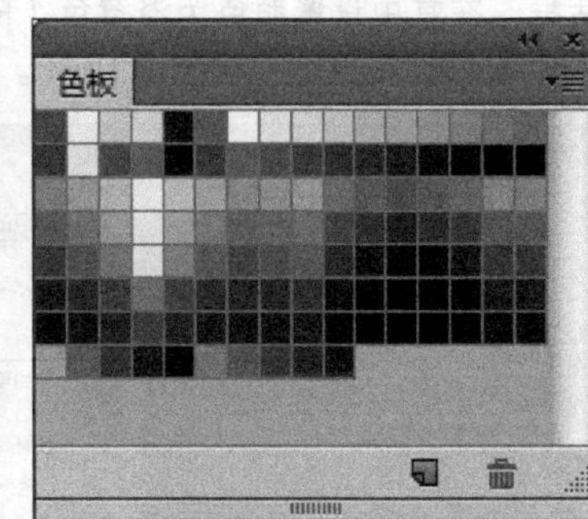

图13-8 "色板"面板

知识扩展

"油漆桶工具"与"填充"命令非常相似，主要用于在图像或选区中填充颜色或图案，但"油漆桶工具"在填充前会对鼠标单击位置的颜色进行取样，从而常用于填充颜色相同或相似的图像区域。

知识扩展

"色板"面板中各选项的含义如下。

色块：在"色块"上单击鼠标左键，即可设置前景色为选中色块的颜色。

➢ 创建前景色的新色板：单击此按钮，即可将与当前前景色同样颜色的色块添加至"色板"中。

➢ 菜单下拉按钮：单击此按钮，即可弹出快捷菜单栏，用户可以根据需要进行选择。

➢ 删除：选中相应"色块"，单击并拖动鼠标至"删除"按钮上，松开鼠标即可删除色块。

13.2 填充颜色

使用填充工具可以便捷地对选中的图像区域进行填充。本节将详细介绍运用“填充”命令、“油漆桶工具”“吸管工具”和“渐变工具”填充颜色的操作方法。

实战 284 运用“填充”命令填充颜色

▶实例位置：光盘\实例\第13章\实战284.jpg
▶素材位置：光盘\素材\第13章\实战284.jpg
▶视频位置：光盘\视频\第13章\实战284.mp4

• 实例介绍 •

填充指的是在被编辑的图像文件中，可以对整体或局部使用单色、多色或复杂的图案进行覆盖，Photoshop中的“填充”命令功能非常强大。

• 操作步骤 •

STEP 01 单击“文件”|“打开”命令，打开一幅素材图像，如图13-9所示。

STEP 02 选取“魔棒工具”，在图像编辑窗口中创建一个选区，如图13-10所示。

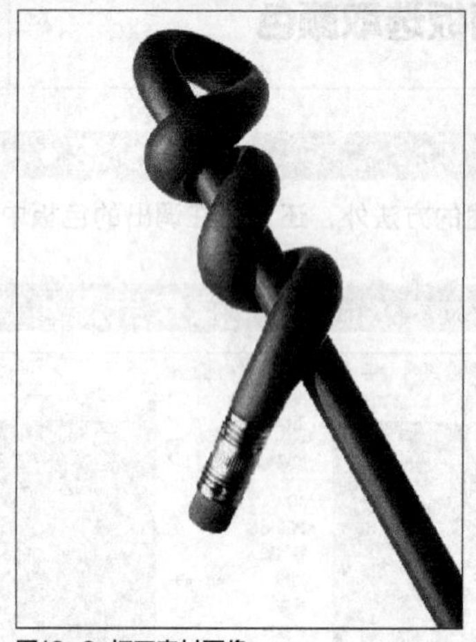

图13-9 打开素材图像

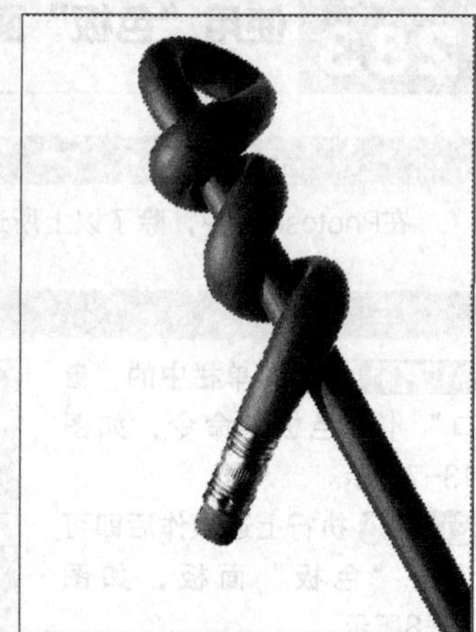

图13-10 创建一个选区

STEP 03 单击背景色色块，弹出“拾色器（背景色）”对话框，在其中设置颜色为淡黄色（RGB参数值分别为253、246、142），如图13-11所示。

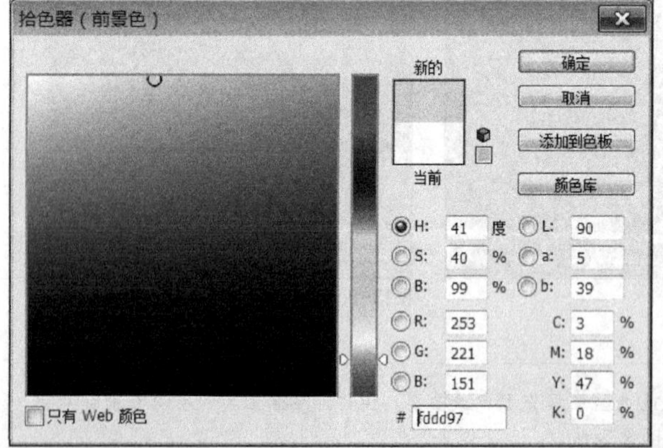

图13-11 设置参数值

STEP 04 单击“确定”按钮，单击“编辑”|“填充”命令，弹出“填充”对话框，设置“使用”为“背景色”，如图13-12所示。

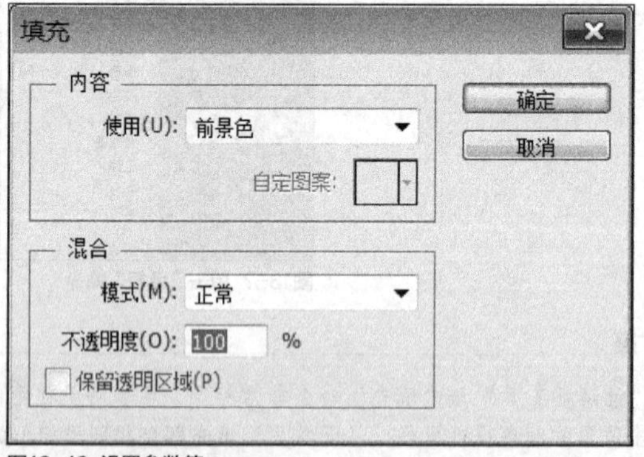

图13-12 设置参数值

STEP 05 单击“确定”按钮，即可运用“填充”命令填充颜色，并取消选区，如图13-13所示。

知识扩展

单击“编辑”|“填充”命令，弹出“填充”对话框，下面介绍“填充”对话框的选项。

➤ 使用：在该列表框中可以选择9种不同的填充类型，其中包括前景色、背景色、自定义颜色、黑色、白色、灰色、图案、内容识别和历史记录。

➢ 模式/不透明度：该选项的参数与画笔工具属性栏中的参数意义相同。

➢ 自定图案：在“使用”列表框中选择“图案”选项后，该下拉列表将被激活，单击其图案缩览图，在弹出的“自定图案”面板中可以选择一个用于填充的图案。

➢ 保留透明区域：如果当前填充的图层中含有透明区域，选择该选项后，则只填充含有像素的区域。

专家提醒

通常情况下，在运用该命令进行填充操作前，需要创建一个合适的选区，若当前图像中不存在选区，则填充效果将作用于整幅图像内，此外该命令对“背景”图层无效。

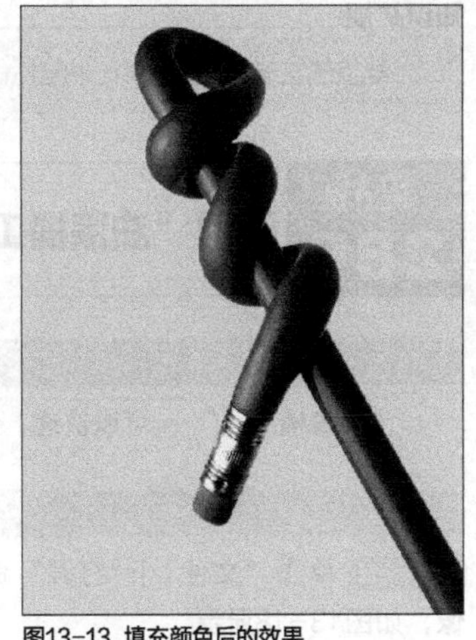

图13-13 填充颜色后的效果

实战 285 快捷菜单选项填充颜色

▶ **实例位置**：光盘\实例\第13章\实战285.jpg
▶ **素材位置**：光盘\素材\第13章\实战285.jpg
▶ **视频位置**：光盘\视频\第13章\实战285.mp4

• 实例介绍 •

用户在编辑图像时，需要对当前图层或创建的选区填充颜色时，可以使用快捷菜单完成操作。

• 操作步骤 •

STEP 01 单击“文件”|“打开”命令，打开一幅素材图像，如图13-14所示。

STEP 02 选取“魔棒工具”，在图像编辑窗口中创建一个选区，如图13-15所示。

图13-14 打开素材图像

图13-15 创建选区

STEP 03 单击背景色色块，弹出“拾色器（背景色）”对话框，在其中设置颜色为浅蓝色（RGB参数值分别为204、228、254），如图13-16所示。

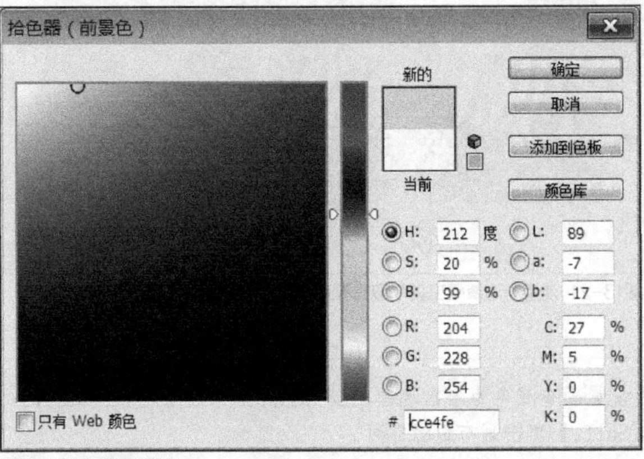

图13-16 设置参数值

STEP 04 单击“确定”按钮，点击【Ctrl+Delete】组合键，填充前景色，并取消选区，如图13-17所示。

图13-17 取消选区

知识扩展

建立选区后，点击【Alt+Delete】组合键，填充前景色，点击【Ctrl+Delete】组合键，填充背景色。

实战286 运用“油漆桶工具”填充颜色

▶实例位置：光盘\实例\第13章\实战286.jpg
▶素材位置：光盘\素材\第13章\实战286.jpg
▶视频位置：光盘\视频\第13章\实战286.mp4

• 实例介绍 •

“油漆桶工具”可以快速、便捷地为图像填充颜色，填充的颜色以前景色为准。

• 操作步骤 •

STEP 01 单击“文件”|“打开”命令，打开一幅素材图像，如图13-18所示。

图13-18 打开素材图像

STEP 02 选取“魔棒工具”，在图像编辑窗口中创建一个选区，如图13-19所示。

图13-19 创建一个选区

STEP 03 单击工具箱下方的“设置前景色”色块，弹出“拾色器（前景色）”对话框，设置RGB为9、111、219，如图13-20所示。

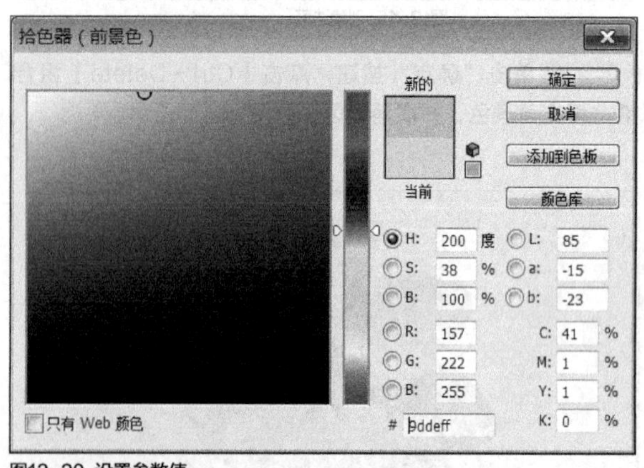

图13-20 设置参数值

STEP 04 单击“确定”按钮，即可更改前景色，选取工具箱中的“油漆桶工具”，在选区中单击鼠标左键，即可填充颜色，如图13-21所示。

图13-21 使用”油漆桶工具“填充颜色后的效果

专家提醒

选择“油漆桶工具”并按住【Shift】键单击画布边缘，即可设置画布底色为当前选择的前景色。如果还要还原到默认的颜色，设置前景色为25%灰度（R=192、G=192、B=192）再次按住【Shift】单击画布边缘即可。

专家提醒

"油漆桶工具"与"填充"命令非常相似，主要用于在图像或选区中填充颜色或图案，但"油漆桶工具"在填充前会对鼠标单击位置的颜色进行取样，从而常用于填充颜色相同或相似的图像区域。

实战 287 运用吸管工具填充颜色

▶实例位置：光盘\实例\第13章\实战287.jpg
▶素材位置：光盘\素材\第13章\实战287.jpg
▶视频位置：光盘\视频\第13章\实战287.mp4

• 实例介绍 •

用户在Photoshop中处理图像时，经常需要从图像中获取颜色，例如需要修补图像中的某个区域的颜色，通常要从该区域附近找出相近的颜色，然后再用该颜色处理需要修补的区域，此时就需要用到"吸管工具"。

• 操作步骤 •

STEP 01 单击"文件"|"打开"命令，打开一幅素材图像，如图13-22所示。

图13-22 打开素材图像

STEP 02 选取"吸管工具"，将鼠标指针移至紫色手镯上，单击鼠标左键，即可吸取颜色，如图13-23所示。

图13-23 选取颜色

STEP 03 选取"魔棒工具"，在素材图像背景图像区域单击鼠标左键，创建选区，如图13-24所示。

图13-24 创建选区

STEP 04 按【Alt+Delete】组合键，填充前景色，并取消选区，如图13-25所示。

图13-25 取消选区

专家提醒

除了可以运用上述方法选取“吸管工具”外，按【I】快捷键也可以选取“吸管工具”。

实战288 运用渐变工具填充渐变色

▶ **实例位置**：光盘\实例\第13章\实战288.jpg、实战288.Psd
▶ **素材位置**：光盘\素材\第13章\实战288.Psd
▶ **视频位置**：光盘\视频\第13章\实战288.mp4

• 实例介绍 •

运用“渐变工具”■可以对所选定的图像进行多种颜色的混合填充，从而增强图像的视觉效果。

• 操作步骤 •

STEP 01 单击“文件”|“打开”命令，打开一幅素材图像，如图13-26所示。

STEP 02 设置前景色为蓝色（RGB为102、153、255），背景色为白色，如图13-27所示。

图13-26 打开素材图像

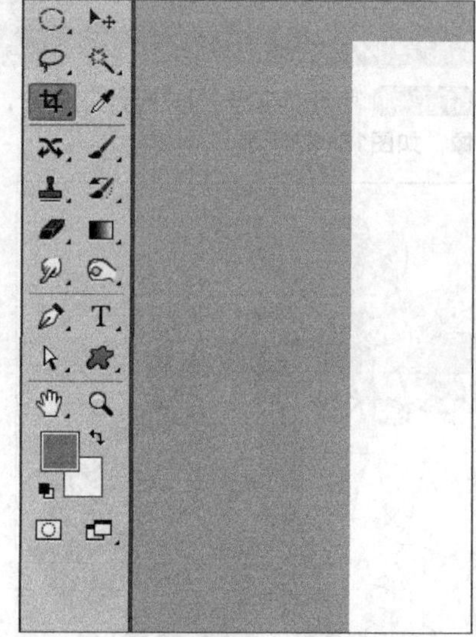

图13-27 设置颜色值

STEP 03 选取工具箱中的“渐变工具”■，如图13-28所示。

STEP 04 在工具属性栏中，单击“点按可编辑渐变”色块，如图13-29所示。

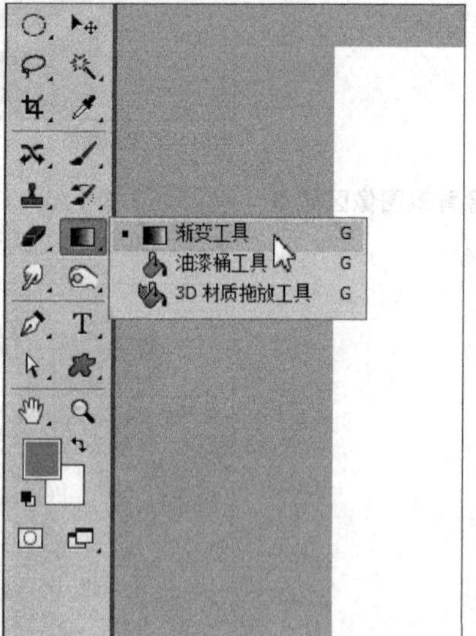

图13-28 选取“渐变工具”

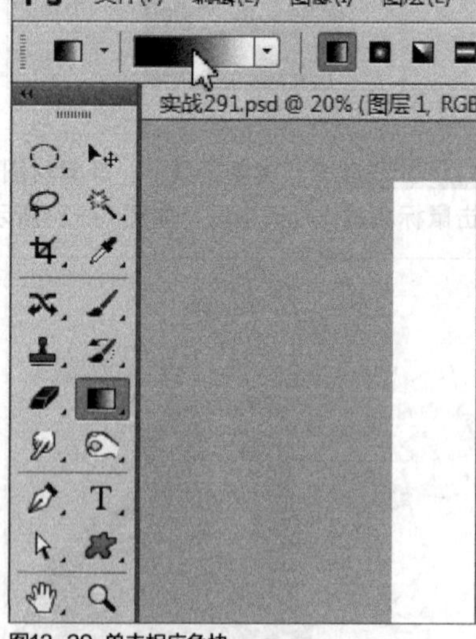

图13-29 单击相应色块

专家提醒

运用渐变工具，可以对所选定的图像进行多种颜色的混合填充，从而增强图像的视觉效果。渐变编辑器中的“位置”文本框中显示标记点在渐变效果预览条的位置，用户可以输入数字来改变颜色标记点的位置，也可以直接拖曳渐变颜色带下端的颜色标记点。单击【Delete】键可将此颜色标记点删除。

STEP 05 弹出“渐变编辑器”对话框，设置“预设”为“前景色到背景色”，如图13-30所示。

STEP 06 单击“确定”按钮，选择“背景”图层，将鼠标指针移至图像窗口中的合适位置，拖曳鼠标，即可为图像填充渐变颜色，效果如图13-31所示。

图13-30 设置参数值

图13-31 填充渐变色效果

知识拓展

在渐变工具属性栏中，渐变工具提供了以下5种渐变方式。

- 线性渐变：从起点到终点作直线形状的渐变，如图13-32所示。
- 径向渐变：从中心开始作圆形放射状渐变，如图13-33所示。

图13-32 线性渐变

图13-33 径向渐变

- 角度渐变：从中心开始作逆时针方向的角度渐变，如图13-34所示。
- 对称渐变：从中心开始作对称直线形状的渐变，如图13-35所示。
- 菱形渐变：从中心开始作菱形渐变，如图13-36所示。

图13-34 角度渐变

图13-35 对称渐变

图13-36 菱形渐变

知识扩展

在"渐变编辑器"对话框的"预设"选项区中，前两个渐变色块是系统根据前景色和背景色自动设置的，若用户对当前的渐变色不满意，也可以在该对话框中，通过渐变滑块对渐变色进行调整。

13.3 填充图案

简单地说，填充操作可以分为无限制和有限制两种情况，前者就是在当前无任何选区或路径的情况下执行的填充操作，此时将对整体图像进行填充，而后者则是通过设置适当的选区或路径来限制填充的范围。

实战289 使用"填充"命令填充图案

▶实例位置：光盘\实例\第13章\实战289. jpg、实战289. Psd
▶素材位置：光盘\素材\第13章\实战289. jpg
▶视频位置：光盘\视频\第13章\实战289. mp4

• 实例介绍 •

运用"填充"命令不但可以填充颜色，还可以填充相应的图案，除了运用软件自带的图案外，用户还可以用选区定义一个图像，并设置"填充"对话框中各选项进行图案的填充。

• 操作步骤 •

STEP 01 单击"文件"|"打开"命令，打开一幅素材图像，如图13-37所示。

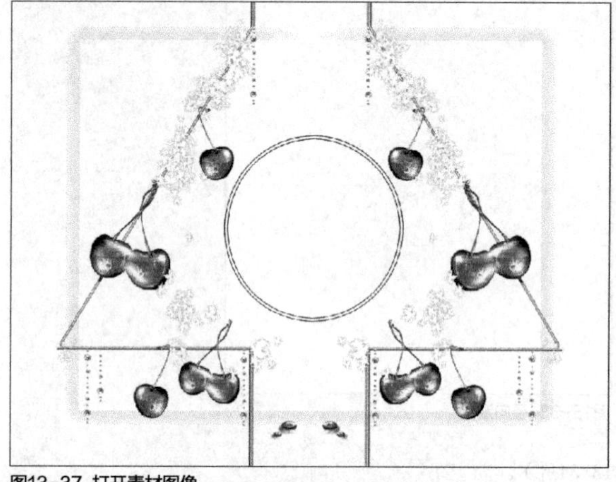

图13-37 打开素材图像

STEP 02 选取矩形选框工具，在图像窗口中创建一个选区，如图13-38所示。

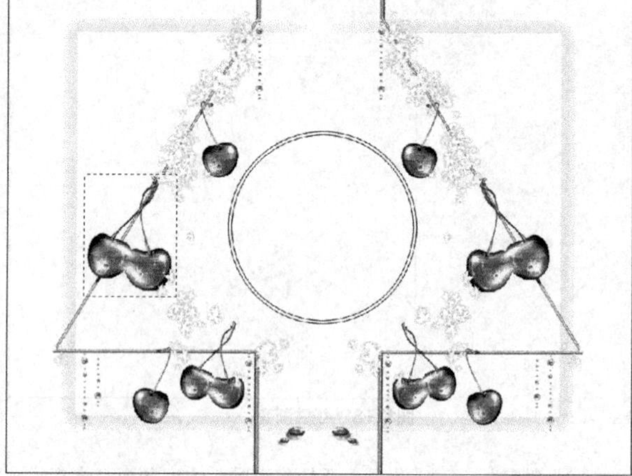

图13-38 创建选区

STEP 03 单击"编辑"|"定义图案"命令，弹出"图案名称"对话框，在"名称"文本框中输入"樱桃"，如图13-39所示，单击"确定"按钮，并取消选区。

STEP 04 选取工具箱中的"魔棒工具"，移动鼠标至图像中的合适位置，创建选区，如图13-40所示。

图13-39 输入名称

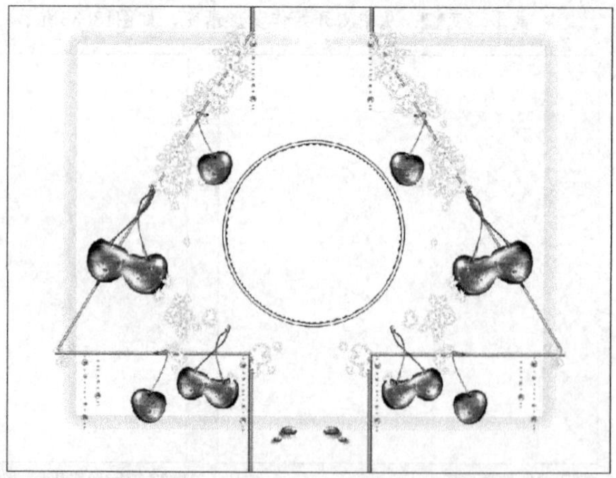

图13-40 创建选区

STEP 05 单击“编辑”|“填充”命令，弹出“填充”对话框，在“使用”列表框中选择“图案”选项，如图13-41所示。

STEP 06 激活“自定图案”选项，单击其右侧的下拉按钮，展开“图案”拾色器，选择“花”选项，如图13-42所示。

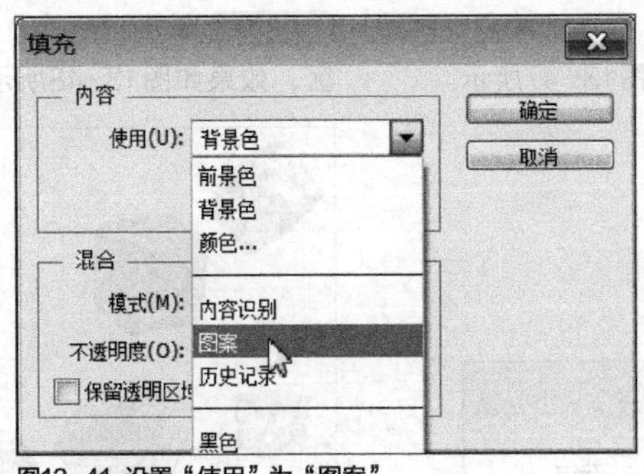

图13-41 设置“使用”为“图案”

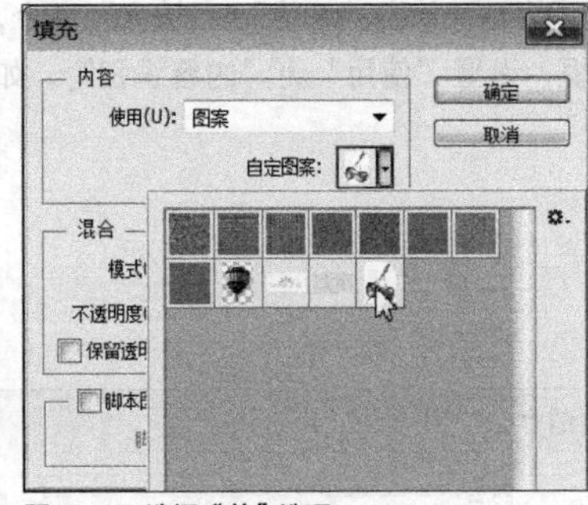

图13-42 选择“花”选项

STEP 07 单击“确定”按钮，即可填充图案，如图13-43所示。

STEP 08 按【Ctrl+D】组合键，取消选区，如图13-44所示。

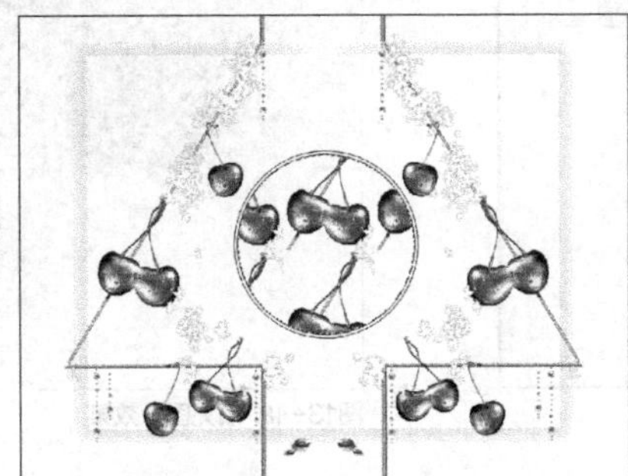
图13-43 填充图案

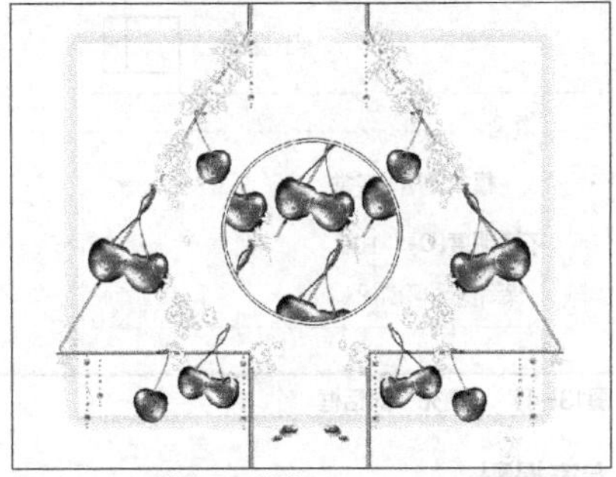
图13-44 取消选区后的效果

专家提醒

除了可以运用上述方法填充图案外，按【Shift+F5】组合键也可以弹出“填充”对话框，通过相应设置即可对图像进行图案填充。

实战290 运用“填充”命令修复图像

▶实例位置：光盘\实例\第13章\实战290.jpg
▶素材位置：光盘\素材\第13章\实战290.jpg
▶视频位置：光盘\视频\第13章\实战290.mp4

• 实例介绍 •

“填充”对话框中的“内容识别”选项，可以将内容自动填补。运用此功能可以删除相片中某个区域（例如不想要的物体），遗留的空白区域由Photoshop自动填补，即使是复杂的背景也同样可以识别填充。此功能也适用于填补相片四角的空白。

• 操作步骤 •

STEP 01 单击“文件”|“打开”命令，打开一幅素材图像，如图13-45所示。

STEP 02 选取套索工具，在图像编辑窗口中创建选区，如图13-46所示。

图13-45 打开素材图像

图13-46 创建选区

STEP 03 单击“编辑”|“填充”命令，弹出“填充”对话框，设置“使用”为“内容识别”，如图13-47所示。

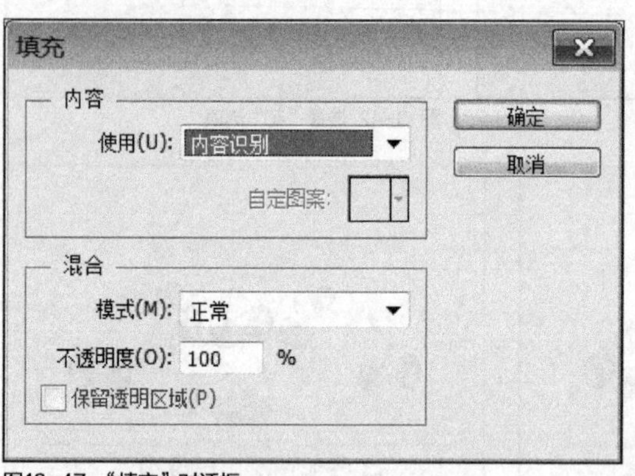

图13-47 “填充”对话框

STEP 04 单击“确定”按钮，即可填充图像，并取消选区，效果如图13-48所示。

图13-48 填充图像效果

专家提醒

利用Photoshop“填充”对话框中的“内容识别”功能，可以让电脑自动完成大部分工作。如果对图像要求比较低，到此就可以收手了。如果对细节不满意，只需要再用“仿制图章工具”对图像进行细致处理即可。

实战291 使用“油漆桶工具”填充图案

▶实例位置：光盘\实例\第13章\实战291.jpg
▶素材位置：光盘\素材\第13章\实战291.jpg
▶视频位置：光盘\视频\第13章\实战291.mp4

• 实例介绍 •

在Photoshop中，可以使用“油漆桶工具”填充颜色，也可以填充图案。

• 操作步骤 •

STEP 01 单击“文件”|“打开”命令，打开两幅素材图像，如图13-49所示。

图13-49 打开素材图像

STEP 02 切换至“实战291-2”素材图像编辑窗口中，选取“矩形选框工具”，在编辑窗口中的合适位置进行框选，建立选区，如图13-50所示。

STEP 03 单击“编辑”|“定义图案”命令，弹出“图案名称”对话框，在“名称”文本框中输入“叮当”，如图13-51所示，单击“确定”按钮，并取消选区。

图13-50　建立选区

图13-51　输入“叮当”

STEP 04 切换至“实战291-1”素材图像编辑窗口中，选取“魔棒工具”，设置“容差”为30%，移动鼠标至合适位置单击，建立选区，选取“套多工具”，圈选无法选中的部分，如图13-52所示。

STEP 05 选取“油漆桶工具”，在工具属性栏中，设置填充模式为“图案”，单击“点按可打开‘图案’拾色器”按钮，在弹出的列表框中选择“叮当”选项，如图13-53所示。

图13-52　建立选区

图13-53　选择“叮当”选项

STEP 06 设置背景色为白色，按【Ctrl + Delete】组合键填充前景色，如图13-54所示。

STEP 07 移动鼠标至白色选区，单击鼠标左键，填充图案，并取消选区，如图13-55所示。

图13-54　填充前景色

图13-55　取消选区

第14章

色彩基本调整

本章导读

Photoshop拥有多种强大的颜色调整功能，使用“曲线”“色阶“等命令可以轻松调整图像的色相、饱和度、对比度和亮度，修正有色彩平衡、曝光不足或过度等缺陷的图像。本章主要向用户介绍基本色彩的基本调整以及图像色调的高级调整的操作方法。

要点索引

- 查看图像的颜色分布
- 转换图像颜色模式
- 识别色域范围外的颜色
- 图像色彩基本调整
- 图像色调高级调整

14.1 查看图像的颜色分布

色彩与色调调整在整个图像的编辑过程中非常重要，一幅劣质图像或扫描品质很差的彩色图像如果不经过颜色调整，很难将其转换为一幅精美的图像，而且很难纠正在照片中常出现的曝光过度和光线不足的问题。在开始进行颜色校正之前，或者对图像做出编辑之后，都应分析图像的色阶状态和色阶的分布，以决定需要编辑的区域。

实战 292 调出“信息”面板

- ▶实例位置：无
- ▶素材位置：光盘\素材\第14章\实战292.jpg
- ▶视频位置：光盘\视频\第14章\实战292.mp4

• 实例介绍 •

“信息”面板在没有进行任何操作时，会显示光标所处位置的颜色值、文档的状态、当前工具的使用提示等信息。如果执行了操作，面板中就会显示与当前操作有关的各种信息。

• 操作步骤 •

STEP 01 打开一张素材图像，单击“窗口”|“信息”命令，如图14-1所示，或按【F8】键。

STEP 02 弹出“信息”面板，如图14-2所示。

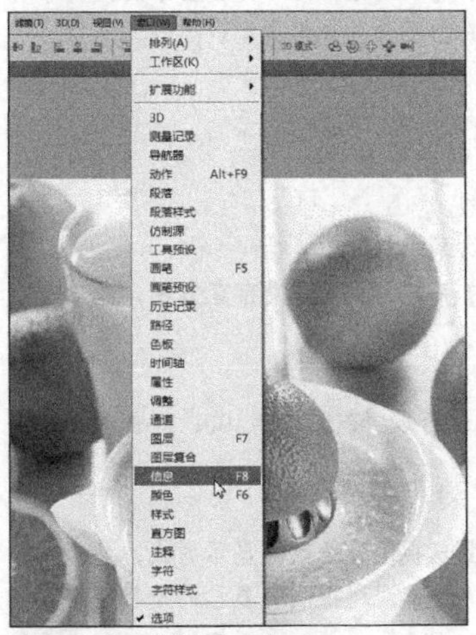

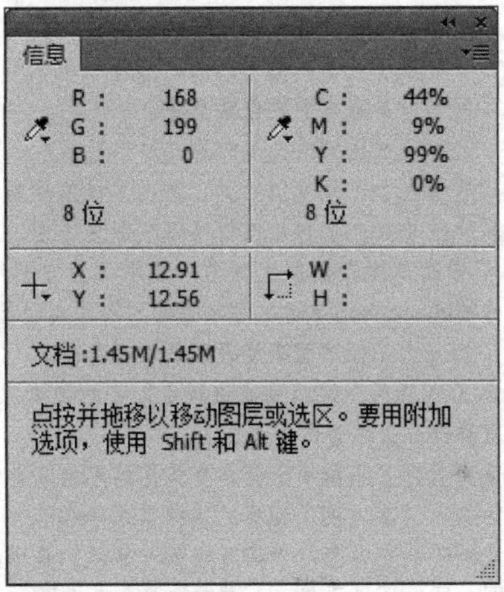

图14-1 单击“信息”命令

图14-2 “信息”面板

知识扩展

“信息”面板中各选项的含义如下。

➢ 第一颜色信息：在该选项的下拉列表中可以设置“信息”面板中第一个吸管显示的颜色信息。选择“实际颜色”选项，可以显示图像当前颜色模式下的值；选择“校样颜色”选项可以显示图像的输出颜色空间的值；选择“灰度”“RGB颜色”“CMYK颜色”等颜色模式，可以显示相应颜色模式下的颜色值；选择“油墨总量”选项，可以显示指针当前位置的所有CMYK油墨的总百分比；选择“不透明度”选项，可以显示当前图层的不透明度，该选项不适用于背景。

➢ 状态信息：用来设置“信息”面板中“状态信息”处的显示内容。

➢ 第二颜色信息：用来设置“信息”面板中第二个吸管显示的颜色信息。

➢ 鼠标坐标：用来设置鼠标光标位置的测量单位。

实战 293 调出“直方图”面板

- ▶实例位置：无
- ▶素材位置：无
- ▶视频位置：光盘\视频\第14章\实战293.mp4

• 实例介绍 •

直方图是一种统计图形，它由来已久，在图像领域的应用非常广泛。Photoshop的“直方图”面板用图像表示了图像的每个亮度级别的像素数量，展现了像素在图像中的分布情况。通过观察直方图，可以判断出照片的阴影、中间调和高光中包含的细节是否充足，以便对其做出正确的调整。

• 操作步骤 •

STEP 01 在菜单栏中，单击“窗口”|“直方图”命令，如图14-3所示。

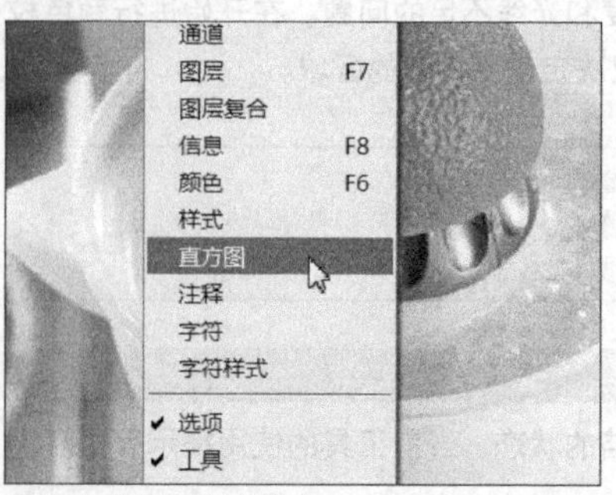

图14-3 单击“直方图”命令

STEP 02 执行上述操作后即可弹出“直方图”面板，单击右侧的下拉菜单按钮，即可弹出快捷菜单，如图14-4所示。

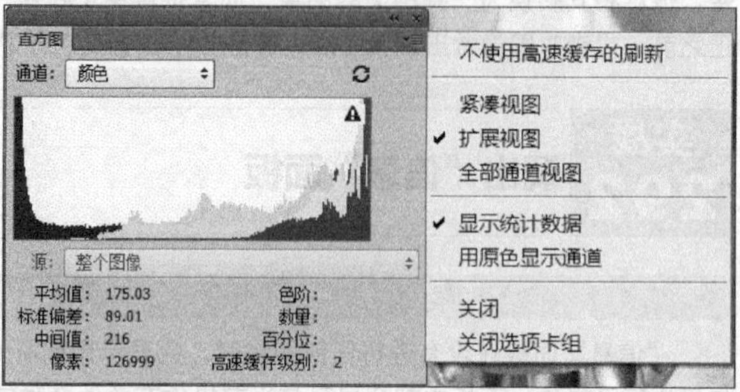

图14-4 “直方图”面板

知识扩展

“直方图”面板中各选项的含义如下。

➢ 通道：在列表框中选择一个通道（包括颜色通道、Alpha通道和专色通道）以后，面板中会显示该通道的直方图；选择“明度”选项，则可以显示复合通道的亮度或强度值；选择“颜色”选项，可以显示颜色中单个颜色通道的复合直方图。

➢ 平均值：显示了像素的平均亮度值（0～255的平均亮度）。通过观察该值，可以判断出图像的色调类型。

➢ 中间值：显示了亮度值范围内的中间值，图像的色调越亮，它的中间值越高。

➢ 像素：显示了用于计算直方图的像素总数。

➢ 色阶：显示了光标下面区域的亮度级别。

➢ 标准偏差：该数值显示了亮度值的变化范围，该值越高，说明图像的亮度变化越剧烈。

➢ 不使用高速缓存的刷新：单击该按钮可以刷新直方图，显示当前状态下最新的统计结果。

➢ 点按可获得不带高速缓存数据直方图：使用“直方图”面板时，Photoshop会在内存中运行高速缓存直方图，也就是说，最新的直方图是被Photoshop存储在内存中的，而非实时显示在“直方图”面板中。

➢ 数量：显示了相当于光标下面亮度级别的像素总数。

➢ 百分位：显示了光标所指的级别或该级别以下的像素累计数。如果对全部色阶范围进行取样，该值为100；对部分色阶取样时，显示的是取样部分占总量的百分比。

➢ 高速缓存级别：显示了当前用于创建直方图的图像高速缓存的级别。

➢ 面板的显示方式：“直方图”面板的快捷菜单中包含切换面板显示方式的命令。“紧凑视图”是默认显示方式，它显示的是不带统计数据或控件的直方图；“扩展视图”显示的是带统计数据和控件的直方图；“全部通道视图”显示的是带有统计数据和控件的直方图，同时还显示每一个通道的单个直方图。

14.2 转换图像颜色模式

Photoshop可以支持多种图像颜色模式，在设计与输出作品的过程中，应当根据其用途与要求，转换图像的颜色模式。

实战294 转换图像为位图模式

▶实例位置：光盘\实例\第14章\实战294.jpg、实战294.psd
▶素材位置：光盘\素材\第14章\实战294.jpg
▶视频位置：光盘\视频\第14章\实战294.mp4

• 实例介绍 •

位图模式下的图像由黑、白两色组成，没有中间层次，又叫黑白图像。彩色图像转换为该模式后，色相和饱和度信息都会被删除，只保留亮度信息。

• 操作步骤 •

STEP 01 单击“文件”|“打开”命令，打开一幅素材图像，如图14-5所示。

STEP 02 单击“图像”|“模式”|“位图”命令，如图14-6所示。

图14-5 打开素材图像

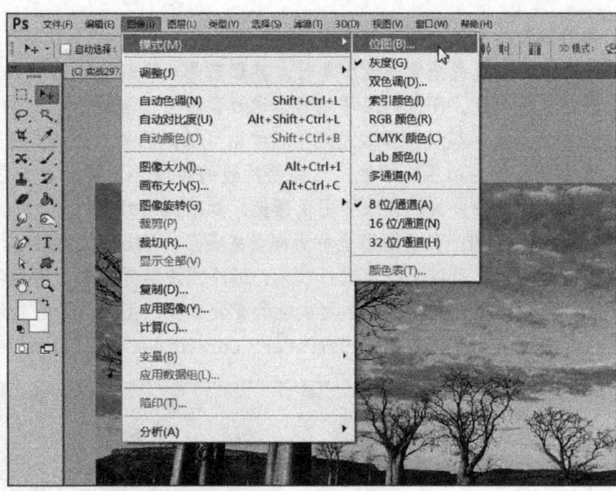

图14-6 单击“位图”命令

知识扩展

单击“图像”|“模式”|“位图”命令，即可弹出“位图”对话框，如图14-7所示。

➢ 输出：在此文本框中输入数值可以设置黑白图像的分辨率。如果要精细控制打印效果，可以提高分辨率数值。通常情况下，输出值是输入值的200%～250%。

➢ 图案仿色：使用一些随机的黑白像素点来抖动图像。

➢ 扩散仿色：通过使用从图像左上角开始的误差扩散过程来转换图像，由于转换过程中的误差原因，会产生颗粒状的纹理。

➢ 自定图案：可以选择图案列表中的图案作为转换后的纹理效果。

➢ 50%阈值：以50%为界限，将图像中大于50%的所有像素全部变成黑色，小于50%的所有像素全部变成白色。

➢ 半调网屏：产生一种半色调网版印刷的效果。

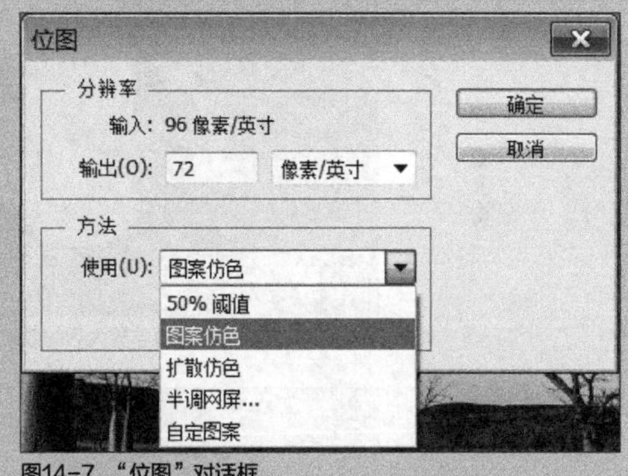

图14-7 “位图”对话框

STEP 03 弹出“位图”对话框，设置“使用”为“图案仿色”，如图14-8所示。

图14-8 “位图”对话框

STEP 04 单击“确定”按钮，即可转换图像为位图模式，如图14-9所示。

图14-9 转换图像为位图模式

专家提醒

只有灰度模式和通道图像才能转换为位图模式。

知识扩展

在计算机领域中，图形图像分为2种类型，即位图图像和矢量图形。这两种类型的图形图像都有各自的特点。

➢ 位图：位图又称为点阵图，是由许多点组成的，这些点称为像素（pixel）。当许多不同颜色的点（即像素）组合在一起后，便构成了一幅完整的图像。

像素是组成图像的最小单位，其形态是一个有颜色的小方点。图像是由以行和列的方式进行排列的像素组合而成，像素越高，文件越大，图像的品质越好。通过位图可以表达出色彩丰富、过渡自然的图像效果，使用数码相机所拍摄的照片和使用扫描仪的图像也都以位图形式保存。位图可以记录每一点的数据信息，因而可以精确地制作出色彩和色调变化丰富的图像，可以逼真地表现自然界的景象，达到照片般的品质。但是，由于它所包含的图像像素数目是一定的，因此将图像放大到一定程度后，图像就会失真，边缘会出现锯齿，如图14-10所示。

➤ 矢量图：矢量图形也称为向量式图形，它用数学的矢量方式来记录图像内容，以线条和色块为主，这类对象的线条非常光滑、流畅，可以无限地进行放大、缩小或旋转等操作，并且不会失真，如图14-11所示。

矢量图不宜制作色调丰富或色彩变化太多的图形，而且绘制出来的图形无法像位图那样精确地描绘各种绚丽的景象。

典型的矢量软件有Illustrator、CorelDraw、FreeHand、AutoCAD等。

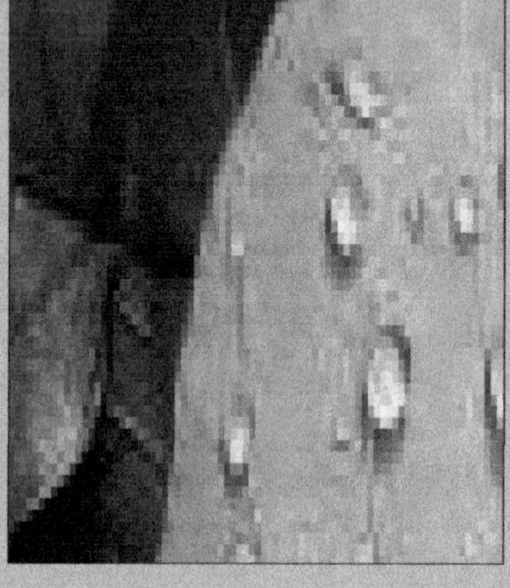

图14-10 位图的原效果与放大后的效果

图14-11 矢量图的原效果与放大后的效果

实战295 转换图像为RGB模式

▶ 实例位置：光盘\实例\第14章\实战295.jpg
▶ 素材位置：光盘\素材\第14章\实战295.Psd
▶ 视频位置：光盘\视频\第14章\实战295.mp4

• 实例介绍 •

RGB颜色模式是目前应用最广泛的颜色模式之一，该模式由3个颜色通道组成，即红、绿、蓝3个通道。用RGB模式处理图像比较方便，且文件较小。

• 操作步骤 •

STEP 01 单击“文件”|“打开”命令，打开一幅素材图像，如图14-12所示。

STEP 02 单击“图像”|“模式”|“RGB颜色”命令，转换图像为RGB颜色模式，效果如图14-13所示。

图14-12 打开素材图像

图14-13 图像转换成RGB模式

知识扩展

RGB模式是Photoshop默认的颜色模式，是图形图像设计中最常用的色彩模式。它代表了可视光线的3种基本色，即红、绿、蓝，也被称为“光学三原色”，每一种颜色存在着256个等级的强度变化。当三原色重叠时，不同的混色比例和强度会产生其他的间色，三原色相加会产生白色，如图14-14所示。

RGB模式在屏幕表现下色彩丰富，所有滤镜都可以使用，各软件之间文件兼容性高，但在印刷输出时，偏色情况较重。

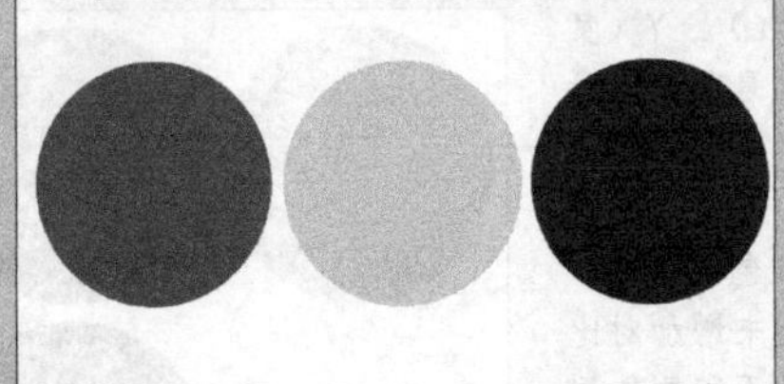

图14-14 三原色

实战296 转换图像为CMYK模式

▶实例位置：光盘\实例\第14章\实战296.jpg
▶素材位置：光盘\素材\第14章\实战296.jpg
▶视频位置：光盘\视频\第14章\实战296.mp4

• 实例介绍 •

CMYK代表印刷图像时所用的印刷四色，分别是青、洋红、黄、黑，CMYK颜色模式是打印机唯一认可的彩色模式。CMYK模式虽然能免除色彩方便的不足，但是运算速度很慢，这是因为Photoshop必须将CMYK转变成屏幕的RGB色彩值。

• 操作步骤 •

STEP 01 单击“文件”|“打开”命令，打开一幅素材图像，如图14-15所示。

图14-15 打开素材图像

STEP 02 单击“图像”|“模式”|“CMYK颜色”命令，如图14-16所示。

图14-16 单击“CMYK颜色”命令

STEP 03 弹出信息提示框，单击“确定”按钮，如图14-17所示。

图14-17 单击“确定”按钮

STEP 04 执行操作后，即可转换图像为CMYK模式，如图14-18所示。

图14-18 转换图像为CMYK模式

专家提醒

一幅彩色图像不能多次在RGB与CMYK模式之间转换，因为每一次转换都会损失一次图像颜色质量。

CMYK模式即由C（青色）、M（洋红）、Y（黄色）、K（黑色）合成颜色的模式，这是印刷上最常使用的颜色模式，由这4种油墨合成可生成千变万化的颜色，因此被称为四色印刷。

由青色、洋红、黄色叠加即生成红色、绿色、蓝色及黑色，如图14-19所示。黑色用来增加对比度，以补偿CMY产生黑度不足之用。由于印刷使用的油墨都包含一些杂质，单纯由CMY这3种油墨混合不能产生真正的黑色，因此需要加一种黑色。

CMYK模式是一种减色模式，每一种颜色所占有的百分比范围为0%～100%，百分比越大，颜色越深。

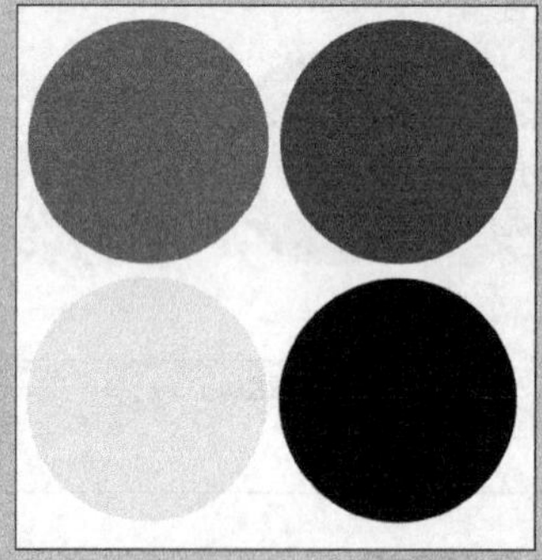

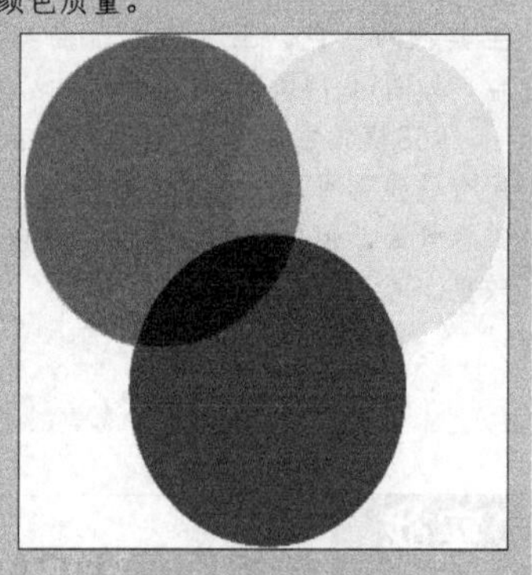

图14-19 四色印刷

实战297 转换图像为灰度模式

▶实例位置：光盘\实例\第14章\实战297.jpg
▶素材位置：光盘\素材\第14章\实战297.jpg
▶视频位置：光盘\视频\第14章\实战297.mp4

• 实例介绍 •

灰度模式的图像不包含颜色，彩色图像转换为该模式后，色彩信息都会被删除。灰度图像的每个像素有一个0（黑色）~255（白色）的亮度值。

• 操作步骤 •

STEP 01 单击“文件”|“打开”命令，打开一幅素材图像，如图14-20所示。

图14-20 打开素材图像

STEP 02 单击“图像”|“模式”|“灰度”命令，如图14-21所示。

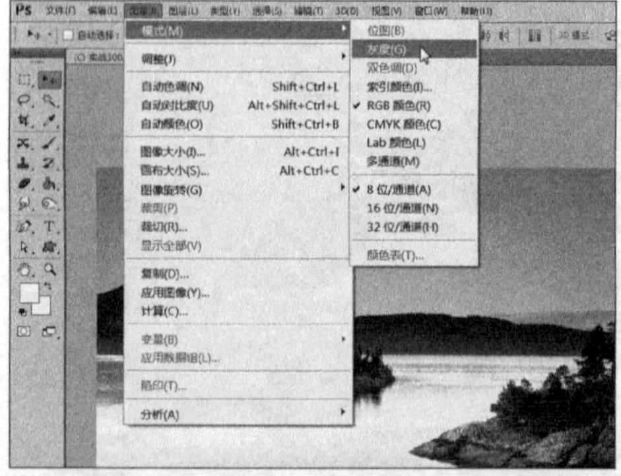

图14-21 单击“灰度”命令

专家提醒

将彩色图像转换为灰度模式时，所有的颜色信息都将被删除。虽然Photoshop允许将灰度模式的图像再转换为彩色模式，但是原来已删除的颜色信息不能再恢复。

STEP 03 弹出信息提示框，单击“扔掉”按钮，如图14-22所示。

图14-22 单击“扔掉”按钮

STEP 04 执行操作后，即可转换图像为灰度模式，如图14-23所示。

图14-23 转换图像为灰度模式

知识扩展

灰度模式可以将图片转变成黑白相片的效果，如图14-24所示，它是图像处理中被广泛运用的模式，采用256级不同浓度的灰度来描述图像，每一个像素都有0～255范围的亮度值。

图14-24 以灰度模式显示图像

实战 298 转换图像为双色调模式

▶ 实例位置：光盘\实例\第14章\实战298.psd
▶ 素材位置：光盘\素材\第14章\实战298.jpg
▶ 视频位置：光盘\视频\第14章\实战298.mp4

• 实例介绍 •

双色调模式通过1～4种自定油墨创建单色调、双色调、三色调和四色调的灰度图像。如果希望将彩色图像模式转换为双色调模式，则必须先将图像转换为灰度模式，再转换为双色调模式。

• 操作步骤 •

STEP 01 单击“文件”|“打开”命令，打开一幅素材图像，如图14-25所示。

图14-25 打开素材图像

STEP 02 单击“图像”|“模式”|“双色调”命令，如图14-26所示。

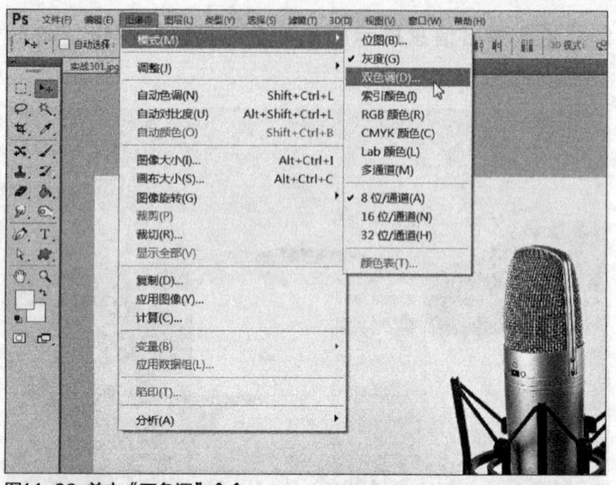

图14-26 单击“双色调”命令

STEP 03 弹出“双色调选项”对话框，在对话框中单击“类型”右侧的下拉按钮，并在弹出的列表框中选择“三色调”选项，如图14-27所示。

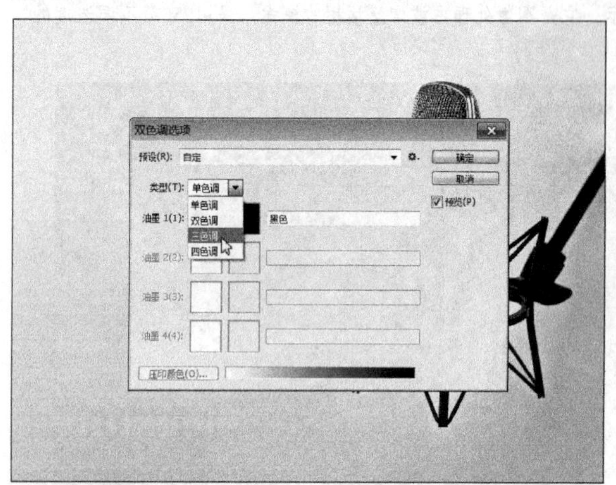

图14-27 选择“三色调”选项

STEP 04 调整3个颜色色块的名称，并设置“油墨1”的RGB分别为225、79、79；“油墨2”的RGB分别为111、192、181；“油墨3”的RGB分别为126、236、105，如图14-28所示。

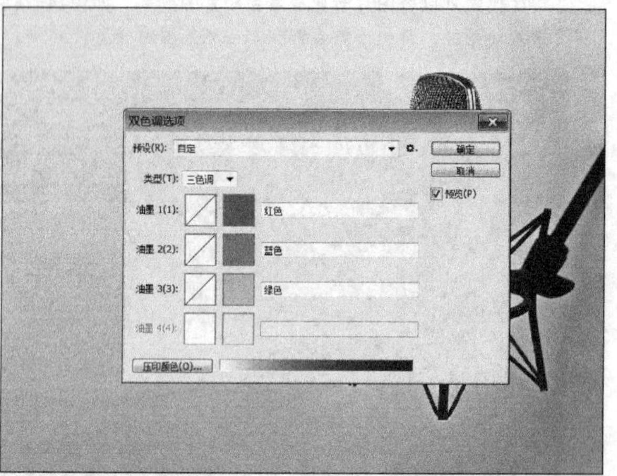

图14-28 设置参数值

STEP 05 单击“确定”按钮，即可转换图像为双色调模式，如图14-29所示。

图14-29 转换图像为双色调模式

知识扩展

“双色调选项”中对话框各选项的含义如下。

➢ 类型：可以选择要使用的色调模式，如单色调、双色调、三色调和四色调。

➢ 预设：可以选择一个预设的调整文件。

➢ 编辑油墨颜色：单击左侧的图表可以打开“双色调曲线”对话框，调整曲线可以改变油墨的百分比。单击右侧的颜色块，打开“颜色库”对话框选择油墨颜色。

➢ 压印颜色：单击该按钮可以看到每种颜色混合后的效果。

实战 299 转换图像为多通道模式

▶ **实例位置**：无
▶ **素材位置**：光盘\素材\第14章\实战299.jpg
▶ **视频位置**：光盘\视频\第14章\实战299.mp4

● 实例介绍 ●

多通道模式对于有特殊打印要求的图像非常有用。使用多通道模式可以减少印刷成本并保证图像颜色的正确输出。

● 操作步骤 ●

STEP 01 单击“文件”|“打开”命令，打开一幅素材图像，如图14-30所示。

图14-30 打开素材图像

STEP 02 单击“图像”|“模式”|“多通道”命令，如图14-31所示。

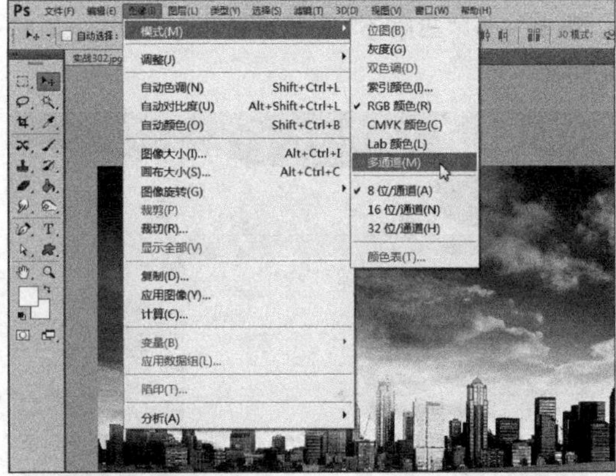

图14-31 单击“多通道”命令

STEP 03 执行上述操作后，即可转换为多通道模式，效果如图14-32所示。

图14-32 转换为多通道模式

实战 300 转换图像为索引模式

▶ **实例位置**：光盘\实例\第14章\实战300.jpg
▶ **素材位置**：光盘\素材\第14章\实战300.jpg
▶ **视频位置**：光盘\视频\第14章\实战300.mp4

● 实例介绍 ●

索引模式使用最多256种颜色，当转换为索引颜色时，Photoshop将构建一个颜色查找表，用来存放并索引图像中的颜色。

• 操作步骤 •

STEP 01 单击“文件”|“打开”命令，打开一幅素材图像，如图14-33所示。

图14-33 打开素材图像

STEP 02 单击“图像”|“模式”|“索引颜色”命令，如图14-34所示。

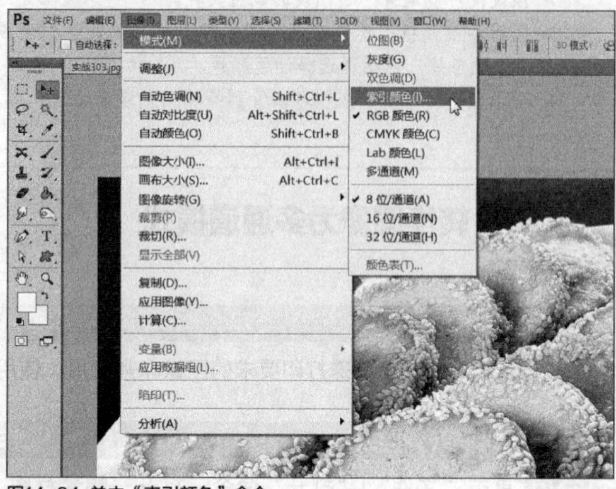

图14-34 单击“索引颜色”命令

STEP 03 弹出“索引颜色”对话框，设置“颜色”为100、“强制”为“三原色”、“数量”为100%，如图14-35所示。

图14-35 “索引颜色”对话框

STEP 04 单击“确定”按钮，转换图像为索引模式，如图14-36所示。

图14-36 转换图像为索引模式

知识扩展

“索引颜色”对话框中各选项的含义如下。

- 调板/颜色：可以选择转换为索引颜色后使用的调板类型，可以输入“颜色”值指定要显示的实际颜色数量。
- 强制：可以选择将某些颜色强制包括在颜色表的选项中。
- 杂边：指定用于填充与图像的透明区域相邻的消除锯齿边缘的背景色。
- 仿色/数量：在“仿色”列表框中可以选择是否使用仿色。在“数量”文本框中输入的值越高，所仿颜色越多。

实战301 转换图像为Lab模式

- **实例位置：** 无
- **素材位置：** 光盘\素材\第14章\实战301.jpg
- **视频位置：** 光盘\视频\第14章\实战301.mp4

• 实例介绍 •

Lab颜色模式的色域最广，是唯一不依赖于设备的颜色模式。Lab颜色模式由3个通道组成，一个通道是亮度（L），另外两个是色彩通道，用a和b来表示。a通道包括的颜色是从深绿色到灰色再到红色；b通道则是从亮蓝色到灰色再到黄色。因此，这种色彩混合后将产生明亮的色彩。

• 操作步骤 •

STEP 01 单击“文件”|“打开”命令，打开一幅素材图像，如图14-37所示。

图14-37 打开素材图像

STEP 02 单击“图像”|“模式”|“Lab颜色”命令即可将图像的颜色模式转换为Lab颜色模式，效果如图14-38所示。

图14-38 图像转换成Lab模式

实战 302 转换图像为位深度模式

▶实例位置：无
▶素材位置：光盘\素材\第14章\实战302.jpg
▶视频位置：光盘\视频\第14章\实战302.mp4

• 实例介绍 •

位深度也称为像素深度或色深度，即多少位/像素，它是显示器、数码相机、扫描仪等使用的术语。Photoshop使用位深度来存储文件中每个颜色通道的颜色信息。存储的位越多，图像中包含的颜色和色调差就越大。

• 操作步骤 •

STEP 01 单击“文件”|“打开”命令，打开一幅素材图像，如图14-39所示。

图14-39 打开素材图像

STEP 02 单击“图像”|“模式”下拉菜单中的“8位/通道”“16位/通道”或“32位/通道”命令，改变图像的位深度，如图14-40所示。

图14-40 下拉菜单

知识扩展

位深度命令的含义如下。

➢ 8位/通道：位深度为8位，每个通道可支持256种颜色，图像可以有1600万个以上的颜色值。

➢ 16位/通道：位深度为16位，每个通道可以包含高达65000种颜色信息。无论是通过扫描得到的16位/通道文件，还是数码相机拍摄到的16位/通道的Raw文件，都包含了比8位/通道文件更多的颜色信息，因此色彩渐变更加平滑、色调更加丰富。

➢ 32位/通道：32位/通道的图像也称为高动态范围（HDR）图像，文件的颜色和色调更胜于16位/通道文件。目前，HDR图像主要用于影片、特殊效果、3D作品及某些高端图片。

14.3 识别色域范围外的颜色

获得一张好的扫描图像是所有工作的良好开端，Photoshop虽然可以对有缺陷的图像进行修饰，但如果扫描的图像没有获得足够的颜色信息，那么过度的色彩调整会导致更多的细节丢失，所以尽量在扫描时获得高质量的图像。并且在扫描前识别并控制色域范围也是非常重要的。

实战303 预览RGB颜色模式里的CMYK颜色

▶实例位置：光盘\实例\第14章\实战303.jpg
▶素材位置：光盘\素材\第14章\实战303.jpg
▶视频位置：光盘\视频\第14章\实战303.mp4

• 实例介绍 •

在Photoshop中，运用“校样颜色”命令，可以不用将图像转换为CMYK颜色模式就可看到转换后的效果。

• 操作步骤 •

STEP 01 单击“文件”|“打开”命令，打开一幅素材图像，如图14-41所示。

STEP 02 单击“视图”|“校样颜色”命令，即可预览RGB颜色模式里的CMYK颜色，如图14-42所示。

图14-41 打开素材图像

图14-42 预览RGB颜色模式里的CMYK颜色

专家提醒

大多数扫描的照片在CMYK色域里都包含了RGB颜色，将图像转换为CMYK颜色模式时会轻微地改变这些颜色。在准备要用印刷色打印图像时，应使用CMYK颜色模式。

实战304 识别图像色域外的颜色

▶实例位置：光盘\实例\第14章\实战304.jpg
▶素材位置：光盘\素材\第14章\实战304.jpg
▶视频位置：光盘\视频\第14章\实战304.mp4

• 实例介绍 •

色域范围是指颜色系统可以显示或打印的颜色范围。用户可以在将图像转换为CMYK模式之前，识别图像中的溢色并手动进行校正，使用“色域警告”命令即可高亮显示溢色。

• 操作步骤 •

STEP 01 单击“文件”|“打开”命令，打开一幅素材图像，如图14-43所示。

STEP 02 单击“视图”|“色域警告”命令，即可识别图像色域外的颜色，如图14-44所示。

图14-43 打开素材图像

图14-44 预览RGB颜色模式里的CMYK颜色

14.4 图像色彩基本调整

图像色彩的基本调整有很多种常用方法，本节主要向用户介绍“曝光度”命令、“色阶”命令、“曲线”命令、“亮度/对比度”命令、“自动色调”命令、“自动颜色”命令以及“自动对比度”命令调整图像色彩的操作方法。

实战 305 使用“亮度/对比度”命令

▶实例位置：光盘\实例\第14章\实战305.jpg
▶素材位置：光盘\素材\第14章\实战305.jpg
▶视频位置：光盘\视频\第14章\实战305.mp4

• 实例介绍 •

“亮度/对比度”命令主要对图像每个像素的亮度或对比度进行调整，此调整方式方便、快捷，但不适用于较为复杂的图像。

• 操作步骤 •

STEP 01 按【Ctrl+O】组合键，打开一幅素材图像，如图14-45所示。

图14-45 打开素材图像

STEP 02 单击“图像”|“调整”|“亮度/对比度”命令，如图14-46所示。

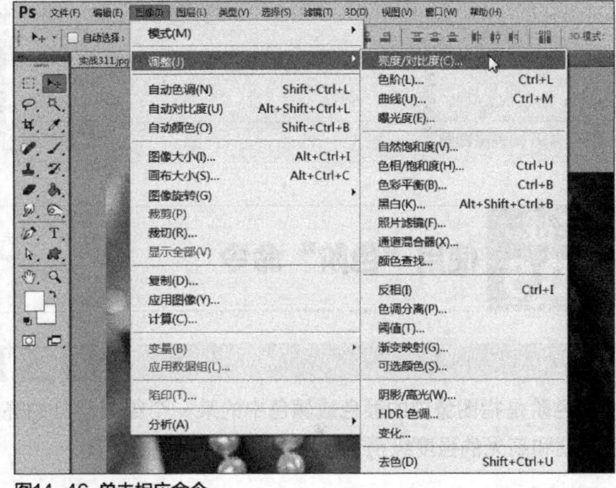

图14-46 单击相应命令

STEP 03 弹出“亮度/对比度”对话框，设置相应参数，如图14-47所示。

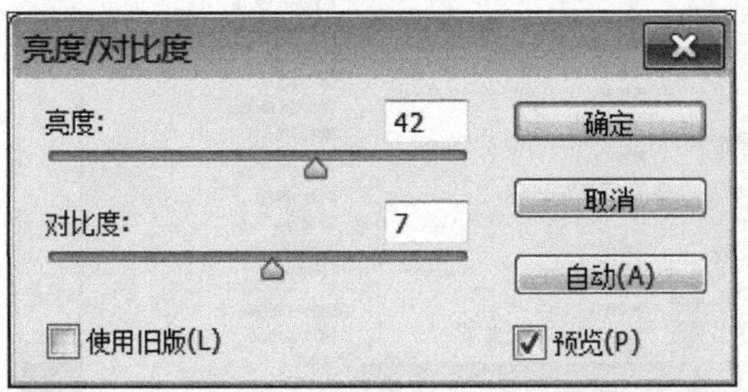

图14-47 “亮度/对比度”对话框

STEP 04 单击“确定”按钮，即可运用“亮度/对比度”命令调整图像色彩，效果如图14-48所示。

图14-48 调整图像色彩

知识扩展

使用“亮度/对比度”命令可以对图像的色调范围进行简单的调整，其与“曲线”和“色阶”命令不同，它对图像中的每个像素均进行同样的调整，而对单个通道不起作用，建议不要用于高端输出，以免引起图像中细节的丢失。

知识扩展

“亮度/对比度”对话框中各选项含义如下。

- ➢ 亮度：用于调整图像的亮度。该值为正时增加图像亮度，为负时降低亮度。
- ➢ 对比度：用于调整图像的对比度。正值时增加图像对比度，负值时降低对比度。

亮度（Value，简写为V，又称为明度）是指颜色的明暗程度，通常使用从0%~100%的百分比来度量。通常在正常强度的光线照射下的色相被定义为标准色相，亮度高于标准色相的，称为该色相的高光；反之，称为该色相的阴影。

不同亮度的颜色给人的视觉感受各不相同，高亮度颜色给人以明亮、纯净、唯美等感觉，如图14-49所示；中亮度颜色给人以朴素、稳重、亲和的感觉；低亮度颜色则让人感觉压抑、沉重、神秘、如图14-50所示。

图14-49 高亮度图像

图14-50 低亮度图像

实战306 使用“色阶”命令

▶**实例位置：** 光盘\实例\第14章\实战306.jpg
▶**素材位置：** 光盘\素材\第14章\实战306.jpg
▶**视频位置：** 光盘\视频\第14章\实战306.mp4

• 实例介绍 •

色阶是指图像中的颜色或颜色中的某一个组成部分的亮度范围，用户可以利用“色阶”命令通过调整图像的阴影、中间调和高光的强度级别，校正色调范围和色彩平衡。

• 操作步骤 •

STEP 01 按【Ctrl+O】组合键，打开一幅素材图像，如图14-51所示。

图14-51 打开素材图像

STEP 02 单击“图像”|“调整”|“色阶”命令，如图14-52所示。

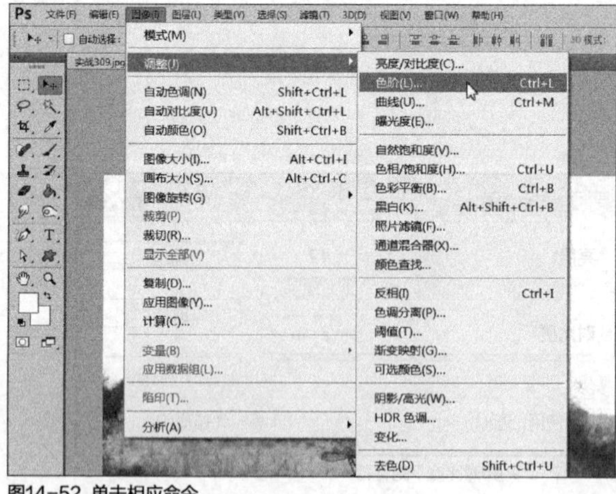

图14-52 单击相应命令

知识扩展

除了运用上述方法弹出“色阶”对话框，还可以按【Ctrl+L】组合键。

STEP 03 弹出“色阶”对话框，在其中设置各参数，如图14-53所示。

STEP 04 单击“确定”按钮，即可使用“色阶”命令调整图像亮度，如图14-54所示。

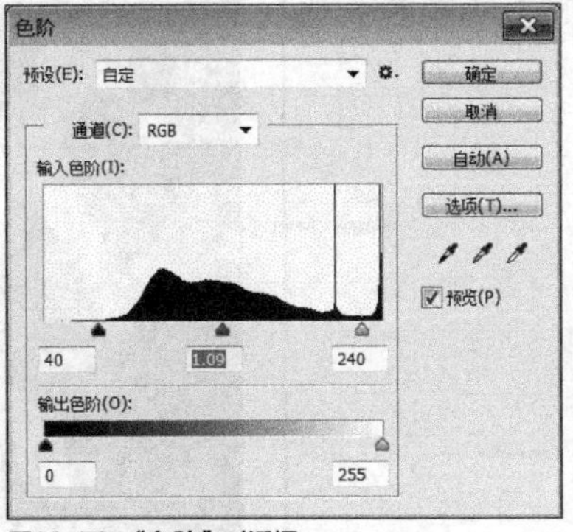

图14-53 “色阶”对话框

图14-54 调整图像亮度

知识扩展

“色阶”对话框中各选项含义如下。

- 预设：单击“预设选项”按钮 ，在弹出的列表框中，选择“存储预设”选项，可以将当前的调整参数保存为一个预设的文件。
- 通道：可以选择一个通道进行调整，调整通道会影响图像的颜色。
- 自动：单击该按钮，可以应用自动颜色校正，Photoshop会以0.5%的比例自动调整图像色阶，使图像的亮度分布更加均匀。
- 选项：单击该按钮，可以打开“自动颜色校正选项”对话框，在该对话框中可以设置黑色像素和白色像素的比例。
- 在图像中取样以设置白场：使用该工具在图像中单击，可以将单击点的像素调整为白色，原图中比该点亮度值高的像素也都会变为白色。
- 输入色阶：用来调整图像的阴影、中间调和高光区域。
- 在图像中取样以设置灰场：使用该工具在图像中单击，可以根据单击点像素的亮度来调整其他中间色调的平均亮度，通常用来校正色偏。
- 在图像中取样以设置黑场：使用该工具在图像中单击，可以将单击点的像素调整为黑色，原图中比该点暗的像素也变为黑色。
- 输出色阶：可以限制图像的亮度范围，从而降低对比度，使图像呈现褪色效果。

实战 307 使用“曲线”命令

- 实例位置：光盘\实例\第14章\实战307.jpg
- 素材位置：光盘\素材\第14章\实战307.jpg
- 视频位置：光盘\视频\第14章\实战307.mp4

• 实例介绍 •

运用“曲线”命令可以通过调节曲线的方式调整图像的高亮色调、中间调和暗色调，其优点是可以只调整选定色调范围内的图像而不影响其他色调。

• 操作步骤 •

STEP 01 按【Ctrl+O】组合键，打开一幅素材图像，如图14-55所示。

STEP 02 单击“图像”|“调整”|“曲线”命令，弹出“曲线”对话框，如图14-56所示。

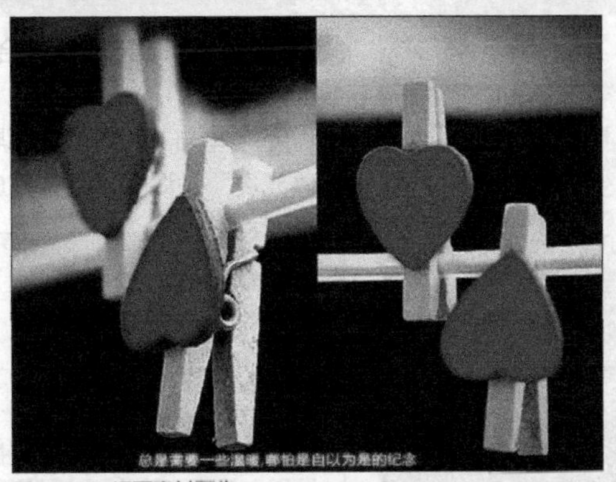

图14-55 打开素材图像

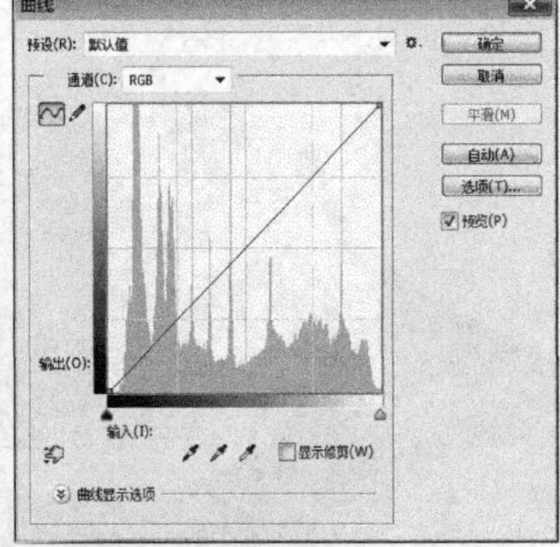

图14-56 “曲线”对话框

知识扩展

除了运用上述方法弹出“曲线”对话框，还可以按【Ctrl+M】组合键。

STEP 03 单击“通道”右侧的下三角按钮，在弹出的列表框中选择“红”选项，并设置相应参数，如图14-57所示。

STEP 04 单击“确定”按钮，即可运用“曲线”命令调整图像的整体色调，效果如图14-58所示。

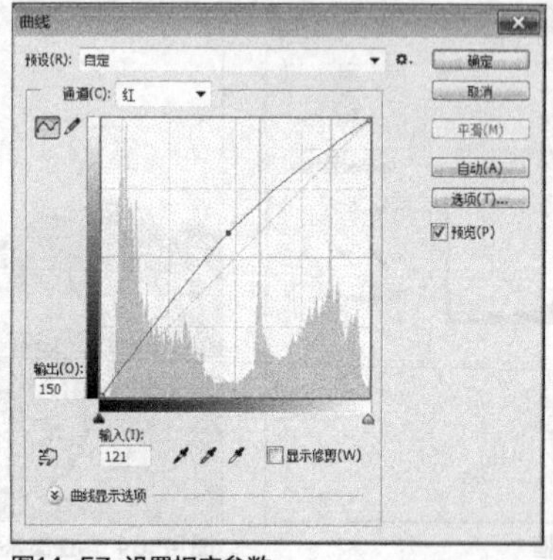

图14-57 设置相应参数

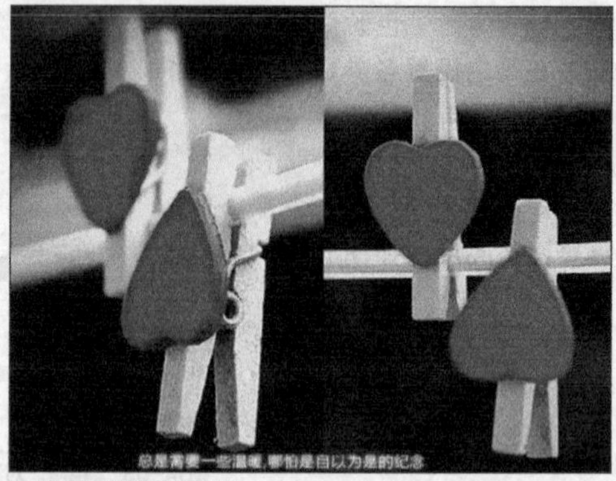

图14-58 调整整体色调

知识扩展

“曲线”对话框中各选项含义如下。

- 预设：包含了Photoshop提供的各种预设调整文件，可以用于调整图像。
- 通道：在其列表框中可以选择要调整的通道，调整通道会改变图像的颜色。
- 编辑点以修改曲线：该按钮为选中状态，此时在曲线中单击可以添加新的控制点，拖动控制点改变曲线形状即可调整图像。
- 通过绘制来修改曲线：单击该按钮后，可以绘制手绘效果的自由曲线。
- 输出/输入：“输入”色阶显示了调整前的像素值，“输出”色阶显示了调整后的像素值。
- 在图像上单击并拖动可以修改曲线：单击该按钮后，将光标放在图像上，曲线上会出现一个圆形图形，它代表光标处的色调在曲线上的位置，在画面中单击并拖动鼠标可以添加控制点并调整相应的色调。
- 平滑：使用铅笔绘制曲线后，单击该按钮，可以对曲线进行平滑处理。
- 自动：单击该按钮，可以对图像应用“自动颜色”“自动对比度”或“自动色调”校正。具体校正内容取决于“自动颜色校正选项”对话框中的设置。
- 选项：单击该按钮，可以打开“自动颜色校正选项”对话框。自动颜色校正选项用来控制由“色阶”和“曲线”中的“自动颜色”“自动色调”“自动对比度”和“自动”选项应用的色调和颜色校正。它允许指定“阴影”和“高光”剪切百分比，并为阴影、中间调和高光指定颜色值。

实战308 使用“曲线度”命令

- 实例位置：光盘\实例\第14章\实战308.jpg
- 素材位置：光盘\素材\第14章\实战308.jpg
- 视频位置：光盘\视频\第14章\实战308.mp4

• 实例介绍 •

在照片拍摄过程中，经常会因为曝光过度而导致图像偏白，或因为曝光不足而导致图像偏暗，这时可以使用“曝光度”命令来调整图像的曝光度。

• 操作步骤 •

图14-59 打开素材图像

STEP 01 按【Ctrl+O】组合键，打开一幅素材图像，如图14-59所示。

STEP 02 单击“图像”|“调整”|“曝光度”命令，弹出“曝光度”对话框，设置相应参数，如图14-60所示。

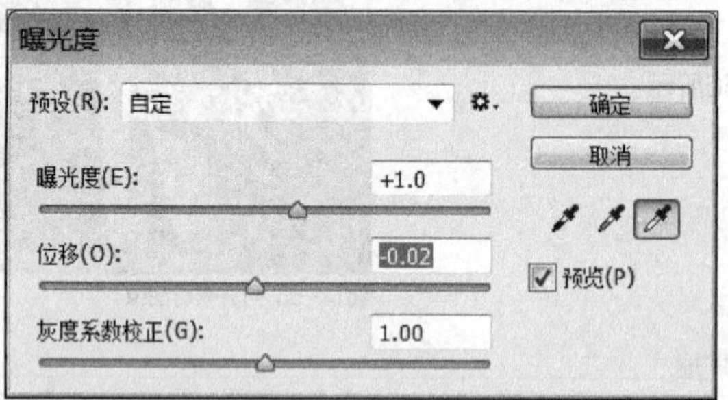

图14-60 “曝光度”对话框

STEP 03 单击“确定”按钮，即可运用“曝光度”命令调整图像色彩，如图14-61所示。

图14-61 调整图像色彩

知识扩展

该对话框中各主要选项的含义如下。

➢ 曝光度：调整色调范围的高光端，对极限阴影的影响很轻微。

➢ 位移：使阴影和中间调变暗，对高光的影响很轻微。

➢ 灰度系数校正：使用简单的乘方函数调整图像灰度系数。负值会被视为它们的相应正值。

实战 309 使用“自动色调”命令

▶ 实例位置：光盘\实例\第14章\实战309.jpg
▶ 素材位置：光盘\素材\第14章\实战309.jpg
▶ 视频位置：光盘\视频\第14章\实战309.mp4

• 实例介绍 •

“自动色调”命令可以将每个颜色通道中最亮和最暗的像素分别设置为白色和黑色，并将中间色调按比例重新分布。

• 操作步骤 •

STEP 01 按【Ctrl+O】组合键，打开一幅素材图像，如图14-62所示。

图14-62 打开素材图像

STEP 02 单击“图像”|“自动色调”命令，如图14-63所示。

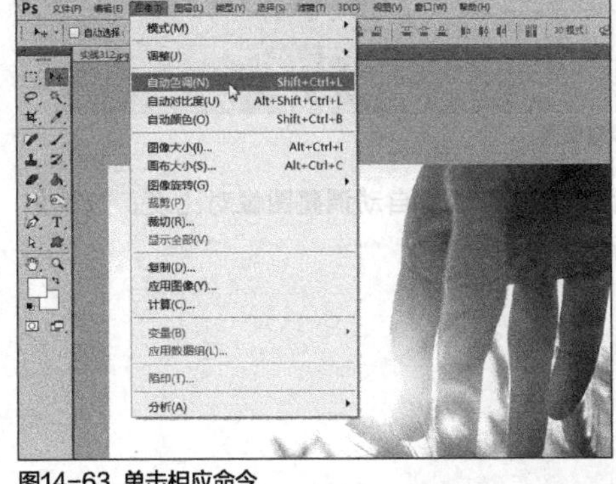

图14-63 单击相应命令

STEP 03 执行操作后，即可自动调整图像色调，效果如图14-64所示。

图14-64 自动调整图像色调

知识扩展

在Photoshop CS6中，系统提供了3个自动校正图像颜色、色调和对比度的命令，即“自动色调”“自动颜色”和“自动对比度”命令。

使用这些命令，不需要设置参数，系统会根据图像的特征自动校正图像的偏色和对比度，特别适合于偏色严重或明显缺乏对比的图像。

知识扩展

除了运用“自动色调”命令调整图像明暗外，用户还可以按【Shift+Ctrl+L】组合键，快速调整图像明暗。

实战310 使用“自动对比度”命令

▶实例位置：光盘\实例\第14章\实战310.jpg
▶素材位置：光盘\素材\第14章\实战310.jpg
▶视频位置：光盘\视频\第14章\实战310.mp4

• 实例介绍 •

“自动对比度”命令可以自动调整图像中颜色的总体对比度和混合颜色，它将图像中最亮和最暗的像素映射为白色和黑色，使高光显得更亮而暗调显得更暗。

• 操作步骤 •

STEP 01 按【Ctrl+O】组合键，打开一幅素材图像，如图14-65所示。

图14-65 打开素材图像

STEP 02 单击“图像”|“自动对比度”命令，如图14-66所示。

图14-66 单击相应命令

STEP 03 执行操作后，即可自动调整图像对比度，效果如图14-67所示。

图14-67 自动调整图像对比度

知识扩展

除了运用“自动对比度”命令调整图像对比度外，用户还可以按【Alt+Shift+Ctrl+L】组合键，快速调整图像对比度。

知识扩展

“自动对比度”命令会自动将图像最深的颜色加强为黑色，最亮的部分加强为白色，以增强图像的对比度，此命令对于连续调的图像效果相当明显，而对于单色或颜色不丰富的图像几乎不产生作用。

相对于“自动色调”命令来讲，“自动对比度”命令不会更改图像的颜色，因此不会造成图像颜色的缺失。

实战311 使用"自动颜色"命令

▶实例位置：光盘\实例\第14章\实战311.jpg
▶素材位置：光盘\素材\第14章\实战311.jpg
▶视频位置：光盘\视频\第14章\实战311.mp4

•实例介绍•

"自动颜色"命令可通过搜索实际图像来标识暗调、中间调和高光区域，并据此调整图像的对比度和颜色。

•操作步骤•

STEP 01 按【Ctrl+O】组合键，打开一幅素材图像，如图14-68所示。

图14-68 打开素材图像

STEP 02 单击"图像"|"自动颜色"命令，如图14-69所示。

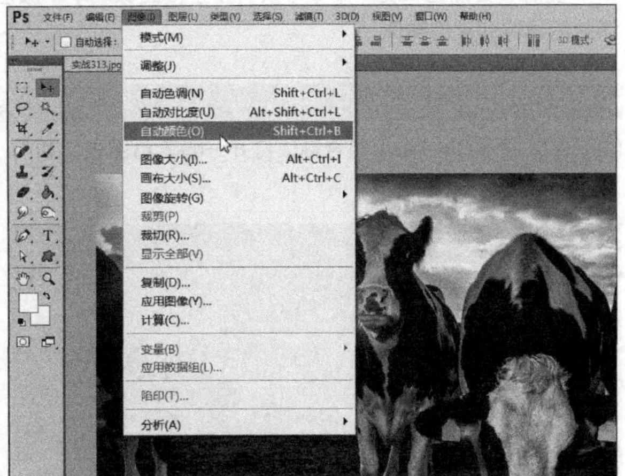

图14-69 单击相应命令

知识扩展

"自动颜色"命令可以让系统自动地对图像进行颜色校正。如果图像中有色偏或者饱和度过高的现象，均可以使用该命令进行自动调整。

除了运用"自动颜色"命令调整图像偏色外，用户还可以按【Ctrl+Shift+B】组合键，快速调整图像偏色，以自动校正颜色。

STEP 03 执行操作后，即可自动调整图像颜色，效果如图14-70所示。

图14-70 自动调整图像颜色

知识扩展

默认情况下，"自动颜色"命令使用RGB参数值分别为128、128、128的灰色目标颜色来中和中间调，并将暗调和高光各像素剪切0.5%。

14.5 图像色调高级调整

图像色调的高级调整可以通过“色彩平衡”“色相/饱和度”“匹配颜色”“替换颜色”等多种命令来进行操作，本节主要向用户介绍使用各种命令调整图像色调的操作方法和技巧。

实战312 使用“自然饱和度”命令

▶实例位置：光盘\实例\第14章\实战312.jpg
▶素材位置：光盘\素材\第14章\实战312.jpg
▶视频位置：光盘\视频\第14章\实战312.mp4

• 实例介绍 •

使用“自然饱和度”命令可以调整整幅图像或单个颜色分量的饱和度和亮度值。本例介绍使用“自然饱和度”命令调整图像饱和度的操作。

• 操作步骤 •

STEP 01 按【Ctrl＋O】组合键，打开一幅素材图像，如图14-71所示。

图14-71 打开素材图像

STEP 02 单击“图像”|“调整”|“自然饱和度”命令，如图14-72所示。

模式(M)
调整(J)
自动色调(N) Shift+Ctrl+L
自动对比度(U) Alt+Shift+Ctrl+L
自动颜色(O) Shift+Ctrl+B
图像大小(I)... Alt+Ctrl+I
画布大小(S)... Alt+Ctrl+C
图像旋转(G)
裁剪(P)
裁切(R)...
显示全部(V)
复制(D)...
应用图像(Y)...
计算(C)...
变量(B)
应用数据组(L)...
陷印(T)...
分析(A)
亮度/对比度(C)...
色阶(L)... Ctrl+L
曲线(U)... Ctrl+M
曝光度(E)...
自然饱和度(V)...
色相/饱和度(H)... Ctrl+U
色彩平衡(B)... Ctrl+B
黑白(K)... Alt+Shift+Ctrl+B
照片滤镜(F)...
通道混合器(X)...
颜色查找...
反相(I) Ctrl+I
色调分离(P)...
阈值(T)...
渐变映射(G)...
可选颜色(S)...
阴影/高光(W)...
HDR 色调...
变化...
去色(D) Shift+Ctrl+U

图14-72 “自然饱和度”对话框

STEP 03 弹出“自然饱和度”对话框，在对话框中，设置相应的参数，如图14-73所示。

STEP 04 单击“确定”按钮，即可调整图像饱和度，如图14-74所示。

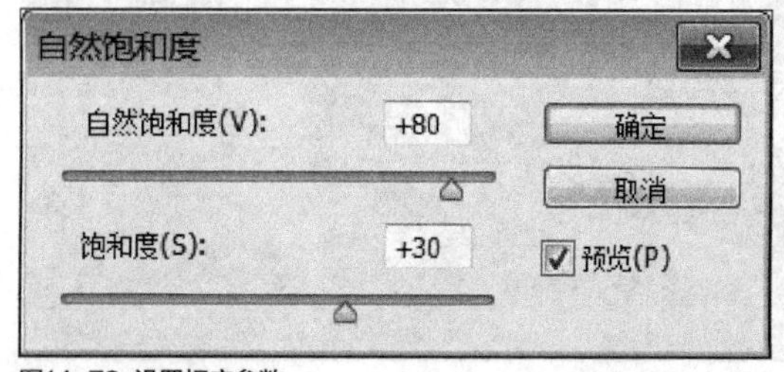

图14-73 设置相应参数

图14-74 调整图像饱和度

知识扩展

在“自然饱和度”对话框中，各主要选项含义如下。

- “自然饱和度”选项：可以在颜色接近最大饱和度时，最大限度地减少修剪。
- “对比度”选项：用于调整所有颜色，而不考虑当前的饱和度。

实战 313 使用“色相/饱和度”命令

▶实例位置：光盘\实例\第14章\实战313.jpg
▶素材位置：光盘\素材\第14章\实战313.jpg
▶视频位置：光盘\视频\第14章\实战313.mp4

• 实例介绍 •

“色相/饱和度”命令可以调整整幅图像或单个颜色分量的色相、饱和度和亮度值，还可以同步调整图像中所有的颜色。

• 操作步骤 •

STEP 01 按【Ctrl+O】组合键，打开一幅素材图像，如图14-75所示。

图14-75 打开素材图像

STEP 02 单击“图像”|“调整”|“色相/饱和度”命令，弹出“色相/饱和度”对话框，单击“预设”右侧的下三角按钮，在弹出的列表框中选择“自定”选项，如图14-76所示。

图14-76 选择“自定”选项

知识扩展

除了运用“色相/饱和度”命令调整图像色相外，用户还可以按【Shift+U】组合键，快速调整图像色相。

STEP 03 在对话框中设置其他参数，如图14-77所示。

图14-77 设置其他参数

STEP 04 单击“确定”按钮，即可调整图像色相，效果如图14-78所示。

图14-78 调整图像色相

知识扩展

单击“图像”|“调整”|“色相/饱和度”命令，弹出“色相/饱和度”对话框中的各选项含义如下。

➢ 预设：在“预设”列表框中提供了8种色相/饱和度预设。

➢ 通道：在“通道”列表框中可以选择全图、红色、黄色、绿色、青色、蓝色和洋红通道，进行色相、饱和度和明度的参数调整。

➤ 着色：选中该复选框后，图像会整体偏向于单一的红色调。

➤ 在图像上单击并拖动可修改饱和度：使用该工具在图像上单击设置取样点以后，向右拖曳鼠标可以增加图像的饱和度；向左拖曳鼠标可以降低图像的饱和度。

实战314 使用“色彩平衡”命令

▶实例位置：光盘\实例\第14章\实战314.jpg
▶素材位置：光盘\素材\第14章\实战314.jpg
▶视频位置：光盘\视频\第14章\实战314.mp4

• 实例介绍 •

“色彩平衡”命令是根据颜色互补的原理，通过添加或减少互补色而达到图像的色彩平衡，或改变图像的整体色调。

• 操作步骤 •

STEP 01 按【Ctrl+O】组合键，打开一幅素材图像，如图14-79所示。

图14-79 打开素材图像

STEP 02 单击“图像”|“调整”|“色彩平衡”命令，弹出“色彩平衡”对话框，设置相应选项，如图14-80所示。

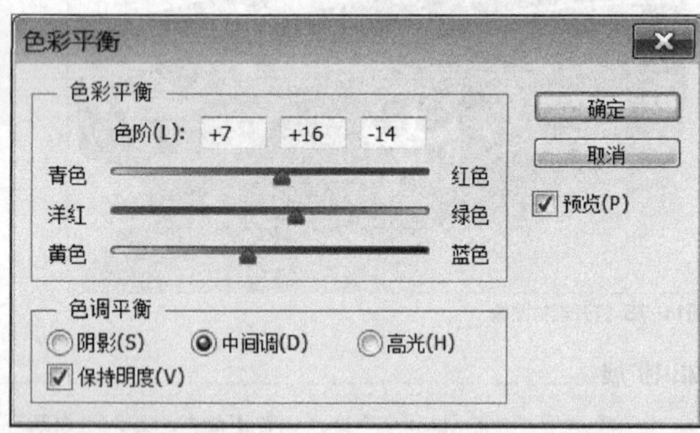

图14-80 “色彩平衡”对话框

STEP 03 单击“确定”按钮，即可调整图像色彩平衡，效果如图14-81所示。

图14-81 调整图像色彩平衡

知识扩展

该对话框中各选项的主要含义如下。

➤ “色彩平衡”选项区：在该选项区中，分别显示了青色和红色、洋红和绿色、黄色和蓝色这3对互补的颜色，每一对中间的滑块用于控制各主要色彩的增减。

➤ “色调平衡”选项区：分别选中该选项区中的3个单选按钮，可以调整图像颜色的最暗处、中间度和最亮度。

➤ “保持亮度”复选框：选中该复选框后，图像像素的亮度值不变，即只有颜色值发生变化。

实战 315 使用“照片滤镜”命令

▶实例位置：光盘\实例\第14章\实战315.jpg
▶素材位置：光盘\素材\第14章\实战315.jpg
▶视频位置：光盘\视频\第14章\实战315.mp4

• 实例介绍 •

使用“照片滤镜”命令可以模仿镜头前加彩色滤镜的效果，以便通过调整镜头传输的色彩平衡和色温，从而使图像产生特定的曝光效果。

• 操作步骤 •

STEP 01 按【Ctrl+O】组合键，打开一幅素材图像，如图14-82所示。

图14-82 打开素材图像

STEP 02 单击“图像”|“调整”|“照片滤镜”命令，弹出“照片滤镜”对话框，如图14-83所示。

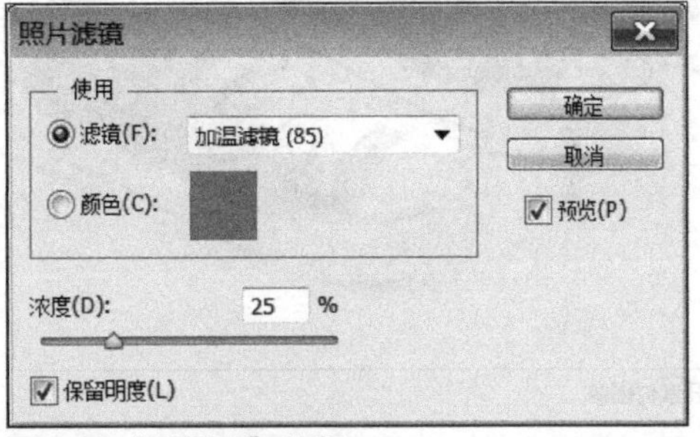

图14-83 “照片滤镜”对话框

STEP 03 在“滤镜”列表框中选择“深祖母绿”选项，设置“浓度”为40%，图14-84所示。

STEP 04 单击“确定”按钮，即可过滤图像色调，效果如图14-85所示。

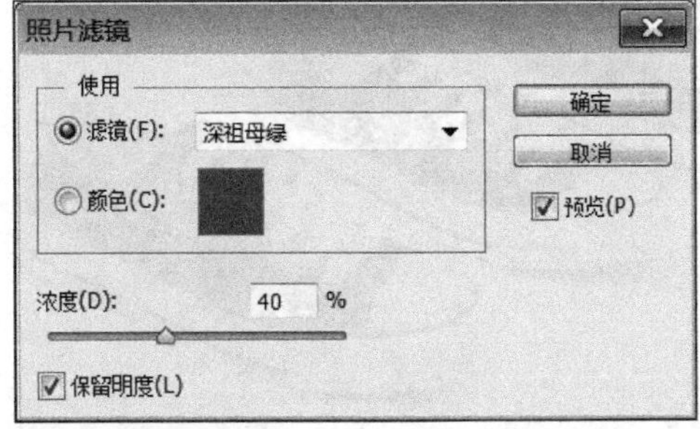

图14-84 设置相应参数

图14-85 过滤色调效果

知识扩展

使用“照片滤镜”命令可以模仿镜头前面加彩色滤镜的效果，以便调整通过镜头传输的色彩平衡和色温。该命令还允许选择预设的颜色，以便为图像应用色相调整。

知识扩展

“照片滤镜”对话框中各选项的含义如下。

- 滤镜：包含20种预设选项，用户可以根据需要选择合适的选项，对图像进行调整。
- 颜色：单击该色块，在弹出的“拾色器”对话框中可以自定义一种颜色作为图像的色调。
- 浓度：用于调整应用于图像的颜色数量。该值越大，应用的颜色调越大。
- 保留明度：选中该复选框，在调整颜色的同时保持原图像的亮度。

实战316 使用“通道混合器”命令

▶实例位置：光盘\实例\第14章\实战316.jpg
▶素材位置：光盘\素材\第14章\实战316.jpg
▶视频位置：光盘\视频\第14章\实战316.mp4

• 实例介绍 •

使用“通道混和器”命令可以用当前颜色通道的混合器修改颜色通道，但在使用该命令前要选择复合通道。

• 操作步骤 •

STEP 01 按【Ctrl+O】组合键，打开一幅素材图像，如图14-86所示。

图14-86 打开素材图像

STEP 02 单击“图像”|“调整”|“通道混合器”命令，弹出“通道混合器”对话框，如图14-87所示。

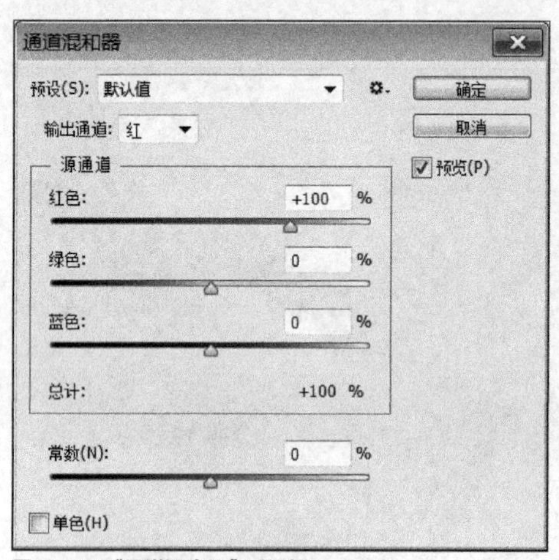

图14-87 “通道混合器”对话框

STEP 03 在该对话框中设置相应参数，如图14-88所示。

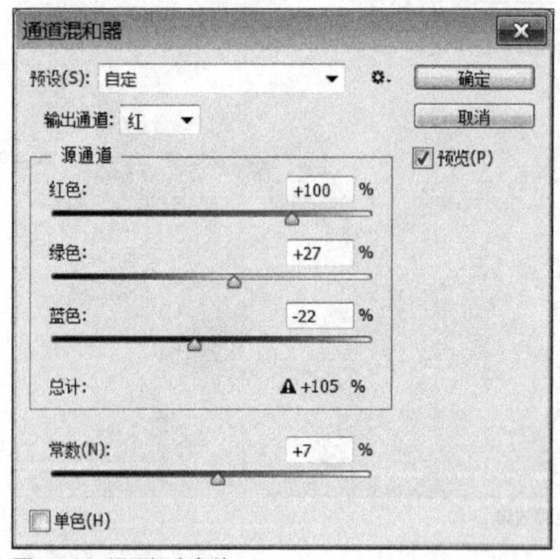

图14-88 设置相应参数

STEP 04 单击“确定”按钮，即可调整图像色彩，效果如图14-89所示。

图14-89 调整图像色彩

知识扩展

“通道混合器”对话框中各参数的含义如下。

- 预设：该列表框中包含了Photoshop提供的预设调整设置文件。
- 输出通道：可以选择要调整的通道。
- 源通道：用来设置输出通道中源通道所占的百分比。
- 总计：显示了通道的总计值。
- 常数：用来调整输出通道的灰度值。
- 单色：选中该复选框，可以将彩色图像转换为黑白效果。

实战 317 使用“阴影/高光”命令

▶ 实例位置：光盘\实例\第14章\实战317.jpg
▶ 素材位置：光盘\素材\第14章\实战317.jpg
▶ 视频位置：光盘\视频\第14章\实战317.mp4

• 实例介绍 •

使用“阴影/高光”命令能快速调整图像曝光过度或曝光不足区域的对比度，同时保持照片色彩的整体平衡。

• 操作步骤 •

STEP 01 按【Ctrl+O】组合键，打开一幅素材图像，如图14-90所示。

图14-90 打开素材图像

STEP 02 单击“图像”|“调整”|“阴影/高光”命令，弹出“阴影/高光”对话框，设置相应参数，如图14-91所示。

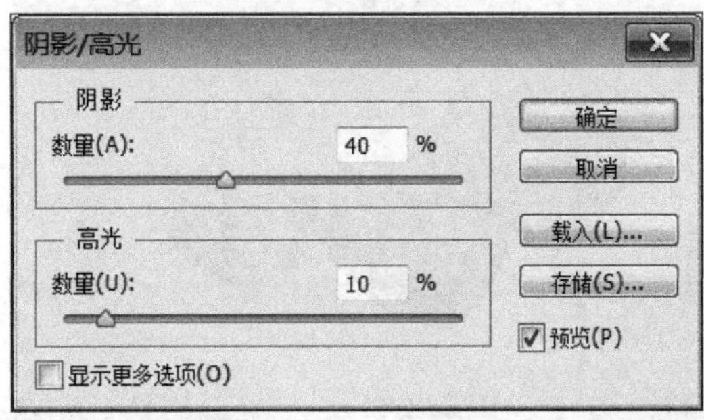

图14-91 设置相应参数

知识扩展

“阴影/高光”命令适用于校正由强逆光而形成阴影的照片，或者校正由于太接近相机闪光灯而有些发白的焦点。在CMYK颜色模式下的图像是不能使用该命令的。

在“阴影/高光”对话框中，单击“显示更多选项”复选框，即可展开“阴影/高光”对话框，可以更精确的对图像进行调整。

STEP 03 选中“显示更多选项”复选框，即可展开“阴影/高光”对话框，在其中设置各选项，图14-92所示。

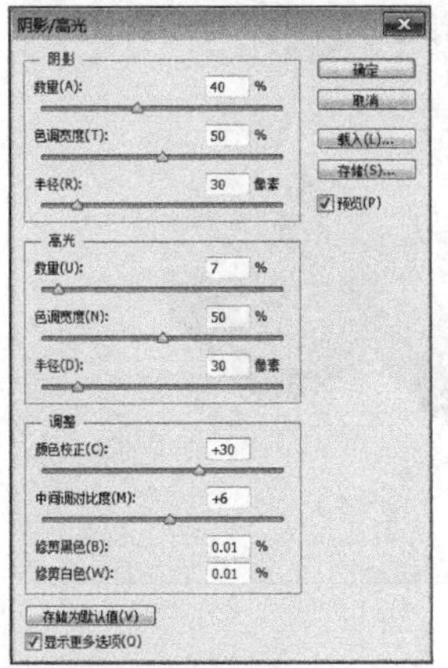

图14-92 设置更多选项

STEP 04 单击“确定”按钮，即可运用“阴影/高光”命令调整图像，效果如图14-93所示。

图14-93 调整图像效果

知识扩展

“阴影/高光”对话框中各选项含义如下。

➢ 数量：用于调整图像阴影或高光区域，该值越大则调整的幅度也越大。
➢ 色调宽度：用于控制对图像的阴影或高光部分的修改范围，该值越大，则调整的范围越大。
➢ 半径：用于确定图像中哪些是阴影区域，哪些是高光区域，然后对已确定的区域进行调整。

实战318 使用“匹配颜色”命令

▶实例位置：光盘\实例\第14章\实战318.jpg
▶素材位置：光盘\素材\第14章\实战318.jpg
▶视频位置：光盘\视频\第14章\实战318.mp4

• 实例介绍 •

“匹配颜色”命令可以调整图像的明度、饱和度以及颜色平衡，还可以将两幅色调不同的图像自动调整统一成一个协调的色调。

• 操作步骤 •

STEP 01 按【Ctrl+O】组合键，打开两幅素材图像，如图14-94所示，切换至“实战318-1”素材图像中。

图14-94 打开素材图像

STEP 02 切换至“实战318-1”图像编辑窗口中，单击“图像”|“调整”|“匹配颜色”命令，弹出“匹配颜色”对话框，在“源”列表框中选择“实战318-2”选项，如图14-95所示。

STEP 03 单击“确定”按钮，即可匹配图像色调，效果如图14-96所示。

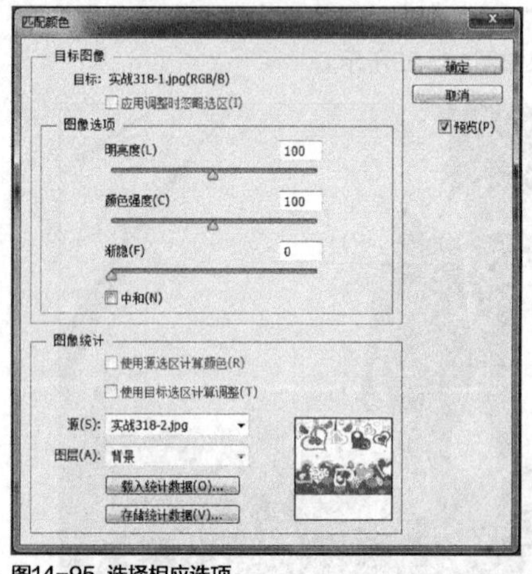

图14-95 选择相应选项

图14-96 匹配图像效果

知识扩展

“匹配颜色”是一个智能的颜色调整工具，它可以使源图像与目标图像的亮度、色相和饱和度进行统一，不过该命令只在图像是RGB模式下才可用。

“匹配颜色”对话框各选项含义如下。

➢ 目标：该选项区显示要修改的图像的名称以及颜色模式。

➢ 图像选项：“明亮度”选项用来调整图像匹配的明亮程度；“颜色强度”选项相当于图像的饱和度，因此它用来调整图像的饱和度；“渐隐”选项有点类似于图层蒙版，它决定了有多少源图像的颜色匹配到目标图像的颜色中；“中和”选项主要用来去除图像中的偏色现象。

➢ 图像统计：“使用源选区计算颜色”选项可以使用源图像中的选区图像的颜色来计算匹配颜色；“使用目标选区计算调整”选项可以使用目标图像中的选区图像的颜色来计算匹配颜色；“源”选项用来选择源图像，即将颜色匹配到目标图像的图像；“图层”选项用来选择需要用来匹配颜色的图层；“载入数据统计”和“存储数据统计”选项主要用来载入已经存储的设置与存储当前的设置。

➢ 应用调整时忽略选区：如果目标图像中存在选区，选中该复选框，Photoshop将忽视选区的存在，会将调整应用到整个图像。

实战 319 使用“替换颜色”命令

▶实例位置：光盘\实例\第14章\实战319.jpg
▶素材位置：光盘\素材\第14章\实战319.jpg
▶视频位置：光盘\视频\第14章\实战319.mp4

• 实例介绍 •

“替换颜色”命令能够基于特定颜色通过在图像中创建蒙版来调整色相、饱和度和明度值，它能够将整幅图像或者选定区域的颜色用指定的颜色代替。

• 操作步骤 •

STEP 01 按【Ctrl+O】组合键，打开一幅素材图像，如图14-97所示。

图14-97 打开素材图像

STEP 02 单击“图像”|“调整”|“替换颜色”命令，弹出“替换颜色”对话框，单击“添加到取样”按钮，如图14-98所示。

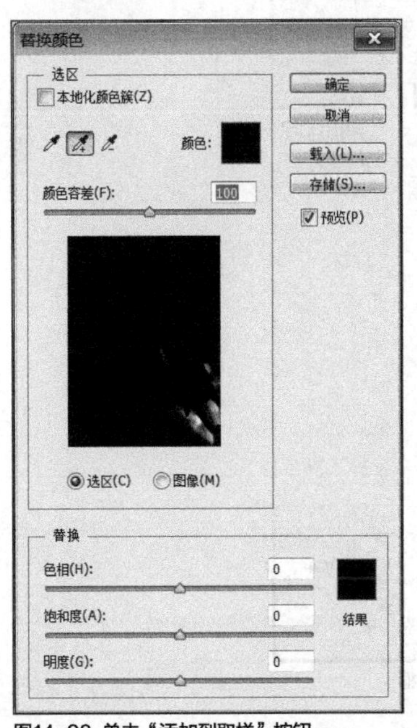

图14-98 单击“添加到取样”按钮

知识扩展

在“替换”选项区中，各选项的主要含义如下。

➢ “吸管工具”按钮：单击该按钮，可以吸取相应的颜色作为取样颜色。

➢ “添加到取样”按钮：单击该按钮，可以多次取样多种颜色。

➢ “从取样中减去”按钮：在取样过度时，单击该按钮，可以将取样颜色中不需要的颜色减去。

➢ “颜色”容差文本框：在该文本框中可以输入相应的数值，或者拖动其下方的滑块，调整取样颜色的容差范围。

STEP 03 设置相应选项，在黑色矩形框中的适当位置重复单击鼠标左键，选中图像中的花朵，如图14-99所示。

STEP 04 单击“结果”色块，弹出“拾色器（结果颜色）”对话框，设置颜色为黄色，如图14-100所示。

图14-99 取样图像

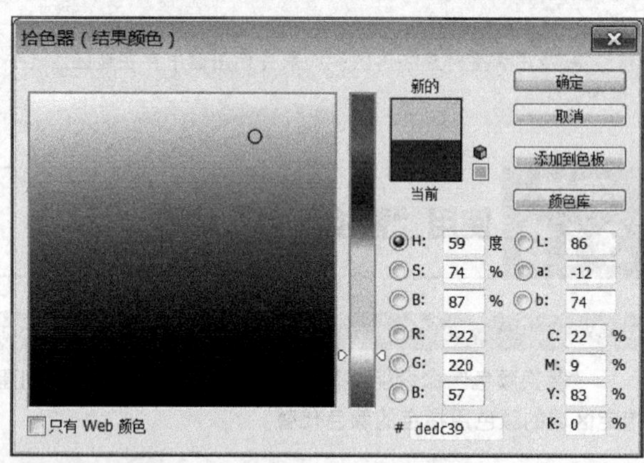
图14-100 设置颜色

STEP 05 单击“确定”按钮，返回“替换颜色”对话框，如图14-101所示。

图14-101 “替换颜色”对话框

STEP 06 单击“确定”按钮，即可替换图像颜色，效果如图14-102所示。

图14-102 替换图像颜色效果

知识扩展

在“替换颜色”对话框中，各选项区的主要含义如下。

➢ “选区”选项区：在该选项区中有3个吸管工具，单击各个按钮，可以进行相应操作，同时，按住【Shift】键并单击选定区域，可以添加所选择的区域，按住【Alt】键并单击选定区域，可以减少所选择的区域。

➢ “替换”选项区：该选项区中的选项用于设置选择的区域所要替换的颜色。

第15章 精修图像色彩

本章导读

人们的眼睛对于颜色总是非常敏感，是一个很出色的观察和比较各种色相的工具。现实世界多姿多彩，图像设计人员总是在不断地探索如何更逼真地反映自然界的真实色彩。

无论是何种颜色模式的图像，都能够运用调整功能来达到控制图像色彩的目的。颜色可以产生对比效果使图像显得更加绚丽，同时激发人的感情和想象力。恰如其分的颜色设置能够使暗淡的图像光彩照人，使毫无生气的图像充满活力。

要点索引

- 色彩和色调特殊调整
- 图像色彩的高级调整

15.1 色彩和色调特殊调整

“去色”“黑白”“反相”和“色调均化”等命令都可以更改图像中颜色的亮度值，通常这些命令只适用于增强颜色以产生特殊效果，而不用于校正颜色。

实战320 使用“黑白”命令

▶实例位置：光盘\实例\第15章\实战320.jpg
▶素材位置：光盘\素材\第15章\实战320.jpg
▶视频位置：光盘\视频\第15章\实战320.mp4

• 实例介绍 •

使用“黑白”命令可以将图像调整为具有艺术感的黑白效果图像，同时，也可以调整出不同单色的艺术效果。

• 操作步骤 •

STEP 01 按【Ctrl+O】组合键，打开一幅素材图像，如图15-1所示。

图15-1 打开素材图像

STEP 02 单击“图像”|“调整”|“黑白”命令，弹出“黑白”对话框，如图15-2所示。

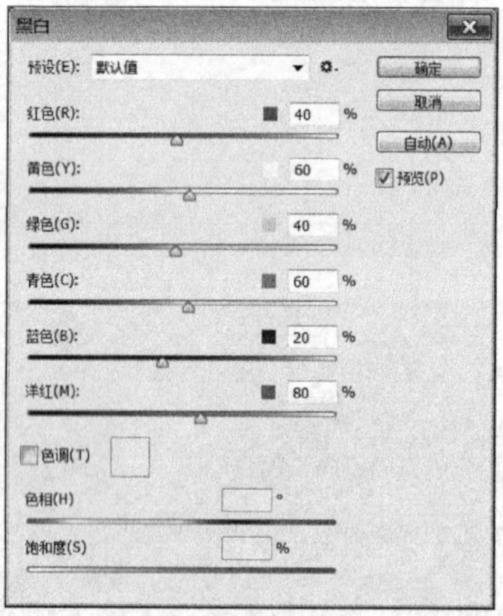

图15-2 “黑白”对话框

STEP 03 保持默认设置，单击“确定”按钮，即可制作黑白效果，如图15-3所示。

图15-3 黑白效果

知识扩展

在“黑白”对话框中，选中“色调”复选框，如图15-4所示，单击右侧的颜色色块，在弹出的“选择目标颜色”对话框中，可以设置相应颜色，依次单击“确定”按钮，可以制作其他单色效果。

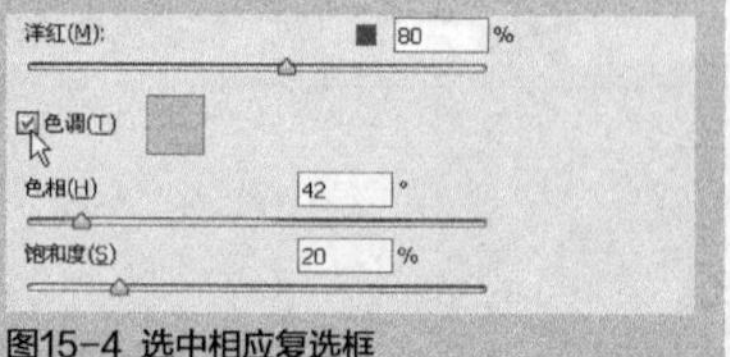

图15-4 选中相应复选框

➢ 自动：单击该按钮，可以设置基于图像的颜色值的灰度混合，并使灰度值的分布最大化。

➢ 拖动颜色滑块调整：拖动各个颜色的滑块可以调整图像中特定颜色的灰色调，向左拖动灰色调变暗，向右拖动灰色调变亮。

➢ 色调：选中该复选框，可以为灰度着色，创建单色调效果，拖动“色相”和“饱和度”滑块进行调整，单击颜色块，可以打开“拾色器”对话框对颜色进行调整。

专家提醒

将图像反相时，通道中每个像素的亮度值都会被转换为256级颜色刻度上相反的值。

实战 321 使用“反相”命令

▶ **实例位置：** 光盘\实例\第15章\实战321.jpg
▶ **素材位置：** 光盘\素材\第15章\实战321.jpg
▶ **视频位置：** 光盘\视频\第15章\实战321.mp4

• 实例介绍 •

使用“反相”命令可以将图像中的颜色进行反相，类似于传统相机中的底片效果。对于彩色图像，使用此命令可以将图像中各部分的颜色转换为补色。

• 操作步骤 •

STEP 01 按【Ctrl＋O】组合键，打开一幅素材图像，如图15-5所示。

图15-5 打开素材图像

STEP 02 单击“图像”|“调整”|“反相”命令，如图15-6所示。

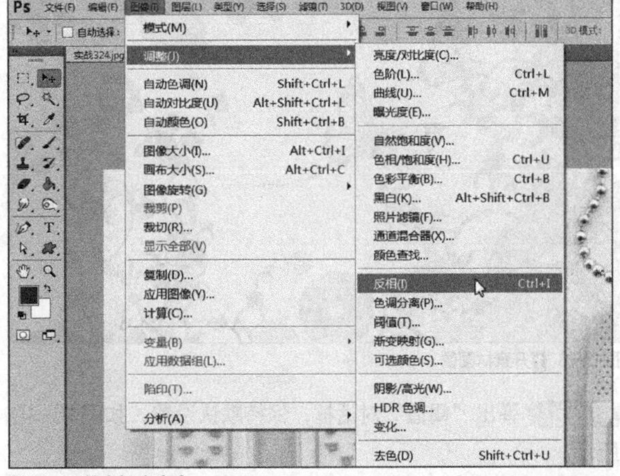

图15-6 单击相应命令

STEP 03 执行操作后，即可反相图像，效果如图15-7所示。

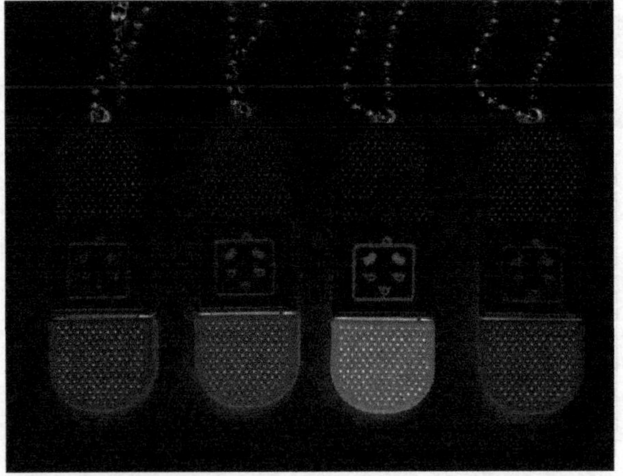

图15-7 反相图像效果

知识扩展

除了运用上述方法对图像进行反相外，用户还可以按【Ctrl＋I】组合键，快速将图像进行反相处理。

专家提醒

"反相"命令用于制作类似于照片底片的效果，它可以对图像颜色进行反相，即是将黑色转换成白色，或者从扫描的黑白阴片中得到一个阳片。如果是一幅彩色的图像，它能够把每一种颜色都反转成该颜色的互补色。将图像素材反相时，通道中每个像素的亮度值都会被转换为256级颜色刻度上相反的值。

实战322 使用"阈值"命令

▶实例位置：光盘\实例\第15章\实战322.jpg
▶素材位置：光盘\素材\第15章\实战322.jpg
▶视频位置：光盘\视频\第15章\实战322.mp4

• 实例介绍 •

使用"阈值"命令可以将灰度或彩色图像转换为高对比度的黑白图像。在转换过程中，被操作图像中比设置的阈值高的像素将会转换为白色。

• 操作步骤 •

STEP 01 按【Ctrl+O】组合键，打开一幅素材图像，如图15-8所示。

图15-8 打开素材图像

STEP 02 单击"图像"|"调整"|"阈值"命令，如图15-9所示。

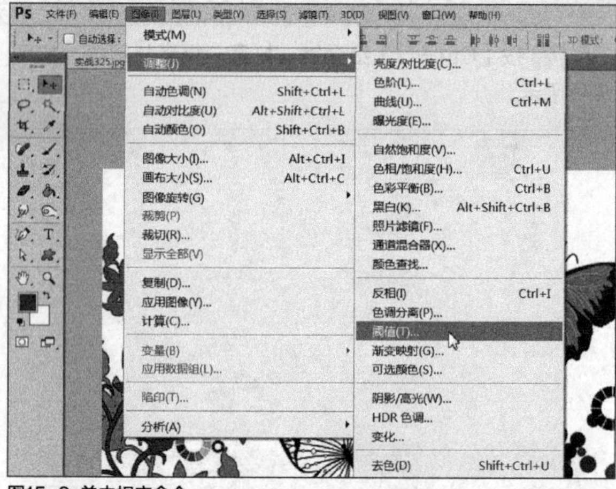

图15-9 单击相应命令

STEP 03 弹出"阈值"对话框，保持默认设置，如图15-10所示。

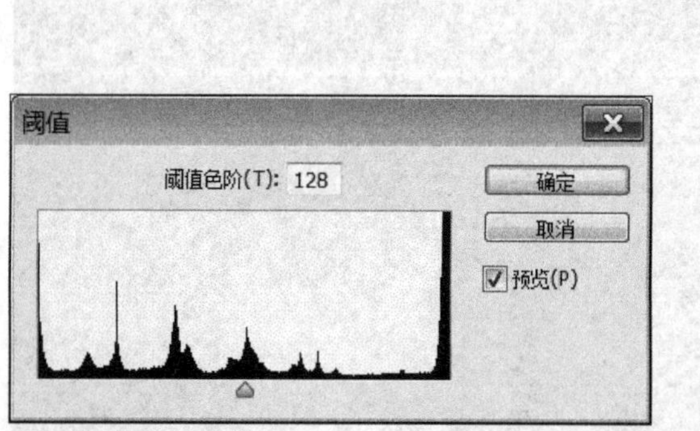

图15-10 "阈值"对话框

STEP 04 单击"确定"按钮，即可制作黑白图像，效果如图15-11所示。

图15-11 制作黑白图像

专家提醒

在"阈值"对话框中，可以对"阈值色阶"进行设置，设置后图像中所有的亮度值比其小的像素都会变成黑色，所有亮度值比其大的像素都将变成白色。

实战323 使用"渐变映射"命令

▶实例位置：光盘\实例\第15章\实战323.jpg
▶素材位置：光盘\素材\第15章\实战323.jpg
▶视频位置：光盘\视频\第15章\实战323.mp4

• 实例介绍 •

"渐变映射"命令的主要功能是将相等的图像灰度范围映射到指定的渐变填充色。使用"渐变映射"命令可将相等的图像灰度范围映射到指定的渐变填充色。

• 操作步骤 •

STEP 01 按【Ctrl+O】组合键，打开一幅素材图像，如图15-12所示。

图15-12 打开素材图像

STEP 02 单击"图像"|"调整"|"渐变映射"命令，弹出"渐变映射"对话框，如图15-13所示。

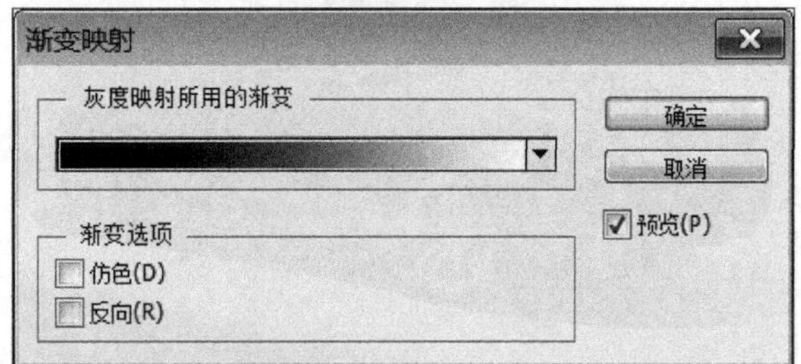

图15-13 "渐变映射"对话框

知识扩展

灰度映射所用的渐变：单击渐变颜色条右侧的下三角按钮，在弹出的面板中选择一个预设渐变。如果要创建自定义渐变，则可以单击渐变条，打开"渐变编辑器"对话框进行设置。

STEP 03 单击"点按可编辑渐变"按钮，即可弹出"渐变编辑器"对话框，设置渐变从橄榄绿（RGB参数分别为148、157、3）到白色，如图15-14所示。

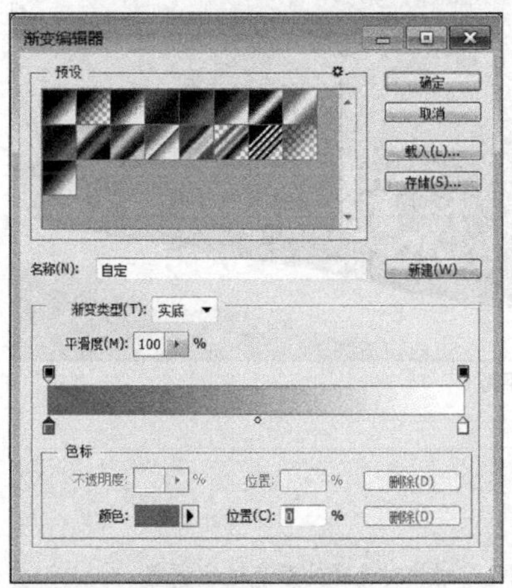

图15-14 "渐变编辑器"对话框

STEP 04 单击"确定"按钮，返回"渐变映射"对话框，单击"确定"按钮，即可制作彩色渐变效果，如图15-15所示。

图15-15 彩色渐变效果

知识扩展

在"渐变映射"对话框中，单击"图像色调的高级调整"选项下的渐变颜色条右侧的下三角按钮，在弹出的面板中选择一个预设渐变。如果要创建自定义渐变，则可以单击渐变条，打开"渐变编辑器"对话框进行设置。

实战324 使用“可选颜色”命令

▶实例位置：光盘\实例\第15章\实战324.jpg
▶素材位置：光盘\素材\第15章\实战324.jpg
▶视频位置：光盘\视频\第15章\实战324.mp4

• 实例介绍 •

“可选颜色”命令可以校正颜色的平衡，主要针对RGB、黑白灰等主要颜色的组成进行调节。可以选择性地在某一主色调成份中增加或减少印刷颜色包含量。

• 操作步骤 •

STEP 01 按【Ctrl+O】组合键，打开一幅素材图像，如图15-16所示。

图15-16 打开素材图像

STEP 02 单击“图像”|“调整”|“可选颜色”命令，弹出“可选颜色”对话框，设置相应参数，如图15-17所示。

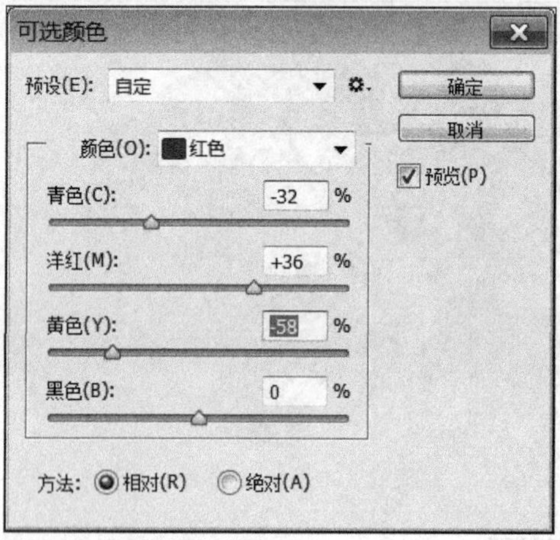

图15-17 “可选颜色”对话框

STEP 03 单击“颜色”右侧的三角形按钮，在弹出的列表框中选择“白色”选项，设置相应参数，如图15-18所示。

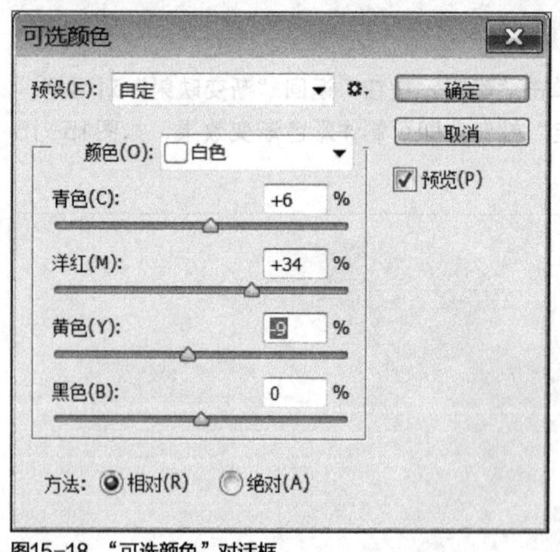

图15-18 “可选颜色”对话框

STEP 04 单击“确定”按钮，即可校正图像颜色平衡，效果如图15-19所示。

图15-19 校正图像颜色平衡

知识扩展

“可选颜色”对话框中各选项含义如下。

➢ 预设：可以使用系统预设的参数对图像进行调整。

➢ 颜色：可以选择要改变的颜色，然后通过下方的“青色”“洋红”“黄色”“黑色”滑块对选择的颜色进行调整。

➢ 方法：该选项区中包括“相对”和“绝对”两个单选按钮，选中“相对”单选按钮，表示设置的颜色为相对于原颜色的改变量，即在原颜色的基础上增加或减少某种印刷色的含量；选中“绝对”单选按钮，则直接将原颜色校正为设置的颜色。

实战 325 使用“变化”命令

▶实例位置：光盘\实例\第15章\实战325.jpg
▶素材位置：光盘\素材\第15章\实战325.jpg
▶视频位置：光盘\视频\第15章\实战325.mp4

• 实例介绍 •

“变化”命令可以非常直观地调整图像或选区的色彩平衡、对比度和饱和度，它对于调整色调均匀并且不需要精确调整色彩的图像非常有用。

• 操作步骤 •

STEP 01 按【Ctrl+O】组合键，打开一幅素材图像，如图15-20所示。

图15-20 打开素材图像

STEP 02 单击“图像”|“调整”|“变化”命令，弹出“变化”对话框，如图15-21所示。

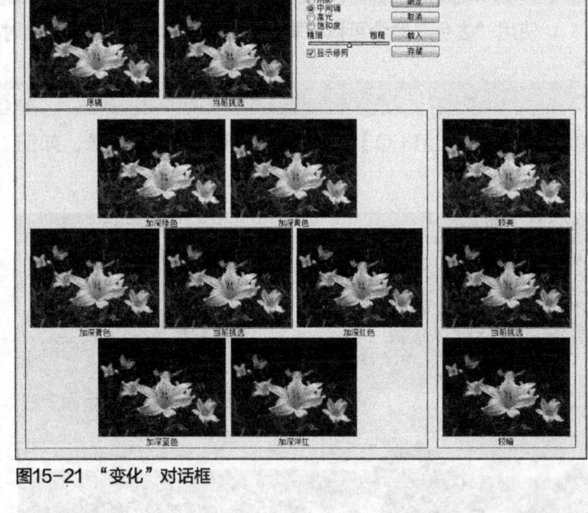

图15-21 “变化”对话框

STEP 03 单击“加深绿色”缩略图，再双击“加深黄色”缩略图，如图15-22所示。

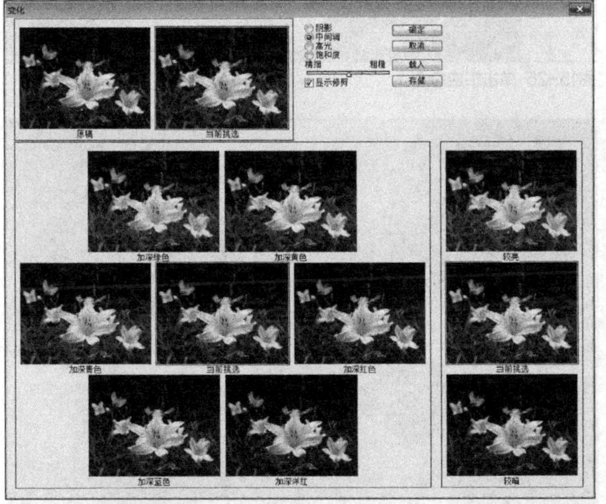

图15-22 “变化”对话框

STEP 04 单击“确定”按钮，即可调整图像色调，效果如图15-23所示。

图15-23 调整图像色调

专家提醒

在“变化”对话框中，选中“阴影”“中间调”或“高光”单选按钮，将调整相应区域的颜色；选中“饱和度”单选按钮，对话框将刷新为调整饱和度的对话框。

知识扩展

"变化"对话框中各选项的含义如下。

- 阴影/中间色调/高光：选择相应的选项，可以调整图像的阴影、中间调或高光的颜色。
- 饱和度："饱和度"选项用来调整颜色的饱和度。
- 原稿/当前挑选：在对话框顶部的"原稿"缩览图中显示了原始图像，"当前挑选"缩览图中显示了图像的调整结果。
- 精细/粗糙：用来控制每次的调整量，每移动一格滑块，可以使调整量双倍增加。
- 显示修剪：选中该复选框，如果出现溢色，颜色就会被修剪，以标识出溢色区域。

实战326 使用"去色"命令

▶实例位置：光盘\实例\第15章\实战326.jpg
▶素材位置：光盘\素材\第15章\实战326.jpg
▶视频位置：光盘\视频\第15章\实战326.mp4

• 实例介绍 •

使用"去色"命令可以将彩色图像转换为灰度图像，同时图像的颜色模式保持不变，从而快速制作黑白图像效果。

• 操作步骤 •

STEP 01 按【Ctrl+O】组合键，打开一幅素材图像，如图15-24所示。

图15-24 打开素材图像

STEP 02 单击"图像"|"调整"|"去色"命令，如图15-25所示。

图15-25 单击相应命令

STEP 03 执行操作后，即可去色图像，效果如图15-26所示。

图15-26 去色效果

知识扩展

除了运用上述方法对图像进行去色外，用户还可以按【Shift+Ctrl+U】组合键，快速对图像进行去色，制作黑白图像。

专家提醒

除了对整幅图像去除颜色外，还可以根据需要对图像的局部进行去色操作，在为选区的部分图像去除颜色时，最好将选区羽化，这样才不会出现过于生硬的颜色过渡效果。

实战327 使用“色调均化”命令

▶实例位置：光盘\实例\第15章\实战327.jpg
▶素材位置：光盘\素材\第15章\实战327.jpg
▶视频位置：光盘\视频\第15章\实战327.mp4

• 实例介绍 •

使用“色调均化”命令能够重新分布图像中像素的亮度值，使其更均匀地呈现所有范围的亮度级，使图像更加柔化。

• 操作步骤 •

STEP 01 按【Ctrl＋O】组合键，打开一幅素材图像，如图15-27所示。

图15-27 打开素材图像

STEP 02 单击“图像”|“调整”|“色调均化”命令，即可对图像进行色调均化，如图15-28所示。

图15-28 色调均化图像

专家提醒

运用“色调均化”命令，Photoshop将尝试对亮度进行色调均化，也就是在整个灰度中均匀分布中间像素值。

专家提醒

在使用该命令时，Photoshop CS6会将图像中最亮的像素转换为白色，将最暗的像素转换为黑色，尝试对亮度进行色调均化，也就是在整个灰度中均匀分布中间像素值，同时，对其余的像素也将相应地进行调整。

15.2 图像色彩的高级调整

实战328 修整曝光不足——提高图像曝光度效果

▶实例位置：无
▶素材位置：光盘\素材\第15章\实战328.jpg
▶视频位置：光盘\视频\第15章\实战328.mp4

• 实例介绍 •

色调是体现一张照片色彩是否正常的基本要素，曝光不足会使人眼视觉感到压抑，均衡的照片色调就可以使整个画面和谐且美观。

• 操作步骤 •

STEP 01 单击“文件”|“打开”命令，打开一幅素材图像，如图15-29所示。

STEP 02 展开“图层”面板，选择“背景”图层，按【Ctrl＋J】组合键，复制“背景”图层，得到“图层1”图层，如图15-30所示。

图15-29 打开素材图像

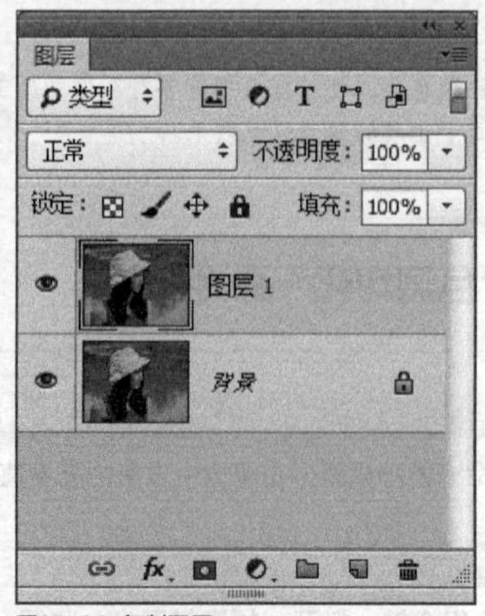

图15-30 复制图层

STEP 03 单击菜单栏中的“图层”|“新建调整图层”|“曝光度”命令，如图15-31所示。

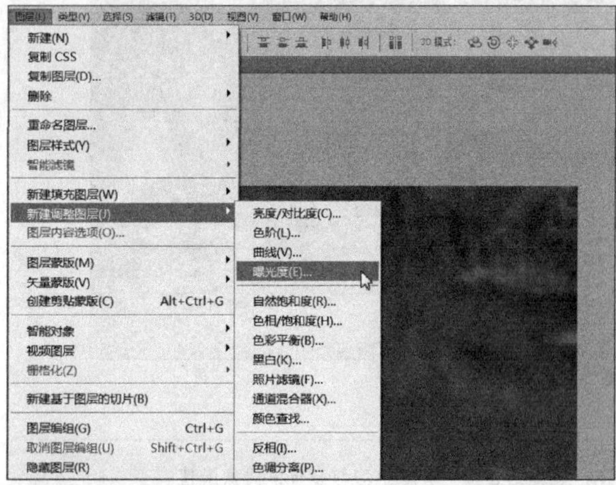

图15-31 单击“曝光度”命令

STEP 04 弹出“新建图层”对话框，设置各选项，如图15-32所示。

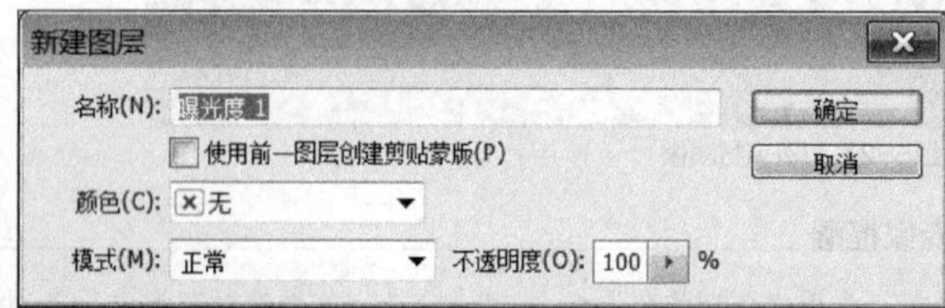

图15-32 设置各选项

STEP 05 单击“确定”按钮，新建“曝光度1”调整图层，并展开“属性”面板，设置各选项（“曝光度”为1.3、“位移”为0.0000、“灰度系数校正”为1.5），如图15-33所示。

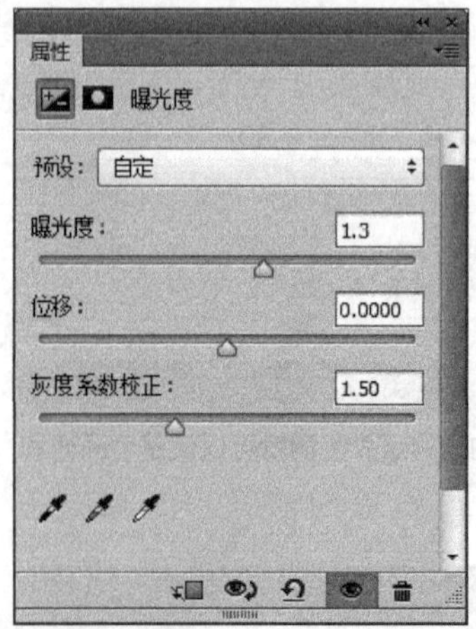

图15-33 设置曝光度

STEP 06 执行操作后，图像曝光度随之提高，效果如图15-34所示。

图15-34 提高曝光度

实战 329　修整曝光不足——设置“亮度/对比度”效果

▶ 实例位置：光盘\实例\第15章\实战329.jpg
▶ 素材位置：无
▶ 视频位置：光盘\视频\第15章\实战329.mp4

• 实例介绍 •

导致曝光不足的原因：闪光灯的指数偏小，这样的闪光灯在环境光暗弱的情况下便很容易出现曝光不足；被摄体离闪光灯太远，无论闪光灯的指数多大，只要超过了有效范围，同样会造成曝光不足；镜头的最大光圈太小，普及型镜头的光圈一般偏小，通光量少，这样就更易导致曝光不足。

• 操作步骤 •

STEP 01 设置“曝光度1”调整图层的“不透明度”为90%，如图15-35所示。

STEP 02 单击“图层”面板底部的“创建新的填充或调整图层”按钮，在弹出的菜单栏中选择“亮度/对比度”选项，如图15-36所示。

图15-35 设置不透明度

图15-36 选择“亮度/对比度”选项

STEP 03 新建“亮度/对比度1”调整图层，展开“属性”面板，设置“亮度”为10、“对比度”为28，如图15-37所示。

STEP 04 此时，图像效果随之改变，效果如图15-38所示，完成修整图像曝光不足的操作。

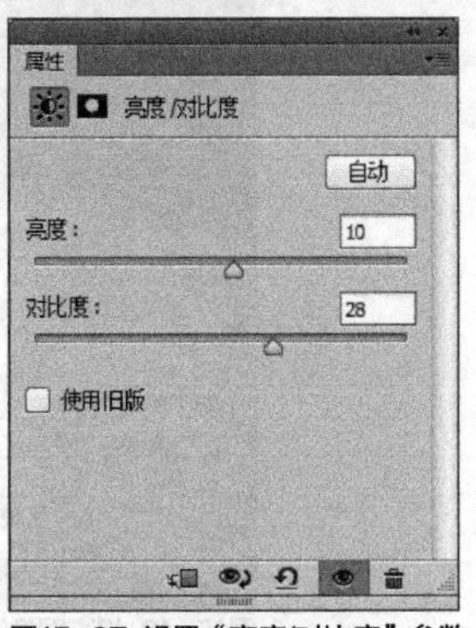

图15-37 设置“亮度/对比度”参数

图15-38 调整后效果

实战 330　修整曝光过度

▶ 实例位置：光盘\实例\第15章\实战330.jpg
▶ 素材位置：光盘\素材\第15章\实战330.jpg
▶ 视频位置：光盘\视频\第15章\实战330.mp4

• 实例介绍 •

在实际拍摄中，往往由于光线的原因，自然光太强，会导致拍摄的时候图像曝光过度，在照片拍摄过程中，摄影注重的是感觉，往往一种感觉是不能多次捕捉到的，那种感觉往往是一个瞬间。所以，后期的修整图像能够均衡照片的黑白灰场等问题。

• 操作步骤 •

STEP 01 单击“文件”|“打开”命令，打开一幅素材图像，如图15-39所示。

STEP 02 展开“图层”面板，选择“背景”图层，按【Ctrl＋J】组合键，复制“背景”图层，得到“图层1”图层，如图15-40所示。

图15-39 打开素材图像

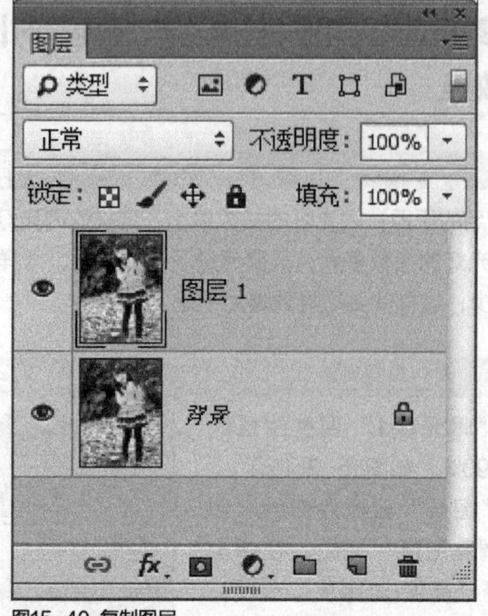

图15-40 复制图层

STEP 03 在“图层”面板中，设置“图层1”图层的混合模式为“正片叠底”“不透明度”为60%，效果如图15-41所示。

STEP 04 新建“自然饱和度1”调整图层，展开“属性”面板，设置“自然饱和度”为100，提高图像饱和度，如图15-42所示，完成修整图像曝光过度的操作。

图15-41 设置图层属性

图15-42 提高图像饱和度

知识扩展

曝光过度的照片，画面色彩单调，没有层次感，这样的照片，拍客和摄影爱好者是不敢把照片发在网上或者是微博上面的，但是，这种照片是有处理方法的，而且用户能够快速调整曝光过度的照片，把照片修复成一张色彩亮丽的照片。

知识扩展

“自然饱和度”对话框中各选项含义如下。

- 自然饱和度：在颜色接近最大饱和度时，最大限度地减少修剪，可以防止过度饱和。
- 饱和度：用于调整所有颜色，而不考虑当前的饱和度。

知识扩展

饱和度（Chroma，简写为C，又称为彩度）是指颜色的强度或纯度，它表示色相中颜色本身色素分量所占的比例，使用0%～100%的百分比来度量。在标准色轮上，饱和度从中心到边缘逐渐递增，颜色的饱和度越高，其鲜艳程度也就越高，反之颜色则因包含其他颜色而显得陈旧或混浊。

不同饱和度的颜色会给人带来不同的视觉感受，高饱和度的颜色给人以积极、冲动、活泼、有生气、喜庆的感觉，如图15-43所示，低饱和度的颜色给人以消极、无力、安静、沉稳、厚重的感觉，如图15-44所示。

图15-43 高饱和度图像

图15-44 低饱和度图像

实战 331 调整图像对比度

▶实例位置：光盘\实例\第15章\实战331.jpg
▶素材位置：光盘\素材\第15章\实战331.jpg
▶视频位置：光盘\视频\第15章\实战331.mp4

• 实例介绍 •

曝光不准确时拍摄照片，可能会导致照片太亮或太暗。通常，可以通过校正亮度和对比度来提高数字照片的质量。

• 操作步骤 •

STEP 01 单击“文件”|“打开”命令，打开一幅素材图像，如图15-45所示。

图15-45 打开素材图像

STEP 02 展开“图层”面板，选择“背景”图层，按【Ctrl+J】组合键，复制“背景”图层，得到“图层1”图层，如图15-46所示。

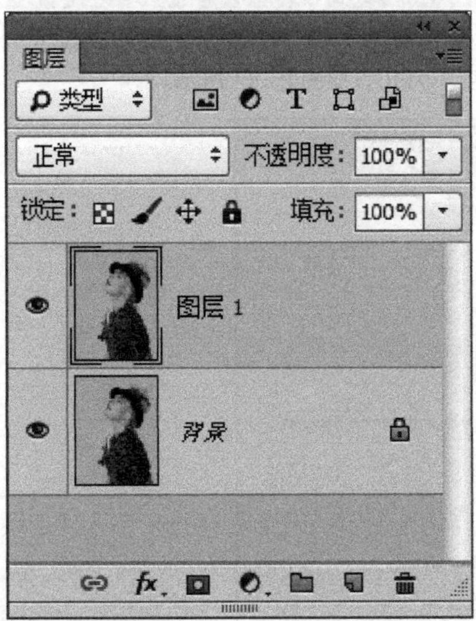

图15-46 复制图层

STEP 03 单击“图层”面板底部的“创建新的填充或调整图层”按钮，在弹出的列表框中选择“亮度/对比度”选项，即可新建“亮度/对比度1”调整图层，如图15-47所示。

STEP 04 展开“属性”面板，设置“对比度”为100，如图15-48所示。

STEP 05 执行操作后，即可提高图像的对比度，效果如图15-49所示。

图15-47 新建“亮度/对比度1”调整图层

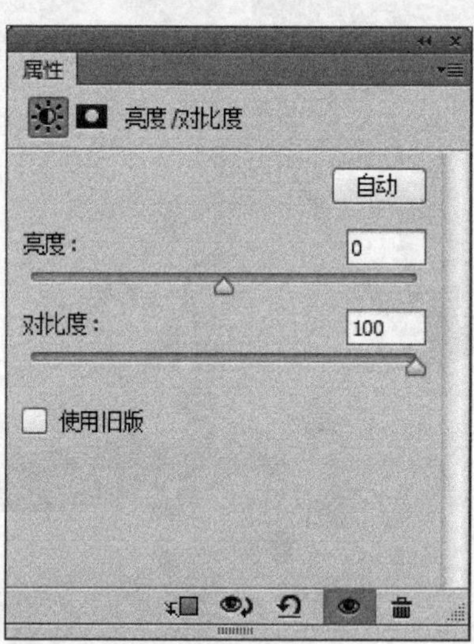

图15-48 设置“对比度”参数

图15-49 提高对比度

专家提醒

运用“亮度/对比度”命令调整图像，只能对图像进行粗略的调整。在“亮度”数值框输入数值后，调整图像明暗度。数值为正值，图像亮度增加；反之，图像亮度降低。

实战 332 调整图像亮度

▶实例位置：光盘\实例\第15章\实战332.jpg
▶素材位置：光盘\素材\第15章\实战332.jpg
▶视频位置：光盘\视频\第15章\实战332.mp4

• 实例介绍 •

使用“亮度/对比度”调整图层，调整图像的亮度和对比度。

• 操作步骤 •

STEP 01 新建“亮度/对比度2”调整图层，展开“属性”面板，设置“亮度”为10，如图15-50所示。

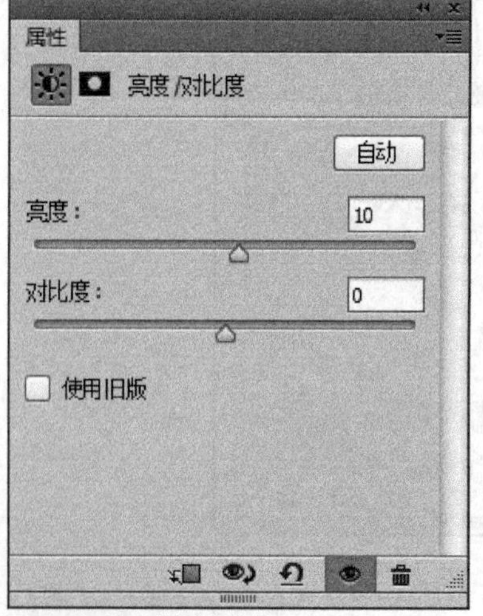

图15-50 设置“亮度”参数

STEP 02 按【Ctrl+Alt+Shift+E】组合键盖印图层，得到“图层2”图层，如图15-51所示。

图15-51 得到“图层2”图层

STEP 03 单击“图像”|“自动对比度”命令，如图15-52所示。

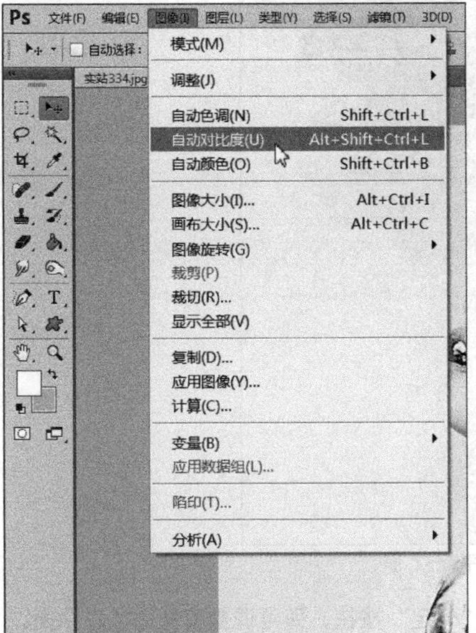

图15-52 选择“自动对比度”选项

STEP 04 自动调整图像对比度，完成调整图像对比度的操作，如图15-53所示。

图15-53 调整“自动对比度”效果

实战 333 快速移除照片偏色——调整色彩平衡效果

▶实例位置：光盘\实例\第15章\实战333.jpg
▶素材位置：光盘\素材\第15章\实战333.jpg
▶视频位置：光盘\视频\第15章\实战333.mp4

• 实例介绍 •

照片偏色有很多种原因，最常见的原因主要是由光影和环境反射造成的，如果拍摄的对象受到强光的照射或者多余光线的影响，常会使照片的颜色发生偏移，导致照片偏黄、发白等偏色现象。

• 操作步骤 •

STEP 01 单击“文件”|“打开”命令，打开一幅素材图像，如图15-54所示。

图15-54 打开素材图像

STEP 02 展开“图层”面板，选择“背景”图层，按【Ctrl+J】组合键，复制“背景”图层，得到“图层1”图层，如图15-55所示。

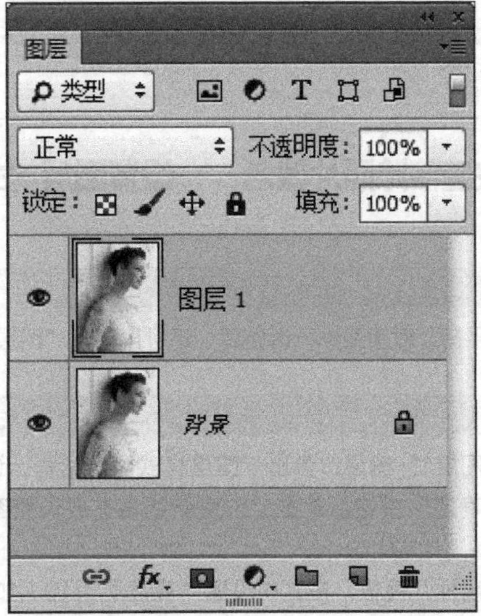

图15-55 复制图层

STEP 03 单击“图像”|“调整”|“色彩平衡”命令，弹出“色彩平衡”对话框，设置各选项的参数（色阶为-29、+23、+100），如图15-56所示。

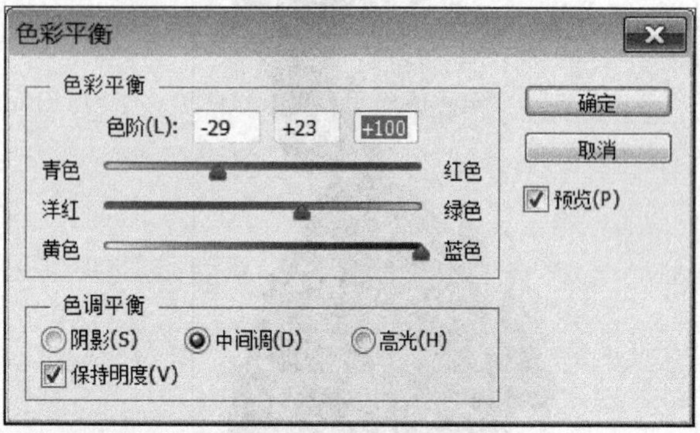

图15-56 设置各选项参数

STEP 04 单击“确定”按钮，即可将“色彩平衡”应用于图像中，效果如图15-57所示。

图15-57 应用色彩平衡

STEP 05 再次单击“图像”|“调整”|“色彩平衡”命令，弹出“色彩平衡”对话框，设置各选项参数（色阶为+19、+26、+28），如图15-58所示。

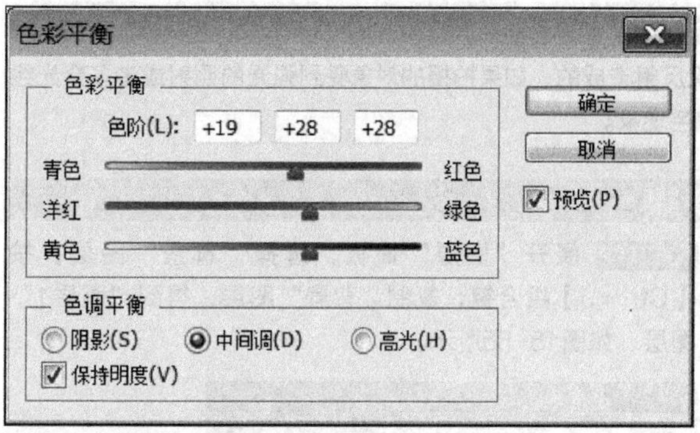

图15-58 设置各选项参数

STEP 06 单击“确定”按钮，即可调整图像的色彩平衡，如图15-59所示。

图15-59 调整色彩平衡效果

实战334 快速移除照片偏色——设置图层样式效果

▶实例位置：光盘\实例\第15章\实战334.jpg
▶素材位置：无
▶视频位置：光盘\视频\第15章\实战334.mp4

• 实例介绍 •

使用“色彩平衡”对图像进行调整后，还可以结合“图层样式”以及“亮度/对比度”对图像进行设置。

• 操作步骤 •

STEP 01 双击“图层1”图层，弹出“图层样式”对话框，设置“混合模式”为“颜色”，如图15-60所示。

STEP 02 单击“确定”按钮，单击“创建新的填充或调整图层”按钮，在弹出的列表框中选择“亮度/对比度”选项，如图15-61所示。

STEP 03 调出“属性”面板，在其中设置“亮度”为10，如图15-62所示。

STEP 04 图像的亮度随之提高，效果如图15-63所示，完成快速移除照片偏色的操作。

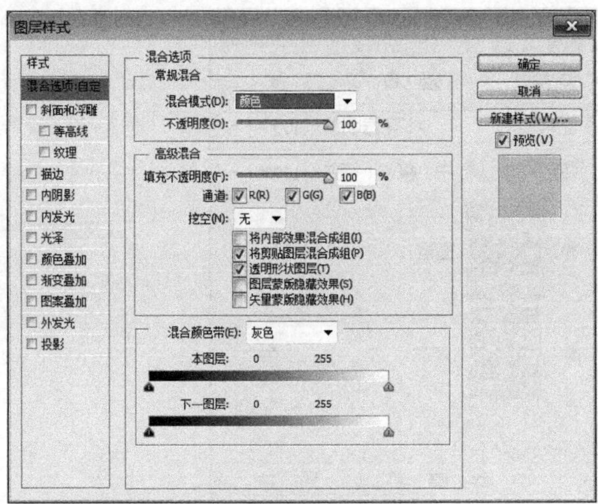

图15-60 设置各选项

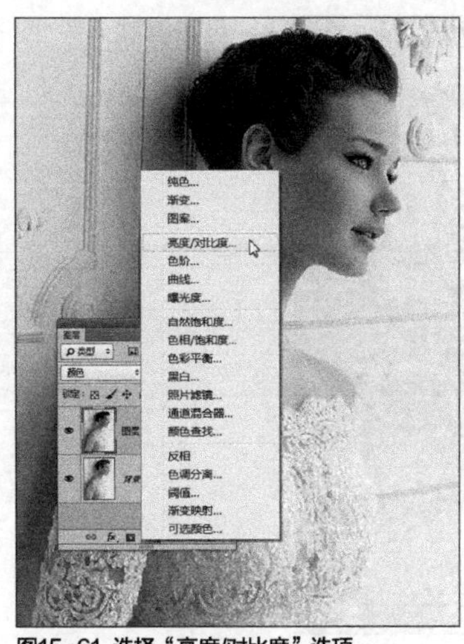

图15-61 选择“亮度/对比度”选项

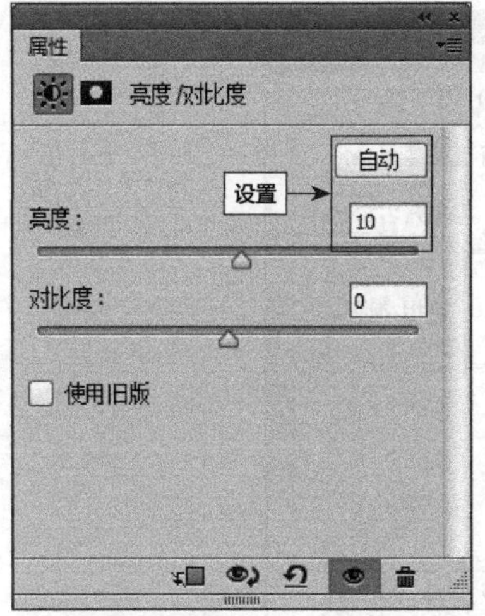

图15-62 设置“亮度”参数

图15-63 提高图像亮度

专家提醒

图像偏色在生活中是最常见的，运用“色彩平衡”命令可以调整图像的偏色情况。

实战 335 保留特定的色彩

▶实例位置：光盘\实例\第15章\实战335.jpg
▶素材位置：光盘\素材\第15章\实战335.jpg
▶视频位置：光盘\视频\第15章\实战335.mp4

• 实例介绍 •

在照片处理过程中，常常会凸显照片特定颜色，此时就需要保留照片中特定的色彩。保留照片中特定的色彩是凸显照片特定的一种手法。

• 操作步骤 •

STEP 01 单击“文件” | “打开”命令，打开一幅素材图像，如图15-64所示。

STEP 02 展开“图层”面板，选择“背景”图层，按【Ctrl+J】组合键，复制“背景”图层，得到“图层1”图层，如图15-65所示。

STEP 03 单击“图层” | “新建调整图层” | “色相/饱和度”命令，弹出“新建图层”对话框，保持默认设置，如图15-66所示。

STEP 04 单击“确定”按钮，新建“色相/饱和度1”调整图层，如图15-67所示。

图15-64 打开素材图像

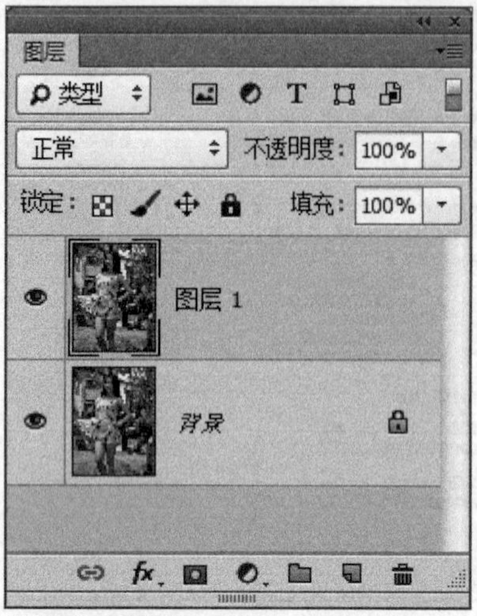

图15-65 复制图层

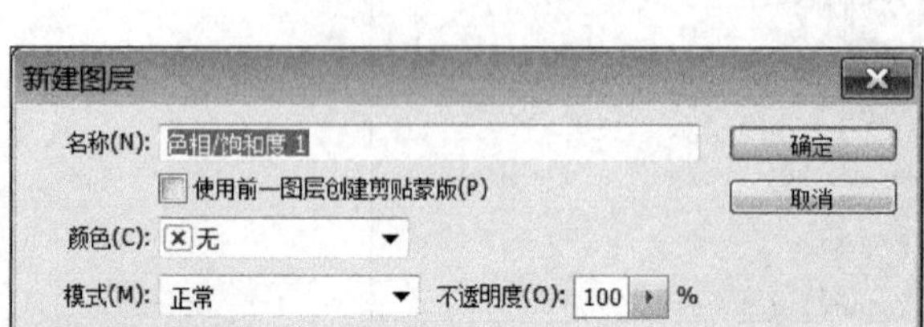

图15-66 保持默认设置

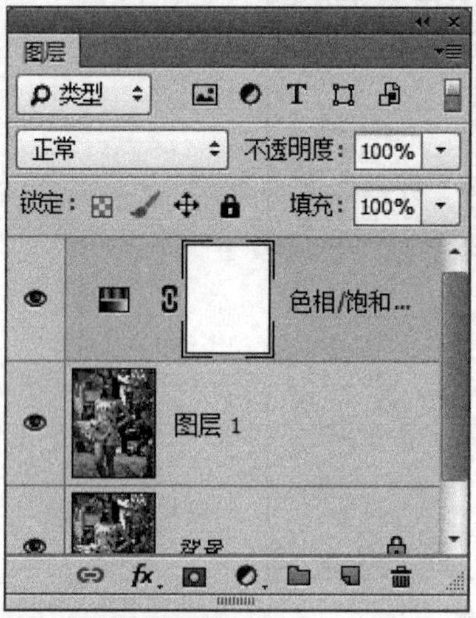

图15-67 新建调整图层

专家提醒

保留特定色彩取决于各通道的"饱和度"，"饱和度"是指色彩的鲜艳程度，取决于颜色的波长。

STEP 05 展开"属性"面板，单击"全图"右侧的下拉按钮，在弹出的列表框中选择"红色"选项，设置各选项参数（色相：0，饱和度：-100，明度：0），如图15-68所示。

STEP 06 单击"红色"右侧的下拉按钮，在弹出的列表框中选择"绿色"选项，设置各选项参数（色相：0，饱和度：-100，明度：0），如图15-69所示。

图15-68 设置"红色"参数

图15-69 设置"绿色"参数

STEP 07 单击“绿色”右侧的下拉按钮，在弹出的列表框中选择“青色”选项，设置各选项参数（色相：0，饱和度：-100，明度：0），如图15-70所示。

STEP 08 单击“青色”右侧的下拉按钮，在弹出的列表框中选择“蓝色”选项，设置各选项参数（色相：0，饱和度：-100，明度：0），如图15-71所示。

图15-70 设置“青色”参数

图15-71 设置“蓝色”参数

专家提醒

在使用“色相/饱和度”命令时，当选中“着色”复选框后，调整图像的色彩将会直接改变整个图像中的颜色，使照片呈单色显示。

在设置“色相/饱和度”各选项参数时候，在不选择通道的情况下，调整各参数将会对整个图像进行调整，使照片所有色彩都发生变化。

STEP 09 单击“蓝色”右侧的下拉按钮，在弹出的列表框中选择“洋红”选项，设置各选项参数（色相：0，饱和度：-100，明度：0），如图15-72所示。

STEP 10 此时，图像效果随之改变，效果如图15-73所示，完成保留特定色彩的操作。

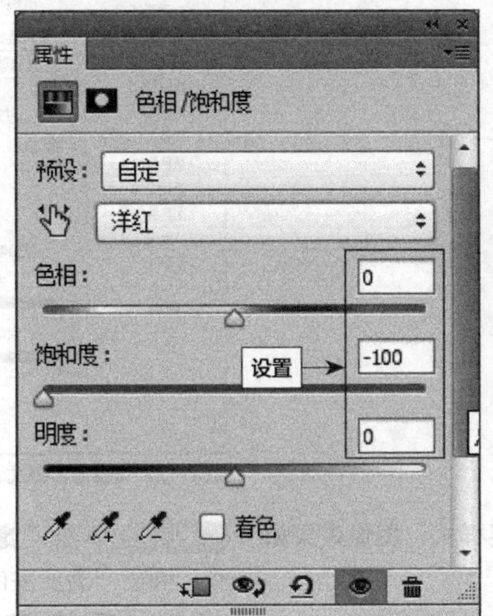

图15-72 设置“洋红”参数

图15-73 图像效果随之改变

实战 336 调整图像清晰度

▶实例位置：光盘\实例\第15章\实战336.jpg
▶素材位置：光盘\素材\第15章\实战336.jpg
▶视频位置：光盘\视频\第15章\实战336.mp4

• 实例介绍 •

在拍摄数码照片时，“焦距”的掌握会直接影响数码照片的清晰度，但是由于摄影新手对焦距的掌握不到位，拍摄照片会出现模糊的状态。

• 操作步骤 •

STEP 01 单击“文件”|“打开”命令，打开一幅素材图像，如图15-74所示。

STEP 02 展开“图层”面板，选择“背景”图层，按【Ctrl+J】组合键，复制“背景”图层，得到“图层1”图层，如图15-75所示。

图15-74 打开素材图像

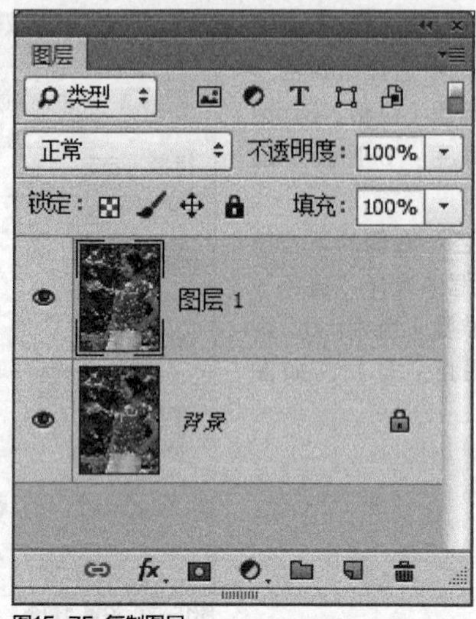

图15-75 复制图层

STEP 03 单击“图像”|“调整”|“去色”命令，图像效果随之改变，如图15-76所示。

图15-76 图像去色

STEP 04 双击“图层1”图层，弹出“图层样式”对话框，设置“混合模式”为“叠加”模式，如图15-77所示。

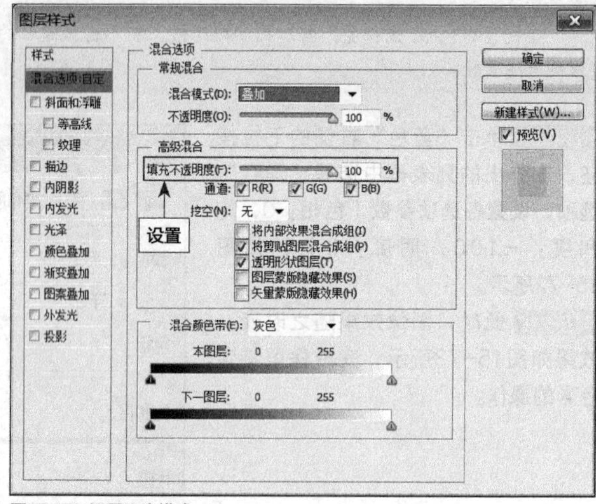

图15-77 设置混合模式

STEP 05 单击“确定”按钮，应用图层样式，图像效果如图15-78所示。

图15-78 应用图层样式

STEP 06 单击“滤镜”|“其它”|“高反差保留”命令，弹出“高反差保留”对话框，设置各选项参数（半径：1.5），如图15-79所示。

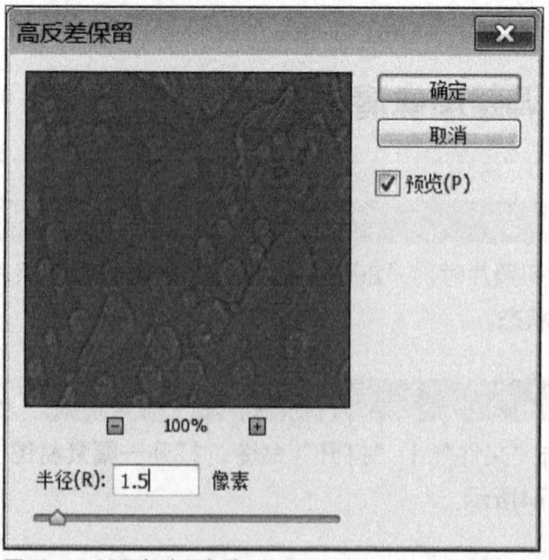

图15-79 设置各选项参数

STEP 07 单击“确定”按钮，应用“高反差保留”效果，图像效果如图15-80所示。

STEP 08 复制“图层1”图层3次，执行操作后，即可增加图像的清晰度，效果如图15-81所示，完成调整图像清晰度的操作。

专家提醒

“高反差对比”滤镜能够快速计算出明暗对比，在运用过程中，数值要避免调至过大，可以通过复制图层的方式逐步调整。

图15-80 应用“高反差保留”效果

图15-81 增加图像清晰度

实战 337 调整图像灰色风格——调整色阶效果

▶ 实例位置：无
▶ 素材位置：光盘\素材\第15章\实战337.jpg
▶ 视频位置：光盘\视频\第15章\实战337.mp4

• 实例介绍 •

大多数用户在制作一款怀旧的灰色照片时，都会选择直接将图像去色的方法，使用这些方法，可能会导致图像损失部分细节，用户错误地定位了灰色风格，灰色风格不是黑白照片。

• 操作步骤 •

STEP 01 单击“文件”|“打开”命令，打开一幅素材图像，如图15-82所示。

图15-82 打开素材图像

STEP 02 展开“图层”面板，选择“背景”图层，按【Ctrl+J】组合键，复制“背景”图层，得到“图层1”图层，如图15-83所示。

图15-83 复制图层

STEP 03 新建“色阶1”调整图层，展开“属性”面板，设置各选项参数（输入色阶：23、0.86、246），如图15-84所示。

STEP 04 执行上述操作后，即可对素材图像进行调整，如图15-85所示。

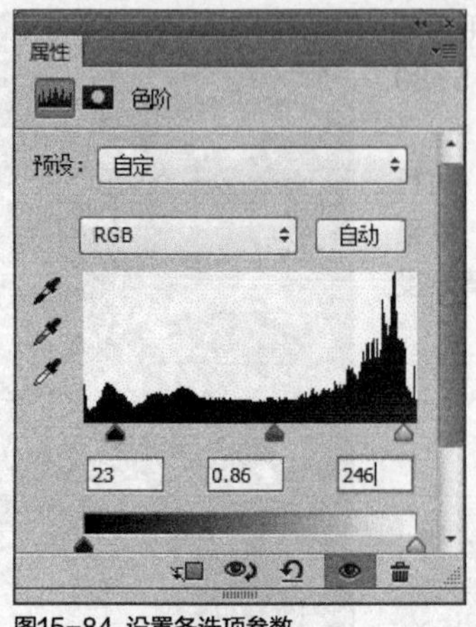

图15-84 设置各选项参数

图15-85 最终效果

专家提醒

“色阶”调整图层，能够调整图像的黑白灰场，适当地调整色阶各选项参数，能够增强图像的对比度。

实战338 调整图像灰色风格——调整“色相/饱和度”效果

▶实例位置：无
▶素材位置：无
▶视频位置：光盘\视频\第15章\实战338.mp4

• 实例介绍 •

用户可以使用“色相/饱和度”调整图层，调整图像的色相和饱和度。

• 操作步骤 •

STEP 01 新建“色相/饱和度1”调整图层，展开“属性”面板，设置各选项参数（色相：0，饱和度：-50，明度：-5），如图15-86所示。

STEP 02 单击“全图”右侧的下拉按钮，在弹出的列表框中选择“红色”选项，设置各选项参数（色相：0，饱和度：-41，明度：0），如图15-87所示。

图15-86 设置各选项参数

图15-87 设置各选项参数

STEP 03 单击“红色”右侧的下拉按钮，在弹出的列表框中选择“黄色”选项，设置各选项参数（色相：+6，饱和度：-58，明度：0），如图15-88所示。

STEP 04 单击“黄色”右侧的下拉按钮，在弹出的列表框中选择“绿色”选项，设置各选项参数（色相：0，饱和度：-50，明度：0），如图15-89所示。

图15-88 设置各选项参数

图15-89 设置各选项参数

STEP 05 单击“绿色”右侧的下拉按钮，在弹出的列表框中选择“青色”选项，设置各选项参数（色相：0，饱和度：-38，明度：0），如图15-90所示。

STEP 06 单击“青色”右侧的下拉按钮，在弹出的列表框中选择“蓝色”选项，设置各选项参数（色相：0，饱和度：-33，明度：0），如图15-91所示。

图15-90 设置各选项参数

图15-91 设置各选项参数

知识扩展

每种颜色的固有颜色表相叫做色相（Hue，简写为H），它是一种颜色区别于另一种颜色的最显著的特征。在通常的使用中，颜色的名称就是根据其色相来决定的，例如红色、橙色、蓝色、黄色、绿色。颜色体系中最基本的色相为赤（红）、橙、黄、绿、青、蓝、紫，将这些颜色相互混合可以产生许多色相的颜色。颜色是按色轮关系排列的，色轮是表示最基本色相关系的颜色表。色轮上90°以内的几种颜色称为同类色，而90°以外的色彩称为对比色。色轮上相对位置的颜色叫补色，如红色与蓝色是补色关系，蓝色与黄色也是补色关系。

除了以颜色固有的色相来命名颜色外，还经常以植物所具有的颜色命名（如草绿）、动物所具有的颜色命名（如鸽子灰）以及颜色的深浅和明暗命名（如深绿），如图15-92所示。

图15-92 纯黄橙与纯青豆绿图像

STEP 07 单击“蓝色”右侧的下拉按钮，在弹出的列表框中选择“洋红”选项，设置各选项参数（色相：0，饱和度：-46，明度：-4），如图15-93所示。

STEP 08 按【Ctrl+Alt+Shift+E】组合键盖印图层，得到“图层2”图层，如图15-94所示。

图15-93 设置各选项参数

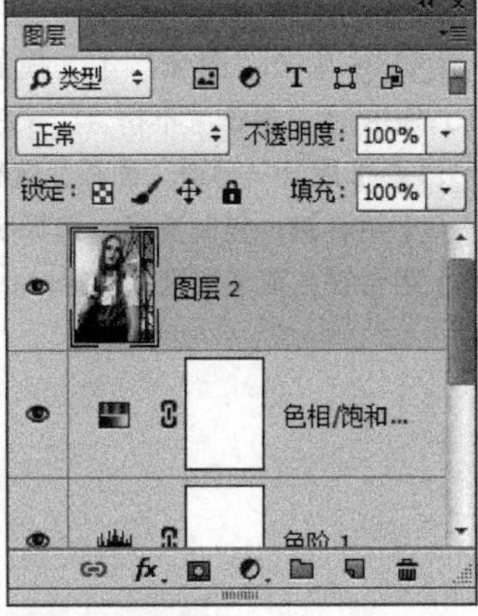

图15-94 盖印图层

STEP 09 单击“图像”|“自动对比度”命令，调整图像对比度，效果如图15-95所示，完成调整图像灰色风格的操作。

图15-95 最终效果

知识扩展

“色相/饱和度”对话框中各选项含义如下。

➢ 预设：在“预设”列表框中提供了8种色相/饱和度预设。

➢ 通道：在“通道”列表框中可以选择全图、红色、黄色、绿色、青色、蓝色和洋红通道，进行色相、饱和度和明度的参数调整。

➢ 着色：选中该复选框后，图像会整体偏向于单一的红色调。

➢ 在图像上单击并拖动可修改饱和度：使用该工具在图像上单击设置取样点以后，向右拖曳鼠标可以增加图像的饱和度，向左拖曳鼠标可以降低图像的饱和度。

实战339 调整图像蓝调风格——调整颜色模式效果

▶实例位置：无
▶素材位置：无
▶视频位置：光盘\视频\第15章\实战339.mp4

• 实例介绍 •

在照片处理过程中，用户会刻意地改变图像的色相，制作具有特色的照片风格，达到用户理想的效果。

• 操作步骤 •

STEP 01 单击“文件”|“打开”命令，打开一幅素材图像，如图15-96所示。

STEP 02 展开“图层”面板，选择“背景”图层，按【Ctrl+J】组合键，复制“背景”图层，得到“图层1”图层，如图15-97所示。

图15-96 打开素材图像

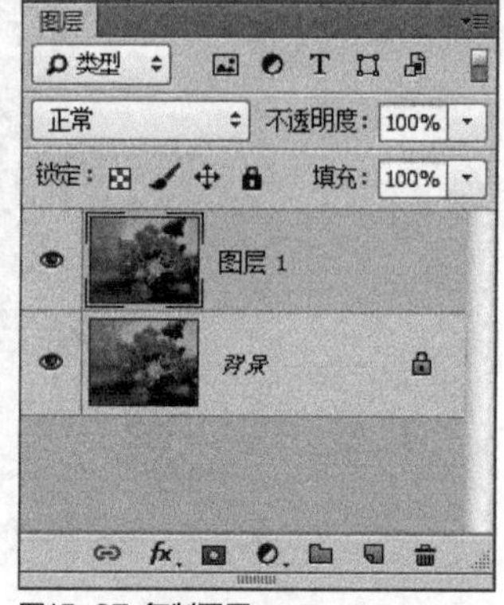

图15-97 复制图层

STEP 03 单击“图像”|“模式”|“Lab颜色”命令，弹出信息提示框，如图15-98所示，单击“不拼合”按钮，转换图像模式。

STEP 04 展开“通道”面板，选择a通道，按【Ctrl+A】组合键，全选图像，按【Ctrl+C】组合键，复制图像，选择b通道，按【Ctrl+V】组合键，粘贴图像，按【Ctrl+D】组合键，取消选区，选择Lab通道，展开“图层”面板，如图15-99所示。

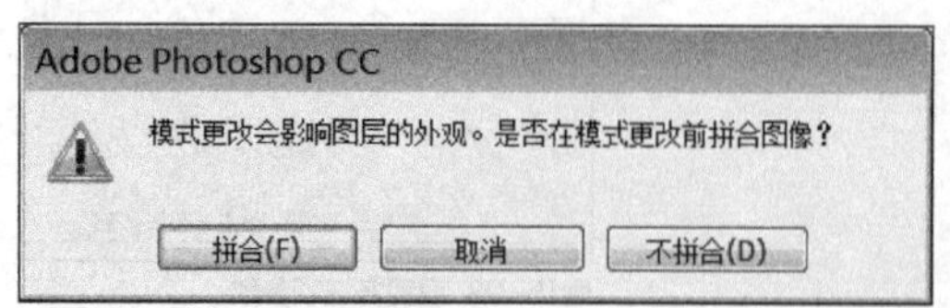

图15-98 单击“不拼合”按钮

图15-99 展开“图层”面板

STEP 05 单击“图像”｜“模式”｜“RGB颜色”命令，弹出信息提示框，如图15-100所示。

STEP 06 单击“不拼合”按钮，即可转换图像模式，如图15-101所示。

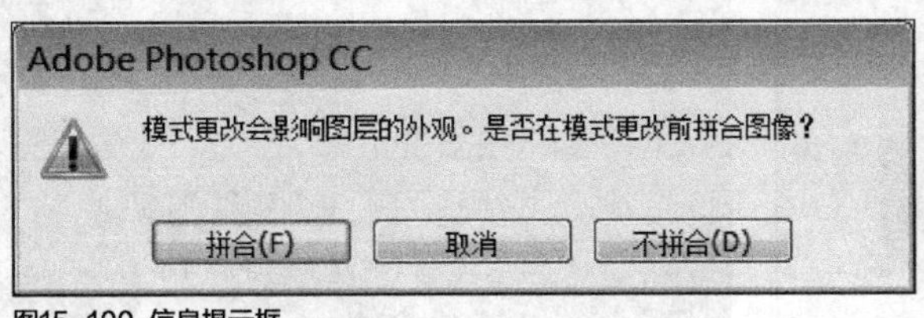

图15-100 信息提示框

图15-101 转换图像模式效果

专家提醒

Lab通道由三个通道组成：L表明度，它控制亮度和对比度；a通道包括的颜色从深绿到灰色到粉红色；b通道则包括从蓝色到焦黄色。

实战340 调整图像蓝调风格——调整“可选颜色”效果

▶实例位置：光盘\实例\第15章\实战340.jpg
▶素材位置：无
▶视频位置：光盘\视频\第15章\实战340.mp4

• 实例介绍 •

用户可以使用“可选颜色”调整图层，调整图像的颜色。

• 操作步骤 •

STEP 01 通过“创建新的填充或调整图层”按钮，在弹出列表框中选择“可选颜色”选项，新建“选取颜色1”调整图层，如图15-102所示。

STEP 02 展开“属性”面板，单击“颜色”右侧的下拉按钮，在弹出的列表框中选择“黄色”选项，设置各参数（青色：100，洋红：-17，黄色：100，黑色：-100），如图15-103所示。

图15-102 新建调整图层

图15-103 设置各选项参数

STEP 03 新建“色相/饱和度1”调整图层，展开“属性”面板，单击“全图”右侧的下拉按钮，在弹出的列表框中选择“青色”选项，设置各选项参数（色相：4，饱和度：7，明度：10），如图15-104所示。

STEP 04 新建“曲线1”调整图层，展开“属性”面板，单击RGB右侧的下拉按钮，在弹出的列表框中选择“蓝色”选项，设置各选项参数，如图15-105所示。

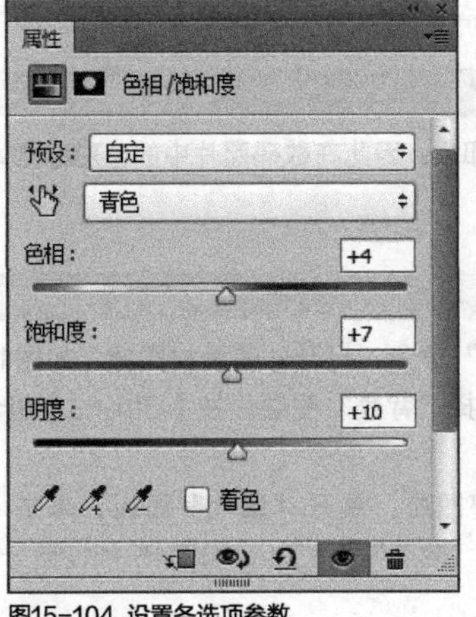

图15-104 设置各选项参数

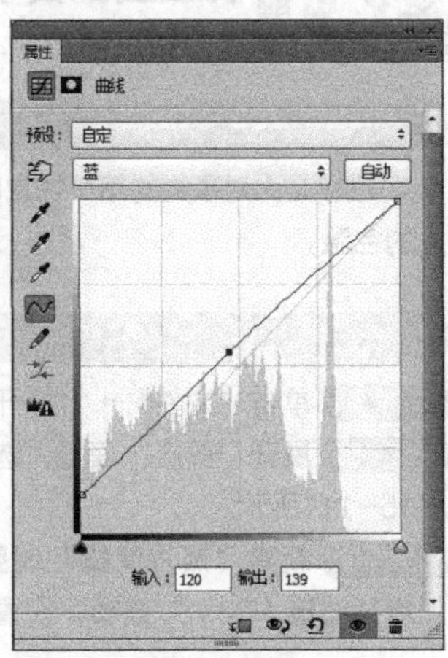

图15-105 设置各选项参数

STEP 05 按【Ctrl+Alt+Shift+E】组合键盖印图层，单击“图像”|“调整”|“色调均化”命令，如图15-106所示。

图15-106 色调均化

STEP 06 选择并设置“图层2”图层的混合模式为“柔光”、“不透明度”为60%，效果如图15-107所示。

图15-107 “图层2”效果

STEP 07 新建“选取颜色2”调整图层，展开“属性”面板，设置各选项，如图15-108所示。

图15-108 设置各选项参数

STEP 08 新建“自然饱和度1”调整图层，设置各选项参数（自然饱和度：65，饱和度：5），提高图像饱和度，图像效果如图15-109所示，完成调整图像蓝色风格的操作。

图15-109 最终效果

实战 341 调整图像白平衡

▶实例位置：光盘\实例\第15章\实战341.jpg
▶素材位置：光盘\素材\第15章\实战341.jpg
▶视频位置：光盘\视频\第15章\实战341.mp4

• 实例介绍 •

色彩是人对事物的第一视觉印象，因此在数码照片中的色彩感觉尤其重要，适当地调整照片的“白平衡”，可以调整照片的色温。

• 操作步骤 •

STEP 01 单击“文件”|“打开”命令，打开一幅素材图像，如图15-110所示。
STEP 02 展开“图层”面板，选择“背景”图层，按【Ctrl+J】组合键，复制“背景”图层，得到“图层1”图层，如图15-111所示。
STEP 03 新建“照片滤镜”调整图层，展开“属性”面板，单击“滤镜”右侧的下拉按钮，在弹出的列表框中选择“冷却滤镜（82）”选项，设置“浓度”为15%，如图15-112所示。

图15-110 打开素材图像

图15-111 复制图层

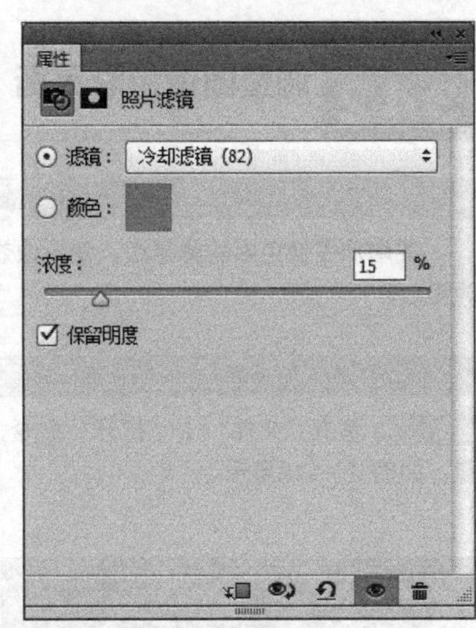

图15-112 设置“浓度”参数

STEP 04 按【Ctrl + Alt + Shift + E】组合键盖印图层，得到“图层2”图层，复制“图层2”图层，得到“图层2拷贝”图层，如图15-113所示。

STEP 05 单击“图像” | “调整” | “去色”命令，设置“图层2拷贝”图层的混合模式为“叠加”，提高图像亮度，效果如图15-114所示。

STEP 06 单击“滤镜” | “其他” | “高反差保留”命令，弹出“高反差保留”对话框，设置“半径”1.5，如图15-115所示。

图15-113 复制图层

图15-114 提高图像亮度

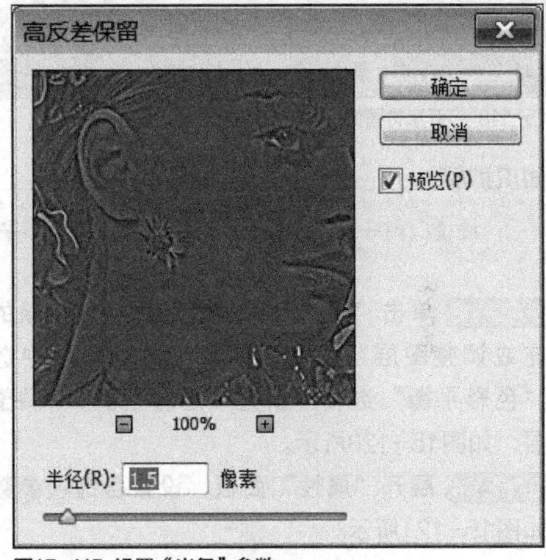

图15-115 设置“半径”参数

STEP 07 单击“确定”按钮，提高图像清晰度，效果如图15-116所示。

STEP 08 按【Ctrl + Alt + Shift + E】组合键盖印图层，单击“图像” | “自动色调”命令，自动调整图像色调，效果如图15-117所示，完成调整图像白平衡的操作。

专家提醒

“照片滤镜”选项是根据数码相机的白平衡性质设定的，“照片滤镜”的调节相当于在拍摄数码照片时在相机上面直接调整白平衡属性。

图15-116 提高图像清晰度

图15-117 调整图像白平衡

实战342 调整图像色彩平衡

▶实例位置：光盘\实例\第15章\实战342.jpg
▶素材位置：光盘\素材\第15章\实战342.jpg
▶视频位置：光盘\视频\第15章\实战342.mp4

• 实例介绍 •

要增加图像色彩的鲜艳度，使图像效果更加绚丽，用户可以通过增加图像的饱和度、调整色阶和色彩平衡等来实现效果。

• 操作步骤 •

STEP 01 单击“文件”|“打开”命令，打开一幅素材图像，如图15-118所示。

15-118 打开素材图像

STEP 02 展开“图层”面板，选择“背景”图层，按【Ctrl+J】组合键，复制“背景”图层，得到“图层1”图层，如图15-119所示。

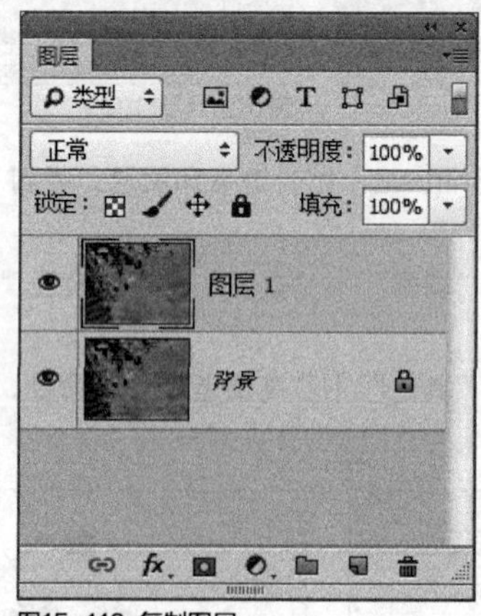

图15-119 复制图层

知识扩展

按【Ctrl+B】组合键，也可以弹出“色彩平衡”对话框。

STEP 03 单击“图层”面板底部的“创建新的填充或调整图层”按钮，在弹出的列表框中选择“色彩平衡”选项，新建“色彩平衡1”调整图层，如图15-120所示。

STEP 04 展开“属性”面板，设置各选项参数，如图15-121所示。

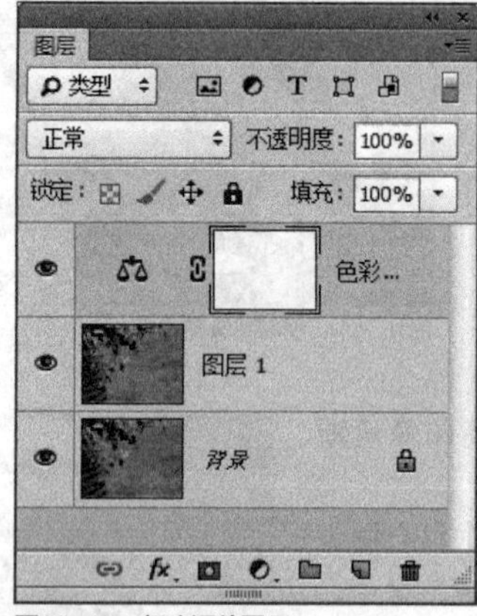

图15-120 新建调整图层

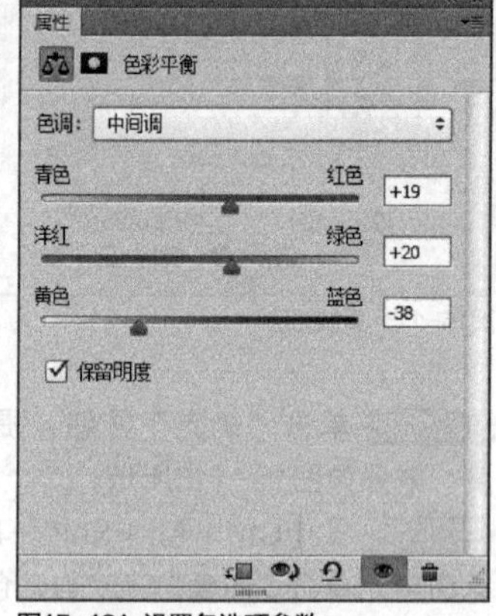

图15-121 设置各选项参数

知识扩展

“色彩平衡”对话框中各选项含义如下。

➢ 色彩平衡：分别显示了青色和红色、洋红和绿色、黄色和蓝色这3对互补的颜色，每一对颜色中间的滑块用于控制各主要色彩的增减。

➢ 色调平衡：分别选中该区域中的3个单选按钮，可以调整图像颜色的最暗处、中间度和最亮度。

➢ 保持明度：选中该复选框，图像像素的亮度值不变，只有颜色值发生变化。

STEP 05 单击“色调”右侧的下拉按钮，在弹出的列表框中选择“阴影”选项，设置各选项参数，如图15-122所示。

STEP 06 单击“色调”右侧的下拉按钮，在弹出的列表框中选择“高光”选项，设置各选项参数，如图15-123所示。

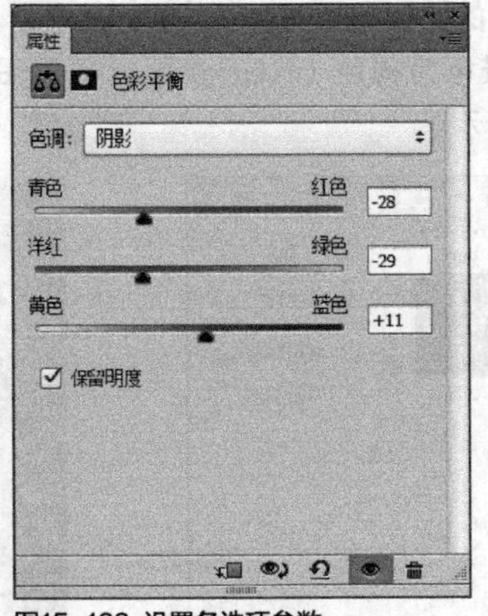

图15-122 设置各选项参数

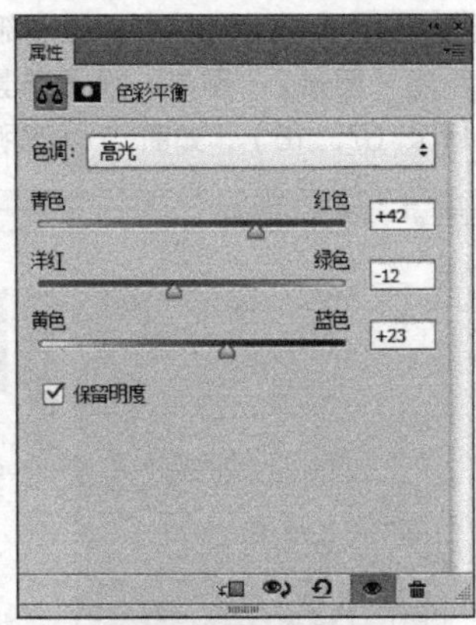

图15-123 设置各选项参数

STEP 07 新建“亮度/对比度1”调整图层，展开“属性”面板，设置各选项参数（亮度为17、对比度为13），如图15-124所示。

STEP 08 按【Ctrl+Alt+Shift+E】组合键盖印图层，单击“图像”|“自动色调”命令，自动调整图像色调，效果如图15-125所示，完成调整图像色彩平衡的操作。

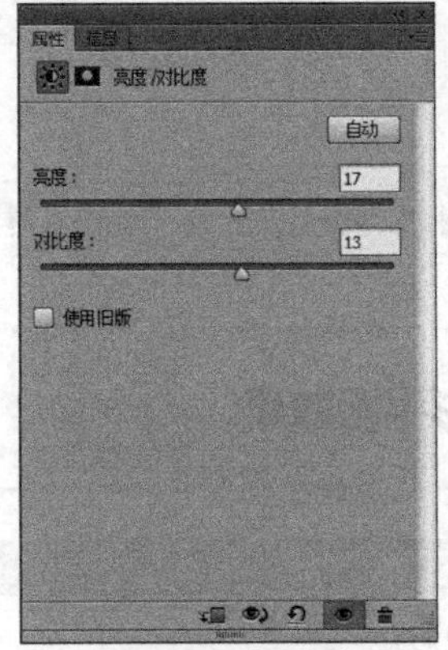

图15-124 设置各选项参数

图15-125 最终效果

专家提醒

“色彩平衡”是根据颜色的互补原理，通过增加或减少互补颜色而达到图像的色彩平衡或改变图像的整体色调。

实战 343 图像批量减光效果——添加颜色图层效果

- 实例位置：无
- 素材位置：光盘\素材\第15章\实战343.jpg
- 视频位置：光盘\视频\第15章\实战343.mp4

• 实例介绍 •

图像亮度是指拍照时照片受到光线照射的强弱和时间的长短，图像偏亮是由于照射时光线太亮造成的。

• 操作步骤 •

STEP 01 单击“文件”|“打开”命令，打开一幅素材图像，如图15-126所示。

STEP 02 展开“图层”面板，选择“背景”图层，按【Ctrl+J】组合键，复制“背景”图层，得到“图层1”图层，如图15-127所示。

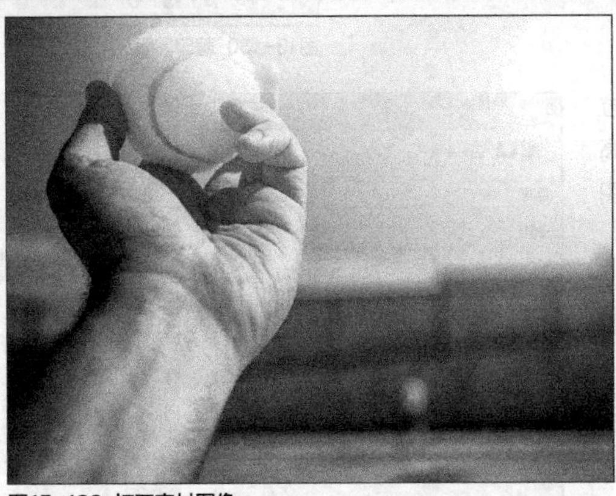
图15-126 打开素材图像

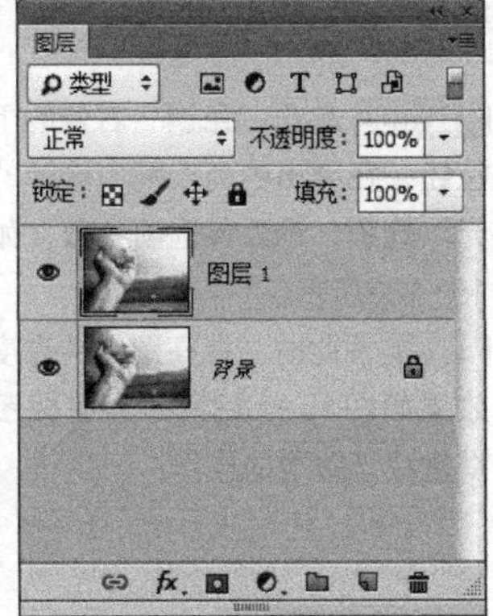

图15-127 复制图层

STEP 03 单击“图层”面板底部的“创建新图层”按钮，新建“图层2”图层，设置前景色为褐色（RGB参数：115、67、16），如图15-128所示。

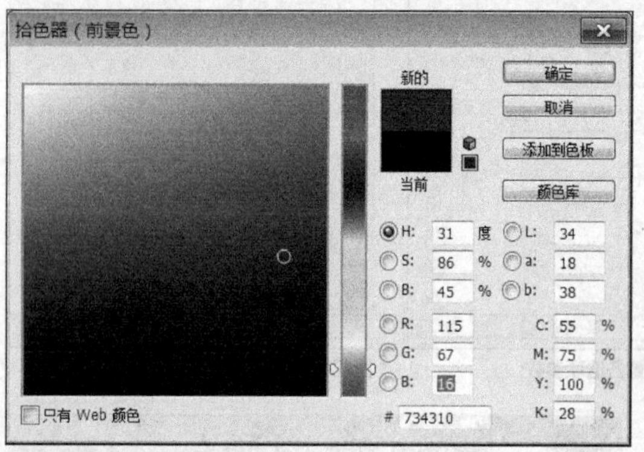

图15-128 设置前景色

STEP 04 按【Alt+Delete】组合键，填充前景色，设置“图层2”图层的混合模式为“正片叠底”、“不透明度”为10%，降低图像不透明度，效果如图15-129所示。

图15-129 降低不透明度

专家提醒

“正片叠底”混合模式，可以将上下两个图层的颜色相乘并除以255，从而留下最终较暗的图像效果。

实战 344 图像批量减光效果——调整色彩平衡效果

▶实例位置：无
▶素材位置：无
▶视频位置：光盘\视频\第15章\实战344.mp4

• 实例介绍 •

用户可以使用“色彩平衡”调整图层调整图像的色彩。

• 操作步骤 •

STEP 01 按【Ctrl+Alt+Shift+E】组合键，盖印图层，得到“图层3”图层，如图15-130所示。

STEP 02 新建“色彩平衡1”调整图层，展开“属性”面板，设置各参数，如图15-131所示。

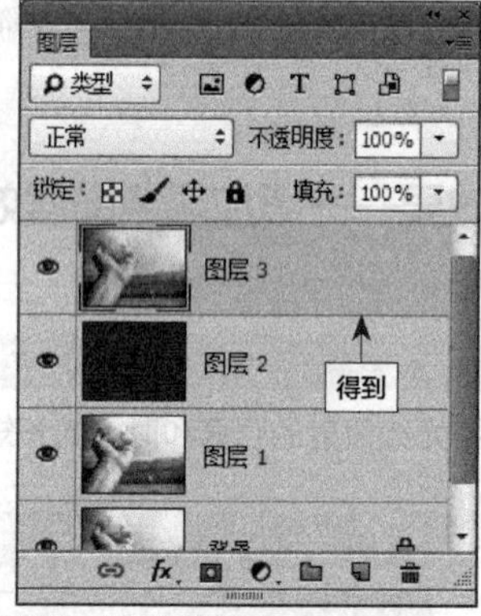

图15-130 盖印图层

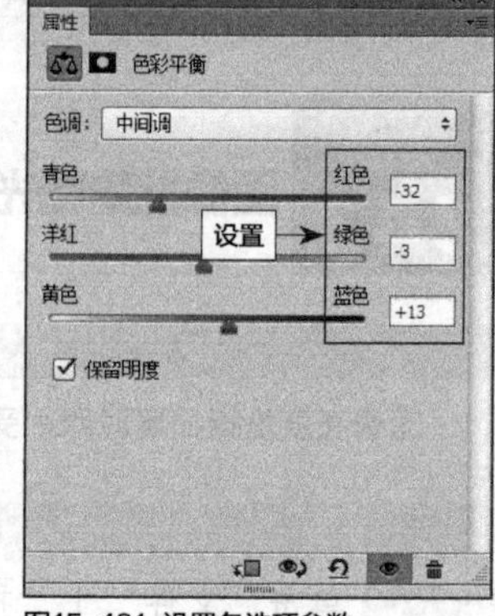

图15-131 设置各选项参数

STEP 03 单击“色调”右侧的下拉按钮，在弹出的列表框中选择“高光”选项，设置各选项参数，如图15-132所示。

STEP 04 此时，提高图像的亮度，效果如图15-133所示，完成图像批量减光效果的操作。

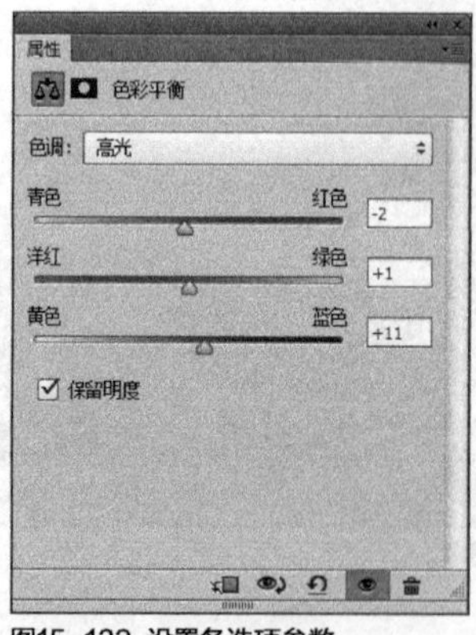

图15-132 设置各选项参数

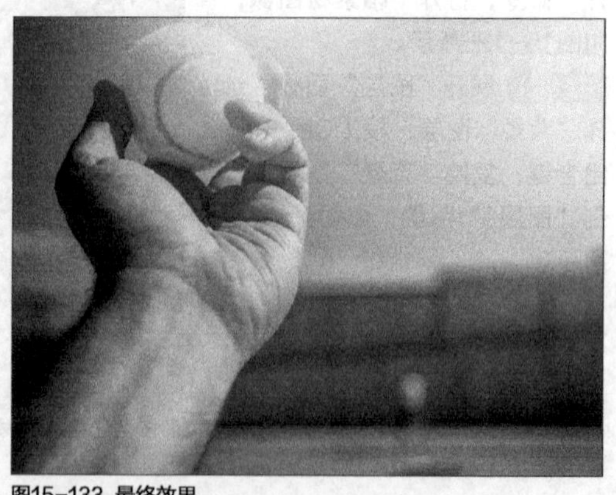

图15-133 最终效果

实战 345 图像批量补光效果——添加颜色图层效果

▶实例位置：无
▶素材位置：无
▶视频位置：光盘\视频\第15章\实战345.mp4

• 实例介绍 •

在拍摄照片的过程中，很容易因为光线不足而造成照片偏暗的情况，此时用户可以通过以下方法对照片进行批量补光处理。

• 操作步骤 •

STEP 01 单击“文件”|“打开”命令，打开一幅素材图像，如图15-134所示。

STEP 02 展开“图层”面板，选择“背景”图层，按【Ctrl+J】组合键，复制“背景”图层，得到“图层1”图层，如图15-135所示。

图15-134 打开素材图像

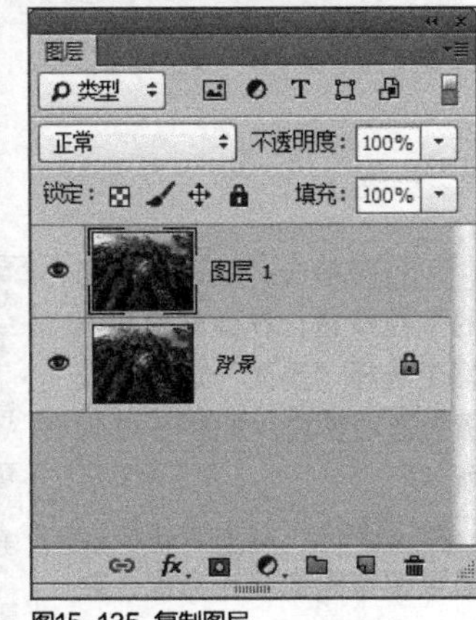

图15-135 复制图层

STEP 03 单击“图层”面板底部的“创建新图层”按钮，新建“图层2”图层，设置前景色为白色，如图15-136所示。

STEP 04 按【Alt+Delete】组合键，填充前景色，设置“图层2”混合模式为“叠加”、“不透明度”为30%，提高图像亮度，效果如图15-137所示。

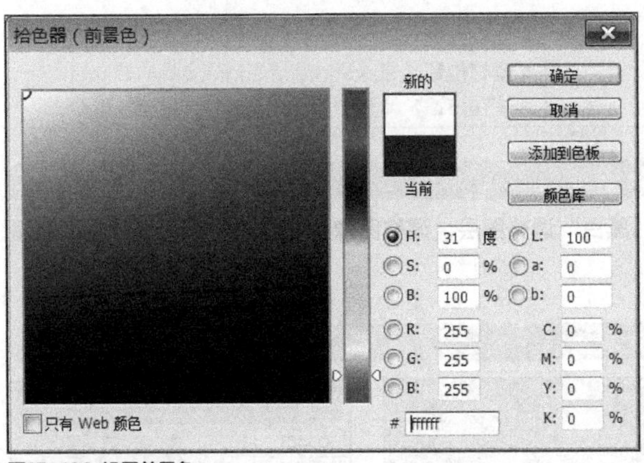

图15-136 设置前景色

图15-137 提高图像亮度

专家提醒

在使用色彩平衡调整照片颜色时，如果过分地调整照片的单一颜色属性，会导致照片失去原有的色泽感。

实战 346 图像批量补光效果——调整色彩平衡效果

▶实例位置：光盘\实例\第15章\实战343.jpg
▶素材位置：无
▶视频位置：光盘\视频\第15章\实战346.mp4

• 实例介绍 •

用户可以使用“色彩平衡”调整图层调整色彩的平衡效果。

• 操作步骤 •

STEP 01 按【Ctrl+Alt+Shift+E】组合键，盖印图层，得到“图层3”图层，如图15-138所示。

STEP 02 新建“色彩平衡1”调整图层，展开“属性”面板，设置各参数，如图15-139所示。

图15-138 盖印图层

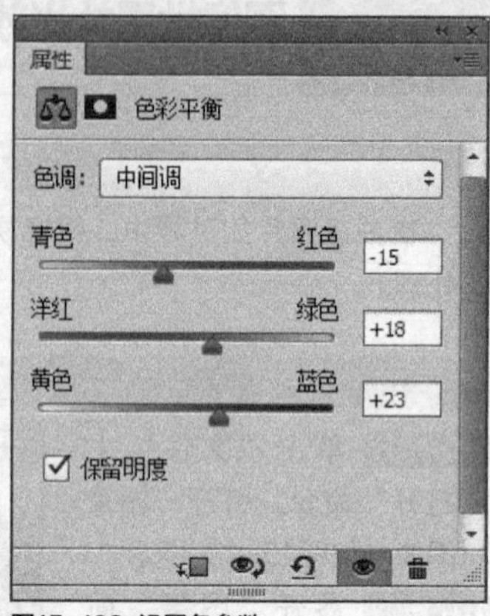
图15-139 设置各参数

STEP 03 单击“色调”右侧的下拉按钮，在弹出的列表框中选择“高光”选项，设置各选项参数，如图15-140所示。

STEP 04 执行以上操作后，即可调整图像高光亮度，效果如图15-141所示，完成图像批量补光效果的操作。

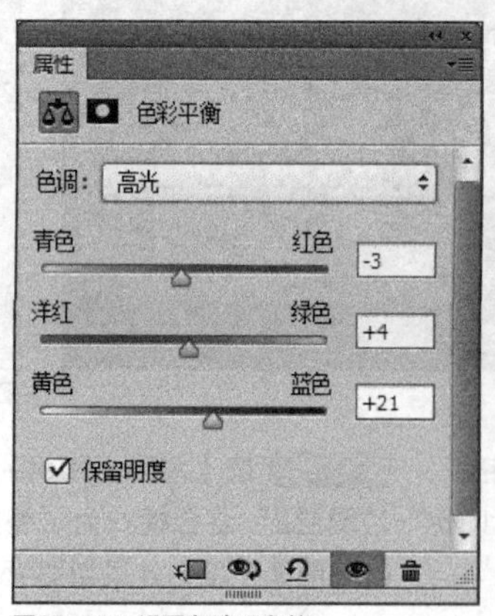
图15-140 设置各选项参数

图15-141 最终效果

实战 347 彩色变黑白照片效果

▶实例位置：光盘\实例\第15章\实战347.jpg
▶素材位置：光盘\素材\第15章\实战347.jpg
▶视频位置：光盘\视频\第15章\实战347.mp4

• 实例介绍 •

彩色照片变黑白照片，不是去色就可以的，本实战运用“黑白”调整图层，调整图像黑白效果，从而制作出高质量的黑白照片。

• 操作步骤 •

STEP 01 单击“文件”|“打开”命令，打开一幅素材图像，如图15-142所示。

STEP 02 展开“图层”面板，选择“背景”图层，按【Ctrl+J】组合键，复制“背景”图层，得到“图层1”图层，如图15-143所示。

图15-142 打开素材图像

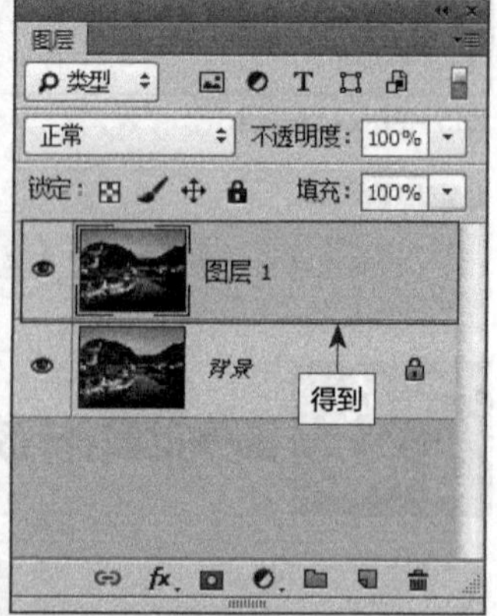

图15-143 复制图层

STEP 03 单击"图层"面板底部的"创建新的填充或调整图层"按钮，在弹出的列表框中选择"黑白"选项，新建"黑白1"调整图层，如图15-144所示。

STEP 04 展开"属性"面板，设置各选项参数，如图15-145所示。

图15-144 新建调整图层

图15-145 设置各选项参数

STEP 05 执行上述操作后，调整图像各颜色黑白对比度，效果如图15-146所示。

STEP 06 单击"图层"面板底部的"创建新的填充或调整图层"按钮，在弹出的列表框中选择"照片滤镜"选项，新建"照片滤镜1"调整图层，如图15-147所示。

图15-146 调整图像对比度

图15-147 新建调整图层

STEP 07 展开"属性"面板，单击"滤镜"右侧的下拉按钮，在弹出的列表框中选择"深褐"选项，设置"浓度"为25%，如图15-148所示。

STEP 08 执行上述操作后，即可调整黑白图像偏色，效果如图15-149所示，完成彩色变黑白照片效果的操作。

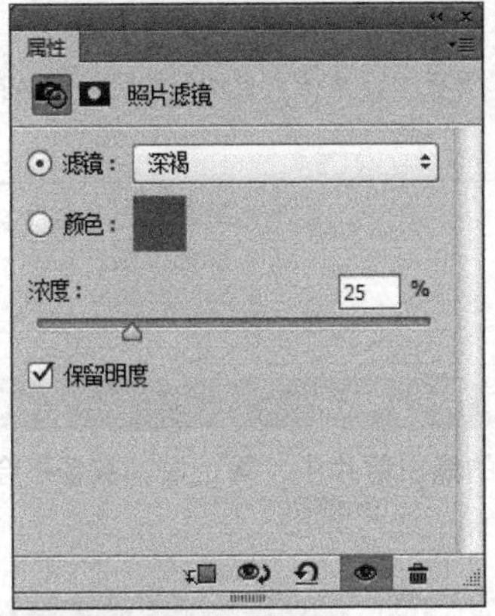

图15-148 设置"浓度"参数

图15-149 最终效果

专家提醒

"黑白"调整图层是将各颜色转换为黑白图像后各颜色的饱和度，用户可以通过调整各颜色参数调整黑白图像对比度。

实战348 自动生成黑白照片

▶实例位置：光盘\实例\第15章\实战348.jpg
▶素材位置：光盘\素材\第15章\实战348.jpg
▶视频位置：光盘\视频\第15章\实战348.mp4

• 实例介绍 •

黑白照片是在图像处理中，用户为了表现图像的某种意境，刻意制作出来的图像效果，黑白照片还可以表现时代感。

• 操作步骤 •

STEP 01 单击“文件”|“打开”命令，打开一幅素材图像，如图15-150所示。

STEP 02 展开“图层”面板，选择“背景”图层，按【Ctrl+J】组合键，复制“背景”图层，得到“图层1”图层，如图15-151所示。

图15-150 打开素材图像

图15-151 复制图层

STEP 03 新建“黑白1”调整图层，展开“属性”面板，单击“自动”按钮，如图15-152所示，自动调整图像各选项参数。

STEP 04 执行操作后，图像自动调整黑白对比度，效果如图15-153所示，完成自动生成黑白效果的操作。

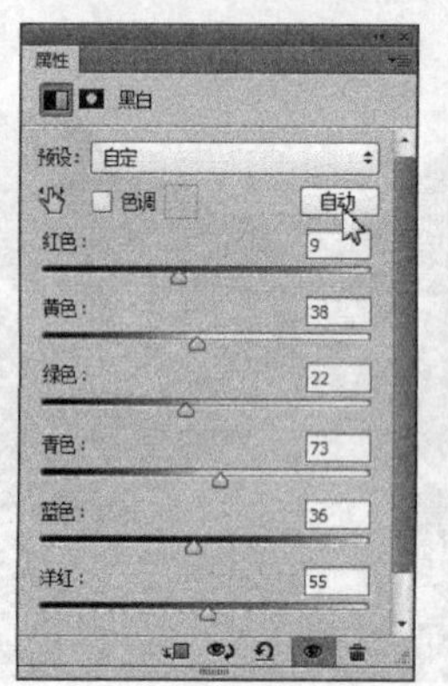
图15-152 单击“自动”按钮

图15-153 最终效果

专家提醒

新建“黑白”调整图层，图像会自动去色。在“属性”面板中，单击“自动”按钮，可以自动调整图像的明暗对比度。

实战 349 高对比黑白照片效果

▶实例位置：光盘\实例\第15章\实战349.jpg
▶素材位置：光盘\素材\第15章\实战349.jpg
▶视频位置：光盘\视频\第15章\实战349.mp4

• 实例介绍 •

在制作高对比黑白照片过程中，用户直接去色得到的黑白照片中，黑、白、灰场不会特别明显，因此，会利用色阶调整黑白对比度。

• 操作步骤 •

STEP 01 单击“文件”|“打开”命令，打开一幅素材图像，如图15-154所示。

STEP 02 展开“图层”面板，选择“背景”图层，按【Ctrl+J】组合键，复制“背景”图层，得到“图层1”图层，如图15-155所示。

图15-154 打开素材图像

图15-155 复制图层

STEP 03 单击“图层”|“调整”|“去色”命令，再在图层面板中新建“色阶1”调整图层，展开“属性”面板，设置各选项参数，如图15-156所示。

STEP 04 执行上述操作后，即可调整图像黑白对比度，效果如图15-157所示，完成高对比黑白照片效果的制作。

专家提醒

调整“色阶”是通过将每个通道中最亮和最暗的像素定义为白色和黑色，然后按比例重新分配中间像素值来调整图像的色调。

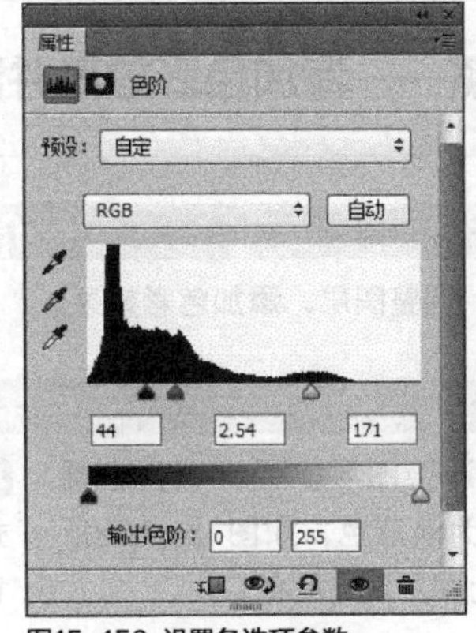

图15-156 设置各选项参数

图15-157 最终效果

实战 350 多种风格彩照——调整色阶效果

▶实例位置：无
▶素材位置：光盘\素材\第15章\实战350.jpg
▶视频位置：光盘\视频\第15章\实战350.mp4

• 实例介绍 •

用户在照片处理过程中，常常适当地调整图像偏色，以制作出淡雅的风格特点，调整不同的色相就会表现出不同的色彩风格。

• 操作步骤 •

STEP 01 单击“文件”|“打开”命令，打开一幅素材图像，如图15-158所示。

STEP 02 展开“图层”面板，选择“背景”图层，按【Ctrl+J】组合键，复制“背景”图层，得到“图层1”图层，如图15-159所示。

图15-158 打开素材图像

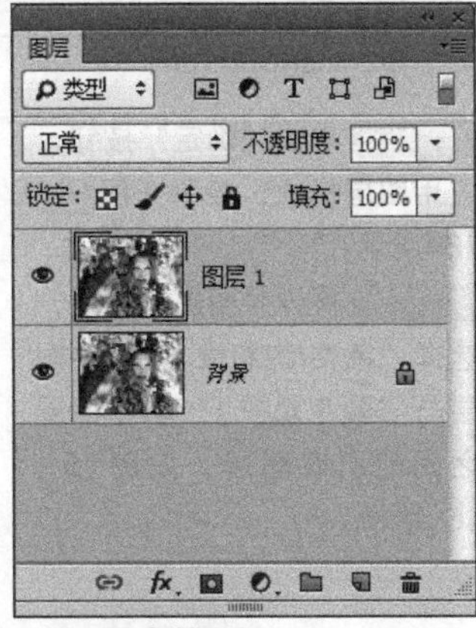

图15-159 复制图层

STEP 03 新建“色相/饱和度1”调整图层，展开“属性”面板，设置各选项参数，如图15-160所示。

STEP 04 新建“色阶1”调整图层，展开“属性”面板，设置各选项参数，如图15-161所示，调整图像色阶效果。

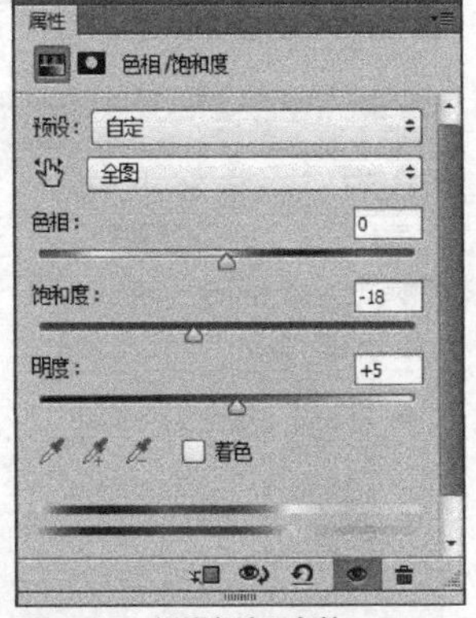

图15-160 设置各选项参数

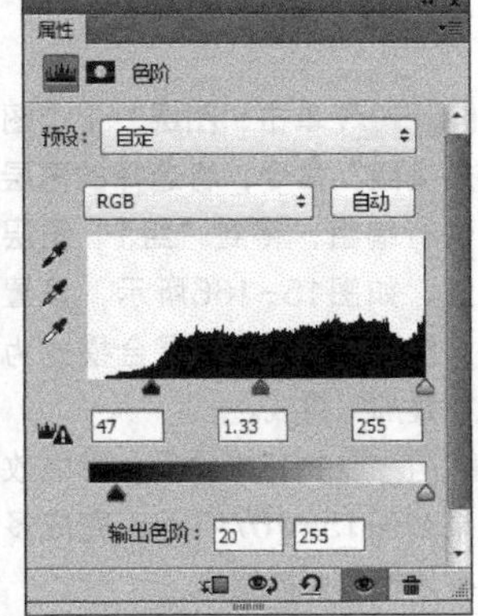

图15-161 设置各选项参数

专家提醒

“柔光”混合模式是根据上下图层，使图像的明亮程度发生变化，如果上方的图层像素比50%灰色较亮，则图像会变亮，反之，则图像会变暗。

实战351 多种风格彩照——添加色彩效果并调整

▶实例位置：光盘\实例\第15章\实战351.jpg
▶素材位置：无
▶视频位置：光盘\视频\第15章\实战351.mp4

• 实例介绍 •

用户可以使用“颜色填充”调整图层，添加色彩效果。

• 操作步骤 •

STEP 01 新建“颜色填充1”调整图层，弹出“拾色器（纯色）”对话框，设置颜色为淡蓝色，如图15-162所示，单击“确定”按钮，即可为图层填充颜色。

STEP 02 双击“颜色填充1”调整图层，弹出“图层样式”对话框，设置“混合模式”为“柔光”模式，如图15-163所示。

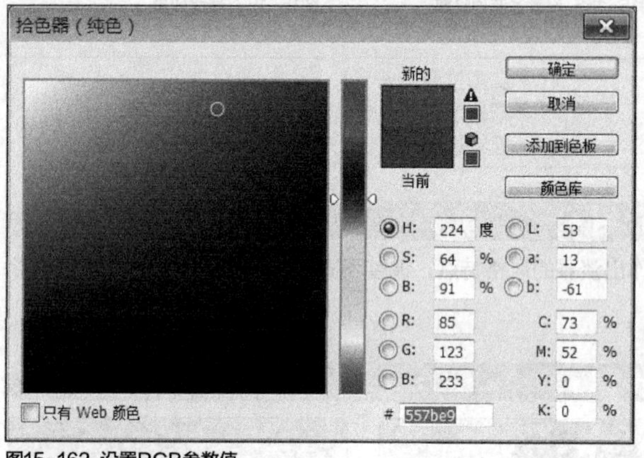

图15-162 设置RGB参数值

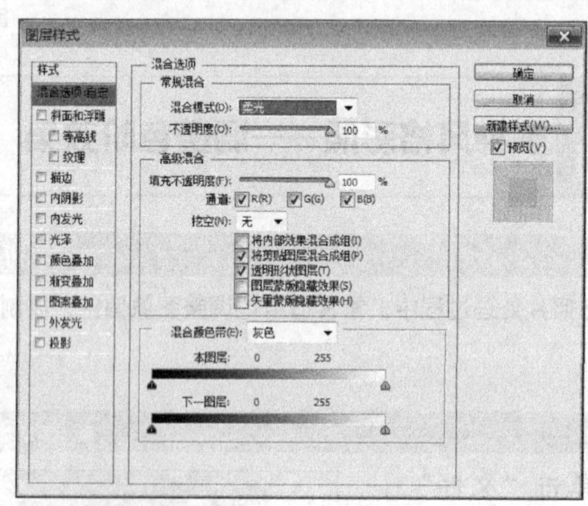

图15-163 设置混合模式

STEP 03 单击“确定”按钮，应用图层样式，效果如图15-164所示。

STEP 04 展开“图层”面板，选择“色相/饱和度1”调整图层与“颜色填充1”调整图层之间的所有图层，如图15-165所示。

图15-164 应用图层样式

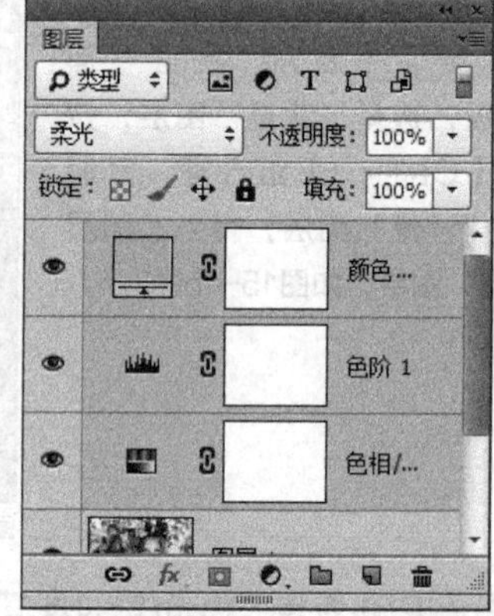

图15-165 选择图层

STEP 05 单击“图层”|“图层编组”命令，将选择的图层进行编组，得到“组1”图层组，如图15-166所示，设置“组1”图层组的混合模式为“叠加”模式。

STEP 06 执行操作后，图像效果如图15-167所示，完成多种风格彩照的制作。

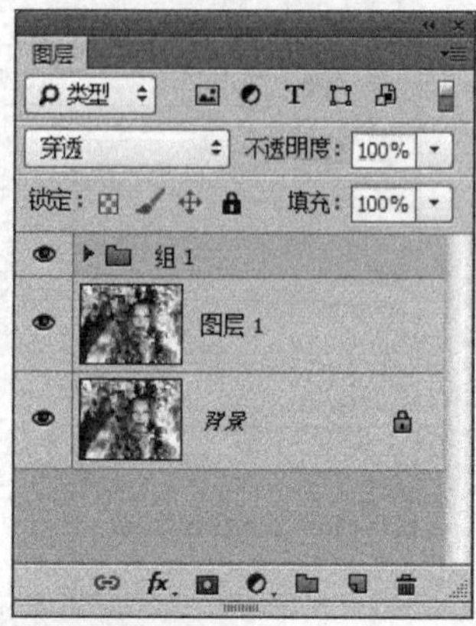

图15-166 图层编组

图15-167 图像效果

其他示例效果如图15-168所示。

偏黄　偏绿　偏紫　偏红

图15-168 其他示例效果

实战 352 高对比色彩效果

▶实例位置：光盘\实例\第15章\实战352.jpg
▶素材位置：光盘\素材\第15章\实战352.jpg
▶视频位置：光盘\视频\第15章\实战352.mp4

• 实例介绍 •

在照片处理过程中，要制作出高对比色彩效果，可以运用"曲线"调整图层，来调节图像颜色的效果。

• 操作步骤 •

STEP 01 单击"文件"|"打开"命令，打开一幅素材图像，如图15-169所示。

STEP 02 展开"图层"面板，选择"背景"图层，按【Ctrl+J】组合键，复制"背景"图层，得到"图层1"图层，如图15-170所示。

图15-169 打开素材图像

图15-170 复制图层

STEP 03 单击"图层"面板底部的"创建新的填充或调整图层"按钮，在弹出的列表框中选择"曲线"选项，新建"曲线1"调整图层，如图15-171所示。

STEP 04 展开"属性"面板，设置上方第1点输入输出值分别为224、233，下方第2点输入/输出值分别为126、85，如图15-172所示。

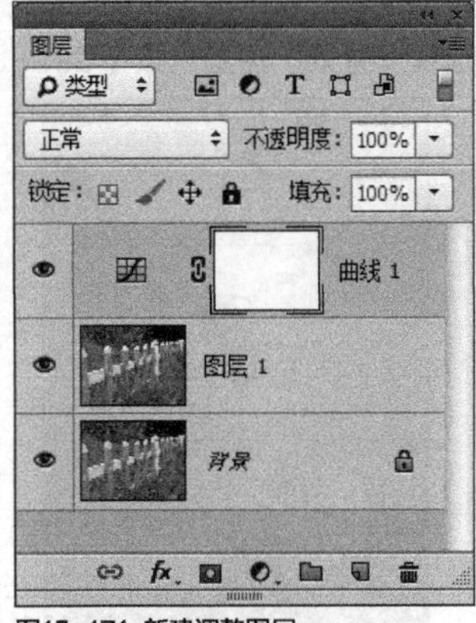

图15-171 新建调整图层

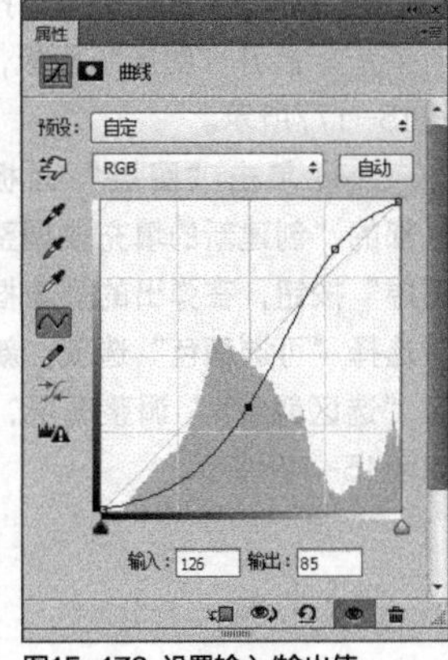

图15-172 设置输入/输出值

专家提醒

“曲线”可以精确地调整图像各通道的颜色，通过增加图像“专色通道”的明暗，达到调整图像颜色的效果。

STEP 05 新建“色相/饱和度1”调整图层，在展开的“属性”面板中，设置各选项参数，如图15-173所示。

STEP 06 设置“色相/饱和度1”调整图层的混合模式为“柔光”，提高图像亮度，效果如图15-174所示，完成高对比色彩效果的制作。

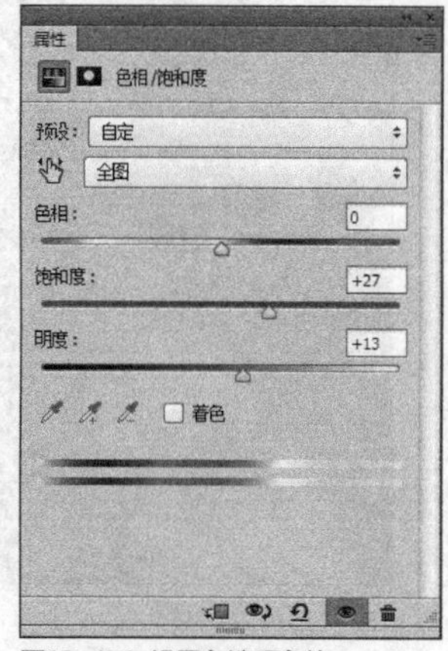

图15-173 设置各选项参数

图15-174 提高图像亮度

其他示例效果如图15-175所示。

偏亮

强烈

图15-175 其他示例效果

实战353 蓝天白云效果

▶实例位置：光盘\实例\第15章\实战353.jpg
▶素材位置：光盘\素材\第15章\实战353.jpg
▶视频位置：光盘\视频\第15章\实战353.mp4

• 实例介绍 •

蓝蓝的天空，白白的云朵，意味着天气晴朗，色彩与人的心理是相通的，将灰蒙蒙的天空打造成蓝天白云，会让人看了心情舒畅。

• 操作步骤 •

STEP 01 单击“文件”|“打开”命令，打开一幅素材图像，如图15-176所示。

STEP 02 展开“图层”面板，选择“背景”图层，按【Ctrl+J】组合键，复制“背景”图层，得到“图层1”图层，如图15-177所示。

STEP 03 单击“图层”面板底部的“创建新的填充或调整图层”按钮，在弹出的列表框中选择“可选颜色”选项，新建“选区颜色1”调整图层，如图15-178所示。

图15-176 打开素材图像

图15-177 复制图层

图15-178 新建调整图层

STEP 04 展开“属性”面板，单击“颜色”右侧的下拉按钮，在弹出的列表框中选择“青色”选项，设置各选项参数（青色：100，洋红：100，黄色：0，黑色：0），如图15-179所示。

STEP 05 单击“颜色”右侧的下拉按钮，在弹出的列表框中选择“蓝色”选项，设置各选项参数，如图15-180所示。

STEP 06 新建“色相/饱和度1”调整图层，在展开的“属性”面板中，设置各选项参数，如图15-181所示。

图15-179 设置各选项参数

图15-180 设置各选项参数

图15-181 设置各选项参数

STEP 07 单击“全图”右侧的下拉按钮，在弹出的列表框中选择“红色”选项，设置各选项参数（色相：0，饱和度：-57，明度：0），如图15-182所示。

STEP 08 设置“色相/饱和度1”调整图层的混合模式为“叠加”，执行操作后，即可调整图像的饱和度，效果如图15-183所示，完成蓝天白云效果的制作。

图15-182 设置各选项参数

图15-183 调整图像饱和度

专家提醒

通过“可选颜色”调整图层，在“属性”面板中，用户能够根据需要单独调整某一个颜色的变化。

实战354 特殊色彩风格效果——调整色彩平衡效果

▶实例位置：无
▶素材位置：光盘\素材\第15章\实战354.jpg
▶视频位置：光盘\视频\第15章\实战354.mp4

• 实例介绍 •

拍摄的照片，如果都是自然色调，照片就没有特殊含义，往往用户会稍做后期处理，让照片呈现出特殊效果。

• 操作步骤 •

STEP 01 单击“文件”｜“打开”命令，打开一幅素材图像，如图15-184所示。

STEP 02 展开“图层”面板，选择“背景”图层，按【Ctrl+J】组合键，复制“背景”图层，得到“图层1”图层，如图15-185所示。

STEP 03 单击“图层”面板底部的“创建新的填充或调整图层”按钮，在弹出的列表框中选择“色彩平衡”选项，新建“色彩平衡1”调整图层，如图15-186所示。

图15-184 打开素材图像

图15-185 复制图层

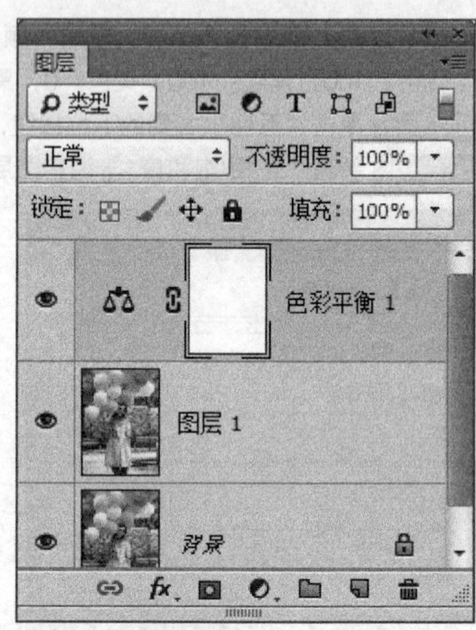
图15-186 新建调整图层

STEP 04 展开“属性”面板，设置各选项参数，如图15-187所示。

STEP 05 单击“色调”右侧的下拉按钮，在弹出的列表框中选择“阴影”选项，设置各选项参数，如图15-188所示。

STEP 06 单击“色调”右侧的下拉按钮，在弹出的列表框中选择“高光”选项，设置各选项参数，如图15-189所示。

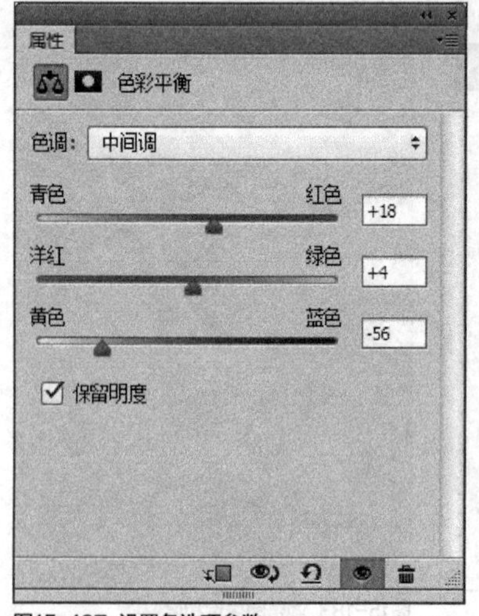
图15-187 设置各选项参数

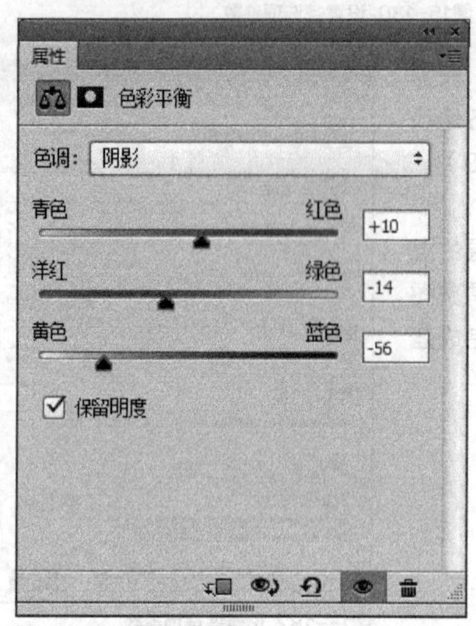
图15-188 设置各选项参数

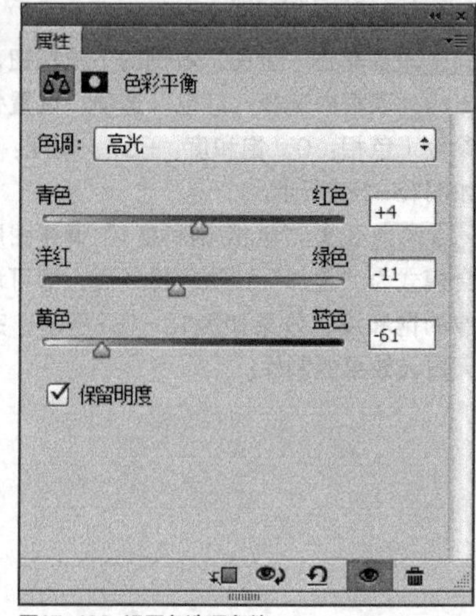
图15-189 设置各选项参数

STEP 07 展开“图层”面板，设置“色彩平衡1”调整图层的“不透明度”为80%，如图15-190所示。

STEP 08 执行上述操作后，即可调整图层不透明度，效果如图15-191所示。

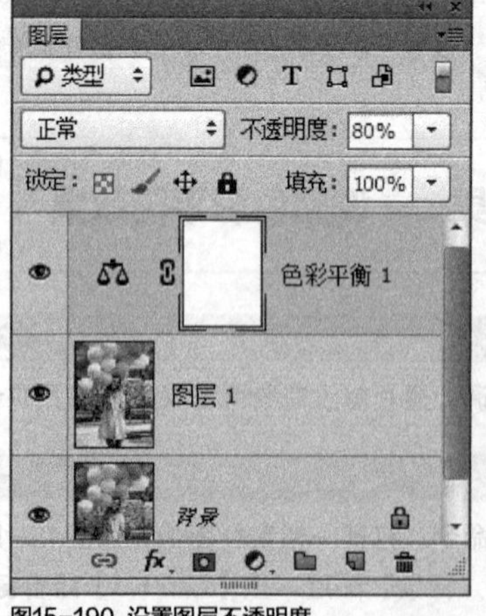
图15-190 设置图层不透明度

图15-191 最终效果

专家提醒

“色彩平衡”与“色阶”调整图层同时使用时，能够同时加强色调饱和度与图像的对比度，使色彩呈现艳丽色调。

实战 355 特殊色彩风格效果——调整色阶效果

▶实例位置：光盘\实例\第15章\实战355.jpg
▶素材位置：无
▶视频位置：光盘\视频\第15章\实战355.mp4

• 实例介绍 •

用户可以使用“色阶”调整图层，制作特殊色彩风格效果。

• 操作步骤 •

STEP 01 单击“图层”面板底部的“创建新的填充或调整图层”按钮，在弹出的列表框中选择“色阶”选项，新建“色阶1”调整图层，如图15-192所示。

STEP 02 展开“属性”面板，设置各选项参数（输出色阶参数值分别为19、1.50、233，输入色阶参数值分别为0、255），如图15-193所示。

STEP 03 执行以上操作后，即可调整图像对比度，效果如图15-194所示，完成特殊色彩风格效果制作。

图15-192 新建调整图层

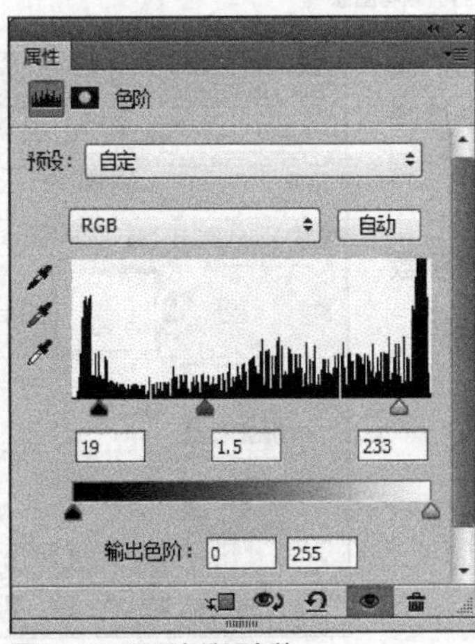

图15-193 设置各选项参数

图15-194 调整图像对比度效果

其他示例效果如图15-195所示。

色相偏移（绿）

色相偏移（黄）

色相偏移（青）

图15-195 其他示例效果

实战 356 中性黄绿色效果——设置色相饱和度效果

▶实例位置：无
▶素材位置：光盘\素材\第15章\实战356.jpg
▶视频位置：光盘\视频\第15章\实战356.mp4

• 实例介绍 •

色调中的“色温”是色调调整的难点，通过调整照片的色温，可以让照片展现出各种变化的效果。中性黄绿色效果属于低饱和、暖色调，是一种柔和美的效果。

• 操作步骤 •

STEP 01 单击“文件”|“打开”命令，打开一幅素材图像，如图15-196所示。

STEP 02 展开“图层”面板，选择“背景”图层，按【Ctrl+J】组合键，复制“背景”图层，得到“图层1”图层，如图15-197所示。

图15-196 打开素材图像

图15-197 复制图层

STEP 03 单击“图层”面板底部的“创建新的填充或调整图层”按钮，在弹出的列表框中选择“色相/饱和度”选项，新建“色相/饱和度1”调整图层，如图15-198所示。

STEP 04 展开“属性”面板，设置各选项参数（色相：0，饱和度：20，明度：0），如图15-199所示。

图15-198 新建调整图层

图15-199 设置各选项参数

实战 357 中性黄绿色效果——设置可选颜色效果

▶实例位置：无
▶素材位置：无
▶视频位置：光盘\视频\第15章\实战357.mp4

• 实例介绍 •

用户可以使用“可选”调整图层，调整参数至合适效果。

• 操作步骤 •

STEP 01 新建“选取颜色1”调整图层，展开“属性”面板，设置各选项参数，如图15-200所示。

STEP 02 单击“颜色”右侧的下拉按钮，在弹出的列表框中选择“黄色”选项，设置各选项参数，如图15-201所示。

图15-200 设置各选项参数

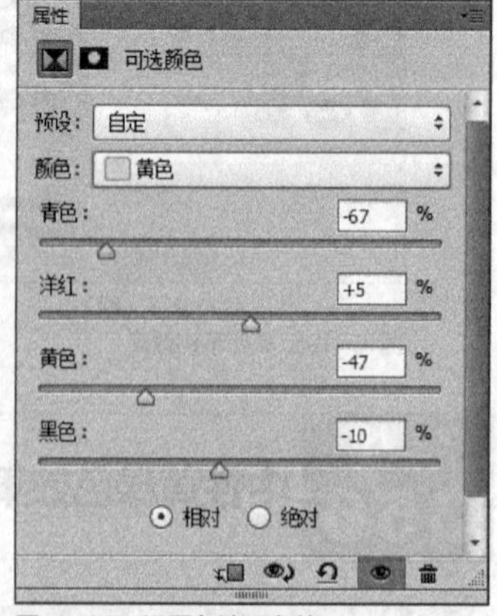

图15-201 设置各选项参数

STEP 03 单击“颜色”右侧的下拉按钮，在弹出的列表框中选择“绿色”选项，设置各选项参数，如图15-202所示。

STEP 04 执行上述操作后，即可对素材图像的“可选颜色”进行调整，效果如图15-203所示。

图15-202 设置各选项参数

图15-203 设置黑白渐变

实战 358 中性黄绿色效果——设置渐变和曲线效果

▶实例位置：无
▶素材位置：无
▶视频位置：光盘\视频\第15章\实战358.mp4

• 实例介绍 •

用户可以使用“渐变映射”“曲线”以及“色相/饱和度”调整图层，调整图像效果。

• 操作步骤 •

STEP 01 新建“渐变映射”调整图层，展示“属性”面板，单击“点按可编辑渐变”颜色条，设置“点按可编辑渐变”为“黑白渐变”，如图15-204所示，设置图层“不透明度”为49%。

STEP 02 新建“曲线1”调整图层，展开“属性”面板，单击RGB右侧的下拉按钮，在弹出的列表框中选择“红”选项，设置各选项参数，如图15-205所示。

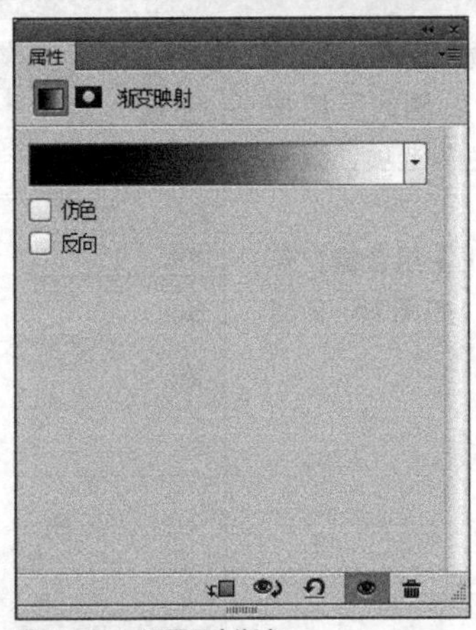

图15-204 设置黑白渐变

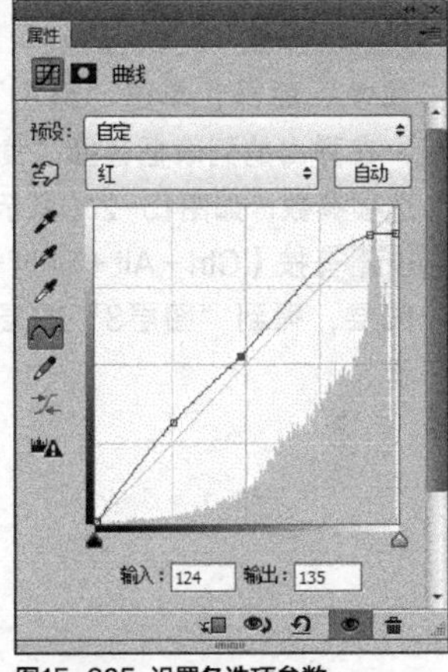

图15-205 设置各选项参数

STEP 03 单击“红”右侧的下拉按钮，在弹出的列表框中选择“绿”选项，设置各选项参数，如图15-206所示。

STEP 04 单击“绿”右侧的下拉按钮，在弹出的列表框选择“蓝”选项，设置各选项参数，如图15-207所示。

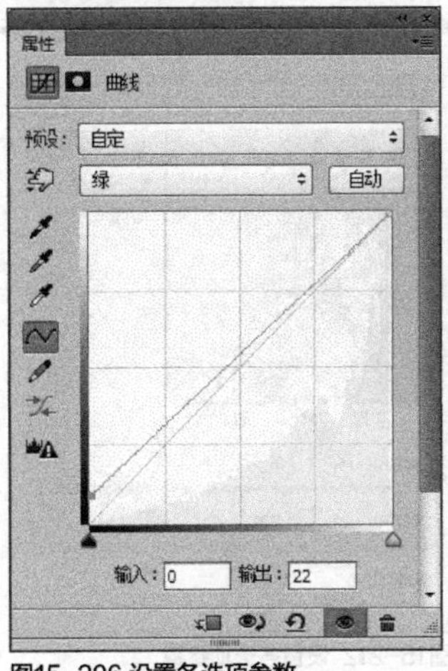

图15-206 设置各选项参数

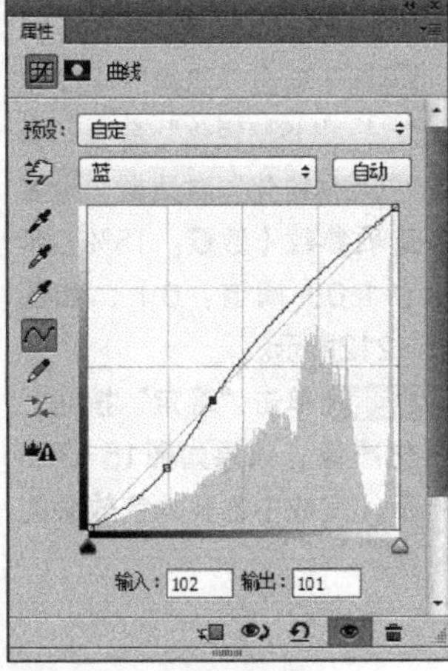

图15-207 设置各选项参数

STEP 05 新建“色相/饱和度2”调整图层，展开“属性”面板，单击“全图”右侧的下拉按钮，在弹出的列表框中选择“红色”选项，设置各选项参数，如图15-208所示。

STEP 06 执行上述操作后，即可对图像进行更改，效果如图15-209所示。

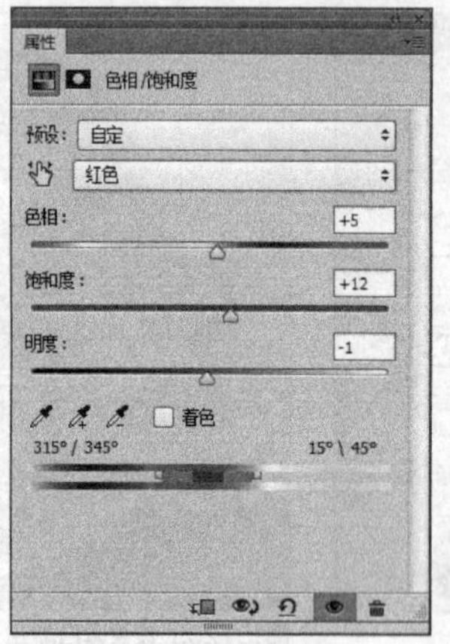

图15-208 设置各选项参数

图15-209 最终效果

实战359 中性黄绿色效果——最后调整

▶实例位置：光盘\实例\第15章\实战359.jpg
▶素材位置：无
▶视频位置：光盘\视频\第15章\实战359.mp4

• 实例介绍 •

用户可以使用“USM锐化”命令，调整图像效果。

• 操作步骤 •

STEP 01 新建“可选颜色2”调整图层，展开“属性”面板，单击“颜色”右侧的下拉按钮，在弹出的列表框选择“黄色”选项，设置各选项参数，如图15-210所示。

STEP 02 按【Ctrl+Alt+Shift+E】组合键，盖印图层，得到“图层3”图层，如图15-211所示。

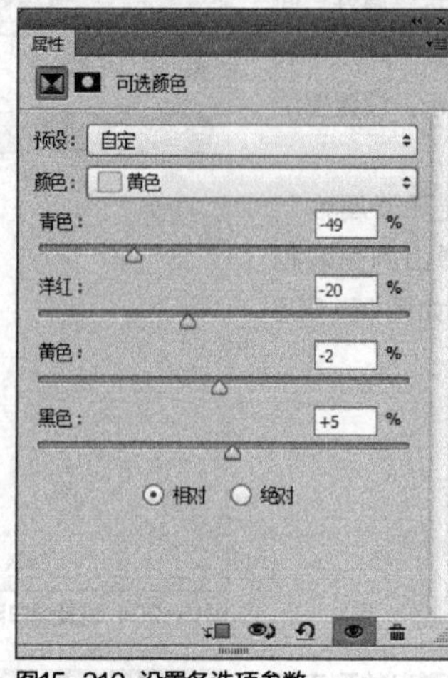

图15-210 设置各选项参数

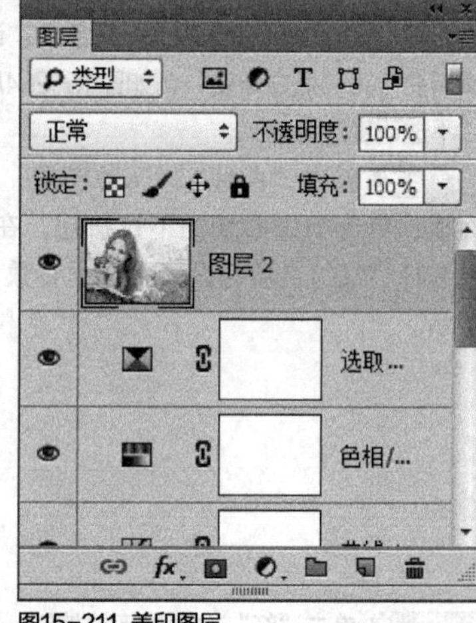

图15-211 盖印图层

STEP 03 单击“滤镜”|“锐化”|“USM锐化”命令，弹出“USM锐化”对话框，设置各选项参数（数量：15%，半径：1.0，阈值：0），如图15-212所示。

STEP 04 单击“确定”按钮，锐化图像，效果如图15-213所示，完成中性黄绿色效果的制作。

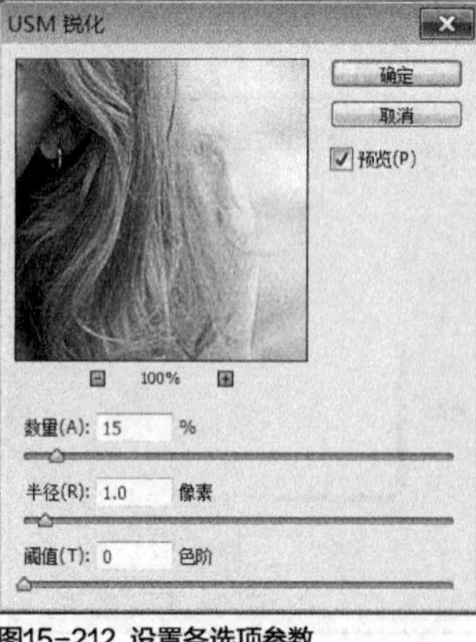

图15-212 设置各选项参数

图15-213 锐化图像效果

实战 360 照片镜头光晕效果——调整图像色彩

▶ 实例位置：无
▶ 素材位置：光盘\素材\第15章\实战360.jpg
▶ 视频位置：光盘\视频\第15章\实战360.mp4

• 实例介绍 •

生活中的照片，经过适当的处理后，可以制作出阳光清新的感觉，然后添加一些光晕做点缀，可以突出照片的梦幻、清新、神秘感。

• 操作步骤 •

STEP 01 单击“文件”｜“打开”命令，打开一幅素材图像，如图15-214所示。

STEP 02 展开“图层”面板，选择“背景”图层，按【Ctrl+J】组合键，复制“背景”图层，得到“图层1”图层，如图15-215所示。

图15-214 打开素材图像

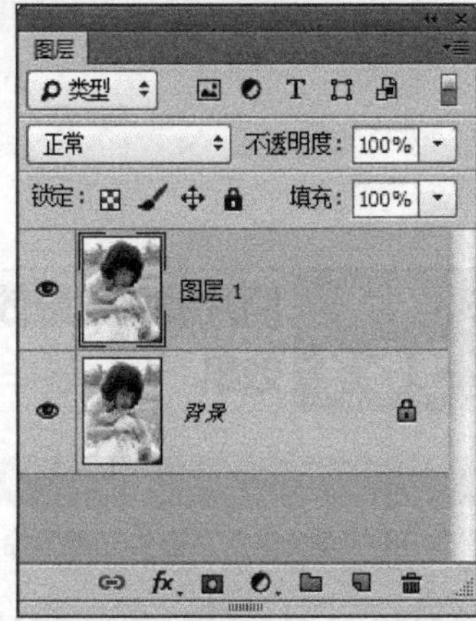

图15-215 复制图层

STEP 03 新建“色阶1”调整图层，展开“属性”面板，设置各选项参数，如图15-216所示。

STEP 04 新建“图层2”图层，设置前景色为暗紫色（RGB参数分别为75、0、73），填充前景色，设置“不透明度”为60%，如图15-217所示，混合模式为“滤色”。

专家提醒

“滤色”混合模式，可以将上方图层像素的互补色与底色相乘，然后得到比原有颜色更浅的颜色，具有类似漂白的效果。

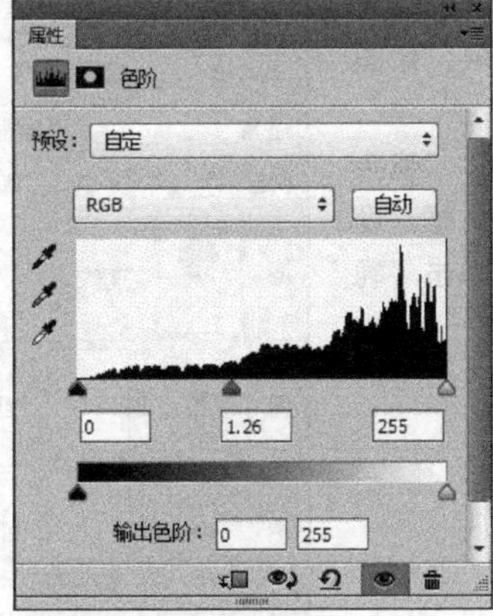

图15-216 设置各选项参数

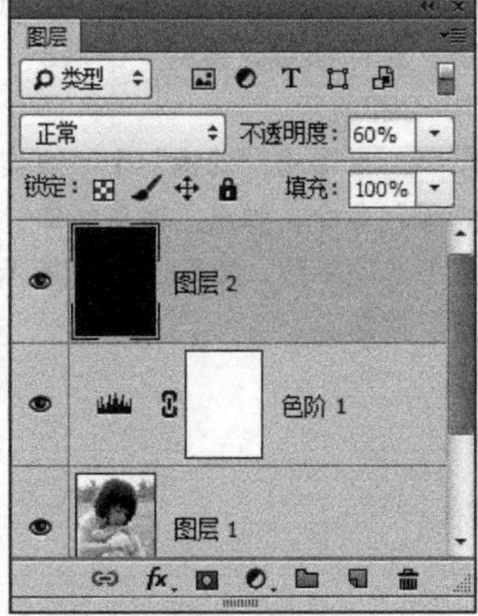

图15-217 设置“不透明度”

STEP 05 新建“色阶2”调整图层，展开“属性”面板，设置各选项参数，如图15-218所示。

STEP 06 新建“可选颜色1”调整图层，单击“颜色”右侧的下拉按钮，在弹出的列表框中选择“中性色”选项，设置各选项参数（黑色：24），如图15-219所示。

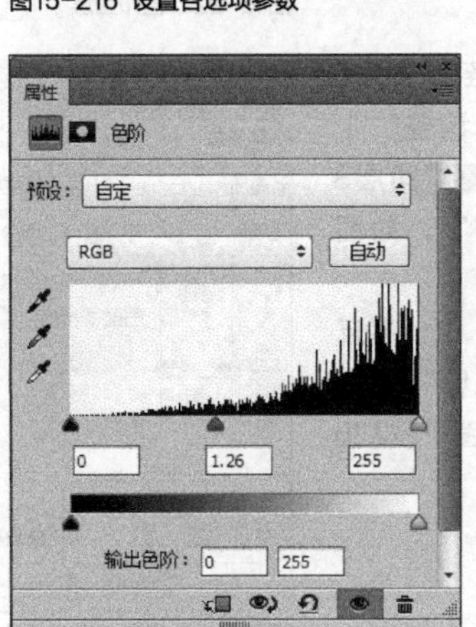

图15-218 设置各选项参数

图15-219 设置各选项参数

STEP 07 单击“颜色”右侧的下拉按钮，在弹出的列表框中选择“黑色”选项，设置各选项参数（青色：0，洋红：70，黄色：0，黑色：51），如图15-220所示。

STEP 08 执行上述操作后即可对素材图像的色彩进行调整，效果如图15-221所示。

图15-220 设置各选项参数

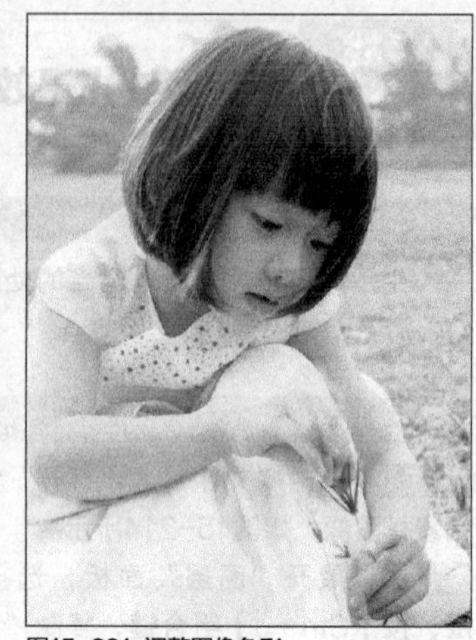
图15-221 调整图像色彩

实战361 照片镜头光晕效果——添加“镜头光晕”效果

▶实例位置：光盘\实例\第15章\实战361.jpg
▶素材位置：无
▶视频位置：光盘\视频\第15章\实战361.mp4

• 实例介绍 •

用户可以使用“镜头光晕”命令添加光晕效果，以及使用“高反差保留”命令增强图像的清晰度。

• 操作步骤 •

STEP 01 按【Ctrl+Alt+Shift+E】组合键，盖印图层，得到“图层3”图层，如图15-222所示。

STEP 02 单击“滤镜”|“渲染”|“镜头光晕”命令，弹出“镜头光晕”对话框，设置各选项参数，如图15-223所示，单击“确定”按钮。

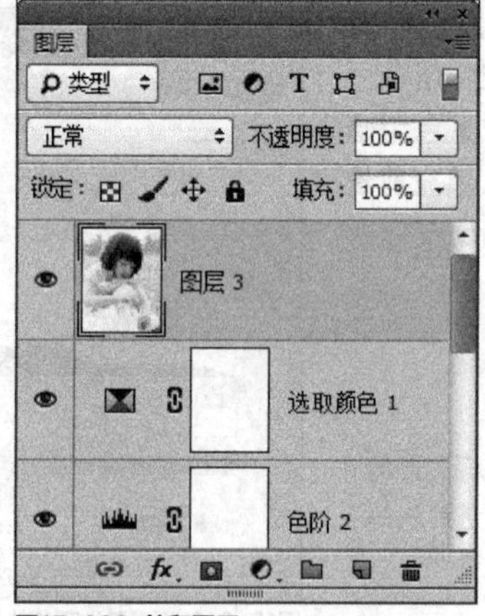

图15-222 盖印图层

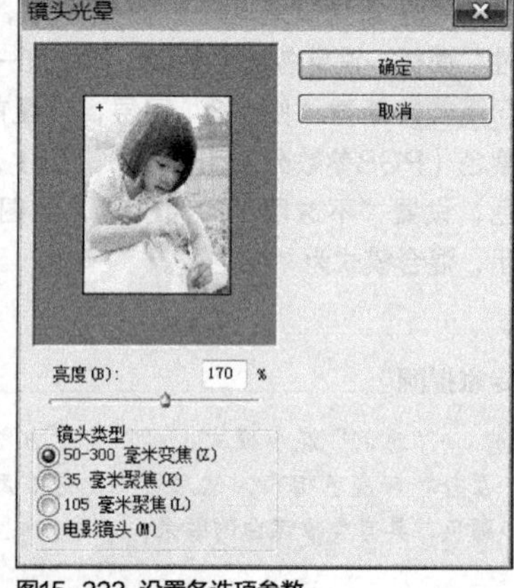

图15-223 设置各选项参数

STEP 03 复制“图层3”图层，得到“图层3拷贝”图层，单击“图像”|“调整”|“去色”命令，为图像去色，设置“图层3拷贝”图层的混合模式为“叠加”，如图15-224所示。

STEP 04 单击“滤镜”|“其它”|“高反差保留”命令，弹出“高反差保留”对话框，设置“半径”为1.5像素，如图15-225所示。

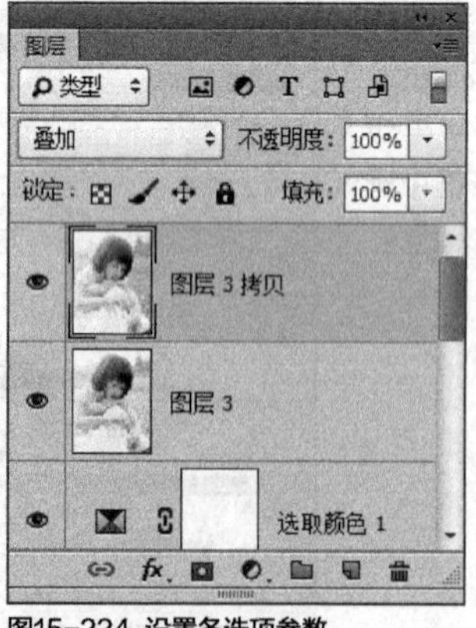

图15-224 设置各选项参数

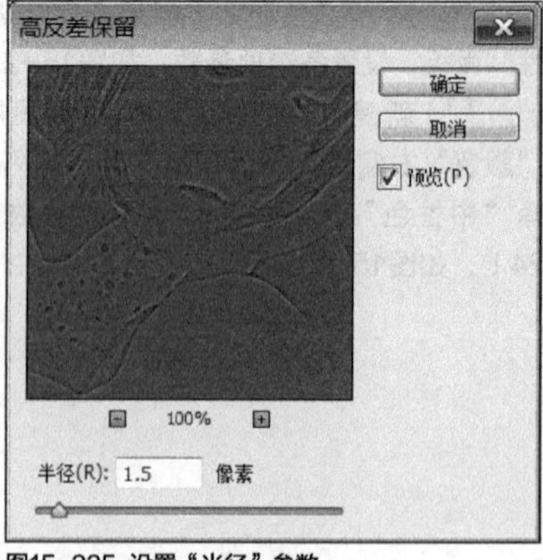

图15-225 设置“半径”参数

STEP 05 单击“确定”按钮，即可增加图像清晰度，效果如图15-226所示，完成照片镜头光晕效果的制作。

图15-226 增加图像清晰度

实战 362 制作HDR人像效果

▶实例位置：光盘\实例\第15章\实战362.jpg
▶素材位置：光盘\素材\第15章\实战362.jpg
▶视频位置：光盘\视频\第15章\实战362.mp4

• 实例介绍 •

拍摄照片的过程中，人像是拍摄过程中的主体，照片处理的过程中，对人像的处理也比较频繁，通过处理，可以让用户拍摄的每一张照片都拥有完美的色彩效果。

• 操作步骤 •

STEP 01 单击“文件”｜“打开”命令，打开一幅素材图像，如图15-227所示。

STEP 02 展开“图层”面板，选择“背景”图层，按【Ctrl＋J】组合键，复制“背景”图层，得到“图层1”图层，如图15-228所示。

图15-227 打开素材图像

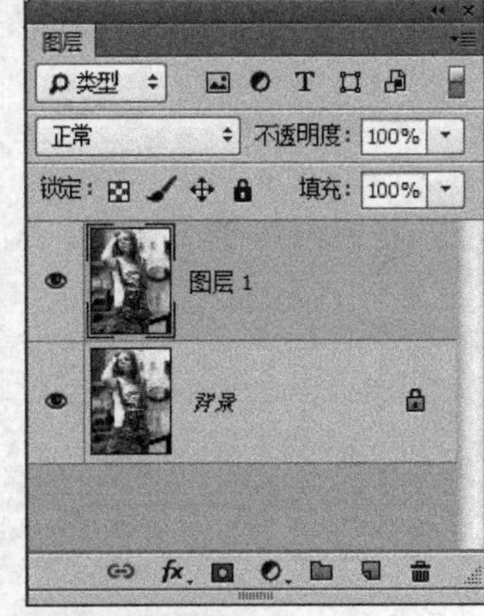

图15-228 复制图层

STEP 03 单击“图像”｜“调整”｜“阴影/高光”命令，选中“显示更多选项”复选框，设置各选项参数，如图15-229所示，单击“确定”按钮。

STEP 04 执行上述操作后，即可添加阴影高光效果，效果如图15-230所示，完成HDR人像效果的制作。

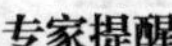
专家提醒

调整图像的“阴影/高光”，能够适当校正图像的颜色、阴影、高光、对比度等，使图像的明暗、色调得到适当调整。

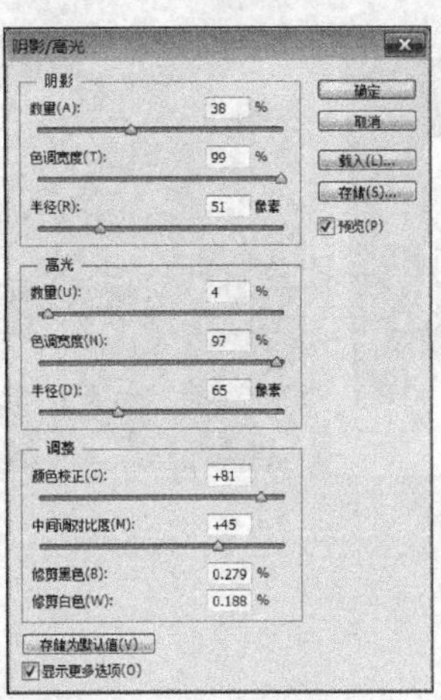

图15-229 设置各选项参数

图15-230 添加阴影高光效果

第16章

数码照片修饰

本章导读

在人像摄影照片的后期处理中，常常对人物面部或身体部位进行一些必要的美化与修饰，使照片变得更漂亮、美观。本章主要介绍了利用Photoshop中的一些工具与命令来达到修饰图像的效果的操作方法。

要点索引

- 照片细节修饰
- 人像照片美容精修
- 人像照片美肤精修
- 人像照片美体精修
- 静物花卉类润色

16.1 照片细节修饰

实战 363 减少图像杂色

▶实例位置：光盘\实例\第16章\实战363.jpg、实战363.psd
▶素材位置：光盘\素材\第16章\实战363.jpg
▶视频位置：光盘\视频\第16章\实战363.mp4

• 实例介绍 •

由于拍摄环境、相机品质或相机设置等多种因素的影响，拍摄出来的照片可能会出现很多噪点，用户可以通过后期处理，减少照片中的杂色，使画面清晰亮丽。

• 操作步骤 •

STEP 01 单击“文件”｜“打开”命令，打开一幅素材图像，如图16-1所示。

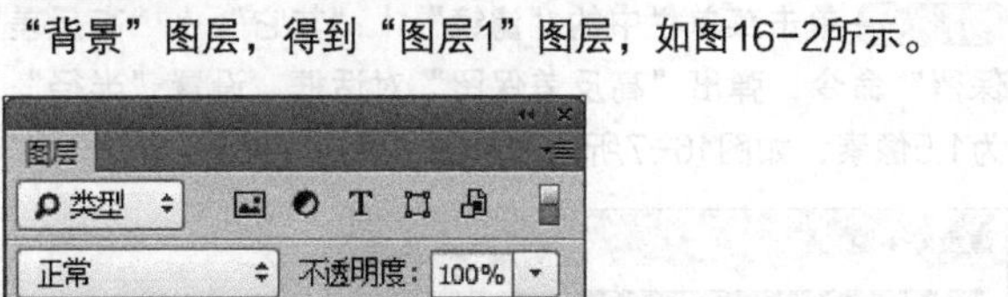

图16-1 打开素材图像

STEP 02 展开“图层”面板，按【Ctrl+J】组合键，复制“背景”图层，得到“图层1”图层，如图16-2所示。

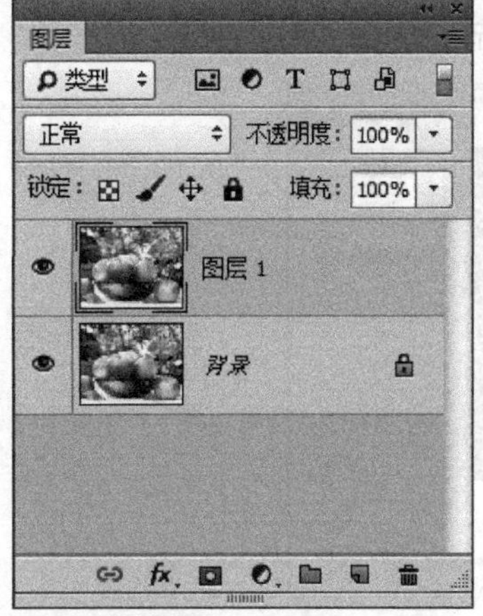

图16-2 复制图层

STEP 03 单击菜单栏中的“滤镜”｜“杂色”｜“减少杂色”命令，弹出“减少杂色”对话框，设置各选项参数（强度：10，保留细节：30，减少杂色：100，锐化细节：20），如图16-3所示，单击“确定”按钮。

图16-3 设置各选项参数

STEP 04 复制“图层1”图层为“图层1拷贝”图层，设置该图层的混合模式为“颜色加深”，设置不透明度为40%，如图16-4所示。

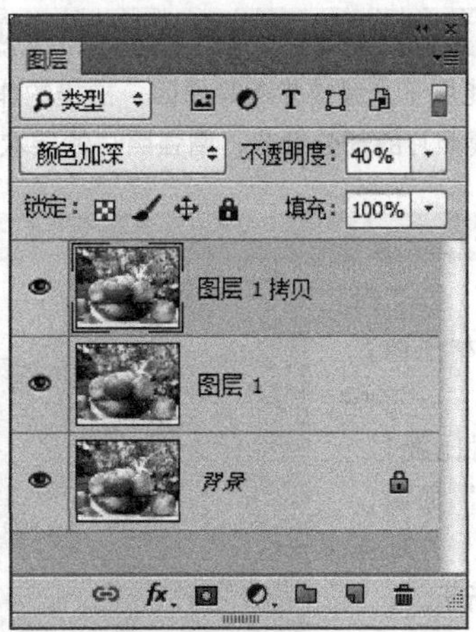

图16-4 设置混合模式

STEP 05 新建“曲线1”调整图层，展开“属性”面板，设置各选项参数，如图16-5所示。

STEP 06 按【Ctrl+Alt+Shift+E】组合键，盖印可见图层，得到“图层2”图层，单击菜单栏中的“图像”｜“调整”｜“去色”命令，图像即可去色，设置该图层的混合模式为“叠加”，设置不透明度为30%，如图16-6所示。

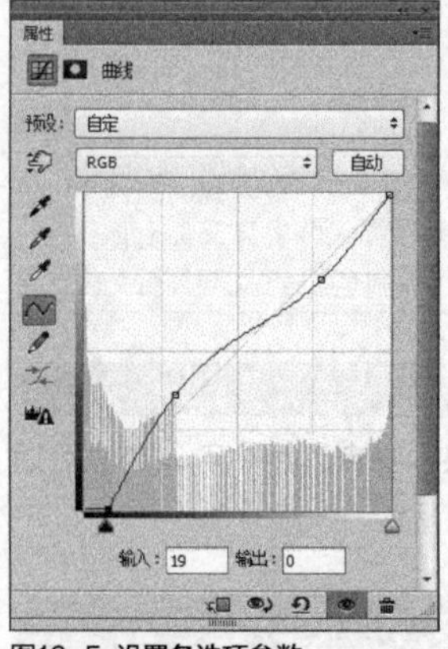
图16-5 设置各选项参数

图16-6 设置混合模式

STEP 07 单击菜单栏中的“滤镜”|“其它”|“高反差保留”命令，弹出“高反差保留”对话框，设置“半径”为1.5像素，如图16-7所示，单击“确定”按钮。

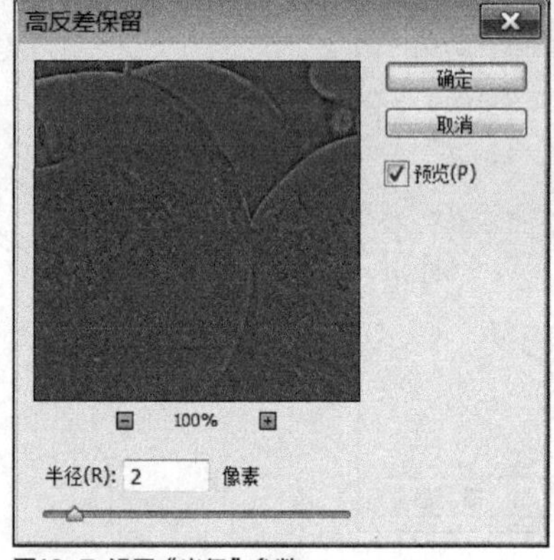
图16-7 设置“半径”参数

STEP 08 展开“历史记录”面板，新建“快照1”，单击菜单栏中的“图层”|“拼合图像”命令，即可拼合图像，效果如图16-8所示，完成减少图像杂色的操作。

图16-8 图像效果

实战364 加强照片层次

▶实例位置：光盘\实例\第16章\实战364.jpg、实战364.psd
▶素材位置：光盘\素材\第16章\实战364.jpg
▶视频位置：光盘\视频\第16章\实战364.mp4

• 实例介绍 •

在拍摄照片时，可能由于光线或焦距等原因，拍摄的作品会曝光过度或不足，拍摄出的照片会丢失部分细节，用户可以通过后期处理，恢复照片的部分细节，增强照片的层次，调出亮丽的照片。

• 操作步骤 •

STEP 01 单击“文件”|“打开”命令，打开一幅素材图像，如图16-9所示。

STEP 02 新建“亮度/对比度1”调整图层，展开“属性”面板，设置“亮度”为-40、“对比度”为60，如图16-10所示。

图16-9 打开素材图像

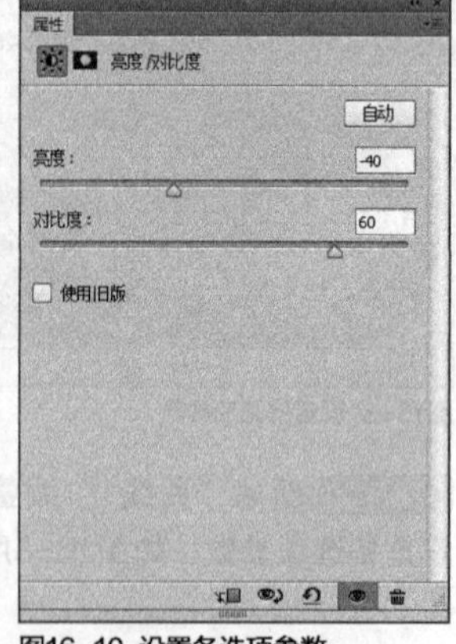
图16-10 设置各选项参数

STEP 03 新建“色阶1”调整图层，展开“属性”面板，设置各选项参数（输入色阶参数值依次为14、1.14、240），如图16-11所示。

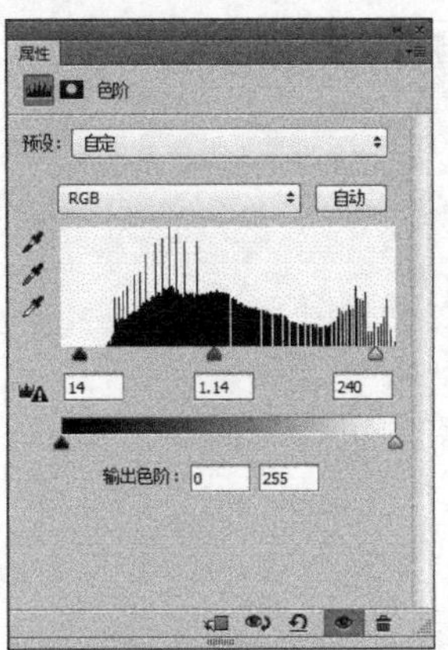

图16-11 设置各选项参数

STEP 04 新建“曲线1”调整图层，展开“属性”面板，在曲线上添加一个节点，设置该节点参数（输入、输出色阶参数值分别为106、134），如图16-12所示。

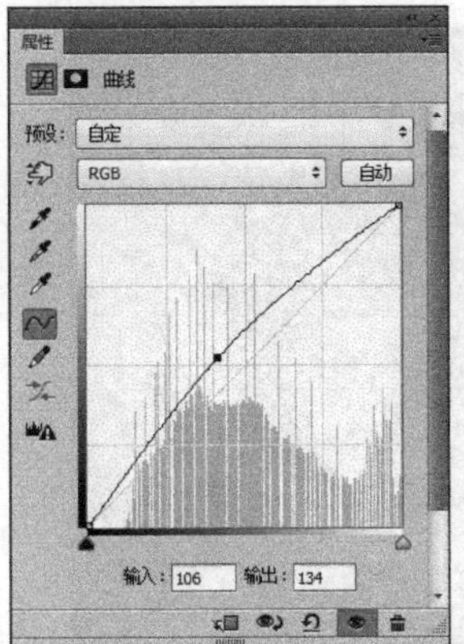

图16-12 设置各选项参数

知识扩展

在对比比较强烈的场景中拍摄时，由于采光测试无法正确区分被摄物体是黑色还是白色，通常在拍摄高亮度场景时，需要增加曝光补偿，增加了曝光补偿的照片，亮度恢复正常。

STEP 05 新建“自然饱和度1”调整图层，展开“属性”面板，设置“自然饱和度”为50、“饱和度”为13，如图16-13所示。

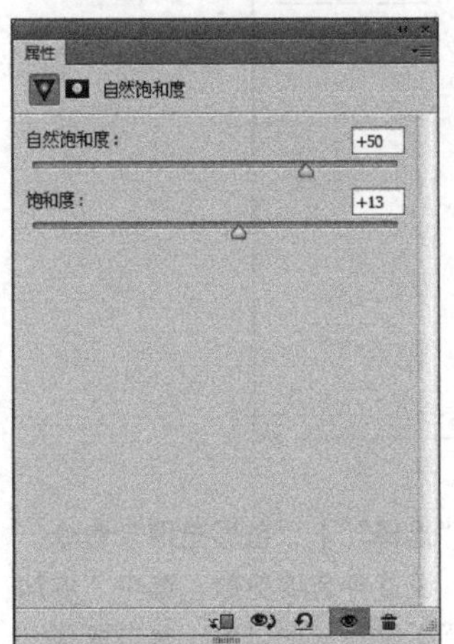

图16-13 设置各选项参数

STEP 06 展开“历史记录”面板，新建“快照1”，单击菜单栏中的“图层”|“拼合图像”命令，即可拼合图像，效果如图16-14所示，完成加强照片层次的操作。

图16-14 图像效果

知识扩展

调整图像的“自然饱和度”不会出现过度饱和的现象，并且即使是将饱和度调整到最高值，图像仍然会保持自然、真实的色彩效果。

实战 365 修复图像暗角

- 实例位置：光盘\实例\第16章\实战365.jpg
- 素材位置：光盘\素材\第16章\实战365.jpg
- 视频位置：光盘\视频\第16章\实战365.mp4

• 实例介绍 •

照片的暗角可能是拍摄时不注意镜头、拍摄时间、拍摄环境等原因造成的，有时很影响图片的效果，用户可以通过后期处理，去除照片的暗角，还原照片的真实效果。

• 操作步骤 •

STEP 01 单击“文件”|“打开”命令，打开一幅素材图像，如图16-15所示。

图16-15 打开素材图像

STEP 02 展开“图层”面板，按【Ctrl+J】组合键，复制“背景”图层，得到“图层1”图层，如图16-16所示。

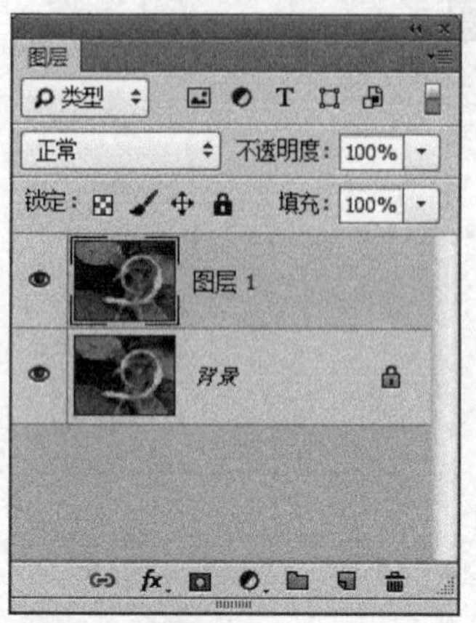

图16-16 复制图层

STEP 03 单击菜单栏中的“图像”|“调整”|“去色”命令，图像即可去色，单击菜单栏中的“图像”|“调整”|“反向”命令，图像反向，效果如图16-17所示。

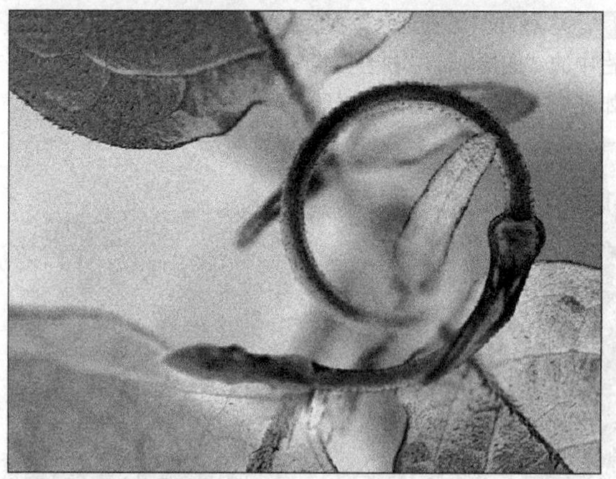

图16-17 图像反向

STEP 04 单击菜单栏中的“滤镜”|“模糊”|“高斯模糊”命令，弹出“高斯模糊”对话框，设置“半径”为20像素，如图16-18所示。

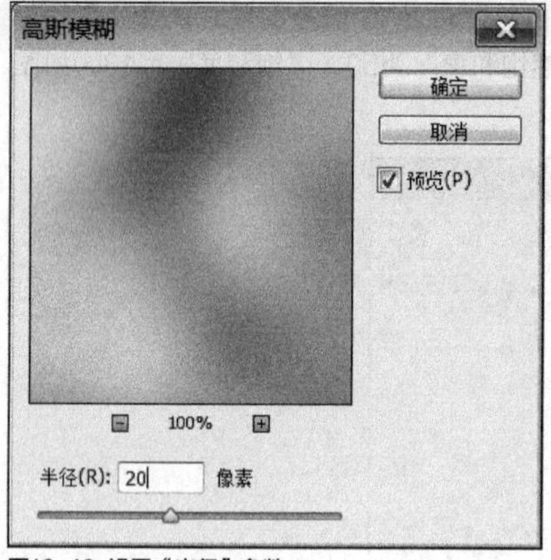

图16-18 设置“半径”参数

STEP 05 单击“确定”按钮，展开“图层”面板，设置该图层的混合模式为“柔光”，如图16-19所示。

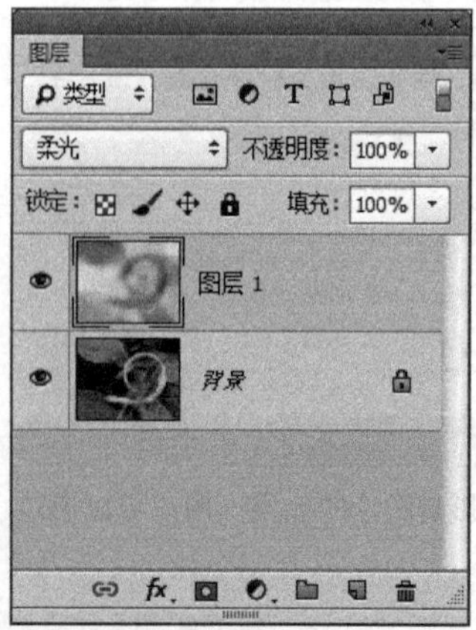

图16-19 设置混合模式

STEP 06 单击菜单栏中的“选择”|“色彩范围”命令，弹出“色彩范围”对话框，设置各选项参数，选中“添加到取样”按钮，拖曳鼠标至图像预览窗口中，单击取样，如图16-20所示。

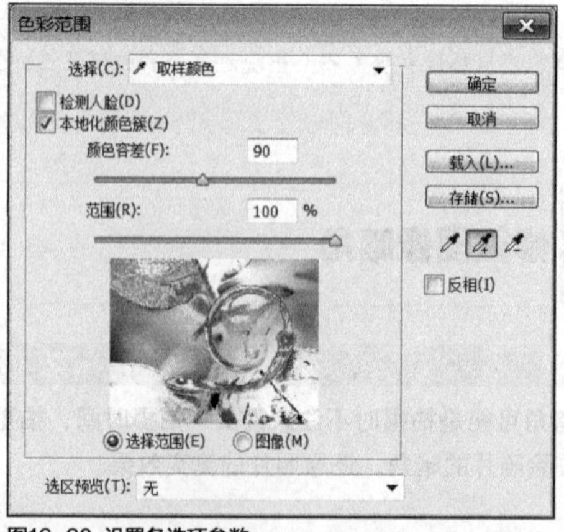

图16-20 设置各选项参数

STEP 07 单击“确定”按钮，即可创建选区，按【Shift+F7】组合键，反选选区，新建“亮度/对比度1”调整图层，展开“属性”面板，设置“亮度”为50、“对比度”为20，如图16-21所示。

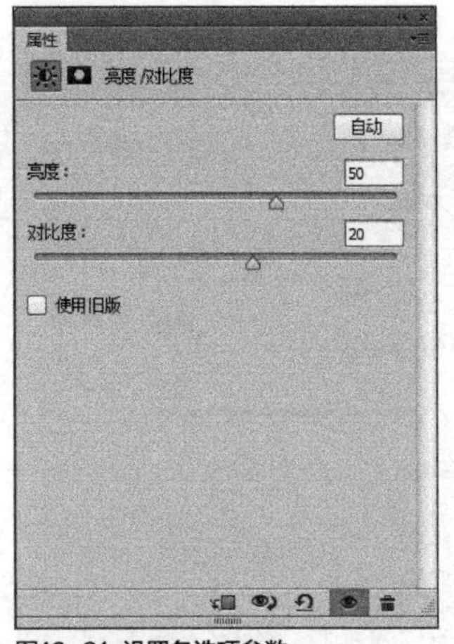

图16-21 设置各选项参数

STEP 08 展开“历史记录”面板，新建“快照1”，单击菜单栏中的“图层”｜“拼合图像”命令，即可拼合图像，效果如图16-22所示，完成修复图像暗角的操作。

图16-22 图像效果

实战366 修复反光图像

▶实例位置：光盘\实例\第16章\实战366.jpg、实战366.psd
▶素材位置：光盘\素材\第16章\实战366.jpg
▶视频位置：光盘\视频\第16章\实战366.mp4

• 实例介绍 •

大多数人在拍摄反光图像的物体过程中都会遇到曝光过度的问题，除了技术原因外，更多的是环境造成的，为了避免这种情况的发生，可以适当地减少曝光补偿。

• 操作步骤 •

STEP 01 单击“文件”｜“打开”命令，打开一幅素材图像，如图16-23所示。

图16-23 打开素材图像

STEP 02 单击菜单栏中的“选择”｜“色彩范围”命令，弹出“色彩范围”对话框，设置各选项参数，（需剪辑）拖曳鼠标至图像编辑窗口高光处，单击取样，如图16-24所示。

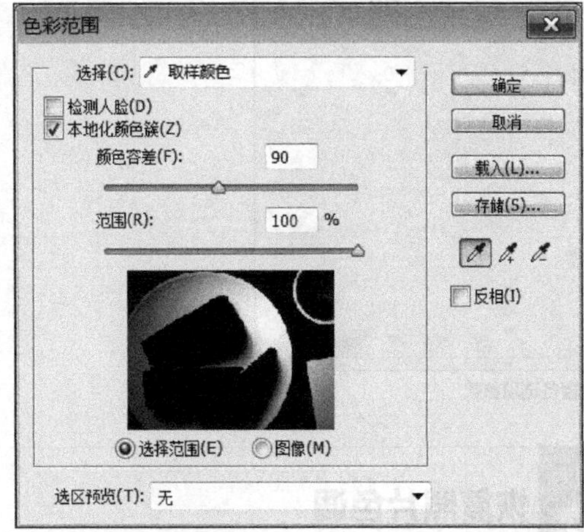

图16-24 设置各选项参数

STEP 03 单击“确定”按钮，即可创建选区，按【Shift+F6】组合键，弹出“羽化选区”对话框，设置“羽化半径”为10像素，如图16-25所示。

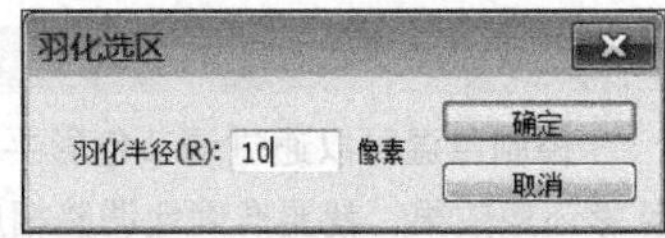

图16-25 设置“羽化半径”参数

STEP 04 单击"确定"按钮，新建"色阶1"调整图层，展开"属性"面板，设置各选项参数（输入色阶各选项参数值依次为0、0.25、255），如图16-26所示。

STEP 05 新建"亮度/对比度1"调整图层，展开"属性"面板，设置"亮度"为10、"对比度"为25，如图16-27所示。

STEP 06 新建"色彩平衡1"调整图层，展开"属性"面板，设置各选项参数（各选项参数值依次为-15、-8、-17），如图16-28所示。

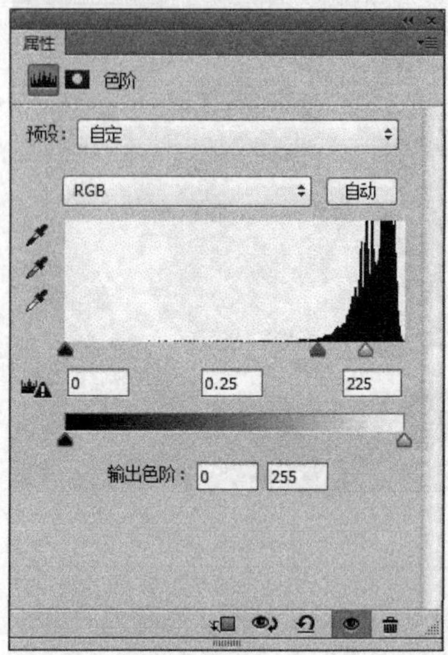

图16-26 设置各选项参数

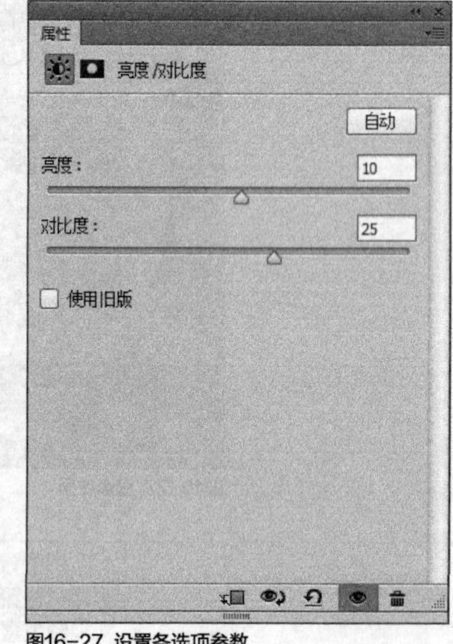

图16-27 设置各选项参数

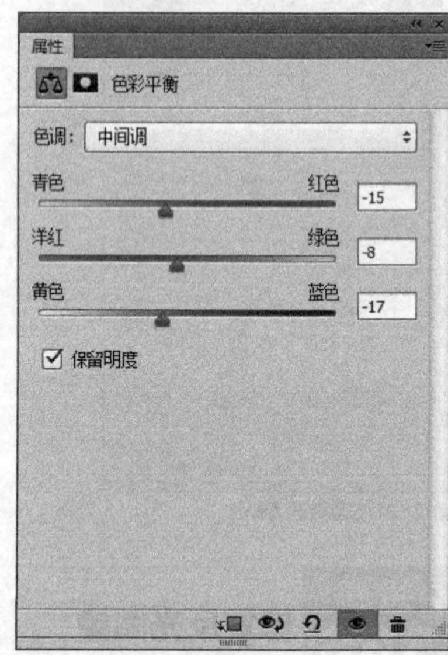

图16-28 设置各选项参数

STEP 07 单击"色调"右侧的下拉按钮，在弹出的列表框中选择"阴影"选项，设置各选项参数（各选项参数依次为-28、1、11），如图16-29所示。

STEP 08 展开"历史记录"面板，新建"快照1"，单击菜单栏中的"图层"|"拼合图像"命令，即可拼合图像，效果如图16-30所示，完成修复反光图像的操作。

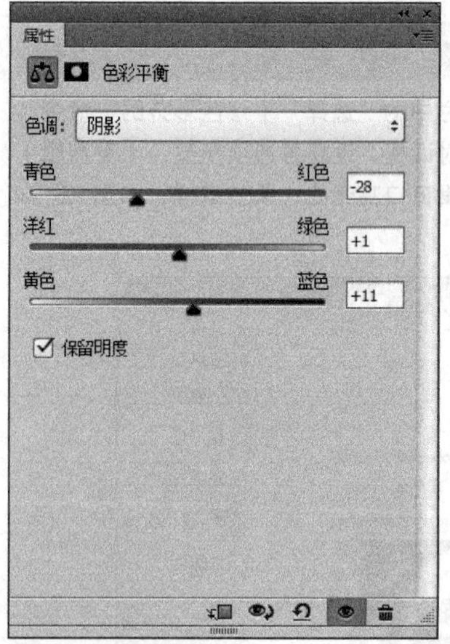

图16-29 设置各选项参数

图16-30 图像效果

实战367 恢复照片色调

▶实例位置：光盘\实例\第16章\实战367.jpg
▶素材位置：光盘\素材\第16章\实战367.jpg
▶视频位置：光盘\视频\第16章\实战367.mp4

• 实例介绍 •

控制色温可以通过调节色彩平衡来实现，无论是人造光源还是自然光，其色温都不是一成不变的，为了获得最好的色彩还原效果，就要准确地调整相应的白平衡设置。

• 操作步骤 •

STEP 01 单击“文件” | “打开”命令，打开一幅素材图像，如图16-31所示。

图16-31 打开素材图像

STEP 02 新建“曲线1”调整图层，展开“属性”面板，单击RGB右侧下拉按钮，在弹出的列表框中选择“绿”选项，在曲线上添加一个节点，设置该节点参数，如图16-32所示。

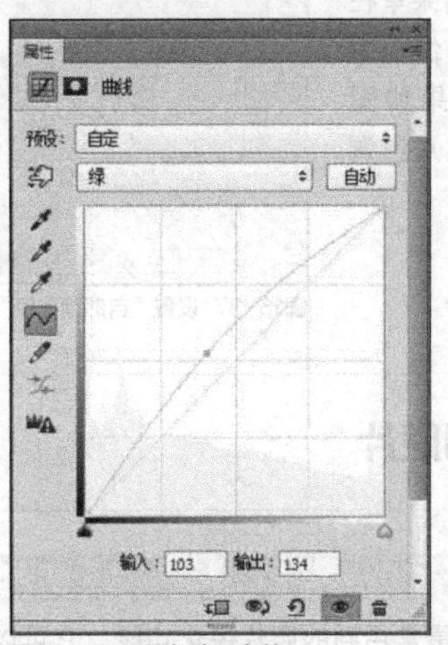

图16-32 设置各选项参数

STEP 03 单击“绿”右侧的下拉按钮，在弹出的列表框中选择“红”选项，在曲线上添加一个节点，设置该节点的参数，如图16-33所示。

STEP 04 新建“选取颜色1”调整图层，展开“属性”面板，单击“颜色”右侧下拉按钮，在弹出的列表框中选择“绿色”选项，设置各选项参数，如图16-34所示。

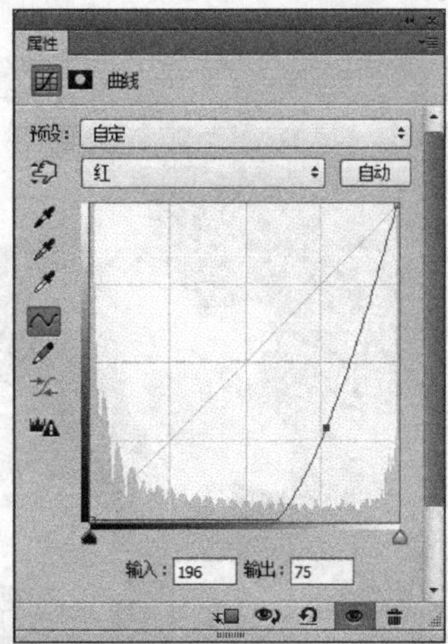

图16-33 设置各选项参数

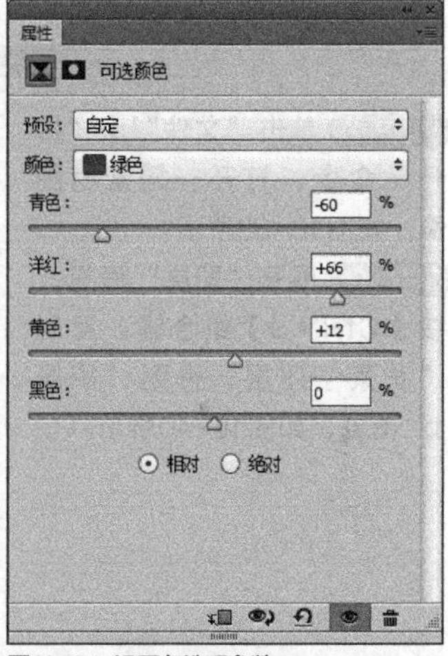

图16-34 设置各选项参数

STEP 05 单击“颜色”右侧下拉按钮，在弹出的列表框中选择“青色”选项，设置各选项参数，如图16-35所示。

STEP 06 新建“色阶1”调整图层，展开“属性”面板，设置各选项参数，如图16-36所示。

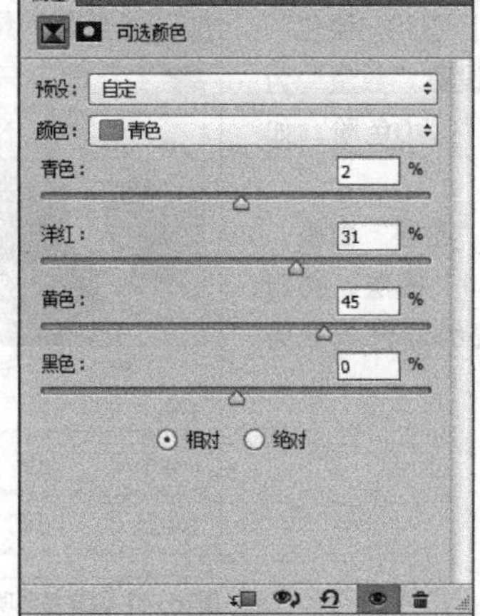

图16-35 设置各选项参数

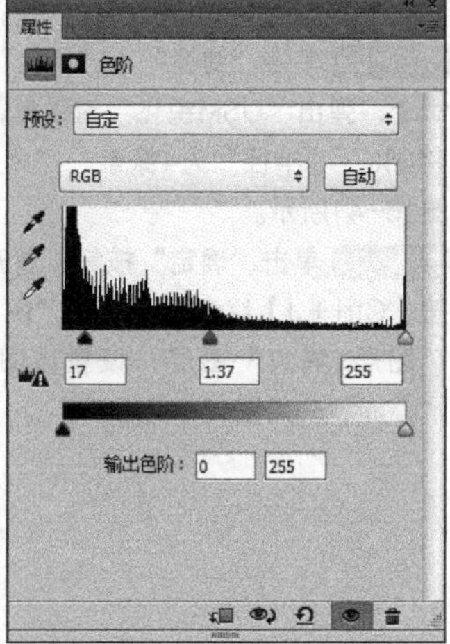

图16-36 设置各选项参数

STEP 07 新建“自然饱和度1”调整图层，展开“属性”面板，设置各选项参数（自然饱和度为30、饱和度为6），如图16-37所示。

STEP 08 展开“历史记录”面板，新建“快照1”，单击菜单栏中的“图层”|“拼合图像”命令，即可拼合图像，效果如图16-38所示，完成恢复照片色调的操作。

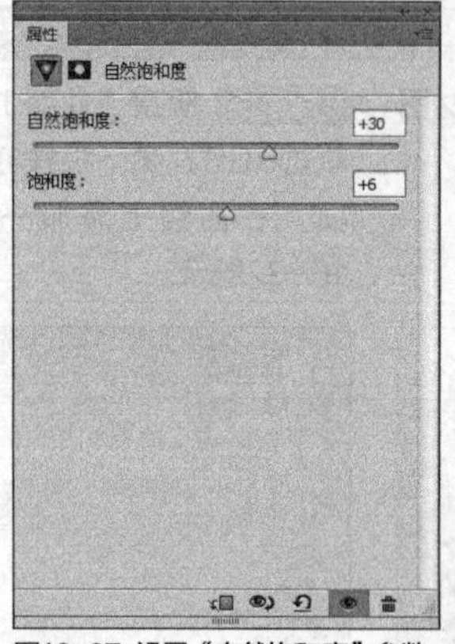

图16-37 设置“自然饱和度”参数

图16-38 图像效果

实战368 锐化模糊照片

▶实例位置：光盘\实例\第16章\实战368.jpg
▶素材位置：光盘\素材\第16章\实战368.jpg
▶视频位置：光盘\视频\第16章\实战368.mp4

• 实例介绍 •

“USM锐化”滤镜是最常用到的照片锐化功能，它可以快速聚焦模糊边缘，提高图像中某一部位的清晰度或焦距程度，使图像特定区域的色彩更加鲜明。

• 操作步骤 •

STEP 01 单击“文件”|“打开”命令，打开一幅素材图像，如图16-39所示。

STEP 02 展开“图层”面板，按【Ctrl+J】组合键，复制“背景”图层，得到“图层1”图层，如图16-40所示。

图16-39 打开素材图像

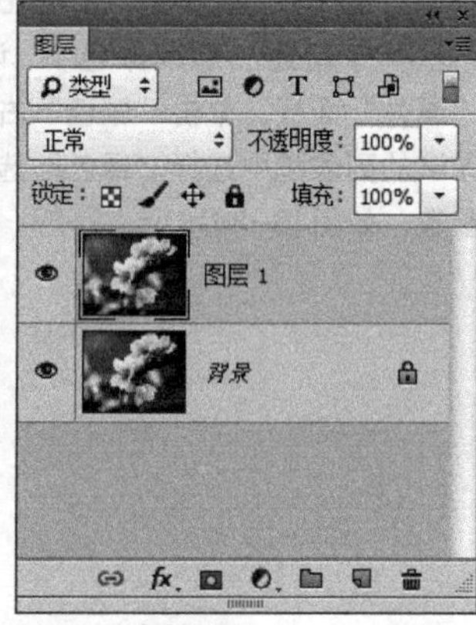

图16-40 复制图层

STEP 03 单击“滤镜”|“锐化”|“USM锐化”命令，弹出“USM锐化”对话框，设置“数量”为140%、“半径”为4像素、“阈值”为0色阶，如图16-41所示。

STEP 04 单击“确定”按钮，展开“图层”面板，按【Ctrl+J】组合键，复制“图层1”图层，得到“图层1拷贝”图层，设置该图层的混合模式为“叠加”，如图16-42所示。

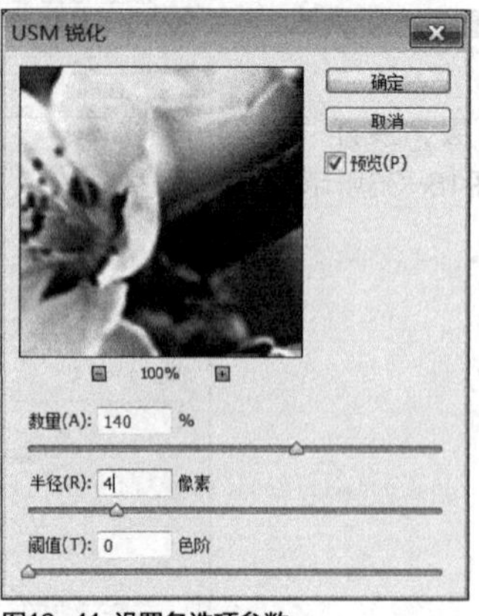

图16-41 设置各选项参数

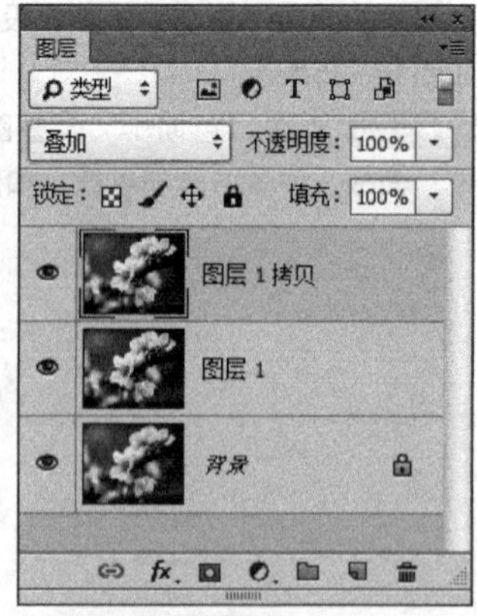

图16-42 设置混合模式

STEP 05 单击“图像”|“调整”|“去色”命令，图像即可去色，单击“滤镜”|“其他”|“高反差保留”命令，弹出“高反差保留”对话框，设置“半径”为3像素，如图16-43所示。

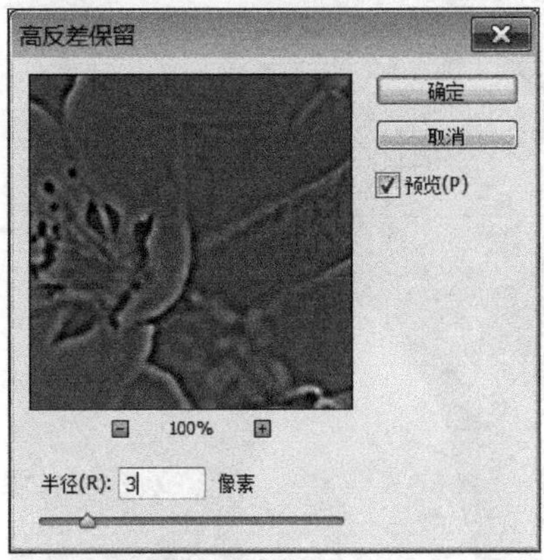

图16-43 设置“半径”参数

STEP 06 单击“确定”按钮，即可保留高反差细节，展开“历史记录”面板，新建“快照1”，单击菜单栏中的“图层”|“拼合图像”命令，即可拼合图像，效果如图16-44所示，完成锐化模糊照片的操作。

图16-44 图像效果

16.2 人像照片美容精修

时代在变、爱美之心永不变，人人都有着一颗让自己完美的心，随着科技的发展，整形、美容、美发、祛斑、染发烫发等已经成为时尚的标识。本节通过对人物头部的处理与修饰，详细讲解了在Photoshop中美容的方法与技巧。

实战369 制作时尚卷发

▶实例位置：光盘\实例\第16章\实战369.jpg、实战369.psd
▶素材位置：光盘\素材\第16章\实战369.jpg
▶视频位置：光盘\视频\第16章\实战369.mp4

• 实例介绍 •

在Photoshop中用户可以使用滤镜中的扭曲功能，打造时尚卷发。

• 操作步骤 •

STEP 01 单击“文件”|“打开”命令，打开一幅素材图像，如图16-45所示。

STEP 02 展开“图层”面板，复制“背景”图层为“背景拷贝”图层，选取工具箱中的椭圆选框工具，按住【Shift】键的同时，单击并拖动鼠标，在人物头发上方创建一个正圆选区，如图16-46所示。

图16-45 打开素材图像

图16-46 创建正圆选区

STEP 03 单击菜单栏中的“滤镜”|“扭曲”|“旋转扭曲”命令，在弹出的“旋转扭曲”对话框中，设置“角度”为50度，如图16-47所示。

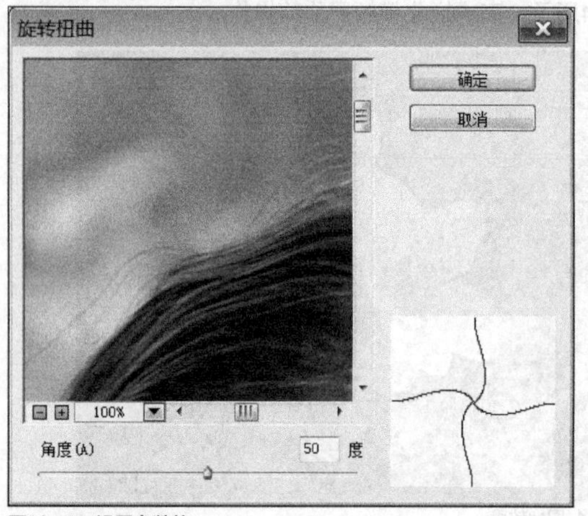

图16-47 设置参数值

STEP 04 单击“确定”按钮，得到的效果如图16-48所示。

图16-48 图像效果

STEP 05 单击“选择”|“变换选区”命令，将选区移动至合适位置，按【Enter】键确定，如图16-49所示。

图16-49 拖动选区

STEP 06 按【Ctrl+F】组合键重复上次滤镜操作，效果如图16-50所示。

图16-50 重复上次滤镜操作

STEP 07 按上述同样的方法，移动选区位置后按【Ctrl+F】组合键重复上次滤镜操作，如图16-51所示。

图16-51 多次重复上次滤镜操作

STEP 08 按【Ctrl+D】组合键，取消选区，最终效果如图16-52所示。

图16-52 图像效果

专家提醒

旋转扭曲滤镜用于旋转选区，中心的旋转程度比边缘的旋转程度大，指定角度可生成旋转扭曲图案。

专家提醒

在移动椭圆选区过程中，用户可以对选区的大小进行调整，以使卷发更加自然。

实战 370 制作时尚睫毛

▶ **实例位置**：光盘\实例\第16章\实战370.jpg、实战370.psd
▶ **素材位置**：光盘\素材\第16章\实战370.jpg
▶ **视频位置**：光盘\视频\第16章\实战370.mp4

• 实例介绍 •

在Photoshop中用户可以使用添加素材的方式，制作时尚睫毛。

• 操作步骤 •

STEP 01 单击“文件”｜“打开”命令，打开一幅素材图像，如图16-53所示。

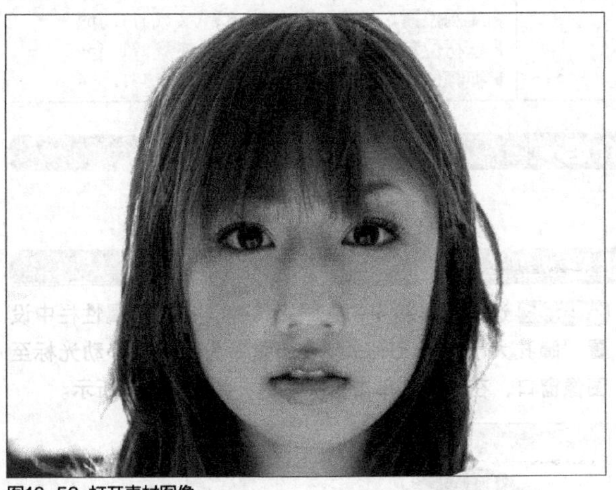

图16-53 打开素材图像

STEP 02 用同样的方法，打开“实战370-2”图像文件，并将其拖曳至“实战370-1”图像中的相应位置处，效果如图16-54所示。

图16-54 拖入素材图像

STEP 03 展开“图层”面板，复制“图层1”图层，加深睫毛，效果如图16-55所示。

图16-55 加深睫毛效果

STEP 04 在“图层”面板中设置“图层1拷贝”图层的“不透明度”为50%，按【Ctrl＋E】组合键向下合并图层，效果如图16-56所示。

图16-56 设置图层的不透明度效果

STEP 05 复制“图层1”图层得“图层1拷贝”图层，单击菜单栏中的“编辑”|“变换”|“水平翻转”命令，翻转图像，如图16-57所示。

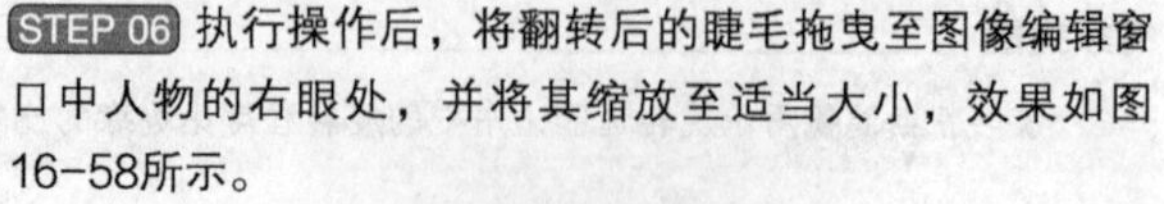

STEP 06 执行操作后，将翻转后的睫毛拖曳至图像编辑窗口中人物的右眼处，并将其缩放至适当大小，效果如图16-58所示。

图16-57 翻转图像

图16-58 图像效果

实战 371 去除人物红眼

▶实例位置：光盘\实例\第16章\实战371.jpg
▶素材位置：光盘\素材\第16章\实战371.jpg
▶视频位置：光盘\视频\第16章\实战371.mp4

• 实例介绍 •

在Photoshop中用户可以使用红眼工具消除人物红眼。

• 操作步骤 •

STEP 01 单击“文件”|“打开”命令，打开一幅素材图像，如图16-59所示。

STEP 02 选取工具箱中的红眼工具，在工具属性栏中设置“瞳孔大小”为50%、“变暗量”为50%，移动光标至图像窗口，在左眼处单击鼠标左键，如图16-60所示。

图16-59 打开素材图像

图16-60 单击鼠标左键

专家提醒

在夜晚等场景中拍摄的人物照片往往会出现红眼现象，用户可以通过使用红眼工具消除照片中的红眼。

STEP 03 释放鼠标，即可修正红眼，效果如图16-61所示。

图16-61 修正红眼

STEP 04 用同样的方法，修复人物右眼的红眼，效果如图16-62所示。

图16-62 图像效果

实战372 制作大眼美女

▶实例位置：光盘\实例\第16章\实战372.jpg
▶素材位置：光盘\素材\第16章\实战372.jpg
▶视频位置：光盘\视频\第16章\实战372.mp4

• 实例介绍 •

在Photoshop中用户可以在液化面板中选择膨胀工具，通过参数的设置，调整眼睛的大小。

• 操作步骤 •

STEP 01 单击“文件”|“打开”命令，打开一幅素材图像，如图16-63所示。

图16-63 打开素材图像

STEP 02 单击菜单栏中的“滤镜”|“液化”命令，如图16-64所示。

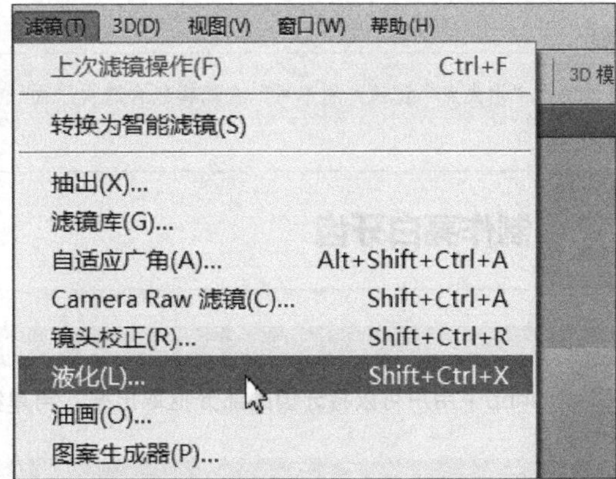

图16-64 涂抹图像

专家提醒

【液化】对话框中工具选项区域中的主要参数含义如下。

- 画笔大小：设置使用该工具操作时，图像受影响区域的大小。
- 画笔压力：设置使用该工具操作时，以此操作影响图像的程度大小。
- 湍流抖动：控制湍流工具拼凑像素的紧密程度。

STEP 03 弹出“液化”对话框，在对话框左侧的工具栏中，选取“膨胀工具”，如图16-65所示。

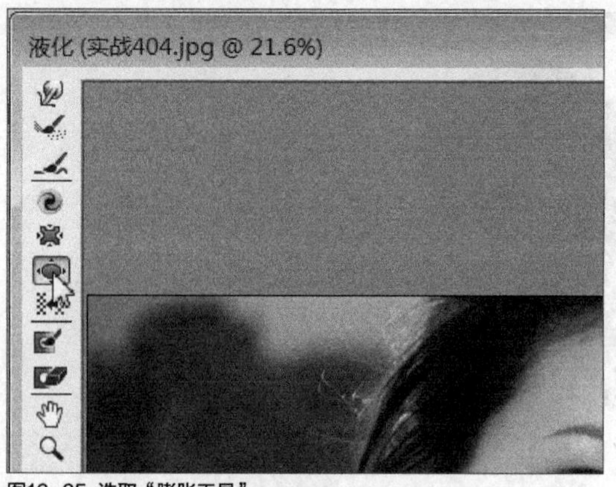

图16-65 选取“膨胀工具”

STEP 04 在对话框的右侧设置相应参数，如图16-66所示。

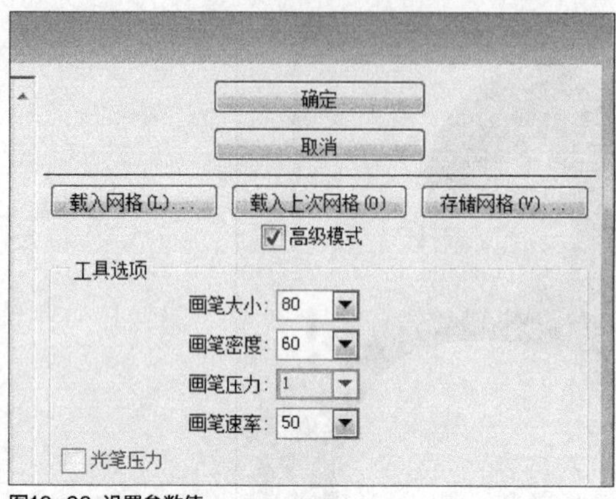

图16-66 设置参数值

STEP 05 拖曳鼠标至图像预览窗口右侧的眼睛处，单击鼠标左键，放大眼睛，如图16-67所示。

图16-67 单击鼠标左键

STEP 06 使用同样的方法，放大另一只眼睛，单击【确定】按钮即可，效果如图16-68所示。

图16-68 图像效果

专家提醒

通过使用“消失点”滤镜，用户可以在编辑包含透视平面（例如建筑物的侧面或任何矩形对象）的图像时保留正确的透视。

实战373 制作亮白牙齿

- ▶**实例位置**：光盘\实例\第16章\实战373.jpg
- ▶**素材位置**：光盘\素材\第16章\实战373.jpg
- ▶**视频位置**：光盘\视频\第16章\实战373.mp4

• 实例介绍 •

在Photoshop中用户可以将牙齿的部分抠取出来，再单独对其调整，打造亮白牙齿。

• 操作步骤 •

STEP 01 单击“文件”|“打开”命令，打开一幅素材图像，如图16-69所示。

STEP 02 选取工具箱中的“钢笔工具”，拖曳鼠标指针指至图像编辑窗口中人物的牙齿处，单击鼠标左键并拖曳，绘制一个封闭的路径，如图16-70所示。

STEP 03 展开“路径”面板，单击面板底部的“将路径作为选区载入”按钮，将路径转换为选区，如图16-71所示。

STEP 04 单击菜单栏中的“选择”|“修改”|“羽化”命令，弹出“羽化选区”对话框，设置“羽化半径”为1，单击“确定”按钮即可，效果如图16-72所示。

图16-69 打开素材图像

图16-70 绘制路径

图16-71 将路径转换为选区

图16-72 羽化选区

STEP 05 按【Ctrl+J】组合键，在“图层”面板中新建“图层1”图层，单击菜单栏中的“图像”|“调整”|“色阶”命令，弹出“色阶”对话框，设置各选项（参数值分别为27、1.35、248），单击“确定”按钮，效果如图16-73所示。

STEP 06 单击菜单栏中的“图像”|“调整”|“色彩平衡”命令，弹出“色彩平衡”对话框，设置各选项（参数值分别为-10、-28、7），单击“确定”按钮，即可调整图像编辑窗口中人物图像的牙齿颜色，效果如图16-74所示。

图16-73 调整色阶效果

图16-74 图像效果

实战374 打造艳丽唇彩

▶实例位置：光盘\实例\第16章\实战374.jpg
▶素材位置：光盘\素材\第16章\实战374.jpg
▶视频位置：光盘\视频\第16章\实战374.mp4

• 实例介绍 •

用户可以在Photoshop中将嘴唇的部分建立选区，只对选区内的图像进行调整，打造艳丽唇彩。

• 操作步骤 •

STEP 01 单击“文件”｜“打开”命令，打开一幅素材图像，如图16-75所示。

图16-75 打开素材图像

STEP 02 选取工具箱中的“钢笔工具”，勾勒嘴唇的外轮廓，并创建选区，单击菜单栏中的“选择”|“修改”|“羽化”命令，弹出“羽化选区”对话框，设置“羽化半径”值为5像素，单击“确定”按钮，如图16-76所示。

图16-76 羽化选区

STEP 03 单击菜单栏中的“图像”|“调整”|“色相/饱和度”命令，弹出“色相/饱和度”对话框，设置相应参数，如图16-77所示。

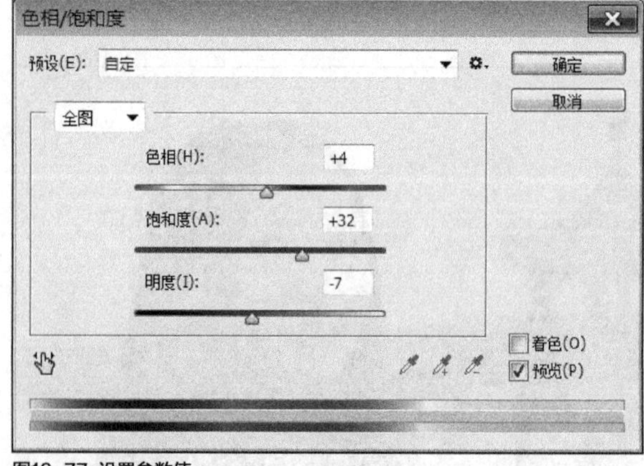

图16-77 设置参数值

STEP 04 单击“确定”按钮，并取消选区，效果如图16-78所示。

图16-78 图像效果

专家提醒

所有Photoshop颜色调整工具的工作方式本质上是相同的，都是将现有范围的像素值映射到新范围的像素值，这些工具的差异表现在所提供的控制数量上。

16.3 人像照片美肤精修

完美的脸型、嫩白的皮肤、绚丽的彩妆永远都是女性较为关注的焦点。随着社会的发展，人们越来越注重自己的外表，本章将介绍运用Photoshop中的强大功能对人物形象进行修饰，力求得到更好的照片效果。

实战 375 去除皮肤污点

▶实例位置：光盘\实例\第16章\实战375.jpg
▶素材位置：光盘\素材\第16章\实战375.jpg
▶视频位置：光盘\视频\第16章\实战375.mp4

•实例介绍•

在Photoshop中用户可以选择污点修复画笔工具，消除图像中的污点。

•操作步骤•

STEP 01 单击“文件”|“打开”命令，打开一幅素材图像，如图16-79所示。

图16-79 打开素材图像

STEP 02 复制“背景”图层，得到“背景拷贝”图层，选取工具箱中的“污点修复画笔工具”，拖曳鼠标至图像编辑窗口污点位置，如图16-80所示。

图16-80 拖曳鼠标

STEP 03 单击鼠标左键，即可修复图像中的污点，如图16-81所示。

图16-81 修复污点

STEP 04 使用同样的方法，继续修复污点，效果如图16-82所示。

图16-82 图像效果

专家提醒

"污点修复画笔工具"可以快速移去照片中的污点和其他不理想成分，污点修复画笔的工作方式与修复画笔类似，即使用图像或图案中的样本像素进行绘画，并将样本像素的纹理、光照、透明度和阴影与所修复的像素相匹配，与修复画笔不同的是，污点修复画笔不要求指定样本点。

实战376 打造秀气下巴

▶实例位置：光盘\实例\第16章\实战376.jpg
▶素材位置：光盘\素材\第16章\实战376.jpg
▶视频位置：光盘\视频\第16章\实战376.mp4

• 实例介绍 •

在Photoshop中用户可以在液化对话框中，对人物的脸部进行调整，打造秀气下巴。

• 操作步骤 •

STEP 01 单击"文件"|"打开"命令，打开一幅素材图像，如图16-83所示。

图16-83 打开素材图像

STEP 02 单击菜单栏中的"滤镜"|"液化"命令，弹出"液化"对话框，如图16-84所示。

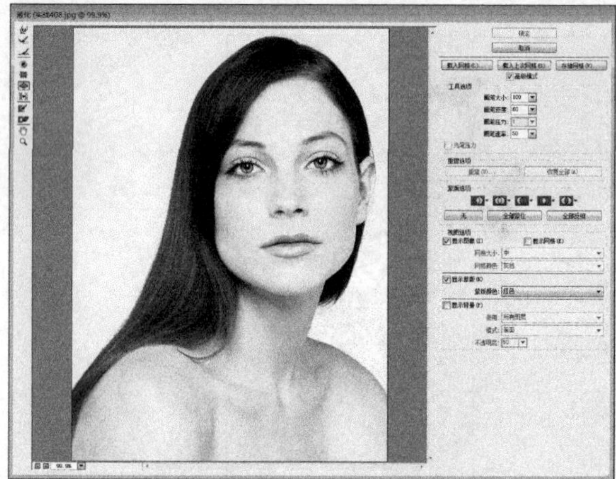

图16-84 液压图像

STEP 03 选取工具箱中的"结冻蒙版工具"，在合适位置绘制红色蒙版，如图16-85所示。

图16-85 绘制红色蒙版

STEP 04 选取工具箱中的"向前变形工具"，并设置各选项，如图16-86所示。

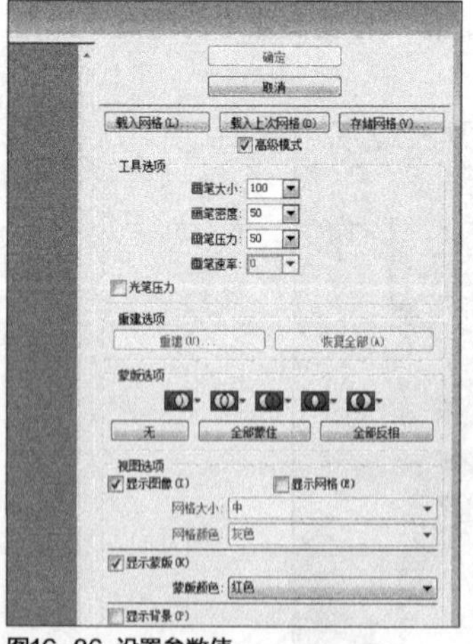

图16-86 设置参数值

STEP 05 拖曳鼠标至图像预览窗口的右侧，单击鼠标左键并拖曳，对脸部进行调整，如图16-87所示。

图16-87 调整图像

STEP 06 执行操作后，单击“确定”按钮即可，效果如图16-88所示。

图16-88 图像效果

实战377 去除面部皱纹

▶ 实例位置：光盘\实例\第16章\实战377.jpg
▶ 素材位置：光盘\素材\第16章\实战377.jpg
▶ 视频位置：光盘\视频\第16章\实战377.mp4

• 实例介绍 •

在Photoshop中用户可以使用修复画笔工具，消除脸部皱纹。

• 操作步骤 •

STEP 01 单击“文件” | “打开”命令，打开一幅素材图像，如图16-89所示。

图16-89 打开素材图像

STEP 02 选取工具箱中的“修复画笔工具”，单击工具属性栏中的“画笔”右侧的三角形下拉按钮，在弹出的对话框中设置各选项，如图16-90所示。

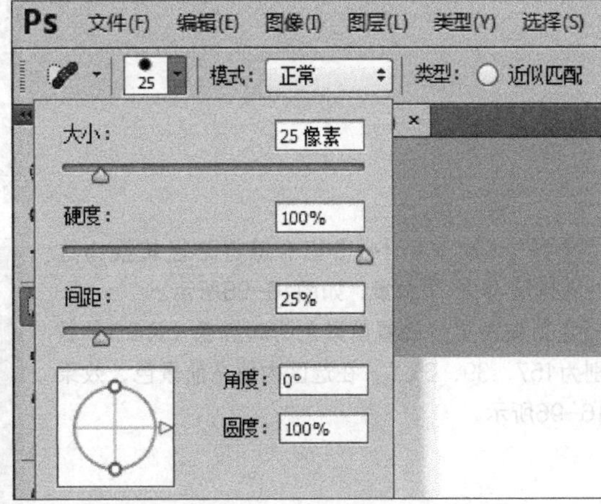

图16-90 设置参数值

知识扩展

修复画笔工具可用于校正瑕疵，使其消失在周围的图像中，与仿制工具一样，可以使用修复工具利用图像或图案中的样本像素来绘画。修复画笔工具还可以将样本像素的纹理、光照、透明度和阴影与所修复的像素进行匹配，使修复后的像素不留痕迹地融入图像的其余部分中。

STEP 03 在需要进行修复的位置单击鼠标左键，进行修复，效果如图16-91所示。

图16-91 修复图像

STEP 04 使用以上同样的方法，继续修复其他皱纹区域，效果如图16-92所示。

图16-92 图像效果

实战 378 添加指甲颜色

▶实例位置：光盘\实例\第16章\实战378.jpg、实战378.psd
▶素材位置：光盘\素材\第16章\实战378.jpg
▶视频位置：光盘\视频\第16章\实战378.mp4

• 实例介绍 •

在Photoshop中用户可以使用调整混合模式的方式，添加指甲颜色。

• 操作步骤 •

STEP 01 单击“文件”｜“打开”命令，打开一幅素材图像，如图16-93所示。

STEP 02 选取工具箱中的“钢笔工具”，在图像编辑窗口中的指甲处绘制封闭路径，效果如图16-94所示。

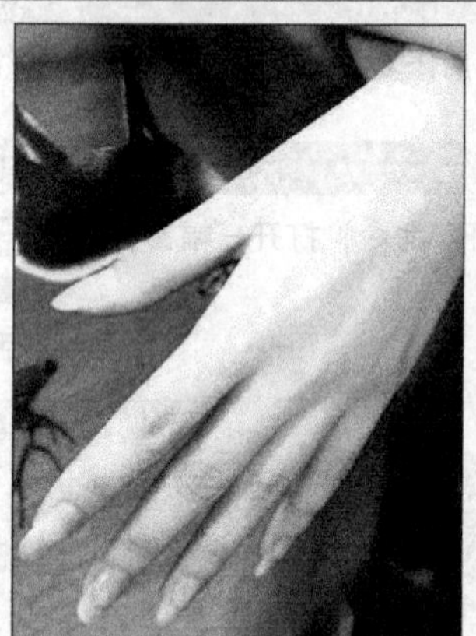
图16-93 打开素材图像

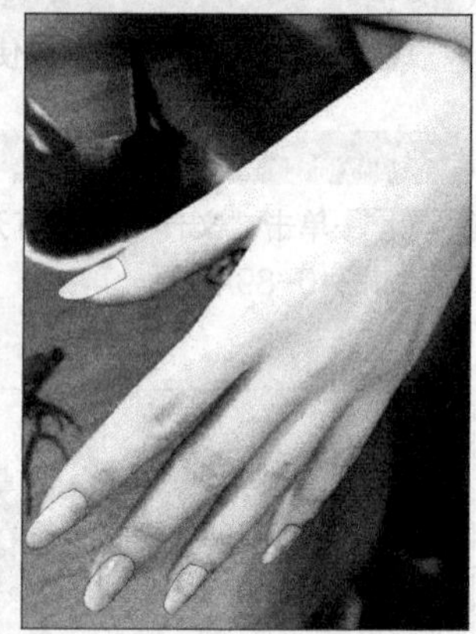
图16-94 绘制封闭路径

STEP 03 按【Ctrl+Enter】组合键将路径转换为选区，并将选区羽化1个像素，如图16-95所示。

STEP 04 新建图层，设置前景色为暗红色（RGB参数值分别为157、39、61），在选区内填充前景色，效果如图16-96所示。

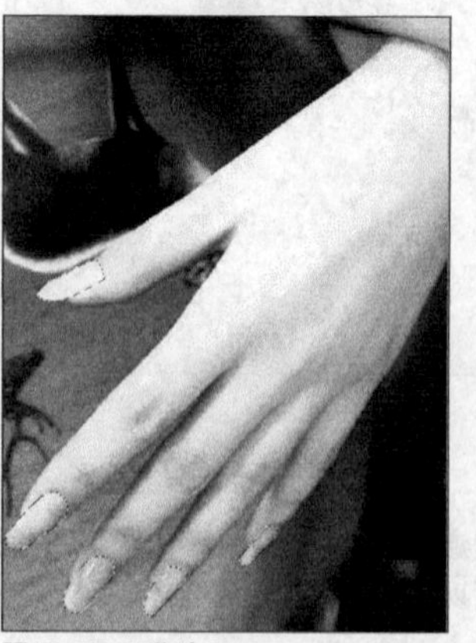
图16-95 羽化选区

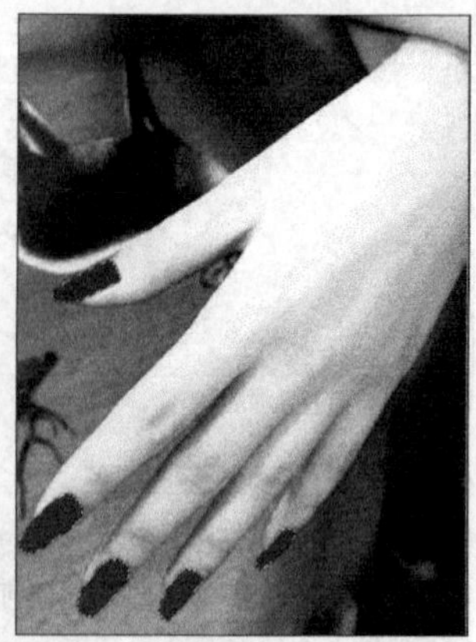
图16-96 填充前景色

STEP 05 设置“图层1”图层的“混合模式”为颜色加深，效果如图16-97所示。

STEP 06 单击菜单栏中的“图像”|“调整”|“亮度/对比度”命令，弹出“亮度/对比度”对话框，设置各选项均为9，单击“确定”按钮，并取消选区，效果如图16-98所示。

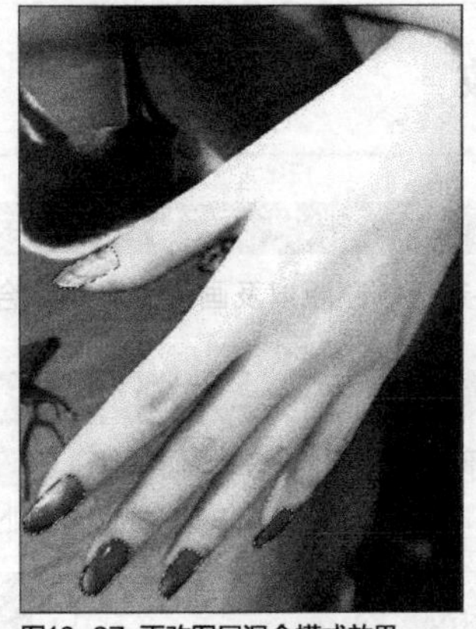
图16-97 更改图层混合模式效果

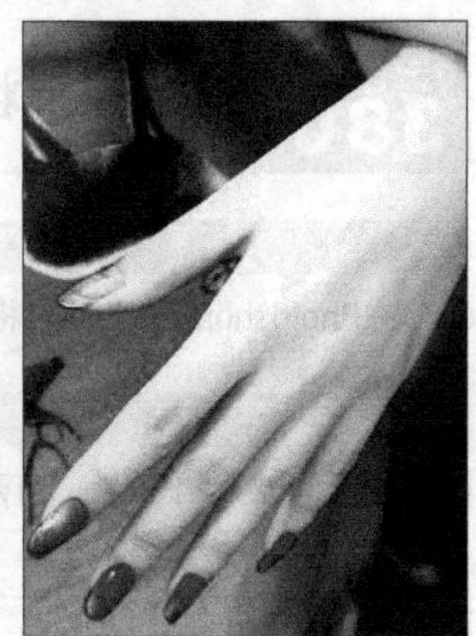
图16-98 图像效果

实战 379 美白面部皮肤

▶实例位置：光盘\实例\第16章\实战379.jpg、实战379.psd
▶素材位置：光盘\素材\第16章\实战379.jpg
▶视频位置：光盘\视频\第16章\实战379.mp4

• 实例介绍 •

在Photoshop中用户可以利用图层蒙版美白皮肤。

• 操作步骤 •

STEP 01 单击“文件”|“打开”命令，打开一幅素材图像，如图16-99所示。

STEP 02 按【Ctrl+J】组合键，得到“图层1”图层，单击菜单栏中的“图像”|“调整”|“色阶”命令，弹出“色阶”对话框，设置其中各参数，如图16-100所示。

图16-99 打开素材图像

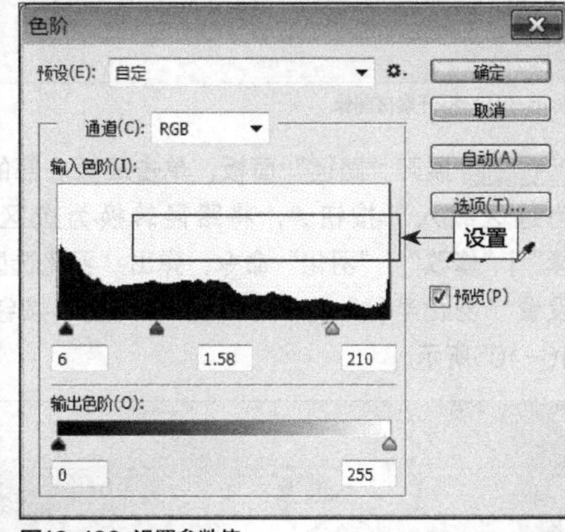

图16-100 设置参数值

STEP 03 单击“确定”按钮，为“图层1”图层添加图层蒙版，运用黑色的“画笔工具”涂抹人物头发，效果如图16-101所示。

STEP 04 单击菜单栏中的“图像”|“调整”|“自然饱和度”命令，弹出“自然饱和度”对话框，在其中设置“自然饱和度”为60，单击“确定”按钮，效果如图16-102所示。

图16-101 涂抹人物头发

图16-102 图像效果

知识扩展

可以使用“色阶”通过调整图像的阴影、中间调和高光的强度级别，校正图像的色调范围和色彩平衡。【色阶】直方图可用作调整图像基本色调的直观参考。

实战380 添加迷人彩妆

▶实例位置：光盘\实例\第16章\实战380.jpg、实战380.psd
▶素材位置：光盘\素材\第16章\实战380.jpg
▶视频位置：光盘\视频\第16章\实战380.mp4

• 实例介绍 •

在Photoshop中用户可以将选区、蒙版以及画笔工具相结合为人物眼睛添加彩妆。

• 操作步骤 •

STEP 01 单击“文件”|“打开”命令，打开一幅素材图像，如图16-103所示。

图16-103 打开素材图像

STEP 02 选取工具箱中的“钢笔工具”，在人物的眼皮处单击鼠标左键并拖曳绘制一个路径，如图16-104所示。

图16-104 绘制路径

STEP 03 展开“路径”面板，单击面板底部的“将路径作为选区载入”按钮，将路径转换为选区，单击“选择”|“修改”|“羽化”命令，弹出“羽化选区”对话框，设置“羽化半径”为15，单击“确定”按钮即可，如图16-105所示。

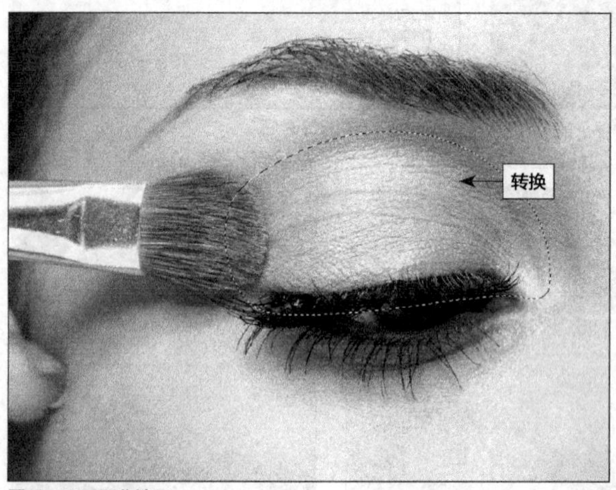

图16-105 羽化选区

STEP 04 新建“图层1”图层，设置前景色为玫红色（RGB参数值分别为236、139、171），按【Alt+Delete】组合键，在选区内填充前景色，并取消选区，效果如图16-106所示。

图16-106 取消选区

知识扩展

Photoshop图层就如同堆叠在一起的透明纸，用户可以透过图层的透明区域看到下面的图层，可以移动图层来定位图层上的内容，就像在堆栈中滑动透明纸一样，也可以更改图层的不透明度以使内容部分透明。

STEP 05 单击“图层”面板底部的“添加图层蒙版”按钮，选取工具箱中的“画笔工具”，设置前景色为黑色，降低画笔透明度，在人物眼睛处进行涂抹，隐藏部分图像，完成最终效果，如图16-107所示。

图16-107 图像效果

知识扩展

用户可以向图层添加蒙版，然后使用此蒙版隐藏部分图层并显示下面的图层。蒙版图层是一项重要的复合技术，可用于将多张照片组合成单个图像，也可用于局部的颜色和色调校正。

16.4 人像照片美体精修

美妙的身材是每个爱美之人一生的事业，嫩白的肌肤、纤细的手臂、S形身材、性感小腰、丰满翘臀等身体特征都是人们关注并讨论的焦点，无论是在海报还是在时尚杂志上，通过一些简单的修饰手段，即可使光鲜亮丽的明星人物更显光彩。

实战381 打造S形身材

▶实例位置：光盘\实例\第16章\实战381.jpg
▶素材位置：光盘\素材\第16章\实战381.jpg
▶视频位置：光盘\视频\第16章\实战381.mp4

• 实例介绍 •

在Photoshop中用户可以使用向前变形工具调整人物的身材。

• 操作步骤 •

STEP 01 单击“文件”|“打开”命令，打开一幅素材图像，如图16-108所示。

图16-108 打开素材图像

STEP 02 单击菜单栏中的“滤镜”|“液化”命令，弹出“液化”对话框，如图16-109所示。

图16-109 弹出“液压”对话框

STEP 03 在对话框中的左侧选取“向前变形工具”，并设置“画笔大小”为100、“画笔密度”为60、“画笔压力”为50，拖曳鼠标至图像编辑预览窗口中人物左侧的腰部，反复单击鼠标左键并向右侧拖曳，效果如图16-110所示。

STEP 04 用同样的方法，调整人物右侧的腰部，效果如图16-111所示。

图16-110 调整图像

图16-111 调整人物右侧的腰部

STEP 05 在“液化”对话框的左侧选取“膨胀工具”，并设置“画笔速率”为45，拖曳鼠标至人物的胸部，单击鼠标左键并拖曳，单击“确定”按钮即可，效果如图16-112所示。

STEP 06 新建“亮度/对比度1”调整图层，展开调整面板，并设置各选项分别为50、18，效果如图16-113所示。

图16-112 膨胀人物的胸部

图16-113 图像效果

知识扩展

使用“液化”滤镜调整后，人物曲线已经凸显出来，但由于处理过程中对图像像素进行了位移和复制，可能会出现变形和错位的现象，通常在要求不是十分严格的情况下，可以不必理会这些小问题，或者可以使用仿制图章工具对变形和错位的地方进行修复。

实战382 打造个性纹身

▶**实例位置：** 光盘\实例\第16章\实战382.jpg、实战382.psd
▶**素材位置：** 光盘\素材\第16章\实战382.jpg
▶**视频位置：** 光盘\视频\第16章\实战382.mp4

• 实例介绍 •

在Photoshop中用户可以采用改变图层混合模式的方法，打造个性纹身。

• 操作步骤 •

STEP 01 单击“文件”|“打开”命令，打开一幅素材图像，如图16-114所示。

STEP 02 用同样的方法，打开“实战382-2”图像文件，并将其拖曳至“实战382-1”图像编辑窗口中，如图16-115所示。

图16-114 打开素材图像

图16-115 拖入素材图像

STEP 03 按【Ctrl+T】组合键，调出变换控制框，调整纹身图像的大小和位置，并按【Enter】键确认变换，效果如图16-116所示。

STEP 04 展开“图层”面板，并设置“图层1”图层的“混合模式”为“正片叠底”，效果如图16-117所示。

STEP 05 单击“添加矢量蒙版”按钮，创建图层蒙版，选择“画笔工具”，设置前景色为黑色，擦除多余的部分，并设置不透明度为80%，效果如图16-118所示。

图16-116 调整纹身图像的大小和位置

图16-117 图像效果

图16-118 最终效果

实战 383 打造性感隆胸

▶实例位置：光盘\实例\第16章\实战383.jpg
▶素材位置：光盘\素材\第16章\实战383.jpg
▶视频位置：光盘\视频\第16章\实战383.mp4

• 实例介绍 •

在Photoshop中用户可以使用“液化”面板中的“向前变形工具”，调整图像，打造性感隆胸。

• 操作步骤 •

STEP 01 单击“文件”|“打开”命令，打开一幅素材图像，如图16-119所示。

STEP 02 单击菜单栏中的“滤镜”|“液化”命令，弹出“液化”对话框，选取“冻结蒙版工具”，在图像编辑预览窗口中人物的合适位置涂抹，效果如图16-120所示。

图16-119 打开素材图像

图16-120 涂抹图像

STEP 03 选取“向前变形工具”，在工具选区中设置相应参数，在图像编辑预览窗口中合适位置单击鼠标左键并拖曳，效果如图16-121所示。

STEP 04 执行操作后，单击“确定”按钮，展开“色阶”调整面板，设置各选项分别为6、1.22、240，效果如图16-122所示。

图16-121 调整图像

图16-122 图像效果

实战384 打造纤细美腿

▶实例位置：光盘\实例\第16章\实战384.jpg、实战384.psd
▶素材位置：光盘\素材\第16章\实战384.jpg
▶视频位置：光盘\视频\第16章\实战384.mp4

• 实例介绍 •

在Photoshop中用户可以在“液化”面板中选择“向前变形工具”，调整人物的腿部，打造纤细美腿。

• 操作步骤 •

STEP 01 单击“文件”|“打开”命令，打开一幅素材图像，如图16-123所示。

STEP 02 复制“背景”图层，得到“背景拷贝”图层，单击菜单栏中的“滤镜”|“液化”命令，选取“冻结蒙版工具”，如图16-124所示。

图16-123 打开素材图像

图16-124 涂抹图像

STEP 03 在图像中的合适位置涂抹，如图16-125所示。

STEP 04 选取“向前变形工具”，在工具选项区中设置笔刷的各选项，如图16-126所示。

STEP 05 将鼠标拖曳合适位置，单击鼠标左键并拖曳，调整人物的腿部，如图16-127所示。

图16-125 涂抹图像

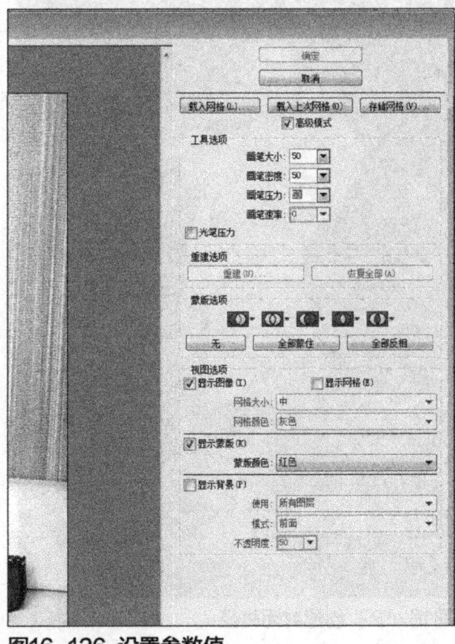
图16-126 设置参数值

图16-127 调整图像

STEP 06 单击“确定”按钮，即可将图像编辑窗口中的腿部缩小，效果如图16-128所示。

STEP 07 新建“亮度/对比度”图层，在展开“亮度/对比度”调整面板中，设置“亮度”为10，如图16-129所示。

STEP 08 执行操作后，即可调整图像编辑窗口中图像的亮度，效果如图16-130所示。

图16-128 图像效果

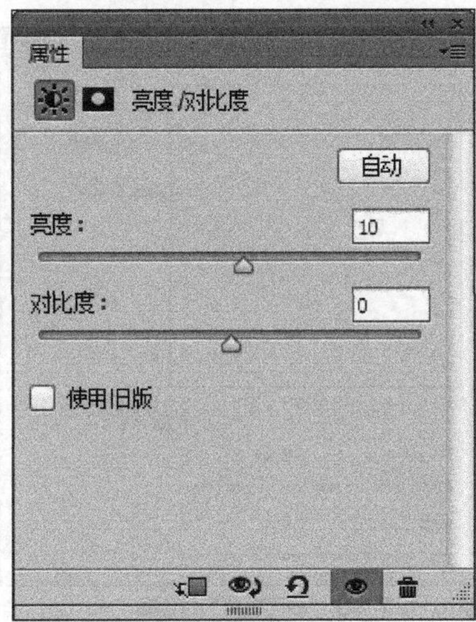

图16-129 设置“亮度”

图16-130 图像效果

知识扩展

使用“滤镜”|“液化”命令可以对图像进行各种各样的变形操作，例如旋转、扭曲、膨胀等艺术图像效果。需要注意的是，“液化”滤镜只适用于RGB颜色模式、CMYK颜色模式、Lab颜色模式和灰度模式的8位图像中。

实战385 打造亮白美腿

▶实例位置：光盘\实例\第16章\实战385.jpg、实战385.psd
▶素材位置：光盘\素材\第16章\实战385.jpg
▶视频位置：光盘\视频\第16章\实战385.mp4

• 实例介绍 •

在Photoshop中用户可以使用“钢笔工具”将人物腿部抠取出来，只对腿部进行模糊操作，调整腿部的色彩。

• 操作步骤 •

STEP 01 单击“文件”|“打开”命令，打开一幅素材图像，如图16-131所示。

STEP 02 选取工具箱中的“钢笔工具”，在人物的腿部创建封闭路径，如图16-132所示。

STEP 03 按【Ctrl+Enter】组合键将路径转换为选区，按【Shift+F6】组合键，设置“羽化半径”为1，单击“确定”按钮，如图16-133所示。

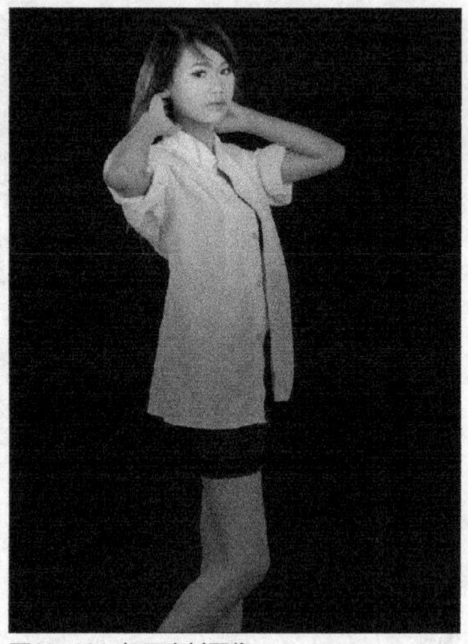
图16-131 打开素材图像

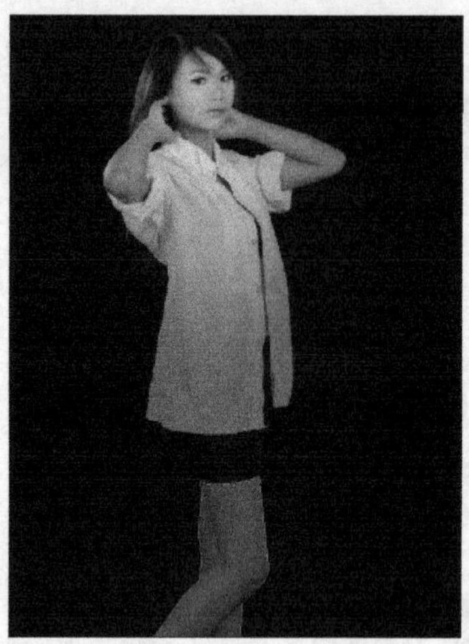
图16-132 创建封闭路径

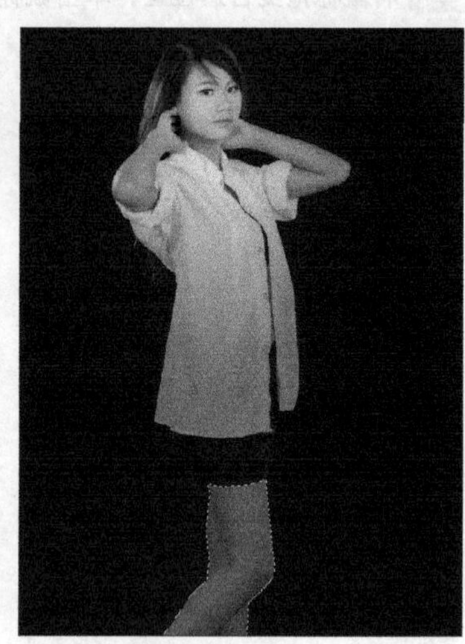
图16-133 将路径转换为选区

STEP 04 按【Ctrl+J】组合键，在“图层”面板中新建”图层1“图层”，如图16-134所示。

STEP 05 单击菜单栏中的“滤镜”|“模糊”|“表面模糊”命令，弹出“表面模糊”对话框，设置“半径”为5、“阈值”为28，如图16-135所示。

STEP 06 执行操作后，单击“确定”按钮即可，效果如图16-136所示。

图16-134 新建“图层1”图层

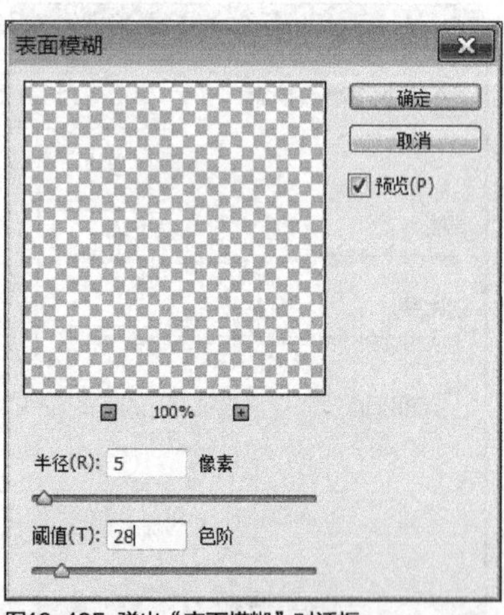

图16-135 弹出“表面模糊”对话框

图16-136 图像效果

STEP 07 按住【Ctrl】键的同时单击“图层1”图层的图层缩览图，调出选区，如图16-137所示。

STEP 08 新建“色阶1”调整图层，设置各选项参数，按【Ctrl+D】组合键取消选区，效果如图16-138所示。

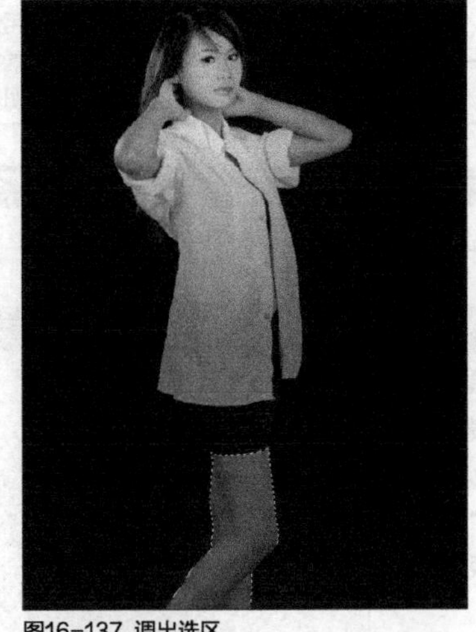
图16-137 调出选区

图16-138 图像效果

实战386 添加丝袜效果——建立选区

▶实例位置：无
▶素材位置：光盘\素材\第16章\实战386.jpg
▶视频位置：光盘\视频\第16章\实战386.mp4

• 实例介绍 •

使用“钢笔工具”在人物的腿部创建闭合路径，并转换为选区。

• 操作步骤 •

STEP 01 单击“文件” | “打开”命令，打开一幅素材图像，如图16-139所示。

STEP 02 选取工具箱中的“钢笔工具”，在图像编辑窗口中，沿人物的腿部单击并拖曳鼠标，绘制路径，如图16-140所示。

图16-139 打开素材图像

图16-140 绘制路径

STEP 03 执行操作后，按【Ctrl+Enter】组合键，在图像编辑窗口中，将路径转换为选区，如图16-141所示。

STEP 04 按【Shift+F6】组合键，设置“羽化半径”为1，单击“确定”按钮，如图16-142所示。

图16-141 将路径转换为选区

图16-142 设置“羽化半径”

实战387 添加丝袜效果——添加并调整颜色

▶实例位置：光盘\实例\第16章\实战387.jpg、实战387.psd
▶素材位置：无
▶视频位置：光盘\视频\第16章\实战387.mp4

• 实例介绍 •

在图层中填充黑色并改变图层模式，打造丝袜效果。

• 操作步骤 •

STEP 01 新建图层，设置前景色为黑色，按【Alt+Delete】组合键，填充前景色并取消选区，效果如图16-143所示。

STEP 02 在“图层”面板中，设置“图层1”图层的“混合模式”为叠加，效果如图16-144所示。

图16-143 填充前景色

图16-144 设置图层混合模式效果

STEP 03 在“图层”面板中，复制“图层1”图层，效果如图16-145所示。

STEP 04 更改“图层1拷贝”图层的“混合模式”为正常、“不透明度”为21%，效果如图16-146所示。

图16-145 复制图层效果

图16-146 设置图层混合模式效果

STEP 05 新建并利用“色阶1”调整图层，展开调整面板，设置其中各参数，如图16-147所示。

STEP 06 执行操作后，即可调整图像的色阶，效果如图16-148所示。

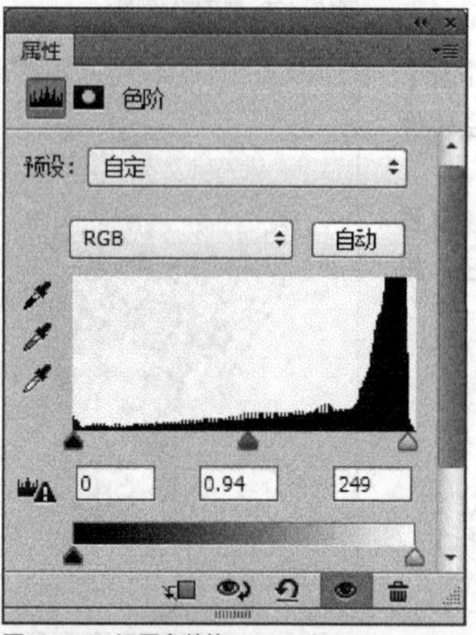

图16-147 设置参数值

图16-148 图像效果

16.5 静物花卉类润色

实战388 增强果实诱人色调——增强图像层次感

▶实例位置：无
▶素材位置：光盘\素材\第16章\实战388.jpg
▶视频位置：光盘\视频\第16章\实战388.mp4

• 实例介绍 •

新鲜而富有光泽的的果实具有与声俱来的诱人特质，为了突出果实的这种诱人色调，用户可通过调整照片的亮度和颜色的方式，增强果实的诱人色调。

• 操作步骤 •

STEP 01 单击“文件”|“打开”命令，打开一幅素材图像，如图16-149所示。

STEP 02 新建“色彩平衡1”调整图层，展开“属性”面板，设置各选项参数（各选项参数值依次为11、-33、-22），如图16-150所示。

图16-149 打开素材图像

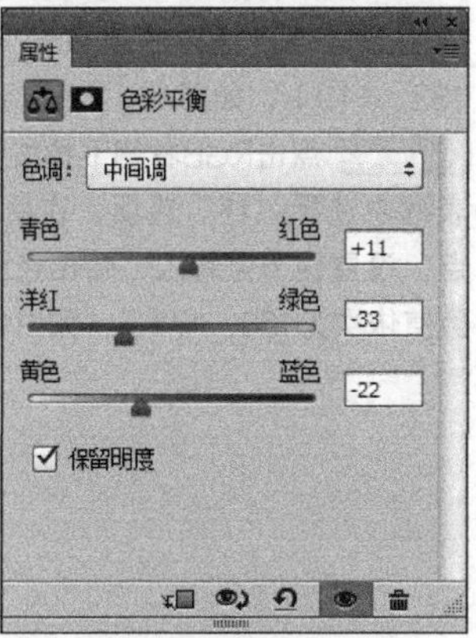

图16-150 设置各选项参数

STEP 03 单击“色调”右侧的下拉按钮，在弹出的列表框中选择“高光”选项，设置各选项参数（各选项参数依次为0、43、-18），如图16-151所示。

STEP 04 新建“自然饱和度1”调整图层，展开“属性”面板，设置“自然饱和度”为100，如图16-152所示。

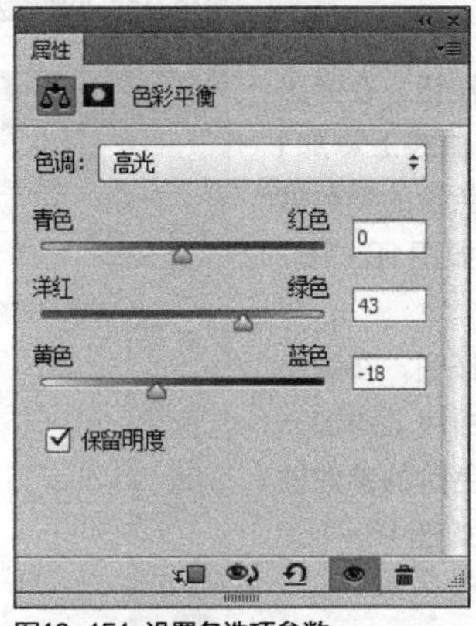

图16-151 设置各选项参数

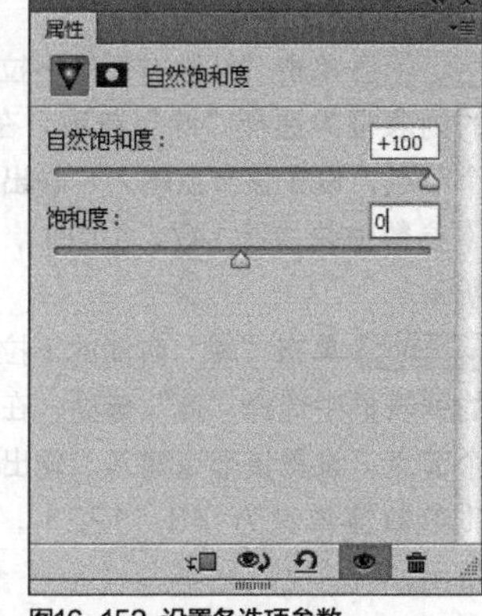

图16-152 设置各选项参数

STEP 05 新建“色阶1”调整图层，展开“属性”面板，设置各选项参数（输入色阶参数值依次为0、1.59、255），如图16-153所示。

STEP 06 执行上述操作后即可调整素材图像的明暗，使其更加有层次感，如图16-154所示。

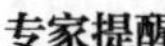

专家提醒

通过“色彩平衡”命令可以调整图像中的阴影区、中间调和高光区的各种色彩部分，并混合色彩达到平衡。

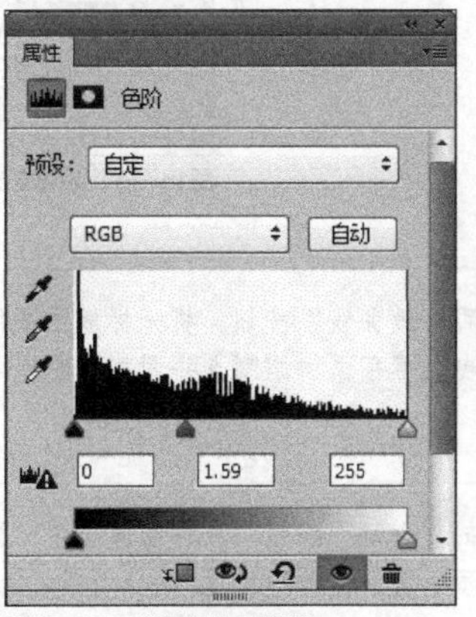

图16-153 设置各选项参数

图16-154 最终效果

专家提醒

单击“色阶”对话框中的“预设选项”按钮，在弹出的下拉列表中选择“存储预设”选项，可以将当前的调整参数保存为一个预设文件，在使用相同方式处理其他图像时，可以使用该预设文件自动完成图像调整。

实战389 增强果实诱人色调——使用“曲线”调整图像

▶实例位置：光盘\实例\第16章\实战389.jpg、实战389.psd
▶素材位置：无
▶视频位置：光盘\视频\第16章\实战389.mp4

• 操作步骤 •

STEP 01 新建“曲线1”调整图层，展开“属性”面板，在曲线上添加1个节点，设置该节点输入、输出色阶的参数值（参数值依次为132、119），如图16-155所示。

STEP 02 点击RGB右侧下拉按钮，在弹出的列表框中选择“红”选项，在曲线上添加1个节点，设置该节点输入、输出色阶的参数值（参数值依次为160、171），如图16-156所示。

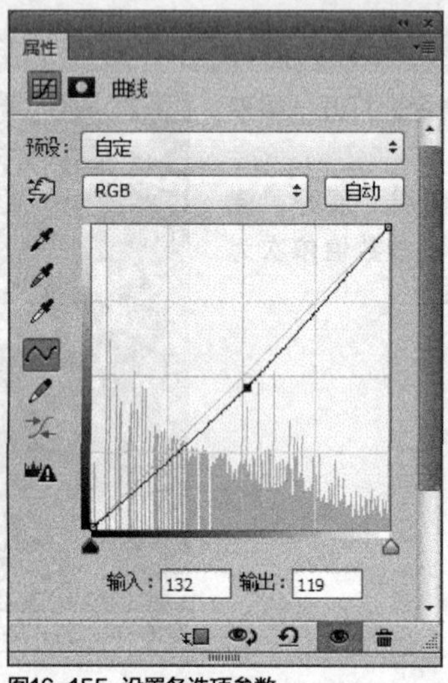

图16-155 设置各选项参数

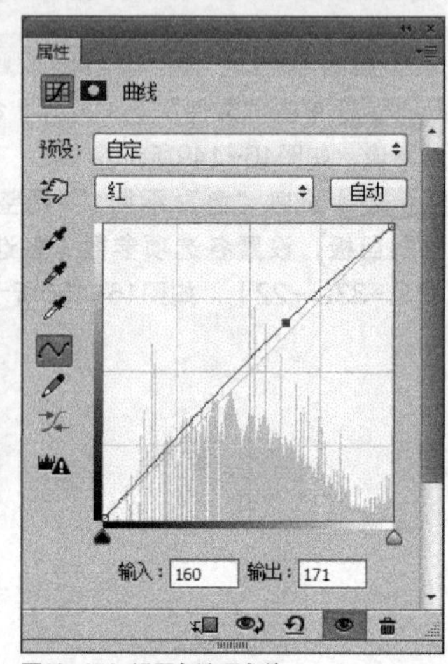

图16-156 设置各选项参数

STEP 03 单击“红”右侧的下拉按钮，在弹出的列表框中选择“绿”选项，在曲线上添加1个节点，设置该节点输入、输出色阶的参数值（参数值依次为147、113），如图16-157所示。

STEP 04 单击“绿”右侧的下拉按钮，在弹出的列表框中选择“蓝”选项，在曲线上添加一个节点，设置该节点输入、输出色阶的参数值（参数值依次为148、122），如图16-158所示。

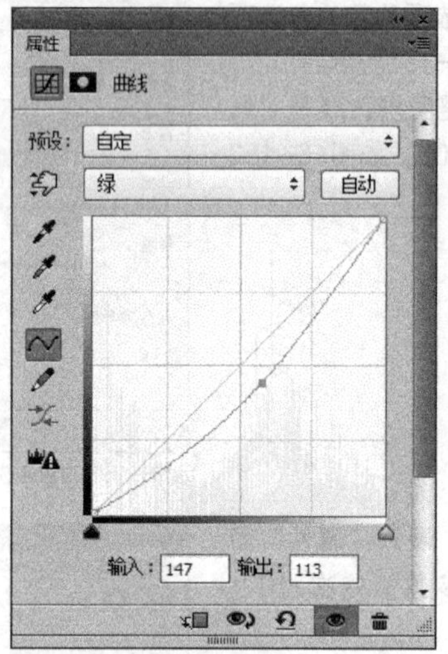

图16-157 设置各选项参数

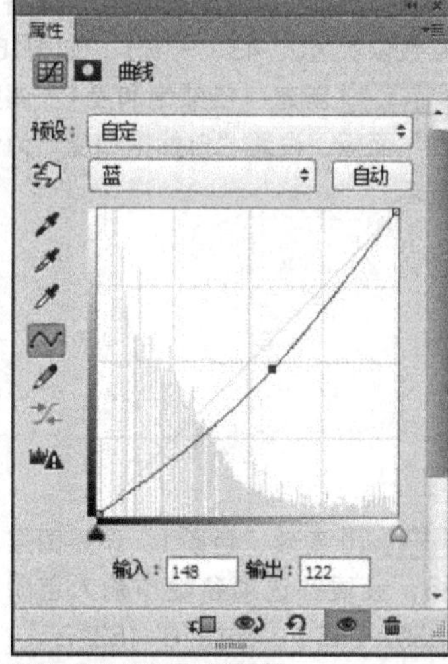

图16-158 设置各选项参数

专家提醒

单击“在图像上单击并拖动可修改曲线”按钮，将光标放到图像上，曲线会出现一个圆形的图形，它代表光标处色调在曲线上的位置，在画面中单击并拖曳鼠标可添加控制点并调整相应色调。

专家提醒

单击“曲线”面板对话框中的“自动”按钮，可对图像应用“自动颜色”“自动对比度”和“自动色调”校正。具体的校正内容取决于“自动颜色校正选项”对话框中的设置。

STEP 05 执行操作后，即可完成对图像的调整，效果如图16-159所示。

图16-159 图像效果

实战 390 增强花卉柔美色调——调整图像层次

▶实例位置：无
▶素材位置：光盘\素材\第16章\实战390.jpg
▶视频位置：光盘\视频\第16章\实战390.mp4

• 实例介绍 •

清新柔美的花朵会给人带来美好的感受，为了突出花卉美好的色调效果，可以通过调整花卉照片的颜色和细节增强花卉的梦幻感，从而使得色调和质感更加柔美可人。

• 操作步骤 •

STEP 01 单击“文件”|“打开”命令，打开一幅素材图像，如图16-160所示。

STEP 02 展开“图层”面板，选择“背景”图层，按【Ctrl+J】组合键，复制“背景”图层，得到“图层1”图层，设置该图层的混合模式为“强光”、“不透明度”为30%，如图16-161所示。

图16-160 打开素材图像

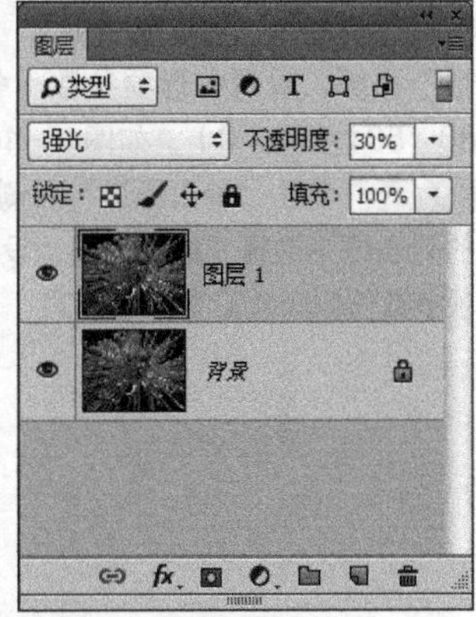

图16-161 设置各选项参数

STEP 03 新建“亮度/对比度1”调整图层，展开“属性”面板，设置“对比度”参数为-40，如图16-162所示。

STEP 04 新建“自然饱和度1”调整图层，展开“属性”面板，设置“自然饱和度”为100，如图16-163所示。

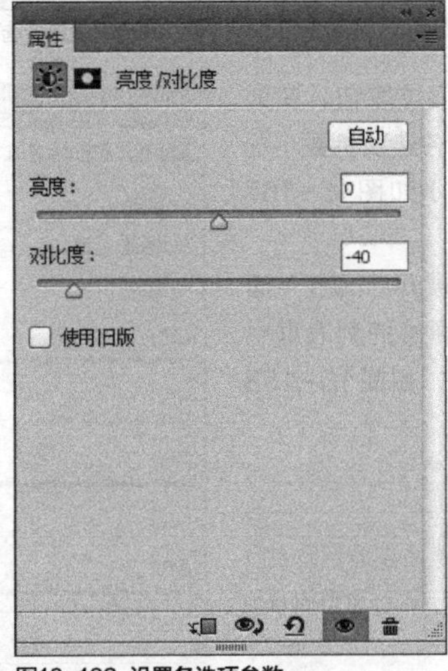

图16-162 设置各选项参数

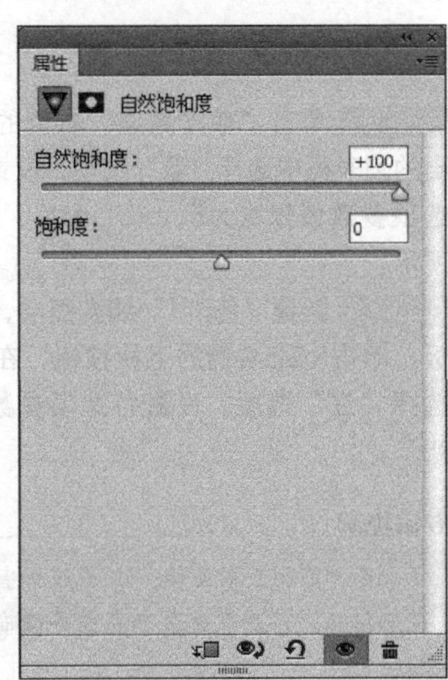

图16-163 设置各选项参数

专家提醒

“亮度/对比度”命令通常可以用来调整一些光线不足、比较昏暗的图像，使其图像亮度提高，增强照片的明亮度。

STEP 05 执行上述操作后即可对图像进行调整，效果如图16-164所示。

图16-164 图像效果

实战391 增强花卉柔美色调——调整图像色彩

▶实例位置：光盘\实例\第16章\实战391.jpg、实战391.psd
▶素材位置：无
▶视频位置：光盘\视频\第16章\实战391.mp4

• 实例介绍 •

用户可以通过添加通道混合器并对其参数进行设置的方式调整图层色彩。

• 操作步骤 •

STEP 01 新建"通道混合器1"调整图层，展开"属性"面板，设置各选项参数（各选项参数值依次为80、50、-80、0），如图16-165所示。

STEP 02 单击"输出通道"右侧的下拉按钮，在弹出的列表框中选择"绿"选项，设置各选项参数（各选项参数值依次为8、92、2、0），如图16-166所示。

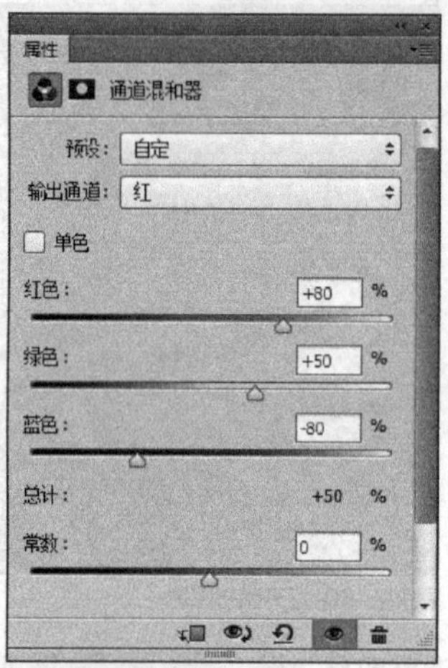

图16-165 设置各选项参数

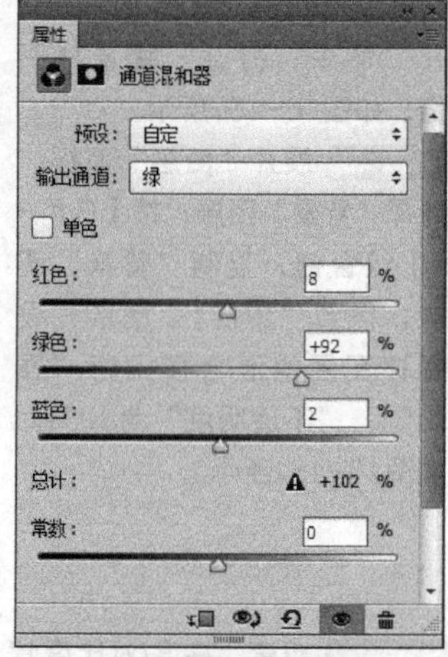

图16-166 设置各选项参数

STEP 03 单击"输出通道"右侧的下拉按钮，在弹出的列表框中选择"蓝"选项，设置各选项参数（各选项参数值依次为5、-7、100、0）如图16-167所示。

STEP 04 新建"色阶1"调整图层，展开"属性"面板，单击RGB右侧的下拉按钮，在弹出的列表框中选择"红"选项，设置各选项参数，如图16-168所示。

专家提醒

在"通道"面板中，各个颜色通道保存着图像的色彩信息。将颜色通道调亮或者调暗，都会改变图像的颜色。

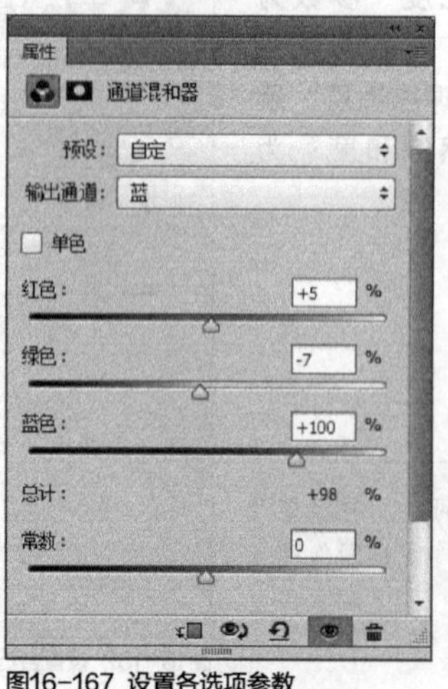

图16-167 设置各选项参数

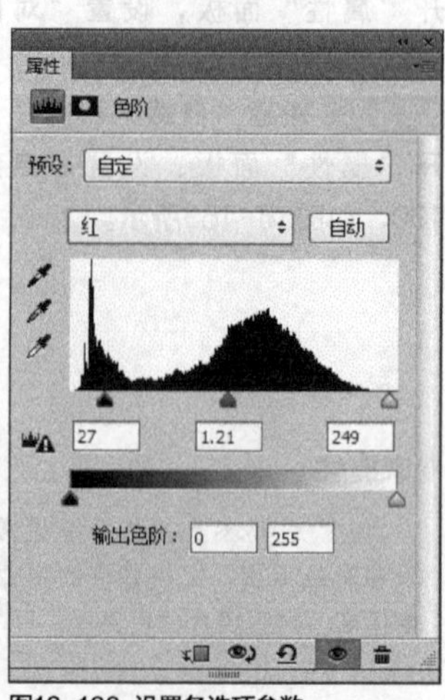

图16-168 设置各选项参数

专家提醒

如果合并的通道值高于100%，会在“总计”选项旁边显示一个警告，如果该值超过100%，有可能会损失阴影和高光细节。

STEP 05 单击“红”右侧的下拉按钮，在弹出的列表框中选择“绿”选项，设置各选项参数（输入色阶参数值依次为5、1.2、255），如图16-169所示。

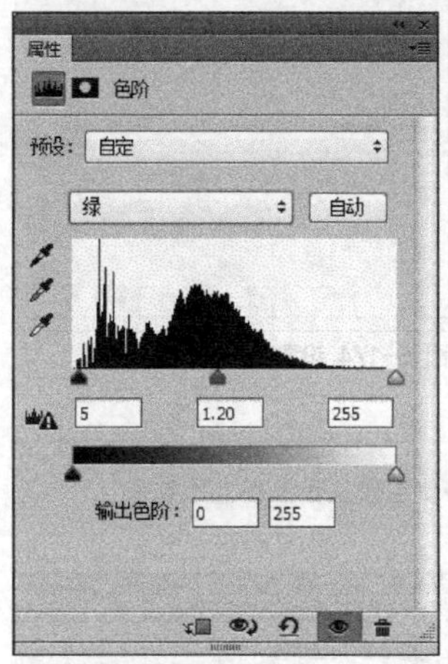

图16-169 设置各选项参数

STEP 06 执行操作后，即可完成对图像的调整，效果如图16-170所示。

图16-170 图像效果

专家提醒

如果要同时编辑多个颜色通道，可在执行“色阶”命令之前，在“通道”面板中，按住【Shift】键选择多个通道。

实战 392 增强荷塘清新色调

▶ **实例位置**：光盘\实例\第16章\实战392.jpg、实战392.psd
▶ **素材位置**：光盘\素材\第16章\实战392.jpg
▶ **视频位置**：光盘\视频\第16章\实战392.mp4

• 实例介绍 •

夏日荷塘是一个清爽的好去处，然而所拍摄的荷塘照片却可能并不尽如人意。通过调整荷塘出水芙蓉清新而美好的色调，可以增强照片的爽朗特质，从而使其看起来更具感染力。

• 操作步骤 •

STEP 01 单击“文件”｜“打开”命令，打开一幅素材图像，如图16-171所示。

图16-171 打开素材图像

STEP 02 新建“自然饱和度1”调整图层，展开“属性”面板，设置“自然饱和度”为100，如图16-172所示。

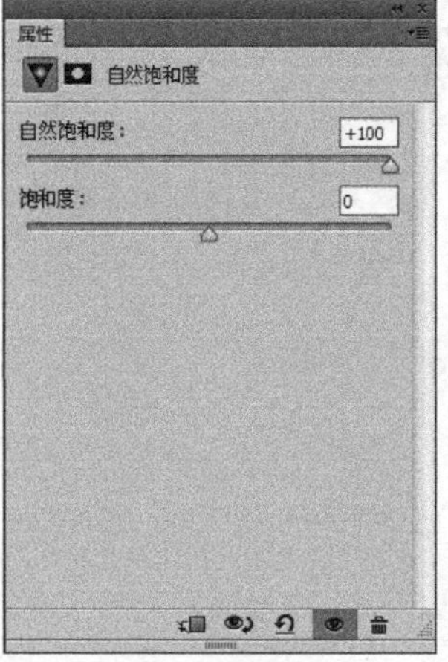

图16-172 设置各选项参数

STEP 03 新建“色阶1”调整图层，展开“属性”面板，设置各选项参数（输入色阶参数值依次为20、1.20、255），如图16-173所示。

STEP 04 新建“选取颜色1”调整图层，展开“属性”面板，单击“颜色”右侧下拉按钮，在弹出的列表框中选择“绿色”选项，设置各选项参数（各选项参数依次为-14、-23、35、0），如图16-174所示。

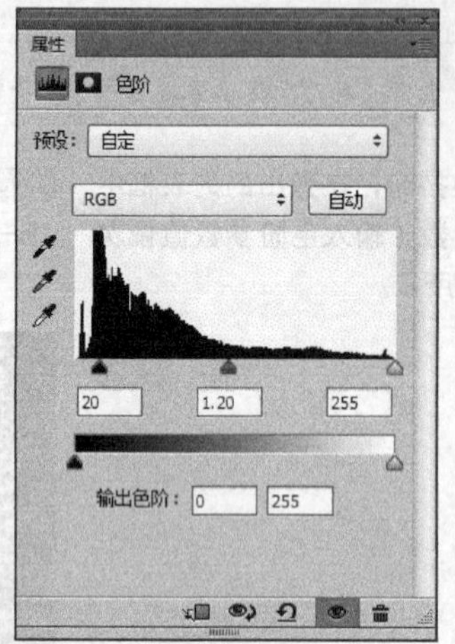

图16-173 设置各选项参数

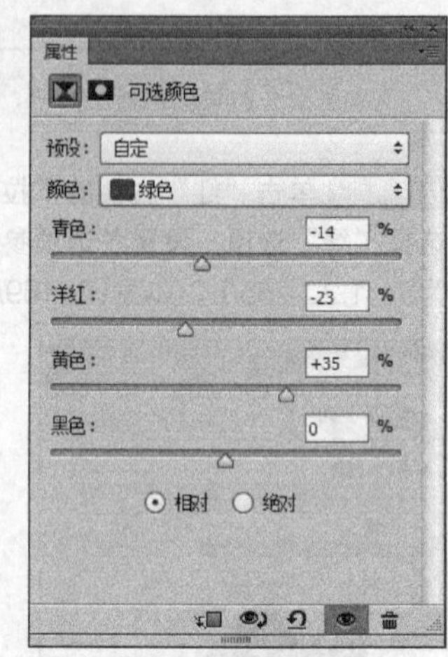

图16-174 设置各选项参数

专家提醒

“色阶”面板中的“输出色阶”选项可以限制图像的亮度范围，从而降低图像的对比度，能够使图像呈现出褪色的效果。

STEP 05 单击“颜色”右侧下拉按钮，在弹出的列表框中选择“青色”选项，设置各选项参数（各选项参数依次为12、-15、44、0），如图16-175所示。

STEP 06 单击“颜色”右侧下拉按钮，在弹出的列表框中选择“洋红”选项，设置各选项参数（各选项参数依次为8、19、-100、0），如图16-176所示。

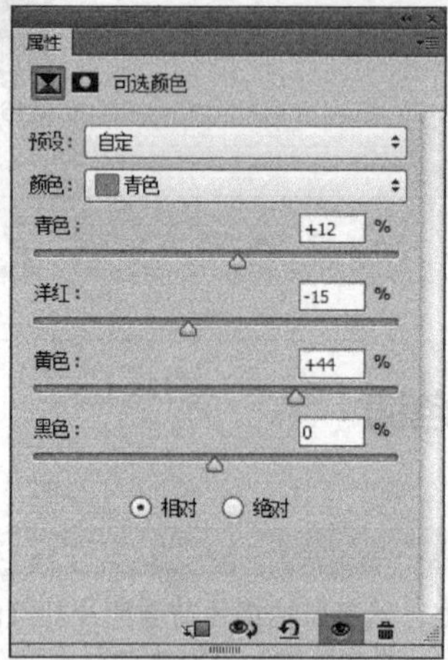

图16-175 设置各选项参数

图16-176 设置各选项参数

STEP 07 新建“色彩平衡1”调整图层，展开“属性”面板，单击“色调”右侧的下拉按钮，在弹出的列表框中选择“高光”选项，设置各选项参数（各选项参数依次为0、-42、-80），如图16-177所示。

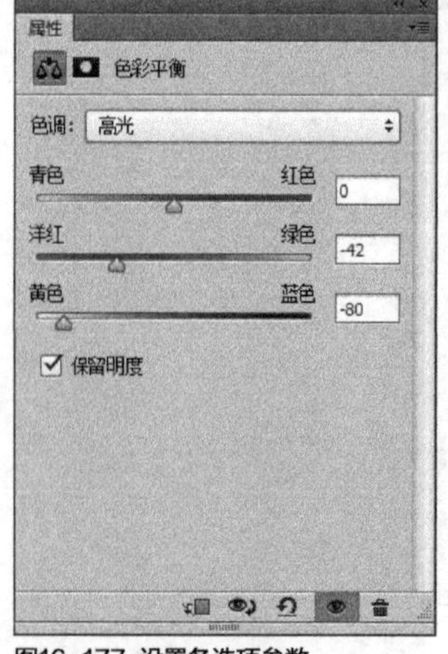

图16-177 设置各选项参数

STEP 08 执行操作后，即可完成对图像的调整，效果如图16-178所示。

图16-178 图像效果

实战393 增强照片艳丽色调——加强画面层次感

▶实例位置：无
▶素材位置：光盘\素材\第16章\实战393.jpg
▶视频位置：光盘\视频\第16章\实战393.mp4

• 实例介绍 •

拍摄植物时，柔和的光线有利于静物细节的表现，并利于图像颜色的微妙表现，而拍摄的照片可能会呈现灰蒙蒙或暗沉的色调，通过调整其色调可增强照片艳丽色调的效果。

• 操作步骤 •

STEP 01 单击“文件”｜“打开”命令，打开一幅素材图像，如图16-179所示。

图16-179 打开素材图像

STEP 02 新建“自然饱和度1”调整图层，展开“属性”面板，设置“自然饱和度”为50，如图16-180所示。

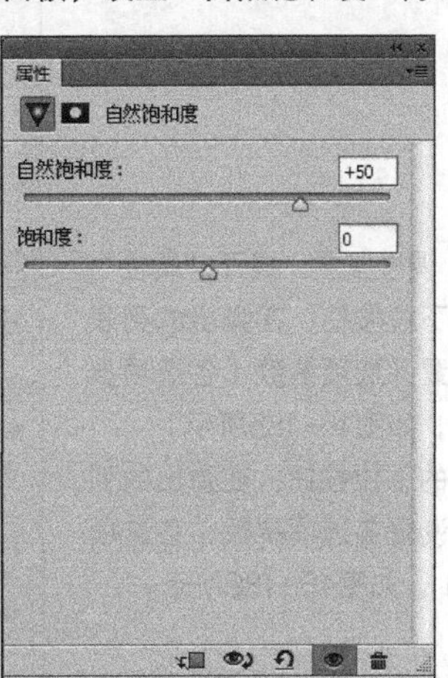

图16-180 设置各选项参数

STEP 03 新建“色彩平衡1”调整图层，展开“属性”面板，设置各选项参数（各选项参数依次为0、-10、-40），如图16-181所示。

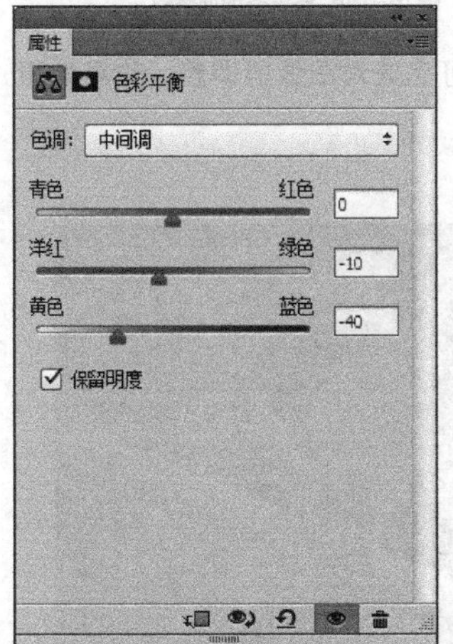

图16-181 设置各选项参数

STEP 04 新建“色阶1”调整图层，展开“属性”面板，设置各选项参数（输入色阶参数值依次为1、0.88、222），如图16-182所示。

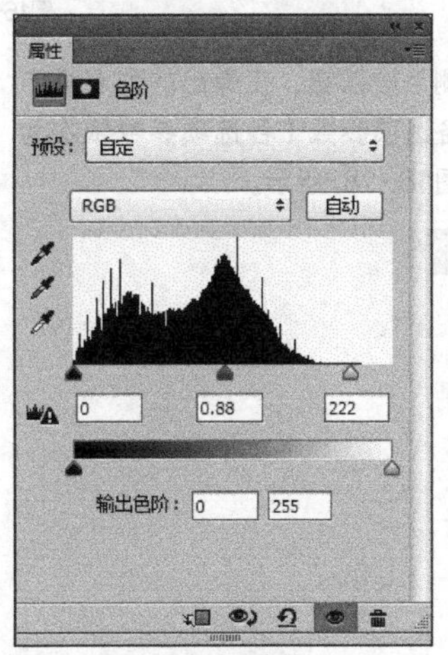

图16-182 设置各选项参数

实战394 增强照片艳丽色调——增强图像色调

▶实例位置：光盘\实例\第16章\实战394.jpg、实战394.psd
▶素材位置：无
▶视频位置：光盘\视频\第16章\实战394.mp4

• 实例介绍 •

用户可以通过新建调整图层并对其参数进行设置的方法，对图像的色调进行调整。

• 操作步骤 •

STEP 01 新建“曲线1”调整图层，展开“属性”面板，在曲线上添加1个节点，设置该节点参数（输入、输出色阶参数值依次为115、135），如图16-183所示。

STEP 02 单击RGB右侧的下拉按钮，在弹出的列表框中选择“红”选项，在曲线上添加1个节点，设置该节点参数（输入、输出色阶参数值依次为141、107），如图16-184所示。

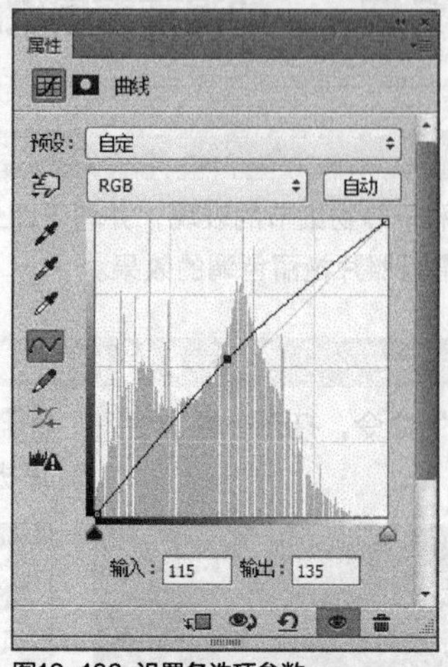

图16-183 设置各选项参数

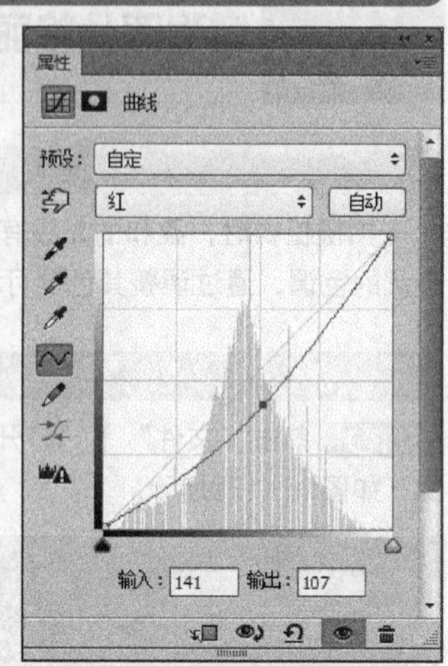

图16-184 设置各选项参数

STEP 03 新建“选取颜色1”调整图层，展开“属性”面板，单击“颜色”右侧的下拉按钮，在弹出的列表框中选择“红色”选项，设置各选项参数（各选项参数依次为-60、4、33、-4），如图16-185所示。

STEP 04 单击“颜色”右侧的下拉按钮，在弹出的列表框中选择“黄色”选项，设置各选项参数（各选项参数依次为19、30、8、25），如图16-186所示。

专家提醒

“可选颜色”命令多用于调整图像的特殊风格色调，由于它的可控性极强，所以此命令是数码照片调色处理使用最多的命令。

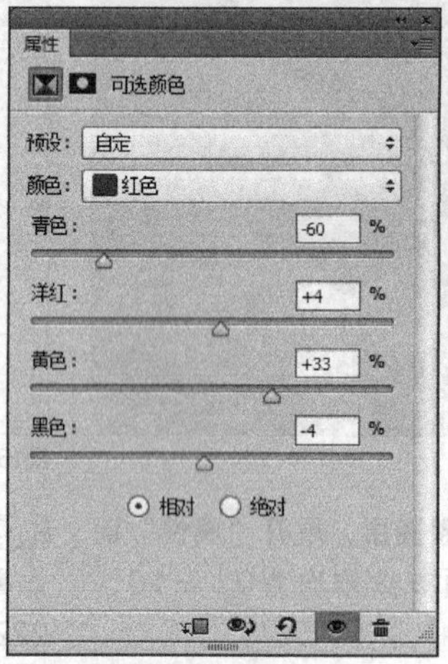

图16-185 设置各选项参数

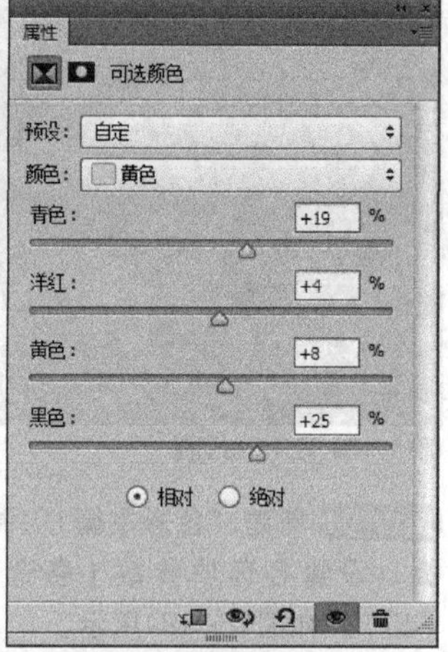

图16-186 设置各选项参数

STEP 05 单击“颜色”右侧下拉按钮，在弹出的列表框中选择“绿色”选项，设置各选项参数（各选项参数依次为-25、-32、61、0），如图16-187所示。

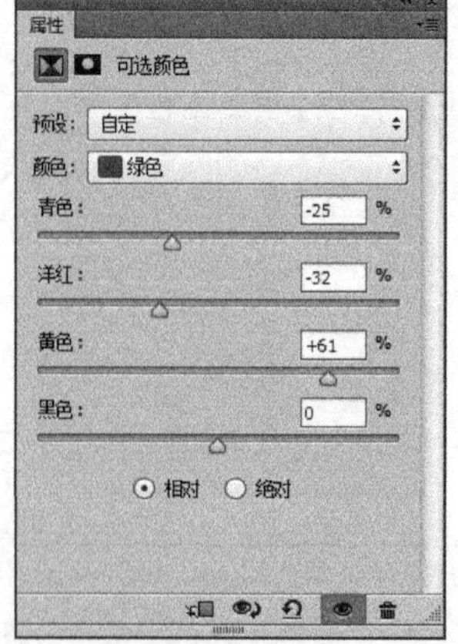

图16-187 设置各选项参数

STEP 06 执行操作后，即可完成对图像的调整，效果如图16-188所示。

图16-188 图像效果

专家提醒

如果要将所有图层都拼合到“背景”图层中，可以执行“图层”|“拼合图像”命令。如果有隐藏的图层，则会弹出一个提示框，询问是否删除隐藏的图层。

实战395 增强食物诱人色调

▶实例位置：光盘\实例\第16章\实战395.jpg、实战395.psd
▶素材位置：光盘\素材\第16章\实战395.jpg
▶视频位置：光盘\视频\第16章\实战395.mp4

• 实例介绍 •

金黄或橙色的食物色调具有强烈的诱人效果，因此，为了突出食物的诱人特质，可通过调整食物照片的颜色和亮度以增强画面颜色的颜色层次及对比方式，让照片中的食物更具诱惑力。

• 操作步骤 •

STEP 01 单击“文件”|“打开”命令，打开一幅素材图像，如图16-189所示。

图16-189 打开素材图像

STEP 02 新建“自然饱和度1”调整图层，展开“属性”面板，设置“自然饱和度”为100，如图16-190所示。

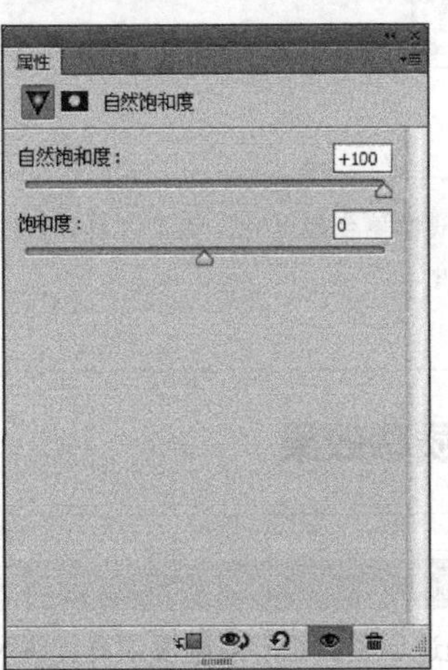

图16-190 设置各选项参数

STEP 03 新建“选取颜色1”调整图层，展开“属性”面板，单击“颜色”右侧下拉按钮，在弹出的列表框中选择“红色”选项，设置各选项参数（各选项参数依次为-50、0、0、0），如图16-191所示。

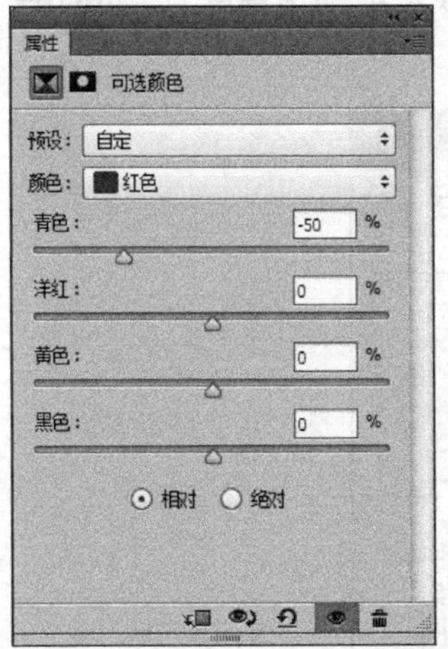

图16-191 设置各选项参数

STEP 04 单击“颜色”右侧下拉按钮，在弹出的列表框中选择“绿色”选项，设置各选项参数（各选项参数依次为4、20、-2、63），如图16-192所示。

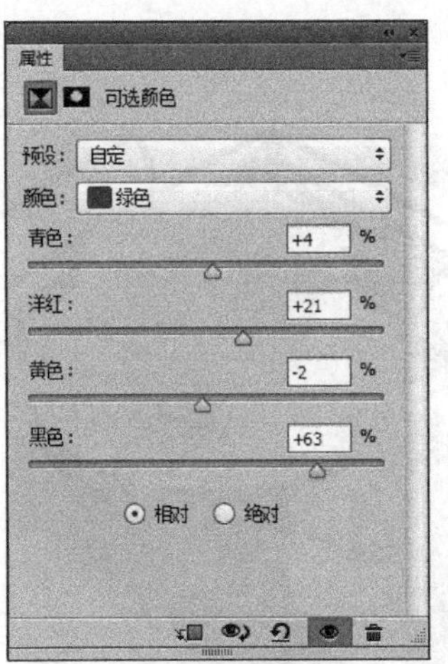

图16-192 设置各选项参数

专家提醒

调整“可选颜色”面板中的“黑色”的参数，不会影响图像的色点，只会影响图像的暗部的对比度。

STEP 05 单击“颜色”右侧下拉按钮，在弹出的列表框中选择“黑色”选项，设置各选项参数（各选项参数依次为0、0、0、20），如图16-193所示。

STEP 06 执行操作后，即可完成对图像的调整，效果如图16-194所示。

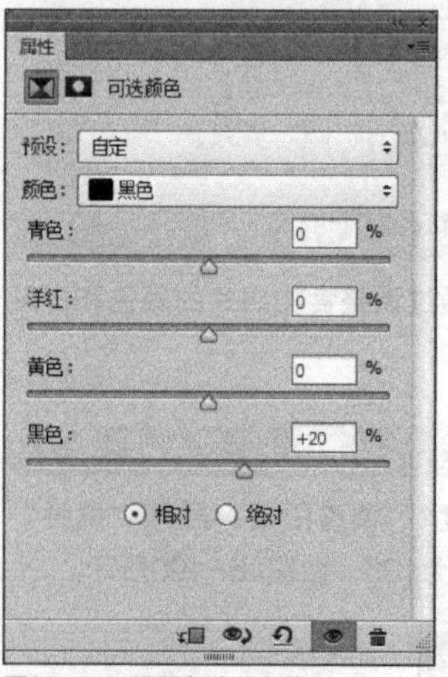

图16-193 设置各选项参数

图16-194 图像效果

专家提醒

使用“可选颜色”命令调整图像颜色时，如果“黑色”选项的参数值为-100%，在调整“青色”“洋红”和“黄色”的参数时，图像效果不会发生变化。

实战396 增强器皿质感效果

▶实例位置：光盘\实例\第16章\实战396.jpg、实战396.psd
▶素材位置：光盘\素材\第16章\实战396.jpg
▶视频位置：光盘\视频\第16章\实战396.mp4

• 实例介绍 •

调整瓷器类器皿，可通过调整其细节清晰度或高光锐利度等方式来增强器皿的质感，使其边缘更加清晰和锐利，画面效果更强烈。

• 操作步骤 •

STEP 01 单击“文件”|“打开”命令，打开一幅素材图像，如图16-195所示。

STEP 02 展开“图层”面板，选择“背景”图层，按【Ctrl+J】组合键，复制“背景”图层，得到“图层1”图层，设置该图层的混合模式为“正片叠底”，如图16-196所示。

图16-195 打开素材图像

图16-196 设置混合模式

专家提醒

混合模式是Photoshop的核心功能之一，混合模式主要是用于混合图层、混合通道和混合像素。

STEP 03 按【Ctrl+Alt+Shift+E】组合键，盖印可见图层，得到“图层2”图层，设置该图层的混合模式为“正片叠底”、“不透明度”为80%，如图16-197所示。

STEP 04 按【Ctrl+Alt+Shift+E】组合键，盖印可见图层，得到“图层3”图层，单击菜单栏中的“图像”|“调整”|“去色”命令，图像去色，设置该图层的混合模式为“叠加”，如图16-198所示。

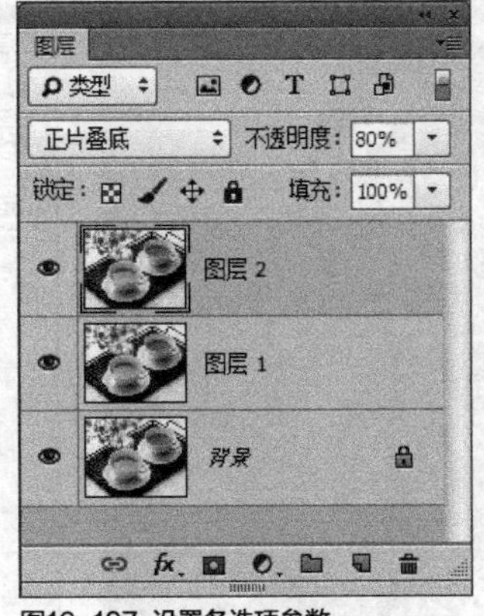

图16-197 设置各选项参数

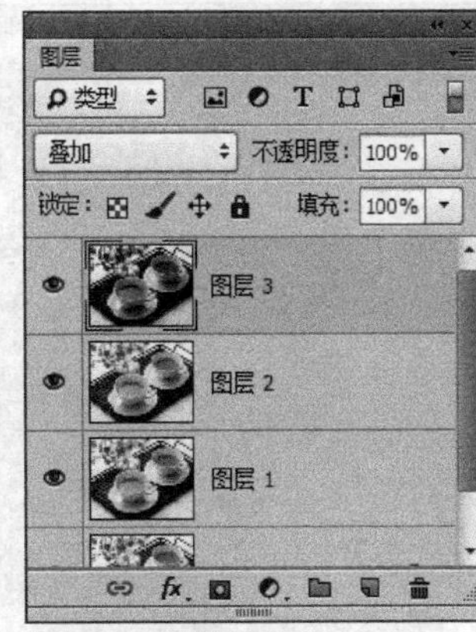

图16-198 设置混合模式

专家提醒

设置图层混合模式时，“图层”面板中至少要有两个图层并处于显示状态，否则无法显示图层混合模式效果。

STEP 05 单击菜单栏中的“滤镜”|“其它”|“高反差保留”命令，弹出“高反差保留”对话框，设置“半径”为1.5像素，如图16-199所示。

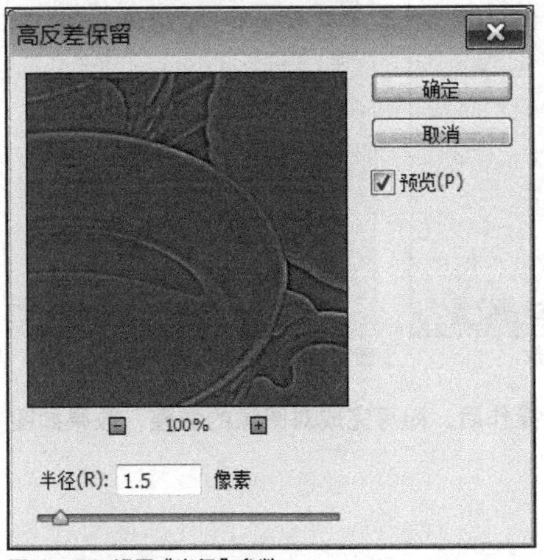

图16-199 设置“半径”参数

STEP 06 单击“确定”按钮，即可完成对图像的调整，效果如图16-200所示。

图16-200 图像效果

专家提醒

“高反差保留”命令主要用于调整图像的亮度，降低阴影部分的饱和度。该滤镜对于从扫描图像中取出艺术线条和大的黑白区域非常有用。

实战 397 增强树叶逆光效果

▶实例位置：光盘\实例\第16章\实战397.jpg、实战397.psd
▶素材位置：光盘\素材\第16章\实战397.jpg
▶视频位置：光盘\视频\第16章\实战397.mp4

• 实例介绍 •

逆光拍摄的照片在局部图像区域会显得较暗而影响照片颜色的表现。通过调整逆光照片的色调，可以增强照片的光影效果，并丰富照片颜色。

• 操作步骤 •

STEP 01 单击“文件”|“打开”命令，打开一幅素材图像，如图16-201所示。

STEP 02 展开“图层”面板，选择“背景”图层，按【Ctrl+J】组合键，复制“背景”图层，得到“图层1”图层，设置该图层的混合模式为“柔光”、“不透明度”为80%，如图16-202所示。

图16-201 打开素材图像

图16-202 设置各选项参数

STEP 03 新建“亮度/对比度1”调整图层，展开“属性”面板，设置“亮度”为40、“对比度”为5，如图16-203所示。

STEP 04 新建“曝光度1”调整图层，展开“属性”面板，设置各选项参数（曝光度：0.2，位移：0.000，灰度系数校正：0.85），如图16-204所示。

专家提醒

设置图像的曝光度：向右拖动下方的滑块可以增强图像的曝光度，向左拖动滑块可以降低图像的曝光度。

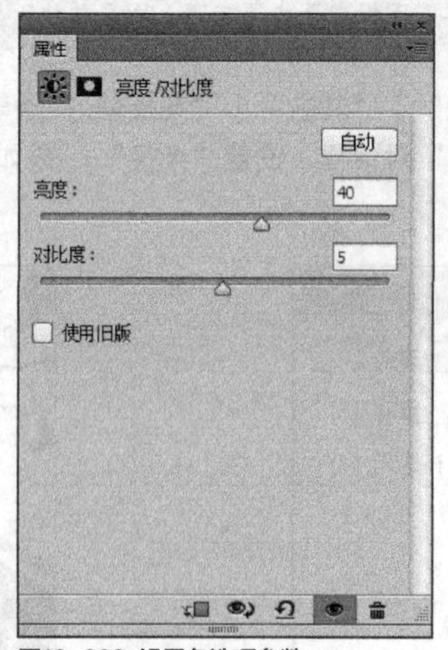

图16-203 设置各选项参数

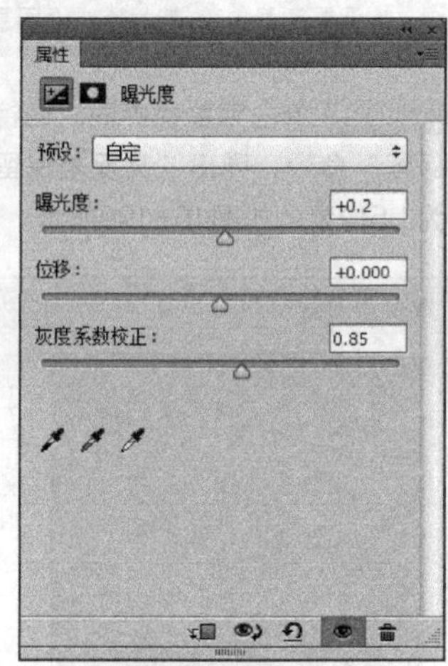

图16-204 设置各选项参数

STEP 05 新建“曲线”调整图层，展开“属性”面板，单击RGB右侧的下拉按钮，在弹出的列表框中选择“红”选项，在曲线上添加1个节点，设置该节点的参数（输入、输出色阶参数值依次为166、127），如图16-205所示。

STEP 06 执行操作后，即可完成对图像的调整，效果如图16-206所示。

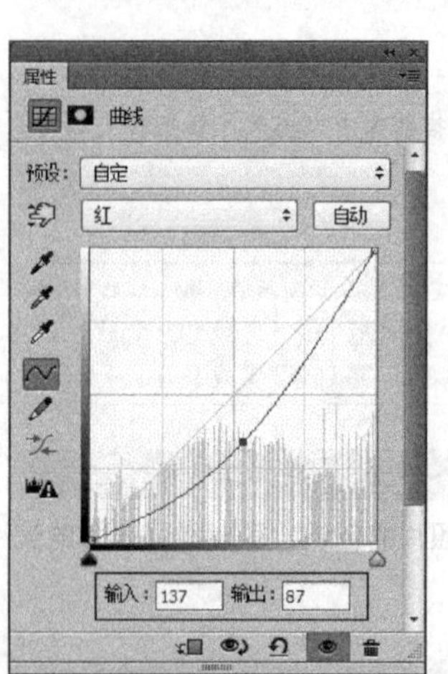

图16-205 设置各选项参数

图16-206 图像效果

专家提醒

“曲线”命令是十分强大的颜色校正命令，该命令可以在图像的整个色调范围内调整不同的色调，还可以对图像中个别颜色通道进行精确的调整。

实战 398 增强蔬菜艳丽色调

▶ 实例位置：光盘\实例\第16章\实战398.jpg、实战398.psd
▶ 素材位置：光盘\素材\第16章\实战398.jpg
▶ 视频位置：光盘\视频\第16章\实战398.mp4

• 实例介绍 •

调整蔬菜艳丽色调以增强照片的亮度、对比度以及饱和度，强化照片的对比效果，并使照片的色调更具浓烈，从而在视觉上给人带来明朗舒适的视觉感受。

• 操作步骤 •

STEP 01 单击“文件”|“打开”命令，打开一幅素材图像，如图16-207所示。

STEP 02 新建“自然饱和度1”调整图层，展开“属性”面板，设置“自然饱和度”为80、“饱和度”为10，如图16-208所示。

图16-207 打开素材图像

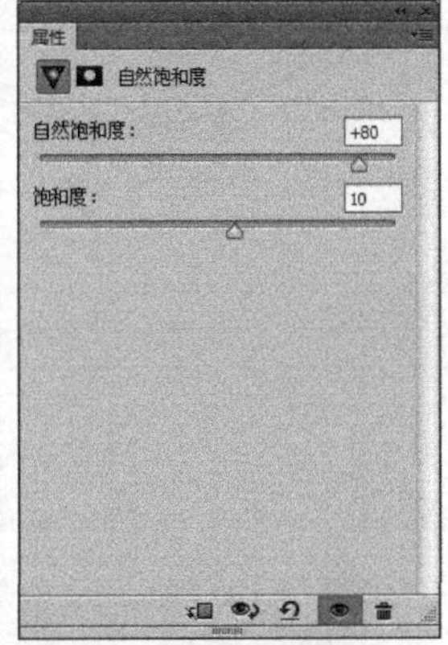

图16-208 设置各选项参数

STEP 03 新建“色阶1”调整图层，展开“属性”面板，设置各选项参数（输入色阶参数值依次为13、1.13、227），如图16-209所示。

STEP 04 新建“曝光度1”调整图层，展开“属性”面板，设置各选项参数（曝光度：-0.12，位移：0.00，灰度系数校正：0.90），如图16-210所示。

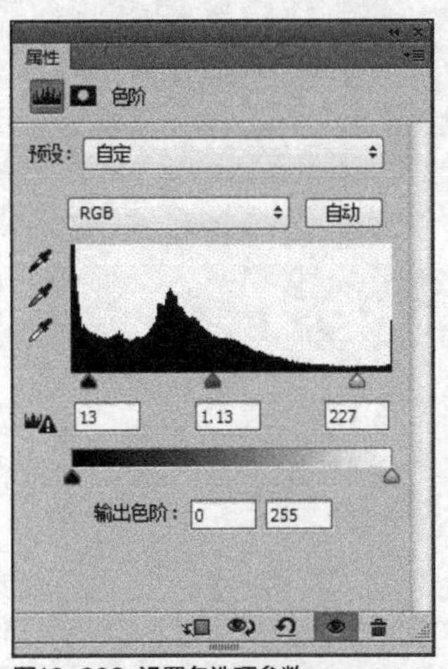

图16-209 设置各选项参数

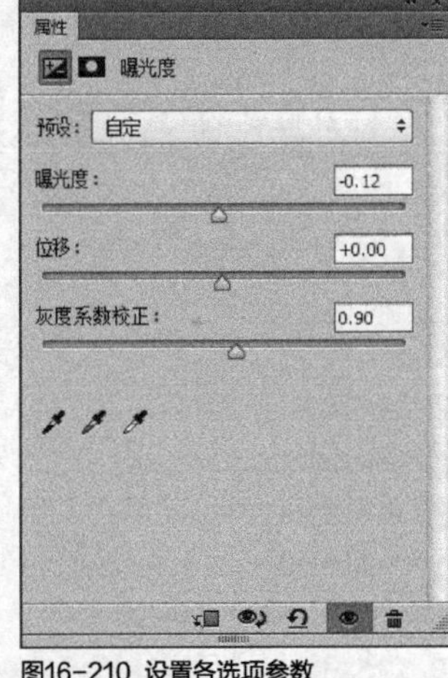

图16-210 设置各选项参数

STEP 05 新建“曲线1”调整图层，展开“属性”面板，在曲线上添加1个节点，设置该节点的参数（输入、输出色阶参数值依次为96、126），如图16-211所示。

STEP 06 执行操作后，即可完成对图像的调整，效果如图16-212所示。

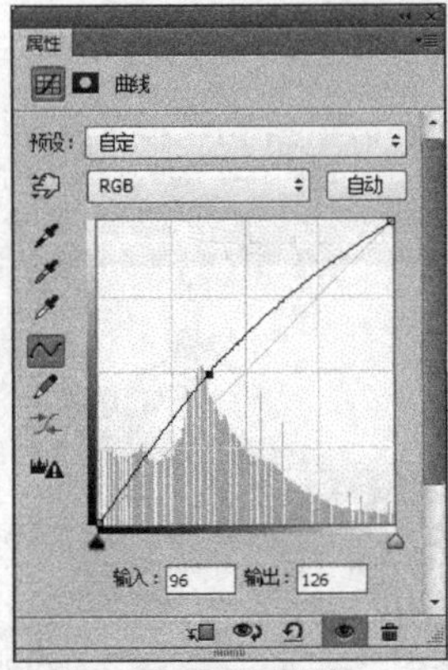

图16-211 设置各选项参数

图16-212 图像效果

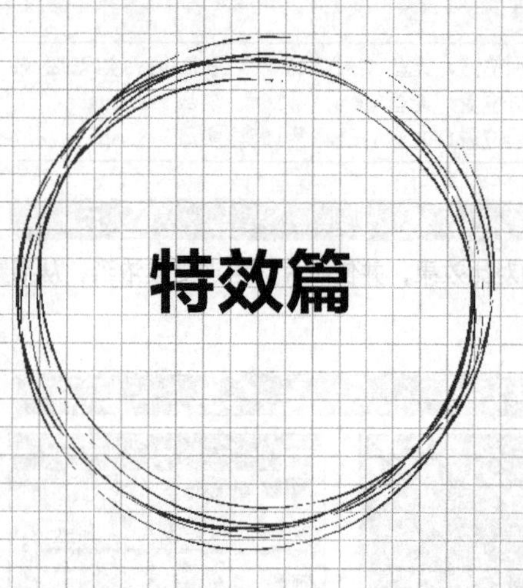

第17章 图像边框特效

本章导读

“佛靠金装，人靠衣装”，一幅精美的图像同样需要一个合适的边框。随着数码相机的普及，爱好摄影的朋友越来越多，拍摄的图像添加相框除了能让照片更加出彩外，还可以表达出一种艺术情感。

要点索引

- 制作简易黑白边框
- 制作纯色边框特效
- 制作方块边框特效
- 制作花样边框特效
- 制作个性边框特效
- 制作炫彩边框特效
- 制作碎丝边框特效
- 制作圆形边框特效
- 制作闪亮边框特效
- 制作蕾丝边框特效
- 制作线性边框特效
- 制作纹理边框特效
- 制作卡角边框特效
- 制作浮雕边框特效
- 制作木质画框特效

实战 399 制作简易黑白边框

▶实例位置：光盘\实例\第17章\实战399.jpg、实战399.psd
▶素材位置：光盘\素材\第17章\实战399.jpg
▶视频位置：光盘\视频\第17章\实战399.mp4

• 实例介绍 •

黑、白两种颜色既属于无彩色，又属于中性色。黑、白两种颜色结合，可以制作出简易的黑白画框；与艳丽色彩的图像搭配，可以制作出一幅完美的装饰画。

• 操作步骤 •

STEP 01 单击“文件”｜“打开”命令，打开一幅素材图像，如图17-1所示。

图17-1 打开素材图像

STEP 02 双击“背景”图层，弹出“新建图层”对话框，单击“确定”按钮，得到“图层0”图层，如图17-2所示。

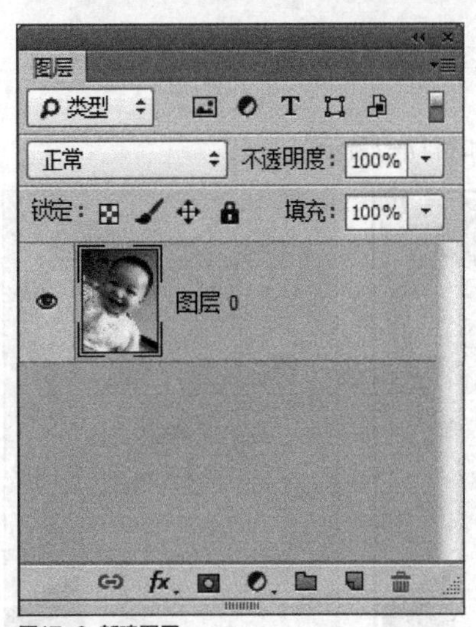

图17-2 新建图层

STEP 03 单击“图像”｜“画布大小”命令，弹出“画布大小”对话框，选中“相对”复选框，设置“高度”和“宽度”分别为50厘米，如图17-3所示，单击“确定”按钮。

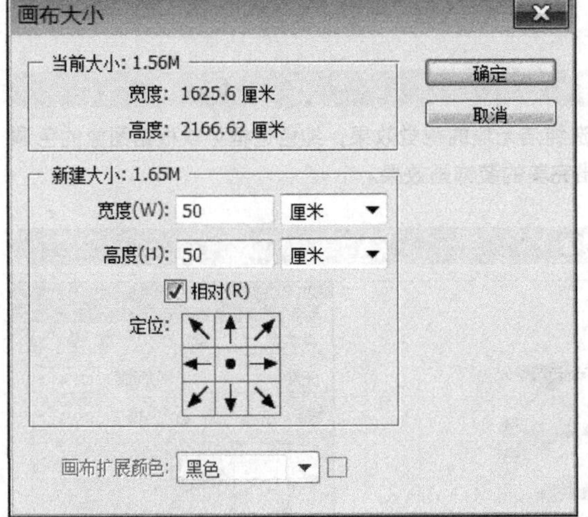

图17-3 设置各选项参数

STEP 04 新建图层，调整“图层1”图层至“图层0”图层下方，设置前景色为白色，并填充前景色，如图17-4所示。

图17-4 填充前景色

STEP 05 选择“图层0”图层，双击“图层0”图层，弹出“图层样式”对话框，选中“描边”复选框，设置各选项参数，如图17-5所示。

STEP 06 单击“确定”按钮，即可完成简易黑白边框的制作，效果如图17-6所示。

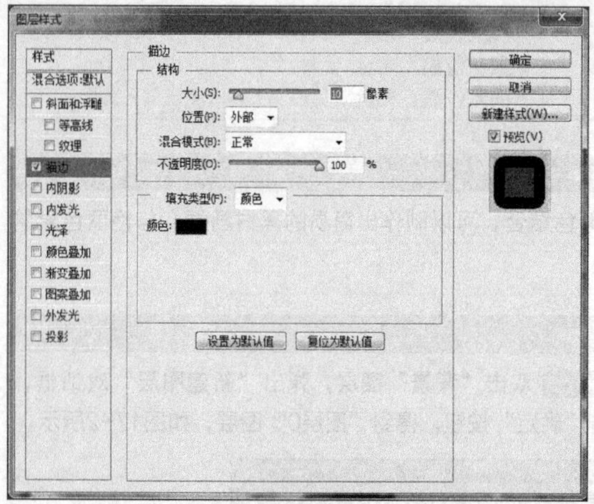
图17-5 设置各选项参数

图17-6 完成黑白边框制作

其他示例效果如图17-7所示。

等比黑白

线性黑白

影印黑色

影印白色

图17-7 其他示例效果

实战400 制作纯色边框特效

▶实例位置：光盘\实例\第17章\实战400.jpg、实战400.psd
▶素材位置：光盘\素材\第17章\实战400.jpg
▶视频位置：光盘\视频\第17章\实战400.mp4

• 实例介绍 •

纯色是一种单一的色彩，运用纯色制作边框特效可以给人缔造纯洁无瑕的视觉效果，纯色边框可以根据图像的色调来决定边框颜色，寻找合适的色调与图像完美地搭配，即可制作出完美的装饰画效果。

• 操作步骤 •

STEP 01 单击“文件”｜“打开”命令，打开一幅素材图像，如图17-8所示。

STEP 02 双击“背景”图层，弹出“新建图层”对话框，单击“确定”按钮，得到“图层0”图层，如图17-9所示。

图17-8 打开素材图像

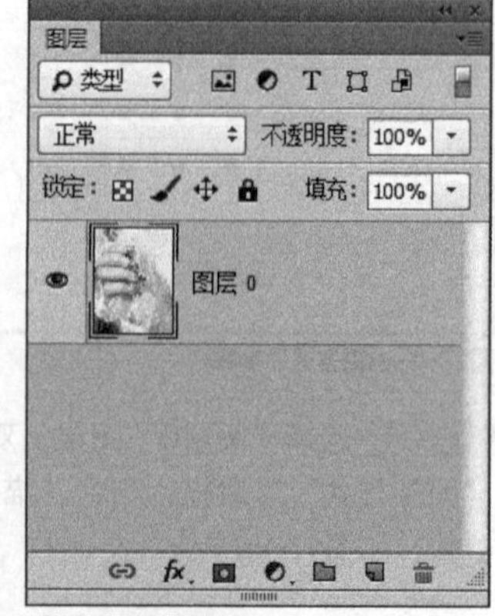

图17-9 新建图层

STEP 03 单击“图像”|“画布大小”命令，弹出“画布大小”对话框，选中“相对”复选框，设置“高度”和“宽度”分别为1厘米，如图17-10所示，单击“确定”按钮。

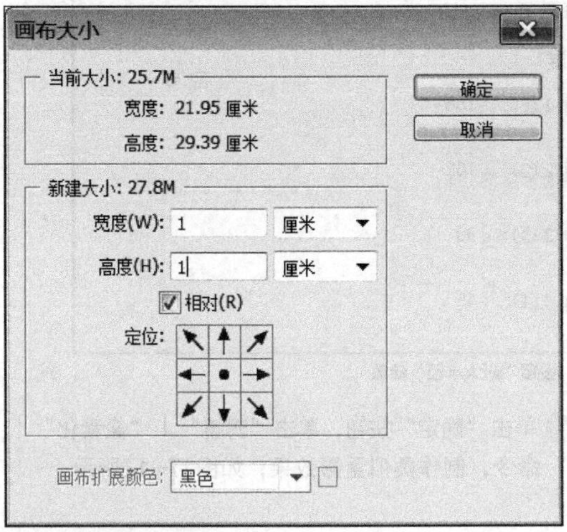

图17-10 设置各选项参数

STEP 04 新建图层，调整“图层1”图层至“图层0”图层的下方，设置前景色为天蓝色（R、G、B参数值分别为0、204、255），并填充前景色，效果如图17-11所示，即可完成纯色边框特效的制作。

图17-11 填充前景色

实战 401 制作方块边框特效

▶ **实例位置**：光盘\实例\第17章\实战401. jpg、实战401. psd
▶ **素材位置**：光盘\素材\第17章\实战401. jpg
▶ **视频位置**：光盘\视频\第17章\实战401. mp4

• 实例介绍 •

方块边框是模拟马赛克制作的一种边框特效，这种边框效果能够与图像完美地融合，制造出一种梦幻的感觉。

• 操作步骤 •

STEP 01 单击“文件”|“打开”命令，打开一幅素材图像，如图17-12所示。

图17-12 打开素材图像

STEP 02 双击“背景”图层，弹出“新建图层”对话框，单击“确定”按钮，得到“图层0”图层，如图17-13所示。

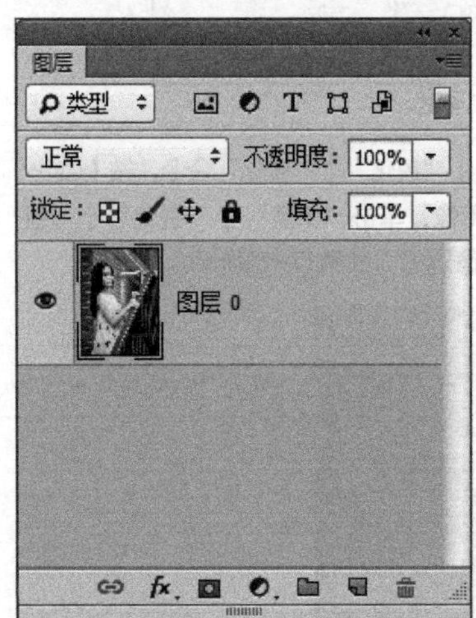

图17-13 新建图层

STEP 03 按【Ctrl＋A】组合键，全选图像，单击“选择”|“修改”|“边界”命令，弹出“边界选区”对话框，设置“宽度”为50像素，单击“确定”按钮，单击“选择”|“修改”|“扩展”命令，弹出“扩展选区”对话框，设置“扩展量”为40像素，单击“确定”按钮，创建选区，如图17-14所示。

STEP 04 单击工具箱中的“以快速蒙版模式编辑”按钮，单击“滤镜”|“像素化”|“彩色半调”命令，弹出“彩色半调”对话框，在其中设置各参数，如图17-15所示。

图17-14 设置选区

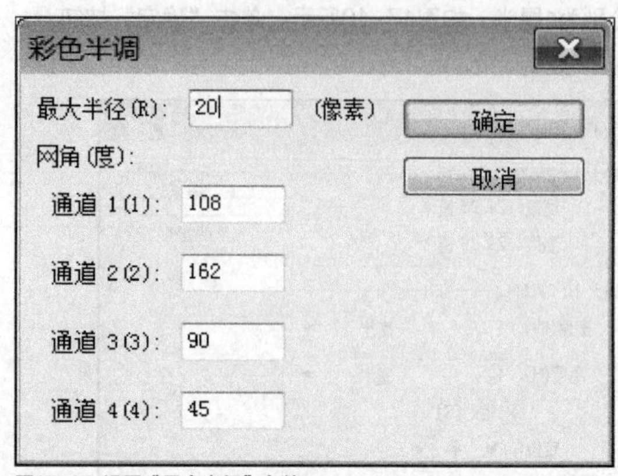

图17-15 设置“最大半径”参数

STEP 05 单击“确定”按钮，单击“滤镜”｜“像素化”｜“马赛克”命令，弹出“马赛克”对话框，设置“单元格大小”为20方形，如图17-16所示。

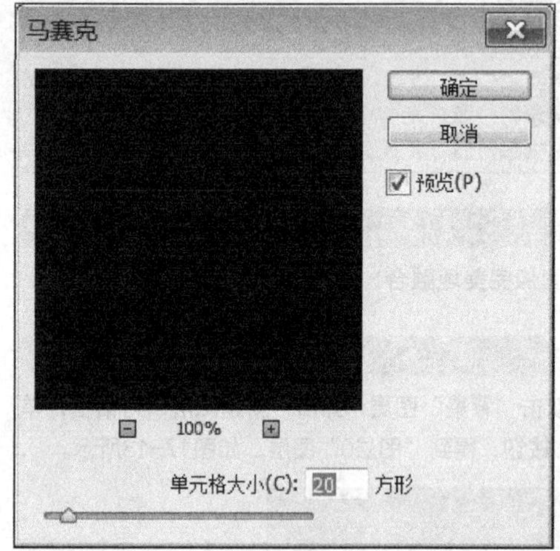

图17-16 设置“单元格大小”参数

STEP 06 单击“确定”按钮，单击“滤镜”｜“像素化”｜“碎片”命令，制作类似重影效果，如图17-17所示。

图17-17 制作类似重影效果

STEP 07 单击“滤镜”｜“锐化”｜“锐化”命令，按【Ctrl+F】组合键两次，锐化图像，单击“滤镜”｜“锐化”｜“锐化边缘”命令，锐化图像边缘，如图17-18所示。

图17-18 锐化图像边缘

STEP 08 单击工具箱中的“以标准模式编辑”按钮，新建图层，设置前景色为黑色，填充前景色，并取消选区，效果如图17-19所示，完成方框边框特效的制作。

图17-19 取消选区

实战 402 制作花样边框特效

▶ 实例位置：光盘\实例\第17章\实战402.jpg、实战402.psd
▶ 素材位置：光盘\素材\第17章\实战402.jpg
▶ 视频位置：光盘\视频\第17章\实战402.mp4

• 实例介绍 •

用户不是盲目地给图像添加边框，而是需要根据图像的风格，选择合适的边框，才能锦上添花，制作出完美的装饰画效果。可爱类型的图像搭配花样边框，不仅能够凸显图像的特点，还可以通过此边框设计了解用户的性格。

• 操作步骤 •

STEP 01 单击“文件”|“打开”命令，打开一幅素材图像，如图17-20所示。

图17-20 打开素材图像

STEP 02 双击“背景”图层，弹出“新建图层”对话框，单击“确定”按钮，得到“图层0”图层，如图17-21所示。

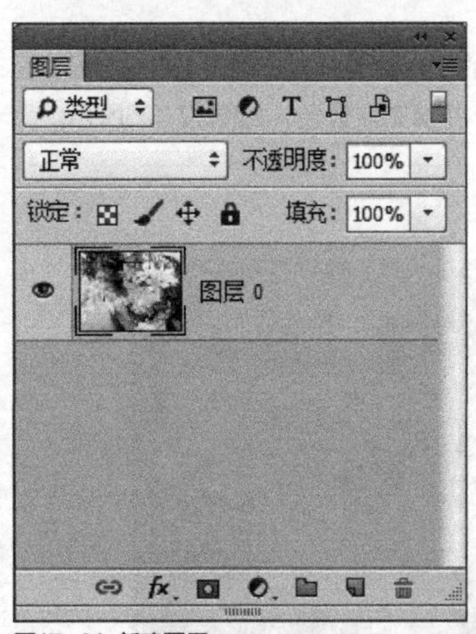

图17-21 新建图层

STEP 03 按【Ctrl+A】组合键，全选图像，单击“选择”|“修改”|“边界”命令，弹出“边界选区”对话框，设置“宽度”为20像素，单击“确定”按钮，单击“选择”|“修改”|“扩展”命令，弹出“扩展选区”对话框，设置“扩展量”为20像素，单击“确定”按钮，创建选区，如图17-22所示。

图17-22 创建选区

STEP 04 单击工具箱中的“以快速蒙版模式编辑”按钮，单击“滤镜”|“滤镜库”命令，弹出“撕边”对话框，在中间的列表框中，展开“扭曲”面板，选择“玻璃”滤镜，设置各选项参数（扭曲度：6，平滑度：8，纹理：小镜头，缩放：150%），如图17-23所示。

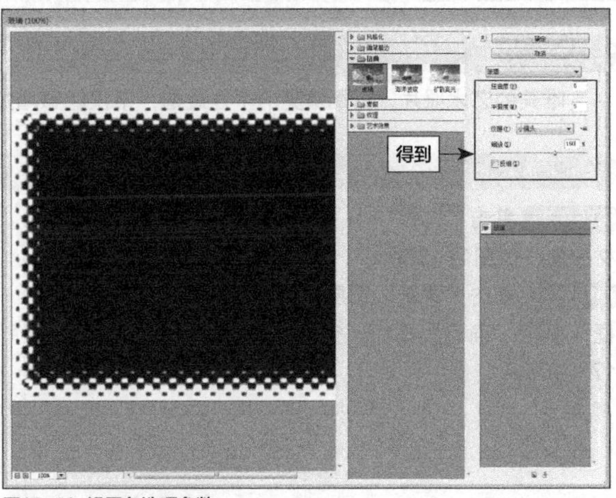

图17-23 设置各选项参数

STEP 05 单击“确定”按钮，单击“滤镜”|“像素化”|“碎片”命令，制作类似重影的效果，如图17-24所示。

STEP 06 单击“滤镜”|“锐化”|“锐化”命令，按【Ctrl+F】组合键6次，锐化图像，如图17-25所示。

图17-24 制作类似重影效果

图17-25 锐化图像

STEP 07 单击工具箱中的“以标准模式编辑”按钮，新建图层，设置前景色为白色，并填充前景色，如图17-26所示。

STEP 08 单击“编辑”|“描边”命令，弹出“描边”对话框，设置各选项参数（宽度：2像素，颜色：RGB分别为148、53、255，位置：居中），单击“确定”按钮，并取消选区，效果如图17-27所示，完成花样边框特效的制作。

图17-26 填充前景色

图17-27 取消选区

实战403 制作个性边框特效

▶实例位置：光盘\实例\第17章\实战403.jpg、实战403.psd
▶素材位置：光盘\素材\第17章\实战403.jpg
▶视频位置：光盘\视频\第17章\实战403.mp4

• 实例介绍 •

唯美的艺术照片，搭配漂亮的个性边框，不仅能够增加艺术照片的唯美度，而且能够体现个人的气质和品味。

• 操作步骤 •

STEP 01 单击“文件”|“打开”命令，打开一幅素材图像，如图17-28所示。

STEP 02 双击“背景”图层，弹出“新建图层”对话框，单击“确定”按钮，得到“图层0”图层，如图17-29所示。

图17-28 打开素材图像

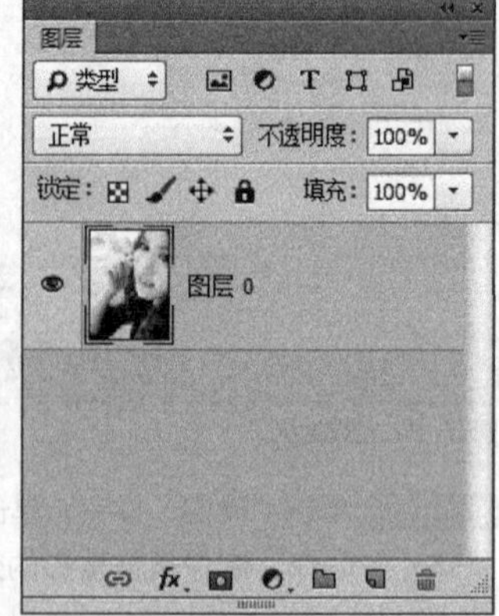

图17-29 新建图层

STEP 03 按【Ctrl+A】组合键，全选图像，单击"选择"｜"修改"｜"边界"命令，弹出"边界选区"对话框，设置"宽度"为2像素，单击"确定"按钮，单击"选择"｜"修改"｜"扩展"命令，弹出"扩展选区"对话框，设置"扩展量"为20像素，单击"确定"按钮，创建选区，如图17-30所示。

STEP 04 单击工具箱中的"以快速蒙版模式编辑"按钮，单击"滤镜"｜"像素化"｜"晶格化"命令，弹出"晶格化"对话框，设置"单元格大小"为15，如图17-31所示。

图17-30 创建选区

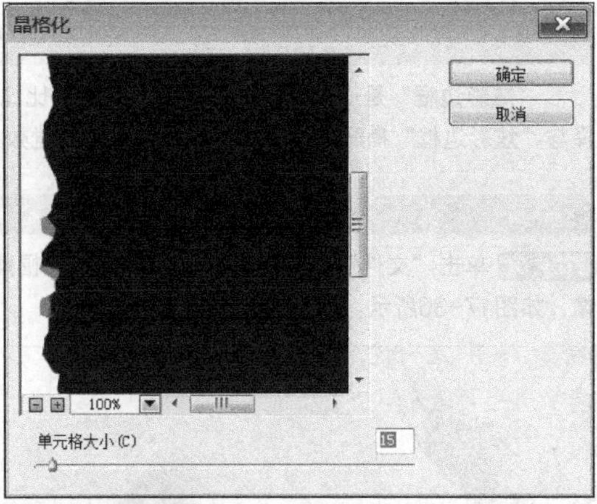

图17-31 设置单元格大小

STEP 05 单击"确定"按钮，单击"滤镜"｜"像素化"｜"碎片"命令，制作类似重影的效果，如图17-32所示。

STEP 06 单击"滤镜"｜"滤镜库"命令，弹出"玻璃"对话框，在中间的列表框中，展开"画笔描边"面板，选择"喷溅"滤镜，设置各选项参数（喷色半径：25，平滑度：7），如图17-33所示，单击"确定"按钮。

图17-32 制作类似重影效果

图17-33 设置各选项参数

STEP 07 单击"滤镜"｜"扭曲"｜"挤压"命令，弹出"挤压"对话框，设置"数量"为100%，单击"确定"按钮，单击"滤镜"｜"扭曲"｜"旋转扭曲"命令，弹出"旋转扭曲"对话框，设置"角度"为999度，如图17-34所示，单击"确定"按钮。

STEP 08 单击工具箱中的"以标准模式编辑"按钮，按【Ctrl+J】组合键，复制选区内图像，得到"图层1"图层，双击"图层1"图层，弹出"图层样式"对话框，选中"描边"复选框，设置各选项参数（设置"大小"为1像素，"填充类型"为渐变，单击"点按可编辑渐变"按钮，选择相应颜色选项），单击"确定"按钮，效果如图17-35所示，完成个性边框特效的制作。

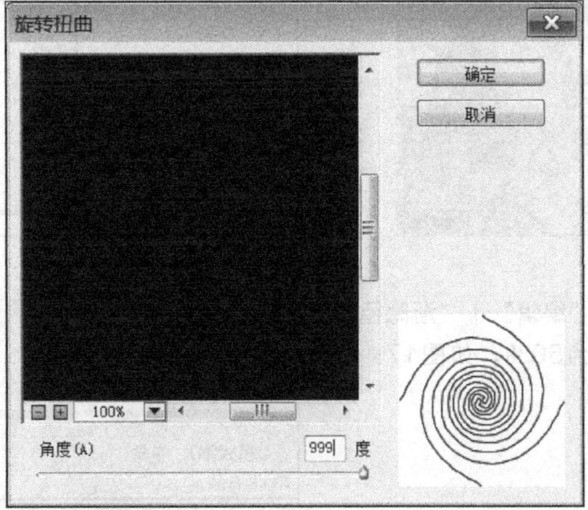

图17-34 设置角度

图17-35 取消选区

实战404 制作炫彩边框特效

▶实例位置：光盘\实例\第17章\实战404.jpg、实战404.psd
▶素材位置：光盘\素材\第17章\实战404.jpg
▶视频位置：光盘\视频\第17章\实战404.mp4

● 实例介绍 ●

“炫彩边框”是一款颜色比较亮丽，而且对比比较明显的边框。单纯背景的图像或者颜色相对比较淡雅的图像，选择与“炫彩边框”搭配，不仅能够增强图像的视觉效果，而且能够适当地弥补图像颜色的不足。

● 操作步骤 ●

STEP 01 单击“文件”|“打开”命令，打开一幅素材图像，如图17-36所示。

图17-36 打开素材图像

STEP 02 双击“背景”图层，弹出“新建图层”对话框，单击“确定”按钮，得到“图层0”图层，如图17-37所示。

图17-37 新建图层

STEP 03 按【Ctrl+A】组合键，全选图像，单击“选择”|“修改”|“边界”命令，弹出“边界选区”对话框，设置“宽度”为2像素，单击“确定”按钮，单击“选择”|“修改”|“扩展”命令，弹出“扩展选区”对话框，设置“扩展量”为40像素，单击“确定”按钮，创建选区，如图17-38所示。

图17-38 创建选区

STEP 04 单击工具箱中的“以快速蒙版模式编辑”按钮，单击“滤镜”|“模糊”|“径向模糊”命令，弹出“径向模糊”对话框，设置“数量”为8、“模糊方法”为“旋转”、“品质”为“好”，如图17-39所示。

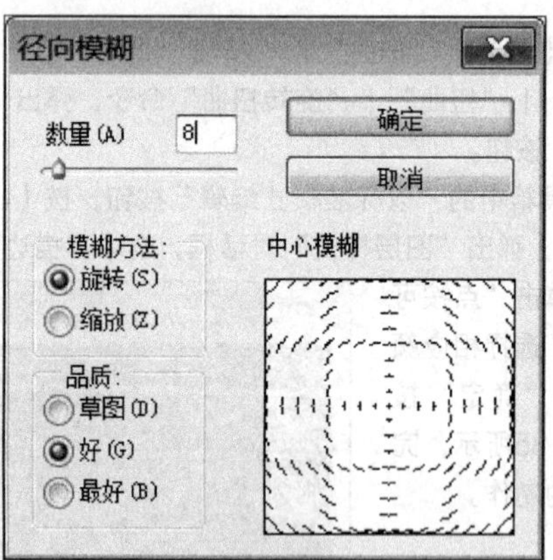

图17-39 设置各选项参数

STEP 05 单击“确定”按钮，单击“编辑”|“渐隐径向模糊”命令，设置“不透明度”为50%，如图17-40所示。

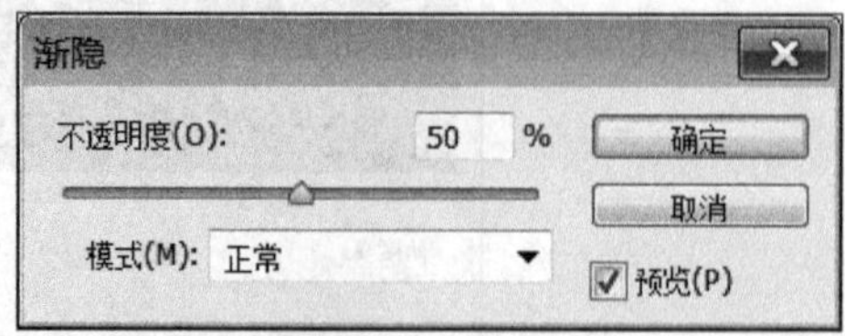

图17-40 设置不透明度

STEP 06 单击“确定”按钮，单击“滤镜”|“锐化”|“锐化”命令，按【Ctrl+F】组合键4次，锐化图像，如图17-41所示。

图17-41 锐化图像

STEP 07 单击工具箱中的“以标准模式编辑”按钮，新建图层，为选区填充线性色谱渐变色，如图17-42所示。

图17-42 填充色谱渐变色

STEP 08 单击“编辑”|“描边”命令，弹出“描边”对话框，设置“宽度”为2像素、“颜色”为白色、“位置”为“居中”，单击“确定”按钮，并取消选区，效果如图17-43所示，完成炫彩边框特效的制作。

图17-43 取消选区

实战 405 制作碎丝边框特效

▶实例位置：光盘\实例\第17章\实战405.jpg、实战405.psd
▶素材位置：光盘\素材\第17章\实战405.jpg
▶视频位置：光盘\视频\第17章\实战405.mp4

• 实例介绍 •

“碎丝边框”是由很多条细线组合而成的效果，这种相框的运用范围比较广泛，大多数外景照片适合应用这种边框特效，这种边框特效能够适当修饰图像，增加图像艺术气质。

• 操作步骤 •

STEP 01 单击“文件”|“打开”命令，打开一幅素材图像，如图17-44所示。

STEP 02 双击“背景”图层，弹出“新建图层”对话框，单击“确定”按钮，得到“图层0”图层，如图17-45所示。

图17-44 打开素材图像

图17-45 新建图层

STEP 03 按【Ctrl+A】组合键，全选图像，单击“选择”|“修改”|“边界”命令，弹出“边界选区”对话框，设置“宽度”为2像素，单击“确定”按钮，单击“选择”|“修改”|“扩展”命令，弹出“扩展选区”对话框，设置“扩展量”为20像素，单击“确定”按钮，创建选区，如图17-46所示。

STEP 04 单击工具箱中的“以快速蒙版模式编辑”按钮，单击“滤镜”|“像素化”|“马赛克”命令，弹出“马赛克”对话框，设置“单元格大小”为10，如图17-47所示。

图17-46 创建选区

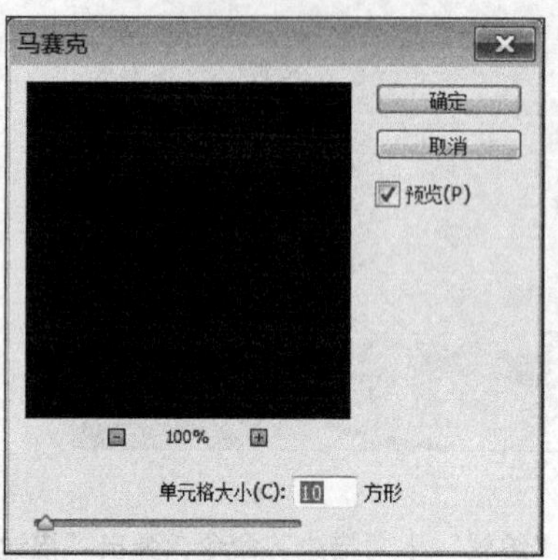

图17-47 设置单元格大小

STEP 05 单击“确定”按钮，单击“滤镜”|“像素化”|“碎片”命令，按【Ctrl+F】组合键两次，制作类似重影的效果，如图17-48所示。

STEP 06 单击“滤镜”|“滤镜库”命令，弹出“喷溅”对话框，在中间的列表框中，展开“画笔描边”面板，选择“阴影线”滤镜，设置各选项参数（描边长度：50，锐化程度：20，强度：1），如图17-49所示，单击“确定”按钮。

图17-48 制作类似重影效果

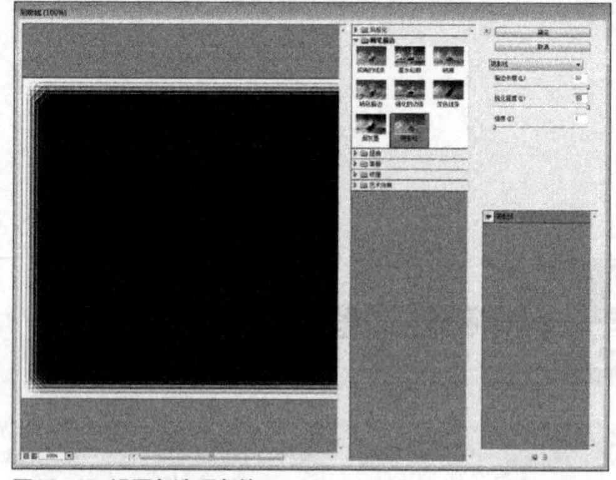
图17-49 设置各选项参数

STEP 07 单击“滤镜”|“锐化”|“锐化”命令，按【Ctrl+F】组合键两次，锐化图像，如图17-50所示。

STEP 08 单击工具箱中的“以标准模式编辑”按钮，按【Ctrl+J】组合键，复制选区内图像，得到“图层1”图层，双击“图层1”图层，弹出“图层样式”对话框，选中“描边”复选框，设置各选项参数（设置“大小”为2，颜色为蓝色），单击“确定”按钮，效果如图17-51所示，完成碎丝边框特效的制作。

图17-50 锐化图像

图17-51 取消选区

实战 406 制作圆形边框特效

▶实例位置：光盘\实例\第17章\实战406.jpg、实战406.psd
▶素材位置：光盘\素材\第17章\实战406.jpg
▶视频位置：光盘\视频\第17章\实战406.mp4

• 实例介绍 •

“圆形边框”是一种类似镜框特效，用这种边框特效来装饰艺术写真，是一种锦上添花的做法，能够完美地修饰图像，制作出完美的艺术写真。

• 操作步骤 •

STEP 01 单击“文件”｜“打开”命令，打开一幅素材图像，如图17-52所示。

STEP 02 双击“背景”图层，弹出“新建图层”对话框，单击“确定”按钮，得到“图层0”图层，如图17-53所示。

图17-52 打开素材图像

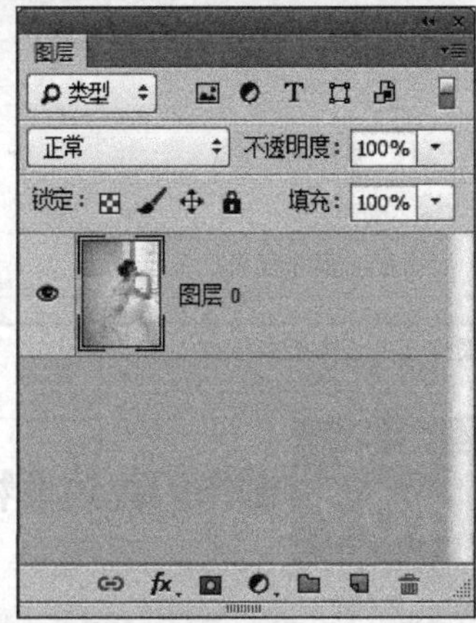

图17-53 新建图层

STEP 03 按【Ctrl＋A】组合键，全选图像，单击“选择”｜“修改”｜“边界”命令，弹出“边界选区”对话框，设置“宽度”为2像素，单击“确定”按钮，单击“选择”｜“修改”｜“扩展”命令，弹出“扩展选区”对话框，设置“扩展量”为20像素，单击“确定”按钮，创建选区，如图17-54所示。

STEP 04 单击工具箱中的“以快速蒙版模式编辑”按钮，单击“滤镜”｜“像素化”｜“彩色半调”命令，弹出“彩色半调”对话框，设置“最大半径”为15，如图17-55所示。

图17-54 创建选区

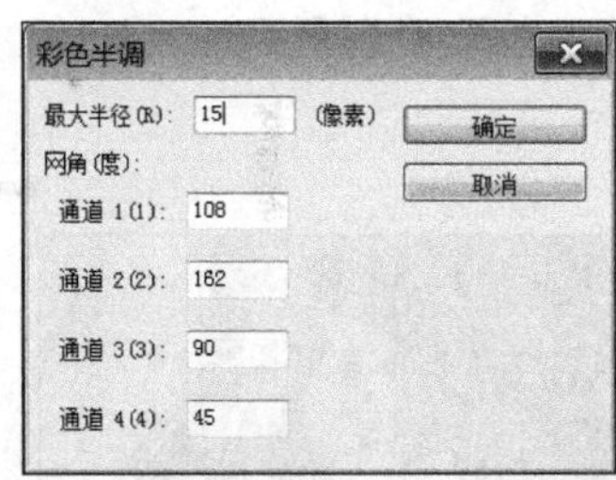

图17-55 设置最大半径

STEP 05 单击“确定”按钮，单击“滤镜”｜“扭曲”｜“旋转扭曲”命令，弹出“旋转扭曲”对话框，设置“角度”为999度，单击“确定”按钮，按【Ctrl＋F】组合键3次，即可旋转扭曲图像，如图17-56所示。

STEP 06 单击工具箱中的“以标准模式编辑”按钮，新建图层，设置前景色为橘黄色（RGB参数值分别为255、144、68），为选区填充前景色，如图17-57所示。

图17-56 扭曲图像

图17-57 填充前景色

STEP 07 单击“编辑” | “描边”命令，弹出“描边”对话框，设置“宽度”为2像素、“颜色”为白色、“位置”为“居中”，如图17-58所示。

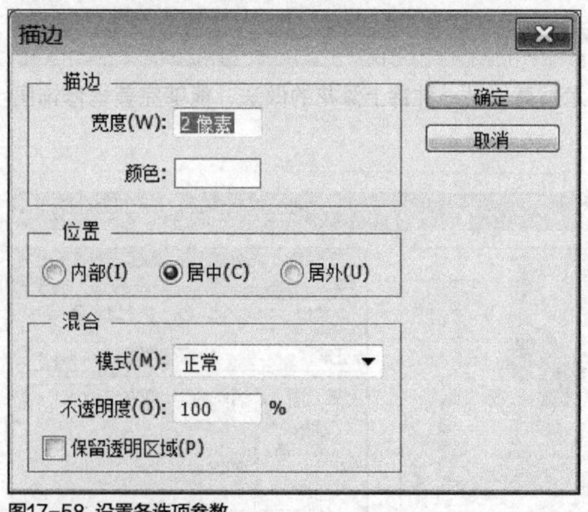

图17-58 设置各选项参数

STEP 08 单击“确定”按钮，按【Ctrl+D】组合键，取消选区，效果如图17-59所示，完成圆形边框特效的制作。

图17-59 取消选区

实战407 制作闪亮边框特效

▶实例位置：光盘\实例\第17章\实战407.jpg、实战407.psd
▶素材位置：光盘\素材\第17章\实战407.jpg
▶视频位置：光盘\视频\第17章\实战407.mp4

• 实例介绍 •

“闪亮边框”是一种具有梦幻特色的边框特效，这种边框特效能够缔造梦幻唯美的视觉盛宴。唯美的艺术照片搭配这种边框特效，能够制造出梦幻一般的装饰画效果。

• 操作步骤 •

STEP 01 单击“文件” | “打开”命令，打开一幅素材图像，如图17-60所示。

图17-60 打开素材图像

STEP 02 展开“通道”面板，新建Alpha 1通道，按【Ctrl+A】组合键，全选图像，单击“编辑” | “描边”命令，弹出“描边”对话框，设置“宽度”为1像素、“颜色”为白色、“位置”为“内部”，如图17-61所示。

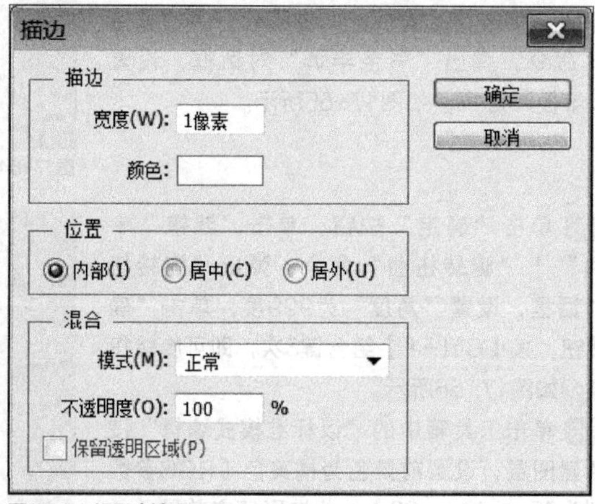

图17-61 设置个选项

STEP 03 单击“确定”按钮，单击“滤镜” | “风格化” | “风”命令，弹出“风”对话框，设置“方法”为“风”、“方向”为“从右”，单击“确定”按钮，按【Ctrl+F】组合键3次，单击“滤镜” | “风格化” | “风”命令，弹出“风”对话框，设置“方法”为“风”、“方向”为“从左”，单击“确定”按钮，按【Ctrl+F】组合键3次，制作风吹效果，如图17-62所示。

STEP 04 单击“图像”｜“图像旋转”｜“90度（顺时针）”命令，重复操作“步骤3”步骤，制作风吹效果，如图17-63所示。

图17-62 制作风吹效果

图17-63 制作风吹效果

STEP 05 单击“图像”｜“图像旋转”｜“90度（逆时针）”命令，单击“通道”面板下方的“将通道作为选区载入”按钮，载入选区，如图17-64所示。

图17-64 载入选区

STEP 06 选择RGB通道，展开“图层”面板，新建图层，设置前景色为白色，为选区填充前景色，如图17-65所示。

图17-65 填充前景色

STEP 07 单击“滤镜”｜“扭曲”｜“球面化”命令，弹出“球面化”对话框，设置“数量”为50%，如图17-66所示。

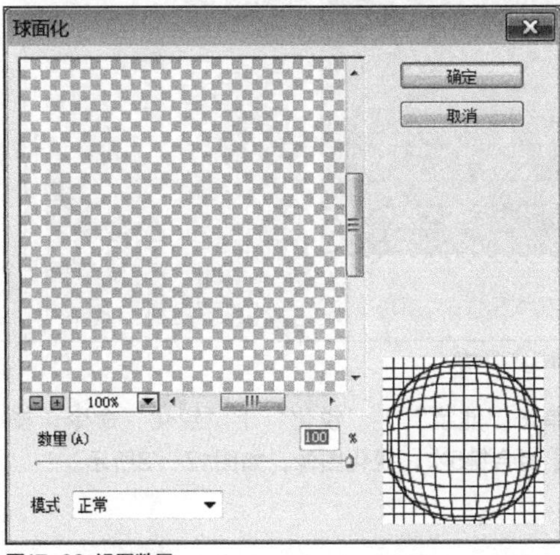

图17-66 设置数量

STEP 08 单击“确定”按钮，即可扭曲图像，按【Ctrl+D】组合键，取消选区，效果如图17-67所示，完成闪亮边框特效的制作。

图17-67 取消选区

实战408 制作蕾丝边框特效

▶实例位置：光盘\实例\第17章\实战408.jpg、实战408.psd
▶素材位置：光盘\素材\第17章\实战408.jpg
▶视频位置：光盘\视频\第17章\实战408.mp4

• 实例介绍 •

“蕾丝边框”是一款可爱类型的边框特效，运用这种边框特效修饰艺术写真，能够制作出梦幻公主梦的效果，实现每个女孩心目中的公主梦。

• 操作步骤 •

STEP 01 单击“文件”｜“打开”命令，打开一幅素材图像，如图17-68所示。

图17-68 打开素材图像

STEP 02 双击“背景”图层，弹出“新建图层”对话框，单击“确定”按钮，得到“图层0”图层，如图17-69所示。

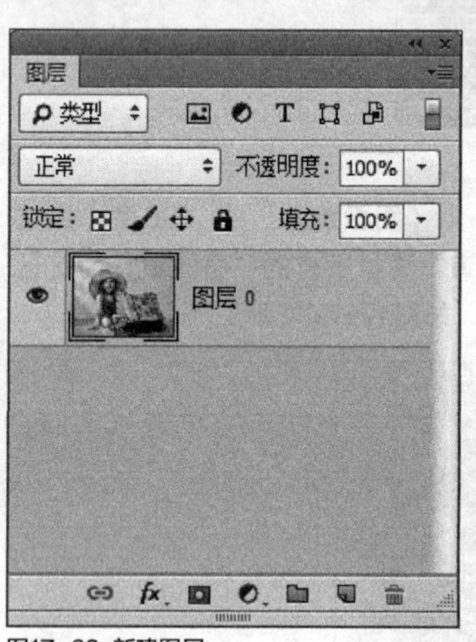

图17-69 新建图层

STEP 03 按【Ctrl+A】组合键，全选图像，单击“选择”｜“修改”｜“边界”命令，弹出“边界选区”对话框，设置“宽度”为2像素，单击“确定”按钮，单击“选择”｜“修改”｜“扩展”命令，弹出“扩展选区”对话框，设置“扩展量”为20像素，单击“确定”按钮，创建选区，如图17-70所示。

图17-70 创建选区

STEP 04 单击工具箱中的“以快速蒙版模式编辑”按钮，单击“滤镜”｜“滤镜库”命令，弹出“喷溅”对话框，在中间的列表框中，展开“扭曲”面板，选择“玻璃”滤镜，设置各选项参数（扭曲度：3，平滑度：2，纹理：小镜头，缩放：140%），如图17-71所示。

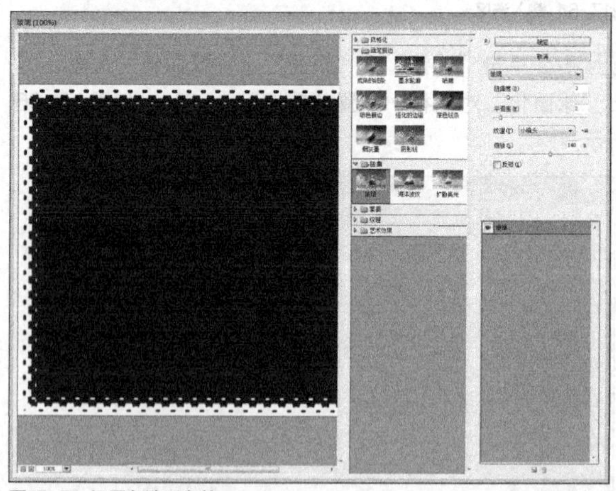

图17-71 设置各选项参数

STEP 05 单击“确定”按钮，单击“滤镜”｜“像素化”｜“碎片”命令，制作类似重影的效果，如图17-72所示。

STEP 06 单击“滤镜”｜“锐化”｜“锐化”命令，按【Ctrl+F】组合键5次，锐化图像，如图17-73所示。

图17-72 制作类似重影效果

图17-73 锐化图像

STEP 07 单击工具箱中的"以标准模式编辑"按钮，新建图层，单击"编辑" | "描边"命令，弹出"描边"对话框，设置各选项参数（宽度：2像素，颜色：RGB分别为226、127、191，位置：内部），如图17-74所示。

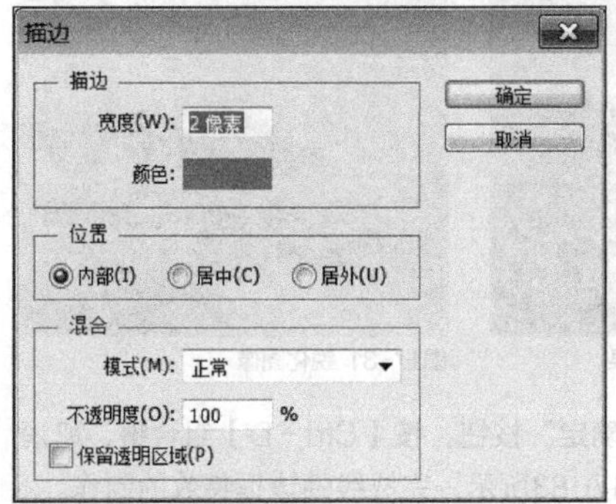

图17-74 设置各选项参数

STEP 08 单击"确定"按钮，按【Ctrl+D】组合键，取消选区，效果如图17-75所示，完成蕾丝边框特效的制作。

图17-75 取消选区

实战409 制作线性边框特效

▶实例位置：光盘\实例\第17章\实战409.jpg、实战409.psd
▶素材位置：光盘\素材\第17章\实战409.jpg
▶视频位置：光盘\视频\第17章\实战409.mp4

• 实例介绍 •

"线性边框"是一种由线条相互交错而形成的边框特效，这种边框简洁大方，适用于所有图像。运用这种边框修饰图像，不仅能够增加图像精美度，而且不会遮盖图像的风采。

• 操作步骤 •

STEP 01 单击"文件" | "打开"命令，打开一幅素材图像，如图17-76所示。

STEP 02 双击"背景"图层，弹出"新建图层"对话框，单击"确定"按钮，得到"图层0"图层，如图17-77所示。

图17-76 打开素材图像

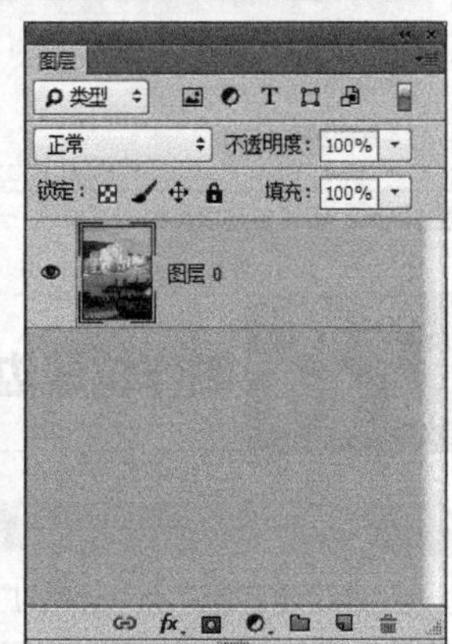

图17-77 新建图层

STEP 03 按【Ctrl+A】组合键，全选图像，单击“选择”|“修改”|“边界”命令，弹出“边界选区”对话框，设置“宽度”为2像素，单击“确定”按钮，单击“选择”|“修改”|“扩展”命令，弹出“扩展选区”对话框，设置“扩展量”为20像素，单击“确定”按钮，创建选区，如图17-78所示。

STEP 04 单击工具箱中的“以快速蒙版模式编辑”按钮，单击“滤镜”|“滤镜库”命令，弹出“玻璃”对话框，在中间的列表框中，展开“素描”面板，选择“影印”滤镜，设置各选项参数（细节：2，暗度：5），单击“确定”按钮，按【Ctrl+F】组合键3次，重复滤镜操作，如图17-79所示。

图17-78 创建选区

图17-79 重复滤镜操作

STEP 05 单击“滤镜”|“像素化”|“碎片”命令，按【Ctrl+F】组合键两次，制作类似重影的效果，如图17-80所示。

STEP 06 单击“滤镜”|“锐化”|“锐化”命令，按【Ctrl+F】组合键5次，锐化图像，如图17-81所示。

图17-80 制作类似重影效果

图17-81 锐化图像

STEP 07 单击工具箱中的“以标准模式编辑”按钮，新建图层，按【Shift+F7】组合键，反选选区，单击“编辑”|“描边”命令，弹出“描边”对话框，设置各选项参数（宽度：2像素，颜色：RGB分别为255、210、0，位置：居中），如图17-82所示。

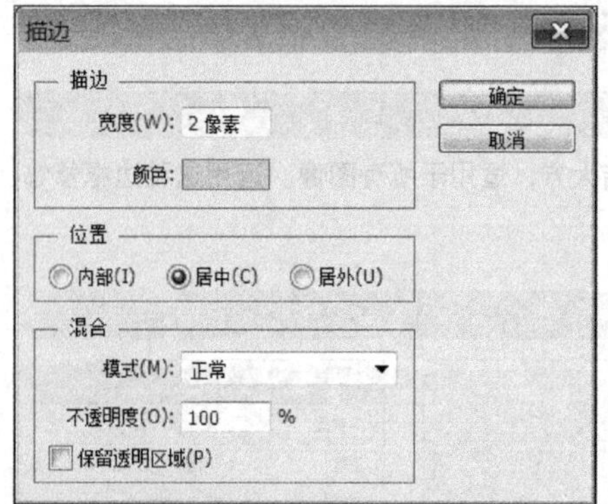

图17-82 设置各选项参数

STEP 08 单击“确定”按钮，按【Ctrl+D】组合键，取消选区，效果如图17-83所示，完成线性边框特效的制作。

图17-83 取消选区

实战 410 制作纹理边框特效

▶实例位置：光盘\实例\第17章\实战410.jpg、实战410.psd
▶素材位置：光盘\素材\第17章\实战410.jpg
▶视频位置：光盘\视频\第17章\实战410.mp4

• 实例介绍 •

“纹理边框”是一种被广泛应用的边框特效。这种边框不仅效果比较突出，而且更容易衬托出主体，艺术图像搭配这种边框特效，能够更加凸显图像的艺术气息。

• 操作步骤 •

STEP 01 单击“文件”|“打开”命令，打开一幅素材图像，如图17-84所示。

图17-84 打开素材图像

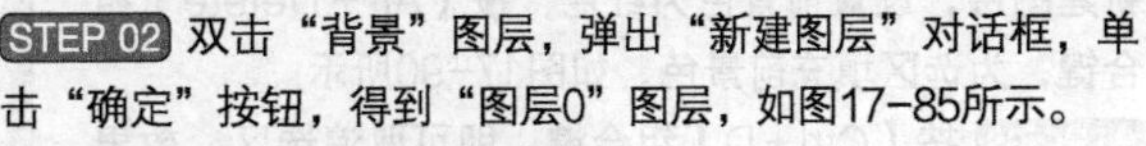

STEP 02 双击“背景”图层，弹出“新建图层”对话框，单击“确定”按钮，得到“图层0”图层，如图17-85所示。

图17-85 新建图层

STEP 03 按【Ctrl+A】组合键，全选图像，单击“选择”|“修改”|“边界”命令，弹出“边界选区”对话框，设置“宽度”为2像素，单击“确定”按钮，单击“选择”|“修改”|“扩展”命令，弹出“扩展选区”对话框，设置“扩展量”为20像素，单击“确定”按钮，创建选区，如图17-86所示。

图17-86 创建选区

STEP 04 单击工具箱中的“以快速蒙版模式编辑”按钮，单击“滤镜”|“像素化”|“彩色半调”命令，弹出“彩色半调”对话框，设置“最大半径”为10像素，如图17-87所示，单击“确定”按钮，按【Ctrl+F】组合键3次，重复滤镜操作。

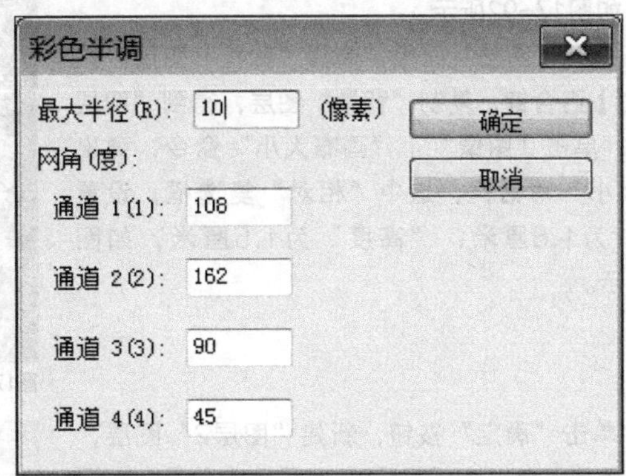

图17-87 设置最大半径

STEP 05 单击“滤镜”|“像素化”|“碎片”命令，制作类似重影的效果，如图17-88所示。

图17-88 制作类似重影效果

STEP 06 单击“滤镜”|“锐化”|“锐化”命令，按【Ctrl+F】组合键两次，锐化图像，如图17-89所示。

图17-89 锐化图像

STEP 07 单击工具箱中的"以标准模式编辑"按钮，新建图层，设置前景色为红色，按【Alt+Delete】组合键，为选区填充前景色，如图17-90所示。

STEP 08 按【Ctrl+D】组合键，即可取消选区，效果如图17-91所示，完成纹理边框特效的制作。

专家提醒

用户可以根据个人喜好添加任何颜色，制作不同颜色的纹理边框，也可以对"色彩半调"的半径进行设置，制作不同大小纹理的边框。

图17-90 填充前景色

图17-91 取消选区

实战411 制作卡角边框特效

▶实例位置：光盘\实例\第17章\实战411.jpg、实战411.psd
▶素材位置：光盘\素材\第17章\实战411.jpg
▶视频位置：光盘\视频\第17章\实战411.mp4

• 实例介绍 •

"卡角边框"是一种仿真相框的边框特效，这种边框不仅能够凸显图像的立体视觉，而且能够凸显图像的特点。唯美的图像搭配这种边框特效，即可制作出完美的装饰画效果。

• 操作步骤 •

STEP 01 单击"文件" | "打开"命令，打开一幅素材图像，如图17-92所示。

STEP 02 展开"图层"面板，选择"背景"图层，按【Ctrl+J】组合键，复制"背景"图层，得到"图层1"图层，单击"图像" | "画布大小"命令，弹出"画布大小"对话框，选中"相对"复选框，设置"宽度"为1.5厘米、"高度"为1.5厘米，如图17-93所示。

图17-92 打开素材图像

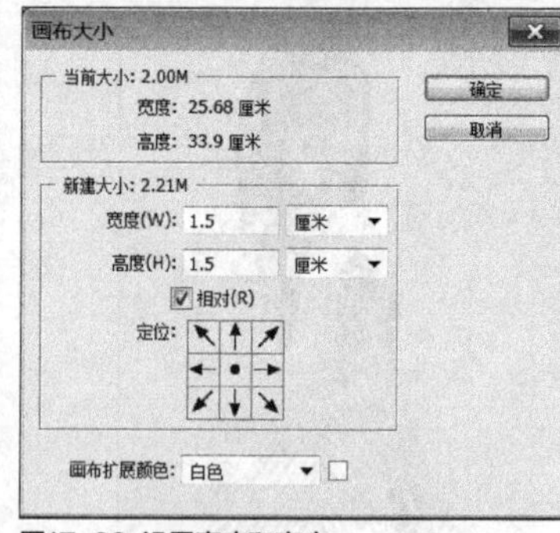

图17-93 设置宽度和高度

STEP 03 单击"确定"按钮，新建"图层2"图层，设置前景色为黄色，为"图层2"图层填充前景色，调整"图层2"图层至"图层1"图层的下方，如图17-94所示。

STEP 04 新建图层，选取"矩形选框"工具，在图像的左上角创建一个矩形选区，选取"多边形套索"工具，单击"从选区减去"按钮，减去部分选区，设置前景色为白色，并填充前景色，复制图形三次，每次复制后旋转图形90度，并移动至合适位置，如图17-95所示。

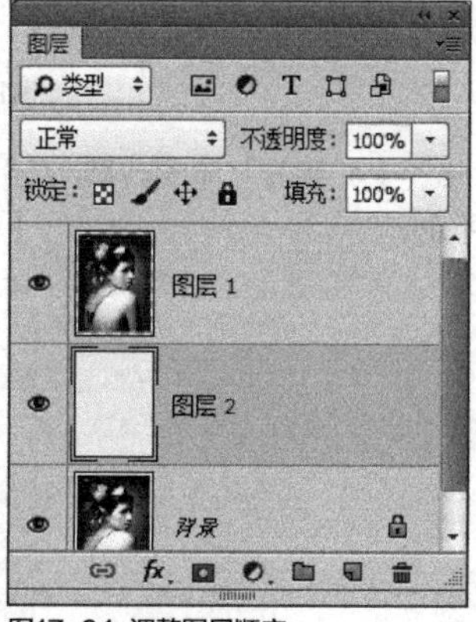

图17-94 调整图层顺序

图17-95 创建选区

STEP 05 合并复制的图层，并双击图层，弹出"图层样式"对话框，选中"投影"复选框，设置"距离"为2像素、"大小"为4像素，单击"确定"按钮，即可应用图层样式，如图17-96所示。

STEP 06 选择"图层1"图层，双击"图层1"图层，弹出"图层样式"对话框，选中"斜面和浮雕"复选框，设置各选项参数，如图17-97所示。

STEP 07 单击"确定"按钮，即可应用图层样式，如图17-98所示，完成卡角边框特效的制作。

图17-96 应用图层样式

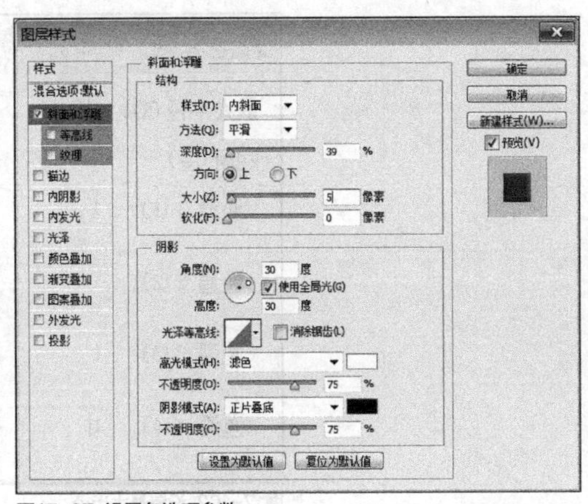
图17-97 设置各选项参数

图17-98 应用图层样式

实战 412 制作浮雕边框特效

▶ **实例位置**：光盘\实例\第17章\实战412.jpg、实战412.psd
▶ **素材位置**：光盘\素材\第17章\实战412.jpg
▶ **视频位置**：光盘\视频\第17章\实战412.mp4

• 实例介绍 •

“浮雕边框”是一种立体边框特效。这种边框特效不仅具有强烈的视觉魅力，而且能够凸显图像与边框之间的层次感。

• 操作步骤 •

STEP 01 单击“文件” | “打开”命令，打开一幅素材图像，如图17-99所示。

图17-99 打开素材图像

STEP 02 展开“图层”面板，选择“背景”图层，按【Ctrl+J】组合键，复制“背景”图层，得到“图层1”图层，单击“图像”|“画布大小”命令，弹出“画布大小”对话框，选中“相对”复选框，设置“宽度”和“高度”分别为2厘米，如图17-100所示。

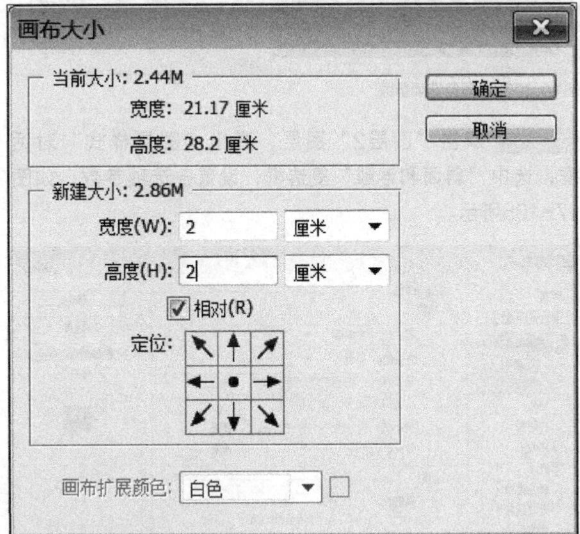

图17-100 设置高度和宽度

STEP 03 单击“确定”按钮，按住【Ctrl】键的同时单击“图层1”图层中“图层缩览图”，载入选区，按【Shift+F7】组合键，反选选区，如图17-101所示。

STEP 04 单击工具箱中的“以快速蒙版模式编辑”按钮，单击“滤镜” | “像素化” | “彩色半调”命令，弹出“彩色半调”对话框，设置“最大半径”为15像素，设置各通道参数值为1像素，如图17-102所示，单击“确定”按钮。

图17-101 反选选区

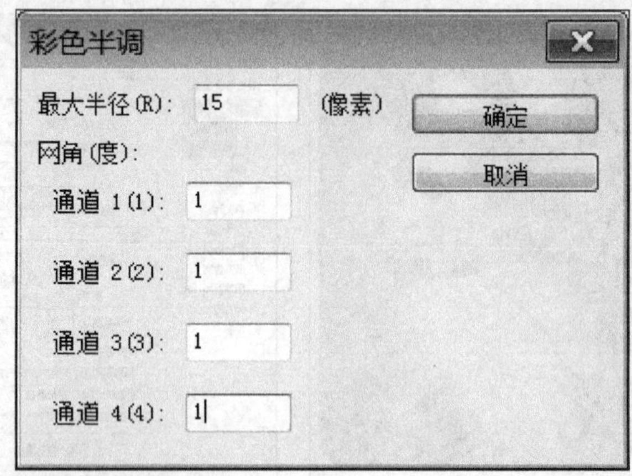

图17-102 设置最大半径

STEP 05 单击“滤镜”｜“滤镜库”命令，弹出“影印”对话框，在中间的列表框中，展开“扭曲”面板，选择“玻璃”滤镜，设置各选项参数（扭曲度：3，平滑度：2，纹理：小镜头，缩放：140%），如图17-103所示。

STEP 06 单击“确定”按钮，单击工具箱中的“以标准模式编辑”按钮，新建“图层2”图层，设置前景色为红色，为选区填充红色，按【Ctrl+D】组合键，取消选区，如图17-104所示。

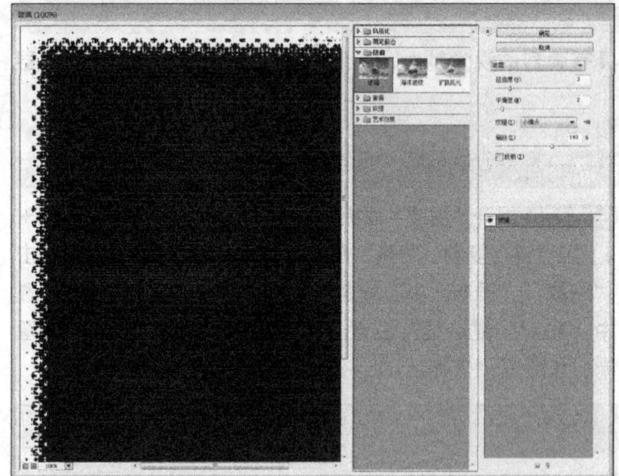
图17-103 设置各选项参数

图17-104 取消选区

STEP 07 双击“图层2”图层，弹出“图层样式”对话框，选中“斜面和浮雕”复选框，设置各选项参数，如图17-105所示。

STEP 08 单击“确定”按钮，在图层面板中选中“图层1”图层，双击“图层1”图层，弹出“图层样式”对话框，选中“内阴影”复选框，设置“角度”为-55度、“距离”为10像素、“大小”为40像素，单击“确定”按钮，即可应用图层样式，如图17-106所示，完成浮雕边框特效的制作。

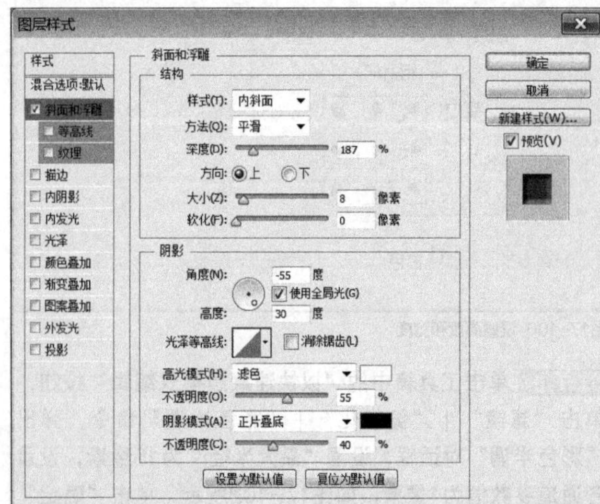

图17-105 设置各选项参数

图17-106 应用图层样式

实战 413 制作木质画框特效

▶实例位置：光盘\实例\第17章\实战413.jpg、实战413.psd
▶素材位置：光盘\素材\第17章\实战413.jpg
▶视频位置：光盘\视频\第17章\实战413.mp4

• 实例介绍 •

“木质相框”是一种最常见的画框特效，也是运用较为广泛的一种画框特效，这种画框不仅能够把自然与图像融合，而且能够凸显图像的美感。

• 操作步骤 •

STEP 01 单击“文件”｜“打开”命令，打开一幅素材图像，如图17-107所示。

图17-107 打开素材图像

STEP 02 展开“图层”面板，选择“背景”图层，按【Ctrl+J】组合键，复制“背景”图层，得到“图层1”图层，单击“图像”|“画布大小”命令，弹出“画布大小”对话框，选中“相对”复选框，设置“宽度”和“高度”分别为3像素，如图17-108所示。

图17-108 设置宽度和高度

STEP 03 单击“确定”按钮，按住【Ctrl】键的同时单击“图层1”图层中的“图层缩览图”，载入选区，按【Shift+F7】组合键，反选选区，如图17-109所示。

图17-109 反选选区

STEP 04 新建“图层2”图层，设置前景色为黄色（RGB参数值分别为234、185、116），为选区填充前景色，如图17-110所示。

图17-110 填充前景色

STEP 05 单击“滤镜”|“杂色”|“添加杂色”命令，弹出“添加杂色”对话框，设置“数量”为30%、“分布”为“高斯分布”，选中“单色”复选框，如图17-111所示。

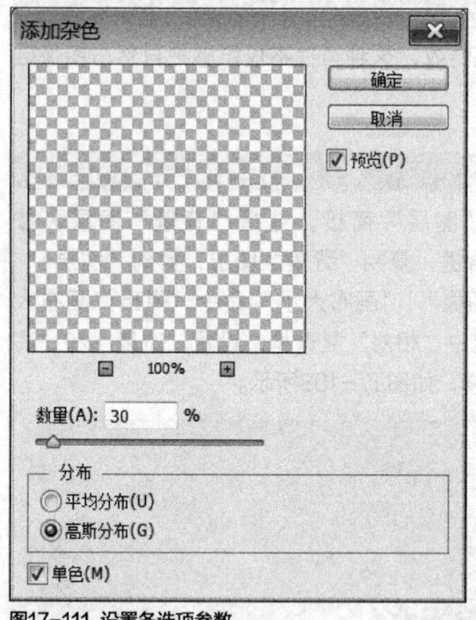

图17-111 设置各选项参数

STEP 06 单击“确定”按钮，单击“滤镜”|“模糊”|“动感模糊”命令，弹出“动感模糊”对话框，设置“角度”为90度、“距离”为36像素，如图17-112所示。

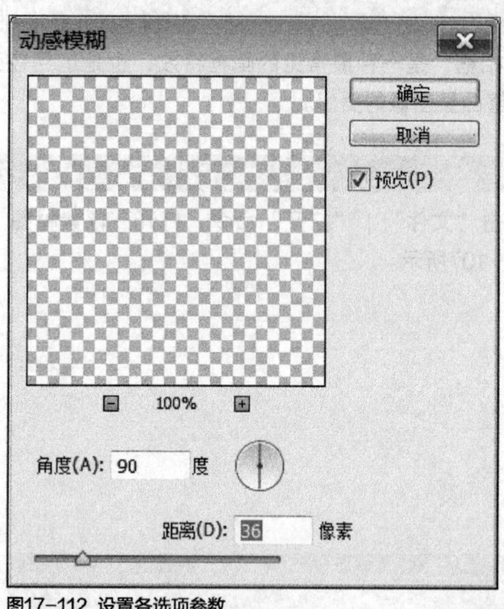

图17-112 设置各选项参数

STEP 07 单击“确定”按钮，双击“图层2”图层，弹出“图层样式”对话框，选中“斜面和浮雕”复选框，设置各选项参数，如图17-113所示，单击“确定”按钮，按【Ctrl+D】组合键，取消选区。

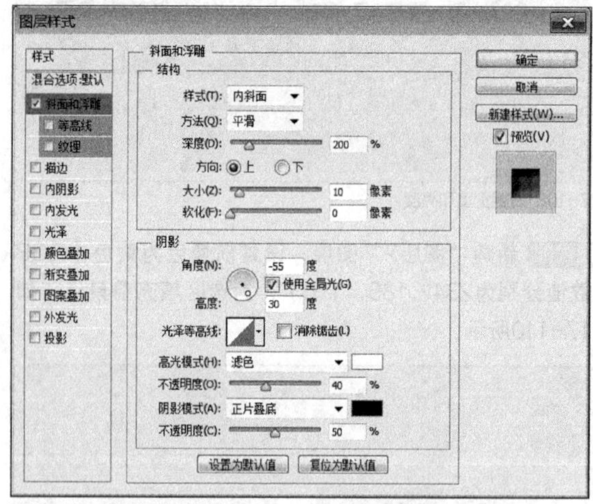

图17-113 设置各选项参数

STEP 08 选择“图层1”图层，双击“图层1”图层，弹出“图层样式”对话框，选中“内阴影”复选框，设置“角度”为-55度、“距离”为10像素、“大小”为40像素，单击“确定”按钮，即可应用图层样式，如图17-114所示，完成浮雕边框特效的制作。

图17-114 应用图层样式

第18章 数码暗房特效

本章导读

数码摄影时代的来临已经势不可挡，而数码相机的普及为摄影者累积素材提供了更加快捷的方法。数码暗房特效在影楼调色中运用得相对较多，是影楼在后期合成中一项常用的特殊处理方法。

要点索引

- 制作复古特效
- 制作冷蓝特效
- 制作冷绿特效
- 制作暖黄特效
- 制作怀旧特效
- 制作淡雅特效
- 制作暗角特效
- 制作胶片特效
- 制作梦幻特效
- 制作LOMO特效
- 制作非主流特效
- 制作老照片特效

实战 414 制作复古特效

▶实例位置：光盘\实例\第18章\实战414.jpg、实战414.psd
▶素材位置：光盘\素材\第18章\实战414.jpg
▶视频位置：光盘\视频\第18章\实战414.mp4

• 实例介绍 •

复古特效是一种后现代复古色调，应用了该特效的图像会显得非常神秘，能够很好地烘托画面氛围，让图像富有复古情调。

• 操作步骤 •

STEP 01 单击“文件”|“打开”命令，打开一幅素材图像，如图18-1所示。

图18-1 打开素材图像

STEP 02 新建“图层1”图层，设置前景色为深蓝色（RGB参数值分别为1、23、51），并填充前景色，设置“图层1”图层的混合模式为“排除”模式，效果如图18-2所示。

图18-2 设置图层的混合模式

STEP 03 新建“图层2”图层，设置前景色为浅蓝色（RGB参数值分别为211、245、253），填充前景色，设置“图层2”图层的混合模式为“颜色加深”模式，效果如图18-3所示。

图18-3 设置图层的混合模式

STEP 04 新建“图层3”图层，设置前景色为褐色（RGB参数值分别为154、119、59），填充前景色，设置“图层3”图层的混合模式为“柔光”模式，效果如图18-4所示。

图18-4 设置图层的混合模式

STEP 05 新建“色阶1”调整图层，展开“属性”面板，设置“输入色阶”依次为48、0.92、239，如图18-5所示。

STEP 06 执行上述操作后即可完成复古特效的制作，效果如图18-6所示。

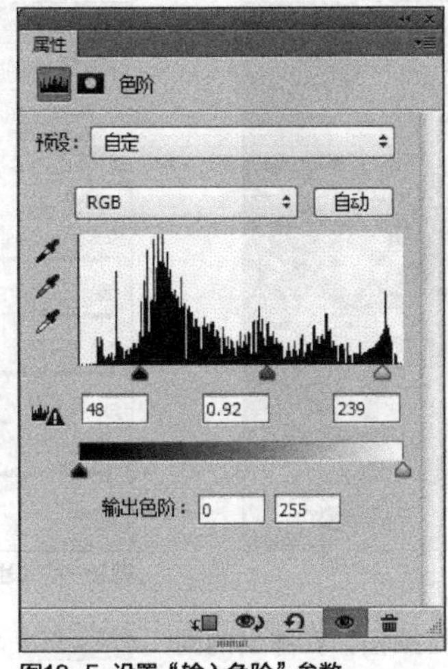

图18-5 设置“输入色阶”参数

图18-6 最终效果

知识扩展

Photoshop中的混合模式主要分为图层混合模式和绘图混合模式两种，前者位于“图层”面板中，后者位于绘图工具（如画笔工具、渐变工具等）属性栏中。

图层混合模式用于控制图层之间像素颜色相互融合的效果，不同的混合模式会得到不同的效果。混合模式用于控制上下两个图层在叠加时所显示的总体效果，通常为上方的图层选择合适的混合模式。在“图层”面板中选择一个图层，单击面板顶部的下拉按钮，在打开的列表框中可以选择一种混合模式。

实战 415 制作冷蓝特效

▶实例位置：光盘\实例\第18章\实战415.jpg、实战415.psd
▶素材位置：光盘\素材\第18章\实战415.jpg
▶视频位置：光盘\视频\第18章\实战415.mp4

• 实例介绍 •

冷蓝特效是影楼常用的一种特效，具有很强的代表性。用户可以通过调出图像的冷蓝色调，增强图像高贵冷傲的气质和氛围。

• 操作步骤 •

STEP 01 单击“文件”|“打开”命令，打开一幅素材图像，如图18-7所示。

图18-7 打开素材图像

STEP 02 单击“图层”|“新建颜色填充图层”|“纯色”命令，弹出新建图层对话框，单击“确定”按钮，新建“颜色填充1”图层，弹出“拾色器（纯色）”对话框，设置颜色为蓝色（RGB参数值分别为68、139、237），如图18-8所示，

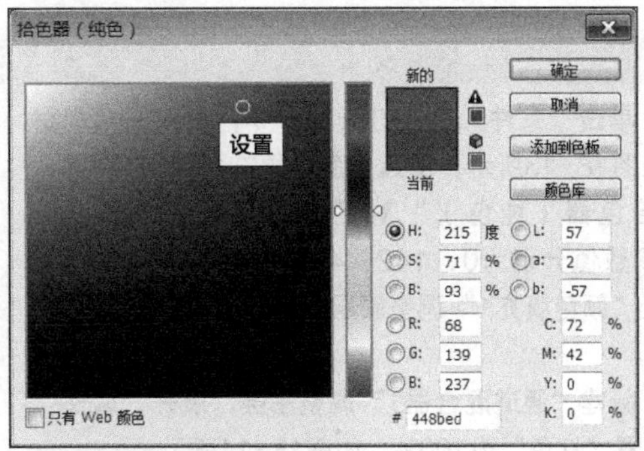

图18-8 设置各参数

STEP 03 单击“确定”按钮，设置“颜色填充1”调整图层的混合模式为“柔光”模式，效果如图18-9所示。

STEP 04 新建“通道混合器1”调整图层，展开“属性”面板，设置“红色”为100%，如图18-10所示。

图18-9 设置图层的混合模式

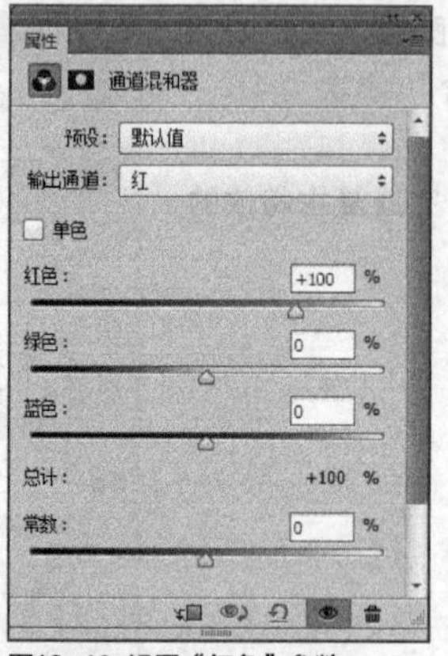

图18-10 设置“红色”参数

STEP 05 单击“输出通道”右侧的下拉按钮，在弹出的列表框中选择“绿”选项，设置“绿色”为100%，如图18-11所示。

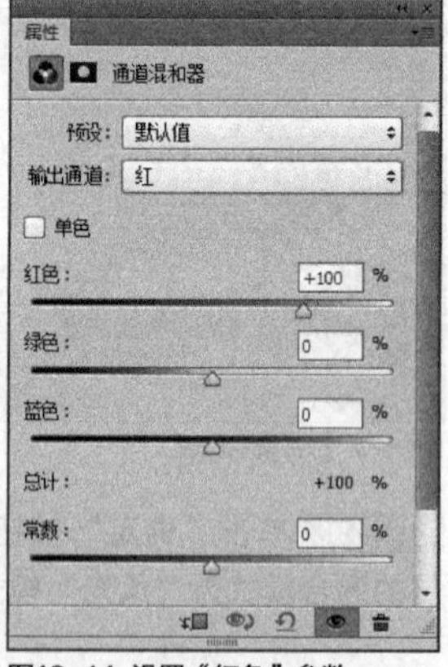

STEP 06 单击“输出通道”右侧的下拉按钮，在弹出的列表框中选择“蓝”选项，设置“蓝色”为107%，执行操作后，即可调整图像色调，效果如图18-12所示，完成冷蓝特效的制作。

图18-12 调整图像色调效果

实战416 制作冷绿特效

▶实例位置：光盘\实例\第18章\实战416.jpg、实战416.psd
▶素材位置：光盘\素材\第18章\实战416.jpg
▶视频位置：光盘\视频\第18章\实战416.mp4

• 实例介绍 •

冷绿特效也是影楼常用的一种色调，绿色给人清新舒爽的感觉，用户可以通过调出图像的冷绿色调，增强图像的清新感。

• 操作步骤 •

STEP 01 单击“文件”|“打开”命令，打开一幅素材图像，如图18-13所示，新建“颜色填充1”调整图层，弹出“拾色器（纯色）”对话框，设置颜色为绿色（RGB参数值分别为0、142、47），单击“确定”按钮，设置“颜色填充1”调整图层的混合模式为“柔光”模式。

STEP 02 新建“通道混合器1”调整图层，展开“属性”面板，设置“红色”为100%，如图18-14所示。

图18-13 设置RGB参数值

图18-14 设置“红色”参数

STEP 03 单击“输出通道”右侧的下拉按钮，在弹出的列表框中选择“绿”选项，设置“绿色”为100%，如图18-15所示。

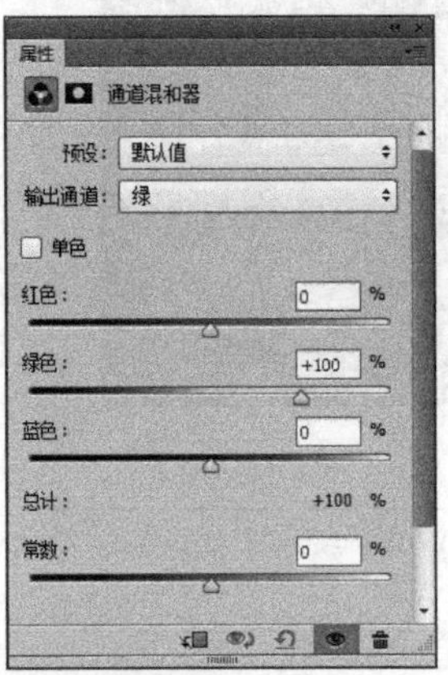

图18-15 设置“绿色”参数

STEP 04 单击“输出通道”右侧的下拉按钮，在弹出的列表框中选择“蓝”选项，设置“蓝色”为107%，执行操作后，即可调整图像色调，效果如图18-16所示，完成冷绿特效的制作。

图18-16 调整图像色调效果

实战 417 制作暖黄特效

▶ 实例位置：光盘\实例\第18章\实战417.jpg、实战417.psd
▶ 素材位置：光盘\素材\第18章\实战417.jpg
▶ 视频位置：光盘\视频\第18章\实战417.mp4

• 实例介绍 •

普通的色调会使图像的表现效果比较平淡，而将图像调整为暖黄色调后，可以使图像看上去更温馨、强烈、别具风采。

• 操作步骤 •

STEP 01 单击“文件”|“打开”命令，打开一幅素材图像，如图18-17所示。

图18-17 打开素材图像

STEP 02 新建“渐变填充1”调整图层，弹出“渐变填充”对话框，设置各选项参数，如图18-18所示，单击“确定”按钮，设置“渐变填充1”调整图层的混合模式为“叠加”模式、“不透明度”为50%。

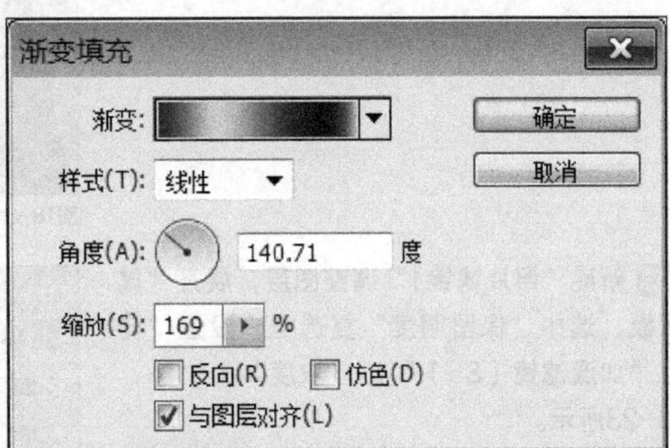

图18-18 设置各选项参数

STEP 03 新建“颜色填充1”调整图层，弹出“拾色器（纯色）”对话框，设置RGB参数值分别为255、204、0，如图18-19所示。

STEP 04 单击“确定”按钮，设置“颜色填充1”调整图层的混合模式为“柔光”模式、“不透明度”为60%，即可调整图像的色调，效果如图18-20所示，完成暖黄特效的制作。

知识扩展

在Photoshop CS6中，用户通过单击“图层”|“新建调整图层”命令，再在弹出的子菜单中根据个人制作需求选择相应的选项，即可新建符合用户需求的调整图层。

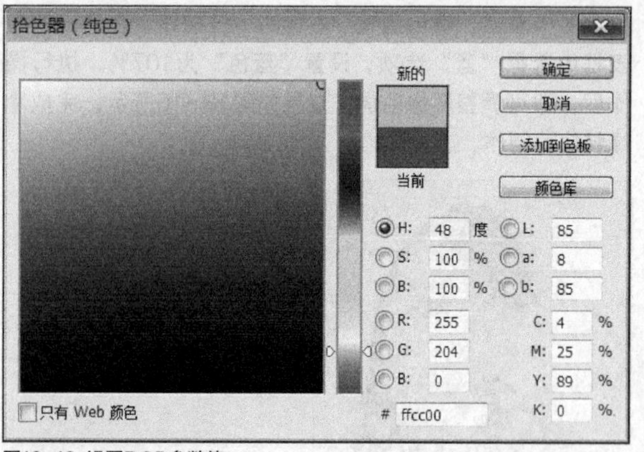

图18-19 设置RGB参数值

图18-20 调整图像色调效果

实战418 制作怀旧特效

▶实例位置：光盘\实例\第18章\实战418.jpg、实战418.psd
▶素材位置：光盘\素材\第18章\实战418.jpg
▶视频位置：光盘\视频\第18章\实战418.mp4

• 实例介绍 •

怀旧特效是影楼调色比较常用的一种特效，通过调亮画面并增强画面色调倾向，借助温暖华丽的画面色调烘托人物气质，即可让图像中主体人物的个性特质更加突出，从而增强照片典雅华贵的魅力。

• 操作步骤 •

STEP 01 单击“文件”|“打开”命令，打开一幅素材图像，如图18-21所示。

STEP 02 新建“渐变映射1”调整图层，展开“属性”面板，设置“点按可编辑渐变”为黑白渐变，如图18-22所示。

图18-21 打开素材图像

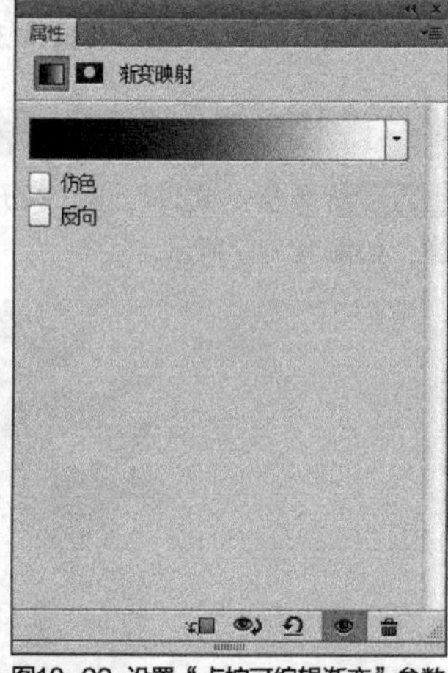

图18-22 设置“点按可编辑渐变”参数

STEP 03 新建“照片滤镜1”调整图层，展开“属性”面板，选中“保留明度”复选框，设置“滤镜”为“加温滤镜（85）”、“浓度”为51%，如图18-23所示。

STEP 04 新建“曲线1”调整图层，展开“属性”面板，设置左下方第1点“输入”和“输出”值分别为79、58，设置右上方第2点“输入”和“输出”值分别为174、214，完成怀旧特效的制作，效果如图18-24所示。

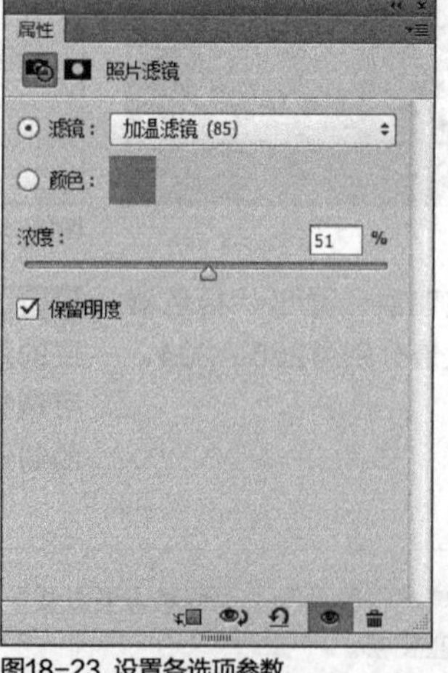

图18-23 设置各选项参数

图18-24 设置各选项参数

实战 419　制作淡雅特效

▶实例位置：光盘\实例\第18章\实战419.jpg、实战419.psd
▶素材位置：光盘\素材\第18章\实战419.jpg
▶视频位置：光盘\视频\第18章\实战419.mp4

• 实例介绍 •

淡雅特效是一种柔美度极其丰富的色调，是一种淡雅而柔和的色调。运用淡雅特效，可以凸显图像中的柔和美，从而增强照片的唯美度。

• 操作步骤 •

STEP 01 单击“文件”|“打开”命令，打开一幅素材图像，如图18-25所示。

图18-25 打开素材图像

STEP 02 新建“曲线1”调整图层，展开“属性”面板，单击RGB右侧的下拉按钮，选择“红”选项，设置左下方第1点“输入”和“输出”值分别为100、136，设置右上方第2点“输入”和“输出”值分别为153、180，如图18-26所示。

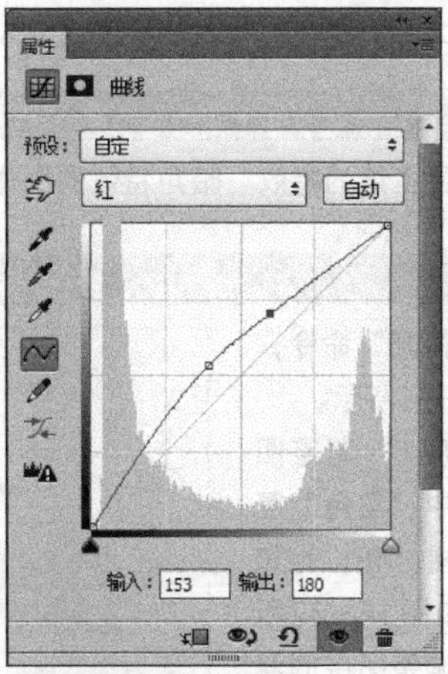

图18-26 设置各选项参数

STEP 03 单击“红”右侧的下拉按钮，在弹出的列表框中，选择“蓝”选项，设置左下方第1点“输入”和“输出”值分别为88、134，设置右上方第2点“输入”和“输出”值分别为153、180，如图18-27所示。

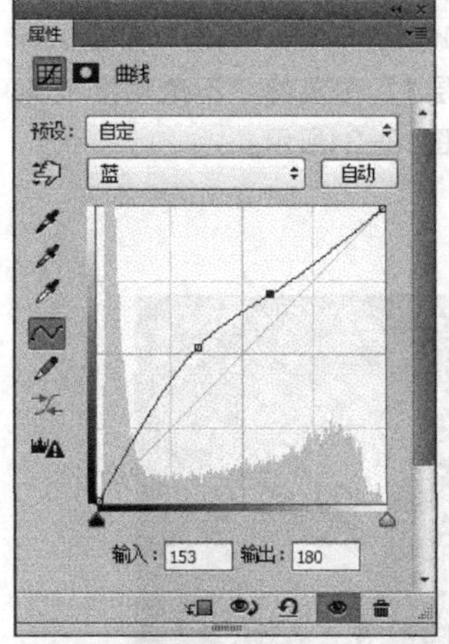

图18-27 设置各选项参数

STEP 04 按【Ctrl+Alt+Shift+E】组合键，盖印图层，得到“图层1”图层，单击“图像”|“调整”|“去色”命令，图像去色，如图18-28所示。

图18-28 去色图像效果

STEP 05 单击“滤镜”|“其它”|“高反差保留”命令，弹出“高反差保留”对话框，设置“半径”为1.5像素，如图18-29所示。

STEP 06 单击“确定”按钮，设置“图层1”图层的混合模式为“叠加”模式，执行上述操作后，即可锐化图像，效果如图18-30所示。

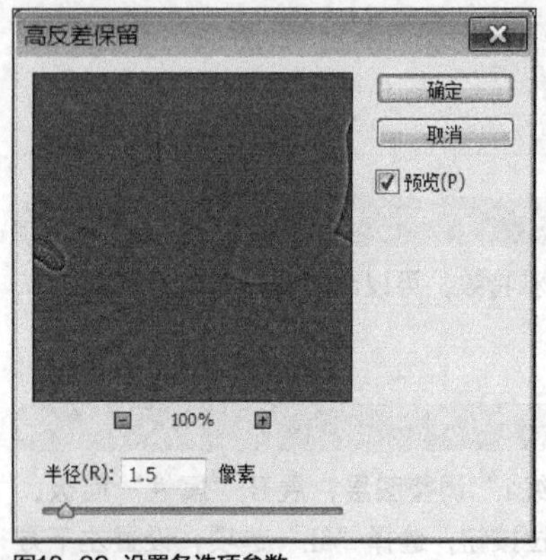

图18-29 设置各选项参数

图18-30 锐化图像效果

实战420 制作暗角特效

▶实例位置：光盘\实例\第18章\实战420.jpg、实战420.psd
▶素材位置：光盘\素材\第18章\实战420.jpg
▶视频位置：光盘\视频\第18章\实战420.mp4

• 实例介绍 •

暗角特效是一种能够凸显主体的特效。暗角特效的制作方法有很多种，本实战介绍一种最通俗易学的制作方法。

• 操作步骤 •

STEP 01 单击“文件”|“打开”命令，打开一幅素材图像，如图18-31所示。

STEP 02 新建“色相/饱和度1”调整图层，展开“属性”面板，选中“着色”复选框，设置各选项参数（色相：48，饱和度：66，明度：-32），如图18-32所示，设置“色相/饱和度1”调整图层的混合模式为“亮光”、“不透明度”为30%。

图18-31 打开素材图像

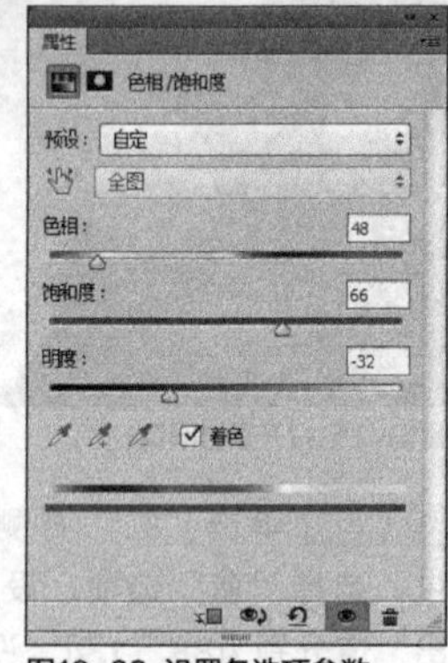

图18-32 设置各选项参数

STEP 03 新建“图层1”图层，按【Ctrl+A】组合键，全选图像，单击“选择”|“修改”|“边界”命令，弹出“边界”对话框，设置“宽度”为2像素，单击“确定”按钮，单击“选择”|“修改”|“扩展”命令，弹出“扩展选区”对话框，设置“扩展量”为100像素，单击“确定”按钮，如图18-33所示。

STEP 04 按【Shift+F6】组合键，弹出“羽化选区”对话框，设置“羽化半径”为50像素，单击“确定”按钮，为选区填充黑色，设置“图层1”图层的“不透明度”为80%，并取消选区，效果如图18-34所示。

图18-33 扩展选区

图18-34 取消选区

其他示例效果如图18-35所示。

偏红

偏蓝

图18-35 其他示例效果

实战 421 制作胶片特效

▶实例位置：光盘\实例\第18章\实战421.jpg、实战421.psd
▶素材位置：光盘\素材\第18章\实战421.jpg
▶视频位置：光盘\视频\第18章\实战421.mp4

• 实例介绍 •

很多时候制作胶片特效会使用外挂滤镜。胶片特效是可以调出来的，而且制作相对也比较简单。本实战介绍胶片负片的制作方法。

• 操作步骤 •

STEP 01 单击“文件”｜“打开”命令，打开一幅素材图像，如图18-36所示，单击“图像”｜“模式”｜“CMYK颜色”命令，转换图像模式，选取矩形选框工具，在图像编辑窗口中的合适位置创建选区。

STEP 02 展开“通道”面板，选择“青色”通道，按【Ctrl+C】组合键，复制图像，选择“黑色”通道，按【Ctrl+V】组合键，粘贴图像，用以上操作方法，将“洋红”和“黄色”通道内图像粘贴至“黑色”通道，即可调整图像色调，如图18-37所示。

图18-36 创建选区

图18-37 调整图像色调

STEP 03 设置前景色为黑色，分别为“青色”“洋红”和“黄色”通道填充黑色，按【Ctrl+D】组合键，取消选区，如图18-38所示。

STEP 04 选择CMYK通道，展开“图层”面板，即可调整图像色调，效果如图18-39所示，完成胶片特效的制作。

图18-38 取消选区

图18-39 调整图像色调效果

实战 422 制作梦幻特效

▶实例位置：光盘\实例\第18章\实战422.jpg、实战422.psd
▶素材位置：光盘\素材\第18章\实战422.jpg
▶视频位置：光盘\视频\第18章\实战422.mp4

• 实例介绍 •

梦幻特效是影楼调色比较常用的一种色调。用户可以通过添加“通道混合器”调整图层，并适当调整混合器各种输出通道，让图像透露出朦胧而又浪漫的梦幻色调。

• 操作步骤 •

STEP 01 单击“文件”|“打开”命令，打开一幅素材图像，如图18-40所示，新建“曲线1”调整图层，展开“属性”面板，设置左下方第1点“输入”和“输出”值分别为85、83，设置右上方第2点“输入”和“输出”值分别为141、165。

STEP 02 新建“通道混合器1”调整图层，展开“属性”面板，设置“红色”为100%，如图18-41所示。

图18-40 设置各选项参数

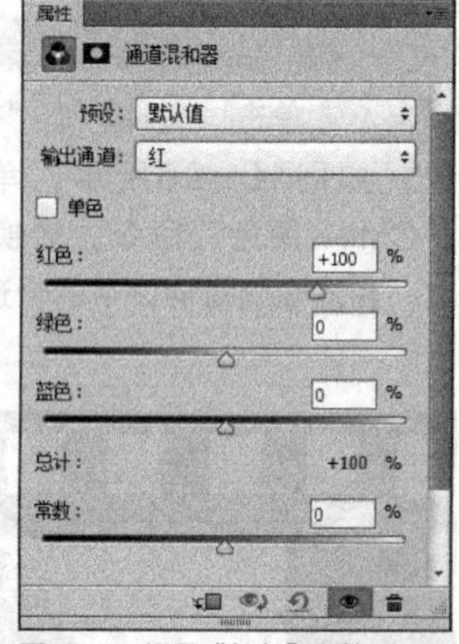

图18-41 设置“红色”参数

STEP 03 单击“输出通道”右侧的下拉按钮，在弹出的列表框中选择“绿”选项，设置“绿色”为93%，如图18-42所示。

STEP 04 单击“输出通道”右侧的下拉按钮，在弹出的列表框中选择“蓝”选项，设置“蓝色”为105%，执行操作后，即可调整图像色调，如图18-43所示，完成梦幻特效的制作。

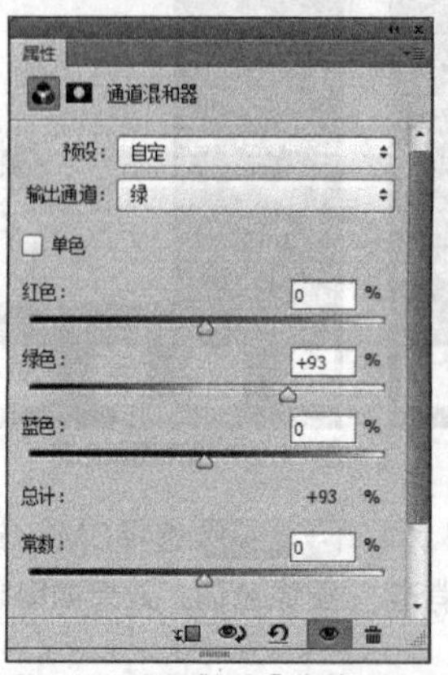

图18-42 设置“绿色”参数

图18-43 设置“蓝色”参数

实战 423 制作LOMO特效

▶ 实例位置：光盘\实例\第18章\实战423.jpg、实战423.psd
▶ 素材位置：光盘\素材\第18章\实战423.jpg
▶ 视频位置：光盘\视频\第18章\实战423.mp4

• 实例介绍 •

LOMO色调是一种流行的时尚色调，已经扩展为一种不可预知的影像效果。LOMO色调在图像内容上面没有特定的主题，只是通过色调的表现来突出画面氛围。

• 操作步骤 •

STEP 01 单击“文件”｜“打开”命令，打开一幅素材图像，如图18-44所示。

STEP 02 新建“色彩平衡1”调整图层，展开“属性”面板，设置各选项参数（各选项参数依次-44、-71、-55），单击“色调”右侧的下拉按钮，在弹出的列表框中选择“阴影”选项，设置各选项（各选项参数依次为0、0、7），单击“色调”右侧的下拉按钮，在弹出的列表框中选择“高光”选项，设置各选项参数（各选项参数依次为0、9、-25），执行操作后，即可调整图像色调，如图18-45所示。

图18-44 打开素材图像

图18-45 调整图像色调

STEP 03 新建“色相/饱和度1”调整图层，展开“属性”面板，设置各选项参数（色相：0，饱和度：-50，明度：0），执行操作后，即可降低图像饱和度，如图18-46所示。

STEP 04 按【Ctrl+Alt+Shift+E】组合键，盖印图层，得到“图层1”图层，新建“色彩平衡2”调整图层，展开“属性”面板，设置各选项参数（各选项参数依次为0、0、33），单击“色调”右侧的下拉按钮，在弹出的列表框中选择“高光”选项，设置各选项（各选项参数依次为11、-11、16），执行操作后，即可调整图像色调，如图18-47所示。

图18-46 降低图像饱和度

图18-47 调整图像色调

STEP 05 按【Ctrl+Alt+Shift+E】组合键，盖印图层，得到“图层2”图层，双击“图层2”图层，弹出“图层样式”对话框，选中“颜色叠加”复选框，设置“混合模式”为“正片叠底”模式、“不透明度”为100%、“设置叠加颜色”为米黄色（RGB参数值分别为255、238、192），如图18-48所示。

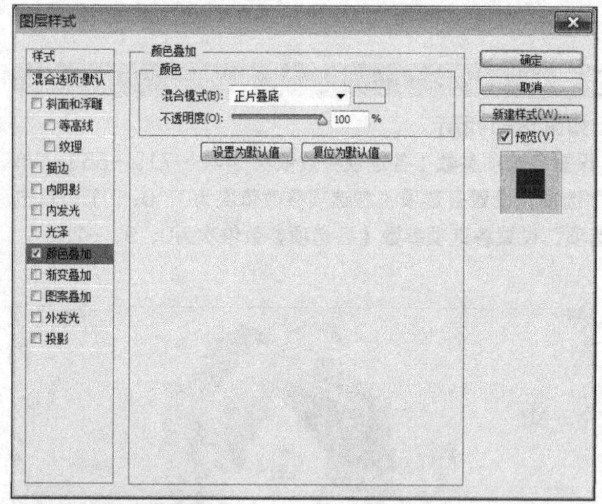

图18-48 设置各选项参数

STEP 06 新建“亮度/对比度1”调整图层，展开“属性”面板，设置“亮度”为10、“对比度”为100，完成LOMO特效的制作，如图18-49所示。

图18-49 设置各选项参数

其他示例效果如图18-50所示。

偏蓝

偏红

图18-50 其他示例效果

实战 424 制作非主流特效

▶ 实例位置：光盘\实例\第18章\实战424.jpg、实战424.psd
▶ 素材位置：光盘\素材\第18章\实战424.jpg
▶ 视频位置：光盘\视频\第18章\实战424.mp4

• 实例介绍 •

流行的非主流色调在表现上有着多种不同的风格，可以是灰暗颓败的，也可以是清新闲适的。本实战主要是将照片调出朦胧黄色的非主流色调。

• 操作步骤 •

STEP 01 单击“文件”｜“打开”命令，打开一幅素材图像，如图18-51所示。

STEP 02 新建“曲线1”调整图层，展开“属性”面板，设置左下方第1点“输入”和“输出”值分别为56、31，设置右上方第2点“输入”和“输出”值分别为193、225，如图18-52所示。

图18-51 打开素材图像

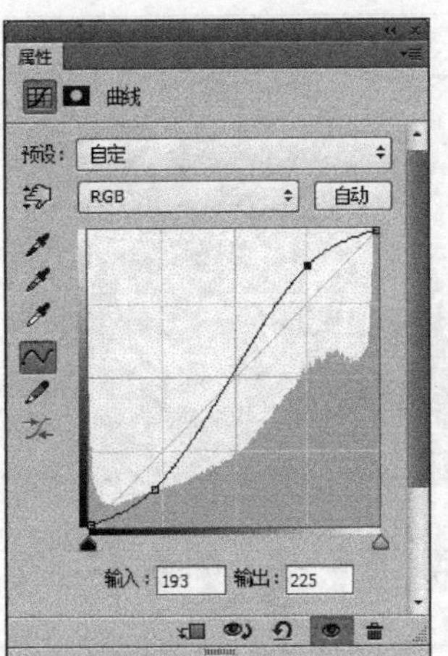

图18-52 设置各选项参数

STEP 03 新建“色彩平衡1”调整图层，展开“属性”面板，选中“保留明度”复选框，设置各选项参数（各选项参数依次为72、-12、69），如图18-53所示。

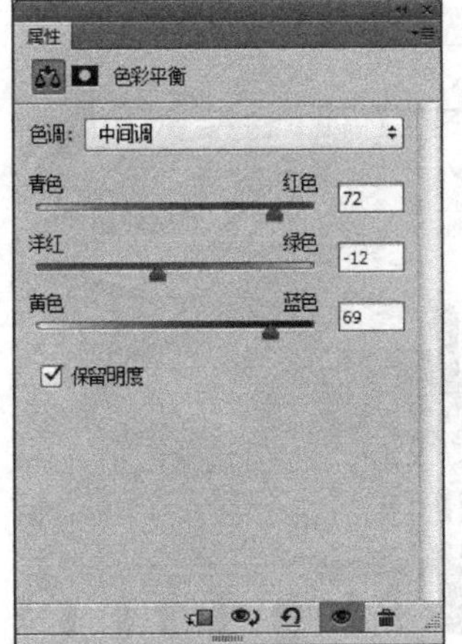

图18-53 设置各选项参数

STEP 04 新建“颜色填充1”调整图层，弹出“拾色器（纯色）”对话框，设置各选项参数（RGB参数值分别为252、244、118），单击“确定”按钮，设置“颜色填充1”调整图层的混合模式为“变暗”模式、“不透明度”为50%，执行操作后，即可调整图像色调，效果如图18-54所示，完成非主流特效的制作。

图18-54 调整图像色调效果

实战 425 制作老照片特效

▶实例位置：光盘\实例\第18章\实战425.jpg、实战425.psd
▶素材位置：光盘\素材\第18章\实战425.jpg
▶视频位置：光盘\视频\第18章\实战425.mp4

• 实例介绍 •

很多时候需要制作图像的老照片效果，既然是老照片，最主要的特点就是照片的色调泛黄，只要把泛黄的特点表现出来，老照片效果就完成的差不多了。要制作更逼真的老照片效果，可以适当地增加颗粒感和划痕。

• 操作步骤 •

STEP 01 单击“文件”｜“打开”命令，打开一幅素材图像，如图18-55所示。

STEP 02 新建“渐变映射1”调整图层，展开“属性”面板，设置“点按可编辑渐变”为黑白渐变，新建“亮度/对比度1”调整图层，展开“属性”面板，设置“亮度”为9，执行操作后，即可提高图像亮度，如图18-56所示。

图18-55 打开素材图像

图18-56 提高图像亮度

STEP 03 新建"曝光度1"调整图层，展开属性面板，设置各选项参数（曝光度：0.34，位移：-0.0098，灰度系数校正：0.87），如图18-57所示。

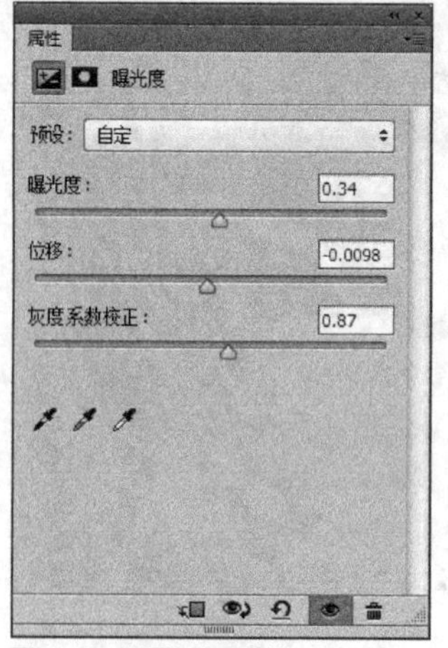

图18-57 设置各选项参数

STEP 04 新建"照片滤镜1"调整图层，展开"属性"面板，单击"滤镜"右侧的下拉按钮，在弹出的列表框中选择"加温滤镜（81）"，设置"浓度"为50%，新建"色彩平衡1"调整图层，展开"属性"面板，设置各选项参数（各选项参数值依次为56、10、17），执行操作后，即可调整图像色调，效果如图18-58所示，完成老照片特效的制作。

图18-58 调整图像色调效果

第19章 图像风格特效

本章导读

用户运用Photoshop处理图像，能够做出很多特效，滤镜是Photoshop中最具吸引力的功能之一，它就像是一个魔术师，可以瞬间把普通的图像变为非凡的、极具视觉艺术的作品。

要点索引

- 制作水彩特效
- 制作龟裂特效
- 制作喷溅特效
- 制作影印特效
- 制作图章特效
- 制作拼缀图特效
- 制作纹理化特效
- 制作绘图笔特效
- 制作基地凸现特效
- 制作半调图案特效
- 制作粉笔盒炭笔特效
- 制作马赛克拼贴特效

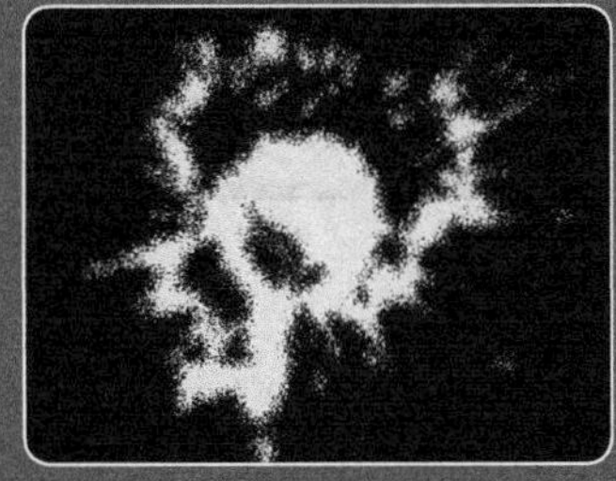

实战426 制作水彩特效

▶实例位置：光盘\实例\第19章\实战426.jpg
▶素材位置：光盘\素材\第19章\实战426.jpg
▶视频位置：光盘\视频\第19章\实战426.mp4

•实例介绍•

“水彩”滤镜能够以水彩的风格绘制图像，它使用了蘸了水和颜料的中号画笔绘制，通过简化图像的细节，改变图像边界的色调及饱和图像的颜色，使颜色更为饱满，显示出一种类似于水彩风格的图像效果。

•操作步骤•

STEP 01 单击“文件”|“打开”命令，打开一幅素材图像，如图19-1所示。

STEP 02 新建“亮度/对比度1”调整图层，展开“属性”面板，设置“亮度”为25、“对比度”为40，如图19-2所示。

图19-1 打开素材图像

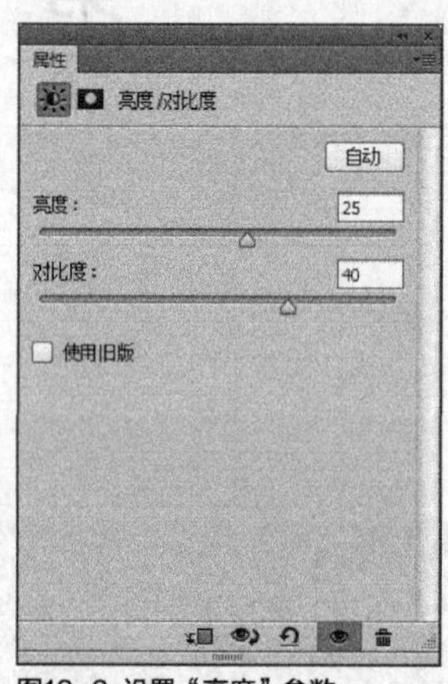

图19-2 设置“亮度”参数

STEP 03 新建“自然饱和度1”调整图层，展开“属性”面板，设置“自然饱和度”为100，如图19-3所示。

STEP 04 按【Ctrl+Alt+Shift+E】组合键，盖印图层，得到“图层1”图层，单击“滤镜”|“滤镜库”命令，弹出“滤镜库”对话框，在中间列表框中，展开“艺术效果”面板，选择“水彩”滤镜，设置各选项参数（画笔细节：9，阴影强度：0，纹理：1），单击“确定”按钮，即可应用“水彩”滤镜，效果如图19-4所示，完成水彩特效的制作。

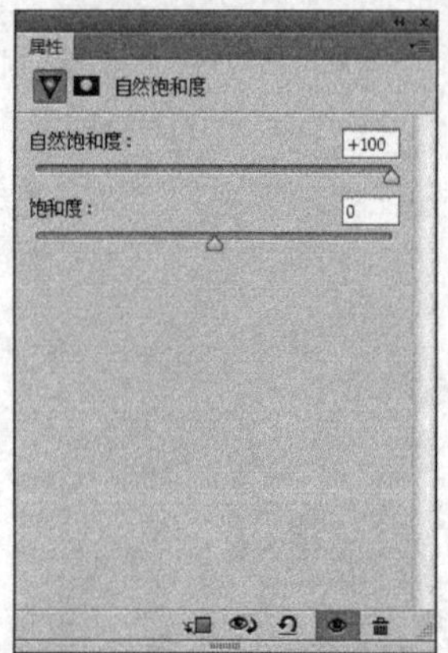

图19-3 设置“自然饱和度”参数

图19-4 应用“水彩”滤镜效果

实战427 制作龟裂特效

▶实例位置：光盘\实例\第19章\实战427.jpg
▶素材位置：光盘\素材\第19章\实战427.jpg
▶视频位置：光盘\视频\第19章\实战427.mp4

•实例介绍•

“龟裂缝”滤镜可以将图像绘制在一个高凸现的石膏表面上，以循着图像的等高线生成精细的网状裂缝。使用该滤镜可以对包含多种颜色值或灰度值的图像创建浮雕效果。本实例通过该滤镜，制作出了粗糙的墙面效果。

• 操作步骤 •

STEP 01 单击"文件"|"打开"命令，打开一幅素材图像，如图19-5所示。

STEP 02 新建"自然饱和度1"调整图层，展开"属性"面板，设置"自然饱和度"为100，如图19-6所示。

图19-5 打开素材图像

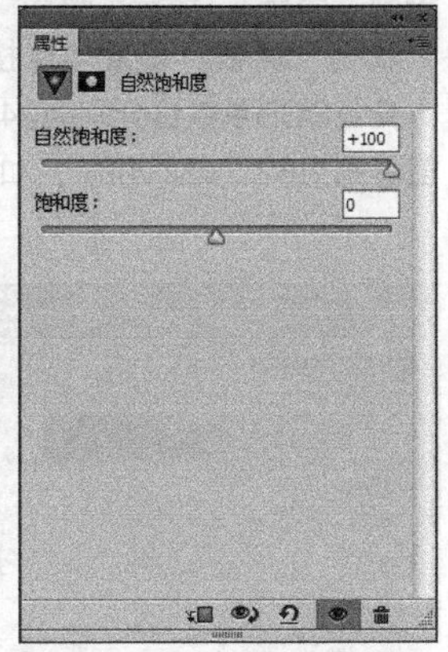

图19-6 设置"自然饱和度"参数

STEP 03 新建"可选颜色1"调整图层，展开"属性"面板，单击"颜色"右侧的下拉按钮，在弹出的列表框中选择"黄色"选项，设置各选项参数（青色：-100，洋红：-100，黄色：-100，黑色：0），如图19-7所示。

STEP 04 按【Ctrl＋Alt＋Shift＋E】组合键，盖印图层，得到"图层1"图层，单击"滤镜"|"滤镜库"命令，弹出"水彩"对话框，在中间列表框中，展开"纹理"面板，选择"龟裂缝"滤镜，设置各选项参数（裂缝间距：15，裂缝深度：6，裂缝亮度：9），单击"确定"按钮，即可应用"龟裂缝"滤镜，如图19-8所示，完成龟裂特效的制作。

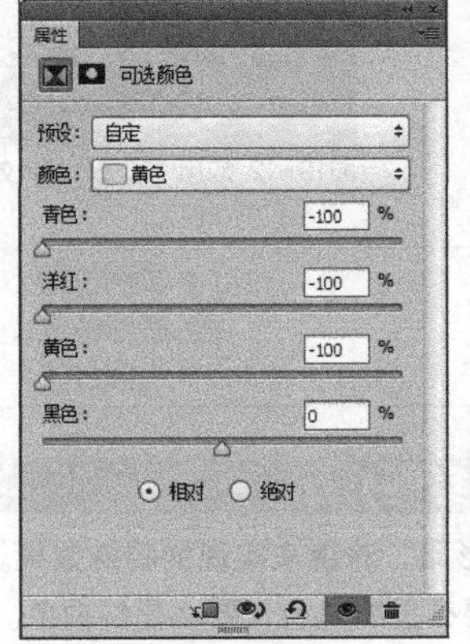

图19-7 设置各选项参数

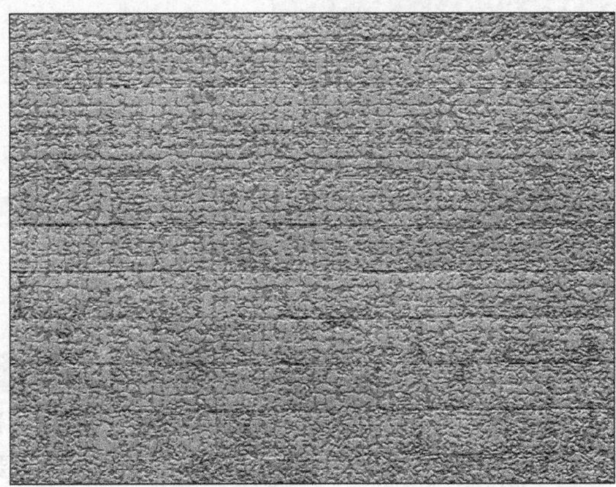
图19-8 应用"龟裂缝"滤镜效果

实战 428 制作喷溅特效

▶ **实例位置：** 光盘\实例\第19章\实战428.jpg
▶ **素材位置：** 光盘\素材\第19章\实战428.jpg
▶ **视频位置：** 光盘\视频\第19章\实战428.mp4

• 实例介绍 •

喷溅特效是通过"喷溅"滤镜来实现的一种特殊效果。"喷溅"滤镜能够模拟喷枪喷射形成的艺术效果，使图形产生笔墨喷溅的艺术特效。在制作水墨素材的过程中，适当地应用该滤镜，可以使水墨素材的艺术效果更加逼真。

• 操作步骤 •

STEP 01 单击"文件"|"打开"命令，打开一幅素材图像，如图19-9所示。

STEP 02 新建"亮度/对比度1"调整图层，展开"属性"面板，设置"亮度"为150，如图19-10所示。

图19-9 打开素材图像

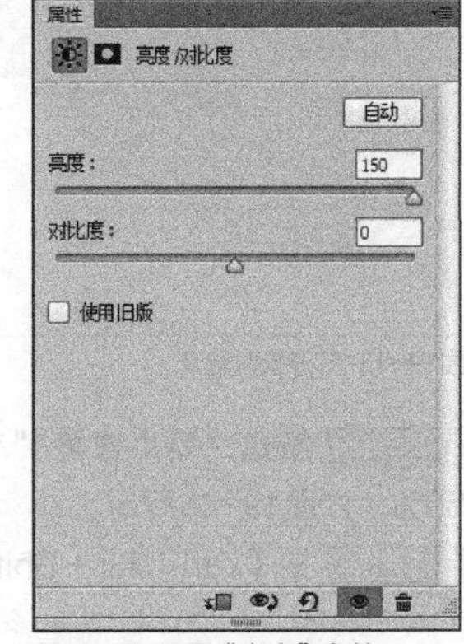

图19-10 设置"亮度"参数

STEP 03 按【Ctrl+Alt+Shift+E】组合键，盖印图层，得到“图层1”图层，新建“渐变映射1”调整图层，展开“属性”面板，设置“点按可编辑渐变”为黄褐色渐变（黄色RGB参数值分别为248、242、226，褐色RGB参数值分别为82、43、44），如图19-11所示。

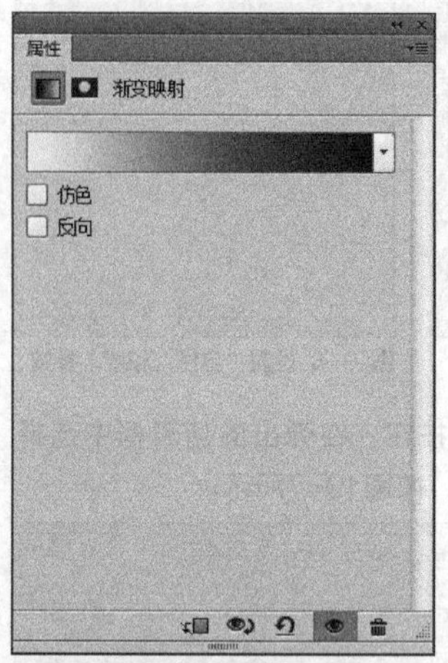

图19-11 设置各选项参数

STEP 04 按【Ctrl+Alt+Shift+E】组合键，盖印图层，得到“图层2”图层，单击“滤镜”|“滤镜库”命令，弹出“龟裂缝”对话框，在中间列表框中，展开“画笔描边”面板，选择“喷溅”滤镜，设置各选项参数（喷色半径：10，平滑度：2），单击“确定”按钮，即可应用“喷溅”滤镜，如图19-12所示，完成喷溅特效的制作。

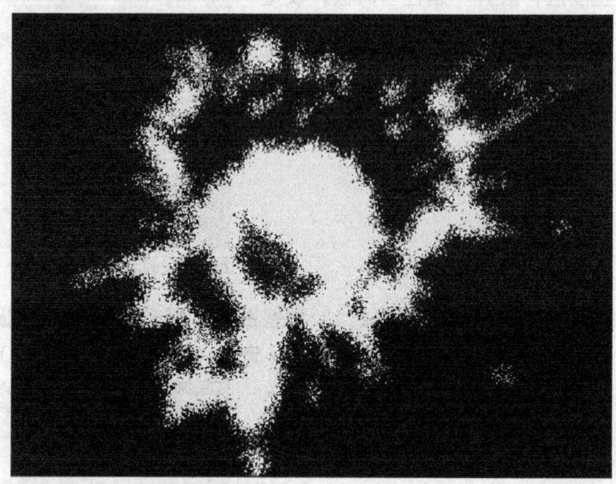
图19-12 应用“喷溅”滤镜效果

实战 429 制作影印特效

▶实例位置：光盘\实例\第19章\实战429.jpg
▶素材位置：光盘\素材\第19章\实战429.jpg
▶视频位置：光盘\视频\第19章\实战429.mp4

• 实例介绍 •

影印特效是一种勾勒边缘的艺术效果，是通过“影印”滤镜来实现的特殊效果。“影印”滤镜可以模拟影印图像的效果，大的暗区趋向于只复制边缘四周，而中间色调要么是纯黑色，要么是纯白色。

• 操作步骤 •

STEP 01 单击“文件”|“打开”命令，打开一幅素材图像，如图19-13所示。

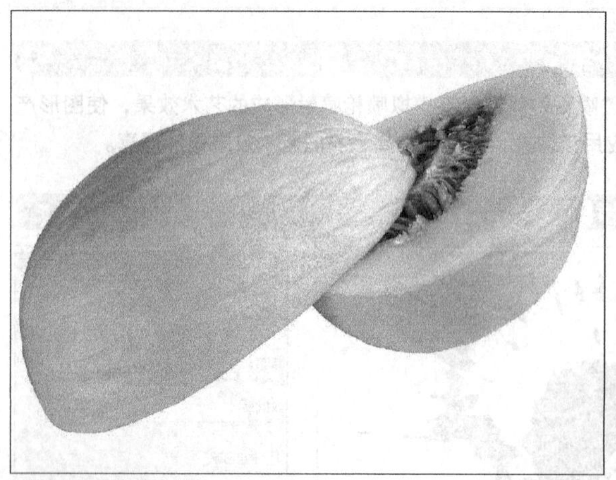
图19-13 打开素材图像

STEP 02 新建“自然饱和度1”调整图层，展开“属性”面板，设置“自然饱和度”为100，如图19-14所示。

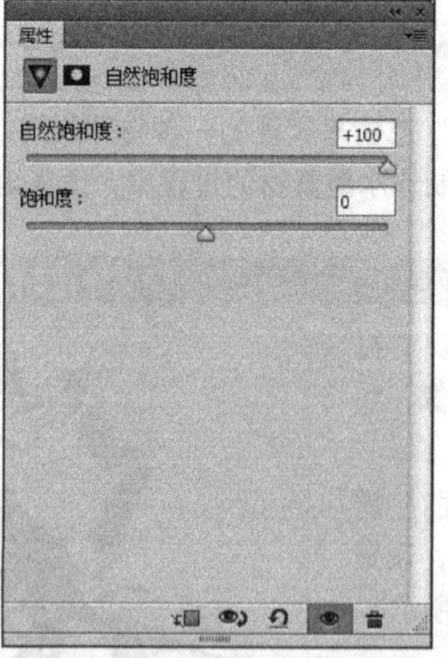

图19-14 设置“自然饱和度”参数

STEP 03 新建“照片滤镜1”调整图层，展开“属性”面板，设置“滤镜”为“加温滤镜（81）”，设置“浓度”为50%，如图19-15所示。

STEP 04 按【Ctrl+Alt+Shift+E】组合键，盖印图层，得到“图层1”图层，单击“滤镜”|“滤镜库”命令，弹出

"喷溅"对话框，在中间列表框中，展开"素描"面板，选择"影印"滤镜，设置各选项参数（细节：7，暗度：8），单击"确定"按钮，即可应用"影印"滤镜，效果如图19-16所示，完成影印特效的制作。

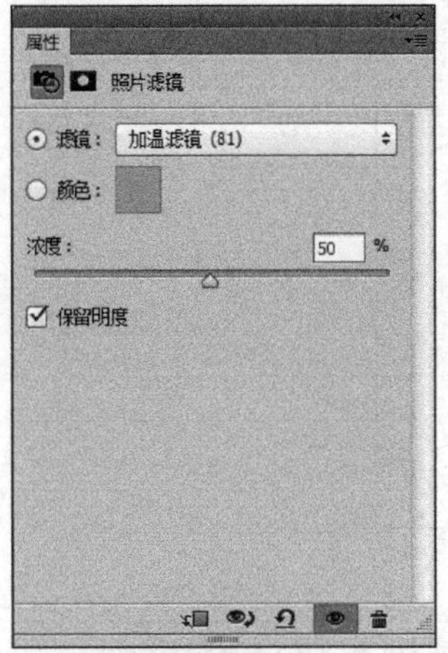

图19-15 设置各选项参数

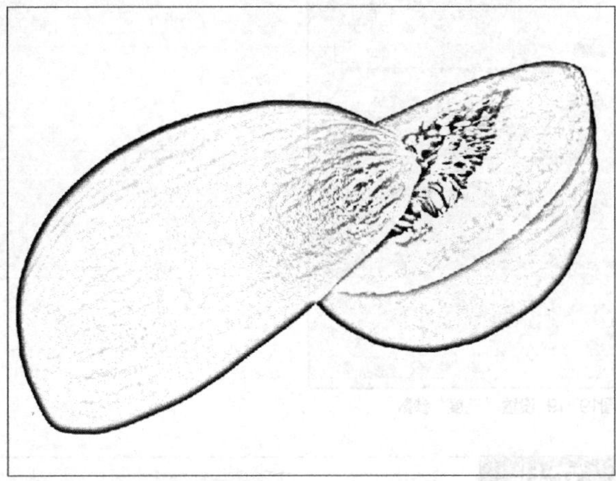

图19-16 应用"影印"滤镜效果

实战430 制作图章特效

▶实例位置：光盘\实例\第19章\实战430.jpg
▶素材位置：光盘\素材\第19章\实战430.jpg
▶视频位置：光盘\视频\第19章\实战430.mp4

• 实例介绍 •

图章特效是通过"图章"滤镜来实现的一种特殊效果。"图章"滤镜可以简化图像，使之看起来就像是用橡皮或者木质图章创建的一样，是一种单一色调的艺术效果。

• 操作步骤 •

STEP 01 单击"文件"｜"打开"命令，打开一幅素材图像，如图19-17所示。

STEP 02 新建"自然饱和度1"调整图层，展开"属性"面板，设置"自然饱和度"为100，如图19-18所示。

图19-17 打开素材图像

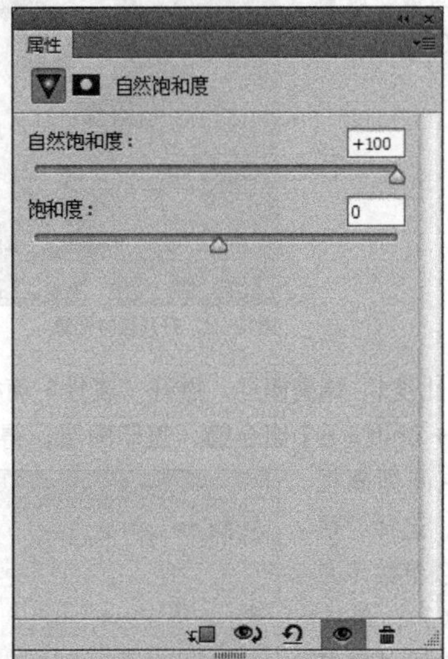

图19-18 设置"自然饱和度"参数

STEP 03 新建"亮度/对比度1"调整图层，展开"属性"面板，设置"亮度"为10，如图19-19所示。

STEP 04 按【Ctrl+Alt+Shift+E】组合键，盖印图层，得到"图层1"图层，设置前景色为黄色（RGB参数值分别为204、153、0），单击"滤镜"｜"滤镜库"命令，弹出"影印"对话框，在中间列表框中，展开"素描"面板，选择"图章"滤镜，设置各选项参数（明/暗平衡：25，平滑度：5），单击"确定"按钮，即可应用"图章"滤镜，效果如图19-20所示，完成图章特效的制作。

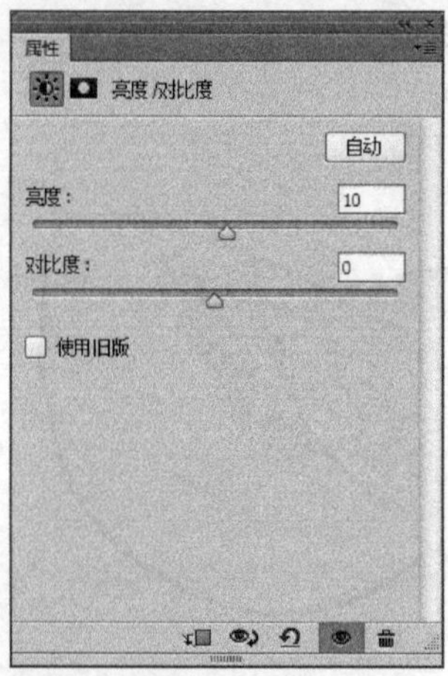

图19-19 设置“亮度”参数

图19-20 应用“图章”滤镜效果

实战431 制作拼缀图特效

▶实例位置：光盘\实例\第19章\实战431.jpg
▶素材位置：光盘\素材\第19章\实战431.jpg
▶视频位置：光盘\视频\第19章\实战431.mp4

• 实例介绍 •

拼缀图特效是通过“拼缀图”滤镜来实现的一种特殊效果。“拼缀图”滤镜可以将图像分成规则排列的正方形块，每一个正方形使用该区域的主色填充。该滤镜可以随机减小或者增大拼贴的深度，以模拟高光和阴影。

• 操作步骤 •

STEP 01 单击“文件”|“打开”命令，打开一幅素材图像，如图19-21所示。

STEP 02 新建“自然饱和度1”调整图层，展开“属性”面板，设置“自然饱和度”为100，如图19-22所示。

图19-21 打开素材图像

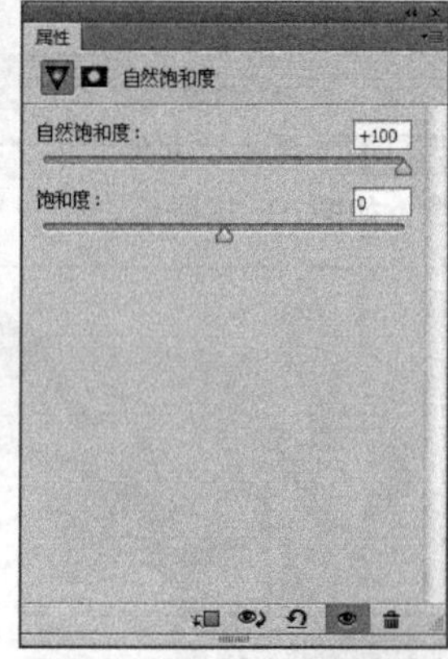

图19-22 设置“自然饱和度”参数

STEP 03 新建“亮度/对比度1”调整图层，展开“属性”面板，设置“亮度”为12，如图19-23所示。

STEP 04 按【Ctrl+Alt+Shift+E】组合键，盖印图层，得到“图层1”图层，单击“滤镜”|“滤镜库”命令，弹出“图章”对话框，在中间列表框中，展开“纹理”面板，选择“拼缀图”滤镜，设置各选项参数（方块大小：1，凸现：8），单击“确定”按钮，即可应用“拼缀图”滤镜，效果如图19-24所示，完成拼缀图特效制作。

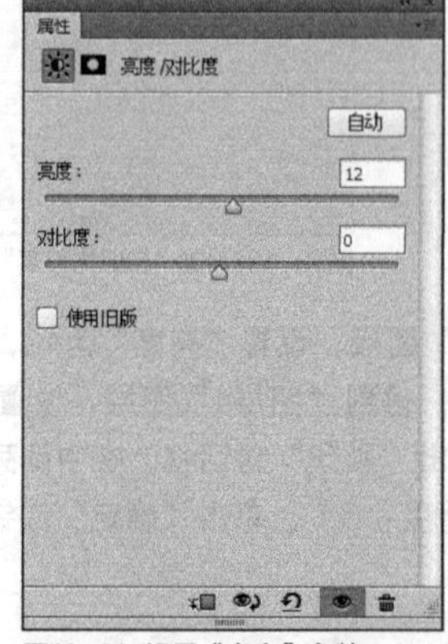

图19-23 设置“亮度”参数

图19-24 应用“拼缀图”滤镜效果

实战 432 制作纹理化特效

▶实例位置：光盘\实例\第19章\实战432.jpg
▶素材位置：光盘\素材\第19章\实战432.jpg
▶视频位置：光盘\视频\第19章\实战432.mp4

• 实例介绍 •

纹理化特效是通过“纹理化”滤镜来实现的一种特殊效果。“纹理化”滤镜可以生成各种纹理，在图像中添加纹理质感，可以选择的纹理包括“砖形”“粗麻布”“画布”和“砂岩”，也可以单击“纹理”选项右侧的下三角形按钮，载入一个PSD格式的文件作为纹理。

• 操作步骤 •

STEP 01 单击“文件”|“打开”命令，打开一幅素材图像，如图19-25所示。

图19-25 打开素材图像

STEP 02 新建“色阶1”调整图层，展开“属性”面板，设置各选项参数（输入色阶参数值依次为32、1.14、243），如图19-26所示。

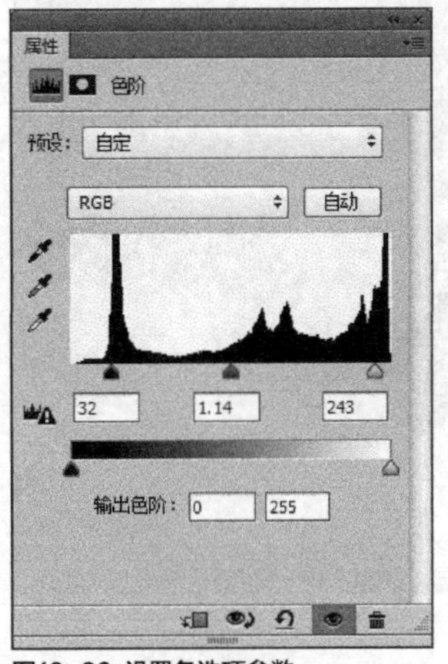

图19-26 设置各选项参数

STEP 03 新建“照片滤镜1”调整图层，展开“属性”面板，单击“滤镜”右侧的下拉按钮，在弹出的列表框中选择“蓝”选项，设置“浓度”为25%，如图19-27所示。

图19-27 设置各选项参数

STEP 04 按【Ctrl+Alt+Shift+E】组合键，盖印图层，得到“图层1”图层，单击“滤镜”|“滤镜库”命令，弹出“拼缀图”对话框，在中间列表框中，展开“纹理”面板，选择“纹理化”滤镜，设置各选项参数（纹理：画布，缩放：150%，凸现：5，光照：上），单击“确定”按钮，即可应用“纹理化”滤镜，效果如图19-28所示，完成纹理化特效的制作。

图19-28 应用“纹理化”滤镜效果

实战433 制作绘图笔特效

▶实例位置：光盘\实例\第19章\实战433.jpg
▶素材位置：光盘\素材\第19章\实战433.jpg
▶视频位置：光盘\视频\第19章\实战433.mp4

• 实例介绍 •

绘图笔特效是通过“绘图笔”滤镜来实现的一种特殊效果。“绘图笔”滤镜使用细的、线状的油墨描边来捕捉原图像中的细节，将前景色作为油墨，背景色作为纸张，以替换原图像中的颜色。

• 操作步骤 •

STEP 01 单击“文件”|“打开”命令，打开一幅素材图像，如图19-29所示。

图19-29 打开素材图像

STEP 02 新建“色阶1”调整图层，展开“属性”面板，设置各选项参数（输入色阶参数值依次为15、1.00、241），如图19-30所示。

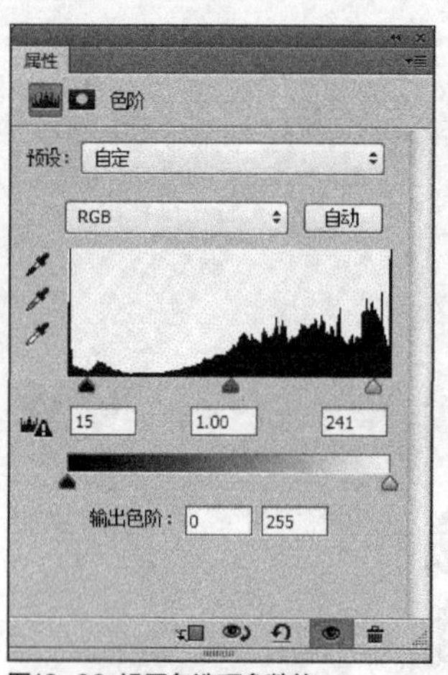

图19-30 设置各选项参数值

STEP 03 新建“通道混合器1”调整图层，展开“属性”面板，单击“输出通道”右侧的下拉按钮，在弹出的列表框中选择“蓝”选项，设置“蓝色”为107%，如图19-31所示。

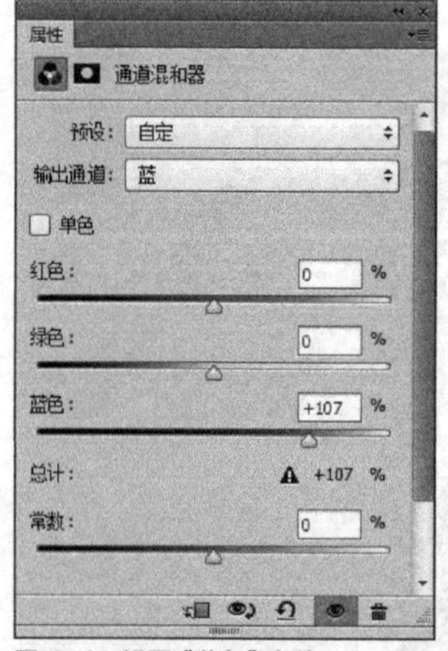

图19-31 设置“蓝色”参数

STEP 04 按【Ctrl+Alt+Shift+E】组合键，盖印图层，得到“图层1”图层，单击“滤镜”|“滤镜库”命令，弹出“纹理化”对话框，在中间列表框中，展开“素描”面板，选择“绘图笔”滤镜，设置各选项参数（描边长度：15，明/暗平衡：50，描边方向：右对角线），单击“确定”按钮，即可应用“绘图笔”滤镜，效果如图19-32所示，完成绘图笔特效的制作。

图19-32 应用“绘图笔”滤镜效果

实战434 制作基底凸现特效

▶实例位置：光盘\实例\第19章\实战434.jpg
▶素材位置：光盘\素材\第19章\实战434.jpg
▶视频位置：光盘\视频\第19章\实战434.mp4

• 实例介绍 •

基底凸显特效是通过“基底凸现”滤镜来实现的一种特殊效果。“基底凸现”滤镜可以变换图像，使之呈现浮雕的雕刻状并突出光照下变化各异的表面。图像的暗区将呈现前景色，而浅色则使用背景色。

• 操作步骤 •

STEP 01 单击“文件”|“打开”命令，打开一幅素材图像，如图19-33所示。

图19-33 打开素材图像

STEP 02 新建“自然饱和度1”调整图层，展开“属性”面板，设置“自然饱和度”为100，如图19-34所示。

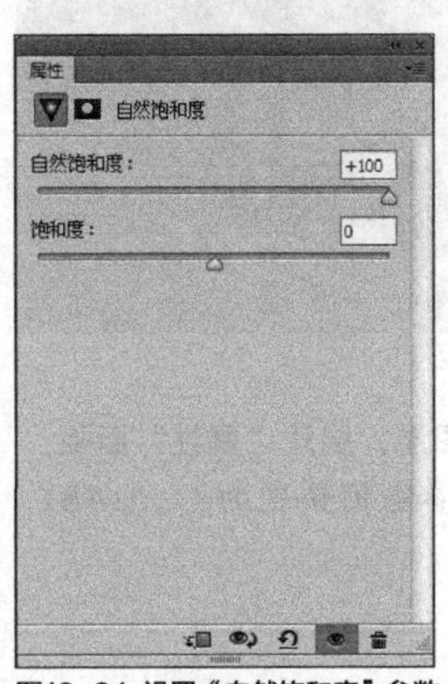

图19-34 设置“自然饱和度”参数

STEP 03 新建“亮度/对比度1”调整图层，展开“属性”面板，设置“对比度”为50，如图19-35所示。

STEP 04 按【Ctrl+Alt+Shift+E】组合键，盖印图层，得到“图层1”图层，设置前景色为翠绿色（RGB参数值分别为153、204、51），单击“滤镜”|“滤镜库”命令，弹出“绘图笔”对话框，在中间列表框中，展开“素描”面板，选择“基底凸现”滤镜，设置各选项参数（细节：13，平滑度：3），单击“确定”按钮，即可应用“基底凸现”滤镜，如图19-36所示。

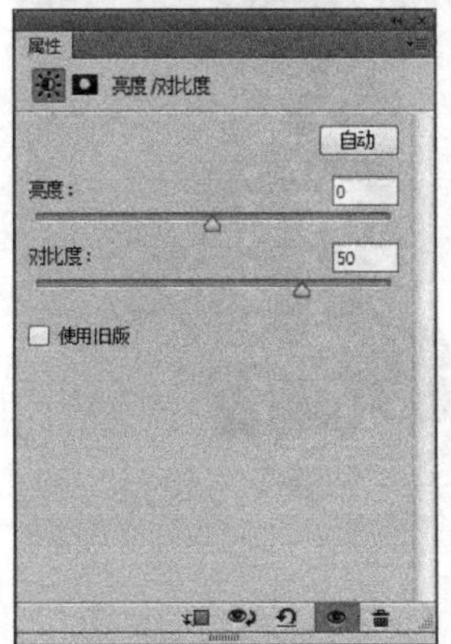

图19-35 设置“对比度”参数

图19-36 应用“基底凸现”滤镜效果

实战435 制作半调图案特效

▶实例位置：光盘\实例\第19章\实战435.jpg
▶素材位置：光盘\素材\第19章\实战435.jpg
▶视频位置：光盘\视频\第19章\实战435.mp4

• 实例介绍 •

半调图案特效是通过“半调图案”滤镜来实现的一种特殊效果。“半调图案”滤镜可以在保持连续色调范围的同时，模拟半调网屏的效果，其色调受前景色和背景色的影响，暗区将呈现前景色，而浅色则使用背景色。

• 操作步骤 •

STEP 01 单击“文件”|“打开”命令，打开一幅素材图像，如图19-37所示。

图19-37 打开素材图像

STEP 02 新建“亮度/对比度1”调整图层，展开“属性”面板，设置“亮度”为15，如图19-38所示。

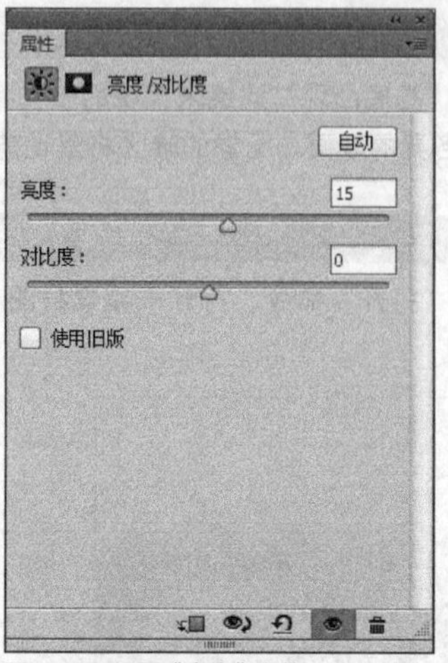

图19-38 设置“亮度”参数

STEP 03 新建“色阶1”调整图层，展开“属性”面板，设置各选项参数（输入色阶参数值依次为7、1.48、223），如图19-39所示。

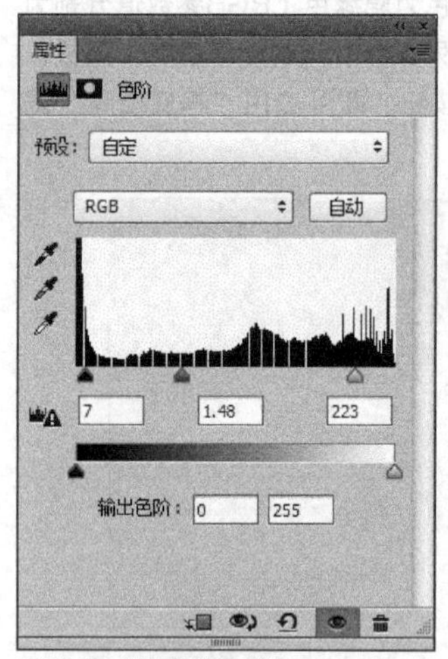

图19-39 设置各选项参数

STEP 04 按【Ctrl+Alt+Shift+E】组合键，盖印图层，得到“图层1”图层，设置前景色为黑色，单击“滤镜”|“滤镜库”命令，弹出“基底凸现”对话框，在中间列表框中，展开“素描”面板，选择“半调图案”滤镜，设置各选项参数（大小：1，对比度：5），单击“确定”按钮，即可应用“半调图案”滤镜，效果如图19-40所示，完成半调图案特效的制作。

图19-40 应用“半调图案”滤镜效果

实战 436 制作粉笔和炭笔特效

▶ **实例位置：** 光盘\实例\第19章\实战436.jpg
▶ **素材位置：** 光盘\素材\第19章\实战436.jpg
▶ **视频位置：** 光盘\视频\第19章\实战436.mp4

• 实例介绍 •

粉笔和炭笔特效是通过“粉笔和炭笔”滤镜来实现的一种特殊效果。“粉笔和炭笔”滤镜可以重绘高光和中间调，并使用粗糙粉笔绘制纯中间调的灰色背景。阴影区域用黑色对角线炭笔线条替换，炭笔用前景色绘制，粉笔用背景色绘制。

• 操作步骤 •

STEP 01 单击“文件”｜“打开”命令，打开一幅素材图像，如图19-41所示。

图19-41 打开素材图像

STEP 02 新建“亮度/对比度1”调整图层，展开“属性”面板，设置“亮度”为10、“对比度”为10，如图19-42所示。

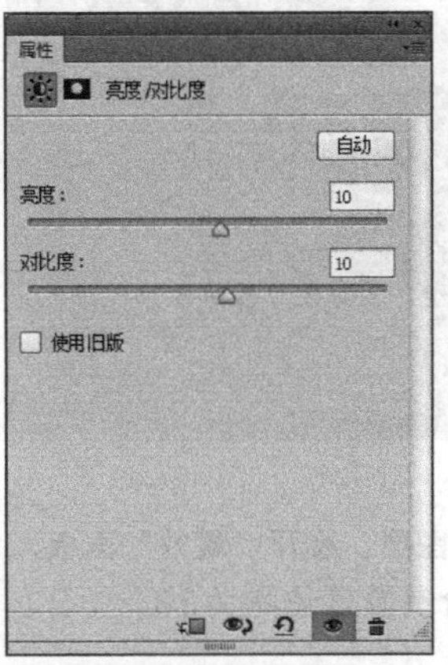

图19-42 设置“亮度”参数

STEP 03 新建“色阶1”调整图层，展开“属性”面板，设置各选项参数（输入色阶参数值依次为32、1.00、218），如图19-43所示。

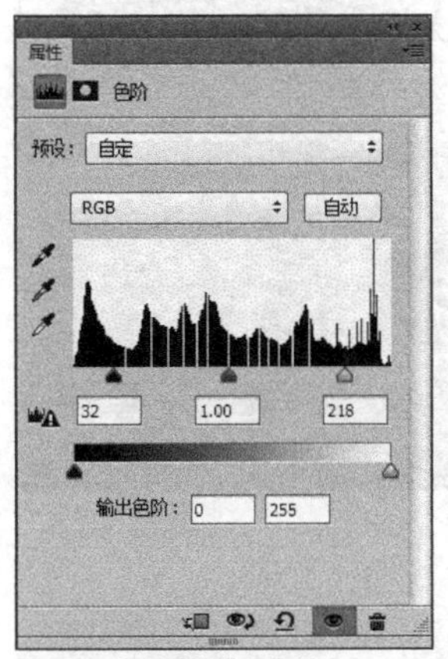

图19-43 设置各选项参数

STEP 04 按【Ctrl+Alt+Shift+E】组合键，盖印图层，得到“图层1”图层，单击“滤镜”｜“滤镜库”命令，弹出“半调图案”对话框，在中间列表框中，展开“素描”面板，选择“粉笔和炭笔”滤镜，设置各选项参数（炭笔区：6，粉笔区：6，描边压力：1），单击“确定”按钮，即可应用“粉笔和炭笔”滤镜，效果如图19-44所示，完成粉笔和炭笔特效的制作。

图19-44 应用“粉笔和炭笔”滤镜效果

实战 437 制作马赛克拼贴特效

▶ 实例位置：光盘\实例\第19章\实战437.jpg
▶ 素材位置：光盘\素材\第19章\实战437.jpg
▶ 视频位置：光盘\视频\第19章\实战437.mp4

• 实例介绍 •

马赛克拼贴特效是通过“马赛克拼贴”滤镜来实现的一种特殊效果。“马赛克拼贴”滤镜可以渲染图像，使图像看起来像是由小的碎片或拼贴组成，然后加深拼贴之间缝隙的颜色，马赛克拼贴特效只是利用马赛克的方块格式来划分图像。

• 操作步骤 •

STEP 01 单击“文件”｜“打开”命令，打开一幅素材图像，如图19-45所示。

STEP 02 新建“自然饱和度1”调整图层，展开“属性”面板，设置“自然饱和度”为100，如图19-46所示。

图19-45 打开素材图像

图19-46 设置“自然饱和度”参数

STEP 03 新建“色阶1”调整图层，展开“属性”面板，设置各选项参数（输入色阶参数值依次为28、1.2、240），如图19-47所示。

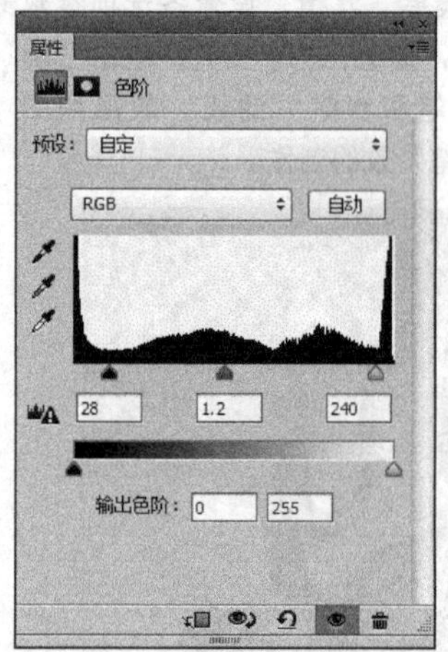

图19-46 设置各选项参数

STEP 04 按【Ctrl+Alt+Shift+E】组合键，盖印图层，得到“图层1”图层，单击“滤镜”｜“滤镜库”命令，弹出“粉笔和炭笔”对话框，在中间列表框中，展开“纹理”面板，选择“马赛克拼贴”滤镜，设置各选项参数（拼贴大小：100，缝隙宽度：4，加亮缝隙：6），单击“确定”按钮，即可应用“马赛克拼贴”滤镜，效果如图19-48所示，完成马赛克拼贴特效的制作。

图19-48 应用“马赛克拼贴”滤镜效果

知识扩展

“马赛克”对话框中个各主要选项含义如下。

- “单元格大小”：在该文本框中输入的数值将确定生成的块状图像大小，数值越大块状图像越大。
- “预览”：选中该复选框，可以在图像中预览马赛克效果。

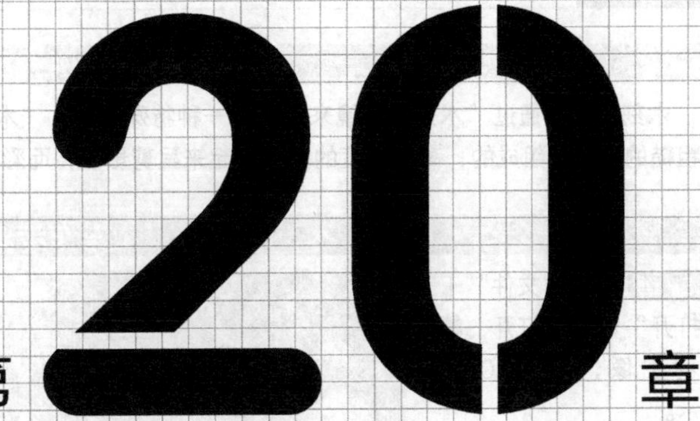

第20章 图像特殊效果

本章导读

用户在运用Photoshop处理图像时，可以利用滤镜来制作特殊效果。滤镜不仅可以制作各种纹理特殊效果，还可以模仿自然或传统介质效果，如油画、水彩等绘画效果，使图像看起来更贴近绘画或艺术效果。

要点索引

- 制作木刻特效
- 制作颗粒特效
- 制作海绵特效
- 制作壁画特效
- 制作干画笔特效
- 制作调色刀特效
- 制作涂抹棒特效
- 制作彩色半调特效
- 制作光圈模糊特效
- 制作粗糙蜡笔特效
- 制作海报边缘特效
- 制作胶片颗粒特效
- 制作霓虹灯光特效
- 制作海洋波纹特效
- 制作塑料包装特效
- 制作绘画涂抹特效
- 制作扩散亮光特效
- 制作油画特效
- 制作国画特效
- 制作素描特效
- 制作放射特效
- 制作雪景特效
- 制作雨景特效
- 制作蜡笔特效

实战438 制作木刻特效

▶实例位置：光盘\实例\第20章\实战438.jpg
▶素材位置：光盘\素材\第20章\实战438.jpg
▶视频位置：光盘\视频\第20章\实战438.mp4

• 实例介绍 •

木刻特效是通过“木刻”滤镜来实现的一种特殊效果。“木刻”滤镜可以使图像看上去像是由从彩纸上剪下来的边缘粗糙的剪纸片组成的，高对比度的图像看起来呈剪影状，而彩色图像看上去是由几层彩纸组成的。

• 操作步骤 •

STEP 01 单击“文件”｜“打开”命令，打开一幅素材图像，如图20-1所示。

STEP 02 新建“通道混合器1”调整图层，展开“属性”面板，单击“输出通道”右侧的下拉按钮，在弹出的列表框中选择“蓝”选项，设置“蓝色”为107%，如图20-2所示。

图20-1 打开素材图像

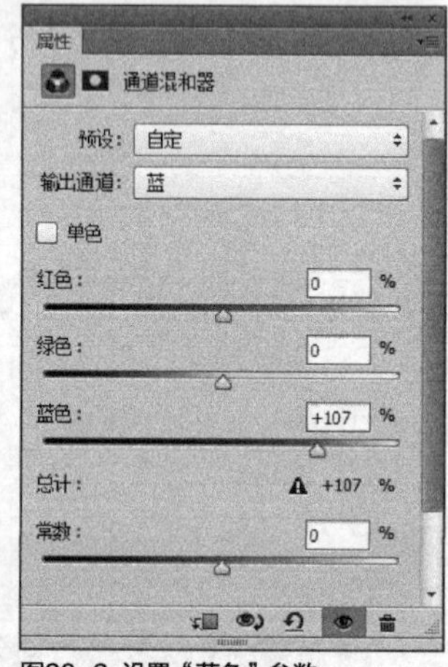

图20-2 设置“蓝色”参数

STEP 03 新建“色阶1”调整图层，展开“属性”面板，设置各选项参数（输入色阶参数值依次为19、0.84、248），如图20-3所示。

STEP 04 按【Ctrl+Alt+Shift+E】组合键，盖印图层，得到“图层1”图层，单击“滤镜”｜“滤镜库”命令，弹出“滤镜库”对话框，在中间列表框中，展开“艺术效果”面板，选择“木刻”滤镜，设置各选项参数（色阶数：4，边缘简化度：4，边缘逼真度：2），单击“确定”按钮，即可应用“木刻”滤镜，效果如图20-4所示，完成木刻特效的制作。

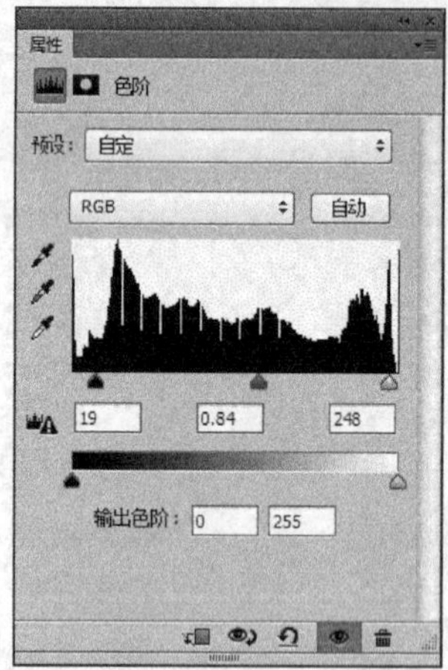

图20-3 设置各选项参数

图20-4 应用“木刻”滤镜效果

实战439 制作颗粒特效

▶实例位置：光盘\实例\第20章\实战439.jpg
▶素材位置：光盘\素材\第20章\实战439.jpg
▶视频位置：光盘\视频\第20章\实战439.mp4

• 实例介绍 •

颗粒特效是通过“添加杂色”滤镜来实现的一种特殊效果。“添加杂色”滤镜可以将随机的像素应用于图像，模拟在高速胶片上拍照的效果。该滤镜也可以用来减少羽化选区或渐变填充中的条纹，或者使经过重大修饰的区域看起来更加真实。

• 操作步骤 •

STEP 01 单击“文件”｜“打开”命令，打开一幅素材图像，如图20-5所示。

图20-5 打开素材图像

STEP 02 新建“自然饱和度1”调整图层，展开“属性”面板，设置“自然饱和度”为100，如图20-6所示，调整图像饱和度。

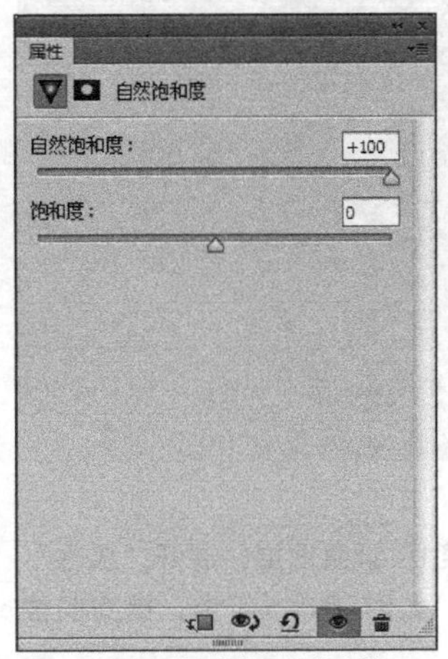

图20-6 设置“自然饱和度”参数

STEP 03 新建“亮度/对比度1”调整图层，展开“属性”面板，设置“亮度”为10，如图20-7所示，调整图像亮度。

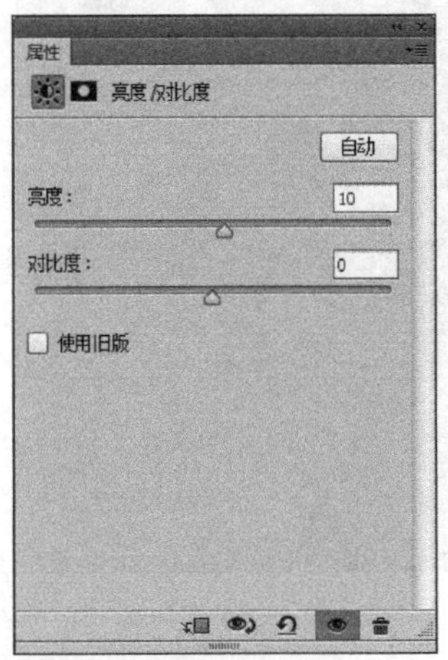

图20-7 设置“亮度”参数

STEP 04 按【Ctrl＋Alt＋Shift＋E】组合键，盖印图层，得到“图层1”图层，单击“滤镜”｜“杂色”｜“添加杂色”命令，弹出“添加杂色”对话框，选中“单色”复选框，设置各选项参数（数量：30%，分布：平均分布），单击“确定”按钮，即可为图像添加杂色，效果如图20-8所示，完成颗粒特效的制作。

图20-8 添加杂色效果

实战 440 制作海绵特效

▶实例位置：光盘\实例\第20章\实战440.jpg
▶素材位置：光盘\素材\第20章\实战440.jpg
▶视频位置：光盘\视频\第20章\实战440.mp4

• 实例介绍 •

海绵特效是通过“海绵”滤镜来实现的一种特殊效果。“海绵”滤镜使用颜色对比强烈、纹理较重的区域创建图像，模拟海绵绘画效果。该滤镜能够使图像呈现气孔的形状，使画面具有一定的浸湿感，能够柔和画面。

• 操作步骤 •

STEP 01 单击“文件”｜“打开”命令，打开一幅素材图像，如图20-9所示。

STEP 02 新建“自然饱和度1”调整图层，展开“属性”面板，设置“自然饱和度”为100，如图20-10所示。

图20-9 打开素材图像

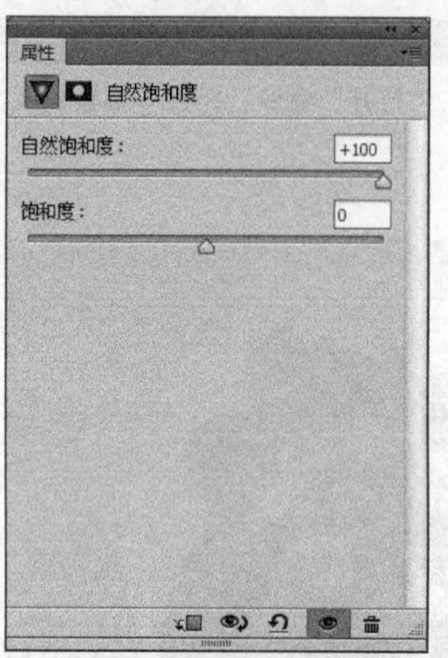

图20-10 设置“自然饱和度”参数

STEP 03 新建“亮度/对比度1”调整图层，展开“属性”面板，设置“亮度”为22，如图20-11所示，提高图像亮度。

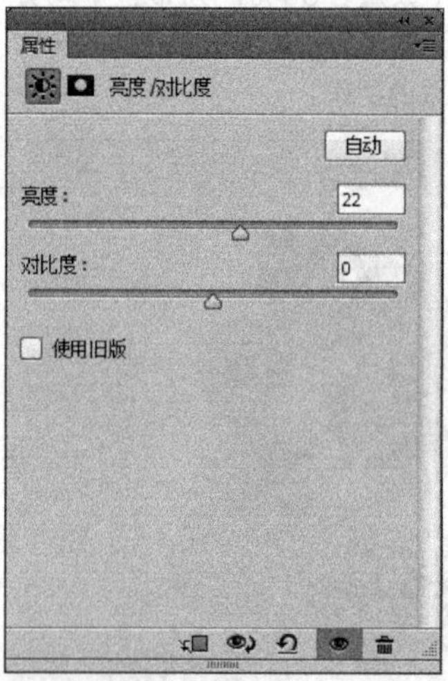

图20-11 设置“亮度”参数

STEP 04 按【Ctrl+Alt+Shift+E】组合键，盖印图层，得到“图层1”图层，单击“滤镜”｜“滤镜库”命令，弹出“木刻”对话框，在中间列表框中，展开“艺术效果”面板，选择“海绵”滤镜，设置各选项参数（画笔大小：2，清晰度：12，平滑度：5），单击“确定”按钮，即可应用“海绵”滤镜，如图20-12所示，完成海绵特效的制作。

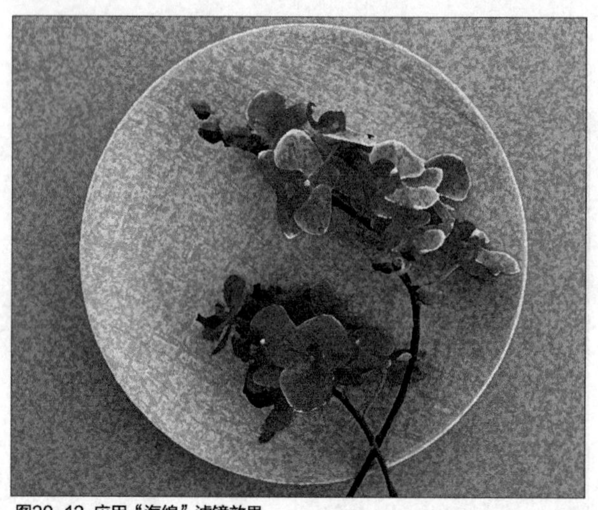
图20-12 应用“海绵”滤镜效果

实战441 制作壁画特效

▶实例位置：光盘\实例\第20章\实战441.jpg
▶素材位置：光盘\素材\第20章\实战441.jpg
▶视频位置：光盘\视频\第20章\实战441.mp4

•实例介绍•

壁画特效是通过“壁画”滤镜来实现的一种特殊效果。“壁画”滤镜使用短而圆的、粗略涂抹的小块颜料，以一种粗糙的风格绘制图像，使图像呈现一种古壁画般的效果。

•操作步骤•

STEP 01 单击“文件”｜“打开”命令，打开一幅素材图像，如图20-13所示。

STEP 02 新建“可选颜色1”调整图层，展开“属性”面板，单击“颜色”右侧的下拉按钮，在弹出的列表框中选择“绿色”选项，设置各选项参数（青色：100，洋红：100，黄色：100，黑色：0），如图20-14所示。

图20-13 打开素材图像

图20-14 设置各选项参数

STEP 03 新建“照片滤镜1”调整图层，展开“属性”面板，设置“滤镜”为“加温滤镜（81）”，设置“浓度”为25%，如图20-15所示。

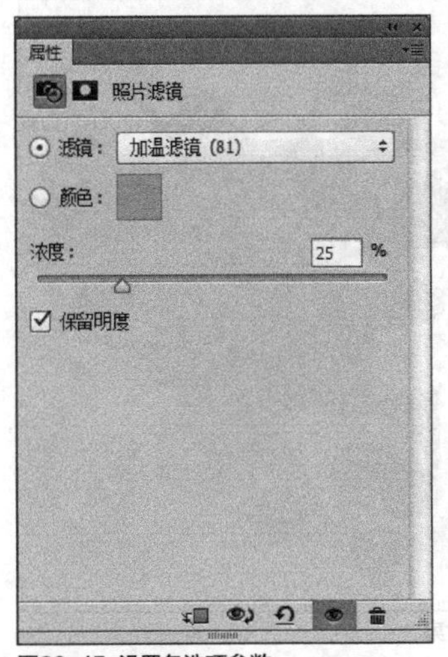

图20-15 设置各选项参数

STEP 04 按【Ctrl+Alt+Shift+E】组合键，盖印图层，得到“图层1”图层，单击“滤镜”｜“滤镜库”命令，弹出“海绵”对话框，在中间列表框中，展开“艺术效果”面板，选择“壁画”滤镜，设置各选项参数（画笔大小：2，画笔细节：8，纹理：1），单击“确定”按钮，即可应用“壁画”滤镜，效果如图20-16所示，完成壁画特效的制作。

图20-16 应用“壁画”滤镜效果

实战 442 制作干画笔特效

▶实例位置：光盘\实例\第20章\实战442.jpg
▶素材位置：光盘\素材\第20章\实战442.jpg
▶视频位置：光盘\视频\第20章\实战442.mp4

• 实例介绍 •

干笔画特效是通过“干笔画”滤镜来实现的一种特殊效果。“干笔画”滤镜使用了干笔技术（介于油彩和水彩之间）绘制图像边缘，并通过将图像的颜色范围降至普通颜色的范围来简化图像，达到干笔画艺术效果。

• 操作步骤 •

STEP 01 单击“文件”｜“打开”命令，打开一幅素材图像，如图20-17所示。

STEP 02 新建“亮度/对比度1”调整图层，展开“属性”面板，设置“亮度”为20、“对比度”为20，如图20-18所示，提高图像亮度和对比度。

图20-17 打开素材图像

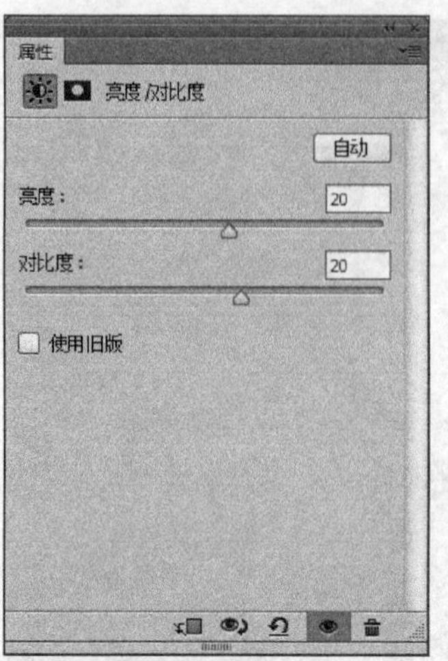

图20-18 设置各选项参数

STEP 03 新建“照片滤镜1”调整图层，展开“属性”面板，单击“通道”右侧的下拉按钮，在弹出的列表框中选择“加温滤镜（81）”选项，设置“浓度”为50%，如图20-19所示。

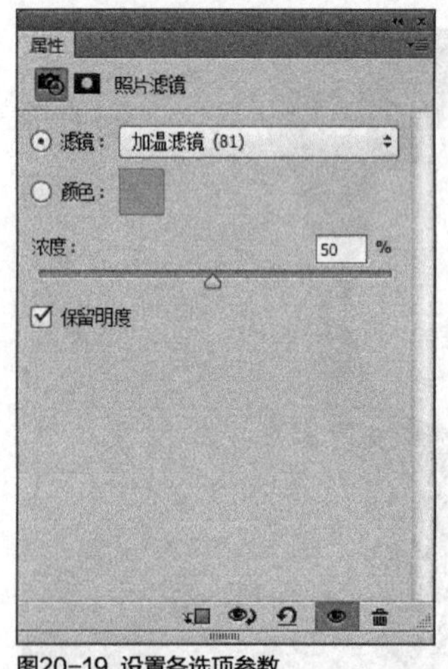

图20-19 设置各选项参数

STEP 04 按【Ctrl+Alt+Shift+E】组合键，盖印图层，得到“图层1”图层，单击“滤镜”|“滤镜库”命令，弹出“壁画”对话框，在中间列表框中，展开“艺术效果”面板，选择“干笔画”滤镜，设置各选项参数（画笔大小：2，画笔细节：8，纹理：1），单击“确定”按钮，即可应用“干笔画”滤镜，效果如图20-20所示，完成干笔画特效的制作。

图20-20 应用“干笔画”滤镜效果

实战443 制作调色刀特效

▶实例位置：光盘\实例\第20章\实战443.jpg
▶素材位置：光盘\素材\第20章\实战443.jpg
▶视频位置：光盘\视频\第20章\实战443.mp4

• 实例介绍 •

调色刀特效是通过“调色刀”滤镜来实现的一种特殊效果。“调色刀”滤镜可以减少图像的细节，以描绘得到很淡的画布效果，并显示出下面的纹理。该滤镜类似于“水彩”滤镜，区别在于该滤镜会产生模糊效果。

• 操作步骤 •

STEP 01 单击“文件”|“打开”命令，打开一幅素材图像，如图20-21所示。

STEP 02 新建“自然饱和度1”调整图层，展开“属性”面板，设置“自然饱和度”为100，如图20-22所示。

图20-21 打开素材图像

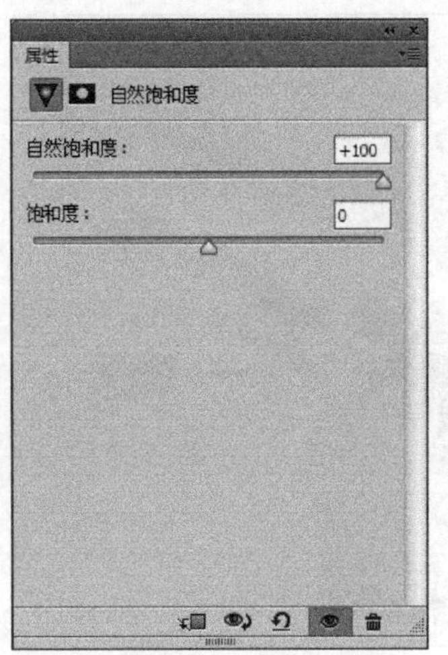

图20-22 设置"自然饱和度"参数

STEP 03 新建"亮度/对比度1"调整图层，展开"属性"面板，设置"对比度"为10，如图20-23所示。

STEP 04 按【Ctrl+Alt+Shift+E】组合键，盖印图层，得到"图层1"图层，单击"滤镜"|"滤镜库"命令，弹出"干画笔"对话框，在中间列表框中，展开"艺术效果"面板，选择"调色刀"滤镜，设置各选项参数（描边大小：10，描边细节：3，软化度：0），单击"确定"按钮，即可应用"调色刀"滤镜，效果如图20-24所示，完成调色刀特效的制作。

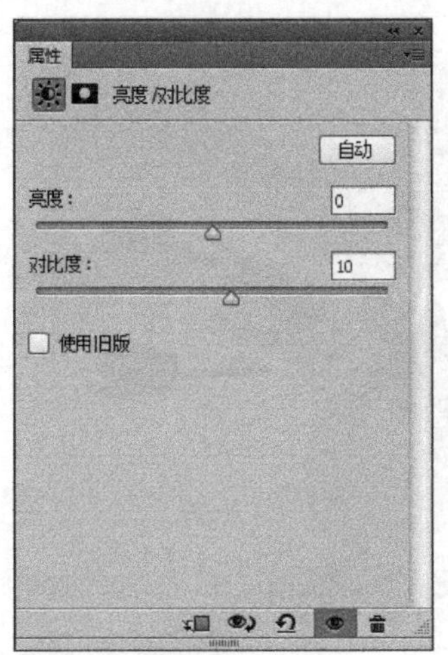

图20-23 设置"对比度"参数

图20-24 应用"调色刀"滤镜效果

实战 444 制作涂抹棒特效

▶实例位置：光盘\实例\第20章\实战444.jpg
▶素材位置：光盘\素材\第20章\实战444.jpg
▶视频位置：光盘\视频\第20章\实战444.mp4

• 实例介绍 •

涂抹棒特效是通过"涂抹棒"滤镜来实现的一种特殊效果。"涂抹棒"滤镜使用了较短的对角线涂抹图像中的暗部区域，从而柔化图像，亮部区域会因为变亮而丢失细节，使整个图像显示出涂抹扩散的效果。

• 操作步骤 •

STEP 01 单击"文件"|"打开"命令，打开一幅素材图像，如图20-25所示。

STEP 02 新建"自然饱和度1"调整图层，展开"属性"面板，设置"自然饱和度"为100，如图20-26所示。

图20-25 打开素材图像

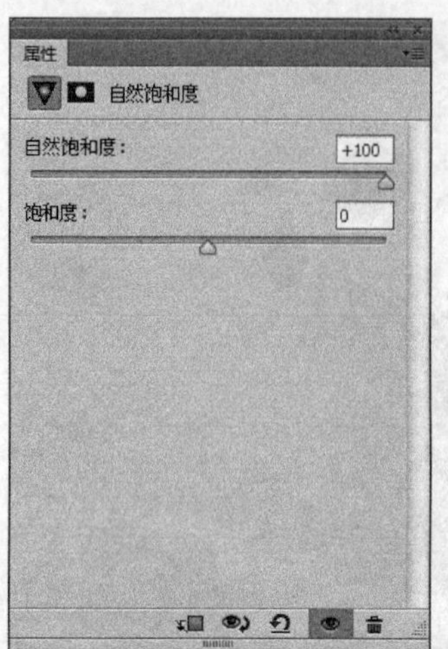

图20-26 设置“自然饱和度”参数

STEP 03 新建“亮度/对比度1”调整图层，展开“属性”面板，设置“亮度”为10，如图20-27所示。

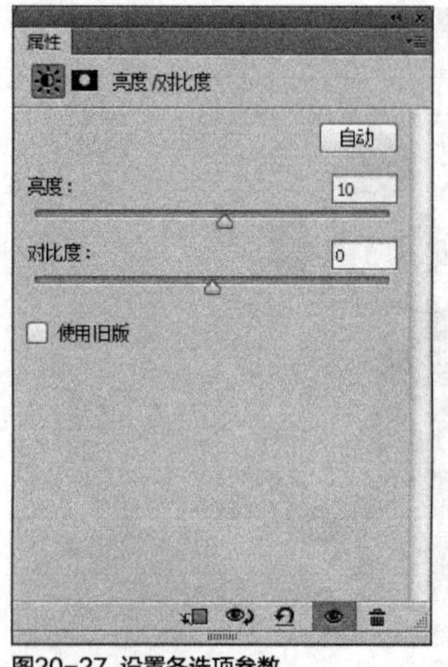

图20-27 设置各选项参数

STEP 04 按【Ctrl+Alt+Shift+E】组合键，盖印图层，得到“图层1”图层，单击“滤镜”|“滤镜库”命令，弹出“调色刀”对话框，在中间列表框中，展开“艺术效果”面板，选择“涂抹棒”滤镜，设置各选项参数（描边长度：2，高光区域：0，强度：10，），单击“确定”按钮，即可应用“涂抹棒”滤镜，效果如图20-28所示，完成涂抹棒特效的制作。

图20-28 应用“涂抹棒”滤镜效果

实战445 制作彩色半调特效

▶实例位置：光盘\实例\第20章\实战445.jpg
▶素材位置：光盘\素材\第20章\实战445.jpg
▶视频位置：光盘\视频\第20章\实战445.mp4

• 实例介绍 •

彩色半调特效是通过“彩色半调”滤镜来实现的一种特殊效果。“彩色半调”滤镜可以使图像变为网点状效果。该滤镜是先将图像的每一个通道划分出矩形区域，再以和矩形区域亮度成比例的圆形替代这些矩形，圆形的大小与矩形的亮度成比例，生成网点效果。

• 操作步骤 •

STEP 01 单击“文件”|“打开”命令，打开一幅素材图像，如图20-29所示。

STEP 02 新建“自然饱和度1”调整图层，展开“属性”面板，设置“自然饱和度”为100，如图20-30所示。

图20-29 打开素材图像

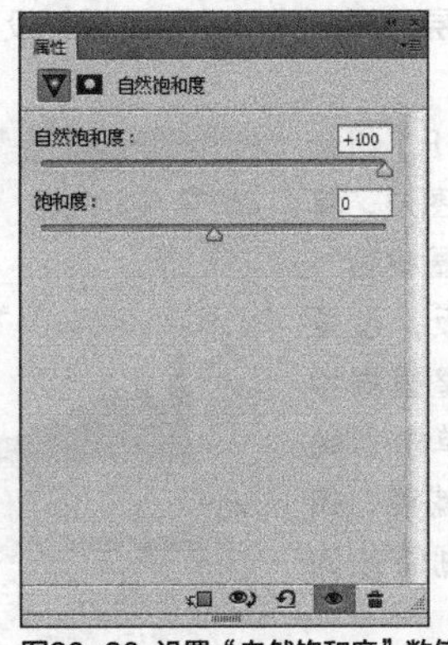

图20-30 设置“自然饱和度”数值

STEP 03 新建“色阶1”调整图层，展开“属性”面板，设置各选项参数（输入色阶参数值依次为97、1.21、245），如图20-31所示。

STEP 04 按【Ctrl + Alt + Shift + E】组合键，盖印图层，得到“图层1”图层，单击“滤镜”|“像素化”|“彩色半调”命令，弹出“彩色半调”对话框，设置“最大半径”为4像素，单击“确定”按钮，应用“彩色半调”滤镜，效果如图20-32所示，完成彩色半调特效的制作。

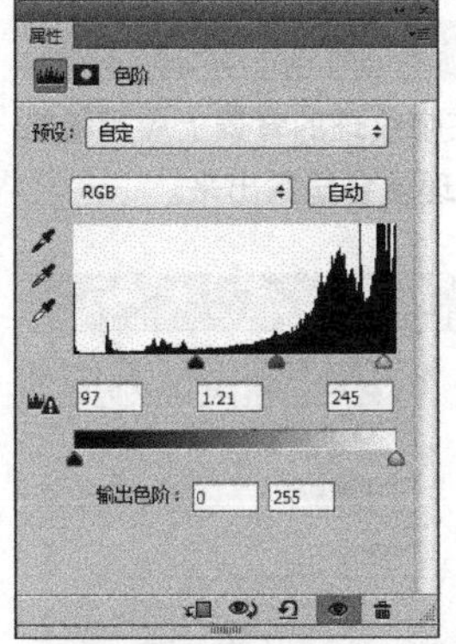

图20-31 设置各选项参数

图20-32 应用“彩色半调”滤镜效果

实战 446 制作光圈模糊特效

▶实例位置：光盘\实例\第20章\实战446.jpg
▶素材位置：光盘\素材\第20章\实战446.jpg
▶视频位置：光盘\视频\第20章\实战446.mp4

• 实例介绍 •

光圈模糊特效是通过“光圈模糊”滤镜来实现的一种特殊效果。“光圈模糊”滤镜可以使模拟光圈作用调节焦距的大小，突出主体，产生模糊背景的效果。一般数码相机不能实现的模糊功能可以通过该滤镜来实现。

• 操作步骤 •

STEP 01 单击“文件”|“打开”命令，打开一幅素材图像，如图20-33所示。

STEP 02 新建“自然饱和度1”调整图层，展开“属性”面板，设置“自然饱和度”为100，如图20-34所示。

图20-33 打开素材图像

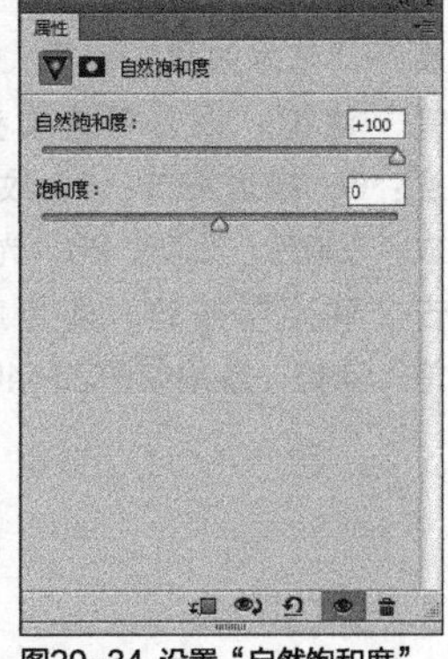

图20-34 设置“自然饱和度”参数

STEP 03 新建“色阶1”调整图层，展开“属性”面板，设置各选项参数（输入色阶参数值依次为26、1.00、252），如图20-35所示。

STEP 04 按【Ctrl+Alt+Shift+E】组合键，盖印图层，得到“图层1”图层，单击“滤镜”|“模糊”|“光圈模糊”命令，弹出“模糊工具”面板，设置“模糊”为15像素，适当调整模糊半径，移动光圈至合适位置，单击“确定”按钮，应用“光圈模糊”滤镜，如图20-36所示，完成光圈模糊特效的制作。

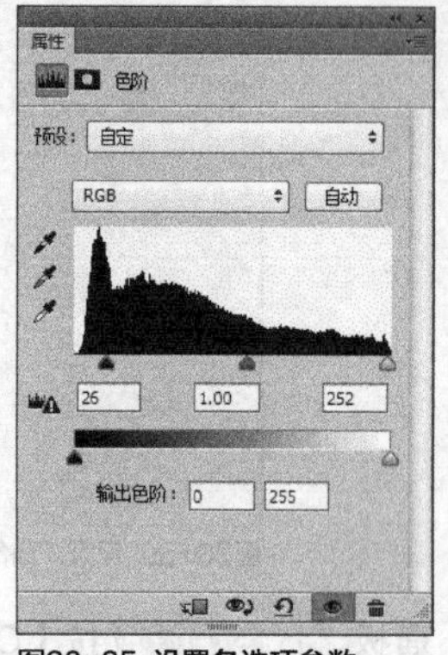

图20-35 设置各选项参数

图20-36 应用“光圈模糊”滤镜效果

实战447 制作粗糙蜡笔特效

▶实例位置：光盘\实例\第20章\实战447.jpg
▶素材位置：光盘\素材\第20章\实战447.jpg
▶视频位置：光盘\视频\第20章\实战447.mp4

• 实例介绍 •

粗糙蜡笔特效是通过“粗糙蜡笔”滤镜来实现的一种特殊效果。“粗糙蜡笔”滤镜可以在带纹理的背景上应用粉笔描边，在亮色区域，粉笔看上去很厚，几乎看不见纹理，在深色区域，粉笔似乎被擦去了，纹理便会显露出来。

• 操作步骤 •

STEP 01 单击“文件”|“打开”命令，打开一幅素材图像，如图20-37所示。

STEP 02 新建“自然饱和度1”调整图层，展开“属性”面板，设置“自然饱和度”为100，如图20-38所示。

图20-37 打开素材图像

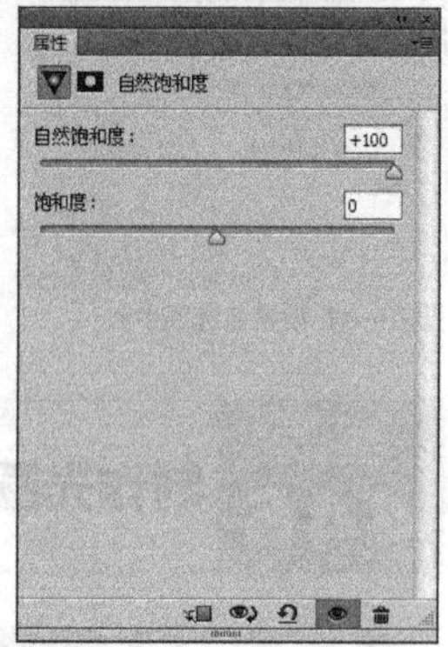

图20-38 设置“自然饱和度”参数

STEP 03 新建“亮度/对比度1”调整图层，展开“属性”面板，设置“亮度”为5、“对比度”为20，如图20-39所示。

STEP 04 按【Ctrl+Alt+Shift+E】组合键，盖印图层，得到“图层1”图层，单击“滤镜”|“滤镜库”命令，弹出“涂抹棒”对话框，在中间列表框中，展开“艺术效果”面板，选择“粗糙蜡笔”滤镜，设置各选项参数（描边长度：6，描边细节：4，纹理：画布，缩放：100%，凸现：20，光照：下），单击“确定”按钮，即可应用“粗糙蜡笔”滤镜，效果如图20-40所示。

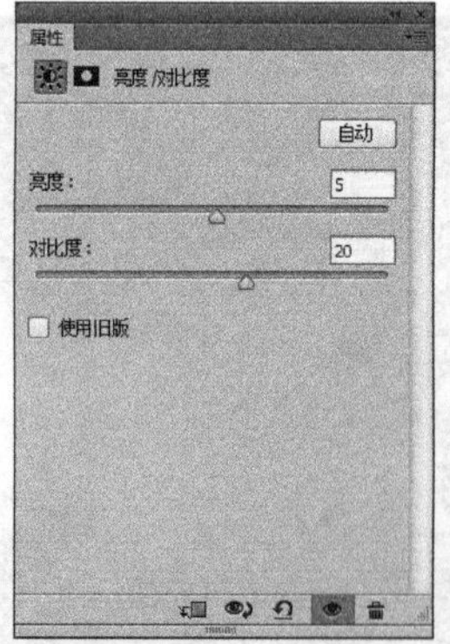

图20-39 设置各选项参数

图20-40 应用“粗糙蜡笔”滤镜效果

实战 448 制作海报边缘特效

▶实例位置：光盘\实例\第20章\实战448.jpg
▶素材位置：光盘\素材\第20章\实战448.jpg
▶视频位置：光盘\视频\第20章\实战448.mp4

• 实例介绍 •

海报边缘特效是通过“海报边缘”滤镜来实现的一种特殊效果。“海报边缘”滤镜可以按照设置的选项自动跟踪图像中颜色变化剧烈的区域，在边界填入黑色的阴影，大而宽的区域有简单的阴影，而细小的深色细节遍布图像，使图像产生海报特效。

• 操作步骤 •

STEP 01 单击“文件”|“打开”命令，打开一幅素材图像，如图20-41所示。

图20-41 打开素材图像

STEP 02 新建“自然饱和度1”调整图层，展开“属性”面板，设置“自然饱和度”为100，如图20-42所示。

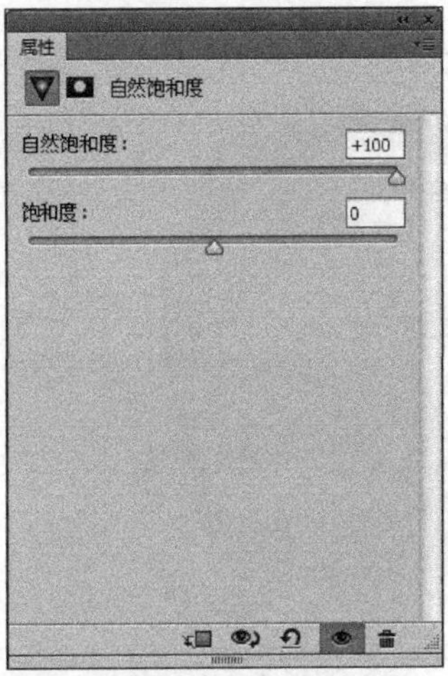

图20-42 设置“自然饱和度”参数

STEP 03 新建“亮度/对比度1”调整图层，展开“属性”面板，在其中设置“对比度”为10，如图20-43所示。

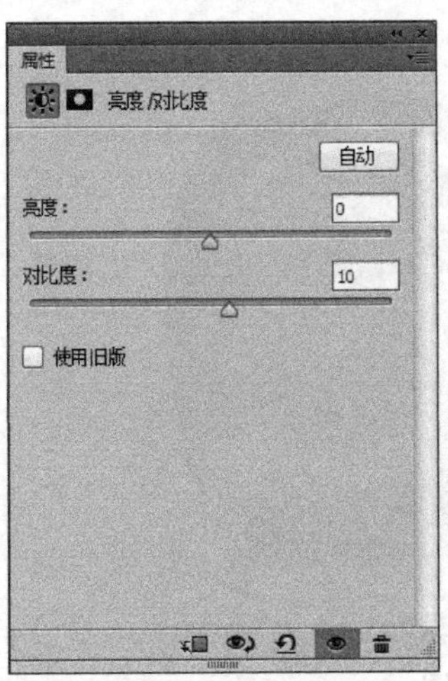

图20-43 设置“对比度”参数

STEP 04 按【Ctrl+Alt+Shift+E】组合键，盖印图层，得到“图层1”图层，单击“滤镜”|“滤镜库”命令，弹出“粗糙蜡笔”对话框，在中间列表框中，展开“艺术效果”面板，选择“海报边缘”滤镜，设置各选项参数（边缘厚度：2，边缘强度：1，边缘化：2），单击“确定”按钮，即可应用“海报边缘”滤镜，效果如图20-44所示，完成海报边缘特效的制作。

图20-44 应用“海报边缘”滤镜效果

制作胶片颗粒特效

▶ **实例位置：** 光盘\实例\第20章\实战449.jpg
▶ **素材位置：** 光盘\素材\第20章\实战449.jpg
▶ **视频位置：** 光盘\视频\第20章\实战449.mp4

• 实例介绍 •

胶片颗粒特效是通过“胶片颗粒”滤镜来实现的一种特殊效果。“胶片颗粒”滤镜是将平滑的图案应用于阴影和中间色调，将一种更平滑、饱和度更高的图案添加到亮区。在消除混合的条纹或将各种来源的图像在视觉上进行统一时，该滤镜非常有用。

• 操作步骤 •

STEP 01 单击“文件”|“打开”命令，打开一幅素材图像，如图20-45所示。

图20-45 打开素材图像

STEP 02 新建“色阶1”调整图层，展开“属性”面板，设置各选项参数（输入色阶参数值依次为58、0.76、237），如图20-46所示。

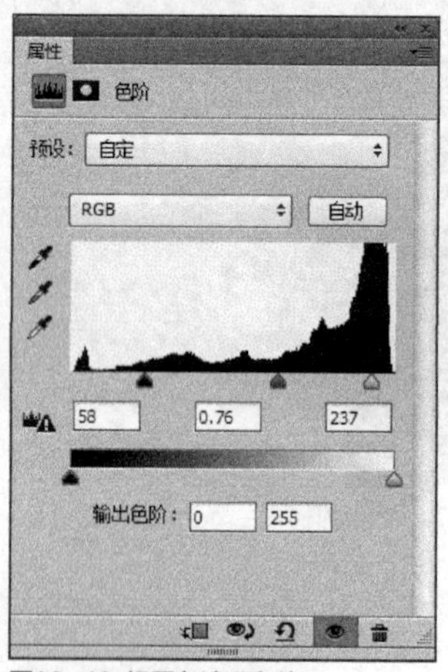

图20-46 设置各选项参数

STEP 03 新建“亮度/对比度1”调整图层，展开“属性”面板，设置“亮度”为4、“对比度”为10，如图20-47所示。

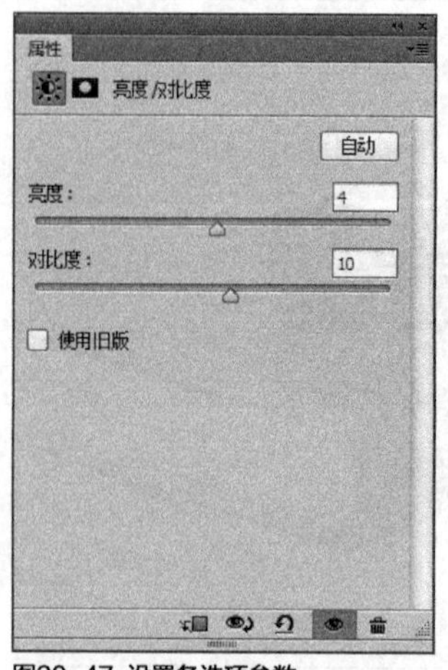

图20-47 设置各选项参数

STEP 04 按【Ctrl＋Alt＋Shift＋E】组合键，盖印图层，得到“图层1”图层，单击“滤镜”|“滤镜库”命令，弹出“海报边缘”对话框，在中间列表框中，展开“艺术效果”面板，选择“胶片颗粒”滤镜，设置各选项参数（颗粒：2，高光区域：0，强度：10），单击“确定”按钮，即可应用“胶片颗粒”滤镜，效果如图20-48所示，完成胶片颗粒特效的制作。

图20-48 应用“胶片颗粒”滤镜效果

实战 450 制作霓虹灯光特效

▶实例位置：光盘\实例\第20章\实战450.jpg
▶素材位置：光盘\素材\第20章\实战450.jpg
▶视频位置：光盘\视频\第20章\实战450.mp4

• 实例介绍 •

霓虹灯光特效是通过“霓虹灯光”滤镜来实现的一种特殊效果。“霓虹灯光”滤镜可以在柔化图像外观时给图像着色，在图像中产生彩色氖光灯照射的效果。

• 操作步骤 •

STEP 01 单击“文件”｜“打开”命令，打开一幅素材图像，如图20-49所示，新建“色阶1”调整图层，展开“属性”面板，设置各选项参数（输入色阶参数值依次为1、1.00、197）。

图20-49 设置色阶参数

STEP 02 新建“照片滤镜1”调整图层，展开“属性”面板，设置“滤镜”为“加温滤镜（81）”、“浓度”为50%，如图20-50所示。

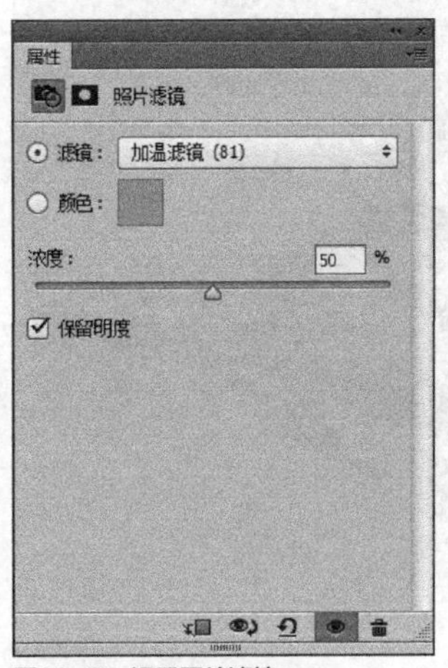

图20-50 设置照片滤镜

STEP 03 按【Ctrl+Alt+Shift+E】组合键，盖印图层，得到“图层1”图层，单击“滤镜”｜“滤镜库”命令，弹出“胶片颗粒”对话框，在中间列表框中，展开“艺术效果”面板，选择“霓虹灯光”滤镜，设置各选项参数（发光大小：2，发光亮度：12，发光颜色：橙色），单击“确定”按钮，设置“图层1”图层的混合模式为“正片叠底”，如图20-51所示。

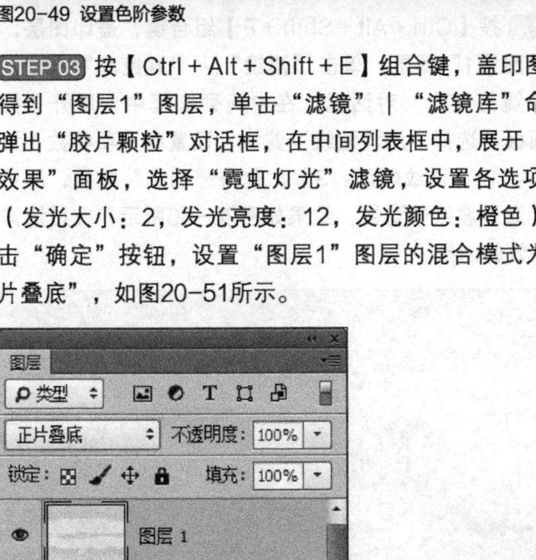

图20-51 设置图层混合模式

STEP 04 新建“色阶2”调整图层，展开“属性”面板，设置各选项参数（输入色阶参数值依次为1、0.85、106），调整图像亮度，效果如图20-52所示，完成霓虹灯光特效的制作。

图20-52 调整图像亮度

实战451 制作海洋波纹特效

▶实例位置：光盘\实例\第20章\实战451.jpg
▶素材位置：光盘\素材\第20章\实战451.jpg
▶视频位置：光盘\视频\第20章\实战451.mp4

• 实例介绍 •

海洋波纹特效是通过“海洋波纹”滤镜来实现的一种特殊效果。“海洋波纹”滤镜可以将随机分隔的波纹添加到图像表面，它产生的波纹细小，边缘有较多的抖动，图像看起来就像是在水下面。

• 操作步骤 •

STEP 01 单击“文件”|“打开”命令，打开一幅素材图像，如图20-53所示。

图20-53 打开素材图像

STEP 02 新建“自然饱和度1”调整图层，展开“属性”面板，设置“自然饱和度”为100，如图20-54所示。

属性
自然饱和度
自然饱和度：+100
饱和度：0

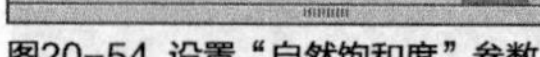

图20-54 设置“自然饱和度”参数

STEP 03 新建“色阶1”调整图层，展开“属性”面板，设置各选项参数（输入色阶参数值依次为40、0.78、255），如图20-55所示。

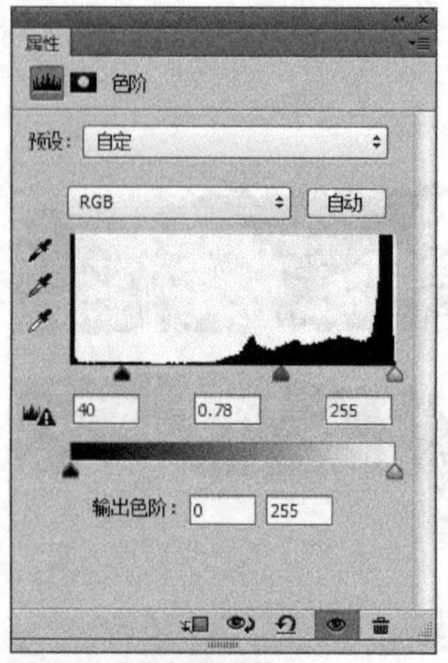

图20-55 设置各选项参数

STEP 04 按【Ctrl+Alt+Shift+E】组合键，盖印图层，得到“图层1”图层，单击“滤镜”|“滤镜库”命令，弹出“霓虹灯光”对话框，在中间列表框中，展开“扭曲”面板，选择“海洋波纹”滤镜，设置各选项参数（波纹大小：12，波纹幅度：3），单击“确定”按钮，即可应用“海洋波纹”滤镜，效果如图20-56所示，完成海洋波纹特效的制作。

图20-56 应用“海洋波纹”滤镜效果

实战 452 制作塑料包装特效

▶实例位置：光盘\实例\第20章\实战452.jpg
▶素材位置：光盘\素材\第20章\实战452.jpg
▶视频位置：光盘\视频\第20章\实战452.mp4

• 实例介绍 •

塑料包装特效是通过“塑料包装”滤镜来实现的一种特殊效果。“塑料包装”滤镜可以给图像添上一层光亮的塑料，以强化表面的细节。在制作塑料包装效果图时候，应用该滤镜能够增强塑料效果的真实性，使图像显得更为逼真。

• 操作步骤 •

STEP 01 单击“文件”|“打开”命令，打开一幅素材图像，如图20-57所示。

图20-57 打开素材图像

STEP 02 新建“自然饱和度1”调整图层，展开“属性”面板，设置“自然饱和度”为100，如图20-58所示。

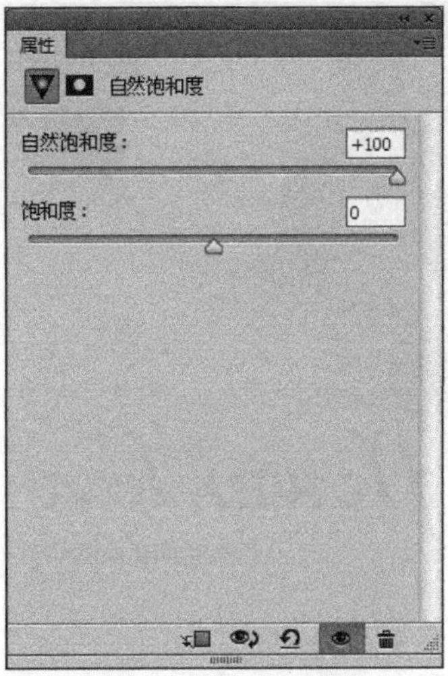

图20-58 设置“自然饱和度”参数

STEP 03 新建“色阶1”调整图层，展开“属性”面板，设置各选项参数（输入色阶参数值依次为40、0.92、229），如图20-59所示。

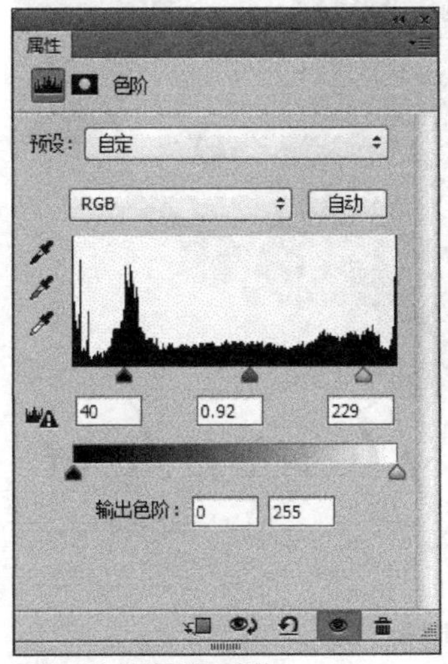

图20-59 设置各选项参数

STEP 04 按【Ctrl+Alt+Shift+E】组合键，盖印图层，得到“图层1”图层，单击“滤镜”|“滤镜库”命令，弹出“海洋波纹”对话框，在中间列表框中，展开“艺术效果”面板，选择“塑料包装”滤镜，设置各选项参数（高光强度：14，细节：8，平滑度：6），单击“确定”按钮，即可应用“塑料包装”滤镜，效果如图20-60所示，完成塑料包装特效的制作。

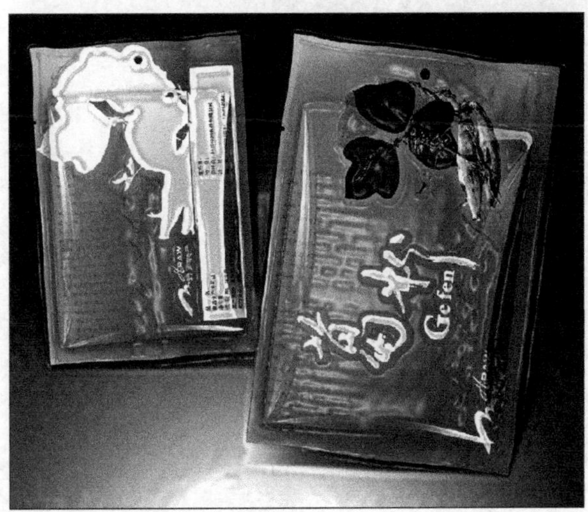

图20-60 应用“塑料包装”滤镜效果

实战453 制作绘画涂抹特效

▶实例位置：光盘\实例\第20章\实战453.jpg
▶素材位置：光盘\素材\第20章\实战453.jpg
▶视频位置：光盘\视频\第20章\实战453.mp4

• 实例介绍 •

绘画涂抹特效是通过“绘画涂抹”滤镜来实现的一种特殊效果。“绘画涂抹”滤镜可以使用简单、未处理光照、未处理深色、宽锐化、宽模糊以及火花等不同类型的画笔创建绘画效果，不同的类型，呈现的效果也不一样。

• 操作步骤 •

STEP 01 单击“文件”｜“打开”命令，打开一幅素材图像，如图20-61所示。

图20-61 打开素材图像

STEP 02 新建“自然饱和度1”调整图层，展开“属性”面板，设置“自然饱和度”为50，如图20-62所示。

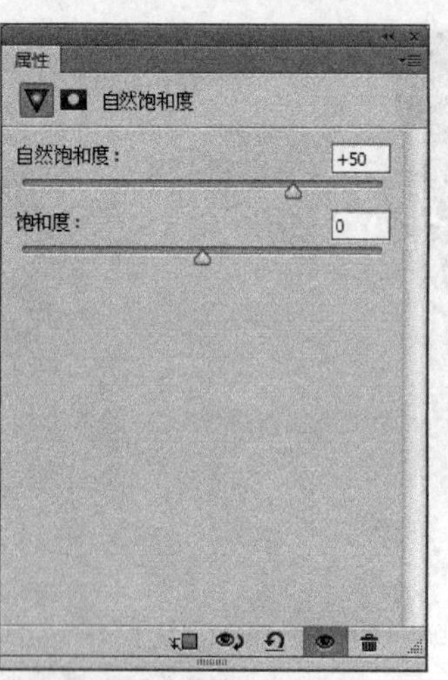

图20-62 设置“自然饱和度”参数

STEP 03 新建“色阶1”调整图层，展开“属性”面板，设置各选项参数（输入色阶参数值依次为37、1.00、255），如图20-63所示。

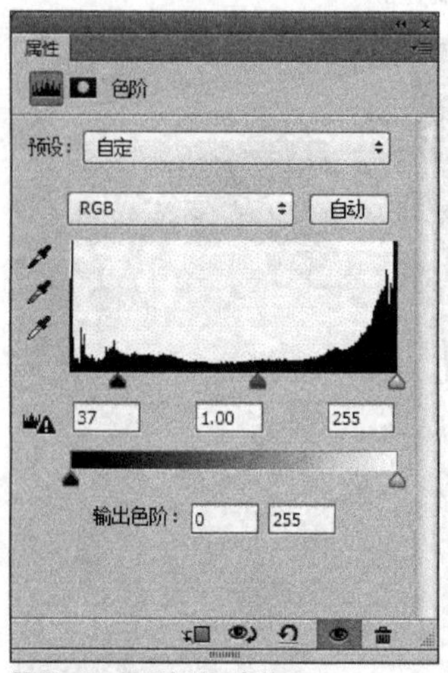

图20-63 设置各选项参数

STEP 04 按【Ctrl＋Alt＋Shift＋E】组合键，盖印图层，得到“图层1”图层，单击“滤镜”｜“滤镜库”命令，弹出“塑料包装”对话框，在中间列表框中，展开“艺术效果”面板，选择“绘画涂抹”滤镜，设置各选项参数（画笔大小：5，锐化程度：40，画笔类型：简单），单击“确定”按钮，即可应用“绘画涂抹”滤镜，效果如图20-64所示，完成绘画涂抹特效的制作。

图20-64 应用“绘画涂抹”滤镜效果

实战 454 制作扩散亮光特效

▶实例位置：光盘\实例\第20章\实战454.jpg
▶素材位置：光盘\素材\第20章\实战454.jpg
▶视频位置：光盘\视频\第20章\实战454.mp4

• 实例介绍 •

扩散亮光特效是通过“扩散亮光”滤镜来实现的一种特殊效果。“扩散亮光”滤镜可以在图像中添加白色杂色，并从图像中心向外渐隐亮光，使其产生一种光芒漫射的效果，亮光的颜色由背景色决定，选择不同的背景色，可以产生不同的视觉效果。

• 操作步骤 •

STEP 01 单击“文件”｜“打开”命令，打开一幅素材图像，如图20-65所示。

图20-65 打开素材图像

STEP 02 新建“自然饱和度1”调整图层，展开“属性”面板，设置“自然饱和度”为100，如图20-66所示。

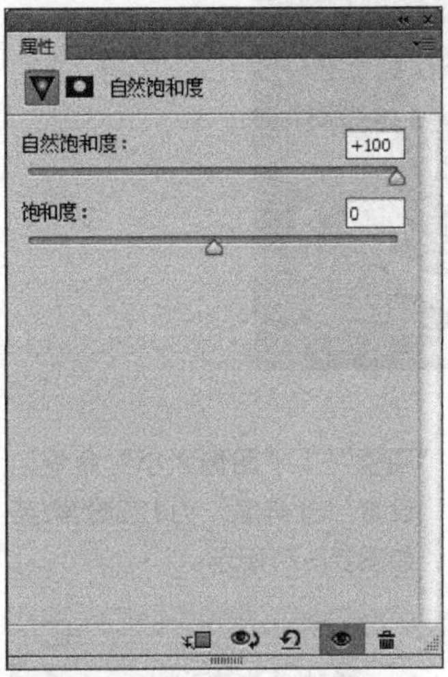

属性
自然饱和度
自然饱和度： +100
饱和度： 0

图20-66 设置“自然饱和度”参数

STEP 03 新建“色阶1”调整图层，展开“属性”面板，设置各选项参数（输入色阶参数值依次为40、1.39、226），如图20-67所示。

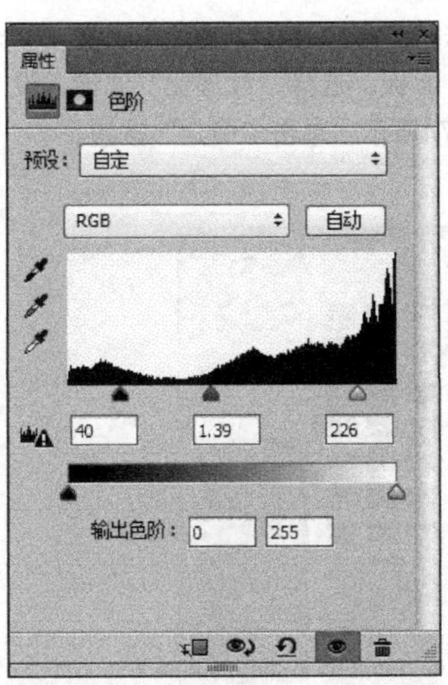

图20-67 设置各选项参数

STEP 04 按【Ctrl+Alt+Shift+E】组合键，盖印图层，得到“图层1”图层，单击“滤镜”｜“滤镜库”命令，弹出“绘画涂抹”对话框，在中间列表框中，展开“扭曲”面板，选择“扩散亮光”滤镜，设置各选项参数（颗度：5，发光亮：4，清楚数量：10），单击“确定”按钮，应用“扩散亮光”滤镜，效果如图20-68所示，完成扩散亮光特效的制作。

图20-68 应用“扩散亮光”滤镜效果

实战455 制作油画特效

▶实例位置：光盘\实例\第20章\实战455.jpg
▶素材位置：光盘\素材\第20章\实战455.jpg
▶视频位置：光盘\视频\第20章\实战455.mp4

• 实例介绍 •

布面油画在表现能力、色层弹性、永久保存等方面均超过了水彩画、湿壁画以及色粉笔画，油画色彩光亮，利于物象质感的刻画，能够充分表达物象复杂的色调层次，具有透明、浑厚而丰富的优越效果。

• 操作步骤 •

STEP 01 单击“文件”|“打开”命令，打开一幅素材图像，如图20-69所示。

图20-69 打开素材图像

STEP 02 展开“历史记录”面板，单击面板底部的“创建新快照”按钮，即可新建“快照1”，如图20-70所示。

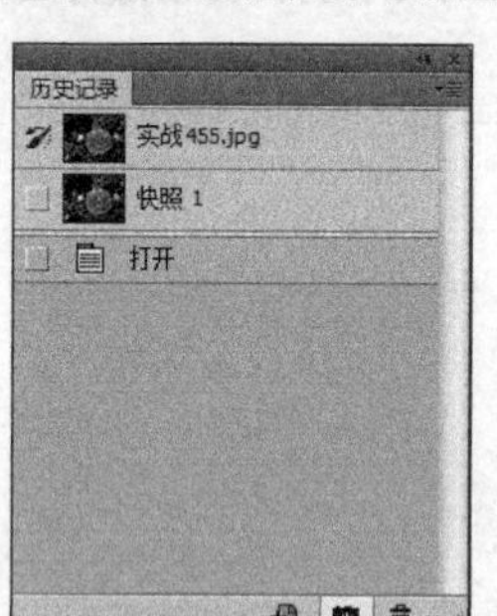

图20-70 新建快照

STEP 03 单击菜单栏中的“图像”|“图像大小”命令，弹出“图像大小”对话框，设置“分辨率”为120像素/英寸、“宽度”为1000像素，如图20-71所示。

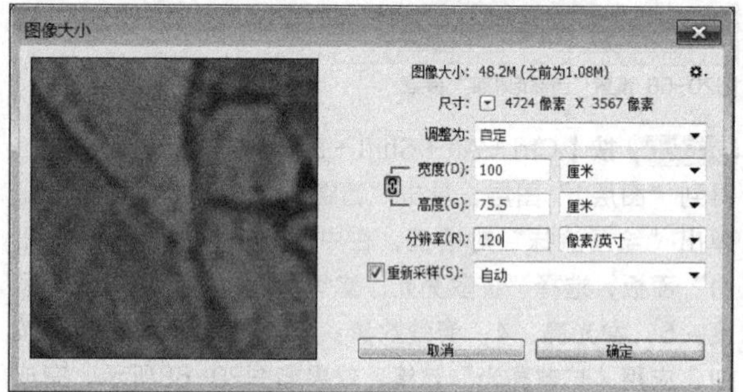

图20-71 设置各选项参数

STEP 04 单击“确定”按钮，展开“图层”面板，按【Ctrl+J】组合键，复制“背景”图层，得到“图层1”图层，如图20-72所示。

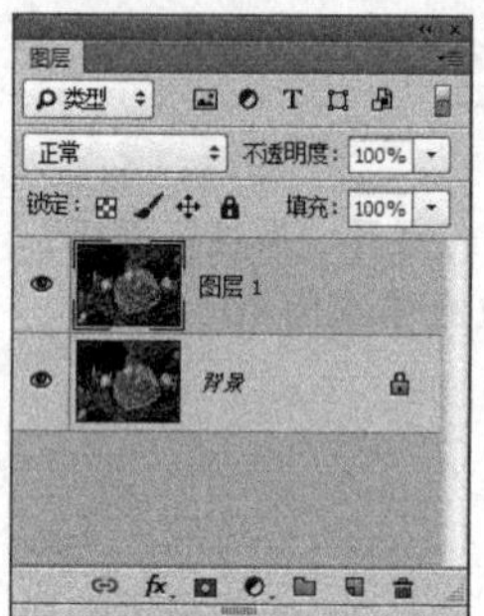

图20-72 复制图层

STEP 05 单击“滤镜”|“滤镜库”命令，弹出“调色刀”对话框，在“调色刀”对话框中，设置各选项参数（描边大小：6、描边细节：2、软化度：0），如图20-73所示，单击“确定”按钮。

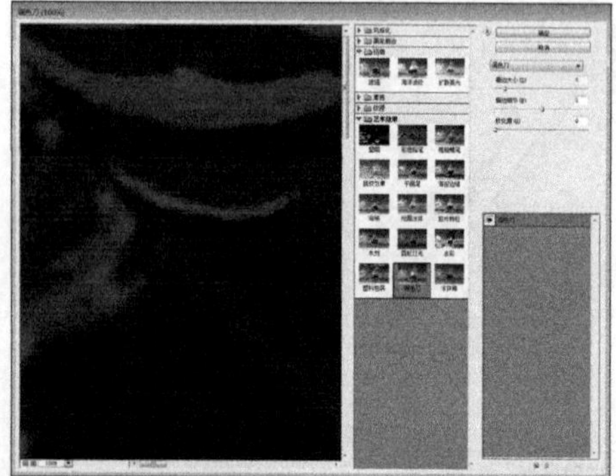

图20-73 设置各选项参数

STEP 06 使用同样的方法打开“调色刀”对话框，在中间列表框中，展开“纹理”面板，选择“纹理化”滤镜，设置各选项参数，如图20-74所示，单击“确定”按钮。

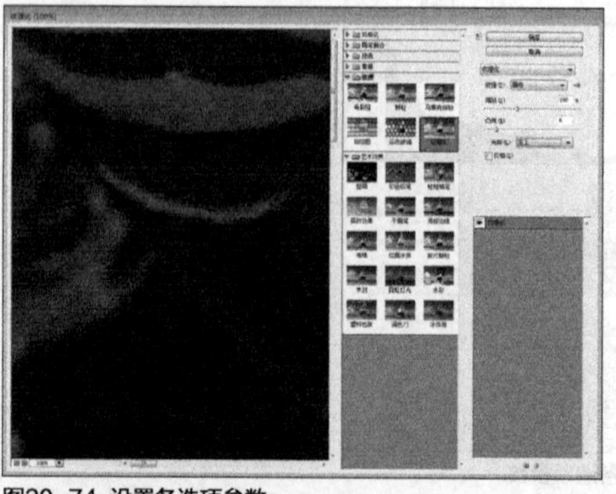

图20-74 设置各选项参数

STEP 07 按【Ctrl + Alt + Shift + E】组合键，盖印可见图层，得到“图层2”图层，双击该图层，弹出“图层样式”对话框，选中“描边”复选框，设置各选项参数，如图20-75所示。

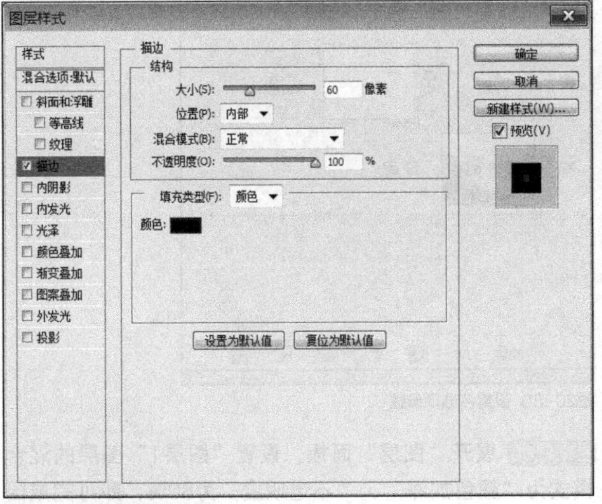

图20-75 设置各选项参数

STEP 08 单击“确定”按钮即可完成油画效果的制作，效果如图20-76所示。

图20-76 图像效果

实战 456 制作国画特效

▶ 实例位置：光盘\实例\第20章\实战456.jpg
▶ 素材位置：光盘\素材\第20章\实战456.jpg
▶ 视频位置：光盘\视频\第20章\实战456.mp4

• 实例介绍 •

“倚楼听风雨”能够体现湖面的意境，把这种湖面通过后期处理加工，让其产生国画的效果，更能够凸显中国风的意味。

• 操作步骤 •

STEP 01 单击“文件” | “打开”命令，打开一幅素材图像，如图20-77所示。

图20-77 打开素材图像

STEP 02 展开“历史记录”面板，单击面板底部的“创建新快照”按钮，即可新建“快照1”，如图20-78所示。

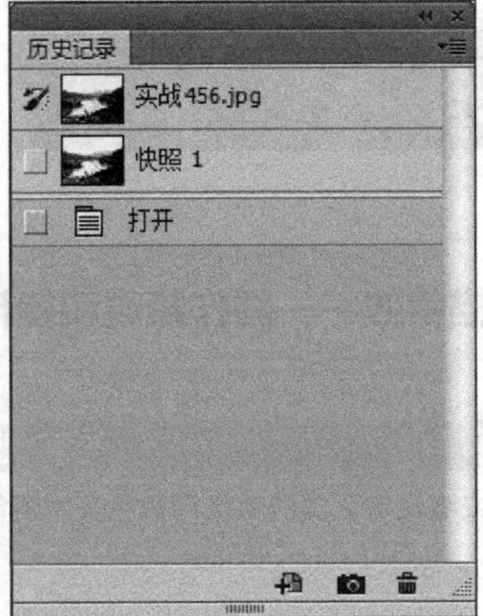

图20-78 新建快照

STEP 03 新建“阈值1”调整图层，展开“属性”面板，设置“阈值色阶”参数值为128，如图20-79所示。

STEP 04 展开“图层”面板，设置“阈值”调整图层的混合模式为“柔光”、“不透明度”为70%，如图20-80所示。

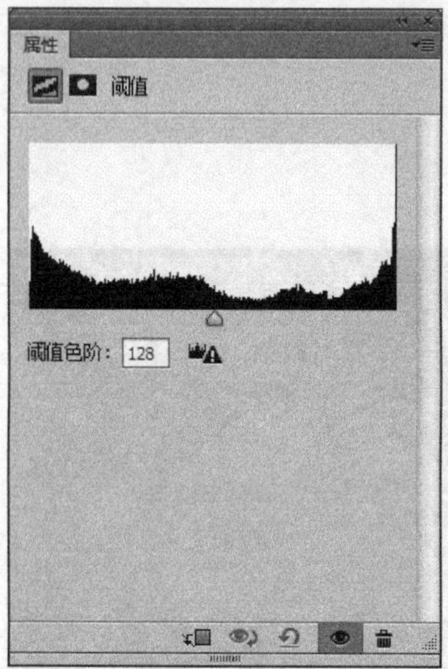

图20-79 设置“阈值色阶”参数

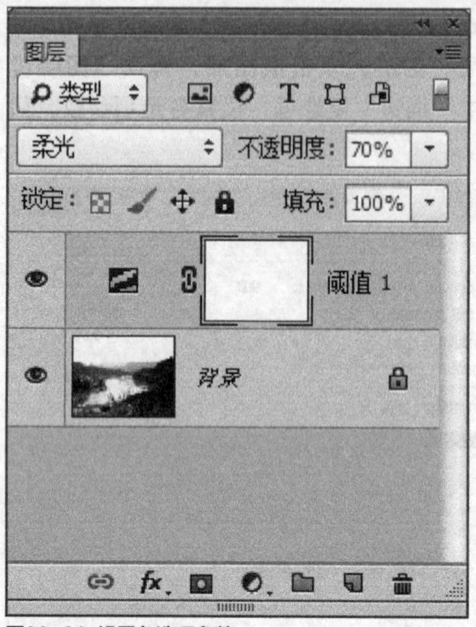

图20-80 设置各选项参数

STEP 05 按【Ctrl+Alt+Shift+E】组合键，盖印可见图层，得到“图层1”图层，单击菜单栏中的“滤镜”｜“渲染”｜“分层云彩”命令，制作分层云彩特效，按【Ctrl+I】组合键，图像反向，单击“图像”｜“调整”｜“去色”命令，图像去色，如图20-81所示。

STEP 06 展开“图层”面板，设置“图层1”图层的混合模式为“颜色加深”、“不透明度”为80%，即可完成国画效果的制作，如图20-82所示。

图20-81 图像去色

图20-82 图像效果

实战457 制作素描特效——制作颗粒和模糊效果

- 实例位置：无
- 素材位置：光盘\素材\第20章\实战457.jpg
- 视频位置：光盘\视频\第20章\实战457.mp4

• 实例介绍 •

素描是指运用铅笔或者炭笔之类的单色调黑色美术用笔对物体进行刻画，运用线条将块面铺出，再进行黑白灰的刻画。

• 操作步骤 •

STEP 01 单击“文件”｜“打开”命令，打开一幅素材图像，如图20-83所示。

STEP 02 展开“图层”面板，选择“背景”图层，按【Ctrl+J】组合键2次，复制“背景”图层，得到“图层1”和“图层1拷贝”图层，如图20-84所示，隐藏“图层1”图层，并选择“图层1拷贝”图层。

图20-83 打开素材图像

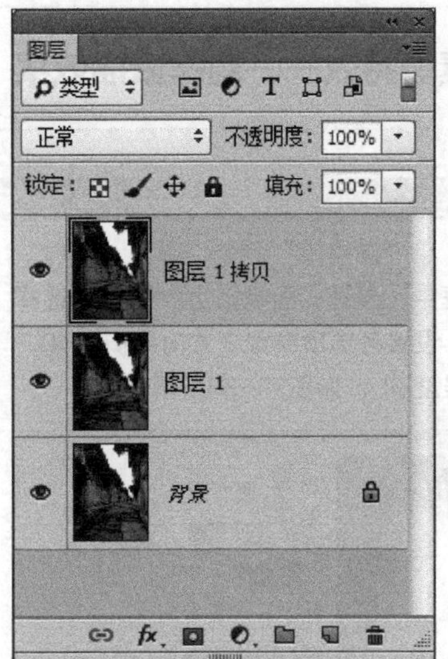

图20-84 复制图层

STEP 03 单击“滤镜”|“滤镜库”命令，弹出“纹理化”对话框，在中间列表框中，展开“纹理”面板，选择“颗粒”滤镜，设置各选项参数（强度：20，对比度：70，颗粒类型：喷洒），如图20-85所示。

STEP 04 单击“确定”按钮，单击“滤镜”|“模糊”|“动感模糊”命令，弹出“动感模糊”对话框，设置各选项参数（角度：45，距离：30），如图20-86所示。

图20-85 设置各选项参数

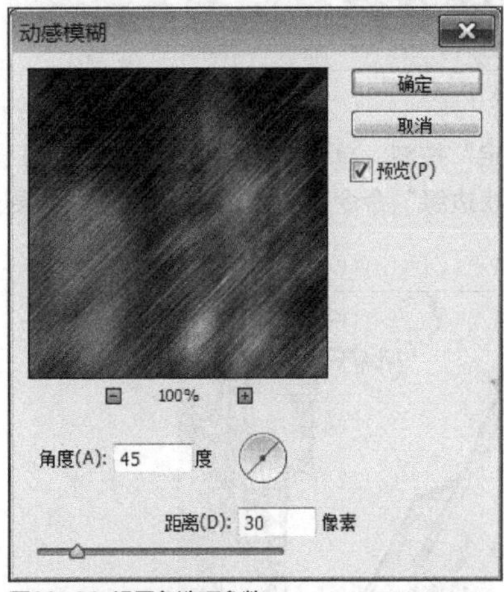

图20-86 设置各选项参数

STEP 05 单击“确定”按钮，即可模糊图像，效果如图20-87所示。

图20-87 模糊效果

知识扩展

在Photoshop中，图像色彩的调整可以执行“图像”|“调整”命令，这种方式不可以修改，也就是说一旦调整了图像的色调，就不可以修改调色命令的参数。

实战458 制作素描特效——制作素描效果

▶实例位置：光盘\实例\第20章\实战458.jpg
▶素材位置：无
▶视频位置：光盘\视频\第20章\实战458.mp4

• 操作步骤 •

STEP 01 单击“滤镜”｜“滤镜库”命令，弹出“颗粒”对话框，在中间列表框中，展开“画笔描边”面板，选择“成角的线条”滤镜，设置各选项参数（方向平衡：40，描边长度：20，锐化程度3），如图20-88所示。

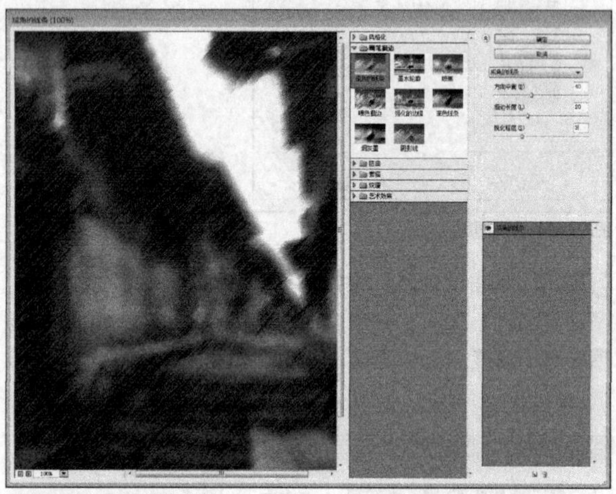

图20-88 设置各选项参数

STEP 02 单击“确定”按钮，单击菜单栏中的“图像”｜“调整”｜“色相/饱和度”命令，弹出“色相/饱和度”对话框，设置各选项参数（色相：0，饱和度：-80，明度：-8），如图20-89所示。

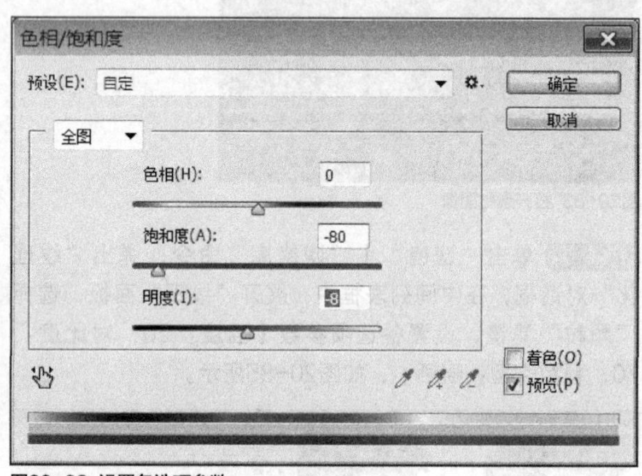

图20-89 设置各选项参数

STEP 03 单击“确定”按钮，单击菜单栏中的“滤镜”｜“风格化”｜“查找边缘”命令，查找图像的边缘，效果如图20-90所示。

图20-90 查找图像边缘

STEP 04 单击菜单栏中的“图像”｜“调整”｜“色相/饱和度”命令，弹出“色相/饱和度”对话框，设置各选项参数（色相：0，饱和度：-100，明度：10），如图20-91所示。

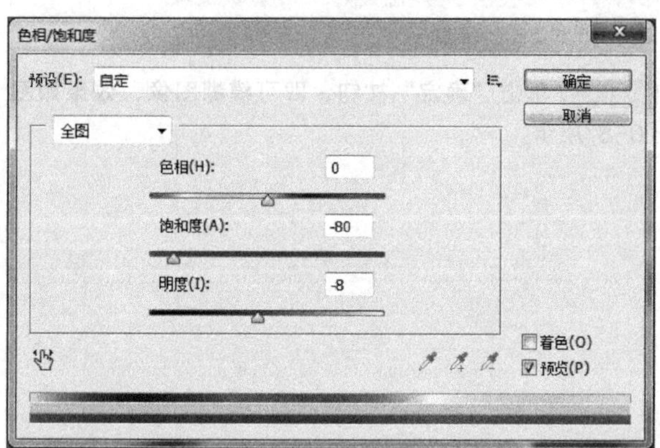

图20-91 设置各选项参数

STEP 05 单击“确定”按钮，展开“图层”面板，设置“图层1 拷贝”图层的混合模式为“叠加”，如图20-92所示。

STEP 06 新建“色阶1”调整图层，展开“属性”面板，单击“自动”按钮，自动调整图像的色阶，即可完成素描效果的操作，效果如图20-93所示。

图20-92 设置图层混合模式

图20-93 最终效果

实战 459 制作放射特效

▶实例位置：光盘\实例\第20章\实战459.jpg
▶素材位置：光盘\素材\第20章\实战459.jpg
▶视频位置：光盘\视频\第20章\实战459.mp4

• 实例介绍 •

放射效果能够体现照片的聚焦效果，通过“径向模糊”滤镜，打造光束的效果，能够增加照片唯美的艺术气息。

• 操作步骤 •

STEP 01 单击“文件”｜“打开”命令，打开一幅素材图像，如图20-94所示。

图20-94 打开素材图像

STEP 02 展开“历史记录”面板，单击面板底部的“创建新快照”按钮，即可新建“快照1”，如图20-95所示。

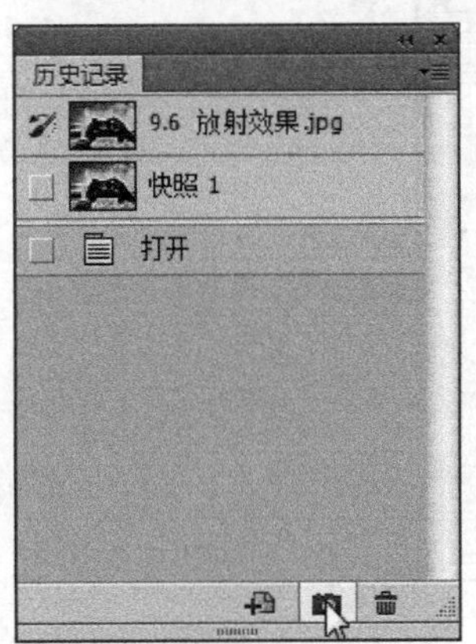

图20-95 新建快照

STEP 03 新建“图层1”图层，设置前景色为蓝色（RGB参数值依次为68、80、217），如图20-96所示，按【Alt+Delete】组合键，填充前景色。

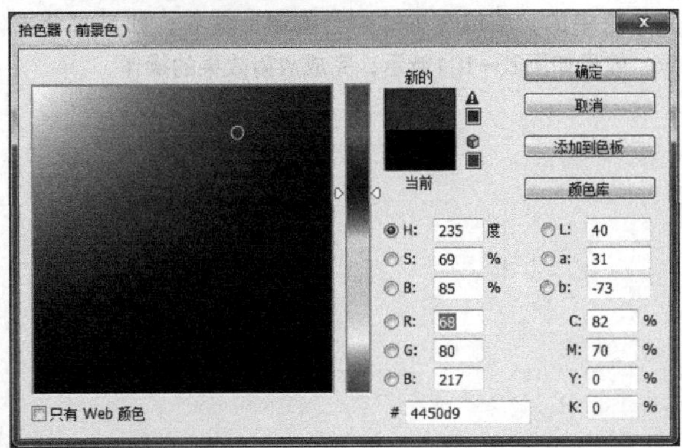

图20-96 设置各选项参数

STEP 04 单击菜单栏中的“滤镜”|“杂色”|“添加杂色”命令，弹出“添加杂色”对话框，选中“单色”复选框，设置各选项参数（数量：30，分布：高斯分布），如图20-97所示。

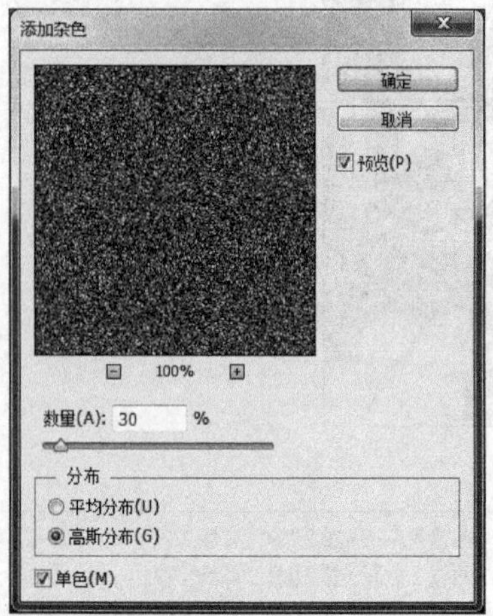

图20-97 设置各选项参数

STEP 05 单击“确定”按钮，单击菜单栏中的“滤镜”|“模糊”|“径向模糊”命令，弹出“径向模糊”对话框，设置各选项参数（数量：100，模糊方法：缩放，品质：好），如图20-98所示。

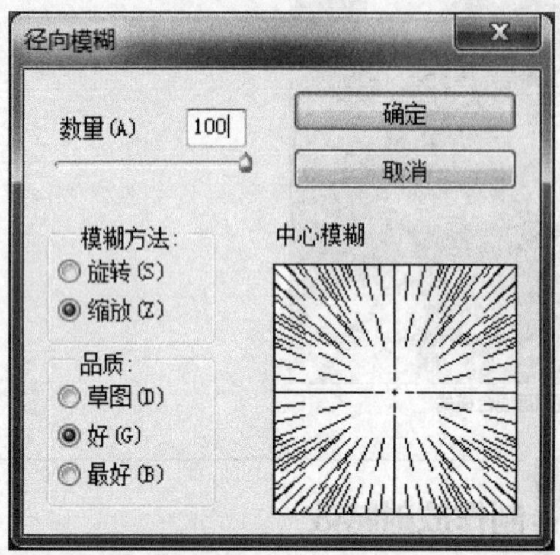

图20-98 设置各选项参数

STEP 06 单击“确定”按钮，设置“图层1”图层的混合模式为“叠加”、“不透明度”为80%，如图20-99所示。

图20-99 设置各选项参数

STEP 07 展开“图层”面板，按【Ctrl+J】组合键，复制“图层1”图层，得到“图层1 拷贝”图层，设置该图层的混合模式为“滤色”、“不透明度”为50%，如图20-100所示。

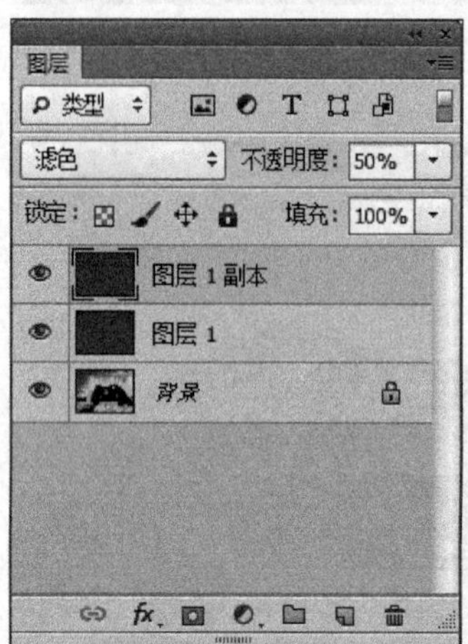

图20-100 设置图层混合模式

STEP 08 展开“历史记录”面板，新建“快照2”，单击菜单栏中的“图层”|“拼合图像”命令，即可拼合图像，效果如图20-101所示，完成放射效果的操作。

图20-101 图像效果

实战 460 制作雪景特效

▶实例位置：光盘\实例\第20章\实战460.jpg
▶素材位置：光盘\素材\第20章\实战460.jpg
▶视频位置：光盘\视频\第20章\实战460.mp4

• 实例介绍 •

满山香山红叶的景象，混搭着下雪的景象会更有意境，用户可以通过Photoshop后期处理，呈现出下雪的景象。

• 操作步骤 •

STEP 01 单击“文件”｜“打开”命令，打开一幅素材图像，如图20-102所示。

图20-102 打开素材图像

STEP 02 展开“历史记录”面板，单击面板底部的“创建新快照”按钮，即可新建“快照1”，如图20-103所示。

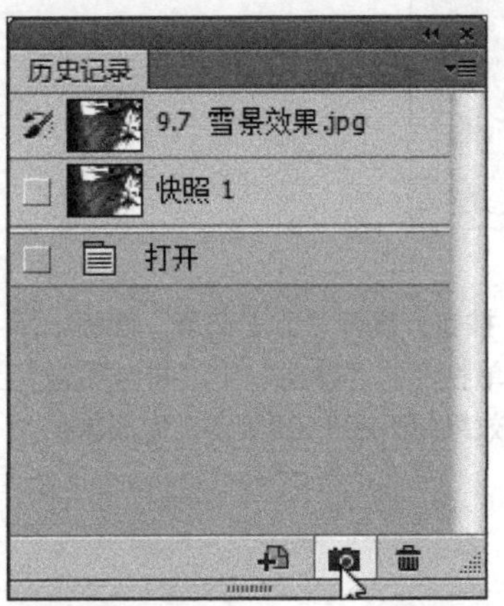

图20-103 新建快照

STEP 03 展开“图层”面板，按【Ctrl+J】组合键，复制“背景”图层，得到“图层1”图层，如图20-104所示。

图20-104 复制图层

STEP 04 单击“滤镜”｜“像素化”｜“点状化”命令，弹出“点状化”对话框，设置“单元格大小”为5，如图20-105所示。

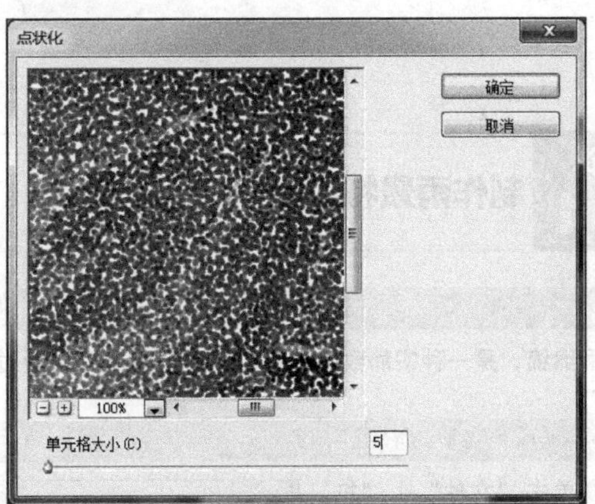

图20-105 设置“单元格大小”参数

STEP 05 单击“确定”按钮，单击“图像”｜“调整”｜“阈值”命令，弹出“阈值”对话框，设置“阈值色阶”为255，如图20-106所示。

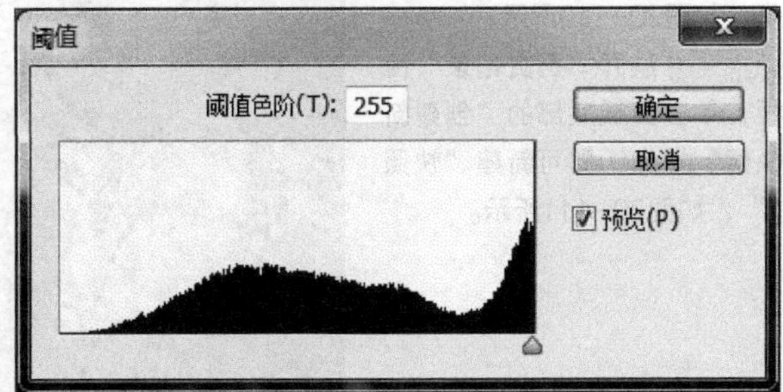

图20-106 设置“阈值色阶（T）”参数

STEP 06 单击“确定”按钮，展开“图层”面板，设置“图层1”图层的混合模式为“滤色”模式，如图20-107所示。

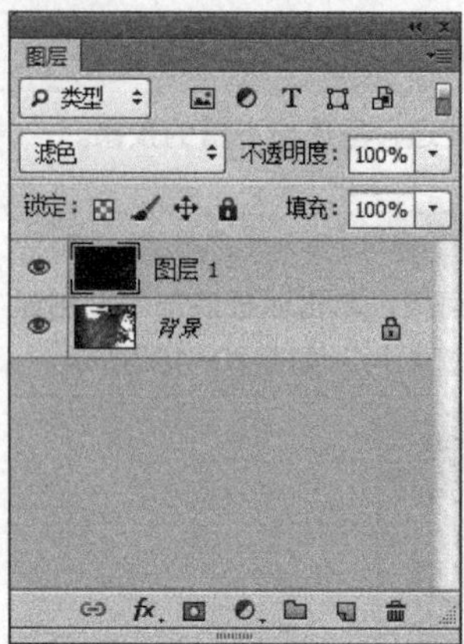

图20-107 设置混合模式

STEP 07 单击“滤镜”｜“模糊”｜“动感模糊”命令，弹出“动感模糊”对话框，设置“角度”为-45度、“距离”为13像素，如图20-108所示。

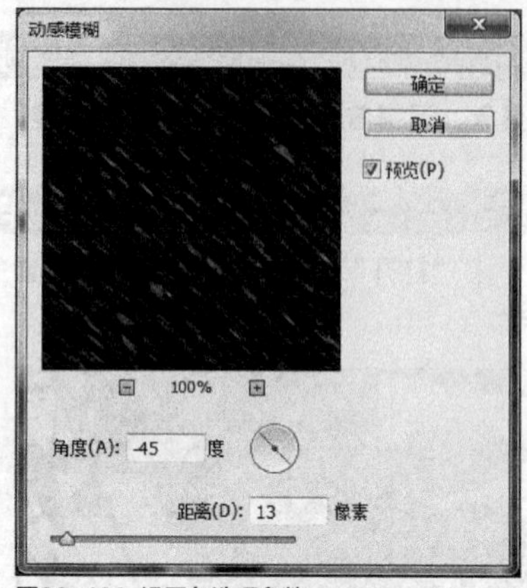

图20-108 设置各选项参数

STEP 08 单击“确定”按钮，展开“历史记录”面板，新建“快照2”，单击菜单栏中的“图层”｜“拼合图像”命令，即可拼合图像，效果如图20-109所示，完成雪景效果的操作。

图20-109 图像效果

实战461 制作雨景特效

▶实例位置：光盘\实例\第20章\实战461.jpg
▶素材位置：光盘\素材\第20章\实战461.jpg
▶视频位置：光盘\视频\第20章\实战461.mp4

• 实例介绍 •

细雨绵绵，是一种宁静致远的意境生活。用户可以通过Photoshop后期处理技巧，打造雨景效果，呈现出雨景艺术。

• 操作步骤 •

STEP 01 单击“文件”｜“打开”命令，打开一幅素材图像，如图20-110所示。

STEP 02 展开“历史记录”面板，单击面板底部的“创建新快照”按钮，即可新建“快照1”，如图20-111所示。

图20-110 打开素材图像

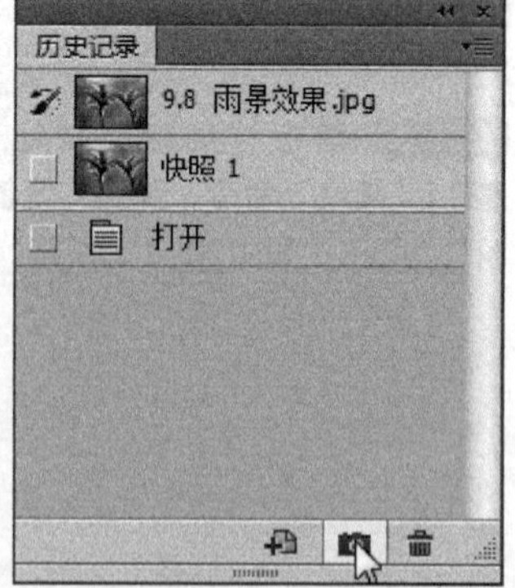

图20-111 新建快照

STEP 03 展开“图层”面板，按【Ctrl+J】组合键，复制“背景”图层，得到“图层1”图层，如图20-112所示。

图20-112 复制图层

STEP 04 单击“滤镜”|“像素化”|“点状化”命令，弹出“点状化”对话框，设置“单元格大小”为3，如图20-113所示。

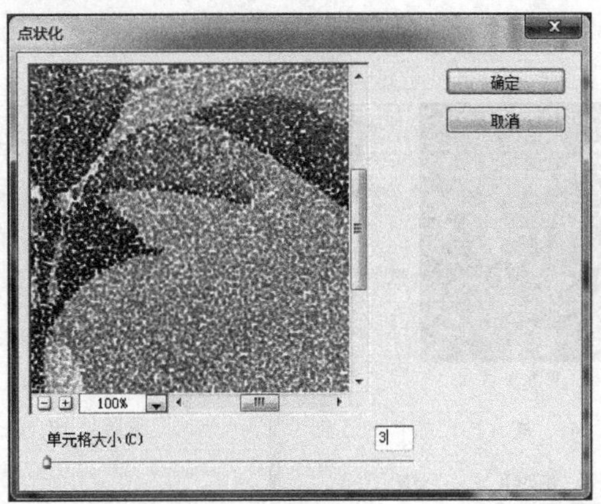

图20-113 设置“单元格大小”参数

STEP 05 单击“确定”按钮，单击“图像”|“调整”|“阈值”命令，弹出“阈值”对话框，设置“阈值色阶”为255，如图20-114所示。

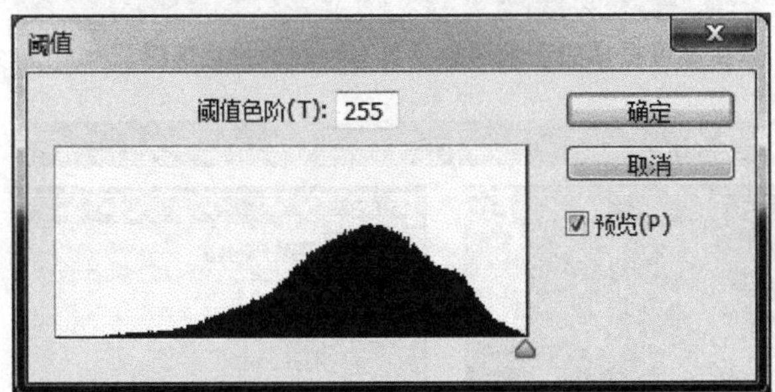

图20-114 设置“阈值色阶（T）”参数

STEP 06 单击“确定”按钮，展开“图层”面板，设置“图层1”图层的混合模式为“滤色”，如图20-115所示。

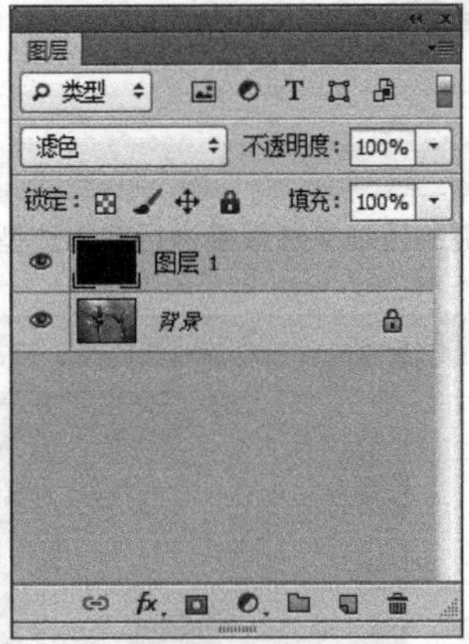

图20-115 设置混合模式

STEP 07 单击“滤镜”|“模糊”|“动感模糊”命令，弹出“动感模糊”对话框，设置“角度”为-45度、“距离”为15像素，如图20-116所示。

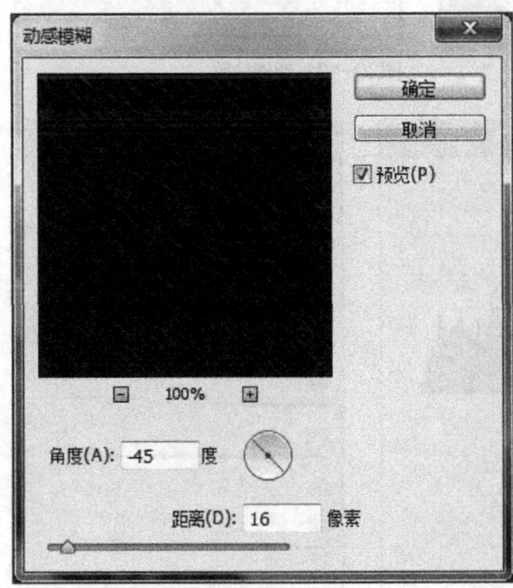

图20-116 设置各选项参数

STEP 08 单击“确定”按钮，单击“滤镜”|“锐化”|“USM锐化”命令，弹出“USM锐化”对话框，设置“数量”为500%、“半径”为1.0像素、“阈值”为0色阶，如图20-117所示。

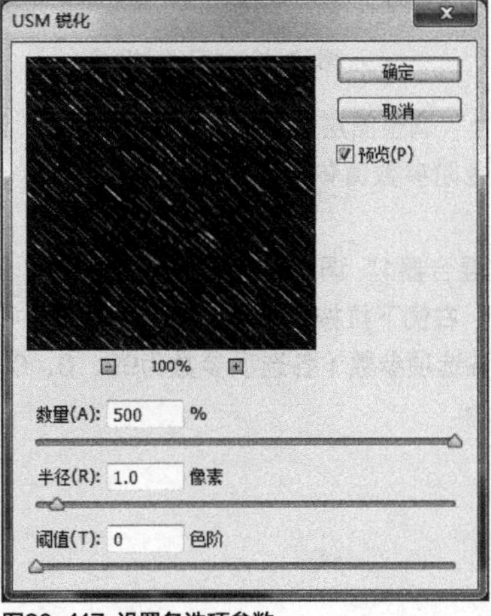

图20-117 设置各选项参数

STEP 09 单击“确定”按钮，单击“滤镜”｜“模糊”｜“动感模糊”命令，弹出“动感模糊”对话框，设置“角度”为-45度、“距离”为26像素，如图20-118所示。

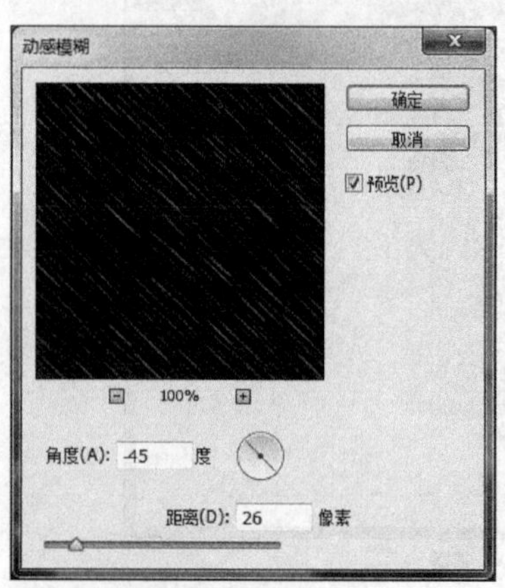

图20-118 设置各选项参数

STEP 10 单击“确定”按钮，展开“历史记录”面板，新建“快照2”，单击菜单栏中的“图层”｜“拼合图像”命令，即可拼合图像，效果如图20-119所示，完成雨景效果的制作。

图20-119 图像效果

实战462 制作蜡笔特效

▶实例位置：光盘\实例\第20章\实战462.jpg
▶素材位置：光盘\素材\第20章\实战462.jpg
▶视频位置：光盘\视频\第20章\实战462.mp4

• 实例介绍 •

蜡笔画可以通过自由掌握的粗细笔触直接进行艺术造型，产生高度概括的艺术形象，具有特殊的稚拙美感。

• 操作步骤 •

STEP 01 单击“文件”｜“打开”命令，打开“实战462”素材图像，如图20-120所示。

STEP 02 展开“历史记录”面板，单击面板底部的“创建新快照”按钮，即可新建“快照1”，如图20-121所示。

图20-120 打开素材图像

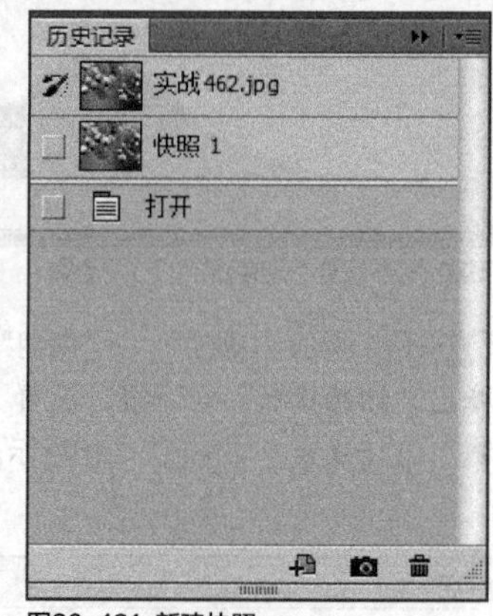

图20-121 新建快照

STEP 03 新建“色阶1”调整图层，展开“属性”面板，设置各选项参数（输出色阶参数值依次为25、1.00、255），如图20-122所示。

STEP 04 新建“通道混合器1”调整图层，展开“属性”面板，单击“输出通道”右侧下拉按钮，在弹出的列表框中选择“红”选项，设置各选项参数（各选项参数为99、0、0、0），如图20-123所示。

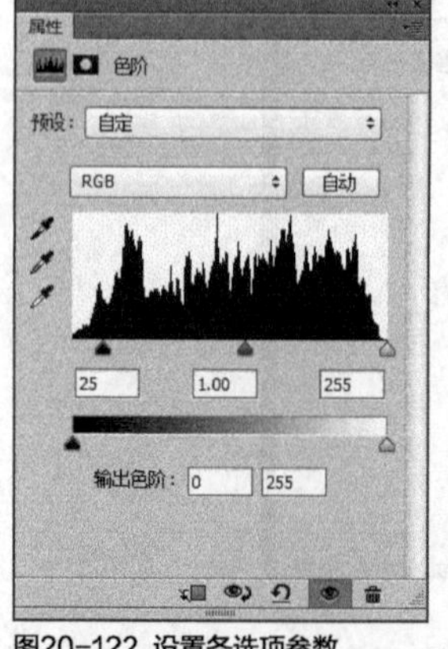

图20-122 设置各选项参数

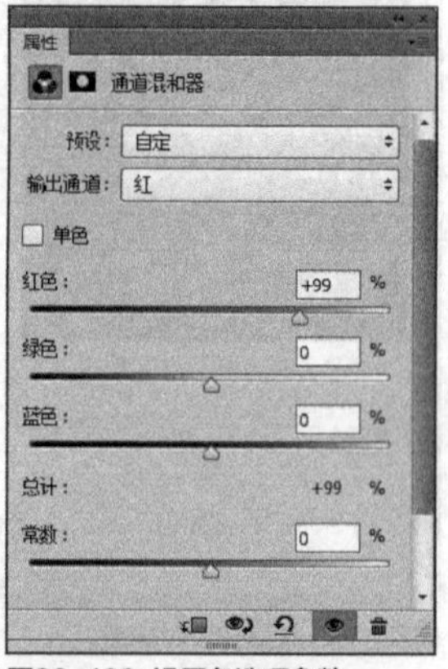

图20-123 设置各选项参数

STEP 05 单击“输出通道”右侧下拉按钮，在弹出的列表框中选择“绿”选项，设置各选项参数（各选项参数为0、106、0、0），如图20-124所示。

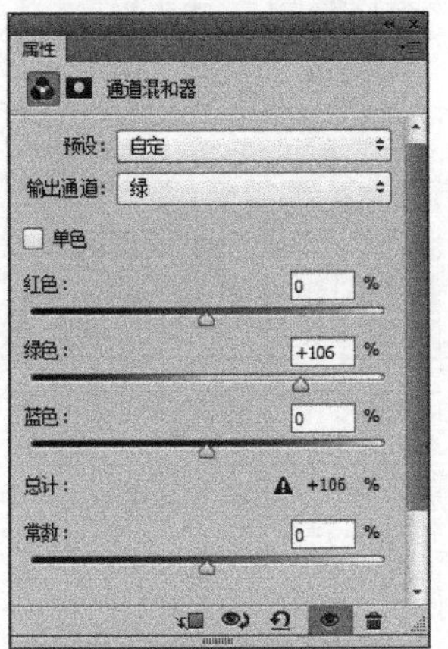

图20-124 设置各选项参数

STEP 06 新建“自然饱和度1”调整图层，展开“属性”面板，设置“自然饱和度”为100，如图20-125所示。

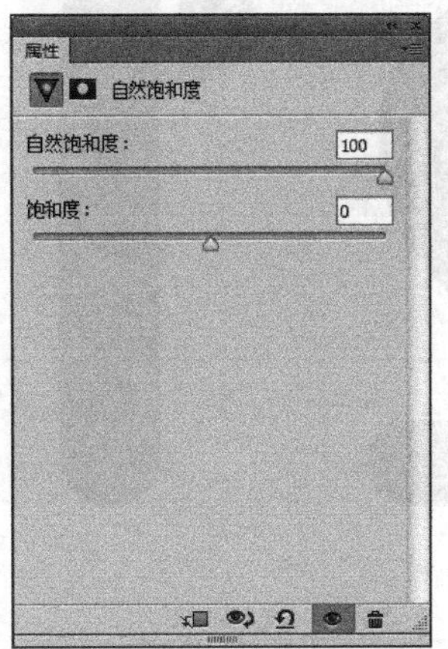

图20-125 设置“自然饱和度”参数

STEP 07 新建“图案填充1”调整图层，弹出“图案填充”对话框，设置各选项参数值，如图20-126所示。

STEP 08 单击“确定”按钮，即可新建“填充1”调整图层，设置该图层的混合模式为“叠加”、“不透明度”为50%，如图20-127所示。

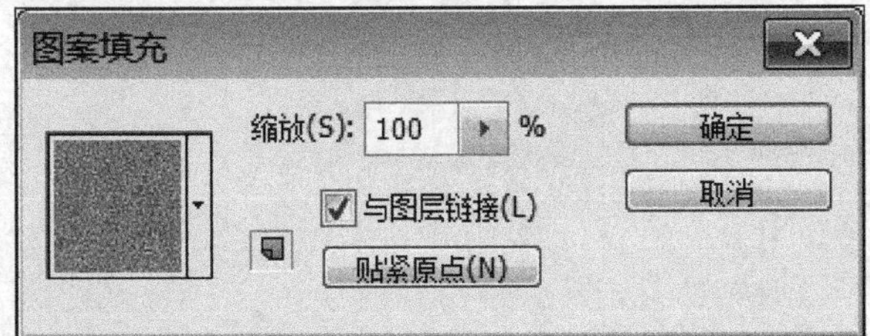

图20-126 设置各选项参数

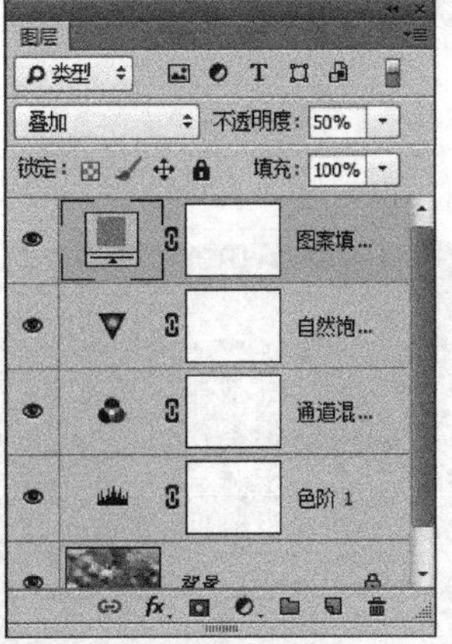

图20-127 设置各选项参数

STEP 09 按【Ctrl＋Alt＋Shift＋E】组合键，盖印可见图层，得到“图层1”图层，单击菜单栏中的“滤镜”|“滤镜库”命令，在“艺术效果”选项卡中选择“粗糙蜡笔”选项，设置各选项参数（描边长度：6，描边细节：4，纹理：画布，缩放：100%，凸现：20，光照：下），如图20-128所示。

图20-128 设置各选项参数

STEP 10 单击“确定”按钮，即可完成蜡笔效果的操作，效果如图20-129所示。

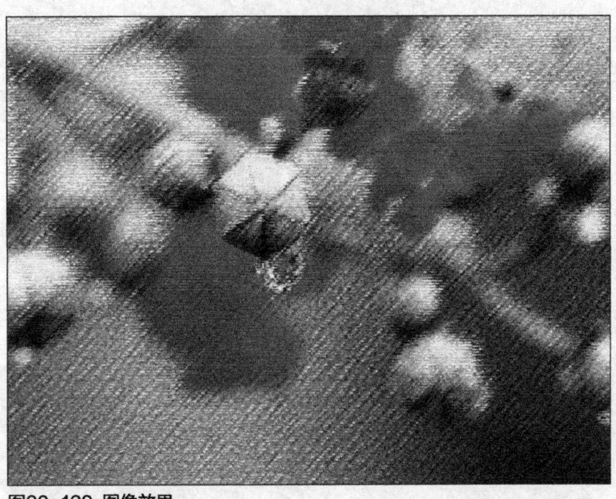

图20-129 图像效果

第21章

图像效果展示

本章导读

在Photoshop中，图像的各种展示效果就是通过各种不同的形式，呈现出各种不同的视觉效果。这种处理方法不仅是图像的展示，还是图像后期合成特效制作中处理图像素材的一种重要手段。

要点索引

- 可调式圆角照片边效果
- 各种2×2照片展示效果
- 单张照片的立体空间展示
- 3×3照片立体展示效果
- 拍立得照片效果
- 幻灯片展示效果
- 透视边框展示效果

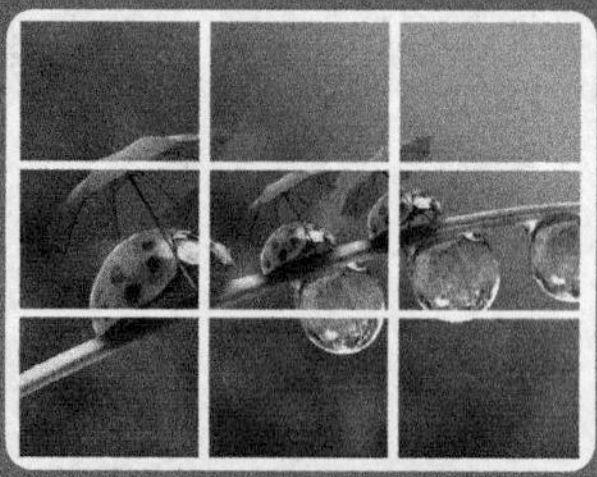

实战 463 可调式圆角照片边效果

▶实例位置：光盘\实例\第21章\实战463.jpg、实战463.psd
▶素材位置：光盘\素材\第21章\实战463.jpg
▶视频位置：光盘\视频\第21章\实战463.mp4

• 实例介绍 •

可调式圆角照片边效果是一种展现照片弧形美的展示效果，通过调整图像边框的圆角效果代替僵硬的直角，达到柔化展示图像的效果。

• 操作步骤 •

STEP 01 单击“文件”｜“打开”命令，打开一幅素材图像，如图21-1所示。

图21-1 打开素材图像

STEP 02 展开“图层”面板，选择“背景”图层，按【Ctrl+J】组合键，复制“背景”图层，得到“图层1”图层，选择“背景”图层，新建“图层2”图层，设置前景色为白色，并填充前景色，隐藏“图层1”图层的可见性，如图21-2所示。

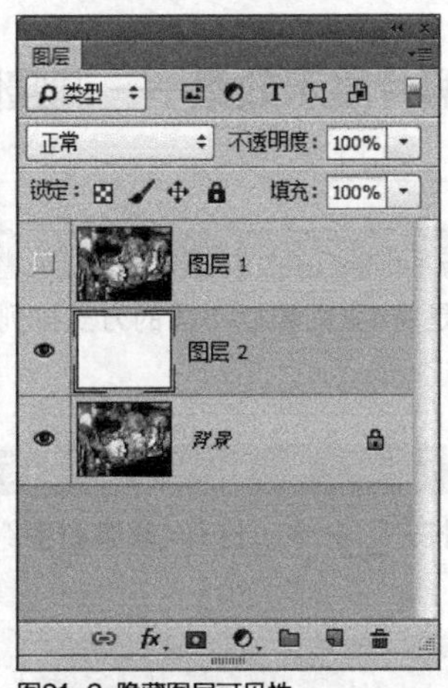

图21-2 隐藏图层可见性

STEP 03 在工具箱中选取“圆角矩形工具”，在工具属性栏中设置“模式”为形状、“填充”颜色为黑色、“描边”颜色为无填充、“半径”为50像素，如图21-3所示。

图21-3 设置各选项参数

STEP 04 在图像编辑窗口的左上角单击并拖动鼠标左键至合适位置松开鼠标，即可创建黑色圆角矩形，如图21-4所示。

图21-4 创建选区

STEP 05 显示并选择“图层1”图层，单击“图层”｜“创建剪切蒙板”命令，如图21-5所示。

STEP 06 执行上述操作后，即可创建剪切蒙板，效果如图21-6所示。

图21-5 创建剪切蒙版

图21-6 图像效果

实战464 各种2×2照片展示效果——调整图像

▶实例位置：无
▶素材位置：光盘\素材\第21章\实战464-1.jpg、实战464-2.jpg、实战464-3.jpg、实战464-4.jpg
▶视频位置：光盘\视频\第21章\实战464.mp4

• 实例介绍 •

各种2×2照片展示效果是将4张图像以不同的方式排列在同一个文档中。该效果能够同时展示4幅素材图像，是图像合成形式的效果。

• 操作步骤 •

STEP 01 单击“文件”｜“打开”命令，打开4幅素材图像，如图21-7所示。

图21-7 打开素材图像

STEP 02 单击“文件”｜“新建”命令，弹出“新建”对话框，在其中设置“名称”为“实战464”、“宽度”和“高度”均为34厘米、“分辨率”为180像素/英寸、“颜色模式”为“RGB颜色”，如图21-8所示。

新建
名称(N)：实战464
预设(P)：自定
大小(I)：
宽度(W)：34 厘米
高度(H)：34 厘米
分辨率(R)：180 像素/英寸
颜色模式(M)：RGB 颜色 8位
背景内容(C)：白色
高级
颜色配置文件(O)：工作中的 RGB：sRGB IEC619...
像素长宽比(X)：方形像素
确定
取消
存储预设(S)...
删除预设(D)...
图像大小：
16.6M

图21-8 设置各选项参数

STEP 03 单击“确定”按钮，即可新建一个指定大小的空白文档，切换至“实战464-1”图像编辑窗口，单击“背景”图层，弹出“新建图层”对话框，保持默认设置，单击“确定”按钮，得到“图层0”图层，单击“图像”｜“图像旋转”｜“90度（顺时针）”命令，单击“图像”｜“显示全部”命令，显示全部图像，如图21-9所示。

STEP 04 单击“图像”｜“图像大小”命令，弹出“图像大小”对话框，设置“宽度”为1200像素，单击“确定”按钮，单击“图像”｜“图像旋转”｜“90度（逆时针）”命令，旋转图像，如图21-10所示。

图21-9 全部显示图像

图21-10 旋转图像

STEP 05 单击“图像”|“裁切”命令，弹出“裁切”对话框，保持默认设置，单击“确定”按钮，单击“滤镜”|“锐化”|“USM锐化”命令，弹出“USM锐化”对话框，设置各选项参数（“数量”为60%、“半径”为100像素、“阈值”为6色阶），如图21-11所示。

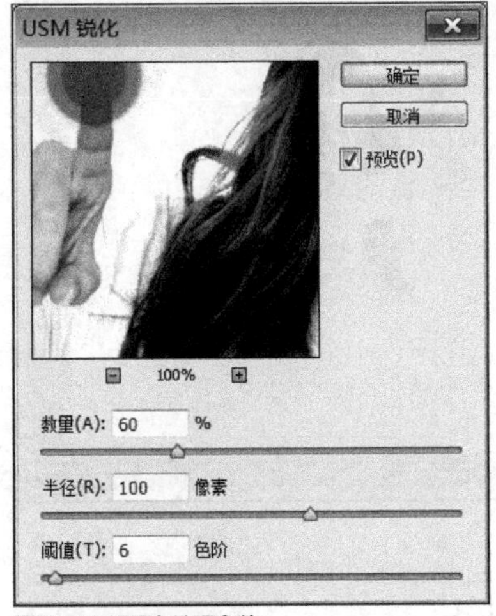

图21-11 设置各选项参数

STEP 06 单击“确定”按钮，展开“图层”面板，在“图层0”右侧单击鼠标右键，在弹出的快捷菜单中，选择“拼合图像”选项，即可拼合图像，得到“背景”图层，如图21-12所示。

图21-12 拼合图像

实战465 各种2×2照片展示效果——移动图像

▶实例位置：无
▶素材位置：上一实例
▶视频位置：光盘\视频\第21章\实战465.mp4

• 实例介绍 •

下面介绍使用快捷键将素材图像复制并粘贴至新建文件中的操作方法。

• 操作步骤 •

STEP 01 按【Ctrl+A】组合键，全选图像，按【Ctrl+C】组合键，复制图像，单击窗口右上方的“关闭”按钮，弹出信息提示框，如图21-13所示，单击“否”按钮，即可关闭图像。

STEP 02 切换至“实战464”图像编辑窗口，按【Ctrl+V】组合键，粘贴图像，得到“图层1”图层，如图21-14所示。

图21-13 信息提示框

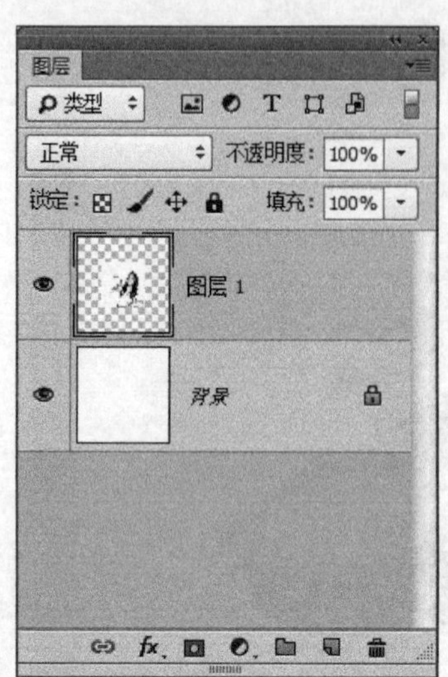

图21-14 粘贴图像

STEP 03 将其它3幅素材图像执行上一实例的操作，并复制粘贴至编辑窗口，得到相应图层，如图21-15所示。

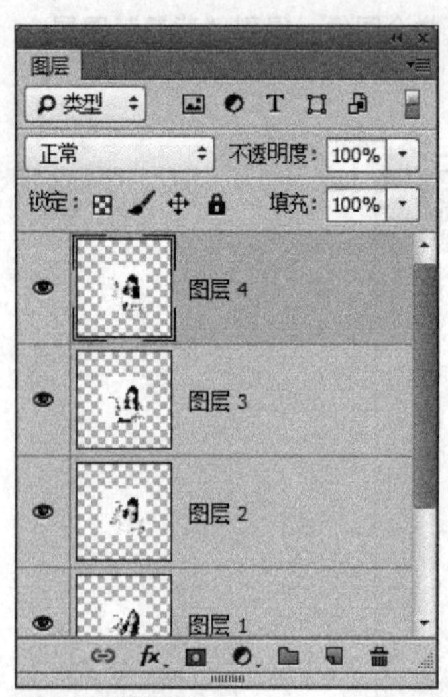

图21-15 粘贴图像

STEP 04 执行上述操作后，即可将图像全部移动至“实战464”图像编辑窗口中，如图21-16所示。

图21-16 图像效果

实战466 各种2×2照片展示效果——对齐图像

▶实例位置：无
▶素材位置：上一实例
▶视频位置：光盘\视频\第21章\实战466.mp4

•实例介绍•

下面介绍使用对齐命令调整图像位置的操作方法。

•操作步骤•

STEP 01 选择“图层1”和“背景”图层两个图层，单击“图层”|“对齐”|“顶边”命令，即可顶边对齐图层，单击“图层”|“对齐”|“左边”命令，即可左边对齐图层，效果如图21-17所示。

STEP 02 选择“图层2”和“背景”图层两个图层，单击“图层”|“对齐”|“顶边”命令，即可顶边对齐图层，单击“图层”|“对齐”|“右边”命令，即可右边对齐图层，效果如图21-18所示。

图21-17 对齐图层

图21-18 对齐图层

STEP 03 选择“图层3”和“背景”图层两个图层，单击“图层”|“对齐”|“底边”命令，即可底边对齐图层，单击“图层”|“对齐”|“左边”命令，即可左边对齐图层，效果如图21-19所示。

图21-19 对齐图层

STEP 04 选择“图层4”和“背景”图层两个图层，单击“图层”|“对齐”|“底边”命令，即可底边对齐图层，单击“图层”|“对齐”|“右边”命令，即可右边对齐图层，效果如图21-20所示。

图21-20 对齐图层

STEP 05 选择“图层1”图层，按住【Ctrl】键的同时，单击“图层缩览图”，载入选区，单击“选择”|“修改”|“收缩”命令，弹出“收缩选区”对话框，设置“收缩量”为20像素，单击“确定”按钮，单击“图层”面板底部的“添加图层蒙版”按钮，添加图层蒙版，如图21-21所示。

STEP 06 使用同样的方法，为其他图层添加图层蒙版，如图21-22所示。

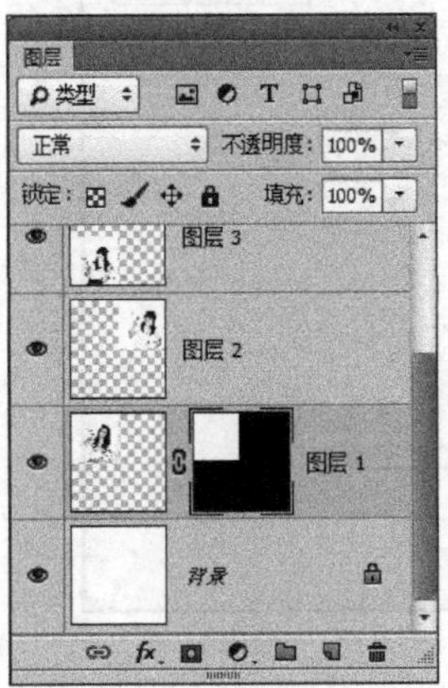

图21-21 添加图层蒙版

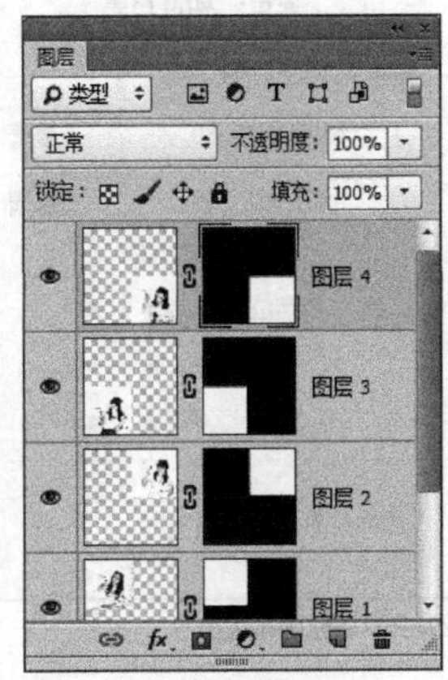

图21-22 执行步骤05

实战467 各种2×2照片展示效果——添加描边效果

▶实例位置：光盘\实例\第21章\实战467.jpg、实战467.psd
▶素材位置：上一实例
▶视频位置：光盘\视频\第21章\实战467.mp4

• 实例介绍 •

下面介绍使用图层样式添加描边效果的操作方法。

• 操作步骤 •

STEP 01 选择“图层1”图层，双击“图层1”图层，弹出“图层样式”对话框，选中“描边”复选框，设置“大小”为3像素、“位置”为“内部”、“不透明度”为100%、“填充类型”为“颜色”、“颜色”为蓝色（RGB参数值分别为42、0、255），如图21-23所示。

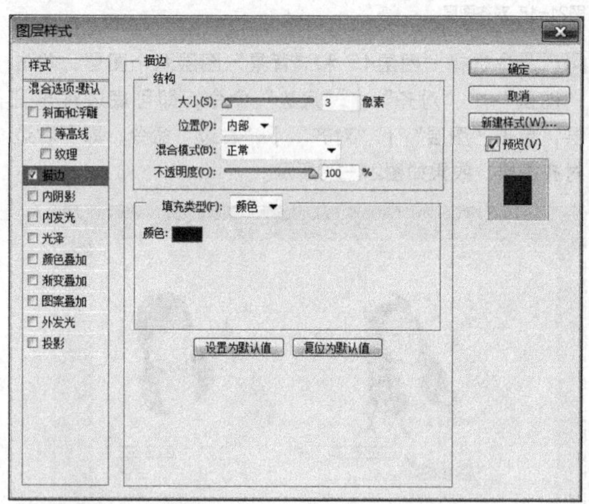

图21-23 设置各选项参数

STEP 02 单击“确定”按钮，即可应用图层样式，在“图层1”图层的右边，单击鼠标右键，在弹出的列表框中选择“拷贝图层样式”选项，分别再选“图层2”“图层3”以及“图层4”图层，并单击鼠标右键，在弹出的快捷菜单中，选择“粘贴图层样式”选项，即可粘贴图层样式，如图21-24所示。

图21-24 粘贴图层样式

STEP 03 选择“背景”图层，单击“图像”|“画布大小”命令，弹出“画布大小”对话框，选中“相对”复选框，设置“宽度”和“高度”均为80像素，如图21-25所示。

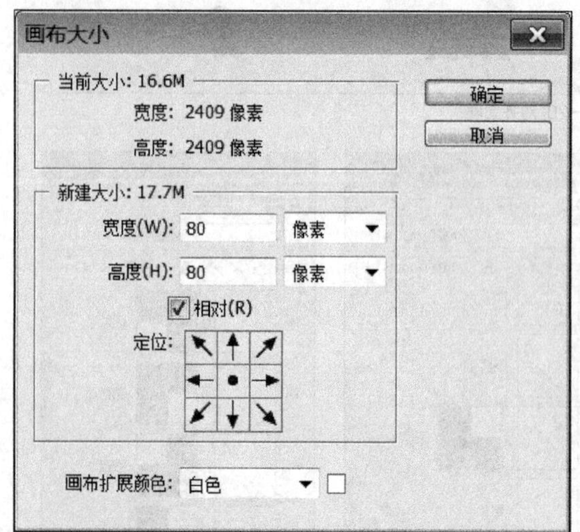

图21-25 调整画布大小

STEP 04 单击“确定”按钮，即可调整画布大小，效果如图21-26所示，完成2×2照片展示效果制作。

图21-26 图像效果

实战468 单张照片的立体空间展示

▶实例位置：光盘\实例\第21章\实战468.jpg、实战468.psd
▶素材位置：光盘\素材\第21章\实战468.jpg
▶视频位置：光盘\视频\第21章\实战468.mp4

• 实例介绍 •

单张照片的立体空间展示就是利用照片的投影效果，衬托图像的立体空间感。立体空间展示能够唯美地展示照片，达到具有视觉冲击的展示效果。

• 操作步骤 •

STEP 01 单击“文件”｜“打开”命令，打开一幅素材图像，如图21-27所示，双击“背景”图层，弹出“新建图层”对话框，保持默认设置，单击“确定”按钮，得到“图层0”图层。

图21-27 新建图层

STEP 02 单击“图像”｜“画布大小”命令，弹出“画布大小”对话框，选中“相对”复选框，设置“宽度”和“高度”均为20%，单击“确定”按钮，单击“图像”｜“画布大小”命令，弹出“画布大小”对话框，选中“相对”复选框，设置“高度”为30%、“定位”为“垂直、顶”，如图21-28所示，单击“确定”按钮，即可调整画布大小。

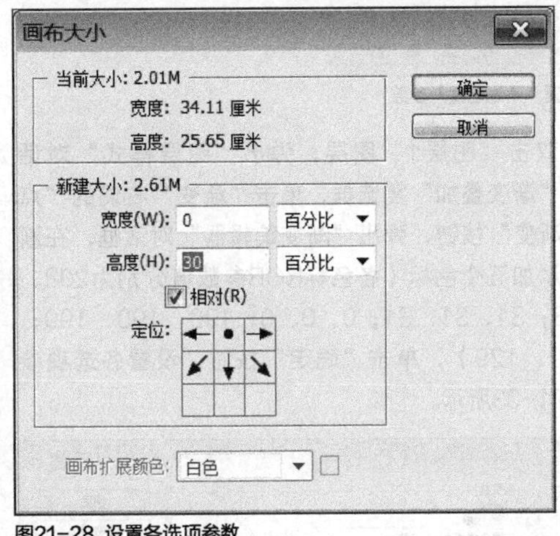

图21-28 设置各选项参数

STEP 03 复制“图层0”图层，得到“图层0拷贝”图层，按【Ctrl+T】组合键，调出变换控制框，设置中心点的位置为底边居中，单击鼠标右键，在弹出的快捷菜单中选择“垂直翻转”选项，即可垂直翻转图像，按【Enter】键，确认图像的变换操作，如图21-29所示。

图21-29 变换图像

STEP 04 双击“图层0拷贝”图层，弹出“图层样式”对话框，设置“不透明度”为60%，选中“描边”复选框，设置“大小”为20像素、“位置”为“内部”、“混合模式”为“正常”、“不透明度”为100%、“填充类型”为“颜色”、“颜色”为白色，如图21-30所示，单击“确定”按钮，即可应用图层样式。

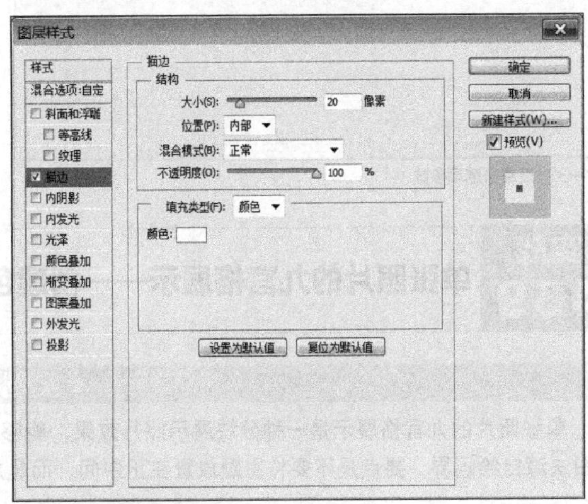

图21-30 设置各选项参数

STEP 05 在“图层0拷贝”图层上，单击鼠标右键，在弹出的快捷菜单中选择“拷贝图层样式”选项，选择并在“图层0”图层上单击鼠标右键，在弹出的快捷菜单中选择“粘贴图层样式”选项，设置“不透明度”为100%，如图21-31所示。

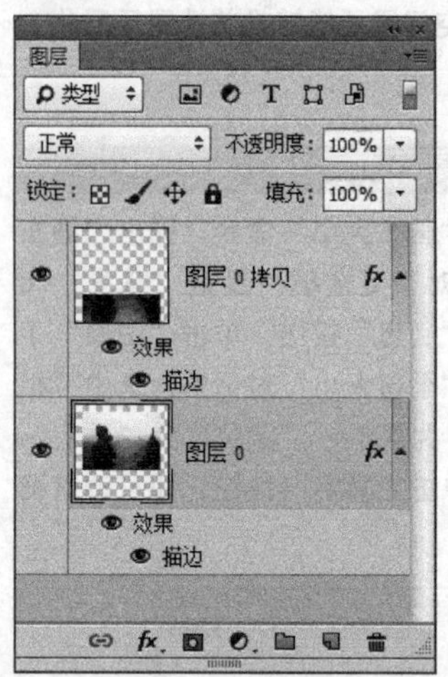

图21-31 设置“不透明度”参数

STEP 06 新建“图层1”图层，设置前景色为白色，并填充前景色，调整“图层1”至“图层0”图层的下方，如图21-32所示。

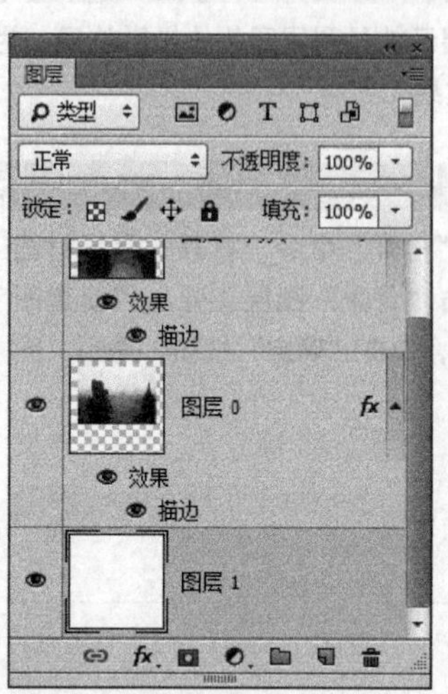

图21-32 调整图层顺序

STEP 07 双击“图层1”图层，弹出“图层样式”对话框，选中“渐变叠加”复选框，单击“渐变”右侧的“点按可编辑渐变”按钮，弹出“渐变编辑器”对话框，在渐变色条上添加五个色标（各色标RGB参数值分别为208、208、208；31、31、31；0、0、0；190、190、190；129、129、129），单击“确定”按钮，设置各选项参数，如图21-33所示。

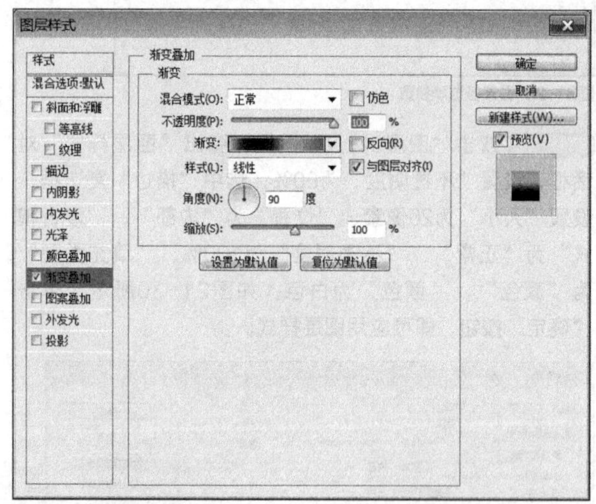

图21-33 设置各选项参数

STEP 08 单击“确定”按钮，即可应用图层样式，新建“色相/饱和度1”调整图层，展开“属性”面板，选中“着色”复选框，设置“色相”为107、“饱和度”为50，即可调整图像色调，效果如图21-34所示，完成单张照片的立体空间展示的制作。

图21-34 图像效果

实战469 单张照片的九宫格展示——创建色块

- 实例位置：光盘\实例\第21章\实战469.jpg、实战469.psd
- 素材位置：光盘\素材\第21章\实战469.jpg
- 视频位置：光盘\视频\第21章\实战469.mp4

• 实例介绍 •

单张照片的九宫格展示是一种分块展示照片效果，能够创造奇特的视觉效应。九宫格构图又称为井字型构图，这种构图法源自绘画界，要点是不要将主题放置在正中间，而是放置在交叉点上。

• 操作步骤 •

STEP 01 单击“文件”｜“打开”命令，打开一幅素材图像，如图21-35所示。

STEP 02 新建“图层1”图层，填充白色，按【Ctrl＋T】组合键，调出变换控制框，在工具属性栏中设置“高度”和“宽度”均为32%，按【Enter】键确认变换，如图21-36所示。

图21-35 打开素材图像

图21-36 变换图像

STEP 03 选择“背景”和“图层1”两个图层，单击“图层”｜“对齐”｜“顶边”命令，顶边对齐图层，单击“图层”｜“对齐”｜“左边”命令，左边对齐图层，如图21-37所示。

STEP 04 按住【Ctrl】键的同时，选择“图层1”图层，单击“图层缩览图”，即可载入选区，选择“背景”图层，按【Ctrl＋J】组合键，复制图层，得到“图层2”图层，设置名称为1，如图21-38所示。

图21-37 对齐图层

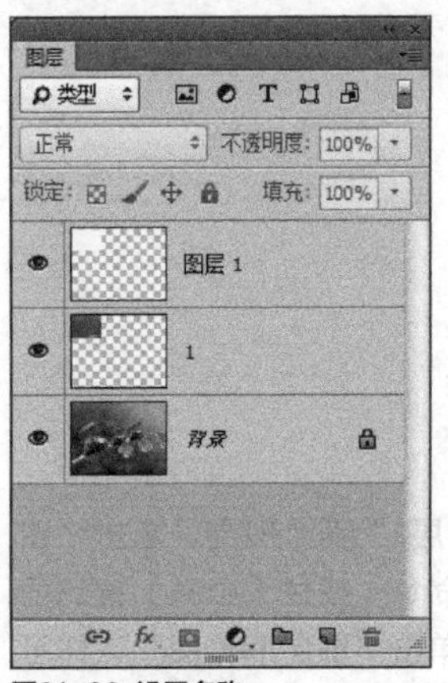

图21-38 设置名称

实战 470 单张照片的九宫格展示——分割图像

- ▶实例位置：无
- ▶素材位置：光盘\素材\第21章\实战470.jpg
- ▶视频位置：光盘\视频\第21章\实战470.mp4

• 实例介绍 •

下面介绍使用对齐命令和复制图层的方式分割图像的操作方法。

• 操作步骤 •

STEP 01 选择“背景”和“图层1”两个图层，单击“图层”｜“对齐”｜“水平居中对齐”命令，按住【Ctrl】键的同时，选择“图层1”图层，单击“图层缩览图”，即可载入选区，选择“背景”图层，按【Ctrl＋J】组合键，复制图层，得到“图层2”图层，设置名称为2，如图21-39所示。

STEP 02 选择“背景”和“图层1”两个图层，单击“图层”｜“对齐”｜“右边”命令，按住【Ctrl】键的同时，选择“图层1”图层，单击“图层缩览图”，即可载入选区，选择“背景”图层，按【Ctrl＋J】组合键，复制图层，得到“图层2”图层，设置名称为3，如图21-40所示。

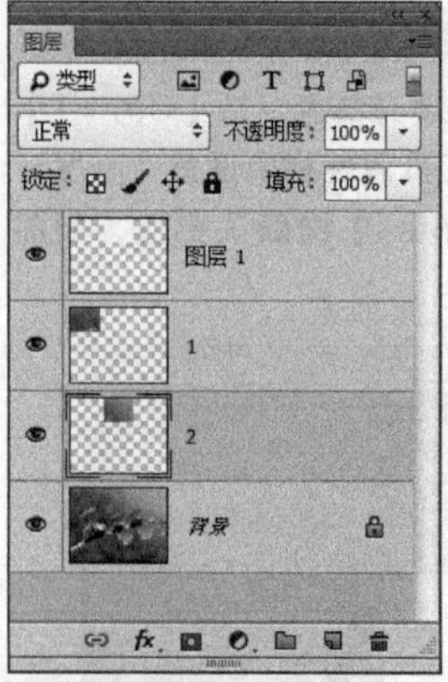
图21-39 设置名称

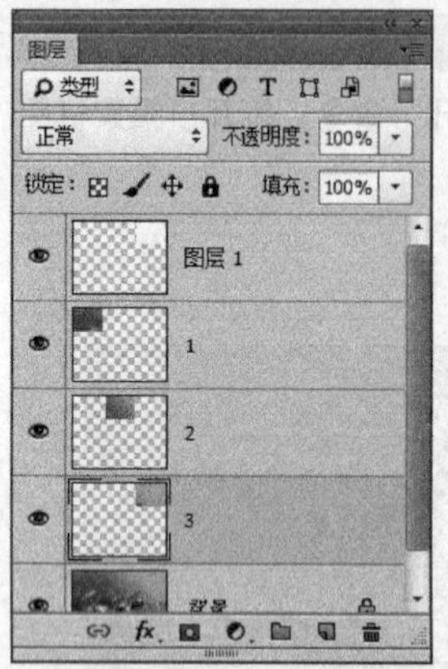
图21-40 设置名称

STEP 03 选择“背景”和“图层1”两个图层，单击“图层”｜“对齐”｜“垂直居中”命令，按住【Ctrl】键的同时，选择“图层1”图层，单击“图层缩览图”，即可载入选区，选择“背景”图层，按【Ctrl+J】组合键，复制图层，得到“图层2”图层，设置名称为4，如图21-41所示。

STEP 04 选择“背景”和“图层1”两个图层，单击“图层”｜“对齐”｜“水平居中”命令，按住【Ctrl】键的同时，选择“图层1”的图层，单击“图层缩览图”，即可载入选区，选择“背景”图层，按【Ctrl+J】组合键，复制图层，得到“图层2”图层，设置名称为5，如图21-42所示。

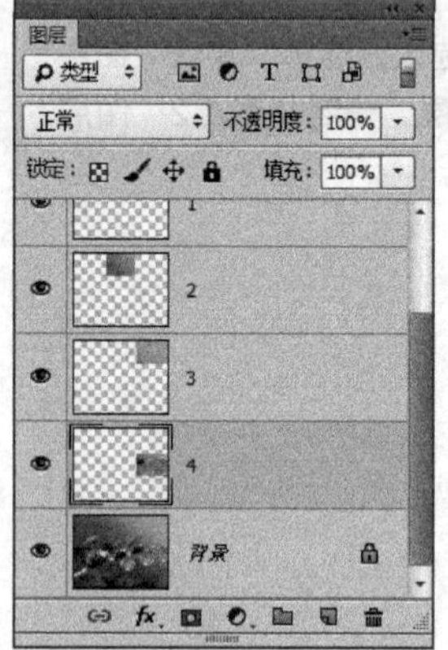
图21-41 设置名称

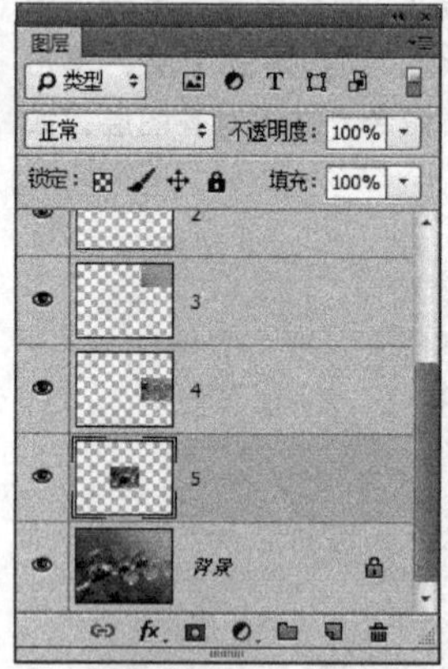
图21-42 设置名称

STEP 05 选择“背景”和“图层1”两个图层，单击“图层”｜“对齐”｜“左边”命令，按住【Ctrl】键的同时，选择“图层1”的图层，单击“图层缩览图”，即可载入选区，选择“背景”图层，按【Ctrl+J】组合键，复制图层，得到“图层2”图层，设置名称为6，如图21-43所示。

STEP 06 选择“背景”和“图层1”两个图层，单击“图层”｜“对齐”｜“底边”命令，按住【Ctrl】键的同时，选择“图层1”的图层，单击“图层缩览图”，即可载入选区，选择“背景”图层，按【Ctrl+J】组合键，复制图层，得到“图层2”图层，设置名称为7，如图21-44所示。

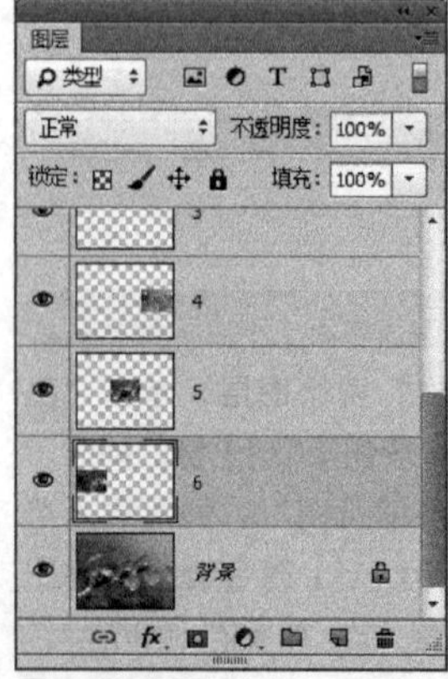
图21-43 设置名称

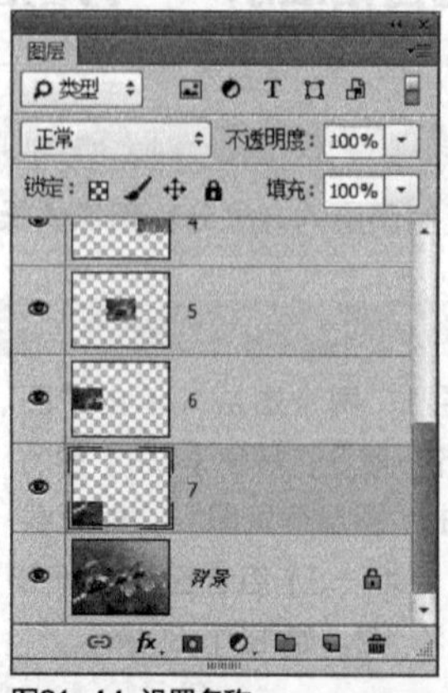
图21-44 设置名称

STEP 07 选择“背景”和“图层1”两个图层，单击“图层”|“对齐”|“水平居中”命令，按住【Ctrl】键的同时，选择“图层1”的图层，单击“图层缩览图”，即可载入选区，选择“背景”图层，按【Ctrl+J】组合键，复制图层，得到“图层2”图层，设置名称为8，如图21-45所示。

STEP 08 选择“背景”和“图层1”两个图层，单击“图层”|“对齐”|“右边”命令，按住【Ctrl】键的同时，选择“图层1”的图层，单击“图层缩览图”，即可载入选区，选择“背景”图层，按【Ctrl+J】组合键，复制图层，得到“图层2”图层，设置名称为9，如图21-46所示。

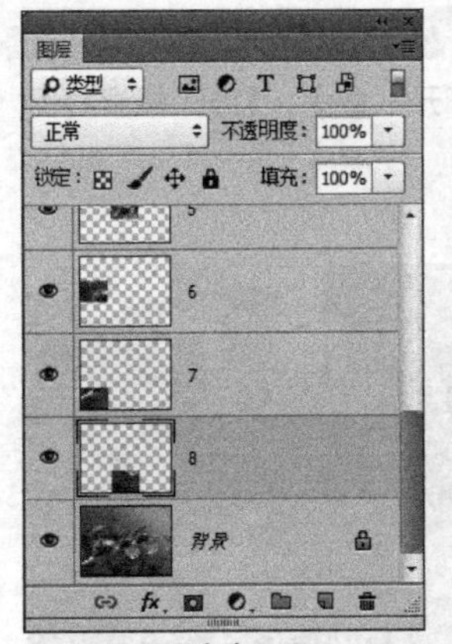

图21-45 设置名称

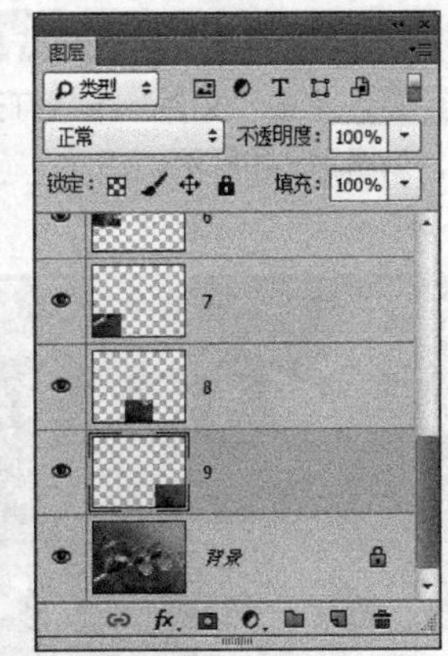

图21-46 设置名称

实战471 单张照片的九宫格展示——调整画布

▶实例位置：无
▶素材位置：上一实例
▶视频位置：光盘\视频\第21章\实战471.mp4

• 实例介绍 •

下面介绍使用画笔大小命令调整图像画布的操作方法。

• 操作步骤 •

STEP 01 单击“图像”|“画布大小”命令，弹出“画布大小”对话框，选中“相对”复选框，设置“高度”和“宽度”均为5%，如图21-47所示。

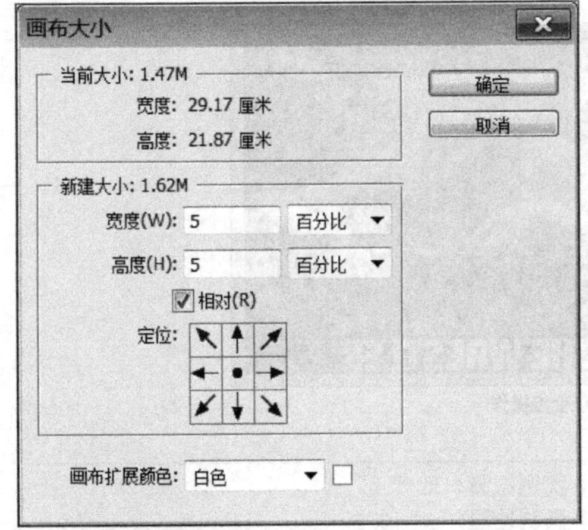

图21-47 设置各选项参数

STEP 02 单击“确定”按钮，选择“图层1”图层，设置前景色为白色，并填充前景色，调整“图层1”至“背景”图层的上方，效果如图21-48所示，完成单张照片九宫格展示的制作。

图21-48 调整图层顺序

实战472 3×3照片立体展示效果——编辑图像

▶实例位置：无
▶素材位置：光盘\素材\第21章\实战472
▶视频位置：光盘\视频\第21章\实战472mp4

• 实例介绍 •

3×3照片立体展示效果是将九幅素材合并，均匀而整齐地排列在同一编辑窗口中。该展示效果不仅能够同时展示多张照片，而且能打造透视、震撼的立体视觉。

• 操作步骤 •

STEP 01 单击“文件”|“打开”命令，打开9幅素材图像，如图21-49所示。

图21-49 打开素材图像

STEP 02 单击“文件”|“新建”命令，弹出“新建”对话框，设置各选项，如图21-50所示，单击“确定”按钮，即可新建一个指定大小的空白文档。

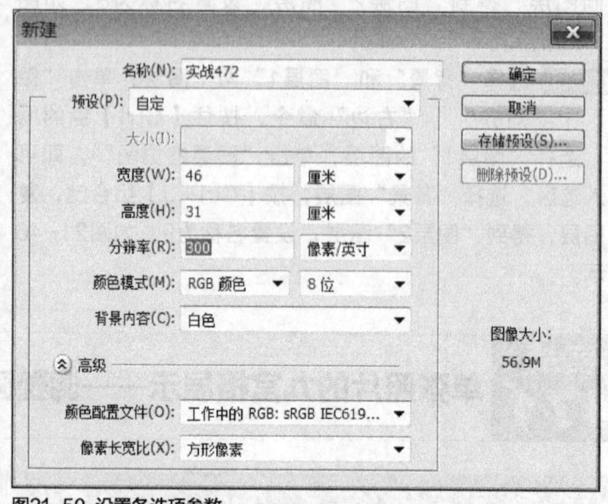

图21-50 设置各选项参数

STEP 03 切换至“实战472-1”图像编辑窗口，单击“图像”|“图像大小”命令，弹出“图像大小”对话框，设置“分辨率”为72像素/英寸、“宽度”为1800像素，如图21-51所示，单击“确定”按钮，即可调整图像大小。

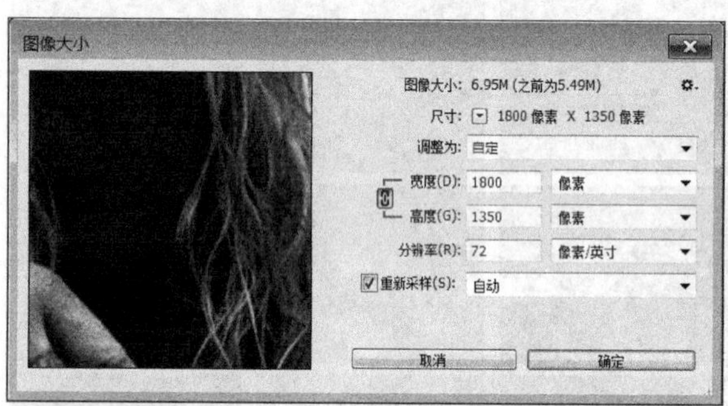

图21-51 设置各选项参数

STEP 04 选取工具箱中的矩形选框工具，在工具属性栏中，单击“样式”右侧的下拉按钮，在弹出的列表框中选择“固定大小”选项，设置“宽度”为1800像素，设置“高度”为1200像素，拖曳鼠标指针至图像编辑窗口中，创建选区，单击“选择”|“变换选区”命令，调出变换控制框，调整选区至合适位置，按【Enter】键，确认变换操作，如图21-52所示。

图21-52 确认变换操作

实战473 3×3照片立体展示效果——移动图像

▶实例位置：无
▶素材位置：上一实例
▶视频位置：光盘\视频\第21章\实战473.mp4

• 实例介绍 •

下面介绍使用快捷键移动图像素材的操作方法。

• 操作步骤 •

STEP 01 单击“图像”|“裁剪”命令，即可裁切图像，按【Ctrl+C】组合键，复制图像，单击图像编辑窗口右上方的“关闭”按钮，弹出信息提示框，如图21-53所示，单击“否”按钮，即可关闭图像。

STEP 02 切换至新建文件图像编辑窗口，按【Ctrl+V】组合键，粘贴图像，得到“图层1”图层，如图21-54所示。

图21-53 信息提示框

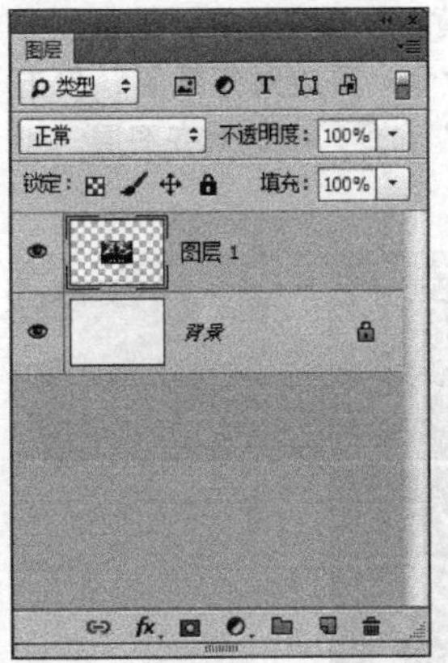
图21-54 粘贴图像

STEP 03 将其他8幅素材重复上一实例的操作，并复制粘贴至编辑窗口，得到相应图层，如图21-55所示。

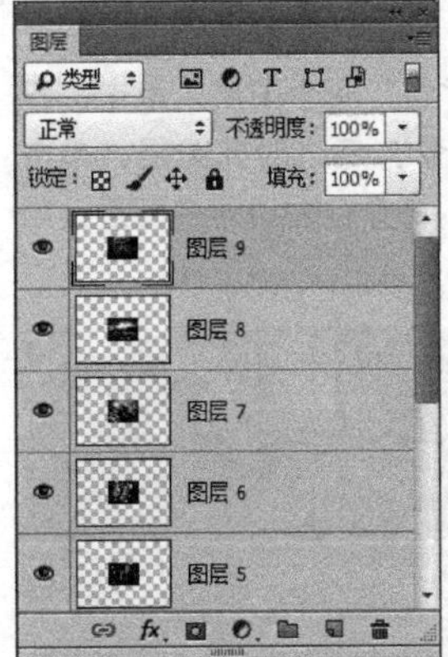
图21-55 粘贴图像

STEP 04 执行上述操作后，即可将所有素材贴入窗口，效果如图21-56所示。

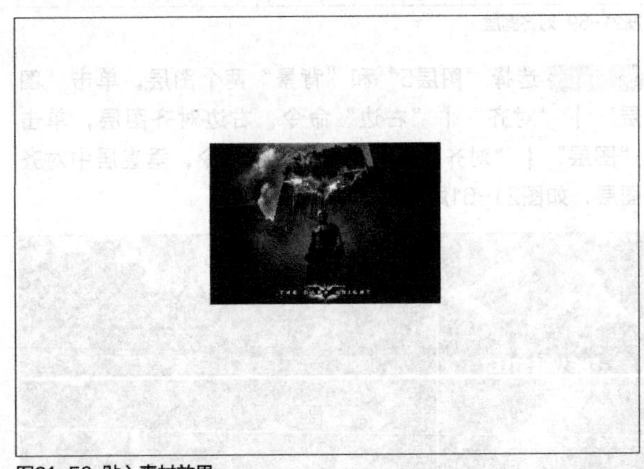
图21-56 贴入素材效果

实战474 3×3照片立体展示效果——排列图像

▶实例位置：无
▶素材位置：上一实例
▶视频位置：光盘\视频\第21章\实战474.mp4

• 实例介绍 •

下面介绍使用对齐命令排列图像的操作方法。

• 操作步骤 •

STEP 01 选择“图层1”和“背景”两个图层，单击“图层”|“对齐”|“顶边”命令，顶边对齐图层，单击“图层”|“对齐”|“左边”命令，左边对齐图层，如图21-57所示。

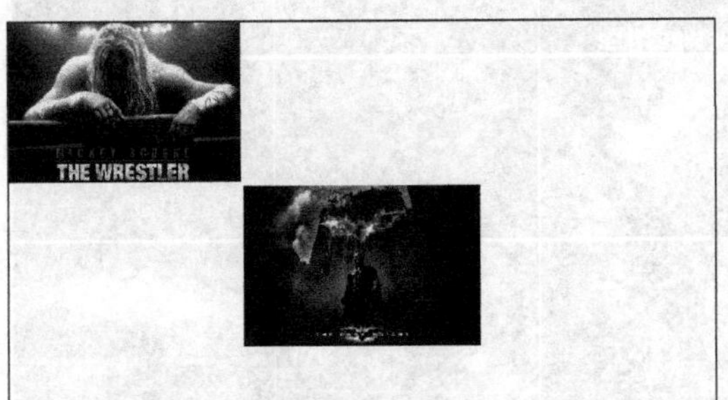

图21-57 对齐图层

STEP 02 选择“图层2”和“背景”两个图层，单击“图层”|“对齐”|“顶边”命令，顶边对齐图层，单击“图层”|“对齐”|“水平居中”命令，水平居中对齐图层，如图21-58所示。

图21-58 对齐图层

STEP 03 选择“图层3”和“背景”两个图层，单击“图层”|“对齐”|“顶边”命令，顶边对齐图层，单击“图层”|“对齐”|“右边”命令，右边对齐图层，如图21-59所示。

图21-59 对齐图层

STEP 04 选择“图层4”和“背景”两个图层，单击“图层”|“对齐”|“左边”命令，左边对齐图层，单击“图层”|“对齐”|“垂直居中”命令，垂直居中对齐图层，如图21-60所示。

图21-60 对齐图层

STEP 05 选择“图层5”和“背景”两个图层，单击“图层”|“对齐”|“右边”命令，右边对齐图层，单击“图层”|“对齐”|“垂直居中”命令，垂直居中对齐图层，如图21-61所示。

图21-61 对齐图层

STEP 06 选择“图层6”和“背景”两个图层，单击“图层”|“对齐”|“底边”命令，底边对齐图层，单击“图层”|“对齐”|“左边”命令，左边对齐图层，如图21-62所示。

图21-62 对齐图层

STEP 07 选择“图层7”和“背景”两个图层，单击“图层”|“对齐”|“底边”命令，底边对齐图层，单击“图层”|“对齐”|“水平居中”命令，水平居中对齐图层，如图21-63所示。

图21-63 对齐图层

STEP 08 选择“图层8”和“背景”两个图层，单击“图层”|“对齐”|“右边”命令，右边对齐图层，单击“图层”|“对齐”|“底边”命令，底边对齐图层，如图21-64所示。

图21-64 对齐图层

STEP 09 选择“图层9”和“背景”两个图层，单击“图层”|“对齐”|“水平居中”命令，水平居中对齐图层，单击“图层”|“对齐”|“垂直居中”命令，垂直居中对齐图层，效果如图21-65所示。

图21-65 对齐图层

STEP 10 选择“图层1”至“图层9”9个图层，按【Ctrl+G】组合，即可图层编组，得到“组1”图层组，如图21-66所示。

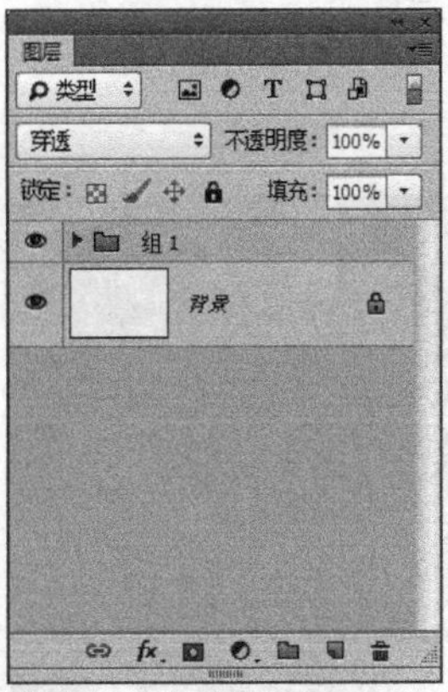

图21-66 图层编组

实战 475 3×3照片立体展示效果——添加效果

▶ 实例位置：光盘\实例\第21章\实战472.jpg、实战472.psd
▶ 素材位置：上一实例
▶ 视频位置：光盘\视频\第21章\实战475.mp4

• 实例介绍 •

下面介绍调整图像大小、制作倒影效果并添加背景效果的操作方法。

• 操作步骤 •

STEP 01 单击“图像”|“画布大小”命令，弹出“画布大小”对话框，选中“相对”复选框，设置“宽度”和“高度”均为20%，单击“确定”按钮，单击“图像”|“画布大小”命令，弹出“画布大小”对话框，选中“相对”复选框，设置“高度”为30%，设置“定位”为“垂直、顶”，如图21-67所示，单击“确定”按钮，调整画布大小。

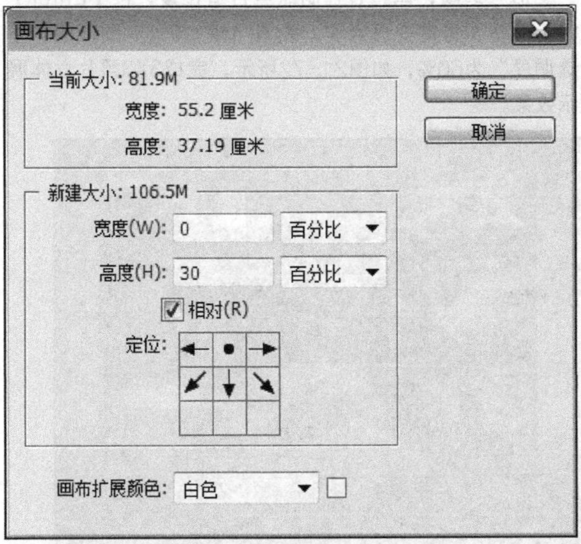

图21-67 设置各选项参数

STEP 02 复制“组1”图层组，得到“组1拷贝”图层组，按【Ctrl+T】组合键，调出变换控制框，设置中心点的位置为底边居中，单击鼠标右键，在弹出的快捷菜单中，选择“垂直翻转”选项，即可垂直翻转图像，按【Enter】键，确认图像的变换操作，如图21-68所示。

图21-68 确认变换操作

STEP 03 选择“组1拷贝”图层组，添加图层蒙版，为图层蒙版适当地填充黑白线性渐变，隐藏部分图像，如图21-69所示。

图21-69 隐藏部分图像

STEP 04 双击“背景”图层，弹出“新建图层”对话框，单击“确定”按钮，得到“图层0”图层，双击“图层0”图层，弹出“图层样式”对话框，选中“渐变叠加”复选框，单击“渐变”右侧的“点按可编辑渐变”按钮，弹出“渐变编辑器”对话框，在渐变色条上添加五个色标（各色标RGB参数值分别为255、255、255；31、31、31；57、57、57；214、214、214；140、140、140），单击“确定”按钮，返回“图层样式”对话框，设置各选项参数，如图21-70所示。

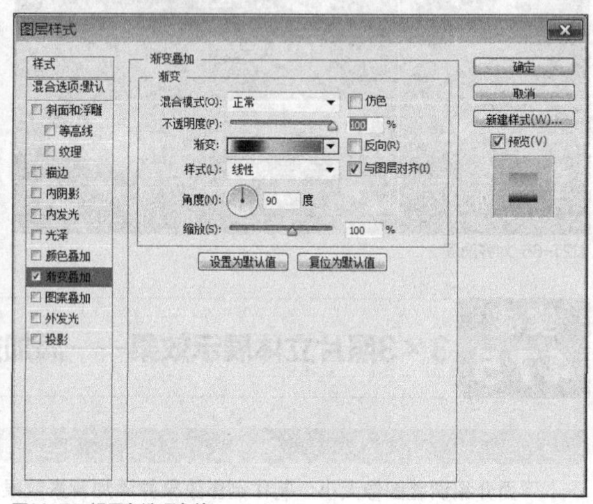

图21-70 设置各选项参数

STEP 05 单击“确定”按钮，应用图层样式，新建“色相/饱和度1”调整图层，展开“属性”面板，选中“着色”复选框，设置“色相”为303、“饱和度”为50、“明度”为-21，即可调整图像色调，如图21-71所示。

图21-71 调整图像色调

STEP 06 选择“组1”图层组，合并“组1”图层组，得到“组1”图层，按【Ctrl+T】组合键，调出变换控制框，单击鼠标右键，在弹出的快捷菜单中选择“变形”选项，调整各控制点至合适位置，按【Enter】键，确认图像的变形操作，选择“组1拷贝”图层组，合并“组1拷贝”图层组，得到“组1拷贝”图层，按【Ctrl+T】组合键，调出变换控制框，单击鼠标右键，在弹出的快捷菜单中选择“变形”选项，调整各控制点至合适位置，按【Enter】键，确认图像的变形操作，设置“组1拷贝”图层的“不透明度”为60%，如图21-72所示，完成3X3照片立体展示效果。

图21-72 图像效果

实战476 拍立得照片效果

▶实例位置：光盘\实例\第21章\实战476.jpg、实战476.psd
▶素材位置：光盘\素材\第21章\实战476.jpg
▶视频位置：光盘\视频\第21章\实战476.mp4

• 实例介绍 •

拍立得照片效果可以在相纸上显现拍摄影像，四边的白框还可以涂鸦写字，不少人还特地用这种相机用来纪录人生，与一般冲洗的无边框相片比较起来别有一番风趣。

• 操作步骤 •

STEP 01 单击“文件”|“打开”命令，打开一幅素材图像，如图21-73所示。

图21-73 打开素材图像

STEP 02 双击“背景”图层，弹出“新建图层”对话框，单击“确定”按钮，得到“图层0”图层，按【Ctrl+T】组合键，调出变换控制框，在工具属性栏中设置“旋转”为90度，按【Enter】键，确认变换操作，单击“图像”|“显示全部”命令，全部显示图像，如图21-74所示。

图21-74 全部显示图像

STEP 03 单击“图像”|“图像大小”命令，弹出“图像大小”对话框，设置“宽度”为1200像素，单击“确定”按钮，按【Ctrl+T】组合键，调出变换控制框，在工具属性栏中设置“旋转”为-90度，按【Enter】键，确认图像变换操作，如图21-75所示。

图21-75 确认变换操作

STEP 04 单击“图像”|“裁切”命令，弹出“裁切”对话框，选中“透明像素”单选按钮，单击“确定”按钮，裁切图像，效果如图21-76所示。

图21-76 裁切图像

STEP 05 单击“图像”｜“画布大小”命令，弹出“画布大小”对话，选中“相对”复选框，设置“宽度”和“高度”均为10%，单击“确定”按钮，单击“图像”｜“画布大小”命令，弹出“画布大小”对话框，选中“相对”复选框，设置“高度”为50%、“定位”为“垂直、顶”，如图21-77所示。

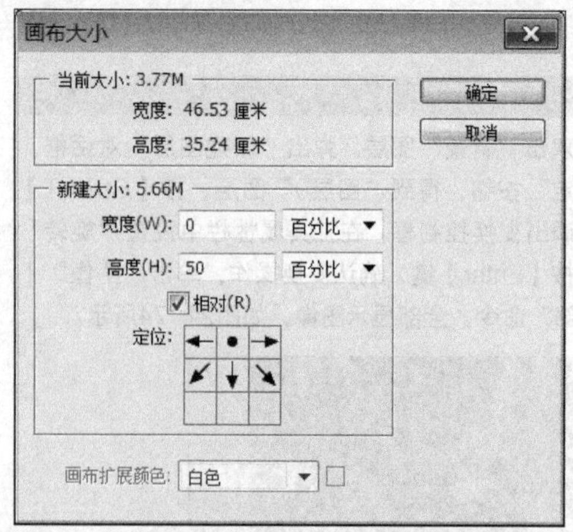

图21-77 设置各选项参数

STEP 06 单击“确定”按钮，调整画布大小，新建“图层1”图层，设置前景色为白色，并填充前景色，调整“图层1”至“图层0”图层下方，如图21-78所示。

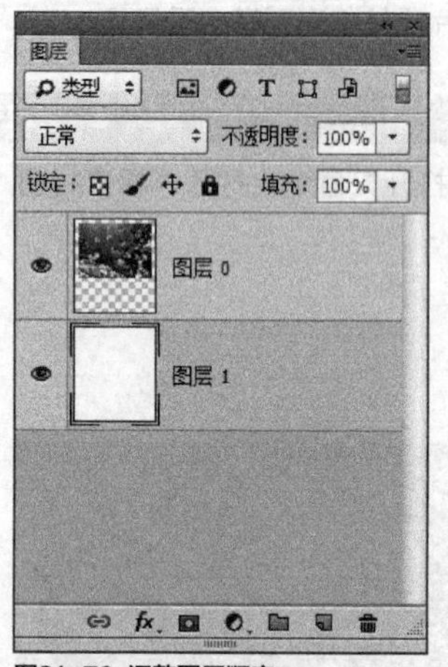

图21-78 调整图层顺序

STEP 07 双击“图层0”图层，弹出“图层样式”对话框，选中“描边”复选框，设置“大小”为3像素、“位置”为“内部”、“填充类型”为“颜色”、“颜色”为黑色，如图21-79所示。

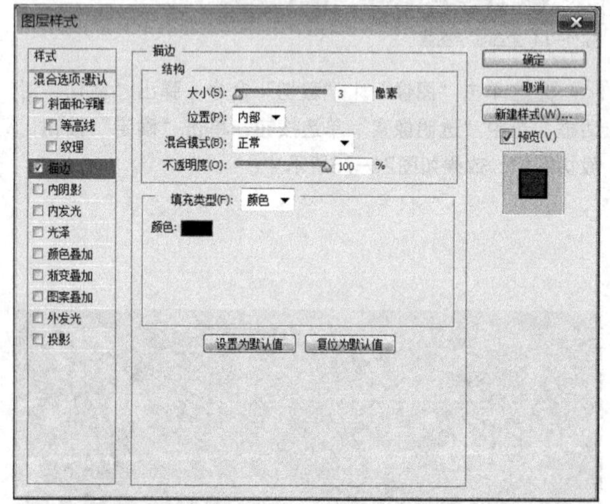

图21-79 设置各选项参数

STEP 08 单击“确定”按钮，拖曳鼠标至“图层0”图层的右侧，单击鼠标右键，在弹出的快捷菜单中，选中“拷贝图层样式”选项，选择“图层1”图层，在其右侧单击鼠标右键，在弹出的快捷菜单中，选择“粘贴图层样式”选项，执行操作后，即可粘贴图层样式，效果如图21-80所示，完成拍立得照片效果的制作。

图21-80 图像效果

实战477 幻灯片展示效果

▶实例位置：光盘\实例\第21章\实战477.jpg、实战477.psd
▶素材位置：光盘\素材\第21章\实战477.jpg
▶视频位置：光盘\视频\第21章\实战477.mp4

• 实例介绍 •

幻灯片的切换效果可以更好地展示图像，幻灯片观看图像也就是在全屏模式下观看图像效果，这样能够以最大视觉观看图像的细节。

• 操作步骤 •

STEP 01 单击“文件”｜“打开”命令，打开一幅素材图像，如图21-81所示。

图21-81 打开素材图像

STEP 02 双击“背景”图层，弹出“新建图层”对话框，单击“确定”按钮，得到“图层0”图层，如图21-82所示。

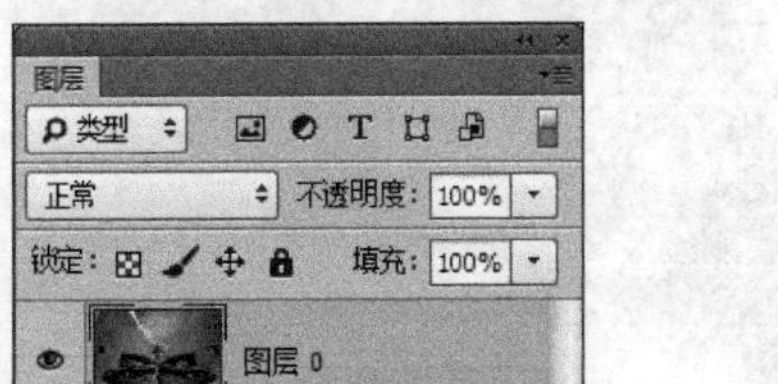

图21-82 新建图层

STEP 03 单击“图像”｜“图像大小”命令，弹出“图像大小”对话框，设置“高度”为768像素，如图21-83所示，单击“确定”按钮，调整图像大小。

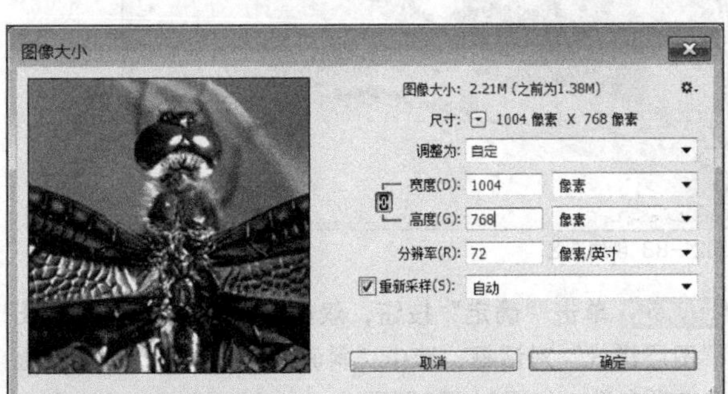

图21-83 设置各选项参数

STEP 04 单击“图像”｜“画布大小”命令，弹出“画布大小”对话框，设置“宽度”为2像素，单击“确定”按钮，即可调整画布大小，新建“图层1”图层，设置前景色为黑色，并填充黑色，调整“图层1”至“图层0”图层下方，效果如图21-84所示，完成幻灯片展示效果的制作。

图21-84 图像效果

实战 478 透视边框展示效果

▶ **实例位置：** 光盘\实例\第21章\实战478. jpg、实战478. psd
▶ **素材位置：** 光盘\素材\第21章\实战478. jpg
▶ **视频位置：** 光盘\视频\第21章\实战478. mp4

• 实例介绍 •

透视边框展示效果能够展示图像的三维立体效果，是一种透视边框艺术效果的展示。透视边框展示效果能够展现图像的立体视觉，凸显极具立体视觉冲击力的魅力。

• 操作步骤 •

STEP 01 单击“文件”｜“打开”命令，打开一幅素材图像，如图21-85所示。

STEP 02 单击“图像”｜“图像大小”命令，弹出“图像大小”对话框，设置“宽度”为1200像素，如图21-86所示，单击“确定”按钮，即可调整图像大小。

图21-85 打开素材图像

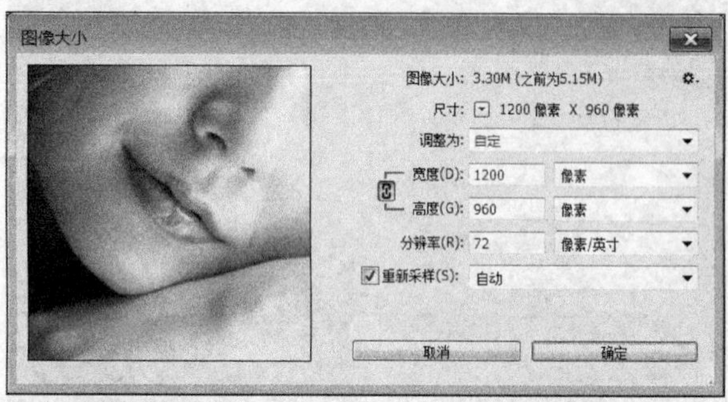

图21-86 设置各选项参数

STEP 03 选取工具箱中的“矩形选框工具”，在工具属性栏中，单击“样式”右侧的下拉按钮，在弹出的列表框中，选择“固定大小”选项，设置“宽度”为120、“高度”为96，如图21-87所示。

图21-87 设置各选项参数

STEP 04 拖曳鼠标指针至图像编辑窗口中，单击鼠标左键，即可创建选区，效果如图21-88所示。

图21-88 创建选区

STEP 05 单击“图像”｜“裁剪”命令，即可裁剪图像，按【Ctrl+D】组合键，取消选区，双击“背景”图层，弹出“新建图层”对话框，单击“确定”按钮，得到“图层0”图层，单击“图像”｜“画布大小”命令，弹出“画布大小”对话框，选中“相对”复选框，设置“宽度”和“高度”均为30%，如图21-89所示。

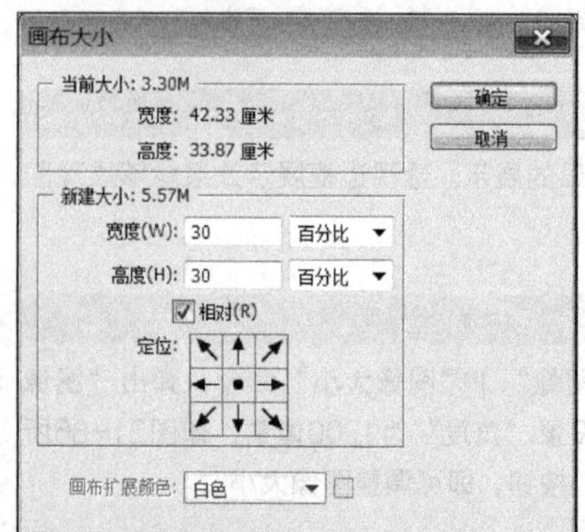

图21-89 设置各选项参数

STEP 06 单击“确定”按钮，双击“图层0”图层，弹出“图层样式”对话框，选中“斜面和浮雕”复选框，设置各选项参数，如图21-90所示。

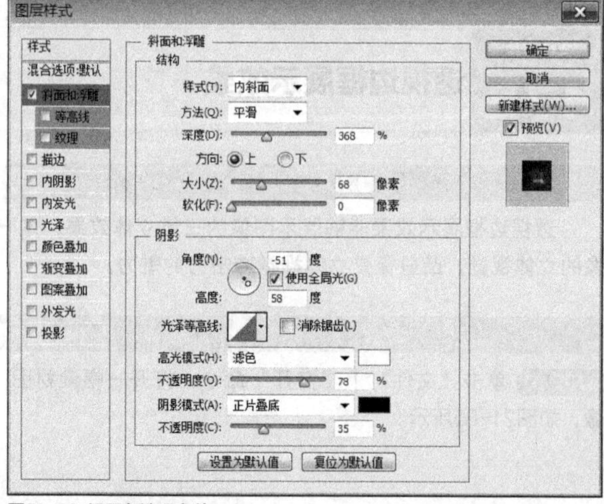

图21-90 设置各选项参数

STEP 07 选中“投影”复选框，设置各选项参数，如图21-91所示，单击“确定”按钮，应用图层样式。

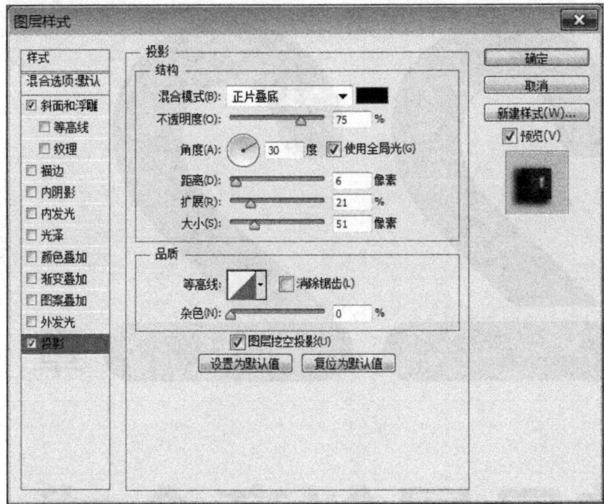

图21-91 设置各选项参数

STEP 08 新建“图层1”图层，调整“图层1”至“图层0”图层下方，设置前景色为蓝色（RGB参数值分别为0、255、240），填充前景色，效果如图21-92所示。

图21-92 填充前景色

STEP 09 双击“图层1”图层，弹出“图层样式”对话框，选中“斜面和浮雕”复选框，设置各选项参数，如图21-93所示。

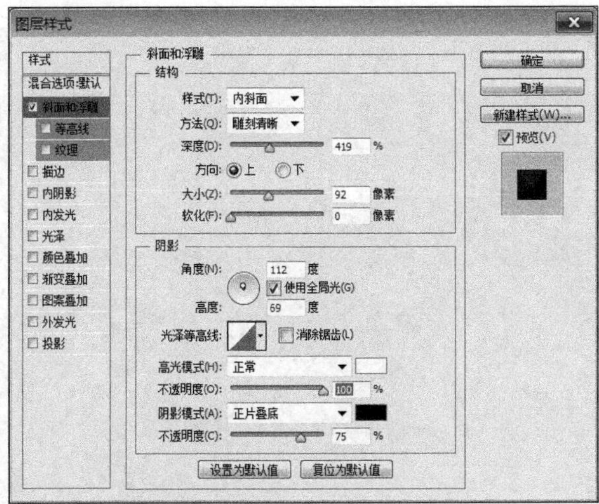

图21-93 设置各选项参数

STEP 10 单击“确定”按钮，即可应用图层样式，效果如图21-94所示，完成透视边框展示效果。

图21-94 图像效果

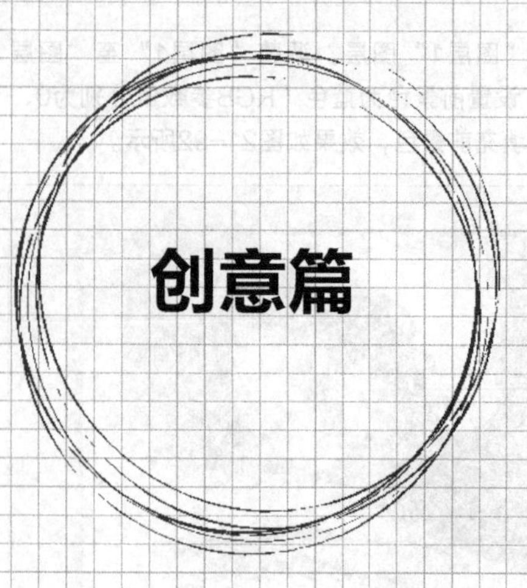

创意篇

第22章

唯美风景创意合成

本章导读

用数码相机拍摄的相片只是一张普通的照片，这时候需要使用计算机把这些普通的相片变成艺术作品，本章主讲风景专题，通过运用Photoshop达到理想的美景效果。

要点索引

- 漂亮雪景效果
- 窗外阳光效果
- 梦幻山水效果
- 空中城堡效果
- 雨后放晴效果

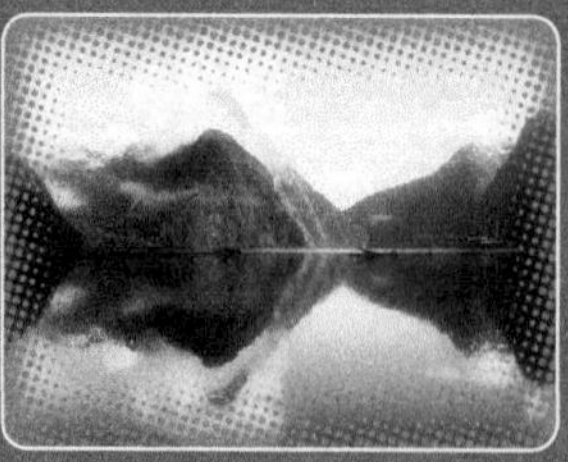

22.1 漂亮雪景效果

实战 479 新建通道效果

▶实例位置：无
▶素材位置：光盘\素材\第22章\实战479.jpg
▶视频位置：光盘\视频\第22章\实战479.mp4

• 实例介绍 •

下面介绍新建通道效果的操作方法。

• 操作步骤 •

STEP 01 单击“文件”|“打开”命令，打开一幅素材图像，如图22-1所示。

图22-1 打开素材图像

STEP 02 选择“背景”图层，按【Ctrl+J】组合键得到“图层1”图层，如图22-2所示。

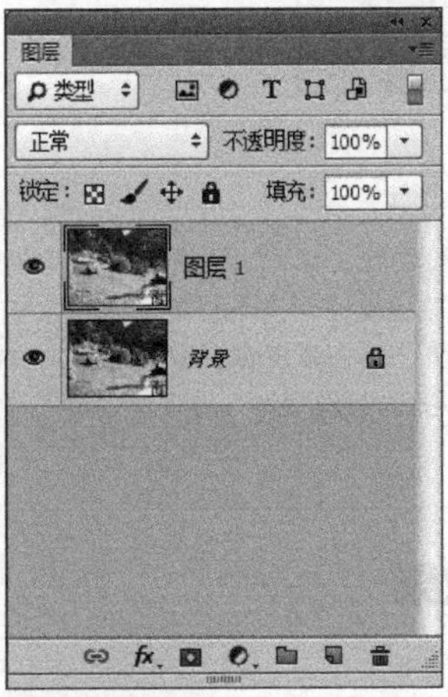

图22-2 复制图层

STEP 03 按【Ctrl+A】组合键，全选图像，建立选区，如图22-3所示。

图22-3 全选图像

STEP 04 按【Ctrl+C】组合键，复制选区内的图像，然后展开“通道”面板，单击底部的“创建新通道”按钮，即可创建一个新的Alpha 1通道，如图22-4所示。

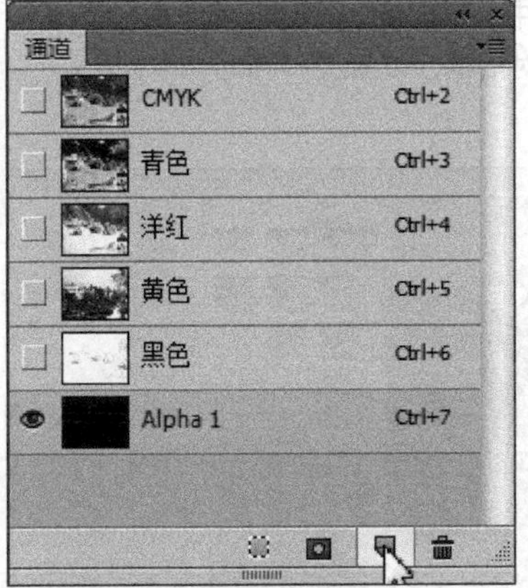

图22-4 单击“创建新通道”按钮

知识扩展

【通道】面板中各选项主要功能如下。

- 将通道作为选区载入：单击该按钮，可以调出当前通道所保存的选区。
- 将选区存储为通道：单击该按钮，可以将当前选区保存为【Alpha】通道。
- 创建新通道：单击该按钮，可以创建一个新的【Alpha】通道。
- 删除当前通道：单击该按钮，可以删除当前选择的通道。

STEP 05 按【Ctrl+V】组合键，粘贴选区，如图22-5所示。

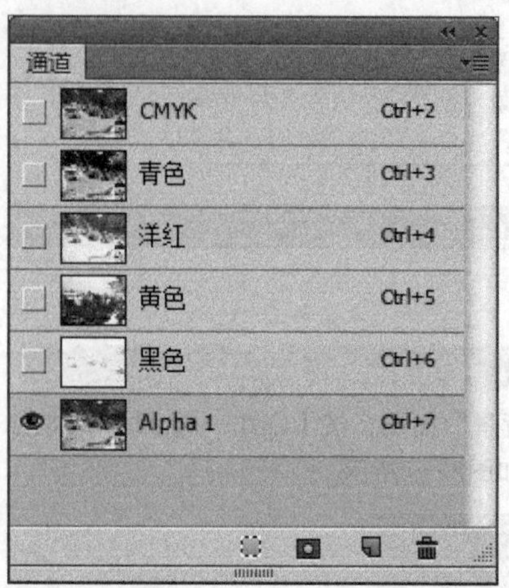

图22-5 粘贴选区

STEP 06 按【Ctrl+D】组合键，取消选区，即可完成新建通道效果，如图22-6所示。

图22-6 新建通道效果

专家提醒

可以将下列滤镜应用于16位图像：液化、消失点、平均模糊、模糊、进一步模糊、方框模糊、高斯模糊、镜头模糊、动感模糊、径向模糊、表面模糊、形状模糊、镜头校正、添加杂色、去斑、蒙尘与划痕、中间值、减少杂色、纤维、云彩、分层云彩、镜头光晕、锐化、锐化边缘、进一步锐化、智能锐化、USM 锐化、浮雕效果、查找边缘、曝光过度、逐行、NTSC颜色、自定、高反差保留、最大值、最小值以及位移。

实战480 制作胶片效果

▶实例位置：无
▶素材位置：无
▶视频位置：光盘\视频\第22章\实战480.mp4

实例介绍

下面介绍制作胶片效果的操作方法。

操作步骤

STEP 01 单击菜单栏中的“滤镜”|“滤镜库”命令，即可弹出“成角的线条”对话框，如图22-7所示。

图22-7 弹出“成角的线条”对话框

STEP 02 在中间列表框中，展开“艺术效果”面板，选择“胶片颗粒”滤镜，设置各选项参数（“颗粒”为0、“高光区域”为18、“强度”为3），如图22-8所示。

图22-8 弹出“胶片颗粒”对话框

STEP 03 单击“确定”按钮，得到图像效果，如图22-9所示。

STEP 04 单击“通道”面板底部的“将通道作为选区载入”按钮，新建选区，如图22-10所示。

图22-9 图像效果

图22-10 将通道作为选区载入

STEP 05 按【Ctrl+C】组合键，复制选区内的图像，然后切换至“图层”面板，单击“图层”面板中的“图层1”图层，将其激活，如图22-11所示。

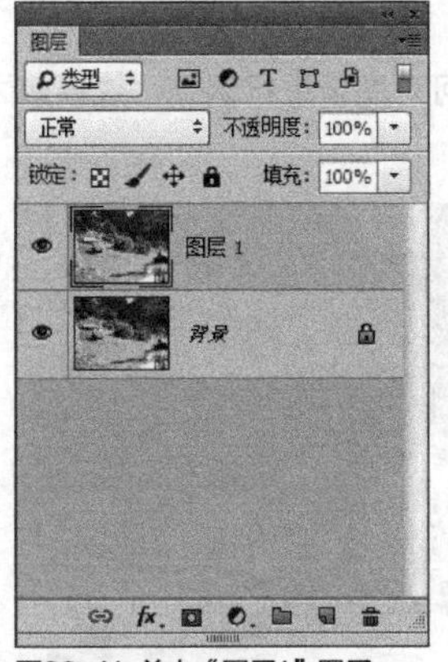

图22-11 单击“图层1”图层

STEP 06 按【Ctrl+V】组合键，粘贴选区内的图像，效果如图22-12所示。

图22-12 粘贴选区内的图像

实战 481 调整图像效果

▶实例位置：光盘\实例\第22章\实战481.jpg、实战481.psd
▶素材位置：无
▶视频位置：光盘\视频\第22章\实战481.mp4

• 实例介绍 •

下面介绍使用“亮度/对比度”“色彩平衡”以及“色相/饱和度”调整图层，调整图像效果的操作方法。

• 操作步骤 •

STEP 01 新建“亮度/对比度1”调整图层，展开“亮度/对比度”调整面板，设置“亮度”为30、“对比度”为10，如图22-13所示。

STEP 02 执行操作后，即可调整图像的亮度和对比度，效果如图22-14所示。

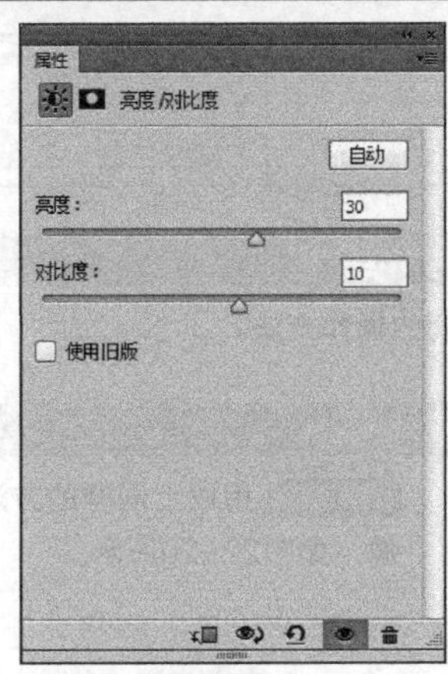

图22-13 设置参数值

图22-14 调整图像的亮度和对比度

STEP 03 新建“色彩平衡1”调整图层，展开“色彩平衡”调整面板，设置各参数（分别为18、-18、-28），如图22-15所示。

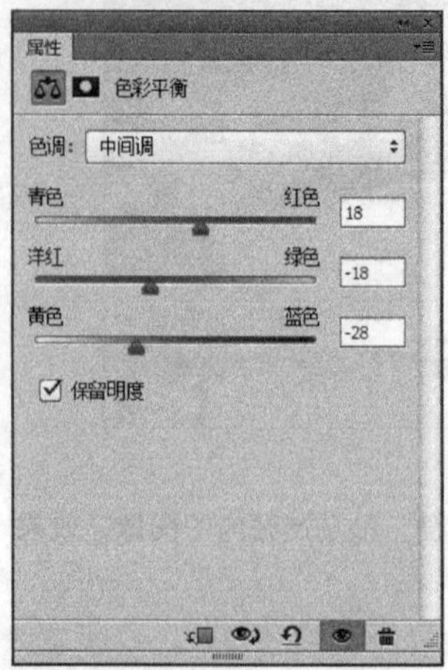

图22-15 设置参数值

STEP 04 选择“阴影”色调，设置各参数值（分别为36、-25、-10），如图22-16所示。

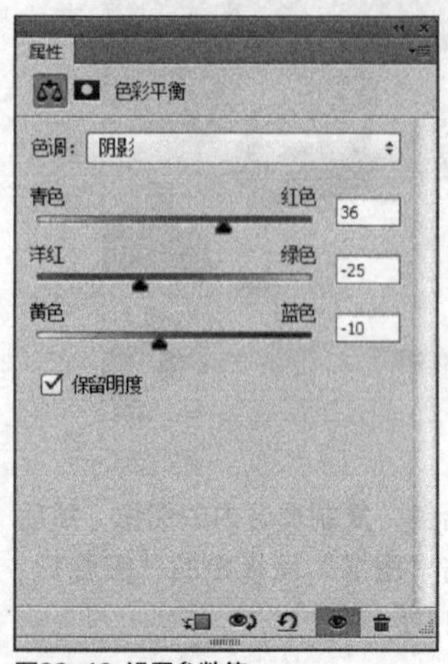

图22-16 设置参数值

STEP 05 新建“色相/饱和度1”调整图层，展开“色相/饱和度”调整面板，设置“饱和度”为-18，如图22-17所示。

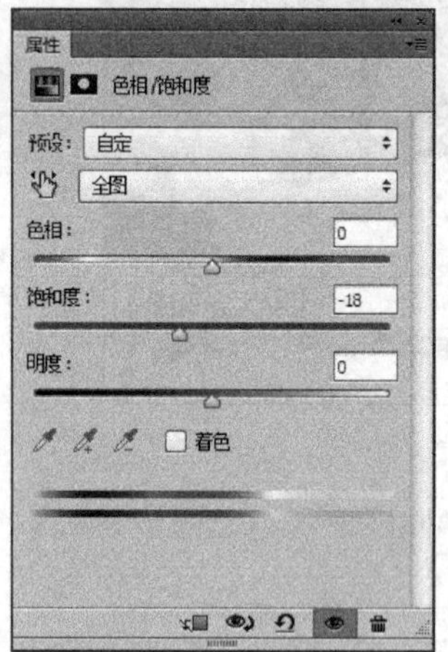

图22-17 设置“饱和度”参数

STEP 06 执行上述操作后，即可对图像进行调整，效果如图22-18所示。

图22-18 图像效果

22.2 窗外阳光效果

实战482 移动并调整相框效果

▶实例位置：无
▶素材位置：光盘\素材\第22章\实战482.jpg
▶视频位置：光盘\视频\第22章\实战482.mp4

• 实例介绍 •

下面介绍使用移动工具移动素材图像，并调整色彩平衡的操作方法。

• 操作步骤 •

STEP 01 单击“文件”|“打开”命令，打开“实战482-1”素材图像，如图22-19所示。

STEP 02 用以上同样的方法，打开“实战482-2”素材图像，如图22-20所示。

图22-19 打开素材图像

图22-20 打开素材图像

STEP 03 选取“移动工具”，将“实战482-2”素材图像拖曳至“实战482-1”图像编辑窗口中，按【Ctrl+T】组合键，调整大小和位置，如图22-21所示。

STEP 04 新建“色彩平衡1”调整图层，展开“色彩平衡”调整面板，设置各参数值（分别为-61、51、-25），如图22-22所示。

图22-21 拖入素材图像

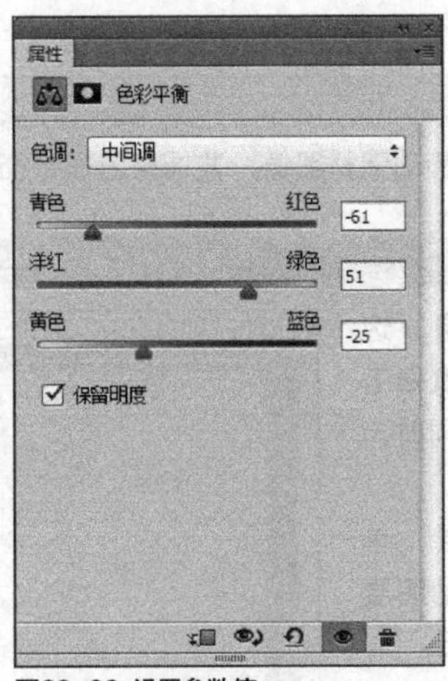

图22-22 设置参数值

专家提醒

使用“抓手工具”并拖移可以平移图像，要在已选定其他工具的情况下使用“抓手工具”，可在图像内拖移时按住【空格】键。

STEP 05 选择【阴影】色调，设置各参数值（分别为-17、25、25），如图22-23所示。

STEP 06 选择【高光】色调，设置各参数值（分别为-18、20、-15），如图22-24所示。

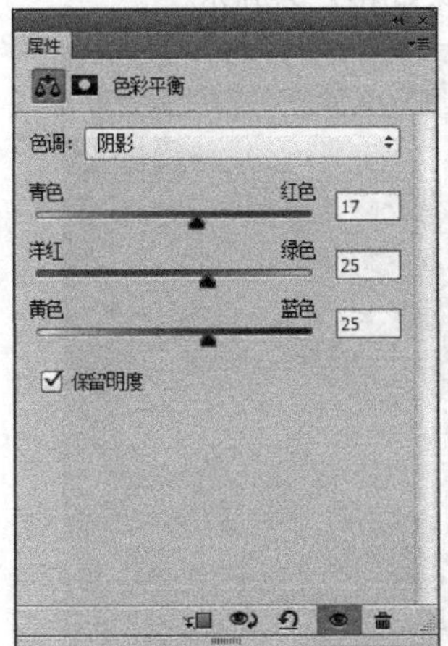

图22-23 设置参数值

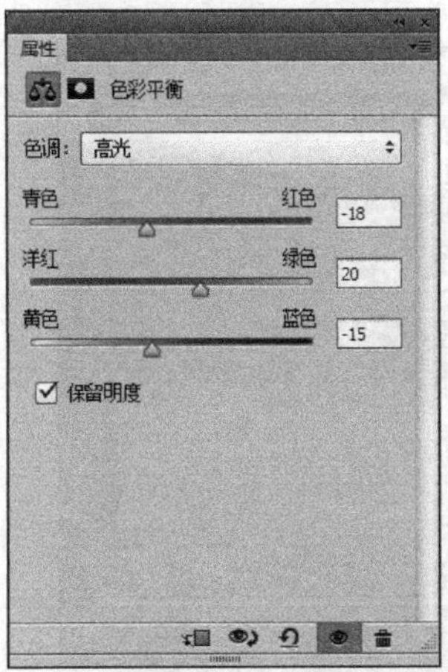

图22-24 设置参数值

STEP 07 执行操作后，即可调整图像的色彩，效果如图22-25所示。

图22-25 调整图像色彩效果

实战483 调整背景图层

▶实例位置：无
▶素材位置：无
▶视频位置：光盘\视频\第22章\实战483.mp4

• 实例介绍 •

下面介绍使用移动工具移动素材图像，并调整色彩平衡的操作方法。

• 操作步骤 •

STEP 01 隐藏“背景”图层，选择“图层1”图层，选取“魔棒工具”，按住【Shift】键的同时，创建选区，如图22-26所示。

STEP 02 显示“背景”图层，单击“色彩平衡1”调整图层的图层蒙版缩览图，如图22-27所示。

图22-26 创建选区

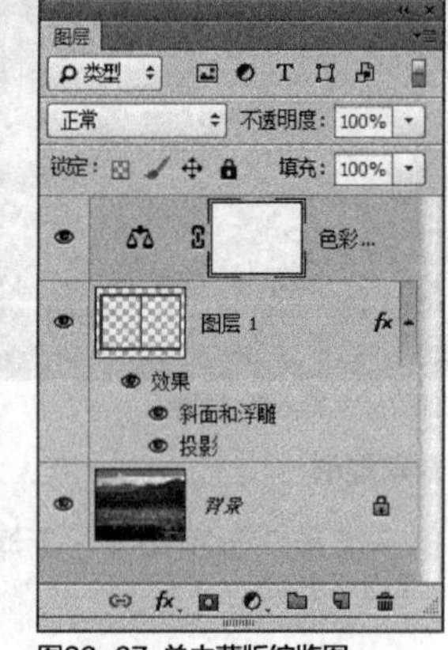

图22-27 单击蒙版缩览图

STEP 03 按【Ctrl+Shift+I】组合键，反选选区，如图22-28所示。

图22-28 反选选区

STEP 04 设置前景色为黑色，按【Alt+Delete】组合键填充前景色，并取消选区，效果如图22-29所示。

图22-29 填充前景色

实战 484 制作边角效果

▶实例位置：无
▶素材位置：无
▶视频位置：光盘\视频\第22章\实战484.mp4

• 实例介绍 •

下面介绍使用钢笔工具绘制路径，转换为选区并填充，添加相应图层样式的操作方法。

• 操作步骤 •

STEP 01 新建图层，选取“钢笔工具”创建闭合路径，效果如图22-30所示。

STEP 02 按【Ctrl+Enter】组合键，将路径转换为选区，填充白色，并取消选区，效果如图22-31所示。

图22-30 创建闭合路径

图22-31 填充白色

STEP 03 双击“图层2”图层，弹出“图层样式”对话框，选中“投影”复选框，切换至“投影”选项区，设置其中各选项，如图22-32所示。

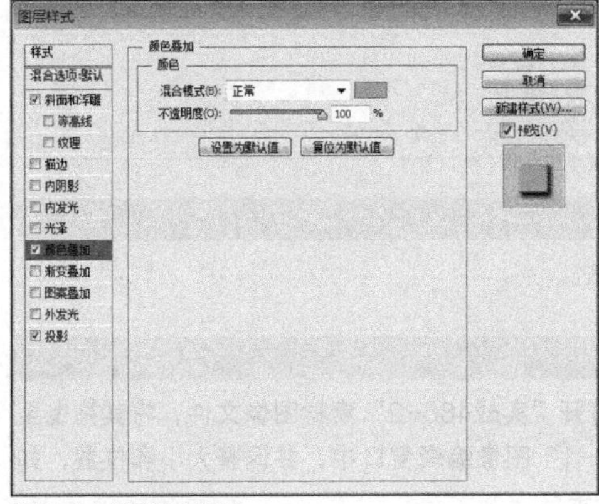
图22-32 选中“投影”复选框

STEP 04 选中“斜面和浮雕”复选框，切换至“斜面和浮雕”选项区，并设置其中各选项，如图22-33所示。

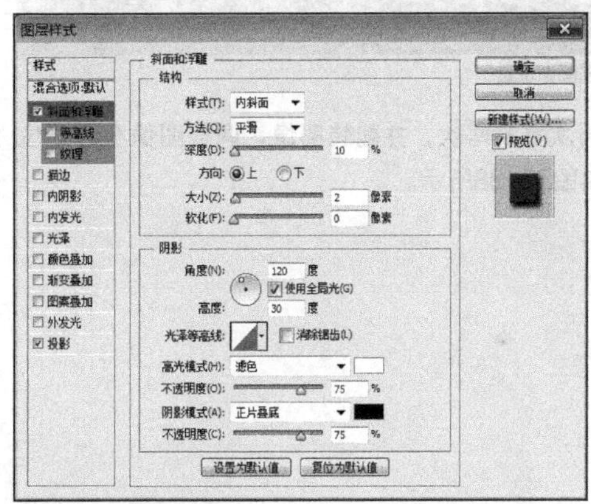
图22-33 设置相应选项

STEP 05 选中“颜色叠加”复选框，切换至“颜色叠加”选项区，设置“叠加颜色”为黄色（RGB参数值为208、199、117），如图22-34所示。

图22-34 设置相应选项

STEP 06 单击“确定”按钮，添加图层样式，效果如图22-35所示。

图22-35 添加图层样式

实战485 复制并调整边角

▶实例位置：无
▶素材位置：无
▶视频位置：光盘\视频\第22章\实战485.mp4

• 实例介绍 •

下面介绍复制边框并移至合适位置的操作方法。

• 操作步骤 •

STEP 01 选取“移动工具”，按【Alt】键的同时，拖曳图像至合适位置，复制图像，效果如图22-36所示。

图22-36 调整图像位置

STEP 02 单击菜单栏中的“编辑”|“变换”|“水平翻转”命令，水平翻转图像，效果如图22-37所示。

图22-37 水平翻转图像

STEP 03 再次复制两次，并翻转图像，调整图像至合适位置，效果如图22-38所示。

图22-38 复制并调整图像

实战486 添加元素效果

▶实例位置：无
▶素材位置：无
▶视频位置：光盘\视频\第22章\实战486.mp4

• 实例介绍 •

下面介绍使用移动工具移动素材图像，并对图像进行调整的操作方法。

• 操作步骤 •

STEP 01 选择“背景”图层，打开“实战486-1”素材图像文件，将其拖曳至“实战482-1”图像编辑窗口中，并调整大小和位置，如图22-39所示。

STEP 02 打开“实战486-2”素材图像文件，将其拖曳至“实战482-1”图像编辑窗口中，并调整大小和位置，如图22-40所示。

图22-39 拖入素材图像

图22-40 拖入素材图像

实战 487 调整色相/饱和度效果

▶实例位置：光盘\实例\第22章\实战487.jpg、实战487.psd
▶素材位置：无
▶视频位置：光盘\视频\第22章\实战487.mp4

• 实例介绍 •

下面介绍使用“色相/饱和度”调整图层，调整图像的色相和饱和度的操作方法。

• 操作步骤 •

STEP 01 选择“图层2拷贝2”图层，新建“色相/饱和度1”调整图层，展开“色相/饱和度”调整面板，设置“饱和度”为12，如图22-41所示。

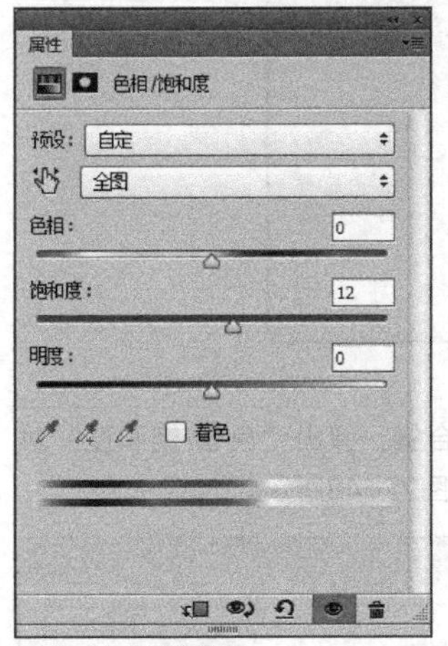

图22-41 设置参数值

STEP 02 执行操作后，即可调整图像的饱和度，得到最终效果，如图22-42所示。

图22-42 图像效果

22.3 梦幻山水效果

实战 488 调整图像效果

▶实例位置：无
▶素材位置：光盘\素材\第22章\实战488.jpg
▶视频位置：光盘\视频\第22章\实战488.mp4

• 实例介绍 •

下面介绍使用“高斯模糊”命令，制作模糊效果，调整图像的色相饱和度并调整不透明度的操作方法。

• 操作步骤 •

STEP 01 单击“文件”|“打开”命令，打开“实战488”素材图像，如图22-43所示。

图22-43 打开素材图像

STEP 02 选择“背景”图层，按【Ctrl+J】组合键得到“图层1”图层，如图22-44所示。

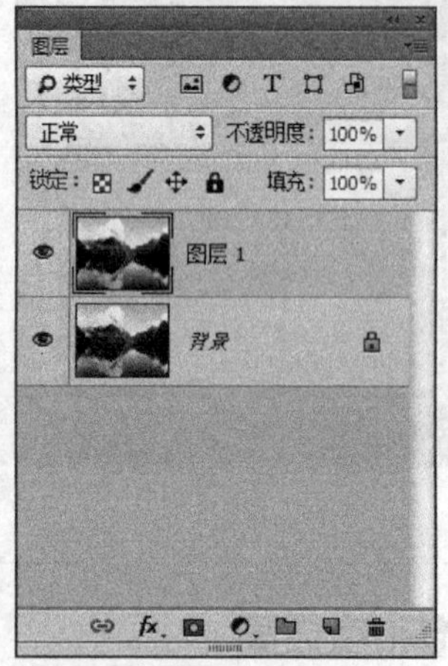

图22-44 复制图层

STEP 03 在“图层”面板中，设置“图层1”图层的“混合模式”为“滤色”，此时图像效果如图22-45所示。

图22-45 设置混合模式效果

STEP 04 单击菜单栏中的“滤镜”|“模糊”|“高斯模糊”命令，弹出“高斯模糊”对话框，设置“半径”为11.5像素，如图22-46所示。

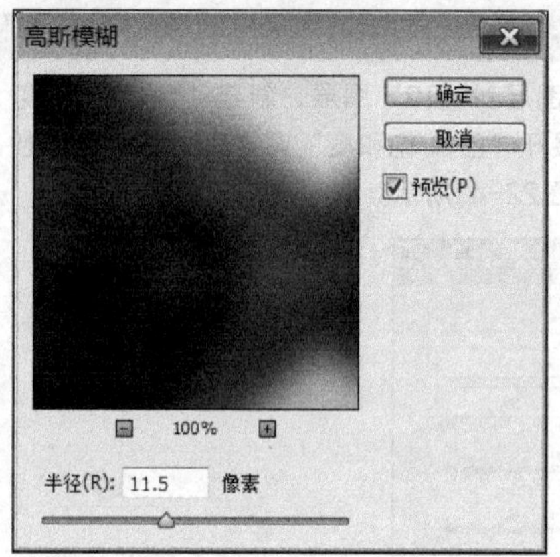

图22-46 设置相应参数

STEP 05 单击“确定”按钮，即可模糊图像，效果如图22-47所示。

图22-47 模糊图像效果

STEP 06 按【Ctrl+U】组合键，弹出“色相/饱和度”对话框，设置其中各参数，如图22-48所示。

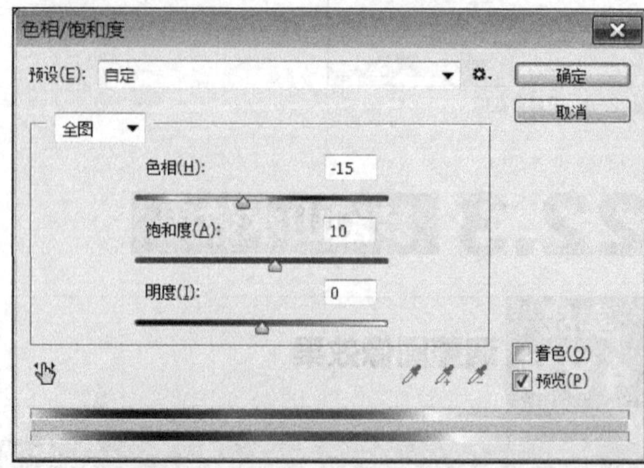

图22-48 设置参数值

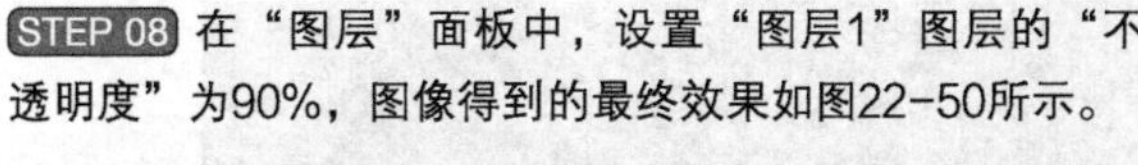

STEP 07 单击“确定”按钮，调整图像的色调，效果如图22-49所示。

图22-49 调整图像的色调

STEP 08 在“图层”面板中，设置“图层1”图层的“不透明度”为90%，图像得到的最终效果如图22-50所示。

图22-50 图像效果

实战 489 添加边框效果

▶实例位置：光盘\实例\第22章\实战489.jpg、实战489.psd
▶素材位置：无
▶视频位置：光盘\视频\第22章\实战489.mp4

• 实例介绍 •

下面介绍使用彩色半调命令添加边框效果的操作方法。

• 操作步骤 •

STEP 01 选择“图层1”图层，按【Ctrl＋J】组合键得到“图层1拷贝”图层，展开“通道”面板，单击“创建新通道”按钮，即可新建Alpha1通道，如图22-51所示。

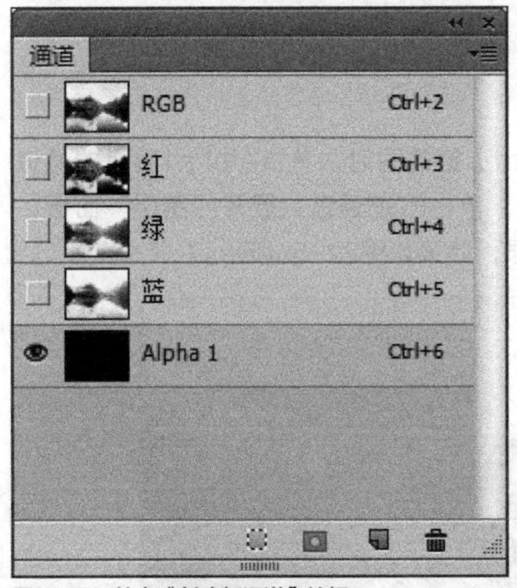

图22-51 单击“创建新通道”按钮

STEP 02 选取“矩形选框工具”，在图像中创建一个选区，效果如图22-52所示。

图22-52 创建选区

专家提醒

在Photoshop中通道是被用来存放图像颜色信息以及自定义的选区，用户不仅可以使用通道得到非常特殊的选区，还可以通过改变通道中存放的颜色信息来调整图像的色调。

STEP 03 按【Shift＋F6】组合键，弹出“羽化选区”对话框，设置“羽化半径”为30，单击“确定”按钮，如图22-53所示。

STEP 04 设置前景色为白色，按【Alt＋Delete】组合键，填充颜色，效果如图22-54所示。

图22-53 羽化选区

图22-54 填充颜色

STEP 05 单击菜单栏中的“滤镜”|“像素化”|“彩色半调”命令，弹出“彩色半调”对话框，在其中设置“最大半径”为10，如图22-55所示。

彩色半调

最大半径(R): 10 (像素)

确定

取消

网角(度):

通道 1(1): 108

通道 2(2): 162

通道 3(3): 90

通道 4(4): 45

图22-55 设置“最大半径”

STEP 06 单击“确定”按钮，即可得到图像效果，并取消选区，如图22-56所示。

图22-56 图像效果

专家提醒

对于灰度图像，“色彩半调”对话框只使用通道1；对于RGB图像，“色彩半调”对话框使用通道1、2和3，分别对应于红色、绿色和蓝色通道。

STEP 07 按住【Ctrl】键的同时，双击Alpha1通道的通道缩览图，弹出“通道选项”对话框，选中“专色”复选框，如图22-57所示，单击“确定”按钮。

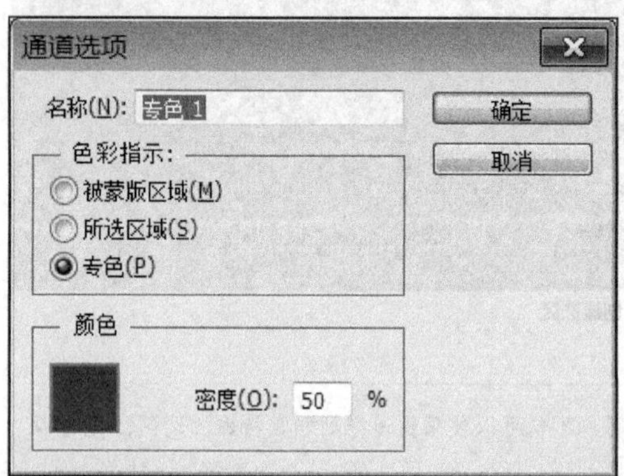

图22-57 弹出“通道选项”对话框

STEP 08 按住【Ctrl】键的同时，单击Alpha1通道的通道缩览图，载入选区，单击RGB通道，展开“图层”面板，选择“图层1”图层，效果如图22-58所示。

图22-58 载入选区

专家提醒

当图像的色彩模式为CMYK模式时，“色彩半调”对话框中将有4个原色通道，即“青”通道、“洋红”通道、“黄”通道和“黑”通道，每个通道都包含着对应的颜色信息。

STEP 09 在工具栏中单击“设置前景色”色块，弹出“拾色器（前景色）”对话框，设置前景色为蓝色（RGB参数值为183、205、255），如图22-59所示。

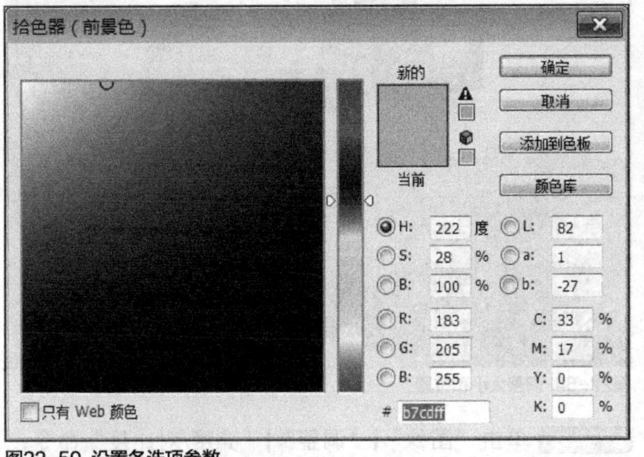

图22-59 设置各选项参数

STEP 10 单击“确定”按钮，按【Shift+F6】组合键，弹出“羽化选区”对话框，设置“羽化半径”为1，单击“确定”按钮，选择“图层1拷贝”图层，按【Alt+Delete】组合键填充前景色，并取消选区，效果如图22-60所示。

图22-60 最终效果

专家提醒

Alpha通道主要用于创建和存储选区，选区被创建并保存后，将以一个灰度图像的形式保存在Alpha通道中，在需要的时候可以载入选区。

22.4 空中城堡效果

实战490 利用通道和蒙版抠取城堡效果

▶实例位置：无
▶素材位置：光盘\素材\第22章\实战490.jpg
▶视频位置：光盘\视频\第22章\实战490.mp4

• 实例介绍 •

下面介绍使用“添加蒙版”按钮抠取图像的操作方法。

• 操作步骤 •

STEP 01 单击“文件”|“打开”命令，打开“实战490-1”素材图像，效果如图22-61所示。

图22-61 打开素材图像

STEP 02 单击“文件”|“打开”命令，打开“实战490-2”素材图像，效果如图22-62所示。

图22-62 打开素材图像

STEP 03 选取“移动工具”，将“实战490-2”素材图像拖曳至“实战490-1”图像编辑窗口中，如图22-63所示。

图22-63 拖曳素材图像

STEP 04 按【Ctrl+T】组合键，调整图像的大小和位置，如图22-64所示。

图22-64 调整大小和位置

STEP 05 隐藏“背景”图层，调出“通道”面板，选中“蓝”通道，单击鼠标并拖曳至“创建新通道”按钮上，松开鼠标即可得到“蓝 拷贝”通道，如图22-65所示。

图22-65 “蓝 拷贝”通道

STEP 06 单击“图像”|“调整”|“亮度/对比度”命令，在弹出的“亮度/对比度”对话框中，设置对比度为100，如图22-66所示，单击“确定”按钮。

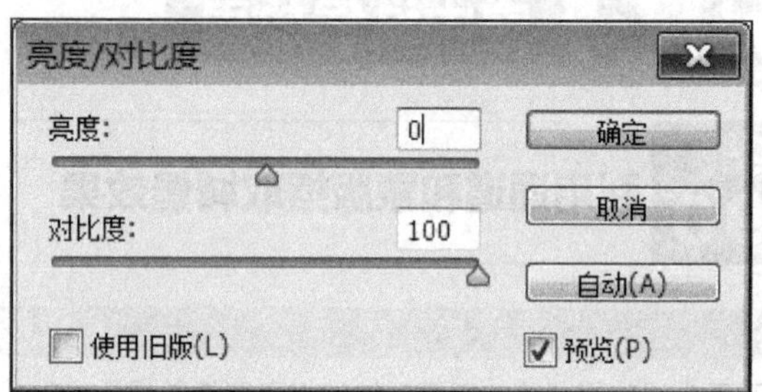

图22-66 设置各选项参数

STEP 07 单击“图像”|“调整”|“色阶”命令，在弹出的“色阶”对话框中，设置各参数（分别为104、1.17、206），如图22-67所示。

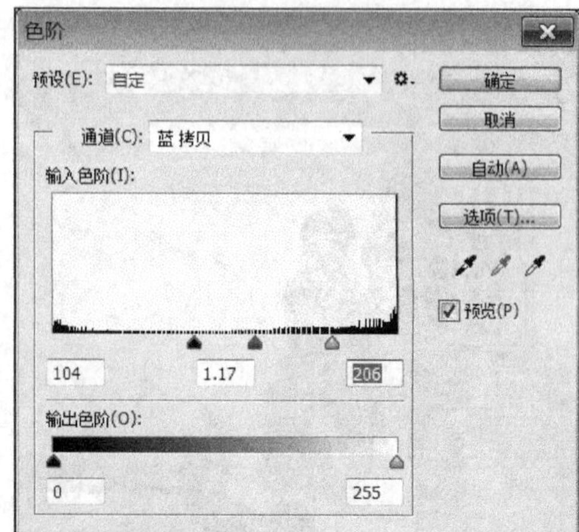

图22-67 设置各选项参数

STEP 08 单击“确定”按钮，即可调整图像，选取“魔棒工具”，在编辑窗口中的合适位置单击，建立选区，如图22-68所示。

图22-68 建立选区

STEP 09 在“图层”面板中，选择“图层1”图层，按【Ctrl+Shift+I】组合键反选选区，单击“添加图层蒙版”按钮，新建图层蒙版，如图22-69所示。

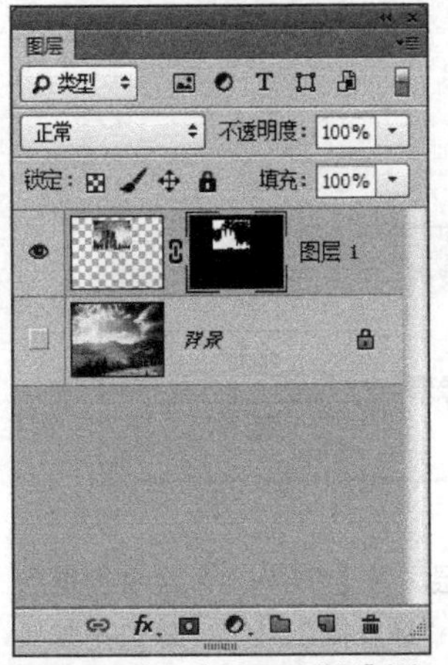

图22-69 单击“添加图层蒙版”按钮

STEP 10 设置前景色为黑色，选取“画笔工具”，擦去多余的部分，抠取城堡，如图22-70所示。

图22-70 抠取城堡效果

实战 491 利用通道抠取白云效果

▶实例位置：无
▶素材位置：无
▶视频位置：光盘\视频\第22章\实战491.mp4

• 实例介绍 •

下面介绍利用通道抠取白云效果的操作方法。

• 操作步骤 •

STEP 01 单击“文件”|“打开”命令，打开“实战491”素材图像，如图22-71所示。

STEP 02 选择“背景”图层，按【Ctrl+J】组合键得到“图层1”图层，如图22-72所示。

图22-71 打开素材图像

图22-72 “图层1”图层

STEP 03 隐藏“背景”图层，调出“通道”面板，选中“红”通道，单击鼠标并拖曳至“创建新通道”按钮上，松开鼠标即可得到“红 拷贝”通道，如图22-73所示。

STEP 04 单击“图像”|“调整”|“亮度/对比度”命令，在弹出的“亮度/对比度”对话框中，设置对比度为100，如图22-74所示，单击“确定”按钮。

图22-73 “红 拷贝”通道

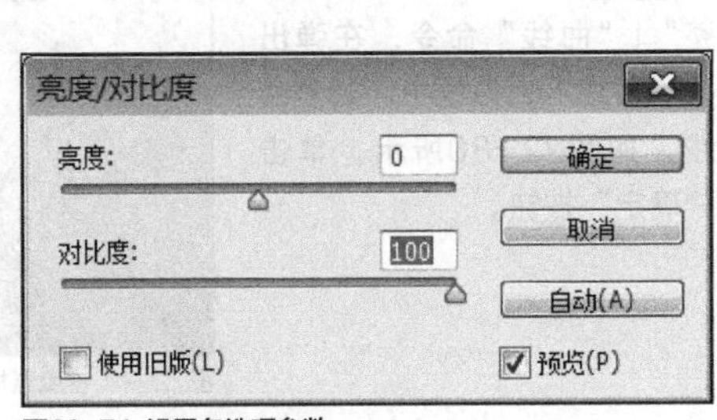

图22-74 设置各选项参数

STEP 05 选取“魔棒工具”，在编辑窗口中的合适位置单击鼠标左键，建立选区，如图22-75所示。

图22-75 建立选区

STEP 06 单击“选择”|“修改”|“羽化”命令，弹出“羽化选区”对话框，在对话框中设置“羽化半径”为8像素，如图22-76所示，单击“确定”按钮。

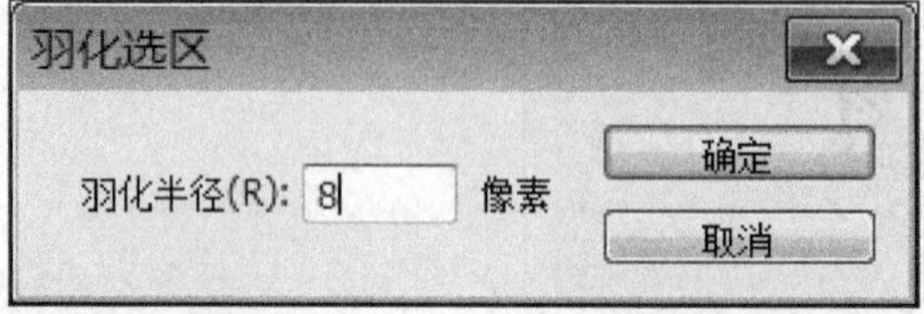

图22-76 羽化选区

STEP 07 在图层面板中选择“图层1”图层，按【Ctrl+Shift+I】组合键，反选选区，如图22-77所示。

图22-77 反选选区

STEP 08 选择“图层1”图层，按【Ctrl+J】组合键得到“图层1 拷贝”图层，选取“橡皮擦工具”，擦去不需要的部分，即可抠取白云，如图22-78所示。

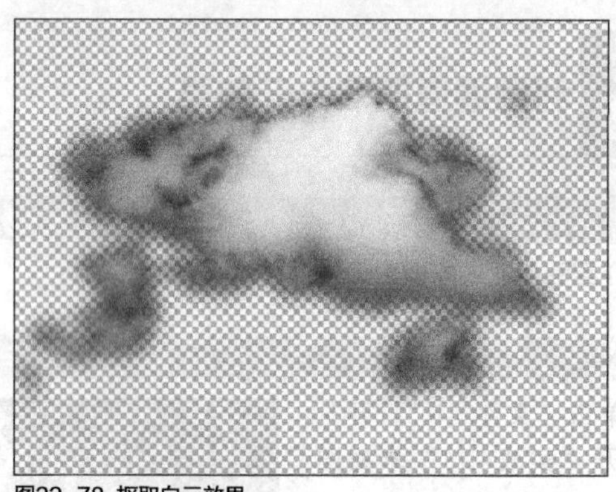
图22-78 抠取白云效果

实战492 移动并调整白云效果

▶实例位置：无
▶素材位置：无
▶视频位置：光盘\视频\第22章\实战492.mp4

• 实例介绍 •

下面介绍使用曲线调整图层，调整图像效果的操作方法。

• 操作步骤 •

STEP 01 选取“移动工具”，将“实战491”素材图像拖曳至“实战490-1”图像编辑窗口中，如图22-79所示。

STEP 02 单击“图像”|“调整”|“曲线”命令，在弹出的“曲线”对话框中，调整曲线，如图22-80所示，单击“确定”按钮。

图22-79 拖曳素材图像

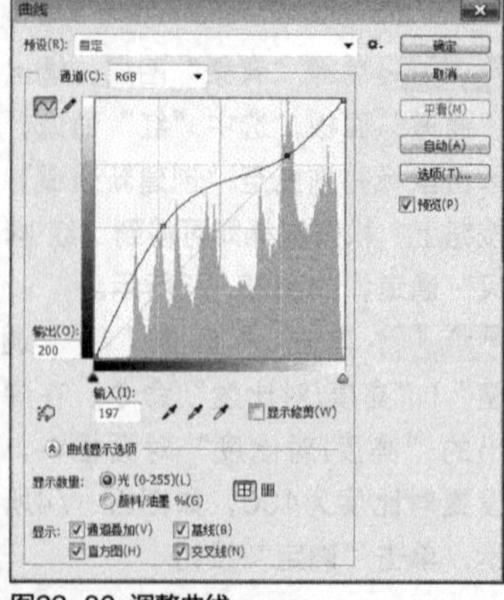

图22-80 调整曲线

STEP 03 按【Ctrl＋T】组合键，调整图像的大小、方向和位置，如图22-81所示。

图22-81 调整素材

实战 493 制作发光气泡效果

▶实例位置：光盘\实例\第22章\实战493.jpg、实战493.psd
▶素材位置：无
▶视频位置：光盘\视频\第22章\实战493.mp4

• 实例介绍 •

下面介绍使用反选命令制作发光气泡效果的操作方法。

• 操作步骤 •

STEP 01 新建图层，选取“椭圆选框工具”，在编辑窗口中的合适位置建立选取，并填充白色，如图22-82所示。

图22-82 填充白色

STEP 02 单击“选择”|“修改”|“羽化”命令，弹出“羽化选区”对话框，在对话框中设置“羽化半径”为30像素，如图22-83所示，单击“确定”按钮。

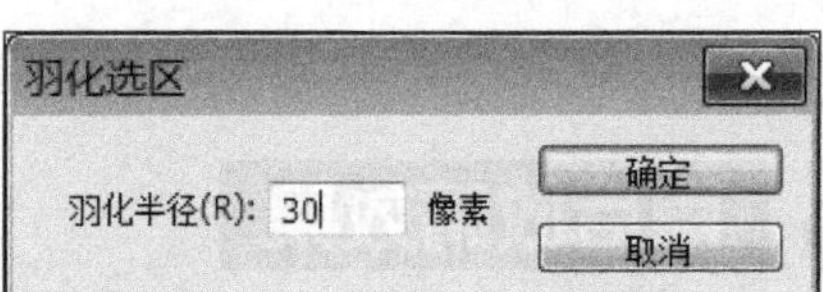

图22-83 羽化选区

STEP 03 新建图层，设置前景色为淡紫色（RGB参数值为160、138、255），如图22-84所示。

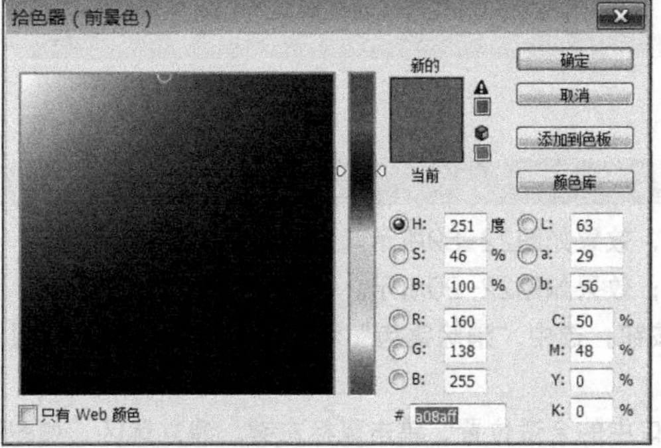

图22-84 设置各选项参数

STEP 04 按【Ctrl＋Shift＋I】组合键，反选选区，填充前景色，并取消选区，如图22-85所示。

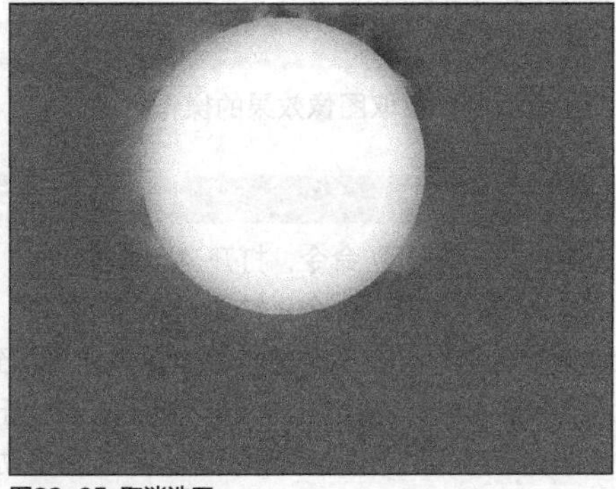
图22-85 取消选区

STEP 05 按住【Ctrl】键的同时，单击“图层3”图层，调出椭圆选区，按【Ctrl+Shift+I】组合键，反选选区，选择“图层4”图层，按【Delete】键，删除多余的部分，并隐藏“图层3”图层，如图22-86所示。

图22-86 隐藏图层

STEP 06 双击“图层4”图层，弹出“图层样式”对话框，选择“外发光”复选框，设置各参数，如图22-87所示。

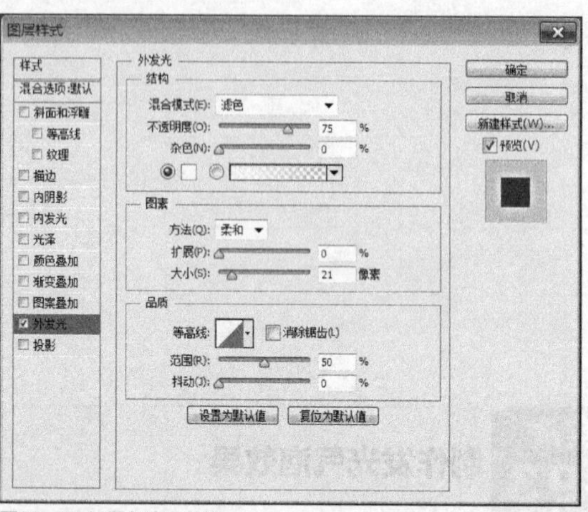

图22-87 设置各选项参数

STEP 07 单击“确定”按钮，即可完成天空城堡效果的制作，如图22-88所示。

图22-88 最终效果

22.5 雨后放晴效果

实战494 利用蒙版抠图制作蓝天白云效果

▶实例位置：无
▶素材位置：光盘\素材\第22章\实战494.jpg
▶视频位置：光盘\视频\第22章\实战494.mp4

• 实例介绍 •

下面介绍使用蒙版制作抠取图像效果的操作方法。

• 操作步骤 •

STEP 01 单击“文件”|“打开”命令，打开“实战494-1”素材图像，效果如图22-89所示。

STEP 02 单击“文件”|“打开”命令，打开“实战494-2”素材图像，效果如图22-90所示。

STEP 03 选取“魔棒工具”，在工具属性栏中单击“添加到选区”按钮，选中“消除锯齿”和“连续”复选框，设置“取样大小”为“取样点”、“容差”为50，如图22-91所示。

STEP 04 切换至“实战494-1”图像编辑窗口，将鼠标移动至编辑窗口中的合适位置，单击鼠标左键，建立选区，如图22-92所示。

图22-89 打开素材图像

图22-90 打开素材图像

图22-91 设置各选项

图22-92 建立选区

STEP 05 调出“通道”面板，单击面板底部的“创建新通道”按钮，新建“Alpha 1”通道，为选区填充白色，并取消选区，如图22-93所示。

STEP 06 返回RGB通道，选取“移动工具”，将“实战494-2”素材图像拖曳至“实战494-1”图像编辑窗口中，如图22-94所示。

图22-93 取消选区

图22-94 拖曳素材图像

STEP 07 按【Ctrl+T】组合键，调整图像的大小和位置，如图22-95所示。

STEP 08 在“通道”面板中，按住【Ctrl】键的同时，单击“Alpha 1”通道缩览图，载入选区，如图22-96所示。

图22-95 调整大小和位置

图22-96 载入选区

STEP 09 在“图层”面板中单击“添加图层蒙版”按钮，即可添加图层蒙版，如图22-97所示。

图22-97 添加图层蒙版

STEP 10 执行上述操作后，即可完成蓝天白云的制作，效果如图22-98所示。

图22-98 最终效果

实战495 制作彩虹效果

▶ 实例位置：光盘\实例\第22章\实战495.jpg、实战495.psd
▶ 素材位置：无
▶ 视频位置：光盘\视频\第22章\实战495.mp4

• 实例介绍 •

下面介绍使用扭曲命令制作彩虹效果的操作方法。

• 操作步骤 •

STEP 01 新建图层，选取“矩形选框工具”，在编辑窗口中的合适位置创建矩形选区，如图22-99所示。

STEP 02 按【Shift+F6】组合键，弹出“羽化选区”对话框，设置“羽化半径”为10，如图22-100所示，单击“确定”按钮。

图22-99 创建矩形选区

图22-100 羽化选区

STEP 03 选取“渐变工具”，单击工具属性栏中的“点按可编辑渐变”按钮，弹出“渐变编辑器”对话框，单击“预设”选项组中的“色谱”色块，如图22-101所示。

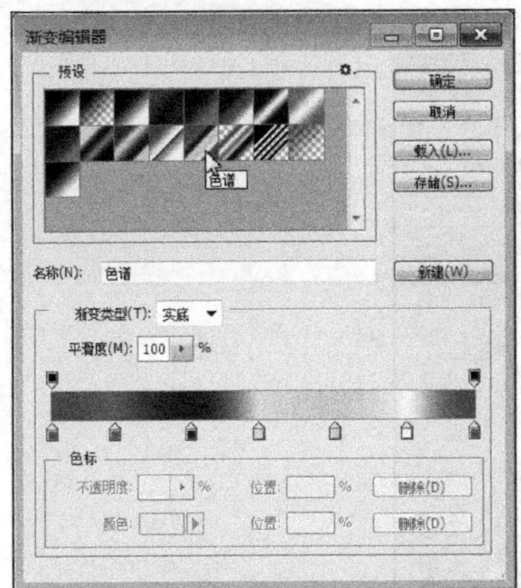

图22-101 设置各选项

STEP 04 单击“确定”按钮，将鼠标移动至选区上方，单击并拖曳鼠标，由上至下填充线性渐变，并取消选区，如图22-102所示。

图22-102 取消选区

STEP 05 单击“滤镜”|“扭曲”|“极坐标”命令，弹出“极坐标”对话框，如图22-103所示，单击“确定”按钮。

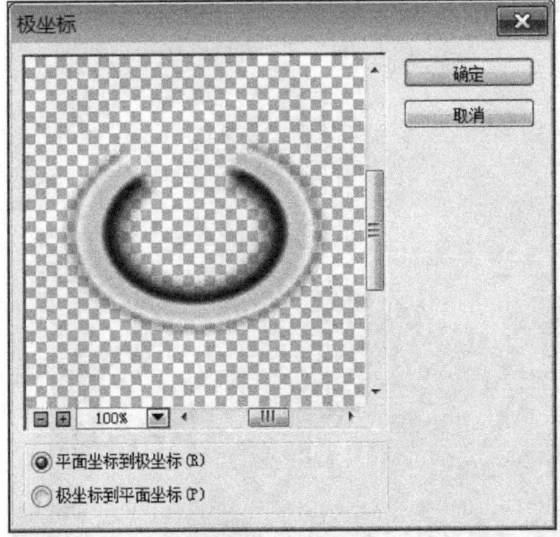

图22-103 “极坐标”对话框

STEP 06 单击“编辑”|“变换”|“垂直翻转”命令，翻转图像，如图22-104所示。

图22-104 翻转图像

STEP 07 选取“矩形选框工具”，在编辑窗口中的合适位置建立选区，单击“选中”|“修改”|“羽化”命令，在弹出的“羽化选区”对话框中，设置“羽化半径”为5像素，如图22-105所示。

图22-105 羽化选区

STEP 08 单击“确定”按钮，按【Delete】键，删除选区内的图像，取消选区并移动至合适位置，如图22-106所示。

图22-106 移动至合适位置

STEP 09 按【Ctrl+T】组合键，调出变换控制框，适当调整图像的大小、方向、位置，按【Enter】键确定变换，如图22-107所示。

图22-107 调整图像

STEP 10 单击“图层”面板底部的“添加图层蒙版”按钮，添加图层蒙版，选取“画笔工具”，设置画笔的“不透明度”和“流量”，涂抹需要隐藏的部分图像，如图22-108所示。

图22-108 隐藏图像

STEP 11 设置“图层1”图层的混合模式为“正片叠底”、“不透明度”为30%，如图22-109所示。

图22-109 设置图层混合模式

STEP 12 执行上述操作后，即可完成彩虹的制作，效果如图22-110所示。

图22-110 最终效果

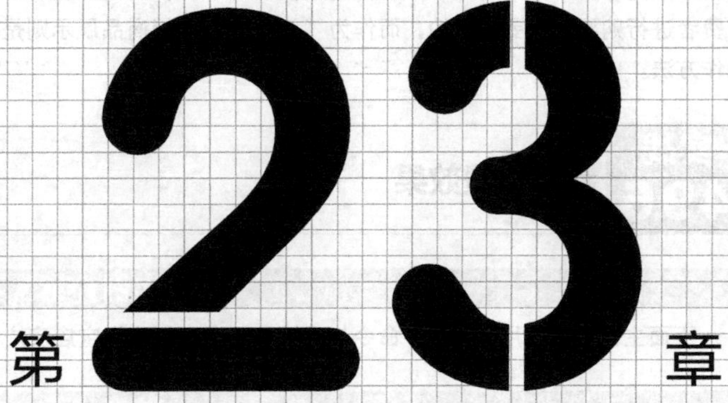

第23章 淘宝图片创意合成

本章导读

如今淘宝的广泛与普及，让更多的消费者有了更多的选择，对于淘宝店铺的主人，如何抓住消费者的心，如何吸引消费者进行购买是首要考虑的，而作为“门面”的店铺商品展示则是重中之重。本章将主要介绍淘宝图片的合成特效处理。

要点索引

- 淘宝店庆广告
- 衣服图片处理
- 个性包包图片处理
- 玩具类图片处理
- 鞋子图片处理

23.1 淘宝店庆广告

如今淘宝的广泛与普及，让更多的消费者有了更多的选择，对于淘宝店铺的主人，如何抓住消费者的心，如何吸引消费者进行购买是首要考虑的，而作为“门面”的店铺商品展示则是重中之重。本章将主要介绍淘宝店庆广告的设计与制作方法。

实战496 制作背景效果

▶实例位置：无
▶素材位置：无
▶视频位置：光盘\视频\第23章\实战496.mp4

• 实例介绍 •

下面主要介绍运用“新建”命令与“填充”命令制作淘宝店庆广告的背景效果的方法。

• 操作步骤 •

STEP 01 单击“文件”|“新建”命令，弹出“新建”对话框，在对话框中设置各选项，如图23-1所示。

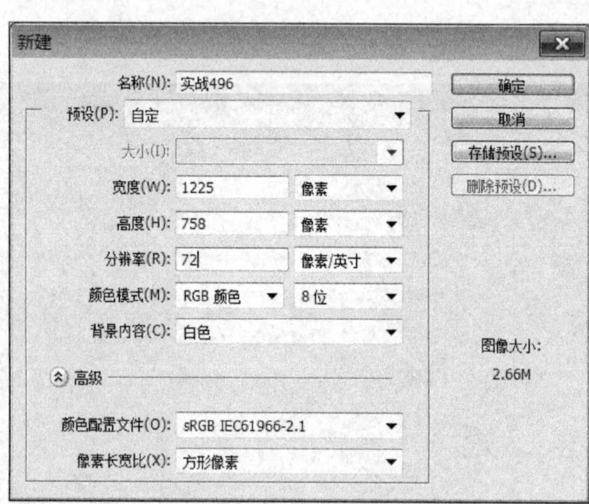

图23-1 设置“新建”选项

STEP 02 单击“确定”按钮，即可新建一幅空白图像，如图23-2所示。

图23-2 新建空白图像

STEP 03 单击工具箱中的前景色色块，弹出“拾色器（前景色）”对话框，设置前景色为浅粉色（RGB参数分别为203、231、255），如图23-3所示。

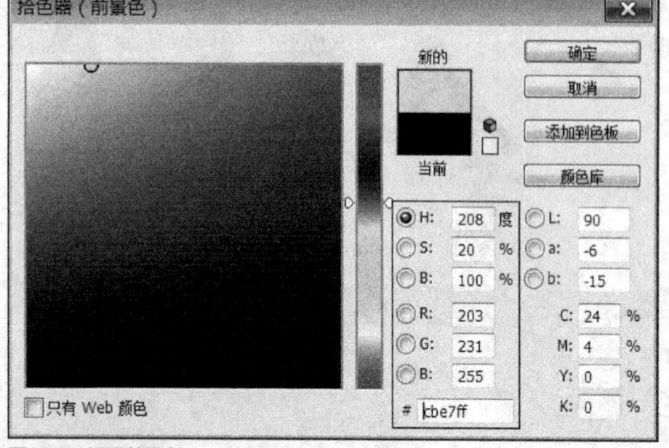

图23-3 设置前景色

STEP 04 单击“确定”按钮，按【Alt+Delete】组合键，填充前景色，如图23-4所示。

图23-4 填充前景色

实战 497 添加背景素材

▶实例位置：无
▶素材位置：光盘\素材\第23章\实战497-1.psd、实战497-2.psd
▶视频位置：光盘\视频\第23章\实战497.mp4

• 实例介绍 •

下面主要介绍运用"移动工具"添加各类背景素材，并通过图层混合模式达到美化背景效果的操作方法。

• 操作步骤 •

STEP 01 按【Ctrl+O】组合键，打开"实战497-1"素材图像，如图23-5所示。

图23-5 打开素材图像

STEP 02 选取工具箱中的"移动工具"，将素材图像拖曳至新建的图像编辑窗口中，如图23-6所示。

图23-6 移动素材

STEP 03 按【Ctrl+T】组合键，调出变换控制框，如图23-7所示。

图23-7 调出变换控制框

STEP 04 适当调整其大小和位置，并按【Enter】键确认变换，效果如图23-8所示。

图23-8 调整素材大小

STEP 05 按【Ctrl+E】组合键，将"图层1"和"图层2"图层合并，设置"图层1"图层的"混合模式"为"滤色"、"不透明度"为60%，如图23-9所示。

STEP 06 执行上述操作后，即可改变图像效果，如图23-10所示。

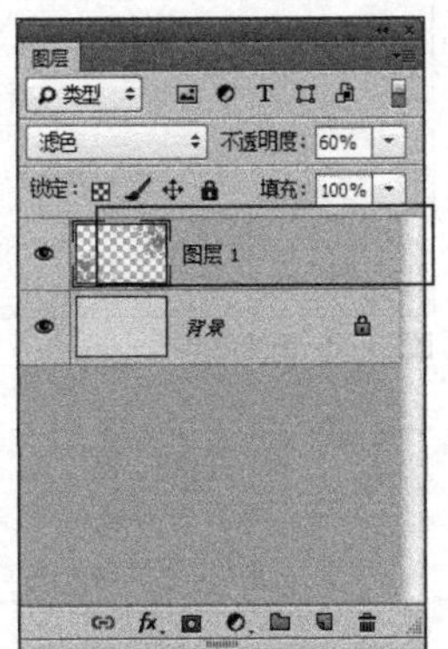

图23-9 设置混合模式

图23-10 图像效果

STEP 07 按【Ctrl+O】组合键，打开“实战497-2”素材图像，并将其拖曳至新建的图像编辑窗口中的合适位置处，如图23-11所示。

图23-11 置入并调整素材

STEP 08 连续按两次【Ctrl+J】组合键，复制“图层2”图层2次，如图23-12所示。

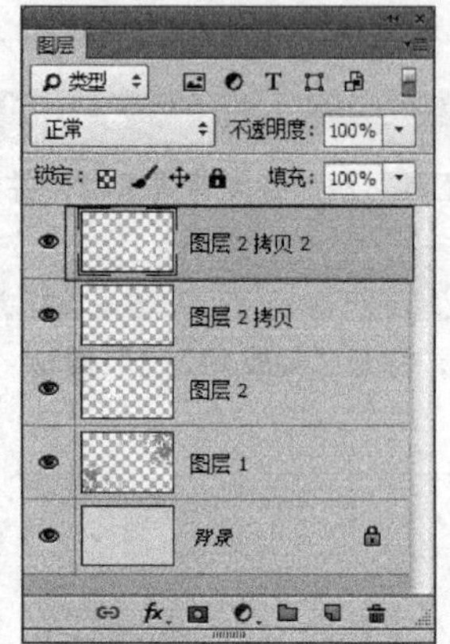

图23-12 复制花纹图像

STEP 09 按【Ctrl+T】组合键，调出变换控制框，调整图像的大小、角度和位置，并按【Enter】键确认变换操作，效果如图23-13所示。

图23-13 调整图像

STEP 10 设置花纹图像的“混合模式”为“柔光”，如图23-14所示。

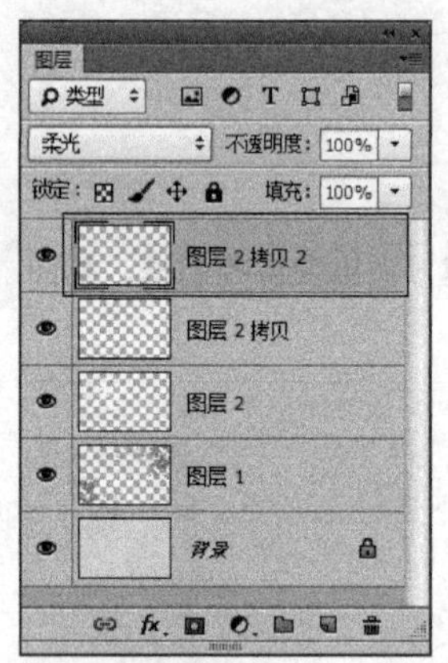

图23-14 设置混合模式

STEP 11 执行上述操作后，即可改变图像效果，如图23-15所示。

图23-15 图像效果

知识扩展

装修网店可以增加买家在你的网店停留的时间，合理地规划和利用好网店内的图片和板块设计，可以有效地吸引和留住并引导有意买家无意地进入你的销售目的圈。所以，店主应该装修好自己的网店，这样才有利于促进网店成交。

实战498 导入素材效果

▶实例位置：无
▶素材位置：光盘\素材\第23章\实战498.jpg
▶视频位置：光盘\视频\第23章\实战498.mp4

• 实例介绍 •

下面主要介绍通过魔棒工具制作抠取商品图片效果的操作方法。

• 操作步骤 •

STEP 01 按【Ctrl+O】组合键，打开“实战498”素材图像，如图23-16所示。

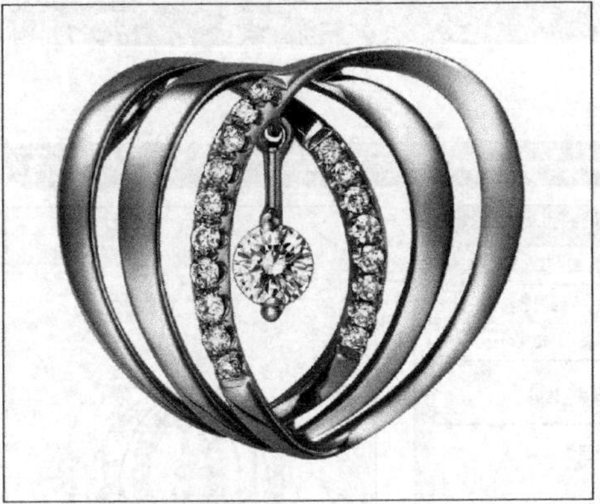

图23-16 打开素材图像

STEP 02 按【Ctrl+A】组合键，全选图像，如图23-17所示。

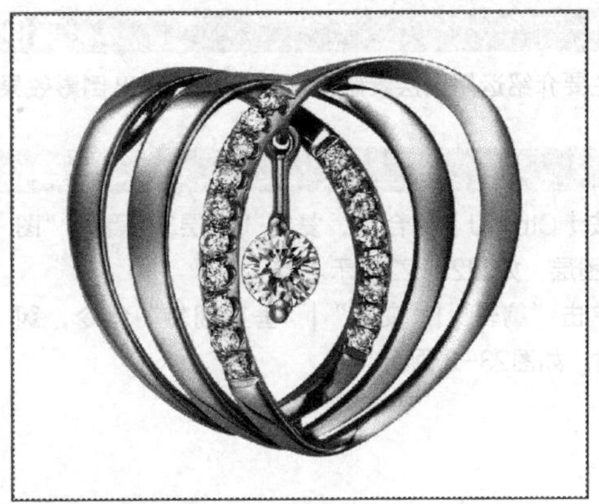

图23-17 全选图像

STEP 03 选取“移动工具”，将其拖曳至新建的图像编辑窗口中，并适当调整其大小和位置，如图23-18所示。

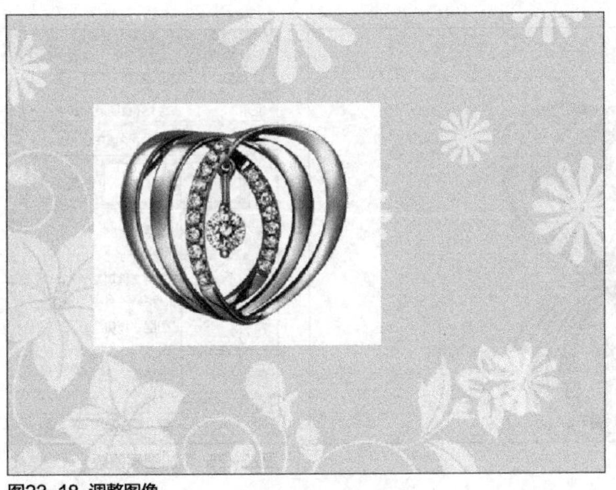

图23-18 调整图像

STEP 04 选取工具箱中的“魔棒工具”，在工具属性栏中单击“添加到选区”按钮▣，设置“容差”为10，在“图层3”图层的背景上多次单击鼠标左键，选中背景区域，如图23-19所示。

图23-19 选中背景区域

STEP 05 按【Delete】键，删除背景，效果如图23-20所示。

图23-20 删除背景

STEP 06 按【Ctrl+D】组合键，取消选区，效果如图23-21所示。

图23-21 取消选区

实战499 制作倒影效果

▶实例位置：无
▶素材位置：无
▶视频位置：光盘\视频\第23章\实战499.mp4

• 实例介绍 •

下面主要介绍运用图层蒙版与渐变工具制作出倒影效果的操作方法。

• 操作步骤 •

STEP 01 按【Ctrl+J】组合键，复制“图层3”得到“图层3拷贝”图层，如图23-22所示。

STEP 02 单击“编辑”|“变换”|“垂直翻转”命令，翻转图像素材，如图23-23所示。

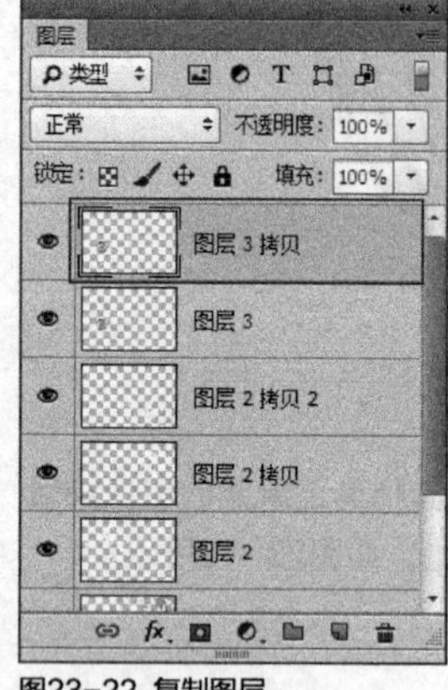

图23-22 复制图层

图23-23 翻转图像素材

STEP 03 选取“移动工具”，适当调整其位置，效果如图23-24所示。

STEP 04 单击“图层”面板底部的“添加矢量蒙版”按钮，为“图层3 拷贝”图层添加图层蒙版，如图23-25所示。

图23-24 调整图像位置

图23-25 添加图层蒙版

STEP 05 选取工具箱中的渐变工具，设置黑白渐变填充颜色，如图23-26所示。

渐变编辑器

预设

确定
取消
载入(L)...
存储(S)...

名称(N)：前景色到背景色渐变
新建(W)

渐变类型(T)：实底
平滑度(M)：100 %

色标
不透明度： % 位置： % 删除(D)
颜色： 位置： % 删除(D)

图23-26 设置渐变颜色

STEP 06 在图像下方单击鼠标并向上拖曳，释放鼠标即可填充黑白渐变，效果如图23-27所示。

图23-27 填充黑白渐变

实战 500 制作描边效果

▶实例位置：无
▶素材位置：光盘\素材\第27章\实战500-1.psd、实战500-2.psd
▶视频位置：光盘\视频\第27章\实战500.mp4

• 实例介绍 •

下面主要通过“描边”命令，为饰品素材图像添加描边效果，使其层次感更明确。

• 操作步骤 •

STEP 01 按【Ctrl+O】组合键，打开“实战500-1”与“实战500-2”素材图像，选取“移动工具”将各素材拖曳至新建的图像编辑窗口中，并按【Ctrl+T】组合键，调出变换控制框，适当调整素材图像的大小和位置，效果如图23-28所示。

图23-28 置入并调整图像

STEP 02 在“图层”面板中，选择“图层4”图层，如图23-29所示。

STEP 03 单击“编辑”|“描边”命令，弹出“描边”对话框，设置“颜色”为蓝色（RGB参数分别为0、142、255）、“宽度”为2像素，如图23-30所示。

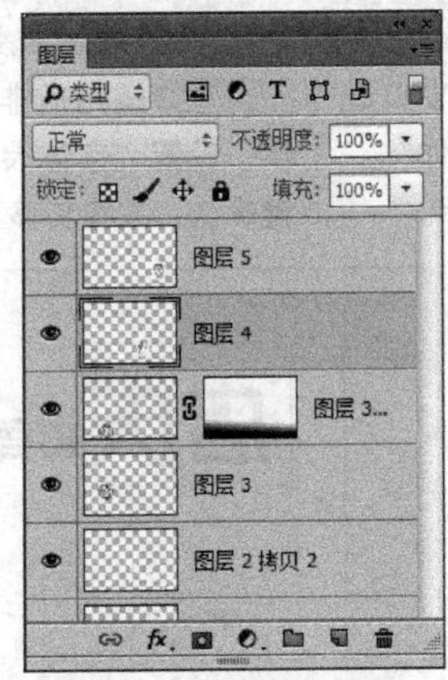

图23-29 选择“图层4”图层

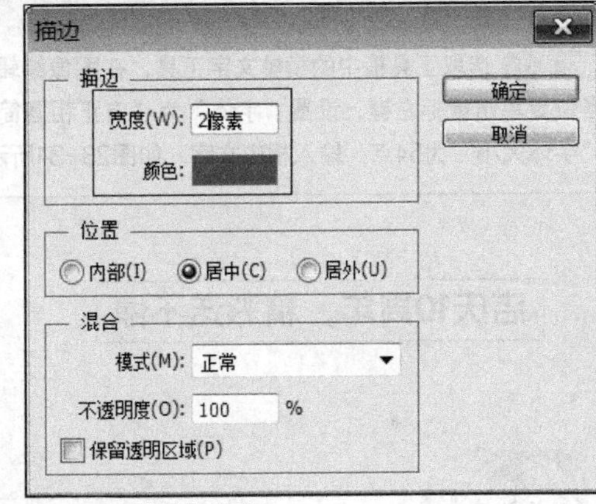

图23-30 “描边”对话框

STEP 04 单击“确定”按钮，对置入的图像进行描边处理，如图23-31所示。

STEP 05 用与上同样的方法，为另一幅素材图像添加描边效果，如图23-32所示。

图23-31 添加描边效果

图23-32 描边图像

STEP 06 按【Ctrl+O】组合键，打开“实战500-3”素材图像，选择除“背景”图层以外的图层，选取“移动工具”将其拖曳至新建的图像编辑窗口中的合适位置处，效果如图23-33所示。

图23-33 拖入素材图像效果

实战501 制作主题文字效果

▶实例位置：无
▶素材位置：无
▶视频位置：光盘\视频\第27章\实战501.mp4

• 实例介绍 •

下面首先运用横排文字工具输入广告文字，然后为其添加“渐变叠加”和“描边”图层样式，并调整文字的大小和角度，制作出炫丽的淘宝广告文字效果。

• 操作步骤 •

STEP 01 选取工具箱中的横排文字工具，在图像编辑窗口适当位置单击鼠标左键，设置“字体”为“方正粗圆简体”、“字体大小”为54点，输入相应文字，如图23-34所示。

STEP 02 运用横排文字工具选中“店庆”文字和“送”文字，设置“字体大小”为100点，按【Ctrl+Enter】组合键确认，并将其移至合适位置，如图23-35所示。

图23-34 输入文字

图23-35 改变文字属性

STEP 03 在文字图层上单击鼠标右键，在弹出的快捷菜单中，选择“混合选项”选项，如图23-36所示。

STEP 04 弹出“图层样式”对话框，选中“渐变叠加”复选框，切换至“渐变叠加”选项卡，如图23-37所示。

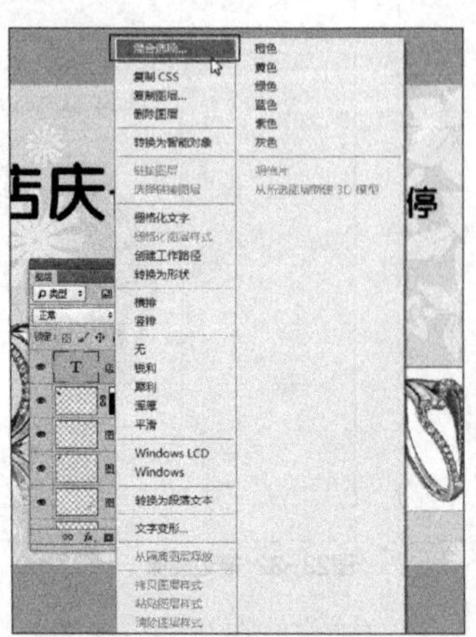

图23-36 选择“混合选项”选项

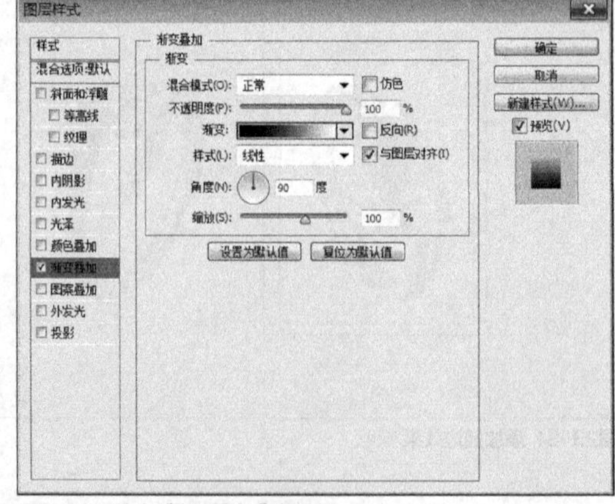

图23-37 选中“渐变叠加”复选框

STEP 05 单击“渐变”右侧的色块，弹出“渐变编辑器”对话框，在渐变条上添加3个色标，依次设置为红色（RGB参数分别为255、0、0）、黄色（RGB参数分别为240、255、0）和红色，如图23-38所示。

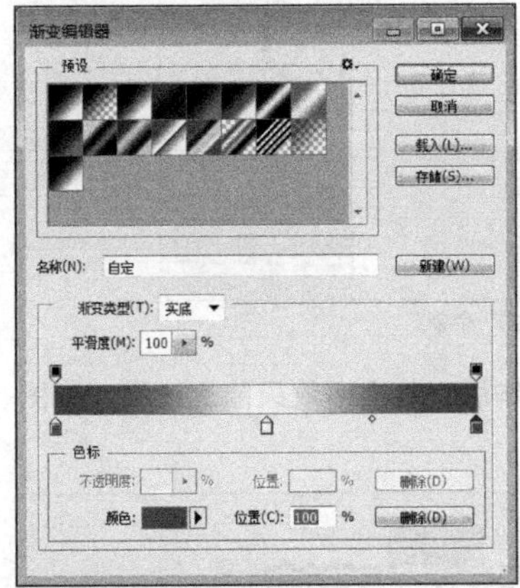

图23-38 “渐变编辑器”对话框

STEP 06 单击“确定”按钮，返回“图层样式”对话框，如图23-39所示。

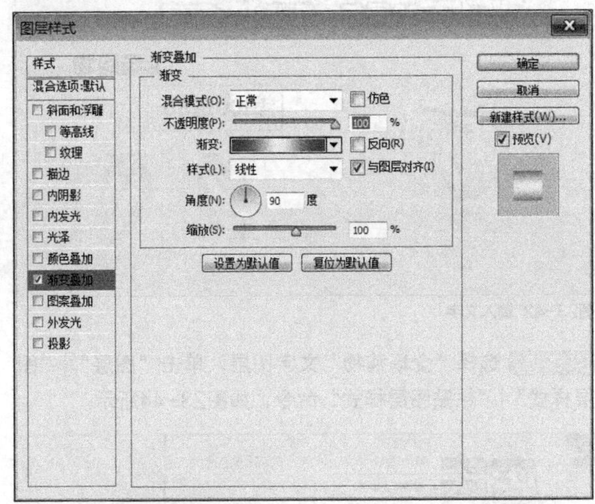

图23-39 “图层样式”对话框

STEP 07 选中“描边”复选框，设置“大小”为6、“颜色”为深红色（RGB参数分别为191、82、123），如图23-40所示。

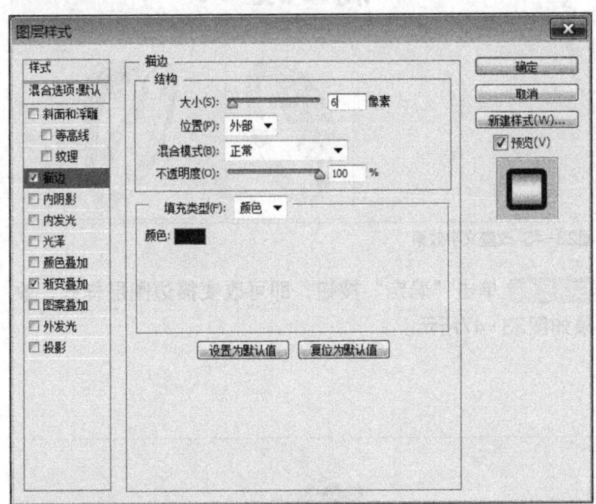

图23-40 设置相应选项

STEP 08 单击“确定”按钮，即可为文字添加相应的图层样式，效果如图23-41所示。

图23-41 添加图层样式效果

实战 502 添加其他文字效果

▶ 实例位置：光盘\实例\第23章\实战502.psd、实战502.jpg
▶ 素材位置：无
▶ 视频位置：光盘\视频\第23章\实战502.mp4

• 实例介绍 •

下面介绍使用横排文字工具添加文字效果的操作方法。

• 操作步骤 •

STEP 01 选取工具箱中的横排文字工具，在图像编辑窗口适当位置单击鼠标左键，设置“字体”为“方正粗圆简体”、“字体大小”为50点，输入相应文字，如图23-42所示。

STEP 02 选择“店庆10周年”文字图层，单击“图层”|“图层样式”|“拷贝图层样式”命令，如图23-43所示。

图23-42 输入文字

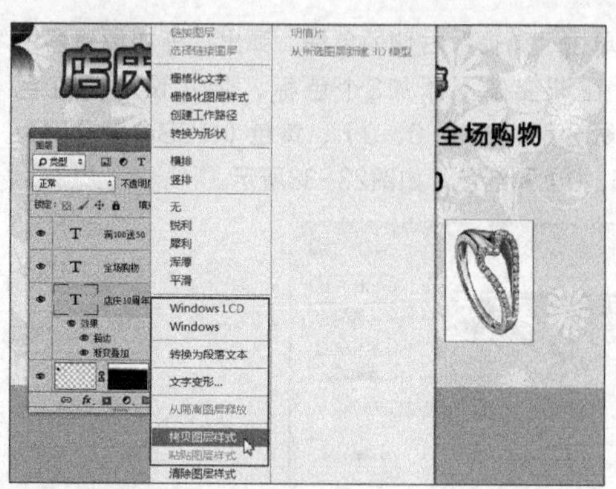

图23-43 单击“拷贝图层样式”命令

STEP 03 选择“全场购物”文字图层，单击“图层”|“图层样式”|“粘贴图层样式”命令，如图23-44所示。

STEP 04 执行上述操作后，其文字效果随之改变，如图23-45所示。

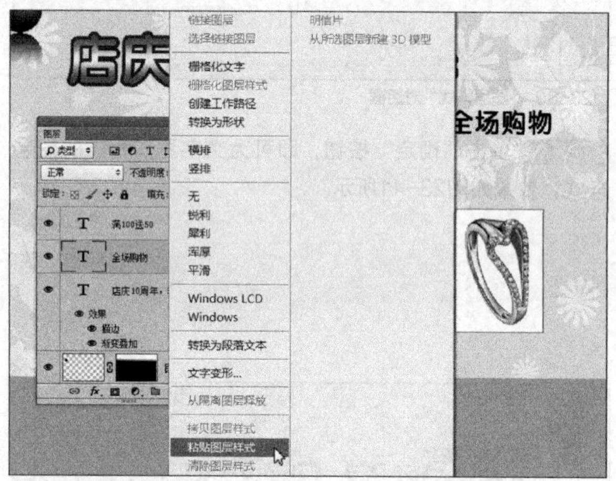

图23-44 粘贴图层样式

图23-45 改变文字效果

STEP 05 在“全场购物”文字图层的“描边”图层效果上双击鼠标左键，弹出“图层样式”对话框，设置“大小”为4，如图23-46所示。

STEP 06 单击“确定”按钮，即可改变描边图层样式，效果如图23-47所示。

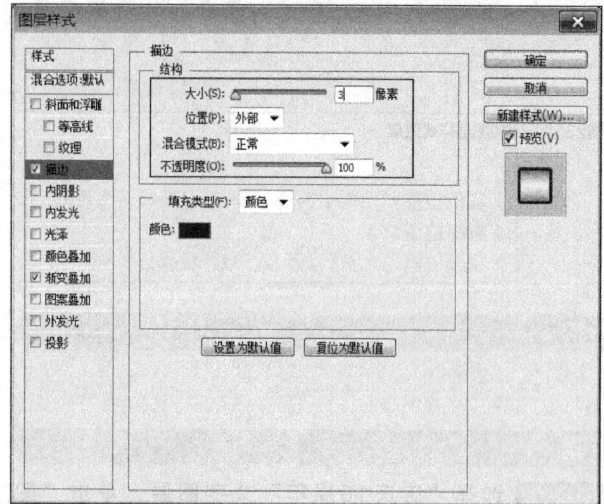

图23-46 改变描边样式参数

图23-47 改变描边图层样式效果

STEP 07 复制“全场购物”文字图层的图层样式，将其粘贴于“满100送50”文字图层上，其文字效果随之改变，如图23-48所示。

STEP 08 选择“店庆10周年”文字图层，单击“编辑”|“变换”|“旋转”命令，适当调整图像旋转角度，按【Enter】键确认，并将其调整至合适位置，如图23-49所示。

图23-48 改变文字效果

图23-49 旋转文字

STEP 09 用与上同样的方法，适当调整其他文字的角度，并移动至合适位置，如图23-50所示。

STEP 10 按【Ctrl+O】组合键，打开“实战502”素材图像，选取“移动工具”将其拖曳至新建的图像编辑窗口中的合适位置处，效果如图23-51所示。

图23-50 移动文字

图23-51 最终效果

23.2 衣服图片处理

服装是淘宝中最火热的销售商品，尤其女装的销售更是受到广大消费者的亲睐，下面将以女装为例介绍淘宝衣服图片的效果处理。

实战 503 新建文件

▶实例位置：无
▶素材位置：光盘\素材\第23章\实战503.jpg
▶视频位置：光盘\视频\第23章\实战503.mp4

• 实例介绍 •

下面介绍使用新建命令新建文件的操作方法。

• 操作步骤 •

STEP 01 单击“文件”|“新建”命令，弹出“新建”对话框，输入名称并设置相应参数，如图23-52所示。

STEP 02 单击“确定”按钮，即可新建一个指定大小的空白文档，如图23-53所示。

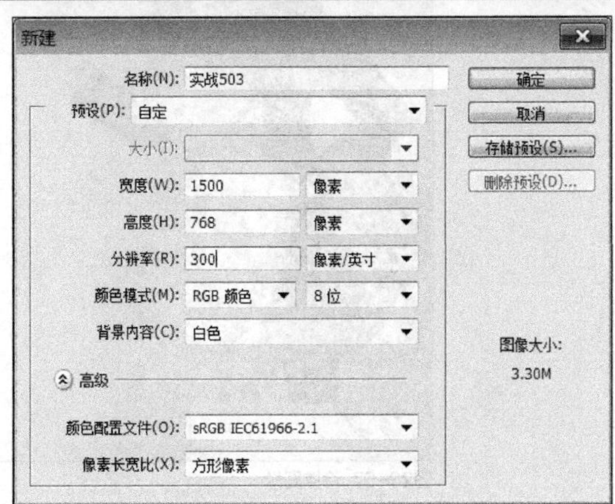

图23-52 设置新建属性

图23-53 新建空白文档

实战504 导入并处理图像素材

▶实例位置：无
▶素材位置：无
▶视频位置：光盘\视频\第23章\实战504.mp4

• 实例介绍 •

下面介绍使用全选、复制、粘贴的方法移动素材图像的操作方法。

• 操作步骤 •

STEP 01 打开“实战504-1”素材图像，按【Ctrl+A】组合键，全选图像，如图23-54所示。

图23-54 全选图像

STEP 02 选取“移动工具”，将其拖曳至新建的图像编辑窗口中，按【Ctrl+T】组合键，适当变换图像大小，如图23-55所示。

图23-55 置入素材

STEP 03 在“图层”面板中选择“图层1”图层，单击面板底部的“添加矢量蒙版”按钮，添加图层蒙版，如图23-56所示。

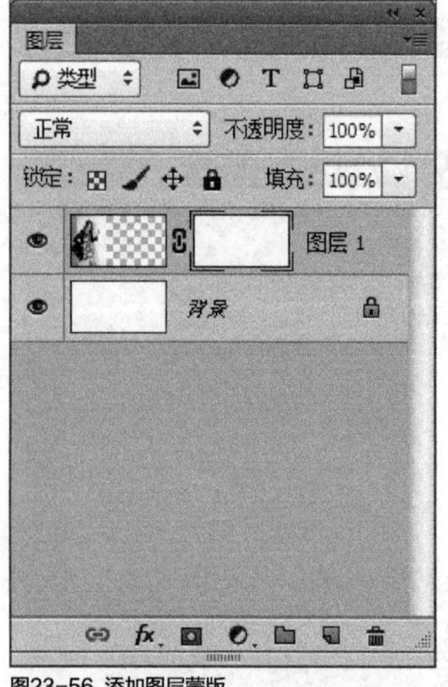

图23-56 添加图层蒙版

STEP 04 运用黑色画笔工具在图像的适当位置进行涂抹，如图23-57所示。

图23-57 涂抹图像

STEP 05 用与上同样的方法，打开“实战504-2”和“实战504-3”素材图像，将文件拖曳至新建图像编辑窗口中，并适当调整其大小和位置，如图23-58所示。

STEP 06 在“图层”面板中，分别为“图层2”和“图层3”图层添加图层蒙版，选取“画笔工具”，设置前景色为黑色，在图像的适当位置进行涂抹，并适当调整其位置，如图23-59所示。

图23-58 置入素材

图23-59 图像效果

实战505 制作倒影效果

▶实例位置：无
▶素材位置：无
▶视频位置：光盘\视频\第23章\实战505.mp4

• 实例介绍 •

下面介绍使用垂直翻转命令制作倒影效果的操作方法。

• 操作步骤 •

STEP 01 打开“实战505”素材图像，将文件拖曳至新建图像编辑窗口中，并适当调整其位置，如图23-60所示。

STEP 02 选择“图层4”图层，按【Ctrl+J】组合键，复制“图层4”图层，得到“图层4 副本”图层，单击“编辑”|“变换”|“垂直翻转”命令，垂直翻转图像，并移至合适位置，效果如图23-61所示。

图23-60 置入素材

图23-61 复制并翻转图像

STEP 03 单击面板底部的“添加矢量蒙版”按钮，添加图层蒙版，选取“渐变工具”，单击工具属性栏中的“点按可编辑渐变”按钮，弹出“渐变编辑器”对话框，设置相应参数，如图23-62所示。

STEP 04 单击“确定”按钮，设置黑白渐变填充颜色，在图像下方单击鼠标并向上拖曳，释放鼠标即可填充黑白渐变，效果如图23-63所示。

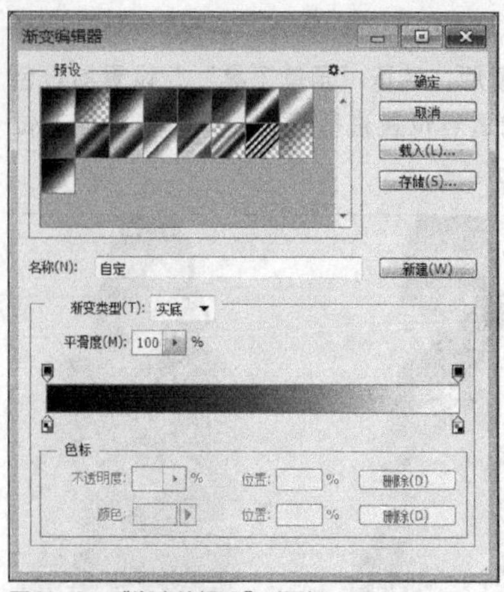
图23-62 “渐变编辑器”对话框

图23-63 填充黑白渐变

专家提醒

默认情况下，渐变的填充是黑白两色平均，用户在进行填充时，可以根据具体的需要，设置相应的颜色色标位置，以填充不同的效果。

实战506 图片文字处理

▶实例位置：光盘\实例\第23章\实战506.jpg、实战506.psd
▶素材位置：无
▶视频位置：光盘\视频\第23章\实战506.mp4

• 实例介绍 •

下面介绍使用横排文字工具添加文字效果的操作方法。

• 操作步骤 •

STEP 01 选择“横排文字工具”，在图像编辑窗口适当位置单击鼠标左键，在工具属性栏中设置“字体”为“方正大黑简体”、“字体大小”为14点、“颜色”为红色（RGB参数分别为255、0、0），输入相应文字，如图23-64所示。

STEP 02 选择输入的文字，在工具属性栏中单击“切换字符和段落面板”按钮，展开“字符”面板，设置相应字体、行距参数，如图23-65所示。

图23-64 输入文字

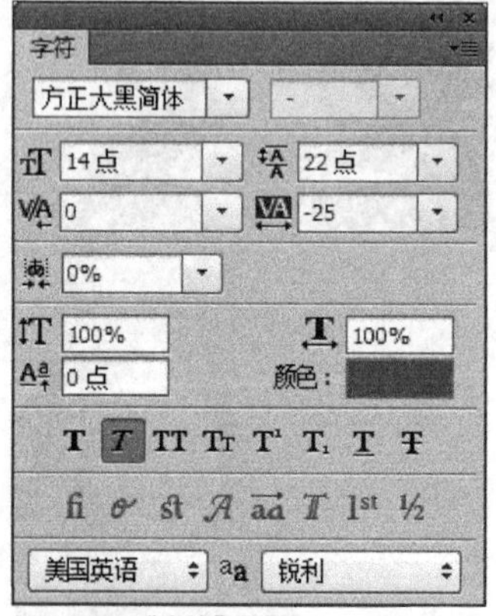

图23-65 “字符”面板

STEP 03 选择“2折”文字图层，设置“字体大小”为24点，并适当调整文字位置，效果如图23-66所示。

STEP 04 选择“横排文字工具”，在图像编辑窗口适当位置单击鼠标左键，设置“字体”为“黑体”、“字体大小”为12点、“颜色”为蓝色（RGB参数分别为0、18、233）、在“字符”面板中“设置行距”为14点、“仿斜体”，输入文字，按【Ctrl+Enter】组合键确认，并移至合适位置，如图23-67所示。

图23-66 设置文字大小

图23-67 输入并设置文字

STEP 05 选择“横排文字工具”T，在图像编辑窗口适当位置单击鼠标左键，在工具属性栏中设置“字体”为“黑体”、“字体大小”为6点、“颜色”为褐色（RGB参数分别为177、91、57），输入文字，按【Ctrl＋Enter】组合键确认，并移至合适位置，如图23-68所示。

STEP 06 打开“实战506”素材图像，将文件拖曳至新建图像编辑窗口中，并按【Ctrl＋T】组合键，调出变换控制框，适当调整其大小和位置，如图23-69所示。

图23-68 输入并设置文字

图23-69 置入并调整图像

STEP 07 双击“图层5”图层，弹出“图层样式”对话框，选中“描边”复选框，切换至“描边”选项卡，设置描边颜色为褐色（RGB参数分别为177、91、57），描边“大小”为2像素，如图23-70所示。

STEP 08 单击“确定”按钮，设置相应图层样式，最终效果如图23-71所示。

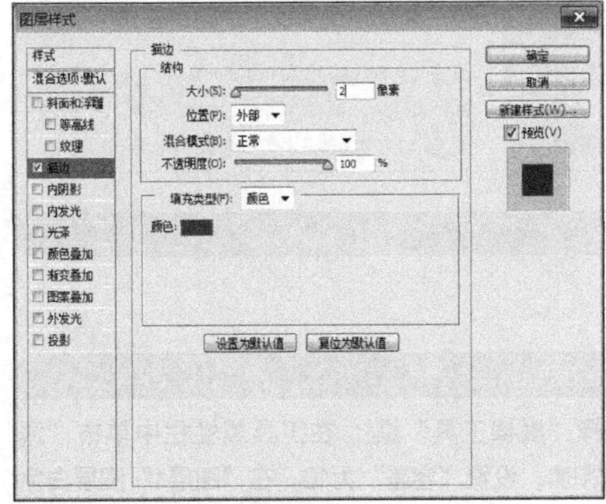

图23-70 “图层样式”对话框

图23-71 最终效果

专家提醒

在“图层样式”对话框中，用户还可以设置相应的阴影、发光等图层样式。

23.3 个性手包图片处理

包包也是淘宝网站热门的销售商品，对于琳琅满目的商品，一个好的店面装修和商品展示是非常重要的，本实例以手包为例介绍包包类图片的处理。

实战507 新建文件

▶实例位置：无
▶素材位置：无
▶视频位置：光盘\视频\第23章\实战507.mp4

• 实例介绍 •

下面介绍使用新建命令新建文件的操作方法。

• 操作步骤 •

STEP 01 单击“文件”|“新建”命令，弹出“新建”对话框，输入名称并设置相应参数，如图23-72所示。

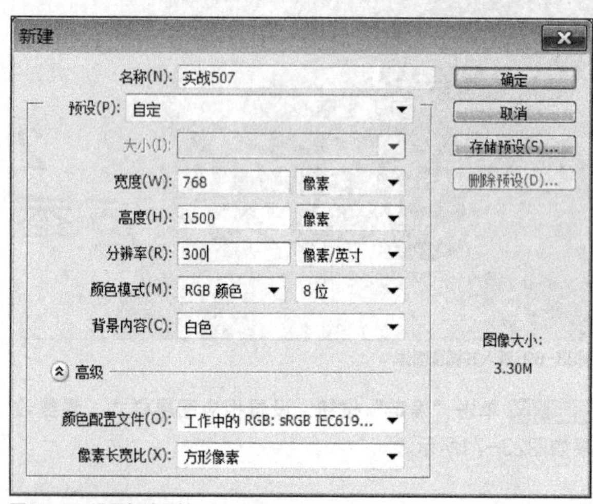

图23-72 设置新建属性

STEP 02 单击“确定”按钮，即可新建一个指定大小的空白文档，如图23-73所示。

图23-73 新建空白文档

实战508 抠取并移动素材

▶实例位置：无
▶素材位置：光盘\素材\第23章\实战508-1.jpg、实战508-2.jpg、实战508-3.jpg、实战508-4.jpg
▶视频位置：光盘\视频\第23章\实战508.mp4

• 实例介绍 •

下面介绍使用魔棒工具抠取素材图像的操作方法。

• 操作步骤 •

STEP 01 打开“实战508-1”素材图像，按【Ctrl+A】组合键，全选图像，选取“移动工具”，将其拖曳至新建的图像编辑窗口中，如图23-74所示。

STEP 02 选择“魔棒工具”，在工具属性栏中单击“添加到选区”按钮，设置“容差”为10，在“图层1”图层白色背景上多次单击鼠标左键，选中白色区域，如图23-75所示。

图23-74 置入素材

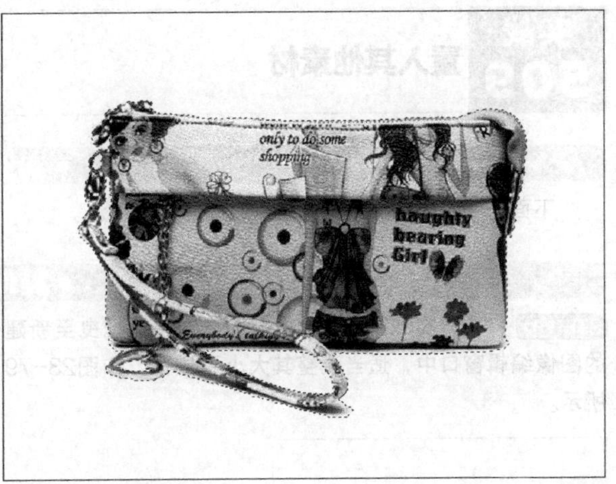

图23-75 选中白色区域

STEP 03 按【Delete】键删除背景，按【Ctrl+D】组合键，取消选择，隐藏“背景”图层，查看效果，如图23-76所示。

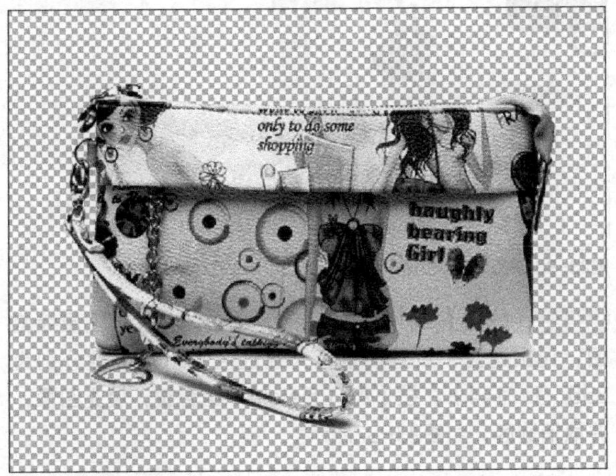

图23-76 图像效果

STEP 04 显示“背景”图层，用与上同样的方法，置入并抠图“实战508-2”素材图像，适当调整其大小和位置，如图23-77所示。

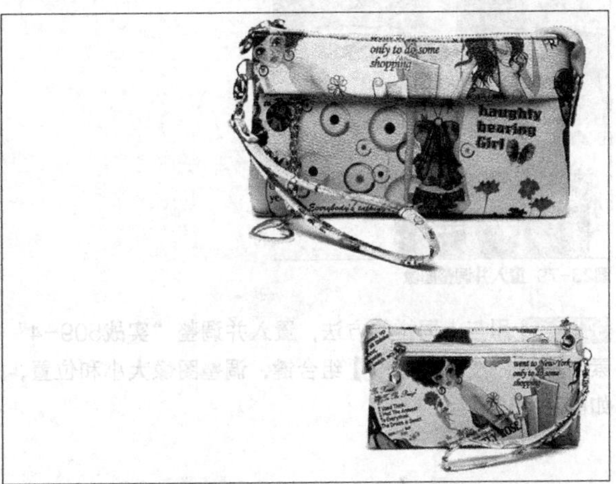

图23-77 抠图并调整图像

STEP 05 用与上同样的方法，分别置入并抠图“实战508-3”和“实战508-4”素材图像，适当调整其大小和位置，如图23-78所示。

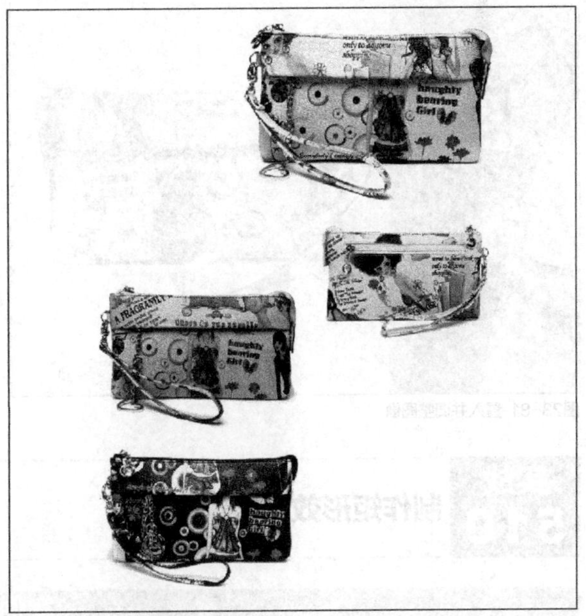

图23-78 抠图并调整效果

实战509 置入其他素材

▶实例位置：无
▶素材位置：无
▶视频位置：光盘\视频\第23章\实战509.mp4

• 实例介绍 •

下面介绍添加素材图像并添加颜色的操作方法。

• 操作步骤 •

STEP 01 打开“实战509-1”素材图像，将其拖曳至新建的图像编辑窗口中，适当调整其大小和位置，如图23-79所示。

图23-79 置入并调整图像

STEP 02 用与上同样的方法，分别置入并调整“实战509-2”和“实战509-3”素材图像，并按【Ctrl+T】组合键，适当调整其大小和位置，效果如图23-80所示。

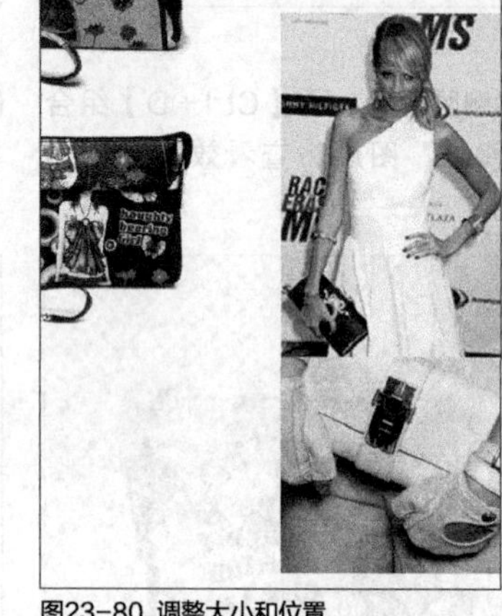

图23-80 调整大小和位置

STEP 03 用与上同样的方法，置入并调整“实战509-4”素材图像，按【Ctrl+T】组合键，调整图像大小和位置，如图23-81所示。

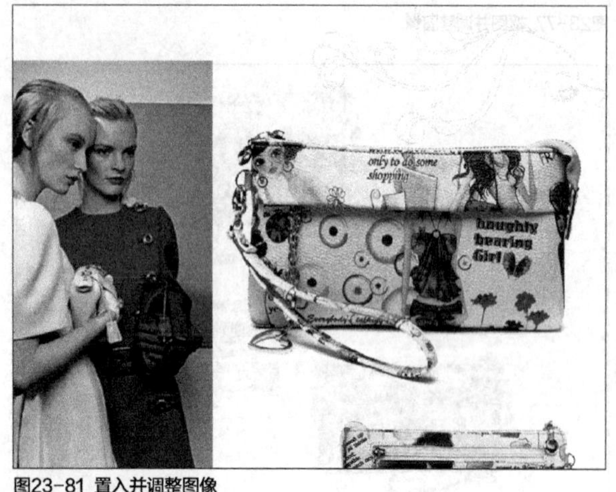

图23-81 置入并调整图像

STEP 04 按住【Ctrl】键的同时，单击“花纹”图层缩览图，调出选区，设置前景色为玫红色（RGB参数分别为255、1、144），按【Alt+Delete】组合键，填充图像，并取消选区，如图23-82所示。

图23-82 最终效果

实战510 制作矩形效果

▶实例位置：无
▶素材位置：无
▶视频位置：光盘\视频\第23章\实战510.mp4

• 实例介绍 •

下面介绍使用矩形选框工具创建选区并填充颜色的操作方法。

• 操作步骤 •

STEP 01 新建图层，选取“矩形选框工具”，在适当位置绘制矩形框，设置前景色为玫红色（RGB参数分别为255、1、144），填充前景色，并取消选区，如图23-83所示。

图23-83 绘制并填充矩形

STEP 02 选择“图层8”图层，按【Ctrl+J】组合键，复制得到“图层8 副本”图层，选取“移动工具”，将其移至图像下方适当位置，并适当调整其长度，如图23-84所示。

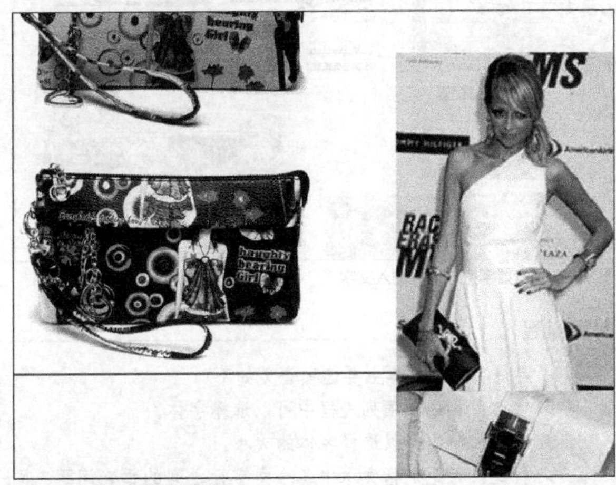

图23-84 复制并调整矩形

STEP 03 新建图层，选取“矩形选框工具”，在图像编辑窗口最下方适当位置绘制矩形框，设置前景色为玫红色（RGB参数分别为255、1、144），填充前景色，并取消选区，如图23-85所示。

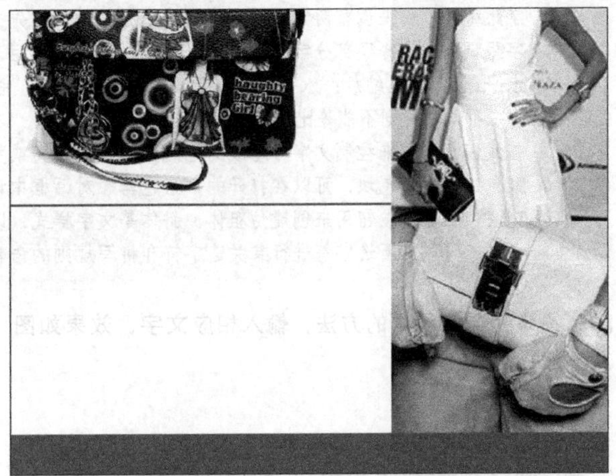

图23-85 绘制并填充矩形

实战 511 添加图片文字说明

▶ 实例位置：光盘\实例\第23章\实战511.jpg
▶ 素材位置：无
▶ 视频位置：光盘\视频\第23章\实战511.mp4

• 实例介绍 •

下面介绍使用横排文字工具添加文字的操作方法。

• 操作步骤 •

STEP 01 选择“横排文字工具”，在图像编辑窗口适当位置单击鼠标左键，在工具属性栏中单击“切换字符和段落面板”按钮，展开“字符”面板，设置相应参数，输入相应文字，如图23-86所示，按【Ctrl+Enter】组合键确认，完成文字输入。

STEP 02 使用同样的方法，保持默认参数，在编辑窗口中的合适位置输入文字，如图23-87所示。

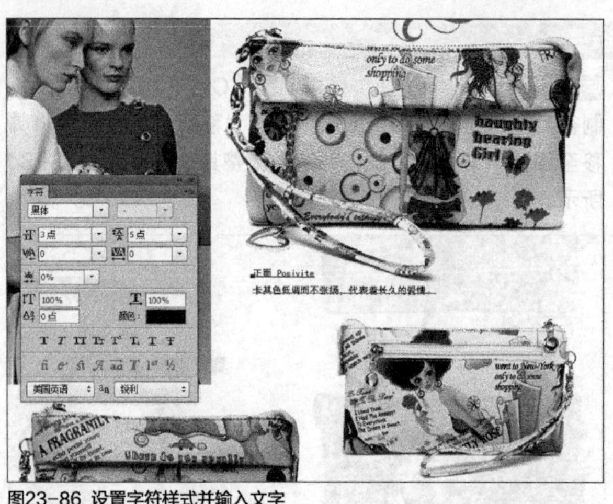
图23-86 设置字符样式并输入文字

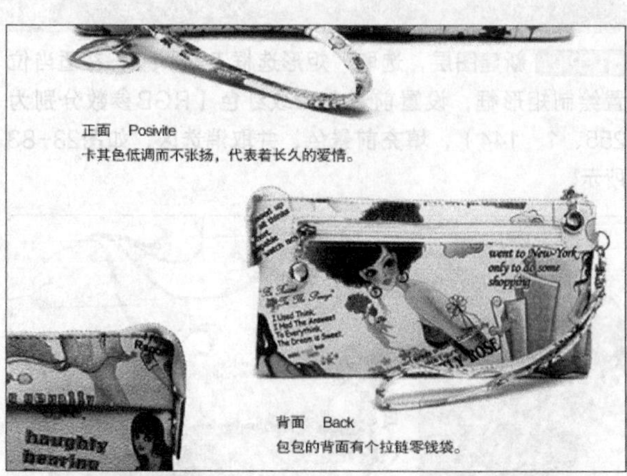

图23-87 复制并修改文字

专家提醒

“字符”面板中各主要选项含义如下。

➢ 字体：在该选项列表框中可以选择字体。

➢ 字体大小：可以选择字体的大小。

➢ 行距：行距是指文本中各个文字行之间的垂直间距，同一段落的行与行之间可以设置不同的行距，但文字行中的最大行距决定了该行的行距。

➢ 字距微调：用来调整两字符之间的间距，在操作时首先在要调整的两个字符之间单击，设置插入点，然后再调整数值。

➢ 字距调整：选择了部分字符时，可以调整所选字符间距，没有调整字符时，可调整所有字符的间距。

➢ 水平缩放/垂直缩放：水平缩放用于调整字符的宽度，垂直缩放用于调整字符的高度，这两个百分比相同时，可以进行等比缩放；不同时，则不能等比缩放。

➢ 基线偏移：用来控制文字与基线的距离，它可以升高或降低所选文字。

➢ 颜色：单击颜色块，可以在打开的“拾色器”对话框中设置文字的颜色。

➢ T状按钮：T状按钮用来创建仿粗体、斜体等文字样式，以及为字符添加下划线或删除线。

➢ 语言：可以对所选字符进行有关连字符和拼写规则的语言设置，Photoshop使用语言词典检查连字符连接。

STEP 03 用与上同样的方法，输入相应文字，效果如图23-88所示。

STEP 04 选取“横排文字工具”，在图像编辑窗口适当位置单击鼠标左键，在“字符”面板中，设置相应参数，输入相应文字，如图23-89所示，按【Ctrl+Enter】组合键确认。

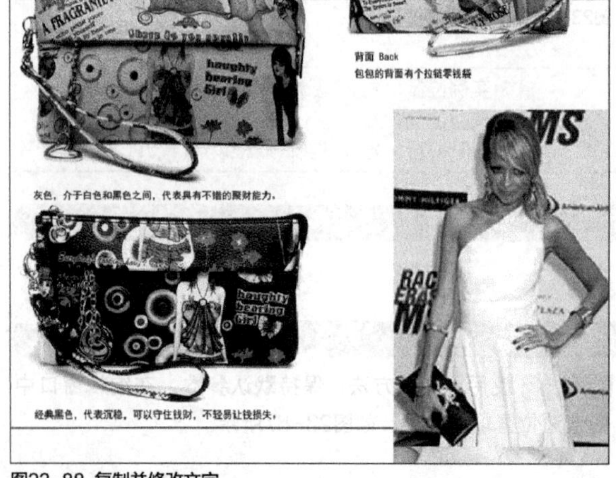
图23-88 复制并修改文字

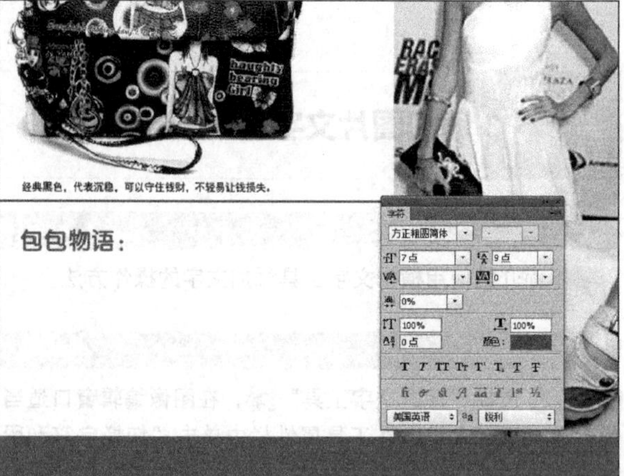

图23-89 修改并设置文字

STEP 05 选择“经典黑色”文字图层，参数值为改图层文字参数，在“包包物语”的下方输入文字，如图23-90所示。

STEP 06 选取“横排文字工具”，在图像编辑窗口适当位置单击鼠标左键，在“字符”面板中，设置相应参数，输入相应文字，按【Ctrl+Enter】组合键确认，完成文字输入，并将文字移至合适位置，如图23-91所示。

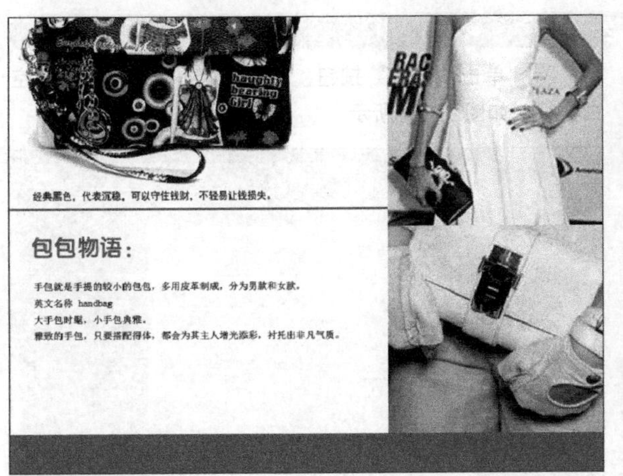

图23-90 输入并设置文字

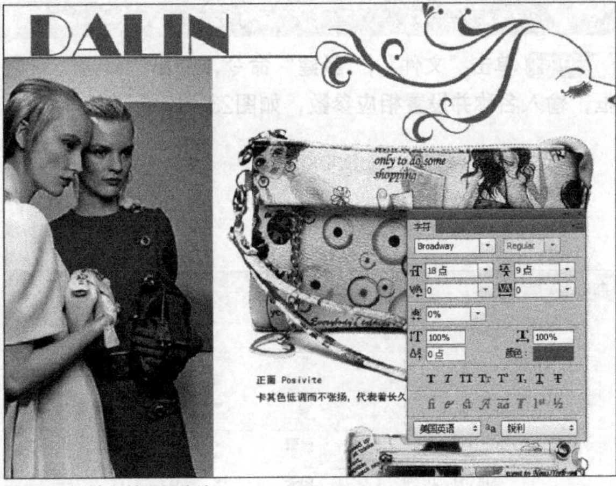

图23-91 输入并设置文字

STEP 07 用与上同样的方法，选择“横排文字工具”，在图像编辑窗口适当位置单击鼠标左键，在“字符”面板中，设置相应参数，输入相应文字，如图23-92所示。

STEP 08 按【Ctrl＋Enter】组合键，完成文字输入，并将文字移至合适位置，完成个性手包图片处理，最终效果如图23-93所示。

图23-92 输入并设置文字

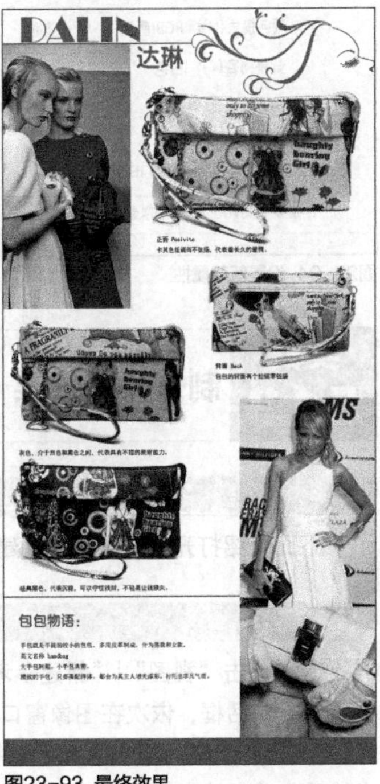

图23-93 最终效果

专家提醒

此外，用户在处理照片时，还可以根据自己店铺的特色和整体色调适当调整图像的色彩，如本例效果欣赏中的第2幅图像。

23.4 玩具类图片处理

玩具类是淘宝商品中非常火热且销售非常好的产品，同时，一些个性创意的玩具也吸引着很多收藏爱好者。本实例介绍玩具类图片的处理方法。

实战 512 新建文件

- 实例位置：无
- 素材位置：无
- 视频位置：光盘\视频\第23章\实战512.mp4

• 实例介绍 •

下面介绍使用新建命令新建文件的操作方法。

• 操作步骤 •

STEP 01 单击“文件”|“新建”命令，弹出“新建”对话框，输入名称并设置相应参数，如图23-94所示。

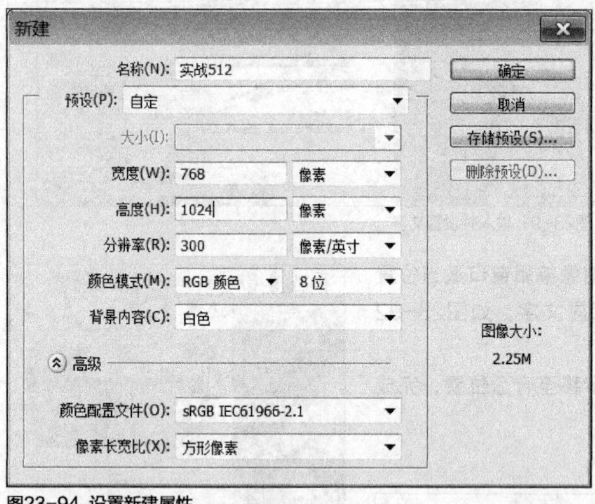

图23-94 设置新建属性

STEP 02 单击“确定”按钮，即可新建一个指定大小的空白文档，如图23-95所示。

图23-95 新建空白文档

实战 513 制作背景效果

▶实例位置：无
▶素材位置：无、光盘\素材\第23章\实战513.jpg
▶视频位置：光盘\视频\第23章\实战513.mp4

• 实例介绍 •

下面介绍打开移动素材并创建黑色矩形的操作方法。

• 操作步骤 •

STEP 01 单击“视图”|“新建参考线”命令，弹出“新建参考线”对话框，依次在图像窗口中创建位置为0.2厘米、2厘米、5厘米和8.3厘米的水平参考线，创建位置为3.25厘米的垂直参考线，如图23-96所示。

图23-96 创建参考线

STEP 02 打开“实战513”素材图像，选取“移动工具”，将其拖曳至新建的图像编辑窗口中，适当调整其位置，如图23-97所示。

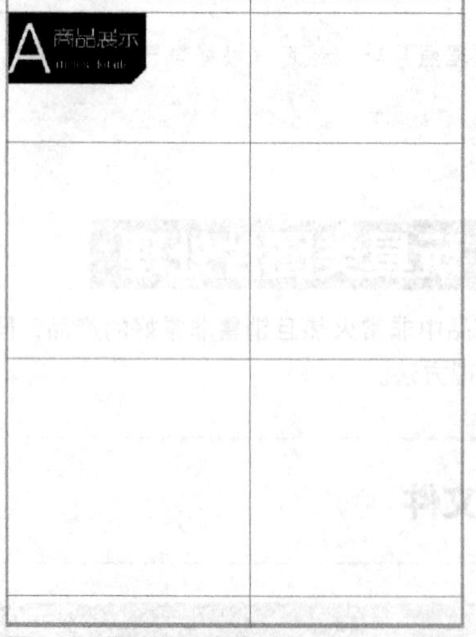

图23-97 置入并调整图像

STEP 03 选取“矩形工具”，在相应参考线位置，绘制一个高度为0.3厘米的矩形，并填充黑色，选择该图层，单击鼠标右键，在弹出的快捷菜单中，选择“栅格化图层”选项，将其转换为图层，如图23-98所示。

图23-98 绘制并填充矩形

STEP 05 连续按两次【Ctrl+J】组合键，复制“矩形1”图层两次，并适当调整至相应参考线位置，如图23-100所示。

STEP 04 新建图层，选取“单行选框工具”，在“矩形1”图层中相应位置，依次绘制直线，填充白色并取消选区，复制矩形并移动至合适位置，如图23-99所示，合并绘制的所有矩形，得到“矩形 1”图层。

图23-99 绘制直线并填充

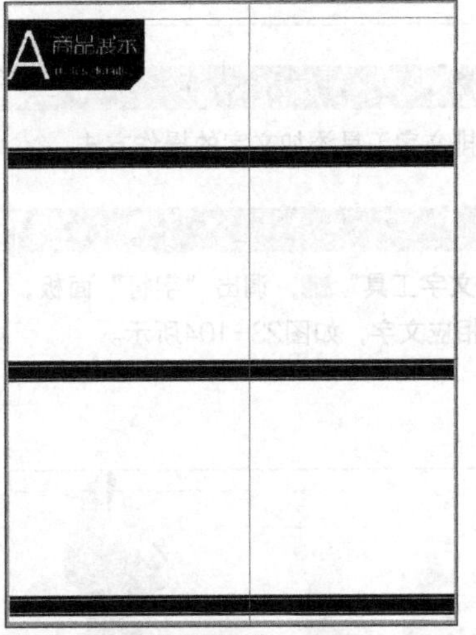

图23-100 复制并调整图像

实战 514 导入素材效果

▶ 实例位置：无
▶ 素材位置：光盘\素材\第23章\实战514-1.jpg、实战514-2.jpg、实战514-3.jpg、实战514-4.jpg、实战514-5.jpg
▶ 视频位置：光盘\视频\第23章\实战514.mp4

• 实例介绍 •

下面介绍使用“魔棒工具”抠取图像的操作方法。

• 操作步骤 •

STEP 01 打开“实战514-1”素材图像，将其拖曳至新建的图像编辑窗口中，适当调整其大小和位置，利用“魔棒工具”删除其白色背景，如图23-101所示。

STEP 02 用与上同样的方法，打开“实战514-2”和“实战514-3”素材图像，将各素材拖曳至新建的图像编辑窗口中，适当调整其大小和位置，并利用“魔棒工具”删除素材图像的白色背景，如图23-102所示。

STEP 03 用与上同样的方法，打开“实战514-4”和实战514-5素材图像，将各素材拖曳至新建的图像编辑窗口中，适当调整其大小和位置，如图23-103所示。

图23-101 置入并调整图像

图23-102 置入并调整图像

图23-103 置入并调整图像

实战515 添加文字说明

▶实例位置：光盘\实例\第23章\实战515.jpg

▶素材位置：无

▶视频位置：光盘\视频\第23章\实战515.mp4

• 实例介绍 •

下面介绍使用横排文字工具添加文字的操作方法。

• 操作步骤 •

STEP 01 选择“横排文字工具”，调出“字符”面板，设置相应参数，输入相应文字，如图23-104所示。

STEP 02 按【Ctrl+Enter】组合键确认，并用与上同样的方法，在“字符”面板中，设置相应参数，输入相应文字，如图23-105所示，按【Ctrl+Enter】组合键确认，并移至合适位置。

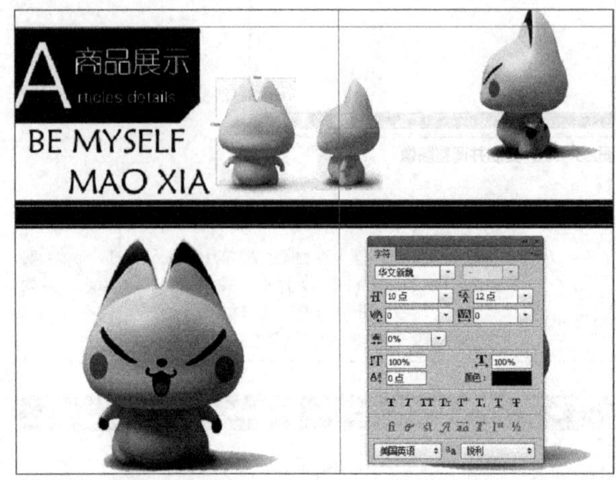

图23-104 设置并输入文字

图23-105 设置并输入文字

STEP 03 用与上同样的方法，在“字符”面板中，设置相应参数，输入相应文字，如图23-106所示，按【Ctrl+Enter】组合键确认，并移至合适位置。

STEP 04 用与上同样的方法，在“字符”面板中，设置相应参数，输入相应文字，如图23-107所示，按【Ctrl+Enter】组合键确认，并移至合适位置。

STEP 05 用与上同样的方法，在“字符”面板中，设置相应参数，输入相应文字，如图23-108所示，按【Ctrl+Enter】组合键确认，完成相应文字输入，并移至合适位置。

STEP 06 用与上同样的方法，在“字符”面板中，设置相应参数，输入相应文字，如图23-109所示，按【Ctrl+Enter】组合键确认，完成相应文字输入，并移至合适位置。

图23-106 设置并输入文字

图23-107 设置并输入文字

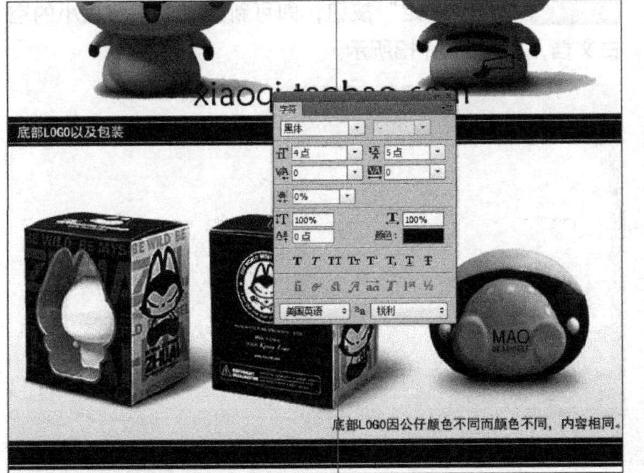
图23-108 设置并输入文字

图23-109 设置并输入文字

专家提醒

此外，用还可以在输入相应文字后设置相应的文字属性。

STEP 07 新建图层，选取“矩形选框工具”，在适当位置绘制矩形框，设置前景色为红色（RGB参数分别为255、0、0），按【Alt+Delete】组合键，填充前景色，按【Ctrl+D】组合键，取消选区，并将其调整至“温馨提示”文字图层下方，如图23-110所示。

图23-110 绘制并填充矩形

STEP 08 单击“视图”|“显示”|“参考线”命令，隐藏参考线，最终效果如图23-111所示。

图23-111 最终效果

23.5 鞋子图片处理

如何处理鞋子的图片，让淘宝店铺装修地更加漂亮真实？因为网上交易不能看到实物，吸引买家的关注只能靠产品的文字介绍和图片展示，鞋类淘宝店铺装修中的图片好坏直接影响了成交的概率。本实例介绍鞋子类淘宝商品图片的处理方法。

实战516 新建文件

▶实例位置：无
▶素材位置：无
▶视频位置：光盘\视频\第23章\实战516.mp4

• 实例介绍 •

下面介绍使用新建命令新建文件的操作方法。

• 操作步骤 •

STEP 01 单击“文件”|“新建”命令，弹出“新建”对话框，输入名称并设置相应参数，如图23-112所示。

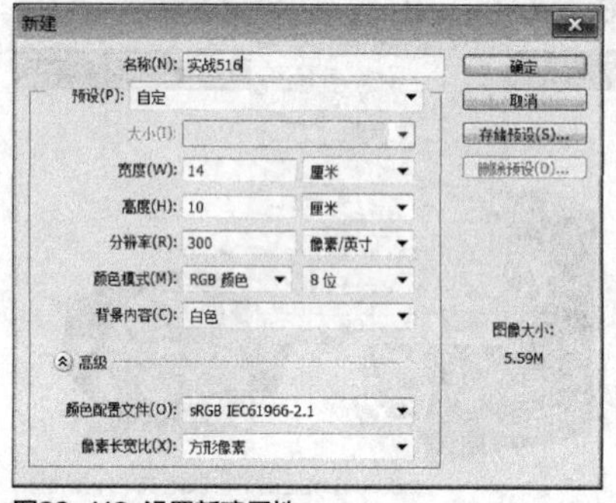

图23-112 设置新建属性

STEP 02 单击“确定”按钮，即可新建一个指定大小的空白文档，如图23-113所示。

图23-113 新建空白文档

实战517 制作背景效果

▶实例位置：无
▶素材位置：光盘\素材\第23章\实战517-1.jpg、实战517-7.jpg
▶视频位置：光盘\视频\第23章\实战517.mp4

• 实例介绍 •

下面介绍设置混合模式，制作背景效果的操作方法。

• 操作步骤 •

STEP 01 打开“实战517-1”素材图像，选取“移动工具”，将其拖曳至新建的图像编辑窗口中，适当调整其位置，如图23-114所示。

图23-114 调整位置

STEP 02 使用同样的方法，打开“实战517-2”素材图像，选择“背景”图层以外的图层，将其拖曳至新建的图像编辑窗口中，适当调整其位置，如图23-115所示。

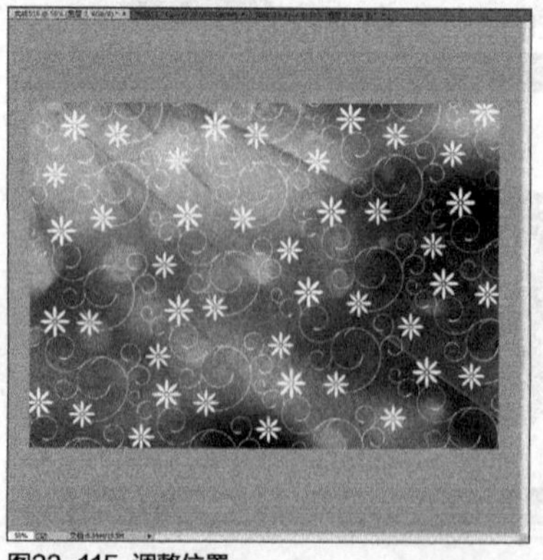

图23-115 调整位置

STEP 03 设置“图层2”图层的“混合模式”为“柔光”，如图23-116所示。

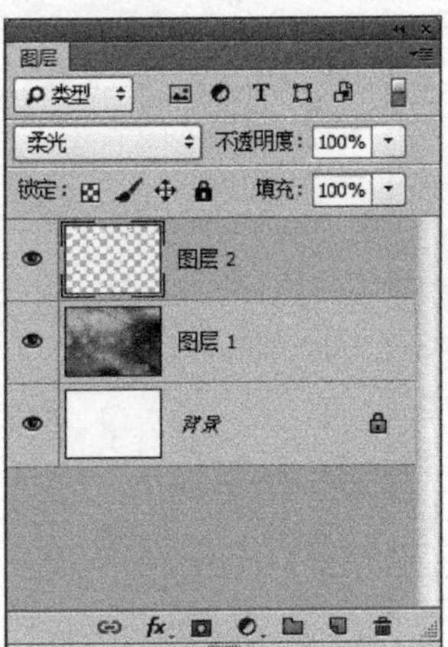

图23-116 设置图层混合模式

STEP 04 执行上述操作后，即可改变图层模式，效果如图23-117所示。

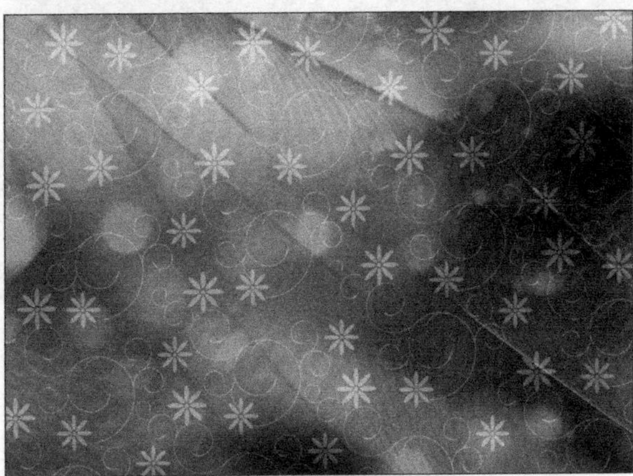
图23-117 改变混合模式效果

实战 518 制作主体效果

▶实例位置：无
▶素材位置：无
▶视频位置：光盘\视频\第23章\实战518.mp4

• 实例介绍 •

下面介绍设置混合模式，制作主体效果。

• 操作步骤 •

STEP 01 新建图层，选区“矩形选框工具”，在编辑窗口中的合适位置新建选区，填充白色并取消选区，如图23-118所示。

STEP 02 按【Ctrl+T】组合键，调出变换控制框，在控制框中单击鼠标右键，在弹出的快捷菜单中选择“变形”选项，调整图形形状，按【Enter】键确定，如图23-119所示。

图23-118 新建选区并填充选区

图23-119 改变混合模式效果

实战 519 抠取并移动素材

▶实例位置：无
▶素材位置：光盘\素材\第23章\实战519-1.jpg、实战519-2.jpg
▶视频位置：光盘\视频\第23章\实战519.mp4

• 实例介绍 •

下面介绍设置混合模式，抠取图像效果。

• 操作步骤 •

STEP 01 打开“实战519-1”素材图像，选取“移动工具”，将其拖曳至新建的图像编辑窗口中，如图23-120所示。

STEP 02 设置“图层4”图层的“混合模式”为“正片叠底”，如图23-121所示。

图23-120 拖曳图像

图23-121 设置图层混合模式

STEP 03 执行上述操作后，即可改变图层模式，抠取素材图像，按【Ctrl+T】组合键，调整图像大小和位置，效果如图23-122所示。

图23-122 调整图像大小和位置

STEP 04 使用同样的方法，打开“实战519-2”素材图像，将其拖曳至新建的图像编辑窗口中，并对其进行调整，如图23-123所示。

图23-123 置入并调整图像

STEP 05 打开“实战519-3”素材图像，将其拖曳至新建的图像编辑窗口中，调整图层位置，并移动至合适位置，如图23-124所示。

图23-124 调整至合适位置

STEP 06 在“图层”面板中单击“添加矢量蒙版”按钮，选取“渐变工具”，设置渐变颜色为白色到黑色，在编辑窗口中的合适位置创建径向渐变，效果如图23-125所示。

图23-125 创建径向渐变

实战 520 置入其他素材

▶实例位置：无
▶素材位置：光盘\素材\第23章\实战520-1.jpg、实战520-2.jpg、实战520-3.jpg、实战520-4.jpg
▶视频位置：光盘\视频\第23章\实战520.mp4

• 实例介绍 •

下面介绍使用对齐命令排列图像的操作方法。

• 操作步骤 •

STEP 01 打开“实战520-1”素材图像，将其拖曳至新建的图像编辑窗口中，如图23-126所示。

图23-126 置入图像

STEP 02 调整图像大小，并移动至合适位置，效果如图23-127所示。

图23-127 调整图像

STEP 03 使用同样的方法，打开其他素材，并调整大小和位置，如图23-128所示。

图23-128 调整大小和位置

STEP 04 选中“图层7”到“图层10”图层，单击“图层”|“对齐”|“底边”命令，再单击“图层”|“分布”|“垂直居中”命令，排列素材图像，如图23-129所示。

图23-129 排列素材图像

STEP 05 按住【Ctrl】键的同时，单击“图层3”图层，调出选区，按【Ctrl+Shift+I】组合键，反选选区，如图23-130所示。

图23-130 反选选区

STEP 06 分别选中“图层7”到“图层10”图层，点击【Delete】键删除部分图像，取消选区，并隐藏“图层3”图层，如图23-131所示。

图23-131 隐藏图层

实战 521 添加文字说明

▶实例位置：光盘\实例\第23章\实战521.jpg
▶素材位置：无
▶视频位置：光盘\视频\第23章\实战521.mp4

• 实例介绍 •

下面介绍使用横排文字工具添加文字的操作方法。

• 操作步骤 •

STEP 01 选择“横排文字工具” T，调出“字符”面板，设置相应参数，输入相应文字，如图23-132所示。

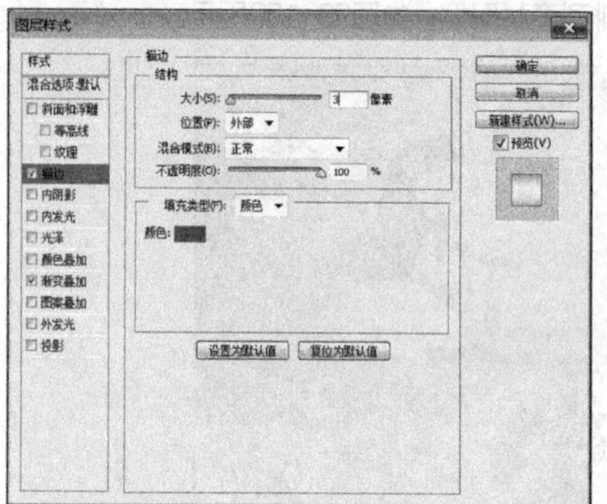

图23-132 输入文字

STEP 02 按【Ctrl+Enter】组合键确认，双击该文字图层，弹出“图层样式”对话框，选中“渐变叠加”复选框，在其中设置各选项，如图23-133所示。

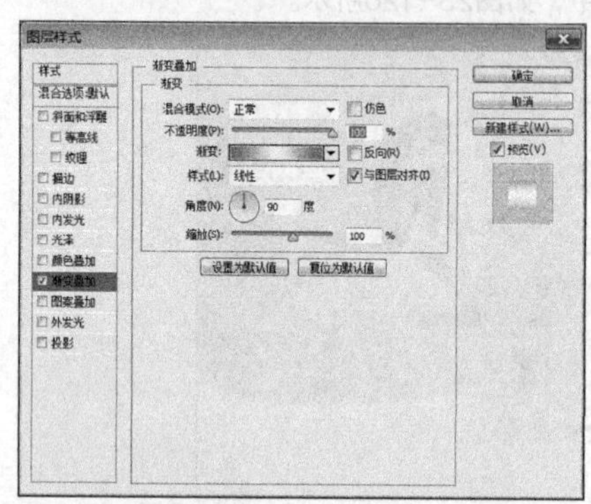

图23-133 设置各选项

STEP 03 选中“描边”复选框，在其中设置各选项，如图23-134所示。

图23-134 设置各选项

STEP 04 选中“外发光”复选框，单击“确定”按钮，即可添加相应图层样式，如图23-135所示。

图23-135 图层样式效果

STEP 05 选取“横排文字工具” T，在“字符”面板中，设置相应参数，输入文字，如图23-136所示。

图23-136 输入文字

STEP 06 按【Ctrl+Enter】组合键确认，并移至合适位置，如图23-137所示。

图23-137 最终效果

第24章 人像画面创意合成

本章导读

在Photoshop的应用中，处理人像照片是经常用到的操作，对于图像的创意合成，是基本照片处理的升级。完美、独特以及个性夸张的创意作品通常会给人一种强烈的视觉冲击感，更加容易吸引观众的眼球。

要点索引

- 沐浴阳光照片处理
- 听海特效照片处理
- 靓妆美女特效处理
- 炫彩效果照片处理
- 制作完美彩妆效果

24.1 沐浴阳光照片处理

本实例通过图层蒙版与画笔工具的综合运用，以抠图人物图像，同时，通过画笔工具、各素材的置入以及色阶的调整完成整个照片的合成效果。

实战522 打开人物图像

- 实例位置：无
- 素材位置：光盘\素材\第24章\实战521.jpg、实战522.jpg
- 视频位置：光盘\视频\第24章\实战522.mp4

• 实例介绍 •

下面介绍使用快捷菜单旋转图像的操作方法。

• 操作步骤 •

STEP 01 单击“文件”|“打开”命令，打开“实战522-1”素材，如图24-1所示。

图24-1 打开素材文件

STEP 02 单击“文件”|“打开”命令，打开“实战522-2”素材，将“实战522-2”素材图像拖曳至“实战522-1”图像编辑窗口中，并适当调整其大小和位置，如图24-2所示。

图24-2 置入并调整图像

STEP 03 按【Ctrl+T】组合键，单击鼠标右键，在弹出的快捷菜单中选择“水平翻转”选项，如图24-3所示。

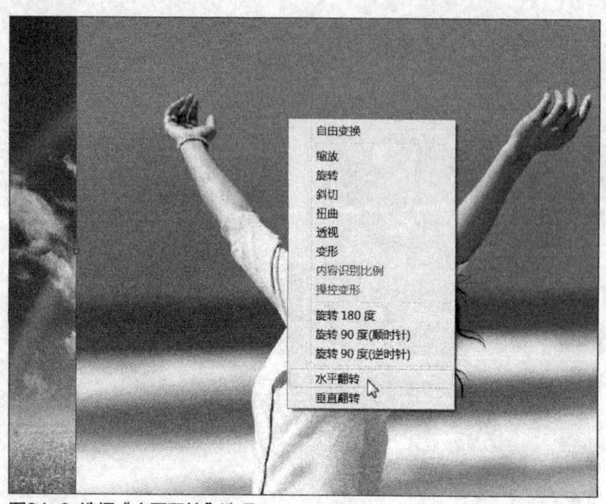

图24-3 选择“水平翻转”选项

STEP 04 执行上述操作后，按【Enter】键确定，并移动至合适位置，如图24-4所示。

图24-4 移动图像

实战 523 人物图像抠图

▶ 实例位置：无
▶ 素材位置：无
▶ 视频位置：光盘\视频\第24章\实战523.mp4

• 实例介绍 •

下面介绍使用“添加矢量蒙版”按钮抠取图像的操作方法。

• 操作步骤 •

STEP 01 在“图层”面板中选择“图层1”图层，单击面板底部的“添加矢量蒙版”按钮，添加图层蒙版，运用黑色画笔工具在图像的适当位置进行涂抹，如图24-5所示。

STEP 02 调整画笔大小，适当涂抹图像，以隐藏图像背景区域，如图24-6所示。

图24-5 涂抹图像

图24-6 隐藏部分图像

实战 524 利用“画笔工具”绘制效果

▶ 实例位置：无
▶ 素材位置：无
▶ 视频位置：光盘\视频\第24章\实战524.mp4

• 实例介绍 •

下面介绍使用画笔工具，对其参数进行设置，绘制白点的操作方法。

• 操作步骤 •

STEP 01 新建图层，设置前景色为白色，选取“画笔工具”，单击“窗口”|“画笔”命令，展开“画笔”面板，设置“画笔类型”为“星形42像素”，如图24-7所示，设置“间距”为81%。

STEP 02 选中“形状动态”复选框，设置“大小抖动”为100%，如图24-8所示。

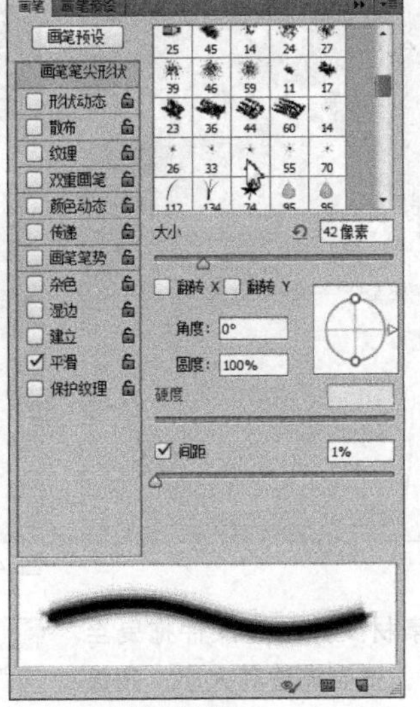

图24-7 设置画笔属性

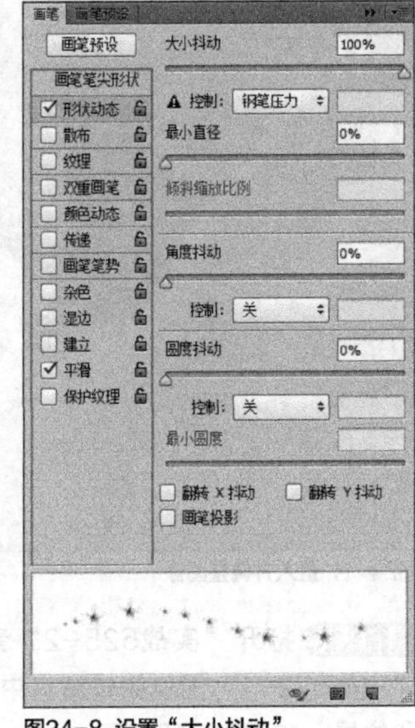

图24-8 设置“大小抖动”

STEP 03 选中“散布”复选框，设置“散布”为99%、“数量”为1、“数量抖动”为0%，如图24-9所示。

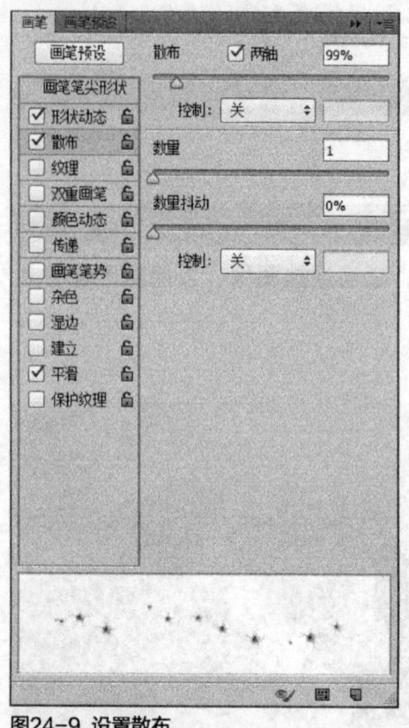

图24-9 设置散布

STEP 04 移动鼠标至图像编辑窗口中绘制图像，效果如图24-10所示。

图24-10 绘制图像

实战525 添加并调整图像素材

▶实例位置：光盘\实例\第24章\实战525.jpg、实战525.psd
▶素材位置：光盘\素材\第24章\实战525.jpg、实战525.jpg
▶视频位置：光盘\视频\第24章\实战525.mp4

• 实例介绍 •

下面介绍使用水平翻转命令翻转图像的操作方法。

• 操作步骤 •

STEP 01 打开“实战525-1”素材文件，将素材图像拖曳至“实战522-1”图像编辑窗口中，适当调整其位置，如图24-11所示。

STEP 02 按【Ctrl+J】组合键，复制“花”图层，得到“花 拷贝”图层，单击“编辑”|“变换”|“水平翻转”命令，水平翻转图像，并将其移至合适位置，效果如图24-12所示。

图24-11 置入并调整图像

图24-12 复制并调整图像

STEP 03 打开“实战525-2”素材文件，将文件拖曳至“实战522-1”图像编辑窗口中，适当调整其大小、角度和位置，如图24-13所示。

STEP 04 连续按两次【Ctrl+J】组合键，复制两次“音符”图层，并适当调整其大小、角度和位置，效果如图24-14所示。

图24-13 置入并调整图像

图24-14 复制并调整图像

STEP 05 单击“图层”面板底部的“创建新的填充或调整图层”按钮，在弹出的列表框中选择“色阶”选项，新建“色阶1”调整图层，设置相应参数，如图24-15所示。

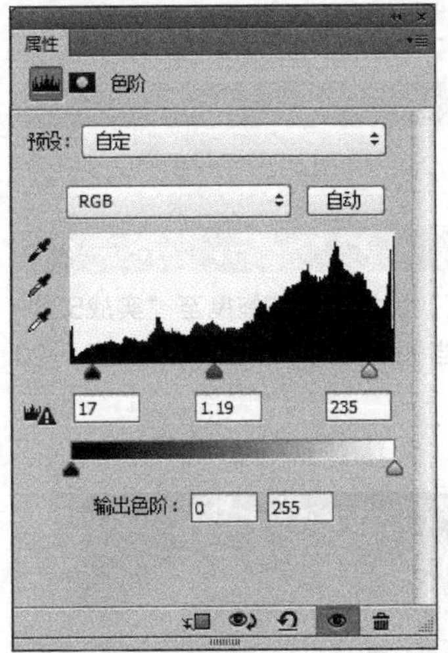

图24-15 设置相应参数

STEP 06 执行上述操作后，即可完成最终效果，如图24-16所示。

图24-16 最终效果

24.2 听海特效照片处理

本实例主要介绍通过图层蒙版、亮度/对比度、色彩平衡等的综合运用，抠取人物图像并适当调整其色彩和色调的操作方法。

实战526 打开素材图像

- ▶实例位置：无
- ▶素材位置：光盘\素材\第24章\实战526-1.jpg、实战526-2.jpg
- ▶视频位置：光盘\视频\第24章\实战526.mp4

• 实例介绍 •

下面介绍使用移动工具移动素材的操作方法。

• 操作步骤 •

STEP 01 单击“文件”|“打开”命令，打开“实战526-1”素材，如图24-17所示。

STEP 02 打开“实战526-2”素材，将其拖曳至“实战526-1”素材图像编辑窗口中，并适当调整其大小和位置，如图24-18所示。

图24-17 打开素材文件

图24-18 置入并调整图像

实战527 抠取素材效果

▶实例位置：无
▶素材位置：光盘\素材\第24章\实战527.jpg
▶视频位置：光盘\视频\第24章\实战527.mp4

• 实例介绍 •

下面介绍添加矢量蒙版抠取素材的操作方法。

• 操作步骤 •

STEP 01 在“图层”面板中选择“图层1”图层，单击面板底部的“添加矢量蒙版”按钮，添加图层蒙版，运用黑色画笔工具在图像编辑窗口的适当位置进行涂抹，如图24-19所示。

STEP 02 打开“实战527”素材，将其拖曳至“实战526-1”图像编辑窗口中，适当调整其大小和位置，如图24-20所示。

图24-19 涂抹图像

图24-20 置入并调整图像

STEP 03 将“图层2”图层移动至“图层1”图层的下方，调整图层顺序，单击面板底部的“添加矢量蒙版”按钮，添加图层蒙版，如图24-21所示。

STEP 04 选取“画笔工具”，设置前景色为黑色，在图像的适当位置进行涂抹，抠取图像素材，如图24-22所示。

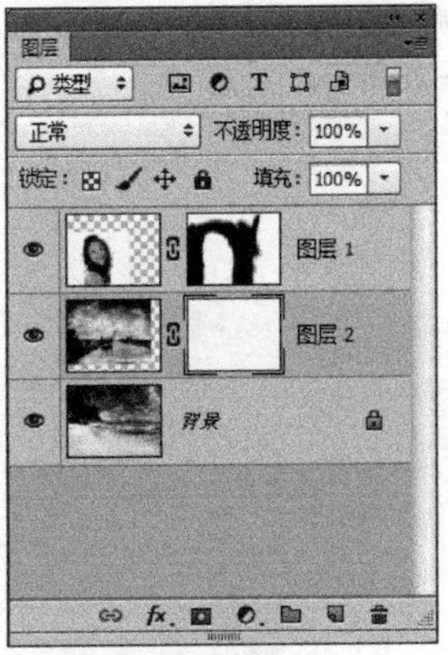
图24-21 添加图层蒙版

图24-22 图像效果

实战 528 调整图像效果

▶实例位置：无
▶素材位置：无
▶视频位置：光盘\视频\第24章\实战528.mp4

• 实例介绍 •

下面介绍使用“亮度/对比度”和“色彩平衡”调整图层调整图像的操作方法。

• 操作步骤 •

STEP 01 单击“图层”面板底部的“创建新的填充或调整图层”按钮，在弹出的列表框中选择“亮度/对比度”选项，新建“亮度/对比度1”调整图层，设置相应参数，如图24-23所示。

STEP 02 单击“图层”面板底部的“创建新的填充或调整图层”按钮，在弹出的列表框中选择“色彩平衡”选项，新建“色彩平衡1”调整图层，设置相应参数，如图24-24所示。

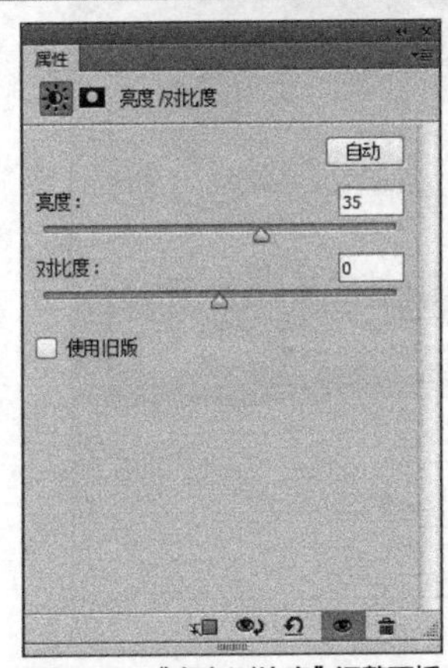
图24-23 “亮度/对比度”调整面板

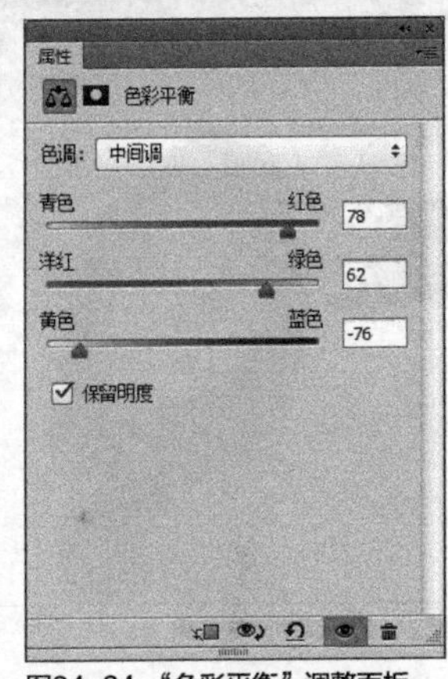
图24-24 “色彩平衡”调整面板

STEP 03 执行操作后，图像的整体亮度、对比度和色彩均改变，效果如图24-25所示。

图24-25 调整图像效果

STEP 04 选中“色彩平衡1”调整图层上的图层蒙版，运用画笔工具在图像的适当位置进行涂抹，隐藏部分色彩，如图24-26所示。

图24-26 隐藏部分色彩

STEP 05 选中“亮度/对比度1”调整图层上的图层蒙版，运用画笔工具在人物之外的图像区域适当涂抹，隐藏部分色彩，效果如图24-27所示。

图24-27 隐藏部分色彩

STEP 06 在“图层”面板中新建“色彩平衡2”调整图层，设置各选项参数，如图24-28所示。

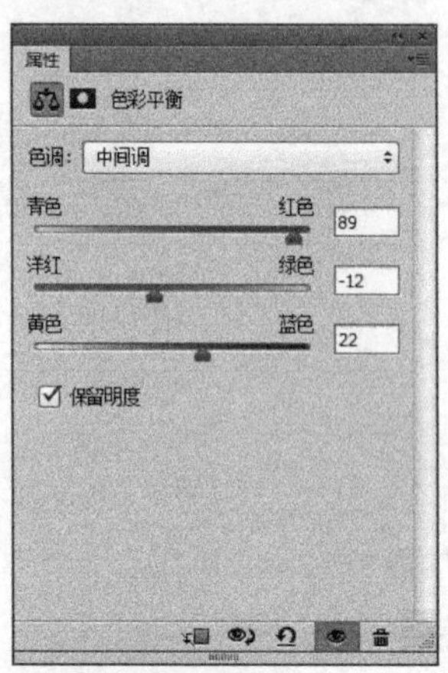

图24-28 调整色彩平衡

STEP 07 执行操作后，即可调整图像的色彩平衡，效果如图24-29所示。

图24-29 调整图像效果

STEP 08 选中“色彩平衡2”调整图层上的图层蒙版，运用画笔工具在人物和云层图像的适当位置进行涂抹，最终效果如图24-30所示。

图24-30 最终效果

专家提醒

在使用“色彩平衡”调整色彩时，如果3个参数值相同，则会影响图像的整体亮度和色彩的对比度，如果数值趋于100，则图像亮度加强，色彩的对比度减弱；相反，如果数值趋于－100，则图像亮度减弱，色彩的对比度加强。

实战529 添加主题文字效果

▶实例位置：无
▶素材位置：无
▶视频位置：光盘\视频\第24章\实战529.mp4

• 实例介绍 •

下面介绍使用横排文字工具添加主题文字的操作方法。

• 操作步骤 •

STEP 01 选取“横排文字工具”T，在图像编辑窗口适当位置单击鼠标左键，在工具属性栏中设置“字体”为“方正舒体”、“字体大小”为48点，输入相应文字，如图24-31所示。

STEP 02 选择“听”文字，设置“字体大小”为72点，效果如图24-32所示。

图24-31 设置属性并输入文字

图24-32 设置文字属性

STEP 03 选择其他文字，设置颜色为玫红色（RGB参数分别为230、7、166），按【Ctrl＋Enter】组合键确认，如图24-33所示。

STEP 04 选择文字图层，单击“图层”|“栅格化”|“文字”命令，栅格化图层，按住【Ctrl】键单击缩略图，创建选区，如图24-34所示。

图24-33 设置文字属性

图24-34 创建文字选区

STEP 05 选取“矩形选框工具”，在工具属性栏中单击“从选区减去”按钮，在“听”文字外的其他文字上创建选区，以从选区中减去，如图24-35所示。

图24-35 从选区中减去

STEP 06 选取“渐变工具”，单击“点按可编辑渐变”按钮，弹出“渐变编辑器”对话框，设置渐变为青色（RGB参数分别为136、255、250）到深青色（RGB参数分别为2、222、223）到蓝色（RGB参数分别为7、127、200），如图24-36所示。

图24-36 “渐变编辑器”对话框

STEP 07 单击"确定"按钮，设置渐变色，在"听"文字左上角单击鼠标左键，拖曳至文字右下角，填充线性渐变，按【Ctrl+D】组合键取消选区，效果如图24-37所示。

图24-37 填充渐变色

STEP 08 双击文字图层，在弹出的"图层样式"对话框中，选中"外发光"复选框，单击"确定"按钮，即可添加相应图层样式，如图24-38所示。

图24-38 添加图层样式

实战530 添加其他文字效果

▶实例位置：光盘\实例\第24章\实战530.jpg、实战530.psd
▶素材位置：无
▶视频位置：光盘\视频\第24章\实战530.mp4

• 实例介绍 •

下面介绍使用横排文字工具，添加其他文字效果。

• 操作步骤 •

STEP 01 选取"横排文字工具" T，在图像适当位置单击鼠标左键，在工具属性栏中设置"字体"为Brush Script MT、"字体大小"为36点，输入相应文字，如图24-39所示。

图24-39 输入文字

STEP 02 按【Ctrl+Enter】组合键确认，选择该文字图层，单击鼠标右键，在弹出的快捷菜单中选择"混合选项"选项，弹出"图层样式"对话框，选中"描边"复选框，切换至"描边"选项卡，设置"大小"为1、颜色为土黄色（RGB参数分别为216、165、51），单击"确定"按钮，完成描边图层样式设置，最终图像效果完成，如图24-40所示。

图24-40 最终效果

24.3 靓妆美女照片处理

本实例结合使用画笔工具、置入图像素材以及调整素材的图层混合模式，制作图像的背景效果，并运用前面所学的钢笔工具结合通道抠取人物图像。

实战 531 新建文件

▶实例位置：无
▶素材位置：无
▶视频位置：光盘\视频\第24章\实战531.mp4

• 实例介绍 •

下面介绍使用新建命令新建文件的操作方法。

• 操作步骤 •

STEP 01 单击“文件”|“新建”命令，弹出“新建”对话框，输入名称并设置相应参数，如图24-41所示。

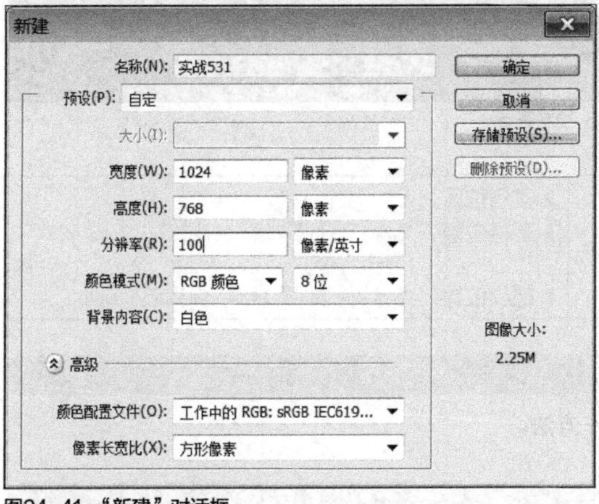

图24-41 “新建”对话框

STEP 02 单击“确定”按钮，即可新建一个指定大小的空白文档，如图24-42所示。

图24-42 新建文档

实战 532 制作背景效果

▶实例位置：无
▶素材位置：无
▶视频位置：光盘\视频\第24章\实战532.mp4

• 实例介绍 •

下面介绍使用渐变工具和画笔工具，制作背景效果的操作方法。

• 操作步骤 •

STEP 01 新建“图层1”图层，选取“渐变工具”，填充渐变为蓝色（RGB参数分别为0、147、204）到深蓝色（RGB参数分别为0、40、96）的径向渐变，如图24-43所示。

STEP 02 选取“画笔工具”，单击“窗口”|“画笔”命令，展开“画笔”面板，设置“大小”为30px、“硬度”为100%、“间距”为200%，如图24-44所示。

图24-43 填充径向渐变

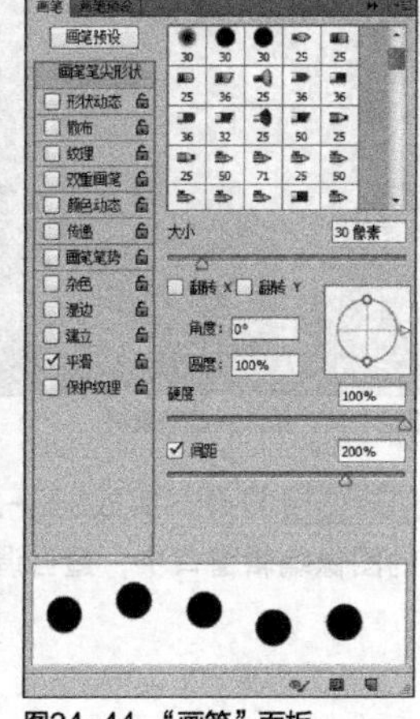
图24-44 “画笔”面板

STEP 03 选择“形状动态”复选框，设置“大小抖动”为100%；选中“散布”复选框，设置“散布”为800%，如图24-45所示。

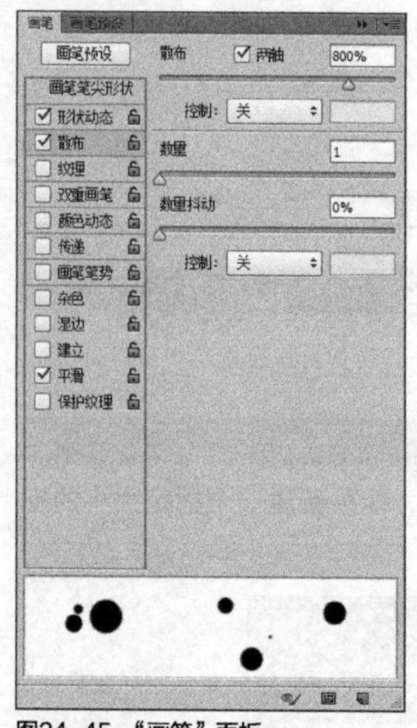

图24-45 “画笔”面板

STEP 04 新建“图层2”图层，设置“填充”和“不透明度”均为50%，设置前景色为白色，绘制少量的圆点，效果如图24-46所示。

图24-46 绘制圆点

实战533 添加素材并调整

▶实例位置：无
▶素材位置：光盘\素材\第24章\实战533-1.jpg、实战533-2.jpg、实战533-3.jpg、实战533-4.jpg
▶视频位置：光盘\视频\第24章\实战533.mp4

• 实例介绍 •

下面介绍使用移动素材并设置图层混合模式制作相应效果的操作方法。

• 操作步骤 •

STEP 01 打开“实战533-1”素材文件，选取“移动工具”，将其拖曳至新建的图像编辑窗口中，适当调整其位置，如图24-47所示。

图24-47 置入并调整素材

STEP 02 设置“图层3”图层的混合模式为“叠加”、“不透明度”为50%，效果如图24-48所示。

图24-48 设置图像效果

STEP 03 打开“实战533-2”素材文件，将其拖曳至新建的图像编辑窗口中，适当调整其位置，如图24-49所示。

STEP 04 选择“星形”图层，多次按【Ctrl+J】组合键，复制若干个星形图像，并适当调整其位置和大小，如图24-50所示。

图24-49 置入并调整素材

图24-50 复制并调整图像

STEP 05 选择“星形”图层的所有复制图层，按【Ctrl+G】组合键，编组图层，复制该组两次，调整图像位置，如图24-51所示。

STEP 06 打开“实战533-3”素材文件，将其拖曳至新建的图像编辑窗口中，适当调整其位置，设置“图层4”图层混合模式为“滤色”、“不透明度”为80%，效果如图24-52所示。

图24-51 复制图层并调整位置

图24-52 置入图像并设置相应参数

STEP 07 打开“实战533-4”素材文件，将其拖曳至新建的图像编辑窗口中，适当调整其位置，如图24-53所示。

STEP 08 双击“图层5”图层，在弹出的设“图层样式”对话框中，选中“渐变叠加”复选框，“渐变”为“橙、黄、橙”3色渐变，单击“确定”按钮即可，效果如图24-54所示。

图24-53 调整位置

图24-54 设置图层样式

实战534 制作整体效果

▶实例位置：光盘\实例\第24章\实战534.jpg、实战534.psd
▶素材位置：光盘\素材\第24章\实战534-1.jpg、实战534-2.jpg、实战534-3.jpg、
▶视频位置：光盘\视频\第24章\实战534.mp4

• 实例介绍 •

下面介绍使用“水平翻转画布”命令和图层蒙版，制作整体效果的操作方法。

• 操作步骤 •

STEP 01 打开“实战534-1”素材图像，如图24-55所示。

STEP 02 将“实战534-1”素材图像拖曳至新建的图像编辑窗口中，单击“图像”|“图像旋转”|“水平翻转画布”命令，调整大小和位置，如图24-56所示。

图24-55 打开素材图像

图24-56 置入并调整图像

STEP 03 添加图层蒙版，设置前景色为黑色，选取“画笔工具”在图像编辑窗口的适当位置进行涂抹，效果如图24-57所示。

STEP 04 打开“实战534-2”和“实战534-3”素材文件，并将各素材拖曳至新建的图像编辑窗口中，适当调整其大小和位置，并复制若干个蝴蝶图像，适当调整其大小、位置和角度，完成效果制作，如图24-58所示。

图24-57 涂抹效果

图24-58 最终图像效果

24.4 炫彩效果照片处理

本实例综合利用通道和色彩范围抠图人像，并结合滤镜、图层混合模式适当调整图像，最后通过钢笔工具、画笔工具巧妙地制作炫彩效果。

实战535 制作抠图人物效果

▶实例位置：无
▶素材位置：光盘\素材\第24章\实战535.jpg
▶视频位置：光盘\视频\第24章\实战535.mp4

• 实例介绍 •

下面介绍使用色彩范围命令制作抠取图像的操作方法。

• 操作步骤 •

STEP 01 单击“文件”|“打开”命令，打开“实战535”素材，如图24-59所示。

图24-59 打开素材图像

STEP 02 复制“背景”图层，重命名“图层1”图层，打开“通道”面板，选择“蓝”通道，按【Ctrl+M】组合键，弹出“曲线”对话框，设置相应参数，如图24-60所示。

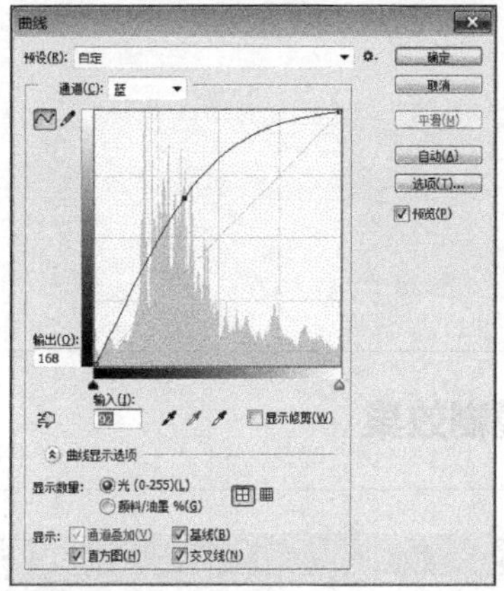

图24-60 “曲线”对话框

STEP 03 单击“确定”按钮，即可调整图像曲线，效果如图24-61所示。

图24-61 调整图像曲线效果

STEP 04 设置前景色为黑色，选取“画笔工具”和“加深工具”，在图像的适当位置进行涂抹，效果如图24-62所示。

图24-62 涂抹图像

STEP 05 单击“选择”|“色彩范围”命令，弹出“色彩范围”对话框，将光标移至人物位置，吸取黑色区域，如图24-63所示。

图24-63 “色彩范围”对话框

STEP 06 单击“确定”按钮，创建选区，隐藏“图层1”图层，并选择“背景”图层，如图24-64所示。

图24-64 创建选区

STEP 07 按【Ctrl+J】组合键，复制图像并隐藏“背景”图层，效果如图24-65所示。

图24-65 复制图像

实战 536 设置模糊效果

▶实例位置：无
▶素材位置：无
▶视频位置：光盘\视频\第24章\实战536.mp4

• 实例介绍 •

下面介绍使用相应模糊命令制作模糊效果的操作方法。

• 操作步骤 •

STEP 01 复制“图层2”图层3份，选择“图层2”图层，单击“滤镜”|“模糊”|“高斯模糊”命令，弹出“高斯模糊”对话框，设置“半径”为40像素，如图24-66所示。

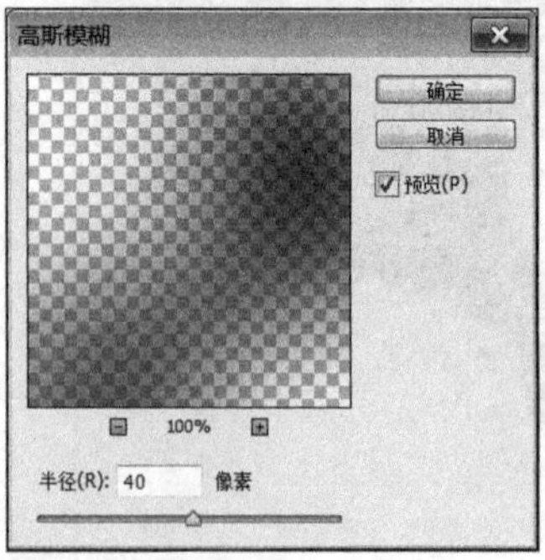

图24-66 设置各选项

STEP 02 单击“确定”按钮，添加高斯模糊滤镜效果，并设置图层的混合模式为“颜色减淡”，如图24-67所示。

图24-67 更改混合模式效果

STEP 03 选择“图层2 拷贝”图层，单击“滤镜”|“模糊”|“径向模糊”命令，弹出“径向模糊”对话框，设置“数量”为65，选中“缩放”单选按钮，单击“确定”按钮，添加径向模糊滤镜效果，并设置图层的混合模式为“颜色减淡”，如图24-68所示。

图24-68 径向模糊

STEP 04 选取“移动工具”，拖曳图像至合适位置，隐藏图像左侧多出的部分，效果如图24-69所示。

图24-69 移动图像

STEP 05 选择“图层2 拷贝3”图层，单击“图像”|“调整”|“去色”命令，并设置图层的混合模式为“叠加”、“不透明度”为60%，效果如图24-70所示。

图24-70 调整图像效果

实战537 置入素材效果

▶实例位置：无
▶素材位置：光盘\素材\第24章\实战537-1.jpg、实战537-2.jpg
▶视频位置：光盘\视频\第24章\实战537.mp4

• 实例介绍 •

下面介绍使用移动工具移动素材的操作方法，并设置其图层混合模式。

• 操作步骤 •

STEP 01 单击“文件”|“打开”命令，打开“实战537-1”素材，按【Ctrl+A】组合键，全选图像，选取“移动工具”，将其拖曳至“实战535”图像编辑窗口中，按【Ctrl+T】组合键，适当调整图像大小，如图24-71所示。

图24-71 置入并调整图像

STEP 02 单击“编辑”|“变换”|“水平翻转”命令，将图像翻转，并将其调整至“图层2”图层下方，调整图层顺序，效果如图24-72所示。

图24-72 调整图层顺序

STEP 03 打开“实战537-2”素材文件，将该素材拖曳至“实战535”图像编辑窗口中，如图24-73所示。

图24-73 置入相应素材

STEP 04 选择置入图像的图层，适当调整其位置，按【Ctrl+G】组合键，编组图层，并设置“组1”的图层混合模式为“滤色”，如图24-74所示。

图24-74 设置图像混合模式

实战538 制作描边效果

▶实例位置：光盘\实例\第24章\实战538.jpg、实战538.psd
▶素材位置：无
▶视频位置：光盘\视频\第24章\实战538.mp4

• 实例介绍 •

下面介绍使用钢笔工具制作描边效果的操作方法。

• 操作步骤 •

STEP 01 新建“图层8”图层，选择“钢笔工具”，将鼠标移至图像编辑窗口中，创建两条不闭合的路径，如图24-75所示。

STEP 02 选取“画笔工具”，展开“画笔”面板，设置“大小”为15px、“硬度”为0%、“间距”为25%，如图24-76所示。

图24-75 创建路径

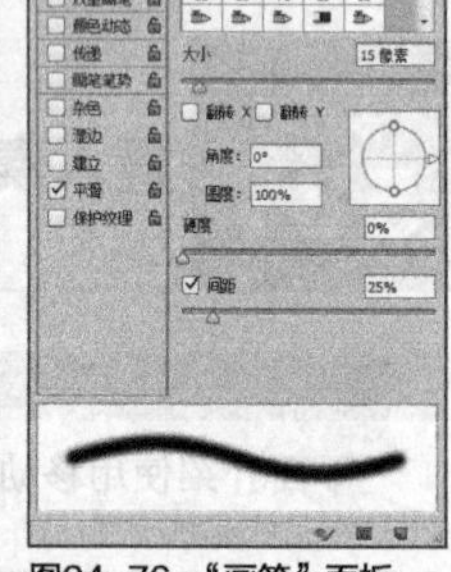
图24-76 “画笔”面板

STEP 03 选中“形状动态”复选框，设置“大小抖动”为100%；选中“散布”复选框，设置“散布”为600%，如图24-77所示，设置前景色为白色。

STEP 04 选择“钢笔工具”，在图像编辑窗口中单击鼠标右键，在弹出的快捷菜单中选择“描边路径”选项，弹出“描边路径”对话框，设置相应参数，如图24-78所示。

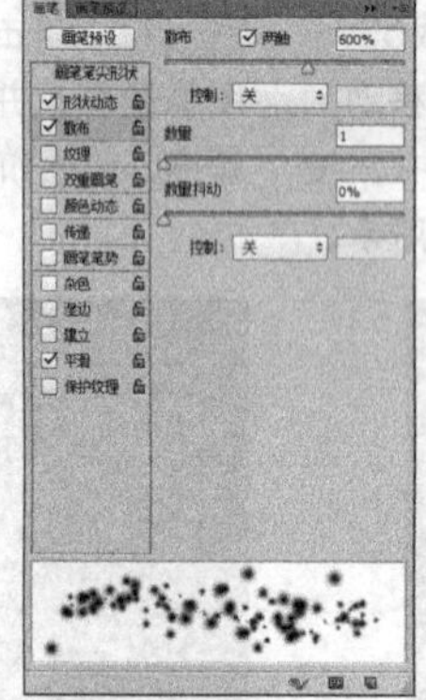
图24-77 “画笔”面板

图24-78 “描边路径”对话框

STEP 05 单击“确定”按钮，即可对钢笔路径进行描边，效果如图24-79所示。

STEP 06 选取“画笔工具”，展开“画笔”面板，取消选中“散布”复选框，并设置“形状动态”的“大小抖动”为0，新建“图层9”图层，在“路径”面板中，选择“工作路径”，用与上同样的方法，设置画笔“大小”为7px，添加描边效果，如图24-80所示。

图24-79 描边路径

图24-80 描边路径效果

STEP 07 新建"图层10"图层，选取"画笔工具"，调出"画笔"面板，设置画笔"大小"为100px、"硬度"为0，在图像编辑窗口合适位置绘制一个圆点，如图24-81所示。

图24-81 绘制圆点

STEP 08 新建"色阶1"调整图层，打开"色阶"调整面板，设置各参数，如图24-82所示。

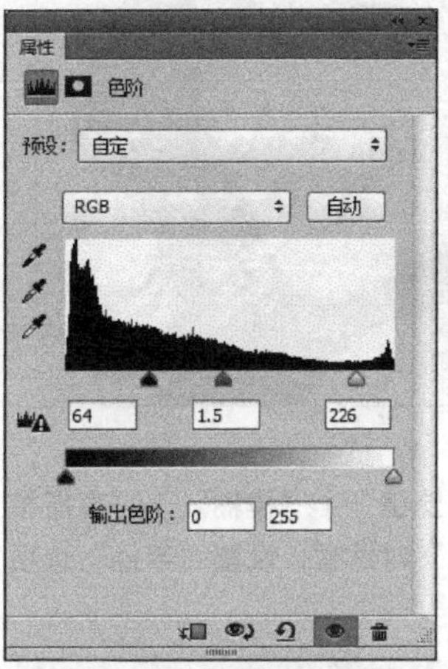

图24-82 "色阶"调整面板

STEP 09 新建"色相/饱和度1"调整图层，设置"饱和度"为26，最终效果如图24-83所示。

图24-83 最终效果

专家提醒

如果需要使用钢笔工具创建不闭合路径，可以在绘制一条路径后，按【Esc】键退出，此时即可绘制一条不闭合路径，然后再绘制其他不闭合路径。

24.5 制作完美彩妆效果

人物数码照片中往往含有各种各样不尽如人意的瑕疵需要处理，Photoshop在对人物图像的处理上有着强大的修复功能，用户利用这些功能可以将这些缺陷消除，同时，还可以对相片中的人物进行必要的美容与修饰，使人物以一个近乎完美的姿态展现出来，留住美丽的容颜与身材。

实战539 制作美白效果

▶实例位置：无
▶素材位置：光盘\素材\第24章\实战539.jpg
▶视频位置：光盘\视频\第24章\实战539.mp4

• 实例介绍 •

下面介绍使用"高斯模糊"命令和历史记录画笔工具制作美白效果的操作方法。

• 操作步骤 •

STEP 01 按【Ctrl+O】组合键，打开一幅素材图像，如图24-84所示。

STEP 02 复制"背景"图层，得到"背景 拷贝"图层，如图24-85所示。

图24-84 打开素材图像

图24-85 复制“背景”图层

STEP 03 单击菜单栏中的“滤镜”|“模糊”|“高斯模糊”命令，弹出“高斯模糊”对话框，设置“半径”选项为4.0，如图24-86所示。

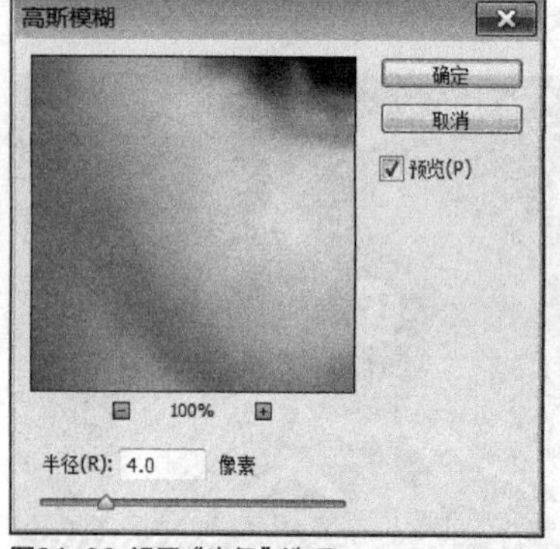

图24-86 设置“半径”选项

STEP 04 单击“确定”按钮，展开“历史记录”面板，单击“设置历史记录画笔的源”按钮，选择“复制图层”选项，如图24-87所示。

图24-87 选择“复制图层”选项

STEP 05 在工具栏中选取“历史记录画笔工具”，拖曳鼠标至图像编辑窗口中合适位置，进行适当涂抹，如图24-88所示。

图24-88 涂抹图像

实战540 制作绚丽眼影

▶实例位置：无
▶素材位置：无
▶视频位置：光盘\视频\第24章\实战540.mp4

• 实例介绍 •

下面介绍通过设置图层模式制作眼影效果的操作方法。

• 操作步骤 •

STEP 01 在工具箱中，单击前景色色块，弹出“拾色器（前景色）”对话框，设置前景色为浅洋红色（RGB参数值为234、148、206），如图24-89所示，单击“确定”按钮。

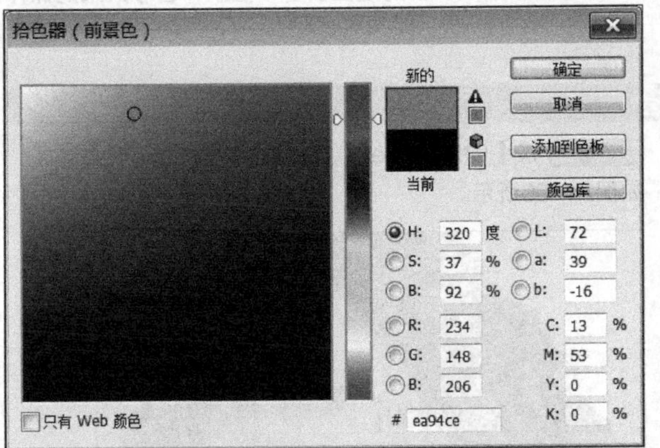

图24-89 设置前景色为浅洋红色

STEP 02 选取“套索工具”，在工具属性栏中设置“羽化”为15像素，在图像编辑窗口中人物的眼睛处创建一个选区，如图24-90所示。

图24-90 左眼处创建一个选区

STEP 03 新建“图层1”图层，按【Alt＋Delete】组合键，填充前景色，并取消选区，如图24-91所示。

图24-91 填充前景色

STEP 04 在“图层”面板中，选择“图层1”图层，设置“图层1”图层的混合模式为“正片叠底”，效果如图24-92所示。

图24-92 设置混合模式为“正片叠底”

STEP 05 单击“图层”|“复制图层”命令，即可得到“图层1 拷贝”图层，在“图层”面板中，设置“不透明度”为15%，如图24-93所示。

图24-93 设置“不透明度”为15%

STEP 06 用与上同样的方法，新建“图层2”图层，制作出人物眼影效果，复制“图层2”图层，得到“图层2 拷贝”图层，并设置图层的不透明度为15%，如图24-94所示。

图24-94 人物右眼的眼影效果

实战541 添加唇彩效果

▶实例位置：无
▶素材位置：无
▶视频位置：光盘\视频\第24章\实战541.mp4

•实例介绍•

下面主要利用钢笔工具、填充功能、羽化功能等技巧制作出红色唇彩效果，目的是让读者掌握制作唇彩效果的操作技巧和方法。

•操作步骤•

STEP 01 新建图层，沿着人物的嘴唇轮廓创建一个闭合路径，如图24-95所示。

图24-95 绘制闭合路径

STEP 02 按【Ctrl+Enter】组合键，将路径转换为选区，如图24-96所示。

图24-96 将路径转换为选区

STEP 03 单击“选择”|“修改”|“羽化”命令，弹出“羽化选区”对话框，设置“羽化半径”为8，如图24-97所示，单击“确定”按钮。

STEP 04 设置前景色为红色（RGB参数值为229、26、50），填充前景色，并取消选区，效果如图24-98所示。

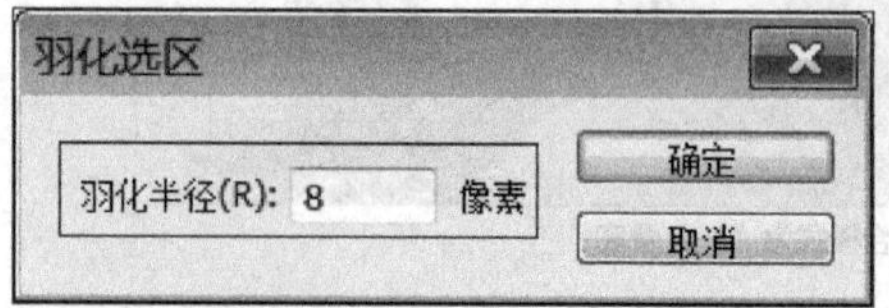

图24-97 设置“羽化半径”

图24-98 填充前景色

STEP 05 设置“图层3”图层的“混合模式”为“柔光”，即可改变图像效果，如图24-99所示。

图24-99 图像效果

STEP 06 选择“图层3”图层，单击“图层”面板底部的“添加图层蒙版”按钮，添加图层蒙版，如图24-100所示。

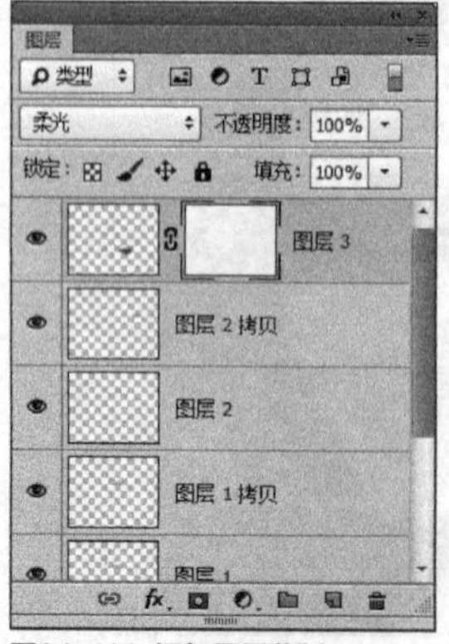

图24-100 添加图层蒙版

STEP 07 选取工具箱中的“画笔工具”，在工具属性栏中展开“画笔预设”选取器，设置画笔类型为“柔边圆”、“大小”为15像素，如图24-101所示。

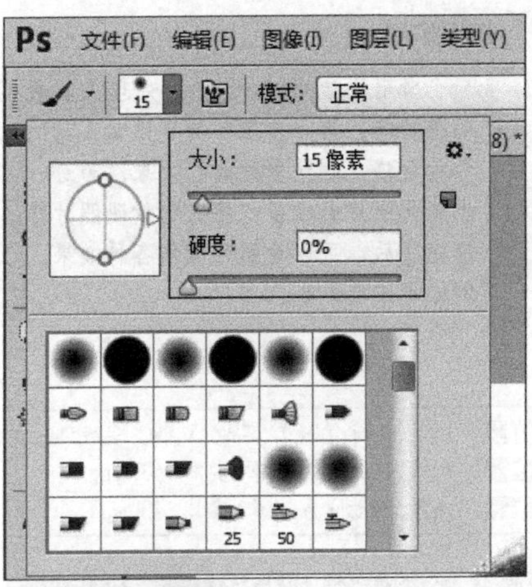

图24-101 设置画笔属性

STEP 08 设置前景色为黑色，在图层蒙版中进行适当涂抹，擦除牙齿上不需要的部分，降低画笔透明度，涂抹唇边使其更加柔和，效果如图24-102所示。

图24-102 修饰图像

知识扩展

数码相片是相对于传统纸质照片的一种照片形式。简单地说，凡是以数字图像文件的形式保存在计算机中或者其他介质中的照片，都称之为数码相片。与传统的纸质照片相比，数码相片具有传输方便、处理简单、成本低廉等诸多优点。随着计算机及其相关技术的发展，数码照片将会逐渐取代纸质相片成为主流。

实战 542 调整唇彩效果

▶实例位置：无
▶素材位置：无
▶视频位置：光盘\视频\第24章\实战542.mp4

• 实例介绍 •

下面介绍使用“自然饱和度”调整图层调整嘴唇效果的操作方法。

• 操作步骤 •

STEP 01 按住【Ctrl】键的同时，单击“图层3”图层上的缩略图，如图24-103所示。

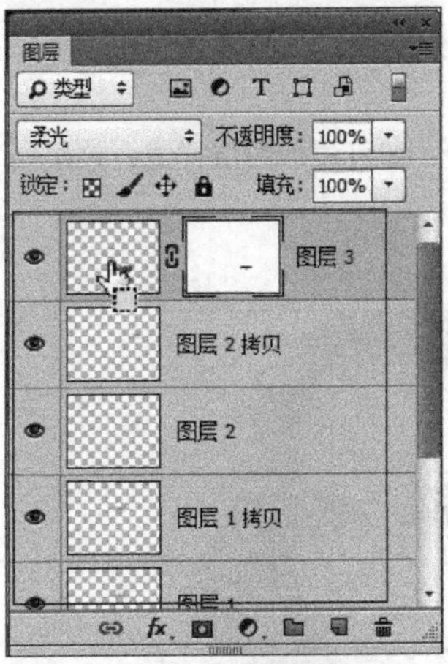

图24-103 单击图层缩略图

STEP 02 执行上述操作后，即可调出嘴唇的选区，如图24-104所示。

图24-104 调出嘴唇选区

STEP 03 新建“自然饱和度1”调整图层，展开“属性”面板，设置“自然饱和度”为50，如图24-105所示。

STEP 04 执行上述操作后，即可提高嘴唇的饱和度，效果如图24-106所示。

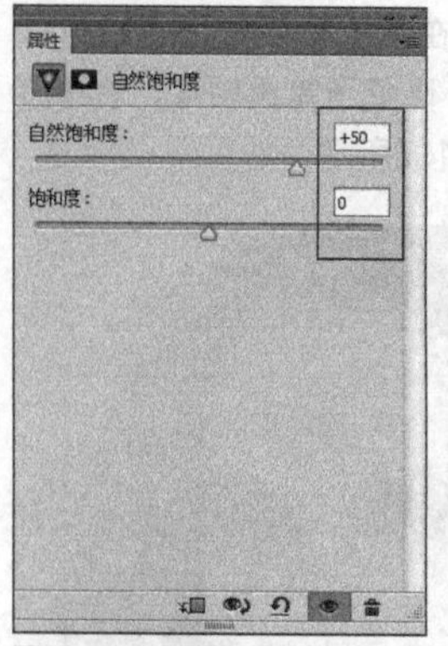
图24-105 设置相应参数

图24-106 图像效果

知识扩展

当用户使用Photoshop处理人物数码照片时，第一步工作就是修复人物的各种瑕疵，制作皮肤美白效果，为进一步美化照片做准备。将人物数码照片修饰完成后，可以为照片制作各种效果，例如制作眼影等。

实战543 添加蝴蝶饰品

▶实例位置：光盘\实例\第24章\实战543.jpg、实战543.psd
▶素材位置：光盘\素材\第24章\实战543.jpg
▶视频位置：光盘\视频\第24章\实战543.mp4

• 实例介绍 •

下面介绍添加图层样式，添加投影效果的操作方法。

• 操作步骤 •

STEP 01 按【Ctrl+O】组合键，打开“实战542”素材图像，将该素材拖曳至“实战539”图像编辑窗口中的合适位置，并调整图像的大小，如图24-107所示。

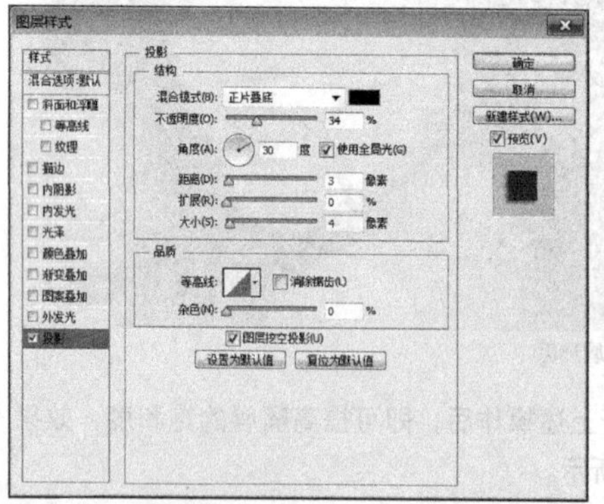
图24-107 调整图像的大小

STEP 02 在“图层”面板中，选择“图层4”图层，在图层的右侧，双击鼠标左键，即可弹出“图层样式”对话框，如图24-108所示。

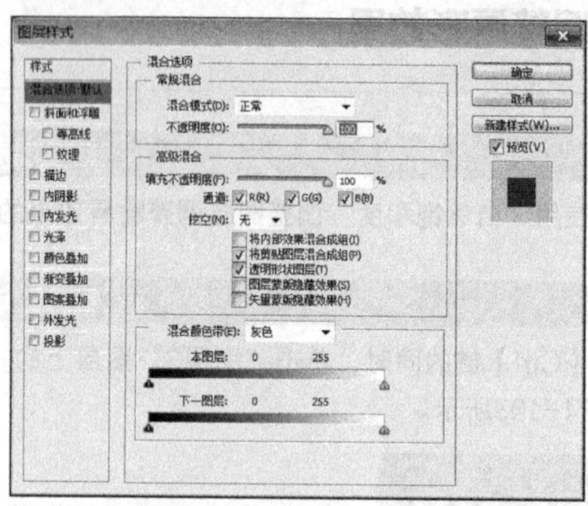
图24-108 “图层样式”对话框

STEP 03 选中“投影”复选框，设置“不透明度”选项为34、“角度”选项为30、“距离”选项为3、“大小”选项为4，如图24-109所示。

图24-109 设置各选项

STEP 04 单击“确定”按钮，即可添加图层样式，效果如图24-110所示。

图24-110 图像效果

第 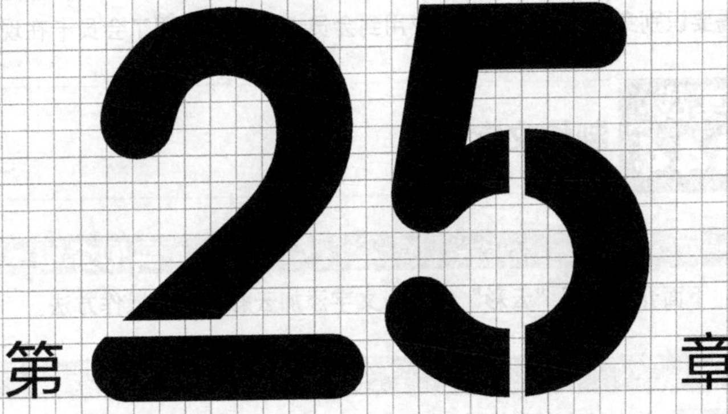 章

卡片设计创意合成

本章导读

随着时代的发展，各类卡片广泛应用于商务活动中，它们在推销各类产品的同时还起着展示、宣传企业信息的作用，运用Photoshop可以方便快捷地设计出各类卡片，本章通过5个实例，详细讲解各类卡片及名片的组成要素、构图思路及版式布局。

要点索引

- 制作会员卡效果
- 制作游戏卡效果
- 制作个人名片效果
- 制作竖排名片效果
- 制作贵宾卡效果

25.1 制作会员卡效果

会员卡是指普通身份识别卡，包括商场、宾馆、健身中心、酒家等消费场所的会员认证，其用途非常广泛，凡涉及到需要识别身份的地方，都可应用到会员卡，这也说明了会员卡在现今的重要性。

实战544 制作文字效果

▶实例位置：无
▶素材位置：光盘\素材\第25章\实战544.jpg
▶视频位置：光盘\视频\第25章\实战544.mp4

• 实例介绍 •

下面介绍使用“云彩”命令为文字添加云彩效果的操作方法。

• 操作步骤 •

STEP 01 单击“文件”|“新建”命令，弹出“新建”对话框，在其中设置各选项，如图25-1所示，单击“确定”按钮。

新建
名称(N): 实战544
预设(P): 自定
大小(I):
宽度(W): 1024 像素
高度(H): 768 像素
分辨率(R): 150 像素/英寸
颜色模式(M): RGB 颜色 8位
背景内容(C): 白色
高级
颜色配置文件(O): sRGB IEC61966-2.1
像素长宽比(X): 方形像素
确定
取消
存储预设(S)...
删除预设(D)...
图像大小:
2.25M

图25-1 设置各选项

STEP 02 设置前景色为黑色，新建“图层1”，填充颜色，再设置前景色为白色，打开“实战544”素材图像，并将其拖曳至新建文件图像编辑窗口中的合适位置，如图25-2所示。

图25-2 拖曳素材

STEP 03 新建“图层2”，设置前景色为黄色（RGB参数值为255、216、0）和背景色褐色（RGB参数值为160、70、13），单击菜单栏中的“滤镜”|“渲染”|“云彩”命令，效果如图25-3所示。

图25-3 云彩效果

STEP 04 按住【Ctrl】键的同时，单击“会员卡”文字图层的缩览图，将其载入选区，按【Ctrl+J】组合键复制图像得到“图层3”图层。使用同样的方法，选择其他文字图层，复制其他文字图像，并隐藏“图层2”图层，如图25-4所示。

图25-4 复制图像

STEP 05 按住【Ctrl】键的同时，单击“图层3”图层的缩览图，将其载入选区，按【Ctrl+T】组合键，调出变换控制框，在工具属性栏中的设置“W”和“H”均为101%，按【Enter】键确认变换，效果如图25-5所示。

图25-5 变换控制框

STEP 06 按【Ctrl+Alt+Shift+T】组合键，变换并复制图像以及创建立体面，如图25-6所示，取消选区。

图25-6 创建立体面

实战 545 添加图层样式效果

- 实例位置：无
- 素材位置：无
- 视频位置：光盘\视频\第25章\实战545.mp4

• 实例介绍 •

下面介绍设置图层样式，添加相应图层样式效果的操作方法。

• 操作步骤 •

STEP 01 按【Ctrl+J】组合键复制图像得到“图层3 拷贝”图层，双击“图层3 拷贝”图层，弹出“图层样式”对话框，选中“外发光”复选框，设置“发光颜色”为浅黄色（RGB参数值为255、255、190），设置“扩展”为5%、“大小”为3像素，选择“等高线”为“锥形”，如图25-7所示。

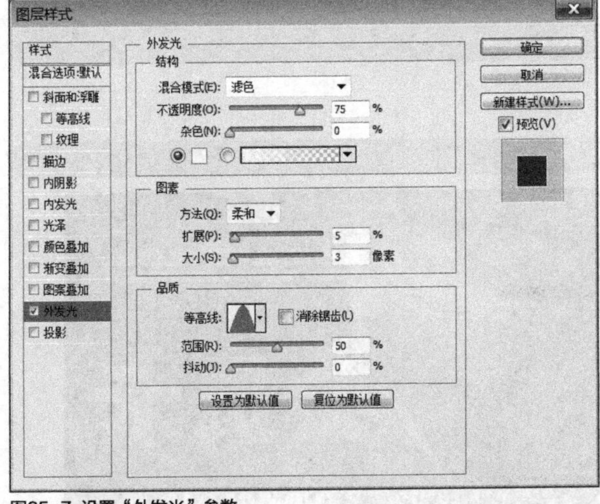

图25-7 设置“外发光”参数

STEP 02 选中“内发光”复选框，设置“混合模式”为“正常”、“发光颜色”为浅黄色（RGB参数值为255、255、190），设置“大小”为6像素，如图25-8所示。

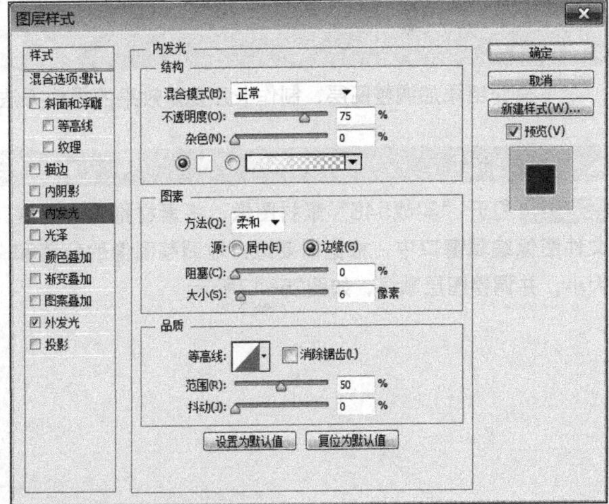

图25-8 设置“内发光”参数

STEP 03 选中“斜面和浮雕”复选框，设置“样式”为“浮雕效果”、“大小”和“软化”均为2像素、“方向”为“下”，选择“光泽等高线”为“滚动斜坡-递减”，其余参数不变，如图25-9所示。

STEP 04 选中“图案叠加”复选框，设置“混合模式”为“叠加”、“不透明度”为70%、“图案”为“碎石”、“缩放”为41%，如图25-10所示。

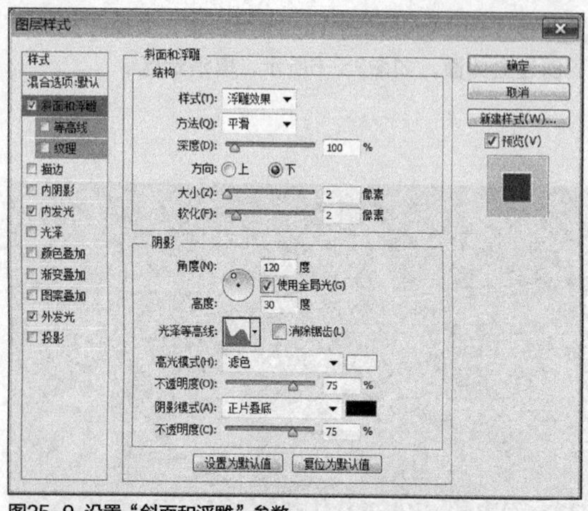

图25-9 设置“斜面和浮雕”参数

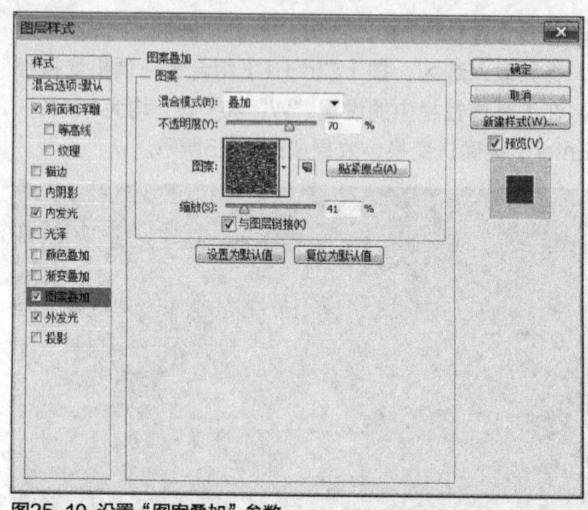

图25-10 设置“图案叠加”参数

STEP 05 单击“确定”按钮，添加的图层样式效果如图25-11所示。

图25-11 添加图层样式

STEP 06 复制“会员卡”的图层样式，并粘贴到其他文字图层上，效果如图25-12所示。

图25-12 复制图层样式

实战546 制作卡片整体效果

▶实例位置：光盘\实例\第25章\实战546.jpg、实战546.psd
▶素材位置：光盘\素材\第25章\实战546.jpg
▶视频位置：光盘\视频\第25章\实战546.mp4

• 实例介绍 •

下面介绍添加调整图层，制作卡片整体效果的操作方法。

• 操作步骤 •

STEP 01 打开“实战546”素材图像，将素材拖曳至新建文件图像编辑窗口中，根据需要适当地调整图像的位置和大小，并调整图层顺序，如图25-13所示。

图25-13 插入素材

STEP 02 选择“图层7”，新建“色相/饱和度1”调整图层，展开“色相/饱和度”调整面板，设置“色相”为+4、“饱和度”为+31，效果如图25-14所示。

如图25-14 调整色相/饱和度

STEP 03 新建“色彩平衡1”调整图层，展开“色彩平衡”调整面板，设置“中间调”的参数分别为+51、+16、-30，效果如图25-15所示。

图25-15 调整色彩平衡

STEP 04 新建“色阶1”调整图层，展开“色阶”调整面板，设置各参数分别为0、1.13、233，效果如图25-16所示。

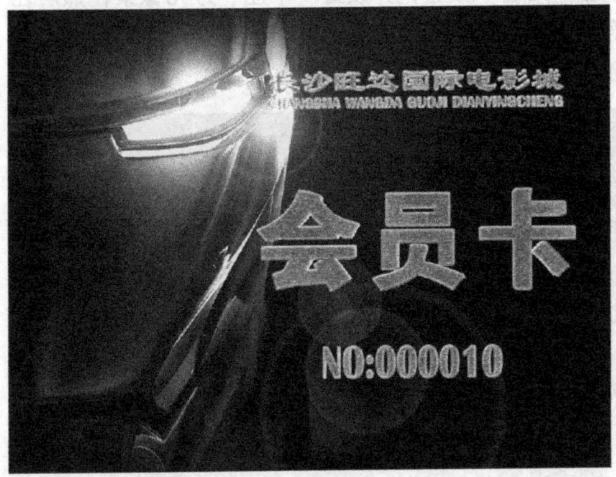

图25-16 调整色阶

STEP 05 新建“曲线1”调整图层，弹出“曲线”面板，设置“输入”和“输出”分别为151和138，图像最终效果如图25-17所示。

图25-17 调整曲线

STEP 06 选取工具箱中的“圆角矩形工具”，在其属性栏中单击“路径”按钮，绘制一个“半径”为40的圆角矩形路径，如图25-18所示。

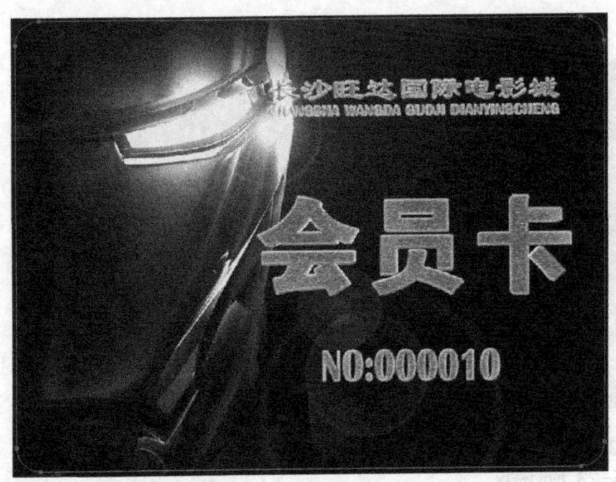

图25-18 绘制圆角矩形路径

STEP 07 按【Ctrl+Enter】组合键，将路径转换为选区，按【Ctrl+Shift+I】组合键，反选选区，依次选择“图层1”和“图层7”图层，按【Delete】键删除选区内的图像，效果如图25-19所示。

图25-19 最终效果

知识扩展

用圆角矩形工具可以绘制圆角矩形或路径。在其属性栏中的“半径”文本框中输入数值，可以设置圆角的半径值，数值越大，角度越圆滑，当该数值为0像素时，可绘制矩形。

25.2 制作游戏卡效果

当今电子平台游戏大部分是由玩家扮演游戏中的一个或数个角色，赋予游戏完整的故事情节，从而吸引玩家对游戏的热爱与着迷，因此一系列的游戏储值卡也随之诞生。本实例将讲述一款游戏卡的设计。

实战547 制作背景效果

▶实例位置：无
▶素材位置：光盘\素材\第25章\实战547.jpg
▶视频位置：光盘\视频\第25章\实战547.mp4

• 实例介绍 •

下面介绍使用矩形工具制作背景效果的操作方法。

• 操作步骤 •

STEP 01 按【Ctrl+O】组合键，打开“实战547-1”素材图像，如图25-20所示。

图25-20 打开素材图像

STEP 02 选取工具箱中的“圆角矩形工具”，在其属性栏中单击“路径”按钮，并设置“半径”为40像素，然后在图像编辑窗口中的偏左上角向右下角拖曳鼠标，绘制出一个圆角矩形路径，如图25-21所示。

图25-21 绘制圆角矩形路径

STEP 03 切换至“路径”面板，单击面板底部的“将路径作为选区作载入”按钮，将路径转换为选区，双击“背景”图层，弹出“新建图层”对话框，单击“确定”按钮即可，如图25-22所示。

图25-22 将路径转换为选区

STEP 04 单击“选择”|“反向”命令，反选选区，按【Delete】键，删除选区内的图像，最后按【Ctrl+D】组合键，取消选区，如图25-23所示。

图25-23 取消选区

STEP 05 按【Ctrl+O】组合键，打开“实战547-2”素材图像，如图25-24所示。

图25-24 打开素材图像

STEP 06 将该素材拖曳至“实战547-1”图像编辑窗口中的合适位置，在“图层1”图层上单击鼠标右键，在弹出的快捷菜单中选择“栅格化图层”命令，如图25-25所示。

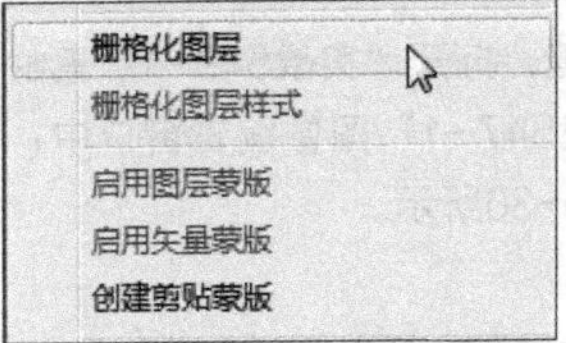

图25-25 选择“栅格化图层”命令

实战548 添加蒙版效果

▶实例位置：无
▶素材位置：无
▶视频位置：光盘\视频\第25章\实战548.mp4

• 实例介绍 •

下面介绍添加图层蒙版，添加渐变效果的操作方法。

• 操作步骤 •

STEP 01 在“图层”面板底部单击“添加图层蒙版”按钮，添加图层蒙版，如图25-26所示

STEP 02 选取工具箱中的渐变工具，在其属性栏中单击“对称渐变”按钮，勾选“反向”复选框，然后设置“预设”为“前景色到背景色渐变”，如图25-27所示。

图25-26 添加图层蒙版

图25-27 设置“渐变编辑器”对话框

STEP 03 按住【Shift】键的同时，在图像编辑窗口中的上侧单击并向下拖曳鼠标，效果如图25-28所示。

图25-28 填充渐变色

STEP 04 在“图层”调板底部单击“创建新的填充或调整图层”按钮，添加色彩平衡，弹出“属性”对话框，设置各参数，如图25-29所示。

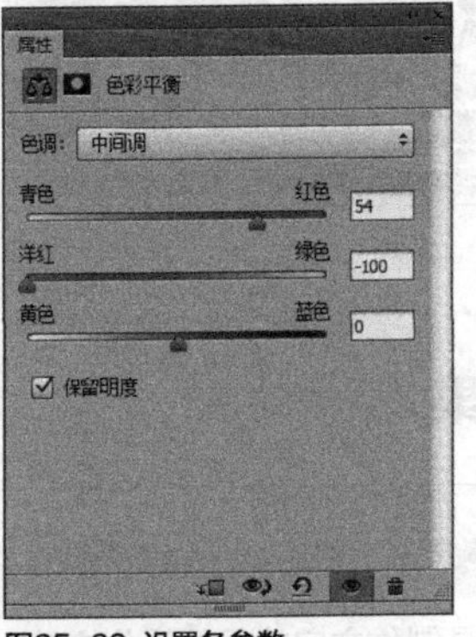

图25-29 设置各参数

实战549 添加主体效果

▶实例位置：无
▶素材位置：光盘\素材\第25章\实战549-1.jpg、实战549-2.jpg
▶视频位置：光盘\视频\第25章\实战549.mp4

• 实例介绍 •

下面介绍使用图层样式，添加主体效果的操作方法。

• 操作步骤 •

STEP 01 按【Ctrl+O】组合键，打开“实战549-1”素材图像，将该素材拖曳至”实战547-1”图像编辑窗口中，并调整其大小和位置，如图25-30所示。

图25-30 调整图像

STEP 02 双击“图层2”图层，即可弹出“图层样式”对话框，选中“描边”复选框，设置“宽度”为10像素、“颜色”为白色、“不透明度”为100%，效果如图25-31所示，单击“确定”按钮。

图25-31 图像效果

STEP 03 按【Ctrl+O】组合键，打开“实战549-2”素材图像，使用以上同样的方法制作该素材效果，如图25-32所示。

图25-32 制作图像效果

STEP 04 选中以上图像拖曳至编辑窗口中素材所在的图层，按【Ctrl+J】组合键复制图层，得到复制图层，去除白边，按【Ctrl+T】组合键调出变换框调整图像大小，按【Enter】键确定变换，在“图层”面板顶部设置两个图层“不透明度”为30%，并调整图层顺序，效果如图25-33所示。

图25-33 设置“不透明度”

实战550 添加文字效果

▶实例位置：无
▶素材位置：无
▶视频位置：光盘\视频\第25章\实战550.mp4

• 实例介绍 •

下面介绍使用横排文字工具制作文字效果的操作方法。

• 操作步骤 •

STEP 01 选取“横排文字工具”，在图像编辑窗口中的合适位置单击鼠标左键，输入文字，在其属性栏中设置“字体”为“华文琥珀”、“100元”的“字号”为9.58点，“颜色”为红色（CMYK参数值为11、99、100、0），其余文字“字号”为7.45点、“颜色”为黄色（CMYK参数值为7、23、89、0），如图25-34所示。

图25-34 设置字体

STEP 02 双击该图层，弹出“图层样式”对话框，选中“描边”复选框，设置“大小”为2像素、“位置”为外部、“颜色”为白色，选择“外发光”复选框，设置“混合模式”为滤色、“不透明度”为30%、“颜色”为黄色（CMYK参数值为12、7、36、0）、“大小”为22，单击“确定”按钮，效果如图25-35所示。

图25-35 设置图层样式

STEP 03 选取工具箱中的“横排文字工具”，在图像编辑窗口中的合适位置单击鼠标左键，输入“奇迹世界”，在其属性栏中设置“字体”为“宋体”、“字号”大小为27.5点、“颜色”为黄色（CMYK参数值为7、24、89、0），如图25-36所示。

图25-36 输入文字

STEP 04 在工作属性栏中单击“变形文字”按钮，弹出“变形文字”对话框，单击“样式”右侧的下拉按钮，在弹出的菜单中选择“凸起”选项，设置各选项参数，如图25-37所示。

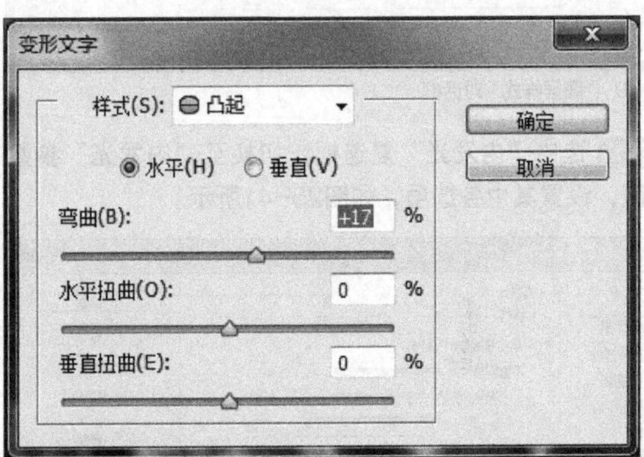

图25-37 设置各参数

STEP 05 单击“确定”按钮，即可设置文字，效果如图25-38所示。

图25-38 文字效果

实战551 添加图层样式效果

▶实例位置：光盘\实例\第25章\实战551-1.jpg、实战551-1.psd
▶素材位置：无
▶视频位置：光盘\视频\第25章\实战551.mp4

• 实例介绍 •

下面介绍使用图层样式命令添加图层样式效果的操作方法。

• 操作步骤 •

STEP 01 单击“图层”|“图层样式”|“斜面和浮雕”命令，弹出“图层样式”对话框，设置其中各选项，如图25-39所示，选中“等高线”复选框，设置“范围”为50%。

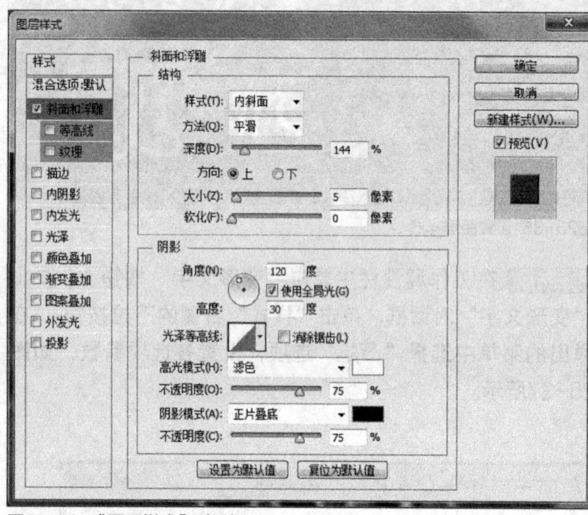

图25-39 “图层样式”对话框

STEP 02 选中“描边”复选框，切换至“描边”参数选项区，设置其中各选项，如图25-40所示。

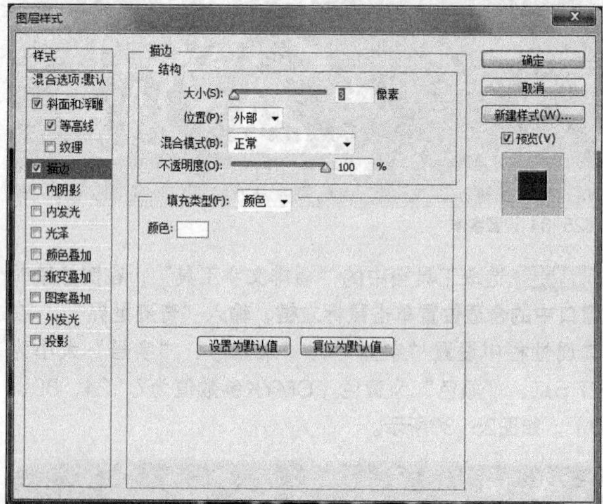

图25-40 设置“描边”选项

STEP 03 选中“内发光”复选框，切换至“内发光”参数选项区，设置其中各选项，如图25-41所示。

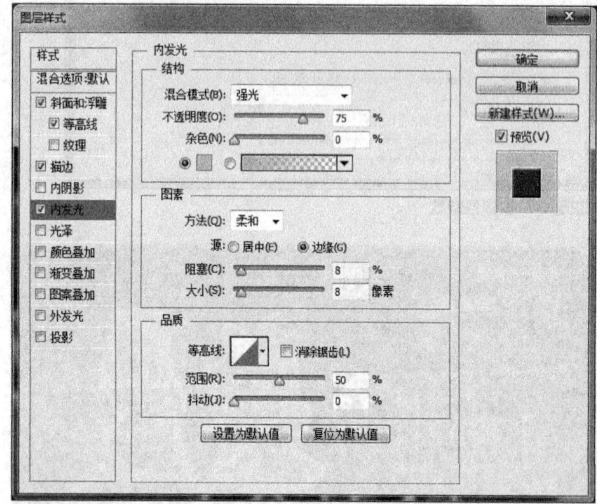

图25-41 设置“内发光”选项

STEP 04 选中“渐变叠加”复选框，切换至“渐变叠加”参数选项区，设置其中各选项，如图25-42所示

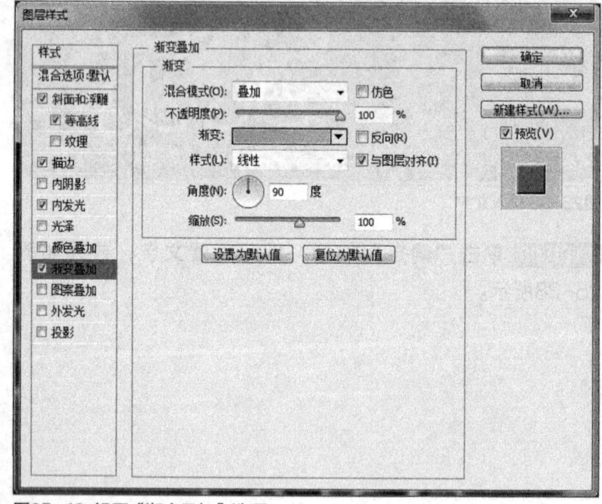

图25-42 设置“渐变叠加”选项

STEP 05 选中“投影”复选框，切换至“投影”参数选项区，设置其中各选项，如图25-43所示。

STEP 06 单击“确定”按钮，应用各图层样式，效果如图25-44所示。

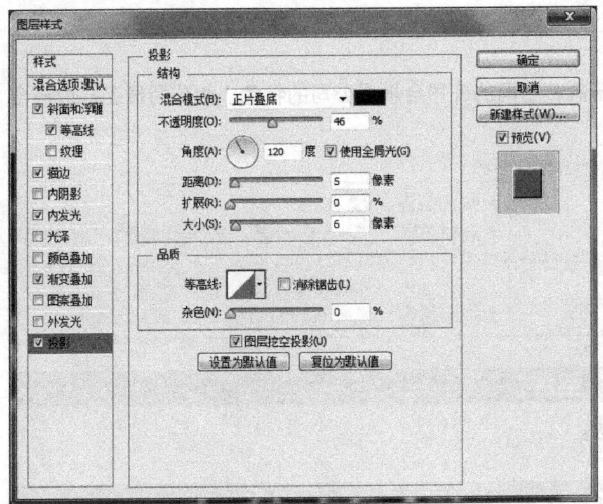

图25-43 设置“投影”选项

图25-44 应用图层样式

STEP 07 选取工具箱中的“横排文字工具”，在其属性栏中设置“字体”为“方正行楷繁体”、“字号”为11点、“颜色”为红色，输入文字，按【Ctrl+Enter】组合键确认，效果如图25-45所示。

图25-45 输入文字

STEP 08 单击“图层”|“图层样式”|“斜面和浮雕”命令，弹出“图层样式”对话框，设置其中各选项，如图25-46所示。

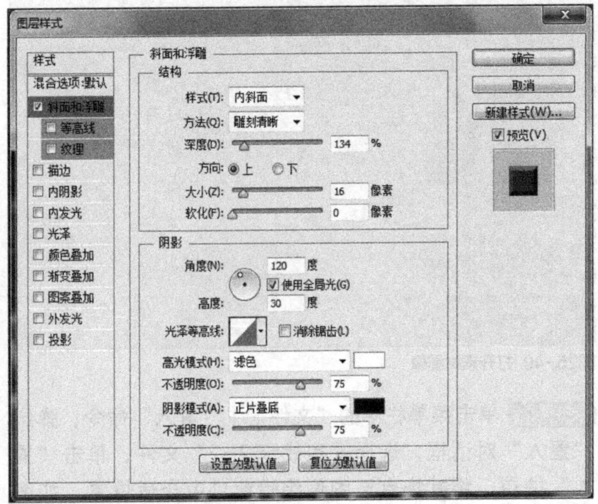

图25-46 设置“斜面和浮雕”选项

STEP 09 选中“描边”复选框，切换至“描边”参数选项区，设置其中各选项，如图25-47所示。

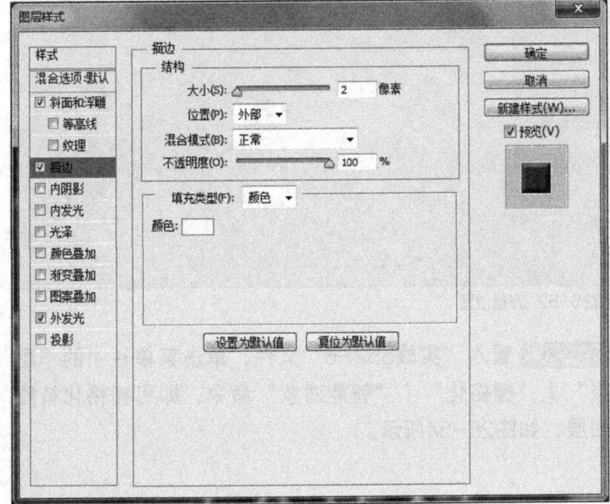

图25-47 设置“描边”选项

STEP 10 选中“外发光”复选框，默认设置选项，单击“确定”按钮，最终效果如图25-48所示。

图25-48 最终效果

25.3 制作个人名片效果

名片不仅是一个人的形象，而且也能够体现一个公司的形象，不同的公司会根据公司的特色，为公司员工打造符合公司特色的名片。

实战552 制作名片背景效果

- ▶实例位置：无
- ▶素材位置：光盘\素材\第25章\实战552-1.jpg、实战552-2.jpg、实战552-3.jpg、实战552-4.jpg、实战552-5.jpg、实战552-6.jpg
- ▶视频位置：光盘\视频\第25章\实战552.mp4

•实例介绍•

下面介绍使用图层样式命令添加渐变叠加效果的操作方法。

•操作步骤•

STEP 01 按【Ctrl+O】组合键，打开“实战552-1”素材图像，双击“背景”图层，弹出“新建图层”对话框，单击“确定”按钮即可，如图25-49所示。

图25-49 打开素材图像

STEP 02 单击“图层”|“图层样式”|“渐变叠加”命令，弹出“图层样式”对话框，设置其中各选项，如图25-50所示，单击“确定”按钮。

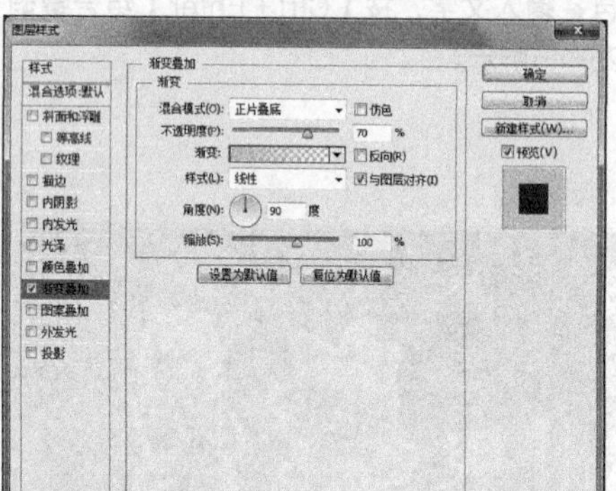

图25-50 设置“渐变叠加”选项

STEP 03 单击菜单栏中的“文件”|“置入”命令，弹出“置入”对话框，选择“实战552-2”文件，单击“置入”按钮，将其拖曳至图像编辑窗口中合适位置，如图25-51所示。

图25-51 置入文件

STEP 04 使用以上同样的方法，置入“实战552-3”文件，并拖曳至图像编辑窗口合适位置，如图25-52所示。

图25-52 调整位置

STEP 05 置入“实战552-4”文件，拖曳至图像编辑窗口合适位置，单击“图层”|“图层样式”|“颜色叠加”命令，设置“混合模式”为“正常”、颜色为橙色（RGB参数值为235、130、45）、“不透明度”为26%，单击“确定”按钮，效果如图25-53所示。

STEP 06 置入“实战552-5”文件，单击菜单栏中的“图层”|“栅格化”|“智能对象”命令，即可栅格化智能图层，如图25-54所示。

图25-53 设置"图层样式"效果

图25-54 置入文件

STEP 07 单击"图层"面板底部的"添加图层蒙版"按钮，添加图层蒙版，运用黑色画笔工具，涂抹图像，适当地隐藏部分图像，效果如图25-55所示。

STEP 08 使用同样的方法，置入"实战552-6"文件，如图25-56所示。

图25-55 涂抹蒙版

图25-56 置入文件

实战553 制作名片文字效果

- 实例位置：光盘\实例\第25章\实战553.jpg、实战553.psd
- 素材位置：无
- 视频位置：光盘\视频\第25章\实战553.mp4

• 实例介绍 •

下面介绍使用横排文字工具添加文字效果的操作方法。

• 操作步骤 •

STEP 01 选取工具箱中的"横排文字工具"，确认文字的输入点，输入文字，按【Ctrl+Enter】键，确认文字的输入，展开"字符"面板，设置各文字的字符参数，如图25-57所示。

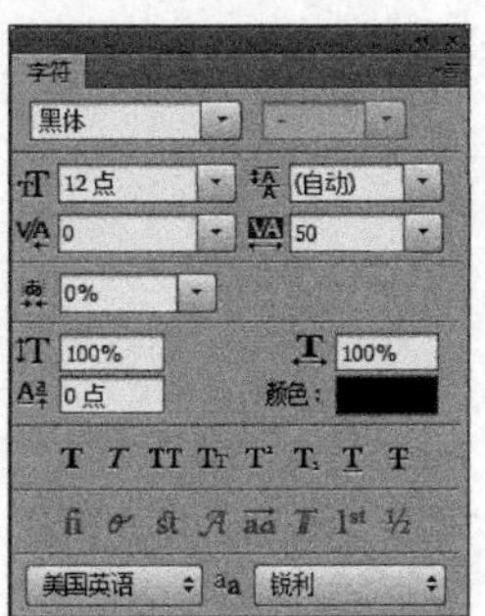

图25-57 设置各选项参数

STEP 02 选取工具箱中的"移动工具"，适当地调整文字位置，如图25-58所示。

图25-58 调整文字位置

STEP 03 打开“实战553”素材图像，将其拖曳至“实战552-1”图像编辑窗口中的合适位置，最终效果如图25-59所示。

图25-59 最终效果

25.4 制作竖排名片效果

商务活动需要印制个人的名片，印制名片时，在自己的职务那一栏目不应夸大，最好是印多种不同名片，在不同的场合派送不同的名片。因此，采用竖排名片的设计，可以让自己的身份显得更加与众不同。

实战554 制作背景效果

▶实例位置：无
▶素材位置：无
▶视频位置：光盘\视频\第25章\实战554.mp4

• 实例介绍 •

下面介绍填充选区制作背景效果的操作方法。

• 操作步骤 •

STEP 01 设置前景色为浅黄色（RGB参数值分别为251、240、210）、背景色为紫色（RGB参数值分别为88、33、73），单击“文件”|“新建”命令，新建一幅名为“实战544”的RGB模式图像，分别设置“宽度”和“高度”为5厘米和9厘米、“分辨率”为300像素/英寸、“背景内容”为“背景色”，如图25-60所示。

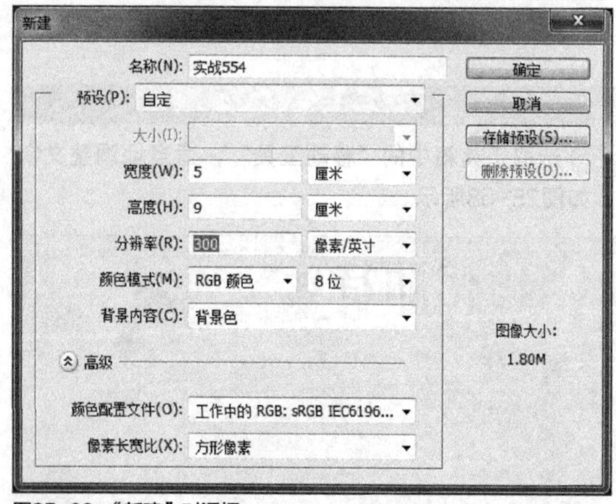

图25-60 “新建”对话框

STEP 02 单击“确定”按钮，创建图像，如图25-61所示。

图25-61 创建图像

STEP 03 新建“图层1”图层，使用“矩形选框”工具，创建一个矩形选区，如图25-62所示。

STEP 04 按【Shift＋F5】组合键，弹出“填充”对话框，设置“内容”为“前景色”，单击“确定”按钮，填充前景色，效果如图25-63所示。

STEP 05 按【Ctrl＋D】组合键，取消选区，效果如图25-64所示。

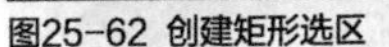

图25-62 创建矩形选区

图25-63 填充前景色

图25-64 取消选区

专家提醒

在平面设计和印刷行业中，人们习惯于将一个完整的印刷过程分为印前、印中和印后3个大的阶段。印前包括创意设计、印刷胶片输出和印前打样；印中是指正式上机印刷阶段；印后是指印刷后期加工，如裁切、覆膜、压型、装订等。印前的创意和设计，是一件作品成功与否的最基本保证，这一阶段在整个印刷流程中所起的作用是最关键和最重要的。

实战 555 制作整体效果

- **实例位置**：无
- **素材位置**：无、光盘\素材\第25章\实战555-1.jpg、实战555-2.jpg、实战555-3.jpg
- **视频位置**：光盘\视频\第25章\实战555.mp4

• 实例介绍 •

下面介绍通过使用“色相/饱和度”命令和设置图层混合模式制作整体效果的操作方法。

• 操作步骤 •

STEP 01 打开“实战555-1”素材图像，如图25-65所示。

STEP 02 使用“移动工具”，将刚打开的素材图像拖曳至“实战554”图像编辑窗口中的合适位置，如图25-66所示。

图25-65 打开素材图像

图25-66 拖入素材图像

STEP 03 单击“图像”|“调整”|“色相/饱和度”命令，弹出“色相/饱和度”对话框，设置“色相”为15、“饱和度”为18，单击“确定”按钮，效果如图25-67所示。

STEP 04 打开“实战555-2”素材，将其拖曳至“实战554”图像编辑窗口中的合适位置处，如图25-68所示。

图25-67 调整图像色调

图25-68 拖入标识素材图像

STEP 05 打开“实战555-3”素材图像，将其拖曳至“实战554”图像编辑窗口中的合适位置处，如图25-69所示。

STEP 06 在“图层”面板中，设置“花朵”图层的“混合模式”为“叠加”，如图25-70所示。

STEP 07 执行操作后，即可改变图像效果，如图25-71所示。

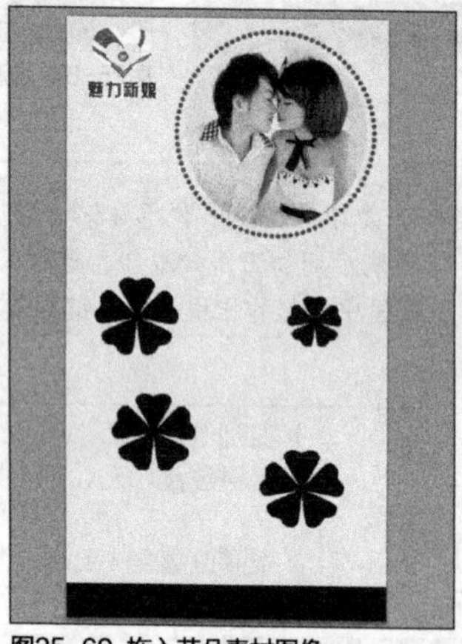

图25-69 拖入花朵素材图像

图25-70 设置图层混合模式

图25-71 图像效果

实战556 制作文字效果

▶实例位置：无
▶素材位置：无
▶视频位置：光盘\视频\第25章\实战556.mp4

• 实例介绍 •

下面介绍使用直排文字工具添加文字效果的操作方法。

• 操作步骤 •

STEP 01 在工具箱中选取“直排文字工具”，展开“字符”面板，设置各选项，如图25-72所示。

STEP 02 在图像编辑窗口中输入相应文字，如图25-73所示。

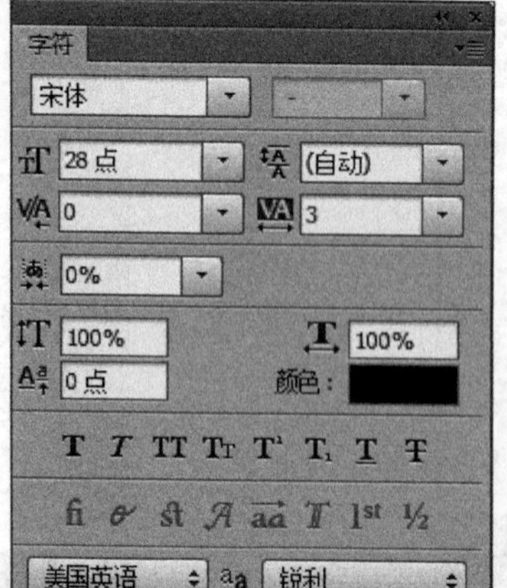

图25-72 设置字符属性

图25-73 输入文字

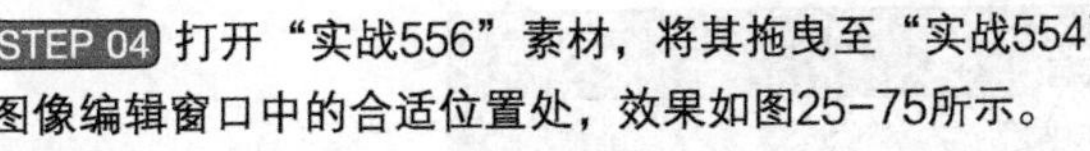

STEP 03 在工具箱中选取“直排文字工具”，展开“字符”面板，设置“字体系列”为“黑体”、“字体大小”为8点、“行距”为13.54，在图像编辑窗口中输入相应文字，如图25-74所示。

图25-74 输入相应文字

STEP 04 打开“实战556”素材，将其拖曳至“实战554”图像编辑窗口中的合适位置处，效果如图25-75所示。

图25-75 图像效果

实战 557 制作立体效果

- ▶实例位置：光盘\实例\第25章\实战557立体效果.jpg、实战557立体效果.psd
- ▶素材位置：光盘\素材\第25章\实战557.jpg
- ▶视频位置：光盘\视频\第25章\实战557.mp4

• 实例介绍 •

下面介绍使用“移动工具”移动素材，并添加阴影图层样式效果的操作方法。

• 操作步骤 •

STEP 01 设置背景色为深绿色（RGB参数值分别为75、118、85），单击“文件”|“新建”命令，新建一幅名为“实战557立体效果”的RGB模式图像，分别设置“宽度”和“高度”均为8厘米、“分辨率”为300像素/英寸、“背景内容”为“背景色”，如图25-76所示。

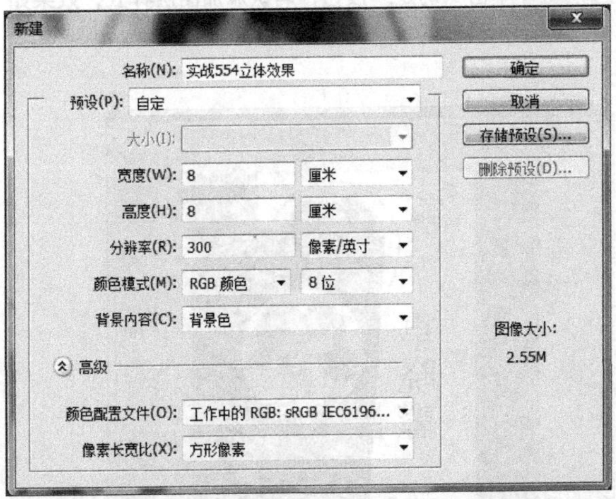

图25-76 “新建”对话框

STEP 02 单击“确定”按钮，新建一幅空白图像，效果如图25-77所示。

图25-77 新建空白图像

STEP 03 切换至“实战554”图像编辑窗口中，合并所有图层，如图25-78所示。

STEP 04 将合并后的图像拖曳至“实战557立体效果”图像编辑窗口中，如图25-79所示。

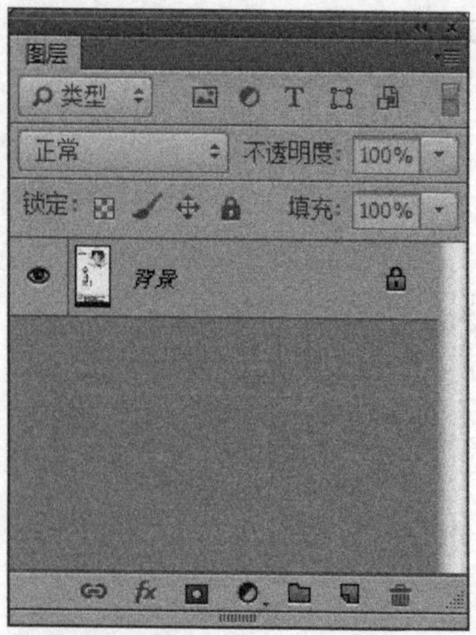
图25-78 合并所有图层

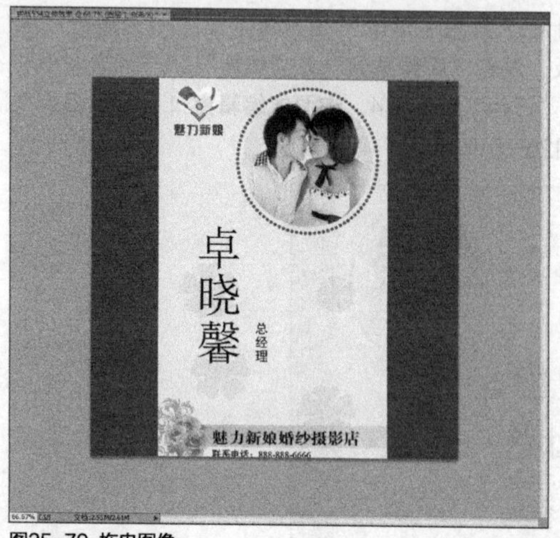
图25-79 拖曳图像

STEP 05 单击“文件”|“打开”命令，打开“实战557”图像素材，如图25-80所示。

图25-80 打开素材图像

STEP 06 将“实战557”图像拖曳至“实战557立体效果”图像编辑窗口中的合适位置处，并调整其大小和位置，如图25-81所示。

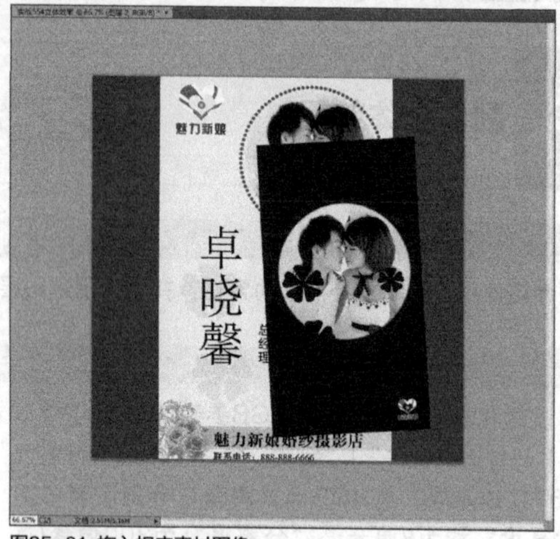
图25-81 拖入相应素材图像

STEP 07 单击“图层”|“图层样式”|“投影”命令，弹出“图层样式”对话框，设置“角度”为100、“距离”为10、“大小”为8，如图25-82所示。

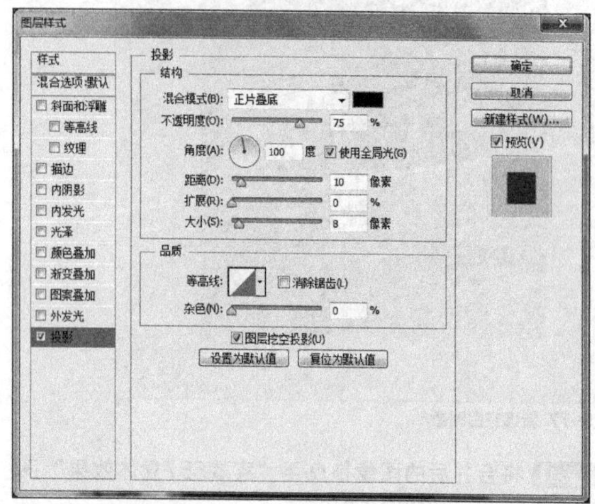
图25-82 设置图层样式

STEP 08 单击“确定”按钮，确认添加图层样式，效果如图25-83所示。

图25-83 添加图层样式

STEP 09 展开“图层”面板，选择“图层1”图层，单击鼠标左键并将其拖曳至“图层2”图层的上方，调整图层顺序，如图25-84所示。

STEP 10 按【Ctrl+T】组合键，调出变换控制框，调整“图层1”图层图像的位置、大小和角度，效果如图25-85所示。

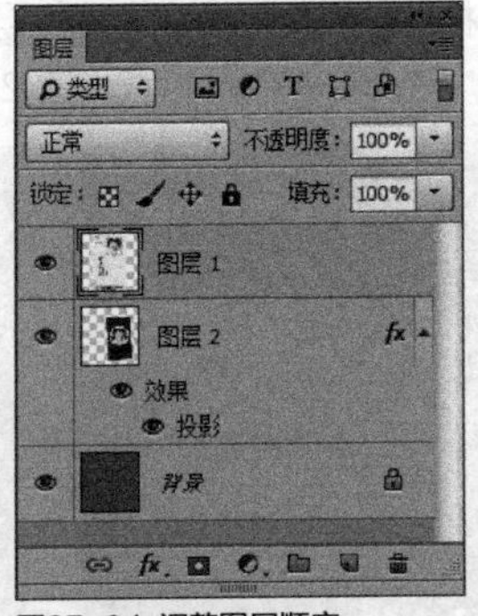
图25-84 调整图层顺序

图25-85 调整“图层1”图像

STEP 11 展开“图层”面板，选择“图层2”图层，单击鼠标右键，在弹出的快捷菜单中选择“拷贝图层样式”选项，如图25-86所示。

STEP 12 选择“图层1”图层，粘贴图层样式，效果如图25-87所示。

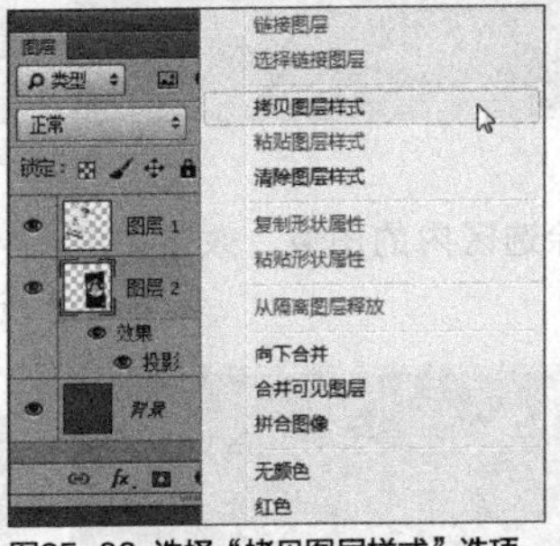
图25-86 选择“拷贝图层样式”选项

图25-87 粘贴图层样式

专家提醒

使用工具箱中的“横排文字蒙版工具”和“直排蒙版文字工具”可以创建文字选区，创建文字选区与输入文字的方法基本一致，只是确认输入文字得到文字选区后，便无法再对其文字属性进行编辑，因此在确认之前需要先确定是否已设置好所有的文字属性。

25.5 制作贵宾卡效果

贵宾卡本身是一种单调的卡片，但是在设计中以抢眼的颜色再配一些辅助性效果，即可设计出一款精致而大方的贵宾卡。贵宾可以为商家的“重要人物”“高级用户”“高级会员”等，贵宾卡的性质与会员卡的性质相同，都出现于商场、宾馆、健身中心、酒家等消费场所，贵宾卡限制额度高于会员卡。本实例将讲解贵宾卡的制作。

实战558 制作背景效果

- 实例位置：无
- 素材位置：光盘\素材\第25章\实战558-1.jpg、实战558-2.jpg
- 视频位置：光盘\视频\第25章\实战558.mp4

• 实例介绍 •

下面介绍使用“移动工具”移动素材并选择矩形工具制作背景效果的操作方法。

• 操作步骤 •

STEP 01 单击“文件”|“打开”命令，打开“实战558-1”素材图像，如图25-88所示。

图25-88 打开素材图像

STEP 02 选取“圆角矩形工具”，绘制一个“半径”为40像素的圆角矩形路径，如图25-89所示。

图25-89 绘制圆角矩形路径

STEP 03 按【Ctrl+Enter】组合键将路径转换为选区，如图25-90所示。

图25-90 将路径转换为选区

STEP 04 单击“选择”|“反向”命令，反选选区，如图25-91所示。

图25-91 反选选区

STEP 05 按【Delete】键删除选区内的图像，效果如图25-92所示。

图25-92 删除选区内的图像

STEP 06 按【Ctrl+D】组合键取消选区，如图25-93所示。

图25-93 取消选区

STEP 07 打开“实战558-2”素材图像，如图25-94所示。

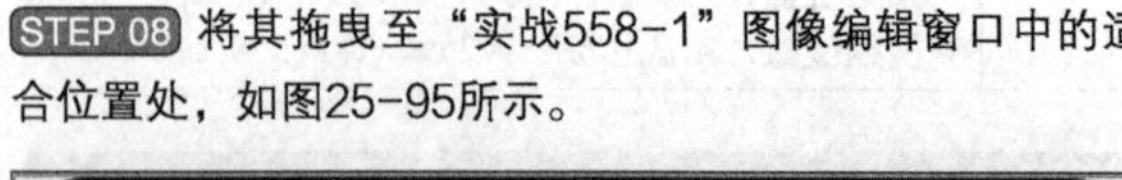

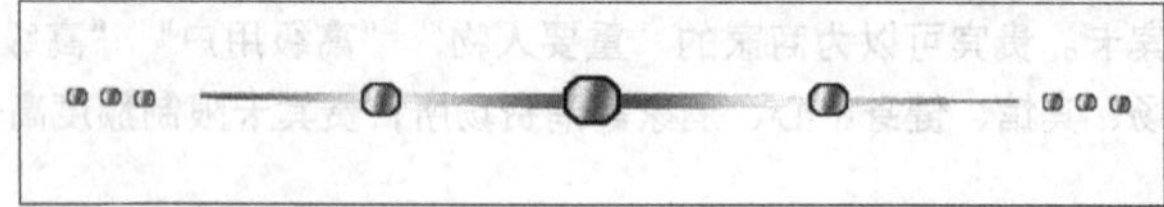

图25-94 打开素材图像

STEP 08 将其拖曳至“实战558-1”图像编辑窗口中的适合位置处，如图25-95所示。

图25-95 拖入素材图像

STEP 09 复制“图层2”图层，并调整至合适位置，效果如图25-96所示。

图25-96 复制图像

STEP 10 复制4个“图层2拷贝”图层，并调整大小和位置，效果如图25-97所示。

STEP 11 单击“文件”|“打开”命令，打开“实战558-3”图像素材，拖曳至“实战558-1”图像编辑窗口中合适位置，并调整其大小，效果如图25-98所示。

图25-97 复制图像并调整位置

图25-98 拖入花纹素材

STEP 12 复制3个“花纹”图层，并分别设置其位置和位置，效果如图25-99所示。

图25-99 复制图像并调整位置

专家提醒

作为一种视觉传达设计，排版设计必须保证作品所要传达的信息具有一致性和条理性。由于人们长期养成的习惯和经验，在观看版面时习惯的视觉流程是从左到右，再从上到下，最后视线集中在版面几何中心偏上的位置。

实战559 添加文字效果

▶实例位置：无
▶素材位置：无
▶视频位置：光盘\视频\第25章\实战559.mp4

• 实例介绍 •

下面介绍使用“横排文字工具”添加文字效果的操作方法。

• 操作步骤 •

STEP 01 选取“横排文字工具”，在工具属性栏中设置“字体”为“黑体”、“大小”为55、“颜色”为黄色（RGB参数值分别为255、226、28），在图像编辑窗口中输入文字，如图25-100所示。

图25-100 输入文字

STEP 02 单击“图层”|“图层样式”|“投影”命令，弹出“图层样式”对话框，设置“不透明度”为52%、“角度”为120、“距离”为7、“扩展”为22、“大小”为6，如图25-101所示。

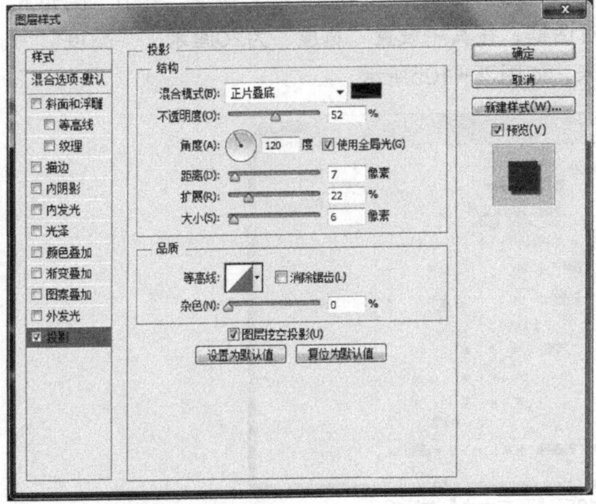

图25-101 “图层样式”对话框

STEP 03 单击“确定”按钮，为文字添加“投影”效果，效果如图25-102所示。

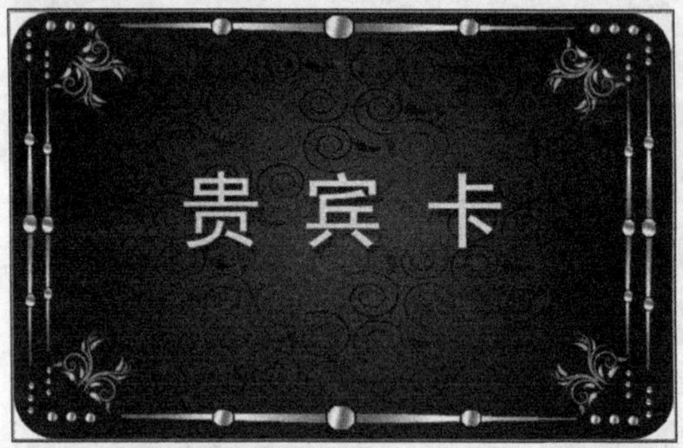

图25-102 为文字添加“投影”效果

STEP 04 选取“横排文字工具” T，设置“字体”为“黑体”、“大小”为15、颜色为白色，在图像编辑窗口中的合适位置输入文字，效果如图25-103所示。

图25-103 输入文字

专家提醒

用户在为图像添加图文装饰后，通过文字工具，即可为图像添加文字效果，并可通过添加“图层样式”，为文字增加立体感。

STEP 05 使用“横排文字工具”选择相应文字，在工具属性栏中将“字体”修改为Segoe Script，如图25-104所示。

专家提醒

贵宾卡有金属贵宾卡和非金属贵宾卡之分。贵宾金卡、会员金卡、优惠金卡、名片金卡等一系列产品，采用名贵金属材料及18K、24K真金进行表面加工，并经多道传统工艺及现代化先进技术精制而成。用户在制作好卡片初步效果后，可以导入一些花纹做装饰，为图像增加视觉感。

图25-104 修改字体

实战560 调整整体效果

▶ 实例位置：光盘\实例\第25章\实战558. jpg、实战558. psd
▶ 素材位置：无
▶ 视频位置：光盘\视频\第25章\实战560. mp4

• 实例介绍 •

下面介绍使用“合并图层”命令合并图层，并添加阴影效果的操作方法。

• 操作步骤 •

STEP 01 单击“图像”|“画布大小”命令，弹出“画布大小”对话框，在其中设置“宽度”为20厘米、“高度”为14厘米，如图25-105所示。

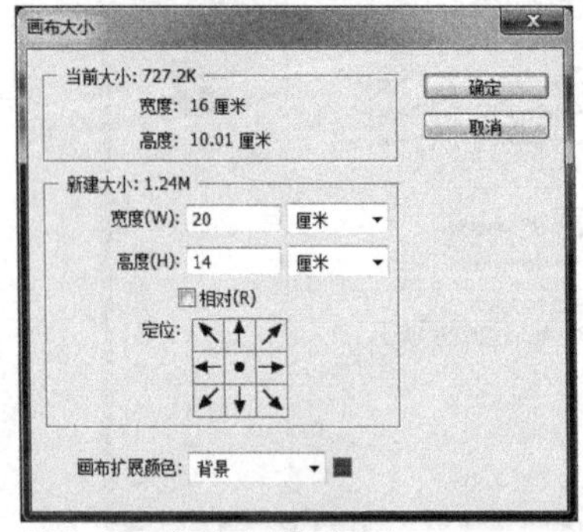

图25-105 “画布大小”对话框

STEP 02 单击“确定”按钮，即可改变画布大小，效果如图25-106所示。

图25-106 改变画布大小

STEP 03 展开“图层”面板，选择除“背景”图层以外的所有图层，如图25-107所示。

图25-107 选择相应图层

STEP 04 单击“图层”|“合并图层”命令，合并所选图层，如图25-108所示。

图25-108 合并所选图层

STEP 05 单击“图层”|“图层样式”|“投影”命令，弹出“图层样式”对话框，设置“距离”为10、“扩展”为5、“大小”为8，如图25-109所示。

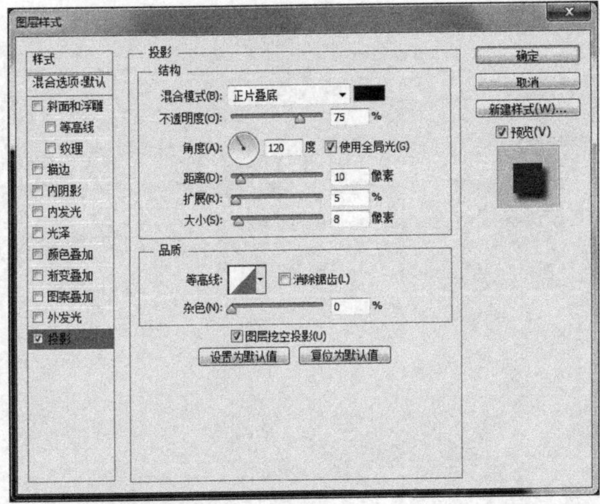

图25-109 设置图层样式参数

STEP 06 单击“确定”按钮，添加图层样式，效果如图25-110所示。

图25-110 添加图层样式后的效果

STEP 07 按【Ctrl+T】组合键，调出变换控制框，如图25-111所示。

图25-111 调出变换控制框

STEP 08 适当调整图像的位置、大小和角度，效果如图25-112所示。

图25-112 图像效果

第26章

婚纱照片创意合成

本章导读

随着数码相机的普及以及婚纱摄影的盛行，影楼婚纱照片设计已逐渐形成一个产业，随之对修片工作人员和设计师的要求也越来越高。本章主要从婚纱照片的合成处理方面介绍几种常用的婚纱照片处理方法，以供读者学习和使用。

要点索引

- 玫瑰情缘照片处理
- 幸福进行曲照片处理
- 天长地久照片处理
- 有你真好照片处理
- 最真的爱照片处理

26.1 玫瑰情缘照片处理

本实例通过图层蒙版与路径的综合应用，以抠取透明婚纱照片，并对抠图的图像进行调整、合成特效处理。

实战 561 打开素材图像

▶实例位置：无
▶素材位置：光盘\素材\第26章\实战561.jpg
▶视频位置：光盘\视频\第26章\实战561.mp4

• 实例介绍 •

下面主要介绍使用图层蒙版和通道制作图像效果的操作方法。

• 操作步骤 •

STEP 01 单击“文件”|“打开”命令，打开“实战561”素材，如图26-1所示。

图26-1 打开素材文件

STEP 02 点击【Ctrl + J】组合键，复制“背景”图层为“图层1”图层，如图26-2所示。

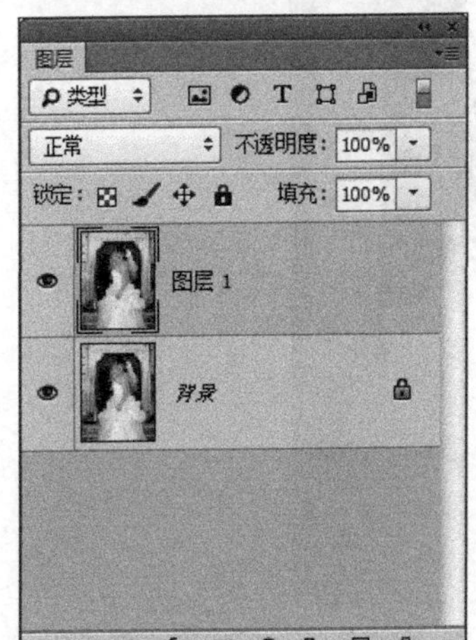

图26-2 复制图层

STEP 03 选择“图层1”图层，单击“图层”面板底部的“添加图层蒙版”按钮，添加图层蒙版，选择“图层1”图层缩览图，按【Ctrl + A】组合键，全选图像，按【Ctrl + C】组合键，复制图像，调出“通道”面板，选择“图层1蒙版”，按【Ctrl + V】组合键粘贴图像，如图26-3所示。

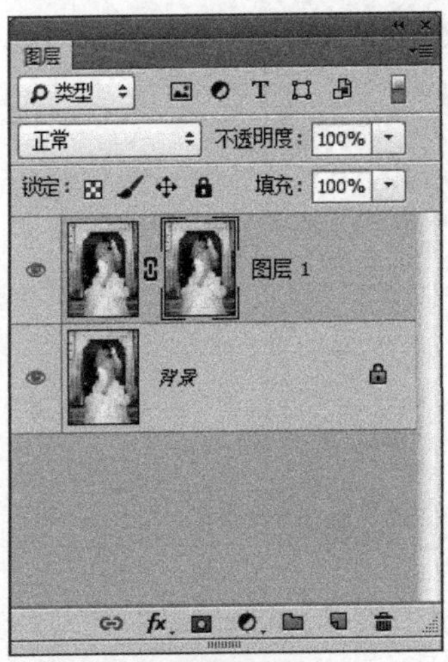

图26-3 复制图像到图层蒙版中

STEP 04 执行上述操作后，即可将图像粘贴至蒙版，并取消选区，如图26-4所示。

图26-4 取消选区

实战 562 抠取图像素材

▶实例位置：无
▶素材位置：无
▶视频位置：光盘\视频\第26章\实战562.mp4

• 实例介绍 •

下面主要介绍使用“自由钢笔工具”抠取图像的操作方法。

• 操作步骤 •

STEP 01 选择“自由钢笔工具”，并选中“磁性的”复选框，在人物图像边缘创建路径，效果如图26-5所示。

图26-5 创建路径

STEP 02 按【Ctrl+Enter】组合键，将路径转换为选区，按【Ctrl+Shift+I】组合键，反选选区，并填充黑色，如图26-6所示。

图26-6 填充黑色

STEP 03 设置前景色为白色，按【Ctrl+Shift+I】组合键，反选选区，选取“画笔工具”，在人物身体部位适当涂抹，并取消选区，如图26-7所示。

图26-7 涂抹图像

STEP 04 退出图层蒙版编辑模式，并隐藏“背景”图层，效果如图26-8所示。

图26-8 隐藏背景效果

专家提醒

此外，用户还可以使用钢笔工具在新娘身体部位创建路径，并将其转换为选区，再填充白色。

实战 563 添加背景效果

▶实例位置：无
▶素材位置：光盘\素材\第26章\实战563.jpg
▶视频位置：光盘\视频\第26章\实战563.mp4

• 实例介绍 •

下面主要介绍使用图层样式添加内发光效果的操作方法。

• 操作步骤 •

STEP 01 打开“实战563”素材文件，将其拖曳至“实战561”图像编辑窗口中，适当调整图像大小和位置，并将其调整至“图层1”图层下方，如图26-9所示。

图26-9 置入并调整图像

STEP 02 双击“图层1”图层缩略图，弹出“图层样式”对话框，选中“内发光”复选框，切换至“内发光”选项卡，保持默认设置，如图26-10所示。

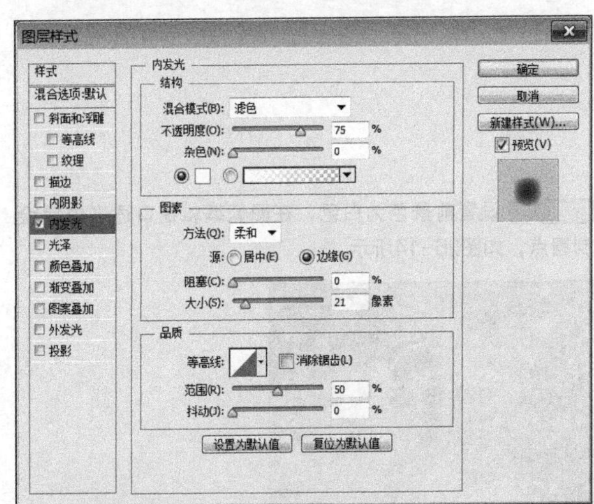

图26-10 设置各选项

STEP 03 单击“确定”按钮，即可添加图层样式效果，如图26-11所示。

图26-11 图层样式效果

实战 564 添加装饰效果

▶实例位置：光盘\实例\第26章\实战564.jpg
▶素材位置：无
▶视频位置：光盘\视频\第26章\实战564.mp4

• 实例介绍 •

下面主要介绍通过画笔工具和添加发光图层样式添加装饰效果的操作方法。

• 操作步骤 •

STEP 01 新建图层，选取“画笔工具”，单击“窗口”|“画笔”命令，展开“画笔”面板，设置“大小”为30px、“硬度”为0、“间距”为200%，如图26-12所示。

STEP 02 选中“形状动态”复选框，设置“大小抖动”为100%；选中“散布”复选框，设置“散布”为800%，如图26-13所示。

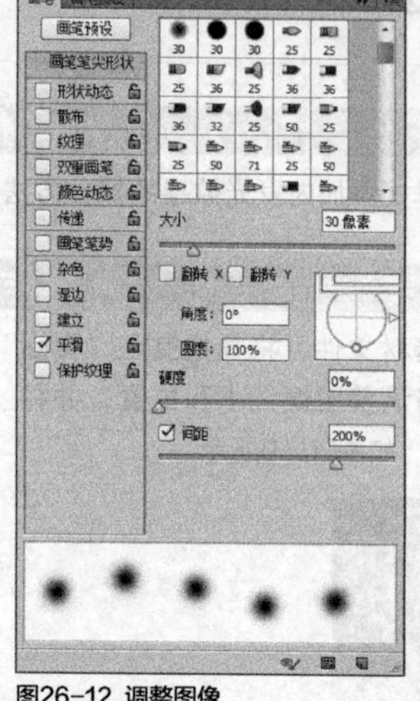

图26-12 调整图像

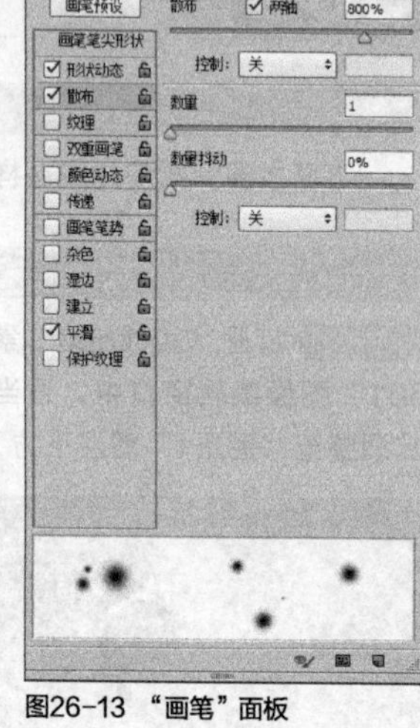

图26-13 “画笔”面板

STEP 03 设置前景色为白色，在图像编辑窗口适当位置绘制圆点，如图26-14所示。

图26-14 绘制圆点

STEP 04 新建“色彩平衡”调整图层，设置相应参数，如图26-15所示。

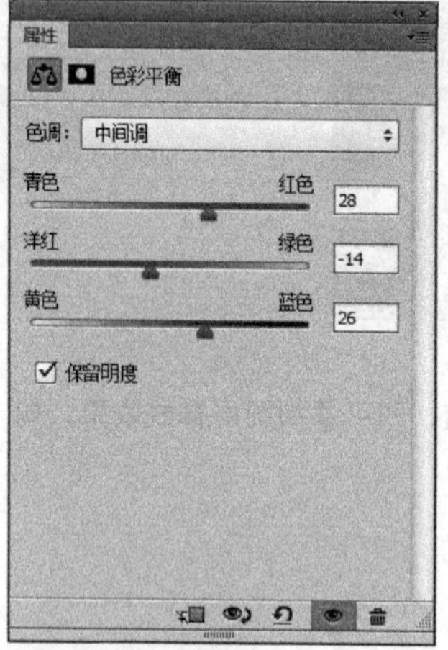

图26-15 设置相应参数

STEP 05 双击“图层3”图层缩略图，弹出“图层样式”对话框，选中“外发光”复选框，切换至“外发光”选项卡，保持默认设置，如图26-16所示。

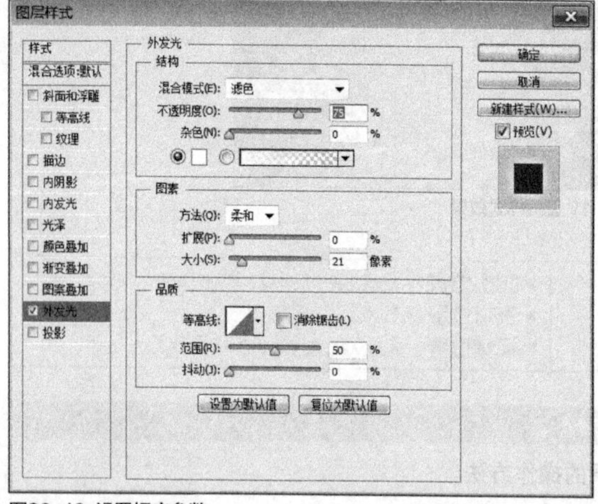

图26-16 设置相应参数

STEP 06 单击“确定”按钮，即可添加相应图层样式，最终效果如图26-17所示。

图26-17 最终效果

26.2 幸福进行曲照片处理

本节主要介绍幸福进行曲婚纱照片的处理，通过调整图层的巧妙应用，使用渐变工具和图层蒙版制作背景，使用图层蒙版抠取图像并进行调整，合成特效处理。

实战 565 修正照片色调

▶实例位置：无
▶素材位置：无、光盘\素材\第26章\实战565.jpg
▶视频位置：光盘\视频\第26章\实战565.mp4

• 实例介绍 •

下面将介绍通过“亮度/对比度”命令与“自然饱和度”命令修正照片色调的操作方法。

• 操作步骤 •

STEP 01 按【Ctrl+O】组合键，打开一幅素材图像，如图26-18所示。

图26-18 打开素材图像

STEP 02 展开“图层”面板，选择“背景”图层，按【Ctrl+J】组合键，复制“背景”图层，得到“图层1”图层，如图26-19所示。

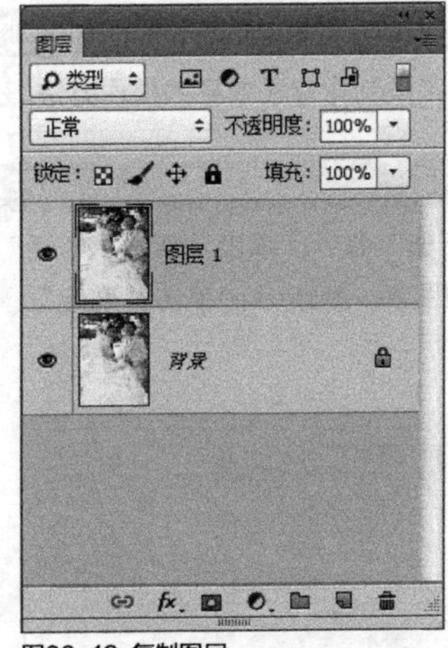

图26-19 复制图层

STEP 03 单击“图像”|“调整”|“亮度/对比度”命令，弹出“亮度/对比度”对话框，设置“亮度”为25、“对比度”为18，如图26-20所示。

亮度/对比度
亮度：25
对比度：18
确定
取消
自动(A)
使用旧版(L)
预览(P)

图26-20 设置各选项

STEP 04 单击“确定”按钮，调整图像的亮度和对比度，效果如图26-21所示。

图26-21 调整图像的亮度和对比度

STEP 05 单击“图像”|“调整”|“自然饱和度”命令，弹出“自然饱和度”对话框，设置“自然饱和度”为60、“饱和度”为18，如图26-22所示。

STEP 06 单击“确定”按钮，调整图像的色彩，效果如图26-23所示。

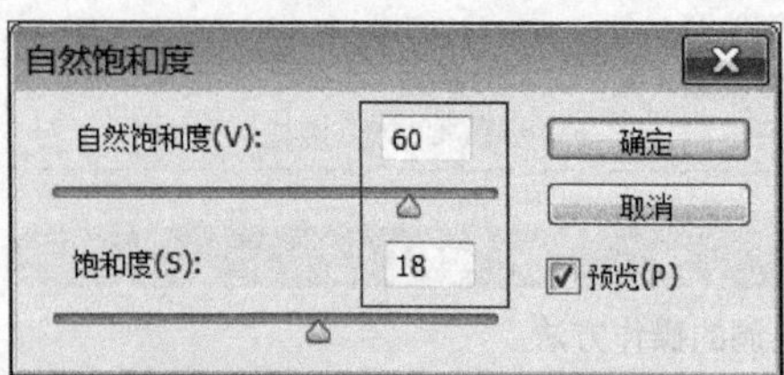

图26-22 设置各选项

图26-23 调整图像的色彩

实战 566 制作背景图像

▶实例位置：无
▶素材位置：光盘\素材\第26章\实战566-1.jpg、实战566-2.jpg
▶视频位置：光盘\视频\第26章\实战566.mp4

• 实例介绍 •

下面主要介绍使用各种工具制作背景效果的操作方法。

• 操作步骤 •

STEP 01 单击“文件”|“新建”命令，弹出“新建”对话框，在其中设置各选项，如图20-24所示，单击“确定”按钮，即可新建空白文档。

新建

名称(N):	实战566	
预设(P):	自定	
大小(I):		
宽度(W):	1024	像素
高度(H):	768	像素
分辨率(R):	150	像素/英寸
颜色模式(M):	RGB 颜色	8 位
背景内容(C):	白色	
高级		
颜色配置文件(O):	工作中的 RGB: sRGB IEC619...	
像素长宽比(X):	方形像素	

确定 取消 存储预设(S)... 删除预设(D)... 图像大小: 2.25M

图20-24 新建文档

STEP 02 新建“图层1”图层，选取“渐变工具”，为图层填充淡黄色（RGB参数值为252、247、191）到浅绿色（RGB参数值为199、224、108）到绿色（RGB参数值为55、127、23）的径向渐变，效果如图20-25所示。

图20-25 填充渐变色

STEP 03 新建“色相/饱和度1”调整图层，展开“色相/饱和度”调整面板，设置“饱和度”为30，如图20-26所示。

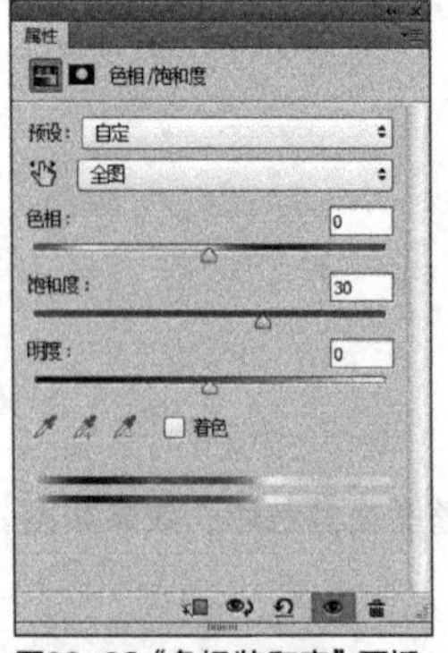

图20-26“色相/饱和度”面板

STEP 04 打开“实战566-1”文件，将其拖曳至图像编辑窗口中，效果如图20-27所示。

图20-27 打开素材文件

STEP 05 选择“图层2”图层，单击“图层”面板底部的“添加图层蒙版”按钮，添加图层蒙版，选取“渐变工具”，为蒙版添加白色到黑色的径向渐变，如图26-28所示。

图26-28 添加蒙版效果

STEP 06 设置“图层2”图层的“混合模式”为“叠加”、“不透明度”为50%，效果如图20-29所示。

图26-29 设置各选项效果

STEP 07 打开“实战566-2”文件，将其拖曳至图像编辑窗口中，效果如图20-30所示。

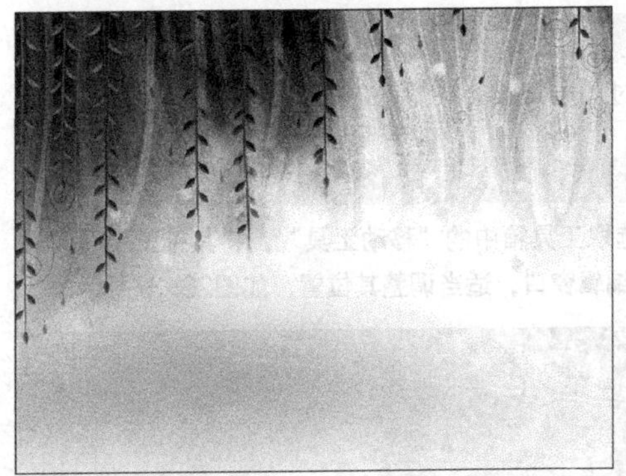
图20-30 拖曳素材文件

STEP 08 设置图层的“混合模式”为“线性加深”，效果如图20-31所示。

图20-31 设置混合模式效果

实战567 制作星光效果

- 实例位置：无
- 素材位置：无
- 视频位置：光盘\视频\第26章\实战567.mp4

• 实例介绍 •

下面将通过“画笔工具”在图像中的草地上绘制白色的圆点，制作出星光闪耀的效果。

• 操作步骤 •

STEP 01 选取工具箱中的“画笔工具”，单击“窗口”|“画笔”命令，展开“画笔”面板，设置“大小”为6像素、“硬度”为100%、“间距”为305%，如图26-32所示。

STEP 02 选中“形状动态”复选框，设置“大小抖动”为100%，如图26-33所示。

知识扩展

大多数人用数码相机拍完了照片直接就送到照像馆冲洗，但如果懂得一些用电脑处理照片的操作知识，就可以在冲洗之前，先输到电脑里查看一下，对一些存在不足之处的照片，进行电脑加工处理。这样不仅可以改善照片上的一些不足之处，还能制作出拍摄过程中不可能产生的特殊效果。

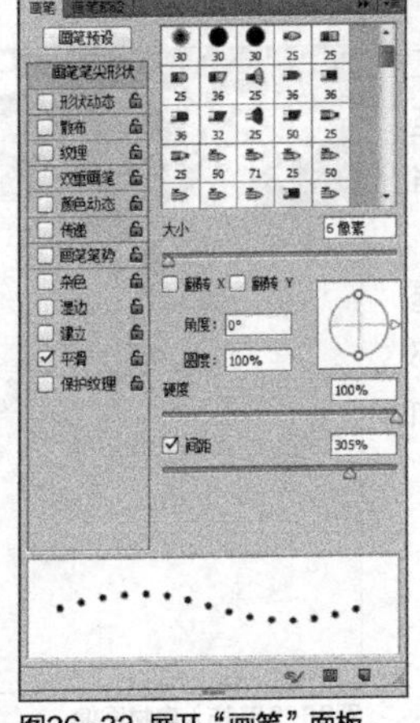
图26-32 展开“画笔”面板

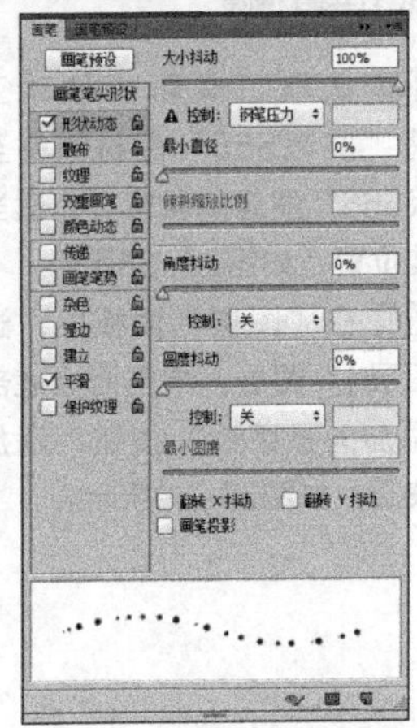
图26-33 设置“形状动态”参数

STEP 03 选中"散布"复选框，设置"散布"为1000%，如图26-34所示。

STEP 04 新建图层，设置前景色为白色，在图像编辑窗口中相应位置处绘制多个圆点图像，效果如图26-35所示。

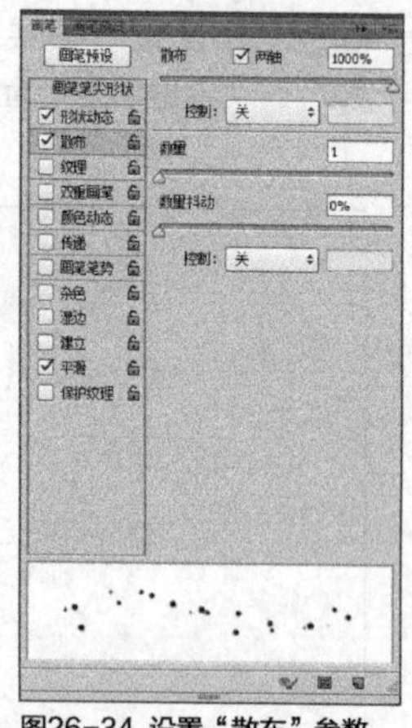
图26-34 设置"散布"参数

图26-35 绘制圆点图像

实战568 添加素材效果

▶实例位置：无
▶素材位置：光盘\素材\第26章\实战568.psd
▶视频位置：光盘\视频\第26章\实战568.mp4

• 实例介绍 •

下面将通过"移动工具"在风光照片中拖入相应的素材图像，并通过图层蒙版合成图像效果。

• 操作步骤 •

STEP 01 按【Ctrl+O】组合键，打开"实战568"素材图像，如图26-36所示。

STEP 02 选取工具箱中的"移动工具"，将其拖曳至"实战566"图像编辑窗口，适当调整其位置，如图26-37所示。

图26-36 打开素材图像

图26-37 置入并调整素材

STEP 03 选取工具箱的移动工具，将"实战565"素材拖曳至"实战566"图像编辑窗口，适当调整其位置，如图26-38所示。

STEP 04 在"图层"面板中，选择"图层4"图层，单击面板底部的"添加矢量蒙版"按钮，添加图层蒙版，如图26-39所示。

图26-38 拖入素材图像

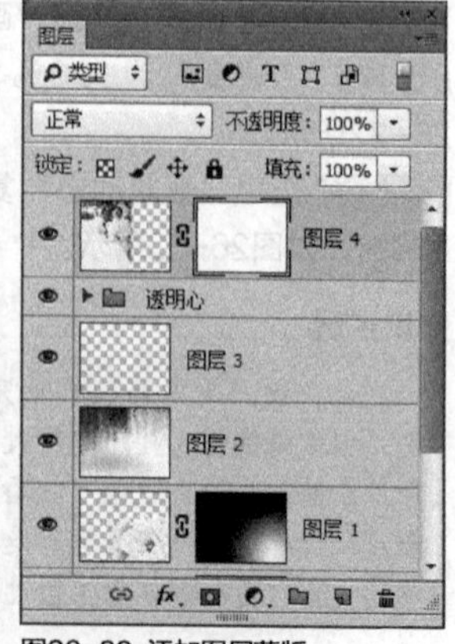

图26-39 添加图层蒙版

STEP 05 设置前景色为黑色，选取“画笔工具”，在图像中的适当位置处进行涂抹，隐藏部分图像效果，如图26-40所示。

图26-40 隐藏部分图像效果

实战 569 制作整体效果

▶实例位置：无
▶素材位置：无
▶视频位置：光盘\视频\第26章\实战569.mp4

• 实例介绍 •

下面将通过“色阶”调整图层与“色相/饱和度”调整图层调整照片的整体效果。

• 操作步骤 •

STEP 01 展开“图层”面板，单击“图层”面板底部的“创建新的填充或调整图层”按钮，在弹出的列表框中选择“色阶”选项，如图26-41所示。

STEP 02 执行上述操作后，即可创建“色阶1”调整图层，如图26-42所示。

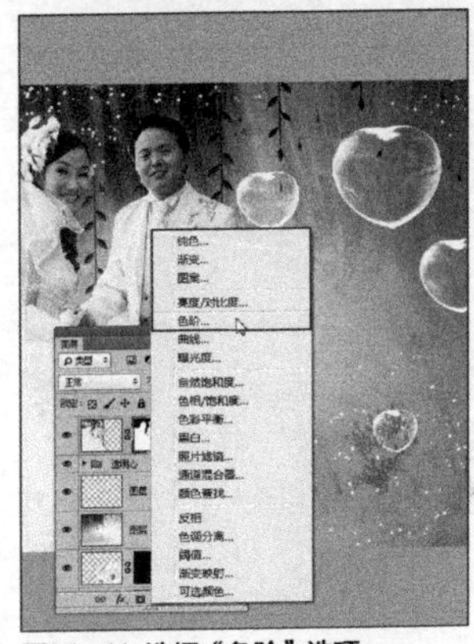

图26-41 选择“色阶”选项

图26-42 新建“色阶1”调整图层

STEP 03 展开“属性”面板，设置参数值分别为12、1.06、223，如图26-43所示。

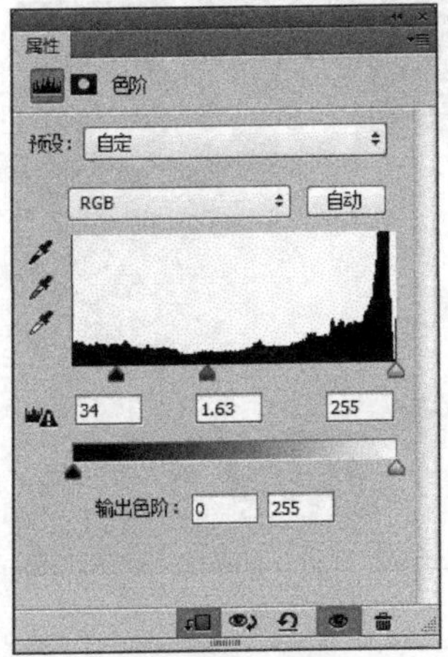

图26-43 设置“色阶”参数

STEP 04 执行上述操作后，即可调整图像色阶，效果如图26-44所示。

图26-44 调整图像色阶

STEP 05 单击"图层"|"创建剪贴蒙版"命令，创建剪贴蒙版，如图26-45所示。

STEP 06 执行上述操作后，即可隐藏部分图像效果，如图26-46所示。

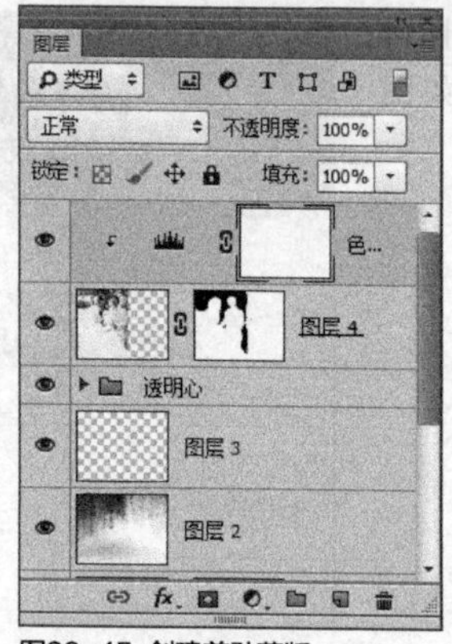
图26-45 创建剪贴蒙版

图26-46 隐藏部分图像效果

实战570 添加文字效果

▶实例位置：光盘\实例\第26章\实战570.jpg
▶素材位置：光盘\素材\第26章\实战570.jpg
▶视频位置：光盘\视频\第26章\实战570.mp4

• 实例介绍 •

下面主要介绍添加调整图层，调整文字效果。

• 操作步骤 •

STEP 01 按【Ctrl+O】组合键，打开"实战570"素材图像，如图26-47所示。

图26-47 打开素材图像

STEP 02 选取工具箱中的"移动工具"，将其拖曳至"实战565"图像编辑窗口中，适当调整其位置，如图26-48所示。

图26-48 置入并调整图像

STEP 03 在"图层"面板中新建"色相/饱和度1"调整图层，展开"属性"面板，设置"饱和度"为30，如图26-49所示。

STEP 04 执行上述操作后，即可调整图像色彩，效果如图26-50所示。

图26-49 设置相应参数值

图26-50 调整图像色彩

STEP 05 展开“图层”面板，选择“图层4”图层和“色阶1”调整图层，将其移至“图层”面板的顶部，如图26-51所示。

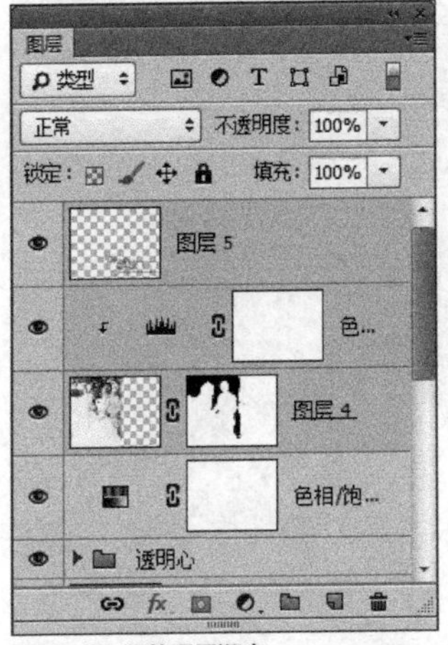

图26-51 调整图层顺序

STEP 06 执行上述操作后，即可改变图像效果，如图26-52所示。

图26-52 图像效果

26.3 天长地久照片处理

本实例介绍通过置入图像素材、调整图像的整体色调，并配合图层蒙版的使用，制作特殊的图像效果，然后对图像进行合成与修饰处理的操作方法。

实战 571 制作背景效果

▶实例位置：无
▶素材位置：光盘\素材\第26章\实战571-1.jpg、实战571-2.jpg
▶视频位置：光盘\视频\第26章\实战571.mp4

• 实例介绍 •

下面主要介绍使用复制粘贴的方式制作背景效果的操作方法。

• 操作步骤 •

STEP 01 打开“实战571-1”素材图像，如图26-53所示。

图26-53 打开素材图像

STEP 02 打开“实战571-2”素材图像，选取“移动工具”，将其拖曳至“实战571-1”图像编辑窗口中，调整图像大小和位置，如图26-54所示。

图26-54 调整大小和位置

STEP 03 设置“图层1”图层的“混合模式”为“颜色减淡”，按住【Alt】键的同时单击鼠标并拖曳图像，即可复制图像，适当调整其大小和角度，如图26-55所示。

图26-55 调整大小和角度

STEP 04 用与上同样的方法，复制多个图像，并移至合适位置，如图26-56所示。

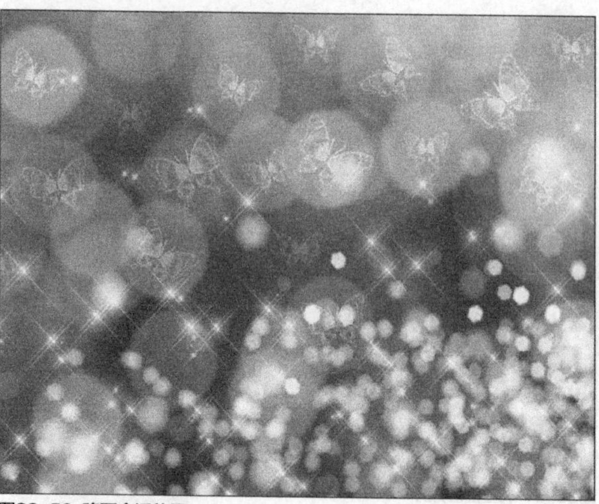

图26-56 移至合适位置

实战 572 制作心形效果

▶实例位置：无
▶素材位置：无
▶视频位置：光盘\视频\第26章\实战572.mp4

• 实例介绍 •

下面主要介绍使用“自定形状工具”制作心形效果的操作方法。

• 操作步骤 •

STEP 01 选取“自定形状工具”，在工具属性栏中，设置“选择工具模式”为“路径”，单击“形状”右侧的三角形下拉按钮，在弹出的下拉列表框中选择“红心形卡”选项，如图26-57所示。

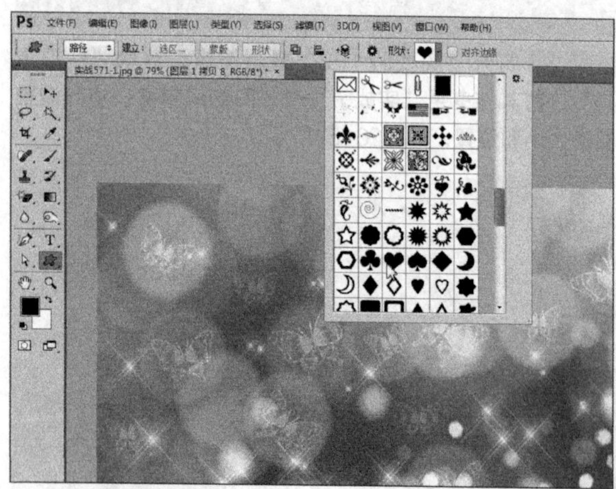

图26-57 打开素材文件

STEP 02 拖动鼠标指针至图像编辑窗口中的合适位置，绘制一个心形路径，如图26-58所示。

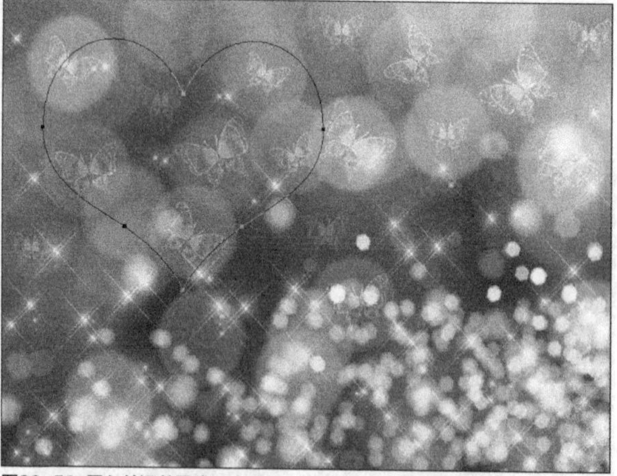

图26-58 置入并调整图像

STEP 03 按【Ctrl+T】组合键，调出变换控制框，旋转心形至合适角度后，按【Enter】键确认，如图26-59所示。

STEP 04 新建图层，选取“画笔工具”，在工具属性栏中，设置“不透明度”为80%，单击“窗口”|“画笔”命令，展开“画笔”面板，设置大小为15像素、“间距”为150%，如图26-60所示。

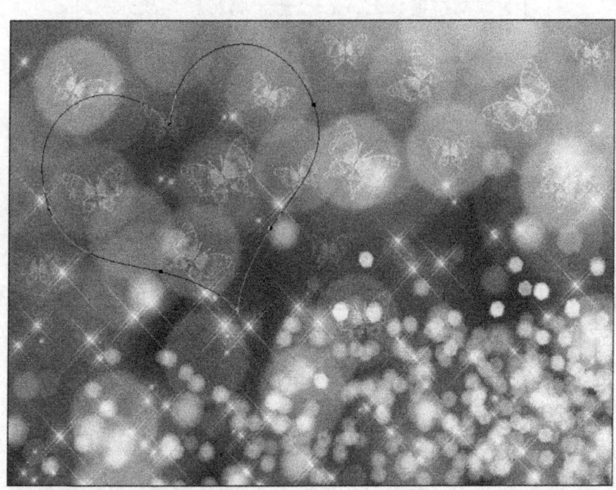
图26-59 调出变换控制框

STEP 05 设置前景色为白色，选取“钢笔工具”，在路径上单击鼠标右键，在弹出的快捷菜单中，选择“描边路径”命令，弹出“描边路径”对话框，设置“工具”为“画笔”，如图26-61所示。

图26-61 “描边路径”对话框

STEP 07 按【Ctrl+T】组合键，调出变换控制框，适当缩放路径至合适大小，按【Enter】键确认，如图26-63所示。

图26-63 调整路径大小

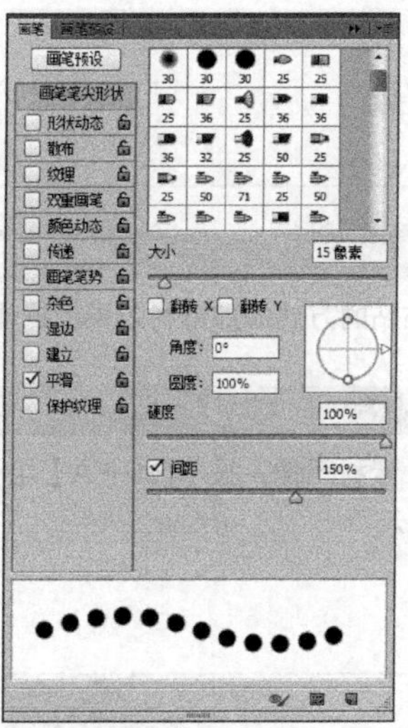

图26-60 展开“画笔”面板

STEP 06 单击“确定”按钮，即可描边路径，效果如图26-62所示。

图26-62 描边图像

STEP 08 展开“图层”面板，选择“图层2”图层，按【Ctrl+Enter】组合键，将路径转换为选区，如图26-64所示。

图26-64 将路径转换为选区

实战573 添加素材效果

▶实例位置：无
▶素材位置：无、光盘\素材\第26章\实战573-1.jpg、实战573-2.jpg
▶视频位置：光盘\视频\第26章\实战573.mp4

• 实例介绍 •

下面主要介绍使用复制粘贴的方式添加素材效果的操作方法。

• 操作步骤 •

STEP 01 打开"实战573-1"素材图像，按【Ctrl+A】组合键全选图像，如图26-65所示。

图26-65 全选图像

STEP 02 按【Ctrl+C】组合键复制图像，切换至"实战571-1"图像编辑窗口中，按【Ctrl+Alt+Shift+V】组合键，贴入图像，适当缩放图像的大小，旋转至合适角度，如图26-66所示。

图26-66 调整图像

STEP 03 调出"路径"面板，选择并拖曳"工作路径"至"创建新路径"按钮上，得到"路径1"，使用同样的方法得到"路径1拷贝"，将该路径适当缩放旋转，并移动至合适位置，如图26-67所示。

图26-67 创建新路径

STEP 04 按【Ctrl+Enter】组合键，将路径转换为选区，如图26-68所示。

图26-68 将路径转换为选区

STEP 05 打开"实战573-2"素材图像，按【Ctrl+A】组合键全选图像，按【Ctrl+C】组合键复制图像，切换至"实战571-1"图像编辑窗口中，按【Ctrl+Alt+Shift+V】组合键，贴入图像，适当缩放图像的大小，旋转至合适角度，如图26-69所示。

STEP 06 用与上同样的方法，复制路径，建立选区，并贴入图像，如图26-70所示。

图26-69 调整图像

图26-70 调整图像

实战 574 添加文字效果

▶实例位置：光盘\实例\第26章\实战574.jpg
▶素材位置：无
▶视频位置：光盘\视频\第26章\实战574.mp4

• 实例介绍 •

下面主要介绍设置图层样式，添加文字效果的操作方法。

• 操作步骤 •

STEP 01 选取“横排文字工具”，在编辑窗口中的合适位置单击鼠标左键，确认插入点，调出“字符”面板，在面板中设置各选项，如图26-71所示。

STEP 02 输入文字，按【Ctrl+Enter】组合键确定，选取“移动工具”调整文字的位置，效果如图26-72所示。

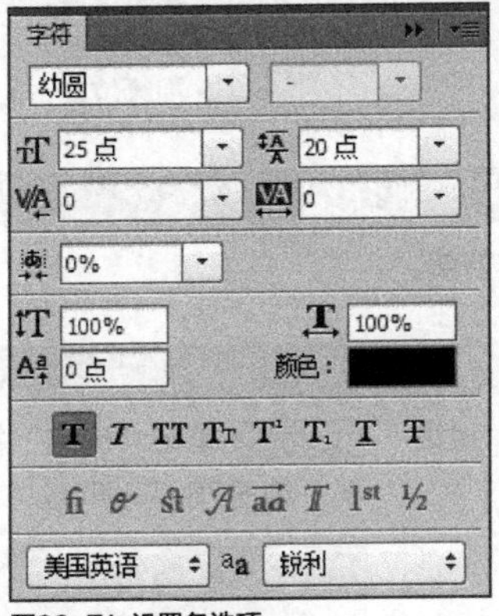

图26-71 设置各选项

图26-72 输入文字

STEP 03 双击文字图层，即可弹出“图层样式”对话框，选择“渐变叠加”复选框，单击“点按可编辑渐变”按钮，设置渐变颜色为“蓝、红、黄渐变”，如图26-73所示。

图26-73 设置各选项

STEP 04 选中“描边”复选框，设置“大小”为3、“颜色”为白色，如图26-74所示。

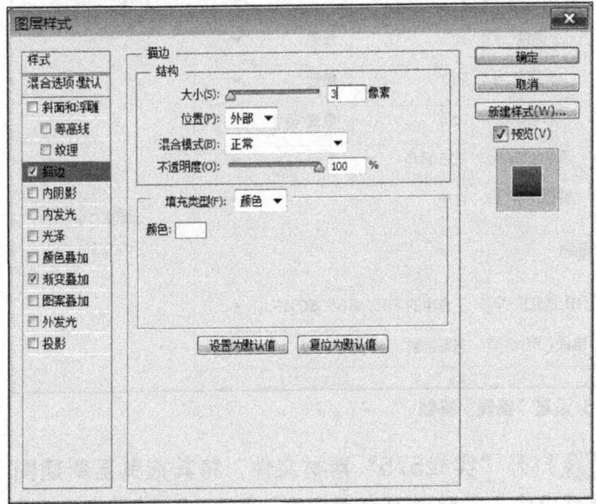

图26-74 设置各选项

STEP 05 选中“外发光”复选框，单击“确定”按钮，即可添加相应图层样式，如图26-75所示。

图26-75 添加图层样式

26.4 有你真好照片处理

本实例通过路径和图层混合模式制作特殊的背景效果，并综合运用图层蒙版的相应操作，对图像进行抠图处理，最后进行特效合成和修饰处理。

实战575 制作图像背景效果

▶实例位置：无
▶素材位置：无
▶视频位置：光盘\视频\第26章\实战575.mp4

• 实例介绍 •

下面主要介绍使用钢笔工具制作背景效果的操作方法。

• 操作步骤 •

STEP 01 单击“文件”|“新建”命令，弹出“新建”对话框，输入名称并设置相应参数，如图26-76所示。

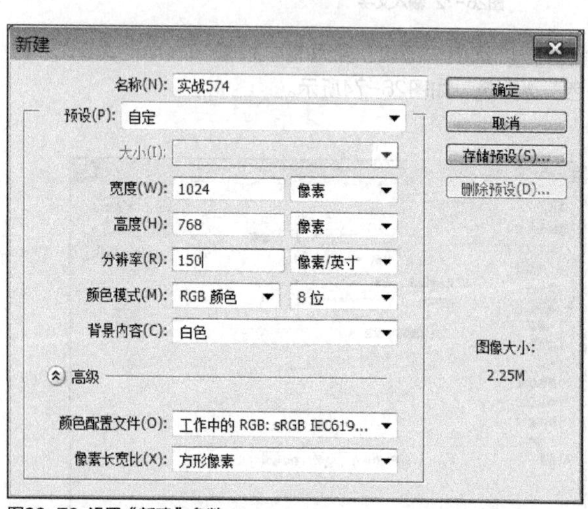

图26-76 设置“新建”参数

STEP 02 单击“确定”按钮，新建一个指定大小的空白文档，如图26-77所示。

图26-77 新建空白文件

STEP 03 打开“实战575”素材文件，将其拖曳至新建图像编辑窗口中，并移动至合适位置，如图26-78所示。

STEP 04 新建图层，选取“钢笔工具”，将鼠标移至图像编辑窗口中，创建闭合路径，如图26-79所示。

图26-78 移动至合适位置

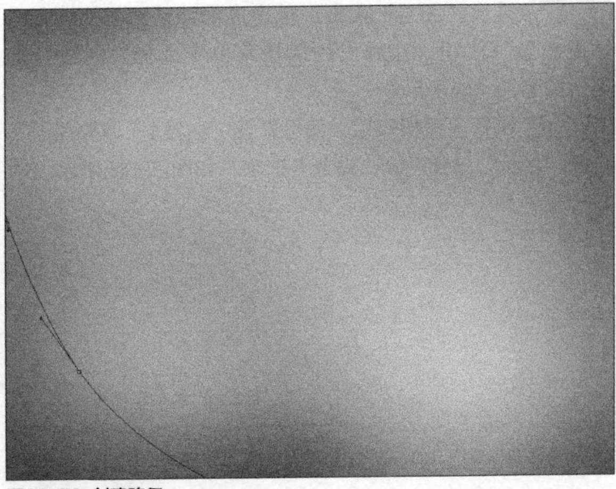

图26-79 创建路径

STEP 05 按【Ctrl+Enter】组合键，将路径转换为选区，如图26-80所示。

STEP 06 设置前景色为白色，按【Alt+Delete】组合键，填充前景色，并设置“图层2”图层的不透明度为20%，并取消选区，如图26-81所示。

图26-80 将路径转换为选区

图26-81 取消选区

STEP 07 复制“图层2”图层，得到“图层2 拷贝”图层，并适当调整其大小和位置，如图26-82所示。

STEP 08 选择“图层2”图层和“图层2 拷贝”图层，按住【Alt】键的同时，拖动图像，复制图像，单击“编辑”|“变换”|“旋转180度”命令，旋转图像，并使用“移动工具”，移至合适位置，效果如图26-83所示。

图26-82 复制并调整图像

图26-83 复制并调整图像

STEP 09 调出“图层”面板，单击底部“创建新的填充或调整图层”按钮，在弹出的快捷菜单中选择“曲线”选项，如图26-84所示。

STEP 10 执行上述操作后，即可新建“曲线1”调整图层，打开“曲线”调整面板，设置各选项，如图26-85所示。

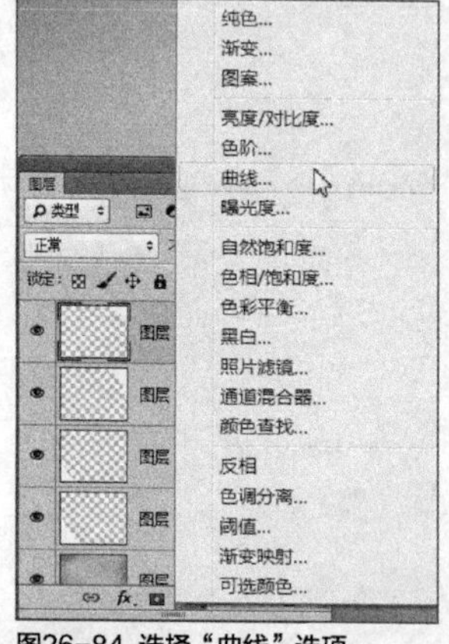

图26-84 选择“曲线”选项

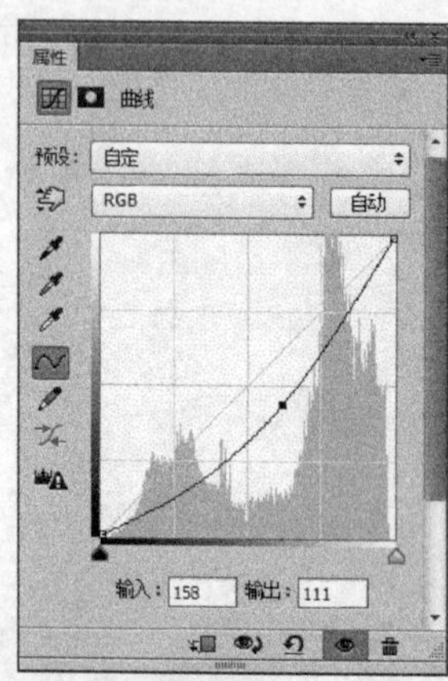

图26-85 设置各选项

STEP 11 执行上述操作后，即可完整背景效果的制作，如图26-86所示。

图26-86 背景效果

实战576 添加素材效果

▶实例位置：无

▶素材位置：光盘\素材\第26章\实战576-1.jpg、实战576-2.jpg

▶视频位置：光盘\视频\第26章\实战576.mp4

• 实例介绍 •

下面主要介绍设置图层混合模式，制作相应效果的操作方法。

• 操作步骤 •

STEP 01 打开“实战576-1”素材文件，将其拖曳至新建图像编辑窗口中合适位置，如图26-87所示。

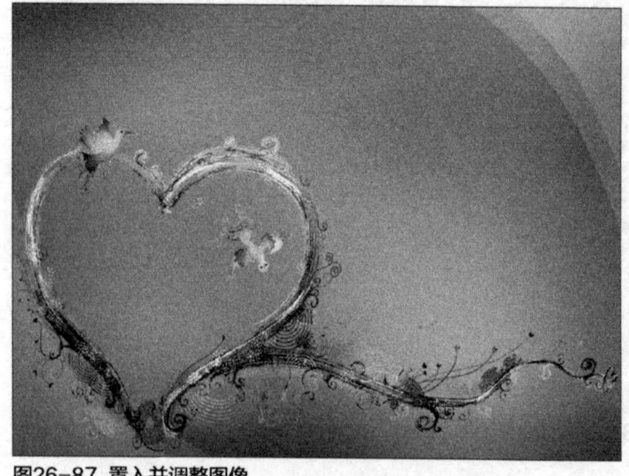
图26-87 置入并调整图像

STEP 02 设置“图层3”图层的混合模式为“叠加”，复制“图层3”图层，得到“图层3 拷贝”图层，效果如图26-88所示。

图26-88 设置混合模式并复制图层

STEP 03 打开“实战576-2”素材文件，将其拖曳至新建图像编辑窗口中合适位置，如图26-89所示。

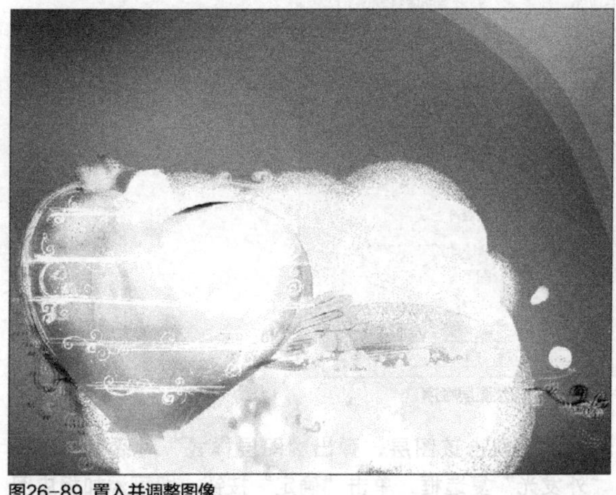

图26-89 置入并调整图像

STEP 04 设置“图层4”图层的混合模式为“线性加深”，并设置“不透明度”为80%，效果如图26-90所示。

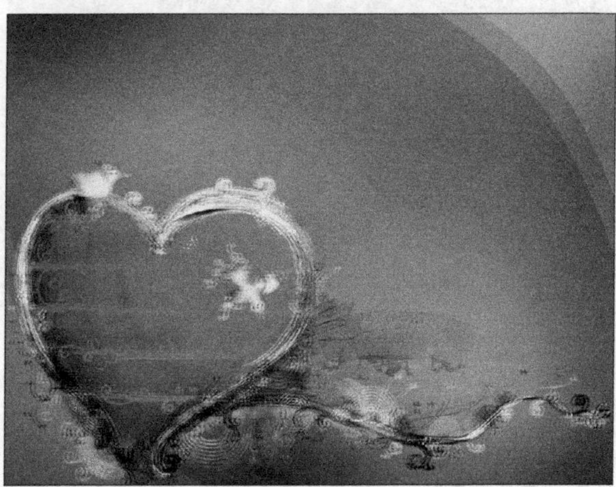

图26-90 设置混合模式和不透明度

专家提醒

“线性加深”混合模式可以将当前图层的所有通道颜色以减小亮度的方式变暗，但此混合模式对图层中的白色无效。

实战 577 制作图像整体效果

- ▶ 实例位置：光盘\实例\第26章\实战577.jpg
- ▶ 素材位置：光盘\素材\第26章\实战577-1.jpg、实战577-2.jpg
- ▶ 视频位置：光盘\视频\第26章\实战577.mp4

● 实例介绍 ●

下面主要介绍使用图层蒙版抠取图像的操作方法。

● 操作步骤 ●

STEP 01 打开“实战577-1”素材文件，将素材拖曳至新建图像编辑窗口中，并适当调整其大小和位置，如图26-91所示。

图26-91 置入并调整图像

STEP 02 单击“图层”面板底部的“添加矢量蒙版”按钮，添加图层蒙版，如图26-92所示。

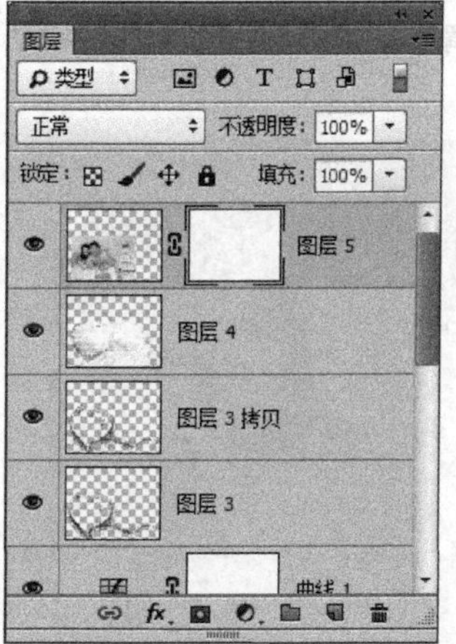

图26-92 添加图层蒙版

STEP 03 设置前景色为黑色，选取“画笔工具”，在图像编辑窗口中，适当涂抹图像，效果如图26-93所示。

STEP 04 打开“实战577-2”素材图像，将素材拖曳至新建图像编辑窗口中，适当调整其大小和位置，并将“图层6”移至“图层3”图层的下方，如图26-94所示。

图26-93 涂抹图像

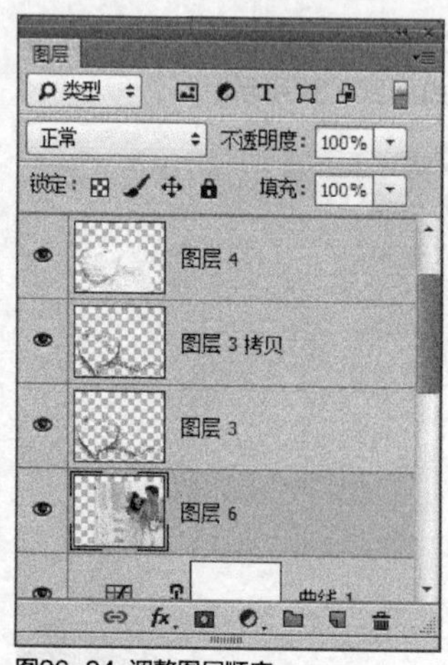

图26-94 调整图层顺序

STEP 05 单击“添加矢量蒙版”按钮，添加图层蒙版，选取“画笔工具”，在图像编辑窗口中，适当涂抹图像，抠取图像，如图26-95所示。

图26-95 抠取图像

STEP 06 双击该图层，弹出“图层样式”对话框，选择“外发光”复选框，单击“确定”按钮，即可添加相应图层样式，如图26-96所示。

图26-96 添加图层样式

STEP 07 打开“实战577-3”素材图像，将素材拖曳至新建图像编辑窗口中，适当调整其大小和位置，如图26-97所示。

图26-97 置入并调整图像

STEP 08 双击该图层，弹出“图层样式”对话框，选择“外发光”复选框，单击“确定”按钮，即可添加相应图层样式，如图26-98所示。

图26-98 添加图层样式

26.5 最真的爱照片处理

本节主要介绍最真的爱婚纱照片的处理，结合透明效果，添加边框效果，使用图层蒙版抠取图像并进行调整、合成特效处理。

实战578 新建文件并填充背景效果

▶实例位置：无
▶素材位置：无
▶视频位置：光盘\视频\第26章\实战578.mp4

• 实例介绍 •

下面主要介绍使用新建命令新建文件的操作方法。

• 操作步骤 •

STEP 01 单击“文件”|“新建”命令，弹出“新建”对话框，设置各选项，如图26-99所示。

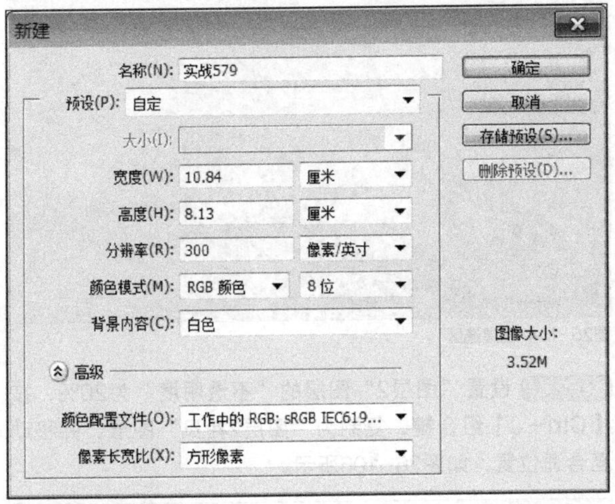

图26-99 设置各选项

STEP 02 单击“确定”按钮，即可新建一个空白文档，如图26-100所示。

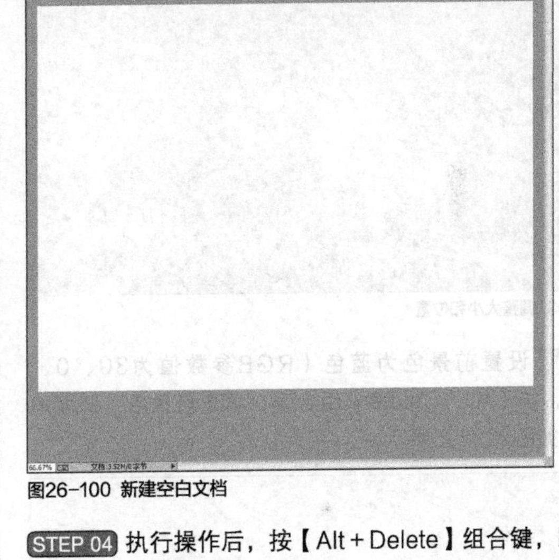

图26-100 新建空白文档

STEP 03 选择“背景”图层，单击工具箱下方的“设置前景色”色块，弹出“拾色器（前景色）”对话框，设置前景色为红色（RGB参数值为241、104、104），如图26-101所示，单击“确定”按钮。

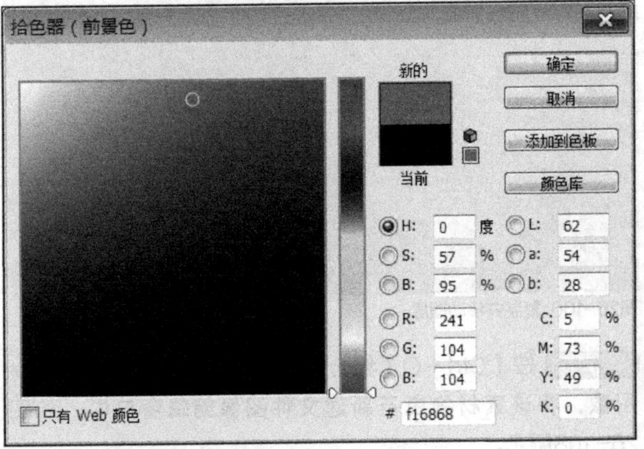

图26-101 设置前景色为红色

STEP 04 执行操作后，按【Alt＋Delete】组合键，即可填充前景色，如图26-102所示。

图26-102 填充前景色

实战579 制作透明效果

▶实例位置：无
▶素材位置：光盘\素材\第26章\实战579-1.jpg、实战579-2.jpg
▶视频位置：光盘\视频\第26章\实战579.mp4

• 实例介绍 •

下面主要介绍通过设置不透明度和图层混合模式制作透明效果的操作方法。

• 操作步骤 •

STEP 01 按【Ctrl+O】组合键，打开一幅素材图像，将该文件拖曳至新建文件图像编辑窗口中，并调整大小和位置，如图26-103所示。

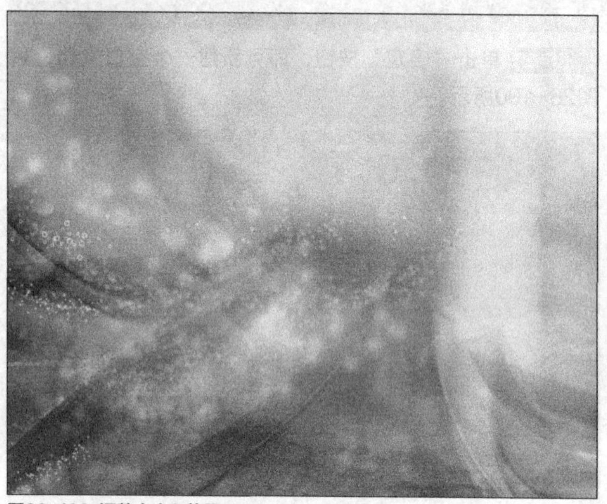

图26-103 调整大小和位置

STEP 02 新建图层，选取工具箱中的“椭圆选框工具”，按【Alt+Shift】组合键，创建一个圆形选区，如图26-104所示。

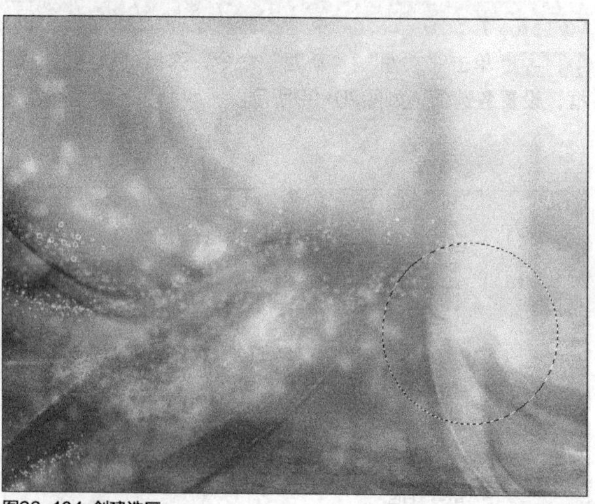

图26-104 创建选区

STEP 03 设置前景色为蓝色（RGB参数值为30、0、255），按【Alt+Delete】组合键，填充前景色，并取消选区，如图26-105所示。

图26-105 填充前景色

STEP 04 设置“图层2”图层的“不透明度”为20%，按【Ctrl+J】组合键，复制为“图层2拷贝”图层，并移动至合适位置，如图26-106所示。

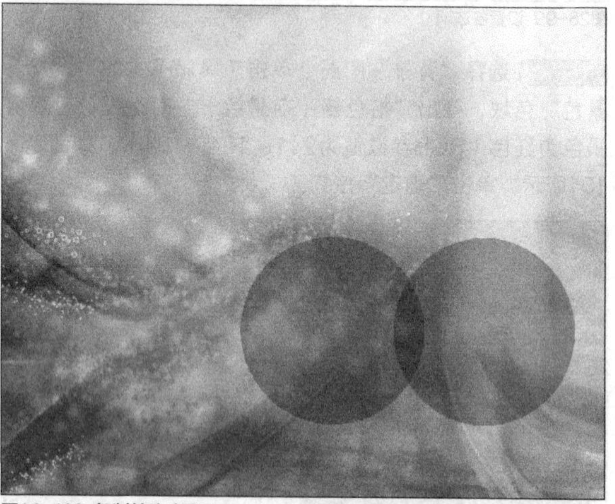

图26-106 复制并移动图层

STEP 05 按【Ctrl+T】组合键，调出变换控制框，调整图像的大小和位置，使用同样的方法，复制多次，并调整大小和位置，如图26-107所示。

STEP 06 按【Ctrl+O】组合键，打开“实战579-2”素材图像，将该素材拖曳至新建文件图像编辑窗口中，如图26-108所示。

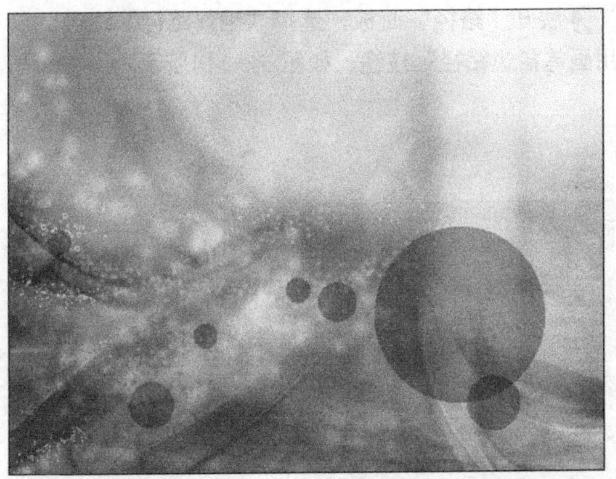
图26-107 调整大小和位置

图26-108 打开素材图像

STEP 07 按【Ctrl+T】组合键，调整图像大小和位置，按【Enter】键确认操作，设置“图层4”图层的混合模式为“滤色”，如图26-109所示。

STEP 08 按住【Alt】键的同时，单击鼠标左键并拖动图像，即可复制图像，使用同样的方法复制多次，并调整图像的大小和位置，如图26-110所示。

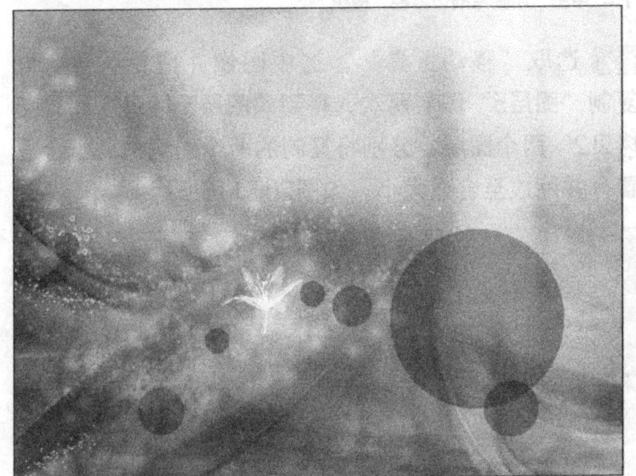
图26-109 设置图层混合模式

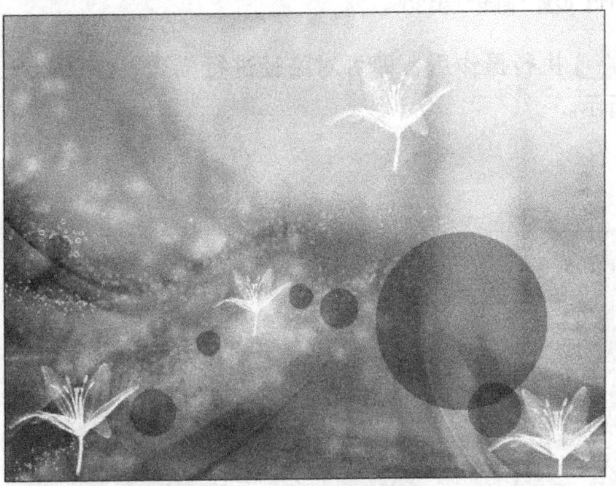
图26-110 图像效果

实战 580 制作边框效果

▶实例位置：无
▶素材位置：无
▶视频位置：光盘\视频\第26章\实战580.mp4

• 实例介绍 •

下面主要介绍使用椭圆工具制作边框效果的操作方法。

• 操作步骤 •

STEP 01 新建“图层4”图层，选取工具箱中的“椭圆工具”，单击工具属性栏中的“路径”按钮，按【Alt+Shift】组合键，绘制一个圆形路径，如图26-111所示。

STEP 02 在工具箱中，选取画笔工具，设置前景色为白色，单击“窗口”|“画笔”命令，展开“画笔”面板，如图26-112所示。

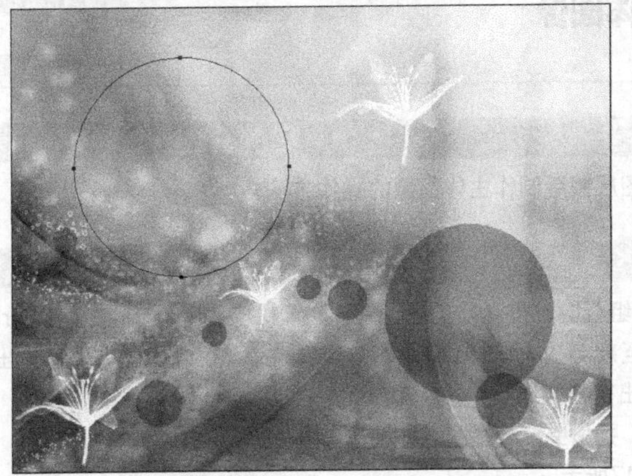
图26-111 绘制一个圆形路径

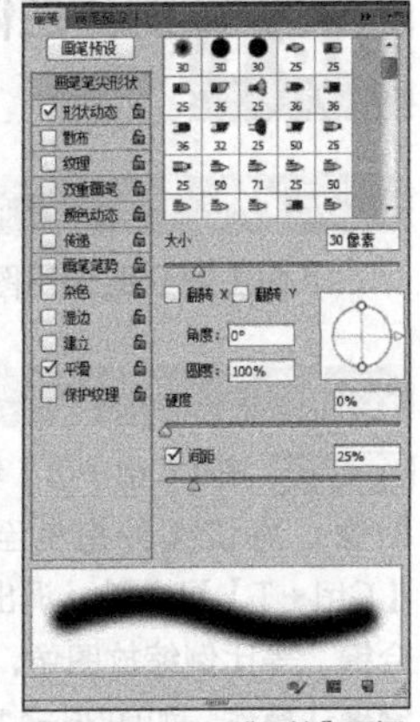
图26-112 展开“画笔”面板

STEP 03 在“画笔笔尖形状”右侧的列表框中，选择“尖角13”画笔，设置“间距”为130%，如图26-113所示。

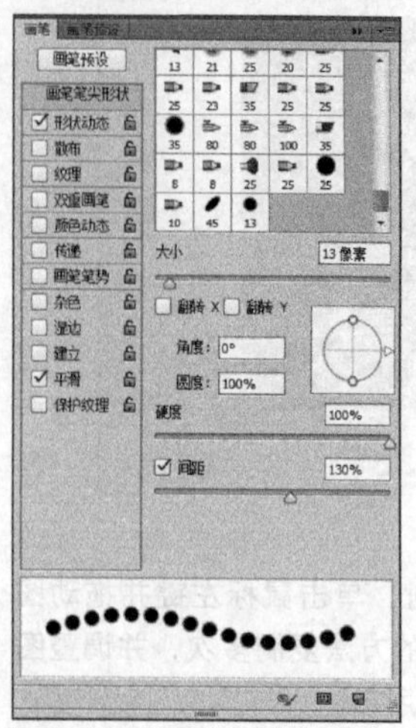

图26-113 设置“间距”为130%

STEP 04 展开“路径”面板，选择“工作路径”路径，单击“用画笔描边路径”按钮，如图26-114所示。

图26-114 单击“用画笔描边路径”按钮

STEP 05 执行操作后，即可对路径进行描边，如图26-115所示。

STEP 06 选取“移动工具”，选中图像并拖曳至合适位置，复制“图层5”图层两次，得到“图层5 拷贝”和“图层5 拷贝2”两个图层，分别将复制的两个图像拖曳至合适的位置，并缩放至合适大小，如图26-116所示。

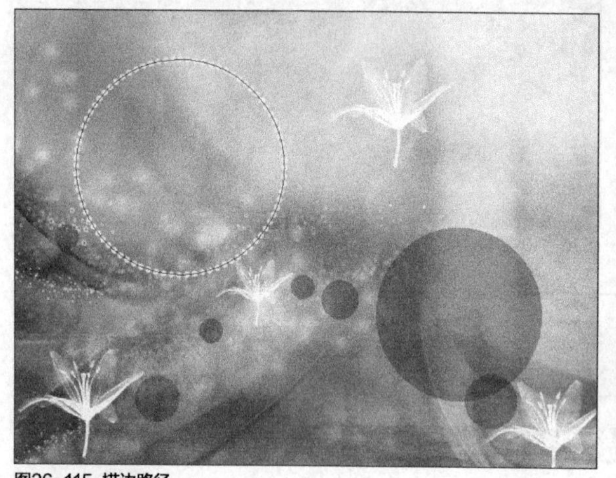

图26-115 描边路径

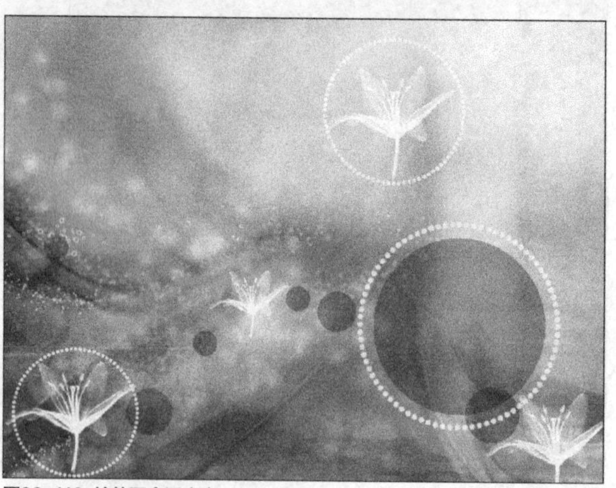

图26-116 缩放至合适大小

实战581 制作主体图像

▶实例位置：无
▶素材位置：无、光盘\素材\第26章\实战581-1.jpg、实战581-2.jpg
▶视频位置：光盘\视频\第26章\实战581.mp4

•实例介绍•

下面主要介绍使用图层蒙版制作主体图像的操作方法。

•操作步骤•

STEP 01 按【Ctrl+O】组合键，打开“实战581-1”素材图像，将该文件拖曳至新建文件图像编辑窗口中，按【Ctrl+T】组合键，调出变换控制框，按【Alt+Shift】组合键，等比例缩放图像，并拖曳至合适位置，按【Enter】键确认操作，如图26-117所示。

STEP 02 按住【Ctrl】键的同时，单击“图层2”图层左侧的缩览图，即可调出选区，如图26-118所示。

图26-117 等比例缩放图像

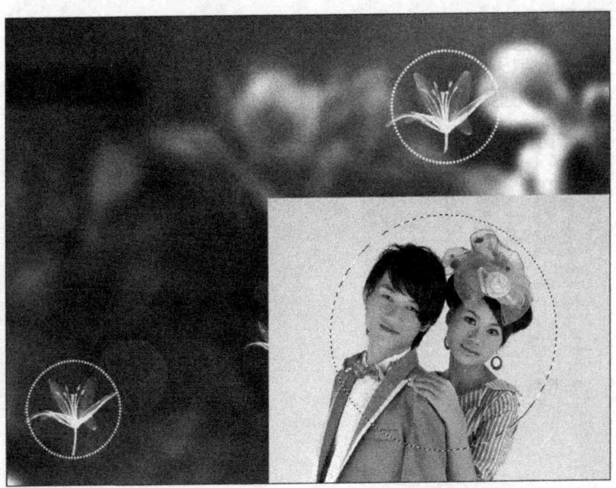
图26-118 调出选区

STEP 03 选择“图层5”图层，单击“选择”|“反向”命令，按【Delete】键，清除选区内的图像，再按【Ctrl+D】组合键取消选区，如图26-119所示。

图26-119 清除选区内的图像

STEP 04 按【Ctrl+O】组合键，打开“实战581-2”素材图像，如图26-120所示。

图26-120 打开素材图像

STEP 05 将该素材拖曳至新建文件图像编辑窗口中，按【Ctrl+T】组合键，调出变换控制框，调整图像大小和位置，按【Enter】键确认操作，如图26-121所示。

图26-121 调整大小和位置

STEP 06 在“图层”面板中，选择“图层6”图层，单击面板底部的“添加图层蒙版”按钮，添加蒙版，如图26-122所示。

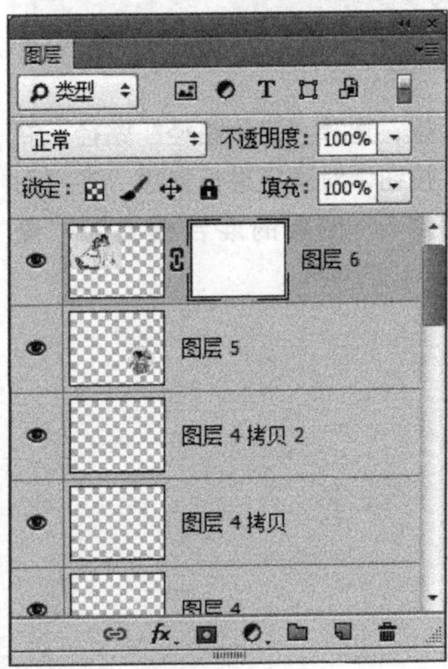

图26-122 添加蒙版

STEP 07 选取画笔工具，设置前景色为黑色，单击“窗口”|“画笔”命令，展开“画笔”面板，设置“大小”为100、“硬度”为0%、“间距”为1%，如图26-123所示。

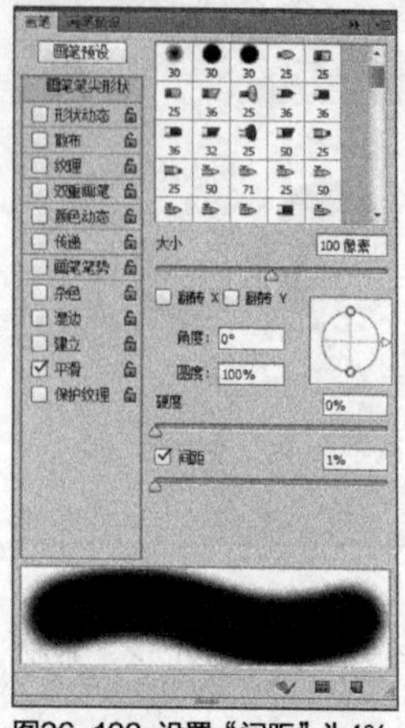

图26-123 设置“间距”为1%

STEP 08 在工具属性栏中，设置的“不透明度”为40%，在图像编辑窗口中的合适区域进行涂抹，即可隐藏部分图像，如图26-124所示。

图26-124 隐藏部分图像

STEP 09 用与上同样的方法，涂抹除人物以外的图像区域，如图26-125所示。

图26-125 涂抹除人物以外的图像区域

STEP 10 新建“图层7”图层，选取工具箱中的“矩形工具”，在工具属性栏中，选择“路径”按钮，在图像编辑窗口左上方，单击鼠标左键并向右下方拖曳，创建一个矩形路径，如图26-126所示，选取“画笔工具”，设置前景色为白色，设置工具属性栏中的画笔“大小”为5像素、“硬度”为100%。

图26-126 创建一个矩形路径

STEP 11 展开“路径”面板，选择“工作路径”路径，并单击“用画笔描边路径”按钮，对路径进行描边，在“图层”面板中，设置“图层7”图层的混合模式为“叠加”，如图26-127所示。

图26-127 设置混合模式为“叠加”

实战 582 添加文字效果

- ▶ **实例位置**：光盘\实例\第26章\实战582.jpg
- ▶ **素材位置**：无、光盘\素材\第26章\实战582.jpg
- ▶ **视频位置**：光盘\视频\第26章\实战582.mp4

• 实例介绍 •

下面主要介绍使用栅格化文字命令添加文字效果的操作方法。

• 操作步骤 •

STEP 01 按【Ctrl+O】组合键，打开“实战582-1”素材图像，将该文件拖曳至新建文件图像编辑窗口中，如图26-128所示。

STEP 02 选择文字图层，单击鼠标右键，在弹出的快捷菜单中选择“栅格化文字”选项，按【Ctrl+T】组合键，调出变换控制框，调整素材至合适大小，按【Enter】键，确认操作，效果如图26-129所示。

图26-128 拖曳文字至合适位置

图26-129 调整素材大小

STEP 03 按【Ctrl+O】组合键，打开“实战582-2”素材图像，将该文件拖曳至新建文件图像编辑窗口中，调整图像至合适位置，如图26-130所示。

图26-130 最终效果

第27章

商业广告创意合成

本章导读

如今广告业的普遍，让Photoshop的商业应用也非常的重要，从基本的照片合成到广告效果的制作，都有了很好的体现。本章主要从街头广告、手机宣传画、化妆品广告以及餐厅宣传页等几个不同的领域和不同的方向介绍Photoshop在其中的应用。

要点索引

- 合成街头广告
- 制作手机宣传画
- 制作化妆品广告
- 制作餐厅宣传页
- 汽车海报招贴

27.1 合成街头广告

本实例通过变换工具和图层蒙版的综合应用，以隐藏图像的部分效果，同时利用魔棒工具抠取简单的背景图像，完成效果的合成。

实战 583 打开素材图像

▶实例位置：无
▶素材位置：光盘\素材\第27章\实战583-1.jpg、实战583-2.jpg
▶视频位置：光盘\视频\第27章\实战583.mp4

• 实例介绍 •

下面主要介绍使用移动工具移动素材的操作方法。

• 操作步骤 •

STEP 01 单击“文件”|“打开”命令，打开“实战583-1”素材文件，如图27-1所示。

图27-1 打开素材文件

STEP 02 打开“实战583-2”素材文件，将其拖曳至“实战583-1”图像编辑窗口中，适当调整其大小和位置，如图27-2所示。

图27-2 置入并调整图像

实战 584 图像合成处理

▶实例位置：无
▶素材位置：无
▶视频位置：光盘\视频\第27章\实战584.mp4

• 实例介绍 •

下面主要介绍使用图层蒙版和渐变工具制作合成效果的操作方法。

• 操作步骤 •

STEP 01 按【Ctrl+T】组合键，调出变换控制框，按住【Ctrl】键的同时，拖曳控制柄，调整完成后，按【Enter】键确认变换，效果如图27-3所示。

STEP 02 选取“渐变工具”，单击工具属性栏中的“点按可编辑渐变”按钮，弹出“渐变编辑器”对话框，设置相应参数，如图27-4所示。

图27-3 调整图像

图27-4 “渐变编辑器”对话框

STEP 03 单击“确定”按钮，设置黑白渐变填充颜色，单击“图层”面板底部的“添加图层蒙版”按钮，在图像编辑窗口中合适位置单击鼠标左键并向右拖曳，释放鼠标即可填充黑白渐变，效果如图27-5所示。

图27-5 填充黑白渐变

STEP 04 复制“图层1”图层，得到“图层1 拷贝”图层，并按【Ctrl+T】组合键，调出变换控制框，在控制框上方单击鼠标右键，在弹出的快捷菜单中选择“水平翻转”选项，即可翻转图像，移动至合适位置，按住【Ctrl】键的同时，拖曳控制柄，调整完成后，按【Enter】键确认变换，效果图27-6所示。

图27-6 复制并调整图像

实战585 图像整体效果处理

▶实例位置：光盘\实例\第27章\实战585.jpg、实战585.psd
▶素材位置：光盘\素材\第27章\实战585.jpg
▶视频位置：光盘\视频\第27章\实战585.mp4

• 实例介绍 •

下面主要介绍使用魔棒工具抠取图像，使用“垂直翻转”命令和图层蒙版制作倒影效果的操作方法。

• 操作步骤 •

STEP 01 打开“实战585”素材文件，将其拖曳至“实战583-1”图像编辑窗口中，适当调整图像大小和位置，如图27-7所示。

图27-7 置入并调整图像

STEP 02 选取“魔棒工具”，设置“容差”为10，按住【Shift】键的同时，在白色背景区域单击鼠标左键，创建选区，如图27-8所示。

图27-8 创建选区

STEP 03 按【Delete】键，删除部分图像，并取消选区，如图27-9所示。

STEP 04 适当调整其大小和位置，如图27-10所示。

图27-9 删除部分图像

图27-10 调整图像

STEP 05 复制“图层2”图层，得到“图层2 拷贝”图层，单击“编辑”|“变换”|“垂直翻转”命令，垂直翻转图像，并移动至合适位置，如图27-11所示。

STEP 06 单击“图层”面板底部的“添加矢量蒙版”按钮，添加图层蒙版，选取“渐变工具”，设置黑白渐变填充颜色，在图像上方适当位置单击鼠标并向上拖曳，释放鼠标即可填充黑白渐变，设置“图层2 拷贝”图层的“不透明度”为60%，最终效果如图27-12所示。

图27-11 移动图像

图27-12 最终效果

27.2 制作手机宣传画

本实例利用图层混合模式和滤镜对图像进行适当的修饰和处理，并将抠图图像置入并调整图像，以完成效果的合成制作。

实战586 制作背景效果

▶实例位置：无
▶素材位置：光盘\素材\第27章\实战586.jpg
▶视频位置：光盘\视频\第27章\实战586.mp4

• 实例介绍 •

下面主要介绍通过设置图层混合模式和高斯模糊命令制作背景效果的操作方法。

• 操作步骤 •

STEP 01 单击“文件”|“打开”命令，打开“实战586”素材文件，如图27-13所示。

STEP 02 复制“背景”图层两份，重命名为“图层1”和“图层1 拷贝”图层，设置“图层1”图层的混合模式为“柔光”，效果如图27-14所示。

图27-13 打开素材文件

图27-14 设置混合模式

STEP 03 选择“图层1 拷贝”图层，单击“滤镜”|“模糊”|“高斯模糊”命令，弹出“高斯模糊”对话框，设置“半径”为2.8，如图27-15所示。

图27-15 设置各选项

STEP 04 单击“确定”按钮，添加滤镜效果，设置其混合模式为“滤色”，效果如图27-16所示。

图27-16 设置滤镜和混合模式

实战587 制作主体部分

▶实例位置：无
▶素材位置：光盘\素材\第27章\实战587-1.jpg、实战587-2.jpg
▶视频位置：光盘\视频\第27章\实战587.mp4

• 实例介绍 •

下面主要介绍使用变形控制框调整图像效果的操作方法。

• 操作步骤 •

STEP 01 打开“实战587-1”素材文件，将其拖曳至“实战586”图像编辑窗口，适当调整其大小和位置，如图27-17所示。

STEP 02 为其添加图层蒙版，运用“黑色画笔工”具适当涂抹图像，效果如图27-18所示。

图27-17 置入并调整图像

图27-18 涂抹图像

STEP 03 打开“实战587-2”素材文件，将其拖曳至“实战586”图像编辑窗口中，适当调整其位置，效果如图27-19所示。

图27-19 置入并调整图像

STEP 04 隐藏“图层3”图层，选中“图层2”图层，按【Ctrl+Alt+Shift+E】组合键，盖印图层得到“图层4”图层，如图27-20所示。

图27-20 盖印图层

STEP 05 调整图层顺序，并显示“图层3”图层，如图27-21所示。

图27-21 显示图层

STEP 06 按【Ctrl+T】组合键，调出变换控制框，按住【Ctrl】键的同时，拖曳控制柄，调整完成后，按【Enter】键确认变换，如图27-22所示。

图27-22 调整图像效果

实战588 添加倒影效果

- 实例位置：无
- 素材位置：无
- 视频位置：光盘\视频\第27章\实战588.mp4

• 实例介绍 •

下面主要介绍添加图层蒙版制作倒影效果的操作方法。

• 操作步骤 •

STEP 01 选择“图层4”和“图层3”图层，按【Ctrl+Alt+E】组合键，合并图层，得到“图层3”图层，将其复制得到“图层3拷贝”图层，如图27-23所示。

STEP 02 按【Ctrl+T】组合键，调出变换控制框，在控制框上方单击鼠标右键，在弹出的快捷菜单中选择“垂直翻转”选项，即可翻转图像，移动至合适位置，按住【Ctrl】键的同时，拖曳控制柄，调整完成后，按【Enter】键确认变换，如图27-24所示。

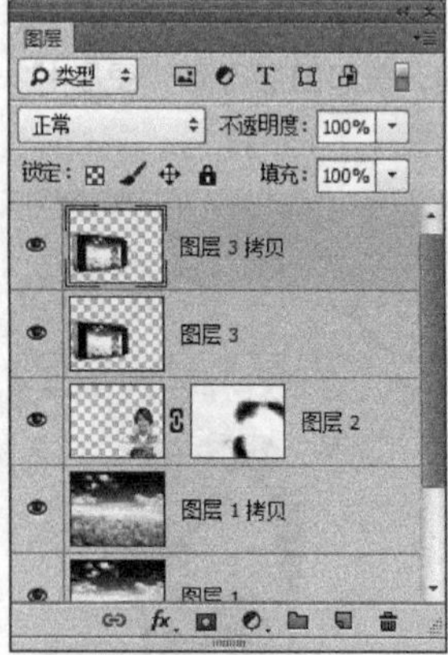

图27-23 复制图层

图27-24 翻转并调整图像

STEP 03 单击“图层”面板底部的“添加矢量蒙版”按钮■，添加图层蒙版，运用“黑色画笔工具”对图像进行适当涂抹，隐藏部分图像，如图27-25所示。

STEP 04 设置“图层3拷贝”图层的“不透明度”为70%，效果如图27-26所示。

图27-25 隐藏部分图像

图27-26 设置不透明度

实战589 制作文字效果

▶实例位置：光盘\实例\第27章\实战589.jpg
▶素材位置：光盘\素材\第27章\实战589-1pg、实战589-2pg
▶视频位置：光盘\视频\第27章\实战589.mp4

• 实例介绍 •

下面主要介绍使用横排文字工具制作文字效果的操作方法。

• 操作步骤 •

STEP 01 选取“横排文字工具”T，在图像编辑窗口适当位置单击鼠标左键，插入点，展开“字符”面板，设置相应参数，如图27-27所示。

STEP 02 输入相应文字，按【Ctrl+Enter】组合键确认，如图27-28所示。

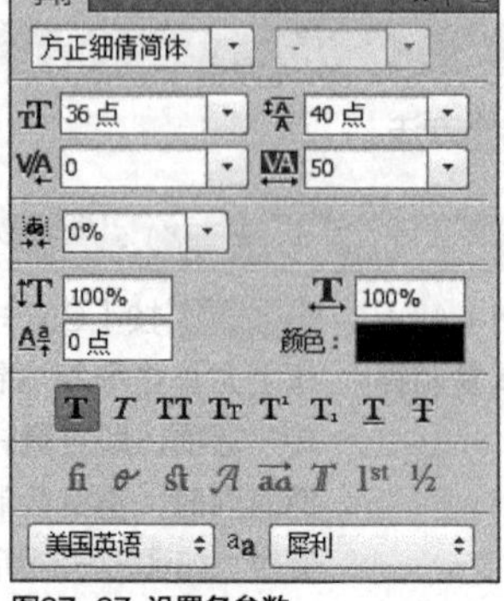

图27-27 设置各参数

图27-28 输入文字

STEP 03 在文字层上双击鼠标左键，弹出“图层样式”对话框，选中“描边”复选框，切换至“描边”选项卡，设置相应参数，如图27-29所示。

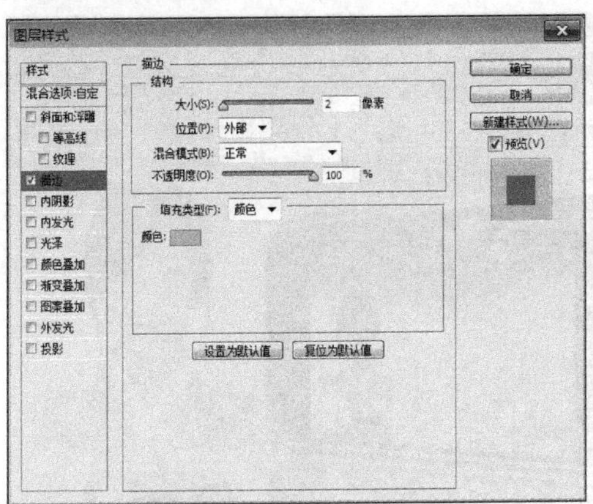

图27-29 设置各参数

STEP 04 单击“确定”按钮，添加相应图层样式，设置文字图层的“填充”为50%，如图27-30所示。

图27-30 添加图层样式

STEP 05 选取“横排文字工具”，在图像编辑窗口适当位置单击鼠标左键，插入点，展开“字符”面板，设置相应参数，如图27-31所示。

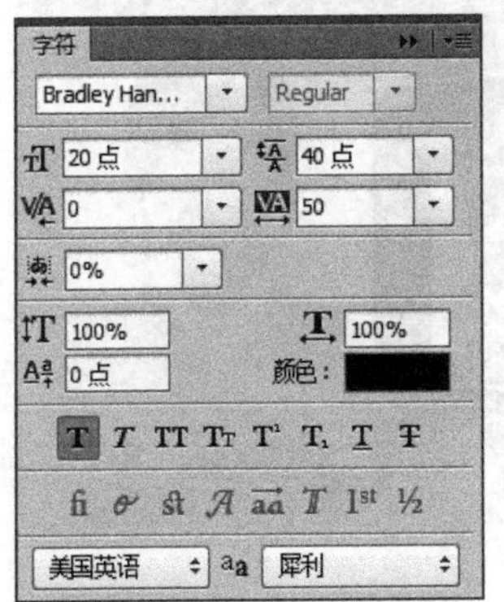

图27-31 设置各参数

STEP 06 输入相应文字，按【Ctrl + Enter】组合键确认，如图27-32所示。

图27-32 输入文字

STEP 07 在文字层上双击鼠标左键，弹出“图层样式”对话框，选中“描边”复选框，切换至“描边”选项卡，设置相应参数，如图27-33所示。

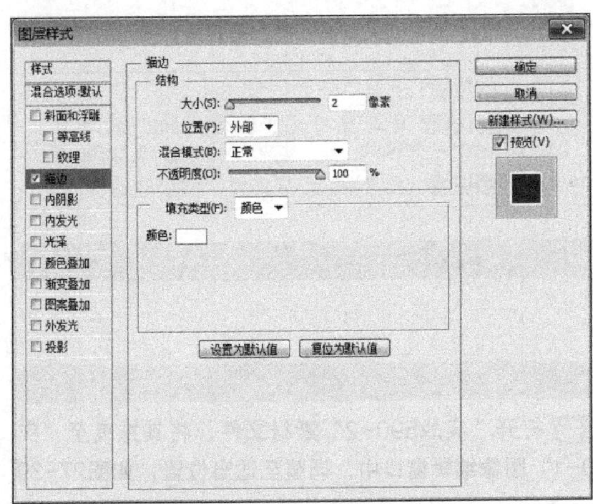

图27-33 设置各参数

STEP 08 单击“确定”按钮，即可添加相应图层样式，效果如图27-34所示。

图27-34 添加图层样式

STEP 09 打开“实战589-1”素材文件，将其拖曳至“实战586”图像编辑窗口中，调整至合适位置，如图27-35所示。

图27-35 置入图像

STEP 10 使用同样的方法，为其添加“描边”图层样式效果，如图27-36所示。

图27-36 添加描边效果

STEP 11 打开“实战589-2”素材文件，将其拖曳至“实战586”图像编辑窗口中，适当调整其位置，设置该图层的混合模式为“颜色减淡”，完成效果制作，如图27-37所示。

图27-37 最终效果

27.3 制作化妆品广告

本实例结合使用图层混合模式和画笔等工具对图像的背景进行特殊处理，并配合使用魔棒工具和图层蒙版，对图像进行抠图处理，最后进行适当的修饰处理。

实战 590 制作图像背景效果

▶**实例位置：** 无
▶**素材位置：** 光盘\素材\第27章\实战5901.jpg、实战590-2.jpg、实战590-3.jpg、实战590-4.jpg
▶**视频位置：** 光盘\视频\第27章\实战590mp4

• 实例介绍 •

下面主要介绍设置图层混合模式制作背景效果的操作方法。

• 操作步骤 •

STEP 01 单击“文件”|“打开”命令，打开“实战590-1”素材，如图27-38所示。

STEP 02 打开“实战590-2”素材文件，将其拖曳至“实战590-1”图像编辑窗口中，调整至适当位置，如图27-39所示。

图27-38 打开素材文件

图27-39 置入并调整图像

STEP 03 设置“图层1”图层的图层混合模式为“柔光”，效果如图27-40所示。

STEP 04 打开“实战590-3”素材文件，将其拖曳至“实战590-1”图像编辑窗口中，移动至合适位置，如图27-41所示。

图27-40 设置混合模式

图27-41 置入并调整图像

STEP 05 设置“图层2”图层的图层混合模式为“柔光”、“不透明度”为80%，效果如图27-42所示。

STEP 06 用与上同样的方法，打开“实战590-4”素材文件，将其拖曳至“实战590-1”图像编辑窗口中，移动至合适位置，效果如图27-43所示。

图27-42 设置不透明度

图27-43 移动至合适位置

STEP 07 选取“矩形选框工具”框选花纹，按【Ctrl+J】组合键，复制图像，并调整大小和位置，如图27-44所示。

图27-44 调整大小和位置

实战591 添加玫瑰效果

▶实例位置：无

▶素材位置：光盘\素材\第27章\实战591-1.jpg、实战591-2.jpg

▶视频位置：光盘\视频\第27章\实战591.mp4

• 实例介绍 •

下面主要介绍使用画笔工具制作白色圆点效果的操作方法。

• 操作步骤 •

STEP 01 打开“实战591-1”素材文件，选取“移动工具”，将其拖曳至“实战590-1”图像编辑窗口中，适当调整其位置，如图27-45所示。

STEP 02 将“组1”组复制4份，适当调整复制图层的图像大小、角度和位置，如图27-46所示。

图27-45 复制并调整图像

图27-46 置入、复制并调整图像

STEP 03 打开“实战591-2”素材文件，将其拖曳至“实战590-1”图像编辑窗口中，并适当调整该素材图像的位置，效果如图27-47所示。

STEP 04 新建“图层5”图层，选择“画笔工具”，展开“画笔”面板，设置“大小”为15px、“间距”为100%，如图27-48所示。

图27-47 置入并调整图像

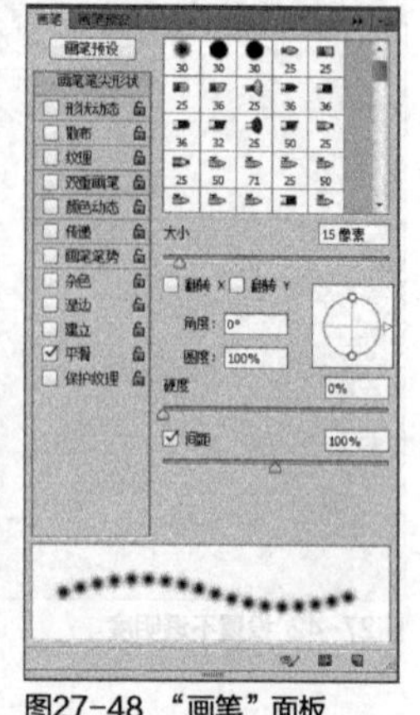

图27-48 “画笔”面板

STEP 05 选中“形状动态”复选框，设置“数量抖动”为0%，选中“散布”复选框，设置“散布”为800%，如图27-49所示。

STEP 06 设置前景色为白色，在编辑窗口中的合适位置绘制圆点，效果如图27-50所示。

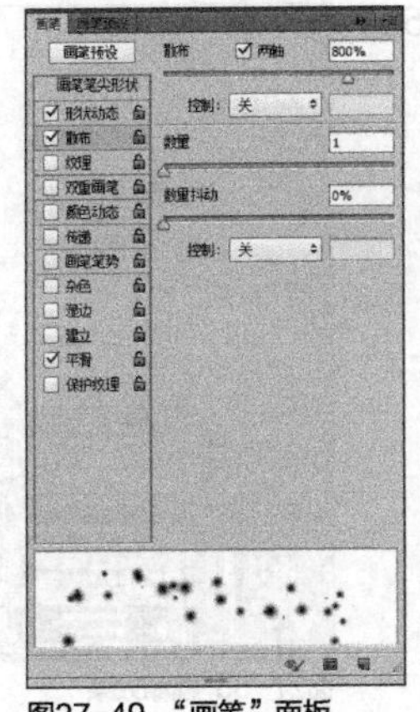
图27-49 “画笔”面板

图27-50 绘制圆点

实战 592 添加化妆品效果

▶实例位置：无
▶素材位置：光盘\素材\第27章\实战592-1.jpg、实战592-2.jpg
▶视频位置：光盘\视频\第27章\实战592.mp4

• 实例介绍 •

下面主要介绍使用动感模糊命令制作模糊效果的操作方法。

• 操作步骤 •

STEP 01 打开“实战592”素材文件，将其拖曳至“实战590-1”图像编辑窗口中，适当调整其位置，如图27-51所示。

STEP 02 选取“魔棒工具”，在工具属性栏中设置“容差”为10，在白色背景区域单击鼠标左键，创建选区，按【Delete】键，删除部分图像，按【Ctrl+D】组合键，取消选区，调整大小和位置，效果如图27-52所示。

图27-51 置入并调整图像

图27-52 调整大小和位置

STEP 03 新建“图层7”图层，选择画笔工具，设置相应的画笔大小，在图像编辑窗口中绘制相应线条，如图27-53所示。

STEP 04 单击“滤镜”|“模糊”|“动感模糊”命令，弹出“动感模糊”对话框，设置“角度”为-70、“距离”为500，如图27-54所示。

图27-53 绘制线条

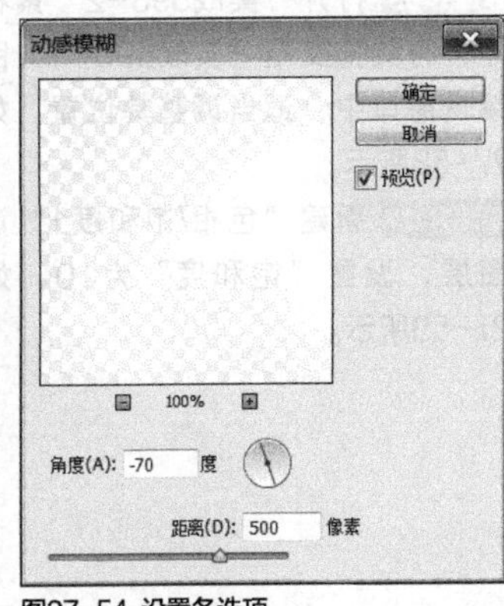

图27-54 设置各选项

STEP 05 单击“确定”按钮，添加模糊效果，如图27-55所示。

图27-55 模糊效果

实战 593 添加人物素材和文字效果

▶ 实例位置：光盘\实例\第27章\实战593.jpg
▶ 素材位置：光盘\素材\第27章\实战593-1.jpg、实战593-2.jpg
▶ 视频位置：光盘\视频\第27章\实战593.mp4

• 实例介绍 •

下面主要介绍添加图层蒙版，抠取图像的操作方法。

• 操作步骤 •

STEP 01 打开“实战593-1”素材文件，将其拖曳至“实战590-1”图像编辑窗口中，适当调整其大小和位置，效果如图27-56所示。

STEP 02 单击“图层”面板底部的“添加矢量蒙版”按钮 ◘，添加图层蒙版，运用“黑色画笔工具”适当涂抹图像，隐藏部分图像，效果如图27-57所示。

图27-56 置入并调整图像

图27-57 隐藏部分图像

STEP 03 打开“实战593-2”素材文件，将其拖曳至“实战590-1”图像编辑窗口中，适当调整其位置，如图27-58所示。

STEP 04 新建“色相/饱和度1”调整图层，设置“饱和度”为10，如图27-59所示。

图27-58 置入并调整图像

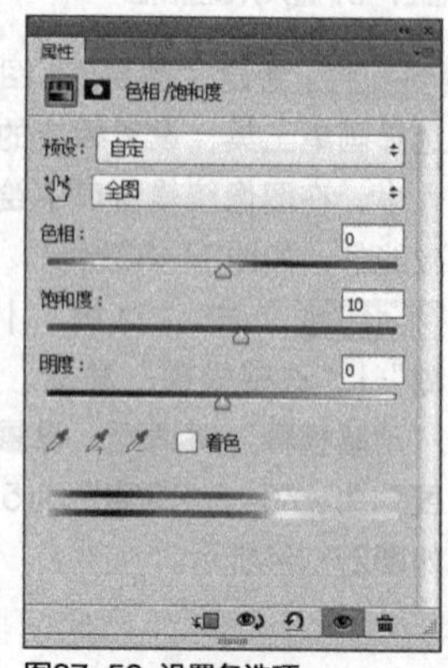

图27-59 设置各选项

STEP 05 新建"亮度/对比度1"调整图层，设置"对比度"为29，如图27-60所示。

STEP 06 执行上述操作后，即可完成化妆品广告制作，最终效果如图27-61所示。

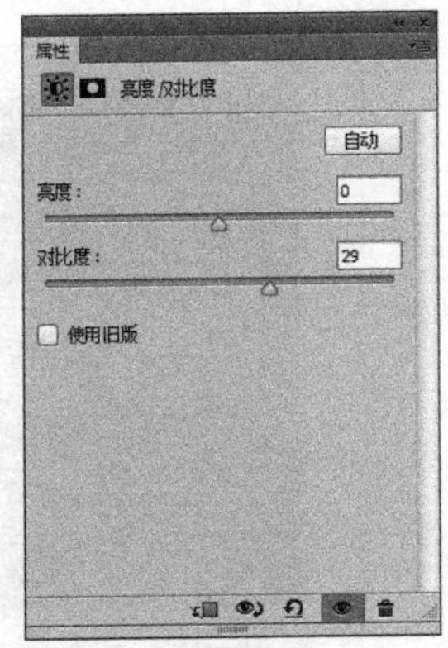

图27-60 设置各选项

图27-61 最终效果

27.4 制作餐厅宣传页

本实例通过图层蒙版工具对图像进行适当的涂抹抠图，并通过渐变工具、画笔工具、文字工具等的应用完成整个效果的制作。

实战 594 制作背景效果

▶实例位置：无
▶素材位置：无
▶视频位置：光盘\视频\第27章\实战594.mp4

• 实例介绍 •

下面主要介绍使用渐变工具制作背景效果的操作方法。

• 操作步骤 •

STEP 01 单击"文件"|"新建"命令，弹出"新建"对话框，输入名称并设置相应参数，如图27-62所示。

新建
名称(N)：实战594　确定
预设(P)：自定　取消
大小(I)：　存储预设(S)...
宽度(W)：20　厘米　删除预设(D)...
高度(H)：12　厘米
分辨率(R)：300　像素/英寸
颜色模式(M)：RGB 颜色　8 位
背景内容(C)：白色　图像大小：9.58M
高级
颜色配置文件(O)：sRGB IEC61966-2.1
像素长宽比(X)：方形像素

图27-62 设置新建属性

STEP 02 单击"确定"按钮，即可新建一个指定大小的空白文档，如图27-63所示。

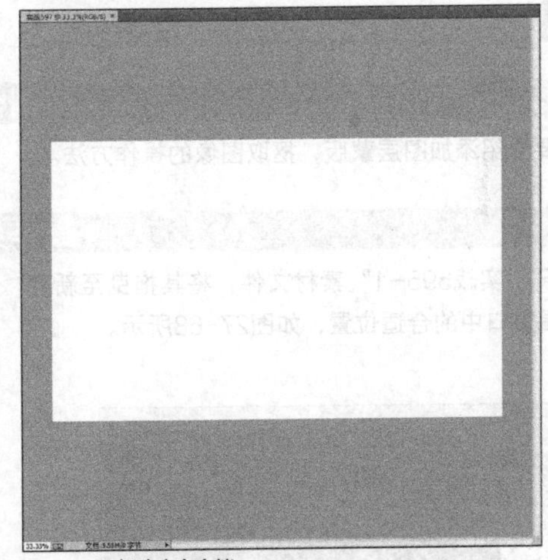

图27-63 新建空白文档

STEP 03 选取"渐变工具"，单击工具属性栏中的"点按可编辑渐变"按钮，弹出"渐变编辑器"对话框，设置填充色为暗紫色（RGB参数值分别为55、25、60，位置0%）到暗紫色（RGB参数值分别为60、37、62，位置30%）到暗紫色（RGB参数值分别为80、50、83，位置70%）到暗紫色（RGB参数值分别为54、27、58，位置100%），如图27-64所示，单击"确定"按钮，设置相应的渐变颜色。

STEP 04 在图像编辑窗口上方单击鼠标左键，向下拖曳鼠标至合适位置，释放鼠标后，填充渐变色，效果如图27-65所示。

图27-64 “渐变编辑器”对话框

图27-65 填充渐变色

STEP 05 单击“视图”|“新建参考线”命令，弹出“新建参考线”对话框，选中“垂直”单选按钮，设置“位置”为10厘米，如图27-66所示。

STEP 06 单击“确定”按钮，即可在图像的10厘米处创建垂直参考线，效果如图27-67所示。

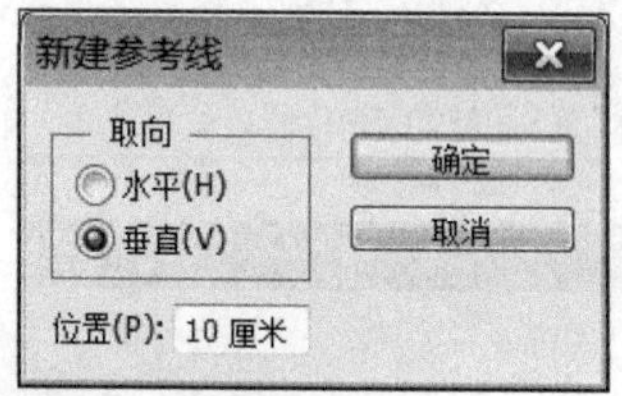

图27-66 设置各选项

图27-67 创建垂直参考线

实战595 制作整体效果

▶实例位置：无

▶素材位置：光盘\素材\第27章\实战595-1.jpg、实战595-2.jpg、实战595-3.jpg、实战595-4.jpg

▶视频位置：光盘\视频\第27章\实战595.mp4

• 实例介绍 •

下面主要介绍添加图层蒙版，抠取图像的操作方法。

• 操作步骤 •

STEP 01 打开“实战595-1”素材文件，将其拖曳至新建文件图像编辑窗口中的合适位置，如图27-68所示。

图27-68 置入并调整图像

STEP 02 单击“图层”面板底部的“添加矢量蒙版”按钮◘，添加图层蒙版，运用黑色画笔工具适当涂抹图像，隐藏部分图像，效果如图27-69所示。

图27-69 隐藏部分图像

STEP 03 用与上同样的方法，置入“实战595-2”图像素材，并为其添加图层蒙版，适当涂抹图像，效果如图27-70所示。

图27-70 置入并调整图像

STEP 04 选取“矩形选框工具”，在图像编辑窗口适当位置拖曳鼠标创建一个矩形选区，如图27-71所示。

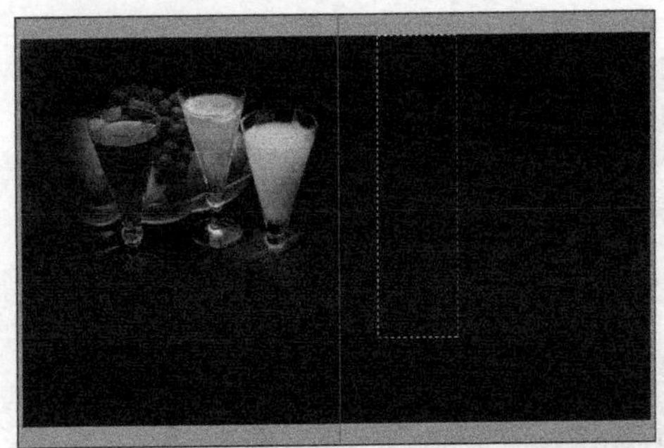

图27-71 创建矩形选区

STEP 05 打开“实战595-3”素材文件，按【Ctrl＋A】组合键，全选图像，按【Ctrl＋C】组合键，复制图像，切换至新建文件图像编辑窗口，按【Ctrl＋Alt＋Shift＋V】组合键，贴入图像，并按【Ctrl＋T】组合键，适当调整其大小和位置，如图27-72所示。

图27-72 贴入并调整图像

STEP 06 打开“实战595-4”素材文件，按【Ctrl＋A】组合键，全选图像，使用移动工具，将其拖曳至新建文件图像编辑窗口，并按【Ctrl＋T】组合键，适当调整其大小和位置，效果如图27-73所示。

图27-73 置入并调整图像

实战 596 添加文字效果

▶实例位置：光盘\实例\第27章\实战596.jpg
▶素材位置：无
▶视频位置：光盘\视频\第27章\实战596.mp4

• 实例介绍 •

下面主要介绍使用直排文字工具添加文字效果的操作方法。

• 操作步骤 •

STEP 01 选取“直排文字工具”，展开“字符”面板，设置相应参数，输入相应文字，如图27-74所示。

图27-74 设置并输入文字

STEP 02 选取“横排文字工具”，展开“字符”面板，设置相应参数，输入相应文字，如图27-75所示，按【Ctrl＋Enter】组合键确认。

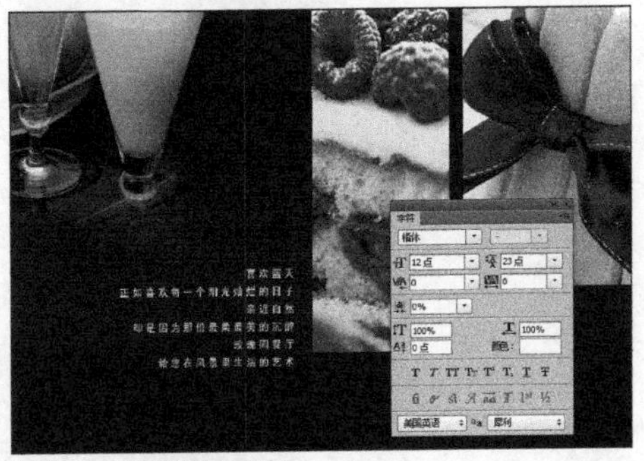

图27-75 设置并输入文字

STEP 03 用与上同样的方法，设置相应的文字属性，输入其他文本文字，效果如图27-76所示。

图27-76 输入其他文字效果

STEP 04 新建“图层5”图层，选择“画笔工具“，在“画笔”面板中设置“大小”为3px、“硬度”为0、“间距”为175%，按住【Shift】键的同时，在图像编辑窗口适当位置绘制直线，如图27-77所示。

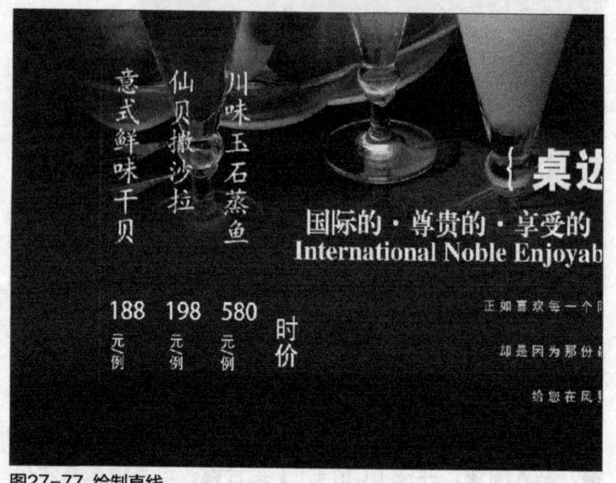

图27-77 绘制直线

STEP 05 选取“移动工具”，按住【Alt】键的同时，移动并复制3个直线图像，效果如图27-78所示。

图27-78 复制图像

STEP 06 新建“图层6”图层，设置前景色为黑色，使用“矩形选框工具”创建一个选区，使用“渐变工具”在选区内从左到右填充前景色到透明色的线性渐变，效果如图27-79所示。

图27-79 创建选区并填充渐变色

STEP 07 按【Ctrl+D】组合键，取消选区，在“图层”面板中设置“不透明度”为50%，单击“视图”|“显示”|“参考线”命令，隐藏参考线，最终效果如图27-80所示。

图27-80 最终效果

27.5 汽车海报招贴

在喧哗的大街上，随处可见飞驰的汽车，汽车正以飞速发展的形势走进千家万户，想要成功地吸引购买者的注意力，汽车的广告宣传是重要的一环。本实例对汽车广告的创意制作过程进行了详细讲解。

知识扩展

如今，高立柱广告是一种重要的广告宣传手段，应用越来越普遍，其受众对象是动态的行人，所以要求广告的画面醒目、文字精练，使人一目了然，特别是位于高速公路上的高立柱广告，这一要求更加明显。

实战 597 制作广告主体图案

▶ **实例位置**：无
▶ **素材位置**：光盘\素材\第27章\实战597.jpg
▶ **视频位置**：光盘\视频\第27章\实战597.mp4

• 实例介绍 •

下面主要介绍使用钢笔工具绘制路径，并为其填充白色效果的操作方法。

• 操作步骤 •

STEP 01 单击“文件”|“新建”命令，弹出“新建”对话框，设置各选项，如图27-81所示。

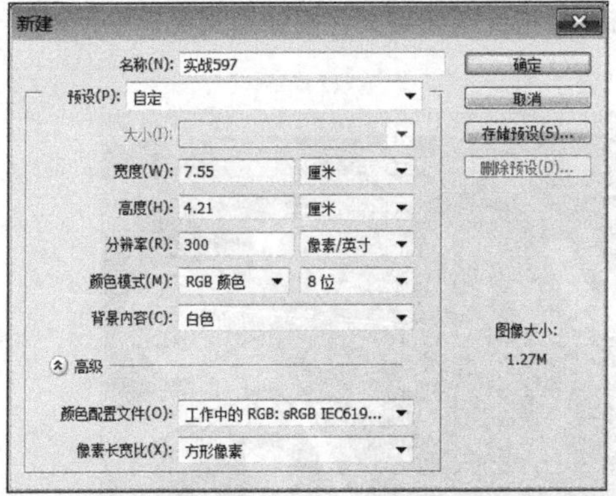

图27-81 设置各选项

STEP 02 单击“确定”按钮，即可新建指定大小的空白文件，如图27-82所示。

图27-82 新建空白文件

STEP 03 按【Ctrl + O】组合键，打开“实战597”素材图像，如图27-83所示。

图27-83 打开素材图像

STEP 04 按【Ctrl+A】组合键，全选图像，按【Ctrl+C】组合键，复制选区内的图像，按【Ctrl+Tab】组合键，切换至新建文件图像编辑窗口中，按【Ctrl+V】组合键，粘贴复制的图像，如图27-84所示。

图27-84 粘贴图像

STEP 05 按【Ctrl + T】组合键，调整图像的大小及位置，效果如图27-85所示。

STEP 06 设置前景色为白色，新建图层，使用“钢笔工具”绘制一个闭合路径，单击“路径”面板底部的“用前景色填充路径”按钮，填充路径为白色，效果如图27-86所示。

图27-85 调整图像

图27-86 填充路径

实战598 添加描边效果

▶实例位置：无
▶素材位置：光盘\素材\第27章\实战598-1.jpg、实战598-2.jpg
▶视频位置：光盘\视频\第27章\实战598.mp4

• 实例介绍 •

下面主要介绍使用图层样式，添加白色描边效果的操作方法。

• 操作步骤 •

STEP 01 按【Ctrl+O】组合键，打开"实战598-1"素材图像，如图27-87所示。

图27-87 打开素材图像

STEP 02 将素材拖曳至新建文件图像编辑窗口中，如图27-88所示。

图27-88 拖入素材

STEP 03 按【Ctrl+T】组合键，调出变换控制框，调整图像的大小及位置，效果如图27-89所示。

图27-89 调整图像

STEP 04 单击"图层"|"图层样式"|"描边"命令，弹出"图层样式"对话框，设置"大小"为2像素、"位置"为"外部"、"颜色"为白色，如图27-90所示。

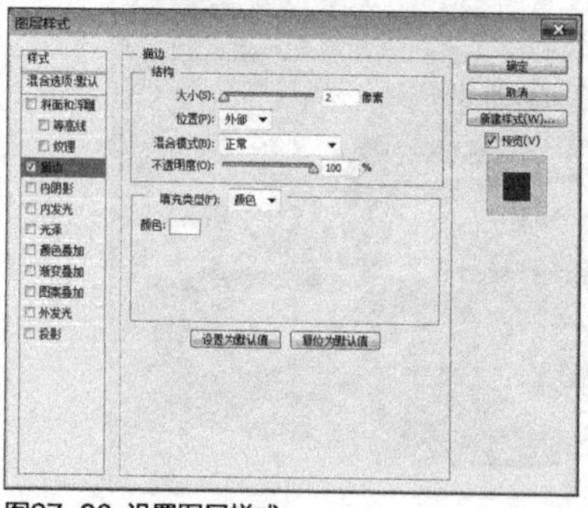
图27-90 设置图层样式

专家提醒

广告设计的任务是根据企业营销目标和广告战略的要求，通过引人入胜的艺术表现，清晰准确地传递商品或服务的信息，树立有助于销售的品牌形象与企业形象。

STEP 05 单击“确定”按钮，即可添加相应图层样式，如图27-91所示。

图27-91 添加相应图层样式

STEP 06 使用同样的方法，打开“实战598-2”素材文件，将其拖曳至新建文件图像编辑窗口中，调整其大小和位置，并添加相应的图层样式，如图27-92所示。

图27-92 添加相应的图层样式

STEP 07 设置前景色为红色，选取“自定形状工具”，设置“选择工具模式”为像素，在“形状”右侧的三角形下拉按钮上单击鼠标左键，在弹出的列表框中选择“雪花3”，在编辑窗口中的合适位置绘制图案，效果如图27-93所示。

图27-93 绘制图案

STEP 08 选取“横排文字工具”，设置好字体、字号、颜色和位置，输入相应的文字，如图27-94所示。

图27-94 输入文字

STEP 09 双击相应文字图层，在弹出的“图层样式”对话框中，选择“描边”复选框，设置“大小”为3、“位置”为外部、“颜色”为白色，选中“外发光”复选框，单击“确定”按钮，即可添加相应图层样式，如图27-95所示。

图27-95 添加图层样式效果

知识扩展

走在繁华大街上，随处可见报纸、杂志、海报、招贴等媒介都应用到了平面设计技术，而要掌握这些精美图像画面的制作方法，不仅需要掌握软件的操作方法，还需要掌握与图形图像相关的平面设计知识。平面设计是一门静态艺术，它通过各种表现手法在静态平面上传达信息，是一种视觉艺术且颇具实用价值，能给人以直观的视觉冲击，也能让人受到艺术美感的熏陶。现在，平面设计以其特有的宣传功能，全面进入了社会经济和日常生活的众多领域，以其独特的文化张力影响着人们的工作和生活。

实战599 制作背景效果

▶实例位置：无
▶素材位置：光盘\素材\第27章\实战599-1.jpg、实战599-2.jpg、实战599-3.jpg
▶视频位置：光盘\视频\第27章\实战599.mp4

• 实例介绍 •

下面主要介绍使用图层蒙版和渐变工具制作背景效果的操作方法。

• 操作步骤 •

STEP 01 单击“文件”|“打开”命令，打开“实战599-1”素材图像，如图27-96所示。

图27-96 打开素材图像

STEP 02 单击“文件”|“打开”命令，打开“实战599-2”素材图像，并将其拖曳至“实战599-1”图像编辑窗口中，调整其位置和大小，效果如图27-97所示。

图27-97 拖入素材图像

STEP 03 展开“图层”面板，单击面板底部的“添加图层蒙版”按钮，添加一个蒙版图层，效果如图27-98所示。

STEP 04 选取“渐变工具”，单击工具属性栏的“点按可编辑渐变”按钮，弹出“渐变编辑器”对话框，设置各选项，如图27-99所示。

图27-98 添加蒙版图层

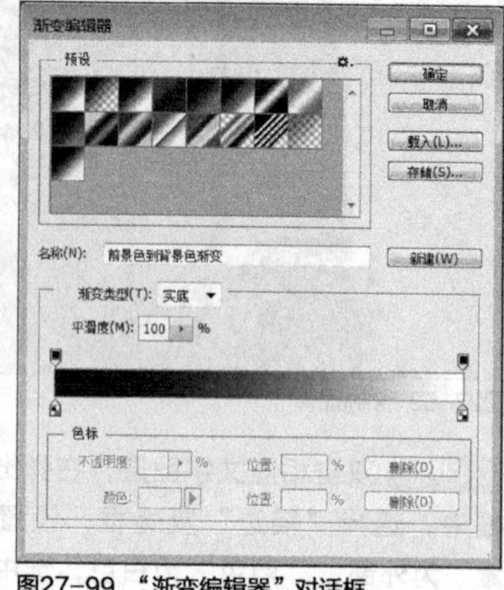

图27-99 “渐变编辑器”对话框

STEP 05 单击“确定”按钮，填充蒙版图层，效果如图27-100所示。

图27-100 填充蒙版图层

STEP 06 打开“实战599-3”素材，并将其拖曳至“实战599-1”图像编辑窗口中，调整其位置和大小，效果如图27-101所示。

图27-101 拖入素材

专家提醒

描边还可运用“图层样式”命令来进行操作：单击“图层”|“图层样式”|“描边”命令，弹出“图层样式”对话框，设置“图层样式”对话框中各选项即可。

实战600 制作海报最终效果

▶实例位置：光盘\实例\第27章\实战600.jpg
▶素材位置：无
▶视频位置：光盘\视频\第27章\实战600.mp4

• 实例介绍 •

下面主要介绍调出变换控制框，调整图像形状的操作方法。

• 操作步骤 •

STEP 01 切换至“实战597”图像编辑窗口中，按【Ctrl+Alt+Shift+E】组合键，盖印图层，得到“图层6”图层，按【Ctrl+A】组合键全选图像建立选区，如图27-102所示，按【Ctrl+C】组合键复制图像。

图27-102 拖入素材

STEP 02 切换至“实战599-1”图像编辑窗口中，按【Ctrl+V】组合键粘贴图像，并调整大小和位置，效果如图27-103所示。

图27-103 拖入素材

STEP 03 按【Ctrl+T】组合键，调出变换控制框，按住【Ctrl】键的同时调整图像，按【Enter】键确定，效果如图27-104所示。

图27-104 调整图像

STEP 04 新建“色相/饱和度”调整图层，在弹出的“色相/饱和度”对话框中，设置“饱和度”为30，效果如图27-105所示。

图27-105 设置饱和度效果

专家提醒

读者看完广告能够记住，才能达到广告的目的。为了延长广告在人们大脑中留存的时间，设计汽车广告时，可采用以下有效手段。

- 版面尽可能简单、清爽。
- 主题单一、易于记忆。
- 主题表达清晰、容易上口。
- 内容和形式具有连贯性。

附录A 光影魔术手抠图技巧

光影魔术手（nEO iMAGING）是一个对数码照片画质进行改善及效果处理的软件，简单、易用，每个人都能使用此软件制作精美相框、艺术照、专业胶片效果，而且完全免费，不需要任何专业的图像技术，就可以制作出专业胶片摄影的色彩效果，是摄影作品后期处理、图片快速美容、数码照片冲印整理时必备的图像处理软件。

利用光影魔术手也可以进行简单的抠图，主要有以下几种方式，其“容易抠图”对话框如图1所示。

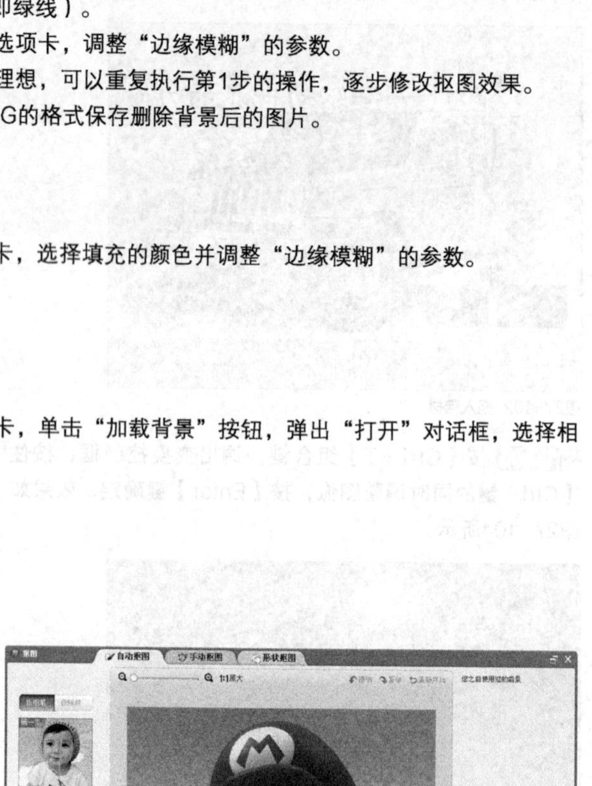

图1 “容易抠图”对话框

1. 删除背景的步骤

STEP 01 首先运行光影魔术手，单击“打开”按钮，打开一张素材照片。

STEP 02 单击“抠图”按钮，弹出“容易抠图”对话框，单击“智能选中笔”按钮，单击鼠标左键标记前景（即红线），单击“智能排除笔”按钮，单击鼠标右键标记背景（即绿线）。

STEP 03 在“背景操作”选项区中选择切换至“删除背景”选项卡，调整“边缘模糊”的参数。

STEP 04 单击“预览”按钮，查看抠图效果，如果效果不太理想，可以重复执行第1步的操作，逐步修改抠图效果。

STEP 05 在抠出满意的效果图后，单击“保存”按钮，以PNG的格式保存删除背景后的图片。

2. 填充背景的步骤

STEP 01 用第一种方法标记前景和背景。

STEP 02 在“背景操作”选项区中切换至“填充背景”选项卡，选择填充的颜色并调整“边缘模糊”的参数。

STEP 03 在抠出满意的效果图后，单击“确定”按钮确定。

3. 替换背景的步骤

STEP 01 用第一种方法标记前景和背景。

STEP 02 在“背景操作”选项区中切换至“替换背景”选项卡，单击“加载背景”按钮，弹出“打开”对话框，选择相应的背景图片，调整“边缘模糊”和“透明”的参数。

STEP 03 在抠出满意的效果图后，单击“确定”按钮确定。

附录B 美图秀秀抠图技巧

美图秀秀是一款很好用的免费图片处理软件，不用学习就会用，比Photoshop简单很多。独有的图片特效、美容、拼图、场景、边框、饰品等功能，加上每天更新的精选素材，可以让用户1分钟做出影楼级照片。

同时，用户利用美图秀秀也可以进行抠图操作，其具体的操作步骤如下，其“抠图”对话框如图2所示。

STEP 01 首先运行美图秀秀，单击“打开一张图片”按钮，打开一张照片。

STEP 02 切换至“拼图”选项窗口，单击“抠图换背景”按钮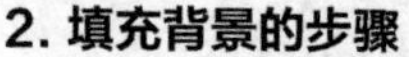。

STEP 03 单击“开始抠图”按钮，弹出“请选择一种抠图样式”对话框，单击“1.自动抠图”按钮，弹出“抠图”对话框，在要抠图的对象上单击鼠标左键并拖曳，进行快速自动抠图。

图2 “抠图”对话框

STEP 04 抠图完成后，单击“完成抠图”按钮，进入“抠图换背景”编辑窗口，可以添加相应的背景图片。

在“抠图”对话框中，有“自由抠图”“手动抠图”和“形状抠图”3种抠图方式，切换至相应的选项卡，即可进行相应操作。

附录C 可牛影像抠图技巧

可牛影像是一款强大的免费照片处理管理软件。可牛影像内嵌上千张日历、宝宝照、大头贴、婚纱照、非主流场景，用户无需任何Photoshop技巧识即可轻松制作支持多图场景。

用户也可以使用可牛影像进行抠图，其具体的操作步骤如下，其“抠图工具”对话框如图3所示。

图3 “抠图工具”对话框

STEP 01 首先运行可牛影像，单击“打开”按钮，打开一张照片。

STEP 02 单击“抠图”按钮，弹出“抠图工具”对话框，其中包括“智能抠图”“手动抠图”和“形状抠图”等多种抠图方式。

STEP 03 单击“选中笔”按钮，选中前景，单击“删除笔”按钮，可以减选多余的部分，或者单击“自由抠图”按钮，按住鼠标左键不放，在要抠图的图像边缘绘制选区。

STEP 04 绘制完选区后，沿着“蚂蚁线”会有很多的“小圈圈”，可以使用鼠标调整这些小圈圈的位置，单击鼠标右键，可以添加新的节点，适当调整，从而达到调整选区的目的。

STEP 05 在做选区调整的时候，一定要细心。如果发现很难调整为自己满意的效果，可以点击“重新抠图”按钮，进行重新抠图。

STEP 06 调整好选区后，点击“完成抠图”按钮即可。

附录D Adobe Camera Raw使用技巧

1. 认识ACR工作界面

ACR准确的说法是Photoshop的一个插件（增强工具），ACR插件拥有强大的工具，运用这些工具的编辑功能，可以改进影像的画质。在“Camera Raw”对话框中打开Raw格式影像后，可以在“Camera Raw”对话框的顶部显示拍摄该影像所用的相机名称和影像文件信息，如图4所示，我们首先来认识ACR的工作界面。

2. 认识ACR工具栏中的工具

在认识ACR的工作界面后，本小结将介绍ACR工具栏中的各项工具，常用工具位于ACR对话框顶部的工具栏中，如图5所示，通过这些工具可以调整Raw格式影像的大小、外形、色调和影调。

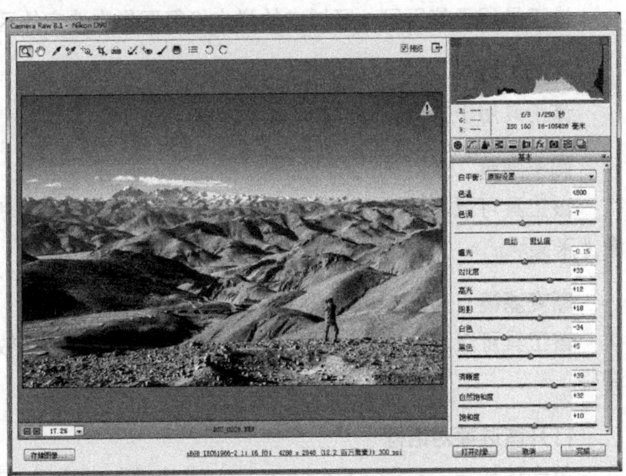

图4 Adobe Camera Raw工作界面

预览

图5 Adobe Camera Raw的工具栏

下面分别介绍各工具的用法。

缩放工具

该工具用于缩小或放大数码影像。查看预览时，选择该工具，将鼠标定位在预览区需要放大的位置，当鼠标指针呈

"+"的放大镜图标时，单击即可放大至较高级别缩放值；按住【Alt】键的同时将鼠标定位在预览区，当鼠标指针呈"-"的放大镜图标时，单击即可缩放至较低级别缩放值。

抓手工具

该工具用于在预览窗口中查看画面的局部。当预览图像的级别设置大于画布显示时，通过在预览窗口中拖曳图像，即可查看图像的局部细节。在任意状态下按住空格键不放，即可快速切换到抓手工具。双击"抓手工具"按钮，即可使预览图像适合窗口大小显示。

白平衡工具

白平衡的基本概念是"不管在任何光源下，都能将白色物体还原为白色"，对在特定光源下拍摄时出现的偏色现象，通过加强对应的补色来进行补偿。该工具是平衡影像光照情况的一种快捷方式。选中该工具，单击图像中灰色或白色部分，即可快速调整影像的偏色情况。

颜色拾取器工具

该工具按钮看起来很像"白平衡工具"按钮，使用"颜色取样器工具"单击图像上的不同位置，在工具栏下方将显示不同的RGB值，这些值就是取样指定点的颜色信息。有时候需要同样的颜色时，往往不能拾取一模一样的，因为不知道颜色数值或者WEB颜色数值，利用"颜色取样器工具"可以方便地得到任何图片上的区域颜色值，制作完全相同的颜色。

目标调整工具

该工具用于调整影像的曝光效果，利用"目标调整工具"在图像中单击拖曳，即可快速增强或降低画面曝光度。使用"目标调整工具"在画面中单击并向上拖曳，可以增加曝光量，提高画面的亮度；使用"目标调整工具"在画面中单击并向下拖曳，可以减少曝光量，降低画面亮度。

裁剪工具

该工具用于画面的裁剪。使用"裁剪工具"在需要保留的图像位置单击并拖曳鼠标，创建裁剪框，裁剪框外的图像将呈灰色显示，确定裁剪范围后，单击"完成"按钮即可完成裁剪。若在创建裁剪范围后，没有单击"完成"按钮，影像将不应用创建的裁剪。

拉直工具

该工具用于自动校正歪斜的影像。使用"拉直工具"在画面上任意角度拉一条直线，软件将自动以平行此直线的矩形对画面做最大裁剪。

污点去除

该工具用于使用另一区域中的样本修复图像中选定的区域。

红颜工具

该工具用于快速去除人物的红颜状态。

调整画笔

该工具可以有选择性地应用"曝光度""亮度""清晰度"和其他色调调整功能，并通过将这些调整"绘制"到影像上来实现。

渐变滤镜

该工具可以随意调整区域的宽窄，或者将局部调整的效果应用到其他影像中，并根据个人喜好对影像进行自定义和调整。

打开首选项对话框

单击该按钮，打开"Camera Raw首选项"对话框，在该对话框中可设置Camera Raw的常规选项、默认图像设置、Camera Raw高速缓存、DNG文件处理和JPEG与TIFF处理等参数。其中主要需要注意两个地方，一个是关于"锐化"的设置，选择将锐化应用于"仅限预览图像"；另一个是不勾选"应用自动色调调整"，在色调调整中可以随时点击自动来实现"自动色调调整"，没有必要设置成默认自动值。

逆时针旋转图像90°

单击该按钮，可以将画面逆时针旋转90°。

顺时针旋转图像90°

单击该按钮，可以将画面顺时针旋转90°。

3. 打开和存储图像

打开图像

Adobe Camera RAW能够与Photoshop完美结合，使用Adobe Camera RAW处理影像后，可以在Photoshop中打开，对其进行后期的调整，完善RAW中不能够完成的操作。

在Adobe Camera RAW中对影像进行相应的处理，单击对话框中的“打开图像”按钮，如图6所示，即可将影像在Photoshop中打开，如图7所示。

图6 单击“打开图像”按钮

图7 在Photoshop中打开

存储图像

在Adobe Camera RAW中对影像进行相应的处理后，可以对照片进行存储操作，单击Adobe Camera RAW对话框中的“存储图像”按钮，如图8所示，即可打开“存储选项”对话框，在该对话框中可以设置存储的相关选项，如图9所示，单击“存储”按钮，完成存储图像的操作。按住【Alt】键的同时单击“存储图像”按钮，可以直接保存文件。

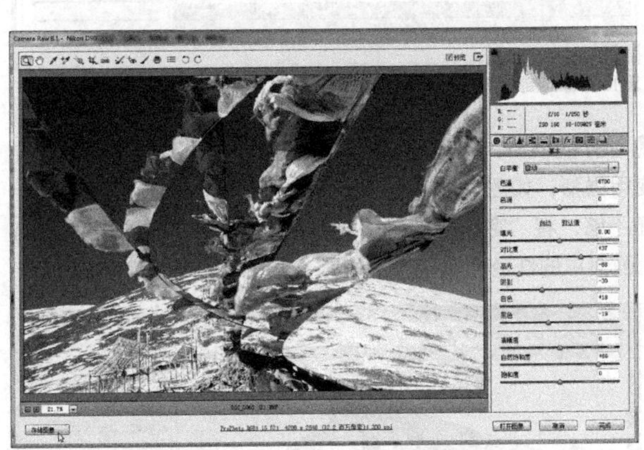

图8 单击“存储图像”按钮

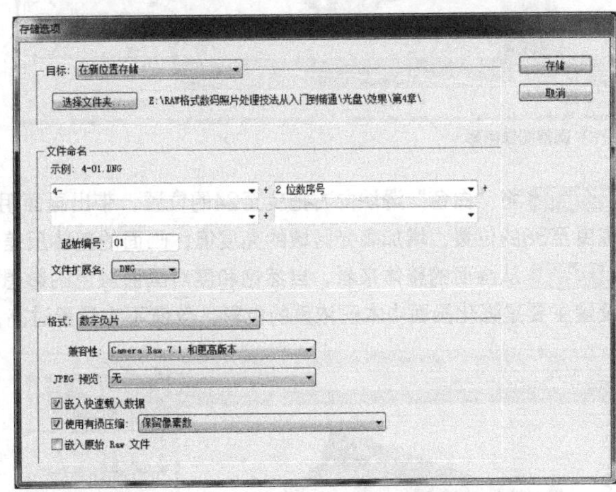

图9 设置各选项

4. 调整照片的曝光

不少人觉得使用Raw格式拍摄、编辑是一项有一定难度的挑战，但是Raw格式的文件记录了相机拍摄时一点一滴的影调与色彩信息，相比JPEG格式包含了更加丰富的信息，这可以使后期处理在更大范围内对曝光度、色彩、反差等画面元素进行精细的调节。

STEP 01 首先在Adobe Camera Raw中打开一张Raw格式的照片，查看编辑窗口右上的直方图，会发现直方图的右侧有所缺失，说明原图在拍摄时略有曝光不足，画面中缺少了高光内容，画面看上去灰蒙蒙的，如图10所示。

STEP 02 单击直方图右上角的高光修剪警告图标，向右拖动曝光滑块直到直方图填满，这样照片中就包含了完整的暗调、中间调和高光区域，如图11所示。

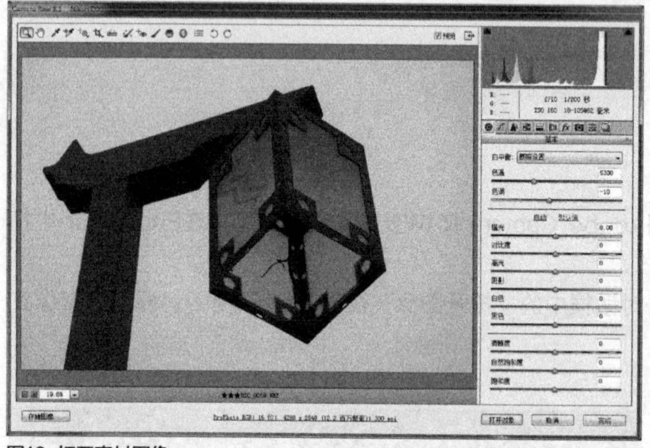
图10 打开素材图像

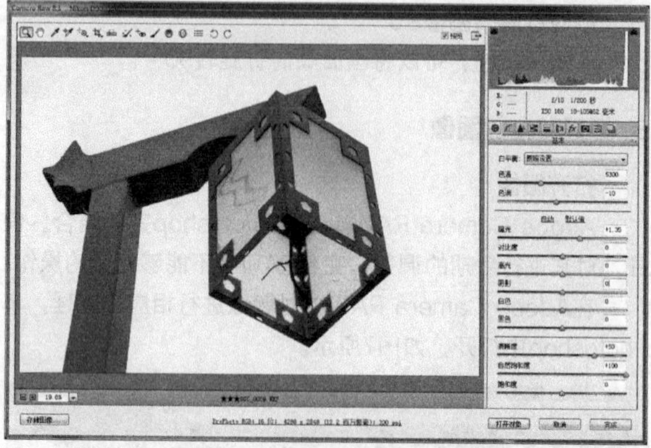
图11 调整曝光度

STEP 03 画面中的色彩看上去很平淡，有种朦胧的感觉，需要强化画面的色彩，提高画面的清晰度，可以将“自然饱和度”滑块向右拖曳至100的位置，将“清晰度”滑块向右拖曳至50的位置，适当地调整画面的锐化度，在不溢色的情况下增强画面的色彩，如图12所示。

STEP 04 照片的曝光度提高后，直方图整体会向右压缩，此时需要对暗部进行适当的压暗处理，改善画面的反差。单击直方图左上角的阴影图标，适当地调整“黑色”和“阴影”滑块，将对比度提高至60，增强画面对比度，如图13所示。

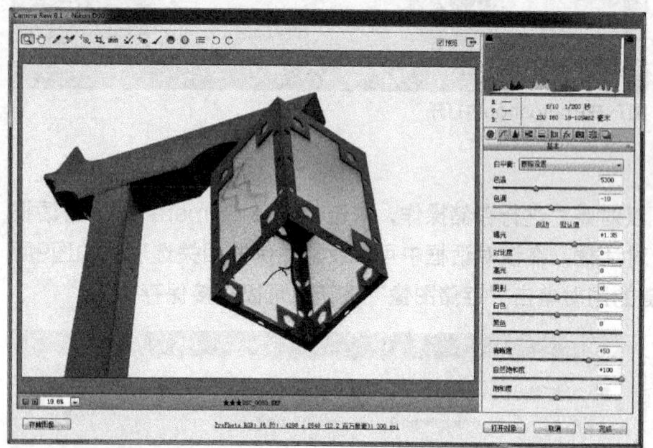
图12 调整图像色彩

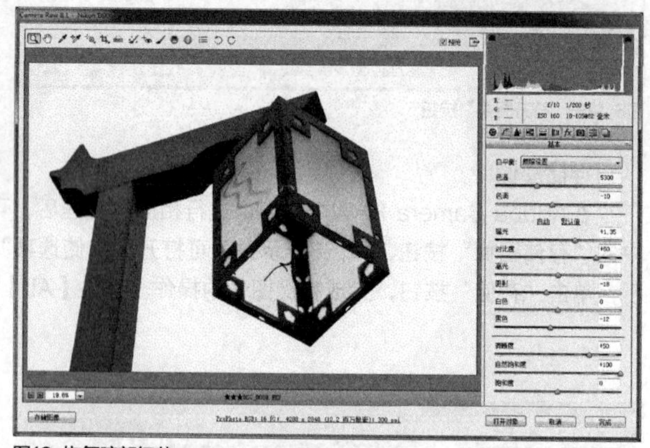
图13 恢复暗部细节

STEP 05 将“白色”滑块向右拖曳至24的位置，带出画面阴影部分的细节，提高画面的整体亮度，将“高光”滑块向右拖曳至38的位置，增加高光区域的亮度值，画面的整体反差变得强烈，如图14所示。

STEP 06 从画面的整体来看，自然饱和度对画面颜色的影想还不够，将“饱和度”滑块向右拖曳至30的位置，饱和度的设置主要是强化画面中本已浓重的色彩，数值不宜设置过高，画面中的红色和黄色得到增强，如图15所示。

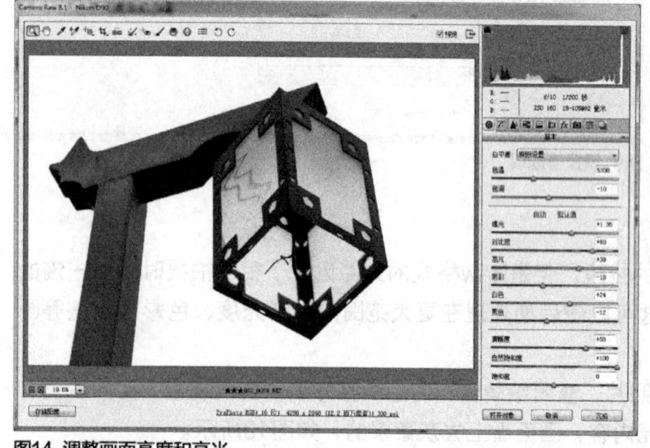
图14 调整画面亮度和高光

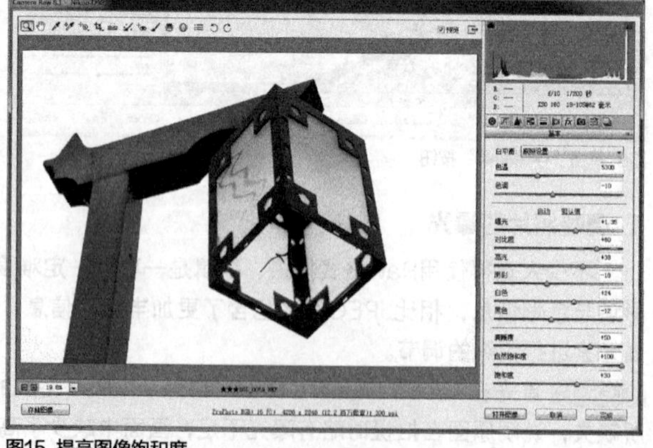
图15 提高图像饱和度

STEP 07 单击“打开图像”按钮，进入Photoshop编辑窗口，单击菜单栏中的“图像”｜“调整”｜“曝光度”命令，弹出“曝光度”对话框，设置“曝光度”参数为0.12、“灰度系数校正”为0.97，二次调整照片的曝光度，校正画面灰度系数，如图16所示。

STEP 08 单击“确定”按钮，单击菜单栏中的“图像”|“调整”|“阴影/高光”命令，弹出“阴影/高光”对话框，设置各选项参数，使阴影的细节更加明显，如图17所示。

图16 二次校正曝光度和灰度系数

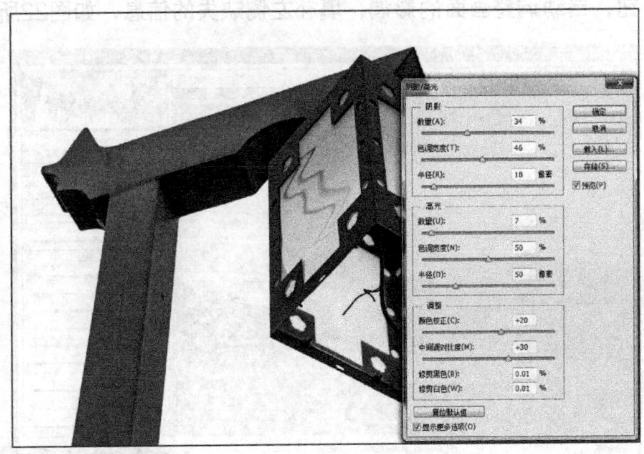
图17 显示阴影细节

STEP 09 单击“确定”按钮，应用“阴影/高光”命令，画面曝光度校正完成，如图18所示。

图18 画面效果

5. 晕染风景画效果

对于画面为雪山、湖泊、云雾三者融为一体，而且极具艺术渲染力的场景，用户可以试着将该照片打造成晕染的风景画效果。用户可以在Adobe Camera Raw中通过降低画面的细节和清晰度，模拟出晕染的效果。

STEP 01 首先在Adobe Camera Raw中打开一张Raw格式的照片，如图19所示。

STEP 02 画面中两侧的湖岸线没有在同一条水平线上，通过选取“拉直工具”，在图像编辑窗口中创建水平参考线，校正画面的水平视线，如图20所示。

图19 打开素材图像

图20 创建水平参考线

STEP 03 释放鼠标后自动创建裁剪控制框，适当地调整裁剪控制框，可以通过拖曳控制框中的控制柄进行调节，如图21所示。

STEP 04 观察画面右侧的直方图，左侧部分信息不全，画面整体呈现灰蒙蒙的效果，单击“基本”面板中的“自动”按钮，自动调整画面的影调，填补左侧缺失的信息，如图22所示。

图21 创建裁剪控制框

图22 调整画面影调

STEP 05 可以通过降低画面的清晰度使画面出现晕染的效果，设置“清晰度”为-100，降低照片的清晰度，使照片出现模糊的效果，如图23所示。

STEP 06 观察画面中的色调，画面整体呈现绿色色调，意境氛围不够，可以通过自定义照片的白平衡来调整照片的色调，设置“色温”为5100、“色调”为15，使画面呈现蓝色的烟雾弥漫意境，如图24所示。

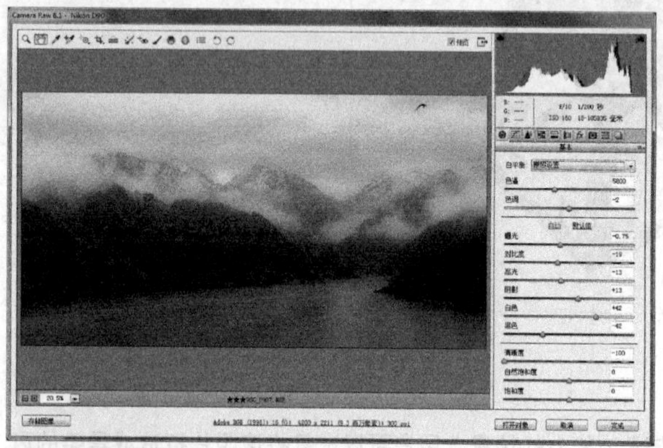
图23 降低照片清晰度

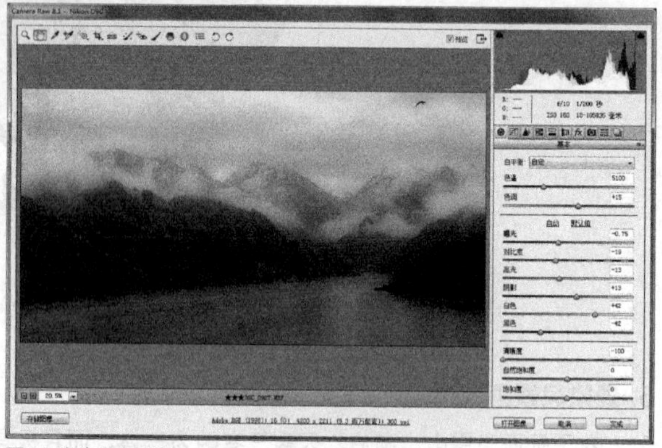
图24 自定义白平衡

STEP 07 通过使用“调整画笔”可以局部调整画面的基本影调，选取“调整画笔”工具，在右侧的“调整画笔”面板中设置“阴影”为-80、“清晰度”为-100、“饱和度”为28、“大小”为13、“羽化”为88、“流动”为50、“浓度”为52，在图像编辑窗口中山的区域进行适当的涂抹，局部调整照片的影调，如图25所示。

STEP 08 通过渐变滤镜来调整弥漫烟雾的影调效果，设置“色温”为-31、“色调”为56、“阴影”为17、“清晰度为-100，调整画面中烟雾的色调效果，使烟雾的色调偏向蓝色调，如图26所示。

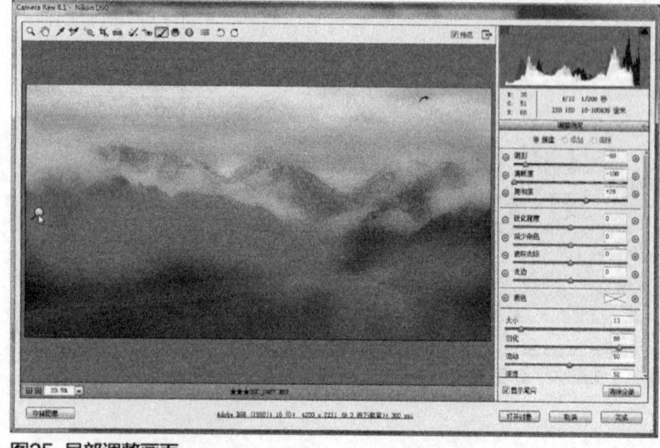
图25 局部调整画面

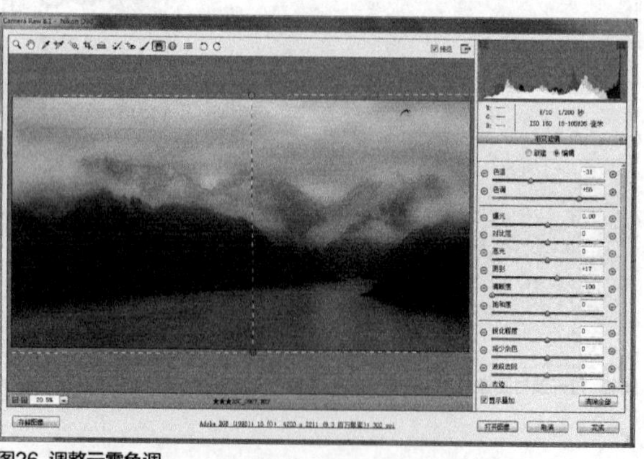
图26 调整云雾色调